Win-Q

금속재료
산업기사 필기+실기

시대에듀

편·저·자·약·력

김준태

現 포항제철공업고등학교 교사

금오공과대학교 재료공학과 졸업
경북대학교 대학원 산업공학과 졸업
금속재료산업기사, 기능장 외 7종 자격 취득

 끝까지 책임진다! 시대에듀!
QR코드를 통해 도서 출간 이후 발견된 오류나 개정법령, 변경된 시험 정보, 최신기출문제, 도서 업데이트 자료 등이 있는지 확인해 보세요! **시대에듀 합격 스마트 앱**을 통해서도 알려 드리고 있으니 구글 플레이나 앱 스토어에서 다운받아 사용하세요.
또한, 파본 도서인 경우에는 구입하신 곳에서 교환해 드립니다.

편집진행 윤진영 · 천명근 | **표지디자인** 권은경 · 길전홍선 | **본문디자인** 정경일

PREFACE

금속재료 분야의 전문가를 향한 첫 발걸음!

'시간을 덜 들이면서도 시험을 좀 더 효율적으로 대비하는 방법은 없을까?'
'짧은 시간 안에 시험을 준비할 수 있는 방법은 없을까?'
자격증 시험을 앞둔 수험생들이라면 누구나 한 번쯤 들었을 법한 생각이다. 실제로도 많은 자격증 관련 카페에서도 빈번하게 올라오는 질문이기도 하다. 이런 질문들에 대해 대체적으로 기출문제 분석 → 출제경향 파악 → 핵심이론 요약 → 관련 문제 반복 숙지의 과정을 거쳐 시험을 대비하라는 답변이 꾸준히 올라오고 있다.

윙크(Win-Q) 시리즈는 위와 같은 질문과 답변을 바탕으로 기획되어 발간된 도서이다.

그중에서도 윙크(Win-Q) 금속재료산업기사는 PART 01 핵심이론, PART 02 과년도 + 최근 기출복원문제, PART 03 실기로 구성되었다. PART 01은 과거에 치러 왔던 기출문제의 keyword를 철저하게 분석하고, 반복 출제되는 문제를 추려낸 뒤 그에 따른 빈출문제를 수록하여 빈번하게 출제되는 문제는 반드시 맞힐 수 있고, PART 02에서는 과년도 기출문제 및 최근 기출복원문제를 수록하여 PART 01에서 놓칠 수 있는 최근에 출제되고 있는 새로운 유형의 문제에 대비할 수 있다. 또한, PART 03에는 실기를 수록하여 한 권으로 시험대비를 완성할 수 있도록 구성하였다.

금속재료산업기사는 금속재료의 특성을 파악하기 위해 시험하고 분석, 조직검사, 열처리 등을 수행한다. 이렇게 양성된 전문기술인력들은 중공업 및 정밀공업, 자동차 및 항공, 건설산업 등의 기초산업 분야에서의 안전과 경제적 이익을 가져다 줄 것이다.

자격증 시험의 목적은 높은 점수를 받아 합격하는 것이라기보다는 합격 그 자체에 있다고 할 것이다. 다시 말해 평균 60점만 넘으면 어떤 시험이든 합격이 가능하다. 효과적인 자격증 대비서로서 기존의 부담스러웠던 수험서에서 과감하게 군살을 제거하여 꼭 필요한 공부만 할 수 있도록 한 윙크(Win-Q) 시리즈가 수험준비생들에게 '합격비법노트'로서 함께하는 수험서로 자리 잡길 바란다. 수험생 여러분들의 건승을 기원한다.

편저자 씀

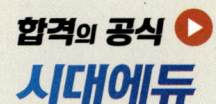

자격증 · 공무원 · 금융/보험 · 면허증 · 언어/외국어 · 검정고시/독학사 · 기업체/취업
이 시대의 모든 합격! 시대에듀에서 합격하세요!
www.youtube.com → 시대에듀 → 구독

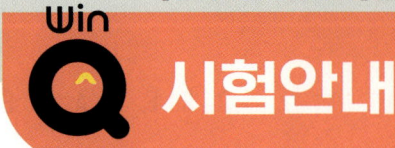

개요

금속재료의 특성을 파악하기 위해 시험하고 분석, 조직검사, 열처리 등을 수행할 수 있는 전문기술인력을 양성함으로써 중공업 및 정밀공업, 자동차 및 항공, 건설산업 등 기초산업분야에서의 안전과 경제적 이익을 도모하고자 자격제도를 제정하였다.

수행직무

금속재료에 관한 기술기초지식과 상급 숙련기능을 바탕으로 금속과 합금을 유용한 형상으로 만들기 위한 재료시험, 결함검사시험, 금속 열처리 등의 업무를 수행하거나 이와 관련된 지도적 기능업무를 담당한다.

시험일정

구분	필기원서접수 (인터넷)	필기시험	필기합격 (예정자)발표	실기원서접수	실기시험	최종 합격자 발표일
제1회	1월 중순	2월 초순	3월 중순	3월 하순	4월 중순	6월 중순
제2회	4월 중순	5월 중순	6월 중순	6월 하순	7월 중순	9월 중순
제3회	7월 하순	8월 초순	9월 중순	9월 하순	11월 초순	12월 하순

※ 상기 시험일정은 시행처의 사정에 따라 변경될 수 있으니, www.q-net.or.kr에서 확인하시기 바랍니다.

시험요강

❶ 시행처 : 한국산업인력공단
❷ 시험과목
　㉠ 필기 : 1. 금속재료 2. 금속조직 3. 금속 열처리 4. 재료시험
　㉡ 실기 : 금속재료 관련 작업
❸ 검정방법
　㉠ 필기 : 객관식 4지 택일형, 과목당 20문항(과목당 30분)
　㉡ 실기 : 복합형[필답형(1시간) + 작업형(2시간 정도)]
❹ 합격기준
　㉠ 필기 : 100점을 만점으로 하여 과목당 40점 이상, 전 과목 평균 60점 이상
　㉡ 실기 : 100점을 만점으로 하여 60점 이상

검정현황

필기시험

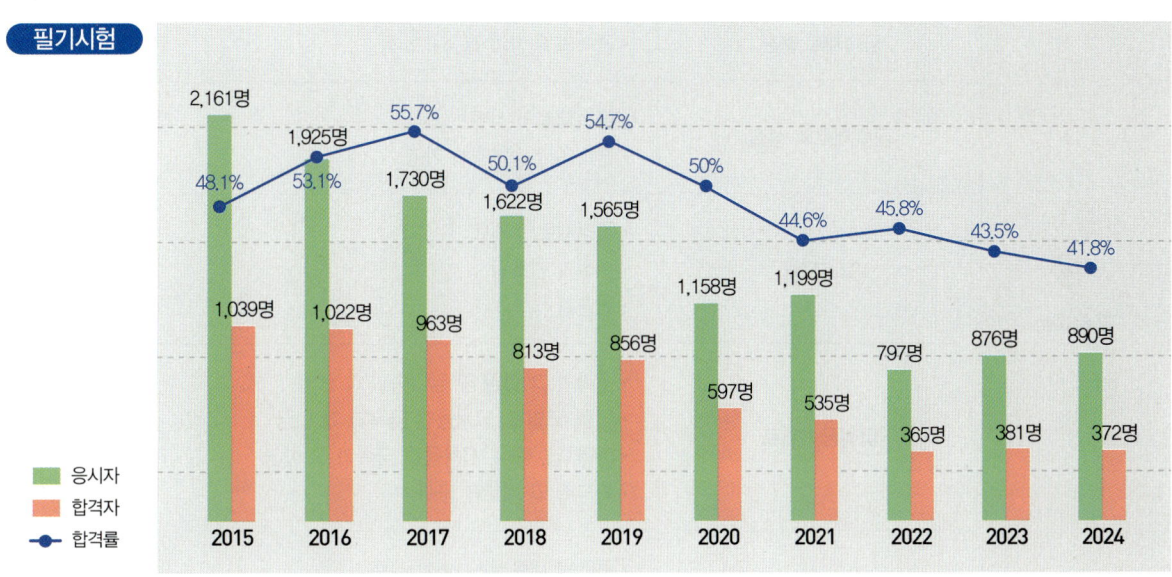

실기시험

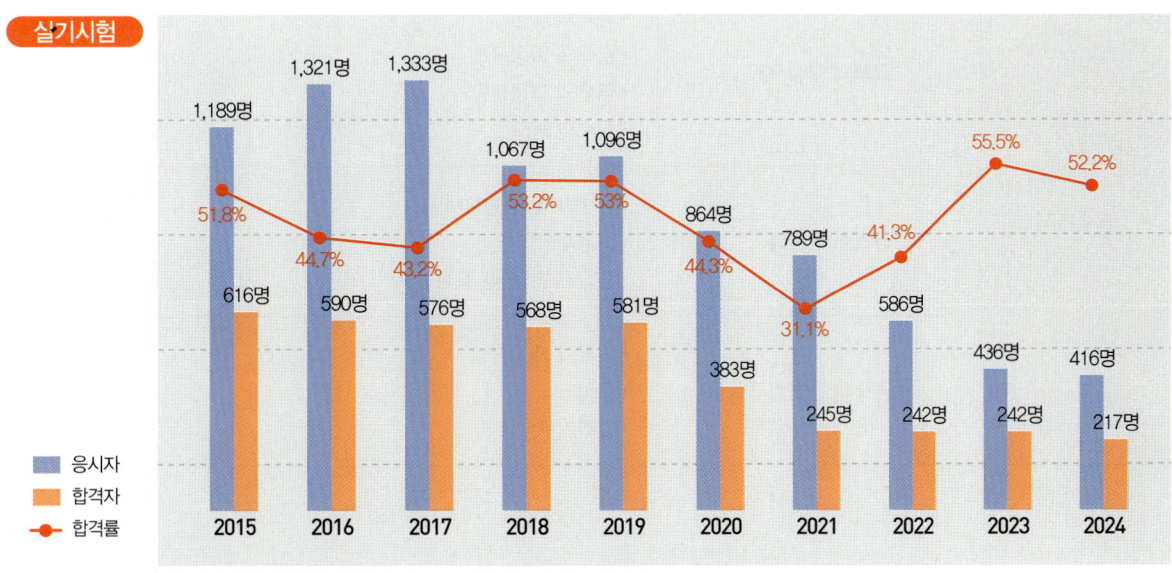

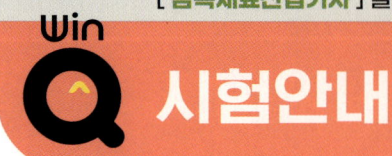

시험안내

출제기준(필기)

필기 과목명	주요항목	세부항목
금속재료	금속재료 총론	• 금속의 특성과 결정구조 등
	금속재료의 성질	• 금속재료의 성질 • 금속의 소성변형과 가공
	철강재료	• 철강재료의 개요 • 순철과 탄소강 • 합금강
	비철금속재료	• 구리와 그 합금 및 경금속과 그 합금 • 니켈, 코발트, 고용융점 금속과 그 합금 • 아연, 납, 주석, 저용융점 금속과 그 합금 • 귀금속 및 희토류 금속
	신소재 및 그 밖의 합금	• 구조용 재료 및 기능성 재료 • 신에너지 재료
금속조직	고체의 결정구조	• 금속의 특성 • 금속의 결정구조 • 금속의 결정결함 • 금속의 응고
	상변화와 상태도	• 상변화 및 평형상태도 • 고용체 • 합금의 변태 및 조직 변화
	금속의 강화기구	• 회복과 재결정 • 확산 • 강화기구

필기 과목명	주요항목	세부항목
금속 열처리	열처리의 개요	• 강의 열처리 기초 • 합금원소의 영향 • 항온변태 • 연속 냉각변태
	열처리 설비	• 열처리로와 설비 • 냉각장치와 냉각제
	특수 열처리	• 특수 열처리의 종류와 방법 • 표면경화 열처리
	강 및 주철 열처리	• 강의 열처리
	비철금속 열처리 및 새로운 열처리	• 비철금속 열처리
	열처리결함 및 대책	• 새로운 열처리 방법 • 결함의 원인과 대책
재료시험	기계적 시험법	• 경도, 충격시험 • 인장, 압축, 전단시험 • 굽힘, 비틀림, 피로, 마모시험 • 특수재료시험
	조직검사	• 금속 조직시험
	비파괴시험법	• 비파괴시험
	안전관리	• 안전관리 • 환경관리

[금속재료산업기사] 필기+실기

시험안내

출제기준(실기)

실기 과목명	주요항목	세부항목
금속재료 관련 작업	작업계획 작성하기	• 작업방법 선정하기
	일반열처리	• 퀜칭 처리하기 • 템퍼링 처리하기 • 어닐링 처리하기 • 노멀라이징 처리하기 • 후처리 작업하기
	표면경화열처리	• 침탄열처리하기 • 질화열처리하기
	기계적 재료시험	• 인장시험하기 • 경도시험하기 • 충격시험하기 • 피로시험하기 • 굽힘시험하기 • 마모시험하기
	방사선 비파괴검사	• 방사선 비파괴검사 준비하기 • 방사선 비파괴검사 안전관리하기 • 방사선 비파괴검사 정리하기
	초음파 비파괴검사	• 초음파 비파괴검사 준비하기 • 초음파 비파괴검사 실시하기 • 초음파 비파괴검사 정리하기

실기 과목명	주요항목	세부항목
금속재료 관련 작업	와전류 비파괴검사	• 와전류 비파괴검사 준비하기 • 와전류 비파괴검사 실시하기 • 와전류 비파괴검사 정리하기
	누설 비파괴검사	• 누설 비파괴검사 준비하기 • 누설 비파괴검사 실시하기 • 누설 비파괴검사 정리하기
	자기 비파괴검사	• 자기 비파괴검사 준비하기 • 자기 비파괴검사 실시하기 • 자기 비파괴검사 정리하기
	침투 비파괴검사	• 침투 비파괴검사 준비하기 • 침투 비파괴검사 실시하기 • 침투 비파괴검사 정리하기
	거시조직검사	• 불꽃시험에 의한 재질 판별하기 • 육안검사하기 • 실체현미경 조작하기 • 거시조직 평가하기
	광학현미경조직검사	• 시편 준비하기 • 광학현미경 조작하기 • 분석결과 평가하기

[금속재료산업기사] 필기+실기

CBT 응시 요령

기능사 종목 전면 CBT 시행에 따른
CBT 완전 정복!

"CBT 가상 체험 서비스 제공"
한국산업인력공단
(http://www.q-net.or.kr) 참고

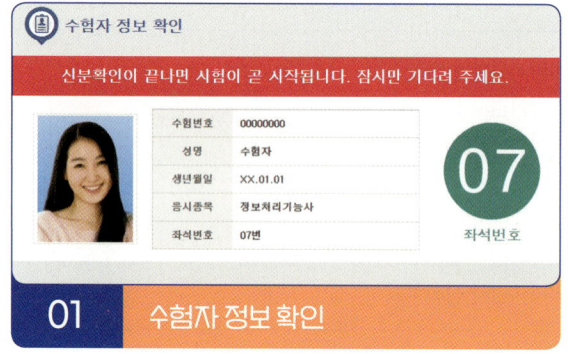

01 수험자 정보 확인

시험장 감독위원이 컴퓨터에 나온 수험자 정보와 신분증이 일치하는지를 확인하는 단계입니다. 수험번호, 성명, 생년월일, 응시종목, 좌석번호를 확인합니다.

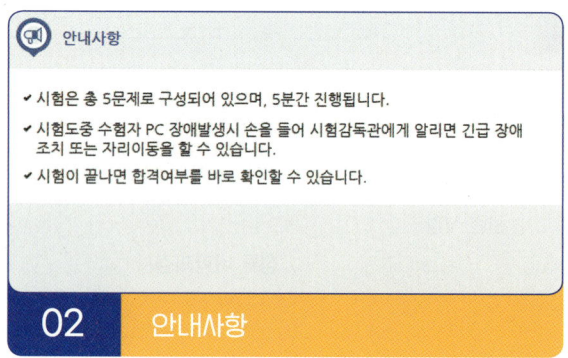

02 안내사항

시험에 관한 안내사항을 확인합니다.

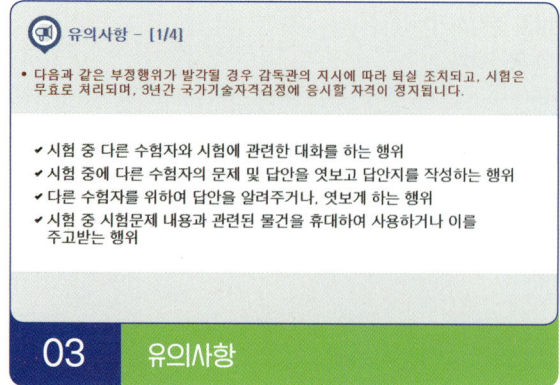

03 유의사항

부정행위에 관한 유의사항이므로 꼼꼼히 확인합니다.

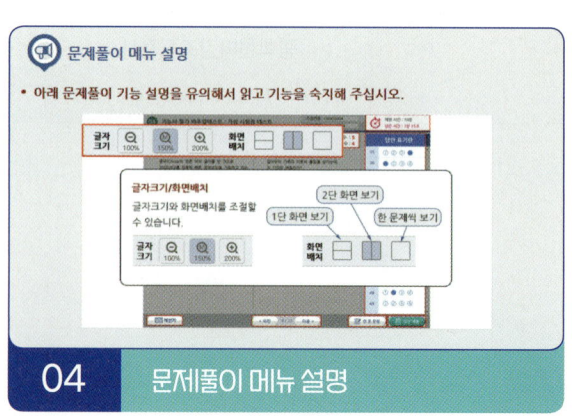

04 문제풀이 메뉴 설명

문제풀이 메뉴의 기능에 관한 설명을 유의해서 읽고 기능을 숙지해 주세요.

CBT GUIDE

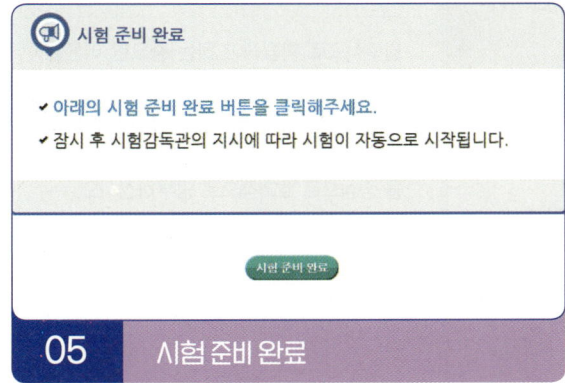

시험 안내사항 및 문제풀이 연습까지 모두 마친 수험자는 시험 준비 완료 버튼을 클릭한 후 잠시 대기합니다.

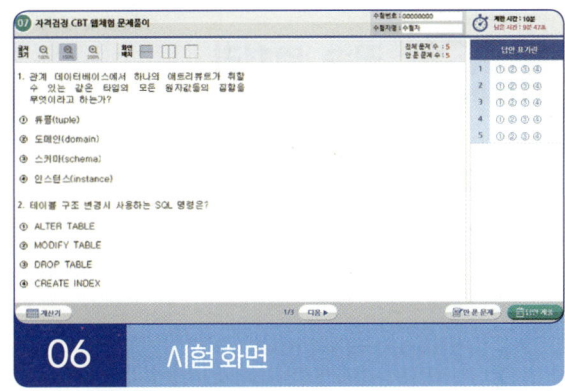

시험 화면이 뜨면 수험번호와 수험자명을 확인하고, 글자크기 및 화면배치를 조절한 후 시험을 시작합니다.

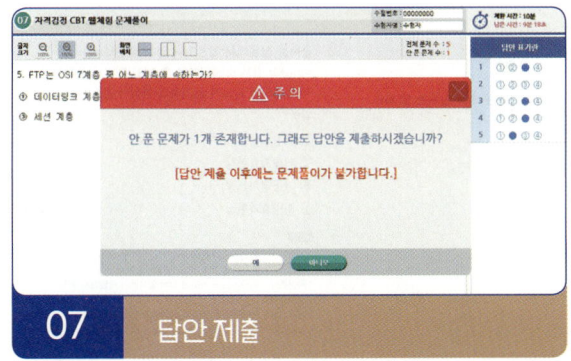

[답안 제출] 버튼을 클릭하면 답안 제출 승인 알림창이 나옵니다. 시험을 마치려면 [예] 버튼을 클릭하고 시험을 계속 진행하려면 [아니오] 버튼을 클릭하면 됩니다. 답안 제출은 실수 방지를 위해 두 번의 확인 과정을 거칩니다. [예] 버튼을 누르면 답안 제출이 완료되며 득점 및 합격여부 등을 확인할 수 있습니다.

CBT 완전 정복

내 시험에만 집중할 것
CBT 시험은 같은 고사장이라도 각기 다른 시험이 진행되고 있으니 자신의 시험에만 집중하면 됩니다.

이상이 있을 경우 조용히 손을 들 것
컴퓨터로 진행되는 시험이기 때문에 프로그램상의 문제가 있을 수 있습니다. 이때 조용히 손을 들어 감독관에게 문제점을 알리며, 큰 소리를 내는 등 다른 사람에게 피해를 주는 일이 없도록 합니다.

연습 용지를 요청할 것
응시자의 요청에 한해 연습 용지를 제공하고 있습니다. 필요시 연습 용지를 요청하며 미리 시험에 관련된 내용을 적어놓지 않도록 합니다. 연습 용지는 시험이 종료되면 회수되므로 들고 나가지 않도록 유의합니다.

답안 제출은 신중하게 할 것
답안은 제한 시간 내에 언제든 제출할 수 있지만 한 번 제출하게 되면 더 이상의 문제풀이가 불가합니다. 안 푼 문제가 있는지 또는 맞게 표기하였는지 다시 한 번 확인합니다.

[금속재료산업기사] 필기+실기

구성 및 특징

핵심이론

필수적으로 학습해야 하는 중요한 이론들을 각 과목별로 분류하여 수록하였습니다. 시험과 관계없는 두꺼운 기본서의 복잡한 이론은 이제 그만! 시험에 꼭 나오는 이론을 중심으로 효과적으로 공부하십시오.

과년도 + 최근 기출복원문제

지금까지 출제된 과년도 기출문제와 최근 기출복원문제를 수록하였습니다. 각 문제에는 자세한 해설이 추가되어 핵심이론만으로는 아쉬운 내용을 보충 학습하고 출제경향의 변화를 확인할 수 있습니다.

STRUCTURES

실기(필답형)

시험에 자주 나온 실기 필답형 문제를 복원하여 실제 시행 문제에 대한 대비를 할 수 있도록 하였습니다. 가장 최신의 경향을 파악하고 새롭게 출제된 문제의 유형을 익혀 처음 보는 문제들도 풀이할 수 있도록 하였습니다.

실기(작업형)

실기 작업형에서는 작업별 주의사항 및 핵심 설명을 올컬러 사진과 함께 수록하여 최종 합격의 지름길을 제시하였습니다.

[금속재료산업기사] 필기+실기

최신 기출문제 출제경향

- 니켈-구리 합금, Au 합금, 비정질합금
- Fe-C 평형상태도, 구상흑연주철
- 고용체 강화, 시효경화, 킹크 변형
- 공석강, 규칙도, 슬립, 금속의 확산속도
- 표면처리, 클링킹, 마퀜칭, 가스침탄공정도
- 마텐자이트, 트루스타이트, 공석강
- 브리넬 경도, 단면수축률, 초음파검사, 굽힘시험, 내부결함 비파괴시험
- 압축시험 및 에릭센 시험의 재료 요건, 결정립도

- 신소재, 소결합금, 실용 황동, 변태점 측정
- 금속간화합물, 금속결합, 금속의 내부 결함, 치환형 고용체, 홀패치 식
- 회주철의 열처리, 기본 열처리, 마텐자이트
- 압축강도, 평균입도번호, 경도시험의 분류, 진응력과 공칭응력

2021년 1회 | **2021년 2회** | **2022년 1회** | **2023년 1회**

- 구리합금, 알루미늄 합금, 수소저장합금, 저용융점합금
- 헤어크랙, 흑연화 촉진원소, 분말야금, 결정립 크기 제어
- 자유에너지와 내부에너지, 주조 시 금속의 수축
- 펄라이트변태, 점결함, 고용체 강화, 중간상의 구조, 코트렐 효과
- 쇼트피닝, 열처리 조직의 경도, 담금질 냉각제
- 초심랭처리, 진공열처리, 고주파 경화법, 탈탄 방지대책
- 인장강도, 투과전자현미경, 비금속 개재물, 로크웰 경도
- 부식액, 초음파탐상검사, 쇼어경도시험기, 설퍼프린트법, 음향방출검사

- 선팽창 계수, 브라베 격자, 지렛대 원리, 금속의 비중
- 전율 고용체와 한율 고용체, 쌍정, 재결정, 자유에너지
- 알루미늄 열처리, 담금질 조직, 심랭처리, 열처리로의 종류
- 로크웰 경도시험, 최대 전단력, 자기비파괴검사

자주 출제되나 놓치기 쉬운 내용

- 탄소강의 조직
- 금속결정의 종류와 특성
- 열처리에 따른 변태
- 경도시험, 굽힘시험, 비틀림시험, 충격시험

- 합금의 종류와 특성
- 고용체의 특성과 강화
- 침탄과 질화처리
- 비파괴시험의 종류와 특성

TENDENCY OF QUESTIONS

2024년 1회
- 분말야금법, 플래티나이트, 해드필드강
- 알루미늄청동, 금속의 결정격자, 압연가공
- 전율고용체, 격자결함, 금속의 전위밀도
- 슬립면, 밀러지수, 자기확산, 역위상
- 오스템퍼링, 질화처리, 이온질화법
- 염욕의 구비조건, 패턴팅, 뜨임, 표면경화법
- 피로시험, 충격에너지, 전단응력, 연삭마모
- $S-N$ 곡선, 노치 효과, 리젝션

2024년 2회
- 탄소당량, 수소저장합금, 강성률
- 전자강판의 특성, 모넬메탈, 페이딩 현상
- 고용체 강화, Fick's 제1법칙, 자유도
- 포정반응, 반데르발스결합, 홀패치 식, 재결정
- 질화법의 종류, 고주파 담금질, 침탄층의 깊이
- 탈탄 방지법, 주철의 열처리, 항온변태곡선
- 방사선투과시험, 충격에너지, 로크웰 경도, 기포 누설시험
- 와전류탐상시험, 부식액, 침투비파괴검사

2025년 1회
- 변태점 측정법, 해드필드 강, 스테인리스 강
- 부유대역 정제법, Au 합금, 규칙격자의 특징, 아연합금
- 단범위 규칙도, 면심입방격자 쌍정면, 면간거리
- 깁스의 상률, 금속의 재결정 온도, X-ray 회절법
- 뜨임균열의 방지대책, 알루미늄 질별 기호
- 흑심가단주철의 열처리, 진공로 단열재 구비조건
- 시험편의 인장 및 압축강도, 정적시험방법, 탄소강의 불꽃시험
- 누설탐상시험, 설퍼프린트시험, 알루미늄 시험 선팽창계수

2025년 2회
- 결정구조, 합금원소의 역할, 철광석의 화학식
- 알루미늄 합금, 순철의 특징, 금속의 비중
- 강의 물리적 성질, Fick의 법칙, 전자의 공유결합
- 면심입방격자, 점결함, 양은의 특징, 킹크 변형
- 고주파 표면담금질, Harris 방정식, 고체 침탄법
- 배럴 연마, 냉각의 기본 3단계, 인상담금질
- 경도시험, 매크로 검사, 로크웰 경도, B형 시험편
- 방사선 투과 검사, 안전보건교육, 크리프 시험

이 책의 목차

[금속재료산업기사] 필기+실기

빨리보는 간단한 키워드

PART 01	핵심이론	
CHAPTER 01	금속재료	002
CHAPTER 02	금속조직	059
CHAPTER 03	금속 열처리	086
CHAPTER 04	재료시험	136

PART 02	과년도 + 최근 기출복원문제	
2014~2020년	과년도 기출문제	170
2021~2024년	과년도 기출복원문제	548
2025년	최근 기출복원문제	653

PART 03	실기	
필답형		688
작업형		761

빨간키

빨리보는 간단한 키워드

CHAPTER 01 금속재료

▌ 금속의 변태

- 형태가 변화하는 것으로 상과 조성에 변화가 없는 것, 확산을 수반하며 상이 변하는 것, 무확산 변태로 나뉨
- (Fe)상태도에서의 변태 : 포정반응(1,492℃), 공정반응(1,130℃), 공석반응(723℃)
- A_1(공석변태) / A_0(시멘타이트의 자기변태), A_2(철의 자기변태) / A_3, A_4(동소변태)

▌ 변태점 측정

열분석법을 가장 많이 사용하며 전기저항, 체적변화, 자성변화, 비열변화, X선을 이용한 격자변화 등으로 측정

▌ 금속의 결정구조

결정구조	원자수	배위수	특징
체심입방(BCC)	2	8	강한 성질(Ba, Cr, Fe) 충전율 68%
면심입방(FCC)	4	12	큰 전연성(Al, Cu, Ag) 충전율 74%
조밀육방(HCP)	2	12	전연성 작고 취약(Mg, Zn, Ti, Zr) 충전율 74%

▌ 브라베 격자

- 입방정계 : $a = b = c$, $\alpha = \beta = \gamma = 90°$
- 정방정계 : $a = b \neq c$, $\alpha = \beta = \gamma = 90°$
- 사방정계 : $a \neq b \neq c$, $\alpha = \beta = \gamma = 90°$
- 육방정계 : $a = b \neq c$, $\alpha = \beta = 90°$, $\gamma = 120°$
- 단사정계 : $a \neq b \neq c$, $\alpha = \gamma = 90° \neq \beta$
- 삼사정계 : $a \neq b \neq c$, $\alpha \neq \beta \neq \gamma \neq 90°$

▌ 격자결함

원자적으로 나타나는 격자의 불규칙
- 점결함(0차원) : 공공, 자기침입형 원자, 고용체
- 선결함(1차원) : 전위(칼날, 나사, 혼합)
- 면결함(2차원) : 외부표면, 결정립계, 쌍정립계
- 부피 또는 체적결함(3차원) : 기포, 균열, 외부함유물, 다른 상

▌ 슬립면과 슬립방향

- 체심입방격자(BCC) : 슬립면 {110}, {112}, {123}, 슬립방향 〈111〉
- 면심입방격자(FCC) : 슬립면 {111}, 슬립방향 〈110〉

▌ 소성가공

금속의 소성을 이용한 가공으로 절삭은 포함되지 않음
- 압연가공 : 회전하는 롤러 사이에 금속재료의 소재를 통과시켜 성형
- 인발가공 : 재료를 구멍이 있는 다이에 통과시켜 잡아당기는 성형
- 압출가공 : 실린더 모양의 컨테이너에 금속을 넣고 한쪽에 있는 램에 압력을 가하여 밀어내어 봉, 관, 형재 등을 제작
- 단조가공 : 해머 등을 이용해 기계적인 방법으로 가압하여 일정한 형상을 만드는 가공
- 프레스가공 : 판상의 재료를 형을 이용하여 성형
- 전조 : 나사모양의 두 개의 롤 사이에 압력을 가하여 나사나 기어를 만드는 가공

▌ 냉간가공 & 열간가공

재결정 온도를 중심으로 그 이상의 온도에서 가공이 이루어지면 열간가공, 그 이하의 온도에서 이루어지면 냉간가공이라 하며, 각기 다른 특성을 가짐

▌ 제선

- 주원료인 철광석과 연료인 코크스를 고로에 장입한 후 열풍을 불어넣어 코크스를 연소시키고 그 열로 철광석을 녹여 용선을 생산
- 코크스를 태우면서 발생한 일산화탄소(CO) 가스를 이용한 철(Fe)의 간접환원 반응

    $3Fe_2O_3 + CO \rightarrow 2Fe_3O_4 + CO_2$

    $Fe_3O_4 + CO \rightarrow 3FeO + CO_2$

    $FeO + CO \rightarrow Fe + CO_2$

▍철강의 분류

분류	순철	강(steel)			주철(cast iron)		
C%	탄소함유량 0.025%C 이하	0.025%C~2.1%C 이하의 철강			2.1%C 이상의 철강		
		아공석강	공석강	과공석강	아공정주철	공정주철	과공정주철
		0.025%C~0.8%C	0.8%C	0.8%C~2.1%C	2.1%C~4.3%C	4.3%C	4.3%C~

- 순철의 종류 : 연철, 암코철, 전해철, 카보닐철

▍경도 크기

시멘타이트 > 마텐자이트 > 트루스타이트 > 베이나이트 > 소르바이트 > 펄라이트 > 오스테나이트 > 페라이트

▍철광석의 종류

- 적철광(69.94%) : 고로용 철광석의 대부분을 차지함
- 자철광(72.4%) : 철의 함유량이 많지만 조직이 치밀하여 환원이 잘 되지 않음
- 갈철광(59.8%)
- 능철광(48.2%)

▍철의 5대 원소

- 망가니즈(Mn) : 보통 강 중에 0.2~0.8% 함유되며, 일부는 α-Fe 중에 고용되고, 나머지는 S와 결합하여 MnS로 됨
- 규소(Si) : 인장강도와 경도를 높여주나 연신율이 감소하여 냉간가공성이 취약하게 됨
- 황(S) : Fe과 화합하여 FeS를 만들고 고온취성을 일으킴
- 인(P) : P은 Fe과 결합하여 Fe_3P를 만들고 상온취성을 일으킴
- 탄소(C) : 흑연탄소와 화합탄소(Fe_3C)가 있으며 흑연탄소는 연하고 약한 반면 화합탄소는 단단하고 취성이 있음

▍철의 탄소함유량

- 순철 : 0.025%C 이하
- 강(steel) : 2.0%C 이하
- 주철(cast iron) : 2.0%C 이상
- 연강 : 약 0.14%C
- 탄소강 : 약 0.025~2.11%C

합금강

보통강에 한 개, 또는 그 이상의 합금원소를 첨가하여 특수한 성질을 부여한 것. 상대적으로 적은 양의 탄소가 들어가며 합금원소의 첨가량에 따라 저합금강(10% 미만)과 고합금강(10% 초과)으로 나뉨

합금강의 원소

첨가원소	특성
Ni	인성증가, 저온 충격 내성 증가
Cr	내식성, 내마모성
Mo	뜨임 취성 방지
Mn, W	고온경도, 인장강도
Cu	내산화성
Si	전기적 특성, 내열성
V, Ti, Zr	결정입자 조절

구리와 구리합금

구리는 사용처가 광범위한 금속으로 단일 금속으로 사용하기도 하지만 합금을 통해 활용도를 높임

- 황동 = 구리 + 아연
- 청동 = 구리 + 주석
- 양은 = 구리 + 니켈 + 아연

황동(구리 + 아연)

- 톰백(tombac) : Zn을 5~20% 함유한 황동으로, 강도는 낮으나 전연성이 좋고, 색깔이 금색에 가까워 모조금이나 판 및 선 등에 사용
- 주석황동 : 소량의 Sn 첨가
- 7 : 3황동 : 대표적 황동으로 연신율이 크고 인장강도가 우수
- 6 : 4황동 : 상온에서 전연성은 낮고 강도는 우수
- 먼츠메탈(Muntz metal) : 아연을 40% 함유한 황동으로 열간가공이 가능하고 인장강도가 황동에서 최대
- 애드미럴티황동(admiralty brass) : 아연을 30% 함유한 황동에 주석을 1% 첨가한 황동으로 내식성 개선

청동(구리+주석)

- 인청동 : 청동에 비해 기계적 성질이 우수하고 내마멸성과 내식성이 우수
- 연청동 : 청동에 납을 첨가한 청동으로 베어링 등에 사용
- 포금 : 구리에 8~12% 주석을 함유한 청동으로 포신재료 등에 사용
- 규소청동 : 4% 이하의 규소를 첨가한 합금으로 내식성과 용접성이 우수하고 열처리 효과가 적으므로 700~750℃에서 풀림하여 사용
- 알루미늄청동 : 청동에 알루미늄 8~12% 함유하여 내식성, 내열성이 우수

알루미늄과 그 합금

지구상에 다량으로 널리 존재하는 금속으로 가벼운 실용 금속
- 두랄루민 : Al-Cu-Mg-Mn으로 시효경화성이 가장 좋음
- 실루민 : Al-Si계로 유동성이 좋으며 모래형 주물에 이용
- Y합금 : 내열용이고 고온에서 강함
- 라우탈(Lautal) : 주조용 알루미늄합금
- 하이드로날륨 : 알루미늄과 마그네슘의 합금으로 바닷물과 알칼리에 대한 내식성이 강하고 용접성이 매우 우수

고융점 금속

- 철의 녹는점인 1,535℃보다 녹는점이 높은 금속. 용융점이 높은 원자는 결합이 강함
- 텅스텐(3,400℃), 레늄(3,147℃), 탄탈럼(2,850℃), 몰리브데넘(2,620℃), 지르코늄(1,900℃), 타이타늄(1,800℃), 이리듐(2,447℃) 등이 있음

금속의 비중

물과 비교하는 금속의 질량비
Na(0.97) < Mg(1.7) < Al(2.7) < Ti(4.5) < Fe(7.9) < Ni(8.9) < Pb(9.0) < W(18.6) < Au(19.3) < Ir(22.4)

금(Au)

미용, 산업적으로 활용이 많으며 백금(Pt)과는 다른 재료
- $100 \times 18K/24K = 75\%$
- $100 \times 14K/24K = 58.3\%$
- 24K는 99.9%

복합재료

- 형태와 화학조성이 다르고 서로 용해되지 않는 2개 혹은 그 이상의 성분에 대한 혼합이나 조합으로 이루어진 재료로 비교적 높은 강도와 강성도를 가짐
- 구성요소 : 섬유(fiber), 입자(particle), 모재(matrix)

형상기억 합금

주어진 특정 모양의 금속을 인장하거나 소성변형한 것이 가열에 의하여 원형으로 되돌아오는 성질을 가진 합금으로 주로 마텐자이트 변태를 사용

▌비정질합금
금속을 용융상태에서 초고속 급랭에 의해 제조되는 재료로 결정이 되어 있지 않은 상태이며, 인장강도와 경도를 크게 개선시킨 합금

▌초경합금
- 공구 등에 사용되는 초경질합금으로 금속의 탄화물 분말을 소성(燒成)해서 만든 합금
- 실용상 중요한 것은 WC-Co계, WC-TiC-TaC-Co계, WC-TiC-Co계 등이 있음

▌분말야금
금속 가루를 가압·성형하여 굳히고, 가열하여 소결함으로써 금속 제품을 얻는 방법으로 매우 높은 용융점이 아닌 적당한 고온에서 원하는 재료를 만들 수 있음

▌전열합금
전기를 가하였을 때 열이 발생하는 합금으로 고온에서 버틸 수 있으며 니크롬이 대표적

CHAPTER 02 금속조직

■ 원자결합
- 원자 간 1차 결합 : 이온결합(ionic bonds), 공유결합(covalent bonds), 금속결합(metallic bonds)
- 원자 간 2차 결합 : 반데르발스 결합(런던 인력)

■ 체심입방격자(BCC)
- 강하고 면심입방보다 전연성이 적음
- 원자수 : $\frac{1}{8} \times 8 + 1 = 2$

■ 면심입방격자(FCC)
- 전연성이 좋아 가공성이 큼
- 원자수 : $\frac{1}{8} \times 8 + \frac{1}{2} \times 6 = 4$

■ 조밀육방격자(HCP)
- 취약하고 전연성이 적음
- 원자수 : $4 \times \frac{1}{6} + 4 \times \frac{1}{12} + 1 = 2$

■ 자유도
- 상태를 유지하며 독립적으로 변화시킬 수 있는 변수(온도, 압력, 조성)의 개수로 금속에서는 압력을 제외
- $F = n - P + 1$(자유도=성분-상태+1) : 금속의 자유도

■ 고용체 Ⅰ
- 전율 고용체 : 용매와 용질원자 간에 모든 비율에 걸쳐 서로 고용체를 형성하는 것
- 한율 고용체 : 고용한도를 가지는 고용체(공정형, 포정형, 편정형 등)

고용체 Ⅱ
- 치환형 고용체 : 정연하게 늘어서 있는 고체의 원자를 밀어내고 그 자리에 대신 들어가는 형태
- 침입형 고용체 : 결정격자의 원자 사이로 침입해 들어가는 고용체를 의미(H, C, N, O, B)

규칙-불규칙 변태
- 치환형, 침입형 고용체에서는 원자배열에 규칙성의 유무를 따라서 규칙-불규칙 변태로 나눔
- Bragg-Williams의 장범위 규칙도 : 소격자의 분포율로 규칙도를 정의
  $R=1$: 격자가 완전히 규칙적인 것을 나타냄
  $R=0$: 완전무질서 배열을 나타냄

금속간 화합물
금속과 금속 사이의 친화력이 클 때 2종 이상의 금속원소가 간단한 정수비를 가지고 결합한 상태로 A_mB_n의 형태로 세라믹과 비슷한 성질을 가짐

3원 상태도
3가지 성분이 존재하는 상태도로 정삼각형을 기준으로 표시하며 3성분계 중 순수 성분은 꼭짓점, 2원 합금조성의 AB, BC, CA를 세 변에 표시. 2성분계에서 많이 사용하던 지렛대 원리는 3성분계에서도 성립

핵생성과 핵성장
- 핵생성 : 자라날 수 있는 크기의 핵의 생성이며, 핵이 생성되기 쉬운 위치는 결정립계와 같은 불안정한 자리
- 핵성장 : 결정핵이 발생한 후 핵이 성장하며 주위의 핵에서 성장한 다른 결정들과 충돌하여 성장이 중지될 때까지 진행

무확산 변태
오스테나이트가 확산 없이 순간적으로 변태를 일으켜 마텐자이트를 형성하며 구조와 특징이 달라짐

회복
금속에 열이 가해져서 결정립의 변화는 없지만 결정립 내부에 응력으로 변화되었던 변형에너지와 항복강도 등이 감소하여 기계적 성질이 변화하는 것

금속의 재결정
- 재결정 온도 : 임의의 온도에서 1시간 동안 재결정이 완료될 때의 온도로 재결정을 통해 새로운 조직으로 바뀜
- 금속의 소성가공에서는 재결정 온도를 기준으로 냉간/열간가공을 분류
- 2차 재결정 : 핵생성 없이 핵성장만 이루어져 금속의 기계적 성질에는 불리

확산의 법칙
- 확산 : 용매 중 용질이 포함되어 있는 상태에서 국부적인 농도차가 있을 때 시간이 지남에 따라 농도의 균일화가 일어나는 것
- Fick의 확산 제1법칙 : $J = -D\dfrac{dC}{dx}$
- Fick의 확산 제2법칙 : $\dfrac{dC_x}{dt} = \dfrac{d}{dx}\left(D\dfrac{dC_x}{dx}\right)$

확산의 기구
격자 간 원자기구(진동), 공격자점 기구, 직접교환기구, 링기구

금속의 강화기구
고용체강화, 석출강화, 분산강화, 결정립계 미세화 등

결정립 미세화
Hall과 Petch는 인장항복응력과 결정립 크기의 사이에 다음 식이 성립함을 발견

$\sigma_0 = \sigma_i + k'D^{-1/2}$

여기서, D는 결정립의 지름이며, 작을수록 강화가 일어나는 것을 알 수 있음

CHAPTER 03 금속 열처리

■ 열처리의 종류

- 불림(normalizing) : 가공 시 발생된 이상 조직의 균질화 및 가공성 향상
- 풀림(annealing) : 부품의 연화, 가공성 향상 및 잔류응력 제거
- 담금질(quenching) : 부품의 경도 증가를 위한 열처리
- 뜨임(tempering) : 담금질 후 잔류응력 제거, 조직의 기계적 성질 안정화
- 표면경화(surface hardening) : 표면은 내마멸성이 높고, 중심부는 인성이 큰 이중조직을 가지게 함(침탄, 질화 등)

■ 열처리 방법

냉각 방법	열처리의 종류
연속냉각	보통 풀림, 보통 불림, 담금질
2단냉각	2단 풀림, 2단 불림, 시간 담금질
항온냉각	항온 풀림, 항온 뜨임, 오스템퍼링, 마템퍼링, 마퀜칭, 오스포밍, M_s 퀜칭

■ 항온변태곡선(TTT, C, S curve)

강을 A_1 변태온도 이상으로 가열하여 오스테나이트화한 후 A_1 변태온도 이하의 어느 온도로 급랭시켜 시간이 지남에 따라 오스테나이트의 변태를 나타낸 곡선

■ 연속냉각곡선

TTT선도보다는 좀더 실제에 가까운 열처리 곡선

■ 열처리로의 분류

분류기준	형식
열원	전기로, 가스로, 중유 및 경유로
용도	일반 열처리로, 고체 침탄로, 염욕로, 가스 침탄로, 고주파 가열장치, 화염경화처리 장치
장입 방식	연속로, 배치(batch)로, 대차로, 푸셔로

■ 열전쌍 온도계

- 서로 다른 두 금속의 양 끝단을 접속시켜 접점 온도에 차이가 있을 경우 미약한 전류가 흐르는데, 이 열전기력을 측정하여 양 접점 간의 온도차를 측정하는 원리
- 구리-콘스탄탄, 철-콘스탄탄, 크로멜-알루멜, 백금로듐-백금

■ 노점측정 방법

- 오자르트 방법
- 노점분석(노점컵, 안개상자)
- 열선분석
- 적외선 CO_2 분석
- 냉각면법

■ 표면경화처리

- 화학적 표면경화법 : 침탄법, 질화법, 침탄질화, 금속침투법
- 물리적 표면경화법 : 화염경화법, 고주파열처리, 쇼트 피닝

■ 냉각성능

종류	분수	염수(10% 식염수)	가성소다수(5%)	물	기름	폴리머담금질액(30%)
냉각속도비	9	2	2	1	0.3	0.3

■ 냉각곡선 3단계

- 제1단계(증기막 단계) : 시료가 증기에 감싸여 냉각속도가 느림
- 제2단계(비등 단계) : 증기막의 파괴로 비등이 활발하여 냉각속도가 최대
- 제3단계(대류 단계) : 시료 온도가 낮아져 대류에 의해 열을 빼앗기며 냉각속도가 느림

■ 심랭처리(sub-zero)

0℃ 이하의 온도에서 냉각시키는 조작을 말하며 마텐자이트 내부의 잔류 오스테나이트를 마텐자이트화 하여 내부 응력을 안정화

■ 초심랭처리

액체 산소(-183℃), 액체 질소(-196℃), 액체 수소(-268℃) 등의 극저온 냉각재를 이용하여 마텐자이트의 조직을 미세화하기 위한 열처리

▌열처리 결함

가열온도 및 시간의 부적당, 산화, 탈탄, 과열변형

▌담금질의 결함

경도 불균일, 담금질 제품 경도 부족, 담금질에 의한 변형, 시효변형

▌표면경화 시 결함

- 고주파 담금질의 결함과 대책 : 경도부족, 담금질 얼룩, 균열, 변형
- 침탄 담금질의 결함과 대책 : 경도부족, 담금질 얼룩, 균열, 박리, 변형
- 질화처리에 의한 결함과 대책 : 경도 부족, 백층 생성, 원재료의 강도 저하 및 취성, 변형

CHAPTER 04 재료시험

■ 기계적 시험법
- 정적시험 : 인장, 압축, 전단, 굽힘, 비틀림, 압입 경도시험
- 동적시험 : 피로시험, 충격시험, 쇼어 경도시험, 에코팁 경도시험
- 파괴시험 : 인장, 압축, 전단, 굽힘, 비틀림, 압입 경도시험, 피로시험, 충격시험, 쇼어 경도시험, 에코팁 경도시험, 성분분석, 결정립도, 비금속 개재물, 조직시험
- 비파괴시험 : 방사선, 초음파, 침투, 자기 비파괴 검사

■ 경도시험의 분류
- 압입 경도시험 : 브리넬, 로크웰, 비커스, 마이크로 비커스, 누프, 마이어 경도시험
- 반발 경도시험 : 쇼어, 에코팁 경도시험
- 긋기 경도시험 : 모스, 마르텐스 경도시험

■ 브리넬 경도시험
- 강구 또는 초경합금구 압입자를 사용하여 일정하중으로 시험편을 압입할 때 생기는 자국의 크기에 의해 경도 측정
- 브리넬 경도(HB) = $\dfrac{2P}{\pi D(D - \sqrt{D^2 - d^2})}$

  여기서, P : 하중, D : 강구의 지름, d : 압흔의 지름

■ 비커스 경도시험
- 꼭지각 136°인 다이아몬드 압입자로 시험편 표면에 압입하였을 때 시험편에 작용한 하중을 압입 자국의 대각선 길이로부터 얻은 표면적으로 나눈 값
- 비커스 경도(HV) = $\dfrac{P}{A} = \dfrac{2P}{d^2}\sin\left(\dfrac{\theta}{2}\right) = \dfrac{2P}{d^2}\sin\left(\dfrac{136°}{2}\right) = \dfrac{1.854P}{d^2}$

  여기서, P : 하중, A : 압입자의 표면적, d : 압흔의 대각선의 평균 길이

로크웰 경도시험

- 기준하중과 시험하중을 이용한 압입자국의 깊이차를 이용하여 경도 측정
- 시험하중 : 60kgf, 100kgf, 150kgf
- 기준하중 : 10kgf

쇼어 경도시험

- 일정한 형상과 중량을 가지는 다이아몬드 해머를 일정한 높이에서 낙하시켜 반발하는 높이를 경도로 표현한 것
- $HS = \dfrac{10,000}{65} \times \dfrac{h}{h_0}$

  여기서, h_0 : 초기 높이, h : 반발 높이

샤르피 충격시험

- 표준시편에 충격에 대한 동적하중을 가하여 금속의 충격흡수에너지를 구하는 시험
- 충격흡수에너지 = $WR(\cos\beta - \cos\alpha)$

  여기서, W : 해머중량(kgf), R : 해머의 회전 반지름(m), α : 시험 전 각도, β : 시험 후 각도

- 충격값 = $\dfrac{\text{충격흡수에너지}(kgf \cdot m)}{\text{단면적}(cm^2)}$

강의 취성(메짐)

- 상온취성 : 인(P)에 의해 발생되며 상온에서 충격값을 저하시키고 가공성이 나빠짐
- 적열취성 : 열간가공의 온도범위에서 일어나는 메짐현상으로 황(S)이 많이 함유된 경우 발생
- 청열취성 : 강이 200~300℃로 가열되면 경도, 강도는 최대가 되지만 연신율, 단면수축은 감소하여 일어나는 메짐현상으로, 이때 표면에 청색의 산화피막이 생성되어 청열취성이라 함
- 저온취성 : 천이온도 이하의 온도에서 충격값이 급격하게 저하되는 성질

인장시험

- 금속의 표준시편의 양 끝을 잡아당겨 파단시키는 시험
- 변형에 의한 변형률과 하중에 의한 응력과의 관계 그래프인 응력변형곡선을 나타냄
- 인장강도, 단면수축률, 연신율, 항복강도, 탄성한도, 비례한도, 푸아송비, 탄성계수 등을 측정

■ 인장시험편(4호)

- 표점 거리 L=50mm
- 평행부 길이 P=약 60mm
- 지름 D=14mm
- 어깨 반지름 R=15mm 이상

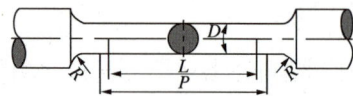

■ 인장시험

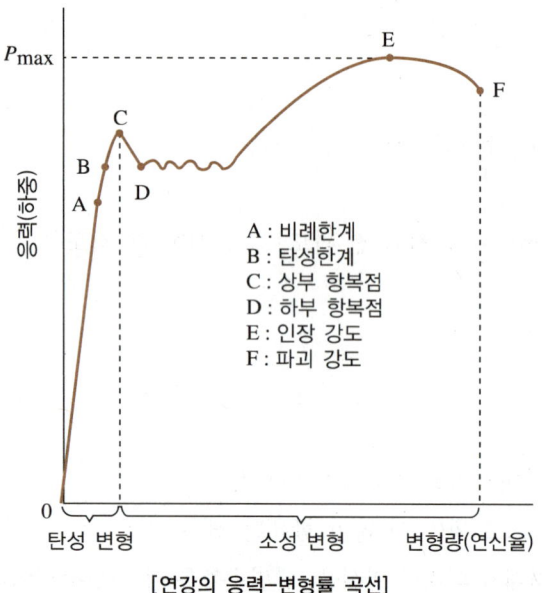

A : 비례한계
B : 탄성한계
C : 상부 항복점
D : 하부 항복점
E : 인장 강도
F : 파괴 강도

[연강의 응력-변형률 곡선]

■ 0.2% offset법

항복점을 규정하기 어려울 때 변형 후 탄성회복이 되었을 때 0.2%의 변형이 생기는 구간을 항복점으로 정하는 것

■ 진응력과 공칭응력

- 진응력 = $\dfrac{\text{실제 작용하중}(P)}{\text{하중 } P \text{가 작용할 때의 단면적}}$

- 공칭응력 = $\dfrac{\text{실제 작용하중}(P)}{\text{원단면적}}$

▌ 굽힘시험

측정항목 : 재료의 전·연성, 소성가공성, 굽힘응력

▌ 비틀림시험

측정항목 : 강성계수, 비틀림강도, 비틀림 파단계수

▌ 피로시험

작은 힘이라도 매우 많은 횟수가 누적되며 재료가 파단에 이르는 현상을 알아보는 시험

▌ 마모시험의 종류

연삭마모, 응착마모, 피로마모, 부식마모

▌ 마모시험 방법과 영향 인자

- 접촉방식 : 미끄럼 마모, 회전 마모, 왕복 미끄럼 마모
- 마모시험에 영향을 주는 인자 : 마찰속도, 마찰압력, 마찰면 거칠기

▌ 크리프시험

- 1단계 : 변형률이 점차 감소되는 단계(천이 크리프)
- 2단계 : 속도가 대략 일정하게 진행되는 단계(정상 크리프)
- 3단계 : 네킹(necking)이 발생하는 영역(가속 크리프)

▌ 매크로 조직시험

- 육안 또는 10배 이내의 확대경을 이용하여 결정입자 또는 개재물 등을 검사하는 시험
- 종류 : 파면검사, 육안조직검사, 설퍼 프린트법

▌ 비금속 개재물

산화물, 규산물, 황화물, 내화물 등이 금속 중에 개재되어 있는 것

- 그룹 A(황화물 종류) : 쉽게 잘 늘어나는 개개의 회색 입자들로 그 끝은 보통 둥글게 되어 있음
- 그룹 B(알루민산염 종류) : 변형이 안 되며 모가 나고 흑색이나 푸른색이 도는 많은 수의 입자들로 변형 방향으로 정렬되어 있음
- 그룹 C(규산염 종류) : 쉽게 잘 늘어나는 개개의 흑색 또는 진회색 입자들로 그 끝은 보통 날카로움
- 그룹 D(구형 산화물 종류) : 변형이 안 되며 모가 나거나 구형으로 흑색이나 푸른색으로 방향성 없이 분포되어 있는 입자

■ 설퍼 프린트법

1~5% 황산 수용액에 브로마이드 인화지를 5분간 담근 후 수분을 제거한 다음 이것을 피검사체의 시험면에 1~3분간 밀착시켜 철강 중에 있는 황(S)의 편석 분포상태를 검사하는 시험

- 정편석(S_N) : 표면에서부터 중심부로 황이 증가하는 편석
- 점상편석(S_D) : 황이 점상으로 착색된 편석
- 선상편석(S_L) : 황이 선상으로 착색된 편석
- 역편석(S_i) : 중심부에서 표면으로 황이 증가하는 편석
- 중심부편석(S_c) : 황이 중심부에 집중되어 분포된 편석
- 주상편석(S_{co}) : 중심부 편석이 기둥모양인 편석

■ 불꽃시험법 종류

매립시험, 그라인더 불꽃검사법, 분말시험, 펠릿시험

■ 현미경 조직검사의 순서

시험편 채취 → 시험편의 제작(마운팅) → 연마 → 폴리싱 → 부식 → 검경

■ 연마제의 종류 및 사용처

- 비철 및 합금 : 알루미나(Al_2O_3), 산화마그네슘(MgO)
- 철강재 : Fe_2O_3, 산화크로뮴(Cr_2O_3), 알루미나(Al_2O_3)
- 초경합금 : 다이아몬드 페이스트

■ 부식액

금속재료	부식액
철강	나이탈(질산알코올용액)
	피크랄(피크르산알코올용액)
구리, 황동, 청동	염화제2철용액
니켈 및 합금	질산초산용액
주석 및 합금	나이탈
납 및 합금	질산용액
아연 및 합금	염산용액
알루미늄 및 합금	수산화소듐용액
귀금속류(Au, Pt)	왕수

결정립도 측정법
- ASTM 결정립 측정법(비교법) : FGC
- 제프리즈법(평적법) : FGP
- 헤인법(절단법) : FGI

비파괴검사의 분류
- 내부결함 검출법 : 방사선투과시험, 초음파탐상시험
- 외부(표면)결함 검출법 : 자기탐상시험, 침투탐상시험, 와전류탐상시험

방사선투과(RT)
X선이나 감마선과 같은 방사선을 투과하여 결함을 감지하는 방법

방사선 동위원소 반감기
- Co-60의 반감기 : 약 5.3년
- Cs-137의 반감기 : 30년
- Ir-192의 반감기 : 75일
- Tm-170의 반감기 : 129일

초음파 탐상(UT)
- 가청주파수(2~20kHz) 이상의 초음파를 이용한 결함검출방법을 말하며, 투과법 또는 펄스반사법을 사용
- 초음파의 종류 : 종파, 횡파, 표면파, 판파

자기탐상(MT)
- 강자성체를 자화하여 결함부분에서 발생하는 누설자속에 자분이 부착하게 됨으로써 표면과 표면직하의 결함을 검출하는 방법
- 강자성체(Fe, Ni, Co)만 검사할 수 있음
- 표피효과 : 교류자화에서 표면에 자속밀도가 최대가 되고 표면으로부터 들어감에 따라 저하되는 현상

침투탐상(PT)
- 모세관 현상과 적심성을 이용하여 침투제를 표면에 적용하고 불연속 내에 침투한 침투액이 만드는 지시모양을 관찰함으로써 결함을 찾아내는 탐상법
- 기본작업 순서 : 전처리 → 침투처리 → 세척처리 → 현상처리 → 관찰 → 후처리

침투액, 제거방법, 현상방법에 따른 분류

명칭	방법	기호
V 방법	염색 침투액 사용	V
F 방법	형광 침투액 사용	F
D 방법	이원성 염색 침투액을 사용	DV
D 방법	이원성 형광 침투액을 사용	DF

명칭	방법	기호
방법 A	수세에 의한 방법	A
방법 B	유성 유화제를 사용하는 후유화에 의한 방법	B
방법 C	용제 제거에 의한 방법	C
방법 D	수성 유화제를 사용하는 후유화에 의한 방법	D

명칭	방법	기호
건식 현상법	건식 현상제를 사용하는 방법	D
습식 현상법	수용성 현상제를 사용하는 방법	A
습식 현상법	수현탁성 현상제를 사용하는 방법	W
속건식 현상법	속건식 현상제를 사용하는 방법	S
특수 현상법	특수한 현상제를 사용하는 방법	E
무현상법	현상제를 사용하지 않는 방법	N

PART 01

핵심이론

CHAPTER 01　금속재료
CHAPTER 02　금속조직
CHAPTER 03　금속 열처리
CHAPTER 04　재료시험

CHAPTER 01 금속재료

제1절 금속재료 총론

핵심이론 01 금속의 특성과 결정구조 등

① 일반적인 금속의 성질
  ㉠ 금속상태로 유지가 된다면 광택을 가진다. 산화되어 광택을 잃은 경우는 금속상태로 볼 수 없다(산화알루미늄, Al_2O_3).
  ㉡ 고체상태에서 결정구조를 가지며 구조에 따라 비슷한 특성을 가진다.
  ㉢ 수은을 제외하고는 상온에서 고체이다.
  ㉣ 열과 전기의 양도체로 불붙은 나뭇가지는 들고 있을 수 있지만 달구어진 쇠 젓가락은 맨손으로 잡을 수 없음을 보면 알 수 있다.
    → 전기가 잘 통하면 열도 잘 전달한다. 예 구리
  ㉤ 연성 및 전성이 높다.
    → 세라믹(돌)은 때리거나 구부려서 성형할 수 없는 반면 금속은 망치로 때리면(대장간에서의 작업과 같이) 소성변형을 한다.
  ㉥ (철)금속의 정의 : Fe를 주성분으로 하는 금속재료

② 합금의 성질
  ㉠ 두 종류 이상의 금속원소 또는 비금속원소가 기계적으로 혼합된 금속으로 다음 3가지 방법으로 이루어진다.
    • 두 종류의 금속이 미세한 결정으로 결합
    • 원자 상태로 고용된 상태
    • 금속간 화합물을 형성한 상태
  ㉡ 원자 간 친화력에 의하여 합금제조가 결정된다.
    • 친화력이 강할 경우 : 화합물 조성
    • 친화력이 약할 경우 : 고용체로 존재
    • 아주 약할 경우 : 혼합물로 존재
  ㉢ 철합금에서 비철합금으로 변화할 때의 성질
    • 비중과 용융점이 낮아짐
    • 전기전도성이 떨어짐
    • 전성과 연성이 떨어짐
    • 내식성, 강도와 경도, 내마모성을 향상시키기 위해 제조함
  ㉣ 비철금속의 정의 : Fe를 주성분으로 하는 순철 및 철합금을 제외한 순금속과 그 합금
    예 구리, 알루미늄, 니켈, 마그네슘, 아연, 납, 주석, 타이타늄, 귀금속 및 그 합금

핵심이론 02 금속의 변태

① 상 변태
  ㉠ 정의 : 금속을 가열하거나 냉각하면 상변화가 생기며, 상의 종류 또는 상의 수의 변화를 수반한다. 이를 상 변태라 하며, 다음 3가지로 분류할 수 있다. 금속의 상 변태는 온도, 조성, 외부압력 등에 영향을 받을 수 있지만 가장 큰 요인은 열처리 온도의 변화이다. 또한 상 변태는 상태도를 따라 일어나지만 이는 평형상태의 상을 이어붙인 것이기 때문에 실제속도와는 괴리가 있다고 볼 수 있다. 따라서 실제의 냉각과 가열에서는 과랭과 과열 현상을 보인다(실제냉각에서는 철-탄소공석반응은 평형온도보다 10~20℃ 낮은 온도에서 일어난다).
  • 상의 수나 조성변화 없이 단순확산에 의해 생기는 변태 → 순수 금속의 응고, 동소변태, 재결정, 결정립 성장
  • 확산이 수반되는 변태로 상의 조성과 수의 변화가 있음 → 공석변태 등
  • 무확산 변태로 준안정상 생성 → 마텐자이트 변태
  ㉡ 변태점 측정법 : 열분석법을 가장 많이 사용하며 전기저항, 체적변화, 자성변화, 비열변화, X선을 이용한 격자변화 등으로 측정한다.
  • 열분석법 : 열분석곡선의 온도정체부 이용
  • 시차열분석법 : 열분석법으로 분명한 차이를 보지 못할 때
  • 비열법(specific heat analysis)
  • 전기저항법 : 다른 방법에 비해 분석속도가 빨라(과랭, 과열 영향 안 받음) 동소변태, 자기변태 측정에 가장 적합
  • 열팽창법 : 열분석보다 변화가 뚜렷

② 변태의 종류
  • 순철에서의 변태는 동소변태와 자기변태를 생각할 수 있다.
  • 순철의 변태와 강의 변태를 통틀어 5가지 변태는 예로 들 수 있으며 A_1 / A_0, A_2 / A_3, A_4이다.
    ※ 암기법 : 강의 변태 중 가장 중요한 공석변태를 A_1(가장 중요하니까 1), A_3, A_4(연속된 번호)는 동소변태, 나머지 A_0, A_2(짝수)를 자기변태로 암기
  ㉠ 동소변태 : 고체에서도 원자배열이 변하고 결합방법이 변하는 경우로 A_3 변태를 대표적으로 들 수 있다. 순철에서는 α철, γ철, δ철 3가지의 동소체(같은 재료 다른 물질 예 흑연 & 다이아몬드)를 가짐
  A_3 변태 : γ철 $\rightleftarrows$ α철
  (가역적 : γ철에서 α철로 왔다 갔다 가능)
  A_4 변태 : δ철 $\rightleftarrows$ γ철
  ㉡ 자기변태 : 상자성체와 반자성체 자화의 강도에 따라 나뉜다. 자장과 자화의 강도가 반대방향인 것을 반자성체, 같은 방향인 것을 상자성체라 하며 그중 자화의 정도가 큰 것을 강자성체라 한다. 원자의 배열, 격자의 배열 변화 없이 자성 변화만 있다. 자기적 성질이 변하는 온도(자기변태점)를 퀴리온도(Curie temperature, Curie point)라 한다.
  • 결정형태는 변하지 않고 자기적 성질만 변하는 것
  • 자기변태점(강자성체 3가지에서 나타남)
    - 철 : A_0 = 210℃, A_2 = 768℃
    - 니켈 : 368℃
    - 코발트 : 1,150℃

| 10년간 자주 출제된 문제 |

순철이 1,539℃에서 응고하여 상온까지 냉각되는 동안에 일어나는 변태가 아닌 것은?

① A_5 변태
② A_4 변태
③ A_3 변태
④ A_2 변태

[해설]

순철의 변태
- 동소변태 : A_3 변태(910℃), A_4 변태(1,400℃)
- 자기변태 : A_2 변태(768℃)

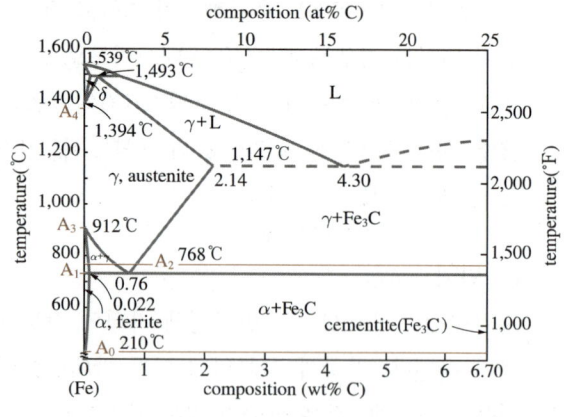

[철-철탄화물 상태도]

정답 ①

핵심이론 03 금속의 물리적·화학적 성질

① 금속의 물리적 성질

㉠ 비중 : 물과 똑같은 부피를 가진 물체의 무게와 물의 무게비를 말한다. 단위는 쓰지 않는다(1기압, 4℃의 상태).

Mg < Al < ⋯ < Fe < Cu
1.74 2.7   7.8   8.9
경금속 ←――― 4.5 ―――→ 중금속

- 중금속 : 비중 4.5 이상의 금속(구리(Cu), 철(Fe))
- 경금속 : 비중 4.5 미만의 금속(알루미늄(Al), 마그네슘(Mg))
- 금속의 비중은 가열하고 급랭하면 서랭시킨 것에 비해 비중이 약간 감소되는 경향이 있음

㉡ 용융잠열 : 냉각곡선에서 금속이 응고, 용해할 때 온도가 변치 않는 구간이 있는데 이 구간에서의 에너지(열)는 금속의 상을 바꾸는 데 소진되며 이를 용융잠열이라 한다. 용융 때의 숨은열로 상이 변할 때 흡열과 발열이 발생

㉢ 비열 : 물질 1g의 온도를 1℃ 높이는 데 필요한 열량

Mg > Al > Mn > Cr > Fe > Ni > Cu > Zn > Ag > Sn > Sb > W

㉣ 열전도율 : 열이 고온부에서 저온부로 전달되는 정도 두께 1m의 재료에 1℃의 온도차가 있을 때, 재료 표면의 면적 $1m^2$를 통하여 1시간 동안 다른 한쪽으로 전도되는 열량을 나타낸 것으로 단위는 kcal/m·h·℃이다.

Ag > Cu > Au > Al > Zn > Ni > Fe

㉤ 용융온도(융점) : 물질의 가열 시 고체에서 액체로 녹는 온도
- 수은(Hg) : -39℃. 가장 낮은 용융점
- 철(Fe) : 1,539℃
- 텅스텐(W) : 3,410℃. 가장 높은 용융점

ⓑ 전연성
- 전성 : 넓게 펴서 얇은 상태로 가공할 수 있는 성질 예 금박지
- 연성 : 금속을 잡아당겨 마치 실과 같은 형태로 늘어나는 성질 예 금실
- 면심입방격자는 전연성이 좋기 때문에 가공성 우수

ⓢ 선팽창계수
- 온도의 변화에 따라 팽창하는 정도
- $\dfrac{l'-l}{l(t'-t)}$

  여기서, l : 초기길이 t : 초기온도
  l' : 나중길이 t' : 나중온도

② 금속의 전기적 성질
ⓐ 도전율 : 전기저항의 역수로 길이 1m, 단면적 1mm²인 선의 저항을 Ω(옴)으로 나타낸 것으로 재료마다 다른 값을 가진다.

도전율 = $\dfrac{1}{전기저항}$ 둘은 역수 관계를 가진다.

③ 금속의 화학적 성질
ⓐ 부식 : 금속이 비금속(화합물)으로 변하는 것
→ 철이 녹슬어 붉은색 산화철로 변한다면, 산화철은 금속의 성질을 만족시키지 못하며(광택 없음, 전연성 없이 부스러짐 등) 이를 비금속성 화합물로 볼 수 있다.
- 부식은 화학작용을 통하여 발생하는 것, 침식은 기계적 마찰 등으로 일어나는 것을 뜻한다.
- 건부식, 습부식으로 나눌 수 있다.

ⓑ 이온화 경향 : 금속이 양이온이 되기 쉬운 것이 있고 어려운 것이 있는데 이를 이온화 경향이라 하며, 이온화 경향이 큰 금속은 쉽게 산화된다.
K > Ca > Na > Mg > Al > Zn > Fe > Ni > Sn > Pb > (H) > Cu > Hg > Ag > Pt > Au

좌측에 있을수록(이온화 경향이 클수록) 산화가 잘되며 (H)를 기준으로 우측(이온화 경향이 작은)은 산화가 잘 되지 않는다.
→ 이는 Na의 폭발적인 반응과 Fe의 일반적인 녹스는 속도, 시간이 오래 지나도 녹슬지 않는 금붙이(Au)를 통하여 알 수 있다.

ⓒ 내식성 : 금속의 부식에 대한 저항력

10년간 자주 출제된 문제

이온화 경향이 가장 큰 원소는?
① Ca   ② Zn
③ Fe   ④ Mg

[해설]
이온화 경향
K > Ca > Na > Mg > Al > Zn > Fe > Ni > Sn > Pb > (H) > Cu > Hg > Ag > Pt > Au

정답 ①

핵심이론 04 금속의 기계적 성질(1)

기계적 성질은 물리적 성질의 일종으로 외부의 힘과 이에 따른 재료의 변형 사이의 관계를 뜻한다. 대표적인 기계적 성질로 강도, 경도, 연성 등을 꼽을 수 있다. 금속재료에 대한 시험은 일반적으로 상온에서 실시하며 하중(힘)이 가해지는 현상은 크게 인장, 압축, 전단이 있다.

> **알아보기**
>
> 기계적 성질을 이해하기 위해서는 응력의 개념을 알아야 한다. 응력은 단위면적당 가해지는 힘으로서 힘과는 완전히 다른 개념이다. 손뼉을 치는 정도의 힘으로는 손에 상처를 입지 않는 것을 우리는 모두 알고 있다. 그렇지만 그 정도의 힘으로 뾰족한 물체에 부딪힌다면 큰 상처를 입게 된다. 이 차이는 어디에서 오는가? 얼마만큼의 면적에 힘이 가해지는지 생각해 보면 알 수 있을 것이다. 앞의 예시와 같이 힘에 단위면적이라는 개념이 합쳐진 것을 응력이라 정의한다.

① 응력
   ㉠ 단위면적당 가해지는 힘
   ㉡ 단위환산
   $$1\text{kgf/mm}^2 = 9.81\text{N/mm}^2$$
   $$= 9.81\text{MPa}$$
   $$= 9.81 \times 10^6 \text{N/m}^2$$
   $$= 9.81 \times 10^6 \text{Pa}$$

② 경도
   국부적인(부분적) 소성변형에 대한 재료의 저항성
   → 손가락으로 책상을 지그시 누른다면 책상의 형체는 변하지 않을 것이다. 그러나 같은 힘의 손가락으로 찰흙을 누른다면 모양이 변형되는 것을 볼 수 있다. 외부의 변형에 대한 두 재료의 저항성이 다르다고 표현할 수 있는데, 이러한 성질을 경도라 말한다.

③ 인성 ↔ 취성
   인성은 파괴가 일어나기까지의 재료의 에너지 흡수를 뜻한다. 인성이 크다면 재료가 파괴되지 않고 에너지를 흡수할 수 있는 반면 취성을 가진다면 쉽게 파손되는 것을 볼 수 있다.

④ 피로
   기계는 반복되는 힘을 많이 받기 때문에 충분한 인장, 압축응력임에도 불구하고 재료가 파괴되는 경우가 있다. 이런 현상을 피로파괴라고 하며, 사전 징후 없이 일어나 대형사고로 이어질 수 있어 매우 위험하다. 따라서 엔지니어는 항상 피로파괴를 고려해야 한다(모든 금속파손의 90% 정도는 피로파괴로 볼 수 있다).
   ※ 알루미늄, 구리, 마그네슘 등 비철금속에서는 피로한계가 나타나지 않는다.
   피로한도는 특정 응력과 반복된 횟수를 이용하여 그래프로 나타내는데 다음 예를 참고하면 된다.

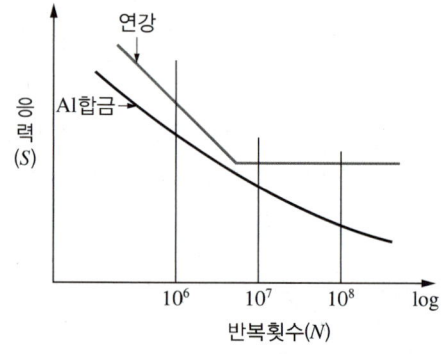

[$S-N$ 곡선의 예]

⑤ 크리프한도
   실제 사용 재료는 고온에서 반복된 하중을 받는 경우가 많다. 이에 따른 변형 & 변형률은 응력과 시간으로 나타낸다. 다음 그래프에 따라 1차(천이 크리프) - 2차(정상 크리프) - 3차(가속 크리프)

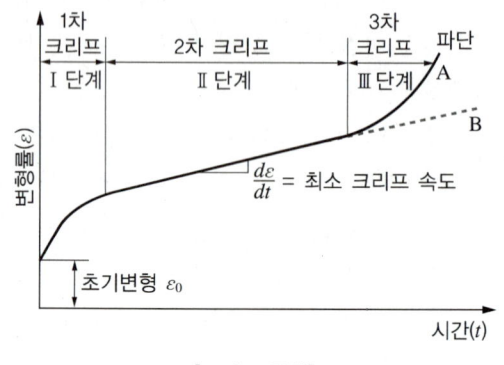

[크리프 곡선]

10년간 자주 출제된 문제

어떤 기계나 구조물 등을 제작하여 사용할 때 변동응력이나 반복응력이 무한히 반복되어도 파괴되지 않는 내구한도를 찾고자 하는 시험은?

① 피로시험 ② 크리프 시험
③ 마모시험 ④ 충격시험

[해설]

피로시험은 동적시험법의 하나로 반복적인 하중을 가하여 시험하며 시편의 크기, 표면 상태, 온도, 응력집중이 되는 형상 등의 영향을 받는다.

정답 ①

핵심이론 05 금속의 기계적 성질(2)

① 강도
  ㉠ 정의 : 금속이 외력에 대해 저항하는 힘
  ㉡ 단순인장 시험에서의 강도 종류
   • 인장강도 : 재료가 갖는 최대 응력값
   • 항복강도 : 탄성변형이 일어나는 한계응력
   • 파단강도 : 파단 시의 응력값
  ㉢ 전단강도(G)
   $$G = \frac{E}{2(1+\nu)}$$
   여기서, E : 탄성계수, ν : 푸아송비

② 경년변화(aged deterioration)
  ㉠ 장기간의 세월이 경과하는 사이, 자연열화를 포함하여 부식, 마모, 물리적인 성질의 변화 등으로 성능이나 기능이 떨어지는 것
  ㉡ 예로 황동 가공재를 상온에서 방치하거나 또는 저온 풀림경화로 얻은 스프링재는 사용 중 시간의 경과에 따라 경도 등 성질이 악화되는 현상

③ 지체파괴(delayed fracture)
  ㉠ 어느 한도 이상의 인장응력을 받는 상태에서 부식 등의 복합적인 환경 조건으로 인해 일정한 잠복기간 후 갑작스런 파단을 일으키는 현상
  ㉡ 원인은 잔류응력, 수소 지체 균열, 내부 균열에 의한 응력 집중 등

10년간 자주 출제된 문제

황동 가공재를 상온에서 방치하거나 또는 저온 풀림경화로 얻은 스프링재는 사용 중 시간의 경과에 따라 경도 등 성질이 악화된다. 이러한 현상을 무엇이라 하는가?

① 경년변화
② 자연균열
③ 탈아연 현상
④ 시효경화

해설

경년변화
장기간의 세월이 경과하는 사이, 자연열화를 포함하여 부식, 마모, 물리적인 성질의 변화 등으로 성능이나 기능이 떨어지는 것

정답 ①

핵심이론 06 금속의 변태

① 변태(transformation)
  ㉠ 정의
    형태가 변화하는 것으로 다음 3가지로 나누어 볼 수 있다.
    - 상의 수, 조성 변화 없는 동소변태, 재결정 등
    - 확산이 수반되며 상의 수와 조성에 변화가 생기는 변태
    - 무확산 변태
  ㉡ 변태점 측정법
    - 열분석법(thermal analysis)
    - 비열법(specific heat analysis)
    - 전기저항법(electric resistance analysis)

② 변태의 종류
  ㉠ 동소변태
    - 동소체라고도 하며 같은 원소이지만 압력이나 온도가 다른 조건에서 결정형태가 변하는 것
    - 동일 물질에서 원자배열의 변화로 생김
    - 일정온도(천이온도)에서 급격히 비연속적으로 일어나고 이로 인해 수축(팽창)이 일어남
    - 철의 동소변태는 A_3와 A_4이며 가역적
    - 철이 910℃에서 α상에서 γ상으로 결정격자가 변화하는 변태
  ㉡ 자기변태
    - 결정형태는 변하지 않고 자기적 성질만 변하는 것
    - 자기변태점
      - 철 : $A_0 = 210℃$, $A_2 = 768℃$
      - 니켈 : 368℃
      - 코발트 : 1,150℃

10년간 자주 출제된 문제

금속의 변태점 측정방법이 아닌 것은?

① 열팽창법 ② 전기저항법
③ 성분분석법 ④ 시차열분석법

|해설|

변태점 측정법
- 열분석법
- 비열법
- 전기저항법

※ 시차열분석법 : 변태점 측정법 중 시료의 온도와 기준 중성체간의 온도차를 이용해서 온도를 분석하는 방법이다.

정답 ③

핵심이론 07 금속의 응고

① 여러 가지 금속제조법

승화법, 전기분해법, 용재와의 단련, 분말야금, 용해 등의 방법으로 금속을 제조하는데 일반적인 방법은 용해를 들 수 있다.

※ 금속 제조와 상태도를 이해하려면 평형상태에 대한 이해가 필요한데 순간적으로 변화하는 온도, 조성(국부적), 압력을 가진 실제상황과 평형을 유지한 상태만을 기록하는 평형상태도의 괴리는 과랭과 과열을 통하여 해소된다.

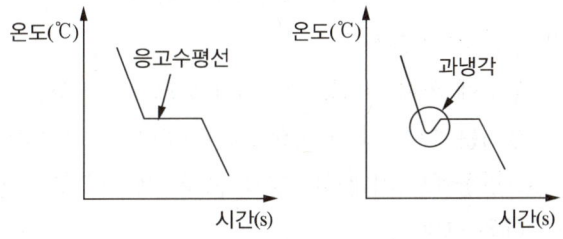

원래의 금속 냉각곡선은 좌측 그래프와 같아야 하지만 실제 냉각곡선은 우측 양상을 보인다. 평형상태도는 위에서 언급한 바와 같이 평형상태를 기준으로 작성되었기 때문이다.

㉠ 순금속의 응고 : 융체가 냉각되며 열을 방출하여 융점에 이르면 좌측 그래프와 같이 수평부분을 갖게 되는데 이는 잠열을 방출하는 구간이다.
- 응고과정 : 결정핵 생성 → 결정핵 성장 → 결정립계 형성 → 결정입자 생성

㉡ 순금속의 생성과 발달 : 금속이 고상이 되려면 핵의 생성과 성장이 주축이 되는데 냉각속도와 불순물 등에 의하여 그 진행이 달라진다. 결정핵의 수는 용융점 & 응고점의 바로 밑에서는 비교적 적지만 과랭도가 증가하며 점점 증가하여 일정 온도에 다다르면 최댓값을 가지고 그 이상의 과랭도를 가지면 발생하는 결정핵의 수는 감소한다. 이러한 성질은 핵의 수와 과랭도 곡선에서 알 수 있으며 이에 따라서 높은 온도구간에서는 미세결정, 결정

립을, 낮은 온도 구간에서는 조대한 결정을 갖는다.

② 수지상정(수지상 결정)

용융금속이 냉각하며 1개의 결정핵이 발달할 때 그 모양이 마치 나뭇가지와 같다하여 붙여진 이름

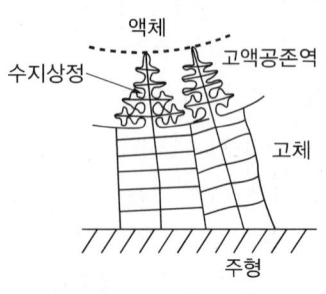

[고액공존역과 수지상정]

③ 응고 후의 조직

응고에 의해 생기는 결정입자의 크기와 모양은 핵이 생기는 수(N)와 그 성장속도(G)뿐만 아니라 열의 전도방향에도 지배되며 냉각속도가 빠르면 그 영향은 더욱 크다.

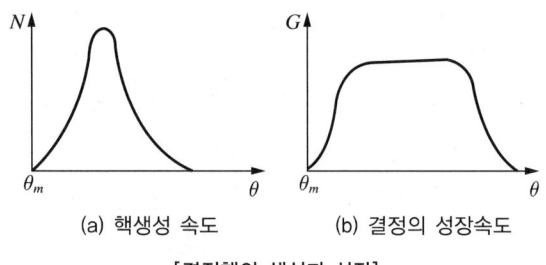

(a) 핵생성 속도   (b) 결정의 성장속도

[결정핵의 생성과 성장]

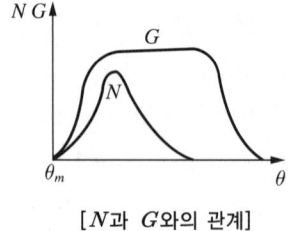

[N과 G와의 관계]

㉠ 주상조직 : 용융금속을 주형에 주입하여 냉각하게 되면 전체의 냉각속도가 균일하지 않아 외부는 빠르게 냉각하고 중심부의 냉각속도는 늦게 된다. 따라서 외부는 핵생성이 많고 내부는 적게 생기며 그에 따른 표면에서 중심을 향하는 주상조직이 발달하게 된다. 사형의 경우보다는 금형에서 더욱 분명하게 나타나는 특징이다. 또한 주형의 형태에 따라 주물 내부에 약한 면이 존재할 수 있는데 이를 방지하기 위하여 라운딩 처리된 주형을 사용할 수 있다.

㉡ 편석 : 용융금속이 식어서 고체가 되면 불순물이 더 이상 침입할 수 없기 때문에 금속이 응고되면 처음 응고되는 부분의 순도가 높아지며 상대적으로 주형의 중앙부, 위쪽으로 갈수록(늦게 응고할수록) 불순물이 모여서 편석(균일하지 않거나 불순물을 포함한 부분)을 이루게 된다. 이를 물리적으로 절단하는 방법으로 문제를 해결한다.

㉢ 수축공과 기공 : 금속이 용융상태에서는 부피가 크지만 고체가 되면 수축되어 부피가 작아진다. 따라서 응고 후 내부에 공동이 형성된다. 이를 수축공이라 하는데 강괴의 종류에 따라 그 형상이 달라진다.

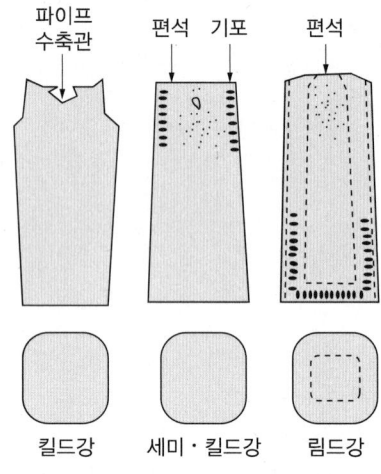

[강괴의 파이프, 수축관 및 기포]

10년간 자주 출제된 문제

용융 금속의 응고 시 핵 생성 속도에 영향을 가장 크게 미치는 것은?

① 시효   ② 공공
③ 전위   ④ 냉각속도

|해설|

핵 생성 속도에는 냉각속도가 가장 큰 영향을 미친다.
• 냉각속도가 빠르면 미세조직이 생성된다.
• 냉각속도가 느리면 조대한 결정이 생성된다.

|정답| ④

핵심이론 08 금속의 결정구조

① **개념**

금속의 결정에 대하여 접근하자면 다음에서와 같이 결정성과 비결정성에 대한 이해가 있어야 한다.

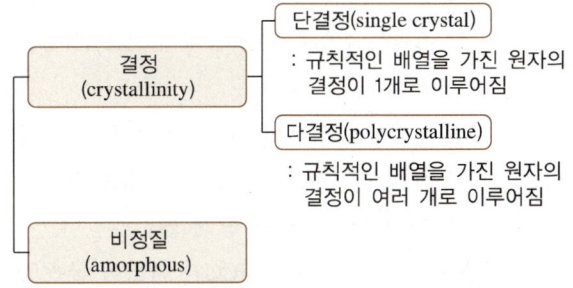

: 유리와 같이 원자배열에 규칙이 없음

• 결정을 가진 고체의 성질은 결정구조에 따라 정해진다. 대부분의 금속재료가 이에 해당하며, 결정구조에 대한 설명을 하는 동안에는 원자를 한 개의 작은 구 형태로 가정한다.
  - 격자 : 원자의 위치에 해당하는 점을 3차원적으로 배열한 것
  - 단위정(unit cell) : 결정격자의 기본 단위로 반복되는 형태의 가장 작은 단위를 말함

  ┤tip├
  단위정은 레고에서의 1×1 브릭이라 생각할 수 있음

② **결정구조**

금속재료의 결합은 보통 3개의 결정구조를 갖는데 이는 면심입방구조(face-centered cubic), 체심입방구조(body-centered cubic), 조밀육방구조(hexagonal close-packed)이다. 여기에 나오는 큐빅(cubic)구조는 주사위와 같은 정육면체를 떠올린 후 꼭짓점만 남아있다고 생각하면 이해가 쉽다.

  ㉠ 면심입방구조(FCC) : 금, 은, 동, 알루미늄 등이 FCC구조를 가지며, 올림픽을 연상하면 쉽게 떠올릴 수 있다. 큐빅구조(정육면체)에서 각 면의 중앙에 하나씩 원자가 추가되어 있다고 생각하면 되며, 내부의 원자는 4개가 속한다.

- 배위수 : 최인접 원자의 수로서 원자 이동의 주축이 된다. 예를 들어 목적지로 향하는 길이 1차선일 때와 8차선일 때 도착시간은 분명히 차이가 날 것이다. 배위수는 원자가 이동할 때 도로의 수와 같은 역할을 한다고 볼 수 있다. 따라서 배위수에 따라서 전성과 연성 등의 성질은 큰 영향을 받는다.
- 원자 충전율(APF) : 결정격자 안에 원자가 얼마나 가득 들어차 있는가를 나타내는 지수로 금속은 상대적으로 높은 충전율을 갖는다.

ⓛ 체심입방구조(BCC) : FCC와 더불어 금속의 결정구조에서 많이 볼 수 있는 결정구조로 큐빅 구조의 중앙(내부)에 온전한 원자 1개가 위치했다고 보면 된다. 내부의 원자는 2개가 속하는데 크로뮴, 철, 텅스텐과 같은 원자들이 이에 해당한다.

ⓒ 조밀육방구조(HCP) : 앞에 나열한 두 개와는 다르게 입방구조를 갖지 않는다. HCP구조의 경우 1개의 단위정이 아닌 3개의 단위정을 나타내고 있으며, 구조적인 특징을 갖는데 대체로 취성을 갖기 쉽다. 내부의 원자는 2개가 속한다.

- 금속의 결정 : 원자가 규칙적으로 배열되어 있는 집합체

결정구조	원자수	배위수	특징
체심입방 (BCC)	2	8	강한 성질 (Ba, Cr, Fe) 충전율 68%
면심입방 (FCC)	4	12	큰 전연성 (Al, Cu, Ag) 충전율 74%
조밀육방 (HCP)	2	12	전연성 작고 취약 (Mg, Zn, Ti, Zr) 충전율 74%

③ 결정계

많은 종류의 결정구조가 있으므로 단위정의 형태와 원자배열에 따라 분류를 하며, 단위정의 기하학적 형태에 따라 x, y, z축과 각도 α, β, γ를 이용하여 정의한다. 이들을 격자상수라 한다. 다음 그림은 격자상수를 이용한 7가지 대표적인 결정계이다.

[14종의 브라베(Bravais)격자]

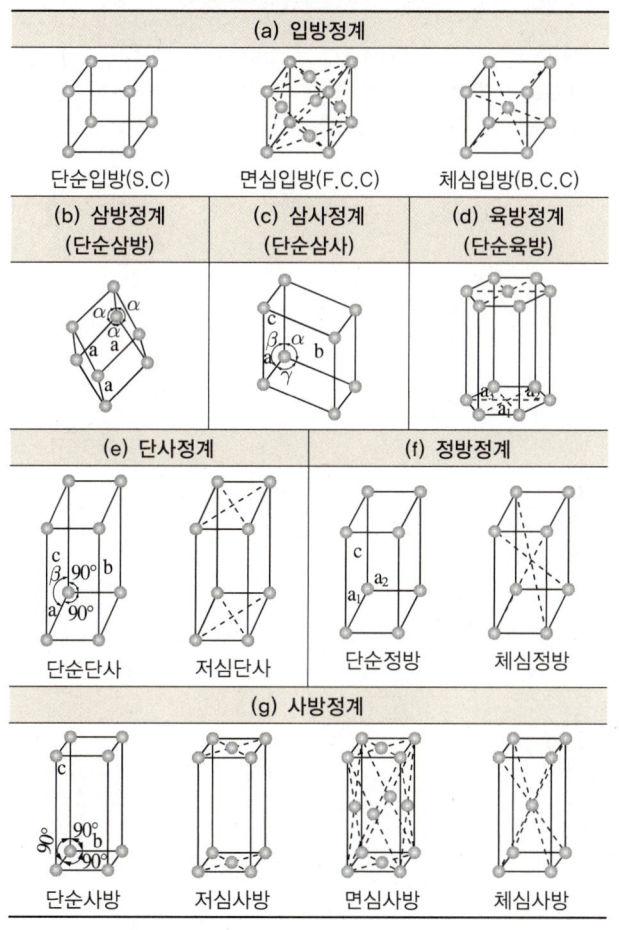

모든 각도가 우리가 일반적으로 사용하는 좌표계와 같이 수직하지 않음을 유의하자.

㉠ 입방정계
  $a = b = c$, $\alpha = \beta = \gamma = 90°$
㉡ 정방정계
  $a = b \neq c$, $\alpha = \beta = \gamma = 90°$
㉢ 사방정계
  $a \neq b \neq c$, $\alpha = \beta = \gamma = 90°$
㉣ 육방정계
  $a = b \neq c$, $\alpha = \beta = 90°$, $\gamma = 120°$
㉤ 단사정계
  $a \neq b \neq c$, $\alpha = \gamma = 90° \neq \beta$
㉥ 삼사정계
  $a \neq b \neq c$, $\alpha \neq \beta \neq \gamma \neq 90°$

10년간 자주 출제된 문제

정방정계의 축길이와 사이각을 옳게 나타낸 것은?

① $a = b = c$, $\alpha = \beta = \gamma = 90°$
② $a = b \neq c$, $\alpha = \beta = \gamma = 90°$
③ $a \neq b \neq c$, $\alpha = \beta = \gamma = 90°$
④ $a = b \neq c$, $\alpha = \beta = 90°$, $\gamma = 120°$

정답 ②

제2절　금속재료의 성질

핵심이론 01　금속결정체의 탄성 및 격자결함

① 금속의 탄성변형
  ㉠ 정의 : 외력을 받은 재료가 외력이 제거되었을 때 원상태로 복귀하는 변형
  ㉡ 바우싱거 효과 : 한 번 소성 변형된 재료에서 먼저 가한 응력의 반대방향에 대하여 항복점이 낮아지는 현상

② 금속 내의 결함의 의미
  금속 내의 결함은 잘못된 것으로의 의미만 가지지 않는다. 확산의 기구, 변형의 기구 등 금속에서 중요한 역할을 한다.

③ 격자결함
  원자적으로 격자불규칙을 갖는 것으로 금속에서 결정격자 내에 결함이 없다면 그 재료는 소성가공을 할 수 없게 되는데, 결합이 끊어지면 재결합이 불가능하기 때문이다.
  ㉠ 점결함(0차원)
    - 공공(빈 격자점) : 원자가 비어있는 자리를 뜻한다.
    - 자기침입형 원자 : 공공이 생겼다면 원래 공공자리의 원자는 어디에 있을까? 이는 자기침입형 원자가 되며 당연히 1차원 결함이다.
    - 고용체 : 치환형과 침입형 고용체가 존재하며 일종의 불순물로 보아도 무방하다.
  ㉡ 선결함(1차원) : 전위는 일부 원자들의 정렬이 어긋난 선결함이다. 칼날전위 또는 나사전위 그리고 혼합전위를 예로 들 수 있다.
  ㉢ 면결함(2차원) : 다른 결정구조나 결정방향을 가진 재료의 두 영역을 분리하는 경계면이다. 외부표면(자유표면), 결정립계, 적층결합(쌍정립계) 등을 예로 들 수 있다.
  ㉣ 부피 또는 체적결함(3차원) : 위의 ㉠~㉢의 결함보다 훨씬 큰 결함으로 일정한 부피를 갖는다. 기포, 균열, 외부함유물과 다른 상 등이 있다.

10년간 자주 출제된 문제

다음 중 면결함이 아닌 것은?
① 전위
② 자유표면
③ 결정립계
④ 적층결함

[해설]
전위는 선결함이다. 자유표면과 적층결합은 두 개의 다른 상이 만나는 것으로, 일종의 면결함이라 생각할 수 있다.

정답 ①

핵심이론 02 금속의 소성변형 기구

① 개요

재료에는 탄성변형과 소성변형이 존재하는데 소성변형은 영구적이며, 미시적으로 보았을 때 원자의 결합이 끊어진 후 재결합 되는 과정이라 해석할 수 있다. 이는 주로 전위에 의하여 일어나기 때문에 이를 이해하기 위하여 재료의 탄성/소성변형과 재료 내부의 결함에 대한 개념을 가져야 한다.

㉠ 탄성 : 외력이 제거되었을 때 원상 복구되는 것
  예 고무공
㉡ 소성 : 외력이 제거되더라도 변형이 그대로 남는 것
  예 찰흙

┌─ 알아보기 ─
│ 금속의 소성변형과 가공
│ 금속가공은 절삭가공과 비 절삭가공(소성가공)으로 분류된다. 그중 소성변형은 마치 애벌레가 기어가듯이 전위가 한 칸씩 옆으로 이동한다. 이렇듯 전위의 움직임에 따른 소성변형 과정을 슬립이라 하고, 전위선이 가로지르는 면을 슬립면이라 한다. 결국 소성변형은 슬립(전위의 움직임)에 따른 영구 변형이라 볼 수 있다.
└─

② 슬립면과 슬립방향

㉠ 체심입방격자(BCC) : 슬립면 {110}, {112}, {123}, 슬립방향 ⟨111⟩
㉡ 면심입방격자(FCC) : 슬립면 {111}, 슬립방향 ⟨110⟩

③ 소성변형 기구

㉠ 앞서 말한 바와 같이 소성가공은 전위로 인하여 발생한다.
㉡ 소성변형이 이루어지는 이유는 에너지 상태의 입장에서 그것이 더 편하기 때문이다. 사람도 쉽고 좋은 길을 찾아가듯 계속 가해지는 응력 속에서 에너지 준위가 낮은 변형을 찾은 결과라 볼 수 있다.

- 미끄럼(slip)변형 : 임계전단응력 이상의 힘이 가해질 때 미끄러지기 쉬운 원자면에서 인장력이 항복점에 다다라서 여러 단의 미끄럼이 생기는데 이러한 변형을 슬립이라 한다. 금속 종류에 따라 각기 다른 슬립면과 슬립방향을 가지고 있다.
  - 소성변형이 증가되면 강도도 증가
  - 미끄럼방향은 원자 간격이 가장 작음
  - 금속의 결정에 외력이 가해지면 슬립 또는 쌍정을 일으켜 변형
- 쌍정 : 특정 면을 기점으로 한쪽의 결정이 회전을 일으키는 현상. 마치 거울에 비춘 듯한 모습을 나타내는 것이 특징이다.
  ※ 슬립과 쌍정의 차이는 슬립에서는 결정의 방위가 변함이 없지만 쌍정에서는 결정의 방위가 바뀌는 것이 있다.

④ 킹크밴드(kink band)

카드뮴(Cd), 아연(Zn)과 같은 6방계 금속을 슬립면에 수직으로 압축할 때 생긴 변형 부분

10년간 자주 출제된 문제

Cd, Zn과 같은 6방계 금속을 슬립면에 수직으로 압축할 때 생긴 변형 부분을 무엇이라 하는가?

① kink band　　② lattice rotation
③ cross slip　　④ wavy slip line

해설

킹크밴드(kink band)
Cd, Zn과 같은 6방계 금속을 슬립면에 수직으로 압축할 때 생긴 변형 부분

정답 ①

핵심이론 03 금속의 소성가공

① 소성가공 방법 : 압연, 단조, 인발, 압출
  ※ 주조는 소성가공방법이 아님
② 소성가공 종류
  ㉠ 압연가공 : 재료를 열간 또는 냉간가공하기 위하여 회전하는 롤러 사이에 금속재료의 소재를 통과시켜 성형
  ㉡ 인발가공(drawing) : 테이퍼를 가진 다이(die)를 통과시켜 재료를 잡아당겨서 성형하는 방법
  ㉢ 압출가공 : 상온 또는 가열된 금속을 실린더 모양의 컨테이너에 넣고 한쪽에 있는 램에 압력을 가하여 밀어내어 봉, 관, 형재 등을 제작하는 가공방법
  ㉣ 단조가공 : 금속재료를 상온 혹은 고온에서 해머 등을 이용해 기계적인 방법으로 가압하여 일정한 형상을 만드는 가공방법
  ㉤ 프레스가공 : 판상의 재료를 형을 이용하여 성형
  ㉥ 전조 : 나사모양의 두 개의 롤 사이에 압력을 가하여 나사나 기어를 만드는 가공
③ 냉간가공/열간가공(재결정 온도를 기준)
  물체가 뜨겁다는 기준은 정해진 바 없다. 잡아보고 뜨겁다고 느끼면 뜨거운 것이고 차갑다고 느끼면 차가운 것이다. 그러나 금속에서는 그 기준이 명확하게 존재한다. 금속이 1시간에 걸쳐 재결정이 완료된다면 재결정 온도인 것이다. 이를 기준으로 더욱 높은 온도에서 가공을 한다면 열간가공, 낮은 온도에서 가공을 한다면 냉간가공으로 볼 수 있다. 재결정 온도를 기준으로 잡는 이유는 재결정의 메커니즘에 따라 금속의 전위가 사라지기 때문이다.

종류	특징
냉간가공	• 재결정 온도 이하에서의 가공 • 전위밀도가 증가하여 경도 및 인장강도가 커짐 • 인성이 감소 • 단면수축률이 감소 • 결정입자가 미세화되어 재료가 단단해짐 • 제품의 표면이 미려하고 치수가 정밀 • 열간가공에 비해 큰 힘이 필요함 • 전기저항이 증가
열간가공	• 재결정 온도 이상에서의 가공 • 회복, 재결정 과정을 거치며 전위가 사라짐 • 가공성이 매우 좋음 • 표면에 스케일이 생겨서 재가공 필요

10년간 자주 출제된 문제

3-1. 상온 또는 가열된 금속을 실린더 모양을 한 컨테이너에 넣고 한 쪽에 있는 램에 압력을 가하여 밀어내어 봉, 관, 형재 등을 제작한 가공방법은?

① 전조가공
② 단조가공
③ 프레스가공
④ 압출가공

3-2. 일반적으로 냉간가공할 때 금속 내부에 전위나 공격자점 등의 결함으로 인한 기계적, 물리적 성질이 변하는 상태를 설명한 것 중 틀린 것은?

① 밀도는 크게 증가한다.
② 강도는 증가하나 인성은 저하한다.
③ 전기저항은 일반적으로 증가한다.
④ 전위의 이동이 점점 어렵게 된다.

|해설|

3-1
압력을 가하여 봉, 관을 만드는 가공법은 압출가공이다.

3-2
① 금속의 밀도는 변하지 않는다.
냉간가공에서 가공도 증가에 의한 변화
• 연신율이 감소한다.
• 전위밀도가 증가하여 전위의 이동이 어려워진다.
• 강도와 항복점이 증가하나 인성은 감소한다.
• 전기저항은 일반적으로 증가한다.

정답 3-1 ④ 3-2 ①

핵심이론 04 소성가공과 금속의 성질변화

① 결정립 크기와 재료의 성질

결정립이 큰 경우는 소성가공(인장시험 같은)을 하게 되면 결정립의 윤곽이 외부로 드러나 균열이 발생하기 쉽다. 또한 연성 취성 천이온도 또한 결정립의 크기에 영향을 받는데 보통의 경우는 결정립이 작은 것이 유리하지만 표면가공이 필요한 경우는 결정립이 너무 작다면 표면 경도가 높아 가공을 방해할 수 있다.

② 냉간가공 및 풀림의 영향

냉간가공을 거치게 되면 재료 내부에는 전위가 증가하여 경도와 강도가 증가하고, 연신율이 작아진 상태이다. 냉간가공에 의해 가공 경화된 재료를 풀림처리로 완전히 제거하는 것은 쉽지 않다.

재결정 온도 이하에서의 열처리는 회복-재결정-결정립 성장의 과정을 거친다.

※ 시즌크랙(season crack) : 내부응력을 받는 구조물 또는 제품에 어떠한 외력을 가하지 않은 방치상태에서도 자연적으로 재료가 파괴되는 현상

10년간 자주 출제된 문제

내부응력을 받는 구조물 또는 제품에 어떠한 외력을 가하지 않은 방치 상태에서도 자연적으로 재료가 파괴되는 현상은?

① 헤어크랙 ② 시즌크랙
③ 상온취성 ④ 고온취성

|해설|

시즌크랙(season crack)
내부응력을 받는 구조물 또는 제품에 어떠한 외력을 가하지 않은 방치 상태에서도 자연적으로 재료가 파괴되는 현상

정답 ②

제3절 철강재료

핵심이론 01 철강재료 개요-제조 방법

철강재료는 제철 및 제강 그리고 이를 통하여 나온 철강에 대한 개념의 이해가 필요하다. 우선 제선공정은 주재료 및 부재료가 들어가며 고로(용광로)에서 환원대, 용융대, 연소대의 세 단계에서 철광석이 환원되며 용선을 만드는 과정이다. 제선공정에서 일어날 수 있는 반응 및 문제점도 중요하다. 이렇게 만들어진 용선은 많은 불순물을 포함하는데 불순물을 제거하여 더욱 순수한 용강으로 만들어내는 것을 제강공정이라 본다. 여러 가지 방법 중 일반적으로 전로법과 전기로법을 사용한다. 이후 압연공정을 통하여 사용하기 편한 반제품 형태로 만든다.

① 제선공정

㉠ 주원료인 철광석과 연료인 코크스를 고로에 장입한 후 열풍을 불어넣어 코크스를 연소시키고 그 열로 철광석을 녹여 용선을 생산

㉡ 코크스를 태우면서 발생한 일산화탄소(CO) 가스를 이용한 철(Fe)의 간접환원 반응

$3Fe_2O_3 + CO \rightarrow 2Fe_3O_4 + CO_2$

$Fe_3O_4 + CO \rightarrow 3FeO + CO_2$

$FeO + CO \rightarrow Fe + CO_2$

② 제강공정

㉠ 용광로에서 나온 용선과 고철을 전로에 장입 후 노 내에 고순도의 산소를 불어넣어 불순물을 제거하고 탄소함유량을 2% 이하로 만들어 연속주조 공정을 거쳐 반제품을 생산한다.

㉡ 제강법의 종류로는 평로, LD전로, 전기로법 등이 있다.

③ 압연공정
  ㉠ 제강공정에서 생산된 반제품을 두 개의 롤 사이로 통과시켜 판재나 선재 등의 제품으로 가공하는 공정

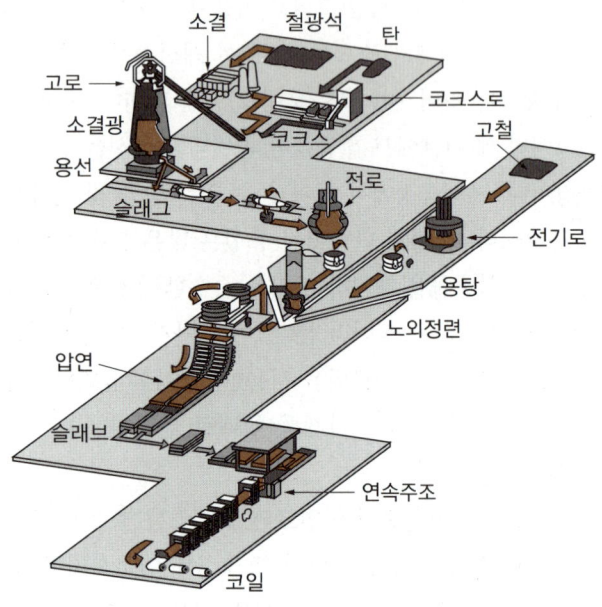

[철강 생산 공정]

④ 철광석 종류
  ㉠ 적철광 : Fe_2O_3, 69.94%Fe 고로용 철광석의 대부분을 차지함
  ㉡ 자철광 : Fe_3O_4, 72.4%Fe 철의 함유량이 많지만 조직이 치밀하여 환원이 잘 되지 않음
  ㉢ 갈철광 : $2Fe_2O_3 \cdot 3H_2O$, 59.8%Fe
  ㉣ 능철광 : $FeCO_3$, 48.2%Fe

핵심이론 02 철강재료 개요-분류

① 철강의 종류(탄소를 기준으로 일정 범위를 갖는다)

	C%		
순철	탄소함유량 0.025%C 이하		
강 (steel)	0.025%C~2.1%C 이하의 철강	아공석강	0.025%C~0.8%C
		공석강	0.8%C
		과공석강	0.8%C~2.1%C
주철 (cast iron)	2.1%C 이상의 철강	아공정주철	2.1%C~4.3%C
		공정주철	4.3%C
		과공정주철	4.3%C~

  ㉠ 순철 : 탄소함유량 0.025%C 이하로 연하고 가공성이 우수하다. 산에 침식되며 알칼리에는 침식되지 않는다. 가공성이 너무 낮아 기계구조용으로 사용은 힘들고 전자기 재료, 촉매, 합금용 등으로 한정된 사용을 한다. 암코철, 전해철, 카보닐철 등이 있다.
  ㉡ 강(steel) : 0.025%C~2.1%C 이하의 철강으로 가장 많이 사용하는 철이다. 공석강을 기준으로 C%에 따라 분류하며 질기고 늘어나는 성질이 있어 단조, 압연 등의 소성가공을 통하여 여러 형태로 가공하여 사용한다. 구조, 공구용, 특수용도 등으로 사용한다.
  ㉢ 주철(cast iron) : 2.1%C 이상의 철강으로 녹는점이 낮고 유동성이 좋아 주조에 적합하다. 인성이 낮아 단조가 힘들고 취성을 가진다.

10년간 자주 출제된 문제

탄소함유량에 따른 철강재료의 분류로 틀린 것은?
① 순철 : 약 0~0.21%C
② 탄소강 : 약 0.021~2.0%C
③ 아공석강 : 약 2.0~4.3%C
④ 주철 : 약 2.0~6.67%C

[해설]
아공석강은 탄소 0.8%C 이하인 강을 의미한다.

정답 ③

핵심이론 03 철강재료 개요-철의 5대 원소

철에 있어서 가장 큰 영향을 미치는 5가지 원소를 철의 5대 원소라 하며 규소(Si), 망가니즈(Mn), 황(S), 인(P), 탄소(C)가 있다. 쉽게 기억하기 위해서 미치는 영향을 기준으로 나누어 보도록 한다. (+)요인과 (-)요인으로 나누어 보면 철에 (+)를 주는 원소는 망가니즈(Mn), 탄소(C)가 있고 (-)를 주는 원소는 황(S), 인(P)을 예로 들 수 있다. 규소(Si)는 강에서는 큰 영향이 없지만 주철 쪽에서는 굉장히 중요한 원소이다.

① 규소

철강제조에서 자연스럽게 함유되는 원소로 강의 기계적 성질에 큰 영향을 미치지는 않지만 첨가량에 따라 다르다. 주철에서는 큰 영향을 주는 재료이다(마우러 조직도의 한 축을 담당).
㉠ 강의 인장강도, 탄성한도, 경도를 크게 함
㉡ 연신율과 충격값을 감소시킴
㉢ 결정립을 조대화시키고 가공성을 해침
㉣ 용접성을 저하시킴

② 망가니즈

Mn의 가장 큰 역할은 적열취성을 방지하는 것이다. S가 Fe와 반응하여 황화철을 만드는데, Mn은 먼저 S와 반응하여 황화망가니즈를 만들고 결과적으로 황화철이 생성되는 것을 방지하여 적열취성을 방지하게 된다.
㉠ 강의 변태점을 낮추어, 경화능을 증가시킴
㉡ 고온에서의 결정 성장을 감소시킴
㉢ 어느 정도 강의 경도 강도, 인성을 증가시키지만 연성은 약간 감소시킴
㉣ 강의 점성을 증가시키고 고온강도에 용이하나 냉간가공에는 불리

③ 황

S는 대부분의 경우 Mn과 결합해 황화망가니즈로 존재하며 보통은 슬래그로 제거되지만 일부는 강 중에 남는데, 충분한 Mn이 없다면 황화철로 존재하여 결정립계에 망상(그물)구조로 존재하여 적열취성의 원인이 된다.
㉠ 적은 양이라도 인장강도, 연신율, 충격값 등을 감소시킴
㉡ 황화철은 녹는점이 강에 비해 낮기 때문에 900℃ 이상에서 취성을 나타내며 이를 적열취성이라 함
㉢ 황의 분포는 설퍼 프린트법으로 확인

④ 인
㉠ 결정입자를 조대화시킴
㉡ 경도와 인장강도를 증가, 연신율 감소
㉢ 편석이 쉬워 고스트라인을 형성
㉣ 상온 이하에서 상온취성을 나타내며 P의 함량을 낮추어 방지

⑤ 탄소

C는 철강 내부에 3가지 유형으로 존재할 수 있는데 고용체, 시멘타이트, 흑연 상태로 존재하며 C의 %와 첨가원소에 따라 이 형태는 달라진다. 철의 높은 탄소 고용한도로 인하여 강이라는 저렴하고 우월한 재료를 사용하고 있으며, 이는 여러 가지 형태의 강과 합금강으로 확인되고 있다.

10년간 자주 출제된 문제

3-1. 탄소강 중에 존재하는 5대 원소에 대한 설명 중 틀린 것은?
① C량의 증가에 따라 인장강도, 경도 등이 증가된다.
② Mn은 고온에서 결정립 성장을 억제시키며, 주조성을 좋게 한다.
③ Si는 결정립을 미세화하여 가공성 및 용접성을 증가시킨다.
④ S의 함유량은 공구강에서 0.03% 이하, 연강에서는 0.05% 이하로 제한한다.

3-2. 탄소강 중 인(P)의 영향을 설명한 것으로 옳은 것은?
① 적열취성의 원인이 된다.
② 고스트라인을 형성한다.
③ 결정립을 미세화시킨다.
④ 강도, 경도, 탄성한도 등을 높인다.

|해설|

3-1
Si(규소)는 결정립을 조대화시키고 가공성을 해친다. 황이 많이 함유되었을 때에는 강의 인장강도, 연신률, 충격값 등이 저하된다(0.03% 이하에서도 사실은 상당부분 저하된다).

3-2
고스트라인은 강(鋼) 중의 인(P)이 인화철이 되어, 응고 시 결정입자의 주위에 많이 편석(偏析)되어 고온에서 풀림(annealing)한 것처럼 확산되지 않고 거의 그대로 남아 압연이나 단련에 의해 가늘고 긴 띠 모양을 만드는 현상으로 파단의 원인이 된다.

정답 3-1 ③ 3-2 ②

핵심이론 04 순철 및 탄소강의 성질

① **순철의 성질**

100%의 순도를 지닌 순철은 만들 수 없기에 0.025% 이하의 C를 가지고 있다면 순철이라 칭한다. 실질적으로 구조용 재료로서의 가치는 거의 없다고 보며 제조비용이 많이 든다. A_3, A_4의 동소변태와 A_2의 자기변태를 한다. 전해철, 카보닐철, 암코철, 연철, 해선철 등의 순철이 존재한다.

※ 좋은 자기적 성질을 이용하는 것 외에 큰 구조적 쓰임은 없다.

㉠ 물리적 성질 : 3번의 변태를 통하여 물리적, 자기적 성질이 변화한다. 각 온도구간에 따라 격자구조가 변화하는 것을 눈여겨보도록 한다.
㉡ 기계적 성질 : 상온에서 전성 및 연성이 풍부하고, 용접성이 좋다.
㉢ 화학적 성질 : 고온에서 산화작용이 심하고, 습기와 산소의 유무에 따라 상온에서도 부식된다. 산에는 부식이 잘 되지만 알칼리성에는 강하다.

② **탄소강의 성질**

우리가 사용하는 대부분의 철은 탄소강이며 광범위한 사용 및 성질을 가지고 있다. 실용성 있는 탄소강의 탄소 범위는 0.05~1.7%C이다.

|tip|

철-탄소합금의 미세조직 : 경도 순으로 나열
시멘타이트 > 마텐자이트 > 트루스타이트 > 베이나이트 > 소르바이트 > 펄라이트 > 오스테나이트 > 페라이트
시마트 베소펄오페 무슨 주문 같아 보이는 이 단어는 앞으로 상당히 자주 나오고 유용하게 쓰일 것이다. 이는 철-탄소합금의 미세조직을 단단한 순서대로 나열한 것으로, 조직을 하나씩 배울 때에는 직접적인 강도 비교가 힘들지만 모아놓고 비교하며 순서를 익혀보면 탄소량과 열처리에 의해서 변형되는 조직을 파악할 수 있다. 위 순서를 먼저 암기하고, 재료의 구조와 성질을 학습하면 왜 이런 나열이 이루어지는지 이해할 수 있다.

※ 탄소강은 페라이트와 시멘타이트의 혼합조직으로 물리적 성질도 두 조직의 비율에 따라 달라진다. 결과적으로 강중의 탄소량에 따라 선형적으로 물리적 성질이 변화한다.
㉠ 기계적 성질 : 인장강도, 경도, 항복점 등은 탄소량에 비례해 증가하며 공석강에서 최대가 된다.
→ 연신율, 단면수축률은 감소
㉡ 온도와의 관계 : 탄소강에는 온도가 또 다른 변수로 작용한다. 내부의 응력과 열의 상관관계 때문인데, 이 때문에 평형상태도에는 표현하지 못하는 정보들이 존재하며, 다음 그래프를 참고하여 이해가 필요하다.

탄소강의 탄성계수, 탄성한도, 항복점 등은 온도가 상승하며 감소한다. 또한 강의 온도가 상온 이하로 떨어지며 인장강도, 경도, 탄성계수, 항복점, 피로한도 등이 증가하지만 연신율, 단면수축률, 충격값 등이 감소하고 취성을 나타낸다. 온도가 내려가며 충격값이 급격하게 변하는 온도를 천이온도라 말한다.

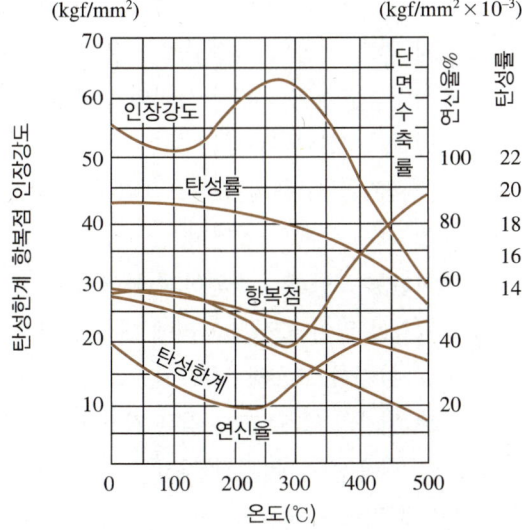

[탄소강의 온도와 기계적 성질의 관계]

10년간 자주 출제된 문제

강의 조직 중 경도가 가장 높은 것은?
① 페라이트(ferrite)
② 펄라이트(pearlite)
③ 시멘타이트(cementite)
④ 오스테나이트(austenite)

해설

경도
시멘타이트 > 마텐자이트 > 트루스타이트 > 소르바이트 > 펄라이트 > 페라이트

정답 ③

핵심이론 05 탄소강의 평형상태도 및 조직

① 상태도

㉠ 이해 : 가장 기본적으로 상태도에 대한 이해를 가지고 있어야 한다. 상태도의 구역별 의미와 특성이 나타나는 이유, 온도변화에 따른 조직결정의 변화 등 상태도를 단순한 그림 하나로 이해해서는 안 될 것이다. 다음 그림은 철-시멘타이트계 상태도로 각 조성 및 온도에 따라 현재의 상태를 보여준다.

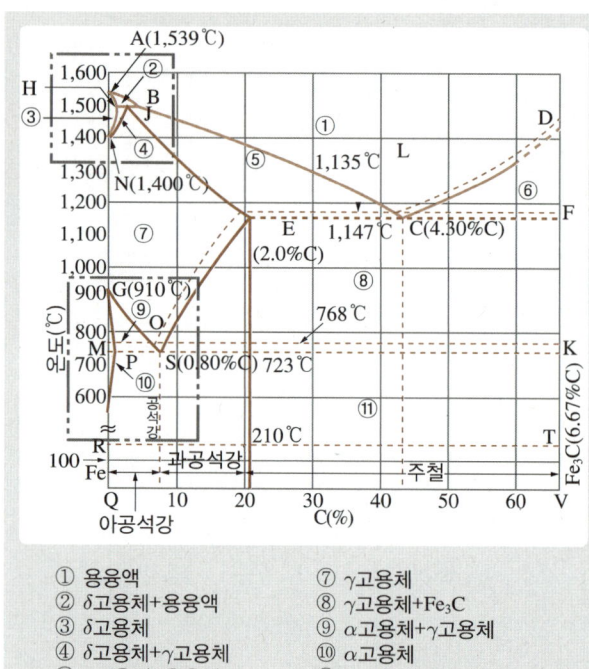

① 용융액
② δ고용체+용융액
③ δ고용체
④ δ고용체+γ고용체
⑤ γ고용체+용융액
⑥ 용융액+Fe₃C
⑦ γ고용체
⑧ γ고용체+Fe₃C
⑨ α고용체+γ고용체
⑩ α고용체
⑪ α고용체+Fe₃C

[Fe-Fe₃C계 평형상태도]

[Fe-Fe₃C계 상태도의 의미]

기호	의미
A	순철의 용융점(1,539℃)
AB	δ 페라이트의 액상선(고용체가 정출되기 시작함)
AH	δ 페라이트의 고상선(액상이 처음 나타남)
BC	γ 오스테나이트의 액상선
C	공정점(4.3wt%C, 1,147℃)
CD	Fe₃C의 액상선(고용체가 정출되기 시작함)
M	A_2 변태점(자기변태, 퀴리온도 768℃)
E	γ 오스테나이트의 탄소 고용한도(2.14wt%C)
ECF	공정선(1,147℃)
ES	A_{cm}선 초석 시멘타이트가 석출되는 선
G	A_3 변태점(순철의 동소변태 912℃)
GP	보류
GS	A_3선 초석 페라이트가 석출되는 선
H	δ 페라이트에서 탄소 고용한도(0.08wt%C)
HJB	포정선
J	포정점(0.18wt%C, 1,493℃)
JE	γ 오스테나이트의 고상선
N	A_4 변태점(순철의 동소변태 1,394℃)
P	α 페라이트에서 탄소 고용한도(0.025wt%C)
PSK	A_1, 공석선
S	공석점(0.76wt%C, 727℃)

㉡ 고용체
- 불순물이 모재에 첨가되어 새로운 구조를 만들지 않고 기존의 결정구조를 유지하는 것
- 침입형 고용체 : 원자 사이의 틈에 다른 원소의 원자가 끼어들어 있는 형태
  → 침입형 고용체 구비조건 : 작은 형태(철-탄소 고용체도 침입형)
- 치환형 고용체 : 정연하게 늘어서 있는 고체의 원자를 밀어내고 그 자리에 대신 들어가는 형태
  → 치환형 고용체 구비조건 : 비슷한 형태
  → 원자의 크기±15%, 같은 결정구조, 비슷한 전기음성도, 높은 원자가

② 탄소강의 평형 조직
  ㉠ γ-오스테나이트 : 철의 동소체로 인성 우수 및 가공이 용이하며 탄소의 고용한도가 높고 FCC구조를 가짐

- ⓒ α-페라이트, δ-페라이트
  - 성질은 거의 같은데 존재위치만 다름
  - 철의 동소체로 무르고 연성이며 BCC구조를 가짐
- ⓒ 펄라이트
  - 공석변태를 통하여 만들어진 α고용체(페라이트)와 Fe_3C의 혼합 공석조직
  - 페라이트와 시멘타이트의 중간적 성질을 가짐
- ⓔ 레데뷰라이트 : 공정점을 통해 정출된 오스테나이트와 시멘타이트를 칭함
- ⓜ 시멘타이트
  - 금속간 화합물로 변형하기 어렵고 메짐성 있음
  - 탄소강 중 경도가 가장 높음
  - 간단한 원자비로 결합(Fe : 3, C : 1)
  - 대부분의 금속간 화합물은 높은 용융점 가짐
  - 금속 사이에 친화력이 클 때 형성
  - 2종 이상의 금속원소가 A_mB_n의 화학식으로 구성 높은 경도를 가짐

③ 철-시멘타이트계 상태도에서의 변태

앞에서 다뤘던 A_0~A_4 외에도 평형상태도의 변태가 있다.

- ⓐ 포정점(1,493℃) : 액상이 고상과 반응하여 다른 고상의 새로운 상을 나타낼 때의 온도(가역반응 : 순반응, 역반응 모두 가능)

$$L(0.51\%C) + \delta(0.1\%C) \rightleftarrows \gamma(0.16\%C)$$
(액상)   (δ페라이트)   (오스테나이트)

- ⓑ 공정점(1,130℃) : 고상의 냉각 시 두 가지 서로 다른 고상이 나타날 때의 온도(가역반응)

$$L(4.3\%C) \rightleftarrows \gamma(1.7\%C) + Fe_3C(6.67\%C)$$
(액상)   (오스테나이트)   (시멘타이트)

- ⓒ 공석점(723℃) : 액상의 냉각 시 두 가지 서로 다른 고상이 나타날 때의 온도(가역반응)

$$\gamma(0.8\%C) \rightleftarrows \alpha(0.02\%C) + Fe_3C(6.67\%C)$$
(오스테나이트)   (α페라이트)   (시멘타이트)

④ 지렛대 원리 & 자유도

일정 성분과 온도의 지점 B에서 x축과 평행하게 선분을 그은 후 좌측의 선과 만나는 점을 A점, 우측의 선과 만나는 점을 C점이라 하고 다음 식을 기반으로 분율을 계산하는데 이를 지렛대 원리라 한다.

```
●—————————————●————●
0.025%        0.5%  0.78%
  A            B     C
```

$$A\% = \frac{\text{반대}}{\text{전체}} \times 100 = \frac{C-B}{C-A} \times 100\%$$

$$\frac{0.78-0.5}{0.78-0.025} \times 100\% = \text{좌측 성분 계산}$$

$$\frac{0.5-0.025}{0.78-0.025} \times 100\% = \text{우측 성분 계산}$$

- ⓐ 자유도(F)
  - 계에 나타난 상을 변경시키지 않고 임의로 변화될 수 있는 변수의 수
  - $F = n - P + 2$

  기본식은 이와 같지만 금속의 경우는 압력의 영향을 받지 않기 때문에 실제 금속에 적용하는 식은 다음과 같다.

  - $F = n - P + 1$

  여기서, n : 성분 수
  P : 상의 수(액체, 고체, 기체)

10년간 자주 출제된 문제

5-1. Fe-C 평형상태도에서 탄소량이 0.5%인 아공석강의 펄라이트 중 페라이트의 양은 약 얼마인가?(단, 공석조성은 탄소량 0.8%, A_1온도 이하에서 페라이트의 탄소 고용도를 0%, Fe_3C는 탄소함량 6.67%로 계산한다)

① 13% ② 25%
③ 55% ④ 63%

5-2. A+B+C+D의 4원 합금이 200℃에서 존재할 때, $\beta+\gamma$상 조직이 관찰된다면 이때 응축계의 자유도는?

① 0   ② 1
③ 2   ④ 3

|해설|

5-1
0.5%C의 경우이므로 아공석반응이다. 아공석반응에서는 공석온도까지 서랭되면서 오스테나이트의 변태가 진행되고 그 속에서 초석페라이트가 생성되어 공석온도 바로 위 점에서 다음과 같이 분포된다(지렛대 원리).

- 초석페라이트는 $\dfrac{0.8-0.5}{0.8-0} \times 100 = 37.5\%$

- 오스테나이트는 $\dfrac{0.5-0}{0.8-0} \times 100 = 62.5\%$

이후 상온까지 서랭하면 초석페라이트는 그대로 유지되고 오스테나이트는 펄라이트(공석페라이트 + 공석시멘타이트)로 반응하므로 상온에서의 초석페라이트는 37.5%, 펄라이트는 오스테나이트의 분율과 같은 62.5%라고 볼 수 있다.
여기서 펄라이트 중 공석페라이트의 양을 물어본 것이므로

전체페라이트는 $\dfrac{6.67-0.5}{6.67-0} \times 100 ≒ 92.5\%$이고

따라서 공석페라이트는 전체페라이트에서 초석페라이트를 빼야 하므로 55%가 된다.

5-2
자유도(F) = 성분 수 - 상의 수 + 1
= 4 - 2 + 1
= 3

정답 5-1 ③ **5-2** ④

핵심이론 06 탄소강의 종류와 용도

0.05~1.7%C의 탄소강을 많이 사용하며, 용도는 탄소량에 따라서 나뉜다.

0.05~0.3%C : 가공성 요구
0.3~0.45%C : 가공성과 강인성
0.45~0.65%C : 강인성과 내마모성
0.65~1.2%C : 내마모성과 경도

① 구조용 탄소강(SM) : 공업용으로 사용하는 대부분의 탄소강
  ㉠ 0.05~0.6%C의 강을 압연하거나 담금질/뜨임한 탄소강
  ㉡ 일반구조용 압연강재, 기계구조용 탄소강강재 등이 있음

② 판용강(판재용 강)

  후판 ← 중판 → 박판으로 분류할 수 있다.
  6mm 이상   1~6mm   1mm 이하

③ 선재강
  ㉠ 연강선재 : 탄소함유량이 낮은 철선으로 외장, 전신, 철망 등에 사용한다.
  ㉡ 경강선재 : 나사, 와이어로프, 스프링 등에 사용한다.
  ㉢ 피아노 선재 : 대단히 강인한 탄소강으로 파텐팅 처리를 통하여 제작한다.
  ㉣ 쾌삭강 : 잘 깎이는 강으로 정밀한 가공이 가능하며 각종 자동절삭에 유리하다. P, S의 함유량을 늘리거나 Pb, Se, Zr 등을 첨가하여 피절삭성을 향상시킨다.
  ㉤ 스프링강 : 탄성한계가 높고, 충격, 피로에 대한 저항력이 커서 진동 완화 및 에너지의 저장에 사용된다. 일정량의 경도 이상을 가지고 있어야 연구변형이 일어나지 않아 스프링강으로서의 가치를 가진다.

ⓑ 탄소공구강(STC)
- 고탄소강(0.6~1.5%C)이 사용되어 경도를 높임
- 탄소량이 늘어나며 경도가 높아지고 칼날, 바이트 등의 재료를 만드는데 사용한다(너무 높으면 시멘타이트의 석출로 열처리 필요).
- 탄소량이 낮다면 점성이 높아지고 단조용 공구 등에 사용한다.
- 사용온도가 200℃ 이상이 되면 경도가 낮아져 고속절삭이 불가능하다.

| tip |
고속절삭은 온도가 올라가는 것을 의미한다. 두 손을 마주대고 본인이 할 수 있는 최대의 속도로 비비다가 얼굴에 대어보면 손바닥이 따뜻함을 알 수 있다. 손바닥을 인력으로 비볐을 때 분당 약 190회 왕복할 수 있었고 이는 190rpm인데 일반적인 기계의 회전과 마찰은 훨씬 더 빠르고 훨씬 더 높은 온도에 도달함을 알 수 있다(자동차의 경우 엔진의 종류에 따라서 7,000rpm에 이르는 경우도 있다). 따라서 고온강도가 높아야 고속절삭에 사용할 수 있는 재료라 말할 수 있다.

핵심이론 07 주철의 성질과 마우러 조직도

주철은 주조성(녹는점↓, 유동성↑)이 좋은 특성을 가진다. 주철은 2~6.67%의 탄소와 소량의 규소, 인, 황 등을 함유한 철합금으로 탄소강에 비하여 취성이 크고 소성변형이 어렵지만, 주조성이 높아 복잡한 형상도 쉽게 주조할 수 있으며 값 또한 저렴하다. 주철 내에는 탄소 일부가 흑연의 형태로 존재하는데 탄소의 존재 형태에 따라서 여러 가지 주철로 분류할 수 있다.

① 주철의 성질
  ㉠ 화학적 성질
   - 산에는 약하지만 알칼리에 강하다.
   - 물에 대한 내식성이 좋아 상수도관으로 사용한다(단 마찰에 의한 침식에 불리).
  ㉡ 기계적 성질
   - 주철의 기계적 성질은 탄소와 규소의 함유량, 흑연의 모양과 분포에 따라 달라지는데 탄소와 규소의 양이 많아지며 경도가 작아져 130~450HB 값을 갖는다.
   - 대체로 표면이 단단하고, 녹이 잘 슬지 않으며 압축강도가 높다. 주철의 미세조직에는 탄소가 흑연의 형태로 존재해 윤활제 역할을 하며, 내마멸성이 우수하다.
   - 충격값이 대체로 작으며 탄소와 규소량이 많은 주철의 경우 충격값이 매우 작다.
  ㉢ 고온 특성
   - 주철은 400℃까지는 상온에서와 같은 기계적 특성을 가지지만 400℃가 넘으면 경도, 크리프강도, 인장강도가 저하되어 내열성이 나빠진다.
   - 600℃ 이상의 온도에서 가열과 냉각을 반복하게 되면 부피가 증가하며 파열되는 현상을 보이는데 다음 3가지 원인이 있다.

- 시멘타이트의 흑연화
- 페라이트 중 고용된 규소의 산화
- 고온으로 인한 부피팽창

㉣ 감쇠능 : 주철에 진동을 주었을 때 진동에너지는 그 물체에 흡수되어 점차 약해지며 정지하는데 이를 주철의 감쇠능이라 한다. 회주철은 진동을 잘 흡수하므로 진동을 많이 받을 수 있는 물체에 많이 사용된다(선반의 배드, 방직기, 기어박스 등).

② 마우러 조직도

탄소와 규소량에 따른 주철의 조직을 나타낸 것으로 탄소만으로는 흑연의 정출이 힘들다.

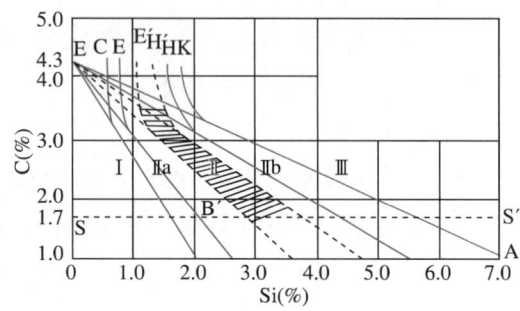

[마우러의 주철 조직도]

	종류	조직
I	백주철(극경)	펄라이트 + 시멘타이트
IIa	반주철(경질)	펄라이트 + 시멘타이트 + 흑연
II	펄라이트 주철(강력)	펄라이트 + 흑연
IIb	회주철(보통)	펄라이트 + 페라이트 + 흑연
III	페라이트주철(연질)	페라이트 + 흑연

⊢tip⊢
마우러 조직도를 백, 반, 펄, 회, 페 순서로 암기하는 것도 좋은 방법이다. 따로따로 외우는 것보다는 조직의 변화를 눈여겨 보면서 처음 백주철의 시멘타이트에서 점차 C가 빠져나온다고 생각하면 된다. 철에 탄소가 많을 때는 시멘타이트(6.67wt%), 중간 정도는 펄라이트(2.1wt%), 적을 때는 페라이트(0.025wt%)가 생성되지만 탄소와 규소량에 따라 다른 것을 마우러 조직도에서 볼 수 있다.

③ 탄소당량(C.E)

강재의 기계적 성질이나 용접성은 성분을 구성하는 원소의 종류나 양에 따라 좌우된다. 그들 원소의 영향을 탄소의 양으로 환산한 것

㉠ 주철의 탄소당량 : 각 성분은 %임

$$C.E = C + \frac{Si + P}{3}$$

㉡ 전탄소 : 주철에 함유된 탄소의 총량으로 유리탄소와 화합탄소의 합을 의미함

핵심이론 08 주철의 조직

주철의 조직은 파단면과 미세조직에 따라 백주철, 회주철, 가단주철, 구상흑연주철로 나누지만 공업적인 사용을 고려할 때 보통주철, 고급주철, 합금주철, 특수주철로 분류한다.

① 주철의 조직
  ㉠ 백주철 : 액체상태의 주철을 급랭할 때 형성되며 파단면이 흰색이다. 펄라이트와 시멘타이트로 이루어져 있으며, 압축강도가 높고 내마멸성이 우수하다.
  ㉡ 회주철 : 액체상태의 주철을 천천히 냉각할 때 형성되며 파단면이 회색이다. 냉각속도에 따라 펄라이트 회주철과 페라이트 회주철로 나뉘며 편상 흑연을 가진다.
  ㉢ 가단주철 : 백주철을 700℃ 이상의 온도에서 장시간 열처리 후 냉각을 하면 백주철의 시멘타이트로부터 흑연이 정출된다.

  > **tip**
  > 가단은 단조가 가능한 것을 의미하며 시멘타이트의 취성으로 인하여 백주철은 단조가 불가능하기에 가단주철로 만든다.

  ㉣ 구상흑연주철(덕타일 주철) : 접종제(Mg, Ca, Ce)를 이용하여 편상의 흑연을 구상으로 바꾸어 기계적 성질에 유리함을 얻고자 하는 열처리다. 적당한 연성과 함께 좋은 항복강도를 가지고 있으며, 얇은 면의 주조도 가능하다.

② 주철의 종류
  ㉠ 보통주철(회주철) : 인장강도 100~200MPa이며 조직은 펄라이트 또는 페라이트에 편상흑연이 분포되어 있다. 기계가공성이 좋고 값이 싸서 수도관, 농기구, 공작기계 등에 많이 쓰인다.
  ㉡ 고급주철 : 인장강도가 250MPa 이상이며 펄라이트 조직 바탕에 흑연이 미세하고 균일하게 분포되어 있다. 내마멸성이 뛰어난 것이 특징이다.

  ※ 미하나이트 주철 : 고급주철의 대표 격으로 연성과 인성이 매우 크며 두께 차에 의한 성질의 변화가 적어 피스톤 링 등에 사용된다.

  ㉢ 합금주철 : 합금강과 같이 니켈, 크로뮴 등의 원소를 첨가하여 기계적 성질을 개선시키거나 내식, 내열성, 내마멸성, 내충격성 등을 향상시킨다.
   • 니켈 주철 : 0.5~2.0%의 니켈을 첨가한 주철로 탄소의 흑연화를 촉진시키고 결정립을 미세화하며 내마멸성, 내열성을 향상시킨다.
   • 크로뮴 주철 : 니켈과는 반대로 흑연화를 방지하고 탄화물을 생성하게 하여 고온안정성을 향상시킨다. 내마멸성, 내식성이 우수하여 파쇄기의 부품 열간압출용으로 사용한다.
   • 니켈 크로뮴계 주철 : 니켈, 크로뮴, 몰리브데넘을 첨가한 주철로 인장강도, 내식성, 내마멸성이 우수하다.
   • 내열주철 : 주철은 400℃까지 사용가능하며 600℃ 이상에서는 주철의 성장이 일어나 강도가 낮아지며 이를 개선하기 위하여 니켈, 크로뮴, 구리, 실리콘 등을 첨가한다.

  ㉣ 특수주철 : 보통 주철에 비하여 좋은 기계적 성질을 얻기 위하여 성분을 조절, 특별한 주조방법, 열처리 등을 사용한 주철
   • 칠드주철(chilled) : chill이라는 단어의 뜻은 차갑게 식힌다는 뜻을 가지고 있다. 단어를 미리 알고 있었다면 쉽게 접근이 되겠지만 그게 아니라면 맥도날드의 음료 중 "칠러"라는 메뉴가 있는데 이를 연상시키면 쉽게 암기할 수 있을 것이다. 어차피 모든 주물은 식지만 여기서 chilled는 차갑게(빠르게) 식었다고 이해해야 할 것이다.

   빠르게 식다 = 급랭 = 경도 up

   이것은 금속에 대한 약간의 이해를 가지고 있다면 숙지하고 있을 것인데 일반적인 모래주형(사형) 대신 일부분에 열전도성이 높은 금속인 칠메탈을

사용하여 경도가 필요한 부분에는 빨리 냉각하여 높은 경도를 갖게 하고 내부는 보통주철의 특성을 갖는데 이러한 주철을 칠드주철이라 한다.

표면이 단단하여 내마멸성이 좋고 내열성이 향상되어 철도, 제지용 압연롤 등에 사용된다.

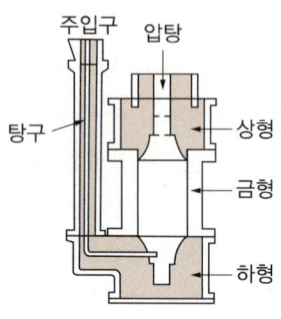

[칠드 롤 주형]

- 가단주철 : 백주철은 주조성은 좋지만 연신율이 없어 단조가 불가능하다. 이를 적당히 열처리하여 시멘타이트를 흑연화하는 것으로 주철의 단점인 연성과 인성을 향상시켜 가단성을 부여한 것이다.

냉각속도↑	펄라이트 가단주철
냉각속도↓	페라이트 가단주철

흑심가단 주철	시멘타이트가 흑연화되어 파단면이 검다.	크기 작고, 강도 요구되는 철도차량용 부품, 관 이음쇠
백심가단 주철	파단면이 흰색	자전거, 오토바이 부품

- 구상흑연주철 : 주철의 강도와 연성 등을 개선하기 위해 용융상태의 주철에 접종제를 첨가하여 흑연을 구상화한 것이다. 취성을 줄여 주며 강도와 연성을 크게 하여 크랭크축, 캠축 등 자동차용 주물이나 구조용 재료로 많이 사용한다.
    - 시멘타이트형 : 시멘타이트가 석출
    - 펄라이트형 : 바탕이 펄라이트
    - 페라이트형 : 페라이트가 석출

| tip
마카세(Mg, Ca, Ce) : 구상흑연주철의 접종제이며, "마카세"로 암기한다.

10년간 자주 출제된 문제

8-1. 합금주철에서 각각의 합금원소가 주철에 미치는 영향으로 옳은 것은?

① Ni은 탄화물의 생성을 촉진한다.
② Cr은 강력하게 흑연화를 촉진한다.
③ Mo은 인장강도, 인성을 향상시킨다.
④ Si는 강력하게 Fe_3C를 안정화시킨다.

8-2. Fe_3C를 가열 분해하여 흑연을 입상으로 만든 주철로서 내충격성, 내열성, 절삭성이 좋고 강도가 높은 것은?

① 칠드주철
② 합금주철
③ 구상흑연주철
④ 흑심가단주철

|해설|

8-1
합금주철에 사용되는 합금원소의 역할
- Ni : 탄소의 흑연화를 촉진시킨다.
- Cr : Ni과는 반대로 흑연화를 방지하고 탄화물을 생성하게 하여 펄라이트를 안정화시킨다.
- Mo : 인장강도, 경도, 내마모성, 인성을 증가시키고 조직을 균일하게 한다.
- Si : 내열성을 증가시킨다.

8-2
흑심가단주철
Fe_3C를 가열 분해하여 흑연을 입상으로 만든 주철로서 내충격성, 내열성, 절삭성이 좋고 강도가 높다.

정답 8-1 ③ 8-2 ④

핵심이론 09 주강

제품이 크거나 모양이 복잡하여 단조 가공이 힘들거나 주철보다는 큰 강도가 필요할 때 사용하지만, 주강의 경우 융점이 높아 가공이 어렵고 가격이 비싼 단점이 있다.

① 특성
  ㉠ 강(steel)으로 주조한 주물은 응고수축이 커 주조가 어렵다.
  ㉡ 주철에 비하여 기계적 성질이 우수
  ㉢ 용접에 의한 보수가 가능
  ㉣ 주철로서 강도가 부족할 때 사용

탄소함유량 ↑	강도 ↑	연성 ↓	충격값 ↓	용접성 ↓
탄소함유량 ↓	강도 ↓	연성 ↑	충격값 ↑	용접성 ↑

위 성질 변화는 철의 일반적인 성질과 동일한 것이다. 굳이 암기하지 말고 생각하여 도출하기를 바란다.

② 주강의 종류 : 보통주강(탄소주강), 합금주강
  ㉠ 보통주강(탄소주강)
    • 저탄소 주강 : 0.2%C 이하
    • 중탄소 주강 : 0.2%~0.5%C
    • 고탄소 주강 : 0.5%C 이상
    탈산제가 약간 함유되어 있으며 규소와 망가니즈는 0.5% 이내로 첨가하여 철도, 조선, 광산, 구조용 재료 등으로 사용한다.
  ㉡ 합금주강 : 강도, 내식성, 내열성 및 내마멸성을 얻기 위해 니켈, 구리, 망가니즈, 몰리브데넘, 바나듐 등의 원소를 하나 이상 첨가한다. 니켈 주강, 크로뮴 주강, 니켈-크로뮴 주강, 망가니즈 주강 등으로 분류한다.

핵심이론 10 합금강의 분류와 첨가원소의 영향

보통강에 한 개, 또는 그 이상의 합금원소를 첨가하여 특수한 성질을 부여한 것을 합금강(특수강)이라 한다. 상대적으로 적은 양의 탄소가 들어가며 합금원소의 첨가량에 따라 저합금강(10% 미만)과 고합금강(10% 초과)으로 나뉜다.

① 합금강 표시법

약자	명칭
HSLA	고강도 저합금강
FRS	섬유강화 초합금
FRM	섬유강화 금속
PSM	입자분산강화금속
GFRP	유리섬유 강화 플라스틱
DP	고장력강, 복합조직강

※ DP강 : HSLA 합금강보다 한 단계 발전된 자동차의 경량화 재료로서 개발되고 있는 복합조직강

② 합금강 특성
  ㉠ 오스테나이트 안정화 : 망가니즈(Mn), 니켈(Ni)의 첨가로 공석온도 낮춤
  ㉡ 페라이트 안정화 : 텅스텐, 몰리브데넘, 타이타늄으로 공정온도를 높임
  ㉢ 일반적으로 순금속보다 강도 및 경도가 우수해짐(경화능과도 연관이 있음)

③ 합금강 첨가원소
크로뮴, 니켈, 텅스텐, 몰리브데넘, 망가니즈와 같은 원소들을 50%까지 함유시켜 강의 특성을 향상시킴
  ㉠ 몰리브데넘(Mo) : 담금질 깊이를 깊게 하고 크리프저항과 내식성을 증가시켜 뜨임메짐(뜨임취성)을 방지
  ㉡ 텅스텐(W)
    • 재결정 온도가 가장 높으므로 고온에서의 인장강도와 경도가 높아서 고온 절삭성이 향상
    • 녹는점이 3,400℃로 니켈, 철, 알루미늄 등의 금속에 비해 높음

ⓒ 크로뮴(Cr) : 적은 함유량에도 강도와 경도를 증가시키고 내식성, 내열성 및 내마멸성 증가
ⓔ 니켈(Ni) : 펄라이트를 미세화시키고 강인성, 내식성 및 내산성 증가
ⓜ 망가니즈(Mn) : 함유량이 많아지면 내마멸성을 크게 증가시키고 적열메짐(고온취성)을 방지함

첨가원소	특성
Ni	인성증가, 저온 충격 내성 증가
Cr	내식성, 내마모성
Mo	뜨임취성 방지
Mn, W	고온경도, 인장강도
Cu	내산화성
Si	전기적 특성, 내열성
V, Ti, Zr	결정입자 조절

10년간 자주 출제된 문제

10-1. 특수용도용 합금강에서 일반적으로 전자기적 특성을 개선하는 원소는?

① Ni
② Mo
③ Si
④ Cr

10-2. Mn, Ni, Cr 등을 함유한 구조용 강을 고온 뜨임한 후 급랭할 수 없거나 질화 처리로서 600℃ 이하에서 장시간 가열하면 석출물로 인하여 취화되는데, 이 현상을 개선하는 원소는?

① Cu
② Mo
③ Sb
④ Sn

[해설]

10-1
특수용도용 합금강에서 규소강은 전자기적 특성을 개선하여 전기재료로 이용된다.

10-2
구조용 강에서 가열 후 석출물에 의한 취화현상을 방지하기 위해 Mo를 첨가한다.

정답 10-1 ③ 10-2 ②

핵심이론 11 구조용 합금강

기계부품 및 각종 구조물로 사용되며 기계적 성질과 가공성이 우수하다.

① 강인강

탄소강으로 얻기 힘든 강인성을 갖기 위해 합금원소 첨가 및 조질 처리를 한다. 강도, 인성이 크고 경화능이 좋은 강으로 Ni, Cr, Mo 등을 주로 첨가한다(0.25~0.5%C).

㉠ Ni-Cr강 : 구조용 특수강 중 Ni는 페라이트 중에 고용되어 인성을 증가시키고, Cr은 탄화물에 고용되어 강의 경도를 증가시켜 결정립을 미세화한다(내마모성, 내식성, 내열성이 우수).

㉡ Ni-Cr-Mo강 : Ni-Cr강에 Mo를 0.3% 정도 첨가하여 강인성을 증가시키고 경화능을 좋게 한 것

㉢ Cr-Mo강 : Ni-Cr강의 Ni을 줄이기 위하여 소량의 Mo를 첨가하여 인장강도와 충격저항이 큰 펄라이트를 만들어 Ni-Cr강의 대용으로 쓴다.

㉣ Mn-Cr강 : Ni-Cr강의 Ni 대신 Mn을 사용하여 값이 싸지만 기계적 성질은 유지

㉤ 초강인강 : 더욱 강력한 강이 요구됨에 따라 개발된 것으로 Ni-Cr-Mo계에 Si, Mn, V 등을 첨가하여 제조한다.

※ 지체파괴(delayed fracture) : 어느 한도 이상의 인장응력을 받는 상태에서 부식 등의 복합적인 환경 조건으로 인해 일정한 잠복기간 후 갑작스런 파단을 일으키는 현상으로 잔류응력, 수소지체 균열, 내부 균열에 의한 응력 집중 등의 영향이 있다.

② 표면경화강

칼 등의 병기류에는 인성과 경도의 두 가지 성질이 요구된다. 경도만 높아서는 몇 번 사용하지 못하고 깨지기 때문인데, 이러한 현상을 방지하기 위해 인성이 필요하다. 즉 절삭날 부위는 높은 경도를 뒷받침을

해줄 수 있고, 내부는 인성을 가져야 한다. 따라서 인성이 풍부한 저탄소강에 침탄법 등을 이용해서 표면을 경화시킨다.
㉠ 침탄강 : 저탄소강을 침탄처리하여 표면은 경하고 내부는 인성이 풍부한 침탄강을 만든다. 침탄 후에는 열처리가 필요함
㉡ 질화강 : Al, Cr, Mo, Ti, V 등의 원소를 이용하여 질화 처리를 한 것으로 침탄에 비해 고가임

핵심이론 12 공구용 합금강

① 합금공구강(STS)
㉠ 절삭용 합금공구강 : 경도를 크게 하고 절삭성을 높이기 위하여 탄소량을 높이고 Cr, W, V 등을 첨가
㉡ 내충격용 합금공구강 : 정, 펀치 등의 재료로 쓰이며 인성이 필요하여 탄소량을 낮추고 Cr, W, V 등을 첨가
㉢ 내마모 불변형 합금공구강 : 경도와 내마모성이 커야 하고 열처리변형과 경년변형이 작아야 함
㉣ 열간가공 합금공구강 : 고온강도와 내마모성이 요구되어 탄소량을 적게 하고 Cr, W, Mo, V 등을 첨가

② 고속도공구강(SKH)
600℃까지 사용할 수 있으며 가장 많이 사용되는 종류이다.
㉠ 텅스텐(W)계 고속도공구강 : 텅스텐(W 18%)-크로뮴(Cr 4%)-바나듐(V 1%)으로 500~600℃에도 무디어지지 않음
㉡ 코발트(Co)계 고속도공구강 : 높은 용융온도로 고온경도가 증가되지만 단조가 곤란
㉢ 몰리브데넘(Mo)계 고속도공구강 : 텅스텐계 고속도공구강보다 상대적으로 비중이 낮고, 인성이 높으며 열처리가 용이하고 담금질 온도가 낮음

③ 경질공구합금
㉠ 주조경질합금 : 대표적으로 스텔라이트(Co-Cr-W-C계)를 들 수 있으며 상온에서는 다소 연하지만 600℃ 이상에서는 고속도공구강보다 절삭능력이 좋다. 보통의 주조품들이 그러하듯 가공이 불가능하며 충격에 약하다. 제품으로는 비디아(widia), 미디아(midia), 카볼로이(carboloy), 텅갈로이(tungalloy)가 있다.
㉡ 소결경질합금

④ 시효경화합금

뜨임 시효에 의해 경도를 증가시켜 절삭능력을 향상시킨 공구강으로 고온에 강하다.

10년간 자주 출제된 문제

다이(die) 강보다 더 우수한 최고급 금형재료이나 고가이므로 소형물에 주로 사용하며 그 기호를 SKH로 사용하는 강은?
① 탄소공구강
② 합금공구강
③ 고속도강
④ 구상흑연주철

|해설|

고속도강(SKH), 합금공구강(STS)

|정답| ③

핵심이론 13 내식·내열 합금강

① 스테인리스강

스테인리스의 기본은 Cr을 치밀하고 안정된 산화피막을 형성하여 내식성을 좋게 한다. Ni, Cr 등의 원소를 첨가하여 상태도를 변화시키는데 각각 오스테나이트, 페라이트, 마텐자이트 영역을 확장시킨다. 이는 기본적인 오스테나이트, 페라이트, 마텐자이트의 성질을 따라 간다고 보면 된다.

㉠ 특성
- 크로뮴(Cr)계 스테인리스강에는 σ취성 등이 나타남
- 스테인리스강에는 페라이트계, 오스테나이트계, 마텐자이트계 등이 있음
- 2상 스테인리스강은 오스테나이트와 페라이트의 양쪽 장점을 취한 강임

㉡ 오스테나이트계(크로뮴-니켈계) 스테인리스강
- 주원소 : 18%크로뮴(Cr)-8%니켈(Ni)
- 내식성, 내산성 우수
- 비자성체
- 오스테나이트계 스테인리스강은 입계부식과 응력부식이 일어나기 쉬움
- 공식(pitting) : 부식을 막아주는 크로뮴 산화층이 국부적으로 없어지는 것으로 이를 방지하기 위해 할로겐 이온의 고농도를 피하고 부동태화제를 가하거나 탄소를 적게 하고 Ni, Cr, Mo 등을 많이 함유시키는 방법이 있으며 공기의 투입을 적게 해야 함

㉢ 마텐자이트계 스테인리스강
- 경화성 스테인리스강
- 경도는 탄소량과 관계있음
- 마텐자이트는 담금질에 의해 생성됨

㉣ Cr계 스테인리스강의 취성
- 475℃ 취성은 크로뮴 15% 이상의 강종을 370~540℃로 장시간 가열하면 발생하는 현상

- σ취성은 815℃ 이하 크로뮴 42~82%의 범위에서 σ상의 취약한 금속간 화합물로 존재하여 취성을 일으킴
- 고온취성은 약 950℃ 이상에서 급랭할 때 나타남
- 저온취성은 상온에서 연신율이 감소하는 현상으로 크로뮴(Cr) 함량이 많을수록 발생하기 쉬움

㉤ 스테인리스강 부품에서 용접부 응력부식균열(SCC) 방지법
- 사용환경 중의 염화물 또는 알칼리를 제거
- 외적응력이 없도록 설계하고 용접 후 후열처리를 실시
- 압축응력은 오히려 효과적이므로 쇼트 피닝(shot peening)

㉥ 입계부식에 대한 방지대책
- 고용화 열처리
- 탄소가 낮은 재료를 선택
- 타이타늄(Ti), 나이오븀(Nb) 등이 첨가된 재료를 선택

㉦ 석출경화계 스테인리스강 : 알루미늄, 동 등의 원소를 소량 첨가하여 열처리에 의해 이것들의 원소 화합물 등을 석출시켜 경화하는 성질을 갖게 하는 스테인리스강

분류		담금질	내식성	용접성
마텐자이트계	13Cr계	가능	나쁨	불가
페라이트계	18Cr계	불가	보통	보통
오스테나이트계	18Cr-8Ni계	불가	좋음	좋음

10년간 자주 출제된 문제

스테인리스강(stainless steel)의 조직계에 속하지 않는 것은?
① 마텐자이트(martensite)계
② 펄라이트(pearlite)계
③ 페라이트(ferrite)계
④ 오스테나이트(austenite)계

[해설]

스테인리스강에는 페라이트계, 오스테나이트계, 마텐자이트계 등이 있다.

정답 ②

핵심이론 14 특수 용도용 합금강

① 내열강과 내열합금
  ㉠ 열간금형용 합금공구강
    - 프레스형, 다이캐스트용 다이스 등에 사용
    - 고온경도 및 강도가 높은 것
    - 열충격, 열피로 및 뜨임연화 저항이 큰 것
    - 피삭성 및 용접성 좋은 것
    - 내마모성이 크고 용착, 소착을 일으키지 않는 것
  ㉡ 금형강
    - 성형가공을 위해 사용되는 가공용 강
    - STD11 : 냉간 가공용 금형강
    - STD61 : 탄소함량은 중탄소이며, 바나듐(V)을 첨가하여 열피로성을 개선한 열간 가공용 금형강

② 전기용 특수강
  ㉠ 규소강
    - 규소(Si)를 5%까지 포함한 Fe-Si합금
    - 잔류 자속밀도가 작음
    - 전기재료로서 발전기, 전동기 등의 철심으로 이용
  ㉡ 자석강
    - 자석으로 사용되는 특수강
    - 고급 미터기, 비행기 및 자동차용 마그넷, 라디오 부품 등에 사용
    - 알니코 합금 : 영구자석으로 널리 사용되는 합금으로 MK강이라고도 하는 소결강

③ 불변강
  플래티나이트와 -바시리즈(인바, 슈퍼인바, 엘린바)는 온도가 변하더라도 금속의 성질이 변하지 않는 것이 특징이다.

④ 기타
  ㉠ 자경강
    - 강을 변태점 이상 온도에서 공랭시켜 경화된 강
    - 공기 담금질강이라고도 함
    - 니켈(Ni), 크로뮴(Cr), 몰리브데넘(Mo), 망가니즈(Mn)를 함유하는 합금강으로, 다이스강이나 고속도강이 있음
  ㉡ 마레이징(maraging)강
    - 고탄소 오스테나이트를 시효석출에 의하여 강화시킨 강
    - 금속간 화합물의 석출강화를 도모한 강
    - 실용강에는 18%Ni계이며, 그 밖에 20%Ni계와 25%Ni계 등이 있음
  ㉢ 쾌삭강
    - 일반적인 쾌삭강은 공구 수명의 연장, 마무리면 정밀도에 기여
    - 자동차부품, 시계부품 등에 사용
    - 절삭성을 높이기 위해 첨가하는 원소
      - 황(S), 납(Pb), 칼슘(Ca)
      - 칼슘(Ca) 쾌삭강은 제강 시에 칼슘(Ca)을 탈산제로 사용
      - 황(S) 쾌삭강은 망가니즈(Mn)를 0.4~1.5% 첨가하여 MnS으로 하고 이것을 분산시켜 피삭성을 증가
  ㉣ 스프링강(SPS)
    - 탄소강(0.45±0.1%C)을 830~860℃에서 유랭시키고 450±10℃에서 뜨임하여 소르바이트 조직을 얻은 합금강
    - 높은 탄성 및 내피로성이 요구됨
  ㉤ 망가니즈강
    - 저망가니즈강 : 망가니즈가 1.2~2% 함유되어 듀콜강이라고도 하고 인장강도가 우수하고 연신율이 양호하여 건축, 교량에 사용
    - 고망가니즈강
      - 탄소 0.9~1.4%, 망가니즈(10~14%) 함유로 해드필드강(hadfield) 또는 오스테나이트 망가니즈강이라고도 함
      - 내마멸성과 내충격성이 우수

- 열전도성이 작고 열팽창계수가 큼
- 열처리 후 서랭하면 결정립계에 M₃C가 석출하여 취약
- 높은 인성을 부여하기 위해 수인법을 이용한 강
- 광석·암석의 파쇄기 등 심한 충격과 마모를 받는 부품에 이용

10년간 자주 출제된 문제

다음의 강 중에 탄소함량은 중탄소이며, 바나듐(V)을 첨가하여 열피로성을 개선한 열간 가공용 금형강은?

① SKH51　　② STD11
③ STS3　　　④ STD61

[해설]
금형강은 성형가공을 위해 사용되는 가공용 강으로 그중 STD11은 냉간 가공용이고 STD61은 열간 가공용이다. SKH는 고속도강이고 STS는 합금공구강이다.

정답 ④

제4절 비철금속 재료

핵심이론 01 구리의 성질

① 개요 : 동 = 구리 = Cu

인류 최초의 금속은 구리합금이다. 석기시대 다음은 청동기로 이어지는데 그 이유는 용융점 때문이라고 볼 수 있다. 근데 왜 하필 청동일까? 철보다는 구리가 상대적으로 융점이 낮고 그중에 합금인 청동은 더욱 낮기 때문이다. 생각해보면 돌을 갈아 쓰던 시대에 얼마나 높은 온도까지 끌어 올릴 수 있겠는가? 인류 최초의 금속 구리의 성질과 활용을 알아본다.

② 구리

㉠ 전해동 : 가장 일반적인 동으로 99.9%Cu, 0.04%O의 조성을 가진 구리로 가장 일반적이고 저렴함 산소가 구리에 고용되지 않아 400℃ 이상에서는 환원성가스(수소가스에 의해 탈산됨) → 수분~수십 분만 노출되어도 유해함

㉡ 무산소동 : 전해정련 음극동을 용해하여 환원성 분위기에서 주조하여 무산소동을 만들 수 있다. 고온의 수소취성을 방지함

㉢ 탈산동 : 인(P)을 충분히 첨가하여 구리 내부 산소가 P_2O_5로 전환되어 수소 메짐을 방지할 수 있다.

> **tip**
> 구리는 가격이 꽤나 비싼 금속인데 사용처가 굉장히 많다. 이러한 구리에 가장 많은 영향을 끼치는 것은 산소라고 할 수 있다. 구리의 제조 측면에서 산소에 굉장히 취약함을 알 수 있는데 산소 자체에 취약하다기 보다는 몸집이 작아서 어디에나 침투되기 쉬운 수소의 특성상 금속 내부의 산소와 반응하기 쉽고 반응생성물로 인한 결함생성이라 볼 수 있다. 따라서 구리제조에는 산소를 배제한 무산소동, 탈산동이라는 용어가 자주 보인다.

③ 구리의 물리적, 기계적 성질

㉠ 용융점은 약 1,083℃

㉡ 상온에서 면심입방격자(FCC) → 전연성이 높은 재료

ⓒ 전기 및 열의 양도체 → 은(Ag) 다음으로 전기 전도성이 높다.
ⓔ 비중 : 8.89
ⓜ 냉간가공에 의해 인장강도 증가
ⓗ 재결정 온도는 200℃이고 동소변태가 없음

④ 구리의 화학적 성질
  ⓘ 대기 중에는 이산화탄소, 수분 등의 작용에 의해 표면에 녹청이 생김
  ⓛ 화학적 저항력이 커서 부식에 강함 → 내식성이 높음
  ⓒ 환원성 수소가스 중에서 가열하면 수소의 확산 침투로 인해 수소 메짐이 발생
    → 순수한 구리는 매우 연하고 연성이 높아 가공이 어렵고, 높은 냉간가공, 내부식성을 갖는다. 보통의 구리합금은 열처리가 되지 않아 냉간가공과 합금처리하여 사용한다.

10년간 자주 출제된 문제

산소나 인, 아연 등의 탈산제를 품지 않고 진공 또는 무산화 분위기에서 정련 주조한 것으로 유리에 대한 봉착성이 좋고 수소 취성이 없는 시판동은?

① 조동
② 탈산동
③ 전기동
④ 무산소동

[해설]
- 무산소동 : 진공 또는 CO의 환원 분위기에서 용해 주조한 것으로 진공관의 구리선 또는 전자기기용으로 사용
- 탈산동 : 용해 시에 흡수한 산소를 인(P)으로 탈산하여 산소를 0.01% 이하로 한 것으로 고온에서 수소취성이 없고 산소를 흡수하지 않으며 용접성이 좋은 구리
- 정련동(전기동) : 0.02~0.05% 산소 함유 등으로 전기 전도율이 좋고, 취성이 없으며, 가공성이 우수하여 전자기기에 사용

정답 ④

핵심이론 02 구리합금 : 황동

① 개요

황동에 대한 이해를 위해서 철과 마찬가지로 상태도를 보면 이해가 쉽다. 황동을 저황동(5~20%Zn)과 고황동(20~40%Zn)으로 나눌 수 있고, 아연이 치환형 불순물로 합금화된 황동은 α상과 β상을 만든다. 다음 상태도를 참고하면 α상과 β상 중에서 저황동은 α상이 고용체 형태로, 고황동은 β상의 규칙성에 따라 β상과 β'상으로 나눌 수 있다.

┤tip├
처음 구리를 배울 때는 황동과 청동이 헷갈릴 수 있다. 이름에 아연의 ㅇ이 들어가면 황동, 주석의 ㅈ이 들어가면 청동으로 연상한다(황동 = 놋쇠).

㉠ 황동의 평형상태도(6종류의 상을 가지고 있는데 상온에서)
  - α, β, γ, δ, ε, η의 6상 존재
  - 이 중 α상과 β, β'상이 상용됨(β, β' 규칙, 랜덤 고용체)
  - α상 → 7 : 3 황동
  - $\alpha + \beta$상 → 6 : 4 황동
  - α상은 면심입방격자이고 β상은 체심입방격자임

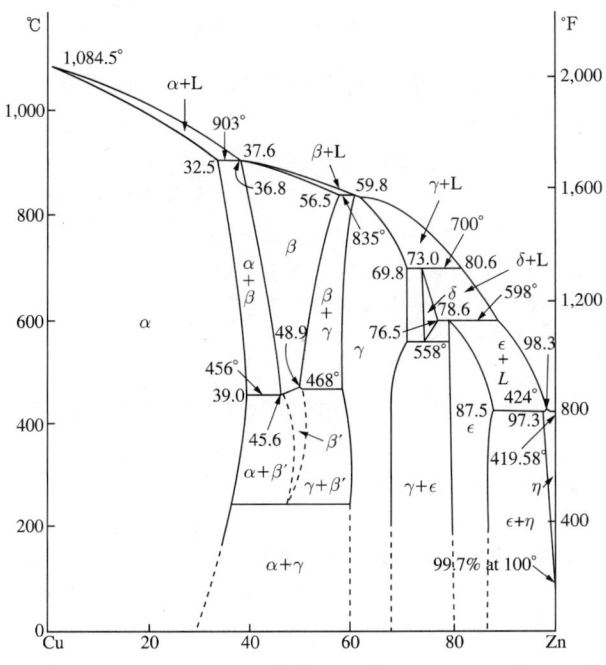

ⓒ 황동 : 구리(Cu), 아연(Zn)합금 30~40%의 Zn 함유를 많이 사용
- 아연을 첨가하여 내식성, 주조성, 가공성이 좋아짐
- 황동의 빛깔은 아연의 함유량에 따라 변함

7% 이하	7~17%	18~30%	30~35%
구리색	적황색	담황색	황금색

② 황동의 성질
  ㉠ 탈아연 부식
   - 30% 이상의 Zn를 포함한 황동이 바닷물에 침식될 경우 아연만 용해되고 구리는 남아 구멍이 나거나 얇게 되는(취약하게 되는) 현상으로 아연 함유량이 높은 6 : 4 황동에서 많이 나타남
   → 20% 이하의 아연 사용, 0.1~0.5%의 As(비소), Sb(안티모니) 사용, 1% 이하의 Sn(주석) 사용, 아연 조각 연결 등으로 방지
  ㉡ 자연 균열 : 가공된 황동은 관, 봉 등의 잔류응력에 의하여 균열을 일으킬 수 있다.
   - 응력 부식 균열 : 잔류응력과 더불어 외부의 인장 하중에 의해서 부식
   - 자연 균열 : 상온에서 공기 중의 암모니아, 염소류에 의하여 자연적으로 갈라지는 것
     → 방지를 위해서 도료, 아연도금, 응력제거 풀림을 한다.
  ㉢ 고온 탈아연 : 높은 온도에서 증발에 의하여 황동 표면에서 아연이 탈출되는 현상
     → 산화물 없는 깨끗한 황동이 오히려 심함. 산화막 생성으로 방지
  ㉣ 저온 풀림경화
   - 황동을 냉간가공하여 재결정 온도 이하의 저온도로 풀림하면 오히려 가공 상태보다도 경화되는 현상
   - 결정립이 미세할수록 경화가 현저함
   - 구리합금스프링재 열처리에 이용
   상태도에서 알 수 있듯이 저황동 영역에서는 α상이 고용체형태로 존재하며, 열간가공성은 떨어지지만 냉간가공에 유리하며 연성이 고황동에 비하여 높다고 볼 수 있다. 고황동은 반대로 열간가동에 유리하지만 냉간가공에서는 불리하고, 고아연인 만큼 경도가 높다.

③ 황동의 종류
  ㉠ 6 : 4 황동(먼츠메탈) : 60%Cu+40%Zn으로 Zn45%에서 최대 인장 강도 나타내고 구조용으로 사용
  ㉡ 7 : 3 황동(카트리지 브라스) : 70%Cu+30%Zn으로 Zn30%에서 연신율이 최대이므로 가공용으로 사용
  ㉢ 특수황동 : 황동에 납(Pb), 주석(Sn), 알루미늄(Al), 규소(Si), 철(Fe) 등을 첨가
   - 특수황동의 종류
     - 연황동 : 황동에 납(Pb) 첨가
     - 주석황동 : 소량의 주석(Sn) 첨가
     - 알루미브라스 : 알루미늄(Al) 첨가
     - 톰백(tombac) : 아연(Zn)을 5~20% 함유한 황동으로 강도는 낮으나 전연성이 좋고, 색깔이 금색에 가까워 모조금이나 판 및 선 등에 사용

- 고강도 황동 : 6:4 황동에 철(Fe), 망가니즈(Mn), 니켈(Ni), 알루미늄(Al) 등 원소를 첨가하여 선박의 프로펠러와 같은 주물이나 단조품을 제조할 때 사용하며 강도 및 방식성이 우수해지고 내해수성을 증가시킴
- 애드미럴티 황동
  - 7:3 황동에 1% 내외의 주석을 첨가
  - 내해수성을 향상
  - 증발기, 열교환기로 사용
- 길딩메탈(gilding metal)
  - 5%Zn 함유된 합금
  - 화폐, 메달에 사용
- 카트리지 브라스(cartridge brass) : 7:3 황동
- 델타메탈(delta metal) : 6:4 황동에 Fe을 1~2% 첨가한 합금
- 양은(nickel silver) : 양백이라고도 하고 7:3 황동에 Ni 15~20% 첨가, 주단조 가능, 백동, 니켈, 청동, 은 대용품으로 사용(전기저항선, 스프링재료, 바이메탈용으로 쓰임)
- 알루미늄황동 : 알부락(albrac)이라고도 하며 금 대용품으로 사용
- 니켈황동 : 구리 니켈 합금으로 전기저항이 커서 저항기에 사용
- 네이벌황동 : 4-6주석을 첨가한 황동으로 내식성 우수
- 두라나메탈(durana metal) : 7:3 황동에 2%Fe과 소량의 Sn, Al 첨가하여 전기저항이 높고 내열 내식성 우수함

10년간 자주 출제된 문제

2-1. 황동의 화학적 성질 중 탈아연부식(dezincification)에 대한 설명으로 틀린 것은?

① 염소를 함유한 물을 쓰는 수관에서 볼 수 있다.
② 탈아연부식을 막으려면 Zn만 10% 이하의 β황동을 사용한다.
③ 탈아연된 부분은 다공질이 되어 강도가 낮아진다.
④ 불순한 물이나 부식성 물질이 존재하는 수용액의 작용에 의해 황동표면이나 깊은 곳까지 탈아연된다.

2-2. 동합금의 표준조성과 명칭을 짝지은 것 중 맞는 것은?
① tombac : 10~30%Zn 황동
② Muntz Metal : 5:5 황동
③ cartridage Brass : 7:3 황동
④ admiralty Brass : 6:4 황동에 1%Sb 황동

해설

2-1
탈아연부식을 막으려면 Zn 30% 이하의 α황동을 사용해야 한다.

2-2
③ 카트리지 브라스(cartridge brass) : 7:3 황동
① 톰백(tombac) : Zn을 5~20% 함유
② 먼츠메탈(Muntz metal) : 4:6 황동
④ 애드미럴티 황동(admiralty brass) : 7:3 황동에 1% 내외의 Sn을 첨가

정답 2-1 ② 2-2 ③

핵심이론 03 구리합금 : 청동

Cu에 Sn(주석)을 첨가한 합금을 말하며, 황동에서와는 다르게 Sn의 용해도가 Zn에 비하여 훨씬 낮은 편이다. 청동은 황동에 비하여 내식성과 내마멸성이 좋아 고대의 가구, 장신구, 무기, 불상 등 여러 가지 기계주물용, 미술작품 등에 사용되었다.

① 청동의 물리적, 기계적 성질
  ㉠ 주석의 첨가에 따라 비중은 거의 변화가 없지만, 열팽창 계수는 소폭 증가하고 전기전도도와 열전도도는 감소하는 편이다. 청동은 열처리에 따라 동일성분이라도 조직과 성질이 다르다. 주석함유량이 낮은 청동은 열처리를 거친 후 사용

연신율	4~5%Sn에서 최대 → 이후 작아짐
인장강도	17~18%Sn에서 최대
취성	25%Sn 이상
경도	30%Sn에서 최대

  ㉡ 일반적 인청동(1.25~10%Sn)은 풀림처리 후 사용하지만 10%Sn 이상의 청동은 주조 후 높은 경도를 이용하여 베어링 등으로 사용한다.

② 화학적 성질
  대기 중에서 내식성이 좋은 청동은 부식에 매우 강하며, 표면에 생기는 피막은 적색층과 녹색층이 번갈아 생긴다. 바닷물에서도 우수한 내식성을 가져 선박용 부품으로도 사용한다. 진한질산과 염산에는 쉽게 부식되나, 5%황산 및 알칼리에는 내식성이 좋다.

③ 청동의 종류
  ㉠ 포금
    • 8~12%Sn 1~2%Zn을 넣은 것으로 포신의 재료로 사용하여 포금이라 한다. 강도와 연성이 높고 내식성과 내마멸성이 우수하여 프로펠러, 피스톤, 기어 등에 사용한다.
    • 그중에서 88%Cu 10%Sn 2%Zn 합금을 애드미럴리티 포금이라 하는데 주조성과 내압성이 좋아 선박 등에 사용한다.

  ㉡ 베어링용 청동
    • 10~14%Sn을 함유한 것은 연성이 떨어지나 경도가 높아 내마멸성이 우수하여 베어링, 차축 등에 사용한다.
    • 5~15%납을 사용한 것은 윤활성이 높아 철도, 공작기계, 압연기 등 고압용 베어링에 좋다.
    • 28~42%Pb, 2% 이하 Ni 또는 0.8% 이하의 Fe, 1% 이하 Sn을 함유한 구리합금을 켈밋이라 하여 고속회전용 베어링으로 차량, 항공기 등에 사용한다.

  ㉢ 화폐용 청동
    • 프레스로 coining하기 좋도록 단조성이 좋고, 단단하고 강인하며, 부식에 잘 견디기 때문에 화폐용으로 많이 사용한다.
    • 3~5%Sn, 1% 내외의 Zn 첨가

  ㉣ 미술용 청동
    • 유동성을 높이기 위할 때는 Zn 첨가
    • 종은 20~25%Sn 첨가하여 강하고 경도가 높아 맑은 소리를 낼 수 있게 함

④ 특수청동

특수 청동	함량	특성	용도
인청동	1% 이하 인	경도, 강도, 내마멸성, 탄성	펌프, 기어, 선박, 화학기계 부품
니켈청동	10~15% 니켈 2~3% 알루미늄	고온 강도, 내마멸성, 내식성	항공기 기관용 부품, 선박용 기관
알루미늄 청동	12% 이하 알루미늄	내식성, 내열성, 내마멸성	화학 공업용 기계, 선박, 항공기, 차량부품
규소청동	4% 이하의 규소	내식성, 용접성	가솔린 저장탱크, 피스톤 링, 화학 공업용 기구
망가니즈 청동	5~15% 망가니즈	기계적 성질, 소금, 광산물 내식성, 낮은 전기저항 온도계수	선박용 증기 터빈 날개, 증기 밸브, 표준 저항, 정밀 기계 부품
베릴륨 청동	2~3% 베릴륨	시효경화성, 강도, 내마멸성, 탄성, 전도율	베어링, 고급 스프링, 전기 접점, 용접 전극

| 10년간 자주 출제된 문제 |

황동이나 청동에 비해 강도, 경도, 인성, 내마모성, 내피로성 등의 기계적 성질 및 내열, 내식성이 좋아 선박, 항공기, 자동차 등의 부품용으로 사용되며, Novostone이라고 불리는 특수청동은?

① 인청동(phosphor bronze)
② 연청동(lead bronze)
③ 알루미늄청동(aluminium bronze)
④ 규소청동(silicon bronze)

|해설|

③ 알루미늄청동(aluminium bronze) : 황동이나 청동에 비해 강도, 경도, 인성, 내마모성, 내피로성 등의 기계적 성질 및 내열, 내식성이 좋아 선박, 항공기, 자동차 등의 부품용으로 사용되며, Novostone이라고 불리는 특수청동
① 인청동(phosphor bronze) : 청동에 비해 기계적 성질이 우수하고 내마멸성과 내식성이 우수
② 연청동(lead bronze) : 주석청동에 납을 첨가한 것으로 윤활성이 우수
④ 규소청동(silicon bronze) : 4% 이하의 규소를 첨가한 합금으로 내식성과 용접성이 우수하고 열처리 효과가 적으므로 700~750℃에서 풀림하여 사용

정답 ③

핵심이론 04 알루미늄과 그 합금

① 개요

지구상에 다량으로 널리 존재하는 금속으로 용융점 또한 낮은 알루미늄이 왜 대중화되는 데 오랜 시간이 걸렸을까? 그 이유는 높은 이온화 경향에 있다. 알루미늄은 반응성이 매우 높지만 보통은 반응성이 높다고 알려지지 않은 이유는 알루미늄의 산화막 때문이다. 치밀한 산화막층이 더 이상의 반응을 막기 때문에 반응성이 낮다고 여겨지는 것. 이러한 반응성을 이용하여 테르밋 용접 등 여러 가지의 활용도 가능하다. 그 외에도 알루미늄은 기계적, 화학적 특성이 뛰어난 면이 많아 공업재료로 널리 쓰이고 있다.

|tip|
가장 가벼운 실용금속은 2000년대 초반까지는 알루미늄(Al 비중 : 2.7)으로 알려졌으며, 현재는 점차 마그네슘(Mg 비중 : 1.7)으로 인식되고 있다. 그렇지만 마그네슘은 반응성과 구조적인 문제에서 오는 가공성 부족으로 항공기에는 아직 적용하기 힘들다. 따라서 대부분의 항공기는 알루미늄 합금을 사용한다(고급 자동차에도 많이 사용).

② 알루미늄의 성질

㉠ 물리적 성질 & 기계적 성질
- 용융점은 약 660℃이고 비중은 2.7 → 대표적인 공업용 재료로 사용되는 경금속
- 상온에서 면심입방격자(FCC) → FCC가 나오면 전연성이 높다고 연상되어야 함
- 전기전도도는 구리보다 낮지만(구리대비 65%) 밀도가 1/3이기 때문에 동일 질량비로 비교하면 우수할 수 있음
- 밀도는 철보다 낮지만 합금으로 사용 시 높은 강도를 가짐
- 일부 불순물이 들어가면 전기전도도가 감소함
- 순도가 높을수록 연성이 높고, 강도, 경도가 저하됨
- 냉간압연을 통하여 기계적 성질이 변화
- 알루미늄 합금은 석출경화에 의하여 기계적 성질을 향상시킬 수 있음

ⓒ 화학적 성질
- 얇은 보호피막(Al_2O_3)으로 내식성 우수
- 중성 수용액에서 내식성이 좋으며, 염화물에서는 좋지 않다. 산에서 부식이 증가하고, 황산, 인산에서 침식하며 염산에서 빠르게 침식된다. 80% 이상의 진한 질산에는 침식되지 않음

③ 산화피막 생성
ⓐ 수산법 : 알루미늄 제품을 2%수산용액에서 직류, 교류 혹은 직류에 교류를 동시에 송전한 것을 통하여 표면에 단단하고 치밀한 산화막을 얻는 방식법
ⓑ 황산법(알루미나이트법) : 15~20% 황산액을 사용하여 피막 형성. 연하고 흡착성이 좋은 피막을 얻으려면 30℃ 정도로 유지한다(가격이 저렴).
ⓒ 크로뮴산법 : 3%의 산화크로뮴(Cr_2O_3)수용액을 사용하며, 전해액의 온도는 40℃ 정도로 유지한다. 전압을 조절하며 통전 시간을 조정하여 기계적 교반을 한다. 내마멸성은 작지만, 내식성이 매우 크다(항공기 부품 방식에 사용).

④ 주조용 알루미늄합금(마그네슘 포함)의 열처리 기호(조질기호)
ⓐ 기본조질기호
- F : 가공 그대로의 상태
- O : 풀림(어닐링) 후 재결정
- W : 용체화 후 자연시효경화 진행
- H : 가공 후 경화
  - H_{1n} : 가공경화만
  - H_{2n} : 가공경화 후 풀림(어닐링)
  - H_{3n} : 가공경화 후 안정화 처리
- T : 시효경화함(F, O, W, H 이외의 열처리)
  - T_1 : 가공온도에서 냉각, 자연시효(용체화 없음, 상온)
  - T_2 : 가공온도에서 냉각
  - T_3 : 고용처리하고 냉간가공 후 자연시효
  - T_4 : 고용처리 후 자연시효
  - T_5 : 가공온도에서 냉각, 자연시효(상온보다 고온)
  - T_6 : 고용처리, 인공시효

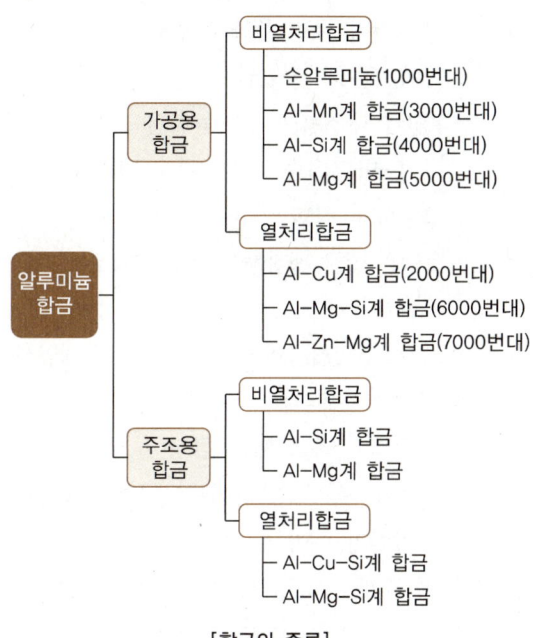

[합금의 종류]

⑤ 주조용 알루미늄 합금
알루미늄은 주조성이 우수하여 사형주물로 많이 사용된다. 일반, 내열, 내식 주물이 있다.
ⓐ Al-Cu계
- 강도가 매우 높고 인성이 우수하다. 담금질, 시효에 의한 강도 증가. 주조균열 등의 주조성이 낮은 단점이 있음
- 4, 8, 12%Cu 첨가를 많이 사용하며, 8, 12%Cu 첨가 합금은 강도, 경도가 높음
ⓑ Al-Si계
- 규소 1~20%, 구리, 마그네슘, 니켈, 망가니즈 등 첨가한다. 규소의 용해도가 낮아 열처리 효과가 크지 않지만 유동성, 내마모성 등이 우수. 공정조성의 Al-Si계 합금을 실루민이라 한다.
- 개량 처리 : 공정점을 이동시켜 조대한 규소결정을 미세화시키기 위해서 소듐(Na), 스트론튬(Sr), 불화알칼리, NaOH 등을 첨가하는 처리

ⓒ Al-Cu-Si계(라우탈)
  - 실루민의 결점인 표면 거칠어짐 현상을 없앤 것
  - 규소로 주조성을 개선하고 구리로 절삭성을 향상시키며 금형 주조용 합금
ⓔ 내열성 알루미늄합금
  - Y합금 내열용 알루미늄합금 조성은 알루미늄-구리-마그네슘-니켈. 주로 피스톤에 사용되고 고온에서 강함
  - 로엑스 합금 팽창률이 낮음 12%Si, 1%Cu, 1%Mg, 1.8%Ni
  - 코비탈륨 Y합금의 일종으로 강도와 내열성이 우수
ⓜ 다이캐스팅용 알루미늄합금
  - 유동성이 좋고 열간 취성이 적어야 함
  - 라우탈, 실루민, 하이드로날륨, Y합금 등

⑥ 가공용 알루미늄 합금
고강도합금계, 내식성합금계로 나뉘며 압출, 압연, 단조 등 가공공정에 사용되는 합금을 말한다.
ⓐ 두랄루민 : 주성분은 Al-Cu-Mg이며 4%Cu, 0.5%Mg, 0.5%Mn로 가볍고 강도가 높아 항공기, 자동차, 운반기계 등에 사용한다.
ⓑ 초두랄루민 : 두랄루민에서 마그네슘을 증가시켜 4.5%Cu, 1.5%Mg, 0.6%Mn의 Al-Cu-Mg합금으로 인장강도 490MPa 이상이며, 내식성이 좋지 않다.
ⓒ 초강두랄루민 : 1.5~2.5%Cu, 7~9%Zn, 1.2~1.8%Mg, 0.3~1.5%Mn, 0.1~0.4%Cr을 함유한 Al-Zn-Mg합금으로 인장강도 530MPa 이상이며, 항공기 구조용 재료로 사용한다.
ⓓ 하이드로날륨(Al-Mg계 합금) : 알루미늄에 10%까지의 마그네슘을 첨가한 내식용 합금으로 바닷물에 약한 것을 개량한 합금이다.
ⓔ 알민(Al-Mn계 합금) : 1~1.5%망가니즈를 함유하여 가공, 용접성 좋음
ⓕ 알드리(Al-Mg-Si계 합금) : 담금질 후 상온가공으로 기계적 성질 개선. 내식, 인성, 전기전도율 좋음
ⓖ 알클래드 : 두랄루민의 내식성을 향상시키기 위해 순수 알루미늄 또는 알루미늄합금으로 피복하여 강도와 내식성 개선
ⓗ 기타
  - Al 분말의 소결품(SAP) : 내열용 합금으로 알루미나가루와 알루미늄가루를 압축성형하고, 약 550℃에서 소결한 후 열간 압출하여 사용하는 재료로 내산화성, 고온강도 우수
  - Al-Li계 합금 : 가볍고 탄성이 좋지만 연성, 파괴인성이 떨어짐

10년간 자주 출제된 문제

4-1. 알루미늄 제품을 2%수산용액에서 직류, 교류 혹은 직류에 교류를 동시에 송전한 것을 통하여 표면에 단단하고 치밀한 산화막을 얻는 방식법은?
① 전류법 ② 수산법
③ 황산법 ④ 염산법

4-2. 조성이 Al-Cu-Mg-Mn이며, 고강도 Al합금에 해당되는 것은?
① 라우탈(Lautal)
② 실루민(silumin)
③ 두랄루민(Duralumin)
④ 하이드로날륨(Hydronalium)

|해설|

4-1
수산법
알루미늄 제품을 2%수산용액에서 직류, 교류 혹은 직류에 교류를 동시에 송전한 것을 통하여 표면에 단단하고 치밀한 산화막을 얻는 방식법

4-2
③ 두랄루민 : Al-Cu-Mg-Mn합금
① 라우탈 : Al-Cu-Si합금
② 실루민 : Al-Si합금
④ 하이드로날륨 : Al-Ng합금

정답 4-1 ② 4-2 ③

핵심이론 05 마그네슘과 그 합금

금속마그네슘은 비중이 1.74로 구조용 금속 중 가장 가볍다. 마그네슘을 단독 사용하기에는 강도가 떨어져 합금으로 사용하며 항공, 미사일, 기계류 등을 만든다.

① 마그네슘
  ㉠ 비중은 약 1.7 정도
  ㉡ 내산성은 극히 나쁘나 내알칼리성은 강함
  ㉢ 주물로서 마그네슘합금은 Al합금보다 비강도가 우수
  ㉣ 해수에 매우 약함

② 마그네슘합금
  ㉠ 비중 1.74(알루미늄의 약 2/3)
  ㉡ 저밀도 금속으로 주조성과 강도가 낮음
  ㉢ 크리프, 피로, 마모저항이 낮음
  ㉣ HCP(조밀육방) 구조 때문에 냉간가공이 어려워 보통 열간가공함
  ㉤ 비강도가 커서 휴대용기기의 재료로 사용
  ㉥ 감쇠능이 주철보다 커서 소음방지 구조재로 우수
  ㉦ 해수에 대해 약하고 산화가 일어남
  ㉧ 주로 Al과 Zn의 첨가로 강도를 증가시킴
  ㉨ 주물용 마그네슘합금 : Mg-Al계, Mg-Zn계
  ㉩ 가공용 마그네슘합금 : Mg-Al-Zn계 자동차부품, Mg-Al-Zr계 항공기재료

10년간 자주 출제된 문제

마그네슘합금의 구조재료로서의 특성으로 틀린 것은?
① 실용금속 중에서 가장 가벼우며 비중은 1.74이다.
② 상온변형이 쉬워 굽힘, 휨 등의 제품에 사용한다.
③ 비강도가 커서 휴대용기기의 재료에 사용한다.
④ 감쇠능이 주철보다 커서 소음방지 구조재로 우수하다.

[해설]
마그네슘합금은 상온변형에 강하여 구조재료로 사용한다.

정답 ②

핵심이론 06 타이타늄과 그 합금

중량 대비 강도가 매우 큰 금속으로 가격이 비싼 단점을 제외하면 아주 좋은 재료이다. 우주항공, 자전거 등을 만드는 등 고가 재료로 사용된다. Ti의 가격이 비싼 것은 높은 반응성으로 인해 제련이 어렵기 때문이다.

① 타이타늄의 특성
  ㉠ 중량 대비 강도가 높음(비중 4.5)
  ㉡ 내부식성이 뛰어남
  ㉢ 상온에서는 HCP 구조이지만 883℃에서는 BCC로 변태함
  ㉣ 금속으로 가공할 때 특수한 기술이 필요
  ㉤ 합금강에 첨가할 때 탄화물을 형성하여 결정립의 크기를 제어함
  ㉥ 고온 강도가 좋고 크리프 특성이 우수함

② 타이타늄합금 특성
  ㉠ 우수한 부식 저항성 가짐
  ㉡ 낮은 탄성계수와 높은 생체 친화성
  ㉢ 낮은 내마모성과 노치 민감도가 단점
  ㉣ 이온주입공정으로 내마모성을 향상시킬 수 있음
  ㉤ 열전도율이 낮음
  ㉥ 활성이 커서 고온산화와 환원제조 시에 취급이 곤란함

③ $\alpha+\beta$형 강력 타이타늄합금
  ㉠ Ti-6%Al-4%V합금
  ㉡ 압연성, 단조성, 성형성, 용접성, 고온특성 및 저온특성이 우수하고 응력부식 균열에도 강함
  ㉢ 항공기 기체나 엔진부품용으로 많이 쓰임
  ㉣ 고용화 열처리로 강해질 수 있음
  ㉤ 담금질, 뜨임상태에서 성형가공성이 좋음
  ㉥ 시효처리로 용접성을 좋게 할 수 있음

10년간 자주 출제된 문제

α+β형의 강력 타이타늄합금으로 압연성, 단조성, 성형성, 용접성, 고온특성 및 저온특성이 우수하여 항공기 기체나 엔진부품용으로 많이 쓰이고 있는 합금의 조성은?

① Ti – 5%Au – 2%Sn 합금
② Ti – 15%Mo – 5%Zr 합금
③ Ti – 6%Al – 4%V 합금
④ Ti – 2%Cu – 5%Pb 합금

[해설]

α+β형의 Ti-6%Al-4%V 합금은 제일 많이 사용되고 담금질 뜨임 상태에서 성형 가공성이 좋고 시효처리로 용접성을 좋게 할 수 있으며 응력부식균열에도 강하다.

정답 ③

핵심이론 07 니켈과 그 합금

면심입방의 원자배열로 353℃에서 자기변태를 나타낸다. 여러 합금원소로 쓰이며, 양백(양은)의 재료로 사용된다. 니크롬, 열전대, −바 시리즈 등의 합금을 많이 사용한다.

① 니켈 특성
  ㉠ 비중 : 8.845
  ㉡ 구리와 합금이 잘됨
  ㉢ 철과 합금이 잘됨
  ㉣ 상온에서 결정구조가 면심입방격자
  ㉤ 대기 중에 부식되지 않으나 아황산가스 분위기에는 심하게 부식

② 니켈합금 종류
  ㉠ 플래티나이트(platinite)
    • Ni46%-Fe의 합금
    • 열팽창계수 및 내식성에 있어서 백금의 대용
    • 전자관, 방전램프, 반도체 디바이스, 전구봉입선 등에 사용
  ㉡ 인코넬(inconel)
    • Ni-Cr계 합금
    • 내식성이 크고 산화도가 작음
    • 철 및 구리에 대한 열전 효과가 큼
    • 내열성이 크고 고온에서 경도 및 강도의 저하가 작음
  ㉢ 모넬메탈(강화니켈)
    • Ni-32%Cu계의 합금
    • Ni 60~70% 정도를 함유
    • 내식성이 좋아 가스터빈과 같은 화학공업 등의 재료로 많이 사용
    • 종류
      − R Monel : S를 증가시켜 절삭성을 개선
      − H Monel : Si를 증가시켜 주물용에 이용
      − K Monel : 석출경화시킨 Monel

ㄹ 알루멜(alumel) : 니켈을 주성분으로 하는 니켈계 내열합금으로서 열전대에 사용

ㅁ 포말로이(pormalloy) : Ni-Fe합금으로 자기투과도가 높아 전기통신재료로 사용

ㅂ 하스텔로이(hastelloy) : Ni-Mo-Fe합금으로 내산화성이 우수

ㅅ 니크롬 : 전기저항이 높고 내산화성이 적어 저항열을 내는 용도로 사용

③ 불변강의 니켈합금

㉠ 엘린바(elinvar)
- 철(59%), 니켈(36%), 크로뮴(5%)합금
- 탄성률이 매우 작은 합금

㉡ 인바(invar)
- 니켈 35~36%, 탄소 0.1~0.3%, 망가니즈 0.4%와 철합금의 철-니켈 합금으로 FeNi36 또는 64FeNi라고도 함
- 내식성 우수
- 20℃에서 열팽창계수(0.9×10^{-6})가 작아 표준자로 사용
- 바이메탈, 시계진자, 줄자, 계측기 부품 등에 사용

10년간 자주 출제된 문제

7-1. 다음 중 니켈 합금이 아닌 것은?
① 인바
② 엘린바
③ 포금
④ 플래티나이트

7-2. 다음 중 니켈(Ni)에 대한 설명으로 옳은 것은?
① 니켈의 격자는 조밀육방격자이다.
② 니켈의 비중은 약 12.8이다.
③ 니켈은 열간 및 냉간가공을 할 수 없다.
④ 니켈은 대기 중에 부식되지 않으나 아황산가스 분위기에는 심하게 부식된다.

7-3. Ni46%-Fe의 합금으로 열팽창계수 및 내식성에 있어서 백금의 대용이 되며 전구봉입선 등에 사용되는 것은?
① 먼츠메탈(Muntz metal)
② 모넬메탈(Monel metal)
③ 콘스탄탄(constantan)
④ 플래티나이트(platinite)

|해설|

7-2
니켈은 상온에서 면심입방격자이고 비중은 8.84이며 대기 중에 부식되지 않으나 아황산가스 분위기에는 심하게 부식된다.

7-3
- 플래티나이트(platinite) : Ni46%-Fe의 합금으로 열팽창계수 및 내식성에 있어서 백금의 대용으로 사용
- 모넬메탈(Monel metal) : Ni-32%Cu계의 합금으로 내식성이 좋아 가스터빈과 같은 화학공업 등의 재료로 많이 사용

정답 7-1 ③ 7-2 ④ 7-3 ④

핵심이론 08 코발트와 그 합금

① 코발트 특성
　㉠ 철과 유사한 물리적 성질을 갖는 은백색 금속
　㉡ 상온에서 강자성을 나타내는 자성재료
　㉢ 비중 : 8.85
　㉣ 용융온도 : 1,490℃
　㉤ 자기변태점 : 1,150℃
　㉥ 실온에서는 HCP 구조이나 477℃에서는 동소변태로 FCC 구조가 됨
　㉦ 주로 자석재료, 주조경질합금, 내열합금, 공구 소결재 등의 내마멸성 재료로 사용

② WC-Co합금
　코발트(Co) 첨가량이 증가할수록 압축강도와 경도가 감소하고 내마모성도 감소함

③ 스텔라이트(주조경질합금공구강)
　㉠ Co를 주성분으로 한 Co-Cr-W-C계 합금
　㉡ C(2~4%), Cr(15~33%), W(10~17%), Co(40~50%), Fe(5%)
　㉢ 단련이 불가능하므로 금형주조에 의해서 소요의 형상을 그대로 만들어 사용

10년간 자주 출제된 문제

Co를 주성분으로 한 Co-Cr-W-C계 합금으로 주조경질 합금이라고도 하며, 단련이 불가능하므로 금형주조에 의해서 소요의 형상을 만들어 사용하는 것은?
① 고속도강
② 세라믹스강
③ 스텔라이트
④ 시효경화합금공구강

해설

스텔라이트(주조경질합금공구강)
Co를 주성분으로 한 Co-Cr-W-C계 합금으로 단련이 불가능하므로 금형주조에 의해서 소요의 형상을 그대로 만들어 사용한다.

정답 ③

핵심이론 09 고용융점 금속과 그 합금

용융점이 높다는 것은 원자 간의 결합이 강하다는 말과 동일하다. 상대적으로 강한 재료일 가능성 또한 올라간다.

① 개요
　㉠ 철의 녹는점인 1,535℃보다 녹는점이 높은 금속
　㉡ 텅스텐(3,400℃), 레늄(3,147℃), 탄탈럼(2,850℃), 몰리브데넘(2,620℃), 지르코늄(1,900℃), 타이타늄(1,800℃), 이리듐(2,447℃) 등이 있음
　㉢ 원자력, 항공, 우주개발 등의 분야에서 활용

② 이리듐(Ir)
　㉠ 비중 : 22.42
　㉡ 녹는점 : 2,447℃
　㉢ 철, 알루미늄, 구리에 비해 상대적으로 비중이 큼
　㉣ 연성이 적고 잘 부서지므로 가공성이 적음

10년간 자주 출제된 문제

다음 중 비중이 가장 큰 원소는?
① Fe
② Al
③ Pb
④ Ir

해설

Al(2.7) < Fe(7.9) < Pb(9.0) < Ir(22.4)

정답 ④

핵심이론 10 아연, 납, 주석 및 그 합금

① 아연(Zn)
  ㉠ 청백색의 금속으로 조밀육방구조이며, 철판에 도금을 하여 함석으로 사용
  ㉡ 비자성이고 녹는점 419℃
  ㉢ 주조상태에서 조대결정이 생성되어 인장, 연신율이 낮으며 열간가공으로 결정립 미세화하여 사용
  ㉣ 공기 중에서 가열하면 백색광을 내며 녹색의 산화물이 됨
  ㉤ 산, 알칼리, Cu, Fe, Sb 등의 불순물과 65~75℃의 물에서 부식이 있음

② 아연합금
  ㉠ 다이캐스팅용 아연합금 : Al은 유동성을 개선. 저순도의 Zn합금은 고온에서의 입간부식(입계부식)으로 고순도의 Zn을 사용
  ㉡ 가공용 아연합금 : Zn-Cu, Zn-Cu-Mg, Zn-Cu-Ti계 등이 있음
  ㉢ 금형용 아연합금 : 다이캐스팅용과 비슷하지만 Al, Cu량을 늘려 강도, 경도를 증가시킴

③ 납(Pb, lead)
  ㉠ 융점이 낮고 가공이 쉬우며 방사선 투과도가 낮음
  ㉡ 화학적으로 안정하여 베어링합금, 쾌삭강 등의 합금 첨가 원소로 사용
  ㉢ 비중이 공업용 금속에서 가장 큼(11.36)
  ㉣ 녹는점 : 327.4℃ 상온에서 재결정이 이루어짐
  ㉤ 자연수 혹은 해수에 부식이 적음
  ㉥ 땜납 : 모재를 녹이지 않고 용접봉을 녹여서 금속재료를 결합하는 재료
    • 연납 : 일반적인 납땜
    • 경납 : 황동납, 금납, 은납, 동납 등 용융점이 높은 납

④ 주석(Sn)
  ㉠ 주석도금, 구리합금, 베어링메탈, 땜납 등에 사용
  ㉡ 저용융점 금속으로 독성이 없음 → 의약품, 식품포장에도 사용
  ㉢ 비중 : 7.3
  ㉣ 고온에서 강도, 연신율, 경도 저하
  ㉤ 강산이나 알칼리에는 침식되나 중성에는 내식성이 우수함

⑤ 주석계 화이트메탈 또는 배빗메탈(Babbitt metal) (주석89%-안티모니7%-구리4%)을 성분으로 하는 베어링용 합금

⑥ 활자합금(type metal) : 납(Pb)-안티모니(Sb)-주석(Sn) 합금으로 주조가 용이하고 경도와 내마모성이 큰 금속이고 여기서 주석은 주조조직을 미세화시킴

10년간 자주 출제된 문제

활자금속(type metal)의 주요 성분은 Pb-Sb-Sn이다. 주요 성분 중 Sn의 주된 역할은?

① 융점이 높아진다.
② 유동성이 나빠진다.
③ 인성이 낮아진다.
④ 주조조직이 미세화된다.

[해설]

납, 안티모니, 주석의 합금인 활자금속은 유동성이 좋기 때문에 이를 녹여 거푸집에 넣어 활자 등을 주조하는 데 쓰이는데, 여기서 납은 주조조직을 미세화시키는 역할을 한다.

정답 ④

핵심이론 11 저융점합금

① 개요
  ㉠ 주석보다 낮은 용융점을 갖는 합금(약 232℃ 이하)
  ㉡ 땜납(Pb-Sn 합금)보다 녹는점이 낮은 Pb, Bi, Sn, Cd, In 등의 공정형 합금
  ㉢ 녹는점이 낮으므로 전기퓨즈, 화재경보기, 압축공기용 탱크 안전밸브, 방화문 체결 구, 땜납 등에 사용됨

② 퓨즈용 합금
  ㉠ Pb, Bi, Sn 등의 적절한 배합으로 가융 공정합금이 만들어짐
  ㉡ 자동소화기, 화재경보장치, 전기용 퓨즈에 사용

10년간 자주 출제된 문제

다음 중 약 250℃ 이하의 융점을 가지는 저용융점 합금으로 사용되는 것은?

① Sn   ② Cu
③ Fe   ④ Co

|해설|

저융점합금
땜납(Pb-Sn 합금)보다 녹는점이 낮은 Pb, Bi, Sn, Cd, In 등의 공정형 합금

정답 ①

핵심이론 12 베어링합금

① 구비조건
  ㉠ 하중에 견딜 수 있는 정도의 경도와 내압력을 가질 것
  ㉡ 주조성과 피가공성이 좋고 열전도율이 클 것
  ㉢ 마찰계수가 작을 것
  ㉣ 내소착성이 크고 내식성이 우수할 것
  ㉤ 충분한 점성과 인성이 있을 것

② 종류
  ㉠ 주석계 화이트메탈
    • 배빗메탈(babbitt metal)이라 하며 경도가 납계보다 크고 큰 하중을 견디며, 바닥은 인성을 가지고 축과 잘 어울림
    • 충격과 진동에 잘 견디며 열전도도가 높아 고속도, 큰 하중에 적합
    • 유동성, 주조성이 좋아 대형으로 제작가능
  ㉡ 납계 화이트메탈 : 내소착성의 차이는 크게 없고 피로강도는 약간 낮지만 가격이 저렴
  ㉢ 구리계 화이트메탈 : 켈밋이라 하며 내소착성이 좋고 내하중성이 크므로 고속도, 고하중 베어링에 적합하여 항공기, 자동차의 베어링으로 사용
  ㉣ 카드뮴계, 아연계 : 고가이며 고온의 경도와 피로강도가 우수하여 고하중 베어링에 적합(예 전차)
  ㉤ 오일리스 베어링 : 오일라이트(oillite)가 대표적이며 소결 후 다공질 재료에 윤활유를 품도록 함. 급유가 곤란할 때 사용

10년간 자주 출제된 문제

베어링합금의 구비조건을 설명한 것 중 틀린 것은?

① 충분한 점성과 인성이 있어야 한다.
② 내소착성이 크고, 내식성이 좋아야 한다.
③ 마찰계수가 크고, 저항력이 적어야 한다.
④ 하중에 견딜 수 있는 경도와 내압력을 가져야 한다.

|해설|
베어링합금은 마찰계수가 작아야 한다.

정답 ③

핵심이론 13 귀금속/희토류/알칼리 및 알칼리 토류군 금속

① 귀금속
  ㉠ 개요
   • 귀금속은 공기나 물과 반응이 잘 일어나지 않고 내식성이 우수하며 오랜 시간이 지나도 변하지 않음
   • 공업적으로는 내식성, 내마멸성을 특징으로 화폐, 장식품, 치과재료, 외과재료와 화학기구, 전기접점, 다이스, 노즐 등에 사용
   • 금(Au), 은(Ag) 및 백금(Pt), 팔라듐(Pd), 이리듐(Ir), 오스뮴(Os), 로듐(Rh), 루테늄(Ru) 등이 있음
  ㉡ 종류
   • 금(Au)
     – 비중 : 19.3
     – 결정구조 : FCC구조
     – 순금 함유율 : $\frac{18K}{24K} \times 100 = 75\%$

     $\frac{14K}{24K} \times 100 = 58.3\%$

     (24K는 99.9% 함유율을 의미함)
   • 백금(Pt)의 비중은 21.45로 비중이 큰 금속에 해당됨
② 희토류 금속
  ㉠ 개요
   • 원자번호 57~71에 속하는 15개 원소, 즉 La, Ce, Pr, Nd, Pm, Sm, Eu, Gd, Tb, Dy, Ho, Er, Tm, Yb 및 Lu에 Sc, Y를 더한 17개 원소의 총칭
   • 화학적 성질은 매우 활성적이며 화학약품에 대해 잘 반응
   • 내연성을 위한 첨가원소, 탈산제, 접종제, 흑연 구상화제 및 발화 합금 등으로 사용

ⓒ 종류
- 세륨(Ce) : 가단성이 있고 비중이 6.92, 용융점 600℃이며 도자기 착색제로 사용
- 미슈메탈(misch metal) : 몇 개의 희토류 원소가 모여 있는 합금으로 Ce 40~50%와 La, Nd 등의 희토류 원소 20~40%를 함유하는 합금

③ 알칼리 및 알칼리 토류군 금속
ⓐ 개요 : 주기율표에서 1족이나 2족에 해당하는 금속
ⓑ 종류
- 1족 원소 : 리튬(Li), 소듐(Na), 포타슘(K), 루비듐(Rb), 세슘(Cs)
- 2족 원소 : 칼슘(Ca), 스트론튬(Sr), 바륨(Ba), 라듐(Ra)

10년간 자주 출제된 문제

Au 및 Au 합금에 대한 설명 중 옳은 것은?
① BCC 구조를 갖는다.
② 전연성은 Ag보다 나쁘다.
③ Au의 비중은 약 19.3 정도이다.
④ 18K 합금은 Au 함유량이 90%이다.

[해설]
① FCC 구조를 갖는다. → 전연성이 좋음
② 전연성이 Ag보다 우수하다.
④ 18K 합금의 Au 함유량은 75%이다.

정답 ③

제5절 신소재 및 그 밖의 합금

핵심이론 01 구조용 합금 및 복합재료

금속의 강도를 높인다는 것은 여러 가지 의미를 동시에 가지고 있다. 강도를 높임과 동시에 원하는 강도를 낮은 질량으로 낼 수 있고, 더 적은 연료를 소모함으로써 환경적으로도 이로울 수 있다.

① 구조용 합금
ⓐ 초강력강은 고강도화를 최대로 추구하는 재료이며, 수많은 종류를 가지고 있다.
ⓑ 알루미늄합금, 알루미늄 복합재료, 마그네슘합금, 타이타늄합금 등이 있음
ⓒ 자동차, 철도차량, 항공기 등에 사용

② 복합재료
ⓐ 개요
- 형태와 화학조성이 다르고 서로 용해되지 않는 2개 혹은 그 이상의 성분에 대한 혼합이나 조합으로 이루어진 재료
- 비교적 높은 강도와 강성도를 가짐
ⓑ 구성요소
- 섬유(fiber)
- 입자(particle)
- 모재(matrix)
ⓒ 섬유강화 플라스틱, 콘크리트, 아스팔트

10년간 자주 출제된 문제

다음 중 복합재료의 구성 요소가 아닌 것은?
① 섬유(fiber)   ② 분자(molecule)
③ 입자(particle) ④ 모재(matrix)

[해설]
복합재료 구성요소 : 섬유, 입자, 모재

정답 ②

핵심이론 02 입자분산강화합금 및 초탄성합금

① 입자분산강화합금(PSM)
  ㉠ 고온에서 안정한 물질을 분산물을 통해 미세하게 분산시킨 합금
  ㉡ 분산물로는 금속산화물을 사용
  ㉢ 고온에서의 탄성률, 강도 및 크리프 특성을 향상시킬 수 있으므로 내열합금으로 사용
  ㉣ 미세의 입자가 고온에서 변형을 발생시키는 전위를 방해함

② 초탄성합금
  ㉠ 인장시험하여 항복 구역까지 소성변형시킨 후 하중을 제거했을 때 다시 원래 상태로 되돌아오는 합금
  ㉡ 초탄성합금의 응력-변형곡선

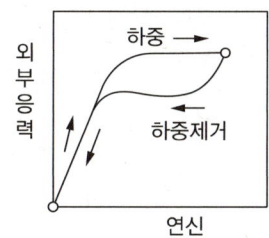

  ㉢ 치과용(치열 교정용)이나 안경테 등에 사용

10년간 자주 출제된 문제

그림은 어떤 재료를 인장시험하여 항복 구역까지 소성변형시킨 후 하중을 제거했을 때의 응력-변형곡선을 나타낸 것이다. 이에 해당되는 재료로 옳은 것은?

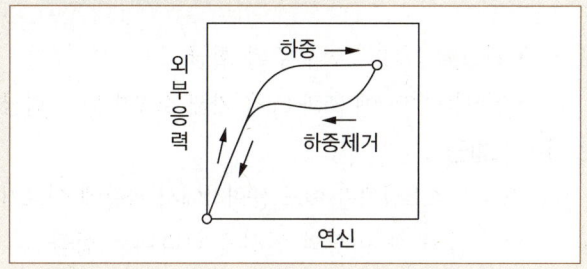

① 수소저장합금
② 탄소공구강
③ 초탄성합금
④ 형상기억합금

[해설]
소성변형시킨 후 하중을 제거해도 원래의 상태로 돌아오는 합금을 초탄성합금이라 한다.

정답 ③

핵심이론 03 초내열합금 및 초소성합금

① 초내열합금
  ㉠ 개요 : 고온도(500℃) 이상에서 견디는 합금
  ㉡ 종류
    • 인코넬 : Ni-Cr이 주된 합금
    • 겐타늄 : TiC에 Ni과 Co를 가해 소결해 만든 합금
② 초소성합금
  ㉠ 개요 : 초소성이란 어느 응력하에서 파단에 이르기까지 수백 % 이상의 연신을 나타내는 합금
  ㉡ 재료 특성
    • 모상입계는 고경각일수록 좋음(저경각은 입계슬립을 방해함)
    • 결정립 모양은 등방성이어야 함
    • 모상입계의 인장분리가 어려워야 함
    • 결정립 크기는 수 μm 이하이어야 함
  ㉢ 비철계 초소성 재료
    • 알루미늄(Al)계 : 알루미늄합금 중에는 Supral 100이 초소성으로 많이 사용
    • 타이타늄(Ti)계
    • 니켈(Ni)계
    ※ IM 744는 철강계 초소성 재료임
  ㉣ SPF/DB법(super plastic forming / diffusion bonding)
    • 초소성 재료의 성형기술
    • 가스압력으로 성형 후 고체 상태에서 용접하고 확산접합하는 초성형 기술
    • 초소성 온도에서 용접이 쉽기 때문에 초소성 재료에만 사용 가능한 방법

10년간 자주 출제된 문제

다음 중 대표적인 비철계 초소성 재료가 아닌 것은?
① 알루미늄(Al)계
② 타이타늄(Ti)계
③ 니켈(Ni)계
④ IM 744계

[해설]
IM 744계는 철강계 초소성 재료이다.

정답 ④

핵심이론 04 형상기억합금 및 제진합금

① 형상기억합금
  ㉠ 개요 : 처음에 주어진 특정 모양의 것을 인장하거나 소성변형한 것이 가열에 의하여 원형으로 되돌아오는 성질을 가진 합금
    • 형상기억효과에는 일방향성의 효과도 있음
    • 형상기억합금은 전단변형에 의해 변하는 마텐자이트의 역변태를 이용한 것
  ㉡ Ti-Ni계 합금 : 실용화되고 있는 가장 대표적인 형상기억합금으로 원자비가 1 : 1의 비율로 조성되어 있음
  ㉢ 그 밖에 Cu-Zn-Ni계, Cu-Al-Ni계, 그리고 Cu-Zn-Al계가 있음

② 제진합금
  ㉠ 특성
    • 제진합금은 감쇠능을 겸비하여야 함
    • 대표적 합금으로는 Mg-Zr, Mn-Cu 등이 있음
    • 제진이란 진동발생원인 고체의 진동자를 감소시키는 것을 의미
  ㉡ 종류
    • 소노스톤
    • 사이렌탈로이
    • 인크라무트

10년간 자주 출제된 문제

형상기억합금은 금속의 어떤 성질을 이용한 것인가?
① 확산
② 탄성변형
③ 질량효과
④ 마텐자이트 변태

|해설|
형상기억합금은 마텐자이트 변태와 같은 열탄성형 변태 성질을 이용한 합금이다.

정답 ④

핵심이론 05 나노재료 및 자성재료

재료는 각각의 특성을 가지고 있지만 사이즈가 작아져서 나노상태가 된다면 원래와는 다른 성질을 가지는 경우가 많다. 근래에 활발하게 연구되는 플렉시블 재료들을 예로 들 수 있다.

① 나노재료
  ㉠ 입자 지름 및 결정립 크기 등의 특성길이가 수십 나노 이하가 되는 재료
  ㉡ 일반적으로 강도 및 경도가 증가함
  ㉢ 적용분야
    • 코팅재료   • 화학적 촉매
    • 페인트   • 전자 소자

② 자성재료
  ㉠ 개요
    • 전기공학에서 중요한 재료
    • 연자성체 : 쉽게 자화 및 탈자화시키는 것이 가능함
    • 경자성체 : 쉽게 탈자화하기가 어려움(영구자석)
  ㉡ MK강(알니코합금) : 영구자석으로 많이 사용되는 재료로 Fe-Al-Ni-Co 합금
  ㉢ 반자성체 : 자장강도와 자화강도가 서로 반대방향인 금속으로 금(Au), 은(Ag), 구리(Cu) 등이 있음
  ㉣ 고투자율 재료는 투자율이 큰 강자성체로 Fe-Si계, Fe-Al계, Fe-Ni계, Fe-Co계 등이 있음

10년간 자주 출제된 문제

영구자석으로 널리 사용되는 합금으로 MK강이라고도 하는 소결강은?
① 알니코합금
② 규소강
③ 철-망가니즈합금
④ 구리-베릴륨합금

|해설|
알니코합금은 영구자석으로 널리 사용되는 합금으로 MK강이라고도 하는 소결강이다.

정답 ①

핵심이론 06 비정질합금 및 생체용 금속재료

결정은 원자의 배열이 규칙을 가지고 있을 때 결정으로 분류하며 원자의 배열에 규칙성이 없이 액체와 같은 자유로운 배열을 가진 상태를 비정질이라 한다. 결정 특유의 방향성이 없고 강도가 매우 높은 것이 특징이다.

① 비정질합금
  ㉠ 개요
    - 금속을 용융상태에서 초고속 급랭에 의해 제조되는 재료로 결정이 되어 있지 않은 상태이며, 인장강도와 경도를 크게 개선시킨 합금
    - 조성은 균일하나 급랭으로 인해 제조 결정형성 시간이 없음
    - 원자들은 특수한 환경의 금속에서 무작위 배치를 보임
    - 전위 활동도가 매우 낮아 변형이 어려움
    - 강도가 높고 연성도 크나 가공경화되지 않음
    - 탄성거동과 완전소성특성을 나타냄
    - 전기 저항이 크고 온도 의존성이 작음
  ㉡ 응용 : 수술용 칼 및 골프채 → 높은 강도로 비거리를 상승시킨다.

② 생체용 금속재료
  가장 중요한 것은 "반응성"이다. 신체 내부는 생각 외로 열악한 환경인데 내부에서 안정적으로 상태가 유지되어야 한다.

  | tip |
  생체재료는 인간의 뼈를 대신한다는데 매우 큰 의미를 가지며 반응성과 함께 기계적 성질도 중요시 된다. 단순하게 단단하고, 탄성이 좋은 것만으로 우위를 차지하지는 않는다. 포인트는 원래의 재료(뼈)와 얼마나 유사한가를 보는 것이다. 더 약하다면 사용할 수 없고 너무 강하다면 균형, 응력집중 등 여러 가지 문제가 발생한다.

  ㉠ 개요
    - 생체와 직접 접촉하는 금속
    - 생체조직을 대신하는 이식재료로 쓰임
    - 생체 친화성이 우수하고 무독성이어야 함
    - 높은 피로강도 요구
  ㉡ 종류 : 스테인리스강, 백금, 타이타늄합금, 코발트 기지합금

10년간 자주 출제된 문제

금속을 용융상태에서 초고속 급랭에 의해 제조되는 재료로 결정이 되어 있지 않은 상태이며, 인장강도와 경도를 크게 개선시킨 합금은?
① 수소저장용합금
② 비정질합금
③ 형상기억합금
④ 섬유강화합금

해설

비정질합금
금속을 용융상태에서 초고속 급랭에 의해 제조되는 재료로 결정이 되어 있지 않은 상태이며, 인장강도와 경도를 크게 개선시킨 합금이다.

정답 ②

핵심이론 07 초경합금 및 소결합금

융점이 높다는 것은 결합에너지가 높다고 볼 수 있다. 소결이라는 공정은 용융하여 만들기 힘든 금속(용융점이 높다=결합에너지가 높다)을 소결(구워서 결합)하여 고온에서의 경도가 높은 합금 재료를 만드는 것이다.

① 초경합금
  ㉠ 공구 등에 사용되는 초경질합금으로 금속의 탄화물 분말을 소성(燒成)해서 만든 합금
  ㉡ 고온에서 변형이 적음
  ㉢ 내마모성과 압축강도가 높음
  ㉣ 고온 경도 및 강도가 양호
  ㉤ 사용 목적에 따라 재질의 종류 및 형상이 다양
  ㉥ 실용상 중요한 것은 WC-Co계, WC-TiC-TaC-Co계, WC-TiC-Co계 등이 있음
  ㉦ WC-Co계 초경합금은 WC 분말에 Co 분말을 점결제로 사용하여 소결
  ㉧ WC(탄화텅스텐)
    • 텅스텐 분말과 카본블랙을 가열하는 소결과정으로 제조
    • 우수한 고온강도로 절삭공구로 사용

② 분말야금(powder metallurgy)법
  ㉠ 정의 : 금속 가루를 가압·성형하여 굳히고, 가열하여 소결함으로써 금속 제품을 얻는 방법
  ㉡ 특징
    • 용융점 이하의 온도로 제작
    • 다공질의 금속재료를 만들 수 있음
    • 최종제품의 형상으로 제조가 가능하여 절삭가공이 거의 필요 없음
    • 용해법으로 만들 수 없는 합금을 만들 수 있고 편석, 결정립 조대화의 문제점이 적음
    • 제조과정에서 용융점까지 온도를 상승시킬 필요가 없음
    • 고융점 금속부품 제조에 적합
    • 성분비의 정확성과 균일성을 유지
    • 2개 이상 금속 또는 비금속 혼합 제품 제조 가능

③ 소결 전기 접점재료 특징
  ㉠ 비열 및 열전도율이 높아야 함
  ㉡ 융착현상이 적어야 함
  ㉢ 열 및 충격에 잘 견디어야 함

10년간 자주 출제된 문제

7-1. 소결 전기 접점재료의 구비조건이 아닌 것은?
① 접촉저항 및 고유저항이 커야 한다.
② 비열 및 열전도율이 높아야 한다.
③ 융착현상이 적어야 한다.
④ 열 및 충격에 잘 견디어야 한다.

7-2. 초경합금의 제조는 주성분인 WC 분말에 어떤 분말을 점결제로 사용하여 소결을 한 것인가?
① Fe
② Sn
③ Co
④ Cu

[해설]

7-1
소결 전기 접점재료는 접촉저항 및 고유저항이 작아야 한다.

7-2
소결 초경질공구강
WC, TiC, TaC 등의 금속탄화물을 Co로 소결한 비철합금이다.

정답 7-1 ① 7-2 ③

핵심이론 08 초전도합금 및 수소저장합금

① 초전도재료
  ㉠ 일정한 온도, 자장, 전류밀도하에서 전기저항이 0인 상태(초전도 현상)를 갖는 재료를 말하며 이러한 초전도 현상은 임계온도 이하에서만 나타난다. 임계온도는 매우 낮은 온도에서 나타나는데 낮은 온도를 유지하는데 많은 에너지(돈)가 들어간다. 따라서 임계온도가 높다는 것은 쉽게 상용화 할 수 있다는 말과 동일하다.
  ㉡ 주요인자 : 임계온도, 자계, 전류밀도
  ㉢ 임계온도 아래에서 초전도체에 임계자계가 인가되면 초전도체는 원래 상태로 회복된다.

② 수소저장합금
  ㉠ 개요
    • 수소가스와 반응하여 금속수소화물이 됨
    • 수소의 흡장·방출을 되풀이하는 재료는 분화됨
    • 합금이 수소를 흡장할 때는 팽창하고, 방출할 때는 수축함
    • 금속수소화물은 $1cm^3$당 10^{22}개의 수소원자를 포함
    • 저장된 수소는 필요에 따라 금속수소화물에서 방출시켜 사용
    • 금속수소화물로 수소를 저장하면 1,000기압의 고압수소가스 밀도와 같음
    • 수소저장성이 좋은 금속은 Fe-Ti계가 있음
    • 수소의 흡수 방출속도가 커야 함
    • 수소가 방출되면 금속수소화물은 원래의 수소저장합금으로 되돌아 감
    • 수소가스를 액화시키는 데에는 -253℃ 정도의 저온 저장용기 필요
  ㉡ 적용
    • 합금을 이용한 축열장치, 히트펌프, 냉·난방장치, 냉동시스템, 컴프레서, 니켈-수소화물 2차전지 등에 이용
    • 수소의 정제, 열에너지 저장, 암모니아 합성의 촉매 작용에 이용
    • 상온핵융합의 중수전해법의 음극재료로서도 이용

10년간 자주 출제된 문제

어떤 물질이 일정한 온도, 자장, 전류밀도하에서 전기저항이 0(zero)이 되는 현상은?

① 초투자율 ② 초저항
③ 초전도 ④ 초전류

[해설]

초전도현상
어떤 물질이 일정한 온도, 자장, 전류밀도하에서 전기저항이 0(zero)이 되는 현상

정답 ③

핵심이론 09 기타재료(1)

① 반도체 재료
  ㉠ 개요
   • 종류 : 저마늄(Ge), 실리콘(Si), 셀레늄(Se)
   • 원자결합 : 공유결합
  ㉡ 실리콘 단결정 제조법 : FZ법, CZ법, 실리콘 Epitaxial법
  ㉢ 반도체 재료 정제법
   • 대역 정제법
   • 플로팅존법
   • 벌크 단결정의 제작법
  ㉣ SiC : 열전변환재료(발열재료)로 사용되는 반도체 재료
  ㉤ P형 및 N형 반도체
   • N형 반도체에는 불순물로 As, Sb 등을 첨가함
   • P형 반도체에 첨가하는 불순물을 억셉터라고 함
   • N형 반도체에 첨가하는 불순물을 도너라고 함
  ㉥ 전자강판(규소강판)
   • 용접성 등의 가공성이 좋을 것
   • 자화에 의한 치수변화가 적을 것
   • 사용 중 자기적 성질의 변화가 적을 것
   • 박판을 적층하여 사용할 때 층간저항이 높을 것
   • 투과율 및 자속밀도가 높아야 함

② 전열(電熱)합금
  ㉠ 전기를 가하였을 때 열이 발생하는 합금
  ㉡ 재질이나 치수의 균일성이 좋을 것
  ㉢ 열팽창계수가 작고, 고온강도가 클 것
  ㉣ 전기저항이 높고, 저항의 온도계수가 작을 것
  ㉤ 고온의 대기 중에서 산화에 견디고 사용온도가 높을 것

③ 방진합금
  ㉠ 구조재료로의 강도를 갖고 있고 진동의 감쇠능이 우수하여 방진의 역할을 하는 합금
  ㉡ 감쇠능을 높이기 위해 내부조직을 고안한 것으로 복합형, 강자성형, 쌍정형, 전위형 등이 있음

10년간 자주 출제된 문제

전열합금에 요구되는 특성으로 틀린 것은?
① 재질이나 치수의 균일성이 좋을 것
② 전기저항이 낮고 저항의 온도계수가 클 것
③ 열팽창계수가 작고 고온강도가 클 것
④ 고온대기 중에서 산화에 견디고 사용온도가 높을 것

[해설]
전기 전열기구의 전원을 넣으면 붉게 달아오르는 부분이 전열합금부인데 저항이 클수록 열을 내는 데 이점을 갖는다. 저항의 온도계수가 작아야 한다.

정답 ②

핵심이론 10 기타재료(2)

줄다리기에서 밧줄이 끊어진다면? 상당히 위험할 것이다. 위스커를 끊기지 않는 밧줄이라 생각하고 줄다리기 하듯 주변의 기지조직이 이를 잡고 있다고 생각한다면 원래 기지조직의 강도보다는 월등한 강도를 가질 수 있는 섬유강화금속을 이해할 수 있다.

① 섬유강화금속(FRM)
  ㉠ 개요
    - 위스커(휘스커, whisker) 등의 섬유를 Al, Ti, Mg 등의 연성과 인성이 높은 금속이나 합금 중에 균일하게 배열시켜 복합화한 재료
    - 비강도 및 비강성이 높음
    - 2차 성형성 및 접합성이 우수
    - 섬유축 방향의 강도가 큼
    - 전자기적 성질이 우수
    - 고온에서의 역학적 특성 및 열적 안정성이 우수
  ㉡ 저융점 섬유강화 금속에 사용되는 섬유의 종류
    - B(보론)
    - SiC
    - Al_2O_3(알루미나)
  ㉢ 섬유강화금속 인장강도 비교
    보론 > SiC > 고강도 탄소섬유 > 알루미나

② 기타재료
  ㉠ 핵연료재료 : 우라늄, 토륨
  ㉡ 서멧(cermet)재료
    - 세라믹과 금속을 포함하는 내열재료
    - 광범위한 세라믹(산화물과 탄소화물)과 금속(철・크로뮴・몰리브데넘 등)의 조합
    - 1~5μm 정도의 비금속(세라믹) 입자가 금속이나 합금의 기지 중에 분산되어 있는 재료
    - 절삭용 공구, 내열재료, 착암기의 드릴끝 등에 사용

10년간 자주 출제된 문제

서멧(cermet)재료의 용도로 관련이 가장 적은 것은?
① 밸브의 너트
② 절삭용 공구
③ 내열재료
④ 착암기의 드릴끝

해설

서멧(cermet)재료는 세라믹과 금속을 포함하는 내열재료로 절삭용 공구, 내열재료, 착암기의 드릴끝 등에 사용한다.

정답 ①

CHAPTER 02 금속조직

제1절 고체의 결정구조

핵심이론 01 금속의 특성

금속의 성질은 종류에 따라 다르며, 다음과 같은 특징을 가지고 있다.

① **고체** : 금속은 상온에서 고체 상태로 존재함(단, 수은은 액체 상태임)

② **녹는점** : 순수한 금속은 종류에 따라 일정한 녹는점을 갖고 있으며 고유의 특성으로 분류됨
   텅스텐 : 3,415℃, 철 : 1,539℃, 구리 : 1,083℃, 수은 : -38.9℃(녹는점이 가장 낮은 금속)

③ **경도와 비중이 큼**
   ㉠ 고경도 금속은 크로뮴이며 저경도 금속은 납
   ㉡ 비중이 가장 큰 금속은 오스뮴(22.5)이며, 비중이 가장 작은 금속은 리튬(0.53)

금속	비중	금속	비중
리튬	0.53	철	7.85
마그네슘	1.7	구리	8.9
알루미늄	2.7	니켈	8.9
타이타늄	4.5	몰리브데넘	10.22
아연	7.1	금	19.3
망가니즈	7.2	이리듐	22.4
주석	7.29	오스뮴	22.5

④ **전도성** : 금속은 전도성 물질로 전기나 열을 전도하는 성질이 우수함(Ag > Cu > Au > Al > Fe)

⑤ **광택** : 금속은 각기 고유한 색깔이 있고, 빛을 잘 반사하는 성질이 있음. 대부분 은백색이며, 금은 노란색을 띠고, 금속가루는 회색이나 검은색을 띰

⑥ **전성과 연성** : 금속은 전성과 연성이 큰 물질로서 가공하기 쉬운 것이 장점

10년간 자주 출제된 문제

다음 금속 중 전기전도도가 가장 좋은 것은?
① Al   ② Ag
③ Au   ④ Mg

[해설]
금속의 전기전도도의 순서 : Ag > Cu > Au > Al > Fe

정답 ②

핵심이론 02 원자의 결합

① 원자
- ㉠ 원자의 구조 : 원자는 물질을 구성하는 작은 단위로 1백여 종류가 발견되었으며, 음전하와 양전하를 띠고 있는 전자와 원자핵으로 구성되어 있다.
- ㉡ 원자의 상태 : 사람도 서있는 것보다는 앉아 있는 게 편하듯이 원자도 편한 자세가 있다고 생각할 수 있다. 물론 그 상태는 주위 환경에 따라 다를 것이다. 예를 들어 상온(실내의 온도 25℃ 1기압)에서는 H_2O는 액체상태가 안정된 상태고, 110℃ 1기압에서는 수증기가 안정된 상태라는 것이다. 이를 그림으로 표현한 것을 상태도라 한다.
  → 이러한 원자의 상태는 결합과도 연관이 있다.
- ㉢ 원자 간 화학결합은 결합상태에서 엔탈피가 감소하기 때문에 발생하며, 이것은 원자의 결합된 상태가 결합 전 상태보다 더욱 안정된 에너지 상태에 있음을 의미한다.

② 화학결합의 종류
- ㉠ 원자 간의 1차 결합
  - 이온결합(ionic bonds) : 한 원자에서 전자가 다른 원자로 이동되어 정전기적 인력(쿨롱의 힘)으로 결합된 이온을 형성하며, 비방향성(nondirectional)결합(양과 음으로 전하된 이온 간의 인력 ; $Na^+ + Cl^-$ = NaCl 최외각 전자에서 한쪽은 하나가 모자라고 한쪽은 하나가 남으니 전자적 중성을 띠는 것)
  - 공유결합(covalent bonds) : 전자를 공유하여 국부적으로 방향성을 가지는 결합으로 비교적 강한 원자 간 결합력을 가짐
  - 금속결합(metallic bonds) : 모든 금속 결정은 원자의 최외각 전자 하나를 방출하여 자유롭게 이동 하는데 이를 자유전자라 한다. 자유전자는 금속 내부를 자유롭게 이동하며 (-)전하를 띠고

원자는 (+)전하를 띠고 있어 서로 인력을 가지고 결합한다. 금속은 이렇게 전자가 자유롭게 이동할 수 있기 때문에 전기와 열을 잘 전도할 수 있다. 또한 열을 받게 되면 원자의 진동이 심해져 전도성이 저하된다.

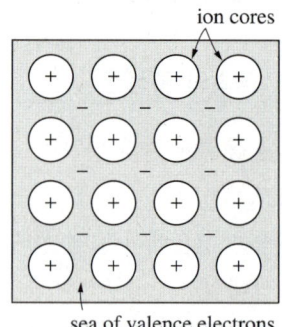

[금속결합의 개념도]

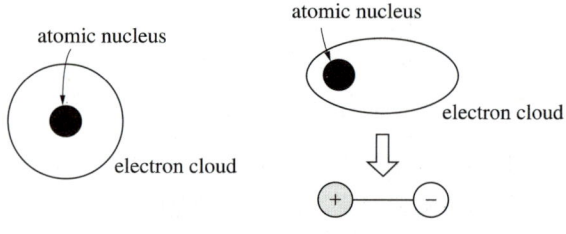

(a) 전기적 대칭 원자   (b) 유도 원자 쌍극자

[전기적 대칭 원자와 유도 원자 쌍극자의 개략도]

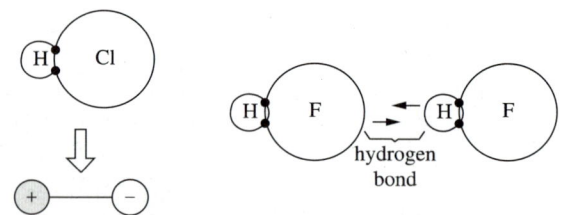

[염화수소(HCl) 분자의 극성을 보여주는 개략도]   [염화불소(HF) 분자의 수소결합 개략도]

ⓒ 원자 간의 2차 결합
- 반데르발스 결합(런던 인력) : 위의 3개와는 다르게 좀더 약한 결합 방법으로 He, Ne, Ar 등의 원자는 중성원자로서 원자 간의 인력이 거의 없으며 전하분포는 안정된 결합이다. 이는 전자가 핵의 주위를 도는 순간에 (+)와 (-)의 전하의 중심이 어긋나 인력을 생성하고 이러한 운동을 전기 쌍극자 운동이라 한다.

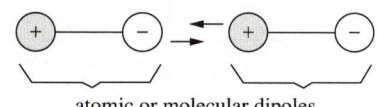
atomic or molecular dipoles

[쌍극자 간의 반데르발스 결합의 개략도]

10년간 자주 출제된 문제

결합력에 의한 결정을 분류하고자 할 때 다음 중 원자의 결합 양식이 아닌 것은?
① 이온결합
② 톰슨결합
③ 공유결합
④ 반데르발스결합

[해설]
원자결합의 종류에는 이온, 공유, 반데르발스결합이 존재한다.

정답 ②

핵심이론 03 금속의 결정

금속은 합금 및 일부 세라믹 재료와 함께 결정질 재료로 구분됨. 금속의 주 성질은 원자핵에 응집되어있고 전자가 주위를 움직이는 구조이다.

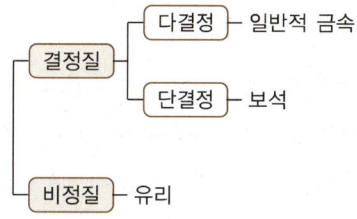

① 결정립과 결정립계

다결정 같은 경우는 다음 그림과 같은 여러 개의 결정을 가지며, 결정 내의 원자배열은 일정한 규칙성을 가지고 있다. A결정과 B결정은 방향성이 다른 것을 볼 수 있다. 결정과 결정 사이에 결정립계가 존재하는데 결정에 비하여 불안정한 구역으로 먼저 부식되는 것을 볼 수 있다.

㉠ 결정격자와 단위격자(unit cell)

결정질 재료 내부의 원자배열은 공간격자(space lattice)라고 불리는 3차원 망상구조로 설명됨
- 결정격자(공간격자)는 내부 점(원자)들의 3차원 배열이며, 일정한 규칙을 가지고 배열되어 있음
- 결정격자의 최소단위를 단위격자라 하는데 단위격자가 반복되어 결정격자를 나타냄

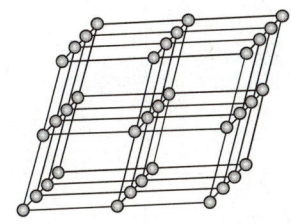

- 결정의 구조는 격자의 기초의 조합이나, 원자들이 반드시 격자점의 위치에 일치하는 것은 아님(침입형 고용체를 보면 알 수 있다)

- 단위격자의 모양은 하나의 꼭짓점을 원점으로 하는 3개의 격자벡터 a, b, c로 나타낼 수 있음

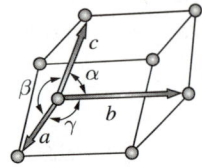

- 축의 길이인 a, b, c와 축간 각인 α, β, γ는 단위격자의 격자상수(lattice constant)라 명명
- 격자상수의 크기 : 보통 3~5Å (10^{-8}cm = 1Å)
- 브라베(Bravais) 격자
  - 결정계에서는 축간 각에 특정한 값을 부여하여 다른 형태의 단위격자를 만들어낼 수 있음
  - 결정계는 7결정계로 나뉨
    입방정계(cubic), 정방정계(tetragonal), 사방정계(orthorhombic), 삼방정계(rhombohedral), 육방정계(hexagonal), 단사정계(monoclinic), 삼사정계(triclinic)
  - 각 결정계는 다른 형태의 단위격자를 포함할 수 있음

결정계	축길이와 사이각	결정격자	형상
입방정계 (등축정계)	$a=b=c$ $\alpha=\beta=\gamma=90°$	단순입방격자 체심입방격자 면심입방격자	
육방정계	$a=b\neq c$ $\alpha=\beta=90°$, $\gamma=120°$	단순육방격자	
삼방정계	$a=b=c$ $\alpha=\beta=\gamma\neq 90°$	단순삼방격자	
정방정계	$a=b\neq c$ $\alpha=\beta=\gamma=90°$	단순정방격자 체심정방격자	
사방정계	$a\neq b\neq c$ $\alpha=\beta=\gamma=90°$	단순사방격자 저심사방격자 체심사방격자 면심사방격자	
삼사정계	$a\neq b\neq c$ $\alpha\neq\beta\neq\gamma\neq 90°$	단순삼사격자	
단사정계	$a\neq b\neq c$ $\alpha=\gamma=90°$, $\beta\neq 90°$	단순단사격자 저심단사격자	

10년간 자주 출제된 문제

면심입방격자에서 단위격자의 입방체의 한 변의 길이를 무엇이라 하는가?

① 배위수
② 최근접원자
③ 근접원자 간 거리
④ 격자상수

해설

보통 3~5Å의 크기로, 하나의 꼭짓점을 원점으로 하는 3개의 격자벡터로 나타내어지는 격자상수를 단위격자의 한 변의 길이로 정의한다.

정답 ④

핵심이론 04 금속결정의 종류

- 금속결정을 정의하기 앞서 원자의 구조가 그렇지 않다는 것이 밝혀졌지만 금속결정의 구조를 익힐 때는 원자는 구형으로 간주한다. 충전율과 원자개수 등 계산적인 면에서 구형으로 접근하는 것이 훨씬 유리하기 때문이다.
- 대부분의 단위격자는 3가지 종류에 속한다.

결정격자	금속	성질
체심입방격자 (BCC)	Li, Na, K, V, Mo, W, α-Fe	강하고, 면심입방보다 전연성이 적다.
면심입방격자 (FCC)	Ni, Pt, Cu, Ag, Au, Al, γ-Fe	전연성이 좋아 가공성이 큼
조밀육방격자 (HCP)	Mg, Zn, Be, Cd, Ti, Te	취약하고 전연성이 적음

① **체심입방정(BCC ; body-centered cubic)**

Body는 단위격자를 뜻하며 그 중앙에 원자가 하나 추가된 큐빅이라는 뜻

㉠ 입방체의 8개 꼭짓점에 각 1개씩의 원자와 입방체 중심에 한 개의 원자가 배열되어 단위격자 내에 2개의 온전한 원자가 자리한다.

- 격자점에 있는 원자 : $\frac{1}{8} \times 8$개 = 1개
- 체심에 있는 원자 : 1개 = 1개(온전한 원자 ; 입방체 중심에 있는 원자 1개는 오직 이 단위격자에 속함)
- 전체는 $\frac{1}{8} \times 8 + 1 = 2$개의 원자가 속함

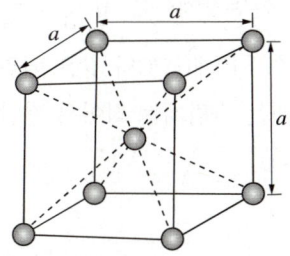

㉡ 면심입방격자(FCC)계열 금속보다 융점이 높고, 강도가 크고 가공에 의한 경화는 없으나 전연성이 부족함

㉢ 체심입방에 속하는 주요 금속 종류 : 철, 리튬, 몰리브데넘 등

㉣ 격자 내 원자 충전율

$$\frac{\frac{4}{3}\pi \left(\frac{1}{2} \cdot \frac{\sqrt{3}}{2}a\right)^3 \times 2}{a^3} \times 100 = \frac{\sqrt{3}}{8}\pi \times 100$$
$$\fallingdotseq 68\%$$

(68%는 원자로 가득 차 있고 32%는 빈 공간이라는 뜻)

㉤ 배위수(체심에 있는 원자를 둘러싼 원자의 수) : 8개

※ 배위수는 최인접원자의 수를 뜻하며 배위수가 많다는 것은 슬립면(이동할 수 있는 면)이 많아서 변형이 쉽다는 것을 의미한다.

> **tip**
> 예를 들어 봅시다. 톨게이트를 통과하는 데 차선이 1개밖에 없는 톨게이트와 차선이 8개 있는 톨게이트는 어느 쪽이 통과하기 쉬울까요? 배위수도 이와 같아서 더욱 많은 슬립계가 확보되어 있다면 전위의 움직임이 더욱 수월하고 변형이 쉽게 될 수 있어 전성과 연성이 높게 된다는 것입니다.

㉥ 입방체 대각선의 길이 : $\sqrt{3} \cdot a$

㉦ 근접 원자 간 거리 : $\frac{\sqrt{3}}{2} \cdot a$

㉧ 원자 반지름 : $\frac{1}{2} \times \frac{\sqrt{3}}{2} \cdot a = \frac{\sqrt{3}}{4}a$

㉨ 격자 내 원자 부피

$$\frac{4}{3}\pi \left(\frac{1}{2} \cdot \frac{\sqrt{3}}{2} \cdot a\right)^3 \times 2 = \frac{\sqrt{3}}{8}\pi a^3$$

㉩ 단위격자의 부피 : a^3

② 면심입방정(FCC ; face-centered cubic)
  ㉠ 입방체의 8개 꼭짓점과 6개 면의 중심에 원자가 존재하므로 14개 원자로 구성됨
  ㉡ 면심입방정 금속은 전연성이 높고, 가공성이 원활하며, 전도도가 큰 장점이 있으나, 강도가 약한 단점이 있음
  ㉢ 면심입방정에 속하는 주요 금속 종류 : Al, Ag, Au, Cu, Pt, Ni, Ca, Sr, Ir, Rh, Th
  ㉣ 단위격자에 속하는 원자수

  • 격자에 있는 원자 : $\frac{1}{8} \times 8$개 = 1개

  • 면심에 있는 원자 : $\frac{1}{2} \times 6$개 = 3개

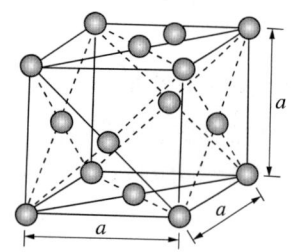

  ㉤ 전체적으로는 $\frac{1}{8} \times 8 + \frac{1}{2} \times 6 = 4$개의 원자가 속함

  ㉥ 면 대각선의 길이 : $\sqrt{2} \cdot a$

  ㉦ 근접 원자 간 거리 : $\frac{1}{2} \times \sqrt{2} \times a = \frac{1}{\sqrt{2}} \cdot a$

  ㉧ 원자 반지름 : $\frac{1}{2\sqrt{2}} \cdot a = \frac{\sqrt{2}}{4} a$

  ㉨ 배위수(면심의 원자를 포함한 원자수) : 근접 격자의 면심 4개를 더하여 총 12개

  ㉩ 격자 내 원자 체적
  $\frac{4}{3}\pi \left(\frac{1}{2} \cdot \frac{1}{\sqrt{2}} a \right)^3 \times 4 = \frac{\sqrt{2}}{6} \pi a^3$

  ㉪ 단위격자의 부피 : a^3

  ㉫ 격자 내 원자 충전율
  $$\frac{\frac{4}{3}\pi \left(\frac{1}{2} \cdot \frac{1}{\sqrt{2}} a \right)^3 \times 4}{a^3} \times 100 = \frac{\sqrt{2}}{6} \pi \times 100 \fallingdotseq 74\%$$

③ 조밀육방(HCP ; hexagonal close-packed)
  일반적으로 그림은 6각형이 보이도록 유닛셀 3개가 뭉쳐진 모양을 보여주지만 마름모 모양을 하는 1개의 유닛셀을 기준으로 성질을 이해하도록 한다.

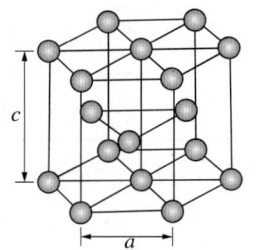

  ㉠ 6각 기둥의 상·하면의 각 꼭짓점과 중심에 1개씩 원자가 존재함. 6각 기둥을 구성하는 6개 삼각기둥 중 1개씩 3각 기둥 중심에 1개씩 원자가 배열된 결정구조임
  ㉡ 조밀육방구조 금속은 전연성이 낮으며 접착성이 작은 특징이 있음
  ㉢ 조밀육방구조에 속하는 주요 금속 종류 : Mg, Zn, Be, Cd, Ti, Zr, La, Ce, Co
  ㉣ 근접 원자 간 거리 : 바닥면에서 a축 방향에서는 a, c축 방향에서는 $\sqrt{\frac{a^2}{3} + \frac{c^2}{4}}$
  ㉤ 배위수 : 12개(FCC와 같은 배위수를 갖지만 실제 작동하는 슬립계는 적어서 전연성이 낮고 취성을 가진다)

ⓑ 원시격자(primitive cell) 내의 원자수
- 각 모서리의 원자는 $4\left(\dfrac{1}{6}\right) + 4\left(\dfrac{1}{12}\right) = 1$ 개이고, 내부에 있는 원자가 1개이므로 격자 내의 원자 총수는 2개

ⓐ 원자 충전율 : 육각기둥의 큰 단위격자는 사면체 3개를 합친 것과 같으므로, 한 사면체의 원시격자를 단위격자로 계산
- 단위격자 내 원자가 차지하는 부피

$$\dfrac{4}{3}\pi\left(\dfrac{a}{2}\right)^3 \times 2 = \dfrac{\pi}{3}a^3$$

- 단위격자의 부피

$$2 \times \dfrac{1}{2}a^2 \sin 60° \times c = \dfrac{\sqrt{3}}{2}a^2 \times \left(\sqrt{\dfrac{8}{3}} \cdot a\right) = \sqrt{2}\,a^3$$

($\dfrac{c}{a}$는 축비로 이상적인 축비 $\dfrac{c}{a} = \sqrt{\dfrac{8}{3}} ≒ 1.633$임. 따라서 $c = \sqrt{\dfrac{8}{3}}\,a$로 표현할 수 있음)

- 충전율

$$\dfrac{\dfrac{\pi}{3}a^3 \times 100}{\sqrt{2}\,a^3} = \dfrac{\sqrt{2}}{6}\pi \times 100 ≒ 74\%$$

10년간 자주 출제된 문제

면심입방격자의 배위수는 몇 개인가?
① 4개 ② 6개
③ 8개 ④ 12개

[해설]
배위수는 한 원자와 접촉하고 있는 원자의 개수이며 전연성에 큰 영향을 준다. 면심입방(FCC)구조는 면심의 원자를 포함하여 12개이다.

정답 ④

핵심이론 05 금속의 결정면과 방향

① 점좌표

단위격자 내의 모든 점의 위치는 단위격자가 갖는 변의 길이에 대한 비율의 조합이다. x, y, z축의 방향으로 나타내며 그림과 같이 한 변의 길이가 1인 입방구조가 있을 때 표현하고자하는 점의 x거리/1, y거리/1, z거리/1로 표현한다.

예를 들어서 점 P의 경우는 $\dfrac{1}{2}$, $\dfrac{1}{2}$, $\dfrac{1}{2}$이 되는 것이다.

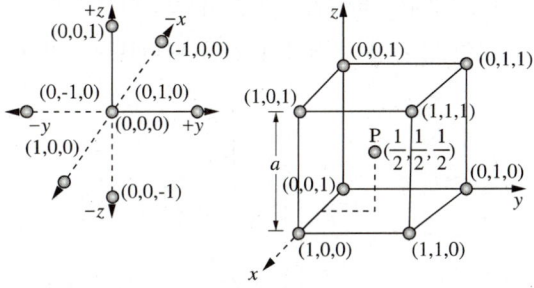

② 결정학적 방향

점의 경우와 마찬가지로 x, y, z축의 순서로 나타내며 원점과 임의의 점 사이로 벡터를 나타낸다.

방향을 나타내는 3개의 수는 최소의 정수로 표현한다. 이 3개의 지수는 콤마로 분류하지 않고 괄호를 사용하여 [1 1 1]과 같이 표현한다.

-1을 표현할 때는 $\bar{1}$로 표현한다.

※ 벡터는 크기와 방향을 갖는 물리량이다. 따라서 결정학적 방향을 말할 때는 벡터를 사용한다.

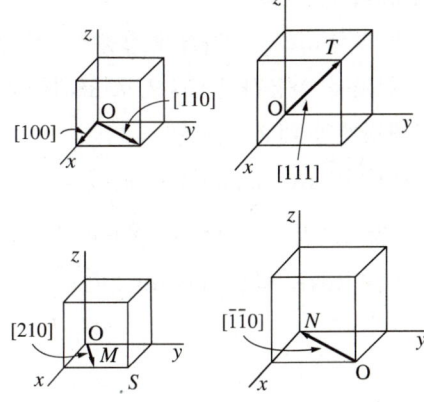

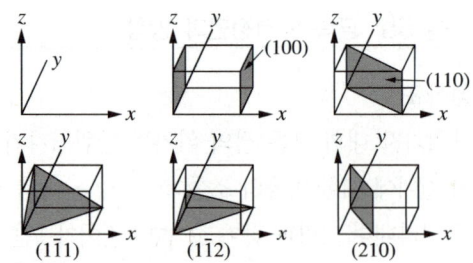

③ 결정학적 면

㉠ 결정학적 면이 x, y, z축을 만나거나 평행하게 놓이는데 각 축과 만나는 면과 만나는 지점을 표시한다. 위에서 표시한 3점을 역수로 잡고 (괄호)에 넣어 준다면 결정학적 면을 나타낼 수 있다.

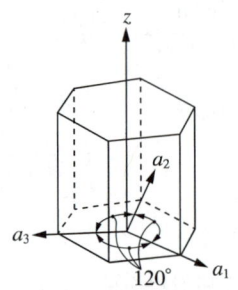

[육방정계의 배위축]

㉡ 입방 결정구조에서 결정면 표시 : 결정계의 대칭관계에 있는 동등한 직각면의 집합을 면족(planes of a family)이라 하며 면족 중 한 면의 지수를 $\{hkl\}$처럼 중괄호로 표시한다.

예 $\{100\}$은 입방체 면인 (100), (010), (001), ($\bar{1}$00), (0$\bar{1}$0) 및 (00$\bar{1}$)을 표시한 것임

④ 육방정계의 결정면

㉠ 육방 결정구조의 단위격자 결정면 지수는 $hkil$의 네 문자를 사용하여 $(hkil)$로 표시한다.

㉡ 육방정계의 대표적인 면
- 기저면(base plane) : (0001)
- 각통면(측면)(prismatic plane) : (10$\bar{1}$0)
- 각추면(pyramidal plane) : (10$\bar{1}$1)

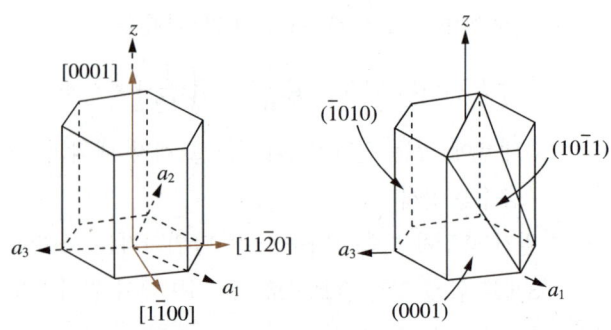

(a) [0001], [1$\bar{1}$00], [11$\bar{2}$0] 방향 (b) (0001), (10$\bar{1}$1), ($\bar{1}$010)면

[대체 육방정계]

10년간 자주 출제된 문제

면심입방정에서 가장 조밀한 원자면은?

① (100) ② (110)
③ (120) ④ (111)

[해설]

면심입방정(FCC)의 조밀면은 (111)이고, 체심입방정(BCC)의 조밀면은 (110)이다.

정답 ④

핵심이론 06 금속의 결정격자 결함

- 모든 금속은 이상적일 수 없고 불안정성을 가지고 있다.
  → 다양한 결함과 불안정성(현실)
    ↳ 이론 강도와 실제 강도가 차이 나는 이유
- 금속의 결함은 결함으로의 의미도 있지만 그 외에도 확산의 기구, 변형의 기구 등 중요한 역할을 한다.
- 결정격자의 결함은 기하학적 배열과 모양에 따라 분류됨
  - 0차원 결함 : 점결함
  - 1차원 결함 : 선결함(전위)
  - 2차원 결함 : 면결함 : 외부표면, 결정립계, 쌍정, 저각경계, 고각경계, 비틀림, 적층결함, 공극, 석출물을 포함
  - 3차원 거시적 결함 : 체적결함 : 가공, 균열, 외부개재물 포함
- 0차원은 존재의 유무만 확인할 수 있는 점의 세계이다. 점들이 많이 모이면 선이 되어 1차원이 될 수 있고, 선들이 많이 모이면 면이 되는데 이는 2차원이다. 마지막으로 종이가 한 장일 때는 면이지만 100장 200장 쌓이면 지금 보는 책과 같이 부피가 되는데 이를 3차원이라 한다.

① 점결함(point defects)
  ㉠ 공공과 자기 침입형
    - 공공은 비어있는 원자의 빈자리이다. 공공의 존재가 결정의 무질서도(엔트로피)를 증가시키는 방향이기 때문에 공공이 생기는 것은 매우 자연스러운 일이다. 온도가 올라감에 따라 공공의 수는 지수적으로 증가한다.
    - 자기침입형 원자는 흔치 않은 현상으로 공공에 비해 매우 적은 형성을 보인다. 자기침입형은 주변원자와 크기가 같아 매우 큰 변형을 일으킨다.
      → 모든 공공과 자기침입형이 1:1로 매칭되는 않지만, 공공에서 빠져나온 원자가 자기침입형으로 존재한다고 스토리를 만들어 외우는 것도 좋은 방법이다.
  ㉡ 고용체
    - 치환형 고용체 : 정연하게 늘어서 있는 고체의 원자를 밀어내고 그 자리에 대신 들어가는 형태
      - 원자의 크기±15% : 이상의 크기에서는 원자 뒤틀림이 너무 커져 새로운 상 형성
      - 비슷한 전기음성도 : 차이가 크면 금속간 화합물 형성
      - 높은 원자가 : 용해도에 영향
      - 같은 결정구조
    - 침입형 고용체 : 원자 사이의 틈에 다른 원소의 원자가 끼어들어가 있는 형태로 불순물 원자는 모원자 크기보다 매우 작지만 변형을 일으키며 최대허용농도는 낮은 편이다.

┌─ 알아보기 ─
쇼트키와 프렌켈 결함
세라믹 결함 쪽에서 다루긴 하는데 기출이 있으니 익혀둘 부분
- 쇼트키 결함 : 양이온 공공-음이온 공공 짝으로 존재한다(전기적 중성을 맞추기 위하여).
- 프렌켈 결함 : 양이온 공공-양이온 격자 짝으로 존재하며, 정신없는 양이온 하나가 자기 자리를 찾지 못하고 친구 자리에 껴 들어가는 모양이다.

② 선결함-전위
일부 원자들의 정렬이 어긋난 상태로 외력을 받아서 원자가 이동할 때 슬립이 발생한 곳과 발생하지 않은 부분의 경계가 생기는데 이 경계 부분을 전위라 한다. 칼날전위, 나선전위, 혼합전위로 분류하며 그림을 보면 이해가 쉽다.
  ㉠ 버거스 벡터 : 전위를 동반하는 격자 뒤틀림의 크기와 방향으로 전위를 중심으로 커다란 정사각형을 그려 보았을 때 끝점과 시작점을 연결한 벡터와 동일하다.
  ㉡ 전위와 버거스 벡터의 관계
    - 칼날전위 ⊥ 버거스 벡터(수직 관계)
    - 나선전위 // 버거스 벡터(평행 관계)

ⓒ 코트렐 효과 : 용질 원자와 칼날전위의 상호작용에 의하여 전위선 아래에 용질 원자가 모이는 것

ⓔ 프랭크 리드 기구 : 다음 그림과 같이 외부의 힘을 받았을 때 전위 증식을 나타내며 그림의 원을 프랭크-리드 원(Frank-Read source)이라 한다.

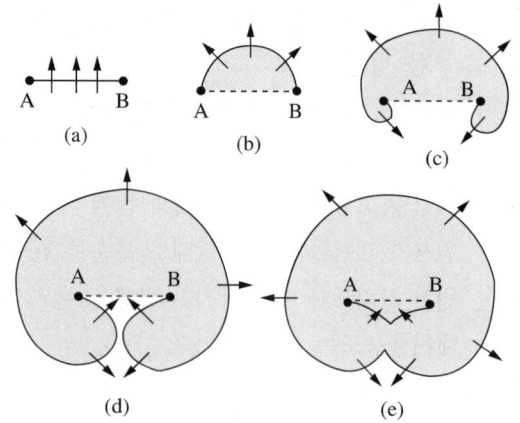

ⓜ 조그(jog) : 슬립면에서 1칸(원자거리) 이동함으로써 생기는 계단

ⓗ 전위의 종류

- 칼날형(edge type)
  - 기호 ⊥ 바로 위에 원자의 잉여 반면 삽입으로 형성
  - 거꾸로 된 형태의 "T"자 모양의 ⊥는 양의 칼날전위를 의미
  - 똑바른 형태의 "T"자 모양의 T는 음의 칼날전위를 의미
  - 전자 주위에 존재하는 원자의 변형거리를 슬립(slip)이라 하며 칼날전위에 수직

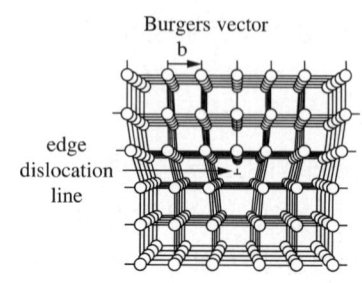

[칼날 전위 주위의 원자 위치]

- 나선형(screw type)
  - 절단면에 의한 분리 결함이 없는 결정 영역에 전단응력이 위/아래 방향으로 작용
  - 결함이 없는 결정에서 나선전위 형성
  - 전단응력은 변형된 원자들의 나선형 경사 모양에서 변형된 결정격자 영역 또는 나선전위 형성
  - 나선전위의 슬립은 전위선에 평행

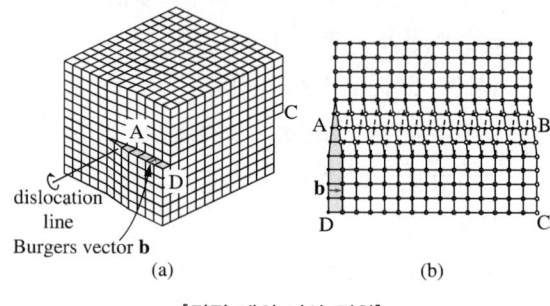

[결정 내의 나사 전위]

③ 면결함(planar defects)

외부표면, 결정립계 쌍정, 저각경계, 고각경계, 비틀림, 적층결함임

㉠ 결정립계(grain boundary)
- 금속에서 응고 중 다른 핵들로부터 형성된 결정들이 동시에 성장하여 서로 만날 때 형성
- 폭이 원자 지름의 약 2~5배 정도인 두 결정립 간의 영역
- 인접한 결정립 사이에 원자적 불일치 존재
- 원자적 불일치로 인한 결정립계 원자 충전율은 결정립 내부보다 낮음

㉡ 쌍정(twins)
- 어떤 면 또는 경계를 통해 거울에 비친 상과 같은 구조가 존재하는 영역
- 영구 또는 소성 변형이 일어날 때 변형 쌍정이 형성
- 변형결정에서 원자가 원위치로 돌아가는 재결정 과정에서도 쌍정이 일어나며 어닐링이라 하며 일부 FCC 합금에서만 일어남

④ 체적결함(volume defects)
  ㉠ 일련의 점결함들이 연결되어 3차원 공극이나 기공을 만들 때 형성
  ㉡ 일련의 불순물 원자들의 결합으로 3차원적 적출물 형성
  ㉢ 크기는 수 나노미터에서 수 센티미터 또는 그 이상

10년간 자주 출제된 문제

6-1. 다음 중 점결함에 해당되지 않는 것은?
① 공격자점
② 프렌켈 결함
③ 격자 간 원자
④ 적층결함

6-2. 다음 중 나사전위에 대한 설명으로 옳은 것은?
① Burgers vector와 평행인 경우
② Burgers vector와 수직인 경우
③ Burgers vector와 크기가 1원자인 것
④ Burgers vector와 크기가 1원자보다 큰 것

[해설]

6-1
점결함에 포함되는 것은 공격자점(공공), 프렌켈 결함, 격자 간 원자가 포함된다.

6-2
나사전위에서 재료의 변형은 전위선과 평행한 방향, 즉 Burgers vector와 평행한 방향이다.

정답 6-1 ④ 6-2 ①

제2절 상변화와 상태도

핵심이론 01 상과 상률

① 상(Phase)
  ㉠ 계(system)내에서 물리, 화학적으로 균일한 상태
    ※ 성분(component) : 계를 구성하는 물질
  ㉡ 기체, 액체, 고체는 각각 하나의 상태이며, 기체의 상태는 여러 종류의 물질이 존재하여도 거의 균일하게 분산되어 있으므로 1상으로 취급한다. 용액도 균일하면 1상이며, 고체상태는 1성분이 1상이나 2개의 성분이 합해져 고용체를 만들 때에는 1상으로 취급한다. 물의 경우 얼음, 물, 수증기가 공존할 때 성분은 물 1성분이나 상으로는 고상, 액상, 기상의 3상이 된다.
  ㉢ 상의 평형
    • 외부에서 압력이나 온도의 변화가 없을 때, 2계의 상태가 시간에 따라 변하지 않는 안정된 상태(평형상태)
    • 열역학적으로는 계의 자유에너지가 최소 상태임
    • 순금속은 1성분계이지만, 응고 중 액체와 고체가 공존
    • 일정 온도하에 2개 이상의 상이 양과 질적 관계가 변화 없이 유지되는 경우 상의 평형상태라 함
    • 정융상변태 & 비정융상변태
      상변태는 상의 조성에 변화가 있는지 없는지에 따라 분류할 수 있다.
      – 조성의 변화가 없는 경우를 정융변태
        → 동소변태, 용해
      – 조성의 변화가 있는 경우를 비정융변태
        → 공석, 공정 변태

② 상률(깁스의 상률)
  ㉠ $P+F=n+2$ (상의 수+자유도=성분의 수+2)
    → 머릿속에서 바로바로 연결이 되지 않는다면 한 글로 외우는 것을 추천한다.
  ㉡ $F=n-P+2$ (자유도 = 성분 - 상태 + 2)
    금속은 대기압에서 취급하며 고체와 액체의 평형 상태에서 압력의 영향을 거의 받지 않기 때문에 압력이라는 변수를 제외하여
    $\therefore F=n-P+1$ (자유도 = 성분 - 상태 + 1)
    식을 수정하여 사용한다.
  ㉢ 자유도 : 상태를 유지하며 독립적으로 변화시킬 수 있는 변수(온도, 압력, 조성)의 개수
  ㉣ 변계 & 불변계
    자유도 = 0 불변계
    자유도 ≠ 0 변계

10년간 자주 출제된 문제

일정한 압력하에 있는 Fe-C합금의 포정점이 일정한 온도와 조성에서 생기는 이유는?
① 상률의 자유도가 0이기 때문이다.
② 상률의 자유도가 1이기 때문이다.
③ 상률의 자유도가 2이기 때문이다.
④ 상률의 자유도가 ∞이기 때문이다.

|해설|
그림을 그려보면 포정점에서 2성분계가 존재하고, 상태는 3가지가 나오기 때문에
성분 - 상태 + 1 = 2 - 3 + 1 = 0이 되며 이는 '자유도가 없다'라고 표현할 수 있다. 온도, 조성 어느 것이라도 움직인다면 포정점이 아니게 되는 것이다.

정답 ①

핵심이론 02 2성분계 상태도

2원 합금계의 상태변수는 온도와 농도이다. 온도는 y축에 농도는 x축에 위치한다. 일반적으로 중량비를 사용하며 원자비로 나타낼 수도 있는데 철-시멘타이트계 상태도에서의 시멘타이트의 탄소 농도는 6.67wt%인데 이를 at%(원자비)로 환산했을 때 25at%로 표현할 수 있다. 철의 원자량이 탄소의 원자량보다 매우 높다. → 철은 탄소보다 무겁다.

Fe 3개 → 55.8g/mol × 3 = 167.4g/mol
C 1개 → 12.0g/mol × 1 = 12.0g/mol

따라서 시멘타이트의 중량비는 $\dfrac{12.0}{12.0+167.4} \times 100$ 으로 계산할 수 있다. 결괏값은 6.7wt%이다.

① 전율 고용체
  용매와 용질 원자 간에 모든 비율에 걸쳐 서로 고용체를 형성하는 것. 다음 그림과 같이 고상선과 액상선을 가지며 이러한 상태도를 가지는 대표적인 금속은 Ag-Au, Cu-Ni, Bi-Sb 등이 있다.

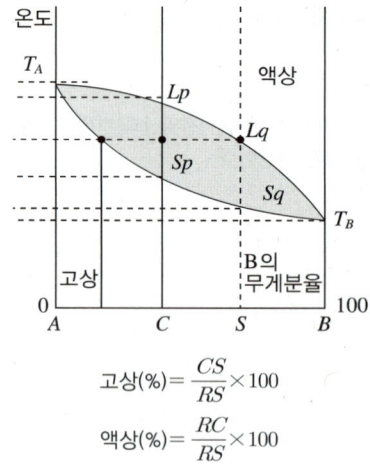

고상(%) = $\dfrac{CS}{RS} \times 100$

액상(%) = $\dfrac{RC}{RS} \times 100$

② 한율 고용체

고용한도를 가지는 고용체를 한율 고용체라 하며 공정형, 포정형, 편정형 등 여러 종류를 가진다.

㉠ 공정계 합금 : 2개 성분의 금속이 용해되었을 때에는 균일한 용액으로 존재하지만, 응고 후에는 성분 금속이 각각 결정이 되어 분리되어 기계적으로 혼합된 각각의 조직으로 존재할 때 이러한 현상을 공정이라 하고 그 조직을 공정조직이라 한다. 설명보다는 다음 공정계 상태도를 참고할 때 이해가 쉽다.

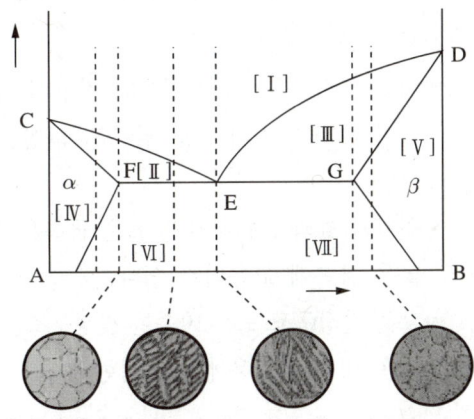

㉡ 금속간 화합물 : 금속과 금속 사이의 친화력이 클 때 2종 이상의 금속원소가 간단한 정수비를 가지고 결합한 상태로 A_mB_n의 형태로 표현한다. 마치 세라믹과도 비슷한 성질을 가지며 취약하고 단단하다. 용융점은 비교적 높으며 불안정한 것이 특징이다.

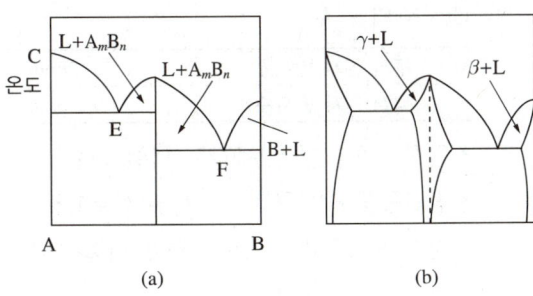

| tip |
| 상태도(phase diagram)는 여러 온도, 압력, 조성하에서 재료 내에 존재하는 여러 상을 도식화한 것 |

핵심이론 03 3성분계와 다성분계 상태도

3원 합금의 조성을 표시하기 위해서는 여러 개의 상태도가 만나서 입체 상태도가 되는데 투영법, 단면법, 투시법, 모형법 등을 들 수 있다. 다음 그림과 같이 3원공정 합금 상태도를 표현하며 전개할 수 있다.

① 농도

3성분계 조성은 정삼각형 내의 한 점으로 표시되는데 P점에서 정삼각형의 높이를 100%로 표현하는 깁스의 방법과 P점에서 각 변에 평행하게 그은 선분의 길이로 나타내는 방법이 있다(결괏값은 둘 다 같음).
2성분계에서 많이 사용하던 지렛대 원리는 3성분계에서도 성립한다.

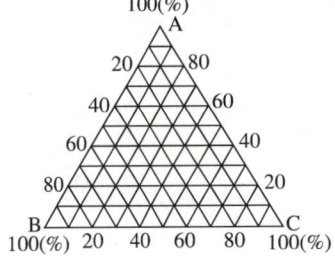

3가지 성분이 존재하는 상태도로 정삼각형을 기준으로 표시하며 3성분계 중 순수 성분은 꼭짓점, 2원 합금 조성의 AB, BC, CA를 세 변에 표시한다.

| 10년간 자주 출제된 문제 |

다음 그림과 같은 3원 합금에서 x점의 농도는 각각 몇 %인가?

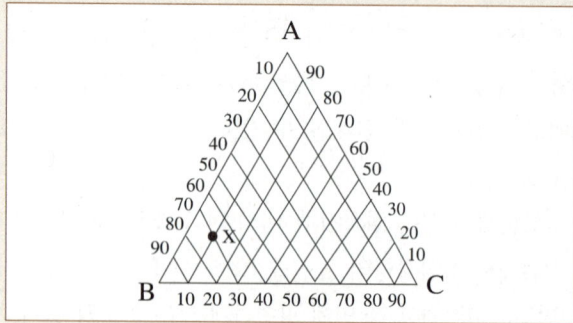

① A:20%, B:10%, C:70%
② A:20%, B:70%, C:10%
③ A:10%, B:10%, C:80%
④ A:10%, B:80%, C:20%

[해설]
문제의 그림에서 확인하면 A:20%, B:70%, C:10%이다.

정답 ②

핵심이론 04 치환형 고용체

고용체는 앞서 여러 번 설명했듯이 용매에 용질 원자가 첨가되지만 원래의 결정구조나 성질이 변하지 않는 상태를 말한다. 치환형, 침입형 고용체가 대표적이며, 모두 결정격자에 변형을 수반한다.

① **치환형 고용체** : 정연하게 늘어서 있는 고체의 원자를 밀어내고 그 자리에 대신 들어가는 형태

　㉠ 치환형 고용체의 조건
- 원자의 크기±15% : 이상의 크기에서는 원자 뒤틀림이 너무 커져 새로운 상을 형성하고 고용체로 남을 수 없다.
- 비슷한 전기음성도 : 이온화 경향의 차이가 낮아야 하며 차이가 크면 금속간 화합물을 형성한다.
- 원자가 효과 : 원자가가 높은 금속은 원자가가 낮은 금속에 고용되기 쉽다.
- 같은 결정구조 또는 비슷한 결정구조를 가질 때 넓은 범위의 고용체를 형성한다.

[규칙 상태]　　　[불규칙 상태]

　㉡ Cu-Ni의 경우

구리 원자 반지름	0.128nm
니켈 원자 반지름	0.125nm

- 결정구조 : 구리 = FCC, 니켈 = FCC
- 전기음성도 : 구리 = 1.9, 니켈 = 1.8
- 원자가 : 구리 = +1(or +2), 니켈 = +2

② 침입형 고용체

결정격자의 원자 사이로 침입해 들어가는 고용체를 의미하며 대표적 원소는 H, C, N, O, B이 있다.

| tip |
주민센터에서 가장 많이 발급받는 것이 있는데 바로 등본과 초본이다. 우리는 초본만 외워 놓는다면 손쉽게 대표적인 침입형 고용체 5가지 원자를 외울 수 있다. C, H, (O,) B, O, N(초본)

10년간 자주 출제된 문제

4-1. 치환형 고용체 영역을 형성하는 인자에 대한 설명으로 틀린 것은?

① 결정격자형이 동일하여야 한다.
② 용질의 원자가가 용매의 원자가보다 작아야 한다.
③ 용질 원자와 용매 원자의 전기저항 차가 작아야 한다.
④ 용질 원자와 용매 원자의 지름 차이가 용매 원자 지름의 15% 이내이어야 한다.

4-2. 금속 중에서 침입형으로 고용하는 원소는?

① B, O, C, H, N
② Hg, Ar, Sn, S
③ Ne, Br, Co, Cu, Cr
④ Cs, P, Cr, Na

|해설|

4-1
치환형 고용체는 반지름 차가 15% 이내인 금속이 같은 결정구조를 가질수록 고용도 크며, 금속 원자 간 전기음성도가 유사한 것이 유리하다.

4-2
원자 사이의 틈에 다른 원소의 원자가 끼어들어가 있는 형태를 침입형이라 하며, 주로 B, O, C, N, H가 있다.

정답 4-1 ② 4-2 ①

핵심이론 05 고용체의 규칙-불규칙 변태

치환형, 침입형 고용체에서는 원자배열에 규칙성의 유무를 따라서 규칙-불규칙 변태로 나눌 수 있다.

대표적인 규칙-불규칙 변태를 황동의 β와 β' 상에서 볼 수 있는데 낮은 온도구간에서는 β'을 가지며 규칙적인 고용체로 존재하지만 온도가 높아져 β상이 된 후 고용체의 (농도) 폭이 넓어진 것을 볼 수 있다. 이때 규칙격자와 불규칙격자의 경계 온도를 전이온도라 할 수 있다.

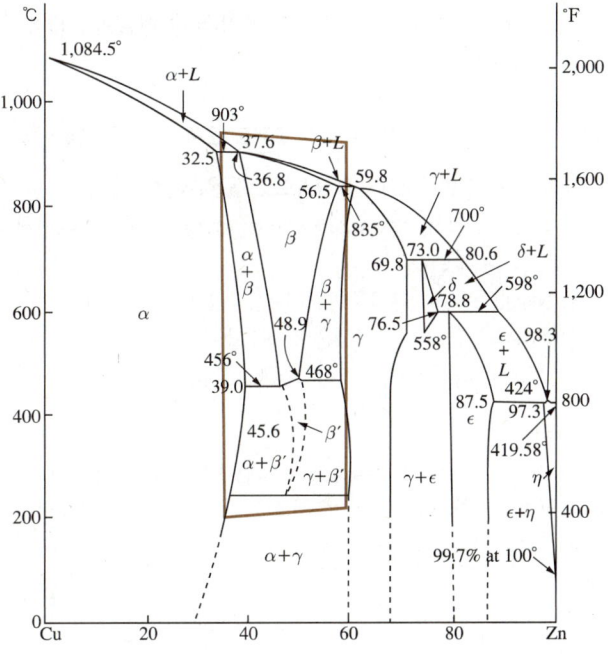

① 고용체는 두 종류 이상의 원자의 상호 간 결합에 의해 균일한 상태로 이루어진 고체 상태
② 일종의 상전이로 일정 조성 범위 내 합금이 특정온도 범위에서 원자배열 상태가 규칙에서 불규칙 배열로 변화
③ 격자구조에 변화는 보이지 않음
   → 황동 변태 : 460℃ 이상은 불규칙 β 유지, 그 이하에서는 규칙 β상 유지
④ 규칙격자의 출현 → 비저항의 변화 초래
⑤ 규칙도가 큰 합금은 비저항이 작으며, 불규칙이 진행됨에 따라 비저항이 커짐

⑥ 저온 : 안정, 규칙격자
　고온 : 불규칙
⑦ Hall계수 : 미세구조 상수의 새로운 측정법
⑧ 규칙도의 정의
　㉠ Bragg-Williams의 장범위 규칙도(LRO ; long range order) : 소격자의 분포율로 규칙도를 정의
　　• $R=1$: 격자가 완전히 규칙적인 것을 나타냄
　　• $R=0$: 완전무질서 배열을 나타냄
　㉡ Bethe의 단범위 규칙도(SRO ; short range order) : A-A, B-B, A-B쌍의 존재율에 따라 규칙도를 정의

10년간 자주 출제된 문제

규칙-불규칙 변태에 대한 설명으로 옳은 것은?
① 규칙도가 큰 합금은 비저항이 작고, 불규칙이 됨에 따라 비저항은 크게 된다.
② Ni_3Mn과 같은 규칙상의 경우 상자성체이다.
③ Ni_3Fe와 같은 불규칙상은 강자성체이다.
④ 일반적으로 규칙화되면서 경도는 저하된다.

[해설]
규칙-불규칙 변태 시 규칙도가 높은 합금은 비저항이 작아지고, 불규칙도가 증가함에 따라 비저항도 따라서 증가하는 경향을 나타낸다.

정답 ①

핵심이론 06 변태이론

① 고상변태의 반응속도론
미세구조 관점에서 상변태는 두 가지 과정으로 이루어진다.
　㉠ 핵생성 : 자라날 수 있는 크기의 핵의 생성이며 핵이 생성되기 쉬운 위치는 결정립계와 같은 불안정한 자리이다.
　　• 균질핵생성 : 용융금속 내에서 안정적인 핵생성 조건이 이루어지면 용액 내에서 핵생성이 균질(균일)하게 일어난다.
　　• 불균질핵생성 : 용액 내에 불순물이 존재하거나 주형벽이 있는 곳에서 결정핵은 이들과 접했을 때 더 쉽게 생성되며 계면에너지의 발생량 또한 균일핵생성에 비해 매우 적다.

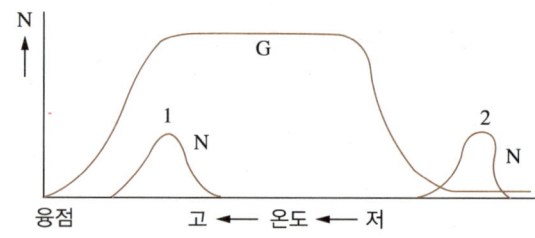

[결정핵의 성장속도와 핵생성의 수]

　㉡ 핵성장 : 결정핵이 발생한 후 핵이 성장하며 주위의 핵에서 성장한 다른 결정들과 충돌하여 성장이 중지될 때까지 진행되며 새로운 상이 커져가며 모상은 점차 줄어들고 사라지는 모습을 보인다.
　㉢ 결정립 형성 : 핵생성과 핵성장이 진행되며 결정립이 형성된다. 결정이 성장하여 다른 결정의 성장과 부딪히며 일정한 각도로 마주치게 되고 결정립계는 불규칙도가 더욱 커지게 된다.

→ 조직시험에서 결정립을 볼 수 있는 이유는 이 때문인데 결정 부분보다 결정립계에서 내부식성이 낮아 많이 부식되고 난반사를 일으켜 어두운 색으로 표현되는 것이다.

10년간 자주 출제된 문제

금속이 응고할 때 균일핵생성에서 핵생성의 속도를 증가시키려면?

① 계면에너지가 커야 한다.
② 임계핵반지름(r)이 커야 한다.
③ 과랭도(ΔT)가 작아야 한다.
④ 자유에너지 변화(ΔG^*)가 작아야 한다.

[해설]

금속이 응고할 때 결정핵생성의 속도를 증가시키려면 액상에서 고상으로 전이에 의해 방출되는 자유에너지 변화가 작아야 한다.

정답 ④

핵심이론 07 마텐자이트 변태

마텐자이트 변태를 이해하기 위해서는 무확산 변태라는 말을 이해하여야 한다. 이는 가열된 오스테나이트가 상온 부근까지 급랭할 때 일반적인 변태에 수반되었던 확산이 없이 동시다발적으로 일어나며 확산이 없기에 모상(오스테나이트)과의 성분 변화가 없다는 특징을 가진다. 만약 확산이 진행되었다면 상태도상에서 볼 수 있는 페라이트와 시멘타이트가 생성될 것이다.

① **속도** : 순간이라고 표현할 수 있는데 오스테나이트가 음속에 가깝게 핵생성과 핵성장이 일어나며 확산이 불가하다.

② 그래프를 보면 오스테나이트로 있을 때보다 마텐자이트로 존재하면 자유에너지가 더 낮아지는 온도가 있다. 둘 사이의 자유에너지가 충분히 차이가 날 때 이를 구동력 삼아 오스테나이트는 마텐자이트로 변태한다. 또한 금속이 응고할 때와 마찬가지로 충분한 자유에너지의 차이는 과랭을 만들어내 둘의 자유에너지가 같은 때와 실제 M_s점과의 온도차를 나타낸다. 몇몇 원소는 과랭도를 증가시키기도 하락시키기도 한다.

③ **구조** : 저온에서 원자 간 이동이 원활하지 못하여 체심정방(BCT) 또는 체심정방격자로 존재한다. 체심정방격자는 저온에서 안정된 상태를 유지한다.

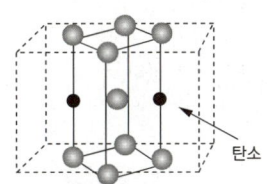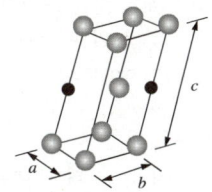

(a) 체심정방격자 　　　(b) 안정된 체심정방격자

④ 마텐자이트 변태의 특징
  ㉠ 과포화 고용체의 단일상 → 오스테나이트에서 확산이 없기에 오스테나이트와 동일 성분으로 단일상 생성
  ㉡ 원자 이동(확산)이 존재하지 않는 변태여서 무확산 변태임
  ㉢ 마텐자이트 변태 후 표면기복 형성 → 굴절 형성하여 "변형"
  ㉣ 오스테나이트 변태 사이에 일정한 결정방위관계 존재
  ㉤ 마텐자이트 변태 결정 내 격자 결함이 존재할 수 있음 → 전위, 적층결함, 쌍정 등이 함께 일어남
  ㉥ 순간적(10초 이내)으로 일어나는 협동적 원자 운동에 의한 변태임
  ㉦ 변태량은 온도에 관계하지만 시간에는 관계없음 → S곡선 참고
  ㉧ 탄소량의 정도에 따라 탄소원자의 고용에 따른 C축의 길이 성장 및 체적(약 4%) 팽창이 따름
  ㉨ 탄소량이 많을수록 마텐자이트 경도 증가

10년간 자주 출제된 문제

다음 중 마텐자이트 변태의 일반적 특징으로 틀린 것은?
① 무확산 변태이다.
② 변태에 따른 표면기복을 형성한다.
③ 협동적 원자운동에 의한 변태이다.
④ 마텐자이트 결정 내에 격자결함이 없다.

[해설]
마텐자이트 변태 시 내부에 전위, 적층결함, 쌍정결함 등 다수가 존재한다.

정답 ④

제3절 금속의 강화기구

핵심이론 01 금속의 회복

친구 A와 B가 있는데 평소에 B가 A를 조금씩 괴롭혀 왔다면 A의 마음속에는 심심치 않게 응력이 쌓일 것이다. 만약 둘 사이의 관계를 개선하고 싶다면 B가 진심어린 사과와 함께 엄마손 햄버거를 사주고, 감자튀김도 더 먹으라고 하고, 이제 잘 지내보자고 한다면 A의 마음속 응력은 눈 녹듯 사라질 것이다.
금속에 있어서 햄버거와 같은 존재는 "열"이라 할 수 있다. 강도에 큰 변화 없이 내부의 응력을 제거해주며 회복을 일으키는 것이다.

① 회복

소성가공된 금속은 풀림에 의하여 가공 전의 상태로 돌아가고자 한다. 이때 결정립의 변화는 없지만 결정립 내부에 응력으로 변화되었던 변형에너지와 항복강도 등이 감소하여 기계적 성질이 변화하는 것을 회복이라 한다.

  ㉠ 회복 촉진(재결정 촉진)
   • 합금원소(불순물 증가)
   • 높은 가공도
   • 낮은 가공온도
   • 결정립도 감소
  ㉡ 회복에 의한 결정의 변화
   • 격자 간 원자의 소멸
   • 공공의 소멸
   • 전위의 소멸
   위 3개의 과정이 일어나며 회복이 이루어지며 정상화된다(원자들이 제자리를 찾아간다).

② 소성변형한 재료의 가열에 의한 성질변화

그래프를 보면 3구간으로 나누어 회복, 재결정, 결정립 성장이 일어나는데 다음 그림과 같은 재료의 성질변화가 일어난다.

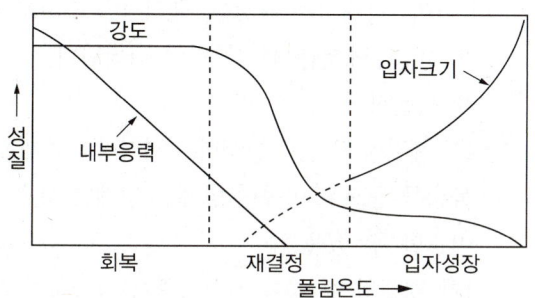

[소성변형한 재료의 가열에 의한 성질변화]

10년간 자주 출제된 문제

회복(recovery)에 대한 설명으로 옳은 것은?

① 풀림에 의하여 결정립의 모양과 방향에 변화를 일으키지 않고 물리적, 기계적 성질만 변화하는 과정이다.
② 회복 과정 중 전기저항은 급격히 증가한다.
③ 회복이란 변형된 결정체의 내부 에너지와 항복강도가 전위의 재배열 및 소멸에 의해 증가되는 과정이다.
④ 회복의 과정 중 경도는 급격히 감소한다.

[해설]

냉간가공 금속을 재결정 바로 밑의 온도로 가열하는 것이 회복이며, 회복 중 풀림은 결정립의 구조에는 변화를 유도하지 않고 금속의 물리적·기계적 성질만 변화시킨다.

정답 ①

핵심이론 02 금속의 재결정

임의의 온도에서 1시간 동안 재결정이 완료될 때 이를 재결정 온도라 한다.

① 재결정(1차 재결정)

냉간가공된 금속을 고온으로 가열 시 회복된 금속 조직 내에 결정립계에서 새로운 핵이 생성되고 변형률이 없는 새로운 결정립 성장

㉠ 재결정에 영향을 주는 인자 : 두 가지에 큰 영향을 받는데 핵생성(N) 속도와 핵성장(G) 속도이다. 가공도가 작은 범위에서는 핵성장이 매우 커질 수 있다. 이를 이용하여 조대한 결정을 얻을 수 있으며 단결정도 제작할 수 있다.

재결정은 금속 내부의 입계의 양에 따라 결정립 크기의 영향을 받는다. 입계의 양이 많다는 것은 결정립이 미세하다는 것으로 이해할 수 있다.

- 결정립 미세 → 재결정 온도 저하, 재결정 완료 후 결정립 작아짐
- 불순물 증가 → 재결정 방해
- 고순도 금속 → 재결정화 쉬움

㉡ 금속의 재결정 온도

금속	재결정 온도(℃)	금속	재결정 온도(℃)
Au	200	Mo	900
Ag	200	Al	150~200
Cu	200~230	Zn	7~25
Fe	330~450	Sn	7~25
Ni	530~660	Pb	-3
W	1,200		

② 결정립 성장

결과적으로 작은 결정립이 큰 결정립에 흡수되는 현상을 보이는데 이는 결정립 성장으로 결정립계가 갖는 계면에너지가 감소하기 위한 방향으로 진행된다. 이를 구동력 삼아 일어나는 것이 결정립 성장이다. 이때 관찰되는 것은 임계의 직선화, 미세한 결정립의 소멸, 인접 결정립 성장 등이다.

결정립은 성장하며 진행이 점차 느려지는데 이는 재결정이 거의 완료되었다는 뜻이며 결정립의 크기는 거의 균일한 상태이다.

냉간가공한 Cu를 가열할 때의 재결정 현상을 나타내었는데 기계적 성질에 유의하여 그래프를 이해하도록 한다.

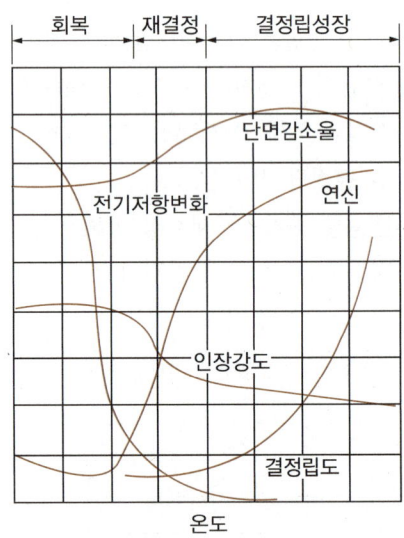

[냉간가공한 Cu를 가열했을 때의 결정립도와 성질과의 관계]

③ 2차 재결정

㉠ 풀림처리로 재결정, 결정립 성장이 일어난 금속을 더욱 고온으로 풀림 시 일부 결정립이 다른 결정립을 흡수해 매우 크게 성장한다. 이를 2차 재결정이라 하며 1차에서는 핵생성, 핵성장을 수반하지만 2차 재결정에서는 핵성장만이 나타난다.

㉡ 2차 재결정 발생 조건
- 1차 재결정 후 일부 활성화된 결정립의 존재할 때
- 불순물 등으로 이동이 방해된 입계가 고온에서 이동할 수 있을 때
- 1차 재결정 후 강한 집합조직이 성장하기 쉬운 방위의 결정립이 존재할 때

④ 풀림쌍정

풀림 FCC에서는 그림과 같은 평행한 변을 볼 수 있는데 구리, 황동 등에서 볼 수 있는 쌍정이다. 결정립 사이의 적층결합이 생겨서 그대로 성장한 쌍정으로 이해할 수 있다.

㉠ 계면에너지가 낮은 경우 잘 생성됨 → 구리 및 황동
㉡ 계면에너지가 높은 경우 나타나지 않음 → 알루미늄

10년간 자주 출제된 문제

냉간가공 후 풀림 시 나타나는 재결정(recrystallization)현상에 대한 설명 중 틀린 것은?

① 핵생성 및 성장과정으로 볼 수 있다.
② 새로운 결정립으로 치환되어 가는 과정이다.
③ 핵생성 속도가 크고 핵성장속도가 작으면 조대한 결정립이 된다.
④ 재결정의 구동력은 냉간가공 시 축적된 변형 에너지이다.

[해설]

금속의 냉간가공 후 풀림 시 발생하는 재결정은 핵의 생성이 적으며 핵의 생성속도가 클수록 조대한 결정립이 형성된다.

정답 ③

핵심이론 03 확산의 법칙

① 개요
  ㉠ 확산 : 용매 중 용질이 포함되어 있는 상태에서 국부적인 농도차가 있을 때 시간이 지남에 따라 농도의 균일화가 일어나는 것
    ※ 고체확산 : 기체나 액체에서 일어나는 확산과 같이 고체에서도 확산은 이루어진다. 단 제한적이고 고체 내 열적 진동에 의해 원자가 이동하는데 이를 고체확산이라 한다.
  ㉡ 대부분의 조직변화는 확산을 포함한다(상변태, 균질화, 침탄, 질화, 구상화, 산화 등).

② 정상상태 확산(steady-state conditions)
  ㉠ 계에서 시간에 따른 면에서 용질 원자 농도가 일정한 조건
  ㉡ 반응하지 않는 기체가 금속포일을 통과할 때 발생(수소기체의 팔라듐 포일 통과)
  ㉢ 고농도에서 저농도로 원자의 순흐름(net flow) 발생
  ㉣ Fick의 확산 제1법칙(Fick's first law of diffusion)

$$J = -D\frac{dC}{dx}$$

  여기서, J : 원자유속
  D : 확산도(diffusivity) 또는 확산계수(diffusion coefficient), cm^2/s
  $\frac{dC}{dx}$: 농도 기울기

  • 음의 부호는 고농도에서 저농도로 이동에 의한 음의 확산 기울기 발생
  • 시간의 흐름에 따른 계의 이동 없음

③ 비정상 상태확산
  ㉠ 금속 내 임의의 점에서 시간에 따른 용질 원자의 농도가 변하고 확산공정의 진행에 따른 금속 표면의 농도변화
  ㉡ Fick의 확산 제2법칙(Fick's second law of diffusion)
    • 확산계수가 시간에 무관한 상태의 확산
    • 농도의 변화율이 기울기 자체보다 농도 기울기의 변화율에 비례

$$\frac{dC_x}{dt} = \frac{d}{dx}\left(D\frac{dC_x}{dx}\right)$$

  여기서, C_x : 시간 t에서 표면으로부터의 거리 x에서의 원소농도
  x : 표면으로부터의 거리
  D : 확산계수
  t : 시간
  ※ Fick의 확산 제1법칙과 제2법칙은 이해보다는 식 2개를 단순 암기하는 데 집중하도록 한다. 기출은 많지만 이해를 바탕으로 한 문제는 거의 출제되지 않았다.

10년간 자주 출제된 문제

다음 식은 어떤 법칙인가?(단, D는 확산계수, t는 시간, x는 장소, C는 농도이다)

$$\frac{\partial C}{\partial t} = D\frac{\partial^2 C}{\partial x^2}$$

① 베가드(Vegard)의 법칙
② Fick의 확산 제1법칙
③ Fick의 확산 제2법칙
④ Hume Rothery 법칙

[해설]
• $J = -D\dfrac{\partial C}{\partial x}$: Fick의 제1확산법칙
• $J = D\dfrac{\partial^2 C}{\partial x^2}$: Fick의 제2확산법칙

정답 ③

핵심이론 04 확산의 기구

충분한 에너지가 주어진다면 침입형 원자는 용매 원자 사이의 공간을 순차적으로 이동하여 확산할 수 있다. 용질 원자가 커서 치환형으로 존재할 때는 용질 원자가 확산하기 위한 원자의 위치교환이 쉽지 않은데 그 확산기구의 기본개념 4가지를 알아본다.

① 격자 간 원자기구(진동)

원자가 격자 간의 공간에 들어가서 순차적으로 격자 사이의 공간을 이동한다(Fe에서 C, H, B, N과 같은 원자).

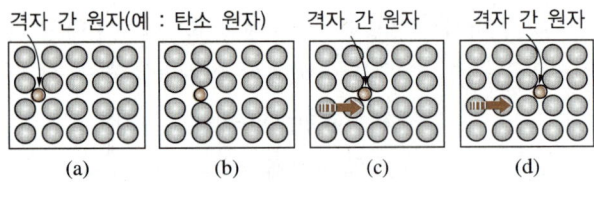

[격자 간 원자기구]

② 공격자점 기구

결정립 내에 공공이 있는데 고온에서 가열하면 A의 원자는 공공으로 이동하고 빈자리는 다른 원자가 채우고 A는 다시 빈자리로 옮겨간다.

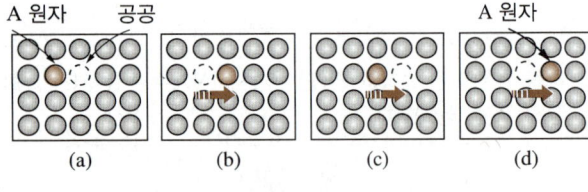

[공격자 기구]

③ 직접교환기구

옆에 있는 원자와 서로 자리를 바꾸는 것

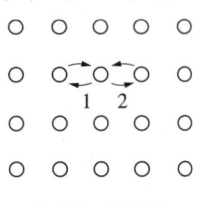

[직접교환기구]

④ 링기구

3~4개의 원자가 동시에 자리를 원형으로 이동하여 위치를 교환하는 것

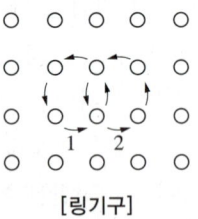

[링기구]

10년간 자주 출제된 문제

금속의 확산기구를 설명할 수 있는 가장 기본적인 개념은?
① 가전자의 공유
② 결정 내 원자의 진동
③ 자유전자의 존재
④ 결정 내 원자의 이온화

[해설]
금속 내 원자의 크기 및 이동(진동) 형태에 따라 치환형 또는 침입형 기전에 의한 금속확산이 결정된다.

정답 ②

핵심이론 05 고용체강화

① 고용체강화에 영향을 끼치는 인자
  ㉠ 원자 크기 차이 : 용매 원자와 용질 원자의 원자 크기 차이는 클수록 강화효과가 커진다.
  ㉡ 첨가합금 원소량 : 첨가되는 합금원소량에 따라 강화효과는 증가한다.

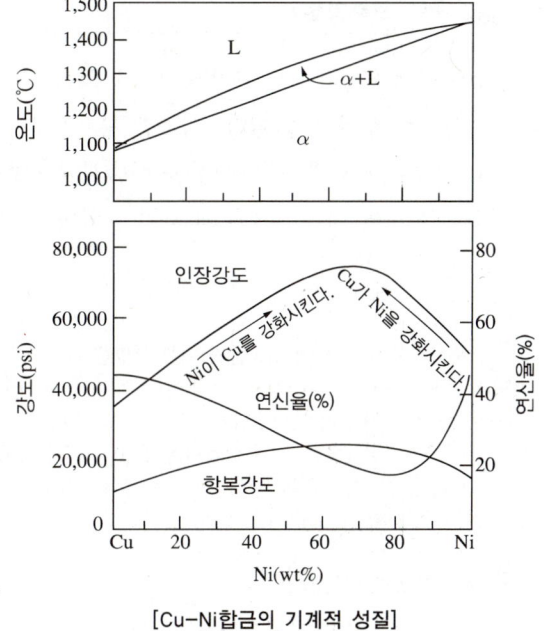

[Cu-Ni합금의 기계적 성질]

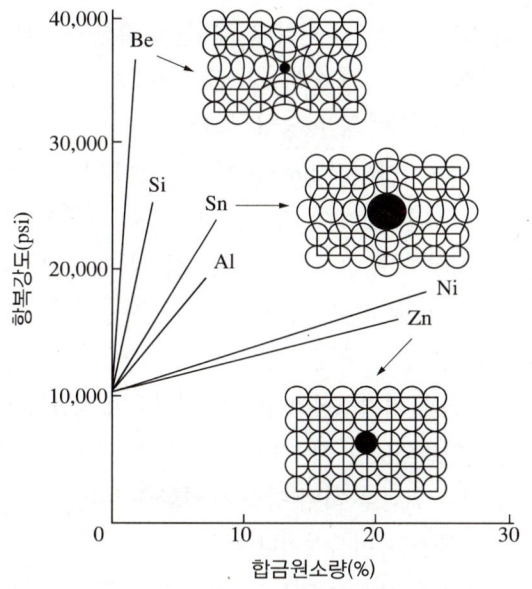

[Cu합금의 항복강도에 미치는 합금원소의 영향]

② 고용체강화 특성(순금속과 비교)
  ㉠ 강도와 경도가 커진다. → 고용체강화만의 효과는 그리 크지 않다.
  ㉡ 합금의 연성은 순금속보다 낮다. 그러나 고용체강화에 의해 강도와 연성이 증가한다.
  ㉢ 전기전도도는 작아진다. → 송전선에 사용할 때는 고용체강화를 사용하면 안 된다.
  ㉣ 크리프 저항성이 커진다.

핵심이론 06 석출강화

기지상에 미세하게 분산된 불용성 2상에 의해 석출강화와 분산강화로 강화될 수 있다. 석출강화는 열처리를 통하여 과포화된 고용체에서 제2상을 석출시켜 강화하는 현상이다. 온도에 따른 고용도의 차이가 있어야 실행이 가능한 경화방법이다.

> **tip**
> 석출, 분산강화에 대한 이해를 돕기 위한 설명을 하자면 부추부침개를 예로 들 수 있다. 부추(석출물) 자체로는 높은 경도를 가지지만 각각의 한 줄기로는 큰 힘이 없다. 부침개 재료인 밀가루풀(기지조직)은 젓가락질 한 번에 찢어질 뿐이다. 그러나 둘이 만난 부추전은 젓가락으로 조각내기 위하여 나름의 노력을 필요로 할 만큼의 강도를 지니게 되는 것이다.

① **석출강화의 기본원칙**

석출을 하기 위한 기본조건은 온도에 따른 고용도의 차이가 있어야 한다.
- ㉠ 기지상의 연성은 크고 석출물은 단단한 성질을 갖는다.
- ㉡ 석출물은 불연속적으로, 기지상은 연속적으로 존재한다.
- ㉢ 석출물은 미세하고 수가 많아야 한다.
- ㉣ 석출물 입자의 형상이 구형에 가까울수록 응력집중이 적어 균열발생이 적다.
- ㉤ 석출물의 부피가 크면 강도도 커진다.

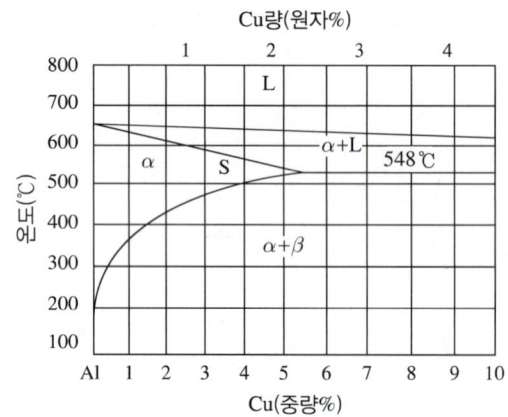

② **석출강화기구**

단순히 석출을 한다고 해서 강화를 효과적으로 할 수 없다. 석출물의 상을 구형으로, 미세하고, 균일하게 만들기 위해서 용체화처리와 시효를 거친다. 이 과정을 통틀어 시효경화라 한다.
- ㉠ 용체화처리 : 합금을 고용한계선 위로 가열하여 균일한 α 고용체가 되도록 유지한다.
- ㉡ 급랭 : 급랭을 한다면 원자들이 확산하여 핵생성을 할 만한 시간적 여유가 없어 과포화 고용체로 존재하며 일종의 비평형 조직이다.
- ㉢ 시효 : 에이징(ageing)이라 하는데 말 그대로 나이를 먹는 것이다. 과포화 고용체를 고용한계선 이하에서 일정 온도로 유지하였을 때 과포화된 원자들이 석출되는 현상이다.

③ **정합성**

석출물과 기지조직의 연결을 의미하며 정합상태일 때 (잘 연결되었을 때) 생기는 변형장이 전위의 이동에 장애물 역할을 하여 강화의 역할을 하며 시효에서는 정합석출이 이상적이다.

다음에 등장하는 GP-I zone, GP-II zone, θ' 상은 정합 석출물이지만 θ 상은 부정합 석출물이기 때문에 θ 상이 형성되면 합금의 강도는 저하되는데 이를 과시효라 한다.

④ **G. P. zone(Guinier Preston zone)**

Al-Cu계 합금의 G. P. zone은 구리원자가 알루미늄의 (100)면에 형성되는데 그 과정은 다음과 같다.
- ㉠ Al-Cu 합금의 시효 시 시효초기에 GP-I zone(Guinier Preston zone)이라는 얇은 석출물이 형성된다.
- ㉡ 시효가 진행되면 더 많은 Cu원자가 GP-I zone으로 확산해서 좀더 두꺼운 석출물인 GP-II zone은 커져서 상당한 규칙도를 가지는 θ' 상으로 바뀐다.
- ㉢ 마지막으로 석출물이 커지면서 안정한 석출물인 θ 상으로 변한다.

⑤ 시효온도와 시간

시효는 온도와 시간에 따라 많은 영향을 받는데 온도에 따라 시효시간이 달라진다. 좀더 낮은 온도에서 시효처리를 함으로써 얻는 이점은 다음과 같다.

㉠ 최대 강도를 얻을 수 있다.
㉡ 시효온도가 낮을수록 성질이 균일하다.
㉢ 인공시효 : 상온 이상의 온도에서 시효처리를 하는 것
㉣ 자연시효 : 상온에서 시효처리를 하는 것(오래 걸리지만 강도가 높고 과시효가 없음)

10년간 자주 출제된 문제

7-1. 석출경화의 기본원칙에 해당되지 않는 것은?
① 석출물의 부피 분율이 커야 한다.
② 석출물 입자의 형상이 구형에 가까워야 한다.
③ 석출물 입자의 크기가 미세하고 그 수가 많아야 한다.
④ 석출물은 연속적으로 존재해야만 하는 반면에 기지상은 불연속적이어야만 한다.

7-2. 과포화 고용체로부터 다른 상이 석출하는 현상을 이용해서 금속재료의 강도 및 그 밖의 성질을 변화시키는 처리로 두랄루민합금의 대표적인 처리 방법은?
① 시효경화처리
② 가공경화처리
③ 가공 열처리
④ 재결정화처리

[해설]

7-1
석출강화에서 기지상은 배경조직을 말하며 연속적으로 존재하고 석출물이 분산되어 있는 구조이다.

7-2
강도 알루미늄합금인 두랄루민합금은 다른 처리에 비해 시효경화성이 가장 우수하다.

정답 7-1 ④ 7-2 ①

핵심이론 07 분산강화

기지상에 미세하게 분산된 불용성의 2상에 의해 석출강화와 분산강화로 강화될 수 있다. 분산강화는 제2상이 고용체가 아닌 다른 과정으로 첨가하여 강화하는 현상이다. 산화물, 탄화물, 붕화물, 질화물 등 석출에 의한 것이 아닌 첨가에 의한 상이기 때문에 부정합 상으로 존재하지만 매우 단단한 상이기 때문에 강화효과를 가진다.

① 분산강화 기구
  ㉠ 분산입자가 석출물과 같이 전위이동에 대한 장애물로 작용한다(전위의 이동경로가 석출물과 정확히 만날 때 가능).
  ㉡ 가공경화와 분산강화의 조합으로 분산강화형 합금 제조 시 소성가공이 이루어지는데, 이때 분산입자가 전위의 원인으로 작용한다.
  ㉢ 분산입자가 전위를 안정화시켜 회복과 재결정을 방해하여 용융점 근처의 고온에서도 고강도를 유지할 수 있다.

② 임계전단응력
  ㉠ 전위가 휘어 지나가는 데 필요한 응력은 입자 간 거리 l의 임계거리를 갖는 Frank-Read 원의 작동에 필요한 임계전단응력

  $$\tau = \frac{F}{A}\cos\phi\cos\lambda$$

  여기서, F : 하중
  A : 지지면적
  Schmid 인자 : $\cos\phi\cos\lambda$

  ㉡ Schmid 인자는 단결정의 슬립 고려에 중요한 인자임
  ㉢ 강화효과의 극대화를 위해 제2상 간 거리가 짧아져야 함

③ 분산입자의 성질
  ㉠ 융점이 높음
  ㉡ 형상자유에너지가 큼
  ㉢ 성분원소의 확산속도가 큼
  ㉣ 기지에 대한 용해도가 큼

10년간 자주 출제된 문제

임계전단응력은 $\tau = \dfrac{F}{A}\cos\phi\cos\lambda$로 표현된다. 이 중 Schmid 인자는?

① A
② $\cos\phi \cdot \cos\lambda$
③ $\dfrac{F}{A}$
④ F

|해설|

Schmid 인자는 단결정의 슬립 고려에 중요한 인자이며, $\cos\phi \cdot \cos\lambda$로 나타낸다.

정답 ②

핵심이론 08 결정립계 및 미세강화

① Hall과 Petch는 인장항복응력과 결정립 크기의 사이에 다음 식이 성립함을 발견하였다.

$$\sigma_0 = \sigma_i + k'D^{-1/2}$$

여기서, σ_0 : 인장항복응력
σ_i : 입 내에서 전위의 이동을 방해하는 마찰응력
k' : 결정립계의 상대적인 강화기여도를 나타내는 상수
D : 결정립의 지름

결과적으로 결정립이 미세할수록 금속의 항복강도, 피로강도, 인성이 개선되고 일반적으로 고용강화, 석출강화, 가공에 의한 강화를 거친 금속재료는 취성이 생기게 되나 결정립에 의한 미세강화의 경우 금속의 강도 증가에도 취성이 생기지 않는 장점까지 있어 기계적 성질 개선에 매우 중요한 개선책으로 이용된다.

② 결정립 미세화에 의한 강화기구

결정립 미세화에 의한 강화의 경우 금속재료 내부에서 결정립계에 의해 전위의 이동이 방해되는 것을 의미하며, 결국 전위들이 결정립계 근처에 모이는 현상이 발생하는데 이를 집적이라 한다. 결정립계 앞에 집적된 전위가 이동하기 위해서는 더욱 큰 힘이 필요하고 이를 강화되었다고 볼 수 있다.

㉠ 결정립계가 전위이동의 장애물 역할
- 전위는 결정립계에 의한 슬립면에 집적하며, 다른 전위와의 상호작용에 의한 영향을 받음
- 집적된 전위수가 증가하면 선두 전위에 작용하는 응력 증가하게 되고 반대쪽에서 항복이 시작되어 균열 발생

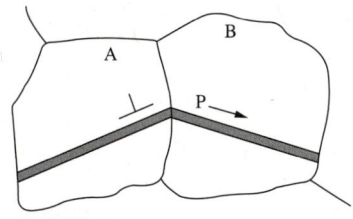

ⓒ 입계에서 집적된 전위가 존재하지 않음
- 입계에서 응력의 크기 불필요
- 전위밀도가 결정립과 유동응력에 영향을 미치는 인자임

$$\sigma_0 = \sigma_i + \alpha Gb\rho^{-1/2}$$

여기서, σ_i : 입 내에서 전위의 이동을 방해하는 마찰응력
  α : 0.3~0.6의 상수
  ρ : 전위밀도
  G : Shear modulus ┐ Frank-Read식
  b : Burgers vector ┘ 참조

- 전위밀도(ρ)는 결정립 크기(D)에 반비례

10년간 자주 출제된 문제

다결정재료의 결정립계에 의한 강화방법에 대한 설명으로 틀린 것은?
① 결정립계에 의한 강화는 결정립 내의 슬립이 상호 간섭함으로써 발생된다.
② 결정립계가 많을수록 재료의 강도는 증가한다.
③ 결정의 입도가 작을수록 재료의 강도는 증가한다.
④ Hall-Petch식에 의하면 결정질 재료의 결정립의 크기가 작아질수록 재료의 강도는 감소한다.

해설

Hall-Petch식에 의하면, 대부분의 결정질 재료의 결정립의 크기가 감소할수록 항복강도는 증가한다.

정답 ④

CHAPTER 03 금속 열처리

제1절 열처리의 개요

핵심이론 01 열처리 종류

① 열처리
  ㉠ 개념
    - 필요한 성질을 얻기 위하여 금속 내부의 미세조직을 변화시키는 가열 및 냉각 조작
    - 열처리는 값싼 소재의 성능을 향상시켜 값비싼 소재에 상응하는 데 의의를 둔다.
  ㉡ 열처리 목적
    - 경도, 인장력 향상(템퍼링)
    - 조직의 연화 또는 가공하기에 적당한 상태로 변화(어닐링, 구상화)
    - 조직을 미세화, 균일한 상태로 만듦(노멀라이징)
    - 냉간가공의 영향을 제거(어닐링, 연화)
    - 파손방지(응력제거 어닐링)
② 열처리의 종류
  ㉠ 불림(normalizing) : 가공 시 발생된 이상 조직의 균질화 및 가공성 향상
  ㉡ 풀림(annealing) : 부품의 연화, 가공성 향상 및 잔류 응력 제거
  ㉢ 담금질(quenching) : 부품의 경도 증가를 위한 열처리
  ㉣ 뜨임(tempering) : 담금질 후 잔류응력 제거, 조직의 기계적 성질 안정화
  ㉤ 표면경화(surface hardening) : 표면은 내마멸성이 높고, 중심부는 인성이 큰 이중조직을 가지게 함
  ㉥ 침탄(carburizing) : 부품 표면에 탄소의 확산 침투에 의한 표면경화
  ㉦ 질화(nitriding) : 부품 표면에 질소 화합물 형성에 의한 표면경화

10년간 자주 출제된 문제

열처리 과정에서 나타나는 조직 중에서 부피의 변화가 가장 큰 것은?
① 오스테나이트(austenite)
② 펄라이트(pearlite)
③ 베이나이트(bainite)
④ 마텐자이트(martensite)

|해설|
금속의 열처리 과정 중 나타나는 조직에서 마텐자이트는 가장 큰 온도차를 보이는 재료이며, 부피 변화가 가장 큰 조직이다.

정답 ④

핵심이론 02 열처리 방법

① 가열 방법
   ㉠ 변태점 이상으로 가열 : 풀림, 불림, 담금질
   ㉡ 변태점 이하로 가열 : 뜨임

② 냉각방법

열처리	냉각 온도 범위 및 속도
담금질(퀜칭)	A_3 또는 A_1 변태점 이상 A_{3-1}선 +50~60℃에서 급랭
불림(노멀라이징)	A_3 또는 A_1 변태점 이상 A_3선-A_{cm} +50~60℃에서 공랭
풀림(어닐링)	A_3 또는 A_1 변태점 이상 A_{3-1}선 +20~30℃에서 노랭(서랭)
뜨임(템퍼링)	변태점 이하의 온도에서 공랭

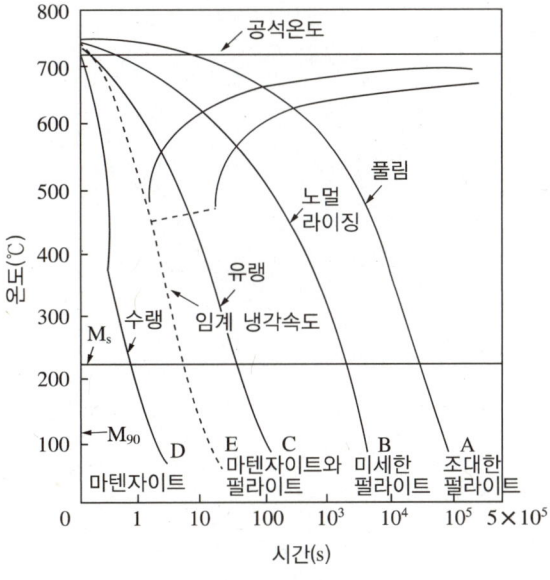

[연속냉각변태]

③ 냉각 방법의 3형식

냉각 방법	열처리의 종류
연속냉각	보통 풀림, 보통 불림, 담금질
2단냉각	2단 풀림, 2단 불림, 시간 담금질
항온냉각	항온 풀림, 항온 뜨임, 오스템퍼링, 마템퍼링, 마퀜칭, 오스포밍, M_s 퀜칭

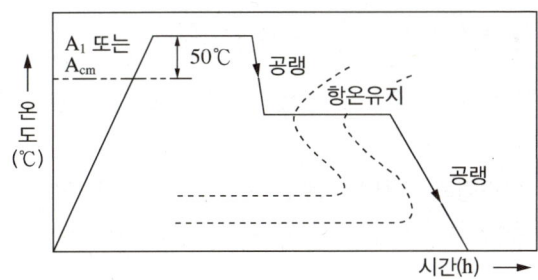

[항온냉각]

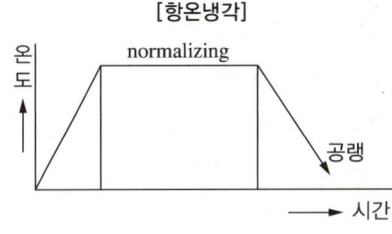

[연속냉각]

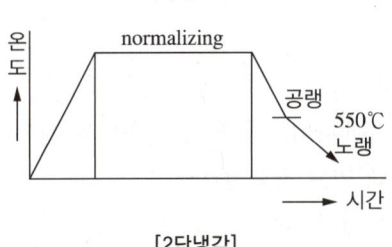

[2단냉각]

10년간 자주 출제된 문제

강의 일반적인 냉각방법과 관련이 가장 적은 것은?
① 연속냉각 ② 2단냉각
③ 가열판냉각 ④ 항온냉각

[해설]
강의 냉각 방법 3형식 : 연속냉각, 2단냉각, 항온냉각

정답 ③

핵심이론 03 마텐자이트 변태와 합금 원소

임계 냉각속도보다 빠른 냉각으로 생성되며 무확산 변태이다.

① 탄소강의 마텐자이트는 준안정상으로서, BCC 또는 BCT 구조의 과포화 침입형 탄소고용체 형성
  ㉠ 강의 경우 마텐자이트의 결정구조는 치환형 원소와 상관없이 탄소량에 따라 BCC(0.3% 이하) 또는 BCT(0.3% 이상)임
  ㉡ 합금(Fe-Mn-C, Fe-Cr-Ni)에서는 HCP구조의 ε-마텐자이트가 형성
② 변태 시 표면기복에 의한 형상 변화 유발
③ habit plane(오스테나이트와 형성한 평면형태의 계면) 형성
  ㉠ habit plane에서 전단변태 발생
  ㉡ 오스테나이트와 일정 결정방위 관계 형성
④ 결정 내 많은 결함 존재
  ㉠ FCC에서 BCC, BCT로의 전단변형(격자변형) 후 slip이나 쌍정변형 발생
  ㉡ 마텐자이트 내부에 전위, 적층결함, 쌍정결함 등 다수 존재
⑤ 마텐자이트의 변태에는 과랭도가 필요하며, 이로 인해 M_s가 결정됨
  ㉠ M_s와 냉각속도의 관계 영향 : 순철 및 탄소강에서는 냉각속도가 빠르면 M_s는 낮아짐
  ㉡ M_s에 미치는 합금원소의 영향
    • 탄소강의 경우 C, N, Mn, Ni, Cr, Mo, Cu의 첨가는 M_s를 낮춤
    • Al, Co의 첨가는 M_s를 높임
  ㉢ 시료가 얇을수록 M_s는 높고, 결정립 크기가 작을수록 M_s는 낮음
⑥ 탄소강의 탄소함량이 높을수록 M_s 온도 저하 → 마텐자이트는 라스 마텐자이트(lath martensite)에서 판상 마텐자이트(plate martensite)로 변화

10년간 자주 출제된 문제

마텐자이트(martensite) 변태에 관한 설명으로 틀린 것은?

① 마텐자이트 형성은 변태 시간에 따라 진행되고 온도와는 무관하다.
② 펄라이트나 베이나이트 변태와 달리 확산을 수반하지 않는다.
③ 마텐자이트 조직은 모체인 오스테나이트 조성과 동일하다.
④ 변태 개시(M_s) 온도와 종료(M_f) 온도는 탄소함유량이 증가할수록 강하한다.

[해설]

원자 이동이 존재하지 않는 무확산 변태이며, 순간적(10초 이내)으로 일어나는 협동적 원자 운동에 의한 변태이며, 변태량은 온도에 관계하며 시간과는 관계없다.

정답 ①

핵심이론 04 잔류 오스테나이트

① 강의 담금질 시 오스테나이트가 100% 전부 마텐자이트로의 변태는 일어나지 않음
  ㉠ 마텐자이트로 변태하지 않은 일부 오스테나이트가 상온까지 내려옴
  ㉡ 상온에서 존재하는 미변태 오스테나이트가 잔류 오스테나이트(retained austenite)임
② 잔류 오스테나이트가 발생하는 이유
  ㉠ 0.6%C 이상 탄소강에서 M_f 온도가 상온 이하로 내려가기 때문
  ㉡ 상온까지 담금질을 실시해도 마텐자이트 변태의 종료는 어려움
③ 심랭처리(sub-zero treatment) : 담금질 상태의 강을 상온 이하 특정 온도로 냉각 후 잔류 오스테나이트를 마텐자이트 변태 처리하는 과정

10년간 자주 출제된 문제

강을 냉각할 때 서브제로(심랭)처리를 하면 얻을 수 있는 효과로 틀린 것은?

① 잔류 오스테나이트를 마텐자이트로 변태시킨다.
② 강재의 내마모성을 증가시킨다.
③ 조직이 미세화된다.
④ 마텐자이트를 잔류 오스테나이트로 분해시킨다.

[해설]
금속의 서브제로처리는 마텐자이트의 잔류 오스테나이트화이다.

정답 ④

핵심이론 05 항온 변태곡선(TTT, C, S curve)

① 강을 A_1 변태온도 이상으로 가열하여 오스테나이트화한 후 A_1 변태온도 이하의 어느 온도로 급랭시켜 시간이 지남에 따라 오스테나이트의 변태를 나타낸 곡선을 항온변태곡선(TTT선도 ; time temperature transformation 선도)라 한다.
  ㉠ 1930년 미국의 Bain과 Davenport에 의해서 제작
  ㉡ S곡선, C곡선이라 하며, 변태 시작점과 종료 시간을 알 수 있다.

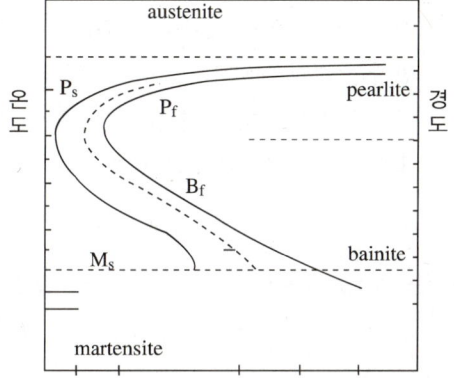

  ㉢ s : start, f : finish를 의미
   • P_s : 오스테나이트 → 펄라이트로의 변태 개시
   • P_f : 오스테나이트 → 펄라이트로의 변태 종료
   • B_s : 오스테나이트 → 베이나이트로의 변태 개시
   • B_f : 오스테나이트 → 베이나이트로의 변태 종료
   • M_s : 오스테나이트 → 마텐자이트로의 변태 개시
   • M_f : 오스테나이트 → 마텐자이트로의 변태 종료
② 온도별 변태
550℃(노즈 or 니)를 기점으로 다음 표와 같이 변태한다.

조대 펄라이트
미세 펄라이트
노즈(550℃)
상부 베이나이트
하부 베이나이트
마텐자이트

㉠ 펄라이트와 베이나이트 모두 페라이트 + 시멘타이트 2개의 상으로 이루어져 있다.
- 펄라이트 : 두 상이 반복되어 나타나는 층상조직
- 베이나이트 : 침상에 가까운 모습을 보임(마텐자이트와 비슷함)

M_s는 고정된 값이 아니라 가공, 원소첨가 등에 의해 변동이 있다.

㉡ 임계냉각속도 : 조직에서의 마텐자이트 변태와는 다르게 열처리 입장에서의 마텐자이트는 냉각속도라는 개념이 추가되는데, 연속냉각곡선에서 냉각속도의 노즈 통과 유무는 매우 중요하다. 노즈와 만나는 순간부터 P+B변태가 시작되기 때문에 노즈를 통과하지 않는 게 매우 중요하며 그 최소한의 속도를 임계냉각속도 라 한다.

10년간 자주 출제된 문제

TTT선도(diagram)에서 T, T, T가 의미하는 것은?
① 시간, 온도, 변태
② 시간, 변태, 융점
③ 온도, 변태, 조직
④ 온도, 융점, 조직

|해설|

TTT선도는 temperature(온도), time(시간), transformation(변태)을 의미한다.

정답 ①

핵심이론 06 펄라이트 변태

상태도에서 가장 중요한 변태를 들자면 공석변태를 말할 수 있다(명칭 : A_1).

① 펄라이트 변태 기구

약 0.8%C를 포함한 오스테나이트를 A_1 온도 이하로 냉각시키면 페라이트나 시멘타이트에 비하여 과포화가 되기 때문에 공석변태가 진행된다. A_1 이하로 온도가 내려가며 오스테나이트에서 α-페라이트로의 변태가 일어나며 그 결과 탄소는 격자 밖으로 밀려나 시멘타이트를 형성하게 된다. 결국은 페라이트와 시멘타이트의 2상조직이 석출되는데 이것을 펄라이트라 한다. 페라이트와 시멘타이트가 교대로 자리한 층상조직을 나타내는 것이 특징이다.

- 오스테나이트 입계에 시멘타이트 핵 발생
- 시멘타이트 핵 성장
- 시멘타이트 주위에 페라이트 생성
- 페라이트 입계에 시멘타이트 생성

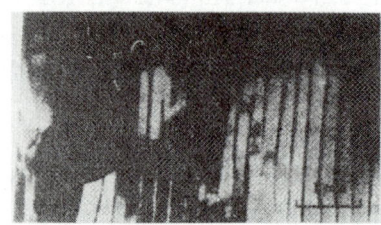

[페라이트와 시멘타이트의 교대배열로 인한 펄라이트 층상조직]

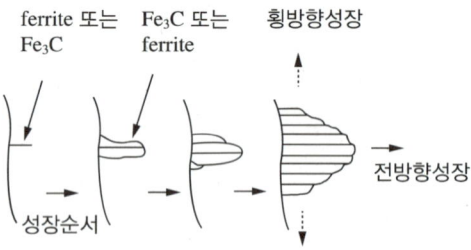

[오스테나이트 결정립계에서 발생한 핵이 입내로 성장]

② 공석강

밥을 많이 먹었을 때는 과식이라는 말을 사용하고 먹을 게 없어 먹지 못하는 것을 기아라는 단어를 사용한다. 과공석과 아공석에서 사용하는 "과", "아"는 탄소의 관점에서 보았을 때 풍족하다면 과공석, 부족하면 아공석이라는 말을 사용한다.

㉠ 공석강 : 0.8%C에서 나타나는 2상 혼합 조직을 뜻하며 C의 확산을 수반한다. 조직을 관찰할 때 그 모양이 진주의 층과 닮았다 하여 펄라이트라는 명칭을 사용한다.

㉡ 아공석강 : 0.8%C 이하의 탄소량을 가진 오스테나이트가 냉각 시 A_3선 이하로 냉각되며 초석 페라이트가 먼저 석출된다. 초석 페라이트가 석출되면 잔여 오스테나이트의 탄소량은 탄소함유량이 0.8%C에 이를 때까지 증가하며 A_1 온도가 되면 0.8%C가 되어 공석변태를 하게 된다.

㉢ 과공석강 : 0.8%C 이상의 탄소량을 가진 오스테나이트가 냉각 시 A_{cm}선 이하로 냉각되며 초석 시멘타이트가 먼저 석출된다. 초석 시멘타이트가 석출되면 잔여 오스테나이트의 탄소량은 탄소함유량이 0.8%C에 이를 때까지 감소하며 A_1 온도가 되면 0.8%C가 되어 공석변태를 하게 된다.

10년간 자주 출제된 문제

0.6%C를 함유한 강은 어느 강에 해당되는가?
① 아공석강
② 과공석강
③ 공석강
④ 극연강

|해설|

공석강(0.8%C)을 기준으로 그보다 적은 양의 탄소를 함유하면 아공석강, 그보다 많은 양의 탄소를 함유하면 과공석강이라 한다.

정답 ①

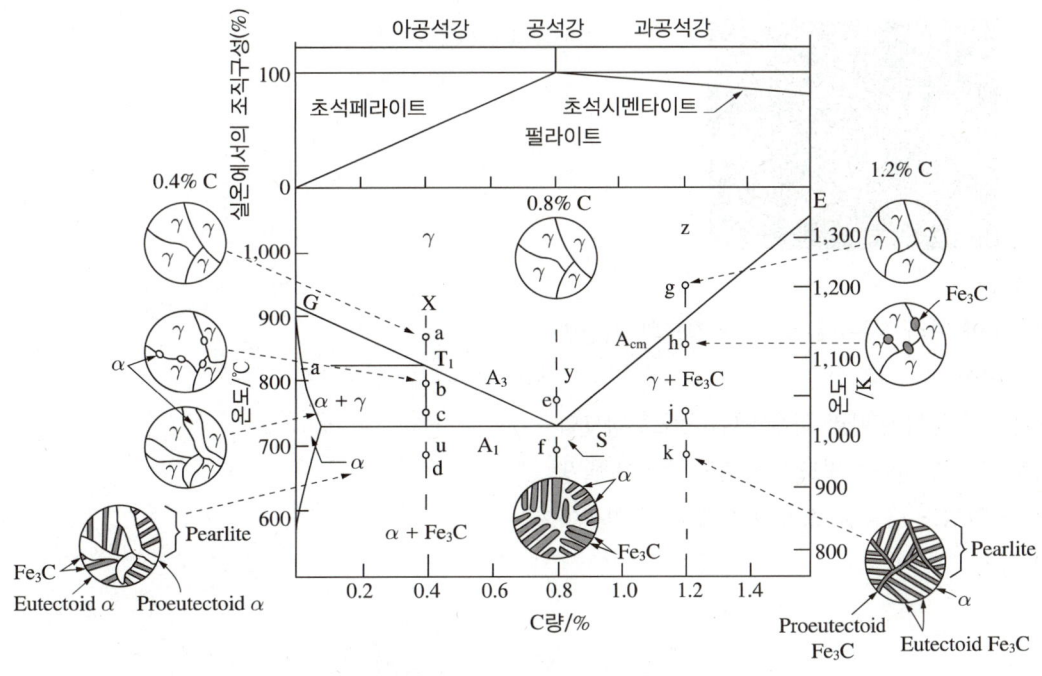

[Fe-Fe₃C계 평형상태도와 변태조직도]

핵심이론 07 베이나이트 변태

① 베이나이트 형성
  ㉠ 강을 약 550℃와 M_s 온도 사이에서 항온(등온) 변태처리
  ㉡ 오스테나이트 결정립계 → 페라이트핵 생성 → 오스테나이트 탄소 증가 → 시멘타이트 형성 → 페라이트와 시멘타이트 동시성장 → 마텐자이트와 트루스타이트의 중간 조직

② 형성온도에 따른 베이나이트 분류
  ㉠ 상부 베이나이트 : 깃털 모양(우모상)의 베이나이트(350℃ 이상)

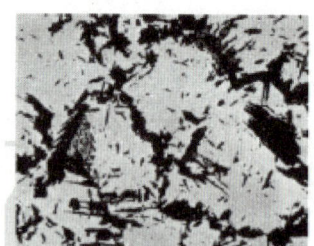

  ㉡ 하부 베이나이트 : 침상 모양의 베이나이트(350℃ 이하)

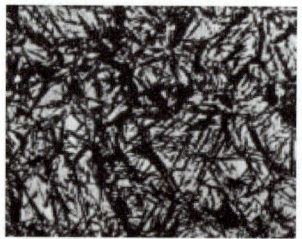

③ 경도 및 인성
  ㉠ 변태온도에 따라 상부 베이나이트 경도와 인성변화는 미미함
  ㉡ 변태온도의 강하에 따라 하부 베이나이트 경도와 인성의 급격한 변화 : 경도의 급격한 증가가 발생하며, 동일경도 담금질 뜨임 조직에 비해 인성이 크게 증가

10년간 자주 출제된 문제

강을 항온 변태시켰을 때 나타나는 것으로 마텐자이트와 트루스타이트의 중간 조직은?

① 베이나이트
② 페라이트
③ 오스테나이트
④ 시멘타이트

[해설]
마텐자이트와 트루스타이트의 중간 조직으로 베이나이트 조직이 형성된다.

정답 ①

핵심이론 08 공석강의 연속냉각변태

> **알아보기**
>
> **평형상태도와 연속냉각곡선(CCT)의 차이**
> 평형상태도는 매우 느린 속도(평형이 이루어질 만큼)를 바탕으로 작성되어 연속냉각변태와는 차이가 있다. 연속냉각곡선의 상부에서는 약간 비슷한 양상을 보일 수 있지만, 노말라이징만 해도 그리 빠른 열처리가 아니지만 평형과 비교하였을 때는 매우 빠른 열처리로 볼 수 있다. 하물며 퀜칭의 경우는 평형이라 할 수 없는 빠른 속도로 냉각을 진행하여 결국은 CCT곡선을 사용하게 되는 것이다.
> 실제 열처리에서 항온변태에 의한 열처리는 일반적이지 않다. 항온이라는 것은 온도를 유지해야 한다는 말인데 필연적으로 연료비가 들어가는 것이다. 따라서 대부분의 열처리는 TTT선도를 사용하지 않고 CCT(연속냉각변태선도)를 사용한다.

① 연속냉각변태 상의 열처리

㉠ TTT & CCT
- 두 곡선은 모양은 비슷하지만 개념이 다름
- 펄라이트 생성 부분은 S곡선의 약간 아래쪽과 약간 오른쪽에 존재
- 연속냉각변태곡선은 항온 변태곡선보다 약 38℃ 낮으며, 시간은 50% 증가
- S곡선에서 베이나이트 구역이 펄라이트 구역의 오른쪽에 존재 시 CCT곡선상 베이나이트 구역은 존재하지 않음
- 반대로 S곡선에서 베이나이트 구역이 펄라이트 구역의 왼쪽에 존재 시 베이나이트 구역 존재
- CCT곡선의 마텐자이트 변태 영역은 S곡선의 변태 구역과 거의 일치
- 임계냉각곡선을 기점으로 마텐자이트의 유무 확인

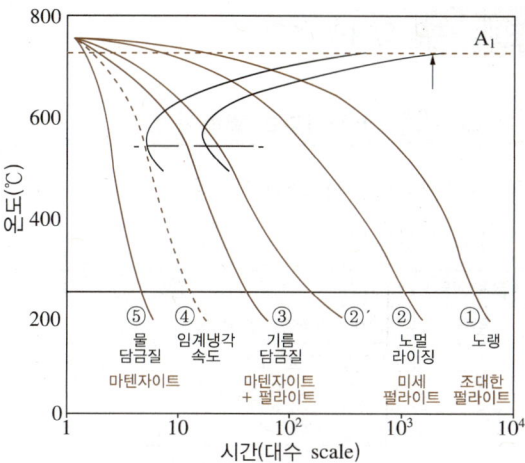

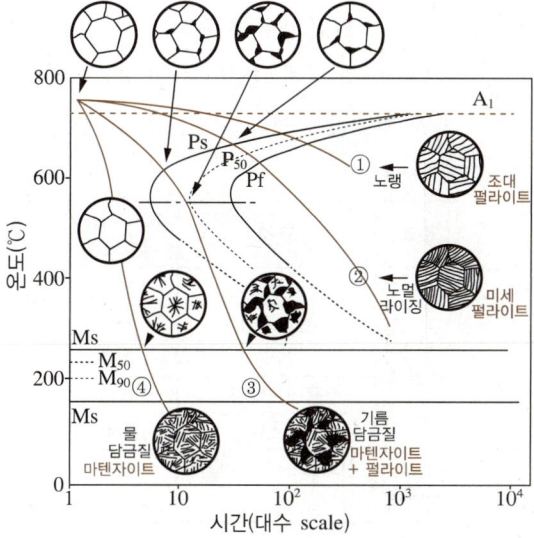

[공석강의 연속냉각 곡선]

10년간 자주 출제된 문제

공석강의 연속냉각변태에서 변태 개시 온도가 가장 낮은 조직은?
① 펄라이트 ② 소르바이트
③ 마텐자이트 ④ 트루스타이트

[해설]
공석강의 연속냉각곡선에서 변태 개시 온도가 높은 순서는 펄라이트, 베이나이트, 마텐자이트의 순서이다.

정답 ③

제2절 열처리 설비

핵심이론 01 열처리로의 종류와 특징

열처리로는 다음과 같이 열원, 용도, 구조에 따라 여러 가지로 분류한다.

분류기준	형식
열원	전기로, 가스로, 중유 및 경유로
용도	일반 열처리로, 고체 침탄로, 염욕로, 가스 침탄로, 고주파 가열장치, 화염경화처리 장치
장입 방식	연속로, 배치(batch)로, 대차로, 푸셔로

① 열원에 따른 분류
  ㉠ 전기로 : 가장 많이 이용되는 방식으로 발열체가 전기저항에 의해 발열되는 원리를 이용한다. 연소로에 비해 온도분포 균일, 온도조절, 작업환경이 좋다.

종류	명칭	최고 사용 온도(℃)	비고
금속 발열체	니크롬	1,100	사용온도가 비교적 높고 가공하기 쉬워 널리 사용
	철크로뮴	1,200	
	칸탈	1,300	
	몰리브데넘	1,650	
	텅스텐	1,700	
비금속 발열체	탄화규소(카보런덤)	1,600	
	흑연	3,000	

  • 상형로 : 이름과 같이 박스형의 노에 앞문을 개폐하는 방식
    - 소재의 풀림, 불림, 담금질, 뜨임 가열
    - 용접품이나 주조품의 응력제거 가열
    - 고체 침탄 또는 팩 열처리를 위한 가열
  • 대차로 : 전로의 노상이 대차되어 레일을 통하여 전방으로 끌어낼 수 있다. 중량이 큰 열처리품의 가열에 이용한다(경제성 문제로 가스, 경유 가열).
  • 원통로 : 원통형의 노에 열풍 팬을 장착한 것으로 발열체는 원통에 감겨 있다. 장축물의 담금질, 뜨임에 쓴다(터빈, 샤프트).
  • 노상 회전식 전기로 : 회전하는 원판에 장입물을 올려놓고 1회전이 끝나면 열처리 온도까지 가열되는 방식으로 소형품의 담금질 가열에 쓴다.

  ㉡ 가스로, 중유 및 경유로
  • 중유로가 대부분을 차지해 왔으나 공해문제로 경유로로 대체되고 있다.
  • 연소열에 의해 노의 내부를 가열하고 그 복사열에 의해 열처리품을 가열한다.
  • 전기로에 비해 온도상승이 빠르고 취급이 간단하여 풀림, 불림에 많이 쓰인다.

② 장입방식에 따른 분류
  ㉠ 배치로 : 열처리 부품을 노 내에 장입 후 승온, 유지, 냉각처리하는 방식으로 다품종, 소량생산에 유리
    → 뚜껑이 있는 노에 장입물을 넣은 후 열처리 하는 방식
  ㉡ 연속로 : 처리부품을 노의 입구에서 장입하여 승온, 유지, 냉각처리를 연속적으로 시행하는 것으로 이송 방식에 따라 푸셔형, 컨베이어형, 노상 진동형 등이 있다. 소품종, 다량생산에 유리
    → 뜨거운 터널을 제품이 통과하는 형식

③ 노 내 분위기에 따른 분류
  ㉠ 가스 분위기로 : 일반적인 열처리로는 산화성 분위기이기 때문에 산화, 탈탄을 피하기 힘들다.
    → 환원성 가스나 불활성 가스 등을 노 안에 불어넣어 광휘열처리를 하거나 침탄, 질화를 위한 분위기를 만들어 주는 노
  ㉡ 진공로 : 열처리품의 광휘열처리를 위하여 $10^{-5} \sim 10^{-2}$ mmHg 진공 중에서 가열하는 노로서 복사에 의한 진공분위기나 불활성 가스의 대류를 이용하여 열처리한다. 외부가열식, 내부가열식으로 나눌 수 있다.
    • 외열식 : Retort에 Inconel 및 스테인리스강을 사용하므로 사용온도에 제한이 있음, 승온 및 냉각속도가 느린 단점

- 내열식 : 외각이 수랭되고 발열체, 단열판 및 처리부품을 모두 진공실 내에 넣은 것으로 불활성 가스 중에서 냉각이 진행됨
ⓒ 염욕로
  - 중성염 또는 환원성 염을 전기, 가스 등의 열원을 이용하여 용융시킨 염욕 중에서 열처리품을 가열하는 노를 말한다.
  - 설비비가 저렴하지만 표면상태가 비교적 양호한 열처리를 할 수 있다. 다품종, 소량생산, 등온 열처리에 적합하다.
    - 고온용 : $BaCl_2$, $NaCl$ 및 KCl 첨가(융점 조절)
    - 저온용 : $NaNO_3$, $NaNO_2$, KNO_2, $NaCO_3$, K_2CO_3
ⓔ 유동상로
  - 알루미나, 지르코니아 등의 미세한 고체입자를 가스와 함께 유동시킨 상태에서 사용하는 열처리로를 말한다.
  - 염욕 내의 온도가 균일하며, 열처리품 투입 후에도 온도변화가 적다.
④ 기타
  ⊙ 고주파 열처리로
    - 고주파 발진기, 가열코일 및 냉각장치로 이루어져 있음
    - 1~50kHz 범위에서 처리물과 코일 사이의 유도에 의해 처리품이 직접 발열하는 방식
    - 승온이 단시간에 이루어지며, 효율이 높음
    - 발진주파의 선택으로 가열을 표면에 한정시켜 표면경화를 유도할 수 있음
  ⓒ 화염 열처리로
    - 가열버너와 냉각장치로 구성되며 처리품의 표면을 가열냉각하여 퀜칭함
    - 화염의 온도를 높이고 부하를 높여야 함
    - 아세틸렌, 프로페인(프로판) 등과 산소의 혼합기체를 이용하여 가열함

10년간 자주 출제된 문제

다음 중 연속로의 형태가 아닌 것은?
① 푸셔형(pusher type)
② 컨베이어형(conveyer type)
③ 상형(box type)
④ 노상 진동형(shaker hearth)

|해설|
대형작업이 가능한 연속로에는 푸셔형, 컨베이어형, 노상 진동형 로가 포함된다.

정답 ③

핵심이론 02 측정장치 및 제어장치

열처리에 있어서 온도계는 매우 중요하다.

구분	종류	사용온도범위(℃)	특징	용도
접촉식	열전쌍 온도계	아래 표 참고	• 정확도 우수 • 자동제어 및 기록가능	거의 모든 열처리
접촉식	저항식 온도계	-200~500	• 정확도 우수 • 자동제어 및 기록가능 • 고온 측정 불가 • 가격이 비쌈	저온 열처리
접촉식	압력식 온도계	-40~500	• 정확도 불량 • 값이 싸다. • 구조 및 취급간단	담금질유 온도측정
비접촉식	광고온계	700~2,000	• 저온 측정 불가 • 보정 및 숙련 필요 • 기록 및 제어 불가 • 정확도 불량	용도가 적다, 단조용 가열로
비접촉식	복사 온도계	800~2,000	• 저온 측정 불가 • 보정 필요	화염 경화 및 시험용

① 열처리용 온도계

㉠ 열전온도계(열전대) : 서로 다른 두 금속의 양 끝단을 접속시켜 접점 온도에 차이가 있을 경우 미약한 전류가 흐르는데, 이 열전기력을 측정하여 양 접점 간의 온도차를 측정하는 원리

종류	조성 (+)	조성 (-)	사용가능 온도범위(℃)	특징
J	철	콘스탄탄	-185~870 (600)	• 비교적 값이 저렴함 • 산화성 분위기에서는 ~760℃ 사용 가능
K	크로멜	알루멜	-20~1,370 (1,000)	산화성 분위기에 적합
T	구리	콘스탄탄	-185~370 (300)	고온에서 R형보다 안정적
E	니크롬	콘스탄탄	-185~870 (700)	• 315℃ 이하에서 사용 가능 • 심랭처리용으로 적합
S	백금로듐 10Rh-90Pt	백금	-20~1,480 (1,400)	• 내식성이 우수하여 산화성 분위기에 적합 • 환원성 분위기에는 부적합
R	백금로듐 13Rh-87Pt	백금	-20~1,480 (1,400)	• 산화성 분위기에 적합 • 사용 가능 온도 높음
B	백금로듐 10Rh-90Pt	백금로듐 10Rh-90Pt	870~1,650 (1,500)	• 산화성 분위기에 적합 • 사용온도 범위 높고 기계적 강도 큼

1,000℃ 이상에서는 R형, 1,000℃ 이하에서는 K형을 사용한다.

㉡ 저항식 온도계 : 온도가 상승함에 따라 전기저항이 증가하는 금속의 성질을 이용하여 만든 온도계로 이때의 금속을 측온 저항체라 하며 백금선, 니켈선, 구리선 등을 사용

㉢ 방사(복사)온도계
- 고온의 측정물체에서 방출되는 적외선의 방사를 이용한 온도계
- 감온통의 창에서 들어오는 복사열을 한 곳에 모으고 이 부분에 온도계의 감온부를 설치하여 온도를 측정하는 원리
- 움직이는 물체의 온도 측정에 유리함(비접촉식)

㉣ 광고온계
- 흑체로부터의 복사선 중 가시광선만을 이용하는 온도계
- 고온 물체의 온도를 휘도와 표준휘도를 가진 백열전구 필라멘트의 휘도와 일치시켜 전구에 흐르는 전류의 측정치를 온도로 환산하는 방법
- 저온 영역에서는 측정할 수 있을 정도의 가시광선이 방출되지 않아 700℃ 이하의 온도 측정에는 적합하지 않음

② 온도제어장치

  ㉠ 자동 온도제어장치 순서
- 검출 : 노의 온도를 열전쌍을 이용하여 전압으로 검출
- 비교 : 목푯값으로 정한 전압값과 비교
- 판단 : 비교 결과 전압편차가 존재할 경우 조절계에서 전류로 교환
- 조작 : 조절계에서 나온 전류를 조작부로 이송해 노 내부의 온도를 조절

  ㉡ 자동 온도제어장치 종류
- On-Off식 : 단일제어계로, 전원의 단속에 따라 조작 신호가 최대 또는 최소가 되는 방식
- 비례 제어식 : 전기로의 전력공급신호가 On일 경우 100%로 하고, Off일 경우 60~80%로 감소시켜 공급전력의 완전 차단이 없는 방식
- 정치 제어식 : 연속, 단속 2회로법이라 하며 전기로의 전기회로를 2회로 분리하여 한쪽을 단속시켜 전기를 제어하는 방법
- 프로그램 제어식 : 예정된 온도의 승온, 보온, 강온 등을 자동으로 수행하는 방식으로 열처리 작업에 의한 온도-시간에 따른 제어 및 열전대를 이용하는 방법이 있음
- 속도 제어식 : 온도편차에 따라 조절되는 전력의 양이 일정한 속도이며 증가 또는 감소하는 제어 방식

10년간 자주 출제된 문제

열처리에 사용되는 온도계로서 저온 열처리(-200~500℃)용 온도계로 가장 적당한 것은?

① 저항식 온도계
② 광고온계
③ 방사온도계
④ 색온도계

|해설|

저항식 온도계는 백금 또는 니켈의 금속선에 흐르는 전류의 세기를 측정하는 제어 온도를 측정하는 원리로 저온(-200~500℃) 열처리에 적합하다.

정답 ①

핵심이론 03 치공구

① **치공구의 역할** : 열처리 하는 동안 열처리품을 담거나, 걸어두거나, 고정한다.

② **열처리용 치공구의 필요조건**
열처리를 진행하는 동안에 열처리 품과 같이 고온에 노출되고 냉각되기 때문에 다음 조건을 충족해야 한다.
　㉠ 내식성이 좋아야 함
　㉡ 변형 저항성, 열 피로 저항성 우수
　㉢ 제작이 쉽고, 겸용성이 있어야 함
　㉣ 작업성이 좋아야 함

③ **열처리 조건에 따라 용도에 맞는 치공구를 만들어야 함**
　㉠ 수량이 많고 크기가 작은 나사 같은 열처리품 → 바스켓 사용
　㉡ 길이가 긴 열처리품 → 휘지 않도록 걸어둠

④ **종류**
지그(jig)와 고정구(fixture) 및 게이지(gauge)로 분류
- 공작물의 가공 및 검사, 조립 등의 작업에 있어 경제성을 높이고, 정밀도를 향상시키는 데 이용되는 특수공구 또는 설치장비
- 부품의 품질 향상 및 균일도 보장
- 생산 다량화에 이용되어 제조 원가 감소, 가공공정 단축으로 작업 효율 증가

　㉠ 지그(jig)
- 기계가공 시 공작물을 고정, 지지하기 위해 부착하는 특수장치
- 공작물의 위치를 결정하여 클램프 역할 수행
- 자동화설비나 장치의 효율을 최대화시켜 작업능률을 향상시키는 보조장치
- 드릴지그
  - 개방지그(open jig) : 공작물의 한쪽 면에 구멍을 가공하는 지그
  - 밀폐지그(closed jig) : 공작물의 장착상태에서 여러 면의 구멍가공이 가능한 지그
- 보링 지그

　㉡ 고정구(fixture)
- 지그와 같이 공작물의 위치 결정 및 클램프 역할을 가지고 있으며, 공구의 정확한 위치장치(세팅 블록 및 필러)를 포함함
- 작업내용에 따른 분류
  - 기계가공용 치공구 : 드릴링, 선삭, 밀링, 연삭용 등
  - 조립용 치공구 : 조립, 센터링, 압입용 등
  - 용접용 치공구 : 용접, 납땜, 단접용 등
  - 검사용 치공구 : 치수, 형상, 압력용 등
  - 기타 도장용, 열처리용 등 치공구

　㉢ 성능상의 분류
- 범용 치공구
- 공용(겸용) 치공구
- 자동화, 전용치공구

　㉣ 형태상의 분류 : 플레이트형, 앵글플레이트형, 박스형, 바이스형, 분할형, 척형 등

　㉤ 구성 3요소
- 위치 결정면 : 일정 위치에서 기준면 설정으로 밑면이 됨
- 위치 결정구 : 측면 및 구멍으로 공작물의 회전 방지
- 클램프 : 위치 결정면의 반대쪽으로 공작물의 변형 없이 고정되게 함

10년간 자주 출제된 문제

클램프 설계 시 고려사항 중 잘못된 것은?
① 절삭력을 잘 견디는 곳에 힘을 가한다.
② 위치 결정구 바로 위 혹은 가까운 곳에 클램핑시킨다.
③ 공작물 재료에 대한 고려를 해야 한다.
④ 완성 가공면에는 잠금 면적이 적은 것을 선택한다.

[해설]
클램프는 위치 결정면의 반대쪽에 고정한다.

정답 ②

핵심이론 04 냉각장치

① 냉각장치의 분류

냉각제에 따른 분류	공랭 장치, 수랭 장치, 유랭 장치, 염욕 냉각 장치
기구에 따른 분류	프로펠러 교반 냉각, 분무 냉각, 강제 환류, 프레스 담금질

㉠ 공랭(가스냉각)장치 : 냉각속도가 가장 느린 열처리
  → 구조용 합금강의 노멀라이징, 자경성 합금강의 담금질, 뜨임 후 냉각. 가장 간단한 방법은 노에서 꺼내어 방랭(방치)하거나 선풍기를 이용한 강재 공랭

㉡ 수랭장치 : 냉각속도가 가장 빠른 열처리
  → 뜨거운 열처리품의 표면에 생성되기 쉬운 증기막에 대한 대처가 필요 예 교반기

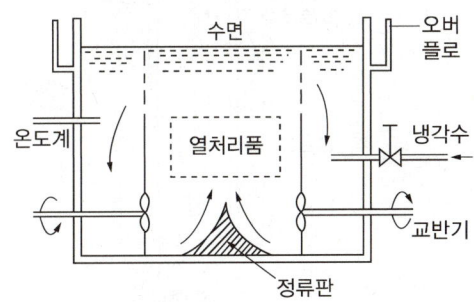

[수랭장치의 구조(순환 때)]

| tip |
| 기업수다(기름 온도구간 up 물 온도구간 down) |

㉢ 유랭장치
 • 담금질 시 가장 널리 사용하는 장치로 가열기와 냉각기가 달려 있음(60℃ 유지)
 • 교반기(프로펠러, 펌프) 설치로 기름의 국부가열로 인한 발화를 방지
 • 기름의 양은 열처리품 중량의 10~15배가 적당

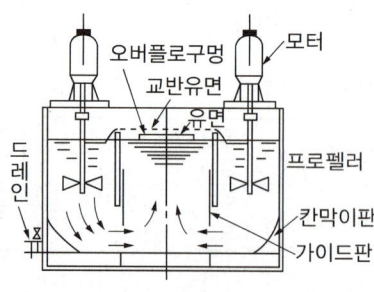

[유랭장치의 구조]

ⓔ 분사냉각장치
- 냉각제를 열처리품에 분사하여 급랭시키는 원리 (표면의 수증기, 기포제거가 빨라 냉각성능 좋음)
- 퀜칭품의 회전에 따라 처리품 표면의 수증기나 기포가 제거되어 냉각속도를 증가시킴

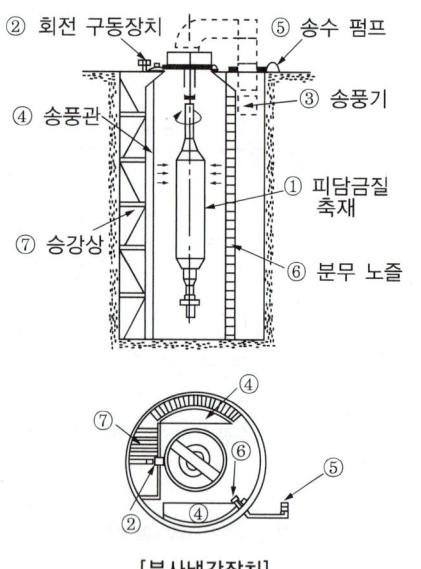

[분사냉각장치]

ⓜ 염욕냉각장치
- 오스템퍼링, 마템퍼링 등의 항온열처리에 쓰임
- 열처리품이 들어가도 온도 강하가 없도록 열용량이 크고 온도변화가 작음

ⓗ 프레스 담금질 : 냉각으로 인한 변형을 막기 위해 담금질할 때 열처리품을 고정시키고(눌러놓고) 열처리

핵심이론 05 냉각제

① 물
  ㉠ 냉각능력이 가장 우수한 냉각제이나 수증기막 형성으로 경화얼룩(soft spot)이 발생하며 경도가 부족한 것이 단점
  ㉡ 온도가 30℃ 이상이면 급격한 냉각능력 저하 발생
  ㉢ 경화얼룩과 냉각능력 저하 방지를 위해 염류 또는 수용성 퀜칭제(고분자 유기제+물) 첨가
  ㉣ 수용체 퀜칭제는 물과 기름의 중간 냉각속도를 형성하며 고주파 퀜칭에도 이용됨

② 공기
  냉각능이 가장 낮은 냉각제로 팬 등을 이용하여 냉각능을 높일 수 있음

③ 기름
  ㉠ 광유가 널리 이용되며 일반적으로 60~80℃에서 가장 큰 냉각력을 보임
  ㉡ 기름이 물에 혼입되면 냉각능력 저하와 퀜칭 균열 발생

④ 염욕
  ㉠ 오스템퍼링 또는 마템퍼링에 이용됨
  ㉡ 160~500℃에서는 질산소다, 질산칼리계 이용
  ㉢ 500℃ 이상에서는 염화바륨, 염화소듐, 염화칼슘 혼합체 이용
  ㉣ 열용량이 크며 증기막 형성이 없어 냉각능이 아주 우수함
  ㉤ 질산계 염욕에 탄소 또는 유기물 혼합에 의한 폭발 가능성 존재

⑤ 퀜칭 시의 냉각능력

종류	온도(℃)	비
분수	5~30	9
염수(10% 식염수)	10~30	2
가성소다수(5%)	10~30	2
물	10~30	1
기름	30~60	0.3
폴리머담금질액(30%)	10~30	0.3
염욕(salt)	200~400	

10년간 자주 출제된 문제

다음 중 냉각능력이 가장 좋은 것은?
① 염수 ② 물
③ 기름 ④ 공기

[해설]
물은 가장 우수한 냉각제이나 경화얼룩과 냉각능력 저하 방지를 위해 염류 또는 수용성 퀜칭제를 첨가하여 이용한다.

정답 ②

제3절 특수 열처리

핵심이론 01 침탄법

저탄소강을 이용하여 침탄 후 고온으로 가열하면 탄소가 확산해서 침투되며 침탄제의 종류에 따라 고체 침탄, 액체 침탄, 가스 침탄으로 구분한다.

• 침탄기구
  침탄제의 탄소가 침탄로 안의 산소와 반응하여 이산화탄소가 된다.

$$C + O_2 \rightleftarrows CO_2$$

CO_2가 다시 탄소와 반응하여 일산화탄소(CO)를 생성한다.

$$CO_2 + C \rightleftarrows 2CO$$

이 일산화탄소가 강의 표면에서 분해되어 활성 탄소가 석출된다.

$$Fe + 2CO \rightleftarrows [Fe-C] + CO_2$$

① 고체 침탄법
  목탄 등의 침탄제 침탄촉진제($BaCO_3$, 적혈염, 소금 등)와 부품을 침탄상자에 장입하여 내화점토로 밀봉한 후 900~950℃로 3~4시간 가열하면 금속표면에 0.5~2 mm의 침탄층이 형성된다.

  ┤알아보기├
  침탄시간과 침탄층의 두께
  $CD(mm) = K_{temp}\sqrt{Time(h)}$

  ㉠ 침탄 경화된 강의 유효 경화층
    유효 경화층의 깊이 : 표면으로부터 550HV까지의 수직거리
  ㉡ 과잉 침탄과 확산 어닐링
    과공석 조직이 생기는 침탄으로 온도가 높을수록 심하게 일어난다.
    • 가스 침탄을 하거나
    • 침탄 온도를 낮추거나
    • 완화 침탄을 하면 피할 수 있다.

ⓒ 침탄 후 열처리 : 침탄 후 표면은 고탄소강, 심부는 저탄소강으로 2중 조직이 된다.
② 영향 인자
- 경화층 두께 증가 원소 : Cu, Mn, Ni, Cr, Mo
- 경화층 두께 감소 원소 : Si, Al, Na, Ti
- 과잉 침탄 원소 : Cr
- 탄소 확산속도 감소 원소 : Cr
- 침탄 속도 증가요소 : CO
- 미세 침탄제 입도 : 열통과 속도 감소로 전체 공정 시간 증가

ⓜ 특징
- 가열에 균일성이 없어 침탄층 두께 조절 및 대량 생산이 어려움
- 침탄 후 직접 담금질 불가

ⓗ 고체 침탄제의 구비조건
- 고온에서 침탄력이 강해야 함
- 침탄성분 중 P, S 성분이 적어야 함
- 장시간 사용해도 동일 침탄력을 유지해야 함

② 액체 침탄법
㉠ 개념 : 침탄제는 시안화소듐(NaCN)을 주성분으로 한 용융 염욕 중 강재를 침지시키면 시안화소듐이 분해하여 탄소와 질소가 동시에 침입 확산되는 방법을 침탄 질화법(청화법)이라 한다. 시안화소듐 단일염은 산화와 증발이 쉬워 염화소듐, 탄산소듐, 염화바륨 등을 첨가하여 사용

㉡ 화학 반응
$2NaCN + O_2 \rightarrow 2NaCNO$
$4NaCNO \rightarrow 2NaCN + Na_2CO_3 + CO + 2N$
위 반응식과 같이 CO와 N이 철강과 반응하여 침탄 질화작용을 한다.
- 처리온도가 700℃ 이하인 경우 질화
- 처리온도가 800℃ 이상인 경우 침탄이 주로 일어난다. 침탄깊이는 900℃에서 30분에 약 0.3mm씩 깊어진다.

ⓒ 특징
- 내마모성 우수, 변형 적음
- 마템퍼, 마퀜칭 등 항온 열처리 조작에 편리
- 비싸고, 침탄층이 얇음
- 유독가스가 발생함
- 균일 가열 및 침탄 후 직접 담금질 가능
- 다품종 처리에 용이

③ 가스 침탄법
㉠ 개념 : 고체 침탄법의 단점을 보완하는 방향이다. 침탄성 가스를 밀폐한 열처리로로 보내어 분위기 하에서 강재를 가열하여 침탄하는 방법. 침탄성 가스로는 천연가스, 프로페인(프로판) 가스, 뷰테인(부탄)가스, 메테인(메탄)가스 등을 사용한다.

㉡ 화학 반응
$2CO = C + CO_2$
$CO + H_2 = C + H_2O$
$CH_4 = C + 2H_2$
$C_2H_6 = C + CH_4 + H_2$
$C_3H_8 = C + C_2H_6 + H_2$

ⓒ 특징
- 침탄농도 및 온도의 조절이 용이하며 높은 열효율을 보임
- 작은 규모의 재료에 적합하며, 대량생산이 용이
- 침탄층의 탄소함유량 조절이 가능하며, 자동 열처리 가능
- 균일한 침탄이 가능하며, 침탄 후 직접 담금질 가능
- 조작이 간단하고 작업환경이 깨끗

ⓔ 일반적으로 이용되는 가스 : 메테인계 중 프로페인과 뷰테인

ⓜ 촉매원소로 N을 이용

ⓗ 기타 가스를 이용한 침탄
- 고온침탄 : 950℃ 이상의 고온 침탄에서 짧은 침탄이 가능하며, 결정립 성장 발생

- 적하침탄 : 노 중의 피처리품에 유기액제를 넣어 생성된 분해가스로 고온에서 침탄을 유도하는 방법
- 가스 침탄 질화법(carbonitriding) : 침탄 가스에 질소를 포함한 암모니아 가스를 첨가하여 C와 N을 동시에 재료의 표면에 침투시키는 방법

10년간 자주 출제된 문제

1-1. 침탄처리할 때 경화층의 깊이를 증가시키는 원소로 짝지어진 것은?

① S, P
② Si, V
③ Ti, Al
④ Cr, Mo

1-2. 침탄 깊이와 관련이 가장 적은 것은?

① 가열 온도
② 유지 시간
③ 침탄제의 종류
④ 가열로의 종류

[해설]

1-1
침탄처리에서 경화층의 두께를 증가시키기 위해 추가하는 원소에는 Cu, Mn, Mo, Cr 등이 있다.

1-2
침탄의 깊이는 침탄제 종류, 온도, 시간과 관련 있다.
D(침탄 깊이) $= K$(계수, 온도의 함수) $\sqrt{T(\text{전침탄시간})}$

정답 1-1 ④ 1-2 ④

핵심이론 02 질화법

① 질화법

㉠ 개념 : 암모니아(NH_3) 가스를 이용, 500℃ 부근에서 오랜 시간 가열 시 생성된 질소 가스가 Al, Cr, Mo 등과 질화물을 형성하여 금속 표면을 경화시키며 그 경화층의 깊이는 시간이 경과함에 따라 깊어진다. 침투 원소에 따라서 순질화(N만 이용)와 연질화(N, C 이용)로 나눌 수 있다.

㉡ 종류

- 가스 질화 : 암모니아 가스에 의한 질화로 암모니아 가스를 500~550℃ 가열하면 $NH_3 \rightarrow N + 3H$로 분해되는데 이때의 질소를 강 중에 확산시키는 방법으로 질화가 진행된다.

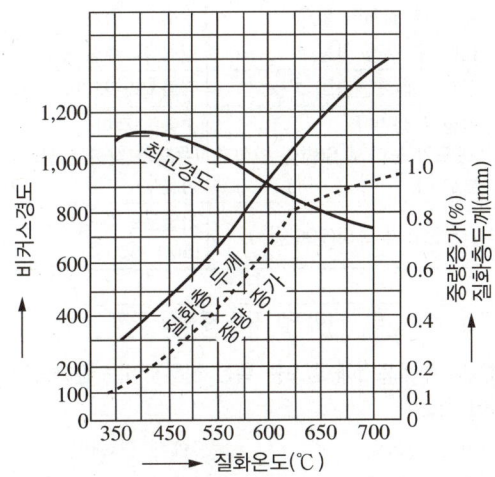

[질화온도, 경화층 두께의 관계]

- 가스 연질화 : 암모니아와 일산화탄소를 주성분으로 하는 흡열형 변성가스(RX 가스)를 이용하여 550~600℃에서 2~3시간 질화시키는 표면경화법이다. 가스질화보다 처리시간이 짧고, 비용이 싸다.
- 염욕 질화 : 액체 침탄과 같은 반응기구를 사용하지만 온도구간을 낮춤으로써 침탄은 배제되고 질화만 일어난다. 연질화법(터프트라이드)이라 하며 내식, 내마모, 피로강도가 우수하다.

- 플라스마 질화 : 플라스마를 이용한 질화법으로 속도가 빠르고, 조성을 조정할 수 있으며, 내마모성, 내피로성이 크다.
ⓒ 특징
  - 침탄에 비해 경화층이 얇고, 침탄에 비해 높은 경화도 생성
  - 마모나 부식에 대해 높은 저항력 보유
  - 담금질 과정이 불필요하며, 열처리 과정에 의한 재료변형이 최소
  - 금속재료의 경도 감소가 없으며(600℃ 이하) 산화작용도 최소
② 침탄법과 질화법의 비교

침탄법	질화법
경도가 낮다.	경도가 높다.
침탄 후 열처리 필요	질화 후 열처리 하지 않음
침탄 후 수정 가능	질화 후 수정 불가
단시간에 표면경화 가능	질화처리 시간이 길다.
변형이 생긴다. (온도가 높아서 열변형 발생가능성↑)	변형이 적다. (온도가 낮아서 열변형 발생가능성↓)
가열온도가 높다(900℃↑).	가열온도가 상대적으로 낮다 (500~550℃).

10년간 자주 출제된 문제

강재의 부품표면에 질소를 확산 침투시키는 질화법의 종류가 아닌 것은?
① 가스 질화법   ② 액체 질화법
③ 이온 질화법   ④ 용융 질화법

[해설]
질화법의 종류에는 가스, 액체, 이온 질화법이 포함된다.

정답 ④

핵심이론 03 화염담금질처리

① 개요 : 산소 아세틸렌 불꽃 등으로 탄소강의 표면을 화염처리 후 급랭하여 표면층만 담금질 후 담금질 경화시키는 법
  ⊙ 0.4~0.5%C의 탄소강을 담금질한 다음 뜨임 → 강인성과 경도가 높은 재료 획득
  ⓒ 중심부는 변태하지 않는 조직 그대로의 이중조직을 형성
  ⓒ 가열 시간이 길고, 이동속도가 느릴수록 경화층의 깊이는 깊어짐
  ② 화염 담금질의 깊이는 일반적으로 단면 두께 및 용도에 따라 1.5~6mm까지 가능

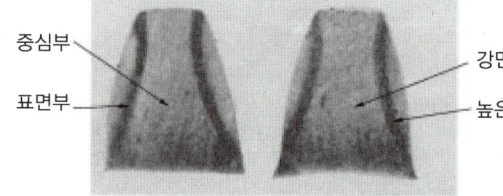

② 화염담금질의 표면경도
  HRC = C% × 100 + 15
③ 특징
  ⊙ 부품의 크기, 형상에 제한이 없음
  ⓒ 국부적 담금질 가능
  ⓒ 담금질 변형이 적음
  ② 설비비 저렴
  ⑩ 온도조절 어려움
④ 구분
  ⊙ 불꽃의 종류(산화염, 중성염, 환원염)
  ⓒ 화구의 종류(단공, 다공복렬, 슬릿형)
  ⓒ 담금질법(고정법, 전진법, 회전법, 조합법)

10년간 자주 출제된 문제

화염담금질된 강의 경도는 대략 C%에 의해 결정되는데, SM35C의 계산식에 의한 경도는?

① HRC = 30
② HRC = 40
③ HRC = 50
④ HRC = 60

[해설]

HRC = C% × 100 + 15
　　 = 0.35 × 100 + 15
　　 = 50

정답 ③

핵심이론 04 고주파처리

① 개요

　표피효과에 의해 표면에 유도된 고주파 전류에 의한 표면경화처리의 방법으로 경화층을 자유롭게 선정하여 내마모성 및 피로강도를 개선하는 것이 목적

② 고주파 처리 특징

　㉠ 높은 가열 효율로 짧은 처리시간 소요(비용절감 가능)
　㉡ 부분가열이 가능하며, 처리할 경화층의 깊이 선정도 자유로움
　㉢ 모재의 성능 유지(경화층 이외 열영향 최소)
　㉣ 급열 및 급랭 가능
　㉤ 산화 및 탈탄영향이 적고, 변형이 적음
　㉥ 전기에너지 이용(표준화 및 자동화 가능)

10년간 자주 출제된 문제

다음 중 고주파경화열처리의 특징으로 틀린 것은?

① 담금질 시간이 단축된다.
② 재료비, 가공비 등 담금질 경비가 절약된다.
③ 생산공정에서 열처리 공정의 편입이 가능하다.
④ 고주파를 사용하므로 담금질 경화 깊이의 조절이 어렵다.

[해설]

고주파 경화열처리의 장점 중 하나는 경화 깊이의 조절이 가능한 것이다. 큰 장치가 필요하지 않아 공정 중에 쉽게 추가할 수 있다.

정답 ④

핵심이론 05 분위기 열처리-가스의 성질 및 종류

① 개요

고온에서 철강을 열처리할 때 산화 및 탈탄을 방지하거나, 탄소를 공급하는 등 유지에 필요한 원소를 함유한 가스를 이용한 열처리

※ 변성가스 : 프로페인, 뷰테인 등에 적당한 비율의 공기를 첨가하여 열분해나 산화분해시킨 것(목적에 따라 가공한 가스)

㉠ 분위기 가스의 성질 및 종류 : 단독 또는 혼합으로 사용한다.

가스의 성질	종류
중성 가스	질소, 아르곤, 헬륨
산화성 가스	산소, 수증기, 탄산가스, 공기
환원성 가스	수소, 암모니아, 암모니아 분해가스, 침탄성 가스
침탄성 가스	일산화탄소, 천연가스, 메테인, 프로페인, 뷰테인, 도시가스, 메탄올, 에탄올, 에테르, 흡열 가스
탈탄성 가스	산화성 가스
질화성 가스	암모니아

② 발열형 가스

㉠ 변성로에 대량의 공기를 가하고 원료가스를 연소시켜 외부에서 열공급 없이 자체의 발열을 이용하는 것. 100, 200, 500급의 가스를 사용

㉡ 원료 가스량을 많게 하면 연소온도는 상승하며, 1,100~1,200℃에서 조정한다. 원료가스가 부족하면 반응이 순조롭지 않고, 단속되거나 폭발하여 위험

③ 흡열형 가스

300, 500, 600급 가스가 있으며 고온의 니켈 촉매에 의해서 분해되어 가스를 변성시킨다. 이때 열을 흡수하며 가스 침탄에 사용한다.

④ 암모니아 분해가스

온도와 압력에 따라 잔류 암모니아의 양이 변동된다.

⑤ 중성가스

광휘열처리의 보호가스로 적합하며 값이 비싸 일부 활성이 강한 금속에 사용함. 일반적으로 질소 가스를 사용한다.

10년간 자주 출제된 문제

분위기로에서 일반적으로 사용되는 중성 분위기 가스는?

① F
② O_2
③ Cl
④ N_2

|해설|

질소(N_2)는 중성 분위기 가스이다. 수소와 암모니아는 강환원성 분위기 가스이다.

정답 ④

핵심이론 06 분위기 열처리-노 내 분위기 측정, 노의 관리

① 노 내의 분위기의 측정과 조절
  ㉠ 노점측정-측정방법
    - 오르자트(Orsat) 분석법 : CO_2, O_2, CO 등이 혼합되어 있을 때 CO_2, O_2, CO를 차례대로 흡수액에 흡수시켜 흡수된 부피의 비로 가스를 분석하는 방법
    - 노점 분석 : 노점 분석을 통해 가스 속의 수증기량을 관찰하여 제품의 산화를 방지해야 함(노점 컵, 안개상자)
    - 열선 분석 : 연소하는 열이 소자의 온도를 높임으로써 생기는 발열선(백금선)의 변화를 관찰하는 방식의 가스분석법
      - 열선 분석을 통해 가스 내의 NO_x, CO, CH_4계, 액화석유가스의 비율을 분석
    - 적외선 CO_2 분석기
    - 냉각면법
  ㉡ 첨가 가스량 : 첨가 가스의 종류, 변성 가스의 유량, 탄소농도, 처리온도, 노 내의 압력, 장입재료 표면적 등에 따라 달라져 조정이 필요
  ㉢ 촉매 화학반응 속도에 영향을 주는 매개체로 반응을 감속, 가속한다.

② 노의 관리
  ㉠ 화염 커튼 : 재료의 장입 시, 꺼낼 때 노 내부로 공기가 유입되는 것을 막는다.
  ㉡ 그을음과 번아웃
    - 그을음 : 변성로, 침탄로 내부의 유리탄소가 열처리품, 촉매, 노의 벽돌 등에 부착하는 현상으로 담금질 얼룩의 원인이 된다.
    - 번아웃 : 그을음을 방지하기 위하여 적당량의 공기를 불어넣어 그을음을 연소시키는 조작

10년간 자주 출제된 문제

6-1. 분위기 열처리 관리에 있어 노기 가스를 분석하는 장치가 아닌 것은?

① 열선 분석기
② 오르자트 분석기
③ 노점 분석기
④ 헐셀 분석기

6-2. 분위기 열처리 시 노점을 분석하는 그림과 같은 방식은?

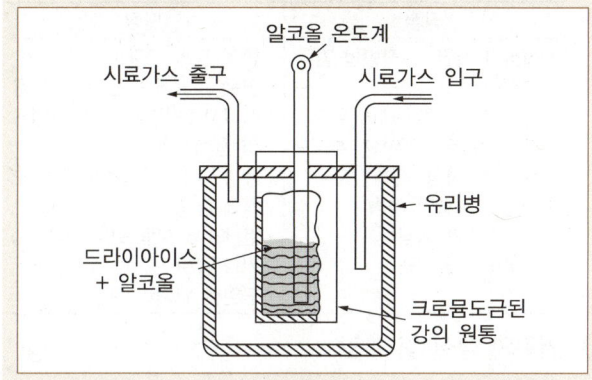

① 염화리튬(LiCl)
② 노점 컵(dew cup)
③ 냉경면(chilled mirror)
④ 안개상자(fog chamber)

해설

6-1
헐셀 분석은 도금의 정도를 분석하는 데 이용되는 분석방법이다.

6-2
노점의 온도를 측정하는 그림과 같은 장치는 노점 컵(dew cup)이다.
※ 안개상자는 방사선을 보여 주는 장치이다.

정답 6-1 ④ 6-2 ②

핵심이론 07 염욕열처리

① 개요 : 일반적인 열처리 방법에는 다소 산화, 탈탄이 일어나기 쉽다. 그래서 표면층의 산화, 탈탄을 피하기 위하여 중성매질에서 가열해야 할 때 사용하는 것이 염욕열처리이다(분위기로, 진공로에서도 가능). 열전도성, 균열성, 분위기 조절의 용이성 등이 좋다.

② 염욕열처리의 장단점

장점	단점
• 설비비 저렴, 조작방법 간단 • 균일한 온도 분포 • 소량다품종 열처리에 유리 • 열처리 종료 후 염욕제 부착으로 피막 형성, 산화방지 • 열전달 속도가 빠름 • 냉각속도가 빠름 • 국부적 가열가능	• 염욕 관리 곤란 • 염욕 증발에 따른 손실 있음 • 에너지 절약면에서 불리(염욕의 용해잠열) • 폐가스, 노화 염욕에 따른 오염에 유의 • 열처리 후 제품 표면의 염욕 제거가 곤란 • 균일한 열처리 곤란

③ 염욕의 성질 및 조건
  ㉠ 높은 순도와 낮은 불순물
  ㉡ 낮은 흡수성, 조해성
  ㉢ 점성과 증발휘산량이 낮다.
  ㉣ 열처리 후 표면에 묻은 염의 세정성이 좋다.
  ㉤ 용해가 쉽고 유해가스 발생이 적다.
  ㉥ 구입 용이, 경제적

④ 사용목적에 따른 열처리용 염욕의 종류
  ㉠ 저온용 염욕 : 150~550℃ 범위에서 사용하여 강재의 템퍼링, 마퀜칭, 마템퍼링 등의 항온 열처리와 비철금속의 열처리, 시효 처리 등에 사용한다. 질산염 계를 주로 사용하며, 질산소듐, 아질산소듐, 질산포타슘 등이 있으며 첨가제로는 수산화소듐, 수산화포타슘 등이 사용된다.
  ㉡ 중온용 염욕 : 550~950℃ 범위에서 사용하여 보통 강재의 담금질 가열, 고속도강의 마퀜칭, 예열, 템퍼링 또는 오스템퍼링 등에 이용된다. 염화소듐, 염화포타슘, 염화칼슘, 및 염화바륨 등 주기율표상의 Ⅰ족, Ⅱ족의 염화물을 두 가지 혹은 세 가지를 섞어 사용한다.
  ㉢ 고온용 염욕 : 1,000~1,350℃ 범위에서 사용하여 고속도 공구강과 다이스강의 담금질, 오스테나이트계 스테인리스강의 수인처리 등에 사용된다. 염화바륨 단일염을 많이 사용하나 고온에 약하여 탄산제, 방지제가 필요하다.

⑤ 염욕로
  ㉠ 예열로 : 열충격을 최소화하고 균일 온도 유지
  ㉡ 고온처리로 : 오스테나이트화가 생성됨
  ㉢ 퀜칭로 : 균일한 온도 냉각 및 열처리 후 표면정화

⑥ 수직식 전극봉
  ㉠ 작업로 내부에 높은 출력 투입 가능
  ㉡ 굳어진 염의 액화가 빠름
  ㉢ 전극 설치 시 면적을 많이 차지하여 열손실이 높은 단점

⑦ 수평식 전극봉
  ㉠ 최소 염욕면적이 요구되어 작업로의 크기를 줄일 수 있음
  ㉡ 전극봉의 산화가 최소화(공기와 염의 경계에 전극봉이 노출되지 않음)
  ㉢ 저시안화, 저탄산염만 사용해야 하는 단점

⑧ 자동 염욕열처리로
  ㉠ 예열로와 고온처리로 사이, 고온처리로와 퀜칭로 사이에 로터리식 반송장치(rotary transfer arms)를 설치
  ㉡ 염퀜칭 후 다시 등온 질화 퀜칭(isothermal nitrate quenching) 라인 설치 가능
  ㉢ 재료 표면의 결함 방지를 위해 고온처리로 내부 적정 질산염(660ppm 이상) 농도 유지가 요구됨

⑨ 염의 정화
  ㉠ 가용성 산화물 및 비용해성 금속산화물의 생성에 의한 작업로 내 염의 정화 필요
  ㉡ 작업로 내부의 산화로 인한 재료의 탈탄방지가 목적

ⓒ 고온작업 반복 시 염의 정화가 더욱 필요
ⓔ 염 45kg당 57kg의 붕산을 첨가(4시간 작업 후마다)
ⓕ 4시간 작업 시마다 1시간 동안 75mm 정도 흑연봉을 작업로에 추가

10년간 자주 출제된 문제

염욕로에서 일반적으로 염욕이 갖추어야 할 조건이 아닌 것은?

① 구입이 용이하고 경제적이어야 한다.
② 염욕의 순도가 높아야 한다.
③ 증발 휘산량이 적어야 한다.
④ 염욕의 점성이 커야 한다.

|해설|

염욕의 성질 및 조건
- 높은 순도와 낮은 불순물
- 낮은 흡수성, 조해성
- 점성과 증발휘산량이 적다.
- 열처리 후 표면에 묻은 염의 세정성이 좋다.
- 용해가 쉽고 유해가스 발생이 적다.
- 구입 용이, 경제적

정답 ④

핵심이론 08 진공열처리

① 주위보다 산소분압이 매우 낮은 상태에서 행하는 열처리를 의미하며, 진공 중에서 금속의 풀림, 담금질, 뜨임을 하는 것을 의미한다. 가스와의 반응이 없으므로 불활성 상태에서 처리된다. 열처리 후 표면상태가 양호하고, 광택을 유발하며, 마무리 공정이 불필요

② 진공 : 대기압보다 낮은 압력을 가진 공간
   ⓐ 진공과 단위 : KS에서는 torr와 Pa을 사용한다.

구분	압력범위	
저진공	760~1torr	100k~100Pa
중진공	1~10^{-3}torr	100~0.1Pa
고진공	10^{-3}~10^{-8}torr	0.1~10^{-6}Pa
초고진공	10^{-8}~10^{-10}torr	10^{-6}~10^{-8}Pa

③ 장점
   ⓐ 정확한 온도, 분위기에서 고품질 열처리 가능
   ⓑ 노벽에 대한 방열, 에너지 손실이 적어 에너지 절감이 큼
   ⓒ 노의 수명이 길고, 유지비 저렴
   ⓓ 무공해로 작업환경 좋음

④ 진공 내의 열처리
   ⓐ 산화를 방지하여 깨끗한 표면을 유지
   ⓑ 표면에 부착된 불순물(절삭유, 방청유) 탈지
   ⓒ 표면의 탈가스 처리(헨리의 법칙)
   ⓓ 가스, 원소의 침입을 방지

10년간 자주 출제된 문제

진공 중에서 가열하는 진공열처리에 대한 설명으로 틀린 것은?

① 무공해로 작업환경이 양호하다.
② 가열이 복사에 의해 이루어지므로 가열속도가 빠르다.
③ 정확한 온도 및 가열 분위기에 의해 고품질의 열처리가 가능하다.
④ 노벽으로부터의 방열, 노벽에 의한 손실열량이 적기 때문에 에너지 절감효과가 크다.

정답 ②

핵심이론 09 표면경화처리

표면의 경도와 내부의 인성을 모두 만족시키기 위한 열처리로 기계적, 화학적인 방법으로 나눌 수 있다.

① 표면경화

기계나 자동차에 많이 사용되는 기어, 크랭크축, 캠 등과 같은 부품에는 큰 하중이나 충격이 가해지는 경우가 많아 내마모성과 인성이 우수해야 한다.
→ 담금질, 뜨임 처리만으로는 인성까지 좋아질 수 없기 때문에 표면경화처리를 실시한다.
㉠ 표면의 열처리로 경도를 높여 내마모성을 증가시키고 내부의 인성 유지
㉡ 표면의 내부식성, 내피로성, 윤활성 부여
㉢ 강 표면의 화학성분을 변화시키지 않고 담금질만으로 경화하는 물리적 표면경화법
㉣ 강 표면의 화학성분을 변화시켜 경화하는 화학적 표면경화법

10년간 자주 출제된 문제

금속을 열처리하는 목적에 대한 설명으로 틀린 것은?
① 조직을 안정화시키기 위하여 실시한다.
② 내식성을 개선하기 위하여 실시한다.
③ 조직을 조대화시키고 방향성을 크게 하기 위하여 실시한다.
④ 경도의 증가 및 인성을 부여하기 위하여 실시한다.

해설
열처리방법은 조직의 안정화, 연화, 내식성 개선 및 경도와 인성의 증가를 목적으로 행하며 결정립의 미세화와 방향성을 줄이기 위한 목적도 있다.

정답 ③

핵심이론 10 화학적 표면경화법

① 침탄법
㉠ 저탄소강(0.2%C) 표면에 탄소를 침투하여 표면만 고탄소강으로 만든 후 열처리하여 표면만 경화시키는 작업
㉡ 침탄하지 않을 부분은 일반적으로 구리도금을 함
㉢ 침탄 후 퀜칭, 템퍼링으로 고탄소의 표면층만 경화
→ 내마모성 높은 표면과 인성이 강한 중심부 형성
㉣ 침탄에 의한 표면부의 마텐자이트에 의한 경화
→ 침탄층의 퀜칭에 의해 적절한 경화 조절 필요

② 질화법
㉠ N와 친화력이 강한 원소를 가진 Al, Cr, Ti, Mo, V 등의 질화용 강을 질화성의 가스나 염욕 중에서 가열하여 표면에 N를 확산침투시키는 방법
㉡ 담금질과 뜨임처리 완료 후 500℃로 장시간 가열로 질화 및 경화 완료
㉢ 침탄처리 후 담금질 과정 불필요
㉣ 침탄층보다 재료의 경도가 높아짐
㉤ 재료의 변형이 최소화되고 경화층의 내열성이 높음

③ 침탄질화
㉠ 액체 침탄질화
- KCN 또는 NaCN를 일정한 온도로 가열 융해 후 강제품 소재를 넣어 일정 시간 경화시켜 시안화합물의 분해로 생긴 CO와 N에 의해 강제표면에 C와 N가 동시에 침투되게 하는 법
- 이후 물이나 기름에서 급랭 담금질하며 표면층을 경화시키는 법
- 저온도의 경우 N의 양이 많아지면 경도 감소, 고온에서는 C의 침입이 많아져 담금질에 의한 경도가 높고 경화층도 깊어짐
- 사용 염류 : NaCN 외에 식염(NaCl), 탄산소듐($CaCO_3$)

ⓒ 가스침탄질화
- methane, ethane, propane과 같은 침탄가스에 암모니아 가스(NH_3)를 섞어 750~850℃로 가열하여 침탄과 질화를 동시에 하는 처리
- 침탄에 비해 질화를 수반하게 되므로 시간이 짧고, 처리 온도도 낮음
- 기름에서 급랭하여도 충분한 정도의 경도 확보
- 780℃보다 높은 온도에서는 C의 침투가 먼저 일어나 유랭경화 필요
- 750℃ 이하에서는 N의 침투가 용이하여 공랭경화 필요
- 경화층은 내마멸성, 내식성이 우수하며 보통 연강도 사용할 수 있음

④ 금속침투법
ⓐ 강의 표면에 고온확산법을 응용하여 원소를 침투시켜 그 원소에 의해 합금피복층을 형성시키는 방법
ⓑ 표면에 금속을 피복시켜 내열·내식성의 합금 피복층을 얻는 방법
ⓒ 철강제품의 표면에 Zn, Al, Cr 등을 피복 확산시키는 방법이 많이 이용됨(세라다이징)

10년간 자주 출제된 문제

10-1. 가스침탄법에서 침탄시간과 확산은 7시간이고 목표 표면 탄소농도는 0.65%이며, 침탄 시 탄소농도는 1.05%일 때 소재 자체의 탄소농도가 0.25%이다. 침탄 소요시간은?

① 1.05시간
② 1.75시간
③ 3.55시간
④ 4.45시간

10-2. 자동차 부품을 만드는 현장에서 부품 표면에 열처리 시 탄소와 질소를 동시에 표면에 침투·확산시켜 표면경화하는 방법은?

① 질화법
② 가스침탄법
③ 가스침탄질화법
④ 고주파경화법

해설

10-1

$$T_c = T_t \times \left(\frac{C - C_i}{C_0 - C_i}\right)^2 = 7 \times \left(\frac{0.65 - 0.25}{1.05 - 0.25}\right)^2 = 1.75$$

여기서, T_c : 침탄시간
T_t : 전체 침탄시간
C : 확산 후 표면탄소량(목표탄소농도)
C_0 : 침탄 시 탄소농도
C_i : 소재의 탄소농도

식을 이용하여 계산하면 1.75시간이 소요된다. 이는 7시간 중 침탄에는 1.75시간이, 확산에는 5.25시간이 소요된다는 뜻이다.

10-2
가스침탄질화법은 질소도 함께 침입시켜서 침탄법보다 가열온도를 낮추고 경화능은 좋게 한다.

정답 10-1 ② 10-2 ③

핵심이론 11 물리적 표면경화법

① 화염경화법
  ㉠ 표면의 조성은 변화 없음(0.4~0.6%C)
  ㉡ 산소 : 아세틸렌가스 비율 → 1 : 1
  ㉢ 화구속도가 느릴수록 깊이 가열됨
  ㉣ 화염경화처리의 특징
    • 국부적 담금질이 가능하므로 담금질 변형이 적음
    • 가열 깊이 조절이 쉬움
    • 가열 온도 조절이 어려움
    • 국부적 담금질이므로 기계가공을 생략할 수 있음

② 고주파 열처리
  ㉠ 경화하려는 부분의 표면에 전자유도현상에 의한 유도전류를 발생시켜 표면층만을 단시간에 변태점 이상의 온도로 가열하여 표면층만을 경화
  ㉡ 탈탄 최소화 및 변형 감소
  ㉢ 피로강도가 향상됨
  ㉣ 주파수가 클수록 유도전류는 표면 부위에 집중
  ㉤ 0.25%C에 합금 포함강이 최소 경화용 강으로 강종 제한

③ 쇼트 피닝
  ㉠ 금속재료의 표면에 0.5~1.0mm의 작은 입자인 강 알갱이를 고속으로 분사시켜 표면 등을 가공경화 방식에 의해 경도를 높이는 처리 방법
  ㉡ 인장과 압축강도에는 거의 영향이 없으나 휨과 비틀림의 반복 응력에 대한 피로한도를 현저하게 증가시킴

10년간 자주 출제된 문제

11-1. 다음 중 화염경화처리의 특징으로 옳은 것은?
① 부품의 크기나 형상에 제한이 많다.
② 국부적인 담금질은 불가능하다.
③ 담금질 깊이의 조절이 가능하다.
④ 담금질의 변형은 없으나, 내마모성이 떨어진다.

11-2. 표면경화법을 물리적 방법과 화학적 방법으로 나눌 때 물리적 표면경화법에 해당하는 것은?
① 질화법
② 침탄법
③ 화염경화법
④ 금속침투법

|해설|

11-1
금속표면의 경화를 위한 화염경화처리는 담금질 시 깊이 조절이 용이한 장점이 있다.

11-2
물리적 표면경화법
• 재료의 성분이 변하지 않는 것을 전제로 한다.
• 화염경화법, 고주파 열처리, 쇼트 피닝

정답 11-1 ③ 11-2 ③

제4절 강 및 주철 열처리

핵심이론 01 강의 일반 열처리-불림(노멀라이징)

① 목적

강을 표준상태로 만들어 조직의 불균일을 제거하고, 결정립을 미세화하여 기계적 성질을 개선한다.

㉠ 가열 : A_3, A_{cm} +50℃에서 가열

㉡ 냉각 : 대기 중에서 방랭하여 결정립을 미세화

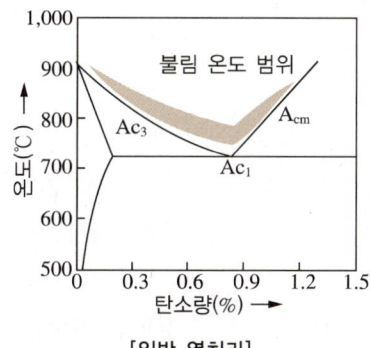

[일반 열처리]

② 방법

㉠ 보통 노멀라이징 : 필요한 노멀라이징 온도까지 가열한 후 두께 25mm당 1시간 정도 항온 유지 후 공랭하는 방법

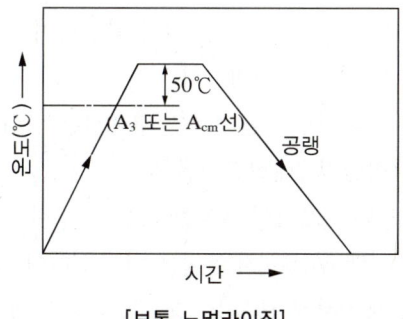

[보통 노멀라이징]

㉡ 2단 노멀라이징 : 복잡한 제품이나 단면적 차가 큰 제품은 냉각변형이 있어 2단 노멀라이징 처리를 함

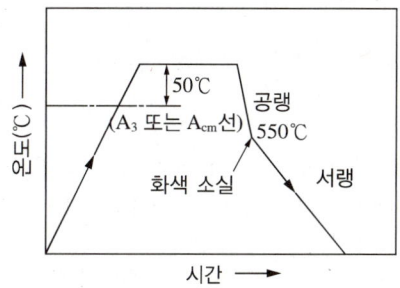

[2단 노멀라이징]

㉢ 항온 노멀라이징 : 항온변태 곡선의 nose 온도의 염욕에 냉각시켜 항온변태 시킨 후 상온까지 공랭시키는 방법

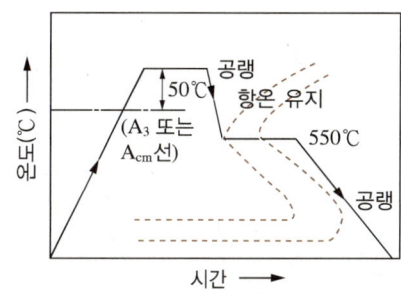

[항온 노멀라이징]

㉣ 2중 노멀라이징 : 높은 온도 구간까지 가열 후 공랭으로 내부를 균질화하고 두 번째는 일반적인 노멀라이징으로 펄라이트 결정을 만든다. 강인성이 요구될 때 사용

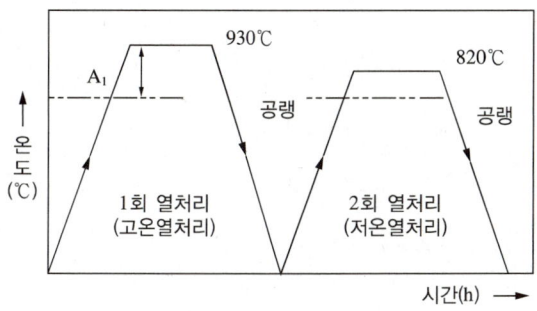

[이중 노멀라이징]

10년간 자주 출제된 문제

냉간가공, 단조 등으로 인한 조직의 불균일 제거, 결정립 미세화, 물리적·기계적 성질 등의 표준화를 목적으로 대기 중에 냉각시키는 열처리는?

① 뜨임　　　　　② 풀림
③ 담금질　　　　④ 불림

[해설]

④ 불림(normalizing) : 강을 표준상태로 하기 위한 열처리
① 뜨임(tempering) : A_1점 이하 온도에서 처리하여 인성을 부여하는 열처리
② 풀림(annealing) : 결정립을 조정하고 연화시키기 위한 열처리
③ 담금질(quenching) : 강을 강하게 하고 경도 향상을 목적으로 하는 열처리

정답 ④

핵심이론 02 강의 일반 열처리-풀림(어닐링)

① **목적**

결정조직을 조정하고 연화시키기 위한 열처리 조작

㉠ 금속합금의 성질을 변화 → 강의 경도가 낮아져 연화됨
㉡ 일정조직의 금속이 형성됨 → 조직의 균질화, 표준화, 미세화
㉢ 가스 및 분출물의 방출, 확산을 일으키고 내부응력 저하

※ 냉각속도가 가장 느리다.

② **방법**

㉠ 완전 어닐링 : 충분한 가열 시간과 가열 후 서랭이 갖추어졌을 때 강을 연화시키며 기계가공, 소성가공을 쉽게 한다. 평형상태도에서 보던 그 조직들이 나온다.

㉡ 연화 어닐링 : 가공 경화된 제품을 재결정 온도 이상으로 가열하여 회복, 재결정에 의해 연화시키는 열처리 조작으로 연화 어닐링(중간 어닐링)이라 하며 조직의 변화는 적지만 경도가 저하되어 소성가공이 원활하다.

㉢ 확산 어닐링 : 황 등의 편석을 제거하는 데 용이한 열처리로 고온에서 장시간 가열하여 원소를 확산시켜 편석을 제거한다.

㉣ 항온 어닐링 : 완전 어닐링으로는 연화가 어려운 강(합금강, 대형단조품 등)은 A_3 또는 A_1점 이상 30~50℃로 가열 유지한 다음 A_1점 바로 아래 온도로 급랭 후 유지하는 항온 처리를 하여 거친 펄라이트 조직으로 만드는 항온열처리 진행

㉤ 응력제거 어닐링 : 금속재료를 일정 온도에서 일정 시간 유지 후 냉각시킨 열처리로 잔류응력을 제거한다.

㉥ 재결정 어닐링 : 냉간가공한 강을 600℃ 이상으로 가열하여 응력이 감소되고 재결정이 일어나는 열처리

ⓒ 구상화 어닐링 : 망상 시멘타이트는 피가공성과 인성이 좋지 않아 실용성이 떨어진다. 특히나 고탄소강의 경우 탄화물을 구상시켜야 하며 적당히 장시간 고온가열하면 표면장력에 의해 시멘타이트가 구상화되는 열처리이다.

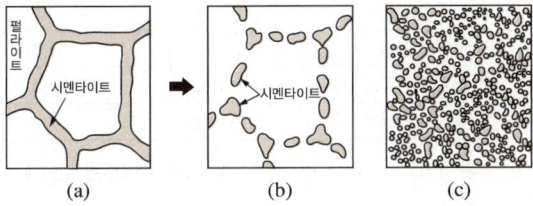

[망상 시멘타이트(a) 구상화 과정(b)과 구상 시멘타이트 조직(c)]

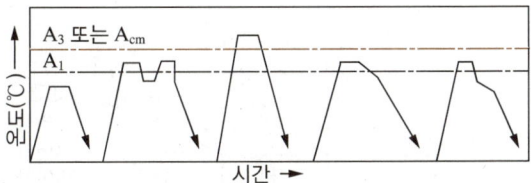

[시멘타이트의 구상화 처리 방법]

10년간 자주 출제된 문제

냉간단조한 부품의 경도가 높아 절삭이 불가능할 때 연화를 목적으로 실시하는 열처리 작업은?

① 템퍼링
② 어닐링
③ 노멀라이징
④ 표면경화법

[해설]

금속의 어닐링에 따른 상태 변화는 결정의 회복 → 재결정 → 결정립 성장의 순서로 경도가 높아 절삭이 불가능한 단조부품의 연화를 목적으로 어닐링을 수행한다.

정답 ②

핵심이론 03 강의 일반 열처리-담금질(퀜칭)

① 목적

강을 강하게 하고 경도의 향상을 목적으로 하는 열처리로 오스테나이트로부터 냉각 시 냉각속도에 따라 조직이 변화되어 마텐자이트를 생성한다.

② 방법

㉠ 인상 담금질 : 열처리 제품의 변형을 최소화하기 위하여 냉각수로 급랭 후 유랭이나 공랭을 하는 방법으로 냉각속도를 냉각 시간으로 조절

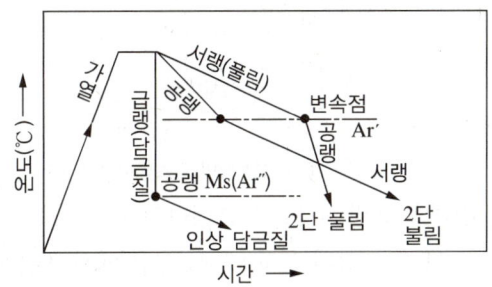

[냉각에 의한 열처리]

㉡ 마퀜칭 : 오스테나이트 상태로부터 M_s 직상의 열욕으로 퀜칭(quenching)하여 강의 내외 온도가 같아지도록 항온유지한 후, 과랭 오스테나이트가 항온변태를 일으키기 전에 공랭시켜서 마텐자이트 변태가 천천히 진행되도록 하는 처리 방법

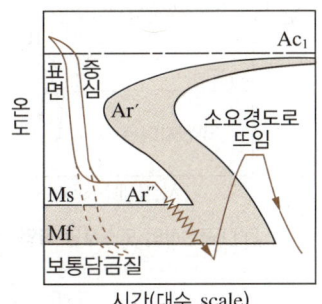

[TTT곡선상의 마퀜칭 선도]

ⓒ 오스템퍼링 : 강인성을 요구하는 재료에 퀜칭 변형과 균열을 방지하기 위하여 오스테나이트 상태로부터 M_s 이상의 어느 온도로 유지되어 있는 열욕에 급랭하여 과랭 오스테나이트가 베이나이트로 변태가 종료될 때까지 항온유지 후, 공기 중으로 냉각하는 과정

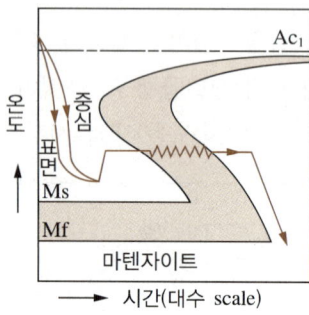

[TTT곡선상의 오스템퍼링 선도]

ⓔ 오스포밍 : 강을 오스테나이트 상태로 가열한 후 M_s점 이상의 온도(500℃ 부근)에서 항온유지하면서 과랭(준안정) 오스테나이트를 소성 가공(인발, 압연, 쇼트피닝, 스웨이징) 후 바로 급랭함으로써 연성과 인성을 그다지 해치지 않고 강도를 크게 향상시키는 방법

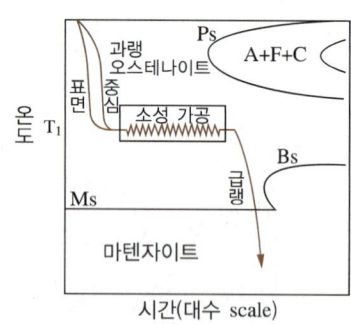

[TTT곡선상의 오스포밍 작업 선도]

③ 담금질 주의 사항
ⓐ 냉각성능

종류	온도	비
분수	5~30	9
염수(10%식염수)	10~30	2
가성소다수	10~30	2
물	10~30	1
기름	30~60	0.3
폴리머 담금질액	10~30	0.3
염욕	200~400	

ⓑ 냉각비 : 냉각방식은 물건의 형태에 따라 다름
예 구 : 환봉 : 판재 = 4 : 3 : 2

ⓒ 처리물의 장소에 따른 냉각속도의 차이

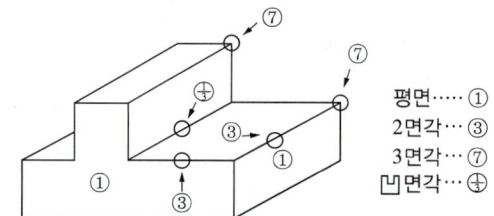

[처리물의 장소에 따른 냉각속도의 차이]

ⓓ 냉각제와 냉각능

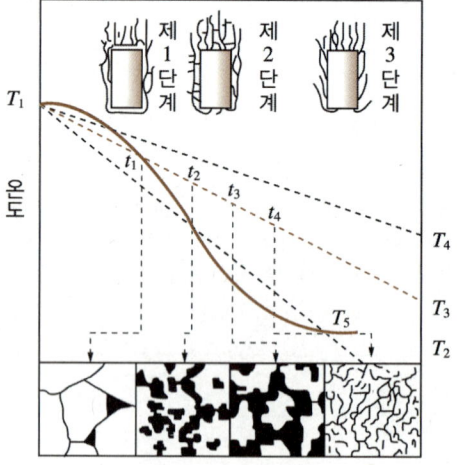

[강의 퀜칭 냉각곡선]

온도별, 시간별 냉각성능이 다른데 3단계로 나눌 수 있다.

- 제1단계(증기막 단계) : 시료가 증기에 감싸여 냉각속도가 느리다.
- 제2단계(비등 단계) : 증기막의 파괴로 비등이 활발하여 냉각속도가 최대가 된다.
- 제3단계(대류 단계) : 시료 온도가 냉각액의 비등점보다 낮아서 대류에 의해 열을 빼앗기며 냉각속도가 느리다.

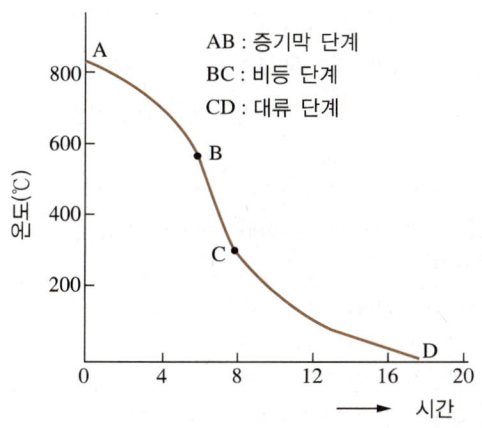

[58℃의 정수에 있어서의 냉각 곡선]

10년간 자주 출제된 문제

탄소강을 담금질할 때 열전달 속도가 가장 빠르고 금속 표면의 온도가 약간 감소하여 연속적으로 증기막이 붕괴되는 단계는?

① 증기막 단계 ② 비등 단계
③ 대류 단계 ④ 특성 단계

|해설|
수용액에서 수행되는 담금질의 단계 중 비등 단계의 냉각속도가 가장 빠르다.

정답 ②

핵심이론 04 강의 일반 열처리-뜨임(템퍼링)

① 목적
단단하지만 취성을 가진 담금질강의 내부응력을 없애거나 줄여주며, 강도와 인성 증가가 목적이다.

② 방법
  ㉠ 저온 템퍼링 : 경도의 희생 없이 내부응력을 제거하고자 할 때 사용
  ㉡ 고온 템퍼링 : 기계 부품에서 요구하는 인성을 증가시키고자 할 때 사용

조직변화	온도(℃)
오스테나이트 → 마텐자이트	100~300
마텐자이트 → 트루스타이트	200~300
트루스타이트 → 소르바이트	400~600
소르바이트 → 펄라이트	600~700

  ㉢ 템퍼링에 의한 조직변화

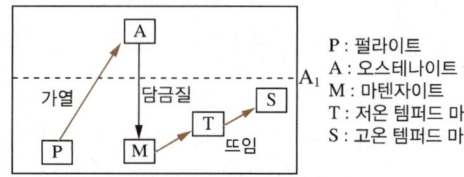

P : 펄라이트
A : 오스테나이트
M : 마텐자이트
T : 저온 템퍼드 마텐자이트
S : 고온 템퍼드 마텐자이트

[템퍼링에 의한 조직의 변화]

10년간 자주 출제된 문제

열처리의 종류와 목적을 설명한 것 중 틀린 것은?

① 불림(normalizing)은 강을 표준상태로 하기 위한 열처리 조작이다.
② 풀림(annealing)은 결정립을 조정하고 연화시키기 위한 열처리 조작이다.
③ 담금질(quenching)은 강을 강하게 하고 경도 향상을 목적으로 하는 열처리 조작이다.
④ 뜨임(tempering)은 내부 응력제거와 강도 및 취성 증가를 목적으로 하는 열처리 조작이다.

|해설|
뜨임의 목적은 조직의 기계적 성질의 안정화 및 인성 증가가 목적이다.

정답 ④

핵심이론 05 강의 일반 열처리-심랭처리(sub-zero)

① 목적

0℃ 이하의 온도에서 냉각시키는 조작을 말하며 마텐자이트 내부의 잔류 오스테나이트를 마텐자이트화 하는 데 목적이 있다.

㉠ 잔류 오스테나이트 제거
- 경도가 낮아져서 공구와 같은 높은 경도를 요구한 것에는 경도 부족의 원인이 된다.
- 잔류 오스테나이트는 불안정하여 시간이 지나면 차츰 마텐자이트로 변하면서 팽창하고 변형을 일으킨다. 이 현상을 경년변화라고 하며 정밀 부품에서는 치수 변화가 발생하여 문제를 일으키게 된다.

㉡ 심랭처리의 효과
- 공구강 및 합금강의 경도 증대 및 조직을 미세, 균질화시켜 인장력 및 기계적 성질의 안정성을 높여 강을 강인하게 만든다.
- 내마모성, 내부식성, 내침식성을 증대시킨다.
- 게이지, 베어링 등 정밀 기계부품의 조직을 안정화시키고, 시효(時效)에 의한 형상 및 치수의 변형을 방지한다.
- 열처리 후에 발생하는 내부 조직 내의 잔류 응력을 제거하고 내부 응력을 안정화시킨다.
- 내부 응력을 제거하여 응력균열을 감소시킬 수 있다.

② 방법

㉠ 냉매 : 드라이아이스 + 알코올, 액체 질소
㉡ 처리시기 : 담금질 직후(뜨임 전)
㉢ 처리온도 : -100~80℃
㉣ 유지시간 : 20mm당 30분
㉤ 승온 : 섭제로 온도 이후에는 실온까지 올려서 방치해도 무방

③ 초심랭처리

고Cr강이나 다이스강, 고속도강과 같은 오스테나이트 안정화된 고합금강의 내마모성을 향상시키기 위하여 액체 산소(-183℃), 액체 질소(-196℃), 액체 수소(-268℃) 등의 극저온 냉각재를 이용하여 마텐자이트의 조직을 미세화하기 위한 열처리

㉠ 오스테나이트 안정화 합금강에서도 초심랭처리를 하면 잔류 오스테나이트가 거의 전부 마텐자이트로 변태된다.
㉡ 일반 심랭처리 품에 비해서 경도의 변화는 거의 없지만 내마모성이 현저히 향상된다.
㉢ 조직의 미세화와 미세탄화물의 석출이 이루어진다.

10년간 자주 출제된 문제

다음 중 심랭처리(sub-zero treatment)를 실시해야 하는 강종이 아닌 것은?

① 불림(공랭)처리한 SM25C
② 담금질(유랭)처리한 STB2
③ 담금질(유랭)처리한 SKH51
④ 침탄처리 후 담금질(유랭)한 SCr420

|해설|

심랭처리(서브제로)는 담금질한 상태의 강을 대상으로 실시한다.

정답 ①

핵심이론 06 구조용 합금강의 열처리

Ni, Cr, Mn, Si, Mo, W, V 등의 합금원소를 첨가 → 강화 및 특수한 성질을 부여

① Cr강
  ㉠ 담금질성과 기계적 성질이 양호하며, 중탄소 저Cr강에서는 탄화물이나 결정입자는 미세함
  ㉡ 담금질 효과는 강의 표면에서만 형성
  ㉢ 뜨임은 580~680℃에서 실시

② Cr-Mo강
  ㉠ Cr강에 비해 담금질성이 높고 뜨임에 대한 저항성이 낮음
  ㉡ Cr강보다 높은 온도에서 뜨임 실시
  ㉢ SMC 3종 또는 5종은 기름담금질 시 높은 경도 확보, 그러나 액체 침탄 또는 마퀜칭 후 저온뜨임을 반드시 실시해야 함

③ Ni-Cr강
  ㉠ 저탄소(0.12~0.18%)나 중탄소가 함유된 것은 침탄강으로 이용하고, 0.27~0.4%는 구조용 강으로 이용
  ㉡ 단조 시 미세균열이 발생하며 급랭 시 파손이 발생하므로 서랭이 필요
  ㉢ 단조 후 반드시 풀림과정 실시
  ㉣ 변태 및 확산 속도가 느리므로 열처리 시 충분한 시간요구
  ㉤ SNC 2종 및 3종은 뜨임취성 경향이 높으므로 뜨임 후 기름에서 급랭시켜야 함

④ Ni-Cr-Mo강
  ㉠ 경화능은 높은 편이나 뜨임메짐이 일어남
  ㉡ 소량의 Mo을 첨가하여 담금질성을 높임
  ㉢ 뜨임 시 온도를 높여서 탄화물 고용을 유도하고 급랭시킴
  ㉣ Mo이 함유된 경우 300℃ 이하에서 탄화물이 석출됨

10년간 자주 출제된 문제

구조용 합금강(SNC236)에서 고온 템퍼링한 후 급랭하는 방법을 채택하는 가장 큰 이유는?
① 부식 방지를 하기 위해서
② 경도를 향상시키기 위해서
③ 고온 뜨임취성을 방지하기 위해서
④ 합금탄화물 석출효과를 높이기 위해서

[해설]
SNC236합금강의 급랭 목적은 고온 뜨임취성을 최소화하기 위함이다.

정답 ③

핵심이론 07 마레이징강의 열처리

① 특징

마레이징강은 탄소가 거의 없기 때문에(오히려 적은 게 좋다) 일반적인 담금질로 경화가 불가능하다. 시효 경화를 통하여 생긴 금속간 화합물의 석출에 의해 경화된다.

㉠ 마레이징강은 금속의 전성을 유지하면서 강도와 인성이 강화된 철합금
㉡ 상온과 500℃ 정도의 고온에서도 강도가 우수함
㉢ 마레이징(maraging)이란 마텐자이트의 시효처리(martensite aging)를 의미함
㉣ 일반적으로 18~25% 니켈을 함유하며 인장강도 175~210kg/mm² 정도임
㉤ 18%의 마레이징강은 C 함유 0.03% 이상, 17~19% Ni, 7~8.5%Co, 5% Mo의 극저탄소, 고니켈강으로 풀림 후 서랭하여 마텐자이트로 변화(M_s점 150℃, M_f점 93℃)되고, 일반적으로 850℃에서 1시간 정도 용체화처리한 후 공랭 또는 수랭함

② 열처리 방법

시효(aging) - 형성된 마텐자이트를 450~510℃에서 약 3시간 처리

㉠ 시효처리는 화합물의 석출에 의한 경화를 이용하여 경화시킴으로써 강도와 경도가 증가함
㉡ 18%Ni(250)강의 최대 경도는 482℃에서 3시간 시효 후 나타남
㉢ 마레이징 과정 후 경도는 HRC 50~52
㉣ 금속간 화합물(Ni_3Mo 및 Ni_3Ti)형성으로 강도의 증가가 발생함

10년간 자주 출제된 문제

마레이징강의 시효(aging)처리는 어떤 현상을 이용한 금속강화 방법인가?
① 석출강화
② 고용강화
③ 분산강화
④ 규칙-불규칙강화

|해설|
마레이징강에 있어서 시효처리는 석출강화를 이용한 방법이다.

정답 ①

핵심이론 08 공구강의 열처리

① 공구강
  ㉠ 탄소공구강, 합금공구강, 고속도강의 세 종류로 분류되며, 열처리 방법은 단조, 풀림, 담금질로 행해짐
  ㉡ 상온 및 고온 경도가 크다. → 기본적 절삭력, 내구력
  ㉢ 가열에 의한 경도 변화가 적다.
  ㉣ 내마모성, 인성이 좋다. → 전단, 타격용 공구
  ㉤ 내압강도가 크다. → 냉각 단조
  ㉥ 열처리가 용이하며 변형이 적을 것
  ㉦ 열피로균열이 없고 내산화, 내식성이 클 것 → 다이캐스트

② 단조
  일반적으로 850~1,100℃ 온도에서 행해짐
  ㉠ 강의 종류에 따른 온도
    • 고속도강 : 950~1,200℃
    • SK 1~3종 : 850~1,050℃
    • SKS 1종, 8종, 11종
      SKD 1~2종 : 850~1,050℃
  ㉡ 시간 25mm 두께에서 30분이며, 강종의 경우 단조 후 노랭 또는 모래, 석회에서 서랭과정 필요

③ 풀림
  담금질 시 변형 및 균열 방지 목적으로 시행
  ㉠ 가열 : 노 내의 분위기를 조정하는 노 내에서 탈탄방지제(운모, 피치, 코크스, 목탄)를 이용하여 시행
  ㉡ 온도 및 유지시간
    • SK 1~7종 : 강재 25mm에 대해 40분
    • SKS 1~8종 : 강재 25mm에 대해 40분
    • SKT 1~6종 : 강재 25mm에 대해 40분
    • SKD 1~6종 : 강재 25mm에 대해 60분
    • SKH 2~9종 : 강재 25mm에 대해 60분
  ㉢ 노랭 속도 : 풀림 이후 서랭이 필요하며 강종은 더욱 서랭해야 함
    • SKD 1~6종 : 15℃/h
    • SKH 2~9종 : 15℃/h
    • SKS 3종, 31종, SKT 6종 : 15℃/h
    • 이외의 종 : 20℃/h
  ㉣ 구상화 풀림 : 탄소공구강(0.9% 이상 C 함유), 저합금강의 경우 풀림에 의해 탄화물이 층상 펄라이트화되는 경향이 있으므로 탄화물의 구상화가 필요
    • Ac_1점 이상 온도에서 가열 후 냉각
    • Ac_1 이하 20~30℃에서 장시간 풀림 시행
    • Ac_1 상하 20~30℃ 사이에서 가열 및 냉각 되풀이
    • 담금질 또는 불림 후 풀림 실시
    • 강종(SKS 1종, 2종)은 고온 또는 장시간 풀림으로 텅스텐 복탄화물 분해 → 탄화텅스텐 생성으로 담금질 저하 초래

④ 담금질
  ㉠ 가열 : 물담금질 시 변형률이 높아(0.3~0.6%) 기름담금질 실시(15mm 이상, 표면경도 HR 60 이하)
    • SKS 43종, 44종은 담금질성이 낮음
    • 열전도율이 낮은 고속도강, 고합금강, 공구강은 변형률을 낮추기 위해 변태점 바로 아래 온도에서 실시(담금질 온도가 높을 경우 각종 결함 발생)
  ㉡ 온도 및 유지 시간
    • SKD 1종, 2종 : 유랭과 공랭을 실시하나 유랭이 더 빈번히 이용
    • SKH 2~9종 : 2~5분
    • SKD 1~6종 : 14~45분
    • SK 1~7종 : 10~30분
    • SKS 1~8종 : 두께 25mm 시 20~30분
    • SKT 1~6종 : 두께 25mm 시 20~30분

ⓒ 냉각
- 강종에 따라 수랭, 공랭, 유랭 중 선택 실시
- M_s점 바로 위(150~200℃, 고속도강 : 450~500℃, 열간용 합금공구강)에서 실시
- 공랭과정에서 오스테나이트의 마텐자이트화 유도
- 표면 얼룩 제거를 위해 NaCl(10%)수용액 또는 NaOH을 이용

ⓔ 뜨임
- 높은 경도 및 내마모성을 요구하는 공구는 저온에서 시행
- 인성이 요구되는 공구는 고온에서 실시
- 25mm에 대해서는 60분이 적당한 시간

10년간 자주 출제된 문제

고속도 공구강의 담금질 온도가 상승함에 따라 나타나는 현상이 아닌 것은?

① 고온 경도가 크게 된다.
② 잔류 오스테나이트의 양이 감소한다.
③ 오스테나이트의 결정립이 조대하게 된다.
④ 탄화물의 고용량이 증대하여 기지 중의 합금 원소가 증가한다.

[해설]
고속도 공구강의 담금질 온도가 증가할수록 잔류 오스테나이트의 양도 함께 증가한다.

정답 ②

핵심이론 09 주철의 열처리-회주철

① 응력제거 풀림
주물 제품은 냉각속도 차이에 의하여 내부에 큰 응력이 생긴다. 이러한 잔류응력 제거를 위하여 430~600℃에서 5~30시간의 열처리가 필요하다.
→ 응력제거 풀림을 통하여 시멘타이트가 약간 분해되고 경도가 저하되지만 다른 기계적 성질의 변화는 적은 편이다.

② 연화풀림
회주철을 변태영역 이상의 온도로 가열하여 최대단면 두께 25mm당 약 1시간 유지하여 상온으로 공랭 후 불림을 한다.
→ 백선 부분의 제거, 연성을 향상시키기 위한 목적이며 강도는 저하되지만 구상화흑연주철은 연신율이 증가한다.

③ 담금질과 뜨임
경도의 증가, 내마모성의 향상을 위하여 담금질을 실시하지만 일반적으로 주철의 강도는 담금질한 상태에서 방치했을 때보다 낮아지므로 뜨임을 해야 한다. 담금질에 의해 경화된 주물은 180℃ 이상의 온도에서 뜨임 시 경화가 균일해지며, 강도와 충격치가 향상된다. Cr, Mo, Ni, V 등의 원소를 함유한 주철은 열처리에 유리하다.

10년간 자주 출제된 문제

회주철의 절삭성을 양호하게 하여 백선 부분의 제거 및 연성을 향상시키기 위한 열처리 방법은?

① 담금질   ② 연화풀림
③ 저온뜨임   ④ 응력 제거 담금질

[해설]
회주철의 백선 부분 제거 및 연성 향상을 위해 연화풀림과정을 실시한다.

정답 ②

핵심이론 10 주철의 열처리-가단주철

인성이 낮고 여린 주철의 단점을 보완하기 위한 열처리로 장시간 열처리하여 탄소를 분해시키고, 인성, 연성을 부여하여 가단성(소성가공이 가능하도록)을 부여한다.

① 백심 가단주철
  ㉠ 탈탄을 주목적으로 백선을 열처리한다. 탈탄은 주물 표면에서 일어나고, 내부의 탄소가 표면으로 확산 이동한다.
  ㉡ 방법 : 900~1,000℃에서 40~100시간 가열하여 시멘타이트를 탈탄시켜 주철에 가단성을 부여할 수 있으며, 통상적으로 4~8mm 정도의 얇은 주물에 적합하다.

② 흑심 가단주철
  ㉠ 흑연화에 주목적이 있으며 2단으로 나누어 열처리를 진행한다.
  ㉡ 방법 : 백주철을 850~950℃로 30~40시간 가열하는 1단계의 흑연화에 의하여 A_1 변태점에서 오스테나이트가 많은 양의 펄라이트로 변하고, 2단계에서 펄라이트를 680~720℃에서 30~40시간 유지하여 흑연으로 분해시킨다.

③ 펄라이트 가단주철
  ㉠ 흑심가단주철과 같이 페라이트 기지를 만들지 않고 일부 탄소를 탄화물로 잔류시키는 것으로 백선의 유리시멘타이트 흑연화와 여러 유형의 펄라이트의 처리로 정리된다.
  ㉡ 방법
   • 열처리 곡선의 변화
   • 흑심 가단주철의 재열처리
   • 합금첨가

10년간 자주 출제된 문제

펄라이트 가단주철의 제조방법으로 틀린 것은?
① 합금첨가에 의한 방법
② 열처리 곡선의 변화에 의한 방법
③ 흑심가단주철의 재열처리에 의한 방법
④ 구상흑연주철의 재열처리에 의한 방법

|해설|

펄라이트 가단주철의 제조방법
흑심가단주철의 2단계 흑연화 처리 중 제1단계에서 흑연화 처리만 한 다음 바탕조직을 펄라이트 또는 구상 펄라이트화한 다음 서랭한다.
※ 흑심가단주철의 재열처리로 얻어지는 것이 흑심가단주철의 페라이트 기지가 펄라이트로 치환된 펄라이트 가단주철이다.

정답 ④

핵심이론 11 주철의 열처리-구상흑연주철

① 개요

접종제(Mg, Ca, Ce)를 첨가하여 편상 흑연을 구상으로 만든 것으로 강도에 큰 변화가 없지만 인성과 연성이 개선된다. 내마멸, 내식성, 내열성 등이 우수하며 노듈러 주철, 덕타일 주철이라 한다. 구상흑연주철의 원래 의미와 연관하면 이해가 쉬운데 편상의 흑연을 구상화하는 이유가 길쭉한 흑연이 깨지기 쉽기에 이를 방지하는 것이며 따라서 구상흑연주철로 만들어 연성을 증가시키는 데 있다고 생각하면 된다.

㉠ 풀림(1단-백선화, 2단-연성증가)
- 기지가 펄라이트인 것은 600℃ 이상에서 2단계 흑연화가 발생하므로 유의
- Mg의 백선화 작용에 유의해서 처리해야 하며, 850℃ 부근에서 단시간에 흑연화(1단계 흑연화)
- 800℃ 이상에서 1단계 흑연화 후 2단계 흑연화로 오스테나이트의 페라이트 형성 유도

㉡ 불림
- 900℃ 부근에서 실시 후 공랭처리로 주조응력 제거
- 페라이트+마텐자이트의 펄라이트화 유도

㉢ 담금질 및 뜨임
- 담금질 능력이 좋은 편이나 Si성분이 3% 이상이면 담금질 능력 저하(3% 내에서는 담금질선을 개선시킨다)
- 850℃ 이상에서 담금질 실시(550℃에서 예열 필요)
- 500℃ 부근에서 뜨임으로 항장력(100kg/mm^2) 향상, 항복점(90kg/mm^2) 이상의 강도 획득

10년간 자주 출제된 문제

11-1. 구상흑연주철의 담금질처리에 가장 적합한 온도 범위는?
① 600~730℃
② 730~830℃
③ 850~930℃
④ 950~1,050℃

11-2. 구상흑연주철의 제2단 흑연화 처리의 목적으로 옳은 것은?
① 기지를 페라이트화하여 연성을 증가시킨다.
② 기지를 마텐자이트화하여 경도를 증가시킨다.
③ 기지를 시멘타이트화하여 표면경화를 시킨다.
④ 기지를 오스테나이트화하여 강도를 증가시킨다.

[해설]

11-1
구상흑연주철의 담금질처리 적합온도는 850~930℃로 550℃에서 예열이 필요하다.

11-2
구상흑연주철의 제2단 흑연화 처리는 기지의 페라이트화를 통해 연성을 증가시키는 것이 목적이다.

정답 11-1 ③ 11-2 ①

제5절 비철금속 열처리 및 새로운 열처리

핵심이론 01 알루미늄합금의 열처리

① 개요
- ㉠ 알루미늄(aluminium, Al)은 다른 금속과 잘 합금되고, 상온 및 고온에서 가공이 용이함
- ㉡ 대기 중에서 내식성이 강하며 전기, 열의 양도체임
- ㉢ Al은 상온에서 판과 선으로 압연 가공하면 경도와 인장강도가 증가하고 연신율이 감소함
- ㉣ 상온가공에 의하여 경화한 것을 150℃ 정도에서 가열하면 연화가 시작되며 300~350℃에서 완전히 연화됨
- ㉤ 온도가 올라감에 따라 강도가 감소되나, 연신율은 400~500℃에서 극히 증대됨
- ㉥ 압연 및 압출 등의 가공은 이 온도범위에서 수행함

② Al합금의 열처리
- ㉠ 고용체화처리 : 완전한 고용체가 형성되는 온도까지 가열 후 급랭하여 조직체를 과포화의 고용체로 만드는 방법
- ㉡ 인공시효 처리 : 과포화의 고용체를 120~200℃로 가열하여 과포화 성분을 석출시키는 것
- ㉢ 어닐링(annealing) : 처리온도와 인공시효온도의 중간온도까지 가열로 석출된 미립자의 응집을 유도하고, 잔류응력 제거로 재질을 연하게 함
- ㉣ 합금 열처리 질별 기호 : 위의 단독 또는 두 가지 처리를 행함으로써 그 성분규격과 동시에 열처리법도 표시함
  - F : 압연, 압출, 주조한 그대로
  - O : 어닐링한 재질(압연한 것만)
  - H : 가공경화한 재질
  - W : 용체화처리 재질
  - T : 시효경화 재질(T_1~T_{10})

③ 주물용 알루미늄합금(Al-Cu계)
   열처리 경화형 합금을 용체화처리 및 시효처리를 통해 강도 향상(용체화처리는 고온에서 할 때 고용화 빠르고 고용량 많다)
- ㉠ 열처리 과정
  - a 고용체 영역으로 용체화처리한다(515℃).
  - 상온 또는 그 이하의 온도로 퀜칭한다.
  - 130~190에서 5~10시간 시효처리한다.
- ㉡ 조직 : 시효시간과 석출되는 조직을 과포화 고용체로부터 시효시간의 경과에 따라 5개의 조직으로 나타난다.

  과포화 고용체 → GP-1 → θ''상 → θ'상 → θ상($CuAl_2$)

④ 단조용 알루미늄 합금
   두랄루민은 구리, 마그네슘 및 또 다른 원소들을 알루미늄에 첨가하여 만든다. 열처리 특징으로는 시효경화성을 가진 것이다.
- ㉠ 열처리 과정
  - 두랄루민을 500~510℃로 가열한 후 급랭시켜 매우 연한 상태로 만들고 이것을 상온에 방치하면 시간이 지날수록 경과하며 경화된다.
  - 시효온도가 빨라지면 시효속도는 빨라지지만 기계적 성질을 개선시키지는 않는다.

10년간 자주 출제된 문제

알루미늄, 마그네슘 및 그 합금의 질별 기호 중 어닐링한 것의 기호로 옳은 것은?

① F　　　② H
③ O　　　④ W

정답 ③

핵심이론 02 구리합금의 열처리

① 개요

구리는 다른 순금속과 같이 재결정 어닐링만 진행하지만 황동의 경우 α + β상으로 담금질 열처리를 할 수 있다.

② 황동계

㉠ 개요
- α단상합금인 5~20% 아연의 각종 금색합금(金色合金)과 7 : 3 황동(30% 아연), 65 : 35 황동은 연신성이 좋고 강도가 있음
- α황동은 냉간가공으로 경화되고, 가공 후 저온에서 풀림하면 풀림경화가 일어남

㉡ 황동의 열처리
상온 가공된 동합금은 외력이 없더라도 자연균열(시기균열)이 일어나는데 이를 방지하기 위해 저온 풀림을 시행함
- → 저온 풀림으로도 완전히 방지하기는 힘든데 이는 내부응력이 제거되는 온도(300℃)는 황동의 재결정 온도(250~300℃)보다 높아 결국은 경도값을 저하시키기 때문이다.
- → 이러한 이유 때문에 300℃로 1시간 정도 풀림을 하는 방법을 사용한다.

③ 청동계

㉠ 개요
- 구리에 주석을 배합한 합금으로 기계적·화학적 성질이 황동보다 우수함
- 구리 중 주석의 최대용해도는 11%이며, 저온에서는 1% 이하로 감소됨
- α단상합금이라도 용해도의 변화에 따라 제2상의 석출이 가능함
- 실용 청동 : Cu에 12% 이하의 Sn을 첨가한 것
- 조직 : α상(Cu-Sn 고용체)에 δ상($Cu_{31}Sn_6$)이 소량 석출된 조직

㉡ 청동의 열처리
기계구조용 청동에는 재결정 어닐링만을 사용하지만 예외적으로 베릴륨청동은 열처리 후 사용한다.
- → 베릴륨청동의 열처리는 760~780℃에서 물 담금질 후 310~330℃로 2~2.5시간 뜨임처리한다.

10년간 자주 출제된 문제

황동제품의 내부응력을 제거하고 시기균열(season crack)을 방지하기 위한 열처리 온도와 방법이 옳은 것은?

① 약 50℃에서 1시간 템퍼링한다.
② 약 200℃에서 1시간 템퍼링한다.
③ 약 300℃에서 1시간 템퍼링한다.
④ 약 450℃에서 1시간 템퍼링한다.

해설

황동의 경우 약 300℃에서 1시간 템퍼링하는 것이 시기균열 방지를 위한 최적 열처리 조건이다.

정답 ③

핵심이론 03 마그네슘합금의 열처리

① 개요
  ㉠ 대기 중 산화가 쉽고, 내식성이 떨어짐
  ㉡ 1%Mn 첨가로 Fe의 유해작용의 개선이 가능함
  ㉢ 인장강도 대비 탄성한도가 낮음

② 주조용 마그네슘
  ㉠ 주조재의 정밀가공, 변형, 휨의 방지 등을 위하여 잔류응력을 제거하는 것은 필수이다.
    → 용체화처리를 통하여 인장강도, 내충격값을 상승하며 인성을 부여한다.
  ㉡ 주조재나 담금질재의 내부응력 제거, 안정화를 위하여 풀림 처리를 한다.

③ 가공용 마그네슘
  ㉠ 냉간가공성이 매우 나쁘기 때문에 10~25%의 가공도만으로도 과가공 되며 225℃ 이상에서는 가공성이 향상된다.
    → 주로 열간가공을 통하여 제조하며 압출속도 제어로 과열을 방지한다.
  ㉡ 가공용 Mg합금의 응력제거 풀림 온도는 345~455℃이다.

핵심이론 04 니켈 및 니켈합금의 열처리

① 개요
  ㉠ 자기변태점인 360℃ 이상에서 강자성체로 전환됨
  ㉡ 풀림 처리에 의한 인장강도는 43~353MPa 정도임
  ㉢ 내열성 및 내식성은 양호하나, S가 함유된 가스 중의 350℃ 이상에서 심하게 침해되는 경향이 있음
  ㉣ Brush Alloy 360(UNS No. N03360)은 약 2%의 니켈이 함유되어 있으며, 시효경화 열처리를 시행함

② Ni-Cr강
  ㉠ Ni은 페라이트조직을, Cr은 탄화물을 강화하여 강의 조직을 치밀하게 함
  ㉡ 저탄소(0.12~0.18%)나 중탄소가 포함된 것은 침탄강으로 사용
  ㉢ 탄소함유 0.27~0.4%는 구조용 강으로 사용
  ㉣ 단조 시 미세균열이 발생되기 쉬우며 단조 또는 압연온도에서 급랭 시 깨질 수 있으므로 반드시 서랭해야 함
  ㉤ 단조 후에는 풀림을 시행함
  ㉥ 변태속도 및 탄화물 확산속도가 탄소강에 비해 상대적으로 느리므로 열처리 시 충분한 시간을 주어야 함
  ㉦ SNC 2종 및 3종과 같이 고Ni 및 고Cr강은 뜨임취성이 심하므로 뜨임 후 유랭을 실시함

③ Ni-Cr-Mo강
  ㉠ Ni-Cr강은 경화능은 좋으나 뜨임메짐이 일어나므로 이의 개량종이 Ni-Cr-Mo강임
  ㉡ 소량의 Mo첨가로 담금질성을 향상시킬 수 있으며, Ni-Cr강의 뜨임취성을 방지할 수 있음
  ㉢ 뜨임메짐은 탄화물의 과포화 고용체로부터 서랭과정에서 탄화물의 석출에 의해 취약하게 되므로 뜨임온도를 높여 탄화물의 고용을 유도하고 급랭시킴
  ㉣ Mo가 함유된 경우 석출되는 탄화물은 미세화되어 300℃ 이하에서 석출됨

10년간 자주 출제된 문제

Mn, Ni, Cr 등을 함유한 구조용 강을 고온 뜨임한 후 급랭할 수 없거나 질화처리로서 600℃ 이하에서 장시간 가열하면 석출물로 인하여 취화되는데 이 현상을 개선하는 원소는?

① Cu
② Mo
③ Sb
④ Sn

[해설]

구조용 강에서 가열 후 석출물에 의한 취화현상을 방지하기 위해 Mo를 첨가한다.

정답 ②

핵심이론 05 타이타늄 및 타이타늄합금의 열처리

① 정의

 ㉠ 순 타이타늄
  - 융점 1,670℃, 비중 4.5g/cm³(강의 약 60%)이며, 강도는 강과 거의 동일하나 내식성은 스테인리스, 모넬 메탈과 유사함
  - 순수 타이타늄 및 타이타늄합금의 경우 열간 및 냉간가공 후 내부 왜곡 제거를 위해 응력 제거 과정이 필요
  - 가공조직의 회복 및 재결정을 위해 소둔과정 필요(소둔에 의해 조직의 안정화, 제품수치의 안정화, 절삭성의 향상 및 기계적 성질의 향상 효과를 얻음)

 ㉡ 고온취화경화 : 대기 중 700℃ 이상으로 가열 시 TiO, Ti_2O_3, TiO_2의 층상 산화막형성이 일어나고, O, N의 흡수고용이 일어나 H가 흡수저장되어(수소취화) 표면층이 단단해짐

 ㉢ 기계적 성질 : Fe 및 N 등의 불순물에 영향을 받아, 철(Fe)의 양을 소량 증가시켜도 인장강도와 경도는 증가하는 반면, 연신율은 감소하여, 가공경화율이 커 냉간가공도에 의해서도 크게 변화됨

 ㉣ 합금
  - α형 합금
    - 고온에서 안정하여 600℃ 이상에서의 크리프 강도는 $\alpha + \beta$형 합금보다 우수함
    - Ti-Al합금은 Al 첨가에 의해 내산화성 및 고온 크리프 특성이 향상되어 수소 취성을 낮춤
  - β형 합금
    - 열처리 상태에서 전연성이 양호하며 박판 등의 제조에 적합함
    - 시효열처리에 의해 강인성을 부여할 수 있음
  - $\alpha + \beta$형 합금
    - Ti-6%/Al-4%V 합금으로 용체화처리에 의한 고용강화 α상과 준안정 β상이 혼재상태

- 열처리에 의해 α형 합금보다 강도를 높일 수 있지만 450℃ 이상에서 강도저하율이 낮아짐

② 열처리

㉠ 어닐링 처리
- 불균일한 열간 & 냉간 가공, 비대칭 가공, 주조품 냉각이나 용접부위의 잔류응력을 제거하는 데 의미가 있다.
- 제조 공정중의 어닐링, 시효를 통하여 별도의 응력제거 처리를 하지 않는 방법도 가능
- Ti 및 Ti합금의 응력제거 처리 : 480~315℃ 사이 온도구간에서의 균일한 냉각이 중요

순수 타이타늄	480~595℃에서 응력 제거
α형 합금	480~705℃에서 응력 제거
α+β형 합금	480~705℃에서 응력 제거
β형 합금	675~815℃에서 응력 제거

㉡ 용체화 및 시효경화처리 : α형 합금과 β형 합금은 용체화처리와 시효처리를 통하여 넓은 범위의 강도 특성을 갖게 할 수 있다. α+β형 합금을 용체화처리 온도로 가열하면 β상의 비율이 높아지며 이 상태가 급랭 시 유지되고 시효처리에 의하여 불안정한 β상의 분해가 일어나 높은 강도를 나타낸다.

㉢ 후처리 : Ti는 반응성이 커서 불활성가스, 진공 분위기의 열처리가 요구된다. 그렇지 못한 경우에는 산소과다층이 형성되어 취약하기 때문에 제거해야 한다.

10년간 자주 출제된 문제

Ti 및 Ti합금을 응력 제거 처리하는 이유 또는 처리 온도에 대한 설명으로 틀린 것은?

① 잔류응력을 감소시키기 때문에
② 제품의 형상에 안정성을 줄 수 있기 때문에
③ 응력 제거 처리 시 과시효를 방지하기 때문에
④ 응력 제거 처리 온도 중 315~480℃에서는 냉각을 가속하기 위해 유랭 또는 수랭 처리를 한다.

[해설]

타이타늄 및 타이타늄합금의 경우 각각의 정해진 온도에서 응력 제거를 실시하여 조직의 안정화, 제품의 안정성 확보 및 과시효를 방지하며, 냉각의 가속은 필요하지 않다.

정답 ④

제6절 열처리 결함 및 대책

핵심이론 01 가열 시 결함

① 가열온도 및 시간의 부적당
  ㉠ 노 내 가열의 온도 불균일
    • 대형 노에서 영향이 크며, 노의 설계, 버너배치, 노의 형식, 불꽃방향, 연소방법, 강제부품의 장입방법에 대한 고찰이 필요
    • 부품의 노 내 장입 시 온도 분포의 파악이 필요
  ㉡ 온도 측정의 부정확 : 온도 측정의 오차로 인한 문제이며, 온도계의 설치 위치 및 개수가 중요한 변수
  ㉢ 부품 내의 온도 불균일
    • 강의 표면 및 중심부의 온도 차이에 의해 발생하는 문제
    • 염욕로의 경우 승온 및 유지시간의 단축이 가능함

② 산화
  ㉠ 강이 산화성 분위기에서 고온가열 시 스케일 발생
  ㉡ 고온에서 산화물의 용해가 일어날 경우 산화가 촉진되며, 강의 표면이 거칠어짐
  ㉢ 산화에 의한 탈탄 및 잔여 스케일에 의해 강 표면의 얼룩이 담금질 과정에서 형성됨
  ㉣ 스케일 제거를 위해 황산 또는 염산 수용액을 이용하고 sand blast 등 기계적 방법을 이용함

③ 탈탄
  ㉠ 고온에서 강이 산화될 때 표면의 탄소 또는 CO가 가스상태로 제거되어 표면의 탄소 농도가 저하됨
  ㉡ 탈탄현상에 의해 강이 연한 페라이트 조직으로 변함
  ㉢ 고온에서 탈탄이 빨라지며 α지역보다 β지역에서 탈탄이 심하게 발생
  ㉣ 담금질 경도 부족, 강 표면 인장응력 발생으로 인한 변형 또는 불균일 발생
  ㉤ 강 표면에 인장응력 발생으로 변형이나 균열의 원인이 됨
  ㉥ 강의 기계적 강도 및 내피로 강도 저하
  ㉦ 염욕 및 금속욕에 의한 가열이 탈탄을 방지함
  ㉧ 분위기 가스 또는 진공가열이 선호됨
  ㉨ 중성분말제를 이용하거나 탈탄 방지제 도포
  ㉩ 강 표면에 도금 실시 또는 장시간 가열을 피하여 탈탄 방지

④ 과열
  ㉠ 탄소강 및 합금강을 1,100℃ 이상 가열 시 결정의 조대화 및 과열조직(Widmanstatten) 형성
  ㉡ 과열조직은 강의 인성과 항복점을 저하시킴
  ㉢ 과열조직의 회복을 위해 열간가공 온도 범위에서 가열 후 A_1점 이하까지 냉각 후 오스테나이트화 온도 γ상태에서 재가열 후 공랭 또는 노랭 실시
  ㉣ 적당한 온도로 가열을 유지하고 Al, Si, Cr과 같은 합금원소를 첨가하여 과열조직 방지

⑤ 변형
  ㉠ 균열과 급랭 시 부품 내 온도 불균형에 의한 변형 발생
  ㉡ 열처리 전 열간가공, 냉간가공, 기계가공으로 재질변화 또는 잔류응력 존재
  ㉢ 담금질 전 충분한 풀림과정이 요구됨
  ㉣ 고온가열의 경우 불안정한 지지는 강의 자중으로 인한 변형 초래

10년간 자주 출제된 문제

강이 고온에서 열처리되어 탈탄이 되었을 경우 일어나는 현상으로 옳은 것은?
① 내피로강도를 증가시킨다.
② 탈탄층에는 펄라이트 조직이 발달한다.
③ 표면에 인장응력이 발생하여 변형되거나 크랙의 원인이 된다.
④ 결정이 미세화되어 기계적 성질이 향상된다.

[해설]
고온에서 강이 탈탄되었을 경우 표면에 인장응력이 발생하여 크랙이 형성된다.

정답 ③

핵심이론 02 담금질 시 결함

① 개요

열처리 결함 중 가장 많은 것으로 담금질 이후에 일어나는 경우도 많다.
- → 강의 급랭에 의한 열응력
- → 변태점 이하의 온도에서 생기는 새로운 마텐자이트와 전조직(오스테나이트)의 부피차로 인한 균열

② 담금질 균열부위

모서리, 연결 부위, 구멍 부분

③ 경도 불균일

부품의 전체 및 표면 일부분이 경화되지 않는 연점이 생기는 현상
- ⊙ 표면 탈탄으로 인한 경도 불균일
- ⓒ 담금질 온도 불균일로 인한 불완전 오스테나이트 잔류
- ⓒ 기포, 스케일 부착으로 인한 냉각 분균일
- ② 편석 등

④ 담금질 제품 경도 부족

국부 경도 부족 말고 전체 경도 부족의 원인 2개
- ⊙ 담금질 가열 온도가 낮아 오스테나이트+페라이트 2상 구역에서 담금질
- ⓒ 임계냉각속도보다 느린 냉각속도

⑤ 담금질에 의한 변형
- ⊙ 열응력, 변태응력, 경화상태 불균일 등의 변형
  → 대형 제품의 열, 냉각방법, 형상 개선
- ⓒ 오스테나이트의 마텐자이트화에 의한 치수변형
  → 공구, 중·소형 정밀 부품의 문제

⑥ 시효변형

담금질로 경화된 강을 상온에 방치하면 부피의 수축을 가져온다(시효변형).
- → 120~180℃에서 뜨임을 하여 시효변형을 방지할 수 있다.

10년간 자주 출제된 문제

담금질 변형에 대한 설명으로 옳은 것은?

① 축이 긴 제품은 수평으로 냉각하여 변형을 방지한다.
② 변형을 미리 예측하고 반대방향으로 변형시켜 놓는다.
③ 변형 방지를 위하여 담금질 온도 이상으로 높여 담금질한다.
④ 기름담금질 → 물담금질 → 공기담금질 순서로 변형이 적어진다.

해설

금속의 담금질 시 발생하는 변형을 방지하는 방법 중 하나는 변형의 방향을 미리 예측하고 반대방향으로 변형을 유도하는 것이다.

정답 ②

핵심이론 03 뜨임 시 결함

① 템퍼링의 급속가열

노 내 온도의 불균일로 열응력이 결정립계에서 나타나는 취성과 함께 응력집중 부위에서 균열이 발생

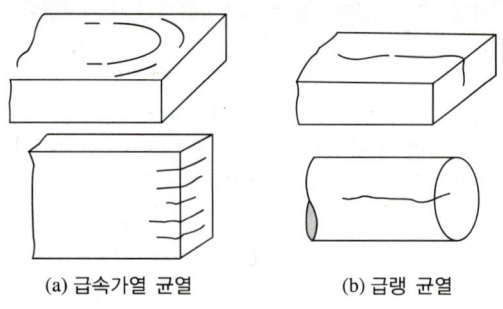

(a) 급속가열 균열   (b) 급랭 균열

[템퍼링 처리 시 균열의 형태]

② 템퍼링 온도로부터의 급랭

템퍼링으로 인하여 2차 경화되는 고속도강은 급랭 시 열응력이 생겨 균열이 발생

③ 탈탄층이 있는 경우

고속도강의 경우 강의 내부에서 잔류 오스테나이트가 마텐자이트 조직으로 팽창되고 석출에 의한 탄화물 수축으로 균열이 생김

④ 담금질이 끝나지 않은 상태에서의 템퍼링

담금질 후 강재의 온도가 완전히 내려가지 않은 상태에서 템퍼링 후 급랭 시 균열이 생김

⑤ 뜨임균열의 대책

　㉠ 천천히 가열

　㉡ 응력을 집중하는 부분은 열처리상 알맞게 설계

　㉢ 잔류응력 제거

　㉣ 결정립계의 취성을 나타내는 화학성분(Cr, Mo, V)을 감소시킴

　㉤ 고속도강의 경우 템퍼링 전에 탈탄층을 제거

　㉥ M_s점, M_f점이 낮은 고합금강은 균열방지를 위하여 두 번 템퍼링

10년간 자주 출제된 문제

다음 중 뜨임균열의 방지 대책으로 틀린 것은?

① 천천히 가열을 한다.
② 잔류응력을 제거한다.
③ 결정립계 취성을 나타내는 화학성분을 증가시킨다.
④ 응력이 집중되는 부분은 열처리상 알맞게 설계한다.

|해설|

내부응력 제거와 강도 및 취성의 증가를 목적으로 하는 뜨임의 균열 방지를 위해서 결정립계에 취성을 나타내는 화학성분을 제거하는 것이 유리하다.

정답 ③

핵심이론 04 연마 시 결함

① 담금질 후 상태 그대로 또는 150~180℃ 온도에서 연삭하면 균열이 발생함
② 균열이 발생하지 않을 경우 연삭으로 인한 burning이 발생함
③ 연삭열이 부분적으로 발생하여 담금질 조직이 부분적으로 뜨임상태로 변화하여 팽창, 파손이 일어남
④ 적열되는 정도가 약할 경우 A_1점 이하의 온도까지 되며, 뜨임과 같은 상태가 되어 연화층 형성으로 연삭균열이 발생함
⑤ 연삭 전 열처리(담금질 후 120~180℃에서 뜨임)로 연삭균열 및 burning 방지
⑥ 담금질 후 300℃에서 뜨임 후 연삭으로 균열 및 burning 방지
⑦ 숫돌의 속도를 높이거나 숫돌을 드레싱하여 연삭균열 방지
⑧ 연삭균열의 깊이는 0.1mm 정도이므로 다시 연삭하여 제거함
⑨ 담금질이 된 채로 조대한 마텐자이트 조직으로 나타나거나 잔류 오스테나이트가 많을 경우 균열 제거가 어려움

핵심이론 05 심랭처리 시 결함

① 원인
담금질 직후 심랭처리를 하는 것이 원칙이지만 담금질 직후 심랭처리를 하게 되면 담금질에 의한 스트레스와 잔류 오스테나이트의 마텐자이트화에 의한 응력이 중복되어 섭제로 균열이 발생한다. 특히 대형부품에서 자주 생긴다.
  ㉠ 심랭처리에 의해 잔류 오스테나이트가 마텐자이트로 변태하면 체적이 팽창하여 주위에 강한 인장응력이 생겨 균열이 발생
  ㉡ 강의 표면에 탈탄 부분이 존재할 경우 내부의 고탄소 부분에 잔류 오스테나이트가 많아져 심랭 시 균열 발생
  ㉢ 담금질 온도가 너무 높을 경우 균열 발생
② 심랭처리 시 균열과 변형 방지
  ㉠ 담금질 전에 탈탄층의 제거로 탈탄 방지
  ㉡ 심랭처리 전 100~300℃에서 뜨임 실시
  ㉢ 심랭처리 온도로부터 승온은 수중에서 실시
  ㉣ 불필요한 압흔 최소화
  ㉤ 심랭처리 시 급속가열로 강의 표면을 팽창시켜 인장력을 감소시킴

10년간 자주 출제된 문제

다음 중 심랭처리에 따른 균열의 원인으로 틀린 것은?
① 담금질 온도가 너무 높았을 때
② 강재의 다듬질 정도가 일정한 상태일 때
③ 담금질을 행한 강재에 탈탄층이 존재할 때
④ 심랭처리 온도가 불균일하거나 정확하지 않을 때

[해설]
심랭처리 시 제품의 표면상태의 다듬질 정도가 일정하면 균열의 형성이 적어진다.

정답 ②

핵심이론 06 표면경화 시 결함

① 고주파 담금질의 결함과 대책
  ㉠ 경도부족, 담금질 얼룩
    경도 부족 및 담금질 얼룩이 발생은 탄소함유량이 0.3% 이상에서 일어나기 쉬움
    → 탄소 함유량이 0.3% 이하여야 함
  ㉡ 균열
    - 탄소가 0.4% 이상이면 균열이 발생하기 쉬움
    - 조직결함, 비금속 개재물도 균열의 요소
    - 합금강의 경우 수랭보다는 유랭이 유리(얼룩 등)
  ㉢ 변형
    - 화염 및 고주파 담금질은 부분 담금질이기 때문에 변형이 적은 편이지만 부분적인 변형이 클 수 있음
    - 예열 후 단속적으로 전기를 통하면서 가열 후 담금질 실시로 균열 방지

② 침탄 담금질의 결함과 대책
  ㉠ 경도부족
    - 침탄량 부족
    - 담금질 온도가 낮을 때
    - 탈탄이 되었을 때
    - 잔류 오스테나이트가 많을 때
  ㉡ 담금질 얼룩 : 표면일부가 경화되지 않은 부분
    - 편석이 많은 강
    - 림드강 같은 재료불량
    - 가열온도의 불균일과 냉각속도에 따른 얼룩
  ㉢ 균열 : 과잉침탄이나 고르지 못한 침탄일 때, 잔류응력이 클 때 발생
  ㉣ 박리
    - 과잉침탄으로 국부 탄소량 과다
    - 상대적으로 재료의 탄소량이 너무 적을 때
    - 반복 침탄
  ㉤ 변형 : 침탄 중에 강의 중심부 조직이 거칠어지지 않도록 Ni, Ti, N 등이 함유된 강을 사용한다.

③ 질화처리에 의한 결함과 대책
  ㉠ 경도 부족
    - 질화 후 필요 경도에 못 미칠 때 질화층이 불충분하게 형성될 수 있음
    - 전처리, 해리도, 온도, 시간 등이 적절치 못할 때도 경도 부족 발생
  ㉡ 백층 생성 : 백층 생성 방지 질화시간 짧게, 질화온도는 높게, 해리도는 20% 이상
  ㉢ 원재료의 강도 저하 및 취성 : 질화시간이 길어질 경우 원재료의 뜨임 발생으로 강도가 저하되므로 뜨임온도를 충분히 높여야 함
  ㉣ 변형
    - 소재가공으로 인한 변형
    - 질화로 인한 변형

10년간 자주 출제된 문제

고주파 담금질 시 발생되기 쉬운 결함의 종류가 아닌 것은?
① 심랭균열
② 담금질균열
③ 연화밴드
④ 피시 스케일

[해설]
고주파 담금질은 주로 탄소강을 대상으로 실시하며 표면만 가열한 후 물의 분사로 급랭시키는 방법으로 심랭균열, 담금질균열, 연화밴드의 형성이 발견된다. 피시 스케일은 담금질한 고속도강의 파면에 나타나는 현상으로 고주파 담금질과는 연관성이 떨어진다.

정답 ④

핵심이론 07 재료의 결함

① 편석
  ㉠ 용강의 응고가 불균일하여 강괴 표면층 부분의 주상정과 강 중심부의 결정정계 주위에 발생하는 정편석 및 역편석
  ㉡ C, Mn%를 비롯하여 합금 원소가 첨가되면 비중차이 및 내부응력 발생으로 균열 발생
  ㉢ 합금원소의 편석 방지를 위해 ESR(electro-slag 용해)법을 이용

② 내부결함
  ㉠ 망가니즈의 황화물, 규산염, 철, 망가니즈, 알루미늄, 마그네슘 등의 산화물로 인한 불순물 발생
  ㉡ 고탄소강, 베어링강, 침탄강에서 열처리에 의해 확대되어 피로파괴의 원인이 되며, 열간가공 시 균열을 일으킴
  ㉢ 용강의 응고 시 생기는 기포, 응고수축 시 발생하는 blow hole 또는 긴 수축부분이 단조 또는 압연과정에서 충분한 압착이 되지 않을 경우 강재 내부에 존재하며 수축공을 형성
  ㉣ 수축공은 강의 윗부분과 아랫부분에 집중되며 가열, 냉각, 담금질 시 균열의 원인이 됨
  ㉤ Ni-Cr강, 고Mn강, 고Ni강, 오스테나이트 불수강의 경우 용강 중의 수소가스로 인한 강의 파단면에 백점을 형성하여 균열의 원인이 됨
  ㉥ 단조 후 냉각 중 약 250℃ 이하의 온도에서 백점이 형성되어 열처리 후 균열의 원인이 됨

③ 강표면의 흠 및 모래흠
  ㉠ 강괴의 흠이 원인 제공을 하여 표면에 흠을 형성함
  ㉡ 열간가공에 의해 표면에 흠이 형성됨(주름살, 균열, 흠, 침식, 깎임 등)
  ㉢ 압연강재의 절삭 시 압연방향과 평행한 수 mm 이하의 미세한 선상 흠인 모래흠이 발생
  ㉣ 모래흠은 높은 경도의 재료에서 균열의 원인이 되며 베어링강 또는 기어에서 피로강도 저하를 일으킴

④ 열간가공에 의한 재료의 결함
  ㉠ 단련 성형비의 부족으로 수지상점이 남게 되고 조대한 결정립으로 인한 가공도의 부족으로 담금질성이 저하되고 뜨임변형의 원인이 됨
  ㉡ 가공도 부족은 기계적 성질과 인성을 저하시킴
  ㉢ 단련 성형비로 Jis G0701에서 3S 이상의 값이 요구되나 합금원소량이 많은 공구강의 경우 10S 정도의 가공도가 요구되기도 함
  ㉣ 초대형 단조품은 전체를 단조온도 범위에서 가열 후 표면만 냉각하여 단조시켜 가공효과를 내부까지 전달하게 함
  ㉤ 단조 또는 압연에 의해 강 중의 비금속 개재물이 가공 방향으로 인장되어 절단 방향의 인성이 떨어짐
  ㉥ 이러한 이방성은 비금속 개재물의 존재에 의해 비롯되며 열처리에 의해 개선이 어려움
  ㉦ 이방성을 방지하기 위해 L방향과 C방향의 단신비를 1 : 1에 접근시키는 것이 유리함
  ㉧ 비금속 개재물을 적게 존재하게 하고 강 중의 유황 함유량을 0.008% 이하로 유지하여 이방성을 개선시킴

CHAPTER 04 재료시험

제1절 기계적 시험법

① 분류
- ㉠ 정적시험/동적시험
  - 정적시험 : 정적하중을 가하여 시험하는 것으로 하중증가에 가속도가 없다.
  - 인장, 압축, 전단, 굽힘, 비틀림, 압입 경도시험
  - 동적시험 : 동적하중을 가하며 시험하는 것으로 실제상태와 유사하다.
  - 피로시험, 충격시험, 쇼어 경도시험, 에코팁 경도시험
- ㉡ 파괴시험/비파괴시험
  - 파괴시험 : 시험편을 파괴하거나 변형을 주어 시험하는 것
    - 기계적 시험 : 인장, 압축, 전단, 굽힘, 비틀림, 압입 경도시험, 피로시험, 충격시험, 쇼어 경도시험, 에코팁 경도시험
    - 화학적 성질 시험 : 성분분석
    - 금속조직학적 시험 : 결정립도, 비금속 개재물, 조직시험
  - 비파괴시험 : 제품을 파괴하지 않고 내, 외부의 결함을 조사하는 검사
    - 내부결함 : 방사선, 초음파 비파괴 검사
    - 외부결함 : 침투, 자기 비파괴 검사

핵심이론 01 경도시험

① 경도시험
- ㉠ 압입자를 이용하여 금속표면에서의 소성가공에 대해 저항하는 힘을 측정하는 시험
- ㉡ 특정하중에 의한 압흔의 크기를 측정
- ㉢ 압입에 의한 방법, 긋기(스크래치)에 의한 방법, 반발에 의한 방법 등이 있음
- ㉣ 경도시편의 두께는 일반적으로 압흔 깊이의 10배 이상이어야 함

② 경도시험의 분류
- ㉠ 압입 경도시험 : 시험편을 서로 누르거나 압입자로 시험편을 누를 때 외력에 대한 저항력을 측정
  - 브리넬 경도시험
  - 로크웰 경도시험
  - 비커스 경도시험
  - 마이크로 비커스
  - 누프 경도시험
  - 마이어 경도시험
- ㉡ 반발 경도시험 : 시험편에 강체에 가까운 물체를 낙하시켜 반발 정도에 의해 경도를 나타내는 방법
  - 쇼어 경도시험
  - 에코팁 경도시험
- ㉢ 긋기 경도시험 : 시험편을 표준물체로 긁었을 때의 흠으로 경도를 비교하는 방법
  - 모스 경도시험
  - 마르텐스 경도시험

10년간 자주 출제된 문제

1-1. 압입자를 이용한 경도측정법이 아닌 것은?
① 쇼어 경도
② 브리넬 경도
③ 비커스 경도
④ 로크웰 경도

1-2. 다음 중 같은 분류방법으로 짝지어진 경도시험은 무엇인가?
① 브리넬, 에코팁
② 쇼어, 모스
③ 누프, 비커스
④ 마르텐스, 로크웰

|해설|

1-1
쇼어 경도는 추를 자유낙하하여 얻는 경도측정법이다.

1-2
경도시험의 분류
- 압입 경도시험 : 브리넬, 로크웰, 비커스, 마이크로 비커스, 누프, 마이어 경도시험
- 반발 경도시험 : 쇼어, 에코팁 경도시험
- 긋기 경도시험 : 모스, 마르텐스 경도시험

정답 **1-1** ① **1-2** ③

핵심이론 02 브리넬 경도시험

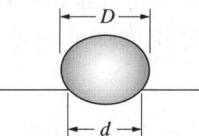 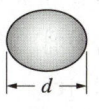

[압흔]

D : 강구지름
d : 압흔지름

① 개요
강구 또는 초경합금구 압입자를 사용하여 일정하중으로 시험편을 압입할 때 생기는 자국의 크기에 의해 경도를 측정하는 방법
- 큰 압입 자국을 얻기 때문에 불균일한 재료의 평균적인 경도값 측정
- 시험하중을 압입 자국의 표면적으로 나눈 값 → 단위 면적당 응력으로 표시되며 단위는 붙이지 않고 HB로 나타냄
- 철강재료 3,000kgf, 구리합금 1,000kgf, 경성재료 750kgf, 알루미늄, 마그네슘합금은 500kgf의 검사하중을 사용

㉠ 경도식

$$\text{브리넬 경도(HB)} = \frac{P}{A}$$
$$= \frac{2P}{\pi D(D - \sqrt{D^2 - d^2})}$$
$$= \frac{P}{\pi Dh}$$

여기서, P : 하중
D : 강구의 지름
d : 압흔의 지름
h : 압흔의 깊이
A : 압흔의 표면적

㉡ 표시 예 : HB S(10/3,000) 341
- S : 압입자의 종류
- 10 : 압입자의 지름(mm)
- 3,000 : 시험하중(kg)
- 341 : 브리넬 경도값

② 브리넬 경도시험편
　㉠ 압입 자국이 생기는 과정에서 가공경화가 일어나 측정에 영향을 줄 수 있기 때문에 일정 규격을 지킨다.
　㉡ 시험편의 두께 : 일반적으로 압입 자국의 깊이 h의 8배 이상
　㉢ 측정 자국 상호 간의 중심거리 : $4d$ 이상
　㉣ 시험편 측면으로부터의 거리 $2.5d$ 이상

10년간 자주 출제된 문제

2-1. 브리넬(Brinell) 경도시험에 대한 설명으로 틀린 것은?
① 시험하중을 누르개 자국의 표면적으로 나눈 값으로 표시한다.
② 철강과 비철금속의 구분 없이 주하중시간은 60초가 가장 적당하다.
③ 시험편의 두께는 누르개 자국 깊이의 8배 이상으로 한다.
④ 시험은 일반적으로 10~35℃ 범위에서 한다.

2-2. 압입자 지름이 10mm인 브리넬 경도시험기로 강의 경도를 측정하기 위해 3,000kgf의 하중을 적용하였더니 압입 자국의 깊이가 1mm이었다면 브리넬 경도값(HB)은 약 얼마인가?
① 70.5　　② 85.5
③ 95.5　　④ 100.5

[해설]
2-1
브리넬 경도시험의 압입자 압입시간 : 15~30초 정도 소요됨
2-2
$HB = \dfrac{P}{A} = \dfrac{P}{\pi Dh} = \dfrac{3,000}{\pi \times 10 \times 1} = 95.5$

정답 2-1 ②　2-2 ③

핵심이론 03 비커스 경도시험

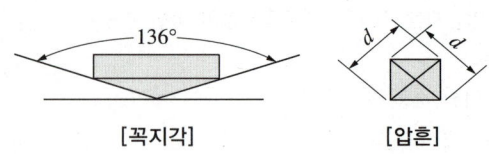
[꼭지각]　　[압흔]

① 개요
꼭지각 136°인 다이아몬드 압입자로 시험편 표면에 압입하였을 때 시험편에 작용한 하중을 압입 자국의 대각선 길이로부터 얻은 표면적으로 나눈 값이 비커스 경도이다.
　㉠ 하중의 유지시간 : 30초
　㉡ 임의로 하중을 변화시킬 수 있어서 단단한 재료와 연한 재료의 측정이 가능
　㉢ 침탄층이나 질화층 등 표면경화층 측정에 적합
　㉣ 각도 : 136°

② 경도식

$$\text{비커스 경도(HV)} = \dfrac{P}{A} = \dfrac{2P}{d^2}\sin\left(\dfrac{\theta}{2}\right)$$
$$= \dfrac{2P}{d^2}\sin\left(\dfrac{136°}{2}\right) = \dfrac{1.854P}{d^2}$$

여기서, P : 하중
　　　　A : 압입자의 표면적
　　　　d : 압흔의 대각선의 평균 길이

※ 표시 예 : HV(10)250
　• HV : 비커스 경도
　• 10 : 시험하중
　• 250 : 경도값

10년간 자주 출제된 문제

3-1. 임의로 하중을 변화시킬 수 있어서 단단한 재료와 연한 재료의 측정이 가능하고 침탄 질화층을 정확하게 측정할 수 있는 특징을 가진 경도계로서 가장 적합한 것은?

① 쇼어 경도계
② 로크웰 경도계
③ 비커스 경도계
④ 브리넬 경도계

3-2. 비커스 경도 시험에 대한 설명으로 틀린 것은?(단, P는 하중, d는 평균 대각선의 길이이다)

① $HV = 1.8544 \times \dfrac{P}{d^2}$ 이다.
② 스크래치를 이용한 시험법이다.
③ 시험편이 작고 경도가 높은 부분의 측정에 사용한다.
④ 136° 다이아몬드 피라미드형 비커스 압입자를 사용한다.

[해설]

3-1
비커스 경도계
하중의 유지시간은 30초이고 압입자의 각도는 136°이며 임의로 하중을 변화시킬 수 있어서 단단한 재료와 연한 재료의 측정이 가능하여 침탄층이나 질화층 등 표면경화층 측정에 적합하다.

3-2
스크래치를 이용한 경도시험법은 마텐스 경도시험이다.

정답 3-1 ③ 3-2 ②

핵심이론 04 로크웰 경도시험

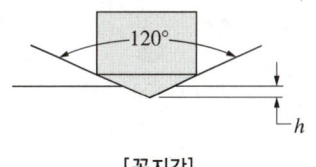

[꼭지각]

① 개요

금속의 탄성 거동을 배제시키기 위하여 로크웰에 의해 고안되었으며 여러 가지 스케일이 있다.

㉠ 기준하중을 주어 시험편을 압입하고 시험하중을 가하여 압입자의 모양대로 변형을 일으킨 후 시험하중을 제거하였을 때의 깊이차를 이용하여 경도를 측정

㉡ 다이아몬드 원뿔 또는 구형의 강구 압입체를 이용하여 경도를 측정

㉢ 시험하중(합계) : 60kgf, 100kgf, 150kgf

㉣ 기준하중 : 10kgf

㉤ 스케일

[로크웰 경도 잣대의 종류와 용도]

스케일	압입자	기준하중(kg)	시험하중(kg)	경도식	적용예
A	정각 120° 선단반지름 0.2mm 다이아몬드콘	10	60	100–500h	초경합금
D			100		C스케일의 경우보다 아주 가벼운 하중을 희망하는 경우(예 표면경화재료)
C			150		B100 이상의 경화재로서 70 이하
F	지름 1/16in 강구	10	60	130–500h	아주 무른 재료 (예 메탈베어링)
B			100		어닐링 강으로 B100~B0의 재료
G			150		B스케일보다 경한 재료
H	지름 1/8in 강구	10	60	130–500h	아주 무른 재료 (예 메탈베어링)
E			100		
K			150		

스케일	압입자	기준 하중 (kg)	시험 하중 (kg)	경도식	적용예
L	지름 1/4in 강구	10	60	130-500h	플라스틱 재료
E			100		
P			150		
R	지름 1/2in 강구	10	60	130-150h	플라스틱 재료
S			100		
V			150		
15-N	정각 120° 선단반지름 0.2mm 다이아몬드콘	3	15	100-1,000h	질화강 또는 유사재, 딱딱한 재료의 박판
30-N			30		
45-N			45		
15-T	지름 116in 강구	3	15	100-1,000h	강, 황동, 청동의 박판
30-T			30		
45-T			45		

- B스케일 : 지름 1/16인치 강구로 연한 재료에 사용
- C스케일 : 원뿔 다이아몬드 압입자를 사용하고 단단한 재료에 사용
- A, C, D스케일 : 원뿔 다이아몬드
- B, F, G스케일 : 지름 1/16인치 강구
- E, H, K스케일 : 지름 1/8인치 강구

ⓑ 표시 예 : 60 HR C
- 60 : 경도(계수, 값)
- HR : 로크웰 경도 기호
- C : 로크웰 경도 스케일 기호

② 다이아몬드 원뿔 누르개
  ㉠ 각도 : 120°
  ㉡ 곡률반지름 : 0.20mm
  ㉢ 사용 예 : 강재를 퀜칭 후 경도검사

③ 경도식
  ㉠ HRB = 130 − 500t
  ㉡ HRC = 100 − 500t (t : 압흔 깊이)

ⓒ 로크웰 경도시험편 : 압입 자국이 생기는 과정에서 가공경화가 일어나 측정에 영향을 줄 수 있기 때문에 일정 규격을 지킴
- 시험편의 두께 : 일반적으로 압입 자국의 깊이 h의 10배 이상
- 측정 자국 상호 간의 중심거리 : $4d$ 이상
- 시험편 측면으로부터의 거리 $2.5d$ 이상

10년간 자주 출제된 문제

4-1. 강재를 퀜칭 후 경도검사는 일반적으로 로크웰 경도 C스케일을 사용한다. 이때 압입체의 재질과 규격이 옳게 연결된 것은?

① 다이아몬드 − 120°
② 강철볼 − 1/10″
③ 다이아몬드 − 116°
④ 강철볼 − 1/8″

4-2. 로크웰 경도시험에서 사용하는 시험하중이 아닌 것은?

① 60kgf
② 100kgf
③ 150kgf
④ 200kgf

|해설|

4-1

로크웰 경도
B스케일 압입자는 지름 1/16인치 강구로 연한재료에 사용하고 C스케일 압입자는 각도가 120°인 원뿔 다이아몬드 압입자를 사용하며 단단한 재료에 사용한다.

4-2

로크웰 경도시험
- 다이아몬드 원뿔 누르개 각도 : 120°(A, C스케일)
- 기준 하중 : 10kgf
- 시험하중 : 60kgf(A스케일), 100kgf(B스케일), 150kgf(C스케일)

정답 4-1 ① 4-2 ④

핵심이론 05 반발 경도시험

① 쇼어 경도시험(HS)

일정한 형상과 중량을 가지는 다이아몬드 해머를 일정한 높이에서 낙하시켜 반발하는 높이를 경도로 표현한 것으로 휴대가 가능하며, 자국이 남지 않아 널리 사용된다.

㉠ 개요
- 다이아몬드 추를 자유낙하하여 반발을 이용해 경도를 측정
- 일정한 높이에서 추를 낙하시켜 반발하여 올라간 높이에 의하여 경도값을 구하는 경도 측정 시험법
- 반발에 안 좋은 영향을 끼친다면 경도값이 낮게 나옴

㉡ 경도값

$$HS = \frac{10,000}{65} \times \frac{h}{h_0}$$

여기서, h_0 : 초기 높이
h : 반발 높이

㉢ 쇼어 경도계 종류
- C형, SS형 : 반발 높이를 육안으로 측정(목측형)
- D형 : 반발 높이를 다이얼게이지로 측정(지시형)

② 에코팁 경도시험

초강구 해머를 시편에 충돌시켜 충돌 전후의 속도비를 재료의 강도로 나타낸다.

10년간 자주 출제된 문제

5-1. 쇼어 경도시험기에 대한 설명으로 틀린 것은?
① 시험기는 계측통 및 몸체로 구성한다.
② 목측형(C형)의 해머의 낙하 높이는 약 19mm이다.
③ 계측통은 해머기구 및 경도 지시부로 구성된다.
④ 계측통은 지시형(D형)과 목측형(C형)으로 하고, 지시형은 아날로그식과 디지털식으로 한다.

5-2. 낙하 하중을 지정된 높이에서 금속 표면에 낙하시켜 튀어 오른 높이를 기준으로 경도값을 나타내는 것의 기호는?
① HB
② HV
③ HR
④ HS

[해설]

5-1
- 쇼어 경도시험기는 다이아몬드 추를 자유낙하하여 반발을 이용해 경도를 측정하는 것으로 지시형(D형)과 목측형(C형, SS형)이 있다.
- 목측형(C형)의 해머 낙하 높이는 254mm, 지시형(D형)의 해머 낙하 높이는 약 19mm이다.

5-2
- 낙하 경도시험 : 쇼어 경도시험(HS)
- 압입 경도시험 : 브리넬 경도시험(HB), 비커스 경도시험(HV), 로크웰 경도시험(HR)

정답 5-1 ② 5-2 ④

핵심이론 06 긋기 경도시험

① 모스 긋기 경도
- ㉠ 여러 가지 광물의 상대적인 긁힘을 비교하는 방법으로 10가지의 표준물질을 정하고 경도의 순위를 나타냄
- ㉡ 경도는 선형적으로 증가하지는 않음
  활석 < 석고 < 방해석 < 형석 < 인회석 < 정장석
  (1)   (2)   (3)   (4)   (5)   (6)
  < 수정 < 황옥석 < 강옥석 < 금강석
  (7)   (8)   (9)   (10)

② 마르텐스 경도시험
- ㉠ 스크래치(scratch)를 이용한 경도시험법
- ㉡ 시편 위에 다이아몬드 또는 굳은 재질로 흔적을 만들고 하중을 긋기 흔적의 폭으로 나눈 값으로 표시
- ㉢ 각도가 90°인 원뿔 다이아몬드를 사용

> **10년간 자주 출제된 문제**
>
> 광물의 경도 측정에 많이 사용되는 긋기 경도(scratch hardness)에서 다음 중 가장 강한 것은?
> ① 활석 ② 수정
> ③ 방해석 ④ 금강석
>
> **[해설]**
> 긋기 경도 순서
> 활석 < 석고 < 방해석 < 형석 < 인회석 < 정장석 < 석영 < 황옥 < 강옥 < 금강석
>
> **정답** ④

핵심이론 07 충격시험

① 개요
- ㉠ 표준시편에 충격에 대한 동적하중을 가하여 금속의 충격흡수에너지를 구하는 시험
- ㉡ 인성과 취성, 재료의 충격 에너지, 재료의 천이온도 등을 확인할 수 있음
- ㉢ 충격치란 충격에너지를 시험편의 노치부 단면적으로 나눈 값으로 단위는 $kg \cdot m/cm^2$
- ㉣ 금속재료 충격시험편의 노치는 주로 V자형, U자형이 있음

② 충격시험의 종류
- ㉠ 단일 충격시험 : 1회의 충격으로 시험편을 파괴하는 것으로 재료의 인성과 취성을 판단하며 시험편을 고정하는 방식에 따라 샤르피, 아이조드 충격시험으로 분류
  - 샤르피 충격시험 : 양쪽이 고정되어 시험편의 가운데를 타격하는 방식

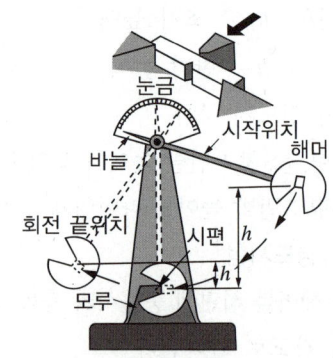

  - 아이조드 충격시험 : 한쪽이 고정되어 시험편의 반대편에 충격을 가하는 방식
- ㉡ 반복 충격시험 : 시험편에 일정한 하중으로 여러 번 타격하여 파괴될 때까지의 타격수로 재료의 성질을 판단

③ 충격흡수에너지 $= WR(\cos\beta - \cos\alpha)$

여기서, W : 해머중량(kgf)
R : 해머의 회전반지름(m)
α : 시험 전 각도
β : 시험 후 각도

④ 충격값 $= \dfrac{\text{충격흡수에너지(kgf·m)}}{\text{단면적(cm}^2)}$

sin, cos에 대하여 부담을 갖는 경우가 많은데 일반적인 충격시험에서는 $(\cos\beta - \cos\alpha)$값이 양수가 나옴을 기억하면 된다.

⑤ 노치효과

노치는 인공적인 홈으로 응력집중을 유도하는 역할을 한다.

㉠ 형상계수(α) : 응력집중계수라고도 함

$\alpha = \dfrac{\sigma_{\max}}{\sigma_n}$

여기서, $\sigma_{\max}$: 노치부분에 생긴 최대응력
σ_n : 노치가 없을 때의 응력

㉡ 노치계수(β) : 피로응력집중계수라고도 함

$\beta = \dfrac{\sigma_a}{\sigma_b}$

여기서, σ_a : 표면이 매끄러운 시험편의 피로한도
σ_b : 형상계수(α)의 노치를 갖는 시험편의 피로한도

㉢ 형상계수(α)는 노치계수(β)보다 큼($\alpha \geq \beta \geq 1$)

㉣ 노치민감도(q)

$q = \dfrac{\beta - 1}{\alpha - 1}$

여기서, β : 노치계수
α : 형상계수

• 노치민감계수가 0이면 노치에 둔감($\beta = 1$)
• 노치민감계수가 1이면 노치에 민감($\alpha = \beta$)

㉤ 노치 반지름이 클수록
• 흡수에너지가 큼
• 응력집중은 낮아짐
• 충격값은 커짐
• 파괴가 상대적으로 잘 일어나지 않음

| 알아보기 |

강의 취성(메짐) : 부서지는 현상
• 상온취성(low tempering shortness) : 인(P)에 의해 발생되며 상온에서 충격값을 저하시키고 가공성이 나빠짐
• 적열취성(red shortness) : 열간가공의 온도범위에서 일어나는 메짐현상으로 황(s)이 많이 함유된 경우 발생
• 청열취성(blue shortness) : 강이 200~300℃로 가열되면 경도, 강도는 최대가 되지만 연신율, 단면수축은 감소하여 일어나는 메짐현상으로 이때 표면에 청색의 산화피막이 생성되어 청열취성이라 함
• 저온취성 : 천이온도 이하의 온도에서 충격값이 급격하게 저하되는 성질

10년간 자주 출제된 문제

충격시험편에서 노치(notch) 반지름의 영향을 설명한 것 중 옳은 것은?

① 노치 반지름이 클수록 응력집중이 크다.
② 노치 반지름이 클수록 충격치가 낮다.
③ 노치 반지름이 클수록 흡수에너지가 크다.
④ 노치 반지름이 클수록 파괴가 잘 일어난다.

|해설|

노치 반지름이 작을수록 응력집중이 크고 충격치는 낮게 나오고 흡수에너지는 작고 파괴가 잘 일어난다.

정답 ③

핵심이론 08 인장시험(1)

① 개요
　㉠ 금속의 표준시편의 양 끝을 잡아당겨 파단시키는 시험
　㉡ 변형에 의한 변형률과 하중에 의한 응력과의 관계 그래프인 응력변형곡선을 나타냄
　㉢ 인장강도, 단면수축률, 연신율, 항복강도, 탄성한도, 비례한도, 푸아송비, 탄성계수 등을 측정할 수 있음
　㉣ 인장시험의 온도 : 10~35℃ 범위 내에서 하고 온도 관리가 필요할 때는 23±5℃로 함

② 시험편

[인장시험편 KS B 0801 규격]

시험편 호칭	규격 / 시험편의 모양		적용 재질
1호	표점 거리 L = 200mm 평행부 길이 P = 약 220mm 어깨 반지름 R = 25mm 이상 두께는 원래 두께대로 한다(단위 : mm).		• 강판 • 평강 • 형강
	시험편의 구별	너비(W)	
	1A	40	
	1B	25	
4호	표점 거리 L = 50mm 평행부 길이 P = 약 60mm 지름 D = 14mm 어깨 반지름 R = 15mm 이상		• 주강품 • 단강품 • 압연강재 • 가단주철 • 구상흑연주철 • 비철금속(그 합금) • 봉 및 주물

③ 응력-변형 선도
시험편을 인장시험기에 고정하고 하중을 가하며 축방향으로 외력에 비례하여 연신이 생기며 끊어질 때까지의 변형을 나타낸 그래프이다. 일반적으로 3가지 형태로 분류하여 이해하면 쉽다.
　㉠ 연강
　㉡ 구리(일반적인 금속재료)
　㉢ 주철(취성 금속재료)

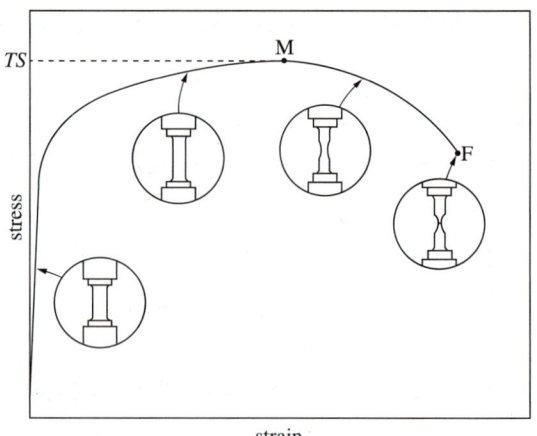

[파괴점 F까지의 응력-변형률 거동]

④ 응력-변형 선도 해석
응력-변형 선도에서 앞쪽의 직선부를 탄성영역, 곡선부를 소성영역이라 볼 수 있다.
　㉠ 탄성계수 : 직선부를 수학적으로 나타내었을 때 $y = Ax$의 기울기 A를 나타내며 E로 표현한다 ($\sigma = E\varepsilon$).

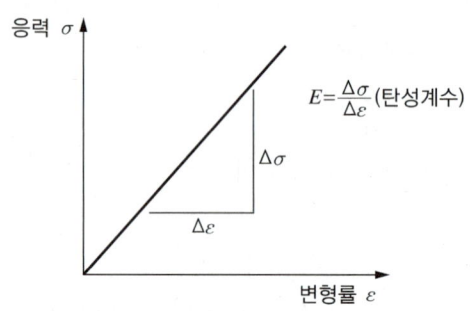

　㉡ 탄성한계 : 하중을 제거하면 소성변형이 되지 않고 원상태로 복귀하는 범위

ⓒ 비례한계 : 탄성한계보다 하단에 존재하며 탄성 범위에서 직선구간

ⓔ 최대인장강도(MPa, kgf/mm², N/mm²)
  - 공칭응력변형곡선에서 시편을 파단시키는 데 필요한 최대응력
  - 하중-연신 곡선으로부터 최대하중점을 통해 알 수 있음
  - 최대인장강도 = $\dfrac{\text{최대하중}}{\text{초기 단면적}}$

ⓜ 연신율(%) = $\dfrac{\text{파단길이} - \text{초기길이}}{\text{초기길이}} \times 100$
  - 냉간압연한 후 감소하는 기계적 특성
  - 연신율 측정의 기준 : 표점거리

ⓗ 단면수축률(%) = $\dfrac{\text{초기단면적} - \text{시험 후 단면적}}{\text{초기단면적}} \times 100$

ⓢ 푸아송비 = $\dfrac{\text{줄어든 폭 변형량}}{\text{늘어난 길이 변형량}}$

10년간 자주 출제된 문제

금속재료의 인장시험에서 연신율 측정의 기준이 되는 것은?

① 울림 간격
② 단면적의 지름
③ 표점거리
④ 어깨부의 반지름

[해설]
인장시험의 변형률 측정 기준은 표점거리이다. 전체길이에서 시험편 고정을 위한 부분은 아무런 의미가 없다.

정답 ③

핵심이론 09 인장시험(2)

① 응력-변형 선도

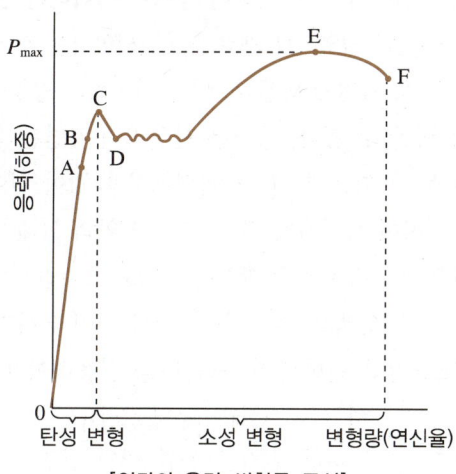

[연강의 응력-변형률 곡선]

ⓐ A : 비례한계
ⓑ B : 탄성한계
ⓒ C : 상부 항복점
ⓓ D : 하부 항복점
ⓔ E : 인장 강도
ⓗ F : 파괴 강도

ⓢ 0.2% offset법 : 항복점을 규정하기 어려울 때는 변형 후 탄성회복이 되었을 때 0.2%의 변형이 생기는 구간을 항복점으로 정한다.

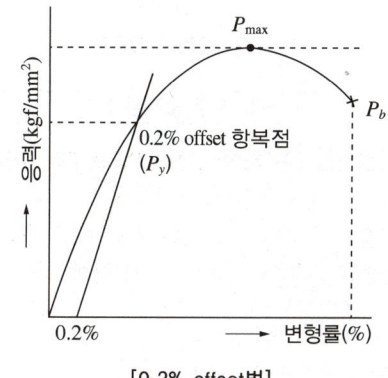

[0.2% offset법]

② 진응력과 공칭응력

응력, 연신율 그래프는 한 가지 이상한 점을 보여준다. 파단이 일어나는 곳이 최대 응력이 아니라는 점이다. 힘을 주다가 줄였는데 재료가 파단되었다는 것이 한번쯤 의문을 가지게 만든다. 이는 진응력과 공칭응력으로 설명할 수 있다. 응력은 단위면적당 받는 힘으로 나타낼 수 있는데 인장시험편에서 네킹이 일어나며 단위면적이 좁아지게 된다. 그러나 앞의 그래프는 실시간으로 면적 변화를 계산하지 않고 초기면적을 대응하여 만든 그래프이다. 이를 공칭응력이라 하며 실시간으로 면적 변화를 대응한 것을 진응력이라 한다.

㉠ 진응력 = $\dfrac{\text{실제 작용하중}(P)}{\text{하중 } P \text{가 작용할 때의 단면적}}$

㉡ 공칭응력 = $\dfrac{\text{실제 작용하중}(P)}{\text{원단면적}}$

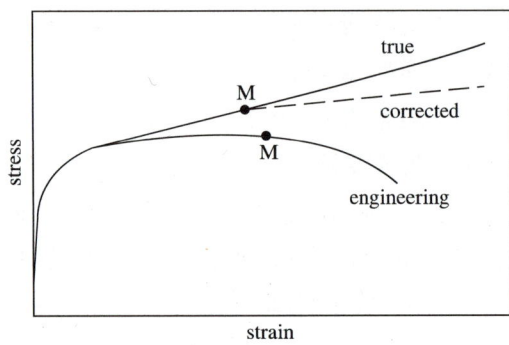

[공칭응력과 진응력]

| 10년간 자주 출제된 문제 |

연강을 인장시험하여 하중-연신곡선으로부터 얻을 수 없는 것은?
① 비례한계
② 탄성한계
③ 최대하중점
④ 피로한계

해설
피로한계는 피로시험으로 얻을 수 있다.

정답 ④

핵심이론 10 압축시험

① 특성
  ㉠ 취성재료에 주로 적용하며, 주철, 베어링합금, 콘크리트 등이 이에 해당한다.
  ㉡ 주철을 압축시험했을 때 시험편의 파괴 방향 : 대각선방향
  ㉢ 연강은 압축한계가 인장시험의 결과와 대략 일치하므로, 보통 압축시험을 하지 않는 재료이다.
  ㉣ 시험편의 지름에 대한 높이의 비는 1~3 정도가 적합하다. → 압축시험편의 불변부로 인하여 높이가 적으면 결과의 신뢰가 떨어진다.

② 응력-압률 선도
  ㉠ $\varepsilon = \alpha \sigma^m$ 의 지수법칙이 성립
  ㉡ $m > 1$: 강, 주철, 콘크리트
  ㉢ $m = 1$: 완전탄성체
  ㉣ $m < 1$: 고무, 폴리머

③ 압축시험편의 종류(ASTM 압축시험 규격)
  ㉠ 봉상 단주시험편 : $h = 0.9d$
  ㉡ 중주시험편 : $h = 3d$
  ㉢ 장주시험편 : $h = 10d$ (h : 높이, d : 지름)

| 10년간 자주 출제된 문제 |

압축한계가 인장시험의 결과와 대략 일치하므로, 보통 압축시험을 하지 않는 재료는?
① 주철
② 연강
③ 베어링합금
④ 콘크리트

해설
연강은 인장과 압축시험 결과가 유사하다.

정답 ②

핵심이론 11 굽힘시험 및 비틀림시험

① 굽힘시험
  ㉠ 특성
    • 재료의 굽힘에 대한 저항력을 측정하는 시험
    • 굽힘균열시험으로 재료의 전성, 연성, 굽힘저항, 균열의 유무를 알 수 있음
    • 보통 굽힘시험에서 알 수 있는 비례한계는 명확하지 않음
    • 주철의 단면강도는 보통 파단계수로서 크기를 정함
    • 굽힘강도는 단면형상과 관련 있음
  ㉡ 시편
    KS B 0804의 금속재료 굽힘시험에 사용되는 직사각형의 시험편의 모서리 부분은 반지름이 시험편 두께의 $\frac{1}{10}$을 넘지 않도록 라운딩
  ㉢ 측정 항목
    • 재료의 전·연성
    • 소성가공성
    • 굽힘응력
② 비틀림시험
  ㉠ 측정 가능한 기계적 성질
    • 강성계수(G)
    • 비틀림강도
    • 비틀림 파단계수

10년간 자주 출제된 문제

11-1. 다음 중 비틀림시험에 대한 설명으로 옳은 것은?
① 비틀림시험의 주목적은 재료에 대한 강성계수와 비틀림강도 측정에 있다.
② 비교적 가는 선재의 비틀림시험에서는 응력을 측정하여 시험 결과를 얻는다.
③ 비틀림시험시편은 양단을 고정하기 쉽게 시험부분보다 얇게 만든다.
④ 비틀림각도 측정법은 펜듈럼식, 탄성식, 레버식이 있다.

11-2. KS B 0804의 금속재료 굽힘시험에 사용되는 직사각형 시험편의 모서리 부분은 반지름이 시험편 두께의 얼마를 넘지 않도록 라운딩하여야 하는가?
① $\frac{1}{2}$ ② $\frac{1}{3}$
③ $\frac{1}{5}$ ④ $\frac{1}{10}$

|해설|

11-1
비틀림시험은 비교적 굵은 선재를 사용하고 고정단은 시험부분보다 굵게 만들며 비틀림각도는 원판과 지침에 의한 방법과 옵티컬레버를 사용하는 방법이 있다.

11-2
굽힘시험 시편 모서리의 라운딩은 전체 두께의 1/10을 넘지 않도록 한다.

정답 11-1 ① 11-2 ④

핵심이론 12 피로시험

① 개요

작은 힘이라도 매우 많은 횟수가 누적되면 재료가 파단에 이르는 현상
- ㉠ 동적시험법의 하나로 금속재료시험에서 작은 힘으로 반복적인 하중을 가하여 시험하는 방법
- ㉡ 응력을 반복하여 가했을 때 재료 전체 또는 국부적 슬립 변형이 생기며 시간과 더불어 점차적으로 발전해 가는 현상을 응력-반복횟수로 알아보는 시험법

② 피로시험에 영향을 주는 인자
- ㉠ 시험편의 형상
- ㉡ 시험편의 표면 가공도(조도)
  - → 탄소강 표면을 평활하게 다듬질할수록 피로강도는 향상
- ㉢ 열처리 및 표면경화
- ㉣ 진동수
- ㉤ 시험편 지름, 표면상태
  - → 합금강에서 굵은 지름의 시편일수록 회전굽힘 피로 한도는 저하
- ㉥ 채취방향 등
  - → 동일한 압연 강종에서 시료의 채취방향에 따라 피로한도는 다름

③ 시험방법
- ㉠ 강철의 경우 이상적인 시험 반복횟수 : $10^6 \sim 10^7$
- ㉡ 열처리된 조직 중 '마텐자이트 + 트루스타이트' 조직이 피로한도가 가장 큼
- ㉢ 피로도 = $\dfrac{A_0 - A}{A_0} \times 100\%$ (재료의 하중값을 A_0, 반복응력을 받는 재료의 충격값을 A)

④ $S-N$곡선

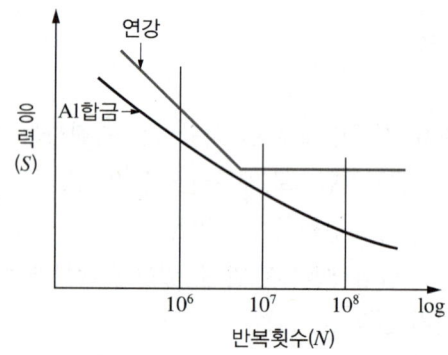

- ㉠ 세로축에 응력(S), 가로축에는 반복횟수(N)를 나타내는 선도
- ㉡ 피로한도 : 하중을 반복해서 작용해도 파단되지 않는 최대 응력값

10년간 자주 출제된 문제

응력을 반복하여 가했을 때 재료 전체 또는 국부적 슬립 변형이 생기며 시간과 더불어 점차적으로 발전해 가는 현상을 응력-반복횟수로 알아보는 시험법은?

① 경도시험
② 인장시험
③ 압축시험
④ 피로시험

[해설]
응력 반복시험은 피로시험이다.

정답 ④

핵심이론 13 마모시험

① 개요
　㉠ 마모(마멸)는 두 개 이상의 물체가 접촉하여 상대운동을 할 때 마찰에 의해 물체의 중량이 감소되는 현상을 말하며 마모를 시험하는 시험기를 마모시험기라 한다.
　㉡ 측정값 : 하중, 속도, 마모량

② 마모시험의 종류
　㉠ 연삭마모(abrasive wear) : 상대적으로 경한 입자가 미세돌기와의 접촉에 의해 표면으로부터 마모입자가 이탈되는 현상으로 마모면에 긁힘자국이나 끝이 파인 홈들이 나타나게 되는 마모
　㉡ 응착마모(adhesive wear) : 표면거칠기에 의해 유막이 존재하지 않아 발생하는 접촉에 의한 마모
　㉢ 피로마모(fatigue wear) : 기어나 베어링 등에 많이 발생하며 상대운동을 하는 표면에서 반복하중이 가해지면 마찰표면층에서 파괴가 일어나 그 결과 마모입자가 발생하는 것
　㉣ 부식마모(corrosion wear) : 부식환경하에서 접촉에 의한 표면 반응으로 생기는 마모

③ 마모시험 방법
　㉠ 접촉방식
　　• 미끄럼 마모
　　• 회전 마모
　　• 왕복 미끄럼 마모
　㉡ 마모시험에 영향을 주는 인자
　　• 마찰속도
　　• 마찰압력
　　• 마찰면 거칠기

④ 내마모성
　㉠ 특성
　　• 거칠기가 크면 접촉이 나쁘고 응착이 커져 긁힘마모가 되기 쉬움
　　• 재료의 표면경도가 높으면 접촉점의 변형이 적고 마모에 강함
　　• 마찰열을 빨리 방출할수록 내마모성이 좋음
　　• 표면 산화피막은 응착을 막을 정도의 것이 좋음, 취약하고 탈락이 쉬우면 마모가 큼
　㉡ 내마모성 인자
　　• 응착성
　　• 화학적 안정성
　　• 열전도성

10년간 자주 출제된 문제

13-1. 기어나 베어링 등에 많이 발생하며 상대운동을 하는 표면에서 반복하중이 가해지면 마찰표면층에서 파괴가 일어나 그 결과 마모입자가 발생하는 것은?
① 응착마모
② 연삭마모
③ 피로마모
④ 부식마모

13-2. 마모시험에서 내마모성에 대한 설명으로 틀린 것은?
① 거칠기가 크면 접촉이 나쁘며 응착이 커져 긁힘마모가 쉽다.
② 재료의 표면경도가 높으면 접촉점의 변형이 적고 마모에 강하다.
③ 마찰열의 방출이 늦을수록 내마모성이 좋다.
④ 표면 산화피막은 응착을 막을 정도의 것이 좋으며 취약하고 탈락이 쉬우면 마모가 크다.

[해설]
13-1
피로는 반복하중을 의미한다.
13-2
마찰열의 방출이 빠를수록 내마모성이 좋다.

정답 13-1 ③　13-2 ③

핵심이론 14 기타 특수시험

① 크리프시험
  ㉠ 개요 : 재료에 어떤 일정한 하중을 가하고 어떤 온도에서 긴 시간 동안 유지하면 시간이 경과함에 따라 스트레인이 증가하는 현상으로 각종 재료의 역학적 양을 결정하는 재료시험
  ㉡ 특성

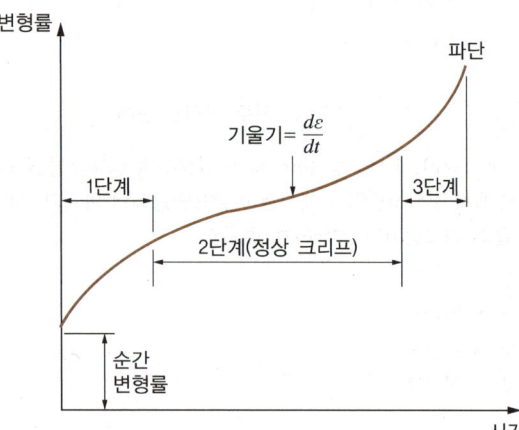

  - 시간–변형률 곡선을 나타냄
  - 변형 측정
  - 1단계 : 변형률이 점차 감소되는 단계(천이 크리프)
  - 2단계 : 속도가 대략 일정하게 진행되는 단계(정상 크리프)
  - 3단계 : 네킹(necking)이 발생하는 영역(가속 크리프)
  - 철강은 상온에서 크리프 현상이 나타나지 않으나 250℃ 이상에서 크리프 현상이 현저하게 나타남
  ㉢ 응력이완(relaxation) : 진변형이 일정한 조건하에서 부하되고 있는 시간의 경과와 더불어 나타나는 소성변형으로 인하여 응력(탄성변형)이 감소되는 현상
  ㉣ 크리프한도 : 어떤 재료가 일정온도에서 어떤 시간 후에 크리프 속도가 0(zero)이 되는 응력

② 에릭센시험(커핑시험)
  ㉠ 재료의 연성을 파악하기 위하여 구리 및 알루미늄 판재와 같은 연성판재를 가압 성형하여 변형 능력을 알아보기 위한 시험 방법
  ㉡ 컵 모양으로 변형시킬 때의 깊이를 측정값으로 함
③ 광탄성시험
  변형된 탄성체가 광학적으로 복굴절되어 응력분포를 나타내는 시험

10년간 자주 출제된 문제

14-1. 재료에 어떤 일정한 하중을 가하고 어떤 온도에서 긴 시간 동안 유지하면 시간이 경과함에 따라 스트레인의 증가현상으로 각종 재료의 역학적 양을 결정하는 재료시험은?

① 피로시험
② 비파괴시험
③ 인장감도시험
④ 크리프시험

14-2. 금속재료의 연성(ductility)을 알아보기 위한 시험은?

① 비틀림시험(torsion test)
② 에릭센시험(erichsen test)
③ 충격시험(impact test)
④ 굽힘시험(bending test)

|해설|

14-1
시간에 영향을 받으면서 변형률이 발생하는 정도를 측정하는 시험은 크리프시험이다.

14-2
에릭센시험은 재료의 연성을 파악하기 위하여 구리 및 알루미늄 판재와 같은 연성 판재를 가압 성형하여 변형 능력을 알아보기 위한 시험 방법이다.

정답 14-1 ④ 14-2 ②

제2절 금속 조직검사

육안, 광학현미경, 전자현미경 등으로 조직을 관찰하는 것은 금속의 성질을 바르게 이해하고 결함과 내부의 미세조직을 평가하기 위한 방법이다.

매크로 시험법
- 10배 이하의 확대
- 파단면 검사(육안)
- 비금속 개재물시험
- 설퍼 프린트법

마이크로 시험법
- 10배 이상의 확대
- 현미경조직검사
- 결정립도 시험
- 조직량 측정검사

핵심이론 01 매크로 조직시험

① 개요

육안 또는 10배 이내의 확대경을 이용하여 결정입자 또는 개재물 등을 검사하는 파면검사, 육안조직검사, 설퍼 프린트법 등을 뜻한다.

㉠ 방법
- 매크로 조직 시험
- 비금속 개재물 시험
- 설퍼 프린트법이 있음

㉡ 검사 용도
- 내부결함 유무
- 침탄, 탈탄 심도
- 육안에 의한 조직검사

㉢ 매크로 조직의 종류 및 기호
- 단면 전체에서 나타나는 조직 : 수지상 결정, 잉곳 패턴, 다공질, 피트 등
- 중심부의 조직 : 편석, 다공질, 피트 등
- 그 밖의 조직 : 기포, 개재물, 파이프, 모세균열, 중심부 파열, 주변 흠 등

기호	명칭	설명
D	수지상 조직	강괴의 응고에 있어 수지상으로 발달한 1차 결정이 단조, 압연 후에도 그 형태로 있는 것
I	잉곳 패턴	강괴의 응고 과정에 있어서 결정상태의 변화, 성분의 편차에 따라 윤곽상으로 부식의 농도차가 나타난 것
L	다공질	강괴의 응고 과정에서 성분의 편차에 따라 중심부에 농도차가 나타난 것
T	피트	부식에 의해 강재 단면의 전체 또는 중심 부분에 육안으로 볼 수 있는 크기의 점모양의 구멍이 생긴 것
Sc	중심부 편석	강괴의 응고 과정에서 성분의 편차에 따라 중심부에 농도차가 나타난 것
Lc	중심부 다공질	강재 단면의 중심부에 부식이 단시간에 진행하여 해면상으로 나타난 것
Tc	중심부 피트	부식에 의하여 강재 단면의 중심 부분에 육안으로 볼 수 있는 크기의 점모양의 구멍이 생긴 것
B	기포	강괴의 기포나 핀홀이 완전히 압착되지 않고 그 흔적이 남아 있는 것
N	비금속 개재물	육안으로 볼 수 있는 비금속성 개재물
P	파이프	강괴의 응고, 수축에 따른 1, 2차 파이프가 완전히 압축되지 않고 중심부에 그 흔적이 남아 있는 것
H	모세 균열	부식에 의하여 단면이 가늘게 머리카락 모양으로 나타난 흠
K	주변 흠	강재의 주변의 기포에 의한 흠, 또는 압연 및 단조에 의한 흠, 그 밖의 바깥 둘레부에 생긴 흠
F	중심부 균열	부적당한 단조 작업 또는 압연 작업으로 인하여 중심부에 파열이 생긴 것

② 비금속 개재물

㉠ 산화물, 규산물, 황화물, 내화물 등이 금속 중에 개재되어 있는 것을 의미

㉡ 비금속 개재물의 종류 및 수량을 측정하여 이것에 의해 강질을 판단

㉢ 종류
- 그룹 A(황화물 종류) : 쉽게 잘 늘어나는 개개의 회색 입자들로 그 끝은 보통 둥글게 되어 있다.
- 그룹 B(알루민산염 종류) : 변형이 안 되며 모가 나고 흑색이나 푸른색이 도는 많은 수의 입자들로 변형 방향으로 정렬되어 있다.
- 그룹 C(규산염 종류) : 쉽게 잘 늘어나는 개개의 흑색 또는 진회색 입자들로 그 끝은 보통 날카롭다.

- 그룹 D(구형 산화물 종류) : 변형이 안 되며 모가 나거나 구형으로 흑색이나 푸른색으로 방향성 없이 분포되어 있는 입자이다.

③ 부식법
  ㉠ 개요 : 재료 표면을 부식액으로 부식시켜 발생한 결함을 육안으로 검사하는 방법
  ㉡ 부식액 종류
    - 구리, 구리합금 : 염화제이철용액
    - 철강(탄소강) : 피크르산알코올용액, 질산알코올용액, 나이탈용액
    - 알루미늄, 알루미늄합금 : 수산화소듐용액, 불화수소산
    - 니켈합금 : 질산, 아세트산
    - 아연합금 : 염산

④ 설퍼 프린트법
  ㉠ 개요
    - 1~5% 황산 수용액에 브로마이드 인화지를 5분간 담근 후 수분을 제거한 다음 이것을 피검사체의 시험면에 1~3분간 밀착시켜 철강 중에 있는 황(S)의 편석 분포상태를 검사하는 시험
    - 황(S)이 많은 것에 접한 인화지는 흑색 혹은 흑갈색으로 변함
    - 재료 : 황산, 브로마이드 인화지
    - 3% 황산수용액을 이용
    - 철강의 검사면에 인화지를 붙임
    - S의 분포와 편석을 분석
  ㉡ S분포상태 분류
    - 정편석(S_N) : 표면에서부터 중심부로 황이 증가하는 편석
    - 점상편석(S_D) : 황이 점상으로 착색된 편석
    - 선상편석(S_L) : 황이 선상으로 착색된 편석
    - 역편석(S_i) : 중심부에서 표면으로 황이 증가하는 편석
    - 중심부편석(S_c) : 황이 중심부에 집중되어 분포된 편석
    - 주상편석(S_{co}) : 중심부 편석이 기둥모양인 편석
  ㉢ 검출종류 : 흠, 용접부, 담금질부 검출

10년간 자주 출제된 문제

설퍼 프린트(sulfur print)법에 사용되는 재료로 옳은 것은?
① 증감지, 투과도계
② 글리세린, 기계유
③ 황산, 브로마이드 인화지
④ 형광 침투제, 유화제

[해설]
설퍼는 황을 의미하므로 황이 포함된 황산이 사용된다.

정답 ③

핵심이론 02 불꽃시험

① 개요

연삭기에서 연삭된 강은 마찰열에 의하여 가열되며 반응이 일어나 탄소분열을 일으키며 탄소 함유량에 따라 여러 가지 특징을 갖고 이를 바탕으로 강종을 추정할 수 있다.

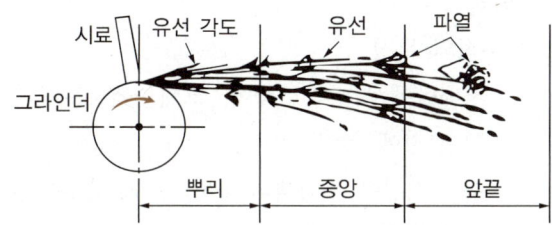

[강의 연삭 시에 형성되는 구간별 불꽃 모양과 특징]

㉠ 불꽃 유선의 길이는 약 0.5m 정도
㉡ 불꽃의 모양은 뿌리, 중앙, 끝으로 구성
㉢ 불꽃 유선의 길이, 유선의 밝기, 유선의 굵기, 유선의 색, 불꽃의 수를 보고 강종을 판별
㉣ 바람의 영향을 피하는 방향으로 불꽃을 방출

② 탄소강의 불꽃시험

㉠ 알 수 있는 사항 : 이종 강재의 선별, 담금질 여부 판정, 탈탄, 침탄, 질화 정도 판정
㉡ 0.2% 탄소강의 불꽃 길이가 500mm 정도의 압력을 가함
㉢ 강 중의 탄소량이 증가하면 불꽃수가 많아짐
㉣ 탄소함량이 높을수록 유선의 색깔은 적색
㉤ 탄소함량이 높을수록 유선의 숫자가 증가
㉥ 탄소함량이 높을수록 파열의 꽃잎 모양이 복잡해짐
㉦ 탄소함량이 높을수록 유선의 길이가 감소
㉧ 불꽃을 관찰 시 유선 각각을 관찰하며, 뿌리부분은 주로 C, Ni의 양을 추정
㉨ 불꽃시험에 있어서 불꽃의 파열이 가장 많은 강은 0.55% 탄소강임

③ 불꽃시험 종류

㉠ 매립시험 : 불꽃시험 후 연삭가루를 유리판에 넣고 현미경으로 관찰하여 강종을 판정하는 방법
㉡ 그라인더 불꽃검사법
  • 특정 원소의 존재 여부를 알기 위해 수행
  • 회전그라인더에서 생기는 불꽃은 함유한 특수원소의 종류에 따라 변화
  • 탄소파열 저지원소 : 규소(Si), 몰리브데넘(Mo), 니켈(Ni)
  • 탄소파열 조장원소 : 크로뮴(Cr), 망가니즈(Mn), 바나듐(V)
㉢ 분말시험 : 시험편의 분말을 전기로 혹은 가스로에 넣어 불꽃색, 형태 등을 관찰하여 강질을 판정
㉣ 펠릿시험
  • 그라인더 연삭가루 중 구상화 형상을 펠릿이라 함
  • 펠릿의 색과 형상을 관찰하여 강종을 판정

10년간 자주 출제된 문제

강재의 재질 판별법 중의 하나인 불꽃시험 시 시험통칙에 대한 설명으로 틀린 것은?

① 유선의 색깔, 밝기, 길이, 굵기 등을 관찰한다.
② 바람의 영향을 피하는 방향으로 불꽃을 방출시킨다.
③ 0.2% 탄소강의 불꽃 길이가 500mm 정도의 압력을 가한다.
④ 시험장소는 개인의 작업안전을 위하여 아주 밝은 실내가 좋다.

|해설|

밝은 실내에서는 불꽃시험을 정확히 관찰할 수 없다.

정답 ④

핵심이론 03 현미경 조직검사

① 개요
  ㉠ 특성
    • 현미경으로 관찰하려면 표면부식을 수행함
    • 관찰할 재료의 표면은 연마해야 함
    • 미세조직검경의 상용 배율은 400 정도
    • 시험관 채취는 재료를 대표하여야 함
    • 결정립의 크기 측정 가능
    • 시편채취 및 제작에서 절단 시 발생되는 열에 의해 조직이나 기계적 성질이 변화되므로 조심스럽게 절단해야 함
    • 시험편의 부식은 각각의 조직에 적합한 부식액을 사용해야 함
    • 시편을 부식시킬 때 산과 알칼리류 시약의 취급은 환기가 잘되는 배기장치 속에서 실시하며 시험자의 피부나 신체에 묻지 않게 노력해야 함
    • 현미경 조직사진 촬영 시 미세한 진동이 없도록 하며, 가능한 카메라 셔터(camera shutter)의 진동도 없도록 주의함
    • 결정립도 시험법에는 비교법, 절단법, 평적법이 있음
  ㉡ 측정값
    • 결정립도의 크기와 형상 및 배열상태
    • 열처리와 같은 가공상태
    • 재료의 미세구조 및 결정 결함

② 현미경 조직검사의 순서
  시험편 채취 → 시험편의 제작(마운팅) → 연마 → 폴리싱 → 부식 → 검경

③ 연마제
  ㉠ 비철 및 합금 : 알루미나(Al_2O_3), 산화마그네슘(MgO)
  ㉡ 철강재 : Fe_2O_3, 산화크로뮴(Cr_2O_3), 알루미나(Al_2O_3)
  ㉢ 초경합금 : 다이아몬드 페이스트

④ 전해연마
  ㉠ 정의 : 전해액에서 고전류밀도로 전해하면 볼록 부분이 용해되어 평활한 면을 얻는 연마법으로 스테인리스강 등의 연마에 사용
  ㉡ 연마방법 : 연마할 금속을 양극으로 하고 불용성 금속을 음극으로 하여 전해액 안에서 연마 수행

⑤ 부식제
  ㉠ 부식의 특징
    • 저배율에서는 과부식이, 고배율에서는 약부식이 관찰에 용이
    • 부식 시간은 부식액의 농도, 온도, 종류에 따라 각각 다르게 적용
    • 부식은 유동한 표면층을 제거하여 하부 금속의 조직 성분을 노출시킴
    • 결정립계에서 부식속도가 더 빠름
  ㉡ 부식의 종류
    • deep부식 : 깊게 부식시키는 방법
    • 전해부식 : 전류와 전압을 조절하여 양극 금속이 용출되도록 하는 부식
    • wipe부식 : 부식액에 시편을 침지하여 부식시켜서 조직이 잘 나타나지 않을 때 면봉 등으로 시편 표면을 닦아 내면서 부식시키는 방법
    • 가열부식 : 세라믹재료에 유용한 부식으로 재료의 소결온도보다 낮은 온도로 가열해 부식시키는 방법

10년간 자주 출제된 문제

3-1. 현미경 조직검사의 순서로 옳은 것은?
① 시험편 채취 → 시험편의 제작 → 부식 → 연마 → 검경
② 시험편 채취 → 연마 → 시험편의 제작 → 부식 → 검경
③ 시험편 채취 → 부식 → 시험편의 제작 → 연마 → 검경
④ 시험편 채취 → 시험편의 제작 → 연마 → 부식 → 검경

3-2. 현미경 조직시험의 연마제로서 적합하지 못한 것은?
① 산화크로뮴(Cr_2O_3) 분말
② 알루미나(Al_2O_3) 분말
③ 산화아연(ZnO) 분말
④ 다이아몬드 페이스트

[해설]

3-1
현미경 조직검사 순서
시험편 채취 → 시험편의 제작(마운팅) → 연마 → 폴리싱 → 부식 → 검경

3-2
- 비철 및 합금 : 알루미나(Al_2O_3), 산화마그네슘(MgO)
- 철강재 : Fe_2O_3, 산화크로뮴(Cr_2O_3), 알루미나(Al_2O_3)
- 초경합금 : 다이아몬드 페이스트

정답 3-1 ④ 3-2 ③

핵심이론 04 현미경 조직시험

① 시험편 채취
  ㉠ 시험편의 채취 방향과 위치에 맞추어 선정, 채취한다.
  ㉡ 방법
   • 횡단면 채취 : 소재, 열처리조직, 결정립도 측정, 탈탄층, 질화층, 도금층, 경화층, 편석, 백점, 기포 등
   • 종단면 채취 : 비금속 개재물, 섬유상 가공조직, 열처리 경화층 분포상태 등
   • 양면 방향 채취 : 압연, 단조상태 관찰

② 시험편의 제작(마운팅)
  가압, 성형으로 작거나 관찰하기 힘든 시험편을 고정하는 방법

③ 연마, 폴리싱
  ㉠ 거친연마, 미세연마, 폴리싱(광택연마) 순으로 점점 높은 메시의 사포와 연마제를 사용하여 시험편 표면의 굴곡을 없애는 작업
  ㉡ 방법
   • 낮은 번호는 큰 입도를 의미하는데 #200~#1,500의 사포로 낮은 메시부터 연마
   • 이전 단계의 스크래치가 사라지면 90°씩 회전해 가며 연마 후 다음 단계로 진행
   • 폴리싱 머신과 연마제를 사용하여 폴리싱을 진행하며 다음 연마재를 사용
     - 철강재 : Fe_2O_3, Cr_2O_3, Al_2O_3
     - 경합금 : MgO, Al_2O_3
     - 초경합금 : 다이아몬드 페이스트
     - 연한 재질, 연마속도가 느린 재료 : 전해 연마

④ 부식
  ㉠ 탈지면을 사용하거나 침지하여 시험편 표면을 부식하면 매끄러웠던 표면이 결정마다 다른 정도로 부식이 되며 표면이 난반사를 일으켜 조직을 관찰하기 쉽다.
  ㉡ 금속재료별 부식액

금속재료	부식액
철강	나이탈(질산알코올용액)-진한 질산 : 알코올 = 5 : 100(cc)
	피크랄(피크르산알코올용액)피크르산 : 알코올 = 5 : 100(cc)
구리, 황동, 청동	염화제2철용액-염화제2철 : 진한염산 : 물 = 5 : 50 : 100(cc)
니켈 및 합금	질산초산용액-질산(70%) : 초산(50%) = 50 : 50(cc)
주석 및 합금	나이탈(질산알코올용액)-진한 질산 : 알코올 = 2 : 100(cc)
납 및 합금	질산용액-질산 : 물 = 5 : 100(cc)
아연 및 합금	염산용액-염산 : 물 = 5 : 100(cc)
알루미늄 및 합금	수산화소듐용액-수산화소듐 : 물 = 20(g) : 100(cc)
귀금속류(Au, Pt)	불화수소산-10%수용액
	소금물-진한질산 : 진한염산 : 물 = 1 : 5 : 6(cc)

⑤ 조직검사
  ㉠ 검경
    • 현미경 관찰배율은 저배율로 시작하여 고배율로 원하는 부분을 찾아 관찰
    • 관찰 시는 배율을 기록하며 배율은 대물렌즈와 접안렌즈의 배율을 곱한 값

핵심이론 05 기타 금속 조직시험

① 결정립도 측정법
  ㉠ ASTM 결정립 측정법(비교법)(FGC)
    • 부식면에 나타난 입도를 현미경으로 관찰하여 표준도와 비교하여 입도번호에 맞도록 판정
    • 100배 현미경 배율로 결정립 개수를 관찰하여 결정립도 산출
    • 평균결정립도 산출식
      $n = 2^{(N-1)}$
      여기서, n : 100배율 현미경에서 1제곱인치 내에 보이는 결정립 수
      N : ASTM 결정립도 번호
  ㉡ 제프리스법(평적법)(FGP ; ferrite grain size by planimetry)
    • 크기를 알고 있는 원이나 사각형 안에 들어있는 결정입자의 수를 측정
    • 계산 시 경계선에서 만나는 결정입자의 수의 반과 완전히 경계선 안에 있는 입자의 수를 합한 것으로 계산
  ㉢ 헤인법(절단법)(FGI ; ferrite grain size by intersection)
    확대한 사진 위에 특정 길이의 직선을 그어 결정립과 만나는 개수를 측정하는 방법

10년간 자주 출제된 문제

다음 중 결정립도 측정법이 아닌 것은?
① ASTM 결정립 측정법
② 제프리스(Jefferies)법
③ 헤인(Heyn)법
④ 폴링(Polling)법

정답 ④

제3절 비파괴시험법

핵심이론 01 비파괴시험

① 개요

제품 하나하나의 가치가 높아지거나 파손 시 대체가 불가능한 경우가 많아 시험대상물의 손상, 분리, 파괴 없이 시험체 표면과 내부의 결함과 성질을 조사할 수 있다.

② 목적
- ㉠ 제품에 대한 신뢰성 향상
- ㉡ 제조기술 개선 및 제품의 수명 연장
- ㉢ 불량률 감소에 따른 생산원가 절감

③ 비파괴검사의 평가항목
- ㉠ 길이, 두께와 같은 형상
- ㉡ 공극, 균열, 라미네이션과 같은 결함

④ 비파괴검사의 분류
- ㉠ 내부결함 검출법
  - 방사선투과시험
  - 초음파탐상시험
- ㉡ 외부(표면)결함 검출법
  - 자기탐상시험
  - 침투탐상시험
  - 와전류탐상시험

10년간 자주 출제된 문제

다음 중 비파괴검사의 목적이 아닌 것은?
① 제품에 대한 신뢰성 향상
② 비파괴 시험기의 결함 발견
③ 제조기술 개선 및 제품의 수명 연장
④ 불량률 감소에 따른 생산원가 절감

[해설]
비파괴 시험기가 아닌 시편의 결함을 측정하는 것이 목적이다.

정답 ②

핵심이론 02 방사선투과(RT)

① 개요

㉠ X선이나 감마선과 같은 방사선을 투과하여 결함을 감지하는 방법

X선 투과검사 저에너지, 고에너지	저에너지는 산업현장(철강 25mm 이하)에서 많이 적용, 고에너지는 특정 X선 발생장치는 고정식으로 특수한 경우에 적용
γ선 투과검사 Ir-192, Co-60, Cs-137 등	산업 현장에서 Ir-192를 철강 50mm 이하에 적용 Co-60은 철강 50mm 이상에 적용
중성자 투과검사 직접, 간접 촬영법	핵연료봉 등 특수한 경우에 적용

㉡ X선 장치와 γ선 장치

구분	X선 장치	γ선 장치
전원	있다.	없다.
선의 크기	크다.	적다.
가격	비싸다.	싸다.
에너지 선택	임의로 할 수 있다.	고정되다.
촬영 장소	비교적 넓은 곳	협소한 곳도 가능
촬영 두께	2인치 미만	3~4인치도 가능
고장률	많다.	적다.

㉢ 필름에 안개현상이 나타나는 원인
- 필름의 입상이 너무 조대함
- 암실 내에 스며드는 빛이 있음
- 증감지와 필름이 밀착되어 있지 않음

㉣ 방사선이 물질을 투과할 때 물질의 원자핵 주위의 궤도 전자와 부딪쳐 상호작용으로 생기는 효과
- 톰슨효과
- 콤프턴 산란
- 전자쌍 생성

㉤ 방사선 동위원소
- Co-60의 반감기 : 약 5.3년
- Cs-137의 반감기 : 30년
- Ir-192의 반감기 : 75일
- Tm-170의 반감기 : 129일

㉥ 선량의 차폐에 좋은 재료 : 납(Pb)

ⓐ 방사선투과검사에서 사진의 농도(D)

$$D = \log_{10}\left(\frac{L_o}{L}\right)$$

여기서, L_o : 필름에 입사한 빛의 강도
　　　　L : 필름을 투과한 후의 빛의 강도

ⓞ 기하학적 불선명도

$$= \frac{(초점(선원)의\ 크기) \times (필름-시험체\ 간\ 거리)}{선원-시험체\ 간\ 거리}$$

ⓩ 상을 선명하게 하기 위한 조건
- 방사선원의 크기가 작을수록
- 시험체와 선원 간 거리가 멀수록
- 시험체와 필름 간 거리가 가까울수록

ⓧ 방사선투과시험의 증감지
- 감도를 높이기 위해 사용
- 형광증감지, 금속박증감지(연박증감지), 금속형광 증감지가 있음

ⓚ X선 장치에서 열전자의 이동경로
　　발생선원 → 가속기 → 시험체 투과 → 필름감광

10년간 자주 출제된 문제

방사선이 물질을 투과할 때 물질의 원자핵 주위의 궤도 전자와 부딪쳐 상호작용으로 생기는 것이 아닌 것은?

① 톰슨효과
② 제베크효과
③ 콤프턴 산란
④ 전자쌍 생성

[해설]
제베크효과 : 온도차로 기전력이 생기는 효과

정답 ②

핵심이론 03 초음파탐상(UT)

① **개요**
　㉠ 내부 결함정보를 얻기 위한 비파괴시험
　㉡ 강속을 통과하는 종파의 속도 : 5,900m/s, 횡파의 속도 : 3,250m/s
　㉢ 리젝션 : 잡음 에코를 없애는 것으로서 일정 높이 이하의 잡음을 제거
　㉣ 초음파 전달효율을 높이기 위해 접촉매질이 필요
　㉤ 내부 결함의 위치, 크기, 방향을 정확히 측정할 수 있음
　㉥ 압전재료 : 압전효과를 이용하는 탐촉자의 핵심재료로 전기를 기계적 에너지로 바꿔주며 송수신의 역할을 함

② **초음파탐상의 장단점**

장점	단점
• 두꺼운 시험편 검사 가능	• 숙련된 기술자가 필요
• 고감도로 미세결함 검출가능	• 표면의 거칠기가 큰 경우 탐상이 힘듦
• 한 면만 이용해도 검사 가능	• 표면직하의 결함 검출 불가
• 인체에 무해함	• 접촉매질 필요
• 휴대성이 좋음	• 결함 종류 식별이 어려움

③ 초음파탐상법의 기초
  ㉠ 초음파의 종류

탐상방법	진동방식	주용도
종파	• 소밀파, 압축파 • 입자의 진동방향이 파의 진행 방향과 평행하다. • 수직탐상 및 두께측정에 이용된다. • 종파의 속도 : 금속 > 수지 > 물 > 공기	주조재, 단조재, 압연재 등의 내부결함의 탐상 및 두께 측정
횡파	• 전단파, 고저파 • 입자의 진동방향이 파의 진행방향과 수직이다. • 전파속도는 종파의 약 1/2 • 액체, 기체 등의 유체 중에는 존재하지 않는다. • 사각 탐상법에 이용(플라스틱 쐐기를 사용)	용접부 관재 등의 내부결함 탐상 (가끔 종파를 사용함)
표면파 (레일리파)	• 입자운동은 종파, 횡파 운동으로 구성된 복잡한 타원 궤도 운동 • 전파속도는 횡파속도의 약 90%	표면 결함의 탐상
판파	복합진동으로 박판에 사용	얇은 판의 결함 탐상

  ㉡ 투과법 & 펄스반사법
   • 투과법 : 2개의 탐촉자를 사용하여 하나는 송신하고 다른 하나는 수신하면서 결함을 검출하는 방법
   • 펄스반사법 : 시험체에 초음파 펄스를 보내어 반사파를 탐지하여 내부 결함을 감지하는 방법으로 한 개의 탐촉자를 사용
   • 음향방출검사(AE)
  ㉢ 초음파의 성질
   • 주파수 : 일정 시간 동안 입자가 진동하는 수
   • 가청주파수 : 2~20kHz는 사람이 들 수 있지만 그 이상은 듣지 못하며, 이를 초음파라 함
   • 파장
    $V = f \cdot \lambda$
    여기서 V : 음속, f : 주파수, λ : 파장
    예 강을 5MHz로 시험할 때
     종파(속도 5,900m/s) : 파장 1.18mm
     횡파(속도 3,230m/s) : 파장 0.646mm

   • 음향 임피던스(Z) : 재질의 밀도 또는 조성에 따라 소리가 그 재질을 얼마나 빨리 통과할 수 있는지 결정한다.
    $Z = p \cdot u$
    여기서, Z : 음향 임피던스
     p : 밀도
     u : 음속
   • 음장 : 초음파 빔의 굵기는 진동자에서 가까운 거리(근거리 음장)에서는 거의 일정하게 전해지는데 진동자에서 먼 거리(원거리 음장)에서 거리의 증가와 함께 차츰 굵어져 간다.
   • 불감대 : 송신 에코 뒤에 나타나는 결함 감지 불능 영역
④ 시험편의 종류
  표준시험편 혹은 대비시험편이 필요함
  ㉠ STB-G(0827)
   • 수직탐상
   • 극후판, 조강, 단조품
   • 감도조정, 증폭 직선성 · 시간축 직선성 측정, 감도 여윳값, 편심거리, 면적 · 진폭 특성 작성
  ㉡ STB-N1(0828)
   • 수직탐상
   • 후판에 적용
   • 감도조정, 불감대, 측정범위 조정
  ㉢ STB-A1(0829)
   • 수직, 사각 탐상
   • 용접부, 관에 적용
   • 수직 탐촉자의 분해능 측정, 측정범위 조정
   • 사각 탐촉자의 입사점, 굴절각, 측정범위, 탐상 감도 조정, 편심 조정

ㄹ STB-A2(0830)
- 사각 탐상
- 용접부, 관에 적용
- 탐상감도 조정, DAC 작성, A_2 감도, 불감대, 분해능 측정

ㅂ STB-A3(0831)
- 사각 탐상
- 용접부에 적용
- 탐상감도 조정, 입사점, 굴절각 측정, 측정범위 조정

10년간 자주 출제된 문제

3-1. 다음 중 종파의 속도가 가장 빠른 것은?
① 물
② 공기
③ 알루미늄
④ 아크릴수지

3-2. 다음 중 초음파탐상시험으로 검출이 곤란한 결함은?
① 재료 내부에 라미네이션
② 재료 표면의 미세균열
③ 재료 내부의 결함
④ 용접이음 내부의 결함

|해설|

3-1
종파의 속도 : 금속 > 수지 > 물 > 공기
※ 종파의 속도는 매질의 밀도가 높을수록 빠르다.

3-2
초음파탐상은 재료 내부의 결함을 검출하는 시험이다.

정답 3-1 ③ 3-2 ②

핵심이론 04 자기탐상(MT)

① 개요

㉠ 강자성체를 자화하여 결함부분에서 발생하는 누설자속에 자분이 부착하게 됨으로써 표면과 표면 직하의 결함을 검출하는 방법. 강자성체에만 적용되는 단점이 있음(STS 304는 자성이 없음)

㉡ 검사가능재료 : 고합금강, 탄소강, 강자성재료(Fe, Ni, Co)

㉢ 자화 : 강자성체 안에 무작위 분포된 자구(미소자석)의 방향을 한 방향으로 향하게 해주어 자석을 만들어주는 것
- 탈자 : 잔류자기를 0으로 하기 위해 자장의 극성을 변화시켜 자장의 세기를 점차 약하게 하는 조작
- 자속 : 발생한 자기량과 자장이 갖고 있는 자기량의 합
- 자속밀도(B) : 단위면적당 자속수

㉣ 표피효과
- 교류자화에서 표면에 자속밀도가 최대가 되고 표면으로부터 들어감에 따라 저하되는 현상
- 표피의 두께 : 자속밀도가 표면의 약 37%가 되는 깊이(2~3mm)

장점	• 표면 균열 검사에 가장 적합하다. • 작업이 신속 간단하여 쉽게 검사할 수 있다. • 결함이 표면에 나타남으로써 육안 검사가 가능하다. • 시험물의 크기, 형상 등에 크게 구애받지 않는다. • 얇은 도장, 도금 및 비자성 물질의 도포 등에서 작업이 가능하다. • 자동화가 가능하다. • 작업비가 비교적 저렴하다.
단점	• 강자성체의 재료에 한한다. • 내부검사가 불가능하다. • 불연속부의 위치가 자속 방향에 수직이어야 한다. • 탈자가 요구되는 경우가 있다. • 후처리(자분제거)가 종종 필요하다. • 특이한 형상의 시험방법이 까다롭다. • 대형 주조물, 단조물이 시험에는 대단히 높은 전류가 요구된다. • 전기 접점에서 시편에 손상을 가져오는 수가 있다. • 나타난 지시모양의 판독에 경험과 숙련이 필요하다.

② 강자성체의 자기이력곡선
  ㉠ 항자력 : 외부 자기장의 방향을 반대로 증가시켜 자화강도가 0이 될 때의 외부자기장

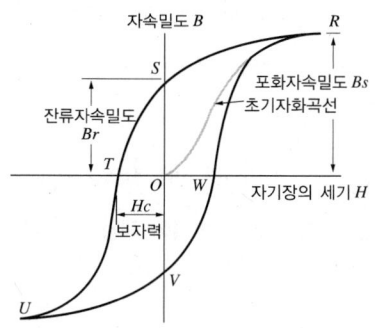

  - Bs : 포화자속밀도, 자장의 세기를 증가해도 더 이상 자화되지 않는 상태
  - Br : 잔류자속밀도, 자성체를 한 번 자화하면 자장의 세기를 0으로 되돌려도 잔류된 자속
  - Hc : 보자력(항자력), Br이 0이 될 때의 자장

③ 자화방법
  ㉠ 자속관통법(I) : 시험체의 구멍을 통과시킨 자성체에 교류 자속을 가함으로써 시험체에 유도 전류를 보내는 방법으로 원형자계를 형성하며 관 및 관 이음매에 작용하는 자화방법
  ㉡ 전류관통법(B) : 시험체의 구멍을 통과시킨 도체에 전류를 보내는 방법으로 철강으로 만든 가늘고 긴 파이프 제품(관제)을 검사하고자 할 때 적합
  ㉢ 프로드법(P) : 시험품 국부에 전극을 통해 전류를 보내는 방법
  ㉣ 축통전법(EA) : 시험체의 축방향으로 직접 전류를 보내는 방법
  ㉤ 직각통전법(ER) : 시험체의 축에 직각방향으로 직접 전류를 보내는 방법
  ㉥ 코일법(C) : 시험품을 코일 속에 넣어 코일에 전류를 보내는 방법
  ㉦ 극간법(M) : 선형 자계에 의한 결함 검출법

④ 시험방법
  전처리 → 자화조작 → 자분적용 → 자분모양의 관찰 → 탈자 → 후처리 → 기록

분류의 조건	분류
자분적용에 대한 자화 시기	연속법, 잔류법
자분의 종류	형광자분, 비형광자분
자분의 분산매	습식법, 건식법
자화전류의 종류	직류, 맥류, 충격류, 교류
자화방법	축 통전법, 직각 통전법, 전류 관통법, 코일법, 프로드법, 극간법, 자속 관통법

  ㉠ 전처리
   - 시험범위에서 +20mm 영역까지가 전처리의 범위
   - 인상력 시험
     - 교류 : 4.5kg(10lbs) 이상의 인상력을 가져야 함
     - 직류 : 18kg(40lbs) 이상의 인상력을 가져야 함
   - 표준시험편 사용
  ㉡ 자화조작

전류종류	전압 특성	특징	결함검출 범위
교류	사이클 주기로 전압이 변함	• 침투력 약함 • 표피효과 • 입자 이동성 양호	표면결함 검출
직류	전압 일정	• 침투력 좋음 • 입자 이동성 부족	표면 및 표면직하 결함 검출

  ㉢ 자화시기
   - 연속법 : 전류와 자분을 동시에 적용시켜 자화전류가 적용될 때 시험편 표면에 자분 모양을 만드는 방법으로 통전시간은 3초 이상이어야 한다.
     - 보자력이 작고 잔류자기가 약한 재료(저탄소강, 전자연철 등)에 적용한다.
     - 습식법을 적용할 때 자화전류는 검사액의 흐름이 정지된 후 끊어야 한다.
     - 형광자분은 최소 약 3~5초
   - 잔류법 : 전류를 통전한 후 자분을 적용하여 잔류자장이 남아있는 상태에서 시편상에 자분모양을 만드는 방법으로 통전 시간은 1/4~1초씩 3회로 한다.

- 보자력이 높고 큰 잔류자기가 얻어지는 재료(고탄소공구강, 스프링강 등)에 적용
- 표면의 요철부나 단면급변부에 자분흡착이 없으므로 의사지시의 발생이 적고 결함지시 모양을 관찰하기 쉽다(복잡한 형상부, 나사 등)
ⓔ 자분모양의 관찰 : 자분의 적용이 끝난 직후에 관찰
  • 형광자분
    - 충분히 어두운 장소(관찰면의 밝기는 20lx 이하)에서 관찰
    - 자외선 조사장치(black-light)는 자외선 파장인 320~400nm여야 하고, 관찰면(필터면에서 38cm의 거리)에서의 강도가 $800\mu W/cm^2$ 이상일 것
  • 비형광자분
    - 가급적 밝은 장소(관찰면의 밝기는 500lx 이상)에서 관찰
ⓜ 지시모양 기록 : 스케치, 사진촬영, 전사(투명 테이프를 이용하여 자분을 흡착하는 방법)
ⓗ 의사지시 : 결함이 없음에도 불구하고 결함이 있는 것같이 나타나는 자분지시모양
  자기펜의 흔적, 단면 급변지시, 표면 거칠기지시, 재질 경계지시, 전류지시, 전극지시, 자극지시

ⓒ 자장지시계(ASME Sec. V Art 7) : 자장의 타당성 또는 방향의 확인이 필요한 경우 이용하게 규정되어 있다. 지시계의 구리 도금면의 인공결함이 자분의 명료한 선이 형성되면 적절한 자속 또는 자장의 강도가 나타난 것으로 자장의 강도와 방향을 확인할 수 있다.

10년간 자주 출제된 문제

자분탐상시험법의 자화 방법에 해당되는 것은?

① 투과법
② 공진법
③ 통전법
④ 펄스반사법

|해설|

①, ②, ④는 초음파탐상법이다.

정답 ③

---

⑤ 시험편
  ㉠ A형 표준시험편
    • 장치, 자분, 검사액의 성능, 시험면에 작용하고 있는 자계의 강도와 방향, 시험조작의 적부 등을 알아보고 또 자화전류치를 설정하기 위해 사용한다.
    • 연속법으로만 사용하고 홈이 파인면과 시험면이 밀착되도록 접착성테이프로 시험면에 고정하여 사용한다.
  ㉡ C형 표준시험편 : 용접부 등 협소한 부분에서 A형 표준시험편의 사용이 곤란한 경우에 사용한다.

핵심이론 05 침투탐상(PT)

① 개요

모세관 현상과 적심성을 이용하여 침투제를 표면에 적용하고 불연속 내에 침투한 침투액이 만드는 지시모양을 관찰함으로써 결함을 찾아내는 탐상법

㉠ 기본작업 순서 : 전처리 → 침투처리 → 세척처리 → 현상처리 → 관찰 → 후처리

㉡ 장단점

장점	• 검사방법이 가장 간단하다. • 고도의 숙련이 요구되지 않는다. • 제품의 크기, 형상 등에 크게 구애 받지 않는다. • 국부적 시험이 가능하다. • 미세한 균열의 탐상도 가능하다. • 비교적 가격이 저렴하다. • 판독이 비교적 쉽다. • 금속 및 비금속 전 분야에 적용이 가능하다.
단점	• 검사체 표면이 개구해 있어야 한다. • 시편 표면이 거칠면 허위 지시 모양을 만든다. • 주위의 온도 등에 민감하게 영향을 받는다. • 침투제 등과 반응하여 손상을 입은 제품 검사에는 적용할 수 없다. • 후처리가 종종 요구된다. • 침투제가 오염되기 쉽다.

㉢ 침투액, 제거방법, 현상방법에 따른 분류

명칭	방법	기호
V 방법	염색 침투액 사용	V
F 방법	형광 침투액 사용	F
D 방법	이원성 염색 침투액을 사용	DV
	이원성 형광 침투액을 사용	DF

명칭	방법	기호
방법 A	수세에 의한 방법	A
방법 B	유성 유화제를 사용하는 후유화에 의한 방법	B
방법 C	용제 제거에 의한 방법	C
방법 D	수성 유화제를 사용하는 후유화에 의한 방법	D

명칭	방법	기호
건식 현상법	건식 현상제를 사용하는 방법	D
습식 현상법	수용성 현상제를 사용하는 방법	A
	수현탁성 현상제를 사용하는 방법	W
속건식 현상법	속건식 현상제를 사용하는 방법	S
특수 현상법	특수한 현상제를 사용하는 방법	E
무현상법	현상제를 사용하지 않는 방법	N

② 검사의 조작

㉠ 전처리 : 검사범위 가장자리 바깥쪽으로 25mm 영역까지가 전처리의 범위

㉡ 침투시간
- 압출품, 단조, 압연품 : 10분
- 그 외 : 5분

㉢ 세척(제거)처리
- 유화처리 : 붓칠을 제외한 방법으로 적용
- 유성 유화제 사용 시
  - 형광 침투액 : 3분 이내 적용
  - 염색 침투액 : 30초 이내 적용
- 수성 유화제 사용 시
  - 2분 이내 적용
- 수세척에서 분무 노즐 사용 시 275kPa 이하, 10~40℃의 수온으로 세척한다.

㉣ 현상시간 : 7분

㉤ 관찰
- 형광 침투액
  - 충분히 어두운 장소(관찰면의 밝기는 20lx 이하)에서 관찰
  - 자외선 조사장치(black-light)는 자외선 파장인 320~400nm이어야 하고, 관찰면(필터면에서 38cm의 거리)에서의 강도가 $800\mu W/cm^2$ 이상일 것
- 염색 침투액
  - 가급적 밝은 장소(관찰면의 밝기는 500lx 이상)에서 관찰

ⓗ 재검사 : 조작방법이 잘못되었거나 지시모양이 의사지시일 경우 시행
③ 대비시험편
　㉠ A형 대비시험편 : 알루미늄 합금판(KS D 6701)의 표면에 담금질 균열을 발생시킨 것

장점	• 시험편의 제작이 간단하다. • 미세한 결함을 얻는다. • 시험편의 균열형상이 자연 균열에 가깝다.
단점	• 균열의 치수를 조절할 수가 없다. • 재질이 알루미늄합금이기 때문에 반복 사용하면 재현성이 나빠진다.

　㉡ B형 대비시험편 : 도금균열을 이용한 것으로, 황동품(KS D 5201)의 기판 위에 두꺼운 니켈도금을 실시하고 그 위에 보호막으로 얇은 크로뮴도금을 하여 도금면을 밖으로 구부려서 도금층에 미세한 균열을 발생시킨 것

장점	• 깊이가 일정한 균열을 재현성 좋은 것으로 만들 수 있다. • A형 시험편보다 더 미세한 균열을 만들 수 있다. • 장기간 재사용할 수 있다.
단점	• 표면이 매끄러워서 실제와 시험품 표면과는 전혀 다르고 또 다수의 균열로 보기 흉한 경우가 있다. • 도금, 곡률가공 등에 기술이 요구되어 제작이 쉽지 않다.

10년간 자주 출제된 문제

용제 제거성 염색침투탐상검사의 기본절차로 옳은 것은?
① 전처리 → 제거처리 → 현상처리 → 침투처리 → 관찰 → 후처리
② 전처리 → 제거처리 → 침투처리 → 관찰 → 현상처리 → 후처리
③ 전처리 → 침투처리 → 현상처리 → 제거처리 → 관찰 → 후처리
④ 전처리 → 침투처리 → 제거처리 → 현상처리 → 관찰 → 후처리

[해설]
전처리가 우선이고 침투 – 제거 – 현상 순서이다.

정답 ④

핵심이론 06 와전류탐상

① 개요
　㉠ 와전류현상을 이용한 비파괴검사
　㉡ 와전류는 전자유도에 의해 유도된 원형전류 이용
　㉢ 표면 결함의 검출에 적합
　㉣ 도체에만 적용이 가능
　㉤ 고온 부위의 시험체에도 탐상이 가능
　ⓗ 시험체와 접촉하지 않고 탐상이 가능
② 시험결과의 부정확성에 대한 원인
　㉠ 자기포화가 부족할 때
　㉡ 잔류응력, 재질이 불균일할 때
　㉢ 외부 또는 탐상기의 내부에서 발생한 잡음이 있을 때
③ 와류탐상 시험에서 시험 코일의 형상
　㉠ 내삽형 코일 : 구멍이나 관 안쪽에 넣을 수 있도록 축이 일치하는 시험 코일
　㉡ 관통형 코일 : 환봉이나 관 등을 둘러싼 모양으로 시험하는 원통형 코일
　㉢ 프로브형 코일 : 시험체 표면에 접촉하고 사용하는 시험 코일
④ 시험장치 구성
　㉠ 탐상기
　㉡ 시험 코일
　㉢ 자기포화장치
　㉣ 기록장치
　㉤ 이송장치

10년간 자주 출제된 문제

6-1. 와전류탐상검사의 특징을 설명한 것 중 틀린 것은?
① 비전도체만을 검사할 수 있다.
② 고온 부위의 시험체에도 탐상이 가능하다.
③ 시험체에 비접촉으로 탐상이 가능하다.
④ 시험체의 표층부에 있는 결함 검출을 대상으로 한다.

6-2. 와전류탐상시험에서 사용되는 시험코일을 시험체에 대한 적용방법에 따라 분류할 때 이에 해당되지 않는 것은?
① 매몰형 코일
② 내삽형 코일
③ 관통형 코일
④ 표면형 코일

|해설|

6-1
와전류탐상은 전도체만 가능하다.

6-2
- 내삽형 : 구멍이나 관 안쪽에 넣을 수 있도록 축이 일치하는 시험코일이다.
- 관통형 : 환봉이나 관 등을 둘러싼 모양으로 시험하는 원통형 코일이다.
- 표면형 : 시험체 표면에 접촉하고 사용하는 시험코일이다.

정답 6-1 ① 6-2 ①

핵심이론 07 누설검사

① 개요
  ㉠ 비파괴검사에 속하며 탱크, 용기 등의 기밀, 수밀, 유밀 검사를 목적으로 실시
  ㉡ 시험방법
   - 침지법 : 액체 속에 넣어 기체의 누설을 관찰하는 시험방법
   - 가압버블법 : 시험면의 한쪽을 가압 또는 진공으로 하고 시험면과 그 반대쪽과의 압력차를 가하여 발생하는 기체를 관찰하는 시험방법
   - 스니퍼법 : 헬륨누설시험의 가압법으로 시험체에 헬륨기체를 넣고 누설되는 헬륨을 검출하는 방법
   - 진공후드법 : 시험체 내부를 감압하고 후드로 덮은 다음 추적가스를 가하여 검출하는 방법
  ㉢ 고려사항
   - 설비 및 장치는 압력게이지가 부착된 압력용기를 사용
   - 압력게이지를 사용할 때 눈금은 측정하고자 하는 최대 압력의 2배가 넘어야 함
  ㉣ 누설탐상시험 대상 가스
   - 암모니아 : 가스와의 접촉에 의해 화학반응을 일으켜 독특한 색깔을 띠고, 독특한 냄새가 나며 증기 비중이 약 0.59인 추적자 가스
   - 헬륨 : 비활성기체이며 액체의 비중이 0.147로 수소 다음으로 가벼운 추적자 가스

10년간 자주 출제된 문제

누설탐상시험에서 가스와 접촉에 의해 화학반응을 일으켜 독특한 색깔을 띠게 하고, 독특한 냄새가 나며 증기 비중이 약 0.59인 추적자 가스는?

① 헬륨
② 암모니아
③ 메테인
④ 이산화탄소

해설

암모니아는 비중이 약 0.59로 독특한 냄새로 인해 누설탐상시험의 추적자 가스로 많이 사용된다.

정답 ②

제4절 안전관리

핵심이론 01 일반적인 안전관리 사항

① 위험예지 훈련의 4단계 순서
  ㉠ 제1단계(현상파악)
  ㉡ 제2단계(본질추구)
  ㉢ 제3단계(대책수립)
  ㉣ 제4단계(목표달성)

② 산업안전보건법에서 안전보건 표지
  ㉠ 초록색 : 안내
  ㉡ 빨간색 : 금지
  ㉢ 파란색 : 지시
  ㉣ 노란색 : 주의, 경고

③ 안전보건교육의 주요 교육과정
  ㉠ 지식교육 : 안전의식 및 책임감을 갖게 하고 안정 규정을 숙지함
  ㉡ 기능교육 : 기계장치 및 계기류의 작업능력 및 기술능력을 몸으로 익힘
  ㉢ 태도교육 : 생활지도, 작업동작지도를 통한 안전의 습관화

④ 안전교육의 원인
  ㉠ 교육적 원인 : 안전지식의 부족
  ㉡ 기술적 원인 : 기계장치의 설계 불량
  ㉢ 관리적 원인 : 안전교육제도 미비

⑤ 안전점검을 하기 위한 체크리스트 작성 시 유의사항
  ㉠ 사업장에 적합한 독자적인 내용일 것
  ㉡ 일정 양식을 정하여 점검대상을 정할 것
  ㉢ 점검표의 내용은 이해하기 쉽도록 표현하고 구체적일 것
  ㉣ 위험성이 높은 순이나 긴급을 요하는 순으로 작성할 것

⑥ 안전에 대한 관심과 이해가 인식되고 유지됨으로써 얻어지는 장점
  ㉠ 직장의 신뢰도를 높임
  ㉡ 고유 기술의 축적으로 인하여 품질이 향상
  ㉢ 고유 기술이 축적되어 생산효율 향상
⑦ 무재해 5S운동 : 정리, 정돈, 청소, 청결, 습관화
⑧ 무재해 3원칙
  ㉠ 무의 원칙
  ㉡ 선취의 원칙
  ㉢ 참가의 원칙

10년간 자주 출제된 문제

다음 중 안전보건교육의 단계별 종류에 해당하지 않는 것은?
① 기초교육
② 지식교육
③ 기능교육
④ 태도교육

[해설]
단계별 교육에는 지식교육, 기능교육, 태도교육이 있다.

정답 ①

핵심이론 02 재료시험의 안전관리 사항

① 연소
  ㉠ 연소의 요소
    • 가연물
    • 점화원
    • 산소공급원
  ㉡ 연소가스
    • 일산화탄소(CO) : 무색, 무미, 무취로서 연료의 불완전 연소로 인하여 생성되는 것으로 해로운 가스
  ㉢ 약품 중 인화성 물질
    • 석유벤젠
    • 에틸에테르
    • 에틸알코올
② 시험에 따른 안전관리 사항
  ㉠ 방사선투과장비를 이용한 비파괴검사
    • X선 검사 시 Pb로 밀폐된 상자에서 촬영
    • X선 촬영 시 위험지구를 벗어난 위치에 방사선 표지판 설치
    • 관 전압 상승속도에 유의하여 탐상기 사용
    • X선 발생장치에서 정전기 유도작용 등에 의한 전위상승을 고려하여 특고압의 전기가 충전되는 부분에 접지되어야 함
  ㉡ 강의 불꽃시험용 연삭기 사용
    • 시험을 할 때에는 보안경을 착용
    • 연삭기에 커버가 있어야 함
    • 연마 도중에는 시험편을 놓치지 않도록 함
    • 연삭할 때 너무 강하게 누르지 말고 가볍게 접촉시킴
    • 회전하는 연삭기는 손으로 정지시키지 않음
    • 정전이 되면 곧 스위치를 끔

ⓒ 금속재료의 조직을 관찰하기 위한 시험편 제작
- 시험편은 평활하게 유지되도록 연마
- 시험편 절단 및 연마 작업 시 열 영향을 받지 않도록 함
- 시험편 제작 시 시험편을 견고히 고정하여 튀지 않도록 함
- 부식액이 피부에 묻지 않도록 주의하고, 묻었을 경우 곧바로 씻음

ⓛ 피로시험
- 시험편은 정확하게 고정
- 시험편이 회전하지 않는 상태에서는 하중을 가하지 않음
- 시험편은 부식 부분에 응력 집중이 생겨 부식 피로현상이 생기므로 부식되지 않도록 보관

ⓜ 방사성 물질에 대한 안전사항
- 방사선의 에너지가 높을수록 위험성이 큼
- 체내에 흡수되기 쉬운 방사선일수록 위험성이 큼
- α 입자를 방출하는 핵종이 β 방출 핵종보다 위험성이 큼
- 문턱선량은 방사선 위험에 의해 영향이 나타나는 최저의 선량으로 그 값이 낮을수록 위험성은 높음

ⓑ 그 외 안전관리 사항
- 취성재료의 압축시험 : 시험재료의 파괴 비산을 주의
- 전기가 대기 중에서 스파크 방전이 일어나면 오존(O_3)이 발생하게 됨

③ 안전설비
ⓗ 자동화재탐지설비
- 화재를 자동으로 조기 발견하여 경보해 주는 설비
- 수신기, 감지기, 중계기, 발신기, 음향장치 등으로 구성

10년간 자주 출제된 문제

실험실에서 사용하는 약품 중 인화성물질이 아닌 것은?
① 석유벤젠
② 에틸에테르
③ 에틸알코올
④ Mg분말

[해설]

약품 중 인화성 물질
- 석유벤젠
- 에틸에테르
- 에틸알코올

정답 ④

PART 02

과년도+최근 기출복원문제

2014~2020년   과년도 기출문제
2021~2024년   과년도 기출복원문제
2025년   최근 기출복원문제

2014년 제1회 과년도 기출문제

제1과목 금속재료

01 오스테나이트계 스테인리스 강의 공식(pitting)을 방지하기 위한 대책이 아닌 것은?

① 할로겐 이온의 고농도를 피한다.
② 질산염, 크롬산염 등의 부동태화제를 가한다.
③ 액의 산화성을 감소시키거나 공기의 투입을 많게 한다.
④ 재료 중의 탄소를 적게 하거나 Ni, Cr, Mo 등을 많게 한다.

해설
부식을 막아주는 크로뮴 산화층이 국부적으로 없어지는 것을 공식(pitting)이라 한다. 이를 방지하기 위해 할로겐 이온의 고농도를 피하고 부동태화제를 가하거나 탄소를 적게 하고 Ni, Cr, Mo 등을 많이 함유시키는 방법이 있다. 또한 공기의 투입을 적게 해야 한다.

02 황동의 자연균열 방지책이 아닌 것은?

① 도료를 바른다.
② 아연도금을 한다.
③ 응력제거 풀림을 한다.
④ 산화물 피막을 형성시킨다.

해설
황동의 자연균열 방지법으로 산화물 피막을 제거해야 한다.

03 Cu, Sn, 흑연 분말을 적정 혼합하여 소결에 의해 제조한 분말야금용 합금으로 급유가 곤란한 부분의 베어링으로 사용되는 재료는?

① 자마크(Zamak)
② 켈밋(kelmet)
③ 배빗메탈(Babbitt metal)
④ 오일라이트(Oillite)

해설
④ 오일리스 베어링 : 오일라이트(Oillite)가 대표적이며 소결 후 다공질 재료에 윤활유를 품도록 함. 급유가 곤란할 때 사용
① 자마크(Zamak) : 아연 함유(Zn, Al, Cu, Fe, Mg) 다이캐스트용 합금
② 켈밋(kelmet) : Cu-Pb계 베어링으로 화이트메탈보다 내하중성이 크고 열전도율이 높아 고속 고하중용 베어링에 적합
③ 배빗메탈(Babbitt metal) : Sn, Sb, Cu를 성분으로 하는 내연기관용 베어링용 합금

04 초전도재료에 대한 설명 중 틀린 것은?

① 초전도선은 전력의 소비 없이 대전류를 통하거나 코일을 만들어 강한 자계를 발생시킬 수 있다.
② 초전도상태는 어떤 임계온도, 임계자계, 임계전류밀도보다 그 이상의 값을 가질 때만 일어난다.
③ 임의의 어떤 재료를 냉각시킬 때 어느 임계온도에서 전기저항이 0(zero)이 되는 재료를 말한다.
④ 대표적인 활용사례로는 고압송전선, 핵융합용 전자석, 핵자기공명단층영상장치 등이 있다.

해설
초전도 재료란 전기저항이 0인 상태를 말하는데 초전도현상은 임계온도 이하에서 나타난다.

05 실용 형상기억합금이 아닌 것은?

① Al-Si계
② Ti-Ni계
③ Cu-Al-Ni계
④ Cu-Zn-Al계

해설
Al-Si계 합금(실루민)
알루미늄 실용 합금으로서 Al에 10~13% Si이 함유되어 있다. 유동성이 좋으며 모래형 주물에 이용한다(형상기억합금은 아님).

06 구리합금에 대한 설명 중 틀린 것은?

① 황동은 Cu-Zn계 합금이다.
② 인청동은 탄성과 내식성 및 내마모성이 크다.
③ 문쯔메탈(Muntz metal)은 6-4 황동의 일종이다.
④ 네이벌 황동은 7-3 황동에 Sn을 소량 첨가한 합금이다.

해설
네이벌 황동
4-6주석을 첨가한 황동으로 내식성이 우수하다.

07 소결 현상을 이용하는 분말야금의 특징이 아닌 것은?

① 절삭 공정을 생략할 수 있다.
② 다공질의 제품은 만들 수 없다.
③ 용해법으로 만들 수 없는 합금을 만들 수 있다.
④ 제조 과정에서 용융점까지 온도를 올릴 필요가 없다.

해설
분말야금(powder metallurgy)법
금속 가루를 가압·성형하여 굳히고, 가열하여 소결함으로써 금속제품을 얻는 방법
• 용융점 이하의 온도로 제작
• 다공질의 금속재료를 만들 수 있음
• 최종제품의 형상으로 제조가 가능하여 절삭가공이 거의 필요 없음
• 용해법으로 만들 수 없는 합금을 만들 수 있고 편석, 결정립 조대화의 문제점이 적음
• 제조과정에서 용융점까지 온도를 상승시킬 필요가 없음
• 고융점 금속부품 제조에 적합

08 철광석의 종류와 주요 성분을 옳게 연결한 것은?

① 적철광 – Fe_2O_3
② 자철광 – Fe_2CO_3
③ 갈철광 – Fe_3O_4
④ 능철광 – $Fe_2O_3 \cdot 3H_2O$

해설
① 적철광 : Fe_2O_3, 69.94% Fe
② 자철광 : Fe_3O_4, 72.4% Fe
③ 갈철광 : $2Fe_2O_3 \cdot 3H_2O$, 59.8% Fe
④ 능철광 : $FeCO_3$, 48.2% Fe

정답 5 ① 6 ④ 7 ② 8 ①

09 금속의 공통적 특성을 설명한 것 중 틀린 것은?

① 금속적 광택을 갖는다.
② 열과 전기의 양도체이다.
③ 소성 변형성이 없어 가공하기 힘들다.
④ 수은을 제외한 금속은 상온에서 고체이며 결정체이다.

해설
금속은 소성 변형성이 있어 가공이 용이하다.

10 성형 프레스형, 다이캐스팅형 등에 사용되는 열간 금형용 합금공구강의 구비요건으로 옳은 것은?

① 고온경도가 낮을 것
② 융착과 소착이 잘 일어날 것
③ 히트 체킹(heat checking)에 잘 견딜 것
④ 열충격, 열피로 및 뜨임연화 저항이 작을 것

해설
열간금형용 합금공구강은 고온경도가 높아야 하고 융착과 소착이 발생해서는 안 되며 열충격, 열피로 및 뜨임연화의 저항이 강해야 한다. 또한 열균열(heat check)에 강해야 한다.

11 22K(22carat)는 순금의 함유량이 약 몇 %인가?

① 25%
② 58.3%
③ 75%
④ 91.7%

해설
순금 함유율 $= \dfrac{22K}{24K} \times 100 = 91.7\%$

12 특수강 중의 특수 원소의 역할이 아닌 것은?

① 기계적 성질 향상
② 변태속도의 조절
③ 탄소강 중 황의 증가
④ 오스테나이트의 입도 조절

해설
탄소강 중 황이 증가하면 고온 취성(적열 취성)을 일으키므로 특수강 목적에 맞지 않다.

13 고속도 공구강에 대한 설명으로 틀린 것은?

① 우수한 인성을 갖는다.
② 우수한 고탄성을 갖는다.
③ 우수한 내마모성을 갖는다.
④ 우수한 고온경도를 갖는다.

해설
고속에서 사용되는 공구는 인성과 내마모성, 고온경도가 우수해야 한다. 고속도 공구강의 특성으로 고탄성과는 관련이 없다.

14 백주철을 탈탄 열처리하여 순철에 가까운 페라이트 기지로 만들어서 연성을 갖게 한 주철은?

① 회주철
② 백심가단주철
③ 흑심가단주철
④ 구상흑연주철

해설
백심가단주철
백주철은 주조성은 좋지만 연신율이 없어 단조가 불가능하다. 이를 적당히 열처리하여 시멘타이트를 흑연화하는 것으로 주철의 단점인 연성과 인성을 향상시켜 가단성을 부여한 것으로 파단면이 흰색이다.

15 비정질 금속재료에 대한 설명으로 옳은 것은?

① 재료가 초급랭법으로 제조되므로 조성적, 구조적으로 불균일하다.
② 불규칙한 원자배열로 인해 이방성과 특정한 슬립면이 있다.
③ 입계, 쌍정, 적층결함 등과 같은 국부적인 불균일 조직이 많다.
④ 유리나 고분자 물질과는 달리 단순한 원자구조를 가진다.

해설
비정질합금
금속을 용융상태에서 초고속 급랭에 의해 제조되는 재료로 구조적으로 결정 형성 자체가 없으며 원자들이 무작위 배치를 보이는 단순한 원자구조를 가진다.

16 프레스가공 또는 판금가공이 아닌 것은?

① 압연가공
② 굽힘가공
③ 전단가공
④ 압축가공

해설
압연가공은 롤러에 의한 가공이다.

정답 13 ② 14 ② 15 ④ 16 ①

17 마그네슘의 특성을 설명한 것 중 틀린 것은?

① 비중은 약 1.7 정도이다.
② 내산성은 극히 나쁘나 내알칼리성은 강하다.
③ 해수에 대단히 강하며, 용해 시 수소를 방출하지 않는다.
④ 주물로서 마그네슘 합금은 Al 합금보다 비강도가 우수하다.

해설
마그네슘은 해수에 매우 약하다.

18 순철이 1,539℃에서 응고하여 상온까지 냉각되는 동안에 일어나는 변태가 아닌 것은?

① A_5 변태
② A_4 변태
③ A_3 변태
④ A_2 변태

해설
Fe-C 평형상태도
- A_0 변태점 : 210℃(Fe_3C의 자기변태)
- A_1 변태점 : 723℃(강의 공석변태)
- A_2 변태점 : 768℃(순철의 자기변태)
- A_3 변태점 : 910℃(순철의 동소변태)
- A_4 변태점 : 1,400℃(순철의 동소변태)

19 어느 방향으로 소성변형을 가한 재료에 역방향의 하중을 가하면 전과 같은 방향으로 하중을 가한 경우보다 소성변형에 대한 저항이 감소하는 것을 무엇이라 하는가?

① 바우싱거효과
② 크리프효과
③ 재결정효과
④ 푸아송효과

해설
① 바우싱거효과 : 한 번 어느 방향으로 소성변형을 가한 재료에 역방향의 하중을 가하면 전과 같은 방향으로 하중을 가한 경우보다 소성변형에 대한 저항이 감소하는 현상
② 크리프효과 : 재료에 어떤 하중을 가하고 어떤 온도에서 긴 시간 동안 유지하면 시간의 경과에 따른 스트레인이 증가하는 현상
③ 재결정효과 : 냉간가공된 금속을 고온으로 가열 시 회복된 금속 조직 내에 변형률이 없는 새로운 결정립 성장
④ 푸아송효과 : 인장시험에서 재료에 따라 길이변화에 대한 폭변화의 비가 일정한 현상

20 78% Ni의 조성을 가지는 Ni-Fe 합금에 대한 설명으로 옳은 것은?

① 낮은 투자율을 가진다.
② 퍼멀로이(permalloy)라 불린다.
③ 자장에 의한 응답성이 낮다.
④ 주로 공구강으로 사용된다.

해설
퍼멀로이(pormalloy)
Ni-Fe 합금으로 자기투과도가 높아 전기통신재료로 사용한다.

제2과목 금속조직

21 금속간 화합물(intermetallic compound)에 대한 설명으로 틀린 것은?

① 간단한 결정구조를 갖고, 금속적 성질이 강하다.
② A, B 두 금속의 친화력이 대단히 강력하다.
③ A, B 두 금속은 일정한 원자비로 결합한다.
④ 성분금속 원자의 상대적인 관계가 항상 일정한 고용체이다.

해설
금속간 화합물
금속과 금속 사이의 친화력이 클 때 2종 이상의 금속원소가 간단한 정수비를 가지고 결합한 상태로 $A_m B_n$의 형태로 표현한다. 마치 세라믹과도 비슷한 성질을 가지며 취약하고 단단하다. 용융점은 비교적 높으며 불안정한 것이 특징이다.

22 냉간가공한 금속을 풀림하며 전위의 재배열에 의해 결정의 다각형화(polygonization)가 이루어지는 데 이와 관련이 가장 깊은 현상은?

① 쌍정
② 재결정
③ 회복
④ 결정립 성장

해설
금속의 회복과정에서 높은 온도 범위에서 전위는 상승한다. 이때 서브결정(subgrain)의 조대화와 다각화 현상이 나타난다.

23 강의 베이나이트(bainite) 변태에 대한 설명으로 틀린 것은?

① 약 350℃ 이상에서 형성된 것을 상부 베이나이트라 한다.
② 베이나이트도 펄라이트와 마찬가지로 층상구조를 이루고 있다.
③ 오스테나이트에서 베이나이트로의 변태에 의해 페라이트와 탄화물이 생성된다.
④ 변태에 따른 용질원자의 분포는 탄소 원자만 이동하고 합금원소 원자는 모재에 남는다.

해설
강을 서랭할 때 나타나는 조직이 베이나이트이며, 침상의 하부베이나이트와 판상의 상부베이나이트조직이 나타난다.

24 그림과 같이 t_1 온도에서 공정반응이 끝난 후 20% B합금의 초정 α양은 얼마인가?

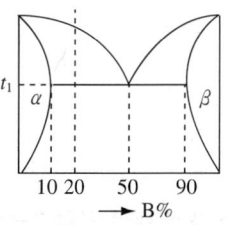

① 25%
② 38%
③ 50%
④ 75%

해설
공정반응 후 초정 α와 공정($\alpha + \beta$)이 존재하게 되는데, 공정($\alpha + \beta$)은 그래프에서 확인하면 $[\frac{10}{40} \times 100]$이므로, 초청 α양은 75%가 된다.

25 결정격자 중에서 전연성 및 가공성이 우수한 결정격자는?

① 면심입방격자 ② 체심입방격자
③ 조밀육방격자 ④ 체심정방격자

해설
면심입방정구조를 가지는 금속은 배위수가 크고 슬립계가 많아서 전연성이 높고 가공이 원활하며 전도도가 큰 장점이 있으나, 강도가 약하다는 단점이 존재한다.

26 합금원소가 존재할 경우 가장 안정한 석출물은 합금 탄화물이다. 이때 탄화물을 잘 형성하는 합금원소는?

① Al ② Mn
③ Cr ④ Ni

해설
탄화물 형성에 관여하는 원소는 Ti, Nb, V, Cr, W, Mo이다.

27 다음의 원자결합 중 가장 약한 결합은?

① 이온결합
② 금속결합
③ 반데르발스결합
④ 공유결합

해설
반데르발스결합은 2차 결합으로 원자 간의 인력 또는 척력에 의해 발생하며 가장 약한 결합을 형성한다.

28 금속의 변형에 대한 설명으로 틀린 것은?

① 금속은 전위가 증식되면서 소성변형된다.
② 금속은 슬립이나 쌍정에 의해서 소성변형된다.
③ 금속은 원자 전체가 동시에 이동하는 것이 아니라 전위에 의하여 조금씩 이동한다.
④ 동일한 슬립면에서 반대부호의 전위가 만나면 두 개의 전위가 생성되고 불완전 결정으로 된다.

해설
동일한 슬립면에서 반대부호의 전위가 만나면 전위가 소멸되어 완전한 결정구조가 형성된다.

29 금속의 변태점 측정법 중 도가니에 적당량의 금속을 넣어 일정한 속도로 가열하거나 냉각하면서 온도와 시간의 관계로 나타나는 곡선으로 변태점을 측정하는 방법은?

① 열팽창법 ② 열분석법
③ 전기저항법 ④ 자기분석법

해설
열분석법
일정한 속도로 가열, 냉각하는 열변화를 측정하며, 온도와 시간간의 상호관계를 이용하여 관계곡선을 유도하고 변태점을 측정한다.

30 금속의 다결정체 조직으로 수지상(dendrite) 조직을 설명한 것 중 틀린 것은?

① 액상에서 고상으로 변태(응고) 시 응고잠열이 방출된다.
② 응고잠열의 방출은 평면에서보다 선단부분에서 늦게 일어난다.
③ 나뭇가지 모양으로 생긴 최초의 가지를 1차 수지상정이라 한다.
④ 면심입방 또는 체심입방구조를 갖는 금속의 경우 가지의 성장방향은 입방 구조의 모서리 방향이 되기 때문에 수지상정의 가지는 서로 직교한다.

해설
응고잠열은 액상이 고상으로 응고할 때 방출하는 열로서 냉각속도가 빠를수록 미세한 수지상 조직이 형성되며 응고선단이 평면으로 이동한다.

31 전위에 대한 설명으로 옳은 것은?

① 전위의 상승운동은 온도에 무관하다.
② 전위 결함은 원자공공, 크로디온(crowdion) 등이 있다.
③ 칼날전위선은 버거스 벡터(Burgers vector)와 평행하다.
④ 전위의 존재로 인해 발생되는 에너지를 변형 에너지(strain energy)라 한다.

해설
전위의 상승은 온도와 밀접한 관계가 있으며, 전위결함은 선결함이며, 공공, 크로디온은 점결함에 속한다. 칼날전위는 버거스 벡터에 항상 수직이다.

32 다음 중 확산기구에 해당되지 않는 것은?

① 링기구
② 공석기구
③ 공격자점기구
④ 직접교환기구

해설
확산기구에는 공공에 의한 상호확산(공격자점기구), 격자 간 공극 간 자리바꿈에 의한 침입형 치환, 원자의 상호이동에 의한 직접교환기구, 3개 또는 4개 원자의 동시이동에 의한 링기구가 존재한다.

33 4개의 원자가 동시에 링상으로 회전함으로써 위치가 변화되어 치환형 확산을 하는 확산기구는?

① 간접교환형 기구
② 격자 간 원자형 기구
③ 원자공공형 기구
④ 직접교환형 기구

해설
공공형(치환형) 확산에서 링형으로 원자가 회전하면서 형성되는 것을 간접교환형 기구라고 한다.

정답 30 ② 31 ④ 32 ② 33 ①

34 면심입방격자에서 슬립면과 슬립방향이 옳게 짝지어진 것은?

① {0001}, ⟨1211⟩
② {1000}, ⟨1111⟩
③ {110}, ⟨111⟩
④ {111}, ⟨110⟩

해설
슬립은 원자밀도가 최대인 면에서 원자밀도가 최대인 방향으로 일어나며 면심입방정의 경우, 슬립면과 방향은 {111}, ⟨110⟩로 표시한다.

35 용질 원자에 의한 응력장은 가동전위의 응력장과 상호 작용을 하여 전위의 이동을 방해함으로써 재료의 강화가 이루어지는 것은?

① 석출강화
② 가공강화
③ 분산강화
④ 고용체강화

해설
고용체강화의 원리
용매원자의 격자에 용질원자가 고용되어 용질원자 근처에 응력장이 형성되며, 응력장이 가동전위의 응력장과 상호작용을 하여 전위의 이동을 방해시켜 재료를 강화시킨다.

36 Fe-Fe₃C 평행상태도에서 자기변태를 나타내는 것은?

① A_0
② A_1
③ A_3
④ A_{cm}

해설
Fe-Fe₃C 평행상태도에서 시멘타이트의 자기변태 A_0=210℃, 순철의 자기변태 A_2 = 768℃

37 강의 물리적 성질 중 탄소의 함유량이 증가함에 따라 증가하는 성질은?

① 비중
② 전기저항
③ 열전도도
④ 열팽창계수

해설
강의 탄소함유량이 증가할수록 전기저항, 비열, 항자력은 증가하고 열전도율은 감소한다.

38 침입형 고용체의 결함으로 공격자점과 격자 간 원자는 어떤 결함에 해당하는가?

① 면결함
② 선결함
③ 점결함
④ 체적결함

해설
점결함(0차원)
• 공공(빈 격자점) : 원자가 비어있는 자리
  → 쇼트키, 프렌켈 결함은 각각 쌍으로 존재하는 점결함
• 자기침입형 원자 : 공공이 생길 때 공공자리에 있던 원자가 이동하여 다른 원자 사이에 끼어 있는 상태
• 고용체 : 치환형과 침입형 고용체가 존재하며 일종의 불순물

39 압력이 일정한 Fe-C 상태도에서 공석반응이 일어날 때 자유도는 얼마인가?

① 0 ② 1
③ 2 ④ 3

해설
공석반응은 일정온도에서 한 개의 고용체로부터 다른 두 개의 고상이 석출되는 현상이며, 압력이 일정한 경우 자유도는 $F=n-P+1$를 기준으로 계산한다.

40 치환형 고용체에서 원자의 규칙도와 온도와의 관계를 옳게 설명한 것은?

① 규칙도는 온도에 무관하다.
② 온도가 상승하면 규칙상태로 된다.
③ 온도가 상승하며 불규칙상태로 된다.
④ 온도가 상승하면 장범위규칙도는 1이 된다.

해설
치환형 고용체에서 원자규칙도는 온도가 상승할수록 규칙도가 감소하여 불규칙상태로 전이된다.

제3과목 금속 열처리

41 다음 원소 중 마텐자이트 개시온도(M_s)를 가장 크게 감소시키는 원소는?

① W ② C
③ Cr ④ Mn

해설
마텐자이트 개시온도를 낮추는 원소는 C > N > Mn > Ni > Cr 의 순서이다.

42 제품을 열처리 가열로에 장입하기 전에 확인하여야 할 사항이 아닌 것은?

① 열처리 요구 사양을 확인한다.
② 발주처의 회사 규모를 파악한다.
③ 소재의 재질 확인 및 검사를 한다.
④ 표면 탈탄, 크랙 유무 및 전 열처리 상태를 확인한다.

해설
열처리는 강의 가열과 냉각온도 및 속도를 조절하여 기계적 특성을 바꾸기 위해 실시하는 것으로 재료의 성질, 표면의 상태, 요구되는 열처리 정도를 파악하는 것이 중요하며, 회사의 규모와는 상관성이 없다.

정답 39 ① 40 ③ 41 ② 42 ②

43 분위기 열처리에 사용되는 변성가스 중 침탄성 가스가 아닌 것은?

① 메탄 ② 프로판
③ 아르곤 ④ 일산화탄소

해설
가스의 성질 및 종류
- 침탄성 가스 : 일산화탄소, 천연가스, 메테인, 프로페인, 뷰테인, 도시가스, 메탄올, 에탄올, 에테르, 흡열가스
- 중성가스 : 질소, 아르곤, 헬륨

44 열처리 전·후처리에 사용되는 설비 중 6각 또는 8각형의 용기에 공작물과 함께 연마제, 콤파운드를 넣고 회전시켜 표면을 연마시키는 방법은?

① 버프 연마 ② 배럴 연마
③ 쇼트 피닝 ④ 액체 호닝

해설
회전 또는 진동하는 상자에 공작물과 공작액, 콤파운드 및 연마제(숫돌입자)를 같이 넣고 처리하는 방법은 배럴 연마이다.

45 강재 표면에서 얇은 황화층(FeS)을 형성시켜 강재 표면에 마찰저항을 작게 하여 윤활성을 향상시키는 방법은?

① PVD처리
② TD처리
③ 침붕처리
④ 침황처리

해설
황이 포함된 화합물로 표면을 처리하기 때문에 침황처리법이다.

46 저탄소강 대형품에 대한 침탄열처리의 설명으로 틀린 것은?

① 150~180℃ 범위에서 저온 뜨임을 한다.
② 1차 담금질의 목적은 내부 결정립의 미세화이다.
③ 2차 담금질의 목적은 인성과 연성의 증가이다.
④ 고온 장시간의 가열로 결정립이 조대화된다.

해설
강의 표면을 강화시키기 위해 침탄처리를 하며, 2차 담금질의 목적은 침탄부를 경화하기 위해 실시한다.

47 열처리 후처리 공정에서 제품에 부착된 기름을 제거하는 탈지에 적합하지 않은 방법은?

① 산 세정
② 전해 세정
③ 알칼리 세정
④ 트리클로로에틸렌 증기 세정

해설
산으로 처리할 경우 부식될 우려가 있어 후처리 공정에서 사용하기 적당하지 않다.

정답 43 ③ 44 ② 45 ④ 46 ③ 47 ①

48 구리의 열처리에 가장 적합한 것은?

① 하드페이싱
② 고온 뜨임
③ 재결정 풀림
④ 고주파 담금질

해설
구리는 다른 순금속과 같이 재결정 풀림(어닐링)만 진행하지만 황동의 경우 $\alpha+\beta$상으로 담금질 열처리를 할 수 있다.

49 SCM415(C=0.15%)강을 표면 탄소농도 0.8%를 목표로 7시간 가스침탄 처리한 결과 침탄 시의 탄소농도가 1.05%이었다면 확산 시간은?(단, Harris의 방정식을 이용하여 계산하시오)

① 2.65시간
② 3.4시간
③ 3.65시간
④ 5.4시간

해설
$$T_c = T_t \left(\frac{C-C_i}{C_0-C_i} \right)^2 = 7 \times \left(\frac{0.8-0.15}{1.05-0.15} \right)^2 \fallingdotseq 3.65$$

여기서, T_c : 침탄소요시간
T_t : 침탄시간+확산
C : 목표표면탄소농도(%)
C_0 : 침탄 시 탄소농도(%)
C_i : 소재 자체의 탄소농도(%)

침탄소요시간(T_c)은 약 3.65시간이므로 확산시간은 약 3.4시간이다.

50 다음 중 노를 구조에 따라 분류한 것은?

① 가스로
② 중유로
③ 전기로
④ 배치로

해설
열처리로의 분류 중 배치로는 조업방식에 따른 분류이다. 이에 대비되는 열처리로는 연속식이다.

51 일반적인 S곡선의 코(nose) 부분의 온도로 적합한 것은?

① 약 250℃
② 약 350℃
③ 약 450℃
④ 약 550℃

해설
항온변태곡선이라고도 불리는 S곡선에서 코 부분에 해당하는 온도는 약 500~600℃ 범위이다.

52 다음의 열처리 방법 중 취성이 가장 많이 발생하는 열처리 방법은?

① 담금질(quenching)
② 풀림(annealing)
③ 뜨임(tempering)
④ 불림(normalizing)

해설
금속의 열처리 방법 중 담금질은 기계적 성질을 향상시키기 위해 실시하고 있으나 취성의 발생빈도가 높다.

정답 48 ③ 49 ② 50 ④ 51 ④ 52 ①

53 고주파 경화법에 대한 설명으로 틀린 것은?

① 코일의 가열속도는 내면가열이 가장 효율이 크다.
② 코일에 사용되는 재료는 주로 구리가 사용된다.
③ 철강에 비해 비철금속은 가열효율이 50~70% 정도이다.
④ 코일과 고주파발생장치와 연결하는 리드는 인덕턴스를 없애기 위하여 가능한 한 간격을 좁게 하여야 한다.

해설
금속의 표면처리를 위한 방법 중 하나인 고주파 경화법에서 표피효과에 의해서 표면부의 저항이 증가되고 이는 고주파일 때 더욱 극대화되는 경향이 있다.

54 열전대로 사용되는 재료의 구비조건으로 틀린 것은?

① 내열, 내식성이 뛰어나야 한다.
② 고온에서 기계적 강도가 작아야 한다.
③ 제작이 쉽고 호환성이 있으며 가격이 싸야 한다.
④ 열기전력이 크고 안정성이 있으며 히스테리시스 차가 없어야 한다.

해설
서로 다른 재질로 형성된 열전대 재료는 제작이 간단하고 경제적이며 히스테리시스 차가 적으며 고온에서 강도가 높은 재질이 유리하게 작용한다.

55 트루스타이트(troostite)에 대한 설명 중 옳은 것은?

① α 철과 극히 미세한 시멘타이트와의 기계적 혼합물
② α 철과 극히 미세한 마텐자이트와의 기계적 혼합물
③ γ 철과 극히 미세한 시멘타이트와의 기계적 혼합물
④ γ 철과 극히 미세한 마텐자이트와의 기계적 혼합물

해설
강의 조직 중의 하나인 트루스타이트는 강을 느린 속도로 담금질할 때 미세상 집합에서 보이는 조직이며, α철과 미세한 시멘타이트와의 기계적 혼합물이 포함된다.

56 대형 제품을 담금질하였을 때 재료의 내, 외부는 담금질 효과가 달라져 경도의 편차가 나타나는 현상은?

① 노치 효과
② 담금질 변형
③ 질량 효과
④ 가공경화 효과

해설
담금질 효과는 냉각속도의 영향을 받으며, 일반적으로 질량이 작은 재료는 내·외부 온도차가 없으나 질량이 큰 재료는 내·외부의 온도차에 의해 담금질의 효과에 차이가 나는 현상이 발생하는데 이를 질량 효과라 한다.

57 주철의 풀림처리 중 절삭성을 양호하게 하며 백선 부분의 제거, 연성을 향상시키기 위한 목적으로 행하는 열처리는?

① 연화풀림   ② 완전풀림
③ 응력제거풀림   ④ 페라이트화풀림

해설
연화풀림
• 회주철을 변태영역 이상의 온도로 가열하여 최대단면두께 25mm당 약 1시간 유지하여 상온으로 공랭 후 불림을 한다.
• 백선 부분의 제거, 연성을 향상시키기 위한 목적이며 강도는 저하되지만 구상화흑연주철은 연신율이 증가한다.

58 금속에 대한 열처리 목적이 아닌 것은?

① 조직을 안정화시키기 위하여
② 재료의 경도를 개선하기 위하여
③ 재료의 인성을 부여하기 위하여
④ 조직을 미세화하여 방향성을 많게 하고 편석이 큰 상태로 하기 위하여

해설
일반적으로 열처리는 조직의 균일화, 미세화, 표준화를 목적으로 실시한다. 방향성이 크면 안정화를 방해하는 요인으로 작용한다.

59 다음의 냉각 방법 중 냉각 성능이 가장 우수한 것은?

① 노랭   ② 공랭
③ 유랭   ④ 분사냉각

해설
여러 가지 냉각법은 각기 장단점을 내포하고 있고 그중 가장 단점이 적어 높은 냉각능을 기대할 수 있는 방법은 분사냉각법이다.

60 Mn, Ni, Cr 등을 함유한 구조용강을 고온 뜨임하면 냉각속도와 관계없이 취화하는데 이러한 현상을 개선하는 원소는?

① Cu   ② Sb
③ Mo   ④ Sn

해설
담금질로 낮아진 인성증가를 위해 뜨임을 실시하며, 고온뜨임 후 발생하는 취성을 개선하는 원소로는 C, N, Mn, Ni, Cr, Mo 등이 포함된다.

[정답] 57 ① 58 ④ 59 ④ 60 ③

제4과목 재료시험

61 유압식 만능재료 시험기로 측정하기 어려운 것은?

① 인장강도 ② 압축강도
③ 항복강도 ④ 비틀림강도

해설
- 인장-압축 시험으로 인장강도와 압축강도 항복강도를 측정할 수 있다.
- 비틀림강도는 비틀림시험(펜듈럼식, 탄성식, 레버식)으로 측정할 수 있다.

62 결정질의 고체 재료를 특정한 온도에서 일정한 하중을 가하여 장시간 유지하면서 시간 흐름에 따른 변형량을 측정하는 시험은?

① 인장 시험 ② 충격 시험
③ 크리프 시험 ④ 성분 분석 시험

해설
크리프 시험
재료에 어떤 일정한 하중을 가하고 어떤 온도에서 긴 시간 동안 유지하면 시간이 경과함에 따라 스트레인이 증가현상으로 각종 재료의 역학적 양을 결정하는 재료 시험

63 피로시험에서 종축에 응력, 횡축에는 반복횟수를 나타내는 선도는?

① Fe-C곡선
② S-N곡선
③ T-T-T곡선
④ C-C-T곡선

해설
S : 응력, N : 반복횟수

64 금속 조직 시험을 하기 전에 시험편의 준비 순서로 옳은 것은?

① 시험편 채취 → 마운팅 → 폴리싱 → 세척 → 부식
② 시험편 채취 → 폴리싱 → 마운팅 → 세척 → 부식
③ 마운팅 → 시험편 채취 → 부식 → 세척 → 폴리싱
④ 마운팅 → 시험편 채취 → 폴리싱 → 부식 → 세척

해설
현미경 조직검사 순서
시험편 채취 → 시험편의 제작(마운팅) → 연마 → 폴리싱 → 부식 → 검경

65 비자성체의 표면 및 표면직하 결함을 표면 개구 여부에 관계없이 검출하고자 할 때 가장 적합한 비파괴검사 방법은?

① 자분탐상시험 ② 침투탐상시험
③ 와전류탐상시험 ④ 음향방출시험

해설
자분탐상, 침투탐상, 와전류탐상은 표면결함을 검사하는 시험으로 자분탐상은 자성체이어야 하며 침투탐상은 자성유무와 상관없이 표면 개구 여부와 관련이 있다.

66 초음파탐상에서 결함에 의한 에코와 혼돈할 수 있는 유사한 에코의 종류가 아닌 것은?

① 지연 에코 ② 반복 에코
③ 임상 에코 ④ 진동 에코

[해설]
초음파탐상시험에서 결함에 의한 에코와 혼돈을 주는 에코는 지연 에코, 반복 에코, 임상 에코가 있으며 이를 없애기 위해 필터를 사용한다.

67 위험예지 훈련의 4단계 중 대책을 수립하는 단계는 몇 단계인가?

① 1단계 ② 2단계
③ 3단계 ④ 4단계

[해설]
위험예지훈련 4단계
• 제1단계(현상파악)
• 제2단계(본질추구)
• 제3단계(대책수립)
• 제4단계(목표달성)

68 로크웰 경도시험에 대한 설명으로 옳은 것은?

① 기본하중은 1kgf을 작용시킨다.
② 다이아몬드 원뿔의 꼭지각은 136°이다.
③ 시험하중에는 50, 120, 200kgf의 세 가지가 있다.
④ C스케일은 단단한 금속재료의 경도 측정용으로 사용한다.

[해설]
로크웰 경도시험
• 기준하중 : 10kgf
• 다이아몬드 원뿔 누르개 각도 : 120°
• 시험하중 : 60kgf, 100kgf, 150kgf
• 표시 예 : 60 HR C
 60 : 경도(계수, 값)
 HR : 로크웰 경도 기호
 C : 로크웰 경도 스케일 기호

69 인장시험 시 시험편의 물림장치에 대한 규정으로 틀린 것은?

① 시험편은 중심선상에 있어야 한다.
② 인장 외에 힘이 가해져서는 안 된다.
③ 물림부에서 물림 힘이 각기 달라야 한다.
④ 시험편이 척 내에서 파괴되어서는 안 된다.

[해설]
물림부에서 물림 힘은 같아야 한다.

70 2개 이상의 물체가 접촉하면서 상대운동할 때, 그 면이 감소되는 현상을 이용한 시험방법은?

① 커핑 시험
② 마모 시험
③ 마이크로 시험
④ 분광 분석 시험

해설
- 마모 시험 : 접촉 상대운동으로 표면입자의 이탈 정도를 측정하는 시험
- 커핑 시험 : 에릭센 시험 등의 일반적인 명칭으로 재료의 연성을 파악하는 시험법으로 소성 가공성을 평가하는 데 적합

71 피로시험에서 시험편의 노치(notch) 민감계수에 대한 식으로 옳은 것은?

① 노치 민감계수 = $\dfrac{형상계수 - 1}{노치계수 - 1}$

② 노치 민감계수 = $\dfrac{노치계수 - 1}{형상계수 - 1}$

③ 노치 민감계수 = $\dfrac{노치가 없을 때의 응력}{노치부에 생긴 최대응력}$

④ 노치 민감계수 = $\dfrac{노치부에 생긴 최대응력}{노치가 없을 때의 응력}$

해설
- 형상계수(α) ≥ 노치계수(β) ≥ 1
- 노치 민감계수 = $\dfrac{노치계수 - 1}{형상계수 - 1}$

72 방사성 물질이 체내에 들어갈 경우 신체에 미치는 위험성에 대한 설명으로 틀린 것은?

① 문턱선량이 높을수록 위험성이 크다.
② 방사선의 에너지가 높을수록 위험성이 크다.
③ 체내에 흡수되기 쉬운 방사선일수록 위험성이 크다.
④ α 입자를 방출하는 핵종이 β방출 핵종보다 위험성이 크다.

해설
문턱선량은 방사선 위험에 의해 영향이 나타나는 최저의 선량으로 그 값이 낮을수록 위험성은 높다.

73 금속의 화학성분을 검사하기 위한 방법이 아닌 것은?

① 습식분석시험 ② 매크로시험
③ 원자흡광시험 ④ 분광분석시험

해설
매크로(macro) 조직검사
육안 또는 10배 이내의 확대경을 이용하여 결정입자 또는 개재물 등을 검사하는 파면검사로 화학성분을 검사할 수는 없다.

74 현미경조직 시험에서 강재와 부식제의 연결이 틀린 것은?

① Zn 합금 – 아세트산 용액
② Ni 및 그 합금 – 질산아세트산 용액
③ 구리, 황동, 청동 – 염화제이철 용액
④ 철강 – 질산알코올 용액, 피크르산알코올 용액

해설
부식액
- 구리, 구리합금 : 염화제이철 용액
- 철강(탄소강) : 피크르산알코올 용액(피크랄), 질산알코올 용액(나이탈)
- 알루미늄, 알루미늄합금 : 수산화나트륨용액, 불화수소산
- 니켈합금 : 질산, 아세트산
- 아연합금 : 염산

75 금속 재료의 샤르피 충격시험에 대한 설명으로 틀린 것은?

① 표준 시험편은 길이 55mm, 폭 10mm인 정사각형 단면 시험편을 준비한다.
② V노치는 각도가 45°, 깊이가 2mm, 밑면의 반지름이 0.25mm가 되도록 제작한다.
③ 시험 온도가 명시되어 있을 경우, 오차 범위 ±2℃ 내로 시험편의 온도를 유지시켜야 한다.
④ U노치는 별도로 명시되지 않는 경우 깊이 10mm, 끝단의 지름이 15mm가 되도록 제작한다.

해설
U노치는 별도로 명시되지 않는 경우 깊이는 2mm, 끝단의 지름이 2mm가 되도록 제작한다.

76 수세성 형광침투탐상검사의 검사 순서로 옳은 것은?

① 전처리 → 침투처리 → 현상처리 → 세척처리 → 건조처리 → 후처리 → 관찰
② 전처리 → 침투처리 → 세척처리 → 건조처리 → 현상처리 → 관찰 → 후처리
③ 전처리 → 침투처리 → 건조처리 → 세척처리 → 현상처리 → 관찰 → 후처리
④ 전처리 → 침투처리 → 건조처리 → 세척처리 → 현상처리 → 후처리 → 관찰

해설
수세성 형광침투탐상검사의 경우 물을 사용하기 때문에 제거가 아닌 세척처리를 한다.

77 노치부의 단면적이 $A(\text{cm}^2)$인 시험편을 파괴하는 데 필요한 에너지를 $E(\text{N}\cdot\text{m})$라고 할 때 샤르피 충격값은?

① $\dfrac{E}{A}(\text{N}\cdot\text{m/cm}^2)$ ② $E+A(\text{N}\cdot\text{m})$
③ $\dfrac{A}{E}(\text{cm}^2/\text{N}\cdot\text{m})$ ④ $A\times E(\text{N}\cdot\text{m}\times\text{cm}^2)$

해설
- 샤르피 충격시험은 시편을 일정 폭으로 떨어진 두 지지대에 올려놓고 홈의 뒷면을 해머로 충격을 주어 시험한다.
- 이때 소요된 에너지(E)를 시편의 파단 단면적(A)으로 나눈 값으로 측정한다.

정답 74 ① 75 ④ 76 ② 77 ①

78 Bragg's X선 회절시험에서 X선의 입사각이 30°일 때 결정면간 거리는?(단, 회절상수(n)=1, 파장(λ)=1.9373Å)

① 0.9686Å ② 1.6776Å
③ 1.9373Å ④ 3.8746Å

해설
Bragg's formula는 $2d\sin\theta = n\lambda$로 정의되므로 면간거리는 $\dfrac{n\lambda}{2\sin\theta} = \dfrac{1 \times 1.9373}{2\sin 30} = 1.9373$이다.
$\left(\sin 30° = \dfrac{1}{2}\right)$

79 누설검사를 실시하는 직접적인 이유로 보기에 가장 거리가 먼 것은?

① 제품의 생산성을 증대시키기 위해
② 표준에서 벗어난 누설률과 부적절한 제품을 검출하기 위해
③ 장치를 사용하는 데 방해가 되는 재료의 누설 손실을 막기 위해
④ 돌발적인 누설에 기인하는 유해한 환경적 요소를 방지하기 위해

해설
제품의 생산성 증대는 누설검사로 부적절한 제품을 검출하고 그에 대한 원인을 분석하여 해결할 경우 가능하므로 직접적인 이유라고 보기에는 어렵다.

80 길이/지름의 비가 1.5인 주철 시험편의 압축시험에서 파단각도가 θ일 때 전단 저항력 산출공식으로 옳은 것은?

① 전단 저항력 = 압축강도 $\times \tan\theta$
② 전단 저항력 = $\dfrac{\text{압축강도}}{2} \times \cos\theta$
③ 전단 저항력 = $\dfrac{2}{\text{압축강도}} \times \cos\theta$
④ 전단 저항력 = $\dfrac{\text{압축강도}}{2} \times \tan\theta$

해설
주철을 압축시험 했을 때 시험편의 파괴 방향은 대각선방향으로 파단각도가 θ일 때 전단 저항력은 다음과 같다.
전단 저항력 = $\dfrac{\text{압축강도}}{2} \times \tan\theta$

2014년 제2회 과년도 기출문제

제1과목 금속재료

01 금속의 공통적 특성에 대한 설명 중 틀린 것은?

① 열과 전기의 양도체이다.
② 이온화하면 음(-)이온이 된다.
③ 소성 변형성이 있어 가공하기 쉽다.
④ 수은을 제외하면 상온에서 고체이며 결정체이다.

해설
금속은 이온화하면 양(+)이온이 된다.

02 금속재료에 외력을 가하였다가 외력을 제거하여도 원상태로 되돌아오지 않고 영구변형을 일으킨 것은?

① 소성
② 시효
③ 탄성
④ 재결정

해설
탄성 ↔ 소성
항복점을 기준으로 좌측으로는 외력을 제거하면 원상태로 돌아가는 탄성, 우측으로는 외력을 제거하더라도 변형이 남는 소성으로 분류한다.

03 다음 중 수소가스와 반응하여 금속수소화물이 되고, 저장된 수소는 필요에 따라 금속수소화물에서 방출시킬 수 있는 수소저장용 합금계는?

① Fe-Ti계
② Mn-Cu계
③ Be-Mn계
④ Cu-Al-Ni계

해설
수소저장용합금
타이타늄, 지르코늄, 란타넘, 니켈 합금으로 수소가스와 반응하여 금속수소화물이 되고 저장된 수소는 필요에 따라 금속수소화물에서 방출시킬 수 있음

04 금속 중에 0.01~0.1μm 정도의 미립자를 수 % 정도 분산시켜 고온에서의 탄성률, 강도 및 크리프 특성을 개선한 재료는?

① DP
② FRM
③ PSM
④ HSLA

해설

HSLA	고강도 저합금강
FRS	섬유강화 초합금
FRM	섬유강화 금속
PSM	입자분산 강화금속
GFRP	유리섬유 강화 플라스틱
DP	고장력강, 복합조직강

정답 1② 2① 3① 4③

05 스테인리스강을 조직상으로 분류한 것 중 틀린 것은?

① 페라이트계
② 마텐자이트계
③ 시멘타이트계
④ 오스테나이트계

해설

분류		담금질	내식성	용접성
마텐자이트계	13Cr계	가능	나쁨	불가
페라이트계	18Cr계	불가	보통	보통
오스테나이트계	18Cr-8Ni계	불가	좋음	좋음

06 전자관, 방전램프, 반도체 디바이스 등의 연질 유리 봉입부에 쓰이는 듀멧(dumet)선의 재료로 사용하는 46% Ni-Fe합금은?

① 문쯔메탈(Muntz metal)
② 모넬메탈(Monel metal)
③ 플래티나이트(platinite)
④ 콘스탄탄(constantan)

해설

③ 플래티나이트(platinite) : Ni46%-Fe의 합금으로 열팽창계수 및 내식성에 있어서 백금의 대용으로 사용하고 전자관, 방전램프, 반도체 디바이스 등의 연질 유리 봉입부에 쓰이는 듀멧(dumet)선의 재료로 사용
① 먼츠메탈(Muntz metal) : 4-6황동으로 볼트 및 리벳에 사용
② 모넬메탈(Monel metal) : Ni-32%Cu계의 합금으로 내식성이 좋아 가스터빈과 같은 화학공업 등의 재료로 많이 사용
④ 콘스탄탄(constantan) : 40-50% Ni-Cu합금으로 전기 저항이 크고 온도계수가 낮아 전기 저항 재료로 쓰이며 열전대선으로 사용

07 주조 시 주형에 냉금을 삽입하여 주물표면을 급랭시킴으로써 백선화하고 경도를 증가시키는 내마모성 주철은?

① 칠드주철
② 가단주철
③ 보통주철
④ 구상흑연주철

해설

특수주철의 종류
- 칠드주철 : 주조 시 주형에 냉금을 삽입하여 주물 표면을 급랭시킴으로써 백선화하고 경도를 증가시킨 내마모성 주철
- 가단주철 : 백주철의 열처리로 탈탄 또는 흑연화로 제조
- 구상흑연주철 : 접종제를 이용해 주철에 흑연을 구상화하여 연성을 부여한 주철

08 강의 담금질성을 개선시키는 효과가 가장 큰 것은?

① B ② Si
③ Ni ④ Cu

해설

- 담금질성을 좋게 하는 원소 : Mn, P, Si, Ni, Cr, Mo, B, Cu, Zr, Sn 등
- 담금질성을 나쁘게 하는 원소 : S, Co, Pb, Te 등
경화능의 효과가 큰 금속은 B > Mn > Mo > Cr의 순서로 나타낼 수 있다.

09 Fe-C상태도에서 공석반응이 일어나는 온도(℃)는?

① 700℃   ② 723℃
③ 1,147℃   ④ 1,493℃

해설
Fe-C 상태도
• 공석반응 : 723℃
• 공정반응 : 1,130℃
• 포정반응 : 1,492℃

10 양은(nickel silver)에 대한 설명으로 옳은 것은?

① 전기저항이 낮다.
② 저항온도계수가 낮다.
③ 내식성은 우수하나 내열성이 떨어진다.
④ 니켈을 넣은 황동으로 양백이라고도 한다.

해설
양은
양백이라고도 하는 7 : 3황동에 Ni 15~20% 첨가한 금속으로 주단조가 가능하고 양백, 백동, 니켈, 청동, 은 대용품으로 사용된다. 전기저항선, 스프링 재료, 바이메탈용로 쓰인다.

11 구리합금 중 피로한도, 내열성, 내식성이 우수하며 인장강도가 높아 스프링, 기어, 다이어프램 등으로 사용되는 것은?

① 양백
② 6 : 4 황동
③ 7 : 3 황동
④ 베릴륨(Be)청동

해설
베릴륨청동
구리에 1~2.5%의 베릴륨(Be)을 배합한 청동으로 시효경화에 의하여 구리합금 중에서는 최대 탄성값을 가지고 피로한도, 내열성, 내식성이 우수하여 스프링, 기어, 다이어프램 등에 사용된다.

12 극저온용 구조재료로 사용되는 페라이트 철합금에 첨가되는 원소로 인성이 큰 동시에 저온취성을 방지할 수 있는 것은?

① Zn   ② Co
③ W   ④ Ni

해설
④ 니켈(Ni) : 펄라이트를 미세화시키고 강인성, 내식성 및 내산성 증가
① 아연(Zn) : 융점은 약 420℃ 정도, 밀도는 약 7.133g/cm² 정도이고 철강재료의 방식 피막용 재료로 많이 사용
② 코발트(Co) : Fe와 유사한 물리적 성질을 갖는 은백색 금속으로 상온에서 강자성을 나타내는 자성재료
③ 텅스텐(W) : 재결정 온도가 가장 높으므로 고온에서의 인장강도와 경도가 높아 고온 절삭성 향상

13 규소를 넣어 주조성을 개선하고 구리를 넣어 절삭성을 향상시킨 Al-Cu-Si계 합금은?

① 톰백   ② 알루멜
③ 크로멜   ④ 라우탈

해설
Al-Cu-Si계(라우탈)
- 실루민의 결점인 표면 거칠어짐 현상을 없앤 것
- 알루미늄에 규소와 구리가 합금된 금형 주조용 합금

14 절삭공구로 사용되는 고속도 공구강의 대표적인 것은 18-4-1형이 있다. 이들의 화학성분으로 옳은 것은?

① Cr-Mn-V   ② Cr-Ni-V
③ W-Cr-V   ④ Ni-Mn-V

해설
텅스텐(W)계 고속도 공구강
텅스텐(W18%)-크로뮴(Cr4%)-바나듐(V1%)으로 500~600℃에도 무뎌지지 않음

15 방진합금을 방진기구별로 분류한 것 중 이에 해당되지 않는 것은?

① 슬립형 합금   ② 쌍정형 합금
③ 강자성형 합금   ④ 전위형 합금

해설
방진합금
- 구조재료의 강도를 갖고 있고 진동의 감쇠능이 우수하여 방진의 역할을 하는 합금이다.
- 감쇠능을 높이기 위해 내부조직을 고안한 것으로 복합형, 강자성형, 쌍정형, 전위형 등이 있다.

16 Pb이나 S를 첨가하여 절삭성을 향상시킨 특수강은?

① 내부식강   ② 쾌삭강
③ 내열강   ④ 내마모강

해설
쾌삭강
피삭성을 높이기 위해 황(S), 납(Pb), 칼슘(Ca)을 첨가한 합금

17 다음 금속의 열전도율이 높은 순으로 옳은 것은?

① Ag > Al > Au > Cu
② Ag > Cu > Au > Al
③ Cu > Ag > Au > Al
④ Cu > Al > Ag > Au

해설
금속의 열전도율의 순서
은(Ag) > 구리(Cu) > 금(Au) > 알루미늄(Al) > 아연(Zn) > 니켈(Ni) > 철(Fe)

18 활자금속(type metal)으로 사용되는 Pb-Sb-Sn 합금에서 Sn의 주된 역할은?

① 융점을 높게 한다.
② 합금을 경화시킨다.
③ 주조조직을 미세화한다.
④ 응고 수축률을 떨어트린다.

해설
활자합금(type metal)
납(Pb)-안티모니(Sb)-주석(Sn)합금으로 주조가 용이하고 경도와 내마모성이 큰 금속이고 여기서 주석은 주조조직을 미세화시킴

19 상온에서 Mg, Zn, Ti 등의 금속이 갖는 결정격자는?

① 정방격자
② 체심입방격자
③ 면심입방격자
④ 조밀육방격자

해설
• 체심입방 : Ba, Cr, Fe
• 면심입방 : Al, Cu, Ag
• 조밀육방 : Mg, Zn, Ti, Zr

20 냉간가공에서 가공도가 증가하면 어떤 현상이 발생하는가?

① 연신율이 증가한다.
② 전위밀도가 증가한다.
③ 강도가 감소한다.
④ 항복점이 감소한다.

해설
냉간가공에서 가공도 증가에 의한 변화
• 연신율이 감소한다.
• 전위밀도가 증가하여 전위의 이동이 어려워진다.
• 강도와 항복점이 증가하나 인성은 감소한다.
• 전기저항은 일반적으로 증가한다.

정답 17 ② 18 ③ 19 ④ 20 ②

제2과목 금속조직

21 규칙-불규칙 변태의 측정에 관한 설명 중 틀린 것은?

① 규칙화 온도는 비열측정으로 알 수 있다.
② 전기저항 측정으로는 규칙격자의 조성을 알 수 없다.
③ 규칙화에 의해 결정에너지 변화가 발생하고, 이것이 이상 비열 변화로 나타난다.
④ 장범위 규칙격자에 대하여 X선 회절을 하면 불규칙 합금에 나타나는 회절선 외에 규칙격자선이라고 하는 다른 회절선이 나타난다.

해설
규칙-불규칙 변태는 합금의 전기저항, 기계적 성질, 자성들의 성질에 변화를 유도하며, 규칙격자는 불규칙 격자보다 전기 저항값이 작다.

22 주방 조직(as-cast structure)으로 1차 조직에 해당하는 것은?

① 수지상 조직
② 마텐자이트 조직
③ 베이나이트 조직
④ 펄라이트 조직

해설
주방 조직에 해당하는 것은 베이나이트조직, 마텐자이트조직, 솔르바이트 조직, 수지상 조직이 포함되며 이중 1차 조직은 수지상 조직이다.

23 면심입방격자의 배위수는 몇 개인가?

① 4개
② 6개
③ 8개
④ 12개

해설
배위수는 한 원자와 접촉하고 있는 원자의 개수이며, 면심입방(FCC)구조는 12개이다.

24 펄라이트 변태를 설명한 것 중 틀린 것은?

① Fe_3C를 핵으로 발생 성장한다.
② 결정립의 크기가 크면 펄라이트 변태가 촉진된다.
③ 합금 원소에 따라 펄라이트 변태 온도는 증가 또는 감소한다.
④ 변태초기에는 반드시 Fe_3C가 나타나나 후기에는 조성에 따라 특수 탄화물 등으로 변화한다.

해설
탄소 0.76%의 강을 약 750°C 이상의 고온에서 서랭하여 650~600°C에서 변태를 일으켜 형성되는 조직으로 페라이트와 Fe_3C(시멘타이트)가 서로 번갈아 층을 이루는 조직형상을 나타낸다. 변태속도는 결정립의 크기보다는 냉각속도와 관계가 깊다.

25 결합력에 의한 결정을 분류하고자 할 때 원자의 결합양식이 아닌 것은?

① 이온 결합
② 톰슨 결합
③ 공유 결합
④ 반데르발스 결합

[해설]
원자결합방식은 이온, 공유, 금속, 반데르발스 결합 등이 존재한다.

26 금속 내 축적된 변형에너지 해소를 위한 풀림(annealing)에서 점결함과 전위의 상호작용에 의한 현상은?

① 핵성장
② 저온 회복
③ 고온 회복
④ 재결정핵 생성

[해설]
풀림과정에서 회복과 재결정이 일어나며, 특히 회복과정은 전위와 점결함의 분포와 수에 따라 변하는 경향이 있다.
• 저온 회복 시 : 점결함이 외부나 결정립계 그리고 전위로 이동한다.
• 고온 회복 시 : 전위는 내부변형의 감소를 위해 슬립과 상승운동에 의해 움직인다.

27 시효경화 합금으로 가장 대표적인 것은?

① Al-Cu합금
② Al-Fe합금
③ Al-Pb합금
④ Al-Mo합금

[해설]
시효경화(age hardening)는 금속재료가 일정한 시간 적당한 온도 하에서 단단해지는 현상으로, 대표적인 합금금속은 Al-Cu가 있다.

28 그림은 온도에 따른 자유에너지 곡선의 변화와 상태도의 관계를 나타낸 것이다. 그림 A에 나타낸 자유에너지 곡선(F_L : 액상, F_S : 고상)에 해당하는 온도는 그림 B에서 어디에 해당되는가?

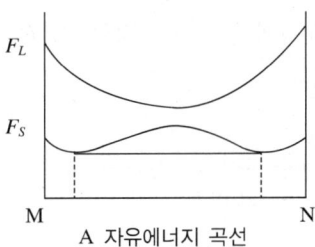
A 자유에너지 곡선

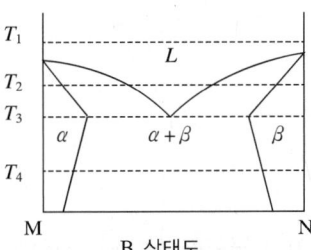
B 상태도

① T_1
② T_2
③ T_3
④ T_4

[해설]
자유에너지 곡선에서 액상선이 고상선 보다 높은 위치에 존재하고 분리된 형태의 이원공정합금계의 상태도에서는 T_4에 해당한다. 자유에너지 곡선이 왼쪽에서부터 상태도의 α, $\alpha+\beta$, β의 영역과 일치한다.

29 수축공 및 기공과 같은 주조결함은 어떤 형태의 결함인가?

① 점결함
② 선결함
③ 면결함
④ 체적결함

해설
수축공, 기공과 같은 주조결함은 일종의 부피결함(체적결함)으로 3차원 결함이라 볼 수 있다.

30 탄소강에서 마텐자이트 변태의 특징을 설명한 것 중 틀린 것은?

① 많은 격자 결함이 존재한다.
② 결정구조의 변화가 있고 성분의 변화는 없다.
③ 확산 변태로서 원자의 이동속도가 매우 빠르다.
④ 모상과 일정한 결정학적인 방위관계를 가지고 있다.

해설
마텐자이트 변태는 무확산 변태로 확산을 수반하지 않고 동시다발적으로 변태가 이루어진다.

31 고온에서 불규칙 상태의 고용체를 천천히 냉각시킬 때 규칙적인 배열로 변화가 시작되는 온도는?

① 응고온도
② 용체화온도
③ 전이온도
④ 재결정온도

해설
전이온도
불규칙 상태의 합금을 천천히 냉각시키거나, 비교적 저온에서 장시간 가열 시 규칙적인 배열로 변화하는 온도

32 0.2% 탄소를 함유한 강의 723℃ 선상에서 α(ferrite)의 양은 약 몇 %인가?(단, α의 최대 탄소고용한도는 0.025%이며, 공석점의 최대 탄소고용한도는 0.8%이다)

① 22.6%
② 30.6%
③ 69.4%
④ 77.4%

해설
$$\frac{0.8-0.2}{0.8-0.025} \times 100(\%) = 77.419\%$$

33 금속의 강도를 증가시키는 방법은 전위(dislocation)의 이동을 방해하는 방법과 관계가 있다. 이때 전위의 이동을 방해하는 것과 관련이 가장 적은 것은?

① 석출물
② 결정립계
③ 이동이 중지된 전위
④ 프랭크-리드(Frank-Read) 원

해설
프랭크-리드(Frank-Read) 원은 전위의 증식원으로 작용하며, 이중교차슬립과 관계되며, 외부의 힘에 의존해 전위루프를 형성하고 전위를 증식시킨다.

34 냉간가공으로 금속이 받는 성질의 변화는 풀림처리에 의하여 가공 전의 상태로 돌아가려는 경향을 가지나 결정립의 모양이나 결정의 방향에 변화를 일으키지 않고 물리적, 기계적 성질만 변화하는 과정은?

① 연화
② 회복
③ 재결정
④ 결정립 성장

해설
결정립의 변화는 없지만 결정립 내부에 응력으로 변화되었던 변형에너지와 항복강도 등이 감소하여 기계적 성질이 변화하는 것을 회복이라 한다.

35 확산을 관여하는 원자의 종류 또는 이동하는 원자의 확산경로에 따라 분류할 때 이동하는 원자의 확산경로에 따른 분류에 해당되는 것은?

① 자기확산
② 상호확산
③ 입계확산
④ 반응확산

해설
확산(diffusion)은 원자가 이동하는 현상으로, 확산의 경로에 따른 종류로는 체적확산, 표면확산, 입계확산 등이 있다.

36 그림에서 화살표 방향의 방향지수는?

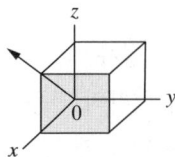

① [110]
② [101]
③ [011]
④ [010]

해설
결정학적인 방향은 두 점의 선 또는 벡터로 표시되고, 최소의 정수로 표시되며, [uvw]형태로 표시한다. 문제의 그림에서 x방향과 z방향으로 이동이 있으며, y방향 이동은 존재하지 않는다.

37 X-ray 회절시험에서 (hkl)면의 면간거리 d를 구하는 식으로 옳은 것은?(단, a는 격자상수이다)

① $d(hkl) = \dfrac{a}{\sqrt{h^2+k^2+l^2}}$

② $d(hkl) = \dfrac{a}{h^2+k^2+l^2}$

③ $d(hkl) = \dfrac{a}{\sqrt{h+k+l}}$

④ $d(hkl) = \dfrac{a}{\sqrt{(h+k+l)^2}}$

해설
h, k, l을 Miller 지수라 하며 이 면의 면기호는 (h, k, l)로 나타내며 (h, k, l)군의 인접한 면 사이의 거리를 면간거리 d로 나타낸다. 면간거리를 나타내는 $\dfrac{1}{d^2} = \dfrac{h^2+k^2+l^2}{a^2}$은 일반 공식으로 나타낼 수 있다.

38 금속의 확산기구를 설명할 수 있는 가장 기본적인 개념은?

① 가전자의 공유
② 결정 내 원자의 진동
③ 자유전자의 존재
④ 결정 내 원자의 이온화

해설
확산기구는 diffusion mechanism으로 가스·액체는 원자의 운동(Brownian motion)과 같은 것이며, 고체에서는 공공확산과 침입형 확산이 주를 이루는데, 이러한 확산은 결정 내 존재하는 원자의 진동에 의한다.

39 재료의 강도를 높여주는 처리라 볼 수 없는 것은?

① 열간가공
② 냉간가공
③ 합금원소의 첨가
④ 결정립의 미세화

해설
열간가공
재결정 온도 이상에서 가공으로 금속의 소성변형을 유도하여 화학적 불균일을 제거하거나 감소시키는 장점이 있으며, 금속의 구조는 재결정을 통해 변화하게 된다. 강도는 재결정 과정을 거치며 낮아지는 경향이 있다.

40 고용체에서 용질원자와 칼날전위의 상호작용에 대한 효과는?

① 홀 효과
② 1방향 효과
③ 프렌켈 효과
④ 코트렐 효과

해설
코트렐 효과는 칼날전위가 용질원자의 분위기에 의해 안정상태가 되어 움직임을 차단하는 효과이다.

제3과목 금속 열처리

41 강재의 가열 시 탈탄 부분의 결함 검출방법으로 맞지 않는 것은?

① 조미니시험
② 파단면 검사
③ 불꽃시험법
④ 현미경 조직검사

해설
조미니시험법은 강철의 경화능을 테스트하는 검사법이다.

42 그림은 구상화 어닐링의 한 가지 방법이다. A_1 변태점을 경계로 가열냉각을 반복하여 얻을 수 있는 효과는 무엇인가?

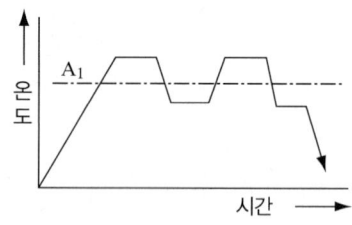

① 망상 Fe_3C를 없앤다.
② Fe_3C의 망상을 크게 한다.
③ 펄라이트의 생성 및 편상화한다.
④ 페라이트와 시멘타이트를 층상화한다.

해설
구상화 어닐링에서 A_1 변태점을 경계로 그 위와 아래 ±20~30℃ 사이에서 가열 냉각을 2~3회 반복하여 망상 시멘타이트(Fe_3C)의 파괴를 유도한다.

43 강의 담금질 냉각곡선의 냉각 단계에서 [보기]의 냉각속도가 가장 빠른 단계에서 느린 단계 순으로 옳은 것은?

┌─ 보기 ─────────────────────┐
│ ㉠ 증기막 단계   ㉡ 비등 단계 │
│ ㉢ 대류 단계   │
└───────────────────────────┘

① ㉠ > ㉡ > ㉢ ② ㉡ > ㉢ > ㉠
③ ㉢ > ㉠ > ㉡ ④ ㉡ > ㉠ > ㉢

해설
강의 냉각단계에서 비등 단계는 증기막의 파괴로 비등이 활발해져 냉각속도가 최대이다. 증기막 단계는 뜨거운 열처리 시편의 주위에 공기층이 둘러싸여 보온효과를 갖기 때문에 냉각이 느려진다.
※ 냉각속도 빠른순서 : 비등단계 > 증기막 단계 > 대류 단계

44 강의 열처리 조직 중 경도가 가장 높은 것은?
① 펄라이트   ② 페라이트
③ 마텐자이트 ④ 오스테나이트

해설
강의 열처리 목적은 가열과 냉각온도 및 속도를 조절하여 기계적 특성을 바꾸는 과정으로 마텐자이트 조직은 열처리 중 경도와 부피변화가 가장 큰 조직이다.
경도가 큰 순서
시멘타이트 > 마텐자이트 > 트루스타이트 > 베이나이트 > 소르바이트 > 펄라이트 > 오스테나이트 > 페라이트

45 퀜칭 후 국부적인 경도 부족이 아니고, 전반적인 경도 부족, 즉 퀜칭이 되지 않는 경우의 원인에 대한 설명으로 틀린 것은?
① 오스테나이트화 온도가 너무 낮을 경우
② 퀜칭 시 냉각 개시온도가 너무 낮아진 경우
③ 잔류 오스테나이트가 다량 잔류했을 경우
④ 냉각 시 냉각속도가 임계냉각속도보다 빠를 경우

해설
퀜칭은 강을 적당한 온도로 가열하여 오스테나이트 조직에 이르게 한 후 경도가 높은 마텐자이트 조직으로 변화시키기 위한 급랭과정으로 마텐자이트가 되는 한계냉각속도는 코(nose)를 지나지 않는 최소한의 속도로 이를 임계냉각속도라 하며, 빠를 경우 퀜칭효율이 좋다.

46 냉간가공에 의한 스프링 성형 후 내부응력을 감소시키고 탄성을 높일 목적으로 행하는 저온 가열 열처리로서 표면을 가열온도에 따라 황색 또는 청색으로 나타내는 열처리 방법은?
① maraging
② patenting
③ blueing
④ slack quenching

해설
블루잉(blueing)은 강의 외관 및 내식성의 개선을 위해 강의 표면에 철의 산화피막을 형성하는 조작하는 냉간가공법으로 스프링 성형 후 내부응력감소 탄성증가를 목적으로 저온가열하며, 강의 표면은 가열온도에 따라 황색 또는 청색으로 변한다.

정답 43 ④ 44 ③ 45 ④ 46 ③

47 0.86%C 탄소강을 A_1점 이상의 오스테나이트 상태에서 580℃의 용융 연욕 중에 담금하면 1초 이내에 어떤 조직으로 변태하기 시작하는가?

① 페라이트
② 마텐자이트
③ 미세 펄라이트
④ 레데부라이트

해설
오스테나이트의 냉각 시 A_1 변태에서 형성된 페라이트와 시멘타이트의 층상조직인 펄라이트 조직이 관찰되며, 540℃ 부근에서 광학현미경으로 식별이 어려울 정도로 조밀한 경우 미세 펄라이트 조직이 관찰된다.

48 알루미늄 질별 기호 중 "H"가 의미하는 것은?

① 주조한 그대로의 것
② 가공경화한 것
③ 풀림한 것으로 가공재에만 사용
④ 용체화 후 자연시효경화가 진행 중인 상태

해설
기본조질기호
• F : 가공 그대로의 상태
• O : 풀림(어닐링) 후 재결정
• W : 용체화 후 자연시효경화 진행
• H : 가공 후 경화
  – H_{1n} : 가공경화만
  – H_{2n} : 가공경화 후 풀림(어닐링)
  – H_{3n} : 가공경화 후 안정화 처리
• T : 시효경화함(F, O, W, H 이외의 열처리)

49 침탄용강의 구비 조건 및 합금 성분에 대한 설명으로 틀린 것은?

① 저탄소강이어야 한다.
② 표면에 결점이 없어야 한다.
③ 장시간 가열 시 결정립 성장이 없어야 한다.
④ V, W, Si 등을 첨가하면 침탄량을 증가시킬 수 있다.

해설
침탄용 강에서 Cr, Ni, Mo은 침탄량을 증가시키고, C, V, W, Si는 침탄량을 감소시킨다.

50 마퀜칭(marquenching) 과정 및 결과에 관한 설명으로 틀린 것은?

① M_s점 직상으로 가열된 염욕에 담금질한다.
② 마퀜칭 후 얻어지는 조직은 베이나이트이다.
③ 퀜칭한 재료의 내외부가 같은 온도가 될 때까지 항온 유지한다.
④ 시편각부의 온도차가 생기지 않도록 비교적 서랭하여 Ar'' 변태를 진행시킨다.

해설
마퀜칭은 강을 오스테나이트로부터 마텐자이트로 되는 온도 부근의 액체 속에서 담금질하여 강의 온도가 일정하게 유지될 때까지 유지한 다음 공기로 냉각시키는 열처리 작업이다.

51 베릴륨 청동을 용체화처리 한 후 시효처리의 목적으로 가장 적당한 것은?

① 경화
② 연화
③ 취성부여
④ 내부응력 제거

해설

특수 청동	함량	특성	용도
베릴륨 청동	2~3% 베릴륨	시효경화성, 강도, 내마멸성, 탄성, 전도율	베어링, 고급 스프링, 전기 접점, 용접 전극

52 다음과 같이 자동차용 볼트, 너트 등을 대량 열처리 하기 위해서 도입해야 할 설비는?

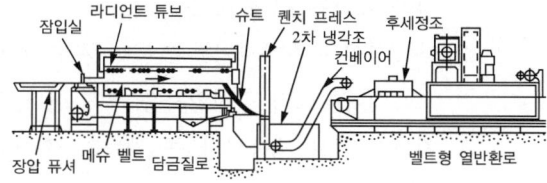

① 배치로   ② 연속로
③ 횡형로   ④ 원통로

해설
열처리의 조업방식에 따른 분류는 연속식과 배치식이 있으며, 열처리를 연속적으로 할 수 있는 설비는 연속식이며, 배치식은 장입과 출품이 반복되는 형식이다.

53 열처리로의 온도를 측정하는 것 중 가장 높은 온도를 측정하는 열전대는?

① 크로멜-알루멜 열전대
② 백금-백금·로듐 열전대
③ 구리-콘스탄탄 열전대
④ 철-콘스탄탄 열전대

해설

종류	조성 (+)	조성 (-)	사용가능 온도범위(℃)
J	철	콘스탄탄	-185~870(600)
K	크로멜	알루멜	-20~1,370(1,000)
T	구리	콘스탄탄	-185~370(300)
E	니크롬	콘스탄탄	-185~870(700)
S	백금로듐 10Rh-90Pt	백금	-20~1,480(1,400)

54 전해 담금질을 위한 전해액의 구비조건으로 틀린 것은?

① 비전도도가 커야 한다.
② 전극을 침식시키지 말아야 한다.
③ 취급이 쉽고 독성이 없어야 한다.
④ 음극의 주위에 수소가 저전압으로 발생하지 않아야 한다.

해설
전해액으로 Na_2CO_3 수용액을 사용하였을 때는 전해되어 음극에는 H_2 gas, 양극에는 O_2 gas가 발생하여야 하며, 전압이 증가할수록 기포형성이 활발해진다.

55 열처리의 냉각 방법 3가지 형태에 해당되지 않는 것은?

① 급랭각
② 연속냉각
③ 2단냉각
④ 항온냉각

해설

냉각 방법	열처리의 종류
연속냉각	보통 풀림, 보통 불림, 담금질
2단냉각	2단 풀림, 2단 불림, 시간 담금질
항온냉각	항온 풀림, 항온 뜨임, 오스템퍼링, 마템퍼링, 마퀜칭, 오스포밍, M_s 퀜칭

정답 52 ② 53 ② 54 ④ 55 ①

56 마레이징강에 대한 설명으로 틀린 것은?

① 탄소는 1.5% 이상을 함유하고 있다.
② 강화에 의한 마텐자이트는 비교적 연성이 크다.
③ 시효 처리로 금속간 화합물의 석출에 의해 경화된다.
④ 50% 냉간가공 후 용체화 처리하면 강도가 더욱 높아진다.

해설
마레이징강은 철, 니켈, 코발트, 몰리브데넘을 섞어 만든 초강력강이며, 대표적인 18% 니켈의 마레이징강은 탄소함량이 0.03%로 거의 없는 수준이기에(없을수록 유리함) 시효경화를 이용한다.

57 다음 열처리의 종류와 목적이 틀리게 짝지어진 것은?

① 담금질 - 급랭시켜 재질을 경화시킨다.
② 풀림 - 공랭하여 재질의 표면을 경화시킨다.
③ 뜨임 - 담금질된 재료에 인성을 부여한다.
④ 불림 - 소재를 일정온도에 가열 후 공랭하여 조직을 표준화시킨다.

해설
풀림(annealing)의 목적은 서랭하여 내부응력제거로 재료를 연화시키는 것이다.

58 경화능을 향상시킬 수 있는 방법으로 가장 적당한 것은?

① 질량 효과를 크게 한다.
② 담금질성을 증가시키는 Co, V 등을 첨가한다.
③ 오스테나이트의 결정입자를 크게 한다.
④ 지름이 작은 제품보다 큰 제품을 열처리한다.

해설
경화능은 퀜칭 시 경화되는 깊이를 의미한다.
① 질량 효과가 크다=경화능이 작다
② 담금질성을 나쁘게 하는 원소 : S, Co, Pb, Te 등
③ 오스테나이트의 결정입자를 크게 한다.
④ 지름이 작은 제품일수록 경화능이 크다.

59 심랭처리(sub-zero treatment) 시 발생하기 쉬운 미세균열의 방지대책으로 가장 적당한 것은?

① 물속에 투입하는 급속 해동법을 피한다.
② 처리 온도에서 승온할 때는 공기 해동을 시킨다.
③ 처리 전에 100℃ 정도에서 가벼운 뜨임을 한다.
④ 가급적 대형 부품이나 두께가 두꺼운 부품만을 처리한다.

해설
심랭처리 시 균열이 발생하기 쉬우므로, 심랭처리하기 전에 100℃의 물속에서 1시간 정도 템퍼링하여 균열발생을 방지한다.

60 수증기를 이용하여 산화피막(Fe_3O_4)을 형성하는 방법으로 절삭 내구력이 현저히 향상되고, 장시간 사용되는 공구드릴, 탭 등에 사용되는 표면처리는?

① 침유처리 ② 조질처리
③ 용사처리 ④ 호모(homo)처리

해설
호모처리는 수증기처리라고도 불리며, 500~550℃의 수증기 중에서 30~60분간 가열에 의해 표면에 Fe_3O_4를 형성시키는 일종의 산화처리법으로 내구력을 증가시킨다.

56 ① 57 ② 58 ③ 59 ③ 60 ④

제4과목 재료시험

61 두께 5mm, 폭이 25mm, 표점거리 50mm인 인장시험편을 최대하중 6,460kgf에서 인장 시험한 결과 두께 4.2mm, 폭이 20mm, 표점거리 60mm이었다면 인장강도는?

① 41.7kgf/mm^2 ② 51.7kgf/mm^2
③ 61.7kgf/mm^2 ④ 71.7kgf/mm^2

해설
인장강도 = $\dfrac{\text{최대하중}}{\text{단면적}} = \dfrac{6,460}{5 \times 25} ≒ 51.7 \text{kgf/mm}^2$

62 피로시험에서 재료를 완전한 탄성체로 생각할 때 노치 부분에 생긴 최대응력을 $\sigma_{\max}$ 라 하고 노치가 없을 때의 응력을 σ_n 이라 했을 때 형상계수(응력집중계수) α는?

① $\alpha = \dfrac{\sigma_{\max}}{\sigma_n}$ ② $\alpha = \dfrac{\sigma_n}{\sigma_{\max}}$
③ $\alpha = \sigma_{\max} \times \sigma_n$ ④ $\alpha = \dfrac{\sigma_n}{\sigma_{\max}} \times 100$

해설
형상계수(응력집중계수) = $\dfrac{\text{노치 부분의 최대응력}}{\text{노치가 없을 때의 응력}}$

63 다음 중 그라인딩 불꽃시험을 할 때 안전 사항으로 틀린 것은?

① 그라인더 커버가 없는 것은 사용을 금한다.
② 그라인더 작업 시 반드시 보안경을 착용한다.
③ 연마할 때 너무 강하게 누르지 말고 가볍게 접촉시킨다.
④ 숫돌의 바퀴는 정확하게 끼워야 하며 구멍이 작으면 해머로 때려 박는다.

해설
그라인더 불꽃 검사법의 안전사항
• 그라인더 커버가 있어야 함
• 그라인더 작업 시 보안경 착용
• 연마할 때 너무 강하게 누르지 말고 가볍게 접촉

64 굽힘 시험(bending test)에 대한 설명으로 틀린 것은?

① 굽힘에 대한 저항력과 전성, 연성, 균열유무를 알 수 있다.
② 파단계수는 단면계수와 최대 굽힘 모멘트의 비로 최대 응력을 나타낸다.
③ 굽힘 시험 시 외측에서의 응력이 항복점보다 높을 때 소성변형이 일어난다.
④ 힘이 가해지는 방향으로는 인장응력이 반대쪽에서는 압축응력이 발생된다.

해설
굽힘 시험은 힘이 가해지는 방향으로는 압축응력이 반대쪽에서는 인장응력이 발생된다.

65 금속조직시험에서 조직량 측정법이 아닌 것은?

① 점의 측정법 ② 직선의 측정법
③ 체적의 측정법 ④ 면적의 측정법

해설
금속조직시험에서 조직량 측정법
- 점측정법
- 직선측정법
- 면적측정법

66 크리프시험에 대한 설명으로 틀린 것은?

① 어떤 재료에 크리프가 생기는 요인은 온도, 하중 시간이다.
② 1단계 크리프는 감속 크리프라 하며 변형률이 감소되는 단계이다.
③ 크리프 한도란 어떤 시간 후에 크리프가 정지하는 최대 응력이다.
④ 철강 및 경합금 등은 250℃ 이하의 온도에서 크리프 현상이 일어난다.

해설
철강 및 경합금 등은 상온에서는 크리프 현상이 나타나지 않으나 250℃ 이상에서 크리프 현상이 나타난다.

67 충격시험에 대한 설명 중 틀린 것은?

① 샤르피식 충격시험기가 있다.
② 충격시험을 통해 재료의 인성 또는 취성을 알 수 있다.
③ 충격 하중에 대한 저항력을 측정한 시험으로 정적 시험이다.
④ 충격값은 흡수에너지를 노치부 단면적으로 나눈 값으로 표시한다.

해설
정적시험
- 정적하중을 가하여 시험하는 것으로 하중증가에 가속도가 없다.
- 인장, 압축, 전단, 굽힘, 비틀림, 압입 경도시험

동적시험
- 동적하중을 가하며 시험하는 것으로 실제상태와 유사하다.
- 피로시험, 충격시험, 쇼어 경도시험, 에코팁 경도시험

68 피로시험에 대한 설명 중 옳은 것은?

① 반복횟수와 응력과의 관계를 P-P곡선이라 한다.
② 피로한도비는 인장강도를 피로한도로 나눈 값이다.
③ 시편형상, 표면다듬질 정도, 가공방법 등은 피로시험결과에 영향을 주지 않는다.
④ 피로균열은 점진적이며 그 파면은 조개껍질 모양이나 나이테 모양인 것이 특징이다.

해설
① 반복횟수와 응력과의 관계를 $S-N$곡선이라 한다.
② 피로한도는 파단되지 않는 최대 응력값이다.
③ 시편형상, 표면다듬질 정도, 가공방법은 피로시험 결과에 영향을 준다.

69 쇼어경도시험기의 종류에 해당하지 않는 것은?

① B형 ② C형
③ D형 ④ SS형

해설
쇼어경도시험기는 다이아몬드 추를 자유낙하시켜 반발을 이용하여 경도를 측정하는 것
- C형, SS형 : 반발 높이를 육안으로 측정(목측형)
- D형 : 반발 높이를 다이얼게이지로 측정(지시형)

70 로크웰 경도 시험에 대한 설명으로 틀린 것은?

① 다이아몬드 압입자의 원추 선단 각도는 136°이다.
② 다이아몬드 원추 또는 강구를 시편에 압입하고 이때 생기는 압입된 깊이에 의해 경도를 측정한다.
③ 시험편의 시험면과 뒷면은 서로 평행된 평면이어야 하며, 깊이는 압입 두께차 h의 10배 이상이어야 한다.
④ 시험편에 가하는 기준 하중은 10kgf이며, 시험 하중은 60kgf, 100kgf, 150kgf이 있다.

해설
다이아몬드 압입자 원뿔 선단 각도는 120°이다.

71 다음 중 비틀림 시험에서 측정할 수 없는 것은?

① 강성계수 ② 비틀림 강도
③ 단면수축률 ④ 비틀림 파단계수

해설
비틀림 시험을 통해 측정 가능한 기계적 성질
- 강성계수
- 비틀림 강도
- 비틀림 파단계수

72 침투탐상시험에서 액체 침투제가 균열, 갈라진 틈 또는 조그만 구멍으로 침투하는 양 또는 비율에 영향을 미치는 것은?

① 침투제의 색깔
② 검사할 시편의 경도
③ 검사할 시편의 전도도
④ 검사할 시편의 표면상태

해설
침투탐상시험은 침투제를 표면에 적용하고 결함 내에 침투한 침투액이 만드는 지시모양을 관찰함으로써 결함을 찾아내는 탐상법으로 표면이 거친 시험체나 다공질 재료(표면에 구멍이 있는)는 일반적으로 탐상이 힘들다.

정답 69 ① 70 ① 71 ③ 72 ④

73 누설탐상시험에 대한 설명 중 틀린 것은?

① 시험방법으로는 버블법, 스니퍼법 및 후드법이 있다.
② 누설탐상시험은 압력용기 및 각종 부품의 내면편석을 검사한다.
③ 설비 및 장치로는 압력게이지가 부착된 압력용기를 사용한다.
④ 압력게이지를 사용할 때 눈금은 측정하고자 하는 최대 압력의 2배가 넘어야 한다.

해설
누설탐상시험은 압력용기 및 각종 부품의 기밀성을 검사한다.

74 초당 1개의 붕괴가 일어나는 방사능의 강도를 나타내는 단위는?

① Sv   ② Bq
③ eV   ④ mA

해설
- 베크렐(Bq) : 초당 1개의 붕괴가 일어나는 방사능의 강도
- 시버트(Sv) : 사람이 방사선을 쬐었을 때의 영향 정도를 나타내는 단위

75 시험기에 장착된 금속 박판을 컵 모양이 될 때까지 구형 펀치로 눌러서 금속 박판의 소성 변형 능력을 평가하는 시험 방법은?

① 에릭센 시험   ② 굽힘 시험
③ 전단 시험   ④ 인장 시험

해설
에릭센 시험(커핑 시험)
재료의 연성을 파악하기 위하여 구리 및 알루미늄판재와 같은 연성 판재를 가압 성형하여 변형 능력을 알아보기 위한 시험 방법으로 컵 모양으로 변형시킬 때의 깊이를 측정값으로 한다.

76 압축 시 금속재료의 파괴를 설명할 수 있는 법칙은?(단, 응력 값이 넓은 범위에서 성립되어야 한다)

① 지수 법칙
② 훅의 법칙
③ 상사의 법칙
④ 에너지 보존 법칙

해설
압축시험에서는 응력-압률선도에서 지수법칙이 성립함
- $\varepsilon = \alpha\sigma^m$ 의 지수법칙이 성립
- $m > 1$: 강, 주철, 콘크리트
- $m = 1$: 완전탄성체
- $m < 1$: 고무, 폴리머

77 시험편의 연마에 대한 설명으로 틀린 것은?

① 초경금속합금에 사용되는 연마제는 다이아몬드 페스트를 사용한다.
② 전해연마는 경한 재질이나 연마속도가 빠른 재료에 사용된다.
③ 스크래치란 두 물체를 마찰했을 때, 보다 무른 쪽에 생기는 긁힌 자국이다.
④ 전해연마는 연마하여야 할 금속을 양극으로 하고, 불용성 금속을 음극으로 하여 전해액 안에서 하는 작업이다.

해설
전해연마
- 연마할 금속을 양극으로 하고 불용성 금속을 음극으로 하여 전해액 안에서 하는 연마로 스테인리스강과 같은 연마속도가 느린 재료에 사용
- 전해액에서 고전류밀도로 전해하면 볼록 부분이 용해되어 평활한 면을 얻음

78 전기가 대기 중에서 스파크(spark) 방전될 때 가장 많이 생성되는 가스는?

① CO_2 ② H_2
③ O_2 ④ O_3

해설
전기가 대기 중에서 스파크 방전이 일어나면 오존(O_3)이 발생

79 철강 중에 FeS 또는 MnS는 개재물로 존재하는데 S을 검출하기 위해 사용되는 검사법은?

① 열분석법   ② 형광 검사법
③ 설퍼 프린트법   ④ 음향 방출법

해설
설퍼 프린트법
철강 중에 있는 황(S)의 편석 분포상태를 검사하는 시험

80 초음파탐상검사의 특징을 설명한 것 중 틀린 것은?

① 검사자 또는 주변 사람에 대한 장애가 없다.
② 표준 시험편 또는 대비 시험편이 필요하지 않다.
③ 초음파 전달 효율을 높이기 위하여 접촉매질이 필요하다.
④ 내부 결함의 위치, 크기 방향을 정확히 측정할 수 있다.

해설
초음파탐상은 표준 시험편을 사용하는 교정이 필수적이다.

정답 77 ② 78 ④ 79 ③ 80 ②

2014년 제4회 과년도 기출문제

제1과목 금속재료

01 7 : 3황동에 Fe 2%와 소량의 Sn, Al을 첨가한 합금은?

① 저먼실버(German silver)
② 문쯔메탈(Muntz metal)
③ 두라나메탈(Durana metal)
④ 틴 브론즈(Tin bronze)

해설
- 두라나메탈(Durana metal) : 7 : 3황동에 2% Fe과 소량의 Sn, Al을 첨가하여 전기저항이 높고 내열 내식성 우수함
- 저먼실버(German silver) : 양은 또는 양백(nickel silver)이라고 하며 7 : 3황동에 Ni 15~20% 첨가, 주단조가능, 백동, 니켈, 청동, 은대용품으로 사용
- 먼츠메탈(Muntz metal) : 6 : 4황동으로 볼트나 리벳에 사용

02 극저탄소 마텐자이트를 시효석출에 의하여 강인화 시킨 강은?

① 두랄루민
② 마르에이징
③ 콘스탄탄
④ 하이드로날륨

해설
② 마르에이징강 : 극저탄소 마텐자이트의 시효석출에 의하여 강화시킨 강
① 두랄루민 : 고강도 알루미늄합금이라고도 하고 Al-Cu-Mg-Mn 합금으로 시효경화성이 가장 좋음
③ 콘스탄탄 : 40~50%Ni-Cu합금으로 전기저항이 크고 온도계수가 낮아 전기 저항 재료로 쓰이며 열전대선으로 사용
④ 하이드로날륨 : Al-Mg합금으로 바닷물과 알칼리에 대한 내식성이 강하고 용접성이 매우 우수

03 재결정된 금속의 입자 크기를 옳게 설명한 것은?

① 가공도가 작을수록 크다.
② 가열시간이 길수록 작다.
③ 가열온도가 높을수록 작다.
④ 가공 전 결정입자가 크면 재결정 후 결정립도가 작다.

해설
일반적으로 재결정된 금속의 입자 크기가 크게 되는 조건
- 가공도가 작을수록 크다.
- 가열시간이 길수록 크다.
- 가열온도가 높을수록 크다.
- 초기 결정입자가 클수록 크다.

04 동(Cu)계 함유베어링(오일리스 베어링)의 주요 조성으로 옳은 것은?

① Cu-Ti-Ni
② Cu-Ta-Al
③ Cu-S-Cr
④ Cu-Sn-C

해설
오일리스 베어링 합금
구리(Cu), 주석(Sn), 흑연(C)의 분말야금에 의하여 제조된 소결베어링 합금으로 급유가 어려운 부분의 베어링으로 사용되며 마멸이 적은 합금

정답 1 ③ 2 ② 3 ① 4 ④

05 금속의 공통적 성질을 설명한 것 중 틀린 것은?

① 수은을 제외하고 상온에서 고체이다.
② 열적 전기적 부도체이다.
③ 가공성이 풍부하다.
④ 금속적 광택이 있다.

해설
금속은 열적, 전기적 도체이다.

06 전기 방식용 양극재료, 도금용, 다이캐스팅용 등에 많이 사용되며 용융점이 약 420℃인 것은?

① Zn ② Be
③ Mg ④ Al

해설
아연(Zn)의 특성
• 용융점은 약 420℃ 정도
• 밀도는 약 7.133g/cm² 정도
• 철강재료의 방식 피막용 재료로 많이 사용

07 탄소의 함량이 0.025 이하의 순철의 종류가 아닌 것은?

① 목탄철 ② 전해철
③ 암코철 ④ 카보닐철

해설
목탄철은 목탄을 연료로 한 용광로에서 만든 선철이다.

08 분말야금의 특징을 설명한 것 중 틀린 것은?

① 절삭공정을 생략할 수 있다.
② 다공질재료의 제조가 가능하다.
③ 고융점 금속부품 제조에 적합하다.
④ 서로 용해하여 융합하지 않는 합금의 제조는 불가능하다.

해설
분말야금(powder metallurgy)법
금속 가루를 가압·성형하여 굳히고, 가열하여 소결함으로써 금속 제품을 얻는 방법
• 용융점 이하의 온도로 제작
• 다공질의 금속재료를 만들 수 있음
• 최종제품의 형상으로 제조가 가능하여 절삭가공이 거의 필요 없음
• 용해법으로 만들 수 없는 합금을 만들 수 있고 편석, 결정립 조대화의 문제점이 적음
• 제조과정에서 용융점까지 온도를 상승시킬 필요가 없음
• 고융점 금속부품 제조에 적합

정답 5 ② 6 ① 7 ① 8 ④

09 수소저장합금에 대한 설명으로 틀린 것은?

① 에틸렌을 수소화할 때 촉매로 쓸 수 있다.
② 저장된 수소를 이용할 때에는 금속수소화물에서 방출시킨다.
③ 수소가 방출되면 금속수소화물은 원래의 수소저장합금으로 되돌아간다.
④ 수소를 흡장할 때 수축하고, 열에는 약하여 고온에서는 결정화하여 전혀 다른 재료가 되어 버린다.

해설
수소저장합금은 수소를 흡장할 때는 팽창하고, 방출할 때는 수축한다.

10 철강의 5대 원소에 해당되지 않는 것은?

① S　　② Si
③ Mn　　④ Mg

해설
철강 5대 원소
규소(Si), 망가니즈(Mn), 황(S), 인(P), 탄소(C)

11 주철의 일반적 특성을 설명한 것 중 옳은 것은?

① 가단주철은 회주철을 열처리하여 만든다.
② 구상흑연주철은 백주철을 탈탄하여 강에 가깝게 한 주철이다.
③ 회주철은 파면이 회색으로 주조성과 절삭성이 우수하여 주물용으로 사용된다.
④ 백주철은 C, Si분이 많고 Mn분이 적어 C가 흑연 상태로 유리되어 파면이 흰색이다.

해설
① 가단주철 : 백주철의 열처리
② 구상흑연주철 : 접종제를 이용해 주철에 흑연을 구상화하여 연성을 부여한 주철
④ 백주철은 흑연이 없음

12 켈밋(kelmet)이 주로 사용되는 용도는?

① 탈산제
② 베어링
③ 내화제
④ 피복첨가물

해설
켈밋(kelmet)
Cu-Pb계 베어링으로 화이트메탈보다 고속도, 내하중성이 크고 열전도율이 높아 고속 고하중용 베어링에 적합하며, 항공기, 자동차의 베어링으로 사용한다.

13 상온에서 열팽창계수가 매우 작아 표준자, 섀도우 마스크, IC 기판 등에 사용되는 36% Ni-Fe 합금은?

① 인바(invar)
② 퍼멀로이(permalloy)
③ 니칼로이(nicalloy)
④ 하스텔로이(hastelloy)

해설
① 인바 : Ni 35~36%, C 0.1~0.3%, Mn 0.4%와 Fe 합금의 철-니켈 합금으로 FeNi36 또는 64FeNi라고도 함. 열팽창계수가 작아 표준자로 사용하는 금속
② 퍼멀로이 : 철-니켈 합금으로 고투자율의 성질을 갖는 금속
③ 니칼로이 : 고투자율 합금의 일종으로 초투자율이 크고, 포화자기, 비저항도 크므로 통신용 소형 변압기에 사용
④ 하스텔로이 : 주성분이 니켈인 합금으로 하스텔로이 A, B, C 등이 있음

14 합금강에 첨가할 때 탄화물을 형성하여 결정립의 크기를 제어하고, 기계적 성질을 향상시키는 원소는?

① Pb   ② Ti
③ Cu   ④ S

해설
타이타늄(Ti)은 비중이 작으나 강도가 높고 내부식성이 뛰어나며 합금강에 첨가할 때 탄화물을 형성하여 결정립의 크기를 제어한다.

15 금속의 상변태와 관련된 설명 중 틀린 것은?

① 동소변태는 결정구조의 변화이다.
② 순철에서는 약 910℃ 및 1,400℃에서 동소변태가 일어난다.
③ 자기변태에서는 일정한 온도 범위 안에서 급격하고 비연속적인 변화가 일어난다.
④ 온도가 높아짐에 따라 고체가 액체 또는 기체로 변하는 것은 대부분의 금속원소에서 볼 수 있는 상태의 변화이다.

해설
자기변태는 일정 온도에서 결정형태는 변하지 않고 자기적 성질만 급격하게 변하는 현상을 말한다.

16 잔류자속밀도가 작으며 발전기, 전동기 등의 철심 재료에 가장 적합한 강은?

① 규소강(silicon steel)
② 자석강(magnetic steel)
③ 불변강(invariable steel)
④ 자경강(self hardening steel)

해설
규소강
• 규소(Si)를 5%까지 포함한 Fe-Si합금
• 잔류 자속밀도가 작음
• 전기재료로서 발전기, 전동기 등의 철심으로 이용
자석강
• 자석으로 사용되는 특수강
• 고급 미터기, 비행기 및 자동차용 마그넷, 라디오 부품 등에 사용
• 알니코 합금 : 영구자석으로 널리 사용되는 합금으로 MK강이라고도 하는 소결강

17 인발가공(drawing)에 대한 설명으로 옳은 것은?

① 판재를 펀치와 다이(die) 사이에 압축하여 성형하는 방법이다.
② 소재를 다이(die)의 구멍을 통하여 압출하여 성형하는 방법이다.
③ 테이퍼를 가진 다이(die)를 통과시켜 재료를 잡아당겨서 성형하는 방법이다.
④ 회전하는 롤 사이에 금속재료의 소재를 통과시켜 성형하는 방법이다.

해설
• 압연 : 두 개의 롤 사이를 통과하며 재료가 변형
• 압출 : 형틀을 두고 뒤에서 압력을 가하여 밀어내는 가공
• 인발 : 형틀을 두고 앞에서 당기는 방식으로 가공
• 단조 : 형틀을 사용하거나 사용하지 않고 외부에서 충격을 주어 가공하는 것(예 대장간)

18 탄소강에서 적열메짐을 방지하기 위하여 첨가하는 원소는?

① P
② Si
③ Ni
④ Mn

해설
망가니즈
망가니즈의 가장 큰 역할은 적열취성을 방지하는 것이다. 황이 철과 반응하여 황화철을 만드는데, 망가니즈는 먼저 황과 반응하여 황화망가니즈를 만들고 결과적으로 황화철이 생성되는 것을 방지하여 적열취성을 방지하게 된다.

19 그림은 어떤 재료를 인장시험하여 항복 구역까지 소성 변형시킨 후 하중을 제거했을 때의 응력-변형 곡선을 나타낸 것이다. 이에 해당하는 재료로 옳은 것은?

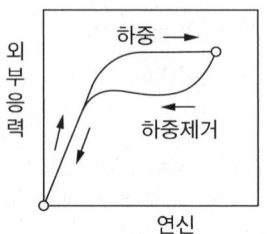

① 수소저장합금
② 탄소공구강
③ 초탄성합금
④ 형상기억합금

해설
초탄성합금
인장시험하여 항복 구역까지 소성 변형시킨 후 하중을 제거했을 때 다시 원래 상태로 되돌아오는 합금

20 오스테나이트계 스테인리스강에서 나타나는 현상이 아닌 것은?

① 공식(pitting)
② 입계부식(intergranular corrosion)
③ 고온취성(high temperature brittleness)
④ 응력부식균열(stress corrosion cracking)

해설
오스테나이트계 스테인리스강은 국부적으로 구멍이 발생하는 부식인 공식(pitting) 및 입계부식과 응력부식균열이 발생할 수 있다.

제2과목 금속조직

21 기본적 상태도에서 그림과 같은 형태의 상태도는?

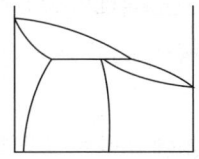

① 공정형　　② 포정형
③ 고상분리형　④ 전율고용체형

해설
상태도는 주어진 온도, 압력, 구조, 성분에 따라 존재하는 물질의 상태를 표시해 놓은 도표로서, 문제의 그림에서 포정형 상태도는 고용체가 액체와 반응한 후 고용체 둘레에 다른 고용체를 만드는 반응을 나타낸 것이다.

22 재결정에 영향을 주는 변수가 아닌 것은?

① 규칙도　　② 온도
③ 변형량　　④ 초기입자 크기

해설
재결정은 냉간가공된 금속을 고온으로 가열 시 회복된 금속 조직 내에 결정립계에서 새로운 핵이 생성되고 변형률이 없는 새로운 결정립 성장을 말하며, 핵생성과 핵성장의 속도에 영향을 준다면 재결정에 영향을 준다고 볼 수 있다(온도, 결정립 크기, 불순물 등).

23 베이나이트 변태에 대한 설명으로 틀린 것은?

① 오스테나이트에 대해 모재와의 결정학적 관련성이 없다.
② 변태에 따른 용질원자의 분포는 페라이트를 핵으로 하고 무확산에 의해 지배되는 일종의 슬립 변태이다.
③ 변태에 따른 용질 원자의 분포는 C원자만 이동하고 합금원소 원자는 모재에 남는다.
④ 조직 내에 포함되어 있는 탄화물은 변태온도 구역(고온)에서 Fe_3C, 저온구역에서는 천이 탄화물이 존재한다.

해설
무확산, 즉 원자의 이동이 없는 경우는 마텐자이트 변태에 해당한다.

24 재결정(recrystallization) 및 재결정 온도에 대한 설명으로 옳은 것은?

① 가공시간이 길수록 재결정 온도는 높아진다.
② 가공도가 클수록 재결정 온도는 높아진다.
③ 재결정은 합금보다 순금속에서 더 빠르게 일어난다.
④ 가공 전의 결정립이 미세할수록 재결정 완료 후의 결정립은 조대하게 크다.

해설
재결정 온도는 순도가 높을수록, 가공도가 클수록, 결정입자가 미세할수록, 가공시간이 길수록 낮아진다.

정답　21 ②　22 ①　23 ②　24 ③

25 순수한 에지(edge) 전위선 근처의 원자에 작용하지 않는 변형은?

① 인장변형　　② 압축변형
③ 뒤틀림변형　　④ 전단변형

해설
전위선(dislocation line) 근처에서 작용하는 변형은 압축, 인장, 전단 성분의 변형으로 소성변형을 일으킨다.

26 Fick의 제2법칙 식으로 옳은 것은?(단, D는 확산계수이다)

① $\dfrac{dc}{dt} = D\dfrac{d^2c}{dx^2}$

② $\dfrac{dc}{dt} = -D\dfrac{d^2c}{dx^2}$

③ $\dfrac{dt}{dc} = D\dfrac{dc^2}{d^2x}$

④ $\dfrac{dt}{dc} = -D\dfrac{dc^2}{d^2x}$

해설
Fick의 제2법칙 식
- 확산계수가 시간에 무관한 상태의 확산
- 농도의 변화율이 기울기 자체보다 농도 기울기의 변화율에 비례

$\dfrac{dC_x}{dt} = \dfrac{d}{dx}\left(D\dfrac{dC_x}{dx}\right) = D\dfrac{d^2c}{dx^2}$

27 다음 중 고용체강화에 대한 설명으로 옳은 것은?

① 용매원자와 용질원자 사이의 원자 크기의 차이가 적을수록 강화효과는 커진다.
② 일반적으로 용매원자의 격자에 용질원자가 고용되면 순금속보다 강한 합금이 되는 것이 고용체 강화이다.
③ 용매원자에 의한 응력장과 가동 전위의 응력장이 상호 작용을 하여 전위의 이동을 원활하게 하여 재료를 강화하는 방법이다.
④ Cu-Ni합금에서 구리의 강도는 40% Ni이 첨가될 때까지 증가되는 반면 니켈은 60% Cu가 첨가될 때 고용체강화가 된다.

해설
용매원자의 격자에 용질원자가 고용되면 순금속보다 강한 합금 고용체가 형성된다. 용매원자와 용질원자 사이의 원자 크기가 클수록 고용체강화 효과가 커진다.

28 순금속 중에서 같은 종류의 원자가 확산하는 현상을 어떤 확산이라 하는가?

① 상호확산
② 입계확산
③ 자기확산
④ 표면확산

해설
순금속에서 원자의 이동으로 농도의 변화는 없으며 동종원소 간 자리이동에 의한 확산은 자기확산(self-diffusion)이다.

29 용질원자가 전위와 상호작용을 할 때 장범위에 걸쳐서 일어나는 작용은?

① 전기적 상호작용
② 적층결함 상호작용
③ 강성률 상호작용
④ 단범위 규칙도 상호작용

해설
용질원자와 전위의 상호작용에 의해 금속결정에서 변형이 일어나게 되며, 이러한 작용이 장범위에서 확인되면, 변형의 강도가 높아지게 된다. 따라서 외부에서 가한 힘에 대해 물체의 모양이 변하는 정도를 나타내는 척도인 강성률에 변화를 주게 된다.

30 A, B 두 금속으로 된 합금의 경우 일반적으로 규칙 격자를 만드는 방법이 틀린 것은?

① AB
② A_3B
③ $A_{1.5}B_2$
④ AB_3

해설
두 금속에서 규칙격자를 형성하는 방법에는 A_3B, AB, AB_3이 존재하며, 이중의 하나로 규칙격자가 형성된다.

31 용질원자와 칼날전위의 상호작용을 무엇이라고 하는가?

① oxidation pinning
② Cottrell effect
③ Frank-Read source
④ Peierls stress

해설
용질원자와 칼날전위의 상호작용 중 코트렐효과는 칼날전위가 용질원자의 분위기에 의해 안정상태가 되어 움직임을 차단하는 효과가 있다.

32 탄소강을 급랭하였을 때 생성된 마텐자이트 조직의 결정 격자는?

① 단사입방격자(FCT)
② 체심정방격자(BCT)
③ 면심입방격자(FCC)
④ 조밀육방격자(HCP)

해설
탄소강의 마텐자이트는 준안정상으로서, BCC 또는 BCT 구조의 과포화 침입형 탄소고용체를 형성한다.

33 다음 중 금속결정의 소성변형과 밀접한 관계로 선을 따라 결정 내에 존재하는 결함은?

① 전위
② 원자공공
③ 크로디온
④ 적층결함

해설
소성변형은 결정 내 존재하는 수많은 전위(dislocation)의 움직임에 의한 결과이다.

[정답] 29 ③ 30 ③ 31 ② 32 ② 33 ①

34 다음 중 침입형 고용체를 만드는 것은?

① Mn   ② Ni
③ Cr   ④ H

해설
침입형 고용체
결정격자의 원자 사이로 침입해 들어가는 고용체를 의미하며 대표적 원소는 H, C, N, O, B이 있다.

35 금속의 육방정계에서 대표적인 면이 아닌 것은?

① 기저면(base lane)
② 각통면(prismatic plane)
③ 주조면(cast plane)
④ 각추면(pyramidal plane)

해설
육방정계의 대표적인 면으로는 기준면, 각통면, 각추면이 있다.

36 자기변태점을 갖지 않는 금속은?

① Cu   ② Fe
③ Co   ④ Ni

해설
자기변태점(강자성체 3가지에서 나타남)
- 철(Fe) : $A_0 = 210°C$, $A_2 = 768°C$
- 니켈(Ni) : $368°C$
- 코발트(Co) : $1,150°C$

37 금속재료의 전기전도도를 증가시키는 요인은?

① 온도상승에 의해
② 풀림에 의해
③ 결함 존재에 의해
④ 조성비가 50 : 50인 합금제조에 의해

해설
풀림은 적당한 온도로 가열 후 식히는 열처리 방법으로 재결정 및 결정립 성장으로 전기저항이 감소하게 되며, 이로 인해 전도도가 높아진다.

38 BCC나 FCC 금속이 응고할 때 결정이 성장하는 우선 방향은?

① [100]   ② [110]
③ [111]   ④ [1010]

해설
BCC와 FCC는 입방정 결정구조에 속하며 이러한 결정구조에서 우선적 결정 성장 방향은 [100]이다.

39 대기압에서 공석강이 오스테나이트로부터 펄라이트로 변태를 완료하였다. 펄라이트 영역에서 자유도(F)는?

① 0 ② 1
③ 2 ④ 3

해설
자유도는 F = 성분 - 상태 + 1이므로 답은 0이다.

40 순금속의 주괴(ingot) 조직에서 중심부와 표면부 사이에 열의 구배에 따라 생긴 조직은?

① 미세등축정   ② 조대등축정
③ 수지상정   ④ 주상정

해설
주괴조직에서 핵생성이 적고 중심에서 바깥방향으로 온도구배가 큰 경우 얇고 조대한 결정립인 주상정이 형성된다.

제3과목 금속 열처리

41 강의 열처리 방법 중 A_1 변태점 이하로 가열하는 방법은?

① 풀림(annealing)
② 불림(normalizing)
③ 담금질(quenching)
④ 뜨임(tempering)

해설
열처리 가열온도
- 변태점 이상으로 가열 : 풀림, 불림, 담금질
- 변태점 이하로 가열 : 뜨임

42 고주파 담금질 방법을 설명한 것 중 틀린 것은?

① 유도자(coil)는 가열 면적이 좁을 때 효과적이다.
② 코일과 고주파 발생장치의 연결리드는 간격을 좁게 해야 한다.
③ 급속 가열방법이므로 전기로나 연소로 가열보다 30~50℃ 높여준다.
④ 가열 면적이 길고 넓은 경우에는 코일수가 적은 것이 효과적이다.

해설
고주파 담금질은 유도가열 담금질이라고도 하며, 필요한 부분만을 가열, 냉각하는 담금질 처리로서 강재의 고주파가열은 고주파전류 발생장치 및 가열코일이 필요하며, 가열 면적과 코일수는 비례한다.

정답 39 ② 40 ④ 41 ④ 42 ④

43 분위기 가스를 냉각시키면 어떤 온도에서 수분이 응축되어 미세한 물방울이 생기는 것을 무엇이라고 하는가?

① 영점
② 노점
③ 결정
④ 응고점

해설
분위기 중 수분이 응축하기 시작하는 온도를 노점(dew point)이라고 하며, 오르자트, 열선분석, 노점분석, 적외선 CO_2분석 등을 사용하여 분석한다.

44 열처리 담금질 작업 시 사용하는 냉각방법 중 가장 빠른 냉각능을 보이는 방법은?

① 노 내에서의 냉각
② 공기 중에서의 냉각
③ 담금질유 중에서의 냉각
④ 물속에서의 교반 냉각

해설
냉각법 중에서 수랭이 유랭, 공랭, 노랭에 비해 가장 빠른 냉각능을 보인다.

45 강의 항온변태에 대한 설명 중 틀린 것은?

① 항온변태곡선 코(nose) 위에서 항온변태시키면 마텐자이트가 형성된다.
② 항온변태곡선을 TTT(time temperature transformation) 곡선이라고도 한다.
③ 항온변태곡선 코(nose) 아래의 온도에서 항온변태시키면 베이나이트가 형성된다.
④ 오스테나이트화한 후 A_1 변태온도 이하의 온도로 급랭시켜 시간이 지남에 따라 오스테나이트의 변태를 나타내는 곡선을 항온변태곡선이라 한다.

해설
항온변태곡선
강을 오스테나이트 상태로부터 A_1 변태점 이하의 항온 중에 담금질한 그대로 유지할 때 나타나는 변태로 항온변태처리를 통해 오스테나이트 변태를 나타내는 곡선으로, TTT(time temperature transformation) 곡선이라고도 한다.

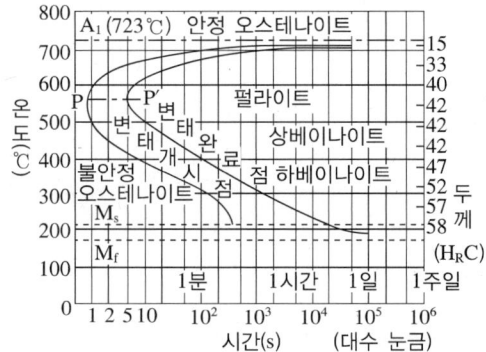

- 항온변태곡선 코(nose) 위에서 항온변태시키면 펄라이트가 형성된다.
- 항온변태곡선 코(nose) 아래와 M_s 직상의 온도 사이에서 항온변태 시키면 베이나이트가 형성된다.

46 담금질 시 발생한 잔류 오스테나이트에 대한 설명 중 옳은 것은?

① 잔류 오스테나이트는 상온에서 불안정한 상이다.
② 고합금강에서는 잔류 오스테나이트가 존재하지 않는다.
③ 퀜칭 시 냉각속도를 지연시키면 잔류 오스테나이트가 감소한다.
④ 0.6%C 이상의 탄소강에서는 M_f 온도가 상온 이하로 내려가지 않기 때문에 잔류 오스테나이트가 없다.

해설
잔류 오스테나이트는 상온에서 존재할 수 없는 불안정한 상으로 차후 변태가 일어날 가능성이 높다.

47 백선 주물의 시멘타이트와 펄라이트를 흑연화시킬 목적으로 하는 가단주철 열처리는?

① 백심 가단주철 열처리
② 흑심 가단주철 열처리
③ 펄라이트 가단주철 열처리
④ 페라이트 가단주철 열처리

해설
탈탄에 주목적이 있는 백심 가단주철과는 다르게 흑심 가단주철은 흑연화에 그 목적이 있다.

48 강의 열처리 시 경화능에 대한 설명으로 틀린 것은?

① 임계냉각속도가 큰 강은 경화가 잘되지 않는다.
② 담금질 경도는 탄소량에 따라 결정된다.
③ 질량효과는 합금강이 탄소강보다 크다.
④ 담금질 깊이는 탄소량, 합금원소의 영향이 크다.

해설
대형 구조물의 담금질 시 재료의 내·외부 간 질량효과로 인해 경도의 편차가 발생하며 이러한 경화능은 조미니 시험법으로 측정할 수 있다. 일반적으로 탄소강은 질량효과가 크고, 합금강은 질량효과가 작다.

49 열처리로의 온도제어 방법 중 승온, 유지, 냉각 등을 자동적으로 실시하는 온도 제어 방식은?

① on-off식
② 비례 제어식
③ 정치 제어식
④ 프로그램 제어식

해설
예정된 온도의 승온, 보온, 강온 등을 자동으로 수행하여 열처리하는 방식은 프로그램 제어식이다.

50 인상담금질(time quenching)에서 인상 시기를 설명한 것 중 틀린 것은?

① 기름의 기포 발생이 정지했을 때 꺼내어 공랭한다.
② 진동과 물소리가 정지한 순간 꺼내어 유랭 또는 공랭한다.
③ 화색(火色)이 나타나지 않을 때까지 2배의 시간만큼 물속에 담근 후 꺼내어 공랭한다.
④ 가열물의 지름 또는 두께 1mm당 10초 동안 수랭한 후 유랭 또는 공랭한다.

해설
유랭의 경우 제품의 두께 또는 지름 1mm당 1초로 시간을 계산한다.

51 공석강의 연속냉각 변태에서 변태개시 온도가 가장 낮은 조직은?

① 펄라이트 ② 소르바이트
③ 마텐자이트 ④ 트루스타이트

해설
공석강의 연속냉각곡선에서 변태개시 온도가 높은 순서는 펄라이트, 베이나이트, 마텐자이트의 순서이다. M_s점에서 마텐자이트 변태가 시작되므로 가장 낮은 온도 구간을 갖는다.

52 두랄루민과 같은 비철합금에서 강도를 높이는 열처리 방법은?

① 용체화처리 및 시효처리
② 서브제로처리
③ 항온변태처리
④ 균질화처리

해설
두랄루민은 구리가 주합금성분이며, 용체화처리 및 시효경화과정을 거쳐 거의 강의 수준에 도달하는 강도를 가지게 된다.

53 M_s 이상인 적당한 온도(약 250~450℃)로 유지한 염욕에 담금질하고 과냉각의 오스테나이트 변태가 끝날 때까지 항온으로 유지하여 베이나이트 조직이 얻어지는 열처리 방법은?

① 마퀜칭 ② M_s 퀜칭
③ 오스템퍼링 ④ 오스포밍

해설
변태점 $(A_3 \sim A_1)+(30\sim50℃)$의 적당한 온도(약 840℃)로 가열하여 안정된 오스테나이트 영역으로 유지시킨 후 페라이트 및 펄라이트조직의 생성 온도(600℃) 이하, 마텐자이트 생성 온도(200℃) 이상의 냉매(염욕 : 250~450℃) 속에 급랭시켜 베이나이트 조직을 얻는 열처리를 오스템퍼링이라 한다.

54 심랭처리에 따른 균열의 원인으로 틀린 것은?

① 담금질 온도가 너무 높을 때
② 강재의 다듬질 정도가 좋을 때
③ 담금질한 강재에 탈탄층이 존재할 때
④ 심랭처리의 온도가 불균일하거나 정확하지 않을 때

해설
담금질은 급랭이 필요하므로 온도가 낮을수록 유리하며, 온도가 낮은 잔류 오스테나이트의 양은 탄소의 양의 많을수록 증가하고, 심랭처리 시 균열을 발생시키기 쉽다. 강재의 다듬질 정도가 좋을 때는 균열발생이 적다.

55 특수표면처리 방법 중 강재 표면에 얇은 황화층을 형성시키는 방법으로 주로 마찰저항을 적게 하여 윤활성을 향상시키는 효과가 있는 처리법은?

① 침황처리
② 침붕처리
③ 염욕코팅처리
④ 산화피막처리

해설
침황처리법은 강의 표면에 유황을 확산침투시키는 방법으로 400~600°C에서 행해지며, 철강 및 황화철에서 0.2μm 정도의 두께에서 마찰계수가 저하된다.

56 진공열처리의 특징을 설명한 것 중 틀린 것은?

① 열처리 변형이 증가한다.
② 탈지 청정화 작용을 한다.
③ 열처리 후가공의 생략이 가능하다.
④ 금속의 산화 방지가 가능하다.

해설
진공 열처리는 고진공 상태에서 산소 분압을 낮추고, 재료 표면의 산화, 환원, 질화, 침탄 등의 작용을 일으키지 않는 보호대기를 만들어 금속재료를 담금질하는 것으로 열처리 변형이 최소화된다.

57 강을 0°C 이하의 온도에서 서브제로처리를 할 때의 조직 변화로 옳은 것은?

① 잔류 펄라이트 → 마텐자이트
② 잔류 오스테나이트 → 마텐자이트
③ 잔류 소르바이트 → 마텐자이트
④ 잔류 트루스타이트 → 마텐자이트

해설
심랭처리(sub-zero treatment)
담금질 상태의 강을 상온 이하 특정 온도로 냉각 후 잔류 오스테나이트를 마텐자이트 변태 처리하여 변형을 방지하는 과정을 말한다.

58 표면경화 열처리법 중 진공로 내에서 글로(glow) 방전을 발생시켜 N_2, H_2 및 기타 가스의 단독, 혼합 가스의 분위기에서 N을 표면에 확산시키는 표면처리법은?

① 침탄 질화
② 가스 질화
③ 이온 질화
④ 염욕 연질화

해설
철강의 표면경화 처리법으로 질화법이 이용되고 있으며, 공해문제가 적은 N_2 및 H_2 가스를 사용하는 글로 방전을 이용하는 것은 이온 질화법이다.

정답 55 ① 56 ① 57 ② 58 ③

59 인장응력 또는 잔류응력을 감소시키는 방법이 아닌 것은?

① 저온 풀림
② 용체화 처리
③ 쇼트 피닝법
④ 심랭처리 급열법

해설
용체화 처리는 열처리 방법 중의 하나로 기지상을 고온으로 가열하여 석출상을 포함할 수 있도록 만들어주는 열처리이다.

60 침탄 깊이와 관련이 가장 적은 것은?

① 침탄제의 종류
② 가열 온도
③ 가열로의 종류
④ 유지 시간

해설
침탄법은 강의 표면경화를 위해 강의 표면에 탄소를 침투시키는 방법으로, 침탄 깊이는 침탄제의 종류, 가열온도 및 처리를 위한 유지시간과 관계가 깊으며, 가열로의 종류에는 크게 영향을 받지 않는다.

제4과목 재료시험

61 구리판, 알루미늄판 및 기타 연성 판재를 가압 성형하여 시험하는 방법에 해당하는 것은?

① 마찰 시험
② 커핑 시험
③ 압축 시험
④ 크리프 시험

해설
커핑 시험(cupping test)
재료의 연성을 파악하기 위하여 구리 및 알루미늄판재와 같은 연성 판재를 가압 성형하여 변형 능력을 알아보기 위한 시험 방법이다.

62 일반 탄소강의 현미경 조직검사를 위해 주로 사용되는 부식액은?

① HF 용액
② HCl + 질산
③ 질산 + 알코올
④ 인산 + 황산

해설
부식액
• 구리, 구리합금 : 염화제2철 용액
• 철강(탄소강) : 피크르산알코올 용액(피크랄), 질산알코올 용액(나이탈)
• 알루미늄, 알루미늄합금 : 수산화나트륨용액, 불화수소산
• 니켈합금 : 질산, 아세트산
• 아연합금 : 염산

63 금속의 조직검사의 결정립도 시험법이 아닌 것은?

① 비교법   ② 절단법
③ 평적법   ④ 면적측정법

해설
비교법, 평적법, 절단법은 대표적인 금속의 조직검사 결정립도 시험법이며 면적측정법은 금속조직시험에서 조직량 측정법이다.

64 충격 시험에 대한 설명으로 틀린 것은?

① 충격 시험은 재료의 인성과 취성의 정도를 판정하는 시험이다.
② 금속재료 충격 시험편의 노치는 V자형, U자형이 있다.
③ 열처리한 재료의 평가를 위한 시험편은 열처리 전에 기계가공을 한다.
④ 충격값이란 충격 에너지를 시험편의 노치부 단면적으로 나눈 값으로 단위는 kgf·m/cm²이다.

해설
충격 시험의 열처리 시험편은 열처리 후 기계가공을 한다. 기계가공 중의 물성치 변동을 막기 위함이다.

65 노치 효과에 대한 설명으로 옳은 것은?

① 노치계수(β)는 1보다 작다.
② 형상계수(α)는 노치계수(β)보다 크다.
③ 노치에 둔한 재료에서는 노치민감계수(η)가 0(zero)에 접근한다.
④ 노치민감계수의 값은 노치에 민감하면 0이 되고, 둔하면 1이 된다.

해설
일반적으로 형상계수(α)≥노치계수(β)≥1이 성립한다. 노치민감계수가 0이면 노치에 둔감한 것이고, 노치민감계수가 1이면 노치에 민감한 것이다.

66 펀치 프레스에서 두께 2mm의 연강판에 지름 30mm의 구멍을 뚫고자 할 때 펀치에 작용한 전단하중(kgf)은?(단, 연강판의 전단강도는 40kgf/mm²이다)

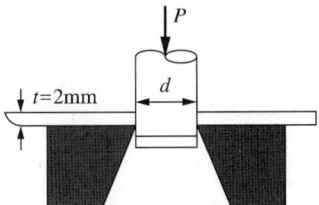

① 약 5,450kgf
② 약 6,535kgf
③ 약 7,540kgf
④ 약 9,635kgf

해설
• 전단면적 = $\pi \times D \times t = \pi \times 30 \times 2 = 188.5$mm²
  여기서, D : 지름
           t : 두께
• 작용전단하중 = 전단강도 × 전단면적
            = 40 × 188.5 = 7,540kgf

67 다음 중 알루민산염 개재물의 종류에 해당하는 것은?

① 그룹 A형　② 그룹 B형
③ 그룹 C형　④ 그룹 D형

해설
비금속 개재물
- 그룹 A : 황화물 종류
- 그룹 B : 알루민산염 종류
- 그룹 C : 규산염 종류
- 그룹 D : 구형 산화물 종류

68 X-ray 회절법을 사용하는 용도로 적합한 것은?

① 개재물의 탐상
② 압축 변형의 측정
③ 주물의 결함 탐상
④ 결정 격자구조의 측정

해설
X-ray 회절법 : 원자의 결정(격자)구조를 측정

69 마모시험에 영향을 미치는 인자들에 대한 설명으로 틀린 것은?

① 접촉 하중이 증가할수록 마모량은 증가한다.
② 접촉면 표면이 거칠수록 마모량은 증가한다.
③ 미끄럼 속도는 어느 임계속도까지는 마모량은 증가한다.
④ 마찰면의 실제온도가 아주 높아지면 마모량이 급속히 감소하며 소착은 일으키지 않는다.

해설
마모시험은 접촉 상대운동으로 표면입자의 이탈 정도를 측정하는 시험으로 마찰면의 실제온도가 아주 높아지면 소착(눌어붙는 현상)을 일으킨다.

70 다음 중 비틀림 시험에 대한 설명으로 옳은 것은?

① 비틀림 시험의 주목적은 재료에 대한 강성계수와 비틀림 강도의 측정에 있다.
② 비교적 굵은 선재의 비틀림 시험에서는 응력을 측정하여 시험 결과를 얻는다.
③ 비틀림 시험편의 양단은 고정하기 쉽게 시험부보다 얇게 만든다.
④ 비틀림 각도 측정법은 펜듈럼식, 탄성식, 레버식이 있다.

해설
비틀림 시험으로 측정 가능한 기계적 성질
- 강성 계수(G)
- 비틀림 강도
- 비틀림 파단계수

67 ②　68 ④　69 ④　70 ①

71 인장시험에서 단면수축률을 산출하는 식으로 맞는 것은?(단, A_0=시험 전 시편의 평행부 단면적, A_1=시험 후 시편의 파단부 단면적이다)

① 단면수축률 = $\dfrac{A_0 - A_1}{A_0} \times 100$

② 단면수축률 = $\dfrac{A_1 - A_0}{A_0} \times 100$

③ 단면수축률 = $\dfrac{A_0 - A_1}{A_1} \times 100$

④ 단면수축률 = $\dfrac{A_1 - A_0}{A_1} \times 100$

해설
단면수축률 = $\dfrac{\text{시험 전 시편 단면적} - \text{시험 후 시편 단면적}}{\text{시험 전 시편 단면적}} \times 100$

72 자동화재탐지설비에 해당되지 않는 것은?

① 수신기 ② 발신기
③ 감지기 ④ 분사헤드

해설
- 자동화재탐지설비 : 건축물에서 화재에 대비하여 발생하는 열, 연기, 불꽃 등을 자동적으로 감지하여 벨, 사이렌 등의 음향 등을 사용해 알리는 설비로 감지기, 수신기, 발신기, 음향장치 등으로 구성된다.
- 분사헤드는 탐지설비와는 관계없다.

73 자분탐상검사법 중 선형 자계에 의한 결함 검출 검사법은?

① 극간법 ② 프로드법
③ 축 통전법 ④ 자속 관통법

해설
앙페르의 오른손법칙에 따라 엄지손가락을 펴고 가볍게 손을 쥐었을 때 엄지손가락 방향으로 전류가 흐른다면 나머지 네 손가락 방향으로 자기장이 흐른다. 이는 반대로도 성립되어 극간법이 선형자계를 만들고 ②, ③, ④번은 원형자계를 만든다.

74 크리프(creep) 3단계의 순서로 옳은 것은?

① 제1단계 : 감속크리프 → 제2단계 : 정상크리프 → 제3단계 : 가속크리프

② 제1단계 : 가속크리프 → 제2단계 : 정상크리프 → 제3단계 : 감속크리프

③ 제1단계 : 정상크리프 → 제2단계 : 가속크리프 → 제3단계 : 감속크리프

④ 제1단계 : 정상크리프 → 제2단계 : 감속크리프 → 제3단계 : 가속크리프

해설
- 1단계 : 변화율 점차 감소
- 2단계 : 정상 단계
- 3단계 : 가속 네킹 발생

75 음향방출검사(AE)에 대한 설명으로 틀린 것은?

① 한 번에 전체를 검사할 수 있다.
② 시험 결과에 대한 재현성이 없다.
③ 정적인 결함의 검출에 우수하다.
④ 결함의 활동성을 검지하는 시험법이다.

해설
음향방출검사는 동적인 결함 검출에 우수하다.

76 설퍼 프린트에 의한 황편석의 분류기호 중 중심부 편석을 나타내는 것은?

① S_N
② S_I
③ S_C
④ S_O

해설

S_N	정편석	S_L	선상편석
S_I	역편석	S_D	점상편석
S_C	중심부편석	S_{CO}	주상편석

77 주사전자현미경으로 시료를 관찰할 때 특정 이 물질을 정성, 정량하고자 할 때 어떤 분석 장비를 전자현미경에 부착하여 사용하는가?

① EDS
② EELS
③ EBSD
④ ion-coater

해설
주사전자현미경
전자빔을 주사하여 관찰하는 것으로 표면형상 관찰에 유리하며 특정 물질을 정성, 정량하고자 할 때 EDS(에너지 분산 X선 분광분석기) 분석 장비를 부착하여 사용한다.

78 브리넬 경도 시험의 특징과 용도에 대한 설명으로 틀린 것은?

① 일반적으로 압입자에 의한 하중 유지 시간은 약 10~15초이다.
② 얇은 재료나 침탄강, 칠화강 등의 측정에 적합하다.
③ 시험편 윗면의 상태에 의한 측정치에 큰 오차는 발생하지 않는다.
④ 큰 압입자국을 얻기 때문에 불균일한 재료의 평균적인 경도값을 측정할 수 있다.

해설
침탄층, 질화층 등의 표면경화층 측정에는 비커스 경도시험이 적합하다.

79 인장시험에서 하중을 제거시키면 변형이 원상태로 되돌아가는 극한의 응력 값은?

① 항복점
② 최대하중
③ 연신하중
④ 탄성한계

해설
탄성변형(하중을 제거시키면 변형이 원상태로 되돌아가는 변형)되는 범위를 나타내는 값은 탄성한계이다.

80 X선에 개인 피폭되었는지의 여부를 측정 또는 모니터하는 수단이 아닌 것은?

① 필름배지
② 탐측케이블
③ 열형광선량계
④ 형광유리선량계

해설
X선 피폭 여부를 측정하는 수단
- 필름배지 : 방사선에 의해 감광하는 사진 유제 이용
- 열형광선량계 : 방사선에 쪼인 결정성 물질을 가열하면 생기는 열 형광 현상을 이용
- 형광유리선량계 : 방사선 조사를 받은 물질이 빛으로 발광하는 성질 이용

2015년 제1회 과년도 기출문제

제1과목 금속재료

01 섬유강화 금속을 나타내는 것으로 옳은 것은?

① FRP   ② FRM
③ CVD   ④ CRB

해설
FRM
섬유강화 금속으로 위스커 등의 섬유를 Al, Ti, Mg 등의 연성과 인성이 높은 금속이나 합금 중에 균일하게 배열시켜 복합화한 재료

02 리드 프레임(lead frame) 재료로 요구되는 성능을 설명한 것 중 틀린 것은?

① 고집적화에 따라 열방산이 좋아야 한다.
② 보다 작고 얇게 하기 위하여 강도가 커야 한다.
③ 본딩(bonding)을 위한 우수한 도금성을 가져야 한다.
④ 재료의 치수정밀도가 높고 잔류응력이 커야 한다.

해설
- 리드 프레임은 반도체 칩과 외부 회로를 연결시켜 주는 전선으로 열방산이 좋아야 하고 강도가 커야 하며 도금성이 좋아야 하나 잔류응력은 낮아야 한다.
- 잔류응력이 크면 열응력에 의해 파단이 일어날 수 있다.

03 다음 중 열전대용 합금 재료가 아닌 것은?

① 구리-콘스탄탄   ② 크로멜-알루멜
③ 실루민-알펙스   ④ 백금-백금·로듐

해설

종류	조성 (+)	조성 (-)	사용가능 온도범위(℃)
J	철	콘스탄탄	-185~870(600)
K	크로멜	알루멜	-20~1,370(1,000)
T	구리	콘스탄탄	-185~370(300)
E	니크롬	콘스탄탄	-185~870(700)
S	백금로듐 10Rh-90Pt	백금	-20~1,480(1,400)

04 분말야금법의 특징을 설명한 것 중 틀린 것은?

① 절삭공정을 생략할 수 있다.
② 정확한 치수를 얻을 수 있으므로 가공비가 절감된다.
③ 융해법으로 만들 수 없는 합금을 만들 수 있다.
④ 제조과정에서 모든 재료를 용융점까지 온도를 올려야 한다.

해설
분말야금(powder metallurgy)법
금속 가루를 가압·성형하여 굳히고, 가열하여 소결함으로써 금속 제품을 얻는 방법
- 용융점 이하의 온도로 제작
- 다공질의 금속재료를 만들 수 있음
- 최종제품의 형상으로 제조가 가능하여 절삭가공이 거의 필요 없음
- 용해법으로 만들 수 없는 합금을 만들 수 있고 편석, 결정립 조대화의 문제점이 적음
- 제조과정에서 용융점까지 온도를 상승시킬 필요가 없음
- 고용점 금속부품 제조에 적합

1 ② 2 ④ 3 ③ 4 ④ **정답**

05 열팽창계수가 상온부근에서 매우 작아 섀도우마스크, IC 기판 등에 사용되는 Ni계 합금은?

① 하스텔로이(hastelloy)
② 인바(invar)
③ 알루멜(alumel)
④ 인코넬(inconell)

해설
② 인바(invar) : 20°C에서 열팽창계수(0.9×10^{-6})가 작아 표준자로 사용
① 하스텔로이(hastelloy) : 내식성 니켈 합금
③ 알루멜(alumel) : 니켈을 주성분으로 하는 니켈계 내열합금으로서 열전대에 사용
④ 인코넬(inconell) : Ni-Cr이 주된 합금으로 내열성과 내식성이 요구되는 석유화학장치, 약품 및 식품공업에 사용되는 금속

06 알루미늄의 특성에 대한 설명으로 옳은 것은?

① 알루미늄은 불순물의 함유량이 많을수록 내식성이 우수하다.
② 해수에 부식이 강하며 특히 염산, 황산, 알칼리 등에 부식되지 않는다.
③ 알루미늄의 방식법에는 수산법, 황산법, 크롬산법 등이 있다.
④ 대기 중에 산화 생성물인 알루미나는 불안정하기 때문에 산화를 방지해 주지 못한다.

해설
① 알루미늄은 불순물에 의해 내식성이 저하된다.
② 알루미늄은 해수에 부식이 약하다.
④ 알루미나는 안정적인 산화물이다.

07 한국산업표준(KS)의 재료 중 합금 공구강 강재로 분류되지 않는 강은?

① STD61 ② STS3
③ STF6   ④ STC105

해설
STC는 탄소공구강이다.

08 소성가공의 효과를 설명한 것 중 옳은 것은?

① 가공경화가 발생한다.
② 편석과 개재물을 집중시킨다.
③ 결정입자가 조대화된다.
④ 기공(void), 다공성(porosity)을 증가시킨다.

해설
소성가공은 가공경화가 발생하고 편석과 개재물이 분산되며 결정입자가 미세화되며 기공 및 다공성이 줄어든다.

09 마그네슘 합금의 특징을 설명한 것 중 옳은 것은?

① 감쇠능이 주철보다 커서 소음방지 구조재로서 우수하다.
② 주조용 합금에는 Mg-Mn 및 Mg-Al-Zn 등이 있다.
③ 가공용 합금으로 엘렉트론 합금이 있다.
④ 소성가공성이 높아 상온변형이 쉽다.

해설
② Mg-Al-Zn은 가공용 마그네슘합금
③ 엘렉트론은 주조용 마그네슘합금
④ 마그네슘 합금은 상온변형에 강함

정답 5② 6③ 7④ 8① 9①

10 탄소강에서 Si 첨가로 감소하는 것은?

① 경도 ② 충격값
③ 인장강도 ④ 탄성한계

해설
탄소강에 Si(규소)를 첨가하면 인장강도와 경도를 높여주나 연신율이 감소하여 충격값이 약해진다.

11 Mn 함량을 12% 정도 함유한 것으로 오스테나이트 조직이며, 인성이 높고 내마멸성도 높아 분쇄기나 롤 등에 사용되는 강은?

① 듀콜강 ② 고속도강
③ 마레이징강 ④ 해드필드강

해설
고망가니즈강
- 4탄소 0.9~1.4%, 망가니즈(10~14%) 함유로 해드필드강(hadfield) 또는 오스테나이트 망가니즈강이라고도 함
- 내마멸성과 내충격성이 우수
- 열전도성이 작고 열팽창계수가 큼
- 높은 인성을 부여하기 위해 수인법을 이용한 강
- 광석·암석의 파쇄기 등 심한 충격과 마모를 받는 부품에 이용

12 황동 가공재를 상온에서 방치하거나 또는 저온 풀림 경화로 얻은 스프링재는 사용 중 시간의 경과에 따라 경도 등 성질이 악화되는 이러한 현상을 무엇이라 하는가?

① 경년변화 ② 자연균열
③ 탈아연 현상 ④ 저온 풀림 경화

해설
① 경년변화 : 황동 가공재를 상온에서 방치하거나 또는 저온 풀림 경화로 얻은 스프링재가 사용 중 시간의 경과에 따라 경도 등 성질이 악화되는 현상
② 자연균열 : 상온 가공을 한 황동 등이 시일이 경과함에 따라 자연적으로 균열이 생기는 현상
③ 탈아연 형상 : 고온에서 증발에 의하여 황동 표면으로부터 Zn이 탈출되는 현상
④ 저온 풀림 경화 : 황동을 냉간가공하여 재결정온도 이하의 저온도로 풀림하면 가공상태보다도 오히려 경화하는 현상

13 비정질 합금에 대한 설명으로 틀린 것은?

① 결정이방성이 없다.
② 가공경화가 심하여 경도를 상승시킨다.
③ 구조적으로 장거리의 규칙성이 없다.
④ 열에 약하며, 고온에서는 결정화하여 전혀 다른 재료가 된다.

해설
비정질 합금은 가공경화가 아닌 금속을 용융상태에서 초고속 급랭에 의해 제조되는 재료로 결정이 되어 있지 않은 상태이며, 인장강도와 경도를 크게 개선시킨 합금이다.

14 다음 중 약 250℃ 이하의 융점을 가지는 저용융점 합금으로 사용되는 것은?

① Sn   ② Cu
③ Fe   ④ Co

해설
저용융점 합금이란 땜납(Pb-Sn합금)보다 녹는점이 낮은 Pb, Bi, Sn, Cd, In 등의 공정형 합금을 말한다.

15 침탄용강으로 가장 적합한 것은?

① 저탄소강   ② 중탄소강
③ 고탄소강   ④ 고속도강

해설
침탄처리는 연한 저탄소강을 이용하여 내부의 인성은 살리고 외부의 경도를 살리는 데 목적을 둔다.

16 내식성이 우수하고 오스테나이트 조직을 얻을 수 있는 스테인리스강의 성분은?

① 30%Cr-10%Co 스테인리스강
② 3%Cr-10%Nb 스테인리스강
③ 18%Cr-8%Ni 스테인리스강
④ 8%Cu-18%Fe 스테인리스강

해설
크롬 18%, 니켈 8%를 함유한 스테인리스강이 오스테나이트 조직을 갖는다.

17 다음 중 비중이 가장 작은 것은?

① Fe   ② Na
③ Cu   ④ Al

해설
금속의 비중
- 나트륨 : 0.97
- 알루미늄 : 2.7
- 철 : 7.85
- 구리 : 8.9

18 Fe-C 상태도에서 강과 주철을 분류하는 탄소의 함유량은 약 몇 % 정도인가?

① 0.025   ② 0.8
③ 2.0   ④ 4.3

해설
순철의 탄소 함유량은 0.025% C 이하이고 강의 탄소 함유량은 2.1% C 이하이다.

정답 14 ① 15 ① 16 ③ 17 ② 18 ③

19 반자성체 금속에 해당되는 것은?

① Cr
② Fe
③ Sb
④ Al

해설
- 상자성체 : 외부 자계에 의해서 매우 약한 자성을 나타내는 자성체(Cr)
- 강자성체 : 투자율이 가해진 자계의 세기에 따라 자성이 변하는 자성체(Fe, Ni, Co)
- 반자성체 : 자장과 자화의 강도가 반대방향인 것(Au, Ag, Cu, Sb)

20 다이캐스팅용 Zn합금에서 강도, 경도, 유동성을 증가시키는 원소는?

① Pb
② Mg
③ Cd
④ Al

해설
- Al은 유동성을 개선한다.
- Cu는 입간부식을 억제한다.
- Li은 길이변화에 큰 영향을 준다.
- Mg을 첨가하면 충격치와 내구력이 우수하다.

제2과목 금속조직

21 마텐자이트(martensite)는 조직변태에서 나타나는 결정구조로 탄소량이 많아지면 고용된 탄소원자 때문에 세로로 늘어난 격자구조를 갖는다. 이를 무엇이라 하는가?

① HCP
② FCC
③ BCT
④ SCC

해설
탄소강의 마텐사이트는 준안정상으로서, BCC 또는 BCT 구조의 과포화 침입형 탄소고용체를 형성한다.

22 Al-4%Cu 석출 강화형 합금에서 석출 강화에 영향을 주는 상은?

① α상
② β상
③ θ상
④ γ상

해설
석출 강화형 합금에서 θ상은 석출 강화에 결정적인 역할을 담당한다.

23 다음 금속 중 전기전도도가 가장 좋은 것은?

① Al   ② Ag
③ Au   ④ Mg

해설
금속의 전기전도도는 Ag > Cu > Au > Al > Fe 순서이다.

24 다음 중 자기변태를 갖지 않는 금속은?

① Ni   ② Co
③ Fe   ④ Sn

해설
자기변태점이 있는 대표적 금속은 철(A_0 = 210℃, A_2 = 768℃), 니켈(368℃), 코발트(1,150℃)이고 주석은 자기변태점이 없다.

25 A, B 양금속으로 된 합금의 경우 일반적인 규칙격자를 만드는 조성이 아닌 것은?

① AB형   ② A_2B형
③ A_3B형   ④ AB_3형

해설
고용체에서 용질원자와 용매원자 원소가 규칙적인 배열을 할 때 규칙격자라 하며, A_xB_y형의 간단한 정수비의 조성을 가지는데, AB형, A_3B형, AB_3형이 있다.

26 다음 3원계 상태도에서 O합금 중 S합금의 양은?

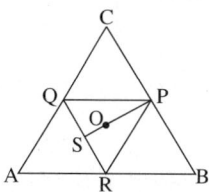

① $\dfrac{OS}{PS} \times 100$ ② $\dfrac{OP}{PS} \times 100$

③ $\dfrac{SR}{QS} \times 100$ ④ $\dfrac{QS}{SR} \times 100$

해설
- S합금의 분량을 나타내는 관계식은 $\dfrac{PO}{PS} \times 100\%$이다.
- Q합금의 분량을 나타내는 관계식은 $\dfrac{RS}{QR} \times \dfrac{PO}{PS} \times 100\%$이다.

27 커켄들(Kirkendall) 실험결과는 확산현상이 어떠한 기구에 의해 진행됨을 나타내는가?

① 체적결함 기구   ② 적층결함 기구
③ 공공기구   ④ 결정립 경계 기구

해설
커켄들(Kirkendall)에 의한 확산은 공공기구(vacancy)에 의해 발생된다.

28 아연 원소를 강표면에 확산 침투시켜 표면경화 처리하는 것은?

① 보로나이징
② 실로코나이징
③ 세라다이징
④ 칼로라이징

해설
세라다이징은 철강제품의 표면에 Zn를 피복 확산시키는 방법이다.

29 2원계 합금상태도에서 일어나는 포정반응식은?

① 액상(L_1) ⇌ α 고용체 + 액상(L_2)
② α 고용체 + β 고용체 ⇌ γ 고용체
③ α 고용체 + 액상(L) ⇌ β 고용체
④ β 고용체 ⇌ 액상(L) + α 고용체

해설
포정점(1,492℃)
액상이 고상과 반응하여 다른 고상의 새로운 상을 나타낼 때의 온도(가역반응 : 순반응, 역반응 모두 가능)
L(0.51%C) + δ(0.1%C) ⇌ γ(0.16%C)
　　　　　(δ페라이트)　(오스테나이트)

30 FCC 결정구조를 갖는 구리 금속의 단위격자의 격자상수가 0.361nm일 때 면간거리 d_{210}은 얼마인가?

① 0.16nm
② 0.18nm
③ 1.10nm
④ 1.20nm

해설
h, k, l을 Miller지수라 하며 이 면의 면기호는 (h, k, l)로 나타내며 (h, k, l)군의 인접한 면 사이의 거리를 면간거리 d로 나타낸다. 면간거리를 나타내는 $\frac{1}{d^2} = \frac{h^2+k^2+l^2}{a^2}$은 일반 공식으로 나타낼 수 있다.

$d(hkl) = \frac{a}{\sqrt{h^2+k^2+l^2}} = \frac{0.361}{\sqrt{2^2+1^2+0^2}} ≒ 0.161nm$

31 치환형 고용체 영역을 형성하는 인자에 관한 설명으로 틀린 것은?

① 결정격자형이 서로 다를 것
② 용질의 원자가가 용매의 원자가보다 클 것
③ 용질원자와 용매원자의 전기음성도 차가 작을 것
④ 용질과 용매원자의 지름 차가 용매원자 지름의 15% 이내일 것

해설
치환형 고용체
정연하게 늘어서 있는 고체의 원자를 밀어내고 그 자리에 대신 들어가는 형태
• 원자의 크기±15% : 이상의 크기에서는 원자 뒤틀림이 너무 커져 새로운 상 형성
• 비슷한 전기음성도 : 차이가 크면 금속간 화합물 형성
• 높은 원자가 : 용해도에 영향
• 같은 결정구조

32 마텐자이트(martensite) 조직의 결정형상에 해당되지 않는 것은?

① 렌즈상(lens phase)
② 입상(granular phase)
③ 라스상(lath phase)
④ 박판상(thin plate phase)

해설
마텐자이트 조직의 결정은 렌즈상, 라스상, 박판상이 포함된다.

33 석출 강화에서 기지와 석출물의 특성을 설명한 것으로 틀린 것은?

① 석출물은 침상보다는 구상이어야 한다.
② 석출물은 입자의 크기가 미세하고 수가 많아야 한다.
③ 기지상은 연성이 크고, 석출물은 단단한 성질을 가져야 한다.
④ 석출물은 연속적으로 존재해야만 하는 반면 기지상은 불연속적이어야만 한다.

해설
석출 강화에서 기지상은 배경조직을 말하며 연속적으로 존재하고 석출물이 분산되어 있는 구조이다.

34 면심입방격자 결정구조를 갖는 Ag의 슬립면과 슬립방향은?

① $\{0001\}$, $\langle 2\bar{1}\bar{1}0 \rangle$
② $\{111\}$, $\langle 110 \rangle$
③ $\{110\}$, $\langle 111 \rangle$
④ $\{123\}$, $\langle 111 \rangle$

해설
면심입방격자(FCC) 최밀충진면은 {111}족이므로 슬립면은 {111}이며, (111)면에서 원자 간 거리가 가장 가까운 방향은 [110] 방향이므로 〈110〉족 방향이 슬립방향이다.

35 회복(recovery)에 대한 설명으로 옳은 것은?

① 풀림에 의하여 결정립의 모양과 방향에 변화를 일으키지 않고 물리적, 기계적 성질만 변화하는 과정이다.
② 회복이란 변형된 결정체의 내부에너지와 항복강도가 전위의 재배열 및 소멸에 의해 증가되는 과정이다.
③ 회복의 과정 중 전기저항은 급격히 증가한다.
④ 회복의 과정 중 경도는 급격히 감소한다.

해설
소성가공된 금속은 풀림에 의하여 가공 전의 상태로 돌아가고자 한다. 이때 결정립의 변화는 없지만 결정립 내부에 응력으로 변화되었던 변형에너지와 항복강도 등이 감소하여 기계적 성질이 변화하는 것을 회복이라 한다. 회복 중 금속의 경도는 서서히 감소, 연성은 증가한다.

36 금속의 변형방법 중 소성변형이 아닌 것은?

① 슬립변형
② 탄성변형
③ 쌍정변형
④ 킹크변형

해설
탄성변형은 하중을 제거시키면 변형이 원상태로 되돌아가는 변형으로 소성변형의 반대되는 의미이다.

37 다음 중 Fick의 제1법칙으로 옳은 것은?(단, D : 확산계수, J : 농도구배, C : 농도, x : 봉의 길이 방향축이다)

① $J = D \cdot \dfrac{dC}{dx}$ ② $J = -D \cdot \dfrac{dC}{dx}$

③ $J = D \cdot \dfrac{dx}{dC}$ ④ $J = -D \cdot \dfrac{dx}{dC}$

해설
Fick's 제1법칙은 $J = -D\dfrac{dc}{dx}$ 로 나타내며, 음의 부호는 고농도에서 저농도로 이동에 의한 음의 확산 기울기 발생을 의미한다.

38 전위(dislocation)는 어떤 결함에 해당되는가?

① 면결함 ② 점결함
③ 선결함 ④ 쌍정결함

해설
전위는 칼날전위, 나선전위가 있고 이는 선결함에 속한다.

39 장범위 규칙도(degree of long order)가 1인 합금은?

① 완전규칙 고용체이다.
② 완전불규칙 고용체이다.
③ 불완전규칙 고용체이다.
④ 불완전불규칙 고용체이다.

해설
장범위 규칙도가 1로 표시된 것은 완전규칙 고용체임을 의미한다.

40 다음에 표시한 면지수는 무엇인가?

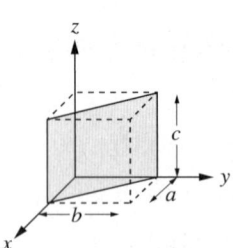

① (100) ② (110)
③ (111) ④ (123)

해설
각 좌표축 절편 길이의 역수에 대한 최소정수비이므로 (110)이다.

제3과목 금속 열처리

41 일반주철에서 잔류응력을 제거하기 위한 풀림 열처리 방법은?

① 430~600℃에서 수 시간 가열한 후 노랭한다.
② 700~760℃에서 가열한 후 서랭한다.
③ 780~850℃에서 가열한 후 유랭한다.
④ 1,050~1,200℃로 가열한 후 유랭한다.

[해설]
주철의 잔류응력을 제거하기 위하여 430~600℃에서 5~30시간 가열한 후 노랭한다.

42 담금질된 강에 잔류 오스테나이트의 생성에 미치는 영향으로 틀린 것은?

① 탄소함유량이 높을수록 잔류 오스테나이트양이 증가한다.
② M_s점의 온도가 낮을수록 잔류 오스테나이트는 증가한다.
③ 공석강보다 과공석강에서는 오스테나이트화 온도가 높아짐에 따라 잔류 오스테나이트양이 증가한다.
④ 담금질 냉각속도, 담금질 온도와 잔류 오스테나이트양과는 관련이 없다.

[해설]
냉각속도와 온도는 잔류 오스테나이트양과 관련 있다. 담금질 온도가 증가할수록 잔류 오스테나이트의 양이 증가한다.

43 S곡선에 대한 설명으로 틀린 것은?

① 응력이 존재하면 M_s선의 온도는 상승한다.
② C, Mn 등이 많을수록 S곡선은 좌측으로 이동한다.
③ 응력이 존재하면 S곡선의 변태개시선이 좌측으로 이동한다.
④ 가열온도가 높을수록 S곡선의 코 부분이 우측으로 이동한다.

[해설]
탄소의 함량이 높거나 Mn, Ni 등 첨가 합금이 많아질수록 S곡선은 우측으로 이동한다. 이는 경화능과 관련 있는 것으로 S곡선이 우측으로 이동하며 x축이 지수에 비례하므로 열처리 가능시간이 급격히 늘어나는 것을 알 수 있다.

44 침탄품의 박리현상의 원인과 대책을 설명한 것 중 틀린 것은?

① 반복침탄을 했을 때
② 과잉침탄으로 C%가 너무 많을 때
③ 소지재료의 강도가 낮은 것으로 한다.
④ 과잉침탄에 대해서는 침탄 완화제를 사용하고 침탄을 한 후 확산처리한다.

[해설]
박리현상의 원인은 반복 침탄, 원재료의 취약성 및 과잉 침탄에 의한 탄소농도 증가가 원인이고, 그 대책으로는 침탄완화제를 사용하고 침탄을 한 후 확산처리하는 방법이 있다.

[정답] 41 ① 42 ④ 43 ② 44 ③

45 진공 중에서 가열하는 진공열처리에 대한 설명으로 틀린 것은?

① 무공해로 작업 환경이 양호하다.
② 가열이 복사에 의해 이루어지므로 가열 속도가 빠르다.
③ 정확한 온도 및 가열분위기에 의해 고품질의 열처리가 가능하다.
④ 노벽으로부터의 방열, 노벽에 의한 손실 열량이 적기 때문에 에너지 절감 효과가 크다.

해설
진공열처리는 가스와 반응이 없는 불활성 상태에서 처리되는 형태이므로 복사열과는 무관하다.

46 강의 프레스 뜨임 작업 시 유의사항으로 틀린 것은?

① 300℃ 온도 부근에서 발생하는 취성에 주의하여야 한다.
② 뜨임을 연속적으로 작업하다 퇴근 시간이 되는 경우 다음날로 연기하여 실시하여야 한다.
③ 뜨임온도의 정확성은 뜨임색으로 측정하면 착오가 생길 경우가 있음을 주의하여야 한다.
④ 담금질할 때의 강은 완전히 냉각되기 전, 즉 100℃ 이하의 온도에서 강재가 냉각되었을 때 냉각액에서 즉시 꺼내어 뜨임을 해야 한다.

해설
뜨임은 연속적으로 작업해야 한다.

47 강의 표면경화법을 화학적과 물리적 방법으로 구분할 때 물리적 방법에 의한 열처리법이 아닌 것은?

① 방전경화   ② 침탄경화
③ 화염경화   ④ 고주파경화

해설
물리적인 방법에 의한 표면경화법은 재료의 성분이 변하지 않는 것이며 침탄경화에서는 탄소가 침투하며 성분의 변화가 이루어지므로 화학적 표면경화법으로 분류할 수 있다.

48 담금질한 후 뜨임을 하는 가장 큰 목적은?

① 마모화   ② 산화
③ 강인화   ④ 취성화

해설
뜨임은 인성 증가(강인화)가 목적이다.

49 금속을 열처리하는 목적에 대한 설명으로 틀린 것은?

① 조직을 안정화시키기 위하여 실시한다.
② 내식성을 개선하기 위하여 실시한다.
③ 조직을 조대화시키고 방향성을 크게 하기 위하여 실시한다.
④ 경도의 증가 및 인성을 부여하기 위하여 실시한다.

해설
열처리는 저품위 금속으로 고품위 금속의 성질을 나타내고자 하는 것인데 일반적으로 결정립의 조대화는 열처리 목적으로 적합하지 않다.

정답 45 ② 46 ② 47 ② 48 ③ 49 ③

50 심랭처리에 의한 균열 방지대책으로 틀린 것은?

① 승온을 수중에서 행한다.
② 심랭처리 전 100~300℃에서 템퍼링한다.
③ 담금질하기 전에 탈탄층을 제거한다.
④ 표면에 인장응력을 증가시켜 균열을 방지한다.

해설
심랭처리에 의한 균열은 강재에 탈탄층이 존재하거나 온도가 너무 높을 때에 발생하며 궁극적으로 강재의 다듬질 정도가 떨어질 때 균열발생도가 높아진다. 표면에 인장응력이 증가되면 균열도 심해진다.

51 열처리 작업의 온도측정에 사용되는 온도계 중 물체로부터의 복사선 가운데 가시광선만을 이용하는 온도계로 700℃ 이상에서 사용되며, 특히 1,063℃ 이상에서는 측정이 대단히 정확한 온도계는?

① 복사온도계   ② 광전온도계
③ 팽창온도계   ④ 광고온계

해설
광고온계는 비접촉식 가시광선만을 이용하는 온도계로 필라멘트와 광휘를 시각적으로 비교하여 전류값으로 온도로 환산하는 방식의 온도계이다.

52 담금질 변형에 대한 설명으로 옳은 것은?

① 축이 긴 제품은 수평으로 냉각하여 변형을 방지한다.
② 변형을 미리 예측하고 반대 방향으로 변형시켜 놓는다.
③ 변형 방지를 위하여 담금질 온도 이상으로 높여 담금질한다.
④ 기름 담금질 → 물 담금질 → 공기 담금질 순서로 변형이 적어진다.

해설
금속의 담금질 시 발생하는 변형을 방지하는 방법 중의 하나는 변형의 방향을 미리 예측하고 반대방향으로 변형을 유도하는 것이다.

53 담금질 균열을 방지할 목적으로 M_s점 직상에서 열욕하여 재료의 내·외부가 동일한 온도가 될 때까지 항온 유지한 다음 공랭하여 Ar'' 변태를 일으키는 방법으로 담금질하면 균열이나 변형을 일으키기 쉬운 강종에 적합한 것은?

① 오스템퍼링(austempering)
② 마템퍼링(martempering)
③ 마퀜칭(marquenching)
④ 항온풀림(ausannealing)

해설
마퀜칭(marquenching)은 복잡하고 균열이나 변형이 많은 강재에 적합한 방법으로 담금질 온도까지 가열 후 M_s점보다 높은 온도에서 담금질 후 급랭하여 마텐자이트 변태를 유도하고 담금질 균열을 방지하는 방법이다.
※ 오스템퍼링은 오스테나이트에서 베이나이트 변태가 일어나도록 유지하고 상온으로 공랭시킨다.

정답 50 ④ 51 ④ 52 ② 53 ③

54 강을 가열하여 냉각제 속에 넣었을 때 냉각속도가 최대인 단계는?

① 비등 단계
② 대류 단계
③ 제3단계
④ 증기막 단계

해설
금속의 냉각단계는 증기막 단계 → 비등 단계 → 대류 단계로 비등 단계에서 증기막의 파괴로 비등이 활발해져 냉각속도가 최대이다.

55 강의 담금질성을 판단하는 방법이 아닌 것은?

① 강박시험을 통한 방법
② 임계지름에 의한 방법
③ 조미니 시험을 통한 방법
④ 임계냉각속도를 이용하는 방법

해설
강의 담금질성 후 경도를 측정하는 것은 조미니법이 있고, 임계지름 및 냉각속도를 사용한다.

56 고주파 유도 가열 경화법에 대한 설명으로 틀린 것은?

① 생산공정에 열처리 공정의 편입이 가능하다.
② 피가열물의 스트레인(strain)을 최소한으로 억제할 수 있다.
③ 표면부분에 에너지가 집중하므로 가열시간을 단축시킬 수 있다.
④ 전류가 표면에 집중되어 표피효과(skin effect)가 작다.

해설
고주파 유도 가열 시 표피효과로 인하여 가공부분의 표면만 급속히 가열되는 현상이 발생한다.

57 구상흑연주철의 담금질처리에 가장 적합한 온도 범위는?

① 600~730℃
② 730~830℃
③ 850~930℃
④ 950~1,050℃

해설
구상흑연주철의 담금질처리 적합온도는 850~930℃로 550℃에서의 예열이 필요하다.

58 강을 담금질 했을 때 체적변화가 가장 큰 조직은?

① 오스테나이트
② 펄라이트
③ 트루스타이트
④ 마텐자이트

해설
금속재료의 담금질 과정에서 마텐자이트 조직이 체적의 변화가 가장 크다.

정답 54 ① 55 ① 56 ④ 57 ③ 58 ④

59 황동제품의 내부응력을 제거하고 시기균열을 방지하기 위한 어닐링처리 시 가장 적당한 방법은?

① 300℃로 1시간 어닐링한다.
② 500℃로 1시간 어닐링한다.
③ 600℃로 1시간 어닐링한다.
④ 700℃로 1시간 어닐링한다.

해설
상온 가공된 동합금은 외력이 없더라도 자연균열(시기균열)이 일어나는데 이를 방지하기 위해 저온풀림을 시행한다. 그렇지만 저온 풀림으로도 완전히 방지하기는 힘든데 이는 내부응력이 제거되는 온도(300℃)는 황동의 재결정 온도(250~300℃)보다 높아 결국은 경도값을 저하시키기 때문이다. 이러한 이유 때문에 300℃로 1시간 정도 풀림하는 방법을 사용한다.

60 염욕열처리에 대한 설명으로 틀린 것은?

① 염욕의 열전도도가 낮고, 가열속도가 느리다.
② 소량 다품종 부품의 열처리에 적합하다.
③ 냉각속도가 빨라 급랭이 가능하다.
④ 항온열처리에 적합하다.

해설
염욕열처리는 높은 열전달성으로 강의 특성이 균일하게 되는 장점이 있다.

제4과목 재료시험

61 설퍼 프린트법에서 황편석의 분류 중 중심부 편석의 기호는?

① S_W ② S_C
③ S_I ④ S_D

해설

S_N	정편석	S_L	선상편석
S_I	역편석	S_D	점상편석
S_C	중심부편석	S_{CO}	주상편석

62 재료 시험기의 구비조건이 아닌 것은?

① 취급이 간편할 것
② 내구성이 작을 것
③ 정밀도 및 감도가 우수할 것
④ 간단하고 정밀한 검사가 가능할 것

해설
재료 시험기는 내구성이 커야 한다.

63 일정한 높이에서 시험편에 낙하시킨 해머가 반발한 높이를 가지고 경도를 측정하는 경도계는?

① 긁힘 경도계
② 쇼어 경도계
③ 비커스 경도계
④ 에코팁 경도계

해설
쇼어 경도계는 다이아몬드 추를 자유 낙하할 때 반발을 이용하여 경도를 측정한다.

64 경도의 설명 중 틀린 것은?

① 브리넬 경도값의 단위는 N/mm^3이다.
② 로크웰 경도기의 기준하중은 10kgf이다.
③ 비커스 경도계의 대면각은 136°이다.
④ 스크래치 경도의 대표적인 것은 모스(Mohs) 경도이다.

해설
브리넬 경도 단위는 HB이다.

65 피로시험에서 응력집중(stress concentration)에 대한 설명으로 옳은 것은?

① 응력집중계수(α)는 노치 형상과 관계가 없다.
② 노치계수(β)는 응력집중계수(α)보다 크다.
③ 노치민감계수(η)의 식은 $\eta = \dfrac{\alpha - 1}{\beta - 1}$로 표현된다.
④ 노치에 민감한 재료일수록 노치민감계수(η)는 1에 접근한다.

해설
일반적으로 형상계수(α) ≥ 노치계수(β) ≥ 1이 성립한다. 노치민감계수가 0이면 노치에 둔감한 것이고, 노치민감계수가 1이면 노치에 민감한 것이다.

66 산업안전보건법에서 안전·보건표지의 분류 및 색채에 대한 설명 중 옳은 것은?

① 금지표지 : 바탕은 흰색, 기본모형은 빨간색, 관련 부호 및 그림은 검은색
② 경고표지 : 바탕은 흰색, 기본모형은 노란색, 관련 부호 및 그림은 빨간색
③ 지시표지 : 바탕은 녹색, 기본모형은 파란색, 관련 부호 및 그림은 빨간색
④ 안내표지 : 바탕은 녹색, 기본모형은 빨간색, 관련 부호 및 그림은 빨간색

해설

분류	내용
금지표지	바탕은 흰색, 기본모형은 빨간색, 관련 부호 및 그림은 검은색
경고표지	바탕은 노란색, 기본모형은 검은색, 관련 부호 및 그림은 검은색
지시표지	바탕은 파란색, 관련 부호 및 그림은 흰색
안내표지	바탕은 녹색, 관련 부호 및 그림은 흰색

정답 63 ② 64 ① 65 ④ 66 ①

67 기어나 베어링 등에 많이 발생하며 상대운동을 하는 표면에서 반복하중이 가해지면 마찰표면층에서 파괴가 일어나 그 결과 마모입자가 발생하는 것은?

① 응착마모　　② 연삭마모
③ 피로마모　　④ 부식마모

[해설]
피로마모(fatigue wear)
기어나 베어링 등에 많이 발생하며 상대운동을 하는 표면에서 반복하중이 가해지면 마찰표면층에서 파괴가 일어나 그 결과 마모입자가 발생하는 것

68 고온에서 사용 가능성을 알기 위해서 응력과 온도를 일정하게 하면서 시간의 경과에 따라 변형률이 증가하는 시험은?

① 피로시험　　② 인성시험
③ 크리프시험　④ 에릭센시험

[해설]
시간에 따른 응력과 변형률 관계를 나타내는 시험은 크리프시험이다.

69 초음파탐상검사에 관한 설명 중 틀린 것은?

① 탐측자를 사용한다.
② 펄스 반사법이 있다.
③ 표면검사에 효과적이며, 시험체 두께 제한을 많이 받는다.
④ 금속의 결정립이 조대할 때 결함을 검출하지 못할 수 있다.

[해설]
초음파탐상검사는 내부결함을 측정하기 위한 검사이다.

70 평행부 지름이 14mm인 시험편을 인장시험한 결과 항복점이 5,620kgf이고, 최대 하중은 7,850kgf일 때 인장강도는 약 얼마인가?

① $36.5 kgf/mm^2$　　② $51.0 kgf/mm^2$
③ $127.8 kgf/mm^2$　　④ $178.6 kgf/mm^2$

[해설]
$$인장강도 = \frac{최대하중}{단면적} = \frac{P_{max}}{\frac{\pi d^2}{4}} = \frac{7,850}{\frac{\pi \times 14^2}{4}} \fallingdotseq 51 kgf/mm^2$$

[정답] 67 ③　68 ③　69 ③　70 ②

71 철강재료의 시험편 부식액으로 사용 적합한 것은?

① 왕수
② 염화제2철용액
③ 수산화나트륨
④ 질산, 피크르산

해설
부식액
- 구리, 구리합금 : 염화제이철용액
- 철강(탄소강) : 피크르산알코올용액(피크랄), 질산알코올용액(나이탈)
- 알루미늄, 알루미늄합금 : 수산화나트륨용액, 불화수소산
- 니켈합금 : 질산, 아세트산
- 아연합금 : 염산

72 전자현미경실에서 기기의 상태를 좋은 상태로 유지하기 위한 조치로 틀린 것은?

① 항온 유지
② 항습 유지
③ 분진 방지
④ 소음과 진동 유지

해설
소음과 진동을 최소화해야 한다.

73 마모시험 방법 중 틀린 것은?

① 연마석에 접촉시켜 불꽃을 보고 측정한다.
② 회전하는 원판에 시험편을 접촉시켜 측정한다.
③ 왕복운동하는 평면에 시험편을 접촉시켜 측정한다.
④ 같은 지름의 원추상 시험편을 끝면에서 접촉시키면서 회전시켜 측정한다.

해설
① 연마석에 접촉시켜 불꽃을 보고 판별하는 것은 마모시험이 아니라 불꽃시험의 설명이다.

74 금속재료의 변태점을 알기 위한 방법에 해당되지 않는 것은?

① 화학반응 측정
② 열팽창 측정
③ 자기반응 측정
④ 전기저항 측정

해설
변태점 측정 방법
- 열팽창 측정
- 자기반응 측정
- 전기저항 측정

75 비틀림 시험에서 측정할 수 없는 것은?

① 비틀림강도
② 강성계수
③ 푸아송비
④ 전단탄성계수

해설
비틀림 시험을 통해 얻을 수 있는 기계적 성질
- 강성계수
- 비틀림 강도
- 비틀림 파단계수
- 전단탄성계수

76 침투 탐상검사법의 특징을 설명한 것 중 틀린 것은?

① 시험편 내부의 결함을 검출하는 데 적용한다.
② 결함의 깊이 및 내부의 모양 및 크기의 관찰은 할 수 없다.
③ 금속, 비금속에 관계없이 거의 모든 재료에 적용할 수 있다.
④ 불연속부에 의한 확대율이 높기 때문에 아주 미세한 결함도 쉽게 검출한다.

해설
침투 탐상검사는 표면결함 검사방법으로 내부검사는 불가능하다.

77 정량 조직검사 중 결정립도 측정법에 해당하지 않는 것은?

① 헤인법
② 제프리즈법
③ 브로즌법
④ ASTM 결정립 측정법

해설
정립도 측정법
- 헤인법 : 확대한 사진 위에 특정 길이의 직선을 그어 결정립과 만나는 개수를 측정하는 방법
- 제프리즈법 : 크기를 알고 있는 원을 나타내어 원안의 결정립수와 원경계선과 만나는 결정립수를 측정하는 방법
- ASTM 결정립 측정법 : 100배 현미경 배율로 결정립 개수를 관찰하여 결정립도 산출

78 한국산업표준에서 정한 강의 비금속 개재물 중 그룹 B형 개재물과 관련이 깊은 것은?

① 황화물
② 규산염
③ 구형 산화물
④ 알루민산염

해설
비금속 개재물
- 그룹 A : 황화물 종류
- 그룹 B : 알루민산염 종류
- 그룹 C : 규산염 종류
- 그룹 D : 구형 산화물 종류

[정답] 75 ③ 76 ① 77 ③ 78 ④

79 다음 중 방사선투과검사에서 사용되는 방사성동위원소의 반감기가 가장 짧은 것은?

① Tm-170
② Ir-192
③ Cs-137
④ Co-60

해설
방사성동위원소의 반감기
- Ir-192의 반감기 : 75일
- Tm-170의 반감기 : 129일
- Cs-137의 반감기 : 30년
- Co-60의 반감기 : 5.3년

80 재질이 같고 기하학적으로 유사한 인장시험편은 인장시험 시 같은 연신율을 갖는다는 법칙은 무엇인가?

① 훅의 법칙
② 탄성의 법칙
③ 상사의 법칙
④ 푸아송의 법칙

해설
상사의 법칙
재질이 같고 기하학적으로 유사한 시험편의 시험 시 수량적으로 일정한 상사 관계가 성립된다는 법칙으로 인장시험에는 적용 가능하지만 충격시험에는 일반적으로 적용되지 않는다.

2015년 제2회 과년도 기출문제

제1과목 금속재료

01 금속에 관한 일반적 설명으로 틀린 것은?

① 순금속은 합금에 비해 경도가 높다.
② 강자성체 금속으로는 Fe, Co, Ni 등이 있다.
③ 전성 및 연성이 좋고, 금속 고유의 광택을 갖는다.
④ 수은을 제외한 금속은 상온에서 고체상태의 결정구조를 갖는다.

해설
금속의 성질
• 금속 상태로 유지가 된다면 광택을 가진다.
• 고체상태에서 결정구조를 가진다.
• 수은을 제외하고는 상온에서 고체이다.
• 연성 및 전성이 높다.
※ 순금속은 합금에 비해 경도가 낮다.

02 고융점 금속의 특성에 대한 설명으로 틀린 것은?

① 증기압이 높다.
② 융점이 높으므로 고온강도가 크다.
③ W, Mo은 열팽창계수가 낮으나 열전도율과 탄성률이 높다.
④ 내산화성은 적으나 습식부식에 대한 내식성은 특히 Ta, Nb에서 우수하다.

해설
① 고융점 금속의 특성과 증기압과는 관련이 적다.
고융점 금속
융점이 높은 금속으로 고온강도가 크고 내산화성은 작다. 텅스텐(W), 탄탈럼(Ta), 몰리브데넘(Mo), 나이오븀(Nb) 등이 있다.

03 항공기용, 우주 항공기 신소재 및 그 합금의 특성에 관한 설명으로 틀린 것은?

① TEC-3합금은 항공기용 날개 재료에 사용된다.
② 항공기 재료는 응력부식 균열이 발생하지 않아야 한다.
③ 7175합금은 초초두랄루민(ESD)인 7075합금의 개량합금으로 항공기 재료로 사용된다.
④ 항공기 재료로 비중이 3 이하이고 용융온도 높은 Be을 첨가한 합금은 우주항공기 등에 사용된다.

해설
② 항공기 재료는 응력부식 균열이 발생하지 않아야 한다.
③ 초초두랄루민 : ESD(extra super Duralumin)라 하고 Al-Zn-Mg계 두랄루민 합금으로 응력으로 생기는 부식을 막도록 만든 것으로 항공기용 신소재로 사용한다.
④ 베릴륨(Be)합금은 경금속이면서 비교적 고용융점을 갖기 때문에 항공우주재료로 사용한다.

04 다음 Al합금에 대한 설명 중 틀린 것은?

① 실루민 합금은 Al에 Si를 첨가한 합금으로 조직을 미세화하기 위해 개량처리를 한다.
② 하이드로날륨은 Al에 약 10%까지 Mg를 첨가한 것으로 내식성 및 연신성이 우수한 합금이다.
③ 라우탈은 Al-Cu-Si계 합금으로 Si에 의해 주조성을 개선하고 Cu에 의해 피삭성을 좋게 한 합금이다.
④ Y합금은 Al-Cu-Zn-Sn계 합금으로 800℃에서 용체화처리 후 상온시효하여 기계적 성질을 개선한 합금이다.

해설
Y합금은 내열용 Al합금으로 조성은 Al-Cu-Mg-Ni이고 주로 피스톤에 사용되고 고온에서 강하다.

정답 1 ① 2 ① 3 ① 4 ④

05 전자기 재료에 사용되고 있는 Ni-Fe계 실용합금이 아닌 것은?

① 인바
② 엘린바
③ 두랄루민
④ 플래티나이트

해설
두랄루민
알루미늄합금이며 주성분은 Al-Cu-Mg이다. 4%Cu, 0.5%Mg, 0.5%Mn로 시효 경화성이 높으며 가볍고 강도가 높아 항공기, 자동차, 운반기계 등에 사용한다.

06 큰 진동 감쇠능을 가지므로 내진재, 방음재로 실용화되고 있는 형상기억 합금은?

① Cu계 합금
② Ti-Ni계 합금
③ Cu-Zn-Si계 합금
④ Cu-Zn-As계 합금

해설
Ti-Ni 합금은 형상기억합금으로 이용된다.

07 18-8스테인리스강의 조직으로 옳은 것은?

① 페라이트(ferrite)
② 펄라이트(pearlite)
③ 시멘타이트(cementite)
④ 오스테나이트(austenite)

해설
크로뮴 18%, 니켈 8%를 함유한 스테인리스강이 오스테나이트 조직을 갖는다.

08 마그네슘합금이 구조재로서의 특성으로 틀린 것은?

① 비강도가 커서 휴대용기기의 재료에 사용한다.
② 상온변형이 쉬워 굽힘, 휨 등의 제품에 사용한다.
③ 실용금속 중에서 가장 가벼우며 비중이 약 1.74이다.
④ 감쇠능(減衰能)이 주철보다 커서 소음방지 구조재로서 우수하다.

해설
마그네슘합금은 상온변형에 강하다(상온변형이 어렵다).

09 20금(20K)의 순금 함유율은 약 몇 %인가?

① 65%
② 75%
③ 83%
④ 93%

해설

순금 함유율 = $\dfrac{20K}{24K} \times 100 = 83\%$

10 Fe-C 상태도에 대한 설명으로 옳은 것은?

① δ-ferrite는 면심입방격자 금속이다.
② A_0는 순철의 자기 변태점이며, 온도는 약 723℃ 이다.
③ A_1은 시멘타이트의 자기 변태점이며, 온도는 약 768℃이다.
④ 순철의 A_3 변태점의 온도는 약 910℃이며, $\alpha \leftrightarrows \gamma$가 되는 점이다.

해설
④ 철의 동소변태(A_3 변태) : 철이 910℃에서 α상에서 γ상으로 결정격자가 변화하는 변태
① δ-ferrite : 체심입방격자 금속
② A_0 변태, 210℃ : 시멘타이트 자기변태
③ A_2 변태, 768℃ : 철의 자기변태

11 고강도합금으로 사용하는 두랄루민에 적용된 강화 메커니즘은?

① 가공강화   ② 시효강화
③ 고용강화   ④ 입계강화

해설
두랄루민
알루미늄합금이며 주성분은 Al-Cu-Mg이다. 4%Cu, 0.5%Mg, 0.5%Mn로 시효경화성이 높으며 가볍고 강도가 높아 항공기, 자동차, 운반기계 등에 사용한다.
※ 시효경화 : 특정 온도에서 일정한 시간 동안 두었을 때 경화되는 현상

12 다이캐스팅용으로 쓰이는 아연합금의 원소에 대한 설명으로 틀린 것은?

① Al은 유동성을 개선한다.
② Cu는 입계부식을 억제한다.
③ Li은 길이변화에 큰 영향을 준다.
④ Mg을 일정량 이상 많게 하면 유동성이 개선되어 얇고 복잡한 형상주조에 우수하다.

해설
Mg을 첨가하면 충격치와 내구력이 우수해지지만 주조성은 떨어진다.

13 바이메탈(bimetal)과 비슷한 제조법으로 만드는 기능성 금속복합재료는?

① 클래드(Clad)강판 ② 표면처리강판
③ 샌드위치강판 ④ 아연도금강판

해설
클래드(Clad)강판
접합강판이라고도 하고 다른 종류의 금속을 압착하여 만든 강판으로 바이메탈과 비슷한 제조법이다.

14 7 : 3황동에 2%Fe와 소량의 Sn, Al을 넣어 주조재와 가공재로 사용되는 합금은?

① 양백(nickel silver)
② 문쯔메탈(Muntz metal)
③ 길딩메탈(gilding metal)
④ 두라나메탈(durana metal)

해설
④ 두라나메탈(durana metal) : 7 : 3황동에 2%Fe과 소량의 Sn, Al 첨가하여 전기저항이 높고 내열 내식성 우수함
① 양백 : 양은(nickel dilver)이라고도 하는 7 : 3황동에 Ni 15~20% 첨가한 금속
② 먼츠메탈(Muntz metal) : 4-6황동
③ 길딩메탈(gilding metal) : 황동에 5%Zn 함유된 합금으로 화폐, 메달에 사용

15 베어링용 합금으로 사용되는 재료가 아닌 것은?

① 켈밋(kelmet)
② 루기메탈(lurgi metal)
③ 배빗메탈(Babbitt metal)
④ 네이벌 브라스(naval brass)

해설
④ 네이벌 브라스(naval brass) : 네이벌 황동이라고 하며 4-6Sn을 첨가한 황동이고 강도가 크고 내식성이 커서 기어, 볼트 등에 사용
① 켈밋(kelmet) : 구리와 납의 합금으로 베어링에 사용
② 루기메탈(lurgi metal) : 납-알칼리 베어링 합금
③ 배빗메탈(Babbitt metal) : 주석89%-안티모니7%-구리4% 또는 납80%-안티모니15%-주석5%를 성분으로 하는 베어링용 합금

16 주철의 성장 원인으로 틀린 것은?

① 페라이트 조직 중의 Si의 산화
② 펄라이트 조직 중의 Fe_3C 분해에 따른 흑연화
③ 흑연이 미세화 되어서 조직이 치밀하여 부피가 팽창
④ A_1 변태의 반복과정에서 오는 체적변화에 기인하는 미세한 균열의 발생

해설
주철의 성장
주철을 600℃ 이상의 온도에서 가열 및 냉각조작을 반복하면 점차 부피가 커지며 변형되는 현상이다.
성장의 원인
• 페라이트 조직 중의 규소가 용적이 큰 산화물을 만든다.
• 펄라이트 조직 중의 시멘타이트(Fe_3C)의 흑연화
• A_1의 변태점을 지나갈 때마다 흑연 부분이 미세한 균열을 일으켜 성장이 진행되기 때문이다.

17 탄소량에 대한 설명 중 틀린 것은?

① 과공석강은 탄소량이 약 0.8~2.0% 이하인 강을 말한다.
② 강 내에 탄소가 2.0% 이상인 합금을 주강이라고 한다.
③ 아공석강은 탄소량이 약 0.025~0.8% 이하인 강을 말한다.
④ 강 내에 탄소가 약 4.3%인 것을 공정 주철이라고 한다.

해설
탄소 함유량이 2.0%C 이상이면 주철이고, 0.1~0.5%이면 주강이다.

18 저융점 합금에 관한 설명으로 틀린 것은?

① 이용합금, 가용합금이라고도 한다.
② 전기 퓨즈, 화재경보기 등에 사용된다.
③ 약 700℃ 이하의 융점을 갖는 합금이다.
④ Sn, Pb, Cd, Bi 등의 2원 또는 다원계의 공정 합금이다.

해설
저융점 합금
일반적으로 주석의 융점(232℃) 혹은 납의 융점(327.4℃) 이하의 융점을 갖는 합금

19 열간 가공(성형)용 공구강으로 금형 재료에 사용되는 강종은?

① SPS9
② SKH51
③ STD61
④ SNCM435

해설
금형강
- 성형가공을 위해 사용되는 가공용 강
- STD11 : 냉간 가공용 금형강
- STD61 : 탄소함량은 중탄소이며, 바나듐(V)을 첨가하여 열피로성을 개선한 열간가공용 금형강

20 Si의 증가에 따라 Fe-C계에 미치는 영향으로 옳은 것은?

① 공정온도가 하강한다.
② 공석온도가 하강한다.
③ 공정점이 고탄소측으로 이동한다.
④ 오스테나이트에 대한 탄소 용해도가 감소한다.

해설
마우러 조직도를 참고하면 규소의 증가에 따라 탄소 용해도는 감소한다.

제2과목 금속조직

21 확산에 대한 설명으로 틀린 것은?

① 확산속도가 큰 것일수록 활성화에너지가 크다.
② 입계는 입내에 비하여 결함이 많아 확산이 일어나기 쉽다.
③ 온도가 낮을 때는 입계 확산과 입내 확산과의 차이가 크게 된다.
④ 이원(二元) 이상의 합금에서 복합적인 상호 확산을 반응 확산이라 한다.

해설
확산속도가 큰 것일수록 활성화에너지가 작다(확산이 이루어질 수 있는 일종의 장애물이 활성화에너지라 볼 수 있다). 따라서 활성화에너지는 작은 것이 확산에 유리하다.

22 새로운 상이 성장할 때의 계면 이동이 개개의 원자가 열적으로 활성화된 이동으로 일어나는 경우의 변태는?

① 무확산 변태
② 고속형 변태
③ 확산형 변태
④ 전단형 변태

해설
확산형 변태는 개개의 원자가 열적으로 활성화된 이동으로 일어나는 변태이고, 무확산 변태는 원자의 이동이 존재하지 않은 변태이다.

23 금속의 온도가 낮을 때 확산의 활성화에너지 크기가 큰 순서에서 작은 순서로 나열된 것은?

① 입계확산 > 표면확산 > 격자확산
② 격자확산 > 입계확산 > 표면확산
③ 입계확산 > 격자확산 > 표면확산
④ 격자확산 > 표면확산 > 입계확산

해설
활성화에너지는 확산속도와 반비례하므로 확산속도가 느린 것부터 빠른 순서이다.
• 확산이 가장 빠른 순서 : 표면 > 입계 > 격자
• 활성화에너지 크기가 큰 순서 : 격자 > 입계 > 표면

24 규칙-불규칙 변태의 일반적인 성질의 설명으로 틀린 것은?

① 규칙격자가 생기면 전도전자의 산란이 많아 전기전도도가 커진다.
② Ni_3Mn 합금의 경우 규칙상은 강자성이나, 불규칙상은 상자성을 갖는다.
③ 큐리점에서 비열의 증가는 단범위 규칙도 때문이다.
④ 규칙화가 진행되면 강도 및 경도가 증가한다.

해설
금속에서 결정구조가 바뀌는 것을 변태라 하며, 전기 저항, 기계적 성질, 자성 등 여러 가지 성질에 변화를 주는데 규칙격자가 생길 때 연성은 감소하고 강도 및 경도는 증가하며 전기전도의 산란이 적어져 전기전도도가 커진다.

25 응고 시 체적 팽창이 발생하는 금속은?

① Sn
② Sb
③ Pb
④ Zn

해설
금속 중 비스무트(Bi)와 안티모니(Sb)를 제외한 모든 금속들은 응고 시에 체적이 감소한다.

26 탄소강의 오스테나이트(austenite) 상의 결정 구조는?

① BCC
② BCT
③ FCC
④ HCP

해설
오스테나이트 상의 결정 구조는 면심입방구조(FCC)이다.

27 면심입방정에서 가장 조밀한 원자면은?

① (100)
② (110)
③ (120)
④ (111)

해설
면심입방정(FCC)의 조밀면은 (111)이고, 체심입방정(BCC)의 조밀면은 (110)이다.

28 용융금속을 냉각시킬 때 냉각속도와 열흐름의 방향 등의 조건을 적절히 선택하여 1개의 결정핵만 성장시켜 단결정(single crystal)을 생성하는 방법은?

① 밀러(Miller)법
② 브래그(Bragg)법
③ 베가드(Vegard)법
④ 브리지만(Bridgemann)법

해설
브리지만(Bridgemann)법
단결정 제작법의 하나로 용융체의 한 끝을 냉각하여 결정화시키고 이것을 서서히 성장시키는 방법으로 냉각속도와 열흐름의 방향을 조절한다.

29 가공 변형이 전혀 없는 상태, 즉 완전 풀림 상태에서 금속 결정 내의 전위수는?

① $10^1 \sim 10^2 /cm^2$
② $10^3 \sim 10^4 /cm^2$
③ $10^6 \sim 10^8 /cm^2$
④ $10^{11} \sim 10^{12} /cm^2$

해설
금속의 가공 및 풀림 정도를 표시하는 전위밀도에서 완전 풀림 시의 전위밀도는 $10^6 \sim 10^8 cm^2$이고 강한 냉간가공 시 전위밀도는 $10^{11} \sim 10^{12} cm^2$ 정도이다.

정답 25 ② 26 ③ 27 ④ 28 ④ 29 ③

30 회복(recovery)에 관한 설명으로 옳은 것은?

① 회복과정에 전기저항은 증가하고 경도는 감소한다.
② 회복의 과정에서 여러 성질의 변화는 반드시 동일한 경과를 보인다.
③ 융점이 낮은 금속에서는 가공 후 실온에 방치하면 회복이 일어나지 않는다.
④ 결정립의 모양이나 방향에는 변화를 일으키지 않고 물리, 기계적 성질만이 변화한다.

해설
소성가공된 금속은 풀림에 의하여 가공 전의 상태로 돌아가고자 한다. 이때 결정립의 변화는 없지만 결정립 내부에 응력으로 변화되었던 변형에너지와 항복강도 등이 감소하여 기계적 성질이 변화하는 것을 회복이라 한다. 회복 중 금속의 경도는 감소, 연성은 증가한다.

31 0.8%C 강이 오스테나이트에서 펄라이트로의 조직변화 과정을 설명한 것 중 틀린 것은?

① 오스테나이트 입계에서 핵이 발생한다.
② 시멘타이트 주위에는 탄소 부족으로 페라이트가 형성된다.
③ 시멘타이트와 페라이트가 교대로 생성, 성장하여 층상조직을 형성한다.
④ 시멘타이트 양과 페라이트 양은 대략 1:1 비율로 형성된다.

해설
시멘타이트와 페라이트의 비율은 약 1:7이다.

32 임계전단응력 $\tau = F/A \cdot \cos\phi\cos\lambda$로 표시된다. 이 식에서 슈미드(Schmid) 인자에 해당되는 것은?

① A
② F
③ F/A
④ $\cos\phi\cos\lambda$

해설
Schmid 인자는 단결정의 슬립 고려에 중요한 인자이며, $\cos\phi\cos\lambda$로 나타낸다.

33 Fick의 제1법칙 식으로 옳은 것은?(단, D는 확산정수이다)

① $D = \dfrac{dC}{dx}$
② $J = -D\dfrac{dC}{dx}$
③ $J = \dfrac{dx}{dC}$
④ $\dfrac{\partial C}{\partial t} = D\dfrac{\partial^2 C}{\partial x^2}$

해설
$J = -D\dfrac{dC}{dx}$는 Fick's의 제1확산법칙이다.

34 Fe-C 평형 상태도에서 공정점의 자유도(F)는?

① 0
② 1
③ 2
④ 3

해설
공정점에서는 평형 상태하에 일어나기 때문에 불변반응으로, 자유도는 0이라고 판단해도 된다.

정답: 30 ④ 31 ④ 32 ④ 33 ② 34 ①

35 원자배열이 불규칙격자상태인 고용체를 높은 온도에서 서서히 냉각시키면 어느 온도에서 규칙격자의 상태로 변화한다. 이때의 온도는?

① 공석온도 ② 변태온도
③ 전이온도 ④ 재결정온도

해설
전이온도
불규칙상태의 합금을 천천히 냉각시키거나, 비교적 저온에서 장시간 가열 시 규칙적인 배열로 변화하는 온도

36 Gibb's의 3성분계의 그림에서 P조성 합금 중의 A성분의 양은?

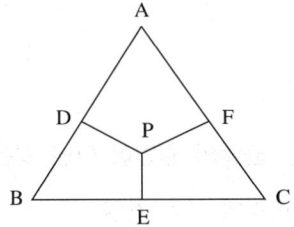

① A-F ② P-E
③ P-F ④ P-D

해설
Gibb's법은 정삼각형의 각 정점으로부터 대변에 평행으로 10 또는 100등분하고 삼각형 내의 어느 점의 농도를 알려면 그 점으로부터 대변에 내린 수선의 길이를 읽으면 되는 삼각형법이다. 따라서 P조성 합금 중 A성분의 양은 그림에서 P-E가 된다.

37 탄소강에서 탄소량의 증가에 따라 증가하는 성질은?

① 비중 ② 전기저항
③ 팽창계수 ④ 열전도도

해설
탄소강의 탄소량 증가에 따라 연신율은 감소하고 전기저항은 증가한다.

38 Fe-C 평형상태도에서 순철의 변태가 아닌 것은?

① A_1 변태 ② A_2 변태
③ A_3 변태 ④ A_4 변태

해설
Fe-C 평형상태도
- A_0 변태점 : 210℃(Fe_3C의 자기변태)
- A_1 변태점 : 723℃(강의 공석변태)
- A_2 변태점 : 768℃(순철의 자기변태)
- A_3 변태점 : 910℃(순철의 동소변태)
- A_4 변태점 : 1,400℃(순철의 동소변태)

39 Fe-C 평형상태도에서 α 고용체 + Fe_3C의 기계적 혼합물은?

① 페라이트(ferrite)
② 마텐자이트(martensite)
③ 펄라이트(pearlite)
④ 오스테나이트(austenite)

해설
펄라이트
α 고용체와 Fe_3C의 혼합 공석조직으로 두 고용체가 마치 진주를 확대한 모양과 같다고 하여 펄라이트라 한다.

40 고용체 강화 합금에 대한 설명으로 틀린 것은?

① 고용체가 형성되면 용질원자 근처에 응력장이 형성된다.
② 용매와 용질원자 사이의 원자크기가 비슷할 때 강화효과가 크다.
③ 일반적으로 용매원자의 격자에 용질원자가 고용되면 순금속보다 강한 합금이 된다.
④ 용질원자에 의한 응력장은 가동 전위의 응력장과 상호 작용을 하여 전위의 이동을 방해함으로써 강화된다.

해설
고용체 강화는 용질원자에 의한 응력장이 가동전위의 응력장과 상호작용을 하여 전위의 이동을 방해하여 재료를 강화시키는 것을 의미하므로 원자 간 크기 차이가 클수록 유리하다.

제3과목 금속 열처리

41 0℃ 이하의 온도, 즉 sub-zero 온도에서 냉각시키는 심랭처리의 목적으로 옳은 것은?

① 경화된 강의 잔류 오스테나이트를 펄라이트화한다.
② 경화된 강의 잔류 펄라이트를 시멘타이트화한다.
③ 경화된 강의 잔류 시멘타이트를 펄라이트화한다.
④ 경화된 강의 잔류 오스테나이트를 마텐자이트화한다.

해설
심랭처리(sub-zero treatment)
담금질 상태의 강을 상온 이하 특정 온도로 냉각 후 잔류 오스테나이트를 마텐자이트 변태 처리하여 변형을 방지하는 과정을 말한다.

42 템퍼링 균열의 원인이 아닌 것은?

① 템퍼링의 급속 가열
② 탈탄층이 있는 경우
③ 템퍼링 온도로부터 서랭
④ 담금질이 끝나지 않은 상태의 것을 템퍼링한 경우

해설
템퍼링 균열은 급속 가열 및 탈탄층이 있는 경우와 담금질이 끝나지 않은 상태의 것을 템퍼링한 경우이므로 템퍼링 온도로부터 서랭하는 것은 균열의 원인이 아니다.

43 냉각제의 냉각 효과를 지배하는 인자로 관련이 가장 적은 것은?

① 점성
② 비중
③ 기화열
④ 열전도도

해설
냉각제는 열전도도가 클수록, 점도가 낮을수록, 기화열이 높을수록 냉각속도가 빠르다.

44 강의 열처리 시 담금질성을 향상시키는 원소로 가장 적합한 것은?

① S
② Pb
③ Mn
④ Zn

해설
• 담금질성을 좋게 하는 원소 : Mn, P, Si, Ni, Cr, Mo, B, Cu, Zr, Sn 등
• 담금질성을 나쁘게 하는 원소 : S, Co, Pb, Te 등

45 공구강 및 합금강에서는 Cr과 공존하여 열처리성과 열처리 변형을 억제하는 합금 원소는?

① Al
② Mo
③ S
④ Cu

해설
몰리브데넘(Mo)
담금질 깊이를 깊게 하고 크리프저항과 내식성을 증가시켜 뜨임메짐(뜨임취성)을 방지

46 철합금의 표면에 붕소를 확산시켜 붕소 화합물을 형성하는 침붕처리는 열충격 분위기에서 균열이 발생할 가능성이 높다. 이를 방지하기 위한 바람직한 화합물층은?

① FeB + Fe_2B의 복합층
② FeB + Fe_3B의 복합층
③ Fe_3B의 단일층
④ Fe_2B의 단일층

해설
침붕처리 시 가장 효율이 높은 화합물층은 Fe_2B의 단일층이다.

47 경화능과 질량효과(mass effect)에 관한 설명으로 틀린 것은?

① 임계냉각속도가 클수록 경화하기 쉽다.
② 경화의 깊이와 경도의 분포를 지배하는 성질을 경화능이라 한다.
③ 강재의 크기에 따라 담금질효과가 달라지는 현상을 질량효과라 한다.
④ 경화능이란 담금질경화하기 쉬운 정도, 즉 마텐자이트 조직으로 얻기 쉬운 성질을 나타낸다.

해설
① 임계냉각속도가 큰 강은 경화가 잘되지 않는다.
경화능과 질량효과
• 담금질 경도는 탄소량에 따라 결정된다.
• 담금질 깊이는 탄소량, 합금원소의 영향이 크다.
• 제품크기가 클수록 담금질 경도가 감소하는 현상을 질량효과라고 하며, 일반적으로 탄소강은 질량효과가 크고, 합금강은 질량효과가 작다.

정답 43 ② 44 ③ 45 ② 46 ④ 47 ①

48 다음 열처리에서 가장 이상적인 담금질 방법으로 옳은 것은?

① Ar′ 변태가 일어나는 구역은 급랭하고, Ar″ 변태 구역에서는 서랭한다.
② Ar′ 변태가 일어나는 구역은 급랭하고, Ar″ 변태 구역에서는 급랭한다.
③ Ar′ 변태가 일어나는 구역은 서랭하고, Ar″ 변태 구역에서는 서랭한다.
④ Ar′ 변태가 일어나는 구역은 서랭하고, Ar″ 변태 구역에서는 급랭한다.

해설
열처리에서 가장 이상적인 담금질 방법은 임계수역(Ar′ 변태가 일어나는 구역)은 급랭하고 위험구역(Ar″ 변태구역)에서는 서랭하는 것이다.

49 인성을 증가시킬 목적으로 A_1 변태점 이하에서 처리하는 열처리 방법은?

① 풀림   ② 뜨임
③ 담금질   ④ 노멀라이징

해설
열처리 가열온도
• 변태점 이상으로 가열 : 풀림, 불림, 담금질
• 변태점 이하로 가열 : 뜨임

50 가열로의 기초 필수 설비가 아닌 것은?

① 내화물   ② 온도계
③ 냉각 장치   ④ 가열 장치

해설
가열로의 기초 필수 설비
• 가열 장치
• 내화물
• 온도계

51 냉각 시의 A_3 변태(Ar_3)를 설명한 것 중 옳은 것은?

① 723℃의 온도 범위에서 일어나는 변태이다.
② 910℃의 온도 범위에서 일어나는 변태이다.
③ 순철에서는 δ상이 Y상으로 변태하는 온도이다.
④ HCP에서 FCC로의 격자 변화가 일어나는 변태이다.

해설
• 동소변태 : A_3 변태(910℃), A_4 변태(1,400℃)
• 자기변태 : A_2 변태(768℃), A_0 변태(210℃)

52 가스침탄법에서 침탄품의 품질관리에 직접적으로 영향을 미치는 분위기(노기) 관리는 가장 중요한 인자이다. 통상적으로 노 분위기를 관리하는 방법은?

① C분석   ② CO분석
③ CO_2분석   ④ C_3H_8분석

해설
가스침탄 노 내부의 적절한 CO_2 농도가 유지되어야 침탄의 효율을 높일 수 있다.

53 Al합금 주물의 질별 기호 중 ACIA-F에서 F가 의미하는 것은?

① 어닐링한 것
② 가공경화한 것
③ 용체화 처리한 것
④ 제조한 그대로의 것

해설
- F : 압연, 압출, 주조한 제조 그대로의 것
- O : 어닐링한 것
- H : 가공경화한 재질
- W : 담금질 처리 후 시효경화가 진행 중인 재질

55 석출경화형 구리 합금인 Cu-Be합금의 용체화 처리 방법으로 가장 적절한 것은?

① 가능한 한 최저온도 이하에서 처리한다.
② 가능한 한 최고온도를 초과하여 처리한다.
③ 가능한 한 가장 늦은 속도로 담금질해야 한다.
④ 가능한 한 용질 원자 Be이 충분히 용해되도록 한다.

해설
용체화 처리는 열처리 방법 중의 하나로 기지상을 고온으로 가열하여 석출상을 용해할 수 있도록 만들어주는 열처리이다.

54 열처리 균열 발생 감소를 위한 설계상의 방법 중 잘못된 것은?

① 내면의 우각에 R을 준다.
② 응력 집중부를 만들어준다.
③ 두꺼운 단면과 얇은 단면은 분리시킨다.
④ 살이 얇은 부분에 구멍이 집중되지 않도록 한다.

해설
응력 집중부에서 균열 발생 가능성이 커진다.

56 흑체로부터의 복사선 가운데 가시광선만을 이용하는 온도계로 700℃ 이상에서 사용되는 것은?

① 저항온도계
② 광고온계
③ 열전온도계
④ 방사온도계

해설
광고온계는 비접촉식 가시광선만을 이용하는 온도계로 필라멘트와 광휘를 시각적으로 비교하여 전류값으로 온도로 환산하는 방식의 온도계이다.

정답 53 ④ 54 ② 55 ④ 56 ②

57 베이나이트(bainite) 변태에 대한 설명으로 옳은 것은?

① 베이나이트는 오스테나이트와 탄화물로 분해한다.
② 오스어닐링 처리를 하는 경우, 베이나이트가 생성된다.
③ 저탄소강에서 상부와 하부 베이나이트는 탄소 농도에 따라서 변화한다.
④ 0.7% 이상의 탄소강에서 상부와 하부 베이나이트는 약 850℃를 경계로 구분이 된다.

해설
① 오스테나이트에서 베이나이트로의 변태에 의해 페라이트와 탄화물이 생성된다.
② 오스템퍼링에 의해 베이나이트가 생성된다.
④ 약 350℃ 이상에서 형성된 것을 상부 베이나이트라 한다.

58 강의 마텐자이트 변태에 대한 설명으로 옳은 것은?

① 마텐자이트 조직은 C가 고용된 고용체이다.
② 탄소강의 마텐자이트조직은 조밀육방격자이다.
③ 냉각 시 확산이 많이 일어날수록 마텐자이트 변태생성량이 많아진다.
④ 마텐자이트 변태가 일어날 때 오래 유지할수록 변태량이 많아지는 시간의존 변태이다.

해설
마텐자이트 조직은 C가 고용된 고용체이다. 마텐자이트 변태는 원자이동이 존재하지 않는 무확산 변태이고 온도에 관계하고 시간에 관계없다.

59 강재를 담금질할 때 연속냉각변태의 표시로 옳은 것은?

① CCT
② TAA
③ ESA
④ FRT

해설
TTT & CCT
두 곡선은 모양은 비슷하지만 개념이 다르다.
• 펄라이트 생성 부분은 S곡선의 약간 아래쪽과 약간 오른쪽에 존재
• 연속냉각변태곡선은 항온 변태곡선보다 약 38℃ 낮으며, 시간은 50% 증가
• S곡선에서 베이나이트 구역이 펄라이트 구역의 오른쪽에 존재 시 CCT곡선상 베이나이트 구역은 존재하지 않음
• 반대로 S곡선에서 베이나이트 구역이 펄라이트 구역의 왼쪽에 존재 시 베이나이트 구역 존재
• CCT곡선의 마텐자이트 변태 영역은 S곡선의 변태 구역과 거의 일치

60 분위기로에서 일반적으로 사용되는 중성 분위기 가스는?

① F
② O_2
③ Cl
④ N_2

해설
분위기로
• 환원성 가스나 불활성 가스 등을 노 안에 불어넣어 광휘열처리를 하거나 침탄, 질화를 위한 분위기를 만들어주는 노다.
• 일반적인 열처리로는 산화성 분위기이기 때문에 산화, 탈탄을 피하기 힘들다.

제4과목 재료시험

61 쇼어 경도 시험할 때의 유의 사항으로 틀린 것은?

① 시험은 안정된 위치에서 실시한다.
② 다이아몬드선단의 마모여부를 점검한다.
③ 시험편에 기름 등이 묻지 않도록 해야 한다.
④ 고무와 같은 탄성률의 차이가 큰 재료를 선택하여 시험한다.

해설
쇼어 경도 시험은 자유낙하시켜 반발을 이용한 측정법으로 고무와 같은 탄성률의 차이가 큰 재료는 시험하기 어렵다.

62 정량 조직검사인 ASTM 결정립도 측정법에서 각 시야에서의 입도번호인 a와 각 입도번호에 따른 시야 수 b가 다음 표와 같이 나타났을 때 ASTM 입도번호(Nm)는?

a	b	$a \times b$	비고
5	4	20	
7	6	42	
8	5	40	

① 5.1
② 6.8
③ 7.5
④ 8.0

해설
시야수를 이용한 입도번호
$$Nm = \frac{\sum(a \times b)}{\sum b} = \frac{20 + 42 + 40}{4 + 6 + 5} = 6.8$$

63 밀폐된 용기의 누설검사로서 검사할 부분을 용액 중에 담근 후 공기, 질소 또는 헬륨가스 등을 통과시켜 누설부위에서 기포가 나타나게 하여 검사하는 방법은?

① 버블법
② 자기포화법
③ 습식현상법
④ 설퍼 프린트법

해설
가압버블법
시험면의 한쪽을 가압 또는 진공으로 하고 시험면과 그 반대쪽과의 압력차를 가하여 발생하는 기체를 관찰하는 시험방법

64 구리판, 알루미늄판 등 연성을 알기 위한 시험방법으로 커핑시험(cupping test)이라고도 불리는 시험방법은?

① 경도시험
② 압축시험
③ 에릭센시험
④ 비틀림시험

해설
에릭센시험
재료의 연성을 파악하기 위하여 구리 및 알루미늄판재와 같은 연성 판재를 가압 성형하여 변형 능력을 알아보기 위한 시험 방법
※ 커핑시험 : 에릭센시험 등의 일반적인 명칭으로 재료의 연성을 파악하는 시험법

정답 61 ④ 62 ② 63 ① 64 ③

65 강재에 함유된 비금속 개재물 중 황화물계 개재물의 분류에 해당되는 것은?

① 그룹 A
② 그룹 B
③ 그룹 C
④ 그룹 D

해설
비금속 개재물
• 그룹 A : 황화물 종류
• 그룹 B : 알루민산염 종류
• 그룹 C : 규산염 종류
• 그룹 D : 구형 산화물 종류

66 연강 시험편을 암슬러형 비틀림 시험에서 시험하는 경우 토크(torque)의 비틀림 각도가 갑자기 증가하는 점은?

① 파단점
② 최대하중점
③ 항복점
④ 비례한계점

해설
비틀림 시험에서 토크에 대한 비틀림 각도가 항복점에서 소성변형으로 진행하므로 갑자기 증가한다.

67 미국 ASTM에서 추천한 봉재의 압축시편 규격이 아닌 것은?(단, h : 높이, d : 지름이다)

① 단주시험편 : $h = 0.9d$
② 관주시험편 : $h = 2d$
③ 중주시험편 : $h = 3d$
④ 장주시험편 : $h = 10d$

해설
ASTM 압축시편 규격
• 봉상 단주시험편 : $h = 0.9d$
• 중주시험편 : $h = 3d$
• 장주시험편 : $h = 10d$

68 와류탐상검사의 특징을 설명한 것 중 틀린 것은?

① 도체에 적용된다.
② 고온 부위의 시험체에 탐상이 가능하다.
③ 시험체에 비접촉으로 탐상이 가능하다.
④ 시험체의 내부에 있는 결함 검출을 대상으로 한다.

해설
와류탐상검사는 표면결함의 검출에 적합하다.

69 압축시험의 응력과 변형률 관계에서, $m < 1$ 곡선에 해당되는 재료는?

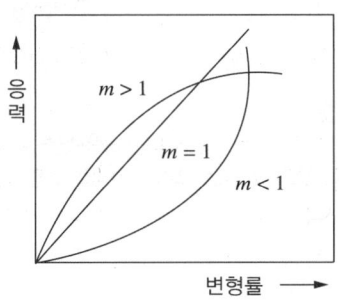

① 강
② 고무
③ 황동
④ 콘크리트

해설
- $m > 1$: 강, 주철, 콘크리트
- $m = 1$: 완전탄성체
- $m < 1$: 고무, 폴리머

70 재료표면의 변형에 대한 저항력을 수치로 나타내는 값으로서 재료의 단단한 정도를 파악하고자 시험하는 것은?

① 경도
② 인성
③ 충격값
④ 마모율

해설
경도
국부적인(부분적) 소성변형에 대한 재료의 저항성으로 일반적으로 단단함으로 설명할 수 있다.

71 금속을 현미경 조직 검사하는 주목적으로 옳은 것은?

① 입계면의 강도 조사
② 금속 입자의 크기 조사
③ 원소의 배열상태 조사
④ 조성, 성분 및 중량 조사

해설
금속의 현미경 조직 검사는 금속 입자의 크기를 조사하기 위함이다.

72 KS B 0809에서 정한 충격 시험편의 너비는 10mm이다. 그러나 재료의 사정에 의해 표준 치수의 시험편 채취가 불가능한 경우 너비의 축소 사이즈에 해당되지 않는 것은?

① 1.5mm
② 2.5mm
③ 5.0mm
④ 7.5mm

해설
축소 사이즈는 7.5mm, 5mm 또는 2.5mm로 ①은 해당하지 않는다.

73 인장시험에 사용하는 용어와 이에 대한 설명으로 틀린 것은?

① 평행부 : 시험편의 중앙부에서 동일 단면을 갖는 부분
② 물림부 : 시험편의 끝부분으로서 시험기의 물림 장치에 물려지는 부분
③ 정형시험편 : 시험편의 평행부 단면적에 관계없이 각 부분의 모양, 치수가 일정하게 정해진 시험편
④ 어깨부의 반지름 : 물림부의 응력을 균일하게 분산시키기 위하여 물림부와 평행부 사이에 만든 원호 부분의 지름

해설
④ 어깨부의 반지름 : 원호 부분의 반지름

74 굽힘 시험에 대한 설명 중 옳은 것은?

① 시험편에 힘이 가하여지는 쪽의 응력은 인장력이 된다.
② 시험편의 양 끝부분을 측정하여 크리프 선도를 결정할 수 있다.
③ 주철의 굽힘 시험에서 응력은 보통 파단계수로서 그 크기를 정한다.
④ 재료의 압축에 대한 항압력 시험과 균열유무를 시험하는 굴곡 저항 시험으로 분류된다.

해설
① 시험편에 힘이 가해지는 쪽의 응력은 압축력이고, 반대면이 인장력이다.
② 굽힘 시험과 크리프 선도는 관계없다.
④ 굽힘 시험과 압축 시험은 관계없다.

75 일정한 온도에서 일정한 하중을 장시간 유지하면 변형이 증가되는 현상은?

① 소성 현상
② 탄성 현상
③ 피로 현상
④ 크리프 현상

해설
장시간 유지하는 시간에 대한 하중-변형 측정은 크리프 시험이다. 하중, 온도, 시간은 크리프 시험을 설명하는 3요소이다.

76 방사선투과시험에서 투과 사진을 식별하기 위하여 사진에 글자나 기호를 새겨 넣는 데 사용하는 것은?

① 계조계
② 필름마커
③ 농도계
④ 투과도계

해설
방사선투과시험
X선이나 감마선과 같은 방사선을 투과하여 결함을 감지하는 방법으로 필름에 상을 맺게 하고 투과 사진을 식별하기 위해 필름마커로 사진에 글자나 기호를 새긴다.

77 마모시험의 결과에 영향을 미치는 요인은 아닌 것은?

① 윤활제 사용 유무
② 표면 다듬질 정도
③ 상태 금속의 굵기
④ 상태 금속의 성질

해설
마모시험은 접촉 상대운동으로 표면입자의 이탈 정도를 측정하는 시험으로 윤활제 사용 유무, 표면 다듬질 정도, 상태 금속의 성질에 따라 영향을 받는다.

78 그라인더 불꽃 검사법에서 특수강의 불꽃은 함유한 특수원소의 종류에 따라 변화하는데, 이들 특수원소 중 탄소파열을 저지하는 원소는?

① Mn
② Cr
③ Ni
④ V

해설
- 탄소파열 저지원소 : 규소(Si), 몰리브데넘(Mo), 니켈(Ni)
- 탄소파열 조장원소 : 크로뮴(Cr), 망가니즈(Mn), 바나듐(V)

79 안전점검의 추진 4단계 순서로 옳은 것은?

① 실태 파악 → 결함 발견 → 대책 결정 → 대책 실시
② 실태 파악 → 대책 결정 → 대책 실시 → 결함 발견
③ 결함 발견 → 대책 실시 → 대책 결정 → 실태 파악
④ 결함 발견 → 실태 파악 → 대책 결정 → 대책 실시

해설
실태 파악이 제일 우선이고 대책 실시가 가장 나중임을 알 수 있다.

80 과열 조직을 5% 피크랄로 에칭한 후 200~500배로 검경하였을 때 페라이트가 철의 벽개면에 석축하여 여러 가지 방향으로 층상을 이루고 있는 조직은?

① 시멘타이트 조직
② 마텐자이트 조직
③ 오스테나이트 조직
④ 비트만스테텐 조직

해설
입자 경계에는 페라이트가 망상으로 발달하고, 초석 페라이트는 조대해진 오스테나이트 입자 내부를 가로질러 침상, 판상(針狀, 板狀)으로 교차하여 나타나는 매우 취약한 조직인 비트만스테텐 조직이 형성된다.

정답 77 ③ 78 ③ 79 ① 80 ④

2015년 제4회 과년도 기출문제

제1과목 금속재료

01 금속초미립자의 특성을 설명한 것 중 옳은 것은?

① Cr계 합금 초미립자는 빛을 잘 흡수한다.
② 활성이 강하여 화학반응을 일으키지 않는다.
③ 저온에서 열저항이 매우 커 열의 부도체이다.
④ 표면장력이 없으므로 내부에 기압이 없어 압력이 발생하지 않는다.

해설
금속초미립자
지름이 매우 작은(100나노 이하) 미립자 금속으로 단위 중량당의 표면적이 크므로 자기특성 등에 뛰어난 신소재이다. 크로뮴계와 금의 초미립자는 빛을 잘 흡수하는 특성이 있다.

02 다음 중 연질자성재료가 아닌 것은?

① 퍼멀로이
② 센더스트
③ Si 강판
④ 알니코 자석

해설
연질자성재료
투자율이 크고 보자력이 작은 자성재료로 퍼멀로이, 센더스트, 규소(Si)강판 등이 대표적이다. 희토류계 자석은 보자력이 큰 경질자성재료이다.
※ 투자율 : 자기장 세기에 대한 자속밀도의 비
※ 보자력 : 강자성체를 포화될 때까지 자화시킨 후 자속밀도가 0이 될 때까지의 역방향의 자기장값

03 면심입방격자(FCC)는 단위격자 내에 몇 개의 원자가 존재하는가?

① 2개
② 4개
③ 8개
④ 12개

해설
면심입방정 구조는 단위격자 내 4개의 원자를 가지며(격자원자 1개, 면심 3개), Al, Ag, Au, Cu, Pt 등이 속한다.

04 탄소강에서 상온취성의 원인이 되는 원소는?

① 인(P)
② 규소(Si)
③ 아연(Zn)
④ 망간(Mn)

해설
• 인(P) : 상온취성의 원인
• 황(S) : 고온취성의 원인

05 Al-Si계 합금에서 개량처리(modification)에 관한 설명 중 틀린 것은?

① 개량처리제로 알칼리 염류를 첨가한다.
② 개량처리제로 금속나트륨을 첨가한다.
③ Si 결정을 미세화하기 위해 개량처리제를 첨가한다.
④ Al 결정을 미세화하기 위해 개량처리제를 첨가한다.

해설
개량처리
조대한 규소(Si) 결정을 미세화시키기 위해서 금속 나트륨, 불화알칼리, NaOH 등을 첨가하는 처리이다.

06 반도체에 빛을 조사하면 흡수나 여기된 캐리어(전자)에 의한 도전율의 변화가 생기는 현상은?

① 광전효과 ② 표피효과
③ 제베크효과 ④ 홀피치효과

해설
- 광전효과 : 반도체에 빛을 조사하면 흡수나 여기된 캐리어에 의한 도전율의 변화가 생기는 현상
- 표피효과 : 고주파 유도가열 시 가공부분의 표면만 급속히 가열되는 현상
- 제베크효과 : 온도차로 기전력이 생기는 효과

07 Ti에 대한 설명으로 틀린 것은?

① 내식성이 우수하다.
② 비강도(강도/중량)가 높다.
③ 활성이 커서 고온산화가 잘된다.
④ 면심입방정으로 소성변형에 제약이 없다.

해설
타이타늄은 상온에서는 HCP 구조이지만 883°C에서는 BCC로 변태한다.

08 주철에 대한 설명으로 틀린 것은?

① 강에 비해 융점이 낮고 유동성이 좋다.
② 탄소함량 약 2.0%를 기준으로 강과 주철을 구분한다.
③ 탄소당량(C.E)은 탄소(C), 망간(Mn)의 %에 의해 산출된다.
④ 주철의 조직에 가장 큰 영향을 미치는 인자는 냉각속도와 화학성분이다.

해설
$$탄소당량(C.E) = C + \frac{Si + P}{3}$$

09 내·외적 응력이 작용하고 있는 강을 염화물이나 알칼리용액 중에서 사용하면 국부적인 균열을 일으키고 결국은 파괴되는 현상인 응력부식균열을 일으키기 쉬운 스테인리스강은?

① 페라이트계
② 석출경화형
③ 마텐자이트계
④ 오스테나이트계

해설
오스테나이트계 스테인리스강은 응력부식균열을 일으키기 쉽다.

10 순철의 변태에서 A_3 변태와 A_4 변태의 설명 중 틀린 것은?

① A_3 변태점은 약 910℃이다.
② A_4 변태점은 약 1,400℃이다.
③ A_3, A_4 변태는 순철의 동소변태이다.
④ 가열 시 A_3 변태는 격자상수가 감소한다.

해설
동소변태는 같은 원소이지만 압력이나 온도가 다른 조건에서 결정형태가 변하는 것으로 비연속적이고 철의 경우는 A_3와 A_4이며 가역적이다.
- A_3 변태(910℃)
- A_4 변태(1,400℃)

11 46% Ni-Fe합금으로 열팽창계수 및 내식성에 있어 백금을 대용할 수 있어 전구봉입선 등으로 사용 가능한 것은?

① 인바(invar)
② 엘린바(elinvar)
③ 퍼멀로이(permalloy)
④ 플래티나이트(platinite)

해설
④ 플래티나이트 : Ni-Fe의 합금으로 열팽창계수 및 내식성에 있어서 백금의 대용으로 사용하는 금속
① 인바 : Ni 35~36%, C 0.1~0.3%, Mn 0.4%와 Fe 합금의 철-니켈 합금으로 FeNi36 또는 64FeNi라고도 함
② 엘린바 : 온도에 따른 열팽창계수, 탄성계수 변화가 작은 Ni 합금
③ 퍼멀로이 : 철-니켈 합금으로 고투자율의 성질을 갖는 금속

12 탄소 함유량이 가장 적은 것은?

① 암코철
② 아공석강
③ 과공석강
④ 과공정주철

해설
암코철은 순도가 아주 높은 철로 불순물이 매우 적다.

13 분말야금(powder metallurgy)의 특징으로 틀린 것은?

① 절삭공정을 생략할 수 있다.
② 다공질의 금속재료를 만들 수 있다.
③ 제조과정에서 융점까지의 온도를 올려 제조한다.
④ 융해법으로는 만들 수 없는 합금을 만들 수 있다.

해설
분말야금(powder metallurgy)법
금속 가루를 가압·성형하여 굳히고, 가열하여 소결함으로써 금속 제품을 얻는 방법
- 용융점 이하의 온도로 제작
- 다공질의 금속재료를 만들 수 있음
- 최종제품의 형상으로 제조가 가능하여 절삭가공이 거의 필요 없음
- 용해법으로 만들 수 없는 합금을 만들 수 있고 편석, 결정립 조대화의 문제점이 적음
- 제조과정에서 용융점까지 온도를 상승시킬 필요가 없음
- 고융점 금속부품 제조에 적합

14 전연성이 매우 커서 약 10^{-6}cm 두께의 박판 또는 1g을 2,000m 선으로 가공할 수 있는 것은?

① Au ② Sn
③ Ir ④ Os

해설
금(Au)은 전연성이 매우 큰 대표적인 금속이다.

15 황동에 10~20% Ni을 첨가한 것으로 탄성 및 내식성이 좋으므로 탄성 재료나 화학기계용 재료에 사용되는 것은?

① 양은
② Y합금
③ 텅갈로이
④ 길딩메탈

해설
양은(nickel silver)은 7:3황동에 Ni 10~20% 첨가한 합금으로 전연성과 내식성이 우수하다.

16 베어링 합금이 갖추어야 할 조건 중 틀린 것은?

① 열전도율이 클 것
② 마찰계수가 작을 것
③ 소착에 대한 저항력이 작을 것
④ 충분한 점성과 인성이 있을 것

해설
베어링용 합금
- 하중에 견딜 수 있는 정도의 경도와 내압력을 가질 것
- 주조성과 피가공성이 좋고 열전도율이 클 것
- 마찰계수가 작을 것
- 내소착성이 크고 내식성이 우수할 것
- 충분한 점성과 인성이 있을 것

정답 13 ③ 14 ① 15 ① 16 ③

17 열간가공의 특징으로 틀린 것은?

① 재질이 균일화된다.
② 기공의 생성을 촉진시킨다.
③ 강괴 내부의 미세균열이 압착된다.
④ 방향성이 있는 주조조직이 제거된다.

해설

종류	특징
냉간가공	• 재결정 온도 이하에서의 가공 • 전위밀도가 증가하여 경도 및 인장강도가 커짐 • 인성이 감소 • 단면수축률이 감소 • 결정입자가 미세화되어 재료가 단단해짐 • 제품의 표면이 미려하고 치수가 정밀 • 열간가공에 비해 큰 힘이 필요함 • 전기저항이 증가
열간가공	• 재결정 온도 이상에서의 가공 • 회복, 재결정 과정을 거치며 전위가 사라짐 • 가공성이 매우 좋음 • 표면에 스케일이 생겨서 재가공 필요

18 베어링에 사용되는 동계 합금인 켈밋(kelmet)의 합금조성으로 옳은 것은?

① Cu-Co ② Cu-Pb
③ Cu-Mg ④ Cu-Si

해설
켈밋(kelmet)
Cu-Pb계 베어링으로 화이트메탈보다 내하중성이 크고 열전도율이 높아 고속 고하중용 베어링에 적합하다.

19 고탄소강에 Cr, Mo, V, Mn 등을 첨가한 냉간 금형 합금강으로 담금질성이 좋고 열처리 변형이 작아 인발형, 냉간단조용형, 성형롤 등에 사용되는 합금계는?

① STS3
② STD11
③ SKH51
④ STD61

해설
금형강
• 성형가공을 위해 사용되는 가공용 강
• STD11 : 냉간가공용 금형강
• STD61 : 탄소함량은 중탄소이며, 바나듐(V)을 첨가하여 열피로성을 개선한 열간가공용 금형강

20 고망간강의 일종인 해드필드강(hadfield steel)의 설명으로 틀린 것은?

① 수인법을 이용한 강이다.
② 주요 조성은 0.9~1.4C%, 10~15Mn%이다.
③ 열전도성이 좋고, 열팽창계수가 작아 열변형을 일으키지 않는다.
④ 광석·암석의 파쇄기 등 심한 충격과 마모를 받는 부품에 이용된다.

해설
고망가니즈강
• 탄소 0.9~1.4%, 망가니즈(10~14%) 함유로 해드필드강(hadfield) 또는 오스테나이트 망가니즈강이라고도 함
• 내마멸성과 내충격성이 우수
• 열전도성이 작고 열팽창계수가 큼
• 높은 인성을 부여하기 위해 수인법을 이용한 강
• 열처리 후 서랭하면 결정립계에 M_3C가 석출하여 취약
• 광석·암석의 파쇄기 등 심한 충격과 마모를 받는 부품에 이용

제2과목 금속조직

21 동소변태에 대한 설명으로 틀린 것은?

① 자성의 변화가 일어난다.
② 결정구조의 변화가 일어난다.
③ 원자배열의 변화가 일어난다.
④ 급속히 비연속적으로 일어난다.

해설
동소변태는 같은 원소이지만 압력이나 온도가 다른 조건에서 결정 형태가 변하는 것으로 비연속적이고 철의 경우는 A_3와 A_4이며 가역적이나 자성의 변화가 일어나지는 않는다.

22 Fe-C계 상태도에서 포정점에 해당되는 것은?

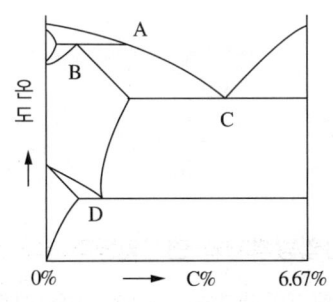

① A
② B
③ C
④ D

해설
상태도는 주어진 온도, 압력, 구조, 성분에 따라 존재하는 물질의 상태를 표시해 놓은 도표로서, 문제의 그림에서 포정형상태도는 용체가 액체와 반응한 후 고용체 둘레에 다른 고용체를 만드는 반응을 나타낸 B와 같다.

23 강의 마텐자이트 변태에 대한 설명으로 옳은 것은?

① 면심입방격자이다.
② 무확산 과정이다.
③ 원자의 협동운동에 의한 변태가 아니다.
④ 변태량은 냉각온도의 영향을 받지 않는다.

해설
마텐자이트 변태는 무확산 변태이고, 변태에 따른 표면기복을 형성하며, 협동적 원자운동에 의한 변태이며, 변태 시 내부에 전위, 적층결함, 쌍정결함 등 다수가 존재한다.

24 고용체합금의 시효경화를 위한 조건으로서 옳은 것은?

① 석출물이 기지조직과 부정합 상태이어야 한다.
② 고용체의 용해한도가 온도감소에 따라 급감해야 한다.
③ 급랭에 의해 제2상의 석출이 잘 이루어져야 한다.
④ 기지상은 연성이 아닌 강성이며 석출물은 연한 상이어야 한다.

해설
시효경화
특정 온도에서 일정한 시간 동안 두었을 때 경화되는 현상으로 고용체의 용해한도가 온도감소에 따라 급감해야 한다.

25 입방정계에 속하는 금속이 응고할 때 결정이 성장하는 우선 방향은?

① [100]
② [110]
③ [111]
④ [123]

해설
입방정계
$a=b=c$, $\alpha=\beta=\gamma=90°$이고 금속이 응고할 때 결정이 성장하는 우선 방향은 [100]이다.

26 순금속 내에서 동일 원자 사이에 일어나는 확산은?

① 자기확산
② 상호확산
③ 입계확산
④ 불순물확산

해설
금속 내 농도차에 의해 일어나는 것으로 성분농도가 높은 곳에서 낮은 곳으로 이동하는 자기확산이 일어난다.

27 다음 재결정에 대한 설명으로 틀린 것은?

① 내부에 새로운 결정립의 핵이 발생한다.
② 고순도의 금속일수록 재결정하기가 어렵다.
③ 가공 전의 결정립이 작을수록 재결정 완료 후의 결정립은 작다.
④ 석출물이나 이종원자가 존재하면 재결정의 진행이 방해된다.

해설
순도가 낮은 금속의 내부의 불순물의 존재로 축적 에너지의 양이 높아 재결정온도가 고순도 금속보다 높으므로 고순도의 금속일수록 재결정하기가 쉽다.

28 체심입방격자와 면심입방격자의 슬립면은?

① 체심입방격자 : (110), 면심입방격자 : (111)
② 체심입방격자 : (111), 면심입방격자 : (110)
③ 체심입방격자 : (101), 면심입방격자 : (110)
④ 체심입방격자 : (110), 면심입방격자 : (101)

해설
체심입방격자의 최밀충진면은 {110}족이므로 슬립면은 (110)이고, 면심입방격자의 최밀충진면은 {111}족이므로 슬립면은 (111)이다.

29 금속의 확산에서 확산속도가 빠른 것에서 늦은 순서로 옳은 것은?

① 입계확산 > 표면확산 > 격자확산
② 표면확산 > 격자확산 > 입계확산
③ 격자확산 > 입계확산 > 표면확산
④ 표면확산 > 입계확산 > 격자확산

[해설]
고체 내에서는 원자간 평형위치의 결함에 의해 확산이 제한적으로 발생하며, 확산이 빠른 순서는 표면, 입계, 격자 순이다.

30 일정 압력하에서 깁스(Gibbs)의 상률(phase rule)을 이용하면 응축계에서 3성분계의 자유도가 0일 때는 상이 몇 개 공존할 때인가?

① 2 ② 3
③ 4 ④ 5

[해설]
압력이 일정한 경우 자유도 $F = n + 1 - P$ (n : 성분수 P : 상의 수)이므로
$P = n + 1 - F = 3 + 1 - 0 = 4$

31 불규칙 상태의 고용체를 고온에서 천천히 냉각하면 어느 온도에서 규칙격자로 변화한다. 이때 성질의 변화로 틀린 것은?

① 강도의 증가   ② 연성의 증가
③ 경도의 증가   ④ 전기전도도의 증가

[해설]
일반적으로 규칙격자가 발생하면 이에 따라 전기전도도가 증가하고 강도와 경도가 증가하나 연성은 감소된다.

32 냉간가공된 금속을 풀림할 때 일어나는 3단계의 순서가 옳은 것은?

① 회복 → 재결정 → 결정립 성장
② 재결정 → 회복 → 결정립 성장
③ 결정립 성장 → 재결정 → 회복
④ 결정립 성장 → 회복 → 재결정

[해설]
금속의 어닐링(풀림)에 따른 상태변화의 순서는 결정의 회복 → 재결정 → 결정립 성장이다.

33 A원자와 B원자로 된 규칙격자 합금이 있다. A원자의 농도가 40%, B원자의 농도가 60%이며, α격자상의 한 점을 A원자가 차지하는 확률이 0.79라고 한다면 A원자의 장범위 규칙도는?

① 0.40
② 0.48
③ 0.51
④ 0.65

해설
장범위 규칙도 $= \dfrac{r_A - X_A}{1 - X_A} = \dfrac{0.79 - 0.4}{1 - 0.4} = 0.65$

34 Mn을 첨가하면 감소시킬 수 있는 취성은?

① 적열취성
② 저온취성
③ 청열취성
④ 뜨임취성

해설
적열취성(적열메짐)은 열간가공의 온도범위에서 일어나는 취성현상으로 황(S)이 많이 함유된 경우 발생하므로 이를 방지하기 위해 망가니즈(Mn)를 첨가한다.

35 금속 소성변형을 일으키는 방법이 아닌 것은?

① 슬립변형
② 쌍정변형
③ 킹크변형
④ 탄성변형

해설
탄성변형은 하중을 제거시키면 변형이 원상태로 되돌아가는 변형으로 소성변형의 반대되는 의미이다.

36 규칙격자의 분류에서 체심입방격자형의 AB형이 아닌 것은?

① CuAu
② CuZn
③ FeAl
④ AgCd

해설
규칙격자에서 CuAu는 면심입방격자형의 AB형이다.

37 1차원적인 격자결함으로서 결정격자 내에서 선을 중심으로 하여 그 주위에 격자의 뒤틀림을 일으키는 결함은?

① 전위
② 점결함
③ 체적결함
④ 계면결함

해설
전위는 대표적인 선결함이다.

정답 33 ④ 34 ① 35 ④ 36 ① 37 ①

38 다음 중 다각화(polygonization)와 관련 없는 것은?

① 킹크(kink)
② 회복(recovery)
③ 서브결정(sub-grain)
④ 칼날전위(edge dislocation)

> **해설**
> 금속의 회복과정에서 높은 온도 범위에서 전위는 상승한다. 이때 sub-grain(서브결정)의 조대화와 다각화 현상이 나타난다.

39 다음의 금속강화 방법 중 고온에서 효과가 가장 좋은 방법은?

① 급랭하여 강화시켰다.
② 압연가공하여 강화시켰다.
③ 고용체를 석출시켜 강화시켰다.
④ 고용원소를 고용시켜 강화하였다.

> **해설**
> 금속강화법 중 고온에서 가장 높은 강화율을 유도하기 위해서는 고용원소의 강화를 이용한 방법이 효율적이다.

40 Al-4%Cu 합금에서 석출강화처리 방법이 아닌 것은?

① 용체화처리   ② 급랭처리
③ 시효처리   ④ 심랭처리

> **해설**
> 심랭처리의 목적은 잔류 오스테나이트의 마텐자이트화를 목적으로 한다.

제3과목 금속 열처리

41 Al 합금 질별 기호 중 용체화 처리 후 안정화 처리한 것의 기호로 옳은 것은?

① T1   ② T4
③ T6   ④ T7

> **해설**
> 알루미늄의 질별 기호
> • T1 : 고온가공에서 냉각 후 자연시효시킨 것
> • T2 : 고온가공에서 냉각 후 냉간가공을 하고 다시 자연시효시킨 것
> • T6 : 용체화 처리 후 인공시효경화 처리한 것
> • T7 : 용체화 처리 후 안정화 처리한 것

42 탄소강(SM45C)을 마텐자이트조직으로 하기 위한 열처리 방법은?

① 뜨임(tempering)
② 담금질(quenching)
③ 풀림(annealing)
④ 불림(normalizing)

> **해설**
> 임계냉각속도보다 빠르게 냉각하면 마텐자이트 조직이 생성되는데 담금질을 해야 임계냉각속도보다 빠른 냉각속도를 낼 수 있다.

43 상온 가공한 황동제품의 시기균열(season crack)을 방지하는 열처리는?

① 담금질
② 노멀라이징
③ 저온 어닐링
④ 고온 템퍼링

해설
상온 가공된 동합금은 외력이 없더라도 자연균열(시기균열)이 일어나는데 이를 방지하기 위해 저온풀림을 시행한다. 그렇지만 저온 풀림으로도 완전히 방지하기는 힘든데 이는 내부응력이 제거되는 온도(300℃)는 황동의 재결정 온도(250~300℃)보다 높아 결국은 경도값을 저하시키기 때문이다. 이러한 이유 때문에 300℃로 1시간 정도 풀림하는 방법을 사용한다.

44 재료를 오스테나이트화 한 후 코(nose) 구역을 통과하도록 급랭하고 시험편의 내·외가 동일 온도에 도달한 다음 적당한 방법으로 소성 가공을 하여 공랭, 유랭 또는 수랭으로 마텐자이트 변태를 일으키는 것은?

① 수인법
② 파텐팅
③ 제어압연
④ M_s 담금질

해설
③ 제어압연 : 오스테나이트 온도에서 열처리와 소성가공을 병행하여 강의 강도와 인성을 향상시키는 것
① 수인법 : 1,000~1,100℃에서 수중 담금질로 인성을 부여하는 법
② 파텐팅 : 오스템퍼 온도의 상한에서 미세한 sorbite조직을 얻기 위한 방법
④ M_s 담금질 : 담금질 온도로 가열한 강재를 M_s점보다 약간 낮은 온도에서 강의 내외부가 동일 온도로 될 때까지 항온 유지한 후 꺼내어 물 또는 기름 중에 급랭하는 방법

45 탄소강을 고온에서 열처리할 때 표면 산화나 탈탄이 발생한다. 이를 방지하기 위하여 조성하는 노 내의 분위기로 틀린 것은?

① 진공의 분위기
② Ar 가스 분위기
③ 환원성 가스 분위기
④ 산화성 가스 분위기

해설
분위기로
- 환원성 가스나 불활성 가스 등을 노 안에 불어넣어 광휘열처리를 하거나 침탄, 질화를 위한 분위기를 만들어주는 노다.
- 일반적인 열처리로는 산화성 분위기이기 때문에 산화, 탈탄을 피하기 힘들다.

46 열처리의 목적이 아닌 것은?

① 조직을 안정화시키기 위하여
② 내식성을 개선시키기 위하여
③ 경도 또는 인장력을 증가시키기 위하여
④ 조직을 조대화하고 방향성을 크게 하기 위하여

해설
열처리는 금속 조직의 조대화를 최소화하고 방향성을 줄이기 위함이다.

47 강의 항온 열처리 중 오스테나이트 영역에서 냉각하여 M_s와 M_f 사이에서 행하는 항온처리로 오스테나이트의 일부는 마텐자이트가 되고 일부는 베이나이트의 혼합 조직이 되는 처리는?

① 스퍼터링
② 마템퍼링
③ 오스포밍
④ 오스템퍼링

해설
마템퍼링은 마텐자이트 구역 내의 등온 처리로 이로 인해 오스테나이트 일부는 마텐자이트가 되고 일부는 베이나이트의 혼합조직이 된다.

48 침탄깊이와 관련이 가장 적은 것은?

① 가열온도
② 유지시간
③ 가열로의 종류
④ 침탄제의 종류

해설
침탄 경화 시 침탄깊이는 가열온도, 가열시간 및 침탄제의 종류에 의해 결정된다.

49 초심랭처리의 효과로 틀린 것은?

① 잔류응력이 증가한다.
② 내마멸성이 현저히 향상된다.
③ 조직의 미세화와 미세 탄화물의 석출이 이루어진다.
④ 잔류 오스테나이트가 대부분 마텐자이트로 변태한다.

해설
초심랭처리
• 오스테나이트 안정화 합금강에서도 초심랭처리를 하면 잔류 오스테나이트가 거의 전부 마텐자이트로 변태된다.
• 일반 심랭처리 품에 비해서 경도의 변화는 거의 없지만 내마모성이 현저히 향상된다.
• 조직의 미세화와 미세탄화물의 석출이 이루어진다.

50 열처리 설비 제작 시 노 내부에 사용되는 재료가 아닌 것은?

① 열선   ② 콘덴서
③ 내화물 ④ 열전대

해설
가열로의 기초 필수 설비
• 가열장치(열선)
• 내화물
• 온도계(열전대)

정답 47 ② 48 ③ 49 ① 50 ②

51 변성로에서 그을음을 제거하기 위한 번아웃(burn out) 작업 방법으로 틀린 것은?

① 원료가스의 송입을 중지한다.
② 변성로의 온도를 상용온도보다 약 50℃ 정도 낮춘다.
③ 변성로에 변성 능력의 약 10% 정도의 공기를 송입한다.
④ 변성로 내 가연성 가스가 없다고 판단될 때 공기 송입량을 늘린다.

> **해설**
> 번아웃은 변성로나 침탄로 내에 축적된 유리탄소(그을음)에 공기를 투입하여 CO_2를 연소시키는 조작으로 변성로 내 가스가 없을 때는 공기공급을 중단한다.

52 과공석강(1.5%)을 완전 풀림(full annealing)하였을 때 나타나는 조직은?

① 페라이트 + 층상 펄라이트
② 층상 펄라이트 + 스텔라이트
③ 시멘타이트 + 층상 펄라이트
④ 시멘타이트 + 구상 펄라이트

> **해설**
> 과공석강의 완전 풀림 시 초석시멘타이트+층상 펄라이트 조직이 발생한다.

53 인상담금질(time quenching)에서 인상시기에 대한 설명으로 틀린 것은?

① 가열물의 지름 또는 두께 3mm당 1초 동안 수랭한 후 유랭 또는 공랭한다.
② 화색(火色)이 나타나지 않을 때까지 2배의 시간만큼 수랭한 후 공랭한다.
③ 기름의 기포발생이 시작되었을 때 꺼내어 공랭한다.
④ 가열물의 지름 또는 두께 1mm당 1초 동안 유랭한 후 공랭한다.

> **해설**
> 기름의 기포발생이 정지되었을 때 꺼내어 공랭한다.

54 금속 침투법 중에서 세라다이징에 사용되는 원소는?

① B
② Zn
③ Al
④ Cr

> **해설**
> 세라다이징은 Zn을 침투 확산시키는 법으로서 철강의 표면에 피막을 형성하도록 한다.

55 냉각의 단계를 1~3단계로 나눌 때 시료가 냉각액의 증기에 감싸이는 단계로 냉각속도가 극히 느린 단계는?

① 1단계
② 2단계
③ 3단계
④ 단계와 상관없이 모두 극히 느리다.

해설
냉각의 단계
- 제1단계(증기막 단계) : 시료가 증기에 감싸여 냉각속도가 극히 느리다.
- 제2단계(비등 단계) : 증기막의 파괴로 비등이 활발하여 냉각속도가 최대가 된다.
- 제3단계(대류 단계) : 시료 온도가 냉각액의 비등점보다 낮아서 대류에 의해 열을 빼앗기며 냉각속도가 느리다.

56 마레이징강(maraging steel)의 열처리 방법에 대한 설명 중 옳은 것은?

① 850℃에서 1시간 유지하여 용체화 처리한 후 유랭 또는 노랭하여 마텐자이트화 한다.
② 1,100℃에서 반드시 수랭 처리하여 오스테나이트를 미세하게 석출, 경화시킨다.
③ 1,100℃에서 1시간 유지하여 용체화 처리한 후 노랭하여 조직을 안정화시킨다.
④ 850℃에서 1시간 유지하여 용체화 처리한 후 공랭 또는 수랭하여 480℃에서 3시간 시효처리한다.

해설
마레이징강
고탄소 오스테나이트를 시효석출에 의하여 강화시킨 강이다. 마레이징강의 열처리 시 적절한 온도는 850℃이며 열처리 후 공랭 또는 수랭하여 3시간 시효처리 과정을 거친다.

57 담금질 시에 가열온도가 높거나 가열유지 시간이 길어질 때 나타날 수 있는 대표적인 결함으로 적당한 것은?

① 결정립 조대화
② 결정립 미세화
③ 경화도 증가
④ 청열 취성

해설
가열유지 시간이 길어지면 결정립 조대화의 가능성이 커진다.

58 열처리 온도측정에 사용되는 열전대(thermo couple) 온도계에 대한 설명 중 틀린 것은?

① 열전대는 2종의 금속을 접합하고 짧은 절연관을 넣어 그 위에 보호관을 씌워 사용한다.
② 열전대에 쓰이는 재료로는 내열, 내식성이 뛰어나고 고온에서도 기계적 강도가 커야 한다.
③ 열전대에 쓰이는 재료로는 열기전력이 크고 안정성이 있으며 히스테리시스 차가 없어야 한다.
④ 보호관으로는 1,000℃ 이하의 온도로 사용하는 비금속관(석영, 알루미나소결관)과 1,000℃ 이상의 온도에 사용되는 금속관(고크롬강, 니켈크롬강)이 있다.

해설
서로 다른 재질로 형성된 열전대 재료는 제작이 간단하고 경제적이며 히스테리시스 차가 작고 고온에서 강도가 높은 재질이 유리하게 작용한다.

종류	조성		사용가능 온도범위(℃)
	(+)	(-)	
J	철	콘스탄탄	-185~870(600)
K	크로멜	알루멜	-20~1,370(1,000)
T	구리	콘스탄탄	-185~370(300)
E	니크롬	콘스탄탄	-185~870(700)
S	백금로듐 10Rh-90Pt	백금	-20~1,480(1,400)

정답 55 ① 56 ④ 57 ① 58 ④

59 강을 열처리할 때 냉각 방법의 3가지 형식 중 냉각 도중에 냉각속도 변화를 위하여 공기 중에서 냉각하는 방법은?

① 2단냉각 ② 연속냉각
③ 항온냉각 ④ 열욕냉각

해설
열처리 중 이용되는 냉각 방법에는 연속냉각, 항온냉각, 2단냉각 세 가지가 있고 2단냉각은 냉각 도중에 냉각속도 변화를 위해 공기 중에서 냉각하는 방법이다.

60 펄라이트 가단주철의 제조방법으로 틀린 것은?

① 합금첨가에 의한 방법
② 열처리 곡선의 변화에 의한 방법
③ 백심가단주철의 재열처리에 의한 방법
④ 흑심가단주철의 재열처리에 의한 방법

해설
펄라이트 가단주철의 제조방법
흑심가단주철의 2단계 흑연화 처리 중 제1단계에서 흑연화 처리만 한 다음 바탕조직을 펄라이트 또는 구상 펄라이트화한 다음 서랭한다.
※ 백심가단주철이 아닌 흑심가단주철의 재열처리에 의한 방법이다.

제4과목 재료시험

61 현미경 조직시험용 부식액 중 알루미늄 및 알루미늄합금에 적합한 시약의 명칭은?

① 왕수
② 질산알코올 용액
③ 염화제2철 용액
④ 수산화나트륨 용액

해설
부식액
- 구리, 구리합금 : 염화제이철용액
- 철강(탄소강) : 피크르산알코올용액(피크랄), 질산알코올용액(나이탈)
- 알루미늄, 알루미늄합금 : 수산화나트륨용액, 불화수소산
- 니켈합금 : 질산, 아세트산
- 아연합금 : 염산

62 일반적 재료시험을 정적시험과 동적시험 방법으로 나눌 때 동적시험 방법에 해당되는 것은?

① 압축 시험 ② 충격 시험
③ 전단 시험 ④ 비틀림 시험

해설
정적시험
- 정적하중을 가하여 시험하는 것으로 하중증가에 가속도가 없다.
- 인장, 압축, 전단, 굽힘, 비틀림, 압입 경도시험

동적시험
- 동적하중을 가하며 시험하는 것으로 실제상태와 유사하다.
- 피로시험, 충격시험, 쇼어 경도시험, 에코팁 경도시험

63 피로 시험의 종류 중 시험편의 축방향에 인장 및 압축이 교대로 작용하는 시험은?

① 반복 굽힘 시험
② 반복 인장 압축 시험
③ 반복 비틀림 시험
④ 반복 응력 피로 시험

해설
축방향의 인장 압축이므로 반복 인장 압축 시험이다.

64 철강재의 설퍼 프린트 시험결과에서 황(S) 편석의 분포가 강재의 중심부로부터 표면부 쪽으로 증가하여 나타나는 편석을 무엇이라고 하는가?

① 정편석(S_N)
② 역편석(S_I)
③ 주상편석(S_{CO})
④ 중심부편석(S_C)

해설
S_N(정편석), S_I(역편석), S_C(중심부편석), S_L(선상편석), S_D(점상편석), S_{CO}(주상편석)
- 정편석(Normal) : 표면에서부터 중심부로 황이 증가하는 편석
- 점상편석(Dot) : 황이 점상으로 착색된 편석
- 역편석(Inverse) : 중심부에서 표면으로 황이 증가하는 편석
- 선상편석(Line) : 황이 선상으로 착색된 편석
- 중심부편석(Center) : 황이 중심부에 집중되어 분포된 편석

65 마모시험편 제작 시 주의사항에 해당되지 않는 것은?

① 보관 시는 데시케이터를 사용한다.
② 시험편은 항상 열처리된 시험편만을 사용한다.
③ 불필요한 표면 산화, 기름이나 물 등의 오염을 억제한다.
④ 가공에 의한 잔류응력이나 표면 변질을 최대한 억제한다.

해설
시험편은 특별한 경우가 아니면 열처리된 시험편을 사용하지 않는다.

66 다음 중 긴 시간을 필요로 하는 특수 시험은?

① 인장시험
② 압축시험
③ 굽힘시험
④ 크리프시험

해설
시간이 변수에 포함되는 시험은 크리프시험이다.

67 물질안전보건 제도에서 물리적 위험 물질 중 가연성 물질과 접촉하여 심한 발열 반응을 나타내는 물질은?

① 고독성 물질   ② 산화성 물질
③ 폭발성 물질   ④ 극인화성 물질

해설
물리적 위험 물질 중 산화성 물질은 가연성 물질과 접촉하여 심한 발열 반응이 나타나는 물질이다.

68 재료의 연성을 파악하기 위하여 구리 및 알루미늄 판재를 가압 성형하여 변형 능력을 시험하는 시험법은?

① 샤르피 시험   ② 에릭센 시험
③ 암슬러 시험   ④ 크리프 시험

해설
에릭센 시험
연성을 파악하기 위하여 구리 및 알루미늄판재와 같은 연성 판재를 가압 성형하여 변형 능력을 알아보기 위한 시험방법으로 컵 모양으로 변형시킬 때의 깊이를 측정값으로 한다.

69 피로한도를 알기 위해 반복횟수와 응력과의 관계를 표시한 선도는?

① TTT곡선   ② $S-N$곡선
③ creep곡선   ④ 항온변태곡선

해설
S : 응력, N : 반복횟수

70 [보기]에서 자분탐상검사가 가능한 것들로 짝지어진 것은?

┌ 보기 ─────────────┐
│ ㉠ 고합금강   ㉡ 탄소강   │
│ ㉢ 알루미늄   ㉣ 청동   │
│ ㉤ 마그네슘   ㉥ 황동   │
│ ㉦ 강자성 재료   ㉧ 납   │
└─────────────────┘

① ㉠, ㉡, ㉦   ② ㉡, ㉢, ㉥
③ ㉣, ㉤, ㉧   ④ ㉢, ㉣, ㉧

해설
자분탐상검사는 강자성체에만 적용 가능하다(고합금강, 탄소강 등의 강자성 재료).

71 내부결함을 검출하는 방법의 하나로 표면으로부터 피검사체의 깊이를 측정하는 데 가장 적합한 비파괴검사법은?

① 침투비파괴검사
② 자분비파괴검사
③ 방사선비파괴검사
④ 초음파비파괴검사

해설
방사선 검사 및 음향방출과 초음파 탐상은 내부균열 검사하고 자분탐상과 침투탐상이 표면결함에 적합하나 자분탐상은 강자성체에만 적용 가능하다. 이 중 초음파검사는 표면으로부터 피검사체의 깊이를 측정하는 데 가장 적합하다.

72 탄소강의 불꽃시험에서 강재에 함유된 탄소량이 증가할 때 나타나는 불꽃의 특성으로 틀린 것은?

① 유선의 숫자가 증가한다.
② 파열의 숫자가 감소한다.
③ 유선의 길이가 감소한다.
④ 파열의 꽃잎 모양이 복잡해진다.

[해설]
탄소강의 불꽃시험
- 강 중의 탄소량이 증가하면 불꽃수가 많아짐
- 탄소함량이 높을수록 유선의 색깔은 적색
- 탄소함량이 높을수록 유선의 숫자가 증가
- 탄소함량이 높을수록 파열의 꽃잎 모양이 복잡해짐
- 탄소함량이 높을수록 유선의 길이가 감소

73 비커스 경도 시험에 대한 설명으로 틀린 것은?(단, P는 하중, d는 평균 대각선의 길이이다)

① $HV = 1.8544 \times \dfrac{P}{d^2}$ 이다.
② 스크래치를 이용한 시험법이다.
③ 시험편이 작고 경도가 높은 부분의 측정에 사용한다.
④ 136° 다이아몬드 피라미드형 비커스 압입자를 사용한다.

[해설]
스크래치를 이용한 경도시험법은 마텐스 경도시험이다.

74 와전류탐상검사의 특징을 설명한 것 중 틀린 것은?

① 비전도체만을 검사할 수 있다.
② 고온부위의 시험체에도 탐상이 가능하다.
③ 시험체에 비접촉으로 탐상이 가능하다.
④ 시험체의 표층부에 있는 결함 검출을 대상으로 한다.

[해설]
와전류탐상은 전도체만 가능하다.

75 금속재료의 인장시험에 의해 얻을 수 없는 것은?

① 연신율
② 내구한도
③ 항복강도
④ 단면수축률

[해설]
내구한도는 피로시험을 통해 얻을 수 있다.

76 매크로(macro) 조직검사는 몇 배 이내의 배율로 확대하여 시험하는가?

① 10배
② 40배
③ 100배
④ 800배

[해설]
육안 혹은 10배 이내의 확대경을 이용하여 결정입자 또는 개재물 등을 검사하는 파면검사를 매크로(macro) 검사라 한다.

[정답] 72 ② 73 ② 74 ① 75 ② 76 ①

77 인장시험기에 시험편의 물림 상태가 가장 양호한 것은?

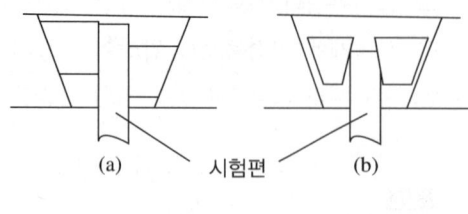

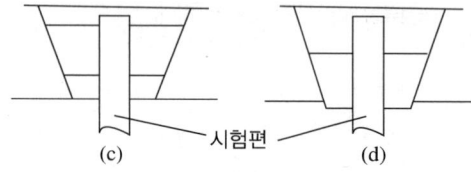

① (a) ② (b)
③ (c) ④ (d)

해설
인장시험기의 시험편의 물림상태는 대칭으로 완전히 물려야 하며 물림 영역이 돌출되어 있으면 안 된다.

78 탄소 3.5%를 함유하는 주철을 인장시험 하였더니 최대하중 7,850kg에서 파단되었다. 이 시험결과 나타나는 파단면의 형태로 옳은 것은?

① 연성 파단면 ② 취성 파단면
③ 컵 모양 파단면 ④ 원추형 파단면

해설
탄소량이 높은 주철의 경우 취성이 높아진다.

79 브리넬 경도시험에서 지름 5mm의 강구누르개를 사용하여 시험하중 7.355kN(750kgf)에서 얻은 브리넬 경도치가 341인 경우 올바른 표시 방법은?

① HBD341
② HBW750
③ HBD(5/341) 750
④ HBS(5/750) 341

해설
HBS(5/750) 341
- S : 압입자의 종류(강구)
- 5 : 압입자의 지름(mm)
- 750 : 시험하중(kgf)
- 341 : 브리넬 경도값

80 금속 조직 내의 상(相)의 양을 측정하는 방법에 해당하지 않는 것은?

① 면적 측정법
② 직선 측정법
③ 점 측정법
④ 원형 측정법

해설
조직량 측정법은 점, 직선, 면적 측정법이다.

2016년 제1회 과년도 기출문제

제1과목 금속재료

01 다음 중 용융점이 가장 낮은 금속은?

① Fe
② Hg
③ W
④ Cu

해설
수은은 상온에서도 액체이다.

02 베어링용 합금이 갖추어야 할 조건이 아닌 것은?

① 열전도율이 클 것
② 소착에 대한 저항력이 작을 것
③ 충분한 점성과 인성이 있을 것
④ 하중에 견딜 수 있는 내압력을 가질 것

해설
베어링용 합금
- 하중에 견딜 수 있는 정도의 경도와 내압력을 가질 것
- 주조성과 피가공성이 좋고 열전도율이 클 것
- 마찰계수가 작을 것
- 내소착성이 크고 내식성이 우수할 것
- 충분한 점성과 인성이 있을 것

03 특수강에 첨가되는 합금원소의 효과에 대한 설명으로 틀린 것은?

① B는 경화능을 향상시킨다.
② V은 조직을 미세화시켜 강화한다.
③ Cr은 담금질성을 개선시키고 페라이트 조직을 강화시키며, 뜨임취성을 일으키기 쉽다.
④ Mn은 담금질성을 감소시키는 원소이며 1% 이상 첨가하여 결정입자를 미세하게 하고 강을 강화시킨다.

해설
망가니즈(Mn)는 강의 담금질 효과를 증대시켜 경화능이 커진다.

04 형상기억합금에 대한 설명으로 틀린 것은?

① 형상기억효과는 일방향(one way)성의 기구이다.
② 실용합금에는 Ni-Ti계, Cu-Al-Ni, Cu-Zn-Al 합금 등이 있다.
③ 형상기억합금은 M_s점을 통과시키면 마텐자이트 상에서 오스테나이트 상이 된다.
④ 처음에 주어진 특정한 모양의 것(코일형)을 소성 변형한 것이 가열에 의하여 원래의 상태로 돌아가는 현상이다.

해설
형상기억합금
처음에 주어진 특정 모양의 것을 인장하거나 소성변형 한 것이 가열에 의하여 원형으로 되돌아오는 성질을 가진 합금으로 마텐자이트의 역변태를 이용한다.

정답 1 ② 2 ② 3 ④ 4 ③

05 금속을 냉간가공하면 결정입자가 미세화되어 재료가 단단해지는 현상은?

① 가공경화 ② 석출경화
③ 시효경화 ④ 표면경화

해설
① 가공경화 : 소성변형 후 강도가 증가하고 연성이 감소하는 현상
② 석출경화 : 용체화 처리에 의해 과포화 함유된 금속이 석출 시에 경화되는 현상
③ 시효경화 : 특정 온도에서 일정한 시간 동안 두었을 때 경화되는 현상
④ 표면경화 : 표면의 열처리로 경도를 높여 내마모성을 증가시키고 내부의 인성유지

06 금속의 소성가공방법이 아닌 것은?

① 압연
② 단조
③ 주조
④ 압출

해설
소성가공은 비절삭가공을 말하며 주조는 녹여 만드는 방법으로 절삭/비절삭 가공의 범주를 벗어난다.

07 마그네슘(Mg)에 대한 설명 중 틀린 것은?

① 구상흑연주철의 첨가제로 사용된다.
② 절삭성이 양호하고 알칼리에 견딘다.
③ 소성가공성이 낮아 상온변형이 곤란하다.
④ 내산성이 좋으며, 고온에서 발화하지 않는다.

해설
마그네슘은 내산성은 극히 나쁘나 내알칼리성은 강하다.

08 Al-Si합금에 대한 설명으로 옳은 것은?

① 개량처리를 하게 되면 조직이 조대화된다.
② γ- 실루민은 Al-Si합금에 Mg를 넣어 시효성을 부여한 합금이다.
③ 포정점 부근의 조성의 것을 실루민이라 하며 실용으로 사용한다.
④ 실루민은 용융점이 높고 유동성이 좋지 않아 복잡한 사형주물에는 사용할 수 없다.

해설
① 개량처리를 하면 조직이 미세화된다.
③ 실루민은 공정점에서 조성된다.
④ 실루민은 Al-Si합금으로 유동성이 좋아 모래형 주물에 사용한다.

09 강도가 크고, 고온이나 저온의 유체에 잘 견디며 불순물을 제거하는 데 사용되는 금속필터, 즉 다공성이 뛰어난 재질은 어떤 방법으로 제조된 것이 가장 좋은가?

① 소결
② 기계가공
③ 주조가공
④ 용접가공

해설
소결공정으로 제조된 것은 다공성을 갖고 있다.

10 초전도 현상과 그에 따른 재료의 설명으로 틀린 것은?

① 일정 온도에서 전기저항이 0이 되는 것을 초전도라 한다.
② 대부분의 금속성 초전도체는 극고온에서 초전도 현상이 나타난다.
③ 화합물계 초전도 선재에는 Nb_3Sn 및 V_3Ga의 화합물 등이 있다.
④ 합금계 초전도 재료에는 Nb-Ti, Nb-Ti-Ta 등이 있다.

해설
초전도 현상은 임계온도 이하(극저온)에서 발생한다.

11 전율고용체를 만들며 치과용, 장식용으로 쓰이는 white gold에 해당되는 합금은?

① Ag-Pd-Au-Cu-Zn
② Ag-Ti-Sn-Cu-Zn
③ Pt-Cu-Pb-Sn-Co
④ Pt-Pb-Sn-Co-Au

해설
화이트골드(white gold)는 백색금으로 백금(Pt)과 구별되며 금(Au), 구리(Cu), 아연(Zn)의 합금이다.

12 Fe-C 평형상태도에서 강의 A_1 변태점 온도는 약 몇 ℃인가?

① 723℃
② 768℃
③ 910℃
④ 1,400℃

해설
Fe-C 평형상태도
- A_0 변태점 : 210℃(Fe_3C의 자기변태)
- A_1 변태점 : 723℃(강의 공석변태)
- A_2 변태점 : 768℃(순철의 자기변태)
- A_3 변태점 : 910℃(순철의 동소변태)
- A_4 변태점 : 1,400℃(순철의 동소변태)

13 니켈과 그 합금에 관한 설명으로 틀린 것은?

① 니켈의 비중은 약 8.9이다.
② 니켈은 도금용 소재로 사용된다.
③ 니켈은 인성이 풍부한 금속이다.
④ 36%Ni-Fe합금은 퍼멀로이(permalloy)로서 열팽창계수가 크다.

해설
퍼멀로이(pormalloy)는 Ni-Fe합금으로 자기투과도가 높아 전기통신재료로 사용한다.

14 18-4-1형 텅스텐계 고속도강에서 Cr의 함량은?

① 18%   ② 4%
③ 1%   ④ 0.4%

해설
텅스텐(W)계 고속도공구강 : W18%-Cr4%-V1%

15 스테인리스강에 대한 설명으로 옳은 것은?

① 18-8 스테인리스강은 페라이트계이다.
② 페라이트계 스테인리스강은 담금질하여 재질을 개선한다.
③ 석출경화계 스테인리스강은 PH계로 Al, Ti, Nb 등을 첨가하여 강도를 낮춘다.
④ 오스테나이트계 스테인리스강은 입계부식과 응력부식이 일어나기 쉽다.

해설

분류		담금질	내식성	용접성
마텐자이트계	13Cr계	가능	나쁨	불가
페라이트계	18Cr계	불가	보통	보통
오스테나이트계	18Cr-8Ni계	불가	좋음	좋음

16 다음 금속 중 흑연화를 촉진하는 원소는?

① V   ② Mo
③ Cr   ④ Ni

해설
흑연화 촉진원소로 가장 좋은 원소는 규소(Si)이고 이외 니켈(Ni)도 사용된다(흑연화가 가장 많이 쓰이는 주철의 마우러 조직도는 규소와 탄소에 관련된 조직도이다).

13 ④ 14 ② 15 ④ 16 ④

17 다이캐스팅용 아연합금의 가장 중요한 합금원소로서 합금의 강도, 경도를 증가시키고 유동성을 개선하는 것은?

① Pb ② Al
③ Sn ④ Cd

해설
다이캐스팅용 알루미늄합금은 유동성이 좋고 열간취성이 적으며 금형에 점착되지 않는다.

18 7:3 황동에 1% 내외의 Sn을 첨가하여 내해수성을 향상시켜 증발기, 열교환기 등에 사용되는 특수 황동은?

① 델타 메탈 ② 니켈 황동
③ 네이벌 황동 ④ 애드미럴티 황동

해설
애드미럴티 황동
7:3 황동에 1% 내외의 Sn을 첨가한 것으로 내해수성을 향상시켜 증발기 및 열교환기로 사용

19 탄소강의 5대 원소가 아닌 것은?

① P ② S
③ Cu ④ Mn

해설
탄소강 5대 원소
규소(Si), 망가니즈(Mn), 황(S), 인(P), 탄소(C)

20 다음 중 탄소량이 가장 많은 강은?

① SM15C ② SM25C
③ SM45C ④ STC105

해설
- STC : 탄소공구강으로 0.6%~1.5% 탄소 함유 공구강(그 뒤의 숫자는 탄소량%, 105의 경우 약 1.0%)
- SM : 기계구조용 탄소강으로 0.6% 이하의 탄소를 포함(그 뒤의 숫자는 탄소량%, 10의 경우 0.1%)
- SKH : 고속도강
- STS : 합금공구강

정답 17 ② 18 ④ 19 ③ 20 ④

제2과목 금속조직

21 결정구조에 대한 설명 중 틀린 것은?

① 면심입방정의 최근접원자는 12개가 있다.
② 조밀육방정의 원자 충전율은 약 74%이다.
③ 면심입방정에서 원자밀도가 가장 조밀한 면은 (111) 원자면이다.
④ 면심입방정의 단위정에는 2개의 원자가 속해 있다.

해설
면심입방정의 원자수는 4개, 체심입방정과 조밀육방정의 원자수는 2개이다.

22 정삼각형의 각 정점으로부터 대변에 평행으로 10 또는 100등분하고, 삼각형 내의 어느 점의 농도를 알려면 그 점으로부터 대변에 내린 수선의 길이를 읽어 표시하는 3원 합금의 농도표시방법은?

① Cottrell법
② Gibbs의 삼각법
③ lever realtion법
④ Roozeboom의 삼각법

해설
Gibbs의 삼각법은 3원 합금의 농도표시법으로 정삼각형을 이용하는 방법이다.

23 산소와 친화력이 큰 순서로 배열된 것은?

① Al > Mn > Fe > Ni
② Mn > Ni > Fe > Al
③ Fe > Mn > Al > Ni
④ Ni > Fe > Mn > Al

해설
금속원소들은 산소와의 친화력이 차이가 있기 때문에 같은 산화조건일 경우 친화력이 큰 원소부터 먼저 산화물을 형성한다.
Al > Mn > Zn > Cr > Fe > Ni > Cu

24 고체를 구성하는 원자결합방법이 아닌 것은?

① 이온결합
② 금속결합
③ 공유결합
④ 수분결합

해설
원자 간 1차 결합
• 이온결합(ionic bonds)
• 공유결합(covalent bonds)
• 금속결합(metallic bonds)
원자 간 2차 결합
• 반데르발스 결합(런던 인력)

25 결정립 크기와 항복강도 간의 관계를 표현하는 것은?

① Hume-Rothery 법칙
② Hall-Petch 관계식
③ Peach-Koehler 관계식
④ Zener-Hollomon 관계식

[해설]
Hall-Petch식
대부분의 결정질 재료의 결정립 크기가 감소할수록 항복강도는 증가함을 표시하며 결과적으로 결정립이 미세할수록 금속의 항복강도, 피로강도, 인성이 증가한다.

26 격자가 완전히 규칙적인 것을 나타내는 장범위 규칙도(R)의 표시로 옳은 것은?

① $R=0$
② $R=1$
③ $R=2$
④ $R=3$

[해설]
장범위 규칙도(장거리 규칙도)
소격자의 분포율로 규칙도를 정의하는 것으로 $R=1$이면 격자가 완전히 규칙적인 것을 나타내고 $R=0$이면 완전 무질서 배열이다.

27 다음 중 전율고용체 형태의 합금상태도가 아닌 것은?

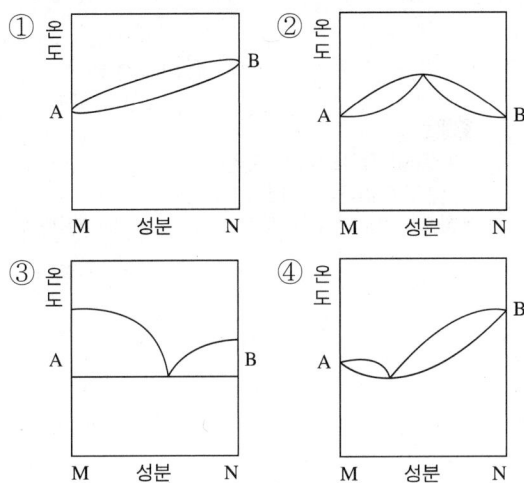

[해설]
③ 공정형 상태도

28 조밀육방정계 금속에서 볼 수 있는 특징적인 변형으로 슬립면에 수직으로 압축하였을 때 나타나는 것은?

① 쌍정대
② 킹크대
③ 전위대
④ 버거스대

[해설]
• 킹크대 : 슬립면에 수직으로 압축하였을 때 굴곡을 일으키는 변형
• 쌍정대 : 하나의 대칭면을 기준으로 나타나는 변형
• 전위대 : 금속구조 정렬상의 선결함으로 생기는 변형

[정답] 25 ② 26 ② 27 ③ 28 ②

29 자기변태가 존재하지 않는 것은?

① Ni ② Co
③ Al₂O₃ ④ Fe₃C

해설
- 니켈(Ni) 자기변태점 : 368℃
- 코발트(Co) 자기변태점 : 1,150℃
- 철(Fe₃C)의 자기변태점 : 210℃(A_0 변태), 768℃(A_2 변태)

30 냉간가공 등으로 변형된 결정구조가 가열하면 내부변형이 없는 새로운 결정립으로 치환되어지는 현상은?

① 시효
② 회복
③ 재결정
④ 용체화처리

해설
③ 재결정 : 냉간가공 등으로 변형된 결정구조가 가열하면 내부변형이 없는 새로운 결정립으로 치환되어지는 현상
① 시효 : 시간에 따라 안정상태로 변화하면서 강도, 경도가 증가하는 현상
② 회복 : 냉간가공 금속을 재결정 바로 밑의 온도로 가열하는 과정으로 금속의 경도는 감소하고 연성이 증가하는 현상
④ 용체화처리 : 금속을 가열 후 급랭하여 과포화 고용체의 불안정한 상태로 만드는 조작

31 금속의 소성변형을 가능하게 하는 전위는 어떤 결함인가?

① 선결함 ② 점결함
③ 면결함 ④ 체적결함

해설
금속의 선결함(전위)을 통해 슬립면의 소성변형을 가능하게 한다.

32 50%Ag-Au가 규칙격자를 만들 때 단범위 규칙도 (σ)는?(단, Au는 FCC이며 이 중 6.5개가 Ag이고, 5.5개가 Au이다)

① -0.08 ② -0.5
③ 0.8 ④ 0.5

해설
단범위 규칙(SRO ; short range order)은 고용체 내에서 용질원자의 치환 위치가 넓은 영역 중 특정 영역에서만 고려할 때의 규칙성을 나타내는 것이고 전 영역에서 규칙적으로 배열하고 있는 것은 장범위 규칙(LRO ; long range order)이라 한다.

$$\sigma = 1 - \left(\frac{1}{0.5} \times \frac{6.5}{12}\right) \fallingdotseq -0.08$$

33 결정 내 원자들은 열진동을 계속하면서 고체 내에 원자 확산이 진행되고 있다. 다음 금속의 열진동에 대한 설명으로 틀린 것은?

① 원자의 열진동에서 진동수는 온도에 따라 거의 변하지 않으나 진폭은 변한다.
② 일반적으로 온도가 상승하면 공격자점이 존재할 비율은 작아진다.
③ 공격자점이 많아지면 결정 내의 원자 열진동 진폭은 커진다.
④ 공격자점 주위에 열진동하고 있는 원자가 새로운 공격자점으로 계속 위치를 변화하며 확산이 진행된다.

해설
금속의 열진동에 의한 반응 중 온도의 상승에 따라 공격자점의 존재비율이 높아진다.

34 용융 금속이 응고 성장할 때 불순물이 가장 많이 모이는 곳은?

① 결정립 내
② 결정립계
③ 결정립 내의 중심부
④ 결정격자 내의 중심부

해설
금속의 응고 성장 시 가장 마지막에 응고되어 불순물의 침착이 가장 높은 곳은 결정립계이다.

35 용융금속 표면에 종자결정을 접촉시켜 이를 서서히 회전시키면서 끌어 올릴 때 이 종자결정에 연결되어 연속적으로 성장시키는 단결정 성장 방법은?

① 재결정법
② 용융대법
③ Czochralski법
④ Tammann-Bridgemann법

해설
Czochralski method(초크랄스키법)
단결정 성장법의 하나로 용융액에 침투된 종자결정을 방향을 맞추어 천천히 올리면서 선단 부분의 액을 연속적으로 고화시키는 방법으로 반도체 웨이퍼 등에 사용한다.

36 다음 중 고용체 강화에 대한 설명으로 틀린 것은?

① 황동에서는 고용체 강화에 의해 강도 및 연성이 증가한다.
② 고용체 강화 합금은 고온 크리프 저항성이 순금속보다 우수하다.
③ 고용체 강화 합금은 순금속에 비해 전기전도가 크다.
④ 고용체 강화 합금의 항복강도, 인장강도가 순금속보다 크다.

해설
고용체 강화
일반적으로 용매원자의 격자에 용질원자가 고용되면 순금속보다 강한 합금이 되는 것으로 구체적으로는 용질원자에 의한 응력장이 가동전위의 응력장과 상호작용을 하여 전위의 이동을 방해하여 재료를 강화시키는 것을 의미한다. 따라서 순금속에 비해 강도와 경도가 커지고 크리프 저항성도 커지며 전기전도도는 작아진다.

정답 33 ② 34 ② 35 ③ 36 ③

37 결정계와 브라베(Bravais) 격자와의 관계에서 정방정계의 축장과 축각의 표시로 옳은 것은?

① $a = b = c$, $\alpha = \beta = \gamma = 90°$
② $a \neq b \neq c$, $\alpha = \beta = \gamma = 90°$
③ $a = b \neq c$, $\alpha = \beta = \gamma = 90°$
④ $a \neq b \neq c$, $\alpha = \gamma = 90°$, $\beta \neq 90°$

해설
③ 정방정계
① 입방정계
② 사방정계
④ 단사정계

38 Al-Cu계 합금의 G.P. Zone은 구리 원자가 Al의 어느 면에 형성되는가?

① (111)
② (110)
③ (100)
④ (112)

해설
G.P. zone(Guinier-Preston zone)
과포화 고용체의 분해 시 최초 기지의 특정면에 2차원적으로 석출하는 용질 원자의 집단으로 Al-Cu계 합금의 G.P. zone은 구리 원자가 알루미늄의 (100)면에 형성된다.

39 표면확산, 입계확산, 격자확산 중 확산이 가장 빠른 순서에서 낮은 순서로 나타낸 것은?

① 표면확산 > 입계확산 > 격자확산
② 입계확산 > 격자확산 > 표면확산
③ 격자확산 > 표면확산 > 입계확산
④ 표면확산 > 격자확산 > 입계확산

해설
확산의 빠르기
표면확산 > 입계확산 > 격자확산

40 금속에 있어서 Fick의 확산 제2법칙의 식은?(단, D는 확산계수이며, 농도 C를 시간 t와 장소 x의 함수로 생각하여 확산이 일어난다고 가정한다)

① $\dfrac{\partial C}{\partial t} = D\dfrac{\partial^2 C}{\partial x^2}$
② $\dfrac{\partial t}{\partial C} = -D\dfrac{\partial^2 C}{\partial x^2}$
③ $\dfrac{\partial C}{\partial t} = 3D\dfrac{\partial^2 C}{\partial^2 x}$
④ $\dfrac{\partial t}{\partial C} = -3D\dfrac{\partial^2 C}{\partial^2 x}$

해설
Fick의 제2법칙 식
- 확산계수가 시간에 무관한 상태의 확산
- 농도의 변화율이 기울기 자체보다 농도 기울기의 변화율에 비례

$\dfrac{dC_x}{dt} = \dfrac{d}{dx}\left(D\dfrac{dC_x}{dx}\right) = D\dfrac{d^2 c}{dx^2}$

제3과목 금속 열처리

41 탄소강에서 마텐자이트 변태가 시작되는 온도(M_s)에 대한 설명으로 틀린 것은?

① 미세결정립은 M_s점이 낮다.
② 얇은 시료의 M_s점은 두꺼운 시료보다 높다.
③ Al, Ti, V, Co 등의 첨가원소는 M_s점을 낮춘다.
④ 탄소강은 냉각속도가 빠르면 M_s점이 낮아진다.

해설
마텐자이트 변태온도 M_s점에 미치는 영향
- 미세결정립은 M_s점이 낮음
- 얇은 시료의 M_s점은 두꺼운 시료보다 높음
- Al, Ti, V, Co 등의 첨가원소는 M_s점을 높임
- 탄소강의 탄소함량이 높을수록 M_s점을 낮춤
- 결정립 크기가 작을수록 M_s이 낮음
- 탄소강의 C, N, Mn, Ni, Cr, Mo, Cu의 첨가는 M_s점을 낮춤
- 냉각속도가 빠르면 M_s점을 낮춤

42 페라이트 가단주철 및 펄라이트 가단주철은 어떠한 주철을 풀림하여 만드는가?

① 회주철
② 반주철
③ 백주철
④ 구상흑연주철

해설
가단주철
인성이 낮고 여린 주철의 단점을 보완하기 위해 백주철의 열처리로 탈탄 또는 흑연화로 제조하는 것으로 가단성(소성가공성)을 높이는 열처리

43 Sub-zero 처리과정에서 균열 발생에 대한 대책으로 옳은 것은?

① 심랭처리 온도로부터의 승온은 가열로에서 한다.
② 가능한 한 잔류 오스테나이트가 많이 발생되도록 한다.
③ 담금질을 하기 전에 탈탄층을 두어 탈탄이 지속되도록 한다.
④ 심랭처리하기 전에 100~300℃에서 뜨임(tempering)을 행한다.

해설
심랭처리(sub-zero treatment)
담금질 상태의 강을 상온 이하 특정 온도로 냉각 후 잔류 오스테나이트를 마텐자이트 변태처리 하는 과정으로 균열 발생을 방지하기 위해 100~300℃에서 뜨임(tempering)처리를 한다.

44 수용액에서 퀜칭 시 냉각속도가 가장 빠른 단계는?

① 복사 단계
② 비등 단계
③ 대류 단계
④ 증기막 형성 단계

해설
금속의 냉각단계는 증기막 단계 → 비등 단계 → 대류 단계로 비등 단계에서 증기막의 파괴로 비등이 활발해져 냉각속도가 최대이다.

정답 41 ③ 42 ③ 43 ④ 44 ②

45 완전풀림을 했을 때 경도의 증가는 어떤 원소의 영향인가?

① Zn%의 함유량 ② C%의 함유량
③ Sn%의 함유량 ④ Mn%의 함유량

해설
완전풀림
결정조직을 조정하고 연화시켜 소성가공성을 개선하는 과정으로 완전풀림 후 경도의 증가는 C%의 함유량의 영향을 받는다.

46 담금질에 따른 용적의 변화가 가장 큰 조직은?

① 펄라이트 ② 베이나이트
③ 마텐자이트 ④ 오스테나이트

해설
강의 조직 중에서 오스테나이트의 밀도가 가장 높고 마텐자이트의 밀도가 가장 낮다. 따라서 오스테나이트 → 마텐자이트의 열처리는 매우 큰 부피팽창을 수반한다.

47 금속의 발열체 중 사용온도가 가장 높은 것은?

① 칸탈 ② 니크롬
③ 철크롬 ④ 몰리브덴

해설
금속 발열체

종류	명칭	최고 사용 온도(℃)
금속 발열체	니크롬	1,100
	철크로뮴	1,200
	칸탈	1,300
	몰리브데넘	1,650
	텅스텐	1,700
비금속 발열체	탄화규소(카보런덤)	1,600
	흑연	3,000

48 아공석강을 노멀라이징(normalizing) 열처리하였을 경우 얻어지는 조직은?

① 페라이트 + 펄라이트
② 소르바이트 + 시멘타이트
③ 시멘타이트 + 베이나이트
④ 시멘타이트 + 오스테나이트

해설
노멀라이징에 의해 얻은 조직은 표준 조직이며, 아공석강의 경우 페라이트+펄라이트 조직이 형성된다.

49 알루미늄, 마그네슘 및 그 합금의 질별 기호 중 어닐링한 것의 기호로 옳은 것은?

① F
② H
③ O
④ W

해설
알루미늄, 마그네슘 및 그 합금의 질별 기호
• F : 제조한 그대로의 것
• H : 냉간가공 경화한 것
• O : 어닐링한 것
• W : 용체화 처리한 것
• T : 시효강화한 것(T1~T10)

50 분위기로에 재료를 장입 또는 꺼낼 때 노의 내부로 공기가 들어가 가스의 교란이나 폭발을 방지하기 위하여 장입구 또는 취출구에 가연성 가스를 연소시켜 외부와 차단하는 것은?

① 수팅(sooting)
② 버핑(buffing)
③ 번아웃(burn out)
④ 화염커튼(flame curtain)

해설
화염커튼(flame curtain)
분위기로에 열처리 재료를 장입 또는 꺼낼 때 노의 내부로 공기가 들어가 가스의 교란이나 폭발을 방지하기 위하여 장입구 또는 취출구에 가연성 가스를 연소시켜 불꽃의 막을 만들어 외부와 차단

51 두 종류의 금속선 양단을 접합하고 양 접합점에 온도차를 부여하면 열기전력이 발생한다. 이것을 이용한 온도계는?

① 전기저항 온도계
② 열전대 온도계
③ 복사 온도계
④ 팽창 온도계

해설
온도차를 이용한 열기전력 발생원리의 온도계가 열전대 온도계이다.

52 다음의 조직 중 항온변태와 가장 관계가 깊은 조직은?

① 페라이트(ferrite)
② 펄라이트(pearlite)
③ 베이나이트(bainite)
④ 레데부라이트(ledeburite)

해설
항온변태 처리를 통해 오스테나이트상태에서 강인한 베이나이트 조직을 형성한다.

정답 49 ③ 50 ④ 51 ② 52 ③

53 고주파 유도 가열 시 침투깊이가 가장 큰 것은 몇 kHz인가?

① 0.5
② 1.0
③ 2.0
④ 4.0

해설
주파수가 작을수록 침투깊이는 크다.

54 고주파경화열처리의 특징으로 틀린 것은?

① 담금질 시간이 단축된다.
② 간접 가열하므로 열효율이 낮다.
③ 재료비, 가공비 등 담금질 경비가 절약된다.
④ 생산공정에 열처리 공정의 편입이 가능하다.

해설
고주파경화열처리의 장점
• 담금질 시간 단축(가열효율이 높다)
• 경화깊이의 조절이 가능
• 재료비, 가공비 등 담금질 경비가 절약
• 생산공정에 열처리 공정의 편입이 가능

55 A_1 변태점 이하에서 가열하는 열처리는?

① 템퍼링
② 담금질
③ 어닐링
④ 노멀라이징

해설
열처리 가열온도
• 변태점 이상으로 가열 : 풀림, 불림, 담금질
• 변태점 이하로 가열 : 뜨임

56 염욕이 갖추어야 할 조건에 해당되지 않는 것은?

① 염욕의 순도가 높고 유해 불순물이 포함하지 않는 것이 좋다.
② 가급적 흡수성이 크고, 염욕의 분해를 촉진해야 한다.
③ 열처리 후 제품 표면에 점착된 염의 세정이 쉬워야 한다.
④ 열처리 온도에서 염욕의 점성이 작고, 증발 휘산량이 적어야 한다.

해설
염욕이 갖추어야 할 조건
• 구입이 용이하고 경제적이어야 한다.
• 염욕의 순도가 높아야 한다.
• 증발 휘산량이 적어야 한다.
• 염욕의 점성이 낮아야 한다.
• 열처리 후 염의 세정이 쉬워야 한다.

57 다음 중 담금질 균열과 변형의 가장 주된 원인은?

① 응력 감소
② 경도 증가
③ 균일한 체적 변화
④ 온도 차이로 인한 열응력

해설
담금질은 급랭에 의한 열처리이므로 온도 차이에 의한 열응력에 따른 변형이 주된 변형이다.

58 화염경화처리의 특징으로 틀린 것은?

① 담금질 변형이 적다.
② 국부적인 담금질이 어렵다.
③ 가열온도와 조절이 어렵다.
④ 기계가공을 생략할 수 있다.

해설
화염경화처리 특징
• 국부적인 담금질이 가능하므로 담금질 변형이 적다.
• 가열깊이 조절이 쉽다.
• 가열온도의 조절이 어렵다.
• 국부적인 담금질이므로 기계가공을 생략할 수 있다.

59 담금질 균열의 방지 대책이 아닌 것은?

① 제품 전체가 고루 냉각되도록 한다.
② 날카로운 모서리를 가급적 만들지 않는다.
③ 냉각 시 제품의 온도 구배를 균일하게 한다.
④ 살 두께 차이, 급변하는 부분을 많게 한다.

해설
살 두께 차이나 급변하는 부분일수록 담금질 균열 가능성이 커진다.

60 다음 중 연속적 작업이 곤란한 열처리로는?

① 푸셔로
② 피트로
③ 컨베이어로
④ 노상 진동형로

해설
연속형 열처리로에는 푸셔로, 컨베이어로, 노상 진동형로가 포함된다.

정답 57 ④ 58 ② 59 ④ 60 ②

제4과목 재료시험

61 다음 재료시험 중 정적시험방법이 아닌 것은?

① 인장시험
② 압축시험
③ 비틀림시험
④ 충격시험

해설
정적시험
- 정적하중을 가하여 시험하는 것으로 하중증가에 가속도가 없다.
- 인장, 압축, 전단, 굽힘, 비틀림, 압입 경도시험

동적시험
- 동적하중을 가하며 시험하는 것으로 실제상태와 유사하다.
- 피로시험, 충격시험, 쇼어 경도시험, 에코팁 경도시험

62 와전류탐상시험의 특성을 설명한 것 중 틀린 것은?

① 자장이 발생하는 동일 주파수에서 진동한다.
② 전도체 내에서만 존재하며, 교번 전자기장에 의해서 발생한다.
③ 코일에 가장 근접한 검사체의 표면에서 최대 와전류가 발생한다.
④ 와전류가 물체에 침투되는 깊이는 시험주파수, 전도성, 투자율과 비례한다.

해설
시험주파수, 전도성, 투자율은 임피던스에 영향을 주고 와전류가 물체에 침투되는 깊이와는 상관없다.

63 다음 중 결정립도 측정법이 아닌 것은?

① ASTM 결정립 측정법
② 제프리스(Jefferies)법
③ 헤인(Heyn)법
④ 폴링(Polling)법

해설
대표적인 결정립도 측정법은 ASTM 결정립 측정법, 제프리스(Jefferies)법, 헤인(Heyn)법이다.

64 일반 광학현미경의 조직검사로 조사할 수 없는 것은?

① 결정입자의 크기
② 비금속개재물의 종류
③ 재료의 성분, 성분의 함량
④ 재료의 압연, 단조, 열처리의 상태

해설
광학현미경은 눈으로 보는 것이므로 재료의 성분 및 성분의 함량을 조사할 수 없다.

65 X선 회절시험에 사용되는 Bragg 법칙으로 옳은 것은?(단, n은 X선의 차수, λ는 X선의 파장, d는 원자 간 거리, θ는 결정에 투과되는 X선의 입사각 또는 반사각이다)

① $n = 2d\lambda\sin\theta$
② $n = 3d\lambda\sin\theta$
③ $n\lambda = 2d\sin\theta$
④ $n\lambda = 3d\sin\theta$

해설
브래그(Bragg's)의 법칙
어느 결정면으로 X선 회절이 생길 가능성 및 간섭성산란 X선의 회절방향은 입사 X선의 파장을 λ, 결정면에 대한 X선의 입사각 및 반사각을 θ 반사차수를 n으로 하면, $2d\sin\theta = n\lambda$를 만족하는 각도에서만 X선 회절이 생긴다는 법칙이다.

66 조미니시험에서 경화능의 표시가 보고서에 J45-6/18로 적혀있을 때 HRC 경도값을 표시하는 것은?

① J
② 6
③ 15
④ 45

해설
조미니(Jominy)시험법
강의 경화능(hardenability)을 시험하는 가장 보편적인 방법으로 단면 담금질하여 냉각 후 축선을 따라 표면 경도를 측정하고 세로축은 로크웰 경도(HRC) 가로축은 수랭단으로부터의 거리를 나타낸다(J 다음 숫자가 경도 그 다음 숫자는 거리).

67 굽힘시험은 굽힘저항시험과 굴곡시험으로 분류되는데 다음 중 굴곡시험과 관계있는 것은?

① 탄성계수
② 탄성에너지
③ 재료의 저항력
④ 전성 및 연성

해설
범용적으로 굽힘시험이나 굴곡시험을 같이 사용하나 세부적으로 굴곡시험은 풀림재료의 연성의 대소를 상대적으로 비교하기 위해 사용하는 시험이다.

68 자분탐상 검사에서 탈자(demagnetization)처리가 필요 없는 경우에 해당되는 것은?

① 시험체의 잔류자속이 이후 기계가공을 곤란하게 하는 경우
② 시험체가 큐리점(Curie point) 이상으로 열처리 되었을 경우
③ 시험체의 잔류자속이 계측기의 작동이나 정밀도에 영향을 주는 경우
④ 시험체가 마찰부분에 사용될 때 자분집적으로 마모에 영향을 주는 경우

해설
자분탐상검사에서 시험체가 큐리점 이상으로 열처리되면 자성을 잃게 되므로 탈자처리가 필요 없다.

69 국가와 재료시험규격의 연결이 틀린 것은?

① 미국-ASTM
② 영국-SAE
③ 독일-DIN
④ 일본-JIS

해설
영국산업규격 : BS

70 인장시험편의 표점거리가 50mm인 시험편을 시험 결과 52mm로 늘어났다면 연신율은?

① 2%   ② 4%
③ 20% ④ 40%

해설
연신률 = $100 \times \dfrac{\text{나중표점거리} - \text{초기표점거리}}{\text{초기표점거리}}$

$= 100 \times \dfrac{52-50}{50}$

$= 4\%$

71 마모시험에 미치는 영향을 설명한 것 중 틀린 것은?

① 온도 및 상대금속에 따라 결괏값이 다르다.
② 표면의 거칠기 상태에 따라 결괏값이 다르다.
③ 윤활제를 사용한 것과 사용 안 한 것의 결괏값은 다르다.
④ 마찰로 인하여 생기는 미세한 가루는 결괏값에 전혀 영향을 미치지 않는다.

해설
마찰로 생긴 미세한 가루는 금속표면에 결함을 주어 마모시험에 영향을 미친다.

72 설퍼 프린트(sulphur print)법에 대한 설명으로 옳은 것은?

① 철강재료의 결정 조직 상태를 알아보는 검사법이다.
② 철강재료의 입간부식이나 방향성을 알아보는 검사법이다.
③ 철강재료 중의 황화망간(MnS)의 분포상태를 알아보는 검사법이다.
④ 철강재료 중 황 및 편석의 분포상태를 알아보는 검사법이다.

해설
설퍼프린트법
1~5% 황산 수용액에 브로마이드 인화지를 5분간 담근 후 수분을 제거한 다음 이것을 피검사체의 시험면에 1~3분간 밀착시켜 철강 중에 있는 황(S)의 편석 분포상태를 검사하는 시험이다.

73 비커스 경도계에서 대면각이 몇 °인 다이아몬드 사각추 누르개를 사용하는가?

① 120° ② 136°
③ 140° ④ 156°

해설
비커스 경도시험

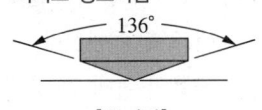 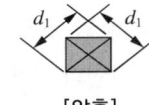

[꼭지각]   [압흔]

74 실험실에 사용하는 약품 중 인화성 물질이 아닌 것은?

① 질산
② 벤젠
③ 에틸알코올
④ 다이에틸에테르

해설
벤젠류, 알코올류, 에테르류는 인화성 물질이다.

75 브리넬 경도를 측정 시 시험하중의 유지시간으로 옳은 것은?

① 2~8s
② 10~15s
③ 16~20s
④ 21~25s

해설
브리넬 경도시험의 일반적인 압입자 압입시간은 약 10~15초이다.

76 시험편을 가압하거나 감압하여 일정한 시간이 경과한 후 발포용액으로 누설을 검지하는 누설시험법은?

① 기포 누설시험법
② 헬륨 누설시험법
③ 할로겐 누설시험법
④ 암모니아 누설시험법

해설
발포용액은 기포 누설과 관련 있다.

77 다음에서 재료의 단면변화율을 측정하는 것은?

① 쇼어   ② 브리넬
③ 로크웰 ④ 압축강도

해설
쇼어, 브리넬, 로크웰은 표면의 부분변형을 측정하는 것이다.

78 피로시험에 대한 설명으로 틀린 것은?

① 단일 하중의 응력보다 훨씬 작은 응력에서 큰 변형 없이 파괴가 발생한다.
② $S-N$곡선에서 일반적으로 응력이 작아질수록 사이클수(N)는 감소한다.
③ 고주기 피로는 10^4 반복주기 이상에서 파괴가 발생한다.
④ 쇼트 피닝에 의해 표면에 압축응력을 생성시키면 피로수명이 증가된다.

해설
$S-N$곡선에서 일반적으로 응력이 클수록 사이클수(수명)는 작아진다.

79 시료의 연마제로 가장 거리가 먼 것은?

① 산화망간(MnO)
② 산화크롬(Cr_2O_3)
③ 알루미나(Al_2O_3)
④ 산화마그네슘(MgO)

해설
• 비철 및 합금 : 알루미나(Al_2O_3), 산화마그네슘(MgO)
• 철강재 : Fe_2O_3, 산화크로뮴(Cr_2O_3), 알루미나(Al_2O_3)
• 초경합금 : 다이아몬드 페이스트

80 철강재료를 신속, 간편하게 선별하는 불꽃시험법에 대한 설명 중 틀린 것은?

① 검사는 같은 방법 및 조건으로 실시하여야 한다.
② 그라인더 불꽃시험은 뿌리, 중앙, 끝으로 나누어 관찰한다.
③ 불꽃검사에서 탄소의 양(%)이 증가하면 불꽃의 수가 감소하고 그 형태도 단순해진다.
④ 그라인더 불꽃시험은 불꽃의 형태 및 양에 의해 재료의 탄소량(%)을 판정한다.

해설
탄소강의 불꽃시험
• 강 중의 탄소량이 증가하면 불꽃수가 많아짐
• 탄소함량이 높을수록 유선의 색깔은 적색
• 탄소함량이 높을수록 유선의 숫자가 증가
• 탄소함량이 높을수록 파열의 꽃잎 모양이 복잡해짐
• 탄소함량이 높을수록 유선의 길이가 감소

2016년 제2회 과년도 기출문제

제1과목 금속재료

01 다음 중 초소성 및 그 재료에 대한 설명으로 틀린 것은?
① 결정립의 형상은 등축(等軸)이어야 한다.
② Al합금 중에는 Supral 100이 초소성으로 많이 사용된다.
③ 초소성재료의 입계구조에서 모상입계는 저경각(底傾角)인 것이 좋다.
④ 초소성이란 어느 응력하에서 파단에 이르기까지 수백 % 이상의 연신을 나타내는 현상이다.

해설
초소성재료의 입계구조에서 모상입계는 고경각(高傾角)인 것이 좋고, 저경각은 입계슬립을 방해한다.

02 탄소강 중의 인(P) 성분에 의해 일어나는 취성은?
① 청열취성 ② 저온취성
③ 적열취성 ④ 입간취성

해설
• 인을 많이 함유하면 저온취성이 나타난다.
• 황을 많이 함유하면 적열취성이 나타난다.

03 순구리(Cu)에 대한 설명 중 틀린 것은?
① 전성이 좋다.
② 가공하기 쉽다.
③ 전기 전도율이 좋다.
④ 연신율이 낮으며, 경도가 높다.

해설
순구리는 연신율이 높고 경도가 낮다.

04 Zn 40% 내외의 6 : 4 황동으로 인장강도가 크며 열교환기, 열간 단조품 등으로 사용되는 황동은?
① 톰백 ② 포금
③ 문쯔메탈 ④ 센더스트

해설
• 먼츠메탈(Muntz metal) : 6 : 4 황동으로 볼트 및 리벳에 사용
• 톰백(tombac) : Zn을 5~20% 함유한 황동
• 포금 : 청동의 한 종류

정답 1 ③ 2 ② 3 ④ 4 ③

05 금속의 가공도에 따른 기계적 성질을 설명한 것 중 틀린 것은?

① 가공도가 증가할수록 연신율은 감소한다.
② 가공도가 증가할수록 항복강도는 증가한다.
③ 가공도가 증가할수록 단면수축률은 증가한다.
④ 가공도가 증가할수록 인장강도는 증가한다.

해설
가공도가 증가할수록 변형은 감소하고 강도는 증가한다(단면수축률도 변형이다).

06 강철에 비해 주철의 성질 중 가장 부족한 것은?

① 주조성
② 유동성
③ 수축성
④ 인장강도

해설
주철은 취성재료로 강철에 비해 인장강도가 낮다.

07 다음의 금속과 비중이 옳게 연결된 것은?

① Al : 1.74
② Mg : 2.74
③ Fe : 6.42
④ Ni : 8.90

해설
알루미늄(2.7), 니켈(8.9), 마그네슘(1.7), 철(7.85)

08 Ni의 자기변태온도는 약 몇 ℃인가?

① 210℃
② 368℃
③ 768℃
④ 1,150℃

해설
자기변태점이 있는 대표적 금속은 철(A_0 = 210℃, A_2 = 768℃), 니켈(368℃), 코발트(1,150℃)이고 주석은 자기변태점이 없다.

09 다음 중 준금속(metalloid)에 해당되는 것은?

① Fe
② Ni
③ Si
④ Co

해설
준금속 : 금속과 비금속의 중간성질을 갖는 화학원소로 B, Si, Ge, As, Sb, Te 등이 있다.

10 Cr계 스테인리스강의 취성에 대한 설명으로 틀린 것은?

① 고온취성은 약 950℃ 이상에서 급랭할 때 나타나는 취성이다.
② 저온취성은 오스테나이트 강에 나타나며 페라이트 강에서는 나타나지 않는다.
③ 475℃ 취성은 Cr 15% 이상의 강종을 370~540℃로 장시간 가열하면 취화하는 현상이다.
④ σ취성은 815℃ 이하 Cr 42~82%의 범위에서 σ상의 취약한 금속간 화합물로 존재하여 취성을 일으킨다.

[해설]
저온취성은 상온에서 연신율이 감소하는 현상으로 크로뮴 함량이 많을수록 발생하기 쉽다.

11 리드 프레임(lead frame) 재료에 요구되는 성능이 아닌 것은?

① 재료를 보다 작고 얇게 하기 위하여 강도가 낮을 것
② 재료의 치수정밀도가 높고 잔류응력이 작을 것
③ 본딩(bonding)을 위한 우수한 도금성을 가질 것
④ 고집적화에 따라 열방산이 좋을 것

[해설]
리드 프레임(lead frame)
반도체 소자의 틀로 사용되는 소재로 열팽창을 줄이기 위해 열방출성이 높아야 하고 강도가 낮으면 안 된다.

12 니켈, 철합금으로 바이메탈, 시계진자에 사용하는 불변강은?

① 인바
② 알니코
③ 애드미럴티
④ 마르에이징강

[해설]
인바
Ni 35~36%, C 0.1~0.3%, Mn 0.4%와 Fe합금의 철-니켈합금으로 FeNi36 또는 64FeNi라고도 한다. 열팽창계수가 작아 표준자로 사용하는 금속이다.

13 상온 또는 가열된 금속을 실린더 모양의 컨테이너에 넣고 한쪽에 있는 램에 압력을 가하여 밀어내어 봉, 관, 형재 등의 가공방법은?

① 전조
② 단조
③ 압출
④ 프레스

[해설]
• 압연 : 두 개의 롤 사이를 통과하며 재료가 변형
• 압출 : 형틀을 두고 뒤에서 압력을 가하여 밀어내는 가공
• 인발 : 형틀을 두고 앞에서 당기는 방식으로 가공
• 단조 : 형틀을 사용하거나 사용하지 않고 외부에서 충격을 주어 가공하는 것(예 대장간)

14 합금주철에서 각각의 합금원소가 주철에 미치는 영향으로 옳은 것은?

① Ni은 탄화물의 생성을 촉진한다.
② Cr은 강력하게 흑연화를 촉진한다.
③ Mo은 인장강도, 인성을 향상시킨다.
④ Si는 강력하게 Fe_3C를 안정화시킨다.

해설
합금주철에 사용되는 합금원소의 역할
- Ni : 탄소의 흑연화를 촉진시킨다.
- Cr : Ni과는 반대로 흑연화를 방지하고 탄화물을 생성하게 하여 펄라이트를 안정화시킨다.
- Mo : 인장강도, 경도, 내마모성, 인성을 증가시키고 조직을 균일하게 한다.
- Si : 내열성을 증가시킨다.

15 화이트메탈(white metal)의 주성분이 아닌 것은?

① Pb   ② Sn
③ Sb   ④ Pt

해설
화이트메탈
주석(Sn)-안티모니(Sb)-구리(Cu)-납(Pb) 합금

16 인성에 대한 설명으로 틀린 것은?

① 인성과 충격저항은 상관관계가 없다.
② 충격에 대한 재료의 저항을 인성이라고 한다.
③ 인성이 좋은 재료가 일반적으로 충격인성이 크다.
④ 강인성의 정도를 측정하기 위해 충격시험을 한다.

해설
인성은 충격에 대한 재료의 저항력을 나타낸다.

17 입자가 미세한 요업재료로서 가볍고 내마모성, 내화학성이 우수하여 자동차 엔진 등에 사용되는 가장 적합한 재료는?

① 코비탈륨   ② 알드레이
③ 파인세라믹스   ④ 하이드로날륨

해설
'세라믹'이 대표적인 요업재료이고 '파인'은 미세하다는 의미이다.

18 오스테나이트(austenite)와 시멘타이트(Fe_3C)와의 기계적 혼합조직은?

① 펄라이트(pearlite)
② 베이나이트(bainite)
③ 마텐자이트(martensite)
④ 레데부라이트(ledeburite)

해설
- 레데부라이트(ledeburite)조직 : γ(austenite) + Fe_3C(시멘타이트)
- 베이나이트 조직 : 페라이트와 탄화물과의 혼합조직

19 합금강의 특징을 설명한 것 중 옳은 것은?

① 탄소강에 비해 담금질성이 좋지 않아 대형부품은 깊이 경화할 수 없다.
② 담금질성이 좋지 않아 항상 수랭을 하여야 하기 때문에 잔류응력이 높아 인성이 낮다.
③ Fe_3C에 합금원소가 고용되거나 특수탄화물을 형성하여 경도를 낮추며 내마모성이 나빠진다.
④ 특수탄화물은 오스테나이트화 온도에서 고용속도가 작아 미용해탄화물은 오스테나이트 결정립의 조대화를 방지한다.

해설
합금강 특성
- 오스테나이트 안정화 : Mn, Ni의 첨가로 공석온도를 낮춘다.
- 페라이트 안정화 : 텅스텐, 몰리브데넘, 타이타늄으로 공정온도를 높인다.
- 일반적으로 순금속보다 강도 및 경도가 우수해진다.
- 특수탄화물은 오스테나이트 결정립의 조대화를 방지한다.

20 철광석을 용광로 속에서 코크스로 환원시켜 제련시킨 것은?

① 순철　　② 강철
③ 선철　　④ 탄소강

해설
제선공정
고로에 철광석을 넣고 코크스를 태워 산소를 제거(환원)하여 선철을 만드는 공정

제2과목　금속조직

21 다이아몬드(diamond)는 무슨 결합인가?

① 이온결합　　② 금속결합
③ 공유결합　　④ 반데르발스 결합

해설
탄소의 동소체인 다이아몬드는 결합력이 강한 공유결합으로 구성된다.

22 냉간가공 하였을 때 물리적, 기계적 성질의 변화가 옳은 것은?

① 인성이 증가한다.
② 전기저항은 증가한다.
③ 연신율은 증가한다.
④ 인장강도가 감소한다.

해설
냉간가공의 특징
- 재결정 온도 이하에서의 가공
- 전위밀도가 증가하여 경도 및 인장강도가 커짐
- 인성이 감소
- 단면수축률이 감소
- 결정입자가 미세화되어 재료가 단단해짐
- 제품의 표면이 미려하고 치수가 정밀
- 열간가공에 비해 큰 힘이 필요함
- 전기저항이 증가

정답　19 ④　20 ③　21 ③　22 ②

23 인발 가공한 알루미늄선의 인발 축방향의 우선 결정 방위는?

① [111]   ② [100]
③ [010]   ④ [001]

해설
알루미늄은 면심입방결정으로 슬립면 방향은 [110]이고 인발 축방향은 [111]이다.

24 철에서 C, N, H, B의 원자가 이동하는 확산기구는?

① 격자 간 원자기구
② 공격자점기구
③ 직접교환기구
④ 링기구

해설
확산기구에는 공공에 의한 상호확산(공격자점기구), 격자점 사이의 위치로 파고드는 격자 간 원자기구, 원자의 상호이동에 의한 직접교환기구, 3개 또는 4개 원자의 동시이동에 의한 링기구가 존재하는데 철에서 C, N, H, B의 원자이동 확산기구는 격자 간 원자기구에 의한다.

25 금속간 화합물의 특징을 설명한 것 중 틀린 것은?

① 변형하기 쉬우며 연하다.
② 성분금속의 특성을 잃는다.
③ 간단한 원자수의 정수비로 결합한다.
④ 일반적으로 성분금속보다 용해온도가 높다.

해설
금속간 화합물
- 변형하기 어렵고 메짐성 있음
- 탄소강 중 경도가 가장 높음
- 간단한 원자비로 결합(Fe : 3, C : 1)
- 대부분의 금속간 화합물은 높은 용융점 가짐
- 금속 사이에 친화력이 클 때 형성
- 2종 이상의 금속원소가 $A_m B_n$의 화학식으로 구성 높은 경도를 가짐

26 공석강이 300℃ 부근의 등온변태에 의해 생성되는 조직으로 침상구조를 이루고 있는 것은?

① 마텐자이트
② 레데부라이트
③ 하부 베이나이트
④ 상부 베이나이트

해설
강의 베이나이트 조직은 본질적으로는 페라이트와 탄화물과의 혼합조직이며, 깃털 상의 상부 베이나이트와 침상구조의 하부 베이나이트로 분류된다.

27 (111)슬립면과 [110]면의 slip system을 가지는 금속으로만 이루어진 것은?

① Cu, Pd, Pt
② Sr, Al, Hf
③ Cr, Fe, Mo
④ Ni, Ag, Co

해설
(111)슬립면을 가지는 면심입방정(FCC)에 속하는 금속에는 Al, Ag, Au, Cu, Pt, Ni 등이 있다.

28 단위격자의 격자상수가 $a = b \neq c$의 관계를 갖는 결정계는?

① 입방정계
② 육방정계
③ 사방정계
④ 삼사정계

해설
육방정계 : $a = b \neq c$, $\alpha = \beta = 90°$, $\gamma = 120°$

29 금속이 전기가 잘 통하는 가장 큰 이유는?

① 전위가 있기 때문이다.
② 자유전자를 갖기 때문이다.
③ 입방정을 하고 있기 때문이다.
④ 금속은 연성이 좋기 때문이다.

해설
금속은 자유전자를 갖고 있어 전기가 잘 통한다.

30 다음 그림에서 X-Y축을 경계로 좌우측의 원자들은 완전한 규칙배열로 되어 있으나 전체로 보면 X-Y축을 경계로 하여 대칭으로 되어 있다. 이러한 원자배열의 구역은?

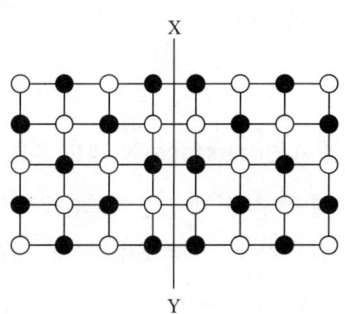

① 완화 구역
② 전이 구역
③ 자성 구역
④ 역위상 구역

해설
원자배열 시 나타나는 현상 중 특정 축의 경계에 전혀 반대(대칭)의 배열이 나타나는 것을 역위상 현상이라 한다.

31 대기압하에서 2원계 합금의 공정점에서 자유도는?

① 0　② 1　③ 2　④ 3

해설
2원계 합금의 대기압하에서의 Gibbs 자유도 식은 $F=n-P+1$ 이 사용된다. 여기서 2원계이므로 $n=2$가 되고 공정점에서는 3개의 상이 존재하므로 $P=3$(액상과 2개의 고상)이기 때문에 자유도는 0이다.
※ 공정점에서는 평형상태하에서 일어나기 때문에 불변반응으로 자유도는 0이라고 판단해도 된다.

32 상의 계면(interface)에 대한 설명 중 옳은 것은?

① 계면에너지가 작은 면의 성장속도는 빠르다.
② 원자 간 결합에너지가 클수록 계면에너지는 크다.
③ 정합석출물과 기지의 결정구조와는 관련이 없다.
④ 표면에너지를 최소화하기 위해서는 석출물이 침상이어야 한다.

해설
원자 간 결합에너지가 클수록 계면에너지는 크고 표면에너지를 최소화하기 위해서는 석출물이 구상이어야 한다.

33 다음 2원 합금 상태도의 반응식 중 포정반응인 것은?

① 액상(L_1) ⇌ 고상(A) + 고상(B)
② 액상(L_1) ⇌ 액상(L_2) + 고상(A)
③ 고상(A) + 액상(L_1) ⇌ 고상(B)
④ 고상(A) + 고상(B) ⇌ 고상(C)

해설
탄소강은 철과 탄소로 이루어진 이원 합금으로 탄소강의 경우 알아두어야 할 상변태반응은 다음과 같다.

- 공정반응 : liquid $\xrightarrow{cooling}$ α결정 + β결정
- 포정반응 : liquid + α고용체 $\xrightarrow{cooling}$ β고용체
- 공석반응 : γ결정 $\xrightarrow{cooling}$ α고용체 + β결정

34 주형에서 금속의 응고과정에 대한 설명으로 틀린 것은?

① 순금속이 응고하면 결정립들은 안쪽에서 바깥쪽으로 성장한다.
② 용융금속이 응고하면 용기의 벽쪽에서부터 내부로 칠층, 주상정, 입상정으로 성장한다.
③ 용융금속 중에서 용기의 벽에 접촉되어 있던 금속이 급속히 냉각되어 응고 이하의 온도로 심하게 과랭된다.
④ 용융금속 속에 있는 열은 용기의 벽을 통하여 외부로 계속 방출되므로 용기의 용융금속의 온도는 용기 벽에서 가장 낮고 내부로 들어갈수록 높아진다.

해설
주형에서 순금속이 응고하면 결정립들은 바깥쪽에서 안쪽으로 성장한다.

35 다결정재료의 결정립계에 의한 강화방법의 설명으로 틀린 것은?

① 결정립계가 많을수록 재료의 강도는 증가한다.
② 결정의 입도가 작아질수록 재료의 강도는 증가한다.
③ 결정립계에 의한 강화는 결정립 내의 슬립이 상호 간섭함으로써 발생된다.
④ Hall-Petch식에 의하면 결정질 재료의 결정립의 크기가 작아질수록 재료의 강도는 감소한다.

해설
Hall-Petch식
대부분의 결정질 재료의 결정립 크기가 감소할수록 항복강도는 증가함을 표시하며 결과적으로 결정립이 미세할수록 금속의 항복강도, 피로강도, 인성이 증가한다.

36 전위의 운동에 의해 생기는 조그(jog)에 대한 설명으로 틀린 것은?

① 전위선이 상승하거나 서로 교차할 때에 생성된다.
② 두 슬립면의 경계에 전위선이 계단상으로 된 부분이다.
③ 결정의 변형 부분과 변형되지 않은 부분이 대칭을 이루고 있는 것이다.
④ 전위선의 일부가 어느 슬립면에서 옆의 슬립면 위로 이동할 때 생성된다.

해설
다른 슬립면으로 생기는 전위선의 계단상(step)을 조그(jog)라 하고 전위선이 상승하거나 서로 교차할 때 생성되거나 전위선 일부가 어느 슬립면에서 옆의 슬립면 위로 이동할 때 생성된다.

37 금속에 있어서 확산을 나타내는 Fick의 제1법칙의 식으로 옳은 것은?(단, J는 농도구배, D는 확산계수, c는 농도, x는 위치(거리)이고, 농도의 시간적 변화는 고려하지 않는다)

① $J=-D\dfrac{dc}{dx}$ ② $J=-D\dfrac{dx}{dc}$
③ $J=D\dfrac{dx}{dc}$ ④ $J=D\dfrac{dc}{dx}$

해설
- $J=-D\dfrac{dc}{dx}$ 는 Fick's의 제1확산법칙이다.
- $J=D\dfrac{d^2c}{dx^2}$ 는 Fick's의 제2확산법칙이다.

38 용융 금속의 응고 시 핵생성속도에 가장 영향을 크게 미치는 것은?

① 시효
② 수량
③ 전위
④ 냉각속도

해설
핵생성속도는 냉각속도가 가장 큰 영향을 미친다.
- 냉각속도가 빠르면 결정핵 생성속도가 결정립의 성장속도보다 빠르게 되어 결정립의 크기가 작고 단위체적당 수가 많아진다.
- 냉각속도가 느리면 결정핵 생성속도보다 결정립 성장속도가 빠르게 되어 결정립의 크기가 크고 단위체적당 수가 작아진다.

정답 35 ④ 36 ③ 37 ① 38 ④

39 냉간가공을 한 금속의 풀림처리에서 회복(recovery) 현상이 일어나는 가장 큰 이유는?

① 새로운 결정이 생기기 때문에
② 전위의 밀도가 감소되기 때문에
③ 새로운 전위가 생기기 때문에
④ 원자의 재결합이 일어나기 때문에

해설
풀림처리에서 회복현상이 일어나는 가장 큰 이유는 충분한 에너지의 공급으로 전위가 재배열되어 밀도가 감소하기 때문이다.

40 다음 중 전위와 관계가 없는 것은?

① 조그(jog)
② 프랭크-리드 원(Frank-Read source)
③ 프렌켈 결함(Frenkel defect)
④ 상승 운동(climbing motion)

해설
프렌켈 결함은 점결함으로 전위(선결함)와 관계가 없다.

제3과목 금속 열처리

41 마텐자이트(martensite) 변태에 관한 설명으로 틀린 것은?

① 마텐자이트 변태를 하게 되면 표면에 기복이 발생한다.
② 펄라이트나 베이나이트 변태와 달리 확산을 수반하지 않는다.
③ 마텐자이트 조직은 모체인 오스테나이트 조성과 동일하다.
④ 마텐자이트 형성은 변태 시간에 따라 진행되고 온도와는 무관하다.

해설
마텐자이트 변태 특징
• 표면에 기복이 발생
• 무확산 변태
• 저탄소 함량에서는 라스(lath)모양, 고탄소 함량에서는 판(plate)모양의 마텐자이트가 각각 생성
• 조직은 오스테나이트 조성과 동일
• 변태량은 온도에 관계하고 시간에는 관계없음

42 담금질에 사용되는 냉각제에 대한 설명 중 틀린 것은?

① 냉각제에는 물, 기름 등이 있다.
② 물은 차가울수록 냉각 효과가 크다.
③ 기름은 상온 담금질일 경우 60~80℃ 정도가 좋다.
④ 증기막을 형성할 수 있도록 교반 또는 NaCl, $CaCl_2$ 등의 첨가제를 첨가한다.

해설
냉각 시 증기막 형성을 방지하여 경화 얼룩 및 경도감소를 최소화하기 위해 NaCl, $CaCl_2$ 등의 염 첨가제를 추가한다.

43 그림과 같은 구상화 어닐링 방법에서 A_1 변태점 이상으로 가열하는 이유는?

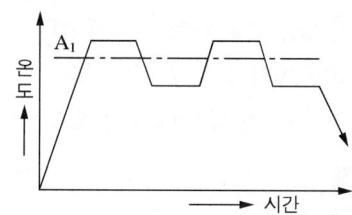

① 망상 Fe_3C를 없애기 위하여
② 층상 Fe_3C를 석출시키기 위하여
③ Fe_3C를 분리 및 생성시키기 위하여
④ 펄라이트 생성 및 판상화시키기 위하여

해설
구상화 어닐링 과정에서 A_1 변태점 이상으로 가열은 망상 Fe_3C를 없애기 위함이 목적이다.

44 강의 심랭(sub-zero)처리에서 얻어지는 효과가 아닌 것은?

① 공구강의 경도 증가
② 정밀기계 부품 조직의 안정화
③ 내마모 및 내피로성의 향상
④ 정밀기계 부품의 연신율 및 취성 증가

해설
• 심랭처리(sub-zero treatment) : 담금질 상태의 강을 상온 이하 특정 온도로 냉각 후 잔류 오스테나이트를 마텐자이트 변태처리 하는 과정으로 균열발생을 방지하기 위해 100~300℃에서 뜨임(tempering)처리를 한다.
• 연신율과 취성은 반대적인 특성이다(즉, 연신율이 증가하면 취성은 감소한다).

45 이온질화법의 특징으로 옳은 것은?

① 400℃ 이하의 저온에서 질화가 가능하며, 질화 속도가 비교적 빠르다.
② 미세한 홈의 내면, 긴 부품의 내면 등에 균일한 질화가 가능하다.
③ 처리부품의 정확한 온도 측정이 가능하며, 급속 냉각이 가능하다.
④ 오스테나이트계 스테인리스강이나 Ti 등에는 질화가 불가능하다.

해설
이온화질화법의 특징
• 질화속도가 비교적 빠르다.
• 수소가스에 의한 표면 청정 효과가 있다.
• 400℃ 이하의 저온에서도 질화가 가능하다.

46 탈탄에 대한 설명으로 틀린 것은?

① 담금질 균열, 변형이 발생한다.
② 내피로 강도의 저하, 열피로가 발생한다.
③ 수분이 있는 경우 현저하게 발생한다.
④ γ 구역보다 α 구역에서 현저히 발생한다.

해설
• 금속의 열처리 시 산화탈탄을 방지하기 위해 재료와 노 밖의 공기 접촉을 방지하고 수증기 발생을 최소화해야 한다.
• 고온에서 강이 탈탄되었을 경우 표면에 인장응력이 발생하여 크랙이 형성되어 균열 및 변형이 발생하고 내피로 강도가 저하된다.

47 침탄 경화층의 깊이 표시방법 중 경도시험에 의한 측정방법으로 시험하중 0.3kgf으로 측정하여 유효 경화층 깊이가 1.1mm의 경우를 표시하는 기호는?

① CD-H 0.3-T 1.1
② CD-H 0.3-E 1.1
③ CD-M-T 1.1
④ CD-M-E 1.1

해설
유효경화층의 깊이를 나타내는 방법은 CD-H(경도시험에 의한 측정방법)-E(유효경화층 깊이)로 나타내며 유효경화층의 깊이는 소수점 이하 첫째 자리까지 표시한다.
※ 참고 : M(마이크로 조직 시험방법)

48 다음 ( ) 안에 알맞은 내용은?

> 인상담금질의 작업방법은 Ar'구역에서는 (㉠), Ar″구역에서는 (㉡)하는 방법이다.

① ㉠ 급랭 ㉡ 급랭
② ㉠ 급랭 ㉡ 서랭
③ ㉠ 서랭 ㉡ 급랭
④ ㉠ 서랭 ㉡ 서랭

해설
가장 이상적인 담금질 방법은 임계수역(Ar' 변태가 일어나는 구역)에서는 급랭하고 위험구역(Ar″ 변태구역)에서는 서랭하는 것이다.

49 탈탄의 방지대책으로 틀린 것은?

① 강의 표면에 도금을 한다.
② 중성분말제 속에서 가열한다.
③ 고온에서 장시간 가열한다.
④ 분위기 가스 내에서 진공 가열한다.

해설
탈탄의 방지대책
• 탈탄방지제를 도포한다.
• 고온에서의 장시간 가열을 피한다.
• 염욕 및 금속욕에 의한 가열을 한다.
• 강의 표면에 도금을 한다.
• 중성분말제 속에서 가열한다.
• 분위기 가스 내에서 진공 가열한다.

50 Al합금에서 주괴(鑄塊)를 열간가공에 앞서 고온 장시간 가열로 균질화하고 열간가공성을 향상시키기 위해 균열(均熱)처리하여 얻어지는 결과가 아닌 것은?

① 방향성 증가
② 담금질성 향상
③ 결정립의 미세화
④ 기계적 성능의 개선

해설
균열처리와 방향성 증가와는 관계없다.

51 상온 가공한 황동제품의 자연균열(season crack)을 방지하기 위하여 실시하는 열처리 방법은?

① 뜨임 ② 담금질
③ 저온풀림 ④ 노멀라이징

해설
황동제품의 자연균열 방지방법
• 도료나 아연도금을 한다.
• 가공재를 응력제거풀림(저온풀림)한다.
• ($\alpha+\beta$)황동 및 β황동에 Sn을 첨가한다.

52 강의 연속냉각 변태에서 임계냉각속도란?

① 마텐자이트만을 얻기 위한 최소의 냉각속도
② 트루스타이트 조직을 얻기 위한 냉각속도
③ 마텐자이트에서 오스테나이트로의 변태개시 속도
④ 오스테나이트 상태에서 상온까지 계속 냉각시키는 속도

해설
마텐자이트 변태는 오스테나이트 상태에 있는 탄소강을 임계냉각속도 이상으로 급랭 시(CCT곡선의 nose를 지나는 속도보다 빠른 냉각속도 시) 생성된다.

53 보통탄소강의 오스테나이트 조직에 대한 설명 중 옳은 것은?

① 금속간 화합물이다.
② 면심입방격자이다.
③ 최대 고용 탄소함량은 0.02% 이하이다.
④ A_1 변태점 이하에서만 존재하는 조직이다.

해설
오스테나이트 조직
• γ고용체
• 면심입방격자
• A_1 변태점 이상에서 존재
• 최대 고용 탄소함량은 1.8% 이하

54 연속로에 해당되지 않는 것은?

① 푸셔로 ② 피트로
③ 컨베이어로 ④ 세이커 하스로

해설
연속형 열처리로에는 푸셔로, 컨베이어로, 노상 진동형로, 세이커 하스로가 포함된다.

정답 51 ③ 52 ① 53 ② 54 ②

55 펄라이트 생성에 대한 설명 중 틀린 것은?

① 공석강을 서랭 시 생성된다.
② 고용체와 금속간 화합물이 혼합되어 있다.
③ 오스테나이트의 결정립계에서 Fe_3C의 핵이 발생한다.
④ 오스테나이트에서 등온 냉각 시 M_s직상에서 생성된다.

해설
펄라이트
α고용체와 Fe_3C(금속간 화합물)의 혼합 공석조직으로 오스테나이트의 결정립계에서 Fe_3C의 핵이 발생한다.

56 고속도 공구강의 담금질 온도가 상승함에 따라 나타나는 현상이 아닌 것은?

① 잔류 오스테나이트의 양이 감소한다.
② 충격값, 항절력 등의 인성이 저하한다.
③ 오스테나이트의 결정립이 조대하게 된다.
④ 탄화물의 고용량이 증대하여 기지 중의 합금원소가 증가한다.

해설
고속도 공구강을 담금질 온도를 상승할 때 나타나는 현상
• 충격값, 항절력, 인성이 저하된다.
• 잔류 오스테나이트의 양은 증가한다.
• 오스테나이트 결정립이 조대화된다.
• 탄화물의 고용량이 증대하여 기지 중의 합금원소가 증가한다.

57 진공로 내부에 단열하는 단열재의 구비조건이 아닌 것은?

① 열용량이 커야 한다.
② 흡습성이 없어야 한다.
③ 열적 충격에 강해야 한다.
④ 방사열을 완전히 반사시키는 재료이어야 한다.

해설
진공로 단열재의 구비조건
• 열전도율, 흡수율, 수증기 투과율이 낮아야 한다.
• 흡습성이 없어야 한다.
• 열적 충격에 강해야 한다.
• 방사열을 완전히 반사키는 재료이어야 한다.
• 내구성, 내열성, 내식성이 우수해야 한다.

58 기어나 스프링 등 변형을 일으켜서는 안 되는 제품 또는 얇은 제품을 금형에 고정하여 담금질하는 방법은?

① 분사 담금질
② 인상 담금질
③ 열욕 담금질
④ 프레스 담금질

해설
강의 담금질 변형을 방지하기 위해 프레스 담금질을 시행한다.

59 표면경화법을 물리적 방법과 화학적 방법으로 나눌 때 물리적 표면경화법에 해당하는 것은?

① 질화법
② 침탄법
③ 화염경화법
④ 금속침투법

해설
물리적 표면경화법
- 재료의 성분이 변하지 않는 것을 전제로 한다.
- 화염경화법, 고주파 열처리, 쇼트 피닝

60 강의 열처리에서 일반적으로 담금질성을 나쁘게 하는 원소가 아닌 것은?

① B
② S
③ Pb
④ Te

해설
- 담금질성을 좋게 하는 원소 : Mn, P, Si, Ni, Cr, Mo, B, Cu, Zr, Sn 등
- 담금질성을 나쁘게 하는 원소 : S, Co, Pb, Te 등

제4과목 재료시험

61 현미경의 광학 계통도에 속하지 않는 것은?

① 광원
② 계조계
③ 반사경
④ 광선조리개

해설
계조계는 방사선 투과시험에서 투과사진의 상질을 평가하기 위한 게이지이다.

62 다음 중 강의 재질을 판별할 수 있는 방법이 아닌 것은?

① 열 분석법
② 펠릿시험
③ 불꽃시험
④ 현미경 조직 검사법

해설
열 분석법은 강의 재질을 판별하는 방법과 관계없고, 변태점을 측정하는 방법으로 사용된다.

정답 59 ③ 60 ① 61 ② 62 ①

63 원통형 스프링에 압축하중이 작용할 때 스프링 소선(wire)에 발생하는 응력은?

① 굽힘응력과 압축응력
② 압축응력과 전단응력
③ 수축응력과 굽힘응력
④ 전단응력과 비틀림응력

해설
스프링의 압축하중이 가해질 때 전단면에 대한 전단응력과 토크작용에 의한 비틀림응력이 발생한다.

65 다음 중 동적시험법에 해당되는 것은?

① 피로시험
② 인장시험
③ 비틀림시험
④ 크리프시험

해설
정적시험
• 정적하중을 가하여 시험하는 것으로 하중증가에 가속도가 없다.
• 인장, 압축, 전단, 굽힘, 비틀림, 압입 경도시험
동적시험
• 동적하중을 가하며 시험하는 것으로 실제상태와 유사하다.
• 피로시험, 충격시험, 쇼어 경도시험, 에코팁 경도시험

64 비금속 개재물(non-metallic inclusion)에 대한 설명으로 틀린 것은?

① 응력집중의 원인이 된다.
② 피로한계를 저하시킨다.
③ 철강 내에 개재하는 고형체의 불순물이다.
④ 투과 전자현미경시험으로만 발견할 수 있다.

해설
비금속 개재물은 광학현미경으로도 발견할 수 있다.

66 용제제거성 염색침투탐상검사를 수행할 때의 공정이 아닌 것은?

① 전처리
② 산화 처리
③ 제거 처리
④ 침투 처리

해설
염색침투탐상검사의 기본절차
전처리 → 침투 처리 → 제거 처리 → 현상 처리 → 관찰 → 후처리

63 ④ 64 ④ 65 ① 66 ② [정답]

67 충격시험(impact test)은 어떤 성질을 알기 위한 시험인가?

① 충격과 피로
② 인성과 취성
③ 경도와 강도
④ 강도와 내마모성

해설
충격시험
- 표준시편에 충격에 대한 동적하중을 가하여 금속의 충격흡수에너지를 구하는 시험
- 인성과 취성, 재료의 충격 에너지, 재료의 천이온도 등을 확인할 수 있음

68 무색, 무미, 무취로서 연료의 불완전 연소로 인하여 생성되는 것으로 인체에 해로운 가스는?

① CO
② SO_2
③ NH_4
④ Cl_2

해설
일산화탄소(CO)는 연료의 불완전 연소로 인한 생성물로 무색, 무미, 무취의 해로운 가스로, 우리가 흔히 알고 있는 연탄가스중독을 일으킨다.

69 두 개 이상의 물체가 압력하에 접촉하면서 상대 운동을 할 때 물체의 중량이 감소되는 양을 측정하는 시험은?

① 굴곡시험
② 전단시험
③ 마모시험
④ 압축시험

해설
압력하에 접촉하면서 상대운동을 하면 마모에 의해 물체의 중량이 감소된다.

70 $S-N$ 곡선에서 S와 N은 각각 무엇을 의미하는가?

① S : 반복응력, N : 반복횟수
② S : 피로한도, N : 반복횟수
③ S : 시편크기, N : 반복횟수
④ S : 시편크기, N : 시편개수

해설
S(stress)는 반복응력, N(number)은 반복횟수를 의미한다.

71 한국산업표준(KS B 0801)의 4호 인장시험편 제작에서 지름(D)과 표점거리(L)는 몇 mm로 하는가?

① 지름(D) : 10mm, 표점거리(L) : 60mm
② 지름(D) : 14mm, 표점거리(L) : 50mm
③ 지름(D) : 20mm, 표점거리(L) : 200mm
④ 지름(D) : 24mm, 표점거리(L) : 220mm

해설
- 인장시험편은 1호, 2호 이외 4, 5, 8, 10, 11, 12, 13호 등 다양한 시험편으로 구분된다.
- KS 4호 : 표점거리(50mm), 지름(14mm)
- KS 5호 : 표점거리(50mm), 너비(25mm)

72 다음 중 조직량 측정법이 아닌 것은?

① 면적(area) 측정법
② 직선(line) 측정법
③ 점(point) 측정법
④ 직각(right angle) 측정법

해설
조직량 측정법에는 점, 직선, 면적 측정법이 있다.

73 초음파 탐상검사의 주사방법 중 1탐촉자(경사각탐촉자)에 의한 응용주사는?

① 전후 주사
② 좌우 주사
③ 목돌림 주사
④ 지그재그방향 주사

해설
초음파 탐상검사의 주사
탐상목적에 따라 탐상면 위에서 탐촉자를 움직이는 것
- 전후 주사 : 경사각법에서 탐촉자를 전후로 이동시키는 주사
- 좌우 주사 : 경사각법에서 탐촉자의 거리를 일정하게 하여 좌우로 이동시키는 주사
- 목돌림 주사 : 경사각법에서 탐촉자의 입사점을 중심으로 탐촉자를 회전시켜 초음파의 방향을 변화시키는 주사
- 지그재그 주사 : 경사각법에서 다소의 목돌림 주사를 섞어 전후 주사를 하면서 평행하게 이동시키는 주사로 기존 주사법을 응용한 주사법

74 철강 재료에 사용하는 부식제로 가장 적합한 것은?

① 5% 염산수용액
② 질산 1~5%와 알코올용액
③ 수산화나트륨 20g과 물
④ 과황산암모늄 10% 수용액

해설
부식제
- 구리, 구리합금 : 염화제이철용액
- 철강(탄소강) : 피크르산알코올용액(피크랄), 질산알코올용액(나이탈)
- 알루미늄, 알루미늄합금 : 수산화나트륨용액, 불화수소산
- 니켈합금 : 질산, 아세트산
- 아연합금 : 염산

75 브리넬 경도시험에서 하중이 3,000kgf 강구를 10mm를 사용하여 시험하였을 때 압흔의 지름이 4.5mm일 경우 경도는 약 얼마인가?

① $159\text{kgf}/\text{mm}^2$
② $169\text{kgf}/\text{mm}^2$
③ $179\text{kgf}/\text{mm}^2$
④ $189\text{kgf}/\text{mm}^2$

해설
브리넬 경도시험법 $= \dfrac{2P}{\pi D(D-\sqrt{D^2-d^2})}$

여기서, P : 하중
D : 강구의 지름
d : 압흔의 지름

따라서, $\text{HB} = \dfrac{2P}{\pi D(D-\sqrt{D^2-d^2})}$
$= \dfrac{2\times 3,000}{\pi \times 10(10-\sqrt{10^2-4.5^2})} \fallingdotseq \dfrac{6,000}{33.6}$
$\fallingdotseq 179\text{kgf}/\text{mm}^2$

76 인장시험편 물림장치의 물림부 구비조건이 아닌 것은?

① 취급이 편리해야 한다.
② 시험편에 심한 변형을 주어서는 안 된다.
③ 인장하중 이외에 편심하중이 가해져야 한다.
④ 시험 중 시험편은 시험기 작동 중심선에 있어야 한다.

해설
인장시험 시 편심하중이 가해지면 안 된다.

77 압축시험의 설명으로 틀린 것은?

① 인장시험과 반대 방향으로 하중을 작용한다.
② 압축시험은 압축력에 대한 재료의 저항력을 시험하는 것이다.
③ 압축강도(σ_c)는 시험편의 단면적을 압축강도로 나눈 값이다.
④ 시험방법을 압축과 탄성 측정으로 나눌 때 압축을 측정하는 경우 단주형 시험편을 주로 사용한다.

해설
압축강도는 압축하중을 시험편의 단면적으로 나눈 값이다.

78 크리프시험장치에 해당되지 않는 것은?

① 하중장치
② 시험편 검사장치
③ 변형률 측정장치
④ 가열로 온도측정 및 조정장치

해설
크리프시험
재료에 어떤 하중을 가하고 특정 온도에서 긴 시간 동안 유지하면서 시간의 경과에 따른 스트레인(변형률)을 측정하는 시험

79 작은 금속조각을 금속현미경으로 조직검사하는 절차를 옳게 나타낸 것은?

① 시편채취 → 부식 → 연마 → 마운팅 → 관찰
② 시편채취 → 마운팅 → 연마 → 부식 → 관찰
③ 시편채취 → 연마 → 관찰 → 부식 → 마운팅
④ 시편채취 → 관찰 → 연마 → 부식 → 마운팅

해설
현미경 조직검사 순서
시험편 채취 → 시험편의 제작(마운팅) → 연마 → 폴리싱 → 부식 → 검경

80 방사선투과시험에 사용되는 것이 아닌 것은?

① 증감지
② 투과도계
③ 접촉매질
④ 서베이미터

해설
방사선투과시험
X선이나 감마선과 같은 방사선을 투과하여 결함을 감지하는 방법으로 필름에 상을 맺게 하고 투과사진을 식별하기 위해 필름마커로 사진에 글자나 기호를 새긴다.
※ 접촉매질은 방사선투과시험이 아닌 초음파 비파괴시험에서 탐촉자와 시험편의 기밀을 유지해준다.

2016년 제4회 과년도 기출문제

제1과목 금속재료

01 볼트, 기어 등을 대량 생산하는 데 가장 적합한 소성가공법은?

① 단조
② 압출
③ 전조
④ 프레스

해설
전조가공
소재나 공구를 회전시키면서 공구의 모양과 같은 형상의 소재에 각인하는 소성가공으로 볼트나 기어 생산에 사용

02 주철의 조직과 성질에 대한 설명으로 옳은 것은?

① 유리탄소와 화합탄소의 합을 전탄소라 한다.
② 주철 중에 함유되는 탄소량은 보통 0.85~1.2% 정도이다.
③ 흑연이 많을 경우 그 파단면이 회색을 띠면 백주철이다.
④ 백주철과 회주철이 혼합되어 있는 경우 파단면에 반점이 있는 구상흑연주철이 된다.

해설
• 주철은 1.7~6.67% C 철합금으로 백주철(펄라이트+시멘타이트)은 흑연이 없고 그 밖에 펄라이트주철(펄라이트+흑연), 반주철(펄라이트+시멘타이트+흑연), 회주철(펄라이트+페라이트+흑연), 연질 회주철(페라이트+흑연)이 있다.
• 전탄소는 주철에 함유된 탄소의 총량으로 유리탄소와 화합탄소의 합을 의미한다.

03 정련된 용강을 레이들 중에서 Fe-Mn, Fe-Si, Al 등으로 완전 탈산시킨 강괴는?

① 킬드강
② 림드강
③ 캡드강
④ 세미킬드강

해설
• 킬드강 : 규소, 알루미늄 등으로 완전히 탈산시킨 강
• 림드강 : 완전히 탈산하지 않은 강
• 세미킬드강 : 킬드강과 림드강의 중간 강

04 다음 중 알루미늄의 비중과 용융점으로 옳은 것은?

① 약 8.9, 약 1,455℃
② 약 2.7, 약 660℃
③ 약 7.8, 약 1,083℃
④ 약 1.74, 약 650℃

해설
알루미늄의 비중 : 2.7, 용융점 : 660℃

05 Co-Cr-Fe계 합금으로 외과, 정형외과 및 치과분야의 이식에 사용되는 재료는?

① 코슨합금
② 바이탈륨
③ 델타메탈
④ 두라나메탈

해설
- 바이탈륨 : 코발트 크로뮴계 합금으로 생체 적합성이 우수하여 생체 내 이식물 재료로 사용
- 델타메탈 : 6-4 황동에 Fe을 1~2% 첨가한 합금
- 두라나메탈(Durana metal) : 7 : 3 황동에 2% Fe과 소량의 Sn, Al을 첨가하여 전기저항이 높고 내열·내식성이 우수

06 금속간 화합물인 Fe_3C에서 Fe와 C의 원자비(%)는?

① Fe : 25%, C : 75%
② Fe : 30%, C : 70%
③ Fe : 70%, C : 30%
④ Fe : 75%, C : 25%

해설
시멘타이트 : 금속간 화합물 Fe_3C 조직(75%Fe + 25%C)
※ 원자비는 분자를 구성하는 원자수의 비를 말한다.

07 상자성체 금속에 해당되는 것은?

① Fe
② Ni
③ Co
④ Cr

해설
- 상자성체 : 외부 자계에 의해서 매우 약한 자성을 나타내는 자성체(Cr)
- 강자성체 : 투자율이 가해진 자계의 세기에 따라 자성이 변하는 자성체(Fe, Ni, Co)
- 반자성체 : 자장과 자화의 강도가 반대방향인 것(Au, Ag, Cu, Sb)

08 초전도상태를 얻기 위해 필요한 3가지 임계치가 아닌 것은?

① Tc(온도 임계치)
② Hc(자계 임계치)
③ Vc(전압 임계치)
④ Jc(전류밀도 임계치)

해설
초전도현상
어떤 물질이 일정한 온도, 자장, 전류밀도하에서 전기저항이 0(zero)이 되는 현상

09 해드필드(hadfield)강은 기지가 오스테나이트조직이며 경도가 높아 기어, 레일 등의 내마모용 재료로 사용된다. 이 강의 탄소와 망간의 함유량으로 옳은 것은?

① 탄소 : 0.35~0.55%C, 망간 : 1~2%Mn
② 탄소 : 0.9~1.4%C, 망간 : 1~2%Mn
③ 탄소 : 0.35~0.55%C, 망간 : 10~15%Mn
④ 탄소 : 0.9~1.4%C, 망간 : 10~15%Mn

해설
해드필드강
0.9~1.4%C, 10~15%Mn의 함유로 내마멸성과 내충격성이 우수하고 열처리 후 서랭하면 결정립계에 M_3C가 석출하여 취약하다.

정답 5 ② 6 ④ 7 ④ 8 ③ 9 ④

10 내열 및 내식용 Ni합금에 해당되지 않는 것은?

① 크로멜   ② 인코넬
③ 라우탈   ④ 하스텔로이

해설
라우탈
알루미늄(Al)에 약 4%의 구리(Cu)와 약 2%의 규소(Si)를 첨가한 주조용 알루미늄합금
※ Ni합금은 출제 빈도가 높은 편이다.

11 Ni-Cr 강에서 헤어크랙(hair crack)의 주원인이 되는 원소는?

① S   ② O
③ N   ④ H

해설
금속에 대한 원소의 일반적 특성
• S : 고온취성 원인
• O : 적열취성 원인
• N : 경도, 강도 증가 및 시효발생 원인
• H : 헤어크랙, 백점, 고온균열의 원인
※ 헤어크랙은 강재의 마무리면에 발생하는 미세한 균열이며, 주원인은 수소(H)이다.

12 WC, TiC, TaC의 분말에 Co를 결합상으로 사용하여 1,500℃에서 소결하여 만든 합금은?

① 인바   ② 세라믹
③ 초경합금   ④ 스텔라이트

해설
• 초경합금 : WC, TiC, TaC의 분말에 Co를 결합상으로 사용하여 만든 소결합금
• 스텔라이트(주조경질합금공구강) : Co를 주성분으로 한 Co-Cr-W-C계 합금

13 조성이 Al-Cu-Mg-Mn이며, 고강도 Al합금에 해당되는 것은?

① 실루민(silumin)
② 문쯔메탈(Muntz metal)
③ 두랄루민(Duralumin)
④ 하이드로날륨(Hydronalium)

해설
③ 두랄루민 : 시효 경화성이 높은 대표적인 고강도 Al합금
① 실루민 : Al-Si합금
② 먼츠메탈(Muntz metal) : 6-4황동
④ 하이드로날륨 : Al-Mg합금

14 공업적으로 사용되는 순철에 해당되지 않는 것은?

① 연철
② 공석강
③ 전해철
④ 암코철

해설
순철의 종류 : 암코철, 전해철, 연철, 카보닐철

15 게이지용 강이 갖추어야 할 조건으로 옳은 것은?

① 팽창계수가 보통강보다 커야 한다.
② HRC 50 이하의 경도를 가져야 한다.
③ 담금질에 의하여 변형이 있어야 한다.
④ 시간이 지남에 따른 치수의 변화가 없어야 한다.

해설
게이지용 강은 측정용이므로 시효변화가 없어야 한다. SKS에 비해, 경도가 높고 내마모성을 가지고, 담금질에 의한 변형 및 균열이 작은 특성이 있다.

16 동합금 중에서 가장 큰 강도와 경도를 얻을 수 있으며, 내마모성 및 도전율이 우수하여 가공재와 주물로 이용되며 최근에는 금형재료로도 많이 사용되는 것은?

① 인청동
② 규소청동
③ 베릴륨청동
④ 알루미늄청동

해설
③ 베릴륨청동(berylium bronze) : 구리에 1~2.5%의 베릴륨(Be)을 배합한 청동으로 시효경화에 의하여 구리합금 중에서는 최대탄성값을 가지고 피로한도, 내열성, 내식성이 우수하여 스프링, 기어, 다이어프램 등에 사용된다.
① 인청동(phosphor bronze) : 청동에 비해 기계적 성질이 우수하고 내마멸성과 내식성이 우수하다.
② 규소청동(silicon bronze) : 4% 이하의 규소를 첨가한 합금으로 내식성과 용접성이 우수하고 열처리 효과가 적으므로 700~750℃에서 풀림하여 사용한다.
④ 알루미늄청동(aluminium bronze) : 황동이나 청동에 비해 강도, 경도, 인성, 내마모성, 내피로성 등의 기계적 성질 및 내열, 내식성이 좋아 선박, 항공기, 자동차 등의 부품용으로 사용되며, Novostone이라고 불리는 특수청동이다.

17 타이타늄(Ti)에 관한 설명 중 틀린 것은?

① 열 및 도전율이 낮다.
② 불순물에 의한 영향이 거의 없다.
③ 300℃ 근방의 온도 구역에서 강도의 저하가 명백히 나타난다.
④ 활성이 커서 고온산화와 환원 제조 시에 취급이 곤란한 원인이 된다.

해설
타이타늄은 비중이 작으나 강도가 높고 내부식성이 뛰어나며 합금강에 첨가할 때 탄화물을 형성하여 결정립의 크기를 제어한다.
※ 불순물에 대한 영향은 있다.

18 내식성, 내마모성, 내피로성 등이 좋은 형상기억합금은?

① Ni-Si계
② Ti-Ni계
③ Ti-Zn계
④ Ni-Zn계

해설
형상기억합금 중 Cu-Zn-Ni계, Cu-Zn-Al계, Ti-Ni계로 Ti-Ni계는 내식성, 내마모성, 내피로성이 우수하다.

정답 15 ④ 16 ③ 17 ② 18 ②

19 Fe-C 평형상태도에서 Fe₃C의 자기변태온도는?

① 210℃
② 723℃
③ 768℃
④ 910℃

[해설]
Fe-C 평형상태도
- A₀ 변태점 : 210℃(Fe₃C의 자기변태)
- A₁ 변태점 : 723℃(강의 공석변태)
- A₂ 변태점 : 768℃(순철의 자기변태)
- A₃ 변태점 : 910℃(순철의 동소변태)
- A₄ 변태점 : 1,400℃(순철의 동소변태)

20 베어링용 합금의 조건이 아닌 것은?

① 소착에 대한 저항력이 클 것
② 마찰계수가 크고 저항력이 작을 것
③ 주조성, 절삭성이 좋고 열전도율이 클 것
④ 하중에 견딜 수 있는 정도의 경도와 내압력을 가질 것

[해설]
베어링용 합금
- 하중에 견딜 수 있는 정도의 경도와 내압력을 가질 것
- 주조성과 피가공성이 좋고 열전도율이 클 것
- 마찰계수가 작을 것
- 내소착성이 크고 내식성이 우수할 것
- 충분한 점성과 인성이 있을 것

제2과목 금속조직

21 Cr, Au의 배위수는 각각 얼마인가?

① Cr : 2, Au : 4
② Cr : 4, Au : 2
③ Cr : 8, Au : 12
④ Cr : 12, Au : 8

[해설]
- 배위수(면심의 원자를 포함한 원자수)로 체심입방(BCC)은 8개, 면심입방(FCC)은 12개이다.
- 체심입방 : Ba, Cr, Fe
- 면심입방 : Al, Cu, Ag, Au

22 회복과정에서 축적에너지의 양에 대한 설명으로 틀린 것은?

① 가공도가 클수록 축적에너지의 양은 증가한다.
② 결정립도가 감소함에 따라 축적에너지의 양은 증가한다.
③ 불순물 원자를 첨가할수록 축적에너지의 양은 증가한다.
④ 낮은 가공온도에서의 변형은 축적에너지의 양을 감소시킨다.

[해설]
회복과정에서의 축적에너지 양 변화 정리
- 가공도가 클수록 축적에너지 양은 증가
- 결정립도가 감소함에 따라 축적에너지 양은 증가
- 불순물 원자를 첨가할수록 축적에너지 양은 증가
- 낮은 가공온도에서의 변형은 축적에너지 양은 증가

23 석출경화의 기본원칙에 해당되지 않는 것은?

① 석출물의 부피 분율이 커야 한다.
② 석출물 입자의 형상이 구형에 가까워야 한다.
③ 석출물 입자의 크기가 미세하고 그 수가 많아야 한다.
④ 석출물은 연속적으로 존재해야만 하는 반면에 기지상은 불연속적이어야만 한다.

해설
석출강화에서 기지상은 배경조직을 말하며 연속적으로 존재하고 석출물이 분산되어 있는 구조이다.

24 다음 입방격자에서의 면의 밀러지수 중 면간거리가 가장 큰 것은?

① (001)   ② (330)
③ (00$\bar{2}$)   ④ ($\bar{1}$20)

해설
밀러지수의 정의가 면의 원점으로부터 결정축과 교차하는 점까지의 거리와 그 축의 단위 길이에 대한 역수이므로 숫자가 클수록 거리는 작아진다.

25 전위의 재배열과 소멸에 의해 가공된 결정 내부의 변형에너지와 항복강도가 감소되는 현상을 무엇이라고 하는가?

① 회복   ② 소성
③ 재결정   ④ 가공경화

해설
전위의 재배열과 소멸에 의해 변형에너지가 감소한다는 점에 '회복'의 의미이다.

26 소성가공한 강을 가열 시 재결정 과정이 일어난다. 이때 재결정 입자크기에 미치는 영향이 가장 적은 것은?

① 가열온도   ② 가열속도
③ 가열시간   ④ 소성변형 정도

해설
재결정
냉간가공 등으로 변형된 결정구조가 가열하면 내부변형이 없는 새로운 결정립으로 치환되어지는 현상
• 소성변형 정도가 작을수록 재결정 입자크기는 커진다.
• 가열시간이 길수록 재결정 입자크기는 커진다.
• 가열온도가 재결정온도 이상에서 본래의 크기보다 입자크기가 커진다.

정답 23 ④ 24 ① 25 ① 26 ②

27 Fe–Fe₃C 상태도에서 0.2% C인 경우 상온에서 초석페라이트(α)와 펄라이트(P)의 양은 약 몇 %인가?(단, 공석점은 0.80% C, α의 고용한도는 0.025% C이다)

① $\alpha = 66\%$, $P = 34\%$
② $\alpha = 34\%$, $P = 66\%$
③ $\alpha = 77\%$, $P = 23\%$
④ $\alpha = 23\%$, $P = 77\%$

해설
0.2% C의 경우이므로 아공석반응이다. 아공석반응에서는 공석온도까지 서랭되면서 오스테나이트의 변태가 진행되고 그 속에서 초석페라이트가 생성되어 공석온도 바로 위 점에서 아래와 같이 분포된다(지렛대 원리).

- 초석페라이트는 $\dfrac{0.8-0.2}{0.8-0.025} \times 100 ≒ 77\%$
- 오스테나이트는 $\dfrac{0.2-0.025}{0.8-0.025} \times 100 ≒ 23\%$

이후 상온까지 서랭하면 초석페라이트는 그대로 유지하고 있고 오스테나이트는 펄라이트(공석페라이트+공석시멘타이트)로 반응하므로 상온에서의 초석페라이트는 77%, 펄라이트는 오스테나이트의 분율과 같은 23%라고 볼 수 있다.

※ 만일 상온에서의 공석페라이트와 공석시멘타이트의 무게 백분율(%)을 물어본다면
- 전체 페라이트는 $\dfrac{6.67-0.2}{6.67-0.025} \times 100 ≒ 97.4\%$이고 공석페라이트는 전체 페라이트에서 초석페라이트를 빼야 하므로 20.4%가 된다.
- 전체 시멘타이트는 $\dfrac{0.2-0.025}{6.67-0.025} \times 100 ≒ 2.6\%$이고 공석시멘타이트는 전체 시멘타이트와 같으므로 그대로 2.6%가 된다.

28 Burgers vector의 방향과 전위선이 서로 수직을 이루는 전위(dislocation)는?

① 나사전위(screw dislocation)
② 칼날전위(edge dislocation)
③ 혼합전위(mixed dislocation)
④ 부분전위(partial dislocation)

해설
전위와 버거스 벡터의 관계
- 칼날전위 ⊥ 버거스 벡터(수직 관계)
- 나선전위 // 버거스 벡터(평행 관계)

29 금속이 응고할 때 균일핵생성에서 핵생성의 속도를 증가시키려면?

① 계면에너지가 커야 한다.
② 임계핵반지름(r)이 커야 한다.
③ 과랭도($\triangle T$)가 작아야 한다.
④ 자유에너지 변화($\triangle G^*$)가 작아야 한다.

해설
금속이 응고할 때 결정핵생성의 속도를 증가시키려면 액상에서 고상으로 전이에 의해 방출되는 자유에너지 변화가 작아야 한다.

30 다음 금속 중 조밀육방격자에 속하는 것은?

① Al
② Mo
③ Mg
④ Ni

해설
조밀육방격자(HCP) : Mg, Zn, Ti, Zr

31 A, B 두 종류 금속의 확산에서 Kirkendall 효과에 대한 설명으로 옳은 것은?

① 원자공공기구를 말한다.
② 밀집 이온형 기구를 말한다.
③ 격자 간 원자형 기구를 말한다.
④ 두 금속의 확산속도의 차이를 말한다.

해설
Kirkendall 효과는 이원 확산쌍에서 가장 이동속도가 빠른 화학종과 반대 방향의 확산 계면의 표시자(marker)의 느린 이동 발생에 대한(두 금속의 확산속도에 대한 차이) 효과로 확산은 공공기구(vacancy)에 의해 발생된다.

32 결정계와 브라베(Bravais) 격자와의 관계에서 입방정계의 축장과 축각의 표시로 옳은 것은?

① 축장 : $a=b=c$, 축각 : $\alpha=\beta=\gamma=90°$
② 축장 : $a=b\neq c$, 축각 : $\alpha=\beta=\gamma=90°$
③ 축장 : $a\neq b\neq c$, 축각 : $\alpha=\beta=\gamma=90°$
④ 축장 : $a\neq b\neq c$, 축각 : $\alpha=\gamma=90°$, $\beta\neq 90°$

해설
• 입방정계 : $a=b=c$, $\alpha=\beta=\gamma=90°$
• 정방정계 : $a=b\neq c$, $\alpha=\beta=\gamma=90°$
• 사방정계 : $a\neq b\neq c$, $\alpha=\beta=\gamma=90°$
• 육방정계 : $a=b\neq c$, $\alpha=\beta=90°$, $\gamma=120°$
• 단사정계 : $a\neq b\neq c$, $\alpha=\gamma=90°\neq\beta$
• 삼사정계 : $a\neq b\neq c$, $\alpha\neq\beta\neq\gamma\neq 90°$

33 고온도에서 불규칙상태의 고용체를 천천히 냉각하면 어느 온도에서 규칙격자가 형성되기 시작한다. 이때의 온도를 무엇이라 하는가?

① 전이온도　　② 재결정온도
③ 냉간가공온도　　④ 열간가공온도

해설
전이온도
불규칙상태의 합금을 천천히 냉각시키거나, 비교적 저온에서 장시간 가열 시 규칙적인 배열로 변화하는 온도

34 다음 규칙-불규칙 변태에서 규칙 격자가 생길 때의 성질 변화에 대한 설명으로 옳은 것은?

① 연성이 감소한다.
② 경도가 감소한다.
③ 강도가 감소한다.
④ 전기전도도가 감소한다.

해설
금속의 합금과정에서 일반적으로 규칙격자가 발생하며 이에 따라 전기전도도가 증가하고 강도와 경도는 증가하나 연성은 감소된다.

35 어느 물질계에서 자유에너지(F)를 구하는 식으로 옳은 것은?(단, E는 내부에너지, T는 절대온도, S는 엔트로피이다)

① $F = E - \dfrac{T}{S}$ ② $F = E + \dfrac{T}{S}$

③ $F = E - TS$ ④ $F = E + TS$

해설
- 엔탈피 개념을 이용한 깁스의 자유에너지식은 $G = H - TS$로 나타난다.
- 내부에너지 개념을 이용한 헬름홀츠 자유에너지식은 $F = E - TS$로 나타낸다(단, H는 엔탈피, E는 내부에너지, T는 절대온도, S는 엔트로피).

36 전율 고용체의 상태도를 갖는 합금의 경우 기계적·물리적 성질은 두 성분의 금속 원자비가 얼마일 때 가장 변화가 큰가?

① 10 : 90
② 20 : 80
③ 40 : 60
④ 50 : 50

해설
이원계 상태도에서 전율고용체일 때 두 금속의 원자비가 50 : 50일 때 기계적 물리적 성질의 변화가 가장 크고 경도도 가장 높다.

37 용질원자에 의한 응력장이 가동전위의 응력장과 상호작용을 하여 전위의 이동을 방해함으로써 재료가 강화되는 현상은?

① 석출 강화
② 분산 강화
③ 고용체 강화
④ 결정립 미세화 강화

해설
고용체 강화
용질원자에 의한 응력장이 가동전위의 응력장과 상호작용을 하여 전위의 이동을 방해하여 재료를 강화시키는 것을 의미한다.
※ 고용체의 의미가 용매원자에 다른 용질원자가 끼워져 있다는 의미임을 착안하여 전위의 이동(소성변형)을 방해하는 것은 소성변형이 쉽게 되지 않으니 강도가 커지는 효과를 가진다.

38 금속의 응고 과정 순서로 옳은 것은?

① 핵생성 → 핵성장 → 결정립 형성
② 핵생성 → 결정립 형성 → 핵성장
③ 결정립 형성 → 핵생성 → 핵성장
④ 결정립 형성 → 핵성장 → 핵생성

해설
결정립계 등 핵생성이 쉬운 위치에 핵이 생성되며, 핵이 성장하여 다른 결정의 성장과 부딪혀 일정한 각도로 마주치게 되며 결정립이 커져 결정립계를 형성한다.

39 금속의 점결함에 해당되지 않는 것은?

① 전위 ② 원자공공
③ 크로디온 ④ 프렌켈 결함

해설
점결함(0차원)
- 공공(빈 격자점) : 원자가 비어있는 자리
  → 쇼트키, 프렌켈 결함은 각각 쌍으로 존재하는 점결함
- 자기침입형 원자 : 공공이 생길 때 공공자리에 있던 원자가 이동하여 다른 원자 사이에 끼어 있는 상태
- 고용체 : 치환형과 침입형 고용체가 존재하며 일종의 불순물

40 Fick의 확산 제2법칙에 대한 설명으로 틀린 것은? (단, D는 확산계수이며, 정수이다)

① 확산계수 D의 단위는 cm^3/s이다.
② 용질원자의 농도가 시간에 따라 변화하는 관계를 나타낸다.
③ 어느 장소에서 농도의 시간적 변화는 $\frac{\partial C}{\partial t} = D\frac{\partial^2 C}{\partial x^2}$으로 표시된다.
④ 확산에서의 물질의 흐름이 시간에 따라 변화하지 않는 상태를 정상상태라 하며 $\frac{dC}{dt}$는 0이다.

해설
D는 확산도를 의미하며 확산속도를 나타내는 물리량으로서 단위는 cm^2/s이다.

제3과목 금속 열처리

41 대형 제품을 담금질하였을 때 재료의 내·외부에 담금질 효과가 달라져 경도의 편차가 나타나는 현상은?

① 노치효과
② 질량효과
③ 담금질변형
④ 가공경화효과

해설
제품크기가 클수록 재료의 내·외부 담금질 효과가 달라져 전체적인 담금질 경도가 감소하는 현상을 질량효과라고 하며, 일반적으로 탄소강은 질량효과가 크고, 합금강은 질량효과가 작다.

42 냉각 도중에 냉각속도를 변환시키는 2단냉각(seto cooling)방법의 변태속도의 기준온도는?(단, 2단 풀림, 2단 노멀라이징, 인상담금질 등이다)

① M_s점과 M_f점
② Ar_4점과 Ar_1점
③ Ar_1점과 Ar'점
④ Ar'점과 Ar''점

해설
- 열처리 중 이용되는 냉각방법에는 연속냉각, 항온냉각, 2단냉각 세 가지가 있고 2단냉각은 냉각 도중에 냉각속도 변화를 위해 공기 중에서 냉각하는 방법이다.
- 냉각속도의 변화를 냉각시간으로 조절하는 인상담금질에 있어 Ar_1 구역에서는 급랭, Ar_2 구역에서는 서랭과정이 필요하다.

43 0.80%의 오스테나이트를 800℃ 이상으로 가열했다가 서랭하면 나타나는 조직은?

① 페라이트(ferrite)
② 펄라이트(pearlite)
③ 오스테나이트(austenite)
④ 레데부라이트(ledeburite)

해설
- 0.8%의 오스테나이트를 800℃ 이상으로 가열했다가 서랭하면 공석점(A_1 변태점)을 지나는 공석반응이 되므로 펄라이트(공석조직)가 나타난다.
- 펄라이트는 α페라이트와 Fe_3C(시멘타이트)가 교대로 나타나는 층상구조를 갖는다.

44 오스테나이트로 균일상을 만든 후에 표준화 조직을 만들기 위해 공랭하는 작업은?

① 풀림
② 뜨임
③ 담금질
④ 노멀라이징

해설
노멀라이징(불림)
- 강을 표준상태로 만들어 조직의 불균일을 제거하고, 결정립을 미세화하여 기계적 성질을 개선한다.
- 가열 : A_3, A_{cm} + 50℃에서 가열한다.
- 냉각 : 대기 중에서 방랭하여 결정립을 미세화한다.

45 강의 질화처리는 침투원소에 따라 순질화와 연질화로 구분된다. 다음 설명 중 옳은 것은?

① 순질화는 질소만을 침투시켜 경화시키는 방법이다.
② 순질화는 질소와 다량의 탄소를 침투시켜 경화시키는 방법이다.
③ 연질화는 수소만을 침투시켜 경화시키는 방법이다.
④ 연질화는 수소와 다량의 탄소를 침투시켜 경화시키는 방법이다.

해설
- 순질화 : 질소만을 침투시켜 경화시키는 질화처리
- 연질화 : 질소와 탄소를 침투시켜 경화시키는 질화처리

46 오스테나이트 상태로부터 M_s점 바로 위 온도의 염욕 중에 담금질하여 강의 내외가 동일한 온도가 되도록 항온을 유지하고, 과랭 오스테나이트가 항온변태를 일으키기 전에 공기 중에서 Ar" 변태가 천천히 진행되도록 하는 열처리는?

① 마퀜칭　　　　② M_s담금질
③ 오스포밍　　　④ 인상담금질

해설
마퀜칭(marquenching)은 복잡하고 균열이나 변형이 많은 강재에 적합한 방법으로 담금질 온도까지 가열 후 M_s점보다 높은 온도에서 담금질 후 급랭하여 마텐자이트 변태를 유도하고 담금질 균열을 방지하는 방법이다.

정답 43 ② 44 ④ 45 ① 46 ①

47 탄소강이 열처리에 의해 가열되었을 때 강재에 나타나는 온도의 색깔이 가장 높은 것은?

① 암적색
② 담청색
③ 붉은색
④ 밝은 백색

해설
열처리 온도에 따른 탄소강 색깔
청색(약 300℃) < 암적색(약 650℃) < 붉은색(약 760℃) < 주황색(약 930℃) < 노란색(약 1,100℃) < 밝은 백색(1,500℃)

48 다음 중 진공열처리에 대한 설명으로 옳은 것은?

① 공해로 인해 작업환경이 나쁘다.
② 정확한 온도 관리가 불가능하다.
③ 고품질의 열처리가 불가능하다.
④ 노벽에 의한 손실 열량이 적어 에너지 절감효과가 크다.

해설
진공열처리
가스와 반응이 없으므로 불활성 상태에서 처리되는 열처리
- 열처리 후 표면상태가 양호하며 광택을 유발하는 고품질 열처리 가능
- 마무리 공정이 불필요
- 가열온도 유지시간 설정으로 자동화 가능
- 공해를 유발하지 않고 노벽에 의한 손실 열량이 적어 에너지 절감 효과가 큼

49 심랭처리(sub-zero treatment)에서 사용되는 냉매는?

① 수은
② 기름
③ 염욕
④ 액체 질소

해설
심랭처리(sub-zero treatment) : 담금질 상태의 강을 상온 이하 특정 온도로 냉각 후 잔류 오스테나이트를 마텐자이트 변태처리 하는 과정으로 균열 발생을 방지하기 위해 100~300℃에서 뜨임(tempering)처리를 한다.
※ 심랭처리의 냉매는 드라이아이스(-62℃) 혹은 액체 질소(-184℃)를 사용한다.

50 가열된 기판 위에 입히고자 하는 피막의 성분을 포함한 원료의 혼합가스를 접촉시켜 기상반응에 의하여 표면에 금속, 탄화물, 질화물, 붕화물, 산화물 등 다양한 피막을 생성시키는 방법은?

① 물리증착법
② 화학증착법
③ 염욕코팅법
④ 전해 및 방전처리법

해설
화학증착법(CVD)
기판의 표면에 서로 다른 성질을 갖는 기체-고체, 기체-액체의 고온의 화학반응을 이용하여 치밀한 층을 생성하는 공정으로 피복 초경합금 코팅층 등의 피막을 생성시키는 처리법이다.

정답 47 ④ 48 ④ 49 ④ 50 ②

51 담금질액을 교반하는 방법에는 프로펠러를 이용하거나 펌프 등을 사용한다. 교반의 세기 조정 시 고려할 사항이 아닌 것은?

① 뜨임온도
② 냉각제의 냉각속도
③ 허용되는 변형의 한도
④ 사용하는 재질의 담금질성

해설
담금질액 교반과 뜨임온도는 관계없다.

52 열처리 곡선 중 S곡선을 구하는 방법이 아닌 것은?

① 자기분석법
② 열팽창측정법
③ 조직학적방법
④ 조미니시험법

해설
조미니(Jominy)시험법
강의 경화능(hardenability)을 시험하는 가장 보편적인 방법으로 단면 담금질하여 냉각 후 축선을 따라 표면 경도를 측정한다.
※ 조미니시험법은 자주 출제되므로 확실히 익혀야 한다.

53 열처리 전·후 처리에 사용되는 설비를 기계적과 화학적으로 나눌 때 화학적 처리법에 해당되는 것은?

① 탈지
② 연삭
③ 버프연마
④ 샌드블라스트

해설
• 연마나 연삭 및 샌드블라스트는 기계적 가공법이다.
• 탈지는 기름을 제거하기 위해 화학적으로 세정하는 방법이고 전해세정, 알칼리세정, 트라이클로로에틸렌 세정이 있다(산세정은 쓰이지 않음에 주의).

54 열처리 과정에서 나타나는 조직 중 용적 변화가 가장 큰 것은?

① 펄라이트(pearlite)
② 소르바이트(sorbite)
③ 마텐자이트(martensite)
④ 오스테나이트(austenite)

해설
금속재료의 담금질 과정에서 마텐자이트 조직이 체적의 변화가 가장 크다.

51 ① 52 ④ 53 ① 54 ③

55 담금질 균열의 방지책으로 틀린 것은?

① 변태 응력을 줄인다.
② $M_s \sim M_f$ 범위에서 급랭시킨다.
③ 살 두께의 차이 및 급변을 가급적 줄인다.
④ 냉각 시 온도를 제품면에 균일하게 한다.

해설
- 담금질은 급랭에 의한 열처리이므로 온도 차이에 의한 열응력에 따른 변형이 주된 변형이다.
- 담금질 시 발생하는 균열의 방지책으로 M_s점 온도에서 등온유지 후 공랭과정이 효과적이다.

56 중탄소강을 오스테나이트 상태로 만든 후 가열온도 400~520℃의 용융염욕 또는 Pb욕 중에 침적한 후 공랭시켜 소르바이트 조직으로 된 피아노선 등의 신선(wire drawing)작업의 전처리 등에 이용되는 열처리는?

① 퀜칭(quenching)
② 패턴팅(patenting)
③ 어닐링(annealing)
④ 수인법(water toughening)

해설
- 패턴팅 : 오스템퍼 온도의 상한에서 미세한 sorbite조직을 얻기 위한 방법으로 중탄소강을 이용하여 소르바이트 조직을 형성하고 wire drawing작업의 전처리에 이용된다.
- 수인법 : 1,000~1,100℃에서 수중 담금질로 인성을 부여하는 법

57 마그네슘, 알루미늄 및 그 합금의 질별 기호 중 가공 경화한 것을 나타내는 기호는?

① O
② W
③ H^b
④ F^a

해설
기본조질기호
- F : 가공 그대로의 상태
- O : 풀림(어닐링) 후 재결정
- W : 용체화 후 자연시효경화 진행
- H : 가공 후 경화
- T : 시효경화함(F, O, W, H 이외의 열처리)

58 주철의 응력제거풀림 및 연화풀림에 대한 설명으로 틀린 것은?

① 연화풀림은 주철의 주조성을 양호하게 하고 백선부분을 증가시키고, 경도를 향상시키기 위한 목적으로 실시한다.
② 연화풀림을 하면 강도는 저하하지만 구상화흑연 주철에서는 연신율이 증가한다.
③ 응력제거풀림에서 잔류 응력을 제거하기 위하여 430~600℃에서 5~30시간 가열한 후 노랭한다.
④ 응력제거풀림은 복잡한 형상의 주물에 적용하여 재료의 변형에 따른 안정도를 높인다.

해설
연화풀림
- 회주철을 변태영역 이상의 온도로 가열하여 최대단면두께 25mm당 약 1시간 유지하여 상온으로 공랭 후 불림을 한다.
- 백선 부분의 제거, 연성을 향상시키기 위한 목적이며 강도는 저하되지만 구상화흑연주철은 연신율이 증가한다.

59 열처리 결함 중 탈탄의 원인과 방지대책을 설명한 것 중 틀린 것은?

① 탈탄 방지제를 도포한다.
② 염욕 및 금속욕에서 가열을 한다.
③ 고온에서 장시간 가열을 실시한다.
④ 분위기 속에서 가열하거나 진공가열을 한다.

해설
탈탄의 방지대책
- 탈탄방지제를 도포한다.
- 고온에서의 장시간 가열을 피한다.
- 염욕 및 금속욕에 의한 가열을 한다.
- 강의 표면에 도금을 한다.
- 중성분말제 속에서 가열한다.
- 분위기 가스 내에서 진공 가열한다.

60 황화물의 편석을 제거하여 안정화 혹은 균질화를 목적으로 1,050~1,300℃의 고온에서 실시하는 어닐링 방법은?

① 완전 어닐링
② 확산 어닐링
③ 재결정 어닐링
④ 응력 제거 어닐링

해설
② 확산 어닐링(diffusion annealing) : 편석을 제거하여 균질화시키는 어닐링
① 완전 어닐링(full annealing) : A_3 변태점 이상에서 가열한 강을 노 내에서 매우 천천히 냉각하는 처리. 최소의 강도와 경도를 얻기 위해 처리하는 어닐링(주로 노랭을 사용)
③ 재결정 어닐링(recrystallization annealing) : 냉간 가공된 금속을 상변화 없이 새로운 결정립 조직으로 바꾸는 어닐링 처리
④ 응력 제거 어닐링(stress relief annealing) : 잔류 응력 제거를 위한 어닐링

제4과목 재료시험

61 전단응력의 크기에 영향을 미치는 인자로 틀린 것은?

① 날의 각도
② 다이스의 재질
③ 다이스와 펀치의 틈
④ 공구와 재료 간의 마찰력

해설
전단응력은 소재에 대한 공구의 하중 방향(평행한 방향)으로 발생하는 응력이므로(칼로 썰 때의 방향과 같은) 이러한 하중 방향과 관련 있는(날의 각도, 펀치의 외곽 모서리, 공구와 재료 간의 접촉면 특성) 인자가 전단응력의 크기에 영향을 미친다.

62 2개 이상의 물체가 접촉하면서 상대운동할 때, 그 면이 감소되는 현상을 이용한 시험방법은?

① 커핑시험
② 마모시험
③ 마이크로시험
④ 분광분석시험

해설
2가지 이상의 물체가 접촉하며 상대운동으로 면이 감소하는 것은 닳아 없어지는 것이므로 마모시험이다.

63 그림은 연강의 응력-변형 선도이다. 상부항복점에 해당되는 것은?

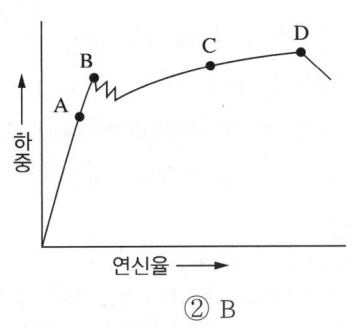

① A ② B
③ C ④ D

[해설]
응력-변형 곡선에서 항복점은 일반적으로 초기의 직선이 끝나는 부분의 응력을 의미한다.

64 로크웰 경도시험에 대한 설명으로 틀린 것은?

① 다이아몬드 압입자의 원추 선단 각도는 136°이다.
② 시험편에 가하는 기준 하중은 10kgf이며, 시험 하중은 60kgf, 100kgf, 150kgf이 있다.
③ 다이아몬드 원추 또는 강구를 시편에 압입하고 이때 생기는 압입된 깊이에 의해 경도를 측정한다.
④ 시험편의 시험면과 뒷면은 서로 평행된 평면이어야 하며, 깊이는 압입 두께 차 h의 10배 이상이어야 한다.

[해설]
로크웰 경도시험
• 기준하중 : 10kgf
• 다이아몬드 원뿔 누르개 각도 : 120°
• 시험하중 : 60kgf, 100kgf, 150kgf
• 시험편의 두께 : 일반적으로 압입 자국의 깊이 h의 10배 이상
• 측정 자국 상호 간의 중심거리 : $4d$ 이상
• 시험편 측면으로부터의 거리 $2.5d$ 이상
※ 비커스 경도시험 : 136° 사각추

65 무재해 운동의 3원칙에 해당되지 않는 것은?

① 무의 원칙   ② 선취의 원칙
③ 참가의 원칙 ④ 품질향상의 원칙

[해설]
• 무재해 운동의 3원칙 : 무의 원칙, 선취의 원칙, 참가의 원칙
• 무재해 5S 운동 : 정리, 정돈, 청소, 청결, 습관화

66 다음 중 금속의 결정립도 측정방법이 아닌 것은?

① ASTM 결정립 측정법
② 조미니(Jominy)시험법
③ 제프리스(Jefferies)법
④ 헤인(Heyn)법

[해설]
조미니(Jominy)시험법
강의 경화능(hardenability)을 시험하는 가장 보편적인 방법으로 단면 담금질하여 냉각 후 축선을 따라 표면경도를 측정하고 세로축은 로크웰 경도(HRC) 가로축은 수랭단으로부터의 거리를 나타낸다(J 다음 숫자가 경도 그 다음 숫자는 거리).

67 충격시험에서 저온취성은 어느 온도 이하에서 일어나는 것으로, 급히 취하되는 것을 말한다. 이때의 온도를 무엇이라 하는가?

① 딤플온도(dimple temperature)
② 벽개온도(cleavage temperature)
③ 천이온도(transition temperature)
④ 재결정온도(recrystallization temperature)

해설
금속재료가 어느 온도 이하에서는 연성의 성질이 급히 취하되어 취성의 성질을 갖게 되는데 이러한 온도를 '천이온도'라 한다.

68 피로시험에 관한 설명 중 틀린 것은?

① 시험편이 작을수록 피로한도가 높다.
② 표면이 매끈할수록 파괴까지의 시간이 짧아진다.
③ 일반적으로 온도가 올라가면 피로한도는 낮아진다.
④ 시험편에 구멍 등의 응력집중 원인이 있으면 피로 한도는 낮아진다.

해설
탄소강 표면을 평활하게 다듬질할수록 피로강도는 향상
피로시험에 영향을 주는 인자
• 시험편의 형상
• 시험편의 표면 가공도(조도)
• 열처리 및 표면경화
• 진동수
• 시험편 지름, 표면상태
• 채취방향 등

69 금속의 결정구조를 해석하기 위한 X선 회절시험에서 $n\lambda = 2d\sin\theta$로 표시되는 법칙은?

① 상사의 법칙(Barda's law)
② 밀러의 법칙(Miller's law)
③ 브래그의 법칙(Bragg's law)
④ 마텐스의 법칙(Martens law)

해설
브래그(Bragg's)의 법칙
어느 결정면으로 X선 회절이 생길 가능성 및 간섭성 산란 X선의 회절방향은 입사 X선의 파장을 λ, 결정면에 대한 X선의 입사각 및 반사각을 θ 반사차수를 n으로 하면, $2d\sin\theta = n\lambda$를 만족하는 각도에서만 X선 회절이 생긴다는 법칙

70 전단응력이 발생되는 주원인은?

① 전단하려는 면에 관계없이 일어난다.
② 전단하려는 면에 수직으로 작용하는 힘에 의한다.
③ 전단하려는 면에 평행으로 작용하는 힘에 의한다.
④ 전단하려는 면에 반대방향으로 작용하는 힘에 의한다.

해설
전단응력은 소재에 대한 공구의 하중 방향(평행한 방향)으로 발생하는 응력이다(가위질을 대표적인 예로 생각하면 된다).
※ 61번 문제와 연관

71 설퍼 프린트법은 철강재료 중 어떤 원소의 분포상태를 나타내는가?

① P
② S
③ Mn
④ Ni

해설
설퍼(sulphur)는 황(S)을 의미한다.

72 방사선이 물질을 투과할 때 물질의 원자핵 주위의 궤도 전자와 부딪쳐 상호작용으로 생기는 것이 아닌 것은?

① 톰슨효과　② 제베크효과
③ 콤프턴 산란　④ 전자쌍 생성

해설
제베크효과는 온도차로 기전력이 생기는 효과이다.

73 충격시험에서 충격값의 단위로 옳은 것은?

① kgf/m　② kgf/mm^3
③ kgf·m/cm^2　④ kgf·cosθ·m

해설
충격시험에서 충격값은(모멘트/면적) 단위로 kgf·m/cm^{2}이다. m, cm 단위를 헷갈리지 않도록 주의한다.

74 다음 중 비틀림시험에서 측정할 수 없는 것은?

① 강성계수　② 비틀림 강도
③ 단면수축률　④ 비틀림 파단계수

해설
단면수축률은 인장시험으로 측정한다.

75 피검재의 세분을 전기로 또는 가스로에 넣어서 그때 생기는 불꽃의 색, 형태 파열음을 관찰 청취해서 강질을 검사 판정하는 시험은?

① 펠릿시험
② 매립시험
③ 분말 불꽃시험
④ 그라인더 불꽃시험

해설
피검재의 세분에서 '세분'의 의미가 미세한 분말가루이다.

76 침투탐상시험의 특징을 설명한 것 중 옳은 것은?

① 비금속의 재료에는 적용할 수 없다.
② 표면으로 닫혀 있는 결함만 검출할 수 있다.
③ 결함의 깊이, 내부의 모양 및 크기를 알 수 있다.
④ 표면이 거친 시험체나 다공질 재료의 탐상은 일반적으로 탐상이 곤란하다.

해설
침투탐상시험은 침투제를 표면에 적용하고 결함 내에 침투한 침투액이 만드는 지시모양을 관찰함으로써 결함을 찾아내는 탐상법으로 표면이 거친 시험체나 다공질 재료(표면이 열릴 수 있는)는 일반적으로 탐상이 힘들다.

정답　72 ②　73 ③　74 ③　75 ③　76 ④

77 다른 비파괴검사법과 비교하여 초음파탐상시험의 가장 큰 장점은?

① 표면 직하의 얕은 결함검출이 쉽다.
② 재현성이 뛰어나며 기록보존이 용이하다.
③ 침투력이 매우 높아 재료 내부 깊은 곳의 결함 검출이 용이하다.
④ 내부 불연속의 모양, 위치, 크기 및 방향을 정확히 측정할 수 있다.

해설
초음파탐상검사는 내부결함이 측정 가능하다는 것이 가장 큰 특징이다.

78 주괴(ingot)가 큰 경우 순금속 또는 단일상 합금에서 주괴의 결정립조직을 관찰해 보면 가장 주형벽에 접하는 조직은?

① 미세 등축정조직
② 거친 등축정조직
③ 미세 주상정조직
④ 거친 주상정조직

해설
주형의 표면에서 내부로 급속응고가 일어날 때 조직의 변화는 주형의 벽에서부터 "chill층(미세 등축정조직) → 주상정조직 → 거친 등축정조직" 순서이다.

79 주사전자현미경(EPMA)에서 EDS의 기능은 무엇인가?

① 특성 X-ray의 파장에 따라 성분을 분석하는 것
② 특성 X-ray의 파장에 따라 이미지를 분석하는 것
③ 특성 X-ray의 에너지의 차이에 따라 상을 분석하는 것
④ 특성 X-ray의 파장과 에너지 차이에 따라 석출물을 분석하는 것

해설
주사전자현미경
전자빔을 주사하여 관찰하는 것으로 표면형상 관찰에 유리하며 특정 물질을 정성, 정량하고자 할 때 EDS(에너지 분산 X선 분광을 통한 성분 분석기) 분석장비를 부착하여 사용

80 두께 10mm, 폭 30mm, 길이 200mm의 강재를 지점 간 거리가 80mm인 받침대 위에 놓고 3점 굽힘시험할 때 굽힘하중이 1,500kgf이었다면 강재의 굽힘강도는 몇 kgf/mm²인가?

① 60
② 70
③ 75
④ 85

해설
3점 굽힘시험
두께 h : 10mm, 폭 b : 30mm, 지점 간 거리 L : 80mm, 굽힘하중 F : 1,500kgf

- 단면계수(단면이 사각형인 경우)
$$Z = \frac{bh^2}{6} = \frac{30 \times 10^2}{6} = 500\text{mm}^3$$

- 굽힘모멘트(3점 굽힘시험인 경우)
$$M = \frac{1}{2}\left(\frac{FL}{2}\right) = \frac{1}{2}\left(\frac{1,500 \times 80}{2}\right) = 30,000\text{kgf/mm}$$

굽힘강도 $S = \dfrac{M}{Z} = \dfrac{30,000}{500} = 60\text{kgf/mm}^2$

2017년 제1회 과년도 기출문제

제1과목 금속재료

01 탄소가 0.8% 들어 있는 공석강의 상온 조직은?

① 페라이트 + 시멘타이트
② 오스테나이트 + 시멘타이트
③ 마텐자이트 + 오스테나이트
④ 시멘타이트 + 마텐자이트

해설
- 공석강은 탄소함량이 약 0.8%C의 시멘타이트와 페라이트로 이루어진 탄소강이다.
- 과공석강은 탄소함량이 약 0.8~2.1%C의 초석 시멘타이트와 펄라이트로 이루어진 탄소강이다.

02 구상흑연 주철의 바탕조직에 해당되지 않는 형은?

① 페라이트형　　② 펄라이트형
③ 마텐자이트형　④ 소르바이트형

해설
- 구상흑연 주철은 기지조직에 따른 형태에 따라 페라이트(ferrite)형, 펄라이트(pearlite)형, 페라이트(ferrite)+펄라이트(pearlite)형으로 나눈다.
- 소르바이트는 α고용체(페라이트)와 미립 시멘타이트와의 기계적 혼합물이다.

03 절삭 및 전단 등에 사용되는 공구용 합금강의 구비조건으로 옳은 것은?

① 마멸성이 커야 한다.
② 인성이 작아야 한다.
③ 열처리와 가공이 용이해야 한다.
④ 상온과 고온에서 경도가 낮아야 한다.

해설
공구용 합금강
- 마멸성이 작아야 한다.
- 인성이 커야 한다.
- 상온과 고온에서 경도가 커야 한다.

04 비정질합금에 대한 설명으로 틀린 것은?

① 가공경화를 일으키지 않는다.
② 불균질한 재료이고, 결정 이방성이 있다.
③ 비정질이란 결정이 되어 있지 않은 상태를 말한다.
④ 금속가스의 증착, 스퍼터링, 화학기상반응을 통해 제조할 수 있다.

해설
비정질합금은 결정이 되어 있지 않은 재료로서 방향성이 존재하지 않는다.

정답 1 ① 2 ④ 3 ③ 4 ②

05 금속의 성질을 설명한 것 중 옳은 것은?

① 결정립이 미세할수록 재료는 변형에 대하여 저항이 증가하므로 강도가 증가하는 경향이 있다.
② 결정립이 조대할수록 재료는 변형에 대하여 저항이 증가하므로 강도가 증가하는 경향이 있다.
③ 결정립이 미세할수록 재료는 변형에 대하여 저항이 감소하므로 강도가 증가하는 경향이 있다.
④ 결정립이 조대할수록 재료는 변형에 대하여 저항이 감소하므로 강도가 증가하는 경향이 있다.

해설
- 결정립이 미세할수록 저항이 증가하므로 강도 증가
- 결정립이 조대할수록 저항이 감소하므로 강도 감소

06 순철에서 일어나는 변태가 아닌 것은?

① A_1 변태
② A_2 변태
③ A_3 변태
④ A_4 변태

해설
Fe-C 평형상태도
- A_0 변태점 : 210℃(Fe_3C의 자기변태)
- A_1 변태점 : 723℃(강의 공석변태)
- A_2 변태점 : 768℃(순철의 자기변태)
- A_3 변태점 : 910℃(순철의 동소변태)
- A_4 변태점 : 1,400℃(순철의 동소변태)

07 황동의 내식성을 개선하기 위하여 7 : 3 황동에 주석을 1% 정도 첨가한 합금은?

① 톰백
② 니켈 황동
③ 네이벌 황동
④ 애드미럴티 황동

해설
애드미럴티 황동은 7 : 3 황동에 1% 내외의 Sn을 첨가한 것으로 내해수성을 향상시켜 증발기 및 열교환기로 사용한다.

08 수소저장합금에 대한 설명으로 틀린 것은?

① 수소저장합금은 수소가스와 반응하여 금속수소화물로 된다.
② 금속수소화물은 단위부피($1cm^3$) 중에 10^{22}개의 수소원자를 포함한다.
③ 수소저장합금은 수소를 흡수·저장할 때에는 수축하고, 방출할 때에는 팽창한다.
④ 수소가스를 액화시키는 데에는 -253℃ 정도의 저온 저장 용기가 필요하다.

해설
수소저장합금은 수소를 흡수·저장할 때는 팽창하고, 방출할 때는 수축한다.

09 Au 및 Au 합금에 대한 설명 중 옳은 것은?

① BCC 구조를 갖는다.
② 전연성은 Ag보다 나쁘다.
③ Au의 비중은 약 19.3 정도이다.
④ 18K 합금은 Au 함유량이 90%이다.

해설
① FCC 구조를 갖는다.
② 전연성이 Ag보다 우수하다.
④ 18K 합금의 Au 함유량은 75%이다.

10 저융점 합금 원소로 사용하는 것이 아닌 것은?

① Bi   ② Cr
③ Pb   ④ Sn

해설
저용융점 합금은 땜납(Pb-Sn합금)보다 녹는점이 낮은 Pb, Bi, Sn, Cd, In 등의 공정형 합금이다.

11 실용 Ni-Cu 합금이 아닌 것은?

① 백동   ② 콘스탄탄
③ 모넬메탈   ④ 슈퍼인바

해설
• 인바 : Ni 35~36%, C 0.1~0.3%, Mn 0.4%와 Fe 합금의 철-니켈 합금으로 FeNi36 또는 64FeNi라고도 한다.
• 슈퍼인바 : 인바보다 팽창률이 작은 합금이다.

12 경질 자성 재료에 해당되지 않는 것은?

① 규소강판   ② 알니코 자석
③ 희토류계 자석 ④ 페라이트 자석

해설
• 전자강판(규소강판)은 자기적 성질의 변화가 적은 재료이다.
• 경질자성재료는 영구자석을 의미한다.

13 다음 중 Mg-Al 합금에 해당되는 것은?

① 일렉트론(electron)
② 엘린바(elinvar)
③ 퍼멀로이(permalloy)
④ 하스텔로이(hastelloy)

해설
일렉트론은 주조용 마그네슘합금이다.

14 배빗메탈(Babbitt metal)이라고 불리는 베어링 합금은?

① Mg계 화이트 메탈이다.
② Sn계 화이트 메탈이다.
③ Pb계 화이트 메탈이다.
④ Zn계 화이트 메탈이다.

해설
배빗메탈(주석계 화이트메탈)
주석89%-안티모니7%-구리4%를 성분으로 하는 베어링용 합금

15 형상기억효과는 어떤 변태 기구를 이용한 것인가?

① 페라이트 ② 펄라이트
③ 마텐자이트 ④ 시멘타이트

해설
형상기억합금
처음에 주어진 특정모양의 것을 인장하거나 소성변형한 것이 가열에 의하여 원형으로 되돌아오는 성질을 가진 합금으로 마텐자이트의 역변태를 이용한다.

16 전열합금에 요구되는 특성으로 틀린 것은?

① 재질이나 치수의 균일성이 좋을 것
② 열팽창계수가 작고 고온강도가 클 것
③ 전기저항이 낮고 저항의 온도계수가 클 것
④ 고온 대기 중에서 산화에 견디고 사용온도가 높을 것

해설
전기 전열기구의 전원을 넣으면 붉게 달아오르는 부분이 전열합금 부인데 저항이 클수록 열을 내는 데 이점을 갖는다. 저항의 온도계수가 작아야 한다.

17 섬유강화금속(FRM)의 특성이 아닌 것은?

① 비강도, 비강성이 높다.
② 섬유축 방향의 강도가 낮다.
③ 고온에서 열적 안정성이 높다.
④ 2차 성형성 및 접합성이 있다.

해설
섬유강화금속(FRM)은 섬유의 축방향 강도가 높다.

18 금속재료를 임의의 방향으로 소성변형을 가한 후 역방향으로 하중을 가하면 처음 방향으로 하중을 가한 경우보다 변형에 대한 저항이 감소하게 되는 현상은?

① Aging 효과
② Kirkendall 효과
③ Bauschinger 효과
④ Widmannstatten 효과

해설
바우싱거(Bauschinger) 효과
어느 방향으로 소성변형을 가한 재료에 역방향의 하중을 가할 경우 소성변형에 대한 저항이 감소하는 효과

19 소결하지 않은 미분광과 무연탄을 직접 장입하며, 유동 환원로가 탈황작용을 하고 용융로에서 순산소를 사용하는 제철공법은?

① 전로(LD)법
② 코렉스(Corex)법
③ 파이넥스(Finex)법
④ 미니 밀(Mini mill)법

해설
파이넥스공법은 유통 환원로가 탈황작용을 하고 용융로에서 순산소를 사용하기 때문에 예비처리에서 발생하는 황산화물(SO_x), 질소산화물(NO_x), 이산화탄소 배출량이 고로 공정보다 현저히 낮은 공법이다.

제2과목 금속조직

21 금속을 가공하면 변형 에너지가 발생한다. 이 변형 에너지가 집적되기 쉬운 곳이 아닌 것은?

① 전위
② 결정 내
③ 격자 간 원자
④ 공격자점(공공)

해설
변형에너지는 결정 내가 아닌 결정 사이에서 집적된다.

---

20 다이의 구멍을 통하여 소재를 잡아 당겨 성형하는 소성가공법은?

① 압연　　② 압출
③ 단조　　④ 인발

해설
- 압연 : 두 개의 롤 사이를 통과하며 재료가 변형
- 압출 : 형틀을 두고 뒤에서 압력을 가하여 밀어내는 가공
- 인발 : 형틀을 두고 앞에서 당기는 방식으로 가공
- 단조 : 형틀을 사용하거나 사용하지 않고 외부에서 충격을 주어 가공하는 것(예 대장간)

---

22 석출강화에서 석출물이 가져야 할 성질로 옳은 것은?

① 단단한 성질을 가져야 한다.
② 연속적으로 존재하여야 한다.
③ 부피 분율이 작을수록 강도는 커진다.
④ 입자의 크기가 조대하고 그 수가 적어야 한다.

해설
② 기지상이 연속적으로 존재하고 석출물은 불연속적으로 존재한다.
③ 부피 분율이 높을수록 강도는 커진다.
④ 입자의 크기가 미세하고, 그 수가 많아야 한다.

정답　19 ③　20 ④　21 ②　22 ①

23 전위선과 버거스 벡터가 수직인 전위는?

① 칼날전위
② 나사전위
③ 혼합전위
④ 전단전위

해설
전위와 버거스 벡터의 관계
• 칼날전위 ⊥ 버거스 벡터(수직 관계)
• 나선전위 // 버거스 벡터(평행 관계)

24 결정립 형성에 대한 설명으로 틀린 것은?(단, G는 결정성장속도, N은 핵발생속도, f는 상수이다)

① 결정립의 크기는 $\dfrac{f \cdot G}{N}$로 표현된다.
② 핵발생속도는 과랭도가 클수록 증가한다.
③ 금속은 순도가 높을수록 결정립의 크기가 작은 경향이 있다.
④ G가 N보다 빨리 증대할 경우 결정립이 큰 것을 얻는다.

해설
금속의 경우 순도가 높을수록 결정립의 크기도 증가하는 경향이 있다.

25 금속의 합금에서 온도가 일정할 때 확산속도가 가장 빠른 것은?

① 표면확산
② 입계확산
③ 격자확산
④ 입내확산

해설
확산이 가장 빠른 순서
표면확산 > 입계확산 > 격자확산

26 진공 또는 불활성 가스 내에 지지된 단결정 금속봉의 한쪽 끝을 고주파 유도 가열로 용해하고 이 용해된 부위를 서서히 이동시켜 불순물을 정제하는 방법은?

① Bridgemann법
② Czochralski법
③ 용융대법
④ 재결정법

해설
고주파 유도 가열로 용해한다는 힌트로 '용융대법' 착안

27 회주철에 나타나는 바탕 조직은?

① 펄라이트
② 소르바이트
③ 트루스타이트
④ 레데부라이트

해설
회주철은 펄라이트+페라이트+흑연 조직으로 펄라이트가 바탕조직이다.

28 재결정에 관한 설명으로 틀린 것은?

① 순도가 높을수록 재결정 온도는 높다.
② 가열시간이 길수록 재결정 온도는 낮다.
③ 냉간가공도가 클수록 재결정 온도는 높다.
④ 초기입자 크기가 클수록 재결정 온도는 높다.

해설
가공도가 클수록, 가공 전의 결정입자가 미세할수록, 가열 시간이 길수록 재결정 온도는 낮아진다.

29 평형상태도에 영향을 미치지 않는 인자는?

① 온도 ② 압력
③ 조성 ④ 입도

해설
상태도는 여러 온도, 압력, 조성하에서 재료 내에 존재하는 여러 상을 도식화한 것을 말한다.

30 금속결정의 단위격자에 대한 설명 중 틀린 것은?

① 조밀육방격자의 배위수는 6개이다.
② 최근접 원자는 서로 접촉하고 있는 원자이다.
③ 배위수는 1개의 원자 주위에 있는 최근접 원자수이다.
④ 충전율은 단위격자 내의 원자가 차지한 총부피를 그 격자 부피로 나눈 체적비의 백분율이다.

해설
배위수는 한 원자와 접촉하고 있는 원자의 개수이며, 조밀육방격자(HCP)구조는 12개이다.

31 조밀육방격자(HCP)의 기저면(basal plane)을 나타낸 것 중 점선이 지시하는 방향은?

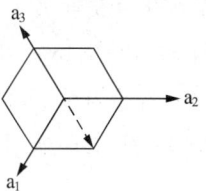

① $[११\bar{2}0]$ ② $[\bar{1}2\bar{1}0]$
③ $[10\bar{1}0]$ ④ $[2\bar{1}\bar{1}0]$

해설
조밀육방격자(HCP) 방향은 4개의 지수 [u v t w]로 나타내고, w는 높이 방향이므로 기저면에서는 0이 된다.
그림에서 a_1과 a_2 양의 방향에 대한 중간방향이므로 u와 v는 각각 1이 되며, HCP 면지수와 방향지수의 일관성을 유지하기 위해 u + v = -t의 관계가 성립된다. 따라서, t = -2이다.

32 칼날전위(edge dislocation)에 대한 설명 중 옳은 것은?

① 부피 결함의 일종이다.
② 잉여반면을 가지지 않는다.
③ 전위선과 버거스 벡터(Burgers vector)가 서로 수직이다.
④ 전위선이 움직이는 방향은 버거스 벡터에 수직으로 움직이다.

해설
전위와 버거스 벡터의 관계
• 칼날전위 ⊥ 버거스 벡터(수직 관계)
• 나선전위 // 버거스 벡터(평행 관계)

33 Hume-Rothery법칙을 설명한 것 중 틀린 것은?

① 밀도의 차이가 클 것
② 결정구조가 비슷할 것
③ 원자의 크기차가 15% 이하일 것
④ 낮은 원자가를 가진 금속이 고가의 원자가를 가진 금속을 잘 고용할 것

해설
치환형 고용체를 형성하는 인자(Hume-Rothery법칙)로 밀도와는 관련이 없다.

34 점결함(point defect)에 해당되는 것은?

① 전위(dislocation)
② 쌍정면(twining plane)
③ 적층결함(stacking fault)
④ 프렌켈 결함(Frenkel defect)

해설
점결함(0차원)
• 공공(빈 격자점) : 원자가 비어있는 자리
 → 쇼트키, 프렌켈 결함은 각각 쌍으로 존재하는 점결함
• 자기침입형 원자 : 공공이 생길 때 공공자리에 있던 원자가 이동하여 다른 원자 사이에 끼어 있는 상태
• 고용체 : 치환형과 침입형 고용체가 존재하며 일종의 불순물

35 확산에 대한 설명으로 틀린 것은?

① 용매 중에 용질이 용입하고 있는 상태에서 국부적으로 농도차가 있을 때 시간의 경과에 따라 농도의 균일화가 일어나는 현상을 확산이라 한다.
② 온도가 낮을 때는 입계의 확산과 입내의 확산의 차가 크게 되나 온도가 높아지면 그 차는 작게 된다.
③ 입계는 입내에 비하여 결정의 규칙성이 산란된 구조를 갖고 결함이 많으므로 확산이 일어나기 쉽다.
④ 면결함의 하나인 표면에서의 단회로 확산을 상호확산이라 한다.

해설
상호확산은 다른 종류의 A, B 두 원자가 접촉면의 반대방향에서 확산이 이루어지는 상태이다.

36 석출경화를 얻을 수 있는 경우는?

① 단순공정형 상태도를 갖는 합금의 경우
② 전율가용고용체 형을 갖는 합금의 경우
③ 어떤 형의 상태도라도 모든 합금의 경우
④ 온도 강하에 따라 고용한도가 감소하는 형의 상태도를 갖는 합금의 경우

해설
석출경화는 온도에 따른 고용도의 차이가 있어야 한다.

37 전율고용체 합금에서 강도가 최대인 경우는?

① 합금에 따라 다르다.
② 동일 비율로 합금된 경우이다.
③ 융점이 낮은 금속이 많이 포함된 경우이다.
④ 비중이 높은 금속이 많이 포함된 경우이다.

해설
이원계 상태도에서 전율고용체일 때 두 금속의 원자비가 50 : 50일 때 기계적 물리적 성질의 변화가 가장 크고 경도도 가장 높다.

38 다음의 3원 공정형 상태도에서 Ⅱ영역의 자유도는?(단, Ⅰ영역은 융액, Ⅱ영역은 고체+융액, Ⅲ영역은 고체이며, 압력이 일정하다)

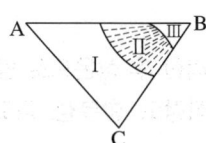

① 0　　② 1
③ 2　　④ 3

해설
Gibbs 자유도 식 $F = n - P + 1$에 따라 3원계이므로 $n = 3$이 되고 공정점에서는 2개의 상이 존재하므로 $P = 2$(액상과 고상)이다. 따라서 자유도는 $3 - 2 + 1 = 2$가 된다.

39 장범위 규칙도 $S = \dfrac{f_A - X_A}{1 - X_A} = \dfrac{f_B - X_B}{1 - X_B}$에서 f_A의 설명으로 옳은 것은?(단, α격자는 A원자배열, β격자는 B원자배열이다)

① α격자점을 B원자가 차지하는 확률
② β격자점을 A원자가 차지하는 확률
③ α격자점을 A원자가 차지하는 확률
④ β격자점을 A, B원자가 차지하는 확률

해설
장범위 규칙도에서
· f_A : α격자점을 A원자가 차지할 확률
· f_B : β격자점을 B원자가 차지할 확률
· X_A, X_B : A와 B의 분율

40 W, Pt의 단위격자당 원자 충전율은 각각 약 몇 %인가?

① W : 74%, Pt : 68%
② W : 68%, Pt : 74%
③ W : 68%, Pt : 68%
④ W : 74%, Pt : 74%

해설
W는 체심입방정(BCC)이므로 충전율이 68%이고, Pt는 면심입방정(FCC)이므로 충전율이 74%이다.

제3과목 | 금속 열처리

41 냉각 방법 중 냉각속도가 가장 늦은 열처리 방법은?

① 풀림
② 불림
③ 담금질
④ 수인 처리

해설
결정립을 조정하고 연화시키기 위한 열처리인 풀림은 다른 열처리 방법에 비해 냉각속도가 느리다(노랭).

42 재료의 담금질성 측정 방법에 사용되는 시험 방법은?

① 커핑시험
② 조미니시험
③ 에릭센시험
④ 샤르피시험

해설
조미니(Jominy)시험법
강의 경화능(hardenability)을 시험하는 가장 보편적인 방법으로 단면 담금질하여 냉각 후 축선을 따라 표면 경도를 측정하고 세로축은 로크웰 경도(HRC), 가로축은 수랭단으로부터의 거리를 나타낸다(J 다음 숫자가 경도 그 다음 숫자는 거리).
※ 조미니시험법은 자주 출제되므로 확실히 익혀야 한다(경도 측정법이고 결정립도 측정법 아님).

43 변성로나 침탄로 등의 침탄성 분위기 가스로부터 유리된 탄소가 노 내의 분위기 속에 부화하여 열처리 가공재료, 촉매, 노의 연와 등에 부착하는 현상은?

① 촉매(catalyst)
② 그을음(sooting)
③ 번아웃(burn out)
④ 화염 커튼(flame curtain)

해설
그을음(sooting)이란 '변성로나 침탄로 내에 축적된 유리탄소'라는 것을 명확히 기억하자.

44 용체화 처리한 후 상온으로 방치하여도 상온시효를 일으켜 인장강도, 항복점, 경도가 증가되는 합금은?

① Al-Sn
② Al-Zn
③ Al-Si-Fe-Mg
④ Al-Cu-Mg-Mn

해설
Al-Cu계 합금은 상온시효가 발생한다.

45 심랭처리(sub-zero treatment)를 실시해야 하는 강종이 아닌 것은?

① 불림(공랭)처리한 SM25C
② 담금질(유랭)처리한 STB2
③ 담금질(유랭)처리한 SKH51
④ 침탄처리 후 담금질(유랭)한 SCr420

해설
심랭처리는 담금질 후 잔류 오스테나이트가 남지 않도록 하는 열처리이다.

46 강의 탈탄 방지책으로 틀린 것은?

① 고온, 장시간 가열을 한다.
② 염욕 및 금속욕 가열을 한다.
③ 표면에 금속도금, 피복을 한다.
④ 분위기 가스 속에서 가열하거나 진공 가열한다.

해설
탈탄의 방지대책
- 탈탄방지제를 도포한다.
- 고온에서의 장시간 가열을 피한다.
- 염욕 및 금속욕에 의한 가열을 한다.
- 강의 표면에 도금을 한다.
- 중성분말제 속에서 가열한다.
- 분위기 가스 내에서 진공 가열한다.

47 질화처리로 최표면에 나타나는 화합물층(compound layer)에 존재하는 γ' 상의 구성성분은?

① FeN
② Fe_2N
③ Fe_4N
④ Fe_8N

해설
강을 500~550℃의 암모니아(NH_3)가스 중에서 장시간 가열하면 질소가 흡수되어 Fe_4N, Fe_3N, Fe_2N 등의 질화물이 형성되는데 최표면에 나타나는 γ' 상의 구성성분은 Fe_4N이다.

48 열처리 후처리 공정에서 제품에 부착된 기름을 제거하는 탈지에 적합하지 않은 방법은?

① 산 세정
② 전해 세정
③ 알칼리 세정
④ 트라이클로로에틸렌 세정

해설
탈지는 기름을 제거하기 위해 화학적으로 세정하는 방법이고 전해 세정, 알칼리 세정, 트라이클로로에틸렌 세정이 있다(산 세정은 쓰이지 않음에 주의).

49 트루스타이트(troostite)에 대한 설명 중 옳은 것은?

① α철과 극히 미세한 시멘타이트와의 기계적 혼합물이다.
② α철과 극히 미세한 마텐자이트와의 기계적 혼합물이다.
③ γ철과 조대한 시멘타이트와의 기계적 혼합물이다.
④ γ철과 조대한 마텐자이트와의 기계적 혼합물이다.

해설
강의 조직 중의 하나인 트루스타이트는 강을 느린 속도로 담금질할 때 미세상 집합에서 보이는 조직이며, α철과 미세한 시멘타이트와의 기계적 혼합물이 포함된다.

50 전기로의 전기회로를 2회로 분할하여 그 한쪽을 단속시켜서 온도를 제어하는 방법은?

① 비례 제어식
② 정치 제어식
③ 프로그램 제어식
④ 온 오프(on-off)식

해설
② 정치제어식 : 연속, 단속 2회로법이라 하며, 전기로의 전기회로를 2회로 분리하여 한쪽을 단속시켜 전기를 제어하는 방법
① 비례제어식 : 시간의 편차에 의한 노의 온도제어
③ 프로그램 제어식 : 예정된 온도의 승온, 보온, 강온 등을 자동으로 수행하는 방식으로 열처리 작업에 의한 온도-시간에 따른 제어 및 열전대를 이용하는 방법이 있음
④ on-off식 : 단일제어계로, 전원의 단속에 따라 조작 신호가 최대 또는 최소가 되는 방식

51 탈탄으로 발생된 결함으로 제품에 발생하는 현상이 아닌 것은?

① 경도, 강도가 증가한다.
② 변형, 균열이 발생한다.
③ 재료가 불균일해진다.
④ 열피로성이 발생하기 쉽다.

해설
고온에서 강이 탈탄되었을 경우 표면에 인장응력이 발생하여 크랙이 형성되어 균열 및 변형이 발생하고 내피로 강도가 저하된다.

52 1,100℃에서 조업한 부탄가스의 변성에 의한 RX 가스의 탄소농도(carbon potential)를 계산할 때 어느 성분을 직접 측정하여 탄소농도를 산출하는가?(단, 미리 가스 중의 CO, H_2의 값을 개략 값을 알고 있는 경우이다)

① SO_2
② CO_2
③ N_2
④ NO_2

해설
탄소가 들어 있는 분자식은 이산화탄소임에 착안

53 연속로의 형태가 아닌 것은?

① 노상 진동형로
② 상형(box type)로
③ 푸셔형(pusher type)로
④ 컨베이어형(conveyor type)로

해설
연속형 열처리로에는 푸셔로, 컨베이어로, 세이커 하스로(노상 진동형로)가 포함되며 이외의 대부분은 배치로라고 생각한다.

54 TTT곡선의 nose와 M_s점의 중간 온도로 유지된 염욕 속에서 변태가 완료될 때까지 일정시간 유지한 다음, 공랭시키면 베이나이트 조직이 생기는 열처리 조작은?

① 오스포밍(ausforming)
② 마퀜칭(marquenching)
③ 오스템퍼링(austempering)
④ 타임 퀜칭(time quenching)

해설
오스템퍼링은 오스테나이트에서 베이나이트 변태가 일어나도록 유지하고 상온으로 공랭시키는 열처리 조작이다.

55 공석강의 연속냉각곡선(CCT)에서 냉각속도가 빠른 순으로 생성되는 조직은?

① 트루스타이트 → 소르바이트 → 펄라이트 → 마텐자이트
② 마텐자이트 → 트루스타이트 → 소르바이트 → 펄라이트
③ 펄라이트 → 소르바이트 → 마텐자이트 → 트루스타이트
④ 마텐자이트 → 펄라이트 → 트루스타이트 → 소르바이트

해설
연속냉각곡선에서 냉각속도가 빠르다면 상대적으로 높은 경도를 가지게 된다.
- 경도가 높은 순서 : 시멘타이트 > 마텐자이트 > 트루스타이트 > 베이나이트 > 소르바이트 > 펄라이트 > 오스테나이트 > 페라이트
- 냉각속도 빠른 순서 : 마텐자이트 → 트루스타이트 → 소르바이트 → 펄라이트

56 공구강을 열처리할 때 고려해야 할 사항 중 틀린 것은?

① 공구강의 성능은 담금질에 의해서 좌우된다.
② 담금질한 공구강은 뜨임처리를 해야 한다.
③ 게이지용 강은 담금질과 뜨임처리를 한 후 시효변화가 많아야 한다.
④ 공구강은 담금질을 하기 전에 탄화물을 구상화하기 위한 풀림을 해야 한다.

해설
게이지용 강은 측정용이므로 시효변화가 없어야 한다.

57 담금질성에 대한 설명으로 틀린 것은?

① 결정립도를 크게 하면 담금질성은 향상된다.
② Mn, Mo, Cr 등을 첨가하면 담금질성은 증가한다.
③ B를 0.0025% 첨가하면 담금질성을 높일 수 있다.
④ 일반적으로 S가 0.04% 이상이면 담금질성이 증가된다.

해설
- 담금질성을 좋게 하는 원소 : Mn, P, Si, Ni, Cr, Mo, B, Cu, Zr, Sn 등
- 담금질성을 나쁘게 하는 원소 : S, Co, Pb, Te 등

58 냉각제의 냉각속도에 대한 설명으로 옳은 것은?

① 점도가 높을수록 냉각속도가 빠르다.
② 열전도도가 클수록 냉각속도가 빠르다.
③ 휘발성이 높을수록 냉각속도가 빠르다.
④ 기화열이 낮고 끓는점이 낮을수록 냉각속도가 빠르다.

해설
냉각제는 열전도도가 클수록, 점도가 낮을수록, 기화열이 높을수록 냉각속도가 빠르다.

59 그림은 구상화 어닐링의 한 가지 방법이다. A_1변태점을 경계로 가열냉각을 반복하여 얻을 수 있는 효과는 무엇인가?

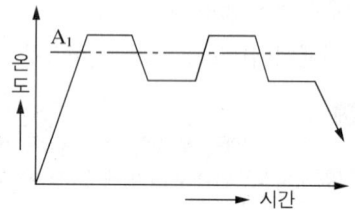

① 망상 Fe_3C를 없앤다.
② Fe_3C의 망상을 크게 한다.
③ 펄라이트의 생성 및 편상화한다.
④ 페라이트와 시멘타이트를 층상화한다.

해설
취약한 시멘타이트가 그물과 같이 자리 잡고 있다면 기계적 성질이 취약해지기 때문에 구상화 어닐링 과정에서 A_1변태점 이상으로 가열하는 것은 망상 Fe_3C를 없애기 위함이 목적이다.

60 SM45C의 화염 담금질 경도(HRC)는 얼마인가?

① 35 ② 60
③ 85 ④ 100

해설
화염 담금질의 표면경도
HRC = C × 100 + 15
    = 0.45 × 100 + 15 = 60
(여기서, C=0.45)

제4과목 재료시험

61 다음 어느 조건에서 마모가 가장 많이 일어나는가?

① 표면경도가 낮을 때
② 접촉압력이 작을 때
③ 윤활상태가 좋을 때
④ 접촉면이 매끄러울 때

해설
마모는 표면에서 발생하기 때문에 표면경도와 가장 연관성이 깊다.

62 균열 성장 및 소성 변형과 같은 재료 내의 변형과정에서 발생하는 탄성파를 검출함으로써 재료 내의 변화를 알아내어 파괴를 예측하는 비파괴검사 방법은?

① 누설시험
② 스트레인측정
③ 음향방출시험
④ 침투탐상시험

해설
음향방출검사는 초음파탐상법 중 하나로 탄성파를 검출하여 재료 내 파괴를 예측하는 비파괴검사로서 동적인 결함 검출에 우수하다.

63 응력 측정법에서 스트레스 코팅법에 대한 설명 중 틀린 것은?

① 유효 표점거리가 0(zero)이다.
② 목적물의 표면에 대한 어떤 점의 주응력 및 스트레인의 방향을 알 수 있다.
③ 재질, 형상, 하중 작용 방식 등에 관계없이 기계 부품 및 구조물에 응용할 수 있다.
④ 전반적인 스트레스 분포보다 국부적인 분포 상태를 알고자 할 때 사용한다.

해설
응력과 스트레스는 같은 의미로 스트레스 코팅법에 대한 응력 측정은 전반적인 스트레스(응력) 분포를 알고자 할 때 사용한다.

64 재료에 대한 강성계수 G를 측정하는 시험법은?

① 피로시험
② 인장시험
③ 경도시험
④ 비틀림시험

해설
비틀림시험을 통해 얻을 수 있는 기계적 성질
- 강성계수
- 비틀림 강도
- 비틀림 파단계수
- 전단탄성계수

정답 61 ① 62 ③ 63 ④ 64 ④

65 미소경도시험을 적용하는 경우가 아닌 것은?

① 도금층 등의 측정
② 주철품의 표면 측정
③ 절삭공구의 날부위 경도 측정
④ 시험편이 작고 경도가 높은 부분의 측정

해설
미소경도시험은 (마이크로)비커스경도시험으로 주철품의 표면에는 적합하지 않으며 침탄, 질화층 등 매우 얇은 두께의 시험체를 분석할 때 사용한다.

66 자력결함 검사에서 교류를 사용하여 표면결함을 검출할 수 있는 것은 무엇 때문인가?

① 충격 효과
② 질량 효과
③ 표피 효과
④ 방사 효과

해설
표피 효과
교류자화에서 표면에 자속밀도가 최대가 되고 표면으로부터 들어감에 따라 저하되는 현상으로 이 때문에 자기비파괴 검사에서는 표면과 표면직하의 결함만을 검출한다.

67 크리프 시험에서 크리프곡선의 현상(제1단계 – 제2단계 – 제3단계)을 옳게 구분한 것은?

① 감속 크리프 – 가속 크리프 – 정상 크리프
② 감속 크리프 – 정상 크리프 – 가속 크리프
③ 가속 크리프 – 정상 크리프 – 감속 크리프
④ 정상 크리프 – 가속 크리프 – 감속 크리프

해설
1단계(감속 크리프), 2단계(정상 크리프=변형속도 일정), 3단계(가속 크리프)

68 두께가 t(mm)인 철판을 지름이 d(mm)인 원형의 펀치로 전단하여 관통시킬 때 전단응력(τ)을 계산하는 식으로 옳은 것은?(단, P : 전단하중, A : 전단면적이다)

① $\tau = \dfrac{P}{\pi t}$
② $\tau = \dfrac{P}{2A}$
③ $\tau = \dfrac{P}{dt}$
④ $\tau = \dfrac{P}{\pi dt}$

해설
전단응력은 전단하중에서 전단단면적을 나눈 값으로, 여기서의 전단단면적은 관통된 원기둥의 측면에 대한 면적이므로 원주(πd)에 높이(t)를 곱한 값이다.

69 상대적으로 경한 입자나 미세돌기와의 접촉에 의해 표면으로부터 마모입자가 이탈되는 현상으로 마모 면에 긁힘 자국이나 끝이 파인 홈들이 나타나는 마모는?

① 연삭마모
② 응착마모
③ 부식마모
④ 표면피로마모

해설
① 연삭마모(abrasive wear) : 상대적으로 경한 입자는 미세돌기와의 접촉에 의해 표면으로부터 마모입자가 이탈되는 현상으로 마모면에 긁힘 자국이나 끝이 파인 홈들이 나타나게 되는 마모
② 응착마모(adhesive wear) : 표면거칠기에 의해 유막이 존재하지 않아 발생하는 접촉에 의한 마모
③ 부식마모(corrosion wear) : 부식환경하에서 접촉에 의한 표면반응으로 생기는 마모
④ 피로마모(fatigue wear) : 기어나 베어링 등에 많이 발생하며 상대운동을 하는 표면에서 반복하중이 가해지면 마찰표면층에서 파괴가 일어나 그 결과 마모입자가 발생하는 것

70 다음 방사선 동위원소 중 반감기가 가장 긴 것은?

① Tm-170　　② Co-60
③ Ir-192　　　④ Cs-137

[해설]
방사성 동위원소의 반감기
- Ir-192의 반감기 : 75일
- Tm-170의 반감기 : 129일
- Co-60의 반감기 : 5.3년
- Cs-137의 반감기 : 30년

71 지름이 14mm인 인장 시험편을 인장시험하였다. 최대 하중 12,500kgf에서 파단되었다면, 이때 인장강도는 약 얼마인가?

① 62.5kgf/mm²　　② 78.2kgf/mm²
③ 81.2kgf/mm²　　④ 92.4kgf/mm²

[해설]
$$\text{인장강도} = \frac{\text{최대하중}}{\text{단면적}} = \frac{P_{max}}{\frac{\pi d^2}{4}} = \frac{12,500}{\frac{\pi \times 14^2}{4}} \fallingdotseq 81.2\text{kgf/mm}^2$$

72 로크웰 경도시험에서 C스케일을 사용할 때 시험하중은 몇 kg인가?

① 50　　② 100
③ 150　　④ 200

[해설]
로크웰 경도시험
- 다이아몬드 원뿔 누르개 각도 : 120° (A, C스케일)
- 기준 하중 : 10kgf
- 시험하중 : 60kgf(A스케일), 100kgf(B스케일), 150kgf(C스케일)

73 주사전자현미경의 관찰용도로 적합하지 않은 것은?

① 금속의 피로파단면
② 금속의 표면마모상태
③ 금속기지 중의 석출물
④ 금속재료의 패턴(pattern) 분석

[해설]
주사전자현미경은 미세 조직면을 보는 것으로 패턴분석에는 적합하지 않다.

정답　70 ④　71 ③　72 ③　73 ④

74 결정립도 측정에 대한 설명으로 틀린 것은?

① 입자크기가 모든 방향으로 동일한지 판정할 필요가 있다.
② 결정립계나 입자평면의 부식을 잘 해야 측정에 유리하다.
③ 입자크기는 현미경 배율에 따른 차이가 없으므로, 배율은 중요하지 않다.
④ 평균입도를 얻기 위해서 서로 다른 장소에서 최소한 3번 정도 측정해야 한다.

해설
결정립도는 현미경배율이 중요하다. 예를 들어 ASTM 결정립 측정법에서는 100배 현미경 배율로 결정립 개수를 관찰하여 결정립도를 산출한다.

75 설퍼 프린트법에 의한 황 편석 분류에서 역편석의 기호는?

① S_C
② S_I
③ S_N
④ S_D

해설

S_N	정편석	S_L	선상편석
S_I	역편석	S_D	점상편석
S_C	중심부편석	S_{CO}	주상편석

76 재료를 파괴하여 인성이나 취성을 시험하는 시험방법은?

① 충격시험
② 비틀림시험
③ 마모시험
④ 경도시험

해설
충격시험
• 표준시편에 충격에 대한 동적하중을 가하여 금속의 충격흡수에너지를 구하는 시험
• 인성과 취성, 재료의 충격 에너지, 재료의 천이온도 등을 확인할 수 있음

77 취성재료 압축시험에서 ASTM이 추천한 봉상 단주형 시편의 높이(h)와 지름(d)의 비는 어느 정도가 가장 적당한가?

① $h = 10d$
② $h = 5d$
③ $h = 3d$
④ $h = 0.9d$

해설
• 봉상 단주시험편 : $h = 0.9d$
• 중주시험편 : $h = 3d$
• 장주시험편 : $h = 10d$

78 임의의 원소에 대한 격자 간 거리와 결정구조를 결정하기 위한 시험은?

① 불꽃시험법
② 응력측정법
③ 염수분무 시험법
④ X선 회절시험법

해설
X선 회절시험은 대표적인 결정격자 측정법이다.

79 안전보건교육의 단계별 3종류에 해당하지 않는 것은?

① 기초교육　　② 지식교육
③ 기능교육　　④ 태도교육

해설
안전보건교육
- 태도교육 : 생활지도, 작업동작지도를 통한 안전의 습관화
- 기능교육 : 기계장치 및 계기류의 작업능력 및 기술능력을 몸으로 익힘
- 지식교육 : 안전의식 및 책임감을 갖게 하고 안정 규정을 숙지함

80 동(Cu), 황동, 청동 등의 부식제로 사용되는 것은?

① 염화제2철 용액
② 수산화나트륨 용액
③ 피크르산 알코올 용액
④ 질산 아세트산 용액

해설
부식제
- 구리, 구리합금 : 염화제2철 용액
- 철강(탄소강) : 피크르산 알코올 용액(피크랄), 질산 알코올 용액(나이탈)
- 알루미늄, 알루미늄합금 : 수산화나트륨용액, 불화수소산
- 니켈합금 : 질산, 아세트산
- 아연합금 : 염산

2017년 제2회 과년도 기출문제

제1과목 금속재료

01 주철의 마우러 조직도는 어떤 원소들의 관계를 나타낸 것인가?

① C와 Si ② C와 Mn
③ C와 Mg ④ Si와 Mg

해설
마우러 조직도는 주철에서 C와 Si의 관계를 나타낸 것으로 백주철, 펄라이트 주철, 반주철, 회주철, 페라이트주철로 구분된다.

02 주로 열간 금형용 합금공구강 재료로 사용되는 강종이 아닌 것은?

① STD4 ② STD5
③ STD11 ④ STD61

해설
금형강
- 성형가공을 위해 사용되는 가공용 강
- STD11 : 냉간 가공용 금형강
- STD61 : 탄소함량은 중탄소이며, 바나듐(V)을 첨가하여 열피로성을 개선한 열간 가공용 금형강

03 Cu계 베어링합금인 켈밋(kelmet)에 대한 설명 중 틀린 것은?

① 마찰계수가 작고 열전도율이 좋다.
② 고온, 고압에서 강도가 떨어지지 않고 수명이 길다.
③ Cu-Pb가 대표적이며, 주석청동, 인청동 등이 있다.
④ Pb 함유량이 많을수록 피로강도가 높아지고, 마찰감소(減磨) 효과는 적어진다.

해설
켈밋(kelmet)에서 Pb의 함유량이 많을수록 피로강도는 낮아지고 마찰감소 효과는 커진다.

04 흑심가단주철의 1단계 흑연화 현상의 반응식으로 옳은 것은?

① $\gamma \rightarrow \alpha + Fe_3C$
② $2CO \rightarrow CO_2 + C$
③ $Fe_3C \rightarrow 3Fe + C$
④ $Fe_3C + CO_2 \rightarrow 3Fe + 2CO$

해설
흑심가단주철의 1단계 흑연화 현상의 과정은 $Fe_3C \rightarrow 3Fe + C$로 나타난다.

05 특수강에 Si가 첨가되었을 때의 특성으로 옳은 것은?

① 인성 증가
② 결정입자 조절
③ 뜨임취성 방지
④ 전자기 특성 증가

해설
특수용도용 합금강(특수강)에서 규소강은 전자기적 특성을 개선하여 전기재료로 이용된다.

06 신금속을 군(群)으로 분류할 때 고융점 구조재료군에 해당되는 것은?

① U, Th
② W, Mo
③ Ge, Si
④ Na, Cs

해설
고융점 금속
융점이 높은 금속으로 고온강도가 크고 내산화성은 적다. 텅스텐(W), 탄탈럼(Ta), 몰리브데넘(Mo), 나이오븀(Nb) 등이 있다.

07 고강도 가공용 알루미늄 합금으로 항공기 구조재료로 사용되며, 조성이 Al-Cu-Mg-Mn인 것은?

① 라우탈(Lautal)
② 실루민(silumin)
③ 코비탈륨(Cobitalium)
④ 두랄루민(Duralumin)

해설
④ 두랄루민(고강도 알루미늄합금) : Al-Cu-Mg-Mn 합금으로 시효경화성이 가장 좋음
① 라우탈 : Al-Cu-Si 합금
② 실루민 : Al-Si 합금
③ 코비탈륨 : Al-Ti-Cu 합금

08 형상기억합금계에 해당되지 않는 것은?

① Ti-Ni
② Cu-Al-Ni
③ Cu-Zn-Al
④ Nb_3Sn-Nb

해설
형상기억합금
• Cu-Zn-Ni계
• Cu-Zn-Al계
• Ti-Ni계
• Cu-Al-Ni계

정답 5 ④ 6 ② 7 ④ 8 ④

09 Mg 및 Mg합금의 특성이 아닌 것은?

① 치수 안정성이 우수하다.
② 소성가공성이 높아 상온에서 변형이 되기 쉽다.
③ 감쇠능이 주철보다 커서 소음방지 재료로 사용된다.
④ 고온에서 매우 활성이고, 분말이나 절삭설은 발화의 위험이 있다.

해설
소성가공성이 높다고 상온에서 변형이 되기 쉬운 것은 아니다.

10 니켈(Ni)에 대한 설명으로 틀린 것은?

① 알루미늄보다 비중이 낮다.
② 열간 및 냉간가공이 가능하다.
③ 상온에서 결정구조가 면심입방격자이다.
④ 대기 중에 부식되지 않으나 아황산가스를 함유한 공기에는 심하게 부식된다.

해설
니켈의 비중은 8.9로 알루미늄(2.7)보다 높다.

11 내식성과 내충격성, 기계가공성이 우수한 18-8스테인리스강의 조성으로 옳은 것은?

① 18%Cr, 8%Ni
② 18%Ni, 8%Cr
③ 18%W, 8%Mo
④ 18%Mo, 8%W

해설

분류		담금질	내식성	용접성
마텐자이트계	13Cr계	가능	나쁨	불가
페라이트계	18Cr계	불가	보통	보통
오스테나이트계	18Cr-8Ni계	불가	좋음	좋음

12 산소나 인, 아연 등의 탈산제를 품지 않고 진공 또는 무산화 분위기에서 정련 주조한 것으로 유리에 대한 봉착성이 좋고 수소취성이 없는 시판동은?

① 조동   ② 탈산동
③ 전기동   ④ 무산소동

해설
- 무산소동 : 진공 또는 CO의 환원 분위기에서 용해 주조한 것으로 진공관의 구리선 또는 전자기기용으로 사용
- 탈산동 : 용해 시에 흡수한 산소를 인(P)으로 탈산하여 산소를 0.01% 이하로 한 것으로 고온에서 수소취성이 없고 산소를 흡수하지 않으며 용접성이 좋은 구리
- 정련동(전기동) : 0.02~0.05% 산소 함유 등으로 전기 전도율이 좋고, 취성이 없으며, 가공성이 우수하여 전자기기에 사용

13 알루미늄기지에 Al_2O_3의 미세입자를 분산시킨 복합재료는?

① FRM
② SAP
③ 서멧
④ 하이드로날륨

해설
Al 분말의 소결품(SAP)
내열용 합금으로 알루미나가루와 알루미늄가루를 압축성형하고, 약 550℃에서 소결한 후 열간 압출하여 사용하는 재료

14 구리의 성질을 설명한 것 중 틀린 것은?

① 전연성이 좋아 가공하기 쉽다.
② 전기 및 열의 전도성이 우수하다.
③ Zn, Sn, Ni 등과는 합금이 어렵다.
④ 화학적 저항력이 커서 부식에 강하다.

해설
구리는 Zn, Sn, Ni 등과의 합금으로 사용 가능하다.

15 베어링용으로 사용되는 합금이 갖추어야 할 조건이 아닌 것은?

① 내식성이 좋아야 한다.
② 내하중성이 좋아야 한다.
③ 소착에 대한 저항력이 커야 한다.
④ 표면은 취성이 있고 연질이어야 한다.

해설
베어링용 합금
• 하중에 견딜 수 있는 정도의 경도와 내압력을 가질 것
• 주조성과 피가공성이 좋고 열전도율이 클 것
• 마찰계수가 작을 것
• 내소착성이 크고 내식성이 우수할 것
• 충분한 점성과 인성이 있을 것

16 불변강이 아닌 것은?

① 인바(invar)
② 엘린바(elinvar)
③ 알클래드(alclad)
④ 코엘린바(Coelinvar)

해설
불변강 : 엘린바, 인바, 코엘린바 등을 지칭(주로 니켈-철 합금)

정답 13 ② 14 ③ 15 ④ 16 ③

17 한 개의 결정핵이 발달하여 나뭇가지 모양으로 성장하는 것은?

① 과랭
② 단위포
③ 수지상정
④ 고스트라인

해설
수지상정(수지상 결정)
용융금속이 냉각하며 1개의 결정핵이 발달할 때 그 모양이 마치 나뭇가지와 같다하여 붙여진 이름

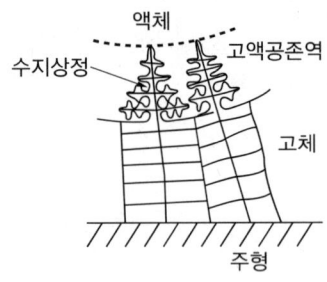

[고액공존역과 수지상정]

18 금속의 열전도율에 대한 설명으로 틀린 것은?

① 순수한 금속일수록 열전도율은 우수하다.
② 열전도율의 단위는 W/m·K(kcal/m·h·℃)이다.
③ 열전도율의 순서는 Zn > Cu > Ag > Al > Au 순이다.
④ 물체 내에서 열에너지의 이동을 열전도도 또는 열전도율이라 한다.

해설
금속의 열전도율의 순서
은(Ag) > 구리(Cu) > 금(Au) > 알루미늄(Al) > 아연(Zn) > 니켈(Ni) > 철(Fe)

19 강과 주철을 구분하는 탄소의 함유량(%)은 약 얼마인가?

① 0.4%   ② 0.8%
③ 1.2%   ④ 2.0%

해설
• 탄소 함유량은 2.0%C 이상이면 주철
• 주강은 탄소 0.1~0.5%

20 비정질 합금의 특징으로 옳은 것은?

① 결정 이방성이 있다.
② 전기 저항성이 낮다.
③ 가공경화가 쉽게 일어난다.
④ 구조적으로 장거리 규칙성이 없다.

해설
비정질 합금
금속을 용융상태에서 초고속 급랭에 의해 제조되는 재료로 결정이 되어 있지 않은 상태이며, 인장강도와 경도를 크게 개선시킨 합금
※ 비정질 : 원자의 배열에 규칙성이 없이 액체와 같은 자유로운 배열을 가진 상태

제2과목 금속조직

21 고용체에서 용질원자와 칼날전위의 상호작용에 대한 효과는?

① 홀 효과
② 1방향 효과
③ 프렌켈 효과
④ 코트렐 효과

해설
코트렐 효과란 탄성적 상호작용으로 불순물원자가 전위선에 가까이 당겨져, 전위를 고착시키는 효과로 코트렐 효과에 의해 인장전위는 안정상태로 움직임이 어렵게 된다. 여기서는 고용체의 용질원자가 불순물원자가 되고 전위와의 상호작용이므로 코트렐 효과라 볼 수 있다.

22 냉간가공에 의해서 결정립이 변형된 금속을 가열하면 어느 일정 온도구간에서 새로운 결정핵들이 생성되고 성장하여 전체가 내부변형이 없는 결정립으로 치환되어 가는 과정은?

① 회복(recovery)
② 전위(dislocation)
③ 재결정(recrystallization)
④ 다각형상(polygonization)

해설
재결정
냉간가공 등으로 변형된 결정구조가 가열하면 내부변형이 없는 새로운 결정립으로 치환되어지는 현상
- 소성변형 정도가 작을수록 재결정 입자크기는 커진다.
- 가열시간이 길수록 재결정 입자크기는 커진다.
- 가열온도가 재결정온도 이상에서 본래의 크기보다 입자크기가 커진다.

23 격자정수가 $a = b \neq c$이고, 축각이 $\alpha = \beta = 90°$, $\gamma = 120°$인 것은?

① 입방정계
② 정방정계
③ 사방정계
④ 육방정계

해설
- 입방정계 : $a = b = c$, $\alpha = \beta = \gamma = 90°$
- 정방정계 : $a = b \neq c$, $\alpha = \beta = \gamma = 90°$
- 사방정계 : $a \neq b \neq c$, $\alpha = \beta = \gamma = 90°$
- 육방정계 : $a = b \neq c$, $\alpha = \beta = 90°$, $\gamma = 120°$
- 단사정계 : $a \neq b \neq c$, $\alpha = \gamma = 90° \neq \beta$
- 삼사정계 : $a \neq b \neq c$, $\alpha \neq \beta \neq \gamma \neq 90°$

24 다음 음영처리된 부분의 면지수는?

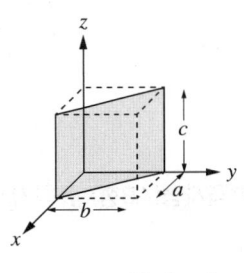

① (110)
② (120)
③ (100)
④ (111)

해설
면지수 : x, y, z축의 절편에 대한 역수의 최소 정수비
x절편과 y절편은 1이고, z절편은 만나지 않기 때문에 무한대이므로 그 역수는 (110)이 된다.

정답 21 ④ 22 ③ 23 ④ 24 ①

25 마텐자이트(martensite) 변태의 일반적인 특징을 설명한 것 중 틀린 것은?

① 확산변태이다.
② 변태에 따른 표면기복이 생긴다.
③ 협동적 원자운동에 의한 변태이다.
④ 마텐자이트 결정 내에는 격자결함이 존재한다.

해설
마텐자이트 변태의 특징
- 표면에 기복이 발생함
- 무확산 변태
- 저탄소 함량에서는 라스(lath)모양, 고탄소 함량에서는 판(plate) 모양의 마텐자이트가 각각 생성
- 조직은 오스테나이트 조성과 동일
- 변태량은 온도에 관계하고 시간에는 관계 없음

26 면심입방격자형(AB형) 규칙격자에 해당되는 것은?

① FeAl
② Fe_3Al
③ MgCd
④ CuAu

해설
- 고용체에서 용질원자와 용매원자 원소가 규칙적인 배열을 할 때 규칙격자라 하며, A_xB_y형의 간단한 정수비의 조성을 가지는데, AB, A_3B, AB_3형이 있다.
- 규칙격자에서 CuAu는 면심입방격자형의 AB형이다.

27 분산강화에 사용되는 분산입자에 대한 설명으로 옳은 것은?

① 융점이 높다.
② 형성 자유에너지가 작다.
③ 성분원소의 확산속도가 크다.
④ 기지에 대한 용해도가 크다.

해설
분산강화
금속합금에 안정한 미세입자를 소량 첨가하여 재료의 강도와 경도가 증가하는 처리
분산입자의 성질
- 융점이 높다.
- 형상 자유에너지가 크다.
- 성분원소의 확산속도가 작다.
- 기지에 대한 용해도가 작다.

28 원자끼리 결합하는 종류가 아닌 것은?

① 이온결합
② 나노결합
③ 금속결합
④ 공유결합

해설
원자 간 1차 결합
- 이온결합(ionic bonds)
- 공유결합(covalent bonds)
- 금속결합(metallic bonds)
원자 간 2차 결합
- 반데르발스결합(런던 인력)

정답 25 ① 26 ④ 27 ① 28 ②

29 금속의 응고와 관련하여 수지상(dendrite) 조직을 설명한 것 중 틀린 것은?

① 액상에서 고상으로 변태(응고) 시 응고잠열이 방출된다.
② 응고잠열의 방출은 평면에서보다 선단부분에서 늦게 일어난다.
③ 나뭇가지 모양으로 생긴 최초의 가지를 1차 수지상정이라 한다.
④ 체심입방구조를 갖는 금속의 경우 수지상정의 가지는 서로 직교한다.

[해설]
응고잠열은 액상이 고상으로 응고할 때 방출하는 열로서 냉각속도가 빠를수록 미세한 수지상 조직이 형성되며, 응고선단이 평면으로 이동한다.

30 밀러지수에 대한 설명 중 틀린 것은?

① 입방체의 밀러면지수는 (h k l)으로 표현한다.
② 입방체의 밀러방향지수는 [u v w]으로 표현한다.
③ 결정면은 좌표축의 각 절편길이의 최대 정수비로 나타낸다.
④ 결정방향은 직선상의 임의의 한 점의 좌표를 최소 정수비로 한다.

[해설]
결정면은 좌표축 각 절편길이의 역수의 최소 정수비로 나타낸다.

31 순금속의 냉각곡선에서 수평선이 나타나는 점은?

① eutectic point
② eutectoid point
③ melting point
④ monotectic point

[해설]
순금속의 냉각곡선에서 수평선은 상이 변하는 과정이므로 액체에서 고체로 변하는 녹는점(melting point) 혹은 어는점이다.
① eutectic point(공정점)
② eutectoid point(공석점)
④ monotectic point(편정점)

32 Al-Cu 합금의 석출과정에 대한 설명으로 틀린 것은?

① 안전한 석출상을 만든다.
② 결정 내에서 용질원자가 국부적으로 집합한다.
③ 안정한 석출상이 되기 전의 중간상태를 만든다.
④ 시효온도에서 장시간 유지할수록 점차 경도는 증가한다.

[해설]
석출강화의 시효처리에서 시효강도는 장시간 유지할수록이 아닌 시효온도에 따라 시효시간이 달라지는데, 좀더 낮은 온도에서 시효처리를 함으로써 최대 강도와 균일성을 얻는다.

[정답] 29 ② 30 ③ 31 ③ 32 ④

33 용질원자에 의한 응력장은 가동전위의 응력장과 상호작용을 하여 전위의 이동을 방해함으로써 재료의 강화가 이루어지는 것은?

① 석출 강화 ② 가공 강화
③ 분산 강화 ④ 고용체 강화

해설
고용체 강화
용질원자에 의한 응력장이 가동전위의 응력장과 상호작용을 하여 전위의 이동을 방해하여 재료를 강화시키는 것을 의미한다.
※ 고용체의 의미가 용매원자에 다른 용질원자가 끼워져 있다는 의미임을 착안하여 전위의 이동(소성변형)을 방해하는 것은 소성변형이 쉽게 되지 않으니 강도가 커지는 효과를 가진다.

34 금속 A와 B가 치환형 고용체를 만들기에 가장 좋은 조건은?

① A금속과 B금속의 결정격자형이 다를 때
② 용질원자와 용매원자의 전기저항의 차가 가장 클 때
③ A원자 무게와 B원자 무게가 약 10% 이내에서 서로 비슷할 때
④ A원자 크기와 B원자 크기가 약 15% 이내에서 서로 비슷할 때

해설
치환형 고용체
정연하게 늘어서 있는 고체의 원자를 밀어내고 그 자리에 대신 들어가는 형태
- 원자의 크기±15% : 이상의 크기에서는 원자 뒤틀림이 너무 커져 새로운 상 형성
- 비슷한 전기음성도 : 차이가 크면 금속간 화합물 형성
- 높은 원자가 : 용해도에 영향
- 같은 결정구조

35 확산기구에 해당되지 않는 것은?

① 링 기구
② 공석 기구
③ 공격자점 기구
④ 직접교환 기구

해설
확산기구에는 공공에 의한 상호확산(공격자점 기구), 격자점 사이의 위치로 파고드는 격자 간 원자 기구, 원자의 상호이동에 의한 직접교환 기구, 3개 또는 4개 원자의 동시이동에 의한 링 기구가 존재한다.

36 금속을 소성가공할 때 가공도가 증가하면 일어나는 현상으로 옳은 것은?

① 연성이 증가한다.
② 밀도가 증가한다.
③ 항복강도가 증가한다.
④ 전기저항이 감소한다.

해설
소성가공은 항복강도와 관련 있음에 착안

37 주조상태의 조직(as-cast atructure)으로 1차 조직에 해당하는 것은?

① 수지상 조직
② 마텐자이트 조직
③ 베이나이트 조직
④ 트루스타이트 조직

해설
수지상 조직
강괴의 응고에 있어 수지상으로 발달한 1차 결정이 단조, 압연 후에도 그 형태로 있는 것

38 다음 3원 상태도에서 A, B, C상이 P점에서 평형을 이루었다면 C의 양은?

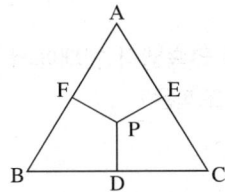

① $\overline{AF}$
② $\overline{PF}$
③ $\overline{PE}$
④ $\overline{PD}$

해설
지렛대의 원리에 의해 P점이 평형을 이룬 점이라면 C의 양은 반대편의 길이인 PF의 길이가 된다.

39 Bragg-William의 장범위 규칙도를 나타내는 식에서 $S=1$일 경우 규칙화의 정도는?

① 역위상의 배열이 존재한다.
② 격자가 부분규칙적인 상태이다.
③ 격자가 완전히 무질서한 상태이다.
④ 완전히 규칙적인 배열상태이다.

해설
$S=1$이면 격자가 완전히 규칙적인 것을 나타내고, $S=0$이면 완전 무질서 배열이다.

40 Fick의 확산법칙에서 사용하는 원자 확산계수(D)의 단위는?

① cm/in
② cm/s
③ cm^2/in
④ cm^2/s

해설
D는 확산도를 의미하며 확산속도를 나타내는 물리량으로서 단위는 cm^2/s이다.

제3과목 | 금속 열처리

41 제품을 열처리 가열로에 장입하기 전에 확인하여야 할 사항이 아닌 것은?

① 열처리 요구 사양을 확인한다.
② 발주처의 회사 규모를 파악한다.
③ 소재의 재질 확인 및 검사를 한다.
④ 표면 탈탄, 크랙 유무 및 전 열처리 상태를 확인한다.

해설
발주처의 회사규모는 기술적인 부분과 상관없다.

42 주철의 풀림처리 중 절삭성을 양호하게 하며 백선 부분의 제거, 연성을 향상시키기 위한 목적으로 실시하는 열처리는?

① 연화 풀림
② 완전 풀림
③ 재결정 풀림
④ 응력제거 풀림

해설
연화 풀림
- 회주철을 변태영역 이상의 온도로 가열하여 최대단면두께 25mm당 약 1시간 유지하여 상온으로 공랭 후 불림을 한다.
- 백선 부분의 제거, 연성을 향상시키기 위한 목적이며 강도는 저하되지만 구상화흑연주철은 연신율이 증가한다.

43 강재 질량의 대소에 따라 담금질 효과가 다르게 나타나는 것을 무엇이라 하는가?

① 마템퍼링
② 질량효과
③ 노치효과
④ 담금질 변형

해설
대형 구조물의 담금질 시 재료의 내·외부 간 질량효과로 인해 경도의 편차가 발생하며 이러한 경화능은 조미니 시험법으로 측정할 수 있다.

44 공석강의 연속냉각 변태에서 변태개시 온도가 가장 낮은 조직은?

① 펄라이트
② 소르바이트
③ 마텐자이트
④ 트루스타이트

해설
공석강의 연속냉각곡선에서 변태개시 온도가 높은 순서는 펄라이트, 베이나이트, 마텐자이트의 순서이다.

45 스테인리스강의 광휘열처리에 주로 쓰이는 열처리로는?

① 전로
② 중유로
③ 전기로
④ 분위기로

해설
분위기로
- 환원성 가스나 불활성 가스 등을 노 안에 불어넣어 광휘열처리를 하거나 침탄, 질화를 위한 분위기를 만들어주는 노다.
- 일반적인 열처리로는 산화성 분위기이기 때문에 산화, 탈탄을 피하기 힘들다.

46 베릴륨을 각각 2% 및 2.5% 함유한 청동을 HV 320~400으로 만들기 위한 열처리방법은?

① 515~550℃에서 물 담금질하고 175~205℃로 2~2.5시간 템퍼링한다.
② 760~780℃에서 물 담금질하고 310~330℃로 2~2.5시간 템퍼링한다.
③ 800~850℃에서 물 담금질하고 150~200℃로 2~2.5시간 템퍼링한다.
④ 1,050~1,100℃에서 물 담금질하고 520~580℃로 2~2.5시간 템퍼링한다.

해설
베릴륨 청동의 열처리는 760~780℃로부터 물 담금질하고 310~330℃로 2시간 템퍼링한다.

47 강의 열처리에서 서브제로(심랭) 처리를 하면 얻을 수 있는 효과가 아닌 것은?

① 조직이 미세화된다.
② 강재의 내마모성을 증가시킨다.
③ 마텐자이트를 펄라이트로 분해시킨다.
④ 잔류 오스테나이트를 마텐자이트로 변태시킨다.

해설
심랭처리(sub-zero treatment)
담금질 상태의 강을 상온 이하 특정 온도로 냉각 후 잔류 오스테나이트를 마텐자이트 변태 처리하는 과정이다. 또한 강재의 내마모성을 증가시키고, 조직이 미세화된다.

48 열처리의 방법, 재질 및 형상에 따라 냉각방법은 달라지며 냉각장치는 냉각제의 종류와 작동방법에 따라 분류된다. 이러한 냉각장치에 해당되지 않는 것은?

① 헐셀 냉각장치
② 분무 냉각장치
③ 프레스 냉각장치
④ 염욕 냉각장치

해설
헐셀은 도금 성능의 시험을 할 수 있는 시험장비다.

정답 45 ④ 46 ② 47 ③ 48 ①

49 침탄 후 열처리 작업 중 2차 담금질을 하는 목적은?

① 뜨임처리를 위해
② 표면 침탄층의 경화를 위해
③ 표면 및 중심부의 반복침탄을 위해
④ 재료의 중심부를 미세화하기 위해

해설
강의 표면을 강화시키기 위해 침탄처리를 하며, 2차 담금질의 목적은 침탄부를 경화하기 위해 실시한다.

50 구상화 풀림처리를 행할 때 구상화 속도가 가장 빠른 조직은?

① 노멀라이징한 표준 조직
② 열처리 이전의 조대 조직
③ 열처리 이전 냉간 가공 조직
④ 탄화물이 미세하게 분산된 담금질한 조직

해설
구상화 풀림은 담금질 시 변형 및 균열방지 목적으로 공구강에서 많이 실시하는 것으로 탄화물이 미세하게 분산되었을 때 구상화 속도가 빠르게 된다.

51 담금질 열처리 작업을 한 후 냉각 시 변형이 큰 순서에서 작은 순서로 나열된 것은?

① 물 담금질 → 기름 담금질 → 공기 담금질
② 물 담금질 → 공기 담금질 → 기름 담금질
③ 공기 담금질 → 기름 담금질 → 물 담금질
④ 기름 담금질 → 공기 담금질 → 물 담금질

해설
냉각능이 큰 것은 소금물(식염수 : 10%의 NaCl), NaOH 용액, 황산액 등이 있고, 물보다 냉각능이 적은 것은 기름이고 그 다음이 공기이다.
※ 냉각능이 클수록 변형이 크다.

52 열전쌍으로 사용되는 재료의 특징으로 틀린 것은?

① 열기전력이 커야 한다.
② 히스테리시스 차가 커야 한다.
③ 고온에서 기계적 강도가 커야 한다.
④ 내열 및 내식성이 크며 안정성이 있어야 한다.

해설
열전쌍으로 사용되는 재료는 히스테리시스가 작아야 한다.

정답 49 ② 50 ④ 51 ① 52 ②

53 뜨임(tempering)의 목적으로 옳은 것은?

① 연
② 경도 부여
③ 표준화
④ 인성 부여

해설
담금질은 경도를 부여하고, 뜨임은 인성을 부여한다.

54 다음 중 강의 최고 담금질 경도를 좌우하는 요소는?

① 강재의 형상
② 합금 원소의 무게
③ 강중의 탄소함량
④ 오스테나이트의 결정립도

해설
담금질 경도는 탄소량에 따라 결정되고 담금질 깊이는 탄소량, 합금원소의 영향이 크다.

55 열처리 가열로에 사용하는 노재(爐材)로서 산성 내화재는?

① SiO_2를 함유하는 내화재
② MgO를 함유하는 내화재
③ Cr_2O_3를 함유하는 내화재
④ Al_2O_3를 함유하는 내화재

해설
- 산성 내화재 : 이산화규소를 함유하는 내화재
- 염기성 내화재 : 산화마그네슘을 함유하는 내화재

56 오스테나이트 상태로부터 M_s 이상인 적당한 온도로 유지한 염욕에 담금질하고 과냉각의 오스테나이트 변태가 끝날 때까지 항온으로 유지하여 베이나이트 조직이 얻어지는 열처리 방법은?

① 마퀜칭
② M_s퀜칭
③ 오스포밍
④ 오스템퍼링

해설
- 오스템퍼링 : 변태점 (A_3~A_1)+(30~50℃)의 적당한 온도(약 840℃)로 가열하여 안정된 오스테나이트 영역으로 유지시킨 후 페라이트 및 펄라이트조직의 생성온도(600℃) 이하, 마텐자이트 생성 온도(200℃) 이상의 냉매(염욕 : 250~450℃)속에 급랭시켜 베이나이트 조직을 얻는 열처리
- 마퀜칭(marquenching) : 복잡하고 변형이 많은 강재에 적합한 방법으로 담금질 온도까지 가열 후 M_s점보다 높은 온도에서 담금질 후 급랭하여 마텐자이트 변태를 유도하고 담금질 균열을 방지하는 열처리

57 강재 표면에서 얇은 황화층(FeS)을 형성시켜 강재 표면에 마찰저항을 작게 하여 윤활성을 향상시키는 방법은?

① PVD처리 ② TD처리
③ 침붕처리 ④ 침황처리

해설
침황처리법은 강의 표면에 유황을 확산침투시키는 방법으로 400~600℃에서 행해지며, 철강 및 황화철에서 0.2μm 정도의 두께에서 마찰계수가 저하된다.

58 인상담금질(time quenching)에서 인상시기를 설명한 것 중 틀린 것은?

① 기름의 기포 발생이 정지했을 때 꺼내어 공랭한다.
② 진동과 물소리가 정지한 순간 꺼내어 유랭 또는 공랭한다.
③ 화색(火色)이 나타나지 않을 때까지 2배의 시간만큼 물속에 담근 후 꺼내어 공랭한다.
④ 가열물의 지름 또는 두께 1mm당 10초 동안 수랭한 후 유랭 또는 공랭한다.

해설
유랭의 경우 제품의 지름 또는 두께 1mm당 1초로 시간을 계산한다.

59 항온변태곡선에 영향을 미치는 인자들에 관한 설명 중 틀린 것은?

① 오스테나이트 입도가 조대할수록 항온변태곡선은 우측으로 이동한다.
② Mn, Ni, Mo, W 등의 합금원소가 첨가될수록 항온변태곡선은 우측으로 이동한다.
③ 강 중의 첨가원소로 인하여 편석이 존재하면 변태개시는 비편석으로 시작하여 변태가 끝나는 것은 편석된 부분이 된다.
④ 오스테나이트 상태에서 응력을 받으면 변태시간이 길어지고 항온변태곡선은 우측으로 이동한다.

해설
- 강의 항온변태곡선에 영향을 주는 요소는 첨가된 원소, 응력 및 최고가열온도가 있음
- 오스테나이트 입도가 조대할수록 항온변태곡선은 우측으로 이동
- 합금원소가 첨가될수록 항온변태곡선은 우측으로 이동
- 오스테나이트 상태에서 응력을 받으면 잔류 오스테나이트가 마텐자이트화됨

60 진공분위기에서 글로(glow) 방전을 발생시켜 N_2, H_2 및 기타 가스의 단독, 혼합 가스의 분위기에서 N을 표면에 확산시키는 표면 처리법은?

① 침탄 질화 ② 가스 질화
③ 이온 질화 ④ 염욕 연질화

해설
이온 질화법
- 글로(glow) 방전 에너지에 의해 질소 가스를 이온화하여 생겨진 N^+ 이온이 (-)극의 처리물 표면에서 질화작용하는 표면 처리법
- 특징
  - 질화속도가 비교적 빠르다.
  - 수소가스에 의한 표면 청정효과가 있다.
  - 400℃ 이하의 저온에서도 질화가 가능하다.

제4과목 재료시험

61 순수한 인장 또는 압축으로 생긴 길이 방향의 단위 스트레인으로 옆쪽 스트레인(lateral strain)을 나눈 값을 무엇이라 하는가?

① 횡탄성비 ② 푸아송비
③ 전탄성비 ④ 단면수축비

해설
푸아송비 = (측면방향 스트레인) / (길이방향 스트레인)

62 브리넬(Brinell) 경도를 측정할 때 필요하지 않은 것은?

① 사용된 시험편의 중량
② 시험편에 가하는 하중의 크기
③ 시험편 표면에 나타난 압흔의 지름
④ 압흔을 내는 데 사용된 강구(steel ball)의 지름

해설
경도측정 시 시험편의 중량은 상관없다.

63 비틀림 시험(torsion test)으로 알 수 없는 것은?

① 강성계수
② 항력계수
③ 비틀림 강도
④ 비틀림 파단계수

해설
비틀림 시험을 통해 얻을 수 있는 기계적 성질
• 강성계수
• 비틀림 강도
• 비틀림 파단계수
• 전단탄성계수

64 현미경조직 검사를 위한 시험절차로 옳은 것은?

① 시험편 채취 → 부식 → 마운팅 → 연마 → 관찰
② 시험편 채취 → 관찰 → 연마 → 부식 → 마운팅
③ 시험편 채취 → 부식 → 연마 → 마운팅 → 관찰
④ 시험편 채취 → 마운팅 → 연마 → 부식 → 관찰

해설
현미경 조직검사 순서
시험편 채취 → 시험편의 제작(마운팅) → 연마 → 폴리싱 → 부식 → 검경

정답 61 ② 62 ① 63 ② 64 ④

65 하인리가 주장한 안전의 3요소에 해당되지 않는 것은?

① 자본적 요소
② 교육적 요소
③ 기술적 요소
④ 관리적 요소

해설
안전과 자본적인 요소는 관련이 없다.

66 쇼어 경도시험기의 종류에 해당하지 않는 것은?

① B형　　② C형
③ D형　　④ SS형

해설
쇼어 경도시험기는 다이아몬드 추를 자유낙하시켜 반발을 이용하여 경도를 측정하는 것
• C형, SS형 : 반발 높이를 육안으로 측정(목측형)
• D형 : 반발 높이를 다이얼게이지로 측정(지시형)

67 압축에 대한 응력-압률 선도에서 $m=1$일 때에 해당하는 것은?(단, m은 재료에 따른 상수이다)

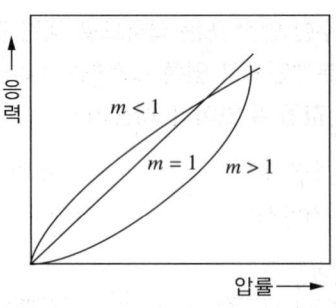

$\varepsilon = \alpha \sigma^m$ 의 곡선

① 주철
② 피혁
③ 고무
④ 완전탄성체

해설
$m=1$인 경우는 가해진 응력을 풀었을 때에 원래의 상태로 그대로 돌아오는 경우이므로 완전탄성체이다.

68 각종 비파괴검사법에 대한 설명 중 틀린 것은?

① 자분탐상검사는 강자성체 제품의 표면부 결함검사에 용이하다.
② 방사선탐상은 주조품, 용접부 등의 결함검사 방법이며 촬영이 가능하다.
③ 초음파탐상검사는 주조품, 용접부 등의 내부결함 검사 및 두께 측정이 가능하다.
④ 침투탐상검사는 밀폐된 압력용기 저장탱크 등의 관통 균열부 및 내부결함 검사에 용이하다.

해설
침투탐상시험은 침투제를 표면에 적용하고 결함 내에 침투한 침투액이 만드는 지시모양을 관찰함으로써 결함을 찾아내는 탐상법으로 표면이 거친 시험체나 다공질 재료(표면에 구멍이 있는)는 일반적으로 탐상이 힘들다.

69 재료의 연성을 알기 위한 것으로 구리판, 알루미늄판 및 기타 연성판재를 가압 성형하여 변형능력을 시험하는 방법은?

① 굽힘시험
② 커핑시험
③ 응력파단시험
④ 슬라이딩 마모시험

해설
커핑시험은 에릭센시험 등의 일반적인 명칭으로 재료의 연성을 파악하는 시험법이다.

70 누설탐상시험의 특징으로 틀린 것은?

① 누설위치 판별이 빠르다.
② 한 번에 전면을 검사할 수 없다.
③ 프로브(탐침)나 스니퍼(탐지기)가 필요 없다.
④ 기술의 숙련이나 경험이 크게 필요하지 않다.

해설
누설탐상시험은 압력용기 및 각종 부품의 기밀성을 검사하는 시험으로 한 번에 전면을 검사할 수 있다.

71 초음파탐상시험에서 전기적 에너지를 기계적 에너지로, 기계적 에너지를 전기적 에너지로 바꾸는 현상은?

① 압전효과
② 표피효과
③ 광전도효과
④ 초전도효과

해설
압전효과는 압력을 가하면 전기가 발생하고 반대로 전기를 가하면 압력이 발생하는 효과이다. 이를 이용하여 초음파의 송수신을 하고 결함을 검출한다.

72 충격시험의 목적으로 옳은 것은?

① 경도와 강도를 알기 위하여
② 연성과 전성을 알기 위하여
③ 인성과 취성을 알기 위하여
④ 인성과 전성을 알기 위하여

해설
충격시험
- 표준시편에 충격에 대한 동적하중을 가하여 금속의 충격흡수에너지를 구하는 시험
- 인성과 취성, 재료의 충격 에너지, 재료의 천이온도 등을 확인할 수 있음

정답 69 ② 70 ② 71 ① 72 ③

73 ASTM에 의한 결정립 측정법에 대한 설명으로 옳은 것은?

① 입도번호가 클수록 결정립은 조대해진다.
② 현미경 배율 10,000배, 10평방인치 내 결정립 수를 측정한다.
③ 결정립도 측정법에는 비중법, 점산법 등이 있다.
④ $n = 2^{(N-1)}$의 관계식에서 n은 결정립 수, N은 결정립도번호를 나타낸다.

해설
ASTM 결정립 측정
- 입도번호가 클수록 결정립은 미세해진다.
- 현미경 배율 100배, 1제곱인치 내 결정립 수를 측정한다.
- 결정립도 측정법에는 ASTM 결정립 측정법, 제프리스법, 헤인법이 있다.

74 피로강도에 미치는 인자의 영향이 아닌 것은?

① 온도
② 노치효과
③ 치수와 표면효과
④ 시편의 색깔과 무게

해설
시편의 색깔과 무게는 강도와 관련이 없다.

75 결정립의 지름이 0.1mm 이상인 결정조직 상태나 가공 방향 등을 검사하려면 어떤 시험법이 적합한가?

① X선 회절법
② 매크로 검사법
③ 초음파 검사법
④ 조직량 측정법

해설
매크로 검사법은 육안 혹은 10배 이내 확대경을 이용하여 결정립의 지름이 비교적 큰 결정조직의 상태나 결정입자 혹은 가공방향 등을 검사할 수 있다.

76 강의 설퍼 프린트시험에서 황의 분포 상황의 분류와 기호의 연결이 틀린 것은?

① 정편석 - S_N
② 역편석 - S_I
③ 선상편석 - S_L
④ 중심부편석 - S_{CO}

해설
설퍼 프린트시험

S_N	정편석	S_L	선상편석
S_I	역편석	S_D	점상편석
S_C	중심부편석	S_{CO}	주상편석

77 크리프 시험실의 환경조건으로서 가장 먼저 고려해야 하는 것은?

① 항온항습
② 공기통풍
③ 진동내진
④ 분진방지

해설
크리프 시험은 진동내진을 우선 고려하고 항온항습을 고려한다.

78 충격시험에 대한 설명으로 틀린 것은?

① 모든 치수는 동일하고 노치의 반지름이 작을수록 응력집중이 크다.
② 모든 치수는 동일하고 노치의 깊이가 깊을수록 충격치는 감소한다.
③ 시험편 제작에 있어 시험편의 기호·번호 등은 시험에 영향을 미치지 않는 부위에 표시한다.
④ 시험편의 길이는 60mm, 높이 및 너비가 15mm인 정사각형의 단면을 가지며 V노치 또는 W노치를 가지고 있다.

해설
금속재료 충격시험편의 노치는 주로 V자형, U자형이 있다. W형의 노치는 응력집중이 이루어지기 힘들다.

79 유압식 만능재료 시험기로 측정하기 어려운 것은?

① 인장강도
② 열적강도
③ 압축강도
④ 항복강도

해설
유압식 만능재료 시험기는 열적인 부분이나 비틀림시험은 측정하기 어렵다.

80 마모시험에 영향을 미치는 주된 요인이 아닌 것은?

① 마찰속도
② 마찰압력
③ 시험편의 비중
④ 마찰면 거칠기

해설
마모시험은 접촉 상대운동으로 표면입자의 이탈 정도를 측정하는 시험으로 윤활제 사용 유무, 표면 다듬질 정도, 상태금속의 성질에 따라 영향을 받는다. 시험편의 비중과는 관련이 없다.

정답 77 ③ 78 ④ 79 ② 80 ③

2017년 제4회 과년도 기출문제

제1과목 금속재료

01 베어링용 합금으로 사용되는 대표적인 Cu-Pb합금은?

① KM alloy
② 켈밋(kelmet)
③ 자마크 2(Zamak 2)
④ 활자금속(type metal)

해설
켈밋(kelmet)
Cu-Pb계 베어링으로 화이트메탈보다 내하중성이 크고 열전도율이 높아 고속 고하중용 베어링에 적합하다.

02 이온화 경향이 가장 큰 원소는?

① Ca
② Zn
③ Fe
④ Mg

해설
이온화 경향
K > Ca > Na > Mg > Zn > Fe > Co > Pb > H > Cu > Hg > Ag > Au

03 방진(제진)합금을 방진기구에 따라 나눌 때 이러한 기구의 종류에 해당되지 않는 것은?

① 쌍정형
② 전위형
③ 복합형
④ 상자성형

해설
방진합금
- 구조재료로의 강도를 갖고 있고 진동의 감쇠능이 우수하여 방진의 역할을 하는 합금이다.
- 감쇠능을 높이기 위해 내부조직을 고안한 것으로 복합형, 강자성형, 쌍정형, 전위형 등이 있다.

04 고망간강이라 불리며, 대표적인 내마모성 강으로서 Mn이 약 12% 함유된 강은?

① 크롬강
② 해드필드강
③ 오스테나이트 스테인리스강
④ 마텐자이트 스테인리스강

해설
고망가니즈강
- 탄소 0.9~1.4%, 망가니즈(10~14%) 함유로 해드필드강(hadfield) 또는 오스테나이트 망가니즈강이라고도 함
- 내마멸성과 내충격성이 우수
- 열전도성이 작고 열팽창계수가 큼
- 높은 인성을 부여하기 위해 수인법을 이용한 강
- 열처리 후 서랭하면 결정립계에 M₃C가 석출하여 취약
- 광석·암석의 파쇄기 등 심한 충격과 마모를 받는 부품에 이용

05 실용되고 있는 형상기억합금계는?

① Ag-Cu계 ② Co-Al계
③ Ti-Ni계 ④ Co-Mn계

해설
형상기억합금
Cu-Zn-Ni계, Cu-Zn-Al계, Ti-Ni계가 있는데 그중 Ti-Ni계는 내식성, 내마모성, 내피로성이 우수하여 실용화되고 있다.

06 어떤 물질이 일정한 온도, 자장, 전류밀도하에서 전기저항이 0(zero)이 되는 현상은?

① 초투자율 ② 초저항
③ 초전도 ④ 초전류

해설
초전도현상
어떤 물질이 일정한 온도, 자장, 전류밀도하에서 전기저항이 0(zero)이 되는 현상

07 오스테나이트계 스테인리스강의 특징이 아닌 것은?

① 내식성이 우수하다.
② 강자성체이며 인성이 풍부하다.
③ 가공이 쉽고 용접도 비교적 용이하다.
④ 염산, 염소가스, 황산 등에 의해 입계부식이 발생하기 쉽다.

해설
18-8 스테인리스강은 오스테나이트계 스테인리스강이며 18%크로뮴과 8%니켈이 섞인 강으로 내식성과 내산성이 우수하고 비자성체이다.

08 금속간 화합물에 대한 설명으로 틀린 것은?

① 낮은 용융점을 갖는다.
② 용융상태에서 존재하지 않는다.
③ 간단한 원자비로 결합되어 있다.
④ 탄소강에서는 Fe_3C가 대표적이다.

해설
금속간 화합물
• 변형하기 어렵고 메짐성 있음
• 탄소강 중 경도가 가장 높음
• 간단한 원자비로 결합(Fe : 3, C : 1)
• 대부분의 금속간 화합물은 높은 용융점 가짐
• 금속 사이에 친화력이 클 때 형성
• 2종 이상의 금속원소가 A_mB_n의 화학식으로 구성 높은 경도를 가짐

09 철강을 냉간가공할 때 경도가 증가하는 주된 이유는?

① 전위가 증가하기 때문
② 부피가 감소하기 때문
③ 무게가 증가하기 때문
④ 밀도가 감소하기 때문

해설
냉간가공을 거치게 되면 재료 내부에는 전위가 증가하여 경도와 강도가 증가한다.

10 탄소강에 함유되는 원소의 영향 중 Fe와 화합하여 생성된 화합물로 인하여 적열취성의 원인이 되며, 함유량이 0.02% 이하일지라도 연신율, 충격치 등을 저하시키는 원소는?

① Mn
② Si
③ P
④ S

해설
탄소강에 함유되는 원소의 영향에서 인(P)을 많이 함유하면 저온취성이 나타나고 황(S)을 많이 함유하면 적열취성이 나타난다.

11 순철의 냉각 시 결정구조가 FCC → BCC로 격자가 변화하는 동소변태는?

① A_4 변태
② A_3 변태
③ A_2 변태
④ A_0 변태

해설
- A_3 변태점 : 910℃(동소변태)
- A_4 변태점 : 1,400℃(동소변태)

여기서, FCC에서 BCC로 격자가 변화하는 동소변태는 A_3 변태이다.

12 항공기용 소재에 사용되는 Al-Cu-Mg-Mn 합금은?

① 실루민
② 라우탈
③ 네이벌
④ 두랄루민

해설
두랄루민
주성분은 Al-Cu-Mg이며 4%Cu, 0.5%Mg, 0.5%Mn로 시효 경화성이 높으며 가볍고 강도가 높아 항공기, 자동차, 운반기계 등에 사용한다.

13 구상흑연주철 제조 시 편상흑연을 구상화하기 위해 구상화제에 해당되지 않는 것은?

① Mg
② Ca
③ Ce
④ Sn

해설
흑연구상화제로 쓰이는 접종제는 세륨(Ce), 마그네슘(Mg), 칼슘(Ca)이 대표적이다.

14 Mg 합금의 특징으로 옳은 것은?

① 상온변형이 가능하다.
② 고온에서 비활성이다.
③ 감쇠능은 주철보다 크다.
④ 치수 안정성이 떨어진다.

해설
마그네슘 합금
- 비중 1.74(알루미늄의 약 2/3)
- HCP(육방조밀) 구조 때문에 냉간가공이 어려워 보통 열간가공을 한다.
- 감쇠능이 주철보다 커서 소음방지 구조재로 우수하다.

15 상온에서 열팽창계수가 매우 작아 표준자, 섀도 마스크, IC 기판 등에 사용되는 36%Ni-Fe 합금은?

① 인바(invar)
② 퍼멀로이(permalloy)
③ 니칼로이(nicalloy)
④ 하스텔로이(hastelloy)

해설
인바
Ni 35~36%, C 0.1~0.3%, Mn 0.4%와 Fe 합금의 철-니켈 합금으로 FeNi36 또는 64FeNi라고도 한다. 열팽창계수가 작아 표준자로 사용하는 금속이다.

16 22K(22carat)는 순금의 함유량이 약 몇 %인가?

① 25%
② 58.3%
③ 75%
④ 91.7%

해설
순금 함유율 = $\dfrac{22K}{24K} \times 100 = 91.7\%$

17 양은(nickel silver)의 합금성분계로 맞는 것은?

① Cu-Ni-Zn
② Cu-Mn-Ag
③ Al-Ni-Zn
④ Al-Ni-Ag

해설
양은(nickel silver)은 7 : 3황동에 Ni 10~20% 첨가한 합금으로 전연성과 내식성이 우수하다.

정답 14 ③ 15 ① 16 ④ 17 ①

18 철강의 5대 원소에 해당되지 않는 것은?

① S ② Si
③ Mn ④ Mg

해설
철강 5대 원소
규소(Si), 망가니즈(Mn), 황(S), 인(P), 탄소(C)

19 전열합금에 요구되는 특성으로 옳은 것은?

① 전기저항이 클 것
② 열팽창계수가 클 것
③ 고온 강도가 작을 것
④ 저항의 온도계수가 클 것

해설
전기 전열기구의 전원을 넣으면 붉게 달아오르는 부분이 전열합금 부인데 저항이 클수록 열을 내는 데 이점을 갖는다. 저항의 온도계수가 작아야 한다.

20 특수강에서 담금질성의 개선 및 경화능을 가장 크게 향상시키는 것은?

① B ② Cr
③ Ni ④ Cu

해설
- 담금질성을 좋게 하는 원소 : Mn, P, Si, Ni, Cr, Mo, B, Cu, Zr, Sn 등
- 담금질성을 나쁘게 하는 원소 : S, Co, Pb, Te 등
경화능의 효과가 큰 금속은 B > Mn > Mo > Cr의 순서로 나타낼 수 있다.

제2과목 금속조직

21 다음 중 회복과정과 관련이 없는 것은?

① 크리프(creep)
② 서브결정(subgrain)
③ 서브입계(subboundary)
④ 폴리고니제이션(polygonization)

해설
크리프는 일정 하중에서 온도와 시간에 따라 변형되는 것으로 회복과정과는 관련이 없다.

22 회복과정에서 축적에너지의 크기에 영향을 주는 인자가 아닌 것은?

① 가공도
② 가공온도
③ 응고온도
④ 결정립도

해설
회복과정에서의 축적에너지 양 변화 정리
- 가공도가 클수록 축적에너지 양은 증가
- 결정립도가 감소함에 따라 축적에너지 양은 증가
- 불순물 원자를 첨가할수록 축적에너지 양은 증가
- 낮은 가공온도에서의 변형으로 축적에너지 양은 증가

23 구리판을 철강나사로 체결하여 사용할 때 서로 다른 금속 사이에 작용하는 부식은?

① 공식
② 입계부식
③ 응력부식
④ 전류부식

해설
전류부식
서로 다른 금속 사이의 접촉상태에서 전류(전하의 이동) 발생으로 생기는 부식

24 킹크 밴드(kink band)를 형성하기 쉬운 금속은?

① Cr   ② Zn
③ V   ④ Mo

해설
킹크대(kink band)의 형성이 가장 쉬운 경우는 HCP 금속을 slip 면에 수직으로 압축할 때이므로 HCP(조밀육방) 구조인 Mg, Zn, Ti, Zr의 금속이다.

25 금속이 응고점 이하에서부터 응고가 시작되면 액체 중의 원자가 모여서 매우 작은 입자를 형성하는 것은?

① 엔탈피
② 단위포
③ 엠브리오
④ 결정격자

해설
금속의 응고과정 중 고상의 자유에너지 변화에서 r_0(임계반지름) 이상의 크기를 가지면 성장하여 결정핵이 될 수 있으며 r_0 이하의 엠브리오는 소멸한다.

26 오스테나이트에서 펄라이트로의 변태 중 결정립도의 영향에 대한 설명으로 틀린 것은?

① 핵생성은 에너지가 높은 장소에서 일어난다.
② 펄라이트의 핵생성은 대부분 결정립계에서 일어난다.
③ 펄라이트 층간 간격은 변태온도에 의해서 결정된다.
④ 오스테나이트의 결정립이 조대할수록 미세한 펄라이트 조직으로 된다.

해설
오스테나이트 결정립은 조대 결정립보다 미세 결정립이 더 경화되어 미세 펄라이트 조직을 형성한다.

27 다음 중 탄화물을 잘 형성하는 합금원소는?

① Al   ② Mn
③ Ta   ④ Ni

해설
탄화물 형성에 관여하는 원소는 Ta, Ti, Nb, V, Cr, W, Mo이다.

28 Fe-C 평형상태도에서 탄소량이 0.5%인 아공석강의 펄라이트 중 페라이트의 양은 약 얼마인가?(단, 공석조성은 탄소량 0.8%, A_1온도 이하에서 페라이트의 탄소 고용도를 0%, Fe_3C는 탄소함량 6.67%로 계산한다)

① 13%   ② 25%
③ 55%   ④ 63%

해설
0.5%C의 경우이므로 아공석반응이다. 아공석반응에서는 공석온도까지 서랭되면서 오스테나이트의 변태가 진행되고 그 속에서 초석페라이트가 생성되어 공석온도 바로 위 점에서 다음과 같이 분포된다(지렛대 원리).

- 초석페라이트는 $\frac{0.8-0.5}{0.8-0} \times 100 = 37.5\%$

- 오스테나이트는 $\frac{0.5-0}{0.8-0} \times 100 = 62.5\%$

이후 상온까지 서랭하면 초석페라이트는 그대로 유지되고 오스테나이트는 펄라이트(공석페라이트 + 공석시멘타이트)로 반응하므로 상온에서의 초석페라이트는 37.5%, 펄라이트는 오스테나이트의 분율과 같은 62.5%라고 볼 수 있다.
여기서, 펄라이트 중 공석페라이트의 양을 물어본 것이므로

전체페라이트는 $\frac{6.67-0.5}{6.67-0} \times 100 ≒ 92.5\%$이고

따라서, 공석페라이트는 전체페라이트에서 초석페라이트를 빼야 하므로 55%가 된다.

29 고온에서 불규칙 상태의 고용체를 서랭 시 규칙격자가 형성되기 시작하는 온도는?

① 재결정온도   ② 임계온도
③ 응고온도   ④ 전이온도

해설
전이온도
불규칙상태의 합금을 천천히 냉각시키거나, 비교적 저온에서 장시간 가열 시 규칙적인 배열로 변화하는 온도

30 상온에서 α-Fe의 슬립면과 방향은?

① (111), [110]
② (110), [111]
③ (100), [111]
④ (111), [100]

해설
α-Fe는 체심입방격자(BCC)이고 체심입방격자 슬립면은 (110)이다.

31 Fe 단결정을 변압기의 철심재료로 사용할 때 압연 방향이 어떤 방향인 경우 자기손실이 최소가 되는가?

① [111]   ② [011]
③ [110]   ④ [100]

해설
변압기 철심재료의 자기손실을 최소화하기 위해서는 두께의 영향도 있지만 방향성 전자강판대의 경우 자화용이 축이 압연방향에 있으면 이 방향에 자화되어 우수한 자기 특성이 달성되는데, Fe단결정은 [100]방향이 자화용이방향이고 [111]방향이 자화곤란방향이다. 참고로 Ni단결정은 [111]이 자화용이방향이고 [100]이 자화곤란방향이다.

32 다음 3원 상태도에서 A, B, C상이 P점에서 평형을 이루었다면 B의 양은?

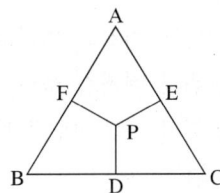

① $\overline{PE}$ ② $\overline{PF}$
③ $\overline{PD}$ ④ $\overline{AF}$

해설
지렛대의 원리에 의해 P점이 평형을 이룬 점이라면 B의 양은 반대편의 길이인 PE의 길이가 된다.

33 규칙-불규칙 변태에 대한 설명으로 옳은 것은?

① 일반적으로 규칙화의 진행과 함께 강도가 증가한다.
② 규칙상은 상자성체이나 불규칙상은 강자성체이다.
③ 일반적으로 규칙화의 진행과 함께 탄성계수는 작게 된다.
④ 규칙도가 큰 합금은 비저항이 크고, 불규칙이 됨에 따라 비저항이 작게 된다.

해설
규칙-불규칙 변태 특징
• 규칙도가 큰 합금은 비저항이 작다.
• 규칙합금은 소성가공하면 규칙도는 감소한다.
• 일반적으로 규칙화 진행과 함께 강도가 증가한다.
• Ni_3Mn은 규칙상에서 강자성체이나 불규칙상은 상자성체이다.

34 전위의 상승운동에 대한 설명으로 틀린 것은?

① 원자의 확산 없이 일어난다.
② 슬립면에 대하여 수직한 운동이다.
③ 온도가 높을수록 활발하게 일어난다.
④ 원자공공(vacancy)의 확산에 의해 전위의 상승이 쉽게 일어난다.

해설
전위의 상승운동은 원자의 확산에 의해서 발생한다.

35 순금속 중에 같은 종류의 원자가 확산하는 현상은?

① 자기확산   ② 입계확산
③ 상호확산   ④ 표면확산

해설
금속재료 내부에서 동일 원자의 확산을 자기확산이라 한다.

정답 31 ④ 32 ① 33 ① 34 ① 35 ①

36 침입형 원자가 원자공공과 한 쌍으로 되어 있는 결함은?

① 쌍정 ② 크로디온
③ 프렌켈 결함 ④ 쇼트키 결함

해설
- 프렌켈 결함 : 양이온 공공-양이온 격자 짝으로 존재(양이온 하나가 원래자리 대신 다른 자리에 꺼어가는 모양)
- 쇼트키 결함 : 양이온 공공-음이온 공공 짝으로 존재한다(전기적 중성을 맞추기 위하여).

37 순금속이나 합금에서 확산에 의해 나타나는 현상이 아닌 것은?

① 침탄 ② 상변화
③ 구상화 ④ 마텐자이트화

해설
마텐자이트화는 무확산변태로 확산과는 관련이 없다.

38 금속의 강화기구가 아닌 것은?

① 분산강화 ② 석출강화
③ 재결정강화 ④ 고용체강화

해설
금속의 강화기구에는 분산강화, 석출강화, 고용체강화, 결정립미세화가 있다.

39 0.18%C 강을 1,500℃[δ + L(융액)]에서 오스테나이트(γ)까지 서랭하였을 때 일어날 수 있는 반응은?

① 편정반응 ② 공정반응
③ 공석반응 ④ 포정반응

해설
- 포정반응 : liquid + α고용체 $\xrightarrow{cooling}$ β고용체
- 공정반응 : liquid $\xrightarrow{cooling}$ α결정 + β결정
- 공석반응 : γ결정 $\xrightarrow{cooling}$ α고용체 + β결정

40 전위와 버거스 벡터에 대한 설명으로 틀린 것은?

① 나사전위와 버거스 벡터의 방향은 평행하다.
② 칼날전위와 버거스 벡터의 방향은 평행하다.
③ 나사전위의 슬립 방향은 버거스 벡터의 방향과 평행하다.
④ 전위를 동반하는 격자 뒤틀림의 크기와 방향은 버거스 벡터로 나타낸다.

해설
전위와 버거스 벡터의 관계
- 칼날전위 ⊥ 버거스 벡터(수직 관계)
- 나선전위 // 버거스 벡터(평행 관계)

36 ③ 37 ④ 38 ③ 39 ④ 40 ②

제3과목 금속 열처리

41 구상흑연주철에서 불림(normalizing)처리의 온도와 냉각 방법은?

① 900℃ 가열처리 후 공랭
② 700℃ 가열처리 후 유랭
③ 600℃ 가열처리 후 공랭
④ 500℃ 가열처리 후 서랭

해설
불림처리는 공랭으로 구상흑연주철의 경우 900℃까지 가열처리하고 공랭한다.

42 탄소강을 담금질할 때 열전달 속도가 가장 빠르고 금속 표면의 온도가 약간 감소하여 연속적으로 증기막이 붕괴되는 단계는?

① 증기막 단계   ② 비등 단계
③ 대류 단계   ④ 특성 단계

해설
금속의 냉각단계는 증기막 단계 → 비등 단계 → 대류 단계로 비등 단계에서 증기막의 파괴로 비등이 활발해져 냉각속도가 최대이다.

43 담금질한 강에 강인성을 주기 위해 실시하는 열처리 방법은?

① 퀜칭
② 템퍼링
③ 어닐링
④ 노멀라이징

해설
뜨임(템퍼링)
인성을 증가시킬 목적으로 A_1 변태점 이하에서 처리하는 열처리이다.

44 담금질처리 후 경도부족이 발생하는 원인을 설명한 것 중 틀린 것은?

① 담금질 시 냉각속도가 임계냉각속도보다 빠른 경우
② 담금질 개시 온도가 너무 낮아진 경우
③ 과도한 잔류 오스테나이트로 인한 경우
④ 담금질 시 가열온도가 너무 낮은 경우

해설
담금질에서 빠른 냉각은 마텐자이트 변태를 진행시키며 경도를 강화시킨다.

45 침탄법에 비해 질화(법)처리의 특징으로 틀린 것은?

① 취화되기 쉽다.
② 열처리가 필요 없다.
③ 경화에 의한 변형이 적다.
④ 처리강의 종류에 제한을 받지 않는다.

해설
질화법은 N와 친화력이 강한 원소를 가진 Al, Cr, Ti, Mo, V 등의 질화용 강을 질화성의 가스나 염욕 중에서 가열하여 표면에 N를 확산 침투시키는 방법으로 침탄법에 비해 처리강의 종류가 제한된다.

정답 41 ① 42 ② 43 ② 44 ① 45 ④

46 강을 열처리 시 산화에 기인되는 것이 아닌 것은?

① 탈탄
② 고운 표면
③ 경도 불균일
④ 담금질 시 균열 발생

해설
강의 열처리 시 산화되면 표면이 거칠어진다.

47 과공석강을 완전어닐링(full-annealing)하여 얻을 수 있는 조직으로 옳은 것은?

① 페라이트 + 층상 펄라이트
② 시멘타이트 + 오스테나이트
③ 오스테나이트 + 레데부라이트
④ 시멘타이트 + 층상 펄라이트

해설
과공석강의 완전풀림(어닐링) 시 초석시멘타이트 + 층상 펄라이트 조직이 발생한다.

48 탄화물을 피복하는 TD처리(Toyota diffusion process)의 특징으로 틀린 것은?

① 처리온도가 낮아 용융 염욕 중에서는 사용할 수 없다.
② 설비가 간단하고 처리품의 조작이 자유롭다.
③ 높은 경도와 우수한 내소착성이 있다.
④ 확산법에 의한 탄화물 피복법이다.

해설
TD처리는 800~1,200℃의 높은 공정온도가 필요하므로 염욕 침지 전에는 반드시 예열 공정을 거쳐야 한다.

49 강의 경화능을 향상시킬 수 있는 방법으로 가장 적당한 것은?

① 질량 효과를 크게 한다.
② 담금질성을 증가시키는 Co, V 등을 첨가한다.
③ 오스테나이트의 결정입자를 크게 한다.
④ 지름이 작은 제품보다 큰 제품을 열처리한다.

해설
경화능에 미치는 인자들 중 오스테나이트의 결정크기가 클수록 경화능이 증가한다.

50 화학적 증착법(CVD)에 관한 설명으로 틀린 것은?

① 가스반응을 이용하여 금속, 탄화물, 질화물, 산화물 및 황화물 등을 피복하는 방법이다.
② 저온에서 행하므로 기판 및 모재의 제한이 없고 금속 결합을 하므로 밀착강도가 강하다.
③ 반응물질로 염화물 등의 할로겐화물이 사용되며 결정성이 양호한 코팅막을 얻을 수 있다.
④ 피막의 밀착성이 물리적 증착법(PVD)에 비해 양호하며 균일한 코팅을 얻을 수 있다.

해설
화학증착법(CVD)
기판의 표면에 서로 다른 성질을 갖는 기체-고체, 기체-액체의 고온의 화학반응을 이용하여 치밀한 층을 생성하는 공정으로 피복 초경합금 코팅층 등의 피막을 생성시키는 처리법이다.

51 공석강을 실온에서 담금질할 때 마텐자이트로 변태하지 않고 남아 있는 것은?

① 잔류 오스테나이트
② 트루스타이트
③ 시멘타이트
④ 페라이트

해설
심랭처리(sub-zero treatment)
담금질 상태의 강을 상온 이하 특정 온도로 냉각 후 잔류 오스테나이트를 마텐자이트 변태 처리하여 변형을 방지하는 과정을 말한다.

52 마텐자이트 변태의 일반적인 특징으로 틀린 것은?

① 마텐자이트는 고용체의 단일상이다.
② 마텐자이트 변태는 확산에 의한 변태이다.
③ 마텐자이트 변태를 하면 표면기복이 생긴다.
④ 오스테나이트와 마텐자이트 사이에는 일정한 결정방위 관계가 있다.

해설
마텐자이트 변태는 무확산변태이다.

53 단일 제어계로 전자 접촉기, 전자 릴레이 등을 결합시켜 전기를 공급하는 방식은?

① 비례제어식
② 정치제어식
③ 프로그램제어식
④ 온-오프(on-off)식

해설
• 온-오프식 : 전자 접촉기, 전자 릴레이 등을 결합시켜 전기를 공급하는 방식
• 비례제어식 : 시간의 편차에 의한 노의 온도 제어장치

54 탄소강을 담금질할 때 재료 외부와 내부의 담금질 효과가 다르게 나타나는 현상은?

① 질량효과
② 노치효과
③ 천이효과
④ 피니싱효과

해설
제품 크기가 클수록 재료의 내외부 담금질 효과가 달라져 전체적인 담금질 경도가 감소하는 현상을 질량효과라고 하며, 일반적으로 탄소강은 질량효과가 크고 합금강은 질량효과가 작다.

55 고주파 경화법에서 유도전류에 의한 발생열의 침투 깊이(d)를 구하는 식으로 옳은 것은?(단, ρ는 강재의 비저항($\mu\Omega \cdot $cm), μ는 강재의 투자율, f는 주파수(Hz)이다)

① $d = 5.03 \times 10^2 \dfrac{\rho}{\mu \cdot f}$ (cm)

② $d = 5.03 \times 10^2 \sqrt{\dfrac{\rho}{\mu \cdot f}}$ (cm)

③ $d = 5.03 \times 10^3 \dfrac{\rho}{\mu \cdot f}$ (cm)

④ $d = 5.03 \times 10^3 \sqrt{\dfrac{\rho}{\mu \cdot f}}$ (cm)

해설
고주파 경화법에서 침투 깊이를 구하는 공식은 $d = 5.03 \times 10^3 \sqrt{\dfrac{\rho}{\mu \cdot f}}$ 로 정의된다.

56 베이나이트(bainite) 담금질의 항온 열처리 작업 시 처리하는 온도 범위로 옳은 것은?

① Ar'' 이하   ② M_f 직하
③ $M_s \sim M_f$ ④ $Ar' \sim Ar''$

해설
베이나이트 담금질의 항온 열처리 작업 온도 범위 : $Ar' \sim Ar''$

57 알루미늄, 마그네슘 및 그 합금의 질별 기호에 대한 정의로 옳은 것은?

① T : 용체화처리한 것
② W : 가공경화한 것
③ H^b : 어닐링한 것
④ F^a : 제조한 그대로의 것

해설
기본조질기호
- F : 가공 그대로의 상태
- O : 풀림(어닐링) 후 재결정
- W : 용체화 후 자연시효경화 진행
- H : 가공 후 경화
  - H_{1n} : 가공경화만
  - H_{2n} : 가공경화 후 풀림(어닐링)
  - H_{3n} : 가공경화 후 안정화 처리
- T : 시효경화함(F, O, W, H 이외의 열처리)

58 열처리할 때 국부적으로 경화되지 않는 연점(soft spot)이 발생하는 가장 큰 원인은?

① 소금물을 사용할 때
② 냉각액의 양이 많을 때
③ 오일의 냉각액을 사용할 때
④ 수랭 중 기포가 부착되었을 때

해설
물은 냉각능력이 가장 우수한 냉각제이나 수증기막 형성으로 경화 얼룩(soft spot, 연점)이 발생하며 경도가 부족한 단점이 있다.

59 고체 침탄제의 구비조건이 아닌 것은?

① 고온에서 침탄력이 강해야 한다.
② 침탄 성분 중 P, S 성분이 적어야 한다.
③ 장시간 사용하여도 동일 침탄력을 유지하여야 한다.
④ 침탄 시 용적변화가 크고 침탄 강재 표면에 고착물이 융착되어야 한다.

해설
고체 침탄제는 침탄 시 용적변화가 적어야 한다.

60 열전대 종류 중 사용한도가 1,400℃까지 사용 가능한 것은?

① K(CA)형
② T(CC)형
③ J(IC)형
④ R(PR)형

해설

종류	조성 (+)	조성 (-)	사용가능 온도범위(℃)
J	철	콘스탄탄	-185~870(600)
K	크로멜	알루멜	-20~1,370(1,000)
T	구리	콘스탄탄	-185~370(300)
E	니크롬	콘스탄탄	-185~870(700)
S	백금로듐 10Rh-90Pt	백금	-20~1,480(1,400)

여기서, PR형은 백금(platinum)의 P와 로듐(rhodium)의 R이다.

제4과목 재료시험

61 정량 조직검사를 통하여 얻을 수 있는 정보가 아닌 것은?

① 조직의 형태
② 금속재료의 성분
③ 존재하는 상의 종류
④ 개재물이나 결정립도의 크기

해설
금속재료의 성분은 정량 조직검사로 얻을 수 없다.

62 마모현상에 대한 설명으로 틀린 것은?

① 접촉압력이 클수록 마모저항은 작다.
② 마모 변질층은 모체금속의 결정구조와 같다.
③ 진공상태에서는 대기보다 마모저항이 크다.
④ 고주파 담금질 처리된 강은 마모손실이 작다.

해설
마모 변질층은 일반적으로 모체금속의 결정구조와 다르다.

정답 59 ④ 60 ④ 61 ② 62 ②

63 로크웰 경도기를 이용한 경도시험에서 C스케일에 사용하는 다이아몬드 원추의 각도와 기준 하중은?

① 120°, 100kgf
② 136°, 15kgf
③ 120°, 10kgf
④ 136°, 150kgf

해설
로크웰 경도시험
- 다이아몬드 원뿔 누르개 각도 : 120°(A, C스케일)
- 기준 하중 : 10kgf
- 시험하중 : 60kgf(A스케일), 100kgf(B스케일), 150kgf(C스케일)

64 금속재료의 현미경 조직검사에서 황동(brass)이나 청동(bronze)에 대한 부식용 시약으로 적합한 것은?

① 왕수 용액
② 염화제2철 용액
③ 질산-알코올 용액
④ 수산화나트륨 용액

해설
부식제 종류
- 구리, 구리합금 : 염화제2철 용액
- 철강(탄소강) : 피크르산알코올 용액(피크랄), 질산알코올 용액(나이탈)
- 알루미늄, 알루미늄합금 : 수산화나트륨 용액, 불화수소산
- 니켈합금 : 질산, 아세트산
- 아연합금 : 염산

65 펄스 반사법에 따른 초음파탐상시험 방법(KS B 0817)에서 탐상도형의 표시 기호 중 기본 기호가 아닌 것은?

① A
② B
③ T
④ W

해설
펄스 반사법의 초음파탐상시험에 대한 탐상도형 기본 기호
- T : 초기펄스(송신펄스)
- F : 결함에코
- B : 바닥면에코(저면에코)
- S : 표면에코(전면에코)
- W : 옆면에코

66 다음 비파괴 시험법 중 내부결함의 검출에 가장 적합한 것은?

① 방사선투과시험
② 침투탐상시험
③ 자분탐상시험
④ 와전류탐상시험

해설
내부결함 검출법
- 방사선투과시험
- 초음파탐상시험
외부(표면)결함 검출법
- 자기탐상시험
- 침투탐상시험
- 와전류탐상시험

67 물건이 떨어지거나 날아와서 사람이 맞는 경우의 상해는?

① 전도 및 도괴
② 낙하 및 비래
③ 붕괴 및 골절
④ 파열 및 충돌

해설
물건이 떨어지는 것은 낙하이다.

68 압축시험기에서(KS B 5533) 시험기에 대한 명판 기재와 검사 보고서로 나눌 때 명판 기재사항이 아닌 것은?

① 설치장소　　② 스트로크
③ 칭량의 종류　④ 시험기의 형식

해설
압축시험기 명판에 설치장소는 기재하지 않고 장비의 스펙을 넣는다.

69 다음 중 비파괴검사의 목적이 아닌 것은?

① 제품에 대한 신뢰성 향상
② 비파괴 시험기의 결함 발견
③ 제조기술 개선 및 제품의 수명연장
④ 불량률 감소에 따른 생산원가 절감

해설
비파괴검사 목적
- 제품에 대한 신뢰성 향상
- 제조기술 개선 및 제품의 수명 연장
- 불량률 감소에 따른 생산원가 절감

70 KS B 0804의 금속재료 굽힘시험에 사용되는 직사각형 시험편의 모서리 부분은 반지름이 시험편 두께의 얼마를 넘지 않도록 라운딩하여야 하는가?

① $\frac{1}{2}$　　② $\frac{1}{3}$
③ $\frac{1}{5}$　　④ $\frac{1}{10}$

해설
굽힘시험 시편 모서리의 라운딩은 전체 두께의 1/10을 넘지 않도록 한다.

71 원형선단을 갖는 펀치를 원판 시험면에 접촉시키고 작은 시험기의 압축장치로 가압하여 파단면이 보이기 시작할 때 컵형상의 깊이와 하중을 측정하여 시편의 연성을 측정하기 위한 시험은?

① 마모 시험　　② 크리프 시험
③ 에릭센 시험　④ 스프링 시험

해설
에릭센 시험
재료의 연성을 파악하기 위하여 구리 및 알루미늄판재와 같은 연성 판재를 가압 성형하여 변형 능력을 알아보기 위한 시험 방법이다.

72 강의 비금속 개재물 측정방법(KS D 0204)에서 그룹 A에 해당하는 것은?

① 황화물 종류　　② 규산염 종류
③ 구형 산화물 종류　④ 알루민산염 종류

해설
비금속 개재물
- 그룹 A : 황화물 종류
- 그룹 B : 알루민산염 종류
- 그룹 C : 규산염 종류
- 그룹 D : 구형 산화물 종류

정답 68 ① 69 ② 70 ④ 71 ③ 72 ①

73 샤르피 충격시험 시 시편의 흡수에너지 E의 계산식으로 옳은 것은?(단, W: 충격시험에 사용되는 해머의 중량(kg), R: 해머의 회전중심에서 무게중심까지의 거리(m), α: 들어 올린 해머의 각도, β: 시험편 절단 후 올라간 해머의 각도)

① $E = WR(\cos\beta - \cos\alpha)$
② $E = WR(\cos\beta + \cos\alpha)$
③ $E = WR(\sin\beta - \sin\alpha)$
④ $E = WR(\sin\beta + \sin\alpha)$

해설
충격흡수에너지 $E = WR(\cos\beta - \cos\alpha)$
※ 샤르피 충격시험은 실기시험에도 나오는 만큼 반드시 암기해야 한다.

74 경도시험에서 해머를 재료표면에 낙하시켜 튀어 오르는 반발 높이에 의하여 측정하는 반발식 경도는?

① 쇼어경도
② 브리넬경도
③ 로크웰경도
④ 비커스경도

해설
쇼어경도시험은 자유낙하시켜 반발을 이용한 측정법으로 고무와 같이 탄성률의 차이가 큰 재료는 시험하기 어렵다.

75 피로한도 및 피로수명에 대한 설명으로 틀린 것은?

① 지름이 크면 피로한도는 작아진다.
② 노치가 있는 시험편의 피로한도는 작다.
③ 표면이 거친 것이 고운 것보다 피로한도가 커진다.
④ 피로수명이란 피로 파괴가 일어나기까지의 응력 –반복횟수를 말한다.

해설
피로파단은 일반적으로 크랙이나 작은 결함에 응력집중의 반복으로 발생하므로 표면이 거친 것은 피로에 상대적으로 더 취약하기 때문에 피로한도는 작다.

76 강재의 재질 판별법 중의 하나인 불꽃시험 시 시험통칙에 대한 설명으로 틀린 것은?

① 유선의 관찰 시 색깔, 밝기, 길이, 굵기 등을 관찰한다.
② 바람의 영향을 피하는 방향으로 불꽃을 방출시킨다.
③ 0.2% 탄소강의 불꽃 길이가 500mm 정도의 압력을 가한다.
④ 시험장소는 개인의 작업안전을 위하여 직사광선이 닿는 밝은 실내가 좋다.

해설
불꽃시험의 밝기
적당히 어두운 실내에서 시험을 하며 밝은 장소에서 시험을 할 때에는 불꽃에 직사광선이 닿지 않도록 기구를 사용하고 배경의 밝기가 불꽃색과 밝기에 영향을 주지 않도록 조절한다.

77 설퍼 프린트(sulphur print)는 철강 재료의 무엇을 알기 위한 실험인가?

① 탄소의 분포상태와 편석
② 규소의 분포상태와 편석
③ 망간의 분포상태와 편석
④ 황의 분포상태와 편석

해설
설퍼(sulphur)는 황(S)을 의미한다.

78 KS B 0801에서는 금속재료 인장시험편 4호 봉강의 경우 규격을 다음 표와 같이 규정하고 있다. 이 중 연신율 측정의 기준이 되는 것은?

지름(D)	표점거리(L)	평행부 길이(P)	어깨부의 반지름(R)	비고 (단위)
14	50	60	15 이상	mm

① 지름
② 표점거리
③ 평행부의 길이
④ 어깨부의 반지름

해설
인장시험에서 연신율 등에 사용되는 변형과 변형률의 기준이 되는 거리는 표점거리이다.

79 금속재료의 단축 압축시험과정에서 갖추어야 할 사항이 아닌 것은?

① 시험편의 양단면은 완전평면 상태로 서로 평행해야 한다.
② 주철의 압축시험은 시험편이 대각선으로 전단되는 순간 시험기를 정지시켜야 한다.
③ 비교적 연성재료의 압축시험은 시험편이 좌굴 또는 측면의 팽창부에 균열이 발생한 후에도 계속 시험한다.
④ 고강도 취성재료는 압축파괴 시 시험편의 파편이 비산하므로 시험편 주위에 안전망을 설치하고 시험해야 한다.

해설
단축 압축시험에서 좌굴 이후의 시험값은 불안정 거동의 값이기 때문에 의미가 없다.

80 크리프 시험은 재료에 일정한 하중을 가하고 일정한 온도에서 긴 시간 동안 유지하면서 시간이 경과함에 따라 재료의 어떤 성질을 측정하는가?

① 강도(strength)
② 연성(ductility)
③ 변형(strain)
④ 탄성(elasticity)

해설
크리프 시험
재료에 어떤 하중을 가하고 어떤 온도에서 긴 시간 동안 유지하면서 시간의 경과에 따른 스트레인(변형률)을 측정하는 시험이다.

정답 77 ④ 78 ② 79 ③ 80 ③

2018년 제1회 과년도 기출문제

제1과목 금속재료

01 다음 중 전기 비저항이 가장 큰 것은?

① Ag
② Cu
③ W
④ Al

해설
Ag(은), Cu(구리), Al(알루미늄)은 전기 비저항이 낮은 금속, 전기가 잘 통하는 금속에 속한다.

02 탄소강에서 가장 취약해지는 청열취성이 나타나는 온도 구간으로 옳은 것은?

① 50~100℃
② 200~300℃
③ 350~450℃
④ 500~600℃

해설
열처리 온도에 따른 탄소강의 색깔
청색(약 300℃) < 암적색(약 650℃) < 붉은색(약 760℃) < 주황색(약 930℃) < 노란색(약 1,100℃) < 밝은 백색(1,500℃)

03 순철을 상온에서부터 가열할 때 체적이 수축하는 변태점은?

① A_1점
② A_2점
③ A_3점
④ A_4점

해설
A_3 변태(철의 동소변태)
철이 910℃에서 α상에서 γ상으로 결정격자가 변화하는 변태로, 체적이 수축하게 된다.

04 오스테나이트계 스테인리스강을 500~800℃로 가열하면 입계부식의 원인이 되는 것은?

① Fe_3O_4
② $Cr_{23}C_6$
③ Fe_2O_3
④ Cr_2C_3

해설
오스테나이트계 스테인리스강의 입계부식은 500~800℃로 가열하면 결정립계에 크로뮴탄화물($Cr_{23}C_6$)이 석출되면서 내식성이 낮아지게 된다.

정답 1 ③ 2 ② 3 ③ 4 ②

05 탄소강 중에 존재하는 5대 원소에 대한 설명 중 틀린 것은?

① C량의 증가에 따라 인장강도, 경도 등이 증가된다.
② Mn은 고온에서 결정립 성장을 억제시키며, 주조성을 좋게 한다.
③ Si는 결정립을 미세화하여 가공성 및 용접성을 증가시킨다.
④ S의 함유량은 공구강에서 0.03% 이하, 연강에서는 0.05% 이하로 제한한다.

해설
Si(규소)는 결정립을 조대화시키고 가공성을 해친다.

06 초경합금에 관한 설명으로 틀린 것은?

① 내마모성이 높다.
② 사용되는 합금으로 카볼로이(Carboloy), 미디아(Midia) 등이 있다.
③ 고온경도 및 강도가 양호하여 고온에서 변형이 적다.
④ 사용목적과 용도에 따라 재질의 종류와 형상이 단순하고, 초경합금으로 SnC가 많이 사용된다.

해설
초경합금은 사용목적에 따라 재질의 종류 및 형상이 다양하다.

07 금속을 상온에서 압연이나 딥 드로잉(deep drawing)과 같은 소성변형한 후 비교적 낮은 온도에서 가열하면 강도가 증가하고 연성이 감소하는 현상을 무엇이라고 하는가?

① 확산현상
② 변형시효현상
③ 가공경화현상
④ 질량효과현상

해설
- 상온시효(변형시효) : 금속을 상온에서 가공 후 실온으로 유지하여 강도가 증가되고 연성이 감소하는 현상
- 확산현상 : 밀도나 농도 차이에 의해 입자들이 매질에서 퍼져나가는 현상
- 가공경화 : 소성변형 후 강도가 증가하고 연성이 감소하는 현상
- 질량효과 : 금속의 질량에 따라 열처리효과가 달라지는 현상

08 해드필드(hadfield)강에 대한 설명으로 옳은 것은?

① 페라이트계 강이다.
② 항복점은 높으나 인장강도는 낮다.
③ 열처리 후 서랭하면 결정립계에 M_3C가 석출하여 인성을 높여 준다.
④ 열전도성이 나쁘고, 팽창계수가 커서 열변형을 일으키기 쉽다.

해설
고망가니즈강
- 탄소 0.9~1.4%, 망가니즈(10~14%) 함유로 해드필드강(hadfield) 또는 오스테나이트 망가니즈강이라고도 함
- 내마멸성과 내충격성이 우수
- 열전도성이 작고 열팽창계수가 큼
- 높은 인성을 부여하기 위해 수인법을 이용한 강
- 열처리 후 서랭하면 결정립계에 M_3C가 석출하여 취약
- 광석·암석의 파쇄기 등 심한 충격과 마모를 받는 부품에 이용

정답 5 ③ 6 ④ 7 ② 8 ④

09 다이스강보다 더 우수한 금형재료이고, 소형물에 주로 사용하며 그 기호를 SKH로 사용하는 강은?

① 탄소공구강
② 합금공구강
③ 고속도공구강
④ 구상흑연주철

해설
- STC : 탄소공구강으로 0.6~1.5% 탄소 함유 공구강(그 뒤의 숫자는 탄소량 %, 105의 경우 약 1.0%)
- SM : 기계구조용 탄소강으로 0.6% 이하의 탄소를 포함(그 뒤의 숫자는 탄소량 %, 10의 경우 0.1%)
- SKH : 고속도강
- STS : 합금공구강

10 중(重)금속에 해당되는 것은?

① Al
② Mg
③ Be
④ Cu

해설
경금속과 중금속을 구분짓는 비중은 4.5이며 구리는 비중이 8.96인 중금속이다.

11 금속재료를 냉간가공할 때 성질 변화에 대한 설명 중 틀린 것은?

① 항복강도가 증가한다.
② 피로강도가 증가한다.
③ 전기전도율이 커진다.
④ 격자가 변형되어 이방성을 가지게 된다.

해설
냉간가공에서 가공도 증가에 의한 금속 성질 변화
- 연신율이 작아짐
- 강도 증가
- 전위밀도 증가
- 항복점 증가
- 피로강도 증가
- 격자가 이방성으로 변형

12 36%Ni, 12%Cr이 함유된 철합금으로 온도 변화에 따른 탄성률의 변화가 거의 없어 지진계의 부품, 정밀저울의 스프링 등에 사용되는 것은?

① 칸탈(Kanthal)
② 인바(invar)
③ 엘린바(elinvar)
④ 슈퍼인바(super invar)

해설
- 엘린바(elinvar) : 온도에 따른 열팽창계수, 탄성계수 변화가 작은 Ni합금
- 인바 : Ni 35~36%, C 0.1~0.3%, Mn 0.4%와 Fe합금의 철-니켈합금으로 FeNi36 또는 64FeNi라고도 한다.

13 6 : 4 황동에 Fe, Mn, Ni, Al 등 원소를 첨가한 고강도 황동의 특징을 설명한 것 중 틀린 것은?

① 취성이 증가한다.
② 내해수성이 증가한다.
③ 방식성이 우수하다.
④ 대부분이 주물용이다.

해설
고강도 황동
6 : 4 황동에 Fe, Mn, Ni, Al 등 원소를 첨가하여 선박의 프로펠러와 같은 주물이나 단조품을 제조하고 강도 및 방식성이 우수해지고 내해수성을 증가시키나 취성은 증가하지 않는다. 즉, 취성이 약해지지 않는다.

14 수소저장합금에 대한 설명으로 틀린 것은?

① 에틸렌을 수소화할 때 촉매로 쓸 수 있다.
② 수소를 흡수·저장할 때 수축하고, 방출 시 팽창한다.
③ 저장된 수소를 이용할 때에는 금속수소화물에서 방출시킨다.
④ 수소가 방출되면 금속수소화물은 원래의 수소저장합금으로 되돌아간다.

해설
수소저장용 합금
타이타늄, 지르코늄, 란타넘, 니켈합금으로 수소가스와 반응하여 금속수소화물이 되고 저장된 수소는 필요에 따라 금속수소화물에서 방출시킬 수 있다. 또한, 수소를 흡장할 때는 팽창하고, 방출할 때는 수축한다.

15 고로에서 출선한 용선에 산소를 불어넣어 탄소와 규소 등 불순물을 산화 제거하여 강을 만드는 제강법은?

① 전로 제강법
② 평로 제강법
③ 전기로 제강법
④ 도가니로 제강법

해설
전로 제강법
용융된 선철에서 강을 대량 생산하기 위한 방법으로, 고로에서 출선한 용선에 산소를 불어넣어 탄소와 규소 등 불순물을 산화 제거하여 강을 만들고 강을 대량 생산하는 데 경제적이고 대중적인 방법이다.

16 저융점합금의 금속원소로 사용되지 않는 것은?

① Zn
② Pb
③ Mo
④ Sn

해설
저융점합금이란 일반적으로 주석의 융점(232℃) 혹은 납의 융점(327.4℃) 이하의 융점을 갖는 합금으로, Mo(몰리브데넘)의 융점은 2,620℃의 고융점합금이다.

17 보자력이 큰 경질자성재료에 해당되는 것은?

① 희토류계 자석
② 규소강판
③ 퍼멀로이
④ 센더스트

해설
• 연질자성재료 : 투자율이 크고 보자력이 작은 자성재료로 퍼멀로이, 센더스트, 규소(Si)강판 등이 대표적이다. 희토류계 자석은 보자력이 큰 경질자성재료이다.
• 투자율 : 자기장 세기에 대한 자속밀도의 비
• 보자력 : 강자성체를 포화될 때까지 자화시킨 후 자속밀도가 0이 될 때까지의 역방향의 자기장값

18 구상흑연주철에 대한 설명으로 틀린 것은?

① 불스아이(bull's eye) 조직을 갖는다.
② 바탕 조직 중에 8~10%의 구상흑연이 존재한다.
③ 구상화 처리 후 접종제로는 Si-Zn이 사용된다.
④ 구상화 용탕처리에서 처리시간이 길어지면 구상화 효과가 없어지는데 이것을 fading 현상이라고 한다.

해설
구상흑연주철
접종제를 이용해 주철에 흑연을 구상화하여 연성을 부여한 주철로 접종제는 세륨(Ce), 마그네슘(Mg), 칼슘(Ca)이 대표적이다.

19 일반적인 분말야금공정의 순서가 옳게 나열된 것은?

① 성형 → 분말 제조 → 소결 → 후가공
② 분말 제조 → 성형 → 소결 → 후가공
③ 성형 → 소결 → 분말 제조 → 후가공
④ 분말 제조 → 후가공 → 소결 → 성형

해설
분말야금법
절삭공정을 생략할 수 있고 가공정밀도가 높으며, 고용융점 재료의 제조가 가능하고 가공비가 절감되므로 실수율이 높고, 용해법으로 만들 수 없는 합금을 만들 수 있으며, 편석, 결정립 조대화의 문제점이 적은 특징을 갖고 있다. 공정순서는 분말 제조 → 성형 → 소결 → 후가공의 순서이다.

20 내열용 Al합금으로서 조성은 Al-Cu-Mg-Ni이며, 주로 피스톤에 사용되는 합금은?

① Y합금
② 켈밋
③ 오일라이트
④ 화이트 메탈

해설
① Y합금 : 내열용 Al합금으로 조성은 Al-Cu-Mg-Ni이고 주로 피스톤에 사용되고 고온에서 강함
② 켈밋(kelmet) : Cu-Pb계 베어링으로 화이트 메탈보다 내하중성이 크고 열전도율이 높아 고속・고하중용 베어링에 적합함
③ 오일라이트(Oillite) : 분말야금용 합금으로 Cu, Sn, 흑연 분말을 적정 혼합하여 소결하여 제작하고 급유가 곤란한 부분의 베어링으로 사용함
④ 주석계 화이트 메탈 또는 배빗메탈(Babbitt metal) : 주석 89%-안티모니 7%-구리 4%를 성분으로 하는 베어링용 합금

제2과목 금속조직

21 Cd, Zn과 같은 금속에서 슬립면에 수직으로 압축하면 슬립이 일어나기 곤란해 변형이 생기는 부분을 무엇이라 하는가?

① 쌍정밴드(twin band)
② 킹크밴드(kink band)
③ 완전밴드(perfect band)
④ 증식밴드(multiplication band)

해설
킹크밴드(kink band)의 형성이 가장 쉬운 경우는 HCP 금속을 슬립(slip)면에 수직으로 압축할 때이므로 HCP(조밀육방)구조인 Mg, Cd, Zn, Ti, Zr의 금속이다.

22 입방격자 〈100〉에는 몇 개의 등가 방향이 속해 있는가?

① 2
② 4
③ 6
④ 8

해설
방향군지수 〈100〉의 등가 방향은 [100], [010], [001], [$\bar{1}$00], [0$\bar{1}$0], [00$\bar{1}$]으로 6개이다.

23 공정형 상태도에서, 성분금속 M과 N이 고온의 액태에서 완전히 서로 용해하나 고태에서는 전혀 용해하지 않는다고 가정할 때, 성분금속 M에 소량의 N을 첨가하면 M의 응고점이 저하함을 볼 수 있다. 이러한 응고점 강하의 원인을 가장 옳게 설명한 것은?

① N 원자의 응고점이 낮으므로
② N 원자의 확산운동 때문에
③ 두 원자의 결정구조가 다르므로
④ 두 원자의 응고점이 다르므로

해설
공정형 상태도에서 액상이 냉각되어 고용체가 될 때 성분금속 M의 응고점이 강하하는 이유는 조성 변화에서 매우 천천히 냉각되고 농도 기울기를 동일하게 하는 소량의 N원자의 확산이 일어나기 때문이다.

24 금속결정 내의 결함 중 면간결함(interfacial defect)에 해당되는 것은?

① 전위   ② 수축공
③ 격자 간 원자   ④ 결정입자경계

해설
전위는 선결함이고 수축공은 부피결함, 격자 간 원자는 점결함이다.

25 규칙-불규칙 변태의 성질에 대한 설명으로 틀린 것은?

① 규칙격자는 일반적으로 전기전도도가 커진다.
② 규칙격자합금을 소성가공하면 규칙도가 증가한다.
③ 규칙격자로 되면 일반적으로 경도와 강도가 증가한다.
④ 규칙격자상은 강자성체이나 불규칙상은 상자성체이다.

해설
규칙-불규칙 변태 특징
• 규칙도가 큰 합금은 비저항이 작다.
• 규칙합금은 소성가공하면 규칙도는 감소한다.
• 일반적으로 규칙화 진행과 함께 강도가 증가한다.
• Ni_3Mn은 규칙상에서 강자성체이나 불규칙상은 상자성체이다.

26 냉간가공으로 생긴 집합조직이 아닌 것은?

① 변형집합조직   ② 섬유상조직
③ 재결정집합조직 ④ 가공집합조직

해설
재결정
냉간가공 등으로 변형된 결정구조가 가열하면 내부변형이 없는 새로운 결정립으로 치환되는 현상으로 냉간가공에 의한 현상은 아니다.

27 순철의 변태가 아닌 것은?

① A_1 ② A_2
③ A_3 ④ A_4

해설
Fe-C 평형상태도
- A_0 변태점 : 210℃(Fe₃C의 자기변태)
- A_1 변태점 : 723℃(강의 공석변태)
- A_2 변태점 : 768℃(순철의 자기변태)
- A_3 변태점 : 910℃(순철의 동소변태)
- A_4 변태점 : 1,400℃(순철의 동소변태)

28 결정립 내에 있는 원자에 비하여 결정립계에 있는 원자의 결합에너지 상태는?

① 결합에너지가 크므로 안정하다.
② 결합에너지가 크므로 불안정하다.
③ 결합에너지가 적으므로 안정하다.
④ 결합에너지가 적으므로 불안정하다.

해설
결정립계에 있는 원자의 결합에너지는 상대적으로 커서 불안정하다.

29 다음 그림과 같은 상태도는 어떤 반응인가?(단, α, β는 고용체이며, L은 융액이다)

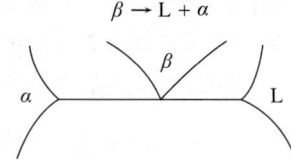

① 공정반응   ② 재융반응
③ 포정반응   ④ 편정반응

해설
재융반응
고체상(β)이 고온에서 분해되어, 액상(L)과 또 다른 고체상(α)이 동시에 생성되는 반응 또는 가역반응이다.
$B \rightarrow L + \alpha$
$B \leftarrow L + \alpha$
※ 가역반응 : 순반응, 역반응 모두 가능

30 금속간 화합물의 특징을 설명한 것 중 틀린 것은?

① 규칙·불규칙 변태가 있다.
② 복잡한 결정구조를 가지며 소성변형이 어렵다.
③ 주기율표 중의 동족원소는 서로 거의 화합물을 만들지 않는다.
③ 성분금속의 원자가 결정의 단위격자 내에서 일정한 자리를 점유하고 있다.

해설
금속간 화합물
- 변형하기 어렵고 메짐성 있음
- 탄소강 중 경도가 가장 높음
- 간단한 원자비로 결합(Fe : 3, C : 1)
- 대부분의 금속간 화합물은 높은 용융점 가짐
- 금속 사이에 친화력이 클 때 형성
- 2종 이상의 금속원소가 $A_m B_n$의 화학식으로 구성 높은 경도를 가짐

31 회복(recovery)에서 축적에너지에 대한 설명으로 틀린 것은?

① 축적에너지의 양은 결정립도가 감소함에 따라 증가한다.
② 내부변형이 복잡할수록 축적에너지의 양은 증가한다.
③ 불순물 합금원소가 첨가될수록 축적에너지의 양은 감소한다.
④ 낮은 가공온도에서의 변형은 축적에너지의 양을 증가시킨다.

해설
회복과정에서 축적에너지의 양 변화 정리
• 가공도가 클수록 축적에너지의 양은 증가한다.
• 결정립도가 감소함에 따라 축적에너지의 양은 증가한다.
• 불순물 원자를 첨가할수록 축적에너지의 양은 증가한다.
• 낮은 가공온도에서의 변형은 축적에너지의 양을 증가시킨다.

33 용질원자와 칼날전위의 상호작용을 무엇이라고 하는가?

① oxidation pinning
② Cottrell effect
③ Frank-Read source
④ Peierls stress

해설
코트렐 효과(Cottrell effect)
용질원자와 전위의 상호작용으로 불순물 원자가 전위선에 가까이 당겨져 전위를 고착시키는 효과

32 고체 상태에서 확산속도가 작아 균등하게 확산하지 못하고 결정립 내에서 부분적으로 불평형이 생겨 수지상정으로 나타나는 현상은?

① 주상조직
② 입내편석
③ 입계편석
④ 유심조직

해설
• 입내편석 : 고체 상태에서 확산속도가 작아 균등하게 확산하지 못하고 결정립 내에서 부분적으로 불평형이 생겨 수지상정으로 나타나는 현상
• 입계편석 : 모결정 중에 있는 용질원자가 입계를 따라 확산하면서 우선적으로 석출이 일어나는 현상

34 금속의 탄성계수에 대한 설명 중 옳은 것은?

① 원자 간 거리가 증가하면 탄성률은 증가한다.
② 탄성계수는 온도가 증가할수록 증가한다.
③ 탄성계수는 미세조직의 변화에 따라 크게 변화한다.
④ 일축변형률에 대한 측면변형률의 비를 푸아송비(Poisson's ratio)라고 한다.

해설
• 푸아송비(Poisson's ratio) : 일축변형률에 대한 측면변형률의 비
• 탄성계수는 온도가 증가할수록 감소한다.

정답 31 ③ 32 ② 33 ② 34 ④

35 이원(二元) 이상의 합금에서 복합적인 상호확산을 하는 것은?

① 입계확산
② 표면확산
③ 전위확산
④ 반응확산

해설
- 자기확산 : 금속 내 농도차에 의해 일어나는 것으로 성분농도가 높은 곳에서 낮은 곳으로 이동하는 확산
- 반응확산 : 이원(二元) 이상의 합금에서 복합적인 상호확산
- 원자의 열적 활성에 의한 이동인 확산은 입계확산, 표면확산, 전위확산으로 분류된다.

36 면심입방격자 금속의 슬립면과 슬립 방향은?

① 슬립면 : {111}, 슬립 방향 : ⟨110⟩
② 슬립면 : {110}, 슬립 방향 : ⟨111⟩
③ 슬립면 : {0001}, 슬립 방향 : ⟨2$\bar{1}\bar{1}$0⟩
④ 슬립면 : {1111}, 슬립 방향 : ⟨0001⟩

해설
- 체심입방격자(BCC) 슬립면 : (110)
- 면심입방격자(FCC) 슬립면 : (111)

37 강철의 결정립도번호가 6일 경우 배율 100배의 현미경 사진 1in² 내에 들어 있는 결정입자수는 얼마인가?

① 32
② 64
③ 128
④ 256

해설
$n = 2^{(N-1)} = 2^{(6-1)} = 32$
여기서, n : 100배율 현미경에서 1제곱인치 내에 보이는 결정립수
N : ASTM 입도번호

38 응고과정에서 고상핵(구형)의 균일핵 생성에 대한 자유에너지 변화(ΔG_{total})의 표현으로 옳은 것은?(단, ΔG_v : 체적 자유에너지, γ : 표면에너지, r : 고상의 반지름이다)

① $\Delta G_{total} = -\frac{4}{3}\pi r^3 \Delta G_v + 4\pi r^2 \gamma$

② $\Delta G_{total} = \frac{4}{3}\pi r^3 \Delta G_v - 4\pi r^2 \gamma$

③ $\Delta G_{total} = 4\left(\frac{4}{3}\right)\pi r^3 \Delta G_v + 4\pi r^2 \gamma$

④ $\Delta G_{total} = -4\left(\frac{4}{3}\right)\pi r^3 \Delta G_v - 4\pi r^2 \gamma$

해설
고상의 전체 자유에너지의 변화는 $E = E_s - E_v$로 구의 표면적에 표면에너지를 곱한 값에 구의 체적에 체적 자유에너지를 곱한 값을 뺀 것과 같다.

39 냉간가공하여 결정립이 심하게 변형된 금속을 가열할 때 발생하는 내부 변화의 순서로 옳은 것은?

① 결정핵 생성 → 결정립 성장 → 회복 → 재결정
② 결정핵 생성 → 회복 → 재결정 → 결정립 성장
③ 회복 → 결정핵 생성 → 재결정 → 결정립 성장
④ 회복 → 재결정 → 결정핵 생성 → 결정립 성장

해설
냉간가공 시 심하게 변형된 금속을 가열할 때 내부에 발생하는 변화
회복 → 결정핵 생성 → 재결정 → 결정립 성장

40 다음 중 고용체 강화에 대한 설명으로 옳은 것은?

① 용매원자와 용질원자 사이의 원자 크기의 차이가 작을수록 강화효과는 커진다.
② 일반적으로 용매원자의 격자에 용질원자가 고용되면 순금속보다 강한 합금이 되는 것이 고용체 강화이다.
③ Cu-Ni합금에서 구리의 강도는 40%Ni이 첨가될 때까지 증가되는 반면 니켈은 60%Cu가 첨가될 때 고용체 강화가 된다.
④ 용매원자에 의한 응력장과 가동전위의 응력장이 상호작용을 하여 전위의 이동을 원활하게 하여 재료를 강화하는 방법이다.

해설
- 고용체 강화는 용질원자에 의한 응력장이 가동전위의 응력장과 상호작용을 하여 전위의 이동을 방해하여 재료를 강화시키는 것을 의미하므로 원자 간 크기가 클수록 유리하다.
- Cu-Ni합금에서 구리의 강도는 60%Ni이 첨가될 때까지 증가되는 반면 니켈은 40%Cu가 첨가될 때 고용체 강화가 된다.

제3과목 금속 열처리

41 열처리의 냉각방법 3가지 형태에 해당되지 않는 것은?

① 급랭각   ② 연속냉각
③ 2단냉각   ④ 항온냉각

해설

냉각 방법	열처리의 종류
연속냉각	보통 풀림, 보통 불림, 담금질
2단냉각	2단 풀림, 2단 불림, 시간 담금질
항온냉각	항온 풀림, 항온 뜨임, 오스템퍼링, 마템퍼링, 마퀜칭, 오스포밍, M_s 퀜칭

42 냉간가공, 단조 등으로 인한 조직의 불균일 제거, 결정립 미세화, 물리적·기계적 성질 등의 표준화를 목적으로 대기 중에 냉각시키는 열처리는?

① 뜨임   ② 풀림
③ 담금질   ④ 노멀라이징

해설
노멀라이징(불림)
- 강을 표준상태로 만들어 조직의 불균일을 제거하고, 결정립을 미세화하여 기계적 성질을 개선한다.
- 가열 : A_3, A_{cm} +50℃에서 가열한다.
- 냉각 : 대기 중에서 방랭하여 결정립을 미세화한다.

정답 39 ③ 40 ② 41 ① 42 ④

43 다음의 강을 완전풀림하게 되면 나타나는 조직으로 옳은 것은?

① 아공석강 → 해드필드강 + 레데부라이트
② 과공석강 → 시멘타이트 + 층상펄라이트
③ 공석강 → 페라이트 + 레데부라이트
④ 과공정 주철 → 페라이트 + 스텔라이트

해설
- 완전풀림 : 결정조직을 조정하고 연화시켜 소성가공성을 개선하는 과정으로, 완전풀림 후 경도의 증가는 C%의 함유량의 영향을 받는다.
- 과공석강의 완전풀림과정을 통해 초석시멘타이트 + 층상 펄라이트 조직이 형성된다.

44 열처리로에서 제품을 가열할 때 열전달 방식이 아닌 것은?

① 복사가열
② 대류가열
③ 전도가열
④ 진공가열

해설
열처리로에서 열전달 방식은 복사가열, 대류가열, 전도가열이 사용된다.

45 구상흑연주철의 열처리에서 제1단 흑연화 처리를 한 후 제2단 흑연화 처리를 하는 목적으로 옳은 것은?

① 취성을 촉진시키기 위해
② 압축력과 절삭성 등을 저하시키기 위해
③ 내식성과 조대한 입자를 형성하기 위해
④ 충격값이 우수한 고연성(高延性)의 주물을 만들기 위해

해설
구상흑연주철의 열처리에서 연화풀림 중 제2단 흑연화 처리는 기지 조직을 페라이트로 하여 연성을 높이는 처리이다.

46 베릴륨 청동을 용체화 처리한 후 시효처리의 목적으로 가장 옳은 것은?

① 경화
② 연화
③ 취성 부여
④ 내부응력 제거

해설
시효는 에이징(ageing)이라 하는데 말 그대로 나이를 먹는 것이다. 과포화 고용체를 고용한계선 이하에서 일정 온도로 유지하였을 때 과포화된 원자들이 석출되는 현상을 말한다. 이러한 석출물들이 응력장을 만들어 재료를 경화시킨다.

47 노 내에 장착된 슬롯이 있으며, 소형부품의 연속가열이나 침탄처리에 적합한 열처리 설비는?

① 상형로(box type furnace)
② 회전 레토르트로
③ 피트로(원통로)
④ 대차로

해설
회전 레토르트로
노 내에 장착된 슬롯이 있으며, 소형부품의 연속가열이나 침탄처리에 적합한 열처리 설비

48 재질이 같을 때에는 재료의 지름 크기에 따라 퀜칭·경화된 재료의 내부조직 깊이가 다르며 내부와 외부의 경도차가 생기게 된다. 이러한 현상을 무엇이라 하는가?

① 경화능
② 형상효과
③ 질량효과
④ 표피효과

해설
대형 구조물의 담금질 시 재료의 내·외부 간 질량효과로 인해 경도의 편차가 발생한다.

49 금속재료를 진공 중에서 가열하면 합금원소가 증발한다. 다음 중 증기압이 높아 가장 증발하기 쉬운 금속은?

① Mo
② Zn
③ C
④ W

해설
금속재료 중 Mn, Cu, Zn, Cr 등은 증기압이 높기 때문에 진공가열 시 증발현상이 일어나기 쉽다.

50 다음 열처리 중 항온열처리 방법이 아닌 것은?

① 마퀜칭(marquenching)
② 오스템퍼링(qustempering)
③ 시간 담금질(time quenching)
④ 마템퍼링(martempering)

해설
시간 담금질
일정온도로 유지된 담금질 액에 일정시간 담금질하는 방법이므로 일정시간 동안에만 온도가 유지되는 열처리로, 보통 시간 담금질, 인상 담금질, 2단 담금질의 종류가 있다.

51 강의 조직 중 경도가 가장 높은 것은?

① 페라이트(ferrite)
② 펄라이트(pearlite)
③ 시멘타이트(cementite)
④ 오스테나이트(austenite)

해설
경도 순서
시멘타이트 > 마텐자이트 > 트루스타이트 > 베이나이트 > 소르바이트 > 펄라이트 > 오스테나이트 > 페라이트

정답 47 ② 48 ③ 49 ② 50 ③ 51 ③

52 암모니아 가스에 의한 표면경화법은?

① 침탄법 ② 질화법
③ 액체 침탄법 ④ 고주파 경화법

해설
질화법은 N와 친화력이 강한 원소를 가진 Al, Cr, Ti, Mo, V 등의 질화용 강을 질화성의 가스나 염욕 중에서 가열하여 표면에 N를 확산침투시키는 방법으로 암모니아 가스에 N(질소)가 있음을 착안한다.

53 열전대 기호와 가열한계온도가 바르게 짝지어진 것은?

① R(PR) − 1,000℃
② K(CA) − 1,200℃
③ J(IC) − 350℃
④ T(CC) − 1,600℃

해설

종류	조성 (+)	조성 (−)	사용가능 온도범위(℃)
J	철	콘스탄탄	−185~870(600)
K	크로멜	알루멜	−20~1,370(1,000)
T	구리	콘스탄탄	−185~370(300)
E	니크롬	콘스탄탄	−185~870(700)
R	백금로듐 13Rh-87Pt	백금	−20~1,480(1,400)

54 담금질 균열의 방지대책에 대한 설명으로 틀린 것은?

① M_s~M_f 범위에서 가급적 급랭을 한다.
② 살 두께의 차이와 급변을 가급적 줄인다.
③ 시간 담금질을 채용하거나 날카로운 모서리 부분을 라운딩(R) 처리하여 준다.
④ 냉각 시 온도의 불균일을 작게 하며, 가급적 변태도 동시에 일어나게 한다.

해설
급랭은 균열을 유발시키는 요인이다. 변태개시온도를 이미 지났다면 빠른 냉각은 도움이 되지 않는다.

55 염욕 열처리 시 염욕이 열화를 일으키는 이유가 아닌 것은?

① 흡습성 염화물의 가수분해에 의한 열화 때문
② 중성염욕에 포함되어 있는 유해 불순물에 의한 열화 때문
③ 고온 용융염욕이 대기 중의 산소와 반응하여 염기성으로 변질될 때
④ 1,000℃ 이하의 용융염욕에 탈산제 Mg-Al(50%-50%)을 혼입 사용하였을 때

해설
④ 탈산제가 아닌 열화방지제 설명이다.
염욕이 열화하는 이유
• 중성염에 포함된 불순물
• 고온 용융염욕이 대기 중의 산소와 반응하여 염기성으로 변질
• 중성염 자체의 흡수 잔여 수분이 대기 중의 수분과 작용
• 흡습성 염화물의 가수분해

56 복잡한 형상이나 대형물의 탄화물 피복처리법(TD처리)에서 소재변형 및 균열을 방지하기 위해 염욕 침지 전에 반드시 처리해 주어야 하는 공정은?

① 뜨임
② 예열
③ 침탄
④ 래핑

해설
TD처리는 800~1,200℃의 높은 공정온도가 필요하므로 염욕 침지 전에는 반드시 예열 공정을 거쳐야 한다.

57 강을 담금질할 때 냉각능력이 가장 좋은 것은?

① 물
② 염수
③ 기름
④ 공기

해설
냉각능이 큰 것은 소금물(식염수 : 10%의 NaCl), NaOH 용액, 황산액 등이 있고, 물보다 냉각능이 작은 것은 기름이나 공기 등이 있다.

58 강의 담금질성을 판단하는 방법이 아닌 것은?

① 강박시험을 통한 방법
② 임계지름에 의한 방법
③ 조미니 시험을 통한 방법
④ 임계냉각속도를 이용하는 방법

해설
강박시험은 잔류탄소량 예측 및 침탄 정도 판정에 사용된다.

59 담금질된 강의 경도를 증가시키고 시효변형을 방지하기 위한 목적으로 0℃ 이하의 온도에서 처리하는 것은?

① 수인처리
② 조질처리
③ 심랭처리
④ 오스포밍 처리

해설
심랭처리(sub-zero treatment)
담금질 상태의 강을 상온 이하 특정 온도로 냉각 후 잔류 오스테나이트를 마텐자이트 변태 처리하여 변형을 방지하는 과정을 말한다.

60 구리 및 구리합금의 열처리에 대한 설명으로 틀린 것은?

① $\alpha + \beta$황동은 재결정풀림과 담금질 열처리를 한다.
② α황동은 700~730℃ 온도에서 재결정풀림을 한다.
③ 순동은 재결정풀림을 하고, 재결정온도는 약 270℃이다.
④ 상온가공한 황동제품은 시기 균열을 방지하기 위해 1,200℃ 이상에서 고온풀림을 한다.

해설
황동계 금속은 시기 균열 및 응력부식을 방지하기 위해 저온풀림을 시행한다.

정답 56 ② 57 ② 58 ① 59 ③ 60 ④

제4과목 재료시험

61 충격시험에서 해머를 올렸을 때의 각도를 α, 시험편 파단 후의 각도를 β라고 할 때 충격흡수에너지를 구하는 식은?(단, W는 중량(kg), R은 펜듈럼의 길이(m)이다)

① $WR(\cos\beta - \cos\alpha)$
② $WR(\cos\alpha - \cos\beta)$
③ $WR(\cos\alpha - 1)$
④ $WR(\cos\beta - 1)$

해설
충격흡수에너지 $E = WR(\cos\beta - \cos\alpha)$
※ 샤르피 충격시험은 실기시험에도 나오는 만큼 반드시 암기해야 한다.

62 어떤 기계나 구조물 등을 제작하여 사용할 때 변동응력이나 반복응력이 무한히 반복되어도 파괴되지 않는 내구한도를 찾고자 하는 시험은?

① 피로시험　　② 크리프시험
③ 마모시험　　④ 충격시험

해설
피로시험은 동적시험법의 하나로 반복적인 하중을 가하여 시험하는 방법으로 시편의 크기, 표면 상태, 온도, 응력집중이 되는 형상 등의 영향을 받는다.

63 한국산업표준에서 경강선 비틀림 시험에 대한 ( ) 안에 알맞은 수치는?

> 비틀림 시험은 시험편 양끝을 선지름의 ( )배의 물림 간격으로 단단히 물리고 휘어지지 않을 정도로 긴장시킨다.

① 10　　② 50
③ 100　　④ 200

해설
비틀림 시험을 통해 얻을 수 있는 기계적 성질은 강성계수, 비틀림 강도, 비틀림 파단계수, 전단탄성계수로 시험편 양끝을 선지름의 100배의 물림 간격으로 단단히 물린다.

64 응력측정시험방법이 아닌 것은?

① 무아레법
② 조미니 시험
③ 광탄성 시험
④ 전기적인 변형량 측정법

해설
조미니(Jominy) 시험법은 강의 경화능(hardenability)을 시험하는 가장 보편적인 방법으로, 응력측정시험방법이 아니다.

65 금속재료 파단면의 파면검사, 주조재의 응고과정 등을 육안으로 관찰하거나 10배 이내의 확대경으로 검사하는 것은?

① 매크로 검사　　② 광학현미경 검사
③ 전자현미경 검사　　④ 원자현미경 검사

해설
육안 혹은 10배 이내의 확대경을 이용하여 결정입자 또는 개재물 등을 검사하는 파면검사를 매크로(macro) 검사라 한다.

66 초음파탐상검사에서 STB-A1 시험편을 사용하여 측정 및 조정할 수 없는 것은?

① 측정범위의 조정
② 탐상감도의 조정
③ 경사각 탐촉자의 입사점 측정
④ 경사각 탐촉자의 수직점 측정

해설
STB-A1 시험편
• 수직, 사각 탐상
• 용접부, 관에 적용
• 수직 탐촉자의 분해능 측정, 측정범위 조정
• 사각 탐촉자의 입사점, 굴절각, 측정범위, 탐상 감도 조정, 편심 조정

67 전단응력과 전단변형은 탄성한계 내에서 비례하므로 응력(τ)과 전단변형률(γ)과의 비례관계식 $\tau = G \cdot \gamma$로 표시할 수 있다. 이때 G가 의미하는 것은?

① 압축계수
② 강성계수
③ 마찰계수
④ 전단계수

해설
전단응력과 전단변형률의 비례계수 G는 강성계수를 의미한다.

68 에릭센 시험(Erichsen test)은 재료의 어떤 성질을 측정할 목적으로 시험하는가?

① 연성(ductility)
② 미끄럼(slip)
③ 마모(wear)
④ 응력(stress)

해설
에릭센 시험
재료의 연성을 파악하기 위하여 구리 및 알루미늄 판재와 같은 연성 판재를 가압성형하여 변형능력을 알아보기 위한 시험방법

69 자분탐상시험방법 중 원형자계를 형성하는 것이 아닌 것은?

① 극간법
② 프로드법
③ 축통전법
④ 전류관통법

해설
앙페르의 오른손법칙에 따라 엄지손가락을 펴고 가볍게 손을 쥐었을 때 엄지손가락 방향으로 전류가 흐른다면 나머지 네 손가락 방향으로 자기장이 흐른다. 이는 반대로도 성립되어 극간법(요크)이 선형자계를 만들고 ②, ③, ④는 원형자계를 만든다.

70 금속재료의 압축시험편을 단주, 중주, 장주로 나눌 때 중주시험편은 높이(h)가 지름(D)의 약 몇 배의 재료를 사용하는가?

① 0.9배
② 3배
③ 10배
④ 15배

해설
• 봉상 단주시험편 : $h = 0.9d$
• 중주시험편 : $h = 3d$
• 장주시험편 : $h = 10d$

71 9.8N(1kgf) 이하의 하중을 가하여 고배율의 현미경으로 미소한 경도 분포 등을 측정하는 것은?

① 쇼어 경도시험
② 브리넬 경도시험
③ 로크웰 경도시험
④ 마이크로 비커스 경도시험

해설
비커스 경도시험 중 마이크로 비커스 경도시험은 하중을 1kgf 이하로 주는 시험을 의미한다.

72 알루민산염 개재물의 종류에 해당하는 것은?

① 그룹 A형　　② 그룹 B형
③ 그룹 C형　　④ 그룹 D형

해설
비금속 개재물
- 그룹 A : 황화물 종류
- 그룹 B : 알루민산염 종류
- 그룹 C : 규산염 종류
- 그룹 D : 구형 산화물 종류

73 전기가 대기 중에서 스파크(spark) 방전될 때 가장 많이 생성되는 가스는?

① CO_2　　② H_2
③ O_2　　④ O_3

해설
전기가 대기 중에서 스파크 방전이 일어나면 오존(O_3)이 발생한다.

74 와전류탐상시험에 대한 설명으로 옳은 것은?

① 비접촉으로 시험할 수 있다.
② 표면에서 떨어진 내부 깊은 위치의 흠 검출도 가능하다.
③ 어떤 재료에도 관계없이 모두 적용할 수 있다.
④ 시험결과의 흠 지시로부터 직접 흠의 종류를 판별할 수 있다.

해설
와전류탐상시험은 비접촉시험, 표면결함검사, 전도체만 가능하다.

75 설퍼 프린트(sulfur print)법에 사용되는 재료로 옳은 것은?

① 증감지, 투과도계
② 글리세린, 기계유
③ 형광침투제, 유화제
④ 황산, 브로마이드 인화지

해설
설퍼 프린트(sulfur print)법
매크로 시험법의 일종으로 1~5% 황산수용액에 브로마이드 인화지를 5분간 담근 후 수분을 제거한 다음 이것을 피검사체의 시험면에 1~3분간 밀착시켜 철강 중에 있는 황(S)의 편석 분포 상태를 검사하는 시험

76 상대적으로 경(硬)한 입자나 미세돌기와의 접촉에 의해 표면으로부터 마모입자가 이탈되는 현상을 나타내는 마모는?

① 응착마모 ② 연삭마모
③ 부식마모 ④ 표면피로마모

해설
② 연삭마모(abrasive wear) : 상대적으로 경한 입자는 미세돌기와의 접촉에 의해 표면으로부터 마모입자가 이탈되는 현상으로 마모면에 긁힘 자국이나 끝이 파인 홈들이 나타나게 되는 마모
① 응착마모(adhesive wear) : 표면거칠기에 의해 유막이 존재하지 않아 발생하는 접촉에 의한 마모
③ 부식마모(corrosion wear) : 부식환경하에서 접촉에 의한 표면 반응으로 생기는 마모
④ 피로마모(fatigue wear) : 기어나 베어링 등에 많이 발생하며 상대운동을 하는 표면에서 반복하중이 가해지면 마찰표면층에서 파괴가 일어나 그 결과 마모입자가 발생하는 것

77 KS 5호 인장시험편으로 인장시험하였을 때 최대하중이 6,460kgf, 단면적이 125mm²라면 인장강도의 값은 얼마인가?

① 21.68kgf/mm²
② 31.68kgf/mm²
③ 41.68kgf/mm²
④ 51.68kgf/mm²

해설
$$인장강도 = \frac{최대하중}{단면적} = \frac{6,460\text{kgf}}{125\text{mm}^2} = 51.68\text{kgf/mm}^2$$

78 부식액에 시편을 침지하여 부식시켜 조직이 잘 나타나지 않을 때 면봉 등으로 시편 표면을 닦아 내면서 부식시키는 방법은?

① deep 부식 ② 전해부식
③ wipe 부식 ④ 가열부식

해설
③ wipe 부식 : 부식액에 시편을 침지하여 부식시켜서 조직이 잘 나타나지 않을 때 면봉 등으로 시편 표면을 닦아 내면서 부식시키는 방법
① deep 부식 : 깊게 부식시키는 방법
② 전해부식 : 전류와 전압을 조절하여 양극 금속이 용출되도록 하는 부식
④ 가열부식 : 세라믹 재료에 유용한 부식으로 재료의 소결온도보다 낮은 온도로 가열시켜 부식시키는 방법

정답 75 ④ 76 ② 77 ④ 78 ③

79 경도시험에 대한 설명으로 옳은 것은?

① 경도 측정 시 시험편의 측정면이 압입자의 압입 방향과 수평을 이루도록 한다.
② 로크웰(Rockwell) 경도에서 단단한 경질금속에 대한 시험은 강구 압입자를 사용한다.
③ 브리넬(Brinell) 경도시험에서 경도값을 표기할 때 HRB로 나타낸다.
④ 쇼어(Shore) 경도시험은 시험편의 압입자 깊이로 경도값을 측정한다.

80 불꽃시험에 있어서 불꽃의 파열이 가장 많은 강은?

① 0.10% 탄소강
② 0.20% 탄소강
③ 0.35% 탄소강
④ 0.45% 탄소강

해설
탄소강의 불꽃시험
- 강 중의 탄소량이 증가하면 불꽃수가 많아짐
- 탄소함량이 높을수록 유선의 색깔은 적색
- 탄소함량이 높을수록 유선의 숫자가 증가
- 탄소함량이 높을수록 파열의 꽃잎 모양이 복잡해짐
- 탄소함량이 높을수록 유선의 길이가 감소

2018년 제2회 과년도 기출문제

제1과목 금속재료

01 전연성이 매우 커서 10^{-6}cm 두께의 박판으로 가공할 수 있으며 왕수 이외에는 침식, 산화되지 않으며 비중이 약 19.3인 귀금속은?

① Be
② Pt
③ Pd
④ Au

해설
금(Au)
• 비중 : 19.3
• 결정구조 : FCC 구조
• 전연성이 은(Ag)보다 우수함

02 어느 방향으로 소성변형을 가한 재료에 역방향의 하중을 가하면 전과 같은 방향으로 하중을 가한 경우보다 소성변형에 대한 저항이 감소하는 것을 무엇이라 하는가?

① 바우싱거 효과
② 크리프 효과
③ 재결정 효과
④ 푸아송 효과

해설
① 바우싱거 효과 : 한 번 어느 방향으로 소성변형을 가한 재료에 역방향의 하중을 가하면 전과 같은 방향으로 하중을 가한 경우보다 소성변형에 대한 저항이 감소하는 현상
② 크리프 효과 : 재료에 어떤 하중을 가하고 어떤 온도에서 긴 시간 동안 유지하면 시간의 경과에 따른 스트레인이 증가하는 현상
③ 재결정 효과 : 냉간가공된 금속을 고온으로 가열 시 회복된 금속조직 내에 변형률이 없는 새로운 결정립 성장
④ 푸아송 효과 : 인장시험에서 재료에 따라 길이 변화에 대한 폭 변화의 비가 일정한 현상

03 내식성이 좋고 비자성체이며, 오스테나이트 조직을 갖는 스테인리스강은?

① 13%Cr 스테인리스강
② 35%Cr 스테인리스강
③ 18%Cr - 8%Ni 스테인리스강
④ 25%Cr - 5%Ni - 3%Mo - 2%Cu 스테인리스강

해설

분류		담금질	내식성	용접성
마텐자이트계	13Cr계	가능	나쁨	불가
페라이트계	18Cr계	불가	보통	보통
오스테나이트계	18Cr-8Ni계	불가	좋음	좋음

04 고온경도와 내마모성 및 인성이 우수하여 바이트, 드릴 등의 절삭공구로 이용하는 고속도공구강(SKH 2)의 표준 조성은?

① 18%Cr - 8%Ni - 1%V
② 18%Ni - 8%Cr - 1%V
③ 18%W - 4%Cr - 1%V
④ 18%Mo - 4%W - 1%V

해설
텅스텐(W)계 고속도공구강
텅스텐(W18%)-크로뮴(Cr4%)-바나듐(V1%)으로, 500~600℃에도 무디어지지 않는다.

정답 1 ④ 2 ① 3 ③ 4 ③

05 Ni-Cu계의 합금에 대한 설명으로 틀린 것은?

① 실용합금으로는 백동, 콘스탄탄, 모넬메탈 등이 있다.
② 냉간가공 후 저온도로 풀림하면 강도와 탄성한도가 감소한다.
③ Cu에 Ni이 첨가됨에 따라 강도·경도를 증가시키며, 60~70%Ni에서 최대가 된다.
④ KR 모넬은 K 모넬에 탄소량을 다소 높게(0.28%) 하여 쾌삭성을 준 것이다.

해설
냉간가공하여 재결정온도 이하의 저온도로 풀림하면 가공 상태일 때보다 오히려 강도가 증가한다.

06 다음 중 소성가공방법이 아닌 것은?

① 압연　　② 단조
③ 인발　　④ 주조

해설
주조는 녹여 만드는 방법으로 소성가공법이 아니다.

07 정련된 용강을 레이들 안에서 Fe-Mn, Fe-Si, Al 등으로 완전탈산시킨 강은?

① 림드강　　② 캡드강
③ 킬드강　　④ 세미킬드강

해설
- 킬드강 : 규소, 알루미늄 등으로 완전히 탈산시킨 강
- 림드강 : 완전히 탈산하지 않은 강
- 세미킬드강 : 킬드강과 림드강의 중간 강

08 금속의 어떤 성질을 기준으로 경금속과 중금속을 구분하는가?

① 비열　　② 비중
③ 색깔　　④ 용융점

해설
비중 4.5를 기준으로 더 가벼운 금속은 경금속이라고 하고, 더 무거운 금속은 중금속이라고 한다.

09 전연성이 좋으며 색깔이 금에 가까워 장식용에 많이 쓰이는 것으로서 Zn이 5~20% 함유된 구리합금은?

① 톰백　　② 문쯔메탈
③ 델타메탈　　④ 두라나메탈

해설
톰백(tombac)
아연(Zn)을 5~20% 함유한 황동으로 강도는 낮으나 전연성이 좋고, 색깔이 금색에 가까워 모조금이나 판 및 선 등에 사용

정답　5 ②　6 ④　7 ③　8 ②　9 ①

10 탄소강 중 인(P)에 대한 설명으로 틀린 것은?

① 상온취성의 원인이 된다.
② 결정입자의 조대화를 촉진시킨다.
③ Fe_3P로 존재하며 고스트 라인(ghost line)을 형성한다.
④ 탄소량이 증가할수록 인(P)의 해(害)는 감소한다.

해설
- 인(P)은 상온취성의 원인이고 결정입자를 조대화시킨다.
- 고스트 라인은 강 중의 인(P)이 인화철이 되어, 응고 시 결정입자의 주위에 많이 편석되어 고온에서 풀림(annealing)한 것처럼 확산되지 않고 거의 그대로 남아 압연이나 단련에 의해 가늘고 긴 띠 모양을 만드는 현상으로 파단의 원인이 된다.

11 구리합금 중 석출경화성이 있으며, 강도와 경도가 가장 높고, 피로한도, 내열성, 내식성이 우수하고, 인장강도가 높아 스프링, 기어 등으로 사용되는 것은?

① 양백
② 6 : 4 황동
③ 7 : 3 황동
④ 베릴륨(Be) 동

해설
베릴륨 청동
구리에 1~2.5%의 베릴륨(Be)을 배합한 청동으로 시효경화에 의하여 구리합금 중에서는 최대 탄성값을 가지고 피로한도, 내열성, 내식성이 우수하여 스프링, 기어, 다이어프램 등에 사용된다.

12 자기헤드용 자기기록 재료의 요구 조건으로 틀린 것은?

① 투자율이 클 것
② 포화자화가 클 것
③ 와전류 손실이 클 것
④ 고유 전기저항이 클 것

해설
자기헤드용 자기기록 재료로 적합하려면 와전류 손실이 작아야 한다.

13 수소저장용 합금에서 금속수소화물의 수소밀도는 수소기체밀도의 약 몇 배인가?

① 0.1
② 10
③ 100
④ 1,000

해설
- 금속수소화물로 수소를 저장하면 1,000기압의 고압수소가스밀도와 같다.
- 수소가스와 반응하여 금속수소화물이 된다.
- 금속수소화물은 $1cm^3$당 10^{22}개의 수소원자를 포함한다.
- 저장된 수소는 필요에 따라 금속수소화물에서 방출시켜 사용한다.

14 다음 중 탄소 함량이 적어 열처리에 의한 경화효과가 가장 적은 것은?

① 경강
② 전해철
③ 합금강
④ 탄소공구강

해설
순철은 탄소 함량이 적은 철로 암코철, 전해철, 연철, 카보닐철 등이 있다.

15 다음 중 Zn 및 Zn합금에 대한 설명으로 틀린 것은?

① Zn의 결정은 조밀육방격자이다.
② Zn은 건조한 공기 중에서 거의 산화되지 않는다.
③ Zn합금에 알루미늄 첨가는 합금의 경도·강도를 저하시키며 유동성을 악화시킨다.
④ Zn 다이캐스팅 합금의 시효에 의한 치수 변화는 90℃에서 약 5시간 정도 처리하면 안정성이 증가한다.

> **해설**
> • Zn합금에 알루미늄 첨가는 유동성을 개선한다.
> • Zn합금에 구리 첨가는 입간부식을 억제한다.
> • Zn합금에 리튬 첨가는 길이 변화에 큰 영향을 준다.
> • Zn합금에 마그네슘 첨가는 충격치와 내구력이 우수해지지만 주조성은 떨어진다.

16 자동차부품, 기계부품 등에 사용되는 쾌삭강에서 절삭성을 높이기 위해 첨가하는 원소가 아닌 것은?

① S ② Pb
③ Sn ④ Ca

> **해설**
> 쾌삭강은 절삭성을 높이기 위해 S, Pb, Ca를 첨가한다. Ca 쾌삭강은 제강 시에 Ca을 탈산제로 사용하고, S 쾌삭강은 Mn을 0.4~1.5% 첨가하여 MnS으로 하고, 이것을 분사시켜 피삭성을 증가시킨다.

17 균일한 조직으로 된 합금 내에서 처음에 응고한 부분과 나중에 응고한 부분에서 농도차가 생기는 현상은?

① 공석 ② 포석
③ 편정 ④ 편석

> **해설**
> 편석
> 균일한 조직으로 이루어진 합금 속에 처음에 응고한 부분과 나중에 응고한 부분에서 농도차가 일어나는 성질

18 주철의 일반적 특성에 대한 설명 중 옳은 것은?

① 가단주철은 회주철을 열처리하여 만든다.
② 구상흑연주철은 백주철을 탈탄하여 강에 가깝게 한 주철이다.
③ 회주철은 파면이 회색으로 주조성과 절삭성이 우수하여 주물용으로 사용된다.
④ 백주철은 C, Si 성분이 많고 Mn 성분이 적어 C가 흑연 상태로 유리되어 파면이 흰색이다.

> **해설**
> • 가단주철 : 백주철의 열처리로 탈탄 또는 흑연화로 제조
> • 구상흑연주철 : 접종제를 이용해 주철에 흑연을 구상화하여 연성을 부여한 주철
> • 회주철 : 파면이 회색으로 주조성과 절삭성이 우수하여 주물용으로 사용
> • 백주철 : 흑연이 없음

19 Fe–Fe₃C계 평형상태도에서 공석 변태선(A_1)은 약 몇 ℃인가?

① 723℃ ② 768℃
③ 910℃ ④ 1,400℃

해설
Fe–C 평형상태도
- A_0 변태점 : 210℃(Fe₃C의 자기변태)
- A_1 변태점 : 723℃(강의 공석변태)
- A_2 변태점 : 768℃(순철의 자기변태)
- A_3 변태점 : 910℃(순철의 동소변태)
- A_4 변태점 : 1,400℃(순철의 동소변태)

20 다음 중 반도체용 재료로 가장 많이 사용되는 것은?

① Fe ② Si
③ Cu ④ Mg

해설
반도체 : 실리콘(Si), 저마늄(Ge), 셀레늄(Se)

제2과목 금속조직

21 마텐자이트(martensite) 조직의 결정 형상에 해당되지 않는 것은?

① 렌즈상(lens phase)
② 입상(granular phase)
③ 라스상(lath phase)
④ 박판상(thin plate phase)

해설
마텐자이트 조직의 결정에는 렌즈상, 라스상, 박판상이 포함된다.

22 금속의 변태점 측정방법이 아닌 것은?

① 열팽창법 ② 전기저항법
③ 성분분석법 ④ 시차열분석법

해설
변태점 측정법
- 열분석법
- 비열법
- 전기저항법

※ 시차열분석법 : 변태점 측정법 중 시료의 온도와 기준 중성체간의 온도차를 이용해서 온도를 분석하는 방법이다.

23 공석반응(共析反應)을 나타내는 것으로 옳은 것은?

① $\alpha + L(융체) \leftrightarrows Fe_3C$
② $L(융체) \leftrightarrows \gamma + Fe_3C$
③ $\alpha + \gamma \leftrightarrows Fe_3C$
④ $\gamma \leftrightarrows \alpha + Fe_3C$

해설
- 공석반응은 γ(오스테나이트) ↔ α(페라이트) + Fe₃C(시멘타이트) 반응으로, 페라이트와 시멘타이트가 층상구조를 이루는 것을 펄라이트라고 한다.
- 공석반응에 의한 변태를 펄라이트 변태 혹은 A_1 변태라고 한다.

정답 19 ① 20 ② 21 ② 22 ③ 23 ④

24 다음 금속 중 재결정 온도가 가장 낮은 것은?

① Cu   ② Zn
③ Fe   ④ Al

해설
금속의 재결정 온도

금속	재결정 온도(℃)	금속	재결정 온도(℃)
Au	200	Mo	900
Ag	200	Al	150~200
Cu	200~230	Zn	7~25
Fe	330~450	Sn	7~25
Ni	530~660	Pb	-3
W	1,200		

25 석출강화에 대한 기본원칙을 설명한 것 중 틀린 것은?

① 석출물은 부피분율이 작을수록 강도가 커진다.
② 석출물은 입자의 크기가 미세하고 그 수가 많아야 한다.
③ 기지상은 연성이 크고, 석출물은 단단한 성질을 가져야 한다.
④ 석출물은 불연속적으로 존재해야 하는 반면 기지상은 연속적이어야 한다.

해설
석출물은 부피분율이 클수록 응력장을 더 크게 일으킬 수 있고 강도를 증가시킨다.

26 면심입방격자의 쌍정면에 해당되는 것은?

① {111}   ② {112}
③ {110}   ④ {123}

해설
면심입방구조 슬립면은 {111}로 거울상의 관계가 있는 쌍정면과 같다.

27 일반적으로 금속의 규칙화 진행과정 및 규칙합금에서 나타나는 변화에 대한 설명으로 틀린 것은?

① 규칙화 진행에 따라 강도가 증가한다.
② 규칙화 진행에 따라 경도가 증가한다.
③ 규칙화 진행에 따라 탄성계수가 증가한다.
④ 규칙합금을 소성가공하면 규칙도가 더욱 증가한다.

해설
규칙-불규칙 변태의 특징
• 규칙도가 큰 합금은 비저항이 작다.
• 규칙합금은 소성가공하면 규칙도는 감소한다.
• 일반적으로 규칙화 진행과 함께 강도가 증가한다.

24 ② 25 ① 26 ① 27 ④

28 결정 내부에 전위를 계속하여 생성시키는 기구, 즉 전위의 증식과 관계있는 것은?

① recovery
② polygonization
③ Cottrel effect
④ Frank-Read source

해설
- 코트렐 효과(Cottrel effect) : 용질원자와 칼날전위의 상호작용
- 프랭크-리드 원(Frank-Read source) : 전위의 증식작용을 하는 기구

29 합금의 일반적인 성질에 대한 설명으로 틀린 것은?

① 합금은 순금속보다 강도가 크다.
② 합금은 순금속보다 경도가 크다.
③ 합금은 순금속보다 전기 전도율이 떨어진다.
④ 합금은 순금속보다 용융점이 올라간다.

해설
일반적으로 합금은 순금속보다 용융점이 내려간다(대부분의 공정 재료를 보면 알 수 있다).

30 규칙-불규칙 변태온도(Tc) 직하에서 변태가 점점 급격하게 진행되는 현상은?

① 이력현상   ② 협동현상
③ 복원현상   ④ 역위현상

해설
- 협동현상 : 큐리점에 접근함에 따라 규칙-불규칙 변태가 급격히 일어나는 현상
- 역위현상 : 원자 배열 시 나타나는 현상 중 특정 축의 경계에 전혀 반대의 배열이 나타나는 현상

31 확산의 속도가 빠른 순서로 나열된 것은?

① 표면확산 > 격자확산 > 입계확산
② 표면확산 > 입계확산 > 격자확산
③ 격자확산 > 표면확산 > 입계확산
④ 입계확산 > 격자확산 > 표면확산

해설
확산이 가장 빠른 순서 : 표면확산 > 입계확산 > 격자확산

32 수지상 조직의 관한 설명 중 틀린 것은?

① 입방정계의 수지상 결정의 축은 [100]이다.
② 고상의 성장 방향에 평행하게 생긴 가지결정을 1차 수지상정이라 한다.
③ 성장 방향에 직각 또는 일반각을 이룬 가지결정을 2차 수지상정이라 한다.
④ 고상-액상계면에서 생성되는 1차 수지상정의 평균관계는 액상의 과냉도가 클수록 작아진다.

해설
과랭각의 경우 핵의 생성속도가 성장속도보다 빠르기 때문에 미세 결정립이 생성되는데 이와 수지상정과의 연관성은 작다.

33 다음 중 고용체 강화에 대한 설명으로 틀린 것은?

① 황동에서는 고용체 강화에 의해 강도 및 연성이 증가한다.
② 고용체 강화합금은 고온 크리프 저항성이 순금속보다 우수하다.
③ 고용체 강화합금은 순금속에 비해 전기전도도가 크다.
④ 고용체 강화합금의 항복강도, 인장강도가 순금속보다 크다.

해설
고용체 강화
- 황동제품은 고용체 강화에 의해 강도 및 연성을 증가시키기 위하여 시행한다.
- 고용체 강화합금은 고온 크리프 저항성이 순금속보다 우수하다.
- 고용체 강화합금은 순금속에 비해 전기전도도가 떨어진다.
- 고용체 강화합금의 항복강도, 인장강도가 순금속보다 크다.

34 브라베이스 격자에서 축장 $a = b = c$ 이고, 축각 $\alpha = \beta = \gamma = 90°$ 인 결정계는?

① 단사정계
② 정방정계
③ 입방정계
④ 사방정계

해설
- 입방정계 : $a = b = c,\ a = \beta = \gamma = 90°$
- 정방정계 : $a = b \neq c,\ a = \beta = \gamma = 90°$
- 사방정계 : $a \neq b \neq c,\ a = \beta = \gamma = 90°$
- 육방정계 : $a = b \neq c,\ a = \beta = 90°,\ \gamma = 120°$
- 단사정계 : $a \neq b \neq c,\ a = \gamma = 90° \neq \beta$
- 삼사정계 : $a \neq b \neq c,\ a \neq \beta \neq \gamma \neq 90°$

35 상온에서 결정구조가 다른 금속원소는?

① Co
② Ni
③ Cu
④ Pd

해설
- 조밀육방구조(HCP)에 속하는 금속으로는 Mg, Zn, Be, Cd, Ti, Zr, La, Ce, Co 등이 있다.
- 면심입방구조(FCC)를 가지는 금속에는 Cu, Al, Au, Ni, Pd 등이 있다.

36 순금속 중에서 같은 종류의 원자가 확산하는 현상을 어떤 확산이라 하는가?

① 상호확산
② 입계확산
③ 자기확산
④ 표면확산

해설
- 상호확산은 다른 종류의 A, B 두 원자가 접촉면에서 반대 방향으로 확산이 이루어지는 상태이다.
- 자기확산은 순금속 중에서 같은 종류의 원자가 확산하는 현상이다.

37 용융금속의 응고과정에서 주형벽으로부터 나타나는 조직의 순서는?

① 등축정 – 칠드영역 – 주상정
② 등축정 – 주상정 – 칠드영역
③ 칠드영역 – 주상정 – 등축정
④ 주상정 – 등축정 – 칠드영역

해설
주형의 표면에서 내부로 급속응고가 일어날 때 조직의 변화는 주형의 벽에서부터 "chilled층(미세 등축정조직) → 주상정조직 → 거친 등축정조직" 순서이다.
칠드영역은 주형벽과 접촉하여 급랭되는 부분으로 가장 먼저 고상으로 변태된다.

38 축적에너지의 크기에 영향을 주는 인자들에 대한 설명으로 옳은 것은?

① 축적에너지의 양은 결정립도가 감소함에 따라 증가한다.
② 높은 가공온도에서의 변형은 축적에너지의 양을 증가시킨다.
③ 주어진 변형에서 불순물 원자를 첨가할수록 축적에너지의 양은 감소한다.
④ 가공도가 클수록 변형이 복잡하고, 내부변형이 복잡할수록 축적에너지는 더욱 감소한다.

해설
회복과정에서 축적에너지 양의 변화 정리
- 가공도가 클수록 축적에너지의 양 증가
- 결정립도가 감소함에 따라 축적에너지의 양 증가
- 불순물 원자를 첨가할수록 축적에너지의 양 증가
- 낮은 가공온도에서의 변형은 축적에너지의 양 증가

39 다음 중 면결함이 아닌 것은?

① 전위　　② 자유표면
③ 결정립계　　④ 적층결함

해설
전위는 선결함이다. 자유표면과 적층결함은 두 개의 다른 상이 만나는 것으로, 일종의 면결함이라 생각할 수 있다.

40 온도에 따른 액상 및 고상(동일 물질)의 자유에너지 변화를 바르게 나타낸 그래프는?(단, T_m : 용융온도, F_L : 액상의 자유에너지, F_s : 고상의 자유에너지)

①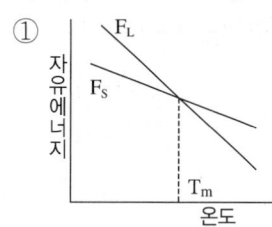

②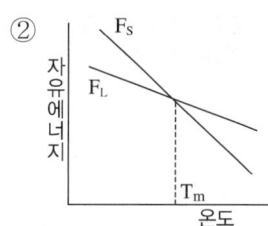

③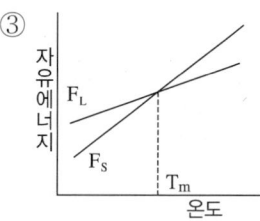

④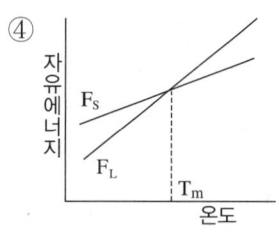

해설
온도 변화에 따라 액체의 결정화에 의해 자유에너지가 감소하고, 융점 T_m에 있어서 F_L과 F_s는 같으나 융점 이하의 온도 T에서는 F_L이 더 크다.

정답　38 ①　39 ①　40 ①

제3과목 금속 열처리

41 열처리 전·후처리에 사용되는 설비 중 6각 또는 8각형의 용기에 공작물과 함께 연마제, 콤파운드를 넣고 회전시켜 표면을 연마시키는 방법은?

① 버프연마　② 배럴연마
③ 쇼트피닝　④ 액체호닝

해설
배럴연마
회전 또는 진동하는 상자에 공작물과 공작액, 콤파운드 및 연마제(숫돌입자)를 같이 넣고 처리하는 방법이다.

42 0.86%C 탄소강을 A_1점 이상의 오스테나이트 상태에서 580℃의 용융 연욕 중에 담금하면 1초 이내에 어떤 조직으로 변태하기 시작하는가?

① 페라이트　② 마텐자이트
③ 미세펄라이트　④ 레데부라이트

해설
- 공석반응은 γ(오스테나이트) ↔ α(페라이트) + Fe_3C(시멘타이트) 반응으로, 페라이트와 시멘타이트가 층상구조를 이루는 것을 펄라이트라고 한다.
- 공석반응에 의한 변태를 펄라이트 변태 혹은 A_1 변태라 한다.

43 전기저항식 온도계에 관한 설명 중 틀린 것은?

① 온도 상승에 따라 금속의 전기저항이 감소하는 현상을 이용한 것이다.
② 측온저항체에는 백금선, 니켈선, 구리선 등이 있다.
③ 금속의 전기저항이 1℃ 상승하면 약 0.3~0.6% 증가한다.
④ 700℃ 이하의 저온 측정용에 적합하다.

해설
전기저항식 온도계는 백금 또는 니켈의 금속선에 흐르는 전류의 세기를 측정하는 제어온도를 측정하는 원리로 온도가 상승함에 따라 금속의 전기저항이 올라가는 현상을 이용한 것이고 저온 (-200~500℃) 열처리에 적합하다.

44 심랭(sub-zero)처리 시 조직의 변화로 옳은 것은?

① 마텐자이트(martensite) → 소르바이트(sorbite)
② 잔류 오스테나이트(austenite) → 트루스타이트(troostite)
③ 잔류 오스테나이트(austenite) → 마텐자이트(martensite)
④ 안정 트루스타이트(troostite) → 마텐자이트(martensite)

해설
심랭처리(서브제로처리)
0℃ 이하의 온도에서 담금질된 강의 경도 증가 및 시효변형 방지 목적으로 하는 처리로 심랭처리로 인해 잔류 오스테나이트가 마텐자이트화된다.

45 강의 열처리 시에 나타나는 치수 변화에 대한 설명으로 틀린 것은?

① 오스테나이트 조직에서 마텐자이트 조직으로 변태할 때 팽창의 원인이 된다.
② 탄소강에서는 C의 함유량이 적어질수록 담금질 시에 치수변형이 증가한다.
③ 담금질 가열·냉각 시에 형성되는 탄화물이 치수 변화의 원인이 될 수 있다.
④ 담금질 가열 후 냉각 시에 형성되는 잔류 오스테나이트가 치수 변화의 원인이 될 수 있다.

해설
탄소강에서 C의 함유량이 적어질수록 담금질 시의 치수변형은 감소한다.

46 침탄 열처리를 의뢰한 작업요구서에 CD-H-E-4.2로 표기되어 있을 때 이에 대한 설명으로 옳은 것은?

① 경도시험방법에서 시험하중 300g으로 측정하여 전경화층의 깊이가 4.2mm이다.
② 경도시험방법에서 시험하중 1kg으로 측정하여 유효경화층의 깊이가 4.2mm이다.
③ 마크로조직 시험방법으로 측정하여 유효경화층의 깊이가 4.2μm이다.
④ 마크로조직 시험방법으로 측정하여 전경화층의 깊이가 4.2μm이다.

해설
- CD-H-E는 시험하중(1kg)의 경도시험방법으로 측정한 유효경화층의 깊이(mm)를 나타내며 숫자는 형성된 깊이를 의미한다.
- CD-M-E는 마이크로조직 시험방법으로 유효경화층의 깊이(mm)를 나타내며 숫자는 형성된 깊이를 의미한다.

47 마텐자이트(martensite) 변태를 설명한 것 중 틀린 것은?

① 무확산변태이다.
② 강의 담금질 조직으로 경도가 높다.
③ 마텐자이트의 형성은 변태온도와 무관하게 항상 일정하다.
④ α-철 내에 탄소가 과포화 상태로 고용된 조직이다.

해설
마텐자이트 변태는 온도와 관계가 있으며, M_s 온도 이하로 떨어질수록 진척된다.

48 열처리 문제점의 원인을 소재결함과 설계불량으로 나눌 때 설계불량에 해당되는 것은?

① 편석   ② 백점
③ 탈탄층   ④ 재료 선택

해설
열처리에 있어 재료의 선택도 설계에 해당하므로 재료의 선택에 의한 열처리의 문제점은 설계불량으로 볼 수 있다.

정답 45 ② 46 ② 47 ③ 48 ④

49 금속에 대한 열처리 목적이 아닌 것은?

① 조직을 안정화시키기 위하여
② 재료의 경도를 개선하기 위하여
③ 재료의 인성을 부여하기 위하여
④ 조직을 미세화하며 방향성을 많게 하고 편석이 큰 상태로 하기 위하여

해설
일반적으로 열처리는 조직의 균일화, 미세화, 표준화를 목적으로 실시한다. 방향성이 크면 안정화를 방해하는 요인으로 작용한다.

50 마레이징강의 시효(aging)처리는 어떤 현상을 이용한 금속강화방법인가?

① 석출강화
② 고용강화
③ 분산강화
④ 규칙-불규칙강화

해설
마레이징강은 철, 니켈, 코발트, 몰리브데넘을 섞어 만든 초강력강이며, 대표적인 18% 니켈의 마레이징강은 탄소함량이 0.03%로 거의 없는 수준이기에(없을수록 유리함) 시효경화를 이용한다.

51 고주파 담금질의 특징을 설명한 것 중 옳은 것은?

① 간접 가열로 열효율이 낮다.
② 재료비 및 가공비가 많이 든다.
③ 표면은 초경도로 되고 내마모성이 향상된다.
④ 가열시간이 길어 탈탄이나 산화가 많이 발생한다.

해설
고주파 담금질
• 표피효과와 근접효과현상에 의해 표면에만 국부적으로 발열이 되는 단점이 있다.
• 표면(전체 또는 부분)을 단단하게 함으로써 내마모성이나 내피로성 등을 향상시키는 처리이다.
• 열처리한 후 연삭공정을 생략 또는 단축할 수 있다.
• 가열시간이 극히 짧으므로 탈탄되는 일이 없고 산화가 극히 적다.
• 기계적 성질이 향상되고 동적 강도(動的强度)가 높다.

52 침탄재료에 발생하는 박리현상의 원인과 대책을 설명한 것 중 틀린 것은?

① 반복 침탄을 했을 때
② 과잉 침탄으로 C%가 너무 많을 때
③ 소지재료의 강도가 낮은 것으로 한다.
④ 과잉 침탄에 대해서는 침탄완화제를 사용하고 침탄을 한 후 확산처리한다.

해설
박리현상의 원인은 반복 침탄, 원재료의 취약성 및 과잉 침탄에 의한 탄소농도 증가가 원인이고, 그 대책으로는 침탄완화제를 사용하고 침탄을 한 후 확산처리하는 방법이 있다.

53 분위기 가스 중 탈탄성 가스가 아닌 것은?

① 산소(O_2)
② 암모니아(NH_3)
③ 수증기(H_2O)
④ 이산화탄소(CO_2)

해설
분위기 가스 중 탈탄성 가스는 공기와 수증기라고 볼 수 있다.

49 ④ 50 ① 51 ③ 52 ③ 53 ② **정답**

54 황동제품의 내부응력을 제거하고 시기균열(season crack)을 방지하기 위한 열처리 온도와 방법이 옳은 것은?

① 약 50℃에서 1시간 템퍼링하여 서랭한다.
② 약 150℃에서 1시간 템퍼링하여 급랭한다.
③ 약 300℃에서 1시간 어닐링하여 서랭한다.
④ 약 450℃에서 1시간 어닐링하여 급랭한다.

해설
상온 가공된 동합금은 외력이 없더라도 자연균열(시기균열)이 일어나는데 이를 방지하기 위해 저온풀림을 시행한다. 그렇지만 저온 풀림으로도 완전히 방지하기는 힘든데 이는 내부응력이 제거되는 온도(300℃)는 황동의 재결정 온도(250~300℃)보다 높아 결국은 경도값을 저하시키기 때문이다. 이러한 이유 때문에 300℃로 1시간 정도 풀림하는 방법을 사용한다.

55 펄라이트 변태에서 A_1 변태점을 저하시키는 원소는?

① Mo   ② Ni
③ Si   ④ Ti

해설
공석반응은 γ(오스테나이트) ↔ α(페라이트) + Fe_3C(시멘타이트) 반응으로 페라이트와 시멘타이트가 층상구조를 이루는 것을 펄라이트라고 하고, 공석반응에 의한 변태를 펄라이트 변태 혹은 A_1 변태라고 한다. 이때 Ti, Mo, Si는 A_1변태점을 상승시키고 Ni, Mn은 A_1 변태점을 저하시킨다.

56 다음 열처리에서 가장 이상적인 담금질 방법으로 옳은 것은?

① Ar′ 및 Ar″ 변태가 일어나는 구역 모두에서 급랭한다.
② Ar′ 및 Ar″ 변태가 일어나는 구역 모두에서 서랭한다.
③ Ar′ 변태가 일어나는 구역은 급랭하고, Ar″ 변태 구역에서는 서랭한다.
④ Ar′ 변태가 일어나는 구역은 서랭하고, Ar″ 변태 구역에서는 급랭한다.

해설
가장 이상적인 담금질 방법은 임계수역(Ar′ 변태가 일어나는 구역)은 급랭하고 위험구역(Ar″ 변태구역)에서는 서랭하는 것이다.

57 강의 열처리 시 담금질성을 향상시키는 원소로 가장 적합한 것은?

① S   ② Pb
③ B   ④ Zn

해설
• 담금질성을 좋게 하는 원소 : Mn, P, Si, Ni, Cr, Mo, B, Cu, Zr, Sn 등
• 담금질성을 나쁘게 하는 원소 : S, Co, Pb, Te 등

58 담금질 시 발생한 잔류 오스테나이트에 대한 설명 중 옳은 것은?

① 잔류 오스테나이트는 상온에서 불안정한 상이다.
② 고합금강은 담금질 시 잔류 오스테나이트가 존재하지 않는다.
③ 퀀칭 시 냉각속도를 지연시키면 잔류 오스테나이트가 감소한다.
④ 0.6%C 이상의 탄소강에서는 M_f 온도가 상온 이하로 내려가지 않기 때문에 잔류 오스테나이트가 없다.

해설
잔류 오스테나이트는 상온에서 불안정한 상으로 심랭처리(서브제로처리)를 통해 잔류 오스테나이트를 마텐자이트화시킨다.

59 열처리 설비 제작 시 노 내부에 사용되는 재료가 아닌 것은?

① 열선　　　② 콘덴서
③ 내화물　　④ 열전대

해설
콘덴서는 노 내부에 사용되는 재료가 아닌 전기회로 소자이다.

60 재료를 오스테나이트화 한 후 코(nose)구역을 통과하도록 급랭하고 시험편의 내외가 동일온도에 도달한 다음 적당한 방법으로 소성가공을 하여 공랭, 유랭 또는 수랭으로 마텐자이트 변태를 일으키는 것은?

① 수인법　　② 파텐팅
③ 제어압연　④ M_s 담금질

해설
④ M_s 담금질 : 담금질 온도로 가열한 강재를 M_s점보다 약간 낮은 온도에서 강의 내·외부가 동일온도로 될 때까지 항온 유지한 후 꺼내어 물 또는 기름 중에 급랭하는 방법
① 수인법 : 1,000~1,100℃에서 수중 담금질로 인성을 부여하는 법
② 파텐팅 : 오스템퍼 온도의 상한에서 미세한 소르바이트(sorbite) 조직을 얻기 위한 방법
③ 제어압연 : 오스테나이트 온도에서 열처리와 소성가공을 병행하여 강의 강도와 인성을 향상시키는 것

58 ① 59 ② 60 ④

제4과목　재료시험

61 광물의 경도 측정에 많이 사용되는 긋기 경도(scratch hardness)에서 다음 중 가장 강한 것은?

① 활석　　　② 수정
③ 방해석　　④ 금강석

해설
모스굿기 경도 크기
활석 < 석고 < 방해석 < 형석 < 인회석 < 정장석 < 석영 < 황옥 < 강옥 < 금강석(다이아몬드)

62 자분탐상검사의 의사 모양에서 시험체 속의 잔류자속이 강자성체의 접촉으로 인하여 외부로 누설되어 접촉부에 자극이 생겨 스친 흔적에 따라 자분모양이 나타나는 것은?

① 자극지시　　② 전극지시
③ 잔류지시　　④ 자기펜자국

해설
자기펜자국
자분탐상검사의 잔류법에서 자화된 시험체가 서로 접촉된 경우 또는 다른 강자성체에 접촉된 경우에 생기는 누설자속에 의해 형성되는 의사 모양

63 탄소강의 탄소 함유량을 측정하기 위해 가장 간단히 시행할 수 있는 시험방법은?

① 불꽃시험법　　② 분석시험법
③ 자기시험법　　④ 현미경 조직시험법

해설
탄소강의 불꽃시험
- 강 중의 탄소량이 증가하면 불꽃수가 많아짐
- 탄소함량이 높을수록 유선의 색깔은 적색
- 탄소함량이 높을수록 유선의 숫자가 증가
- 탄소함량이 높을수록 파열의 꽃잎 모양이 복잡해짐
- 탄소함량이 높을수록 유선의 길이가 감소

64 침투탐상시험법 중 용제제거성 염색침투탐상 검사의 기본 절차 순서를 옳게 나열한 것은?

① 전처리 → 제거 → 현상 → 침투 → 관찰 → 후처리
② 전처리 → 침투 → 제거 → 현상 → 관찰 → 후처리
③ 전처리 → 관찰 → 제거 → 현상 → 침투 → 후처리
④ 전처리 → 현상 → 제거 → 침투 → 관찰 → 후처리

해설
염색침투탐상검사의 기본 절차
전처리 → 침투처리 → 제거처리 → 현상처리 → 관찰 → 후처리

65 압축시험(compression test)에 적용되는 재료로 가장 적당한 것은?

① 연강　　② 회주철
③ 극연강　④ 전해철

해설
압축시험은 압축력에 대한 재료의 저항력을 시험하는 것으로 주철에 적용하기 적절한 시험방법이다.

정답　61 ④　62 ④　63 ①　64 ②　65 ②

66 로크웰 경도시험에서 사용하는 시험하중이 아닌 것은?

① 60kgf ② 100kgf
③ 150kgf ④ 200kgf

해설
로크웰 경도시험
- 다이아몬드 원뿔 누르개 각도 : 120°(A, C스케일)
- 기준 하중 : 10kgf
- 시험하중 : 60kgf(A스케일), 100kgf(B스케일), 150kgf(C스케일)

67 위험예지훈련의 4단계 중 대책을 수립하는 단계는 몇 단계인가?

① 1단계 ② 2단계
③ 3단계 ④ 4단계

해설
위험예지훈련
제1단계(현상 파악) – 제2단계(본질 추구) – 제3단계(대책 수립) – 제4단계(목표 달성)

68 크리프 시험에서 크리프 곡선을 보통 3단계로 구분할 때 세 번째 단계의 현상으로 옳은 것은?

① 초기 크리프에서 변형률이 점차 감소되는 단계
② 크리프 속도가 점차 증가되어 파단에 이르는 단계
③ 크리프 속도가 점차 감소되어 파단에 이르는 단계
④ 크리프 속도가 대략 일정하게 진행되는 단계

해설
크리프 시험
- 1단계 : 감속 크리프
- 2단계 : 정상 크리프 = 변형속도 일정
- 3단계 : 가속 크리프

69 충격시험의 특징을 설명한 것 중 틀린 것은?

① 재료의 인성과 취성을 판정하는 시험이다.
② 동일 조건에서 노치의 반지름이 작을수록 응력집중이 크다.
③ 시편의 치수가 같고, 노치의 형상과 반지름 등을 동일하게 하며, 노치의 깊이만을 변경하였을 때 깊이가 클수록 충격치는 증가한다.
④ 충격값은 재료에 단일하중을 주었을 때 흡수되는 흡수에너지를 노치부 단면적으로 나눈 값으로 나타낸다.

해설
시편의 치수가 같고, 노치의 형상과 반지름 등을 동일하게 하며, 노치의 깊이만을 변경하였을 때 깊이가 클수록 충격치는 감소한다.

70 반복적으로 작용되는 작은 응력에 의하여 시간과 더불어 점차적으로 파괴되는 것을 무엇이라고 하는가?

① 충격파괴 ② 응력파괴
③ 인장파괴 ④ 피로파괴

해설
응력의 반복작용은 피로와 관련 있다.

71 현미경으로 금속의 조직을 관찰하기 위한 시료 준비의 순서로 옳은 것은?

① 절단(cutting) → 성형(mounting) → 연마(polishing) → 부식(etching)
② 절단(cutting) → 연마(polishing) → 부식(etching) → 성형(mounting)
③ 성형(mounting) → 연마(polishing) → 부식(etching) → 절단(cutting)
④ 성형(mounting) → 절단(cutting) → 연마(polishing) → 부식(etching)

해설
시편채취(절단)가 가장 먼저이고, 연마→부식 후 관찰하는 순서이다.

72 10배 이하의 확대경을 이용한 파면검사에서 알 수 없는 것은?

① 내부결함 유무　② 결정격자의 종류
③ 편석의 유무　　④ 육안에 의한 조직

해설
10배 이하의 확대경으로는 결정격자의 종류를 알 수 없다.

73 주사전자현미경으로 시료를 관찰할 경우 특정 이물질을 정성, 정량하고자 할 때 어떤 분석장비를 전자현미경에 부착하여 사용하는가?

① EDS　　　② EELS
③ EBSD　　④ Ion-Coater

해설
주사전자현미경
전자빔을 주사하여 관찰하는 것으로, 표면 형상 관찰에 유리하며 특정 물질을 정성, 정량하고자 할 때 EDS(에너지 분산 X선 분광을 통한 성분분석기) 분석장비를 부착하여 사용한다.

74 다음 중 X선 결정분석법이 아닌 것은?

① 분말법(Debye-Scherrer method)
② 라우에법(Laue's method)
③ 자기분석법
④ 회절결정법

해설
자기분석법은 온도와 자기의 정보로 분석하는 방법이다.

75 강의 매크로 조직시험에 의해 나타나는 매크로 조직 중 잉곳 패턴이란?

① 강이 응고할 때 수지상으로 발달한 1차 결정
② 부식에 의해 강제 단면 전체에 걸쳐서 점상의 구멍이 생긴 것
③ 강의 응고과정에서 성분의 편차에 따라 중심부에 부식의 농도차가 나타나는 것
④ 강의 응고과정에서 결정 상태의 변화 또는 성분의 편차 때문에 윤곽상으로 부식의 농도차가 나타난 것

해설
• 수지상정 : 강이 응고할 때 수지상으로 발달한 1차 결정
• 잉곳 패턴 : 강의 응고과정에서 결정 상태의 변화 또는 성분의 편차 때문에 윤곽상으로 부식의 농도차가 나타난 것

76 인장시험에 사용되는 용어의 정의 중 평행부를 의미하는 것은?

① 시험편의 중앙부에서 동일 단면을 갖는 부분
② 시험편의 끝부분으로서 시험기의 물림장치에 물려지는 부분
③ 시험편을 시험기에 설치했을 때 시험기 물림장치 사이의 시험편의 길이
④ 평행부에 찍어 놓은 2개의 표점 사이의 거리로서, 연신율 측정에 기준이 되는 길이

해설
• 평행부 : 시험편의 중앙부에서 동일 단면을 갖는 부분
• 표점거리 : 평행부에 찍어 놓은 2개의 표점 사이의 거리로서, 연신율 측정에 기준이 되는 길이

77 압축시험에서 훅의 법칙이 성립되고 완전탄성체에 적용할 수 있는 응력-압률 선도의 지수함수값은? (단, m은 재료 및 시험법에 따라 결정되는 상수이다)

① $m = 1$
② $m > 1$
③ $m < 1$
④ $m = 0$

해설
압축시험이 훅의 법칙이 성립되면 선형적인 직선관계식을 가지므로 지수값인 $m = 1$이다.

78 피로한도를 알기 위해 반복횟수와 응력과의 관계를 표시한 선도는?

① TTT곡선
② $S-N$ 곡선
③ creep 곡선
④ 항온변태곡선

해설
S : 응력, N : 반복횟수

79 초음파탐상시험에서 사용된 탐촉자가 N2Q20N으로 표기되어 있을 때의 공칭 주파수는?

① 2kHz
② 3~20kHz
③ 2MHz
④ 3~20MHz

해설
초음파탐상의 공칭 주파수 표기법은 N 다음의 숫자로, 단위는 MHz이다.

80 마모시험편 제작 시 주의사항에 해당되지 않는 것은?

① 보관할 때에는 데시케이터를 사용한다.
② 시험편은 항상 열처리된 시험편만을 사용한다.
③ 불필요한 표면 산화, 기름이나 물 등의 오염을 억제한다.
④ 가공에 의한 잔류응력이나 표면 변질을 최대한 억제한다.

해설
마모시험편을 항상 열처리된 시험편만 사용하는 것은 아니다.

2018년 제4회 과년도 기출문제

제1과목 금속재료

01 Al-Cu-Mg-Mn계 합금으로 시효경화에 의해 기계적 성질이 향상되며 항공기 재료로 많이 사용되는 합금은?

① 실루민
② 화이트 메탈
③ 하이드로날륨
④ 두랄루민

해설
④ 두랄루민 : Al-Cu-Mg-Mn계 합금으로 시효경화성이 높은 대표적인 고강도 Al합금
① 실루민 : Al-Si합금
② 화이트 메탈 : 주석(Sn)-안티모니(Sb)-구리(Cu)-납(Pb)합금
③ 하이드로날륨 : Al-Mg합금

02 냉간가공에서 가공도가 증가하면 어떤 현상이 발생하는가?

① 연신율이 증가한다.
② 전위밀도가 증가한다.
③ 강도가 감소한다.
④ 항복점이 감소한다.

해설
냉간가공에서 가공도가 증가하면 연신율은 감소하고, 전위밀도는 증가하고, 강도와 항복점도 증가한다.

03 다음 원소 중 열전도도가 가장 좋은 것은?

① Au
② Fe
③ Mg
④ Ag

해설
금속의 열전도율 크기가 큰 순서
Ag > Cu > Au > Al > Zn > Ni > Fe

04 합금 첨가원소에 따른 설명으로 옳은 것은?

① Cr : 뜨임취성의 방지
② Mo : 뜨임 시 2차 경화 억제
③ Ni : 인성 증가 및 저온 충격저항의 증가
④ W : 고온에서의 경도와 인장강도 감소

해설
합금 첨가원소(합금원소)
• Cr : 내산화성을 향상시키고 내유화성을 개선하고 저온취성과 수소취성을 방지하는 효과
• Mo : 경화능을 향상시키고 뜨임취성 방지
• Ni : 강의 조직을 미세화시키고 인성 증가 및 저온 충격저항 증가
• W : 경화능을 향상시킴

정답 1 ④ 2 ② 3 ④ 4 ③

05 각 항목에 제시된 두 금속의 비중 차이가 가장 큰 것은?

① Ni – W ② Ti – Fe
③ Li – Ir ④ Al – Mg

해설
비중
리튬(Li) 0.534 < 마그네슘(Mg) 1.7 < 알루미늄(Al) 2.7 < 타이타늄(Ti) 4.5 < 니켈(Ni) 8.9 < 철(Fe) 7.85 < 텅스텐(W) 18.6 < 이리듐(Ir) 22.42

06 열간가공(성형)용 공구강으로 금형재료에 사용되는 강종은?

① SPS9 ② SKH51
③ STD61 ④ SNCM435

해설
금형강
- 성형가공을 위해 사용되는 가공용 강
- STD11 : 냉간가공용 금형강
- STD61 : 탄소함량은 중탄소이며, 바나듐(V)을 첨가하여 열피로성을 개선한 열간가공용 금형강

07 금속재료에 외력을 가하였다가 외력을 제거하여도 원 상태로 되돌아오지 않고 영구변형을 일으킨 것은?

① 소성 ② 시효
③ 탄성 ④ 재결정

해설
① 소성 : 금속재료에 외력을 가했다가 제거했을 때 원래 상태로 되돌아오지 않고 영구변형을 일으키는 특성
② 시효 : 열처리를 의미하는 것으로 가열·냉각을 적당한 시간으로 조절하여 그 재료의 특성을 개량하는 조작
③ 탄성 : 금속재료에 외력을 가했다가 제거했을 때 원래 상태로 되돌아오는 특성
④ 재결정 : 온도에 따른 용해도 차이를 이용하여 원하는 용질을 다시 결정화시키는 방법

08 46%Ni-Fe합금으로 열팽창계수 및 내식성에 있어서 백금을 대용할 수 있어 전구 봉입선 등으로 사용 가능한 것은?

① 인바(invar)
② 엘린바(elinvar)
③ 퍼멀로이(permalloy)
④ 플래티나이트(platinite)

해설
④ 플래티나이트(platinite) : Ni46%-Fe의 합금으로 열팽창계수 및 내식성에 있어서 백금 대용으로 사용하고 전자관, 방전램프, 반도체 디바이스 등의 연질 유리 봉입부에 쓰이는 듀멧(dumet)선의 재료로 사용
① 인바(invar) : 철-니켈합금으로 열팽창계수가 작아 표준자로 사용하는 금속
② 엘린바(elinvar) : 온도에 따른 열팽창계수, 탄성계수 변화가 작은 Ni합금
③ 퍼멀로이(permalloy) : 철-니켈합금으로 고투자율의 성질을 갖는 금속

09 다음 중 비정질합금의 제조방법이 아닌 것은?

① 화학기상반응법
② 금속가스의 증착법
③ 화염경화가공법
④ 금속 액체의 액체급랭법

해설
- 비정질합금은 금속을 용융 상태에서 초고속 급랭에 의해 제조되는 재료로 결정이 되어 있지 않은 상태이며, 인장강도와 경도를 크게 개선시킨 합금이다.
- 화염경화가공법은 강재를 담금질 온도까지 급속 가열하고 냉각하여 경화시키는 방법으로 비정질합금의 제조법이 아니다.

10 수소저장용 합금에 대한 설명으로 틀린 것은?

① 수소가스와 반응하여 금속수소화물이 된다.
② 금속수소화물은 $1cm^3$당 10^{22}개의 수소원자를 포함한다.
③ 금속수소화물로 수소를 저장하면 1기압의 고압 수소가스밀도와 같아진다.
④ 저장된 수소는 필요에 따라 금속수소화물에서 방출시켜 사용한다.

해설
금속수소화물로 수소를 저장하면 1,000기압의 고압수소가스밀도와 같다.

11 탄소의 함량이 0.025% 이하인 순철의 종류가 아닌 것은?

① 목탄철   ② 전해철
③ 암코철   ④ 카보닐철

해설
- 순철의 종류 : 암코철, 전해철, 카보닐철
- 목탄철 : 목탄을 연료로 한 용광로에서 만든 선철

12 탄소강에서 충격값을 저하시키면서 상온취성의 원인이 되는 원소는?

① Mn   ② P
③ Si   ④ S

해설
인(P)은 상온취성의 원인이고, 결정입자를 조대화시킨다.

13 용질원자가 침입 혹은 치환형태로 고용되어 격자의 왜곡이 발생할 때 생기는 현상이 아닌 것은?

① 전기저항이 증가한다.
② 합금의 강도, 경도가 커진다.
③ 소성변형에 대한 저항이 크다.
④ 전도전자가 산란되어 이동을 쉽게 한다.

해설
용질원자가 침입 혹은 치환형태로 고용되어 격자의 왜곡이 발생하면 전자의 이동을 방해한다.

14 피복 초경합금의 코팅층(TiC, TiN, Al_2O_3)을 얻는 방법으로 가장 적합한 것은?

① 1,000℃ 이상에서 초경공구를 반응가스에 의한 화학증착법(CVD)으로 피복층을 얻는다.
② 1,000℃ 이상에서 초경공구를 분말 중에 묻고 밀폐된 상태에서 가열하는 분말야금법으로 피복층을 얻는다.
③ 상온에서 초경공구에 먼저 전기도금이나 용사시킨 후 1,000℃ 이상으로 가열, 확산시켜 피복층을 얻는다.
④ 피복금속의 화합물을 품은 염류의 혼합물을 1,000℃ 이상에서 용해법으로 피복층을 얻는다.

해설
화학증착법(CVD)
기판의 표면에 서로 다른 성질을 갖는 기체-고체, 기체-액체의 고온의 화학반응을 이용하여 치밀한 층을 생성하는 공정으로 피복 초경합금 코팅층 등의 피막을 생성시키는 처리법이다.

15 경질자성재료(hard magnetic material)가 아닌 것은?

① 퍼멀로이
② 희토류자석
③ 알니코자석
④ 페라이트자석

해설
경질자성재료는 영구자석을 의미하는 것으로 퍼멀로이는 해당 재료가 아니다.

16 주철의 일반적인 특징을 설명한 것으로 틀린 것은?

① 전탄소는 흑연 + 화합탄소이다.
② 용융점은 C와 Si가 많아지면 높아진다.
③ 흑연 형상이 클수록 자기감응도가 나빠진다.
③ 강보다 유동성이 좋으나, 충격저항은 나쁘다.

해설
주철에서 C와 Si가 많아지면 용융점은 낮아진다.

17 비중이 약 4.5, 융점이 약 1,668℃이며, 열전도율 및 전기전도율이 낮은 특성을 갖는 금속은?

① Fe
② Ti
③ Cu
④ Al

해설
금속의 비중
• 타이타늄(Ti) : 4.5
• 알루미늄(Al) : 2.7
• 구리(Cu) : 8.9
• 철(Fe) : 7.85

18 스테인리스강에 대한 설명으로 옳은 것은?

① 18%Cr-8%Ni 스테인리스강은 페라이트계이다.
② 페라이트계 스테인리스강은 담금질하여 재질을 개선한다.
③ 석출경화계 스테인리스강은 PH계로 Al, Ti, Nb 등을 첨가하여 강도를 낮춘다.
④ 오스테나이트계 스테인리스강은 용접 후 입계부식과 응력부식이 일어나기 쉽다.

해설
④ 오스테나이트계 스테인리스강의 입계부식 : 500~800℃로 가열하면 결정립계에 크로뮴탄화물($Cr_{23}C_6$)이 석출되면서 내식성이 낮아지게 되어 용접 후 입계부식과 응력부식이 일어나기 쉽다.
① 18-8 스테인리스강 : 오스테나이트계 스테인리스강
② 페라이트계 스테인리스강 : 담금질 효과 없이 풀림하여 사용
③ 석출경화계 스테인리스강 : 알루미늄, 동 등의 원소를 소량 첨가하여 열처리에 의해 이것들의 원소 화합물 등을 석출시켜 경화(강도를 높이는)하는 성질을 갖게 함

19 다음 중 탄소량이 가장 많은 강은?

① SM15C   ② SM25C
③ SM45C   ④ STC105

해설
• STC : 탄소공구강으로 0.6%~1.5% 탄소 함유 공구강(그 뒤의 숫자는 탄소량 %, 105의 경우 약 1.0%)
• SM : 기계구조용 탄소강으로 0.6% 이하의 탄소를 포함(그 뒤의 숫자는 탄소량 %, 10의 경우 0.1%)

20 전기방식용 양극재료, 도금용, 다이캐스팅용으로 많이 사용되며 용융점이 약 420℃인 것은?

① Zn   ② Be
③ Mg   ④ Al

해설
아연(Zn)의 용융점은 약 420℃ 정도이고, 전기방식용 양극재료, 도금용, 다이캐스팅용으로 많이 사용된다.

제2과목 금속조직

21 재결정에 대한 설명 중 틀린 것은?

① 새로운 결정립의 핵생성과 성장의 과정이다.
② 재결정이 일어나는 온도를 재결정온도라고 한다.
③ 저온도의 풀림에서는 회복 없이도 재결정이 일어난다.
④ 냉간가공으로 변형을 일으킨 금속을 가열하면 그 내부에 결정립의 핵이 생긴다.

해설
재결정은 회복 후 결정핵이 생성되면서 발생한다.

22 베이나이트 변태에 대한 설명으로 틀린 것은?

① 오스테나이트에 대해 모재와의 결정학적 관련성이 없다.
② 변태에 따른 용질원자의 분포는 C원자만 이동하고 합금원소원자는 모재에 남는다.
③ 조직 내에 포함되어 있는 탄화물은 변태온도구역(고온)에서 Fe_3C, 저온구역에서는 천이 탄화물이 존재한다.
④ 변태에 따른 용질원자의 분포는 소르바이트를 핵으로 하고 무확산에 의해 지배되는 일종의 슬립 변태이다.

해설
무확산변태는 마텐자이트 변태이다.

23 용융금속을 냉각시킬 때 냉각속도와 열흐름 방향 등의 조건을 적절히 선택하여 1개의 결정핵만 성장시켜 단결정(single crystal)을 생성하는 방법은?

① 밀러(Miller)법
② 브래그(Bragg)법
③ 베가드(Vegard)법
④ 브리지먼(Bridgeman)법

해설
브리지먼(Bridgman)법
단결정 제작법의 하나로 용융체의 한끝을 냉각하여 결정화시키고 이것을 서서히 성장시키는 방법으로, 냉각속도와 열흐름의 방향을 조절한다.

24 확산에 대한 설명으로 틀린 것은?

① 확산속도가 큰 것일수록 활성화에너지가 크다.
② 입계는 입내에 비하여 결함이 많아 확산이 일어나기 쉽다.
③ 온도가 낮을 때는 입계확산과 입내확산과의 차이가 크게 된다.
④ 이원(二元) 이상의 합금에서 복합적인 상호확산을 반응확산이라 한다.

해설
• 활성화 에너지는 확산속도와 반비례하므로 확산속도가 느린 것부터 빠른 순서이다.
• 확산속도 빠르기의 순서는 표면, 입계 그리고 격자의 순서이다.

25 금속재료의 확산원리를 이용한 표면경화방법이 아닌 것은?

① 질화법
② 가스침탄법
③ 아연침투법
④ 고주파 경화법

해설
고주파 경화법은 경화 깊이의 조절이 가능하다는 장점이 있으므로 표면경화법이 아니다.

26 다음에 표시한 면지수는 무엇인가?

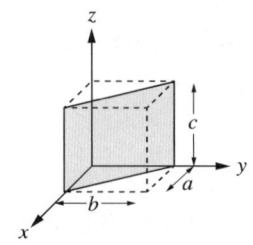

① (100)
② (110)
③ (111)
④ (123)

해설
음영처리한 면의 법선벡터가 면지수이고 법선벡터의 방향은 (110)이다.

27 금속의 소성변형을 일으키는 방법이 아닌 것은?

① 슬립변형
② 쌍정변형
③ 킹크변형
④ 탄성변형

해설
탄성변형은 소성변형이 아니다.

28 다음의 결함 중 선결함에 해당하는 것은?

① 공공 ② 전위
③ 적층결함 ④ 크로디온

해설
전위는 대표적인 선결함이다.

29 결정립 크기와 항복강도 간의 관계를 표현하는 것은?

① Hume-Rothery 법칙
② Hall-Petch 관계식
③ Peach-Koehler 관계식
④ Zener-Hollomon 관계식

해설
Hall-Petch식
대부분의 결정질 재료의 결정립 크기가 감소할수록 항복강도는 증가함을 표시하며 결과적으로 결정립이 미세할수록 금속의 항복강도, 피로강도, 인성이 증가한다.

30 그림에서 P점 조성합금 중 B성분의 양은?

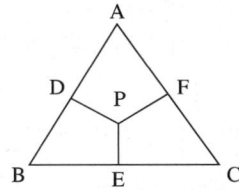

① $\overline{DP}$ ② $\overline{DA}$
③ $\overline{PF}$ ④ $\overline{FC}$

해설
Gibb's법
정삼각형의 각 정점으로부터 대변에 평행으로 10 또는 100등분하고 삼각형 내의 어느 점의 농도를 알려면 그 점으로부터 대변에 내린 수선의 길이를 읽으면 되는 삼각형법이다. 따라서 문제의 그림에서 P조성합금 중 B성분의 양은 $\overline{PF}$가 된다.

31 상온에서 Ag, Al 금속의 결정구조는?

① 면심입방격자
② 체심입방격자
③ 조밀육방격자
④ 단순정방격자

해설
• 면심입방격자 : Al, Cu, Ag
• 체심입방격자 : Ba, Cr, Fe
• 조밀육방격자 : Mg, Zn, Ti, Zr

32 브라베이스 격자에서 축장 $a = b = c$이고, 축각 $\alpha = \beta = \gamma = 90°$를 나타내는 결정계는?

① 단사정계 ② 육방정계
③ 정방정계 ④ 입방정계

해설
• 입방정계 : $a = b = c$, $\alpha = \beta = \gamma = 90°$
• 정방정계 : $a = b \neq c$, $\alpha = \beta = \gamma = 90°$
• 사방정계 : $a \neq b \neq c$, $\alpha = \beta = \gamma = 90°$
• 육방정계 : $a = b \neq c$, $\alpha = \beta = 90°$, $\gamma = 120°$
• 단사정계 : $a \neq b \neq c$, $\alpha = \gamma = 90° \neq \beta$
• 삼사정계 : $a \neq b \neq c$, $\alpha \neq \beta \neq \gamma \neq 90°$

정답 28 ② 29 ② 30 ③ 31 ① 32 ④

33 액체금속이 응고할 때 용융점보다 다소 낮은 온도에서 응고가 시작되는 현상은?

① 엠브리오(embryo)
② 수지상정(dendrite)
③ 주상정(columnar crystal)
④ 과냉각(super cooling)

해설
- 과냉각 : 액체금속의 응고 시 용융점보다 낮은 온도에서 응고가 형성되는 현상
- 엠브리오(embryo) : 금속의 응고과정에서 고상의 자유에너지 변화에서 r_0 이하 크기의 고상입자
- 수지상정 : 강이 응고할 때, 수지상으로 발달한 결정

34 다음 중 금속간 화합물에 대한 설명으로 틀린 것은?

① 어느 성분금속보다 경도가 높다.
② 구성 성분금속의 특성은 소실한다.
③ 단일 성분의 온도에 의한 격자변화이다.
④ 일반적으로 성분금속보다 융점이 높다.

해설
금속간 화합물
- 변형하기 어렵고 메짐성 있음
- 탄소강 중 경도가 가장 높음
- 간단한 원자비로 결합(Fe : 3, C : 1)
- 대부분의 금속간 화합물은 높은 용융점 가짐
- 금속 사이에 친화력이 클 때 형성
- 2종 이상의 금속원소가 $A_m B_n$ 의 화학식으로 구성 높은 경도를 가짐

35 순금속 중에 동종의 원자 사이에서 일어나는 확산은?

① 상호확산
② 반응확산
③ 자기확산
④ 불순물확산

해설
- 상호확산은 다른 종류의 A, B 두 원자가 접촉면에서 반대 방향으로 확산이 이루어지는 상태이다.
- 자기확산은 순금속 중에서 같은 종류의 원자가 확산하는 현상이다.

36 다음 미끄럼(slip)에 대한 설명으로 틀린 것은?

① 슬립계가 많은 금속일수록 소성변형하기 쉽다.
② 면심입방계와 체심입방계에서는 변형대를 관찰할 수 없다.
③ 6방정 금속에서 볼 수 있는 특정적인 변형에는 킹크밴드(kink band)가 있다.
④ 단결정의 방향에 따라 슬립면은 달라도 슬립 방향이 공통인 경우를 크로스 슬립(cross slip)이라 한다.

해설
미끄럼은 전자 주위에 존재하는 원자의 변형거리를 의미하며, 슬립계가 많을수록 소성변형이 쉽고, 6방계 금속을 슬립면에 수직으로 압축할 때 생긴 변형 부분을 kink band라고 한다. 면심 및 체심입방에서도 슬립대는 형성된다.

37 규칙-불규칙 변태를 하는 합금에 대한 설명 중 틀린 것은?

① 규칙격자가 생성되면 전기전도도가 커진다.
② 규칙격자가 생성되면 강도 및 경도가 증가한다.
③ 규칙상은 상자성체이나, 불규칙상은 강자성체이다.
④ 온도가 상승하면 새로운 원자배열로 인하여 Curie점(Tc) 부근에서 비열이 최대가 된 후 감소하여 정상으로 된다.

해설
규칙-불규칙 변태 특징
• 규칙도가 큰 합금은 비저항이 작다(전기전도도가 커진다).
• 규칙합금은 소성가공하면 규칙도는 감소한다.
• 일반적으로 규칙화 진행과 함께 강도가 증가한다.
• 규칙상에서 강자성체이나 불규칙상은 상자성체이다.

38 2차 재결정(secondary recrystallization)이란?

① 결정립 성장이 중지되는 과정
② 재결정 후 다시 핵 생성이 일어나는 과정
③ 재결정 후 저온으로 소둔(열처리)했을 때 나타나는 과정
④ 소수의 결정립이 합쳐져 크게 성장하는 과정

해설
2차 재결정
풀림처리로 재결정, 결정립 성장이 일어난 금속을 더욱 고온으로 풀림 시 일부 결정립이 다른 결정립을 흡수해 매우 크게 성장하는 것

39 고용체합금의 시효경화를 위한 조건으로서 옳은 것은?

① 석출물이 기지조직과 부정합 상태이어야 한다.
② 고용체의 용해한도는 온도가 감소함에 따라 감소해야 한다.
③ 급랭에 의해 제2상의 석출이 잘 이루어져야 한다.
④ 기지상은 연성이 아닌 강성이며 석출물은 연한 상이어야 한다.

해설
시효경화는 특정 온도에서 일정한 시간 동안 두었을 때 경화되는 현상으로, 고용체의 용해한도는 온도가 감소함에 따라 감소해야 한다.

40 기본적 상태도에서 그림과 같은 형태의 상태도는?

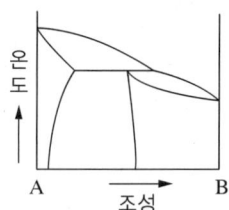

① 공정형   ② 포정형
③ 고상분리형   ④ 전율고용체형

해설
두 재료의 융점차가 클 때 발생하는 것으로 액상선 및 고상선이 나타나는 전형적인 포정형 상태도이다.

• 가 : 두 성분이 순수하게 생성되는 공정상태도
• 나 : 고용체가 생성되는 공정상태도
• 다 : 전체적인 농도에 걸쳐 고용체가 생성되는 상태도
• 라 : 포정반응의 상태도

제3과목 금속 열처리

41 강을 담금질했을 때 체적 변화가 가장 큰 조직은?

① 펄라이트　　② 오스테나이트
③ 트루스타이트　④ 마텐자이트

해설
금속재료의 담금질 과정에서 마텐자이트 조직이 체적의 변화가 가장 크다.

42 고주파 경화법에 대한 설명으로 틀린 것은?

① 코일의 가열속도는 내면 가열이 가장 효율이 크다.
② 코일에 사용되는 재료는 주로 구리가 사용된다.
③ 철강에 비해 비철금속은 가열효율이 50~70% 정도이다.
④ 코일과 고주파 발생장치와 연결되는 리드는 인덕턴스를 없애기 위하여 가능한 한 간격을 좁게 하여야 한다.

해설
금속의 표면처리를 위한 방법 중 하나인 고주파 경화법에 이용되는 주파수가 클수록 코일 표면에 유도전류가 집중되므로 내열보다는 표면 가열에 의한 경화율이 높다.

43 열처리한 강재의 내부에 잔류응력이 존재할 때 나타날 수 있는 결함은?

① 가공경화 및 조대화
② 표면의 미려화
③ 강재 표면의 탈탄
④ 강제품의 변형

해설
잔류응력이 크면 열응력에도 파단이 일어날 수 있고 강제품의 변형을 가져오는 등 기계적 결함이 발생한다.

44 노를 연속로와 배치로로 나눌 때 연속로에 해당되지 않는 것은?

① 푸셔로　　　② 피트로
③ 컨베이어로　④ 노상 진동형로

해설
연속형 열처리로에는 푸셔로, 컨베이어로, 셰이커 하스로(노상 진동형로)가 포함되며 이외의 대부분은 배치로라고 생각한다.

45 냉간단조한 부품의 경도가 높아 절삭이 불가능할 때 연화를 목적으로 실시하는 열처리 작업은?

① 템퍼링　　　② 어닐링
③ 노멀라이징　④ 표면경화법

해설
금속의 어닐링에 따른 상태 변화는 결정의 회복 → 재결정 → 결정립 성장의 순서로 경도가 높아 절삭이 불가능한 단조부품의 연화를 목적으로 어닐링을 수행한다.

46 다음 그림은 가스침탄공정도이다. 확산이 이루어지는 시간대는 어느 구간인가?

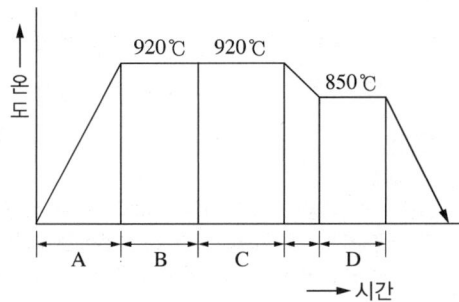

① A
② B
③ C
④ D

해설
침탄가스에 질소와 탄소를 혼합하여 금속의 표면을 경화하는 것으로 공중확산기는 C부분이다.

47 인상담금질(time quenching)에서 인상시기에 대한 설명으로 틀린 것은?

① 제품의 지름이나 두께는 보통 3mm에 대해서 1초 동안 물속에 담근 후 즉시 꺼내어 유랭 또는 공랭시킨다.
② 강재를 기름에 냉각시킬 때는 두께 1mm에 대해서 60초 동안 담근 후 꺼내어 즉시 수랭시킨다.
③ 강재를 물에 담가서 적열된 색깔이 없어질 때까지 시간의 2배 정도를 물에 담근 후 꺼내어 유랭 또는 공랭시킨다.
④ 강재를 물에 담글 때 강이 식는 진동소리 또는 강이 식는 물소리가 정지되는 순간에 꺼내어 유랭 또는 공랭시킨다.

해설
• 냉각속도의 변화를 냉각시간으로 조절하는 인상담금질에 있어 Ar′ 구역에서는 급랭, Ar″ 구역에서는 서랭과정이 필요하다.
• 이 문제에서 급랭의 순서는 수랭(물속에 담그는 냉각)은 유랭, 공랭 순서이므로 서랭을 먼저하고 급랭하는 것은 틀린 설명이다.

48 Al합금 질별기호 중 용체화 처리 후 자연시효시킨 것의 기호로 옳은 것은?

① T1(TA)
② T2(TC)
③ T3(TD)
④ T4(TB)

해설
알루미늄의 질별기호에 대한 설명은 다음과 같다.
• T1 : 고온가공에서 냉각 후 자연시효시킨 것
• T2 : 고온가공에서 냉각 후 냉간가공을 하고 다시 자연시효시킨 것
• T4 : 용체화 처리 후 자연시효시킨 것
• T7 : 용체화 처리 후 안정화 처리한 것
• T6 : 용체화 처리 후 인공시효경화처리한 것

49 침탄강의 담금질 변형 방지대책에 대한 설명으로 틀린 것은?

① 심랭처리를 실시한다.
② 마템퍼링을 실시한다.
③ 프레스 담금질을 한다.
④ 고온으로부터의 1차, 2차 담금질을 실시한다.

해설
1차, 2차 담금질은 담금질 변형의 방지대책과는 관계없다.

50 강의 담금질성을 판단하는 방법으로, 오스테나이트로 가열된 공석강은 펄라이트를 생성되지 않게 하고 마텐자이트만 생성하는 데 필요한 최소한의 냉각속도는?

① 분열 냉각속도
② 항온 냉각속도
③ 계단 냉각속도
④ 임계 냉각속도

해설
마텐자이트 변태는 오스테나이트 상태에 있는 탄소강을 임계 냉각속도 이상으로 급랭 시(CCT 곡선의 nose를 지나는 속도보다 빠른 냉각속도 시) 생성된다.

51 열처리의 온도제어방법 중 예정된 승온, 유지, 냉각 등을 자동적으로 행하는 제어방법으로 완전 자동화를 이루기 위한 제어장치는?

① 정치제어식 온도제어장치
② 비례제어식 온도제어장치
③ 프로그램 제어식 온도제어장치
④ 온-오프(on-off) 제어식 온도제어장치

해설
- 비례제어식 : 시간의 편차에 의한 노의 온도제어장치
- 프로그램 제어식 : 예정된 승온, 유지, 냉각 등을 자동적으로 행하는 제어방법으로 완전 자동화를 이루기 위한 제어장치

52 α황동은 냉간가공하여 재결정온도 이하의 저온도로 어닐링하면 가공 상태보다도 오히려 경화되는 현상은?

① 저온풀림경화
② 가공경화
③ 시효경화
④ 석출경화

해설
저온풀림경화
황동을 냉간가공하여 재결정온도 이하의 저온도로 풀림하면 오히려 가공 상태보다도 경화되는 현상으로 결정립이 미세할수록 경화가 현저하다. 구리합금 스프링재의 열처리에 이용된다.

53 특수표면처리 방법 중 강재 표면에 엷은 황화층을 형성시키는 방법으로 주로 마찰저항을 작게 하여 윤활성을 향상시키는 효과가 있는 처리법은?

① 침황처리
② 침붕처리
③ 염욕코팅처리
④ 산화피막처리

해설
침황처리법은 강의 표면에 유황을 확산침투시키는 방법으로 400~600°C에서 행해지며, 철강 및 황화철에서 $0.2\mu m$ 정도의 두께에서 마찰계수가 저하된다.

54 다음 원소 중 마텐자이트 개시온도(M_s)를 가장 크게 감소시키는 원소는?

① W
② C
③ Cr
④ Mn

해설
마텐자이트 개시온도를 낮추는 원소의 영향력 순서
C > N > Mn > Ni > Cr

정답 50 ④ 51 ③ 52 ① 53 ① 54 ②

55 침탄담금질 시 박리가 생기는 원인이 아닌 것은?

① 반복 침탄할 때
② 원재료가 너무 연할 때
③ 침탄 후 확산처리할 때
④ 과잉 침탄으로 C%가 너무 많을 때

해설
침탄담금질 시 박리의 원인은 반복 침탄, 원재료의 취약성 및 과잉 침탄에 의한 탄소농도 증가가 원인이고 이를 방지하기 위해 확산풀림을 시행한다.

56 철강 중에 극히 미량으로 첨가하여도 담금질성을 최대로 증가시키는 원소는?

① Mn
② Al
③ Mo
④ B

해설
- 담금질성을 좋게 하는 원소 : Mn, P, Si, Ni, Cr, Mo, B, Cu, Zr, Sn 등
- 담금질성을 나쁘게 하는 원소 : S, Co, Pb, Te 등
경화능의 효과가 큰 금속 순서 : B > Mn > Mo > Cr
※ 경화능이 클수록 담금질성이 좋아진다.

57 다음 중 연속냉각변태선도(곡선)를 나타내는 약어로 옳은 것은?

① TTT선도
② CCT선도
③ S곡선
④ C곡선

해설
TTT & CCT
두 곡선은 모양은 비슷하지만 개념이 다르다.
- 펄라이트 생성 부분은 S곡선의 약간 아래쪽과 약간 오른쪽에 존재
- 연속냉각변태곡선은 항온 변태곡선보다 약 38℃ 낮으며, 시간은 50% 증가
- S곡선에서 베이나이트 구역이 펄라이트 구역의 오른쪽에 존재 시 CCT곡선상 베이나이트 구역은 존재하지 않음
- 반대로 S곡선에서 베이나이트 구역이 펄라이트 구역의 왼쪽에 존재 시 베이나이트 구역 존재
- CCT곡선의 마텐자이트 변태 영역은 S곡선의 변태 구역과 거의 일치

58 STD61의 여러 범위의 담금질 온도와 결정립도 관계를 나타내었다. 이 중 (라)항에서 결정입자가 조대하고 과열 상태가 보이는 경우 이 조직은 무엇인가?

담금질 온도(℃)	(가) 1,000	(나) 1,050	(다) 1,080	(라) 1,150
결정립도 No	10	7	5	2

① 망상(network) 조직
② 스테다이트(steadite) 조직
③ 불스아이(bull's eye) 조직
④ 비드만스테텐(Widmanstatten) 조직

해설
- 스테다이트(steadite) 조직 : Fe-Fe$_3$P-Fe$_3$C의 3원 공정물로 재질을 취약하게 하는 주철의 조직
- 비드만스테텐(Widmanstatten) 조직 : 오스테나이트 기지의 특정 결정면을 따라 침상 혹은 판상의 기하학적인 모양으로 냉각변태한 조직으로 과열조직이라 볼 수 있다.

정답 55 ③ 56 ④ 57 ② 58 ④

59 담금질 후 경도를 크게 감소시키지 않고 내부응력을 제거하기 위해 저온뜨임을 행한다. 다음 중 저온뜨임의 목적이 아닌 것은?

① 경도 증가
② 내마모성 향상
③ 담금질 응력 제거
④ 치수의 경년 변화(經年變化) 방지

해설
경도 증가는 담금질과 관련 있다.

60 모든 조건이 동일할 때 강한 교반이 일어나는 상태에서 냉각제의 냉각능이 가장 낮은 것은?

① 공기　　② 기름
③ 물　　　④ 염수

해설
기체인 공기가 냉각능이 가장 낮다.

제4과목　재료시험

61 안전보건교육의 단계별 교육과정에서 지식교육, 기능교육, 태도교육 중 지식교육내용에 해당되는 것은?

① 전문적 기술 및 안전기술기능
② 공구·보호구 등의 관리 및 취급 태도의 확립
③ 작업 전후 점검과 검사요령의 정확화 및 습관화
④ 안전의식의 향상 및 안전에 대한 책임감 주입

해설
안전보건교육
- 태도교육 : 생활지도, 작업동작지도를 통한 안전의 습관화
- 기능교육 : 기계장치 및 계기류의 작업능력 및 기술능력을 몸으로 익힘
- 지식교육 : 안전의식 및 책임감을 갖게 하고 안정규정을 숙지함

62 두께 0.1~2.0mm를 표준으로 하여 너비 90mm 이상인 금속 박판의 연성을 측정하는 시험법은?

① 압축시험
② 마찰시험
③ 에릭센 시험
④ 크리프 시험

해설
에릭센 시험
재료의 연성을 파악하기 위하여 구리 및 알루미늄 판재와 같은 연성 판재를 가압성형하여 변형능력을 알아보기 위한 시험방법

정답　59 ①　60 ①　61 ④　62 ③

63 마모시험의 결과에 영향을 미치는 요인이 아닌 것은?

① 윤활제 사용 유무
② 표면 다듬질 정도
③ 상태 금속의 굵기
④ 상태 금속의 성질

해설
마모시험은 표면에 대한 마모이기 때문에 상태 금속 굵기와는 관계없다.

64 굽힘시험(bending test)에 대한 설명으로 틀린 것은?

① 굽힘에 대한 저항력과 전성, 연성, 균열 유무를 알 수 있다.
② 파단계수는 단면계수와 최대 굽힘 모멘트의 비로 최대 응력을 나타낸다.
③ 굽힘시험 시 외측에서의 응력이 항복점보다 높을 때 소성변형이 일어난다.
④ 힘이 가해지는 방향으로는 인장응력이, 반대쪽에서는 압축응력이 발생한다.

해설
힘이 가해지는 방향으로는 압축응력이, 반대쪽으로는 인장응력이 발생한다.

65 결정립도시험법 중 현미경에 의한 결정립도 측정법과 관계없는 것은?

① 비교법   ② 절단법
③ 연마법   ④ 평적법

해설
연마법은 현미경에 의한 결정립도 측정법과 관계없다.

66 그라인더에서 비산하는 연삭분을 유리판상에 삽입해서 그 크기와 색상 및 형상 등을 현미경으로 관찰하여 강재의 종류를 판정하는 시험은?

① 매립시험
② 펠릿시험
③ 분말 불꽃시험
④ 그라인더 불꽃시험

해설
① 매립시험 : 불꽃시험 후 연삭 가루를 유리판에 넣고 현미경으로 관찰하여 강종을 판정하는 방법
② 펠릿시험 : 그라인더 연삭 가루 중 구상화 형상을 펠릿이라고 하고 그 색과 형상을 관찰하여 강종을 판정하는 시험
③ 분말 불꽃시험 : 시험편의 분말을 전기로 혹은 가스로에 넣어 불꽃색, 형태 등을 관찰하여 강질을 판정하는 시험
④ 그라인더 불꽃시험 : 특정 원소의 존재 여부를 알기 위해 수행하는 시험으로, 회전 그라인더에서 생기는 불꽃은 함유한 특수 원소의 종류에 따라 변화

67 방사선투과시험에서 필름에 나타나는 안개현상과 불선명도로 나눌 때 안개현상의 원인이 아닌 것은?

① 필름의 입상이 너무 조대할 때
② 암실 내에 스며드는 빛이 있을 때
③ 증감지와 필름이 밀착되어 있지 않을 때
④ 시편–필름 간 간격이 너무 떨어져 있을 때

해설
시편–필름 간 간격은 기하학적 불선명도에 영향을 미친다.

68 강의 비금속 개재물 측정에서 그룹 C에 해당하는 개재물의 종류는?

① 황화물 종류
② 알루민산염 종류
③ 규산염 종류
④ 구형 산화물 종류

해설
비금속 개재물
- 그룹 A : 황화물 종류
- 그룹 B : 알루민산염 종류
- 그룹 C : 규산염 종류
- 그룹 D : 구형 산화물 종류

69 열처리된 단단한 시험편을 초기하중 10kgf를 가한 후 다이얼로 0점 조정한 다음 시험 하중 150kgf를 가하고 15초 정도 유지하고 난 후 하중 제거 후 경도치를 측정하는 시험법은?

① 로크웰 경도시험
② 쇼어 경도시험
③ 마이어 경도시험
④ 누프 경도시험

해설
로크웰 경도시험
- 다이아몬드 원뿔 누르개 각도 : 120°(A, C스케일)
- 기준 하중 : 10kgf
- 시험하중 : 60kgf(A스케일), 100kgf(B스케일), 150kgf(C스케일)

70 현미경을 통해 조직을 검사하기 위해서 철강부식제로 주로 사용되는 것은?

① 왕수 용액
② 염산 용액
③ 염화제2철 용액
④ 질산알코올 용액

해설
부식제
- 구리, 구리합금 : 염화제2철 용액
- 철강(탄소강) : 피크르산알코올 용액, 질산알코올 용액
- 알루미늄, 알루미늄합금 : 수산화나트륨 용액, 불화수소산
- 니켈합금 : 질산, 아세트산
- 아연합금 : 염산

71 기어나 베어링 등에 많이 발생하며 상대운동을 하는 표면에서 반복 하중이 가해지면 마찰 표면층에서 파괴가 일어나 그 결과 마모입자가 발생하는 것은?

① 응착마모   ② 연삭마모
③ 피로마모   ④ 부식마모

해설
피로마모(fatigue wear)
기어나 베어링 등에 많이 발생하며 상대운동을 하는 표면에서 반복하중이 가해지면 마찰표면층에서 파괴가 일어나 그 결과 마모입자가 발생하는 것

72 크리프 곡선에서 변형속도가 일정하게 진행되는 단계는?

① 초기 크리프(제0단계)
② 감속 크리프(제1단계)
③ 정상 크리프(제2단계)
④ 가속 크리프(제3단계)

해설
크리프 시험
• 1단계 : 감속 크리프
• 2단계 : 정상 크리프 = 변형속도 일정
• 3단계 : 가속 크리프

73 자분탐상검사로 검출하기 어려운 결함은?

① 겹침(laps)
② 이음매(seams)
③ 표면 균열(crack)
④ 재료 내부 깊숙하게 존재하는 동공(cavity)

해설
방사선 검사 및 음향 방출과 초음파탐상은 내부 균열검사를 하고, 자분탐상과 침투탐상이 표면결함에 적합하나 자분탐상은 강자성체에만 적용 가능하다. 즉, 자분탐상검사로 재료 내부의 결함은 검출하기 어렵다.

74 연강을 인장시험하여 하중-연신곡선으로부터 얻을 수 없는 것은?

① 비례한계   ② 탄성한계
③ 최대 하중점   ④ 피로한계

해설
피로한계는 반복횟수와 응력관계인 $S-N$곡선이 필요하다.

75 자분탐상검사방법 중 선형자화법을 이용하는 비파괴 시험법은?

① 축통전법   ② 극간법
③ 프로드법   ④ 전류관통법

해설
• 극간법 : 영구자석이나 전자석을 이용하여 국부적인 자계를 형성하는 방법(선형 자계에 의한 결함 검출법)
• 축통전법 : 축 방향으로 직접 전류를 보내는 방법
• 프로드법 : 시험품 국부에 전극을 통해 전류를 보내는 방법

정답   71 ③   72 ③   73 ④   74 ④   75 ②

76 인장시험에 사용하는 용어와 이에 대한 설명으로 틀린 것은?

① 평행부 : 시험편의 중앙부에서 동일 단면을 갖는 부분
② 물림부 : 시험편의 끝부분으로서 시험기의 물림 장치에 물려지는 부분
③ 정형시험편 : 시험편의 평행부 단면적에 관계없이 각 부분의 모양, 치수가 일정하게 정해진 시험편
④ 어깨부의 반지름 : 물림부의 응력을 불균일하게 분산시키기 위하여 물림부와 평행부 사이에 만든 원호 부분의 지름

해설
어깨부의 반지름
물림부의 응력을 불균일이 아닌 균일하게 분산시키기 위하여 물림부와 평행부 사이에 만든 원호 부분의 반지름

77 비커스 경도시험기의 다이아몬드 사각추 누르개의 대면각은?

① 136°   ② 120°
③ 106°   ④ 90°

해설
비커스 경도계
하중의 유지시간은 30초이고 압입자의 각도는 136°이며 임의로 하중을 변화시킬 수 있어서 단단한 재료와 연한 재료의 측정이 가능하여 침탄층이나 질화층 등 표면경화층 측정에 적합하다.

78 금속재료의 미세조직을 금속현미경을 사용하여 광학적으로 관찰하고 분석하기 위한 시료의 준비 순서로 옳은 것은?

① 마운팅(성형) → 연마 → 부식 → 시험편 채취
② 부식 → 마운팅(성형) → 연마 → 시험편 채취
③ 연마 → 시험편 채취 → 부식 → 마운팅(성형)
④ 시험편 채취 → 마운팅(성형) → 연마 → 부식

해설
현미경 조직검사 순서
시험편 채취 → 시험편의 제작(마운팅) → 연마 → 폴리싱 → 부식 → 검경

79 충격시험에 대한 설명으로 틀린 것은?

① 충격시험은 재료의 인성과 취성의 정도를 판정하는 시험이다.
② 금속재료 충격시험편의 노치는 주로 V자형, U자형이 있다.
③ 열처리한 재료의 평가를 위해 시험편은 열처리 전에 기계가공을 한다.
④ 충격값이란 충격에너지를 시험편의 노치부 단면적으로 나눈 값으로 단위는 kgf·m/cm²이다.

해설
충격시험의 열처리 재료평가를 위해 시험편은 열처리 후 기계가공을 한다.

80 봉재의 압축시험에서 탄성을 측정하기 위한 장주 시험편의 높이 및 재료의 지름과의 관계를 옳게 나타낸 것은?(단, h는 높이, d는 재료의 지름이다)

① $h = 0.9d$ ② $h = 3d$
③ $h = 10d$ ④ $h = 20d$

해설
- 봉상 단주시험편 : $h = 0.9d$
- 중주시험편 : $h = 3d$
- 장주시험편 : $h = 10d$

2019년 제1회 과년도 기출문제

제1과목 금속재료

01 다음 철광석 중 Fe의 함유량이 가장 낮은 것은?

① 능철광
② 적철광
③ 갈철광
④ 자철광

해설
철광석의 Fe 함유량
- 능철광($FeCO_3$) : 48.2%Fe
- 갈철광($2Fe_2O_3 - 3H_2O$) : 59.8%Fe
- 적철광(Fe_2O_3) : 69.94%Fe
- 자철광(Fe_3O_4) : 72.4%Fe

02 고탄소강에 Cr, Mo, V, Mn 등을 첨가한 냉간금형 합금강으로 담금질성이 좋고 열처리 변형이 작아 인발형, 냉간단조용형, 성형롤 등에 사용되는 합금계는?

① STS3
② STD11
③ SKH51
④ STD61

해설
금형강
- 성형가공을 위해 사용되는 가공용 강
- STD11 : 냉간가공용 금형강
- STD61 : 탄소함량은 중탄소이며, 바나듐(V)을 첨가하여 열피로성을 개선한 열간가공용 금형강

03 마그네슘 합금을 용해할 때의 유의사항에 대한 설명으로 틀린 것은?

① 수소를 흡수하기 쉬우므로 탈가스 처리를 해야 한다.
② 주조 조직을 미세화하기 위하여 용탕 온도를 적절하게 관리한다.
③ 규사 등이 환원되어 Si의 불순물이 많아지므로 불순물이 적어지도록 관리한다.
④ 고온에서 산화하기 쉽고, 승온하면 연소하므로 탄소 분말을 뿌려 CO_2 가스를 발생시켜 산화를 방지한다.

해설
마그네슘 합금은 고온에서 이산화탄소에 의해 산화되기 쉬우므로 CaO를 넣어서 내산화성을 증진시킨다.

04 방진합금에 관한 설명으로 틀린 것은?

① 형상기억합금은 방진특성이 없다.
② 편상흑연주철, Zn-Al 합금 등이 복합형 방진합금이다.
③ 쌍정형 합금은 고온상에서 저온상으로 변태 시 마텐자이트 변태를 한다.
④ 강자성체의 응력-변형곡선에 나타나는 이력(hysteresis)이 방진효과이다.

해설
형상기억합금도 방진특성이 있다.

정답 1 ① 2 ② 3 ④ 4 ①

05 전연성이 매우 커서 약 10^{-6}cm 두께의 박(箔) 또는 1g을 약 2,000m의 선으로 가공할 수 있는 재료는?

① Au
② Sn
③ Sb
④ Os

해설
금(Au)은 전연성이 매우 큰 금속이다.

06 활자합금은 Pb에 Sn과 Sb를 첨가하는데 Sb의 첨가 효과는?

① 유동성을 좋게 한다.
② 용융점을 떨어뜨린다.
③ 주조 조직을 미세화한다.
④ 응고 수축률을 저감시킨다.

해설
활자합금(type metal)
납(Pb)-안티모니(Sb)-주석(Sn)합금으로, 주조가 용이하고 경도와 내마모성이 큰 금속이다. 여기서 주석은 주조조직을 미세화시키고 안티모니는 응고 수축률을 저감시킨다.

07 열팽창이 다른 이종의 판(plate)을 붙여 하나의 판으로 만든 것으로 온도 조절용 변환기 부분에 사용되는 것은?

① 서멧(cermet)
② 클래드(clad)
③ 바이메탈(bimetal)
④ 저먼 실버(german silver)

해설
바이메탈(bimetal)
열팽창이 다른 이종의 판을 붙여 하나의 판으로 만든 온도 조절용 변환기

08 탄소강의 상온 특성에 대한 설명 중 옳은 것은?

① 비중, 열전도도는 탄소량의 증가에 따라 증가한다.
② 탄소량의 증가에 따라 강도, 인장강도는 감소한다.
③ 탄성계수, 항복점은 온도가 상승하면 증가한다.
④ Fe_3C가 석출하면 경도는 증가하나 인장강도는 감소한다.

해설
① 탄소강은 탄소량 증가에 따라 비중과 열전도도는 낮아진다.
② 탄소강은 탄소량 증가에 따라 경도가 증가한다.
③ 탄소강은 온도가 상승하면 탄성계수와 항복점이 낮아진다.

09 Fe-C계 상태도에서 강과 주철의 경계를 구분하는 탄소 함유량은 약 몇 %인가?

① 0.8%
② 2.0%
③ 4.3%
④ 6.6%

해설
- 탄소강 : 약 0.021~2.0%C
- 주철 : 약 2.0~6.67%C

10 코발트(Co)에 대한 설명 중 틀린 것은?

① 강자성체 금속이다.
② 비중이 약 8.85 정도이다.
③ 용융점은 약 1,490℃ 정도이다.
④ 체심입방격자를 갖는 금속이다.

해설
코발트는 조밀육방구조(HCP)이다.

11 다음 중 직접발전 에너지-변환소자가 아닌 것은?

① 태양전지   ② 수소저장합금
③ 열발전소자   ④ 연료전지

해설
수소저장용 합금
타이타늄, 지르코늄, 란타넘, 니켈 합금으로 수소가스와 반응하여 금속수소화물이 되고, 저장된 수소는 필요에 따라 금속수소화물에서 방출시킬 수 있다. 또한 수소를 흡장할 때는 팽창하고, 방출할 때는 수축한다. 그러나 직접발전 에너지 변환소자는 아니다.

12 소성 가공된 금속을 풀림할 때 일어나는 변화의 순서로 옳은 것은?

① 회복 → 재결정 → 결정입자의 성장
② 재결정 → 회복 → 결정입자의 성장
③ 재결정 → 결정입자의 성장 → 회복
④ 결정입자의 성장 → 재결정 → 회복

해설
금속의 풀림은 회복 후 재결정이 일어나고 결정입자가 성장하는 순서로 일어난다.

13 베어링용 합금이 아닌 것은?

① 배빗메탈(Babbitt metal)
② 켈밋메탈(kelmet metal)
③ 모넬메탈(Monel metal)
④ 루기메탈(lurgi metal)

해설
③ 모넬메탈(Monel metal) : Ni-32%Cu계의 합금으로 내식성이 좋아 가스터빈과 같은 화학공업 등의 재료로 많이 사용되나 베어링용 합금은 아니다.
① 배빗메탈(Babbitt metal) : Sn, Sb, Cu를 성분으로 하는 내연기관용 베어링용 합금
② 켈밋(kelmet) : Cu-Pb계 베어링으로 화이트메탈보다 내하중성이 크고 열전도율이 높아 고속, 고하중용 베어링에 적합하다.
④ 루기메탈(lurgi metal) : 납-알칼리 베어링 합금

14 오스테나이트계 스테인리스강에서 입계부식(intergranular corrosion)을 방지하기 위한 대책이 아닌 것은?

① 탄소의 함량을 0.03% 이하로 낮게 한다.
② 1,000~1,150℃로 가열하여 탄화물을 고용시킨 후 급랭하는 고용화열처리를 한다.
③ Cr 탄화물을 가능한 한 많이 석출시켜 스테인리스강이 예민화(sensitize)되도록 한다.
④ 탄소와 친화력이 Cr보다 큰 Ti, Nb 등을 첨가해서 안정화시킨다.

해설
오스테나이트 스테인리스강의 입계부식에 대한 방지대책
• 탄소가 낮은 재료 선택
• 고용화열처리 시행
• Ti, Nb 등이 첨가된 재료 선택

15 탈산 및 기타 가스처리가 불충분한 상태의 용강을 그대로 주입하여 응고된 것으로 내부에 기포가 많이 존재하는 강은?

① 킬드강(killed steel)
② 캡드강(capped steel)
③ 림드강(rimmed steel)
④ 세미킬드강(semi-killed steel)

해설
- 림드강 : 완전히 탈산하지 않은 강
- 킬드강 : 규소, 알루미늄 등으로 완전히 탈산시킨 강
- 세미킬드강 : 킬드강과 림드강의 중간 강

16 시효경화성이 있고, 고강도 Al 합금인 것은?

① 켈밋
② 두랄루민
③ 엘렉트론
④ 길딩메탈

해설
두랄루민
주성분은 Al-Cu-Mg이며 4%Cu, 0.5%Mg, 0.5%Mn로 시효경화성이 높으며 가볍고 강도가 높아 항공기, 자동차, 운반기계 등에 사용한다.

17 Fe-C 상태도에 대한 설명으로 틀린 것은?

① 공석선은 A_1 변태선이다.
② A_3, A_4 변태를 동소변태라 한다.
③ Fe의 자기변태는 A_2라 하며, 약 768℃이다.
④ 공정점의 탄소량은 약 0.8%이며, 723℃이다.

해설
공정점의 탄소량은 약 4.3%이며, 1,130℃이다.

18 시멘타이트(Fe_3C)에서 Fe의 원자비는?

① 25%
② 50%
③ 75%
④ 100%

해설
시멘타이트 : 금속간 화합물 Fe_3C 조직(75%Fe + 25%C)
※ 원자비는 분자를 구성하는 원자수의 비를 말한다.

19 스프링강은 급격한 진동을 완화하고 에너지를 축적하는 기계요소로 사용된다. 스프링강의 탄성한도와 피로강도를 높이기 위하여 어떤 조직이어야 하는가?

① 소르바이트 조직
② 마텐자이트 조직
③ 페라이트 조직
④ 시멘타이트 조직

해설
소르바이트 조직은 마텐자이트 정도로 단단하면서 펄라이트보다 강인하여 충격저항이 큰 조직으로 탄성한도와 피로강도가 모두 우수한 조직이기 때문에 주로 스프링강 등에 처리한다.

20 초경합금 중의 하나인 탄화 텅스텐(WC)에 관한 설명으로 틀린 것은?

① 절삭공구로 사용된다.
② 매우 높은 고온 강도를 갖는다.
③ 소결공정을 통하여 제조한다.
④ 열전도도가 고속도강보다 낮으며, 결합제로 사용하는 분말로는 Cr을 주로 사용한다.

해설
탄화 텅스텐은 텅스텐 분말과 카본블랙을 가열하는 소결공정으로 제조하여 매우 높은 고온 강도를 갖기 때문에 절삭공구로 사용한다.

제2과목 금속조직

21 금속의 변태점 측정법 중 도가니에 적당량의 금속을 넣어 일정한 속도로 가열하거나 냉각하면서 온도와 시간의 관계로 나타나는 곡선을 얻어 변태점을 측정하는 방법은?

① 열팽창법
② 열분석법
③ 전기저항법
④ 자기분석법

해설
열분석법(thermal analysis)
금속 변태점 측정방법 중의 하나로 금속을 가열하여 '온도와 시간의 관계 곡선'으로 측정하는 방법

22 다음 그림에서 불변반응은 L_1(융액) $\rightleftarrows$ L_2(융액) + S(고상)으로 표현된다. 이때의 반응으로 옳은 것은?

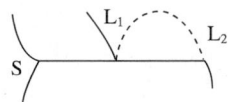

① 공정반응　② 포정반응
③ 편정반응　④ 공석반응

해설
③ 편정반응 : L(융액) $\rightleftarrows$ A(고상) + L'(융액)
① 공정반응 : L(융액) $\rightleftarrows$ α(고용체) + B(고상)
② 포정반응 : L(융액) + α(고용체) $\rightleftarrows$ β(고용체)
④ 공석반응 : γ(고용체) $\rightleftarrows$ α(고용체) + B(고상)

23 0.8%C 강의 조직이 오스테나이트에서 펄라이트로 변화할 때의 과정을 설명한 것 중 틀린 것은?

① 오스테나이트 입계에서 시멘타이트의 핵이 발생한다.
② 시멘타이트 주위에는 탄소 부족으로 페라이트가 형성된다.
③ 시멘타이트와 페라이트가 교대로 생성, 성장하여 층상조직을 형성한다.
④ 시멘타이트 양과 페라이트 양은 대략 1 : 1 비율로 형성된다.

해설
0.8%C 강의 조직이 오스테나이트에서 펄라이트로 변화할 때 시멘타이트와 페라이트의 비율은 약 1 : 7 정도이다.

24 다음 결합 중에서 결합력이 가장 약한 것은?

① 공유결합　② 이온결합
③ 금속결합　④ 반데르발스결합

해설
반데르발스결합은 원자 간의 2차 결합으로 원자 간 인력 또는 척력에 의해 발생하며 가장 약한 결합을 형성한다.

25 응고 시 체적 팽창이 발생하는 금속은?

① Sn　② Bi
③ Pb　④ Zn

해설
비스무트(Bi)
금속 중에서 반자기성과 전기저항이 가장 큰 금속으로 중금속이나 독성이 거의 없어 납 대용으로 사용되며, 응고 시 체적이 팽창하는 특성을 갖고 있다.

정답 21 ②　22 ③　23 ④　24 ④　25 ②

26 금속에 있어서 확산을 나타내는 Fick의 제1법칙의 식으로 옳은 것은?(단, J는 농도구배, D는 확산계수, C는 농도, x는 위치(거리)이고, 농도의 시간적 변화는 고려하지 않는다)

① $J = -D\dfrac{dC}{dx}$ ② $J = -D\dfrac{dx}{dC}$

③ $J = D\dfrac{dx}{dC}$ ④ $J = D\dfrac{dC}{dx}$

해설
Fick's의 제1확산법칙 : $J = -D\dfrac{dC}{dx}$

27 금속의 결정격자 결함 중 면결함에 해당되는 것은?

① 전위 ② 적층결함
③ 크로디온 ④ 쇼트키결함

해설
② 적층결함 : 면결함
① 전위 : 선결함
③ 크로디온 : 점결함
④ 쇼트키결함 : 점결함

28 α-Fe, Cu, Mg의 단위격자 내의 원자수는?

① α-Fe : 2개, Cu : 4개, Mg : 2개
② α-Fe : 4개, Cu : 2개, Mg : 4개
③ α-Fe : 2개, Cu : 2개, Mg : 2개
④ α-Fe : 4개, Cu : 4개, Mg : 4개

해설
• 체심입방격자(BCC) : 단위격자 소속 원자수 2개(Ba, Cr, Fe)
• 면심입방격자(FCC) : 단위격자 소속 원자수 4개(Al, Cu, Ag)
• 조밀육방격자(HCP) : 단위격자 소속 원자수 2개(Mg, Zn, Ti, Zr)

29 다음 그림은 3성분 중 2쌍의 용해한도를 갖는 상태도이다. 그림에 대한 설명으로 옳은 것은?

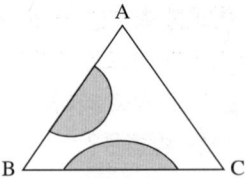

① AC는 모든 비율로 용해하고, AB, BC는 부분적으로 용해하고 있음을 나타낸다.
② AC는 부분적으로 용해하고, AB, BC는 모든 비율로 용해하고 있음을 나타낸다.
③ AB는 부분적으로 용해하고, AC, BC에는 모든 비율로 용해하고 있음을 나타낸다.
④ AB는 모든 비율로 용해하고, AC, BC는 부분적으로 용해하고 있음을 나타낸다.

해설
A와 B 그리고 B와 C 사이에는 용해한도를 갖고 있으므로 부분 용해되고, A와 C 사이에는 모든 비율로 용해됨을 알 수 있다.

30 침입형 고용체를 형성하는 원소가 아닌 것은?

① C ② N
③ B ④ Si

해설
침입형 고용체를 형성하는 원자의 종류로는 B, H, C, N 등이 있다.

31 체심입방격자의 슬립 방향으로 옳은 것은?

① [111]   ② [110]
③ [101]   ④ [001]

해설
- 면심입방격자(FCC) : 슬립면{111}, 슬립 방향[110]
- 체심입방격자(BCC) : 슬립면{110}, {112}, {123}, 슬립 방향[111]

32 재결정에 대한 설명으로 틀린 것은?

① 재결정이 일어나는 온도를 재결정 온도라 한다.
② 재결정은 새로운 결정립의 핵 생성과 성장의 과정이다.
③ 약간 가공한 금속을 풀림하면 소수의 결정립이 크게 성장한다.
④ 가공 전의 결정립이 작을수록 재결정 완료 후의 결정립은 조대화된다.

해설
가공 전의 결정립의 크기와 재결정 완료 후의 결정립은 관계가 작다. 가공 후 풀림 시 발생하는 재결정은 핵의 생성이 적으며 핵의 생성속도가 클수록 조대결정립이 형성된다.

33 석출경화를 좌우하는 인자와 관련이 가장 적은 것은?

① 용해도   ② 과냉도
③ 시효온도 ④ 용융점

해설
용융점은 금속이 용융하는 온도로, 석출경화 인자와는 관련이 적다.

34 금속의 강화기구 중 결정립의 크기와 강도의 관계에 대한 설명으로 틀린 것은?

① 결정립의 크기가 작을수록 강도는 증가한다.
② 결정립계의 면적이 클수록 강도는 저하한다.
③ 재료의 항복강도와 결정립의 크기를 나타내는 식은 Hall-Petch식이다.
④ 결정립이 미세할수록 항복강도뿐만 아니라 피로강도 및 인성이 증가된다.

해설
Hall-Petch식
대부분의 결정질 재료의 결정립 크기가 감소할수록 항복강도는 증가함을 표시하며 결과적으로 결정립이 미세할수록 금속의 항복강도, 피로강도, 인성이 증가한다.

35 다음 중 원자배열의 규칙-불규칙 변태 설명으로 틀린 것은?

① 용질원자와 용매원자가 규칙적으로 배열된 상태를 규칙격자라 한다.
② 규칙격자의 합금도 고온이 되면 원자가 이동하여 불규칙한 배열이 된다.
③ 규칙도는 불규칙한 상태를 1, 또 완전히 규칙 상태인 때를 0이라 한다.
④ 큐리점에 접근함에 따라 규칙-불규칙 변태가 급격히 일어나는 것은 협동현상이라 한다.

해설
금속의 규칙-불규칙 변태에 있어 완전규칙 상태는 1, 완전불규칙 상태는 0으로 표시한다.

정답 31 ① 32 ④ 33 ④ 34 ② 35 ③

36 냉간 가공된 금속결정 내부의 슬립면상에 분산된 전위가 슬립면에 수직하게 배열하여 다각형상을 이루는 것을 무엇이라 하는가?

① recrystallization ② polygonization
③ recovery ④ sub-grain

해설
다각형상 = polygon(폴리곤) 착안

37 격자상수가 a인 면심입방격자를 하고 있는 순금속 원소의 원자 반지름은?

① $\frac{\sqrt{2}}{4}a$ ② $\frac{\sqrt{3}}{4}a$
③ $\frac{\sqrt{2}}{2}a$ ④ $\frac{\sqrt{3}}{2}a$

해설
- 면심입방정(FCC) : $r = \frac{\sqrt{2}}{4}a$
- 체심입방정(BCC) : $r = \frac{\sqrt{3}}{4}a$

38 순금속 내에서 동일 원자 사이에 일어나는 확산은?

① 자기확산 ② 상호확산
③ 입계확산 ④ 불순물확산

해설
자기확산
금속 내 농도차에 의해 일어나는 것으로, 성분농도가 높은 곳에서 낮은 곳으로 이동한다.

39 풀림처리에서 결정립의 모양이나 결정의 방향에 변화를 일으키지 않고 경도, 전기저항 등의 성질만 변하는 과정은?

① 회복
② 재결정
③ 결정립 성장
④ 집합 조직

해설
소성가공된 금속은 풀림에 의하여 가공 전의 상태로 돌아가고자 한다. 이때 결정립의 변화는 없지만 결정립 내부에 응력으로 변화되었던 변형에너지와 항복강도 등이 감소하여 기계적 성질이 변화하는 것을 회복이라 한다. 회복 중 금속의 경도는 감소, 연성은 증가한다.

40 금속이 응고할 때 자유에너지의 변화를 설명한 것으로 틀린 것은?

① 표면에너지는 증가한다.
② 체적에너지는 감소한다.
③ 응고 금속의 자유에너지는 표면에너지 및 체적에너지와 관계한다.
④ 엠브리오의 임계 크기에서 응고 금속의 자유에너지는 최소가 된다.

해설
금속의 응고과정 중 고상의 자유에너지 변화에서 r_0(임계반지름) 이상의 크기를 가지면 성장하여 결정핵이 될 수 있으며 r_0 이하의 엠브리오는 소멸한다. r_0에서 자유에너지는 최댓값을 갖는다.

제3과목 금속 열처리

41 강의 일반적인 냉각방법과 관련이 가장 적은 것은?

① 연속냉각 ② 2단냉각
③ 가열판냉각 ④ 항온냉각

해설

냉각 방법	열처리의 종류
연속냉각	보통 풀림, 보통 불림, 담금질
2단냉각	2단 풀림, 2단 불림, 시간 담금질
항온냉각	항온 풀림, 항온 뜨임, 오스템퍼링, 마템퍼링, 마퀜칭, 오스포밍, M_s 퀜칭

42 강재 표면에 얇은 황화층을 형성시키는 방법으로 주로 마찰저항을 작게 하여 윤활성을 향상시키는 열처리는?

① 침황처리법 ② 순질화법
③ 연질화법 ④ 침탄법

해설
침황처리는 금속 표면에 얇은 황화층을 형성시켜 윤활성을 향상시키는 목적으로 이용된다.

43 열처리 균열 발생 감소를 위한 설계상의 방법 중 틀린 것은?

① 내면의 우각에 R을 준다.
② 응력 집중부를 만들어 준다.
③ 두꺼운 단면과 얇은 단면은 분리시킨다.
④ 살이 얇은 부분에 구멍이 집중되지 않도록 한다.

해설
응력 집중부가 생기는 것은 균열에 있어 나쁜 특성이다.

44 연소용 가스버너를 내열 강관 속에 붙여, 라디언트(radiant) 튜브에 의한 열처리품을 가열하는 방식의 로는?

① 오븐로 ② 머플로
③ 원동로 ④ 복사관로

해설
복사관로는 라디언트 튜브를 이용해 금속의 열처리를 시행하는 데 이용된다.

45 고속도 공구강의 담금질 온도가 상승함에 따라 나타나는 현상이 아닌 것은?

① 잔류 오스테나이트양이 감소한다.
② 충격치, 항절력 등의 인성이 저하한다.
③ 오스테나이트의 결정립이 조대하게 된다.
④ 탄화물의 고용량이 증대하여 기지 중의 합금원소가 증가한다.

해설
고속도 공구강의 담금질 온도가 상승함에 따라 나타나는 현상
• 잔류 오스테나이트의 양 증가
• 충격값, 항절력 등의 인성 저하
• 오스테나이트 결정립의 조대화
• 탄화물의 고용량 증대로 기지 중 합금원소 증가

정답 41 ③ 42 ① 43 ② 44 ④ 45 ①

46 담금질에 사용되는 냉각제에 대한 설명 중 틀린 것은?

① 냉각제에는 물, 기름 등이 있다.
② 물은 차가울수록 냉각효과가 크다.
③ 기름은 상온 담금질일 경우 60~80℃ 정도가 적당하다.
④ 증기막을 형성할 수 있도록 교반 또는 NaCl, $CaCl_2$ 등을 첨가한다.

> **해설**
> 냉각 시 증기막 형성을 방지하여 경화 얼룩 및 경도 감소를 최소화하기 위해 염(NaCl, $CaCl_2$)을 추가한다.

47 강재 부품에 내마모성이 좋은 금속을 용착함으로써 경질 표면층을 얻는 방법은?

① 침탄법   ② 용사법
③ 전해경화법   ④ 화염경화법

> **해설**
> 용사법
> 표면 가공기술의 한 가지로 강재 부품에 내마모성이 좋은 금속을 융착함으로써 경질 표면을 얻는 방법으로, 용사재의 형상에 따라 용융식, 선식, 분말식이 있다.

48 열처리 시 발생하는 문제점 중 선천적 설계 불량인 것은?

① 침탄   ② 탈탄
③ 재료 선택   ④ 연마균열

> **해설**
> 선척적인 설계는 재료의 선택에 있다.

49 다음 ( ) 안에 알맞은 내용은?

> 인상담금질의 작업 방법은 Ar′ 구역에서는 (㉠), Ar″ 구역에서는 (㉡)하는 방법이다.

① ㉠ 급랭, ㉡ 급랭
② ㉠ 급랭, ㉡ 서랭
③ ㉠ 서랭, ㉡ 급랭
④ ㉠ 서랭, ㉡ 서랭

> **해설**
> 인상담금질은 냉각속도를 냉각시간의 변화로 조절하는 열처리 방법으로, 물 또는 기름에 급랭시켜 과포화된 오스테나이트를 상온까지 데려오는 처리방법이다. 가장 이상적인 담금질 방법은 임계수역(Ar′ 변태가 일어나는 구역)은 급랭하고 위험구역(Ar″ 변태구역)에서는 서랭하는 것이다.

50 강의 항온변태곡선에서 S곡선에 영향을 주는 요소와 S곡선을 구하는 방법으로 나눌 때 S곡선에 영향을 주는 요소가 아닌 것은?

① 첨가 원소 ② 응력의 영향
③ 최고 가열온도 ④ 조직학적 방법

해설
- 강의 항온변태곡선에서 S곡선에 영향을 주는 요소는 첨가 원소, 응력의 영향, 최고 가열온도로 조직학적인 방법은 이와 상관없다.
- 오스테나이트 입도가 조대할수록 항온변태곡선은 우측으로 이동한다.
- 합금원소가 첨가될수록 항온변태곡선은 우측으로 이동한다.
- 오스테나이트 상태에서 응력을 받으면 잔류 오스테나이트가 마텐자이트화된다.

51 마텐자이트변태에 대한 설명으로 옳은 것은?

① 확산형 변태를 한다.
② 마텐자이트변태는 고용체의 단일상을 만드는 것이다.
③ 오스테나이트상 내의 각 원자의 단독운동에 의한 변태이다.
④ 냉각속도와 관계가 깊으며 변태 시작온도를 M_f점이라 한다.

해설
마텐자이트변태는 고용체의 단일상을 만드는 것으로 무확산변태이고, 협동적 원자운동이며, 내부에 전위, 적층 결함, 쌍정 결함 등이 다수 존재한다.

52 비례제어식 온도제어장치에 대한 설명으로 옳은 것은?

① 전기로의 전기회로를 2회로 분할하여 그 한쪽을 단속시켜 전력을 제어하는 방법이다.
② 전기로의 공급 전력은 조절기의 신호가 온(on)일 때 100%로 공급하고, 오프(off)일 때 60~80%로 낮추는 방법이다.
③ 단일제어계(on-off 제어계)로 전자접촉기, 전자 수은 릴레이 등을 결합시켜서 전기로에 공급되고 있는 전력의 전부를 단속시키는 방법이다.
④ 열처리 작업에 의한 온도-시간곡선에 상당하는 캠(cam)을 만들고 캠축에 고정한 캠의 주위를 따라서 프로그램용 지시를 작동시키는 방법이다.

해설
비례제어식 온도제어장치는 온-오프의 시간비를 편차에 비례하도록 한 온도제어장치로 공급 전력을 조절기의 신호가 온일 때 100% 공급하고 오프일 때 60~80%로 낮춰 공급하는 방법이다.

53 기계 구조용 부품에 사용되는 청동의 열처리 방법은?

① 연화 어닐링 ② 항온 어닐링
③ 침탄 어닐링 ④ 재결정 어닐링

해설
청동의 열처리 방법 : 재결정 어닐링을 실시하여 고용강화시킨다.

54 강의 연속냉각변태에서 임계냉각속도의 의미로 옳은 것은?

① 펄라이트만을 얻기 위한 최소의 냉각속도
② 페라이트만을 얻기 위한 최소의 냉각속도
③ 마텐자이트만을 얻기 위한 최소의 냉각속도
④ 소르바이트만을 얻기 위한 최소의 냉각속도

해설
강의 연속냉각변태(CCT)
오스테나이트 상태에서 여러 냉각속도로 연속냉각 시 생기는 변태나 조직의 변화로, 임계냉각속도의 의미는 마텐자이트를 얻을 수 있는 최소 냉각속도를 의미한다.

55 침탄처리할 때 경화층의 깊이를 증가시키는 원소로 짝지어진 것은?

① S, P
② Si, V
③ Ti, Al
④ Cr, Mo

해설
침탄처리에서 경화층의 두께를 증가시키기 위해 추가하는 원소에는 Cu, Mn, Mo, Cr 등이 있다.

56 과잉 침탄을 방지할 수 있는 방법으로 옳은 것은?

① 침탄 실제 작업 온도보다 많이 높여 준다.
② 완화 침탄제를 사용한 침탄을 한다.
③ 고체, 액체 침탄을 번갈아 실시한다.
④ 1차 담금질을 생략해 준다.

해설
과잉 침탄으로 박리현상 등이 나타날 수 있으며, 이를 방지하기 위해 침탄 완화제를 사용한다.

57 경화능, 담금질성, 질량효과(mass effect)에 관한 설명으로 틀린 것은?

① 담금질성은 강 중의 탄소 및 함유 원소의 종류에 따라 변화하지 않는다.
② 경화의 깊이와 경도의 분포를 지배하는 성질을 경화능이라 한다.
③ 강재의 크기에 따라 담금질효과가 달라지는 현상을 질량효과라 한다.
④ 경화능이란 담금질경화하기 쉬운 정도, 즉 마텐자이트 조직으로 얻기 쉬운 성질을 나타낸다.

해설
담금질성은 강 중의 탄소 및 함유 원소에 따라 특성이 변하게 된다.

58 침탄성 염욕의 구비 조건이 아닌 것은?

① 침탄성이 강해야 한다.
② 가능한 한 흡수성이 작아야 한다.
③ 염욕의 점성이 가급적 작아야 한다.
④ 염욕은 가능한 한 증발이 잘되고, 휘발성이 커야 한다.

해설
염욕의 조건
- 순도가 높아야 한다.
- 증발 휘산량이 적어야 한다.
- 점성이 낮아야 한다.
- 침탄성이 강해야 한다.
- 흡수성이 가능한 한 작아야 한다.

59 초심랭처리의 효과로 틀린 것은?

① 잔류응력이 증가한다.
② 내마멸성이 현저히 향상된다.
③ 조직의 미세화와 미세 탄화물의 석출이 이루어진다.
④ 잔류 오스테나이트가 대부분 마텐자이트로 변태한다.

해설
초심랭처리
- 오스테나이트 안정화 합금강에서도 초심랭처리를 하면 잔류 오스테나이트가 거의 전부 마텐자이트로 변태된다.
- 일반 심랭처리 품에 비해서 경도의 변화는 거의 없지만 내마모성이 현저히 향상된다.
- 조직의 미세화와 미세 탄화물의 석출이 이루어진다.

60 강의 열처리 방법 중 가공으로 인한 조직의 불균일을 제거하고, 결정립을 미세화시켜 강을 표준 상태로 만들기 위한 처리방법은?

① 풀림
② 뜨임
③ 담금질
④ 불림

해설
불림은 강을 오스테나이트 영역으로 가열한 후 공랭하여 표준상태인 균일한 구조를 만들고 강도를 증가시키는 열처리 방법이다.

제4과목 재료시험

61 X선 회절을 이용하여 원자 위치의 변위를 측정하는 $n\lambda = 2d\sin\theta$의 공식을 이용하는 법칙은?(단, n = 회절상수, λ = 파장, d = 면 간 거리, θ = 회절각도이다)

① Replica 법칙
② Bragg 법칙
③ X선 투과법칙
④ skin effect 법칙

해설
브래그(Bragg) 법칙
어느 결정면으로 X선 회절이 생길 가능성 및 간섭성 산란 X선의 회절 방향은 입사 X선의 파장을 λ, 결정면에 대한 X선의 입사각 및 반사각을 θ, 반사차수를 n으로 하면, $2d\sin\theta = n\lambda$를 만족하는 각도에서만 X선 회절이 생긴다는 법칙으로 식의 의미와 암기 모두 중요한 식이다.

62 시험편의 연마에 대한 설명으로 틀린 것은?

① 초경합금에 사용되는 연마제는 다이아몬드 페이스트를 사용한다.
② 전해연마는 경한 재질이나 연마속도가 빠른 재료에 사용된다.
③ 스크래치란 두 물체를 마찰했을 때 보다 무른 쪽에 생기는 긁힌 자국이다.
④ 전해연마는 연마하여야 할 금속을 양극으로 하고, 불용성 금속을 음극으로 하여 전해액 안에서 하는 작업이다.

해설
전해연마
- 연마할 금속을 양극으로 하고 불용성 금속을 음극으로 하여 전해액 안에서 하는 연마로 스테인리스강처럼 연마속도가 느린 재료에 사용한다.
- 전해액에서 고전류밀도로 전해하면 피뢰침과 같이 전류를 끌어당겨 볼록한 부분이 용해되어 평활한 면을 얻을 수 있다.

63 철강재료의 조직검사를 위한 부식액으로 가장 적합한 것은?

① 왕수
② 염화제2철 용액
③ 수산화나트륨 용액
④ 나이탈 용액

해설
부식액
- 구리, 구리합금 : 염화제2철 용액
- 철강(탄소강) : 피크르산알코올 용액(피크랄), 질산알코올 용액(나이탈)
- 알루미늄, 알루미늄합금 : 수산화나트륨 용액, 불화수소산
- 니켈합금 : 질산, 아세트산
- 아연합금 : 염산

64 철강 중에 FeS 또는 MnS는 개재물로 존재하는데 S을 검출하기 위해 사용되는 검사법은?

① 열분석법
② 형광검사법
③ 설퍼 프린트법
④ 음향 방출법

해설
S = 황 = 설퍼(sulphur)라는 점에 착안한다.

65 비틀림 시험에서 측정할 수 없는 것은?

① 비틀림 강도
② 강성계수
③ 푸아송비
④ 전단탄성계수

해설
비틀림 시험을 통해 얻을 수 있는 기계적 성질
- 강성계수
- 비틀림 강도
- 비틀림 파단계수
- 전단탄성계수
※ 푸아송비는 인장시험으로 측정한다.

66 방사선투과검사에서 필름의 감도를 높이기 위해 사용되는 증감지의 종류가 아닌 것은?

① 형광 증감지
② 금속박 증감지
③ 금속형광 증감지
④ 알루미늄 투과 증감지

해설
방사선투과검사의 증감지
방사선의 사진 작용을 높이기 위해 사용되는 것으로 금속박 증감지, 형광 증감지, 금속형광 증감지가 있다. 알루미늄 투과 증감지는 관계가 적다.

67 충격시험이란 어떤 성질을 알기 위한 시험인가?

① 변형량
② 인장강도
③ 압축강도
④ 취성 및 인성

해설
충격시험
- 표준시편에 충격에 대한 동적하중을 가하여 금속의 충격흡수에너지를 구하는 시험
- 인성과 취성, 재료의 충격 에너지, 재료의 천이온도 등을 확인할 수 있음

68 재료에 일정한 하중을 가한 후 일정한 온도에서 긴 시간 동안 유지하면, 시간이 경과함에 따라 나타나는 스트레인의 증가 현상으로 각종 재료의 역학적 양을 결정하는 재료 시험은?

① 피로시험
② 비파괴시험
③ 인강강도시험
④ 크리프시험

해설
크리프 강도는 시간에 의존하는 특성으로, 시간에 따른 스트레인의 증가 현상을 측정한다.

69 탄소강을 불꽃시험한 결과 불꽃 파열의 숫자가 가장 많은 조성으로 옳은 것은?

① 0.05~0.1%C 강
② 0.15~0.25%C 강
③ 0.30~0.40%C 강
④ 0.45~0.55%C 강

해설
탄소강의 불꽃시험
- 강 중의 탄소량이 증가하면 불꽃수가 많아짐
- 탄소함량이 높을수록 유선의 색깔은 적색
- 탄소함량이 높을수록 유선의 숫자가 증가
- 탄소함량이 높을수록 파열의 꽃잎 모양이 복잡해짐
- 탄소함량이 높을수록 유선의 길이가 감소

70 피로시험에 대한 설명으로 틀린 것은?

① 단일 하중의 응력보다 훨씬 작은 응력에서 큰 변형 없이 파괴가 발생한다.
② $S-N$ 곡선에서 일반적으로 응력(S)이 작아질수록 반복횟수(N)는 감소한다.
③ 피로한도는 내구한도라고 하고, 이것에 대한 응력을 피로강도라 한다.
④ 재료 표면에 쇼트피닝 및 롤러 압축 등의 소성변형을 하면 피로수명이 증가된다.

해설
$S-N$ 곡선은 피로시험의 대표적인 결괏값으로서, 일반적으로 응력이 클수록 반복횟수는 작아진다.

71 재료의 표면 또는 표층부의 결함을 알기 위한 비파괴 시험법으로 알맞은 것은?

① 자분탐상시험, 와류탐상시험
② 자분탐상시험, 초음파탐상시험
③ 방사선투과시험, 초음파탐상시험
④ 방사선투과시험, 침투탐상시험

해설
- 표면 결함 비파괴시험 : 자분탐상시험, 와류탐상시험, 침투탐상시험
- 내부 결함 비파괴시험 : 초음파탐상시험, 방사선투과시험

정답 68 ④ 69 ④ 70 ② 71 ①

72 로크웰 경도 B, F 및 G스케일에 사용하는 누르개의 형태는?

① 지름이 1.5875mm인 강구
② 지름이 3.175mm인 강구
③ 지름이 1.5875mm인 다이아몬드 원추
④ 지름이 3.175mm인 다이아몬드 원추

해설
로크웰 경도
• A, C, D스케일 : 원뿔 다이아몬드
• B, F, G스케일 : 지름 1/16 강구(1.5875mm)
• E, H, K스케일 : 지름 1/8 강구

73 금속재료 인장 시험편(KS B 0801)에서 사용되는 용어의 정의로 틀린 것은?

① 시험편의 중앙부에서 동일 단면을 갖는 부분을 평행부라 한다.
② 시험편을 시험기에 설치했을 때 시험기 물림장치 사이의 거리를 물림 간격이라 한다.
③ 시험편의 평행부 단면적에 관계없이 각 부분의 모양, 치수가 일정하게 정해진 시험편을 비례 시험편이라 한다.
④ 평행부에 찍어 놓은 2개의 표점 사이의 거리로서, 연신율 측정 기준이 되는 길이를 표점 거리라 한다.

해설
비례 시험편
시험편의 평행부 단면적에 비례하여 각 부분의 모양, 치수가 정해지는 시험편

74 초음파 탐상검사에서 결함 에코 높이가 최고인 지점에서 탐촉자를 좌우로 이동할 때 최고 높이의 절반 크기가 되는 양쪽 두 지점을 결함의 끝단으로 간주하는 결함의 지시 길이 측정방법은?

① DGS선법   ② L-cut법
③ 평가레벨법   ④ 6dB drop법

해설
6dB drop법
초음파탐상시험 중의 하나로 최대 에코 진폭이 나타나는 지점으로부터 에코가 1/2(-6dB)값으로 감소될 때까지 탐촉자를 이동하여 반사체의 크기를 평가하는 방법으로, 탐촉자의 이동 거리를 결함 치수로 평가하는 방법으로 원래 에코의 절반 지점이 결함의 시작점, 끝점이라 할 수 있다.

75 쇼어 경도 시험기에 대한 설명으로 틀린 것은?

① 시험기는 계측통 및 몸체로 구성한다.
② 목측형(C형)의 해머의 낙하 높이는 약 19mm이다.
③ 계측통은 해머기구 및 경도 지시부로 구성된다.
④ 계측통은 지시형(D형)과 목측형(C형)으로 하고, 지시형은 아날로그식과 디지털식으로 한다.

해설
• 쇼어 경도 시험기는 다이아몬드 추를 자유낙하하여 반발을 이용해 경도를 측정하는 것으로 지시형(D형)과 목측형(C형, SS형)이 있다.
• 목측형(C형)의 해머 낙하 높이는 254mm, 지시형(D형)의 해머 낙하 높이는 약 19mm이다.

76 마모시험에서 마모에 관한 설명으로 옳은 것은?

① 부식이 쉬운 것은 내마모성이 작다.
② 마찰열의 방출이 빠를수록 내마모성이 나쁘다.
③ 응착이 어려운 재료의 조합은 내마모성이 작다.
④ 표면이 딱딱하면 접촉점의 변형이 많고 마모에 약하다.

해설
부식은 마모의 주요 원인이므로, 쉽게 부식되는 것은 내마모성(마모를 견디는 성질)이 작다.

77 압축시험의 응력-변형률 선도에서 $\varepsilon = \alpha\sigma^m$의 지수법칙이 성립된다. $m > 1$일 때 적용되지 않는 재료는?(단, α는 비례상수, σ는 응력, ε는 변형률 m은 재료상수(가공경화지수)이다)

① 강   ② 주철
③ 피혁   ④ 콘크리트

해설
강을 포함해 단단한 것이 $m > 1$에 적용됨을 착안
• $m > 1$: 강, 주철, 콘크리트
• $m = 1$: 완전탄성체
• $m < 1$: 고무, 폴리머

78 강재에 함유된 비금속 개재물 중 황화물계 개재물의 분류에 해당되는 것은?

① 그룹 A   ② 그룹 B
③ 그룹 C   ④ 그룹 D

해설
비금속 개재물
• 그룹 A : 황화물 종류
• 그룹 B : 알루민산염 종류
• 그룹 C : 규산염 종류
• 그룹 D : 구형 산화물 종류

79 상해의 종류 중 자상이란?

① 뼈가 부러진 상해
② 스치거나 문질러서 벗겨진 상해
③ 칼날 등 날카로운 물건에 찔린 상해
④ 저온물 접촉으로 동해를 입은 상해

해설
• 골절상 : 뼈가 부러진 상해
• 찰과상 : 스치거나 문질러서 벗겨진 상해
• 자상 : 칼날 등 날카로운 물건에 의해 생긴 상해

80 강을 인장 후 응력을 제거하였을 때 원상태로 되돌아가는 한계점은?

① 파괴점   ② 탄성한계점
③ 상부항복점   ④ 하부항복점

해설
인장 후 응력을 제거했을 때 원상태로 돌아오는 현상을 탄성이라고 한다.

정답 76 ① 77 ③ 78 ① 79 ③ 80 ②

2019년 제2회 과년도 기출문제

제1과목 금속재료

01 다음 원소 중 비중이 가장 큰 것은?

① Sn
② Mg
③ Mo
④ Cu

해설
금속의 비중
- 주석(Sn) : 7.29
- 마그네슘(Mg) : 1.7
- 몰리브데넘(Mo) : 10.22
- 구리(Cu) : 8.9

02 다음 중 치과용(치열 교정용) 기구나 안경테 등에 사용되는 합금은?

① 방진합금
② 오일리스 합금
③ 초탄성합금
④ 자성유체 합금

해설
초탄성합금
소성 변형시킨 후 하중을 제거하면 원래의 상태로 돌아오는 탄성을 강하게 지니는 합금으로, 치열 교정용 기구나 안경테 등에 사용한다.

03 수소저장합금에 대한 설명으로 틀린 것은?

① 평형 수소압의 차이가 작아야 한다.
② 수소의 흡수·방출속도가 작아야 한다.
③ 생성열은 수소 저장 시에는 작아야 한다.
④ 활성화가 쉽고 수소 저장량이 많아야 한다.

해설
수소저장합금은 수소의 저장 및 방출속도가 커야 한다.

04 극저탄소강에 마텐자이트 변태를 용이하게 일으킬 수 있도록 Ni을 많이 첨가한 Fe-Ni 합금에 Mo, Co, Ti, Al 등을 첨가하여 금속간 화합물의 석출강화를 도모한 것은?

① 냉간금형강
② 스프링용강
③ 마레이징강
④ 고속도공구강

해설
마레이징강은 철, 니켈, 코발트, 몰리브데넘을 섞어 만든 초강력강이며, 대표적인 18% 니켈의 마레이징강은 탄소함량이 0.03%로 거의 없는 수준이기에(없을수록 유리함) 시효경화를 이용한다.

1 ③ 2 ③ 3 ② 4 ③ 정답

05 금속재료의 일반적인 특성의 설명으로 틀린 것은?

① 전성과 연성이 좋다.
② 열과 전기의 양도체이다.
③ 소성변형이 있어 가공하기 쉽다.
④ 이온화하면 음(-)이온이 된다.

해설
금속재료는 이온화하면 일반적으로 양(+)이온이 되며 자유롭게 움직이는 자유전자화 함께 전기적 중성을 이룬다.

06 베어링용 합금이 갖추어야 할 조건이 아닌 것은?

① 열전도율이 클 것
② 소착에 대한 저항력이 작을 것
③ 충분한 점성과 인성이 있을 것
④ 하중에 견딜 수 있는 내압력을 가질 것

해설
소착은 눌어붙는 것을 의미하므로 베어링용 합금은 이에 대한 저항력이 커야 한다.

07 Al 기지 복합재료에 위스커(whisker)와 입자 형태로 사용하는 강화 소재는?

① Al_2O_3
② Cr_2O_3
③ MoS_2
④ SiC

해설
SiC(탄화규소)
열전변환재료(발열재료), 연마재, 저항발열체, 강화 소재 등으로 사용되는 소재로 Al 기지 복합재료에 위스커(whisker)와 입자형태로 사용한다.

08 다음 중 초내열합금에 대한 설명으로 틀린 것은?

① 초내열합금은 고온에서 기계적 성질이 우수한 합금이다.
② W계 초내열합금은 주조품으로 가장 많이 사용된다.
③ Ni기 초내열합금은 γ′상 석출을 이용한 강석출 강화형 합금이다.
④ Co기 내열합금은 Ni, Mo, Nb 등을 첨가하여 탄화물의 석출강화를 이용한 합금이다.

해설
• 초내열합금은 고온에서 기계적 성질이 우수한 합금으로 철-니켈기, 니켈기, 코발트기 등으로 분류된다.
• W계는 고온경도가 높은 특징이 있어 주조품으로는 적합하지 않다.

09 탈산동(deoxidized copper)은 용해 시 흡수된 산소를 탈산하여 산소를 0.01% 이하로 만든다. 이때 탈산제로 사용되는 것은?

① Al
② P
③ Mg
④ Si

해설
탈산동
용해 시에 흡수한 산소를 인(P)으로 탈산하여 산소를 0.01% 이하로 한 것으로, 고온에서 수소취성이 없고 산소를 흡수하지 않으며 용접성이 좋은 구리이다.

정답 5 ④ 6 ② 7 ④ 8 ② 9 ②

10 백주철을 탈탄 열처리하여 순철에 가까운 페라이트 기지로 만들어서 연성을 갖게 한 주철은?

① 회주철
② 백심가단주철
③ 흑심가단주철
④ 구상흑연주철

해설
탈탄
백심가단주철을 제조하는 단계에서 백주철과 적철광 및 산화철 가루를 가열할 때 표면에 발생하는 현상

11 상자성체 금속에 해당되는 것은?

① Fe   ② Ni
③ Co   ④ Cr

해설
- 상자성체 : 외부 자계에 의해서 매우 약한 자성을 나타내는 자성체(Cr)
- 강자성체 : 투자율이 가해진 자계의 세기에 따라 자성이 변하는 자성체(Fe, Ni, Co)
- 반자성체 : 자장과 자화의 강도가 반대방향인 것(Au, Ag, Cu, Sb)

12 바우싱거(Bauschinger) 효과에 대한 설명으로 옳은 것은?

① 압축했다가 하중을 제거한 후 인장을 가했을 때 파단점이 증가하는 현상이다.
② 압축했다가 하중을 제거한 후 다시 압축하면 가공경화가 증가하는 현상이다.
③ 인장을 했다가 하중을 제거한 후 압축을 했을 때 항복점이 감소하는 현상이다.
④ 인장을 했다가 하중을 제거한 후 다시 인장을 가했을 때 소성변형에 대한 저항이 증가하는 현상이다.

해설
바우싱거(Bauschinger) 효과
한 번 어느 방향으로 소성변형을 가한 재료에 역방향의 하중을 가하면 전과 같은 방향으로 하중을 가한 경우보다 소성변형에 대한 저항이 감소하는 현상

13 전자기 재료에 사용되고 있는 Ni-Fe계 실용 합금이 아닌 것은?

① 인바   ② 엘린바
③ 두랄루민   ④ 플래티나이트

해설
두랄루민
알루미늄합금이며 주성분은 Al-Cu-Mg이다. 4%Cu, 0.5%Mg, 0.5%Mn로 시효 경화성이 높으며 가볍고 강도가 높아 항공기, 자동차, 운반기계 등에 사용한다.

14 다이스(dies)의 구멍을 통하여 소재를 빼내어 성형하는 소성 가공법은?

① 인발 가공　② 압연 가공
③ 단조 가공　④ 프레스 가공

해설
- 압연 : 두 개의 롤 사이를 통과하며 재료가 변형
- 압출 : 형틀을 두고 뒤에서 압력을 가하여 밀어내는 가공
- 인발 : 형틀을 두고 앞에서 당기는 방식으로 가공
- 단조 : 형틀을 사용하거나 사용하지 않고 외부에서 충격을 주어 가공하는 것(예 대장간)

15 공업적으로 사용되는 순철에 해당되지 않는 것은?

① 연철　② 공석강
③ 전해철　④ 암코철

해설
공석강은 탄소강이다.
순철의 종류 : 암코철, 전해철, 카보닐철, 연철

16 오스테나이트형 스테인리스강에 대한 설명으로 틀린 것은?

① FCC 결정구조를 갖는다.
② 내식성이 우수하고, 고온강도가 양호하다.
③ 자성을 띠고 있으며, 18%Co와 8%Cr을 함유한 합금이다.
④ 입계부식 방지를 위하여 고용화처리를 하거나, Nb 또는 Ti를 첨가한다.

해설
오스테나이트계 스테인리스강은 18-8 스테인리스강으로, 18%크로뮴(Cr)과 8%니켈(Ni)이 섞여 내식성과 내산성이 우수하고 비자성체이다.

17 금속의 환원력이 커서 산화되기 쉬운 순서로 옳게 나열된 것은?

① Ni > Zn > Cr > Fe > Mg
② Ni > Zn > Fe > Cr > Mg
③ Mg > Zn > Cr > Fe > Ni
④ Mg > Fe > Ni > Zn > Cr

해설
이온화 경향이 큰 금속일수록 환원력이 커서 산화되기 쉽다.
K > Ca > Na > Mg > Al > Zn > Cr > Fe > Ni > Co > Pb > (H) > Cu > Hg > Ag > Au

18 구리합금에 대한 설명 중 틀린 것은?

① 황동은 Cu-Zn계 합금이다.
② 인청동은 탄성과 내식성 및 내마모성이 크다.
③ 60%Cu + 40%Zn 합금을 Muntz metal이라 한다.
④ 네이벌 황동은 7-3황동에 Sn을 소량 첨가한 합금이다.

해설
네이벌 브라스(naval brass)
네이벌 황동이라고 하며, 6-4Sn을 첨가한 황동이다. 강도가 크고, 내식성이 커서 기어, 볼트 등에 사용한다.

19 고융점 금속의 특성을 설명한 것 중 틀린 것은?

① 증기압이 매우 높다.
② W, Mo는 열팽창계수가 낮다.
③ 융점이 높으므로 고온강도가 크다.
④ 내산화성은 작으나 습식부식에 대한 내식성은 특히 Ta, Nb에서 우수하다.

해설
고융점 금속
융점이 높은 금속으로 고온강도가 크고 내산화성은 작다. 텅스텐(W), 탄탈륨(Ta), 몰리브데넘(Mo), 나이오븀(Nb) 등이 있고, 증기압과는 관련이 적다.

20 철강 재료의 5대 원소에 해당되지 않는 것은?

① P   ② C
③ Si   ④ Mg

해설
철강 5대 원소
규소(Si), 망가니즈(Mn), 황(S), 인(P), 탄소(C)

제2과목 금속조직

21 표면확산, 입계확산, 격자확산 중 확산이 가장 빠른 순서에서 낮은 순서로 나타낸 것은?

① 표면확산 > 입계확산 > 격자확산
② 입계확산 > 격자확산 > 표면확산
③ 격자확산 > 표면확산 > 입계확산
④ 표면확산 > 격자확산 > 입계확산

해설
확산이 빠른 순서
표면확산 > 입계확산 > 격자확산

22 원자배열이 불규칙격자 상태인 고용체를 높은 온도에서 서서히 냉각시켜 규칙격자 상태로 변화될 때의 온도는?

① 공석온도
② 변태온도
③ 전이온도
④ 재결정온도

해설
전이온도
불규칙상태를 천천히 냉각시키거나, 비교적 저온에서 장시간 가열 시 규칙적인 배열로 변화하는 온도

정답 19 ① 20 ④ 21 ① 22 ③

23 수축공 및 기공과 같은 주조 결함은 어떤 형태의 결함인가?

① 점결함
② 선결함
③ 면결함
④ 체적결함

해설
격자결함
- 체적결함 : 수축공, 기공
- 점결함 : 격자 간 원자
- 선결함 : 칼날전위, 나선전위
- 면결함 : 쌍정

24 석출경화의 기본 원칙에 해당되지 않는 것은?

① 석출물의 부피 분율이 커야 한다.
② 석출물 입자의 형상이 구형에 가까워야 한다.
③ 석출물 입자의 크기가 미세하고 그 수가 많아야 한다.
④ 석출물은 연속적으로 존재해야만 하는 반면에 기지상은 불연속적이어야만 한다.

해설
석출강화에서 기지상은 배경조직을 말하며 연속적으로 존재하고 석출물이 분산되어 있는 구조이다.

25 서로 다른 금속 A와 B가 접촉하여 상호 확산을 할 경우, A의 B에 대한 확산계수(D_A)와 B의 A에 대한 확산계수(D_B)는 서로 다르다는 사실과 관계된 것은?

① 픽스(Fick's)의 법칙
② 커켄들(Kirkendall) 효과
③ 바우싱거(Bauschinger) 효과
④ 프랭크-리드(Frank-Read) 효과

해설
커켄들(Kirkendall)에 의한 확산은 공공기구(vacancy)에 의해 발생되는 것으로 서로 다른 금속 A와 B가 접촉하여 상호 확산할 때 A의 B에 대한 확산계수와 B의 A에 대한 확산계수가 서로 다른 효과를 말한다.

26 규칙격자가 생길 때 나타나는 현상이 아닌 것은?

① 전기전도도가 커진다.
② 연성이 높아진다.
③ 강도가 커진다.
④ 경도가 커진다.

해설
규칙-불규칙 변태 특징
- 규칙도가 큰 합금은 비저항이 작다(전기전도도가 커진다).
- 규칙합금은 소성가공하면 규칙도는 감소한다.
- 일반적으로 규칙화 진행과 함께 강도 및 경도가 증가한다(연성은 감소한다).
- 규칙상에서 강자성체이나, 불규칙상에서는 상자성체이다.

정답 23 ④ 24 ④ 25 ② 26 ②

27 면심입방격자 결정구조를 갖는 Ag의 슬립면과 슬립 방향은?

① {0001}, <2$\bar{1}\bar{1}$0>
② {111}, <110>
③ {110}, <111>
④ {123}, <111>

해설
면심입방구조(FCC)는 {111}면에서 <110> 방향으로 슬립이 일어난다.

28 다결정재료의 결정립계에 의한 강화방법에 대한 설명으로 틀린 것은?

① 결정립계가 많을수록 재료의 강도는 증가한다.
② 결정의 입도가 작아질수록 재료의 강도는 증가한다.
③ 결정립계에 의한 강화는 결정립 내의 슬립이 상호 간섭함으로써 발생된다.
④ Hall-Petch식에 의하면 결정질 재료의 결정립의 크기가 작아질수록 재료의 강도는 감소한다.

해설
Hall-Petch식
대부분의 결정질 재료의 결정립 크기가 감소할수록 항복강도는 증가함을 표시하며 결과적으로 결정립이 미세할수록 금속의 항복강도, 피로강도, 인성이 증가한다.

29 결정계와 브라베이스 격자와의 관계에서 정방정계의 축장과 축각의 표시로 옳은 것은?

① $a = b = c$, $\alpha = \beta = \gamma = 90°$
② $a \neq b \neq c$, $\alpha = \beta = \gamma = 90°$
③ $a = b \neq c$, $\alpha = \beta = \gamma = 90°$
④ $a \neq b \neq c$, $\alpha = \gamma = 90°$, $\beta \neq 90°$

해설
- 입방정계 : $a = b = c$, $\alpha = \beta = \gamma = 90°$
- 정방정계 : $a = b \neq c$, $\alpha = \beta = \gamma = 90°$
- 사방정계 : $a \neq b \neq c$, $\alpha = \beta = \gamma = 90°$
- 육방정계 : $a = b \neq c$, $\alpha = \beta = 90°$, $\gamma = 120°$
- 단사정계 : $a \neq b \neq c$, $\alpha = \gamma = 90° \neq \beta$
- 삼사정계 : $a \neq b \neq c$, $\alpha \neq \beta \neq \gamma \neq 90°$

30 금속의 변태점 측정방법 중 시료와 중성체를 전기로에 넣고 열변화를 확대하여 측정하는 방법은?

① 열팽창법
② 전기저항법
③ 시차열분석법
④ 수랭분석법

해설
시차열분석법은 변태점 측정방법 중 시료의 온도와 기준 중성체 간의 온도차를 이용해서 온도를 분석하는 방법이다.

31 회복에 의한 결정의 변화로 틀린 것은?

① 전위가 소멸한다.
② 공공이 소멸한다.
③ 적층 결함이 발생한다.
④ 격자 간 원자가 소멸한다.

해설
소성가공된 금속은 풀림에 의하여 가공 전의 상태로 돌아가고자 한다. 이때 결정립의 변화는 없지만 결정립 내부에 응력으로 변화되었던 변형에너지와 항복강도 등이 감소하여 기계적 성질이 변화하는 것을 회복이라 한다. 회복 중 금속의 경도는 감소, 연성은 증가한다.

32 강의 물리적 성질을 설명한 것으로 틀린 것은?

① 비중은 탄소량의 증가에 따라 감소한다.
② 열전도도는 탄소량의 증가에 따라 감소한다.
③ 전기저항은 탄소량의 증가에 따라 증가한다.
④ 탄소강은 일반적으로 자성을 띠고 있지 않다.

해설
강의 물리적 성질
- 비중은 탄소량의 증가에 따라 감소한다.
- 열전도도는 탄소량의 증가에 따라 감소한다.
- 전기저항은 탄소량의 증가에 따라 증가한다.
- 탄소강은 일반적으로 자성을 띠고 있다.

33 조밀육방정계 금속에서 볼 수 있는 특징적인 변형으로 슬립면에 수직으로 압축하였을 때 나타나는 것은?

① 쌍정대   ② 킹크대
③ 전위대   ④ 버거스대

해설
킹크대(kink band)의 형성이 가장 쉬운 경우는 HCP 금속을 슬립면에 수직으로 압축할 때이므로 HCP(조밀육방) 구조인 Mg, Zn, Ti, Zr의 금속이다.

34 금속재료에서 전기저항과 가장 관련이 없는 것은?

① 공공(vacancy)
② 전위(dislocation)
③ 결정립계(grain boundary)
④ 결정격자(crystal lattice)

해설
결정격자는 전연성이나 가공성과 관련이 있고 전기저항과는 관련이 없다.

35 금속결정구조에서 체심입방격자의 배위수는?

① 6개   ② 8개
③ 12개   ④ 24개

해설
배위수
- 체심입방 : 8개
- 면심입방 : 12개
- 조밀육방 : 12개

정답 31 ③ 32 ④ 33 ② 34 ④ 35 ②

36 금속에서 일정한 조성 범위 내 성분금속 A의 결정구조 또는 성분금속 B의 결정구조가 다른 결정구조를 가지며, $A_m B_n$ (m, n은 정수)의 화학식으로 표시되는 것은?

① 격자체
② 고용체
③ 탄성체
④ 금속간 화합물

해설
금속간 화합물
금속과 금속 사이의 친화력이 클 때 2종 이상의 금속원소가 간단한 정수비를 가지고 결합한 상태로 $A_m B_n$의 형태로 표현한다. 마치 세라믹과도 비슷한 성질을 가지며 취약하고 단단하다. 용융점은 비교적 높으며 불안정한 것이 특징이다.

37 중간상의 구조를 결정하는 3가지 요인에 해당되지 않는 것은?

① 원자가
② 전기음성도
③ 응고의 구동력
④ 상대적 원자 크기

해설
중간상의 구조를 결정하는 3가지 요인
• 원자가
• 전기음성도
• 상대적 원자 크기

38 전율 고용체의 상태도를 갖는 합금의 경우 기계적·물리적 성질은 두 성분의 금속 원자비가 얼마일 때 가장 변화가 큰가?

① 10 : 90
② 20 : 80
③ 40 : 60
④ 50 : 50

해설
전율 고용체의 상태도를 갖는 합금의 경우 두 성분의 금속 원자비가 같은 때(50 : 50) 기계적 및 물리적 성질의 변화가 가장 크다.

39 실용상 재결정 온도를 가장 바르게 설명한 것은?

① 60분 내 100% 재결정이 끝나는 온도
② 60분 내 70% 재결정이 끝나는 온도
③ 30분 내 30% 재결정이 끝나는 온도
④ 30분 내 10% 재결정이 끝나는 온도

해설
재결정 온도
회복 후 결정핵이 생성되면서 재결정이 일어나는 온도로 실용상에서는 60분 내 100% 재결정이 끝나는 온도를 의미한다.

40 일반적으로 냉간가공할 때 금속 내부에 전위나 공격자점 등의 결함으로 인한 기계적, 물리적 성질이 변하는 상태를 설명한 것 중 틀린 것은?

① 밀도는 크게 증가한다.
② 강도는 증가하나 인성은 저하한다.
③ 전기저항은 일반적으로 증가한다.
④ 전위의 이동이 점점 어렵게 된다.

해설
냉간가공에서 가공도 증가에 의한 변화
• 연신율이 감소한다.
• 전위밀도가 증가하여 전위의 이동이 어려워진다.
• 강도와 항복점이 증가하나 인성은 감소한다.
• 전기저항은 일반적으로 증가한다.
※ 금속의 밀도는 변하지 않는다.

제3과목 금속 열처리

41 담금질에 따른 결함의 종류가 아닌 것은?
① 균열   ② 변형
③ 백점   ④ 연점

해설
백점은 강재 중심부에 발생하는 미세 크랙으로 킬드강에서 발생하는 결함이다.
강의 담금질 열처리 결함
- 담금질 균열 : 형상에서 살 두께 차이 및 급변으로 인해 발생하는 균열
- 열처리 변형 : 빠른 온도차에 의해 열응력 등으로 인해 발생하는 치수 변화
- 탈탄 : 열처리에 의해 산소와 결합하여 표면 중심으로 탄소가 빠져나가는 결함
- 경화 불충분 : 냉각의 불균형 등으로 인해 경화의 차이가 생기는 결함
- 연점 : 담금질처리 시 국부적으로 경화되지 않는 연한 부분의 결함

42 유도경화법 등에 많이 이용되는 냉각장치로서 롤러나 축 등의 지름이 큰 것 및 아주 큰 피열처리재에 효과적인 냉각 장치는?
① 공랭장치   ② 수랭장치
③ 유랭장치   ④ 분사냉각장치

해설
분사냉각
분사를 통해 냉각시키는 방법으로, 유도경화법에 많이 이용하고 롤러나 축 등의 지름이 큰 피열처리재에 효과적이다.

43 열처리로의 온도제어방법 중 예정된 온도의 승온, 유지, 냉각 등을 자동적으로 실시하는 온도제어방식은?
① on-off식   ② 비례제어식
③ 정치제어식   ④ 프로그램 제어식

해설
- 비례제어식 : 시간의 편차에 의한 노의 온도제어장치
- 프로그램 제어식 : 예정된 승온, 유지, 냉각 등을 자동적으로 행하는 제어방법으로 완전 자동화를 이루기 위한 제어장치

44 열처리에 사용되는 치공구의 구비 조건을 설명한 것 중 틀린 것은?
① 제작이 쉬울 것
② 내식성이 우수할 것
③ 변형저항성이 작을 것
④ 열피로에 대한 저항성이 클 것

해설
치공구
각종 제품을 공작하여 생산할 때 사용하는 보조 공구로 열처리에 사용되는 치공구는 기본적으로 변형저항성이 커야 한다.

45 S곡선에 영향을 주는 첨가 원소의 영향 중 S곡선을 좌측으로 이동시키는 원소는?
① V   ② Ti
③ Cr   ④ Mo

해설
강의 항온변태곡선에서 S곡선에 영향을 주는 요소 : 첨가 원소, 응력의 영향, 최고 가열온도
- 오스테나이트 입도가 조대할수록 항온변태곡선은 우측으로 이동한다.
- Ni, Cr 합금원소가 첨가하면 항온변태곡선은 우측으로 이동하고, Ti의 합금원소를 첨가하면 항온변태곡선이 좌측으로 이동한다.

정답 41 ③ 42 ④ 43 ④ 44 ③ 45 ②

46 담금질 시 재료의 내·외부에 열처리 효과의 차이가 생기는 현상은?

① 균열효과
② 시효경화
③ 박리현상
④ 질량효과

해설
대형 구조물의 담금질 시 재료의 내·외부 간 질량효과로 인해 경도의 편차가 발생하며 이러한 경화능은 조미니 시험법으로 측정할 수 있다.

47 탄소강의 열처리 목적과 그에 따른 열처리 방법이 틀리게 짝지어진 것은?

① 재료의 경도를 부여하기 위하여 : 템퍼링
② 응력을 제거하기 위하여 : 응력제거 어닐링
③ 조직을 안정화시키기 위하여 : 어닐링
④ 조직을 미세화하고 균일한 상태로 만들기 위하여 : 노멀라이징

해설
재료의 경도를 부여하기 위해서는 퀜칭(담금질)을 한다.

48 구상흑연주철의 담금질성에 미치는 원소의 영향이 틀린 것은?

① Cr은 경화 깊이를 감소시킨다.
② P는 담금질성을 저하시킨다.
③ Mn은 경화 깊이를 증가시킨다.
④ Si는 3%까지 담금질성을 높인다.

해설
구상흑연주철의 담금질성에 미치는 원소
- P(인) : 담금질성을 저하시킨다.
- Mn(망가니즈), Cr(크로뮴) : 경화 깊이를 증가시킨다.
- Si(규소) : 3%까지 담금질성을 높인다.

49 열처리 과정에서 나타나는 조직 중 용적 변화가 가장 큰 것은?

① 펄라이트(pearlite)
② 소르바이트(sorbite)
③ 마텐자이트(martensite)
④ 오스테나이트(austenite)

해설
금속재료의 담금질 과정에서 마텐자이트 조직의 체적 변화가 가장 크다.

50 소성가공과 열처리를 유기적으로 결합시켜 인성 및 연성을 향상시키는 가공 열처리 방법은?

① 파텐팅
② 수인법
③ 오스포밍
④ 오스템퍼링

해설
오스포밍(ausforming)
강을 오스테나이트 상태까지 가열한 후 급랭하면서 압연 등의 소성가공으로 담금질하는 열처리

51 강을 오스테나이트 상태로부터 A_1 변태점 이하의 항온 중에 담금질한 그대로 유지했을 때 나타나는 변태를 무엇이라고 하는가?

① 격자변태 ② 항온변태
③ 확산변태 ④ 분열변태

해설
항온변태
강을 오스테나이트 상태로부터 A_1 변태점 이하의 항온 중에 담금질한 그대로 유지할 때 나타나는 변태로 항온변태처리를 통해 오스테나이트 상태에서 강인한 베이나이트 조직을 형성한다.

52 수증기를 이용하여 산화피막을 형성하는 방법으로 절삭 내구력이 현저히 향상되고, 장시간 사용되는 공구 드릴, 탭 등에 사용되는 표면처리는?

① 침유처리 ② 조질처리
③ 용사처리 ④ 호모(homo)처리

해설
스팀호모처리(steam homo treatment)
수증기로 산화피막을 형성하는 처리로, 절삭 내구력이 향상되어 장시간 이용되는 공구, 드릴, 탭 등에 사용되는 표면처리이다.

53 다음 그래프는 가스침탄공정을 나타낸 것으로 변성가스에 증탄(enrich)가스가 투입되는 공정은?

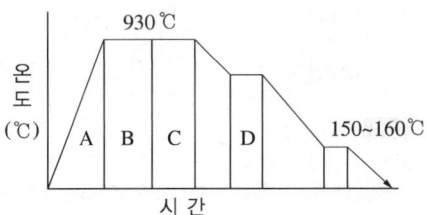

① A ② B
③ C ④ D

해설
가스침탄공정
침탄가스에 질소와 탄소를 혼합하여 금속의 표면을 경화하는 공정
• B구간 : 변성가스에 증탄(enrich)가스를 투입하는 공정
• C구간 : 공중 확산기 공정

54 퀜칭 시 경도의 증가는 어떤 원소의 영향을 가장 크게 받는가?

① Zn의 함유량
② C의 함유량
③ Sn의 함유량
④ Mn의 함유량

해설
퀜칭(담금질) 시 경도의 증가를 가장 높이는 원소는 탄소(C)의 함유량이다.

55 열처리 전후처리에 사용되는 설비를 기계적과 화학적으로 나눌 때 화학적 처리법에 해당되는 것은?

① 탈지
② 연삭
③ 버프연마
④ 샌드블라스트

해설
탈지
기름을 제거하기 위해 화학적으로 세정하는 방법으로 전해 세정, 알칼리 세정, 트라이클로로에틸렌 세정이 있다.

56 0℃ 이하의 온도, 즉 상온 이하의 저온(sub-zero) 온도에서 냉각시키는 심랭처리의 목적으로 옳은 것은?

① 경화된 강의 잔류 오스테나이트를 펄라이트화한다.
② 경화된 강의 잔류 펄라이트를 시멘타이트화한다.
③ 경화된 강의 잔류 시멘타이트를 펄라이트화한다.
④ 경화된 강의 잔류 오스테나이트를 마텐자이트화한다.

해설
심랭처리(서브제로처리)
0℃ 이하의 온도에서 담금질된 강의 경도 증가 및 시효변형 방지 목적으로 하는 처리로 심랭처리로 인해 잔류 오스테나이트가 마텐자이트화된다.

57 마템퍼링(martempering) 처리 후에 최종적으로 나타나는 조직은?

① 펄라이트 조직
② 오스테나이트 조직
③ 비드만스테텐 조직
④ 마텐자이트 + 베이나이트의 혼합조직

해설
마템퍼링은 마텐자이트 구역 내의 등온처리로 이로 인해 오스테나이트 일부는 마텐자이트가 되고 일부는 베이나이트의 혼합조직이 된다.

58 표면경화 열처리, 즉 침탄에서의 경화 불량 원인으로 틀린 것은?

① 침탄이 부족한 경우
② 침탄 후 담금질 온도가 너무 낮은 경우
③ 침탄 후 담금질 시 냉각속도가 느릴 경우
④ 표면층에 잔류 오스테나이트가 존재하지 않는 경우

해설
침탄표면경화 열처리가 잘되기 위한 방법
• 침탄이 적절해야 한다.
• 침탄 후 담금질 온도가 낮지 않아야 한다.
• 침탄 후 담금질 시 냉각속도가 느리지 않아야 한다.

55 ① 56 ④ 57 ④ 58 ④ **정답**

59 고체 침탄제의 구비조건으로 틀린 것은?

① 침탄력이 강해야 한다.
② 침탄성분 중 P, S의 성분이 적어야 한다.
③ 침탄온도에서 가열 중 용적감소가 커야 한다.
④ 장시간의 반복 사용과 고온에서 견딜 수 있는 내구력을 가져야 한다.

해설
고체 침탄제 구비조건
- 침탄 시 용적변화가 적어야 한다.
- 침탄력이 강해야 한다.
- 침탄성분 중 P, S의 성분이 적어야 한다.
- 장시간의 반복 사용과 고온에서 견딜 수 있는 내구력을 가져야 한다.

60 Al 및 그 합금의 질별 기호 중 용체화 처리한 것을 나타내는 기호는?

① O   ② W
③ Y   ④ T

해설
알루미늄, 마그네슘 및 그 합금의 질별 기호
- F : 제조한 그대로의 것
- H : 냉간가공 경화한 것(가공경화)
- O : 어닐링한 것
- W : 용체화 처리한 것
- T : 시효강화한 것(T1~T10)

제4과목 재료시험

61 충격시험에서 충격값을 산출하는 식으로 맞는 것은?(단, W : 해머의 무게, R : 해머의 회전반지름, α : 시험 전 해머의 각도, β : 시험 후 해머의 각도, A_0 : 시험 전 시험편 노치부의 단면적이다)

① 충격값 = $WR(\cos\beta - \cos\alpha)$
② 충격값 = $WR(\cos\alpha - \cos\beta) / A_0$
③ 충격값 = $W(\cos\beta - \cos\alpha) / A_0$
④ 충격값 = $WR(\cos\beta - \cos\alpha) / A_0$

해설
충격흡수에너지 $E = WR(\cos\beta - \cos\alpha)$
충격값 = E/A_0
※ 실기부분에 다시 나올 부분으로 A_0의 단위에 유의해야 한다.

62 탐상 감도가 가장 좋은 누설검사 방법은?

① 거품시험(bubble test)
② 압력변환시험(pressure change test)
③ 질량분석시험(mass spectrometer test)
④ 액체침투시험(liquid penetrant test)

해설
누설검사 중 질량을 분석하는 방법이 감도가 가장 우수하다.

정답 59 ③ 60 ② 61 ④ 62 ③

63 피로시험에서 재료를 완전한 탄성체로 생각할 때 노치 부분에 생긴 최대응력을 σ_{max}라 하고 노치가 없을 때의 응력을 σ_n이라 했을 때 형상계수(응집집중계수) α는?

① $\alpha = \dfrac{\sigma_{max}}{\sigma_n}$ ② $\alpha = \dfrac{\sigma_n}{\sigma_{max}}$

③ $\alpha = \sigma_{max} \times \sigma_n$ ④ $\alpha = \dfrac{\sigma_n}{\sigma_{max}} \times 100$

해설

형상계수(응력집중계수) = $\dfrac{\text{노치 부분의 최대응력}}{\text{노치가 없을 때의 응력}}$

일반적으로 형상계수(α) ≥ 노치계수(β) ≥ 1이 성립한다. 노치민감계수가 0이면 노치에 둔감한 것이고, 노치민감계수가 1이면 노치에 민감한 것이다.

64 대면각이 136°인 다이아몬드 사각추 누르개를 사용하는 경도 시험법은?

① 쇼어 경도시험
② 비커스 경도시험
③ 마이어 경도시험
④ 마르텐스 경도시험

해설

비커스 경도계
하중의 유지시간은 30초이고, 압입자의 각도는 136°이며, 임의로 하중을 변화시킬 수 있어서 단단한 재료와 연한 재료의 측정이 가능하여 침탄층이나 질화층 등 표면경화층 측정에 적합하다.

65 결함부와 이에 적합한 비파괴검사법의 연결이 틀린 것은?

① 용접 내부의 기공 – 와전류탐상시험법
② 강재의 표면 결함 – 자분탐상시험법
③ 경금속의 표면 결함 – 침투탐상시험법
④ 단조품의 내부 결함 – 초음파탐상시험법

해설

내부결함 검출법
- 방사선투과시험
- 초음파탐상시험

외부(표면)결함 검출법
- 자기탐상시험
- 침투탐상시험
- 와전류탐상시험

66 강의 매크로 조직시험(KS D 0210)에서 중심부 균열을 나타내는 기호는?

① D ② F
③ P ④ T

해설

매크로 조직의 표시 기호

기호	용어	기호	용어
D	수지상 조직	B	기포
I	잉곳 패턴	N	비금속 개재물
L	다공질	P	파이프
T	피트	H	모세균열
S_C	중심부 편석	F	중심부 균열
L_C	중심부 다공질	K	주변 흠
T_C	중심부 피트	–	–

63 ① 64 ② 65 ① 66 ②

67 자분탐상법에서 사용되는 자화전류의 종류가 아닌 것은?

① 잔류　　② 교류
③ 직류　　④ 맥류

해설
자분탐상법에서 자화전류의 종류에는 교류, 직류, 맥류가 있다. 잔류는 통전시간에 대한 부분이다.

68 금속의 결정립도 측정방법이 아닌 것은?

① ASTM 결정립 측정법
② 조미니(Jominy)시험법
③ 제프리스(Jefferies)법
④ 헤인(Heyn)법

해설
조미니(Jominy)시험법은 강의 경화능(hardenability)을 시험하는 가장 보편적인 방법으로, 결정립도 측정방법이 아니다.

69 스프링시험에서 스프링에 작용하는 힘의 방향에 따라 분류하는 방법이 아닌 것은?

① 압축스프링　　② 인장스프링
③ 충격스프링　　④ 비틀림스프링

해설
스프링시험에서 힘의 방향에 따라 인장, 압축, 비틀림 시험을 구현할 수 있다.

70 미소 경도시험을 적용하는 경우가 아닌 것은?

① 도금층 등의 측정
② 주철품의 표면 측정
③ 절삭공구의 날 부위 경도 측정
④ 시험편이 작고 경도가 높은 부분의 측정

해설
미소 경도시험은 비커스 경도시험으로 주철품의 표면에는 적합하지 않다.

71 마모시험 및 마모시험 방법에 대한 설명 중 틀린 것은?

① 회전하는 원판에 시험편을 접촉시켜 측정하는 마모시험 방법이 있다.
② 왕복운동하는 평면에 시험편을 접촉시켜 측정하는 방법이 있다.
③ 마모시험 중 응착이 어려운 재료의 조합은 내마모성이 크다.
④ 마모시험 중 마찰열의 방출이 빠를수록 내마모성은 나빠진다.

해설
일반적으로 마모시험에서 마찰열의 방출이 빠르면 응착의 가능성이 작아지므로 내마모성은 좋아진다.

72 피로의 증상을 신체적과 정신적으로 나눌 때 정신적 증상에 해당되는 것은?

① 주의력이 감소 또는 경감된다.
② 작업효과나 작업량이 감퇴하거나 저하된다.
③ 작업에 대한 몸 자체가 흐트러지고 지치게 된다.
④ 작업에 대한 무감각, 무표정, 경련 등이 일어난다.

해설
주의력은 정신적 증상이고 그 이외에는 신체적 증상이다.

73 광학 현미경을 통하여 금속조직을 관찰하려고 할 때 시험편의 준비 순서로 옳은 것은?

① 시험편 채취 → 마운팅 → 연마 → 폴리싱 → 부식
② 마운팅 → 시험편 채취 → 연마 → 폴리싱 → 부식
③ 시험편 채취 → 마운팅 → 폴리싱 → 부식 → 연마
④ 시험편 채취 → 마운팅 → 부식 → 연마 → 폴리싱

해설
현미경 조직검사 순서
시험편 채취 → 시험편의 제작(마운팅) → 연마 → 폴리싱 → 부식 → 검경

74 원자로의 코어 부품, 증기 파이프라인과 같이 고온에서 장시간 사용되는 구조물을 평가하기에 가장 적합한 시험은?

① 크리프시험   ② 충격시험
③ 굴곡시험   ④ 커핑시험

해설
고온에서의 시간에 따른 특성을 측정하는 기계적 시험법은 크리프시험이다.

75 금속재료 인장시험방법(KS B 0802)에서 인장시험을 수행할 때 내력을 구하는 방법이 아닌 것은?

① 오프셋법
② 스트레인 게이지법
③ 영구 연신율법
④ 전체 연신율법

해설
스트레인 게이지법은 변형률을 구하는 방법이다.

76 강의 현미경조직시험에서 연삭이 완료된 시편은 기계연마기에 광택연마를 하는 데 가장 많이 사용되는 연마제는?

① 석회석 분말
② 규조토 분말
③ 알루미나 분말
④ 이산화망간 분말

해설
- 비철 및 합금 : 알루미나(Al_2O_3), 산화마그네슘(MgO)
- 철강재 : Fe_2O_3, 산화크로뮴(Cr_2O_3), 알루미나(Al_2O_3)
- 초경합금 : 다이아몬드 페이스트

77 인장시험에서 응력을 완전히 제거하였을 때 재료에 영구변형을 남기지 않는 최대 응력은?

① 파단응력　　② 항복응력
③ 탄성한계　　④ 최대 인장응력

해설
탄성은 응력을 완전히 제거하였을 때 원래의 상태로 돌아오는 것으로 이에 대한 한계응력을 탄성한계라고 한다.

78 강철의 불꽃시험방법(KS D 0218)에서 그림과 같이 여러 줄 파열 3단 꽃핌 꽃가루 모양을 할 때의 탄소량은 약 얼마로 추정되는가?

① 0.05%C　　② 0.15%C
③ 0.30%C　　④ 0.50%C

해설
불꽃시험법은 소재의 재질을 개략적으로 알기 위한 시험으로 탄소량이 많을수록 불꽃 파열의 숫자가 많다.

가시 모양 (0.05% 미만)	2줄 파열 (약 0.05%C)	3줄 파열 (약 0.1%C)
		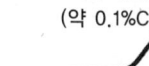
4줄 파열 (약 0.1%C)	여러 줄 파열 (약 0.15%C)	별 모양 파열 (약 0.15%C)
		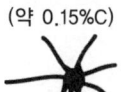
3줄 파열 2단 꽃핌(약 0.2%C)	여러 줄 파열 2단 꽃핌(약 0.3%C)	여러 줄 파열 3단 꽃핌(약 0.4%C)
		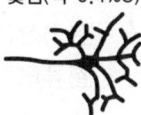
여러 줄 파열 3단 꽃핌 꽃가루 (약 0.5%C)		깃털 모양(림드강)
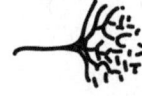		

79 다음 중 굽힘시험과 관계가 먼 것은?

① 절삭성
② 굽힘응력
③ 소성가공성
④ 전성 및 연성

해설
굽힘시험
- 굽힘에 대한 저항력과 전성, 연성, 균열 유무를 알 수 있다.
- 파단계수는 단면계수와 최대 굽힘 모멘트의 비로 최대 응력을 나타낸다.
- 굽힘시험 시 외측에서의 응력이 항복점보다 높을 때 소성변형이 일어난다.
- 힘이 가해지는 방향으로는 압축응력이, 반대쪽으로는 인장응력이 발생한다.

※ 굽힘시험과 절삭성과는 관계가 없다.

80 인장시험에서 단면수축률을 산출하는 식으로 옳은 것은?(단, A_0 = 시험 전 시편의 평행부 단면적, A_1 = 시험 후 시편의 파단부 단면적이다)

① $\dfrac{A_0 - A_1}{A_0} \times 100\%$

② $\dfrac{A_1 - A_0}{A_0} \times 100\%$

③ $\dfrac{A_0 - A_1}{A_1} \times 100\%$

④ $\dfrac{A_1 - A_0}{A_1} \times 100\%$

해설
단면수축률
$= \dfrac{\text{시험 전 시편 단면적} - \text{시험 후 시편 단면적}}{\text{시험 전 시편 단면적}} \times 100$

2019년 제4회 과년도 기출문제

제1과목 금속재료

01 50~90%Ni, 11~30%Cr, 0~25%Fe 범위의 조성으로 된 합금으로 전기저항열선으로 가장 많이 사용되는 내열 합금은?

① 니크롬(nichrome)
② 알브락(Albrac)
③ 라우탈(Lautal)
④ 실루민(silumin)

해설
- 니크롬(nichrome) : 50~90%Ni, 11~30%Cr, 0~25%Fe 범위의 조성으로 된 내열 합금으로 전기저항열선으로 가장 많이 사용된다.
- 라우탈(Lautal) : 알루미늄(Al)에 약 4%의 구리(Cu)와 약 2%의 규소(Si)를 가하여 절삭성을 높인 주조용 알루미늄 합금이다.
- 실루민(silumin) : Al-Si계 합금, 알루미늄 실용 합금으로서, Al에 10~13%Si이고 유동성이 좋으며 모래형 주물에 이용한다(형상기억합금이 아님).

02 비중(specific gravity)을 설명한 것으로 옳은 것은?

① 물질이 상태의 변화를 완료하기 위해서 필요한 열이다.
② 단위 질량의 물질을 단위 온도를 높이는 데 필요한 열량이다.
③ 물과 같은 부피를 가진 물체의 무게와 물의 무게의 비이다.
④ 온도가 1℃ 상승할 때, 팽창한 크기와 팽창하기 전의 비이다.

해설
비중(specific gravity)
물과 같은 부피를 가진 물체의 무게와 물의 무게의 비를 나타내는 것으로, 1보다 크면 물에 가라앉고 1보다 작으면 물에 뜬다.

03 Fe_3C를 가열 분해하여 흑연을 입상으로 만든 주철로서 내충격성, 내열성, 절삭성이 좋고 강도가 높은 것은?

① 칠드주철
② 합금주철
③ 구상흑연주철
④ 흑심가단주철

해설
흑심가단주철
Fe_3C를 가열 분해하여 흑연을 입상으로 만든 주철로서 내충격성, 내열성, 절삭성이 좋고 강도가 높다.

04 한국산업표준(KS)의 재료 중 합금공구강 강재로 분류되지 않는 강은?

① STD61
② STS3
③ STF6
④ STC105

해설
STC는 탄소공구강이다.

05 상품명이 스텔라이트(Stellite)이며, Co가 40~55% 첨가되어 고온 저항이 크고 내마모성이 우수한 것은?

① 쾌삭강
② 다이스강
③ 주조경질합금
④ 시효경화합금

해설
스텔라이트(주조경질합금공구강)는 Co가 주성분인 Co-Cr-W-C계 합금이다.

06 활자합금은 납에 Sb, Sn 등을 첨가하는데, Sb를 첨가하는 목적으로 옳은 것은?

① 융점을 떨어뜨린다.
② 유동성을 좋게 한다.
③ 응고수축률을 떨어뜨린다.
④ 주조조직을 미세화한다.

해설
활자합금(type metal)
납(Pb)-안티모니(Sb)-주석(Sn)합금으로 주조가 용이하고 경도와 내마모성이 큰 금속이다. 여기서 주석은 주조조직을 미세화시키고 안티모니는 응고수축률을 저감시킨다.

07 열간가공에 대한 설명으로 틀린 것은?

① 작은 힘으로도 큰 변형을 얻을 수 있다.
② 가공 전의 가열과 가공 중의 고온 유지로 편석이 경감된다.
③ 주조조직인 금속을 단조, 압연, 압출과 같은 열간가공을 하면 균질한 조직으로 된다.
④ 높은 온도로 가열하므로 표면이 산화, 탈탄되어 표면 상태가 냉간가공보다 좋아진다.

해설

종류	특징
냉간가공	• 재결정 온도 이하에서의 가공 • 전위밀도가 증가하여 경도 및 인장강도가 커짐 • 인성이 감소 • 단면수축률이 감소 • 결정입자가 미세화되어 재료가 단단해짐 • 제품의 표면이 미려하고 치수가 정밀 • 열간가공에 비해 큰 힘이 필요함 • 전기저항이 증가
열간가공	• 재결정 온도 이상에서의 가공 • 회복, 재결정 과정을 거치며 전위가 사라짐 • 가공성이 매우 좋음 • 표면에 스케일이 생겨서 재가공 필요

08 연청동(lead bronze)에 대한 설명 중 틀린 것은?

① 주석청동에 납을 첨가한 것이다.
② 연청동은 윤활성이 우수하다.
③ 조직의 미세화를 위하여 Ti, Zr 등을 첨가한다.
④ 취성이 있기 때문에 베어링용 합금으로는 적합하지 않다.

해설
연청동은 윤활성이 우수하기 때문에 베어링용 합금으로 적합하다.

09 다음 중 소성가공이 아닌 것은?

① 밀링가공
② 전조가공
③ 압출가공
④ 코이닝 가공

해설
밀링가공은 절삭가공이며 소성가공은 비절삭가공을 뜻한다.

10 소결하지 않은 미분광과 무연탄을 직접 장입하며, 유동 환원로가 탈황작용을 하고 용융로에서 순산소를 사용하는 제철법은?

① 전로(LD)법
② 코렉스(Corex)법
③ 파이넥스(Finex)법
④ 미니 밀(Mini mill)법

해설
파이넥스(Finex) 공법은 소결하지 않은 미분광과 무연탄을 직접 장입하며, 유동 환원로가 탈황작용을 하고 용융로에서 순산소를 사용하기 때문에 예비처리에서 발생하는 황산화물(SO_x), 질소산화물(NO_x), 이산화탄소 배출량이 고로공정보다 현저히 낮은 공법이다.

11 분말야금법의 특징을 설명한 것 중 틀린 것은?

① 절삭공정을 생략할 수 있다.
② 다공질의 금속재료를 만들 수 없다.
③ 융점까지 온도를 올리지 않아도 된다.
④ 용해법으로 만들 수 없는 합금을 만들 수 있다.

해설
분말야금(powder metallurgy)법
금속 가루를 가압·성형하여 굳히고, 가열하여 소결함으로써 금속제품을 얻는 방법
- 용융점 이하의 온도로 제작
- 다공질의 금속재료를 만들 수 있음
- 최종제품의 형상으로 제조가 가능하여 절삭가공이 거의 필요 없음
- 용해법으로 만들 수 없는 합금을 만들 수 있고 편석, 결정립 조대화의 문제점이 적음
- 제조과정에서 용융점까지 온도를 상승시킬 필요가 없음
- 고융점 금속부품 제조에 적합

12 순철의 변태에서 A_3 변태와 A_4 변태의 설명 중 틀린 것은?

① A_3 변태점은 약 910℃이다.
② A_4 변태점은 약 1,400℃이다.
③ A_3, A_4 변태는 순철의 동소변태이다.
④ 가열 시 A_3 변태는 격자상수가 감소한다.

해설
- A_3 변태점 : 910℃(동소변태)
- A_4 변태점 : 1,400℃(동소변태)

13 합금강의 특징을 설명한 것 중 옳은 것은?

① 탄소강에 비해 담금질성이 좋지 않아 대형 부품은 깊이 경화할 수 없다.
② 담금질성이 좋지 않아 항상 수랭을 하여야 하기 때문에 잔류응력이 높아 인성이 낮다.
③ Fe_3C에 합금원소가 고용되거나 특수 탄화물을 형성하여 경도를 낮추며 내마모성이 나빠진다.
④ 특수탄화물은 오스테나이트화 온도에서 고용속도가 작아 미용해 탄화물은 오스테나이트 결정립의 조대화를 방지한다.

해설
합금강 특성
- 오스테나이트 안정화 : Mn, Ni를 첨가하여 공석온도를 낮춘다.
- 페라이트 안정화 : 텅스텐, 몰리브데넘, 타이타늄으로 공정온도를 높인다.
- 일반적으로 순금속보다 강도 및 경도가 우수해진다.
- 특수탄화물은 오스테나이트 결정립의 조대화를 방지한다.

14 수소가스와 반응하여 금속수소화물이 되고, 필요에 따라 저장된 수소를 금속수소화물에서 방출시킬 수 있는 합금은?

① Fe-Ti계
② Mn-Cu계
③ Be-Mn계
④ Cu-Al-Ni계

해설
수소저장용 합금
타이타늄, 지르코늄, 란타넘, 니켈 합금으로 수소가스와 반응하여 금속수소화물이 되고 저장된 수소는 필요에 따라 금속수소화물에서 방출시킬 수 있다.

15 신금속을 군(群)으로 분류할 때 고융점 구조재료군에 해당되는 것은?

① U, Th
② W, Mo
③ Ge, Si
④ Na, Cs

해설
고융점 금속
융점이 높은 금속으로 고온강도가 크고 내산화성은 적다(텅스텐(W), 탄탈럼(Ta), 몰리브데넘(Mo), 나이오븀(Nb)).

16 탄화철(Fe_3C)에서 Fe의 원자비는?

① 25%
② 50%
③ 75%
④ 95%

해설
시멘타이트 : 금속간 화합물 Fe_3C 조직(75%Fe + 25%C)
※ 원자비는 분자를 구성하는 원자수의 비를 말한다.

17 금속에 관한 일반적인 설명으로 틀린 것은?

① 순금속은 합금에 비해 경도가 높다.
② 강자성체 금속으로는 Fe, Co, Ni 등이 있다.
③ 전성 및 연성이 좋고, 금속 고유의 광택을 갖는다.
④ 수은을 제외한 금속은 상온에서 고체 상태의 결정구조를 갖는다.

해설
금속의 성질
- 금속 상태로 유지가 된다면 광택을 가진다.
- 고체상태에서 결정구조를 가진다.
- 수은을 제외하고는 상온에서 고체이다.
- 연성 및 전성이 높다.
※ 순금속은 합금에 비해 경도가 낮다.

18 다음 중 탄소의 함유량이 가장 많은 것은?

① 연철
② 암코철
③ 카보닐철
④ 과공석강

해설
과공석강의 완전풀림과정을 통해 시멘타이트 + 층상 펄라이트조직이 형성된 것으로 탄소 함량은 약 0.8~2.1%C이다.
※ 암코철, 연철, 카보닐철은 순철의 종류이다.

19 금속의 탄산염이나 일염화물 등을 수 μm의 콜로이드로 석출시켜 이 혼합물을 환원하고 금속산화물을 분산시켜 PSM 재료로 만드는 방법은?

① 공침법
② 내부산화법
③ 산화환원법
④ 분사분산법

해설
공침법
침전법의 일종으로 금속의 탄산염이나 일염화물 등을 수 마이크로의 콜로이드로 석출시켜 이 혼합물을 환원하고 금속산화물을 분산시켜서 PSM(입자분산강화금속) 재료로 만드는 방법

20 다이캐스팅용 알루미늄 합금에 요구되는 성질이 아닌 것은?

① 열간취성이 적을 것
② 금형에 점착되지 않을 것
③ 응고 수축에 대한 용탕 보급이 좋을 것
④ 유동성이 작으면서 흐름의 중간이 끊어질 것

해설
다이캐스팅용 알루미늄 합금은 일종의 주조합금이기 때문에 유동성이 커야 한다.

제2과목 금속조직

21 20% B 합금 조성이 T_1 온도에서 유지될 때, α 양은 약 몇 %인가?

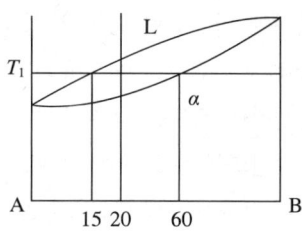

① 44.4%
② 11.1%
③ 8.8%
④ 4.4%

해설
지렛대원리 $\alpha = \dfrac{20-15}{60-15} \times 100 \fallingdotseq 11.1\%$

22 강에서 베이나이트(bainite)에 관한 설명으로 옳은 것은?

① 베이나이트는 오스테나이트와 시멘타이트의 혼합물이다.
② 상부 베이나이트와 하부 베이나이트는 서로 같은 방법으로 생성한다.
③ 고온에서 상부 베이나이트는 침상 또는 라스(lath) 형태의 페라이트와 라스 사이에 석출되는 시멘타이트로 생성된다.
④ 약 650℃의 온도에서 베이나이트의 조직은 판상에서 라스 모양으로 변하고 탄화물의 분산은 조대해진다.

해설
• 강의 베이나이트 조직은 본질적으로는 페라이트와 탄화물 혼합조직이다.
• 깃털상의 상부 베이나이트와 침상구조의 하부 베이나이트로 분류된다.
• 오스템퍼링에 의해 베이나이트가 생성된다.
• 저탄소강에서 상부와 하부 베이나이트는 탄소 농도에 따라 변화한다.
• 약 350℃ 이상에서 형성된 것을 상부 베이나이트라 한다.

18 ④ 19 ① 20 ④ 21 ② 22 ③ 정답

23 산화되기 쉬운 순서대로 금속원소를 나열한 것은?

① Al > Cr > Fe > Cu > Ag
② Al > Fe > Cu > Cr > Ag
③ Cr > Fe > Cu > Al > Ag
④ Fe > Cr > Al > Ag > Cu

해설
이온화 경향이 큰 금속일수록 환원력이 커서 산화되기 쉽다.
K > Ca > Na > Mg > Al > Cr > Fe > Co > Pb > (H) > Cu > Hg > Ag > Au

25 강하게 냉간가공된 금속의 전위밀도는 얼마까지 증가하는가?

① $10^3 \sim 10^4 / cm^2$
② $10^5 \sim 10^6 / cm^2$
③ $10^7 \sim 10^8 / cm^2$
④ $10^{11} \sim 10^{12} / cm^2$

해설
전위밀도에서 완전풀림 시의 전위밀도는 $10^6 \sim 10^8 / cm^2$이고, 강한 냉간가공 시 전위밀도는 $10^{11} \sim 10^{12} / cm^2$ 정도이다.

26 면심입방격자에서 슬립(slip)이 가장 잘 일어나는 결정면은?

① (100)   ② (110)
③ (111)   ④ (211)

해설
• 면심입방구조 슬립면 : {111}, (111)
• 체심입방구조 슬립면 : {110}, (110)

24 다음 그림에서 공석점에 해당하는 것은?

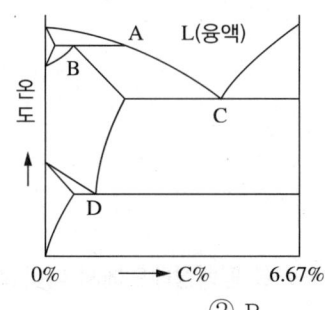

① A   ② B
③ C   ④ D

해설
공석반응 : γ(고용체) ⇌ α(고용체) + B(고상)
Fe-C 상태도
• B점 : 0.18C, 포정점
• C점 : 4.3C, 공정점
• D점 : 0.8C, 공석점

27 면심입방격자 단위세포에 속해있는 원자의 수(귀속원자 수)는 몇 개인가?

① 2개   ② 4개
③ 8개   ④ 12개

해설
• 체심입방격자(BCC) : 단위격자 소속 원자수 2개(Ba, Cr, Fe)
• 면심입방격자(FCC) : 단위격자 소속 원자수 4개(Al, Cu, Ag)
• 조밀육방격자(HCP) : 단위격자 소속 원자수 2개(Mg, Zn, Ti, Zr)
FCC : $\frac{1}{8} \times 8 + \frac{1}{2} \times 6 = 4$개의 원자

28 다음 중 규칙-불규칙 변태와 무관한 것은?

① 자성
② 전기전도도
③ 금속간 화합물
④ 기계적 성질

해설
금속간 화합물은 두 금속 사이에서 생성되는 중간 화합물인 결정질 재료에 의한 것으로 $A_m B_n$(m과 n은 정수)의 화학식으로 표시되고 규칙-불규칙 변태와 무관하다.

29 철에서 C, N, H, B의 원자가 이동하는 확산기구는?

① 격자 간 원자기구
② 공격자점 기구
③ 직접 교환기구
④ 링 기구

해설
• 확산기구에는 공공에 의한 상호 확산(공격자점 기구), 격자점 사이의 위치로 파고드는 격자 간 원자기구, 원자의 상호 이동에 의한 직접 교환기구, 3개 또는 4개 원자의 동시 이동에 의한 링 기구가 존재한다.
• 철에서 C, N, H, B의 원자 이동 확산기구는 소원자들의 침입으로 파고드는 확산이므로 격자 간 원자기구에 해당한다.

30 금속의 확산에서 확산속도가 빠른 것에서 느린 순서로 옳은 것은?

① 입계확산 > 표면확산 > 격자확산
② 표면확산 > 격자확산 > 입계확산
③ 격자확산 > 입계확산 > 표면확산
④ 표면확산 > 입계확산 > 격자확산

해설
확산이 빠른 순서는 표면확산 > 입계확산 > 격자확산이다.

31 용융 금속의 응고 시 핵 생성 속도에 영향을 가장 크게 미치는 것은?

① 시효
② 공공
③ 전위
④ 냉각속도

해설
핵 생성 속도에는 냉각속도가 가장 큰 영향을 미친다.
• 냉각속도가 빠르면 결정핵 생성속도가 결정립의 성장속도보다 빨라져 결정립의 크기가 작고 단위체적당 수가 많아진다.
• 냉각속도가 느리면 결정핵 생성속도보다 결정립 성장속도가 빨라져 결정립의 크기가 크고 단위체적당 수가 적어진다.
• 상/하부 펄라이트를 연상하여 기억한다.

32 다음 중 Fe-C 평형상태도에서 나타날 수 없는 조직은?

① 페라이트
② 시멘타이트
③ 오스테나이트
④ 마텐자이트

해설
평형상태도는 평형상태를 유지하며 온도 변화가 이루어졌기 때문에 급격한 온도 변화가 전제되어 있는 마텐자이트는 Fe-C 평형상태도에 나타낼 수 없다.

33 주강을 서랭하면 거칠고 큰 조직이 되며, 오스테나이트 안에 판상 페라이트가 생겨 오스테나이트 격자 방향으로 일정한 길이를 가진 거칠고 큰 조직은?

① 시멘타이트
② 레데부라이트
③ 비드만스테텐
④ 오스몬다이트

해설
비드만스테텐 조직은 강의 서랭 시 오스테나이트 내부에 판상 페라이트가 형성되어 거칠고 조대한 조직이 나타난다.

34 냉간가공을 한 금속의 풀림처리에서 회복(recovery) 현상이 일어나는 가장 큰 이유는?

① 새로운 결정이 생기기 때문에
② 전위의 밀도가 감소되기 때문에
③ 새로운 전위가 생기기 때문에
④ 원자의 재결합이 일어나기 때문에

해설
회복(recovery)
풀림에 의하여 결정립의 모양과 방향에 변화를 일으키지 않고 물리적, 기계적 성질만 변화하는 과정으로 결함이 소멸한다. 이에 가장 큰 이유는 전위(선결함)의 밀도가 감소하는 것을 의미한다.

35 A, B 양 금속으로 된 합금의 경우 규칙격자를 만드는 3가지 형태의 일반적인 조성이 아닌 것은?

① AB형
② A_2B형
③ A_3B형
④ AB_3형

해설
고용체에서 용질원자와 용매원자의 원소가 규칙적인 배열을 할 때 규칙격자라 하며, A_xB_y형의 간단한 정수비의 조성을 가지는데, AB, A_3B, AB_3형이 있다.

36 결정립 형성에 대한 설명으로 틀린 것은?(단, G는 결정 성장속도, N은 핵 발생속도, f는 상수이다)

① 결정립의 크기는 $\dfrac{f \cdot G}{N}$로 표현된다.
② 핵 발생속도(N)는 과랭도가 클수록 증가한다.
③ 금속은 순도가 높을수록 결정립의 크기가 작은 경향이 있다.
④ G가 N보다 빨리 증대할 경우 결정립이 큰 것을 얻는다.

해설
금속의 경우 순도가 높을수록 결정립의 크기도 증가하는 경향을 보인다.

37 변형시효(strain aging)에 관한 설명 중 틀린 것은?

① 철의 변형시효에 있어서 탄소는 질소보다 더 큰 용해도와 확산계수를 갖는다.
② 상업용 저탄소강에서 변형시효를 제어하기 위해 롤러 교정이나 압연을 실시한다.
③ 일반 탄소강에서 청열취성이 나타나는 이유는 변형시효가 일어나기 때문이다.
④ 변형시효는 상온에서 소성변형을 가한 후 비교적 낮은 온도에서 가열하면 강도가 증가하고 연성이 감소하는 현상이다.

해설
질소는 극히 미량의 존재로도 강의 기계적 성질에 큰 영향을 미치는데 이는 인장강도, 항복강도를 증가시키고 연신율을 저하시킨다. 또한 탄소와 동일하게 침입형 원소이고 강 중에서 확산속도가 빠르므로 퀜칭시효, 변형시효, 청열취성을 유발한다. 즉, 질소는 변형시효에 있어서 탄소보다 더 큰 확산계수를 갖는다.

38 내부 변형이 있는 결정립이 내부 변형이 없는 새로운 결정립으로 치환되어 가는 과정은?

① 회복 ② 재결정
③ 핵성장 ④ 가공경화

해설
재결정은 회복 후 내부 변형이 없는 새로운 결정핵이 생성되면서 발생한다.

39 금속에서 전기 및 열이 잘 전달되는 이유는?

① 반데르발스 인력에 의해
② 이온결합에 의해
③ 공유결합에 의해
④ 자유전자에 의해

해설
금속에서 전기는 자유전자에 의해 전달된다.

40 Al-Cu계 합금의 G.P. zone은 Al의 어느 면에서 형성되는가?

① (111) ② (110)
③ (100) ④ (112)

해설
G.P. zone(Guinier-Preston zone)
과포화 고용체의 분해 시 최초 기지의 특정면에 2차원적으로 석출하는 용질원자의 집단으로 Al-Cu계 합금의 G.P. zone은 구리 원자가 알루미늄의 (100)면에 형성된다.

제3과목 금속 열처리

41 가열장치인 열처리로의 분류 중 구조에 따른 분류에 해당되지 않는 것은?

① 상형로
② 회전로
③ 연속로
④ 전기로

해설
전기로는 전력을 공급하여 물체를 가열시키는 노의 총칭으로 구조가 아닌 가열방법에 의한 분류이다.

42 결정조직 및 기계적, 물리적 성질 등을 표준화하기 위해 A_3 또는 A_{cm}선보다 30~50℃ 높은 온도에서 열처리한 후 공랭하는 열처리 방법은?

① 퀜칭
② 어닐링
③ 템퍼링
④ 노멀라이징

해설
노멀라이징(불림)
- 강을 표준상태로 만들어 조직의 불균일을 제거하고, 결정립을 미세화하여 기계적 성질을 개선한다.
- 가열 : A_3, A_{cm} + 50℃에서 가열한다.
- 냉각 : 대기 중에서 방랭하여 결정립을 미세화한다.

43 냉각의 단계를 1~3단계로 나눌 때, 시료가 냉각액의 증기에 감싸이는 단계로 냉각속도가 극히 느린 단계는?

① 1단계(증기막 단계)
② 2단계(비등 단계)
③ 3단계(대류 단계)
④ 단계와 상관없이 모두 극히 느려진다.

해설
냉각의 단계
- 제1단계(증기막 단계) : 시료가 증기에 감싸여 냉각속도가 극히 느리다.
- 제2단계(비등 단계) : 증기막의 파괴로 비등이 활발하여 냉각속도가 최대가 된다.
- 제3단계(대류 단계) : 시료 온도가 냉각액의 비등점보다 낮아서 대류에 의해 열을 빼앗기며 냉각속도가 느리다.

44 전해 담금질을 위한 전해액의 구비조건으로 틀린 것은?

① 비전도도가 커야 한다.
② 전극을 침식시키지 않아야 한다.
③ 취급이 쉽고 독성이 없어야 한다.
④ 음극의 주위에 수소가 저전압으로 발생하지 않아야 한다.

해설
전해 담금질에서의 전해액은 가열의 매체와 냉각액의 두 가지 역할을 하고 구비조건으로는 비전기전도도가 크고 전극을 침식시키지 않으며 취급이 쉽고 독성이 없어야 하므로, 탄산나트륨 수용액, 염산 수용액, 염화마그네슘 수용액 등이 사용된다.

정답 41 ④ 42 ④ 43 ① 44 ④

45 공석강을 오스테나이트화한 후, 노랭하였을 때의 조직은?

① 시멘타이트 ② 펄라이트
③ 오스테나이트 ④ 레데부라이트

해설
공석반응으로 페라이트와 시멘타이트가 층상구조를 이루는 것을 펄라이트라고 한다.

46 탄소강을 용접한 후 응력제거 어닐링(stress relief annealing)을 실시하였을 때 나타나는 효과가 아닌 것은?

① 응력부식의 증대
② 함유가스의 저하
③ 용접 열영향부의 연화
④ 잔류응력 및 변형의 완화

해설
응력제거 어닐링은 응력부식을 감소시킨다.

47 담금질한 공석강의 냉각곡선에서 시편을 20℃의 물속에 넣었을 때 ⓒ과 같은 곡선을 나타낼 때의 조직은?

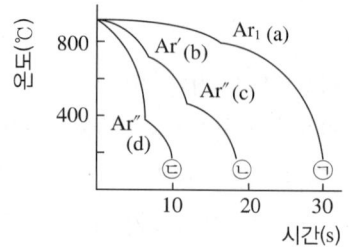

① 페라이트 ② 펄라이트
③ 마텐자이트 ④ 오스테나이트

해설
담금질 후 공석강의 냉각곡선이 나타내는 조직
㉠ 펄라이트, ㉡ 마텐자이트 + 펄라이트, ㉢ 마텐자이트

48 분위기 열처리 시 노점을 분석하는 그림과 같은 방식은?

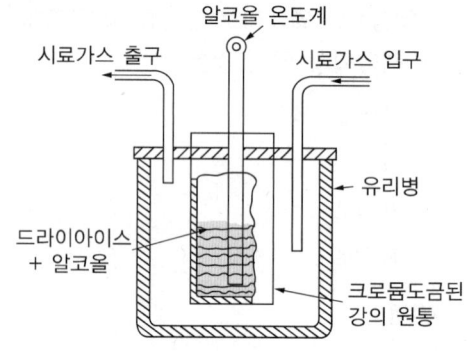

① 염화리튬(LiCl)
② 노점 컵(dew cup)
③ 냉경면(chilled mirror)
④ 안개상자(fog chamber)

해설
노점의 온도를 측정하는 그림과 같은 장치는 노점 컵(dew cup)이다.
※ 안개상자는 방사선을 보여 주는 장치이다.

49 금속을 열처리하는 목적에 대한 설명으로 틀린 것은?

① 조직을 안정화시키기 위하여 실시한다.
② 내식성을 개선하기 위하여 실시한다.
③ 경도의 증가 및 인성을 부여하기 위하여 실시한다.
④ 조직을 조대화시키고 방향성을 크게 하기 위하여 실시한다.

해설
조대 조직과 방향성을 가진 금속은 실용성이 떨어진다.

50 강이 고온에서 열처리되어 탈탄이 발생하였을 경우, 일어나는 현상으로 옳은 것은?

① 내피로강도를 증가시킨다.
② 탈탄층에는 오스테나이트 조직이 발달한다.
③ 결정이 미세화되어 기계적 성질이 향상된다.
④ 표면에 인장응력이 발생하여 변형되거나 크랙의 원인이 된다.

해설
고온에서 강이 탈탄되었을 경우 표면에 인장응력이 발생하여 크랙이 형성되어 균열 및 변형이 발생하고 내피로강도가 저하된다.

51 Sub-zero 처리과정에서 균열의 발생에 관한 대책으로 옳은 것은?

① 심랭처리 온도로부터의 승온은 가열로 내에서 실시한다.
② 가능한 한 잔류 오스테나이트가 많이 발생되도록 한다.
③ 담금질을 하기 전에 탈탄층을 발생시키고 탈탄이 지속되도록 한다.
④ 심랭처리하기 전에 100~300℃에서 뜨임(tempering)을 실시한다.

해설
심랭처리(sub-zero treatment)
담금질 상태의 강을 상온 이하 특정 온도로 냉각 후 잔류 오스테나이트를 마텐자이트 변태처리하는 과정으로 균열 발생을 방지하기 위해 심랭처리하기 전에 100~300℃에서 뜨임(tempering)처리를 한다.

52 강의 항온변태에 대한 설명 중 틀린 것은?

① 항온변태곡선 코(nose) 위에서 항온변태시키면 마텐자이트가 형성된다.
② 항온변태곡선은 TTT(time temperature transformation) 곡선이라고도 한다.
③ 항온변태곡선 코(nose) 아래와 M_s 직상의 온도 사이에서 항온변태시키면 베이나이트가 형성된다.
④ 오스테나이트화한 후 A_1 변태온도 이하의 온도로 급랭시켜 시간이 지남에 따라 오스테나이트 변태를 나타내는 곡선을 항온변태곡선이라 한다.

해설
항온변태곡선
강을 오스테나이트 상태로부터 A_1 변태점 이하의 항온 중에 담금질한 그대로 유지할 때 나타나는 변태로 항온변태처리를 통해 오스테나이트 변태를 나타내는 곡선으로, TTT(time temperature transformation) 곡선이라고도 한다.

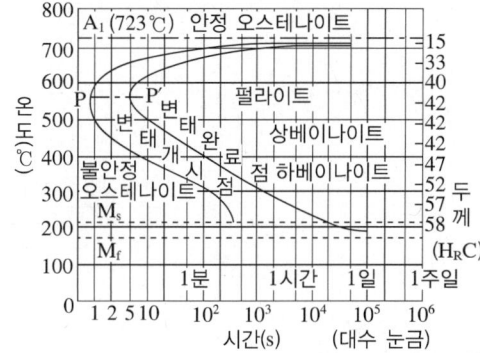

• 항온변태곡선 코(nose) 위에서 항온변태시키면 펄라이트가 형성된다.
• 항온변태곡선 코(nose) 아래와 M_s 직상의 온도 사이에서 항온변태 시키면 베이나이트가 형성된다.

53 열처리로의 온도를 측정하는 것 중 가장 높은 온도를 측정할 수 있는 열전대는?

① 크로멜-알루멜 열전대
② 백금-백금·로듐 열전대
③ 구리-콘스탄탄 열전대
④ 철-콘스탄탄 열전대

해설

종류	조성		사용가능 온도범위(℃)
	(+)	(−)	
J	철	콘스탄탄	−185~870(600)
K	크로멜	알루멜	−20~1,370(1,000)
T	구리	콘스탄탄	−185~370(300)
E	니크롬	콘스탄탄	−185~870(700)
S	백금로듐 10Rh-90Pt	백금	−20~1,480(1,400)

54 질화 열처리의 특징을 설명한 것 중 틀린 것은?

① 내마모성이 높다.
② 높은 표면경도를 얻을 수 있다.
③ 약 500℃까지는 고온경도가 높다.
④ 고온에서 처리되므로 변형이 많이 발생한다.

해설
질화 열처리는 낮은 온도에서 처리되므로 소재조직의 변화가 거의 발생하지 않는다.

55 염욕이 갖추어야 할 조건에 해당되지 않는 것은?

① 염욕의 순도가 높고 유해 불순물이 포함하지 않는 것이 좋다.
② 가급적 흡수성이 크고, 염욕의 분해를 촉진해야 한다.
③ 열처리 후 제품 표면에 점착한 염의 세정이 쉬워야 한다.
④ 열처리 온도에서 염욕의 점성 및 증발 휘산량이 적어야 한다.

해설
염욕의 조건
• 순도가 높아야 한다.
• 증발 휘산량이 적어야 한다.
• 점성이 낮아야 한다.
• 침탄성이 강해야 한다.
• 흡수성이 가능한 한 적어야 한다.

56 알루미늄 및 그 합금의 질별 처리 기호 중 기호 'H'가 의미하는 것은?

① 어닐링한 것
② 가공경화한 것
③ 용체화 처리한 것
④ 제조한 그대로의 것

해설
알루미늄, 마그네슘 및 그 합금의 질별 기호
• F : 제조한 그대로의 것
• H : 냉간가공 경화한 것(가공경화)
• O : 어닐링한 것
• W : 용체화 처리한 것
• T : 시효강화한 것(T1~T10)

57 강재를 담금질 할 때 연속냉각곡선을 나타내는 표기로 옳은 것은?

① CCT
② TAA
③ ESA
④ FRT

해설
연속냉각변태도 : CCT(continuous cooling transformation)

58 침탄 깊이와 관련이 가장 적은 것은?

① 가열 온도
② 유지 시간
③ 침탄제의 종류
④ 가열로의 종류

해설
침탄의 깊이는 침탄제 종류, 온도, 시간과 관련 있다.
$D = K\sqrt{T}$
(D : 침탄 깊이, K : 계수, 온도의 함수, T : 전침탄시간)

59 담금질(quenching) 시 균열이나 비틀림의 방지대책이 옳은 것끼리 짝지어진 것은?

㉠ 표면 형상의 변화를 다양하게 한다.
㉡ 열처리 부품의 둥근 부분은 뾰족하게 한다.
㉢ 필요 이상의 고탄소강은 사용하지 않는다.
㉣ 담금질한 후 가능하면 빠른 시간 내에 뜨임처리를 한다.

① ㉠, ㉡
② ㉡, ㉢
③ ㉢, ㉣
④ ㉠, ㉣

해설
담금질 시 균열이나 비틀림을 방지하기 위해서는 표면 형상의 변화가 단조로운 것이 유리하고 뾰족한 부분보다는 둥근 부분이 유리하다.

60 구조용강을 고온 뜨임 후 서랭 시 취화하는 경우가 발생하는데 이러한 현상을 개선하는 원소는?

① Cu
② Sb
③ Mo
④ Sn

해설
고온 뜨임 후 발생하는 취성을 개선하고 경화능을 향상시키는 원소로는 C, N, Mn, Ni, Cr, Mo 등이 있다.

정답 57 ① 58 ④ 59 ③ 60 ③

제4과목 | 재료시험

61 초음파 중에서 강 내를 통과하는 종파의 속도는 약 얼마인가?

① 330m/s ② 1,430m/s
③ 4,630m/s ④ 5,900m/s

해설
강 내를 통과하는 종파속도이다. 약 5,900m/s이고 수직탐촉자에 적용한다. 횡파의 속도는 종파속도의 약 절반이다.

62 굽힘시험은 굽힘 저항시험과 굴곡시험으로 분류되는데 다음 중 굴곡시험과 관계있는 것은?

① 탄성계수
② 탄성에너지
③ 재료의 저항력
④ 전성 및 연성

해설
범용적으로 굽힘시험이나 굴곡시험을 같이 사용하지만, 세부적으로 굴곡시험은 풀림재료의 연성의 대소를 상대적으로 비교하기 위해 사용하는 시험이다.

63 비금속 개재물 시험에서 그룹 B의 종류는?

① 황화물 종류
② 규산염 종류
③ 알루민산염 종류
④ 구형 산화물 종류

해설
비금속 개재물
- 그룹 A : 황화물 종류
- 그룹 B : 알루민산염 종류
- 그룹 C : 규산염 종류
- 그룹 D : 구형 산화물 종류

64 평판이 왕복하며 시험편을 닳게 하는 그림과 같은 시험법은?

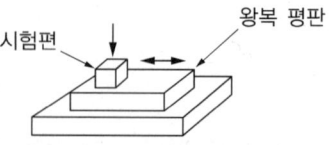

① 마모시험
② 에릭센시험
③ 크리프시험
④ 피로시험

해설
시험편을 닳게 하는 것은 마모와 관련 있다.

65 현미경 조직검사의 순서로 옳은 것은?

① 시험편 채취 → 마운팅 → 연마 → 부식 → 검경
② 시험편 채취 → 마운팅 → 부식 → 연마 → 검경
③ 시험편 채취 → 부식 → 연마 → 마운팅 → 검경
④ 시험편 채취 → 연마 → 검경 → 부식 → 마운팅

해설
현미경 조직검사 순서
시험편 채취 → 시험편의 제작(마운팅) → 연마 → 폴리싱 → 부식 → 검경

66 철강의 미세조직을 현미경으로 검사하기 위한 부식액으로 알맞은 것은?

① 질산초산 용액
② 염화제2철 용액
③ 나이탈 용액
④ 수산화나트륨 용액

해설
부식액
- 구리, 구리합금 : 염화제이철 용액
- 철강(탄소강) : 피크르산알코올 용액(피크랄), 질산알코올 용액(나이탈)
- 알루미늄, 알루미늄합금 : 수산화나트륨 용액, 불화수소산
- 니켈합금 : 질산, 아세트산
- 아연합금 : 염산

67 스크래치(scratch)를 이용한 경도 시험법은?

① 브리넬 경도시험
② 로크웰 경도시험
③ 마르텐스 경도시험
④ 마이어 경도시험

해설
스크래치를 이용한 경도시험법은 모스, 마르텐스 경도시험이고, 브리넬과 로크웰, 마이어 경도시험은 압입자를 이용한 경도시험이다.

68 다음 시험 방법 중 Bragg's 법칙을 이용한 시험법은?

① 커핑시험
② 누설시험
③ X선 회절시험
④ 정량조직검사

해설
브래그(Bragg's) 법칙
어느 결정면으로 X선 회절이 생길 가능성 및 간섭성 산란 X선의 회절 방향은 입사 X선의 파장을 λ, 결정면에 대한 X선의 입사각 및 반사각을 θ, 반사차수를 n으로 하면, $2d\sin\theta = n\lambda$를 만족하는 각도에서만 X선 회절이 생긴다는 법칙

정답 65 ① 66 ③ 67 ③ 68 ③

69 ASTM 결정립도 번호 중 결정립도 번호 8의 결정립 수는?(단, 입도번호는 100배로 촬영한 사진에서 1in² 면적당 평균 결정립 수를 통해 결정립도 번호를 구하였다)

① 16
② 32
③ 64
④ 128

해설
$n = 2^{(N-1)} = 2^{(8-1)} = 128$
여기서, n : 100배율 현미경에서 1제곱인치 내에 보이는 결정립 수
N : ASTM 입도 번호

70 전단응력의 크기에 영향을 미치는 인자로 보기 어려운 것은?

① 날의 각도
② 다이스의 재질
③ 다이스와 펀치의 틈
④ 공구와 재료 간의 마찰력

해설
전단응력은 소재에 대한 공구의 하중 방향(평행한 방향)으로 발생하는 응력이므로(가위질할 때와 같은 방향) 이러한 하중 방향과 관련 있는 인자(날의 각도, 펀치의 외곽 모서리, 공구와 재료 간의 접촉면 특성)가 전단응력의 크기에 영향을 미친다.

71 커핑시험에서 시험장치 및 시험편에 대한 설명으로 틀린 것은?

① 펀치는 시험 시 뒤집혀져서는 안 된다.
② 성형 다이는(고정된) 누름대에 대하여 자동 정렬이 되어야 한다.
③ 시험 전 시험편에 해머링이나 열간 또는 냉간가공이 실시된 제품이어야 한다.
④ 펀치의 움직임을 측정하기 위하여 기계는 0.1mm 간격의 눈금자를 갖는 게이지가 장착되어야 한다.

해설
커핑시험
에릭센시험 등의 일반적인 명칭으로 재료의 연성을 파악하는 시험법이다. 이는 시험편의 일반적인 소성가공성을 평가하는 시험으로 시험 전 시험편에 해머링이나 열간 또는 냉간가공이 실시된 제품일 필요는 없다.

72 압축강도시험에서 시험구역이 소성구역의 경우에는 가로변형에서의 만곡이 생기므로 일반적인 경우 길이(L)와 지름(D)의 비는 얼마 정도인 것이 사용되는가?

① $L/D = 1\sim3$
② $L/D = 4\sim6$
③ $L/D = 7\sim10$
④ $L/D = 11\sim15$

해설
압축강도시험의 시편은 일반적으로 원주시편을 사용하고, 시험구역이 소성구역인 경우 $L/D = 1\sim3$으로 한다(여기서, L : 시편 길이, D : 시편 지름).

73 침투탐상시험의 특징을 설명한 것 중 옳은 것은?

① 비금속의 재료에는 적용할 수 없다.
② 표면으로 닫혀 있는 결함만 검출할 수 있다.
③ 결함의 깊이, 내부의 모양 및 크기를 알 수 있다.
④ 어둡거나 밝아도 탐상할 수 있으며, 검사환경에 따라 검사방법을 선택할 수 있다.

해설
침투탐상시험 : 침투제를 표면에 적용하고 결함 내에 침투한 침투액이 만드는 지시모양을 관찰함으로써 결함을 찾아내는 탐상법
- 비금속 재료에 적용 가능하다.
- 표면의 열린 결함을 검출할 수 있다.
- 결함의 깊이, 모양, 크기 등을 정확히 알 수 없다.
- 형광/비형광 침투탐상이 가능하다.

74 마모시험에서 내마모성을 좌우하는 인자에 대한 설명 중 틀린 것은?

① 부식이 쉬운 것은 내마모성이 작다.
② 마찰열의 방출이 빠를수록 내마모성이 좋다.
③ 응착이 어려운 재료의 조합은 내마모성이 크다.
④ 거칠기가 크면 접촉이 나쁘며 응착이 작아 긁힘마모가 어렵다.

해설
마모시험에서 거칠기가 크면 접촉이 나쁘며 응착이 커져 긁힘마모가 쉽다.

75 조미니(Jominy) 시험은 무엇을 측정하기 위한 것인가?

① 부피   ② 재료
③ 경화능   ④ 피로한도

해설
조미니(Jominy) 시험법
강의 경화능(hardenability)을 시험하는 가장 보편적인 방법으로, 단면 담금질하여 냉각 후 축선을 따라 표면 경도를 측정하고 세로축은 로크웰 경도(HRC), 가로축은 수랭단으로부터의 거리를 나타낸다(J 다음 숫자가 경도, 그 다음 숫자는 거리).

76 안전보건교육의 단계별 교육과정 지식교육, 기능교육, 태도교육 중 태도교육 내용에 해당되는 것은?

① 안전규정 숙지를 위한 교육
② 전문적 기술 및 안전기술 기능
③ 작업 전후 점검 및 검사요령의 정확화 및 습관화
④ 안전의식의 향상 및 안전에 대한 책임감 주입

해설
안전보건교육
- 태도교육 : 생활지도, 작업동작지도를 통한 안전의 습관화
- 기능교육 : 기계장치 및 계기류의 작업능력 및 기술능력을 몸으로 익힘
- 지식교육 : 안전의식 및 책임감을 갖게 하고 안정 규정을 숙지함

77 인장시험편에 대한 설명으로 틀린 것은?

① 시험편은 비례형과 정형 시험편이 있다.
② 시험편의 분류에 시험편의 모양은 판 및 선 모양만이 있다.
③ 기계 다듬질한 원형 단면의 경우 평행부의 지름이 16mm를 초과하는 경우 허용값은 0.05이다.
④ 기계가공을 한 평행부의 지름, 두께 및 너비의 다듬질 치수의 호칭 치수 범위가 4mm 초과 16mm 이하인 경우 치수 허용차는 ±0.5이다.

해설
시험편의 모양에는 판 모양, 봉 모양, 관 모양, 원호 모양, 선 모양이 있다.

78 자분탐상시험법으로 결함 검출이 불가능한 것은?

① Fe ② Cu
③ Ni ④ Co

해설
자분탐상시험은 강자성체에만 적용이 가능하므로 Cu는 불가능하다.

79 낙하 하중을 지정된 높이에서 금속 표면에 낙하시켜 튀어 오른 높이를 기준으로 경도값을 나타내는 것의 기호는?

① HB ② HV
③ HR ④ HS

해설
• 낙하 경도시험 : 쇼어 경도시험(HS)
• 압입 경도시험 : 브리넬 경도시험(HB), 비커스 경도시험(HV), 로크웰 경도시험(HR)

80 샤르피(Charpy) 충격시험 시 해머의 충격 진행 방향을 옳은 것은?

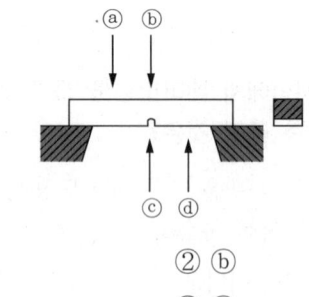

① ⓐ ② ⓑ
③ ⓒ ④ ⓓ

해설
샤르피 충격시험은 시편을 일정 폭으로 떨어진 두 지지대에 올려놓고 홈의 뒷면을 해머로 충격을 주어 시험하는 것으로 홈의 뒷면인 ⓑ에 충격을 준다. 시작점의 위치에너지와 끝점의 위치에너지로 충격에너지와 충격값을 유추하는 시험법이다.

2020년 제1·2회 통합 과년도 기출문제

제1과목 금속재료

01 다음 중 탄소 함유량이 가장 적은 것은?

① 연강
② 주철
③ 공석강
④ 암코철

해설
순철의 종류에는 암코철, 전해철, 카보닐철, 연철 등이 있다. 연강과 공석강은 탄소강이며, 순철은 탄소강이나 주철보다 탄소량이 적다.

02 강도가 크고, 고온이나 저온의 유체에 잘 견디며, 불순물을 제거하는 데 사용되는 금속필터, 즉 다공성이 뛰어난 재질은 어떤 방법으로 제조된 것이 가장 좋은가?

① 소결
② 기계가공
③ 주조가공
④ 용접가공

해설
소결가공으로 제조된 것은 다공성을 갖고 있다.

03 열전대(thermocoulpe)용 재료로 사용되는 것이 아닌 것은?

① 크로멜(chromel)
② 알루멜(alumel)
③ 콘스탄탄(constantan)
④ 모넬메탈(Monel metal)

해설

종류	조성 (+)	조성 (−)	사용가능 온도범위(℃)
J	철	콘스탄탄	−185~870(600)
K	크로멜	알루멜	−20~1,370(1,000)
T	구리	콘스탄탄	−185~370(300)
E	니크롬	콘스탄탄	−185~870(700)
S	백금로듐 10Rh−90Pt	백금	−20~1,480(1,400)

04 순금속과 합금의 금속적 특성을 설명한 것 중 틀린 것은?

① 전기의 양도체이다.
② 전성 및 연성을 갖는다.
③ 액체 상태에서만 결정구조를 갖는다.
④ 금속적 성질과 비금속적 성질을 동시에 나타내는 것을 준금속이라고 한다.

해설
금속 및 합금은 고체 상태에서만 결정구조를 갖는다. 액체 및 비정질에서는 결정구조를 갖지 않고 불규칙한 형태를 갖는다.

정답 1 ④ 2 ① 3 ④ 4 ③

05 다음 중 쾌삭강에 대한 설명으로 틀린 것은?

① 강재에 Se, Pb 등의 원소를 배합하여 피삭성을 좋게 한 강을 쾌삭강이라고 한다.
② S 쾌삭강에 Pb를 동시에 첨가하여 피삭성을 더욱 향상시킨 것을 초쾌삭강이라고 한다.
③ Pb 쾌삭강은 탄소강 또는 합금강에 0.1~0.3% 정도의 Pb를 첨가하여 피삭성을 좋게 한 강이다.
④ Pb 쾌삭강에서 Pb는 Fe 중에 고용되어 Fe가 chip breaker의 역할과 윤활제 작용을 한다.

해설
쾌삭강은 절삭성을 높이기 위해 S, Pb, Ca을 첨가한다. Ca 쾌삭강은 제강 시에 Ca을 탈산제로 사용하고, S 쾌삭강은 Mn을 0.4~1.5% 첨가하여 MnS으로 하고, 이것을 분사시켜 피삭성을 증가시킨다. Pb 또한 윤활제 작용이 아닌 피삭성을 높여 주기 위해 사용된다.

06 용융점은 약 650℃, 비중은 약 1.74이며, 고온에서 발화하기 쉬운 금속은?

① Al　　② Mg
③ Ti　　④ Zn

해설
금속의 비중
- 알루미늄(Al) : 2.7
- 마그네슘(Mg) : 1.7
- 타이타늄(Ti) : 4.5
- 아연(Zn) : 7.1

07 오스테나이트계 스테인리스강의 응력부식균열의 방지대책으로 틀린 것은?

① 음극방식을 한다.
② 쇼트피닝(shot peening)한다.
③ 사용환경 중의 염화물이나 알칼리를 제거한다.
④ Ni의 함량을 줄이고 Sb를 합금원소로 첨가한다.

해설
오스테나이트계 스테인리스강의 응력부식균열의 방지대책
- 음극방식을 한다.
- 압축응력은 오히려 효과적이므로 쇼트피닝(shot peening)을 한다.
- 외적 응력이 없도록 설계하고 용접 후 후열처리를 실시한다.
- 사용환경 중의 염화물이나 알칼리를 제거한다.
※ 응력부식균열의 방지대책과 안티모니(Sb)를 합금원소로 첨가하는 것은 관계없다.

08 다음 재료 중 고로(용광로)에서 제조되는 것은?

① 선철　　② 탄소강
③ 공석강　　④ 특수강

해설
제선공정
고로(용광로)에 철광석을 넣고 코크스를 태워 산소를 제거(환원)하여 선철을 만드는 공정

09 소성가공의 효과를 설명한 것 중 옳은 것은?

① 가공경화가 발생한다.
② 결정입자가 조대화된다.
③ 편석과 개재물을 집중시킨다.
④ 기공(void), 다공성(porosity)을 증가시킨다.

해설
소성가공의 효과
- 가공경화가 발생한다.
- 결정입자가 미세화된다.
- 편석과 개재물을 분산시킨다.
- 기공 및 다공성이 감소된다.

10 리드 프레임(lead frame) 재료로 요구되는 성능을 설명한 것 중 틀린 것은?

① 고집적화에 따라 열방산이 좋아야 한다.
② 보다 작고 얇게 하기 위하여 강도가 커야 한다.
③ 본딩(bonding)을 위한 우수한 도금성을 가져야 한다.
④ 재료의 치수 정밀도가 높고 잔류응력이 커야 한다.

해설
리드 프레임(lead frame)의 특성
- 반도체소자의 틀로 사용되는 소재이다.
- 열팽창을 줄이기 위해 열방출성이 높아야 한다.
- 보다 작고 얇게 하기 위하여 강도가 커야 한다.
- 본딩(bonding)을 위한 우수한 도금성을 가져야 한다.
- 치수 정밀도가 높고 잔류응력은 작아야 한다.

11 베어링합금에 대한 설명으로 옳은 것은?

① Cu-Pb계 베어링합금에는 Zamak 2가 있다.
② 배빗메탈(Babbit metal)은 Pb계 화이트메탈이다.
③ WM1~WM4는 Sn계, WM6~WM10은 Pb계 화이트메탈이다.
④ 반메탈(Bahn metal)은 Sn계 화이트메탈이다.

해설
- 켈밋(kelmet) : Cu-Pb계 베어링으로 화이트메탈보다 내하중성이 크고 열전도율이 높아 고속·고하중용 베어링에 적합하다.
- 배빗메탈(Babbit metal) : 주석(Sn)계 화이트메탈로 Sn, Sb, Cu를 성분으로 하는 내연기관용 베어링용 합금이다.
- 주석(Sn)계 화이트메탈은 WM1~WM4이고, 납(Pb)계 화이트메탈은 WM6~WM10이다.
- 반메탈(Bahn metal) : 납(Pb)계 화이트메탈이다.

12 순철에서 일어나는 변태가 아닌 것은?

① A_1 변태
② A_2 변태
③ A_3 변태
④ A_4 변태

해설
Fe-C 평형상태도
- A_0 변태점 : 210℃(Fe_3C의 자기변태)
- A_1 변태점 : 723℃(강의 공석변태)
- A_2 변태점 : 768℃(순철의 자기변태)
- A_3 변태점 : 910℃(순철의 동소변태)
- A_4 변태점 : 1,400℃(순철의 동소변태)

13 고융점 금속의 특성에 대한 설명으로 틀린 것은?

① 증기압이 높다.
② 융점이 높으므로 고온강도가 크다.
③ W, Mo은 열팽창계수가 낮으나 열전도율과 탄성률이 높다.
④ 내산화성은 작으나 습식부식에 대한 내식성은 특히 Ta, Nb에서 우수하다.

해설
고융점 금속은 융점이 높은 금속으로, 고온강도가 크고 내산화성은 작다. 종류에는 텅스텐(W), 탄탈럼(Ta), 몰리브데넘(Mo), 나이오븀(Nb) 등이 있다. 고융점 금속과 증기압은 관련이 적다.

14 다음 금속의 열전도율이 높은 순으로 옳은 것은?

① Ag > Al > Au > Cu
② Ag > Cu > Au > Al
③ Cu > Ag > Au > Al
④ Cu > Al > Ag > Au

해설
금속 열전도율의 순서
Ag > Cu > Au > Al > Zn > Ni > Fe

15 프레스가공 또는 판금가공이 아닌 것은?

① 압연가공　　② 굽힘가공
③ 전단가공　　④ 압축가공

해설
압연가공은 롤러에 의한 가공이다.

16 마우러 조직도란 주철 중에 어떤 원소의 함량을 나타낸 것인가?

① C와 Si　　② C와 Mn
③ P와 Si　　④ P와 S

해설
마우러 조직도는 주철에서 C와 Si의 관계를 나타낸 것으로 백주철, 펄라이트 주철, 반주철, 회주철, 페라이트주철로 구분된다.

17 20금(20K)의 순금 함유율은 몇 %인가?

① 65%　　② 73%
③ 83%　　④ 95%

해설
순금 함유율 = $\dfrac{20K}{24K} \times 100 = 83\%$

18 실루민의 주조조직을 미세화하는 개량처리에 사용하는 접종제는?

① 세륨 ② 알루미늄
③ 마그네슘 ④ 수산화나트륨

해설
실루민은 알루미늄과 규소의 합금으로 개량화를 위한 접종제는 금속나트륨, 불화알칼리, 수산화나트륨(NaOH)이 있다.

19 다음 중 초경합금에 사용되는 주요 성분은?

① TiC ② MgO
③ NaC ④ ZnO

해설
초경합금은 WC, TiC, TaC의 분말에 Co를 결합상으로 사용하여 만든 소결합금이다.

20 전성, 연성이 좋아 가공이 가장 잘되는 결정격자는?

① 체심정방격자
② 면심입방격자
③ 체심입방격자
④ 조밀육방격자

해설
면심입방격자는 배위수가 높고 슬립계가 많아서 전연성이 높다.

제2과목 금속조직

21 용질원자와 전위의 상호작용에 의해 장범위에 걸쳐서 일어나는 것은?

① 전기적 상호작용
② 적층 결함 상호작용
③ 탄성적 상호작용
④ 단범위 규칙도 상호작용

해설
용질원자와 전위의 상호작용으로 장범위에 나타나는 현상은 탄성적 성질과 관련 있다.

22 제2상을 인위적으로 첨가하여 강화시키는 기구로 고온에서도 강화효과를 효과적으로 유지할 수 있는 강화기구는?

① 석출강화 ② 변태강화
③ 고용강화 ④ 분산강화

해설
분산강화
금속합금에 안정한 미세입자를 소량 첨가하여 고온에서도 재료의 강도와 경도를 증가하는 처리

정답 18 ④ 19 ① 20 ② 21 ③ 22 ④

23 완전풀림 상태에서 금속결정 내의 전위밀도는 약 $10^6 \sim 10^8/cm^2$이다. 강하게 냉간가공된 상태에서 전위밀도는 얼마까지 증가하는가?

① $10^{11} \sim 10^{12}/cm^2$
② $10^{15} \sim 10^{16}/cm^2$
③ $10^{17} \sim 10^{18}/cm^2$
④ $10^{19} \sim 10^{20}/cm^2$

해설
전위밀도에서 완전풀림 시의 전위밀도는 $10^6 \sim 10^8/cm^2$이고, 강한 냉간가공 시 전위밀도는 $10^{11} \sim 10^{12}/cm^2$ 정도이다.

24 격자정수가 $a = b \neq c$이고, 축각이 $\alpha = \beta = 90°$, $\gamma = 120°$인 것은?

① 입방정계
② 정방정계
③ 사방정계
④ 육방정계

해설
- 입방정계 : $a = b = c$, $\alpha = \beta = \gamma = 90°$
- 정방정계 : $a = b \neq c$, $\alpha = \beta = \gamma = 90°$
- 사방정계 : $a \neq b \neq c$, $\alpha = \beta = \gamma = 90°$
- 육방정계 : $a = b \neq c$, $\alpha = \beta = 90°$, $\gamma = 120°$
- 단사정계 : $a \neq b \neq c$, $\alpha = \gamma = 90° \neq \beta$
- 삼사정계 : $a \neq b \neq c$, $\alpha \neq \beta \neq \gamma \neq 90°$

25 Fe-C 평형상태도에서 공정점의 자유도는?(단, 압력은 일정하다)

① 0
② 1
③ 2
④ 3

해설
공정점에서는 평형 상태하에 일어나기 때문에 불변반응으로, 자유도는 0이라고 판단해도 된다.

26 면심입방격자에서 가장 조밀한 원자면은?

① (100)
② (110)
③ (120)
④ (111)

해설
가장 조밀한 원자면과 슬립면이 같으므로 체심입방격자의 경우 (110), 면심입방격자의 경우 (111)이다.

27 코트렐(Cottrell) 효과란?

① 용매원자가 쌍정변형을 유발하는 효과
② 용매원자가 인상전위를 나사전위로 바꾸는 효과
③ 용질원자에 의해 인상전위가 활성화하여 이동되기 쉽게 되는 효과
④ 용질원자에 의해 인상전위가 안정한 상태가 되어 이동하기 어렵게 되는 효과

해설
코트렐 효과(Cottrell effect)
용질원자와 전위의 상호작용으로 불순물 원자가 전위선에 가까이 당겨져 전위를 고착시키는 효과로, 코트렐 효과에 의해 인장전위는 안정 상태로 움직임이 어렵게 된다.

28 금속가공 시 형성되는 결함은 열역학적으로 불안정하여 재가열 시 금속은 가공전과 유사한 물리적, 기계적 성질이 변화하는 회복이 일어난다. 이러한 회복과 관련이 없는 것은?

① 전위를 재배열시켜 준다.
② 점결함을 소멸시켜 준다.
③ 변형에너지의 일부가 방출된다.
④ 새로운 결정립이 생성된다.

해설
- 회복(recovery) : 풀림에 의하여 결정립의 모양과 방향에 변화를 일으키지 않고 물리적, 기계적 성질만 변화하는 과정으로, 결함이 소멸한다. 이에 가장 큰 이유는 전위(선결함)의 재배열을 통해 밀도가 감소하는 것을 의미한다.
- 새로운 결정립이 생성되는 것은 재결정과 관련 있다.

29 확산에 대한 설명으로 틀린 것은?

① 면결함인 표면에서의 단회로확산을 상호확산이라고 한다.
② 온도가 낮을 때는 입계의 확산과 입내의 확산의 차가 크게 되나 온도가 높아지면 그 차는 작게 된다.
③ 입계는 입내에 비하여 결정의 규칙성이 없는 구조를 가지며, 결함이 많으므로 확산이 일어나기 쉽다.
④ 용매 중 용질의 국부적인 농도차가 있을 때 시간의 경과에 따라 농도의 균일화가 일어나는 현상을 확산이라고 한다.

해설
- 상호확산은 다른 종류의 A, B 두 원자가 접촉면에서 서로 반대 방향으로 이동하는 확산이다.
- 자기확산은 순금속 중에서 같은 종류의 원자가 확산하는 현상이다.

30 금속의 응고과정에서 고상의 자유에너지 변화에 대한 설명으로 옳은 것은?(단, r_0는 임계핵의 반지름, r은 고상의 반지름, E_v은 체적 자유에너지, E_s는 계면 자유에너지이다)

① r_0 이상 크기의 고상입자를 엠브리오(embryo)라고 한다.
② r_0 이하 크기의 고상을 결정의 핵(nucleus)이라고 한다.
③ 고상의 전체 자유에너지의 변화는 $E = E_s - E_v$로 표시된다.
④ $r < r_0$인 경우에는 반지름이 증가함에 따라 자유에너지는 감소한다.

해설
금속의 응고과정에서 고상의 자유에너지 변화
r_0(임계반지름) 이상의 크기를 가지면 성장하여 결정핵이 될 수 있으며 r_0 이하의 엠브리오는 소멸한다.
- 고상의 전체 자유에너지의 변화는 $E = E_s - E_v$로 구의 표면적에 표면에너지를 곱한 값에 구의 체적에 체적 자유에너지를 곱한 값을 뺀 것과 같다.
- $r < r_0$인 경우에는 반지름 r이 증가함에 따라 전체 자유에너지도 증가한다.

31 강의 담금질조직인 마텐자이트조직에 관한 설명으로 틀린 것은?

① 강자성체이다.
② 취성이 있다.
③ 전연성이 크다.
④ 변화할 때 팽창이 된다.

해설
마텐자이트조직은 강의 담금질조직으로, 강자성체이고 취성이 있으며 변화할 때 팽창된다. 담금질은 경도를 높이는 과정이고 경도와 취성은 전연성과 반대적 성질을 갖는다.

32 Cu 및 Al과 같은 입방정 금속이 응고할 때 결정이 성장하는 우선 방향은?

① (100) ② (110)
③ (111) ④ (123)

해설
입방정계
$a=b=c$, $\alpha=\beta=\gamma=90°$이고, 금속이 응고할 때 결정이 성장하는 우선 방향은 (100)이다.

33 규칙도가 0에서 1에 이르는 사이에서 결정 전체가 완전히 규칙성을 나타내는 상태를 무엇이라고 하는가?

① 장범위 규칙도
② 단범위 규칙도
③ 이종범위 규칙도
④ 단종범위 규칙도

해설
장범위 규칙도(장거리 규칙도)
소격자의 분포율로 규칙도를 정의하는 것으로, 결정 전체의 규칙성을 나타낸다. $R=1$이면 격자가 완전히 규칙적인 것을 나타내고, $R=0$이면 완전 무질서 배열을 의미한다.

34 다음 그림에서 X-Y축을 경계로 좌우측의 원자들은 완전한 규칙배열로 되어 있으나, 전체로 보면 X-Y축을 경계로 하여 대칭으로 되어 있다. 이러한 원자배열의 구역은?

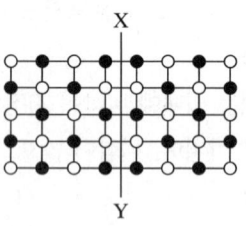

① 완화 구역
② 전이 구역
③ 자성 구역
④ 역위상 구역

해설
원자배열 시 나타나는 현상 중 특정 축의 경계에 전혀 반대(대칭)의 배열이 나타나는 구역을 역위상 구역이라고 한다.

35 금속을 가공하였을 때 축적에너지의 크기에 영향을 미치는 인자에 대한 설명으로 옳은 것은?

① 결정립도가 클수록 축적에너지의 양은 증가한다.
② 낮은 가공온도에서의 변형은 축적에너지의 양을 감소시킨다.
③ 변형량이 같을 때 불순물 원자가 첨가될수록 축적에너지의 양은 증가한다.
④ 가공도가 클수록 변형이 복잡하고, 축적에너지의 양은 더욱 감소한다.

해설
회복과정에서 축적에너지 양의 변화 정리
· 가공도가 클수록 축적에너지 양은 증가한다.
· 결정립도가 감소함에 따라 축적에너지 양은 증가한다.
· 불순물 원자를 첨가할수록 축적에너지 양은 증가한다.
· 낮은 가공온도에서의 변형은 축적에너지의 양을 증가시킨다.

36 상의 계면(interface)에 대한 설명 중 옳은 것은?

① 계면에너지가 작은 면의 성장속도는 빠르다.
② 원자 간 결합에너지가 클수록 계면에너지는 작다.
③ 정합 계면을 가진 석출물은 성장하면서 정합성을 상실할 수 있다.
④ 표면에너지를 최소화하기 위해서는 석출물이 침상이어야 한다.

해설
상의 계면(interface)의 특성
· 계면에너지가 작은 면의 성장속도는 느리다.
· 원자 간 결합에너지가 클수록 계면에너지는 크다.
· 정합 계면을 가진 석출물은 성장하면서 정합성을 상실할 수 있다.
· 표면에너지를 최소화하기 위해서는 석출물이 구상이어야 한다.

37 체심입방격자에 해당하는 수는?

① 1개　　② 2개
③ 4개　　④ 8개

해설
면심입방정의 원자수는 4개, 체심입방정과 조밀육방정의 원자수는 2개이다.
BCC : $\frac{1}{8} \times 8 + 1 = 2$

38 소성가공한 재료의 재결정온도를 낮게 하는 경우가 아닌 것은?

① 가공도가 큰 경우
② 순도가 높은 경우
③ 장시간 가공한 경우
④ 결정립이 조대한 경우

해설
재결정온도
회복 후 결정핵이 생성되면서 재결정이 일어나는 온도로 실용상에서는 60분 내 100% 재결정이 끝나는 온도를 의미한다.
· 가공도가 클수록 재결정온도가 낮아진다.
· 순도가 높을수록 재결정온도가 낮아진다.
· 장시간 가공한 경우 재결정온도가 낮아진다.
· 결정립이 미세한 경우 재결정온도가 낮아진다.

정답　35 ③　36 ③　37 ②　38 ④

39 다음 그림 중 포정형(包晶型) 상태도로 옳은 것은?(단, L = 융액, α, β = 고용체이다)

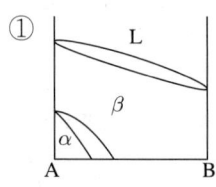 ① 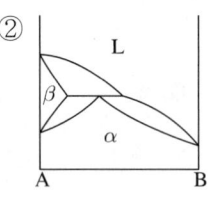 ②

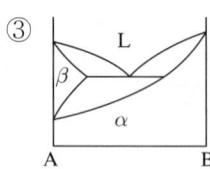 ③ 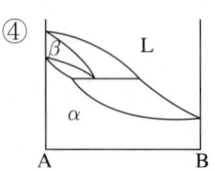 ④

해설
포정형은 두 재료의 융점차가 클 때 발생하는 것으로, 액상선 및 고상선이 나타난다. ②는 전형적인 포정형 상태도이다.

40 NaCl은 어떤 결합을 하고 있는가?

① 금속결합
② 공유결합
③ 이온결합
④ 반데르발스결합

해설
이온결합의 예 : NaCl ⇌ Na$^+$ + Cl$^-$

제3과목 금속 열처리

41 상온가공한 황동 제품의 시기균열(season crack)을 방지하기 위한 열처리방법은?

① 300℃에서 1시간 어닐링하여 급랭한다.
② 700℃에서 3시간 템퍼링하여 급랭한다.
③ 900℃에서 1시간 어닐링하여 급랭한다.
④ 1,010℃에서 2시간 퀜칭하여 유랭한다.

해설
상온 가공된 동합금은 외력이 없더라도 자연균열(시기균열)이 일어나는데 이를 방지하기 위해 저온풀림을 시행한다. 그렇지만 저온 풀림으로도 완전히 방지하기는 힘든데 이는 내부응력이 제거되는 온도(300℃)는 황동의 재결정 온도(250~300℃)보다 높아 결국은 경도값을 저하시키기 때문이다. 이러한 이유 때문에 300℃로 1시간 정도 풀림하는 방법을 사용한다.

42 잔류 오스테나이트가 많아 사용할 때 치수의 변화를 감소하기 위한 열처리방법은?

① 심랭처리
② 패턴팅처리
③ 항온열처리
④ 고주파 담금질처리

해설
심랭처리(sub-zero treatment)
담금질 상태의 강을 상온 이하 특정 온도로 냉각 후 잔류 오스테나이트를 마텐자이트 변태처리하는 과정

43 냉간금형공구강(STD11)을 HRC 58 이상의 경도를 얻기 위한 퀜칭, 템퍼링 온도 및 냉각방법으로 옳은 것은?

① 퀜칭 : 600℃ 수랭, 템퍼링 : 180℃ 공랭
② 퀜칭 : 780℃ 수랭, 템퍼링 : 180℃ 공랭
③ 퀜칭 : 830℃ 공랭, 템퍼링 : 560℃ 유랭
④ 퀜칭 : 1,030℃ 공랭, 템퍼링 : 180℃ 공랭

해설
STD11 합금공구강의 경우 적당한 담금질(퀜칭) 온도는 950~1,050℃로, 공랭시킨다.

44 탄소강을 열처리로에서 가열하였을 때 강재에 나타나는 온도의 색깔이 가장 낮은 것은?

① 암적색
② 담청색
③ 붉은색
④ 밝은 백색

해설
열처리 온도에 따른 탄소강의 색깔
청색(약 300℃) < 암적색(약 650℃) < 붉은색(약 760℃) < 주황색(약 930℃) < 노란색(약 1,100℃) < 밝은 백색(1,500℃)

45 열처리 결함 중 탈탄의 원인과 방지대책을 설명한 것 중 틀린 것은?

① 탈탄방지제를 도포한다.
② 염욕 및 금속욕에서 가열을 한다.
③ 고온에서 장시간 가열을 실시한다.
④ 분위기 속에서 가열하거나 진공가열을 한다.

해설
열처리 결함 탈탄의 원인과 방지대책
• 탈탄방지제를 도포한다.
• 염욕 및 금속욕에서 가열을 한다.
• 장시간 가열은 탈탄의 원인이 되므로 피한다.
• 분위기 속에서 가열하거나 진공가열을 한다.
• 강의 표면에 도금을 한다.
• 중성분말제 속에서 가열한다.

46 중탄소강을 오스테나이트 상태로 만든 후 가열온도 400~520℃의 용융염욕 또는 Pb욕 중에 침적한 후 공랭시켜 소르바이트 조직으로 된 피아노선 등의 신선(wire drawing) 작업 등에 이용하는 열처리는?

① 퀜칭(quenching)
② 패턴팅(patenting)
③ 어닐링(annealing)
④ 수인법(water toughening)

해설
• 패턴팅(patenting) : 오스템퍼 온도의 상한에서 미세한 sorbite 조직을 얻기 위한 방법으로, wire drawing 작업의 전처리에 이용한다.
• 수인법(water toughening) : 1,000~1,100℃에서 수중 담금질로 인성을 부여하는 방법이다.

47 금속 열처리의 목적이 아닌 것은?

① 조직을 안정화시키기 위하여
② 내식성을 개선시키기 위하여
③ 조직을 조대화하여 취성을 증대시키기 위하여
④ 경도 또는 인장응력을 증가시키기 위하여

해설
일반적으로 조직의 조대화와 취성이 증가하는 것은 금속의 물리적 특성을 나쁘게 만든다.

48 열처리 결함을 선척적과 후천적 결함으로 나눌 때 선천적 소재결함에 해당되는 것은?

① 탈탄
② 산화
③ 피시(fish) 스케일
④ 비금속 개재물

해설
비금속 개재물은 소재 자체에 존재하는 결함이다.

49 분위기 열처리에서 일반적으로 사용되는 불활성가스는?

① O_2 ② Ar
③ CO   ④ NH_3

해설
분위기 열처리에 일반적으로 사용되는 불활성가스는 아르곤(Ar) 가스이다.

50 전기로에 사용되는 발열체의 종류 중 금속 발열체가 아닌 것은?

① 흑연   ② 칸탈
③ 텅스텐   ④ 철-크롬

해설
금속 발열체

종류	명칭	최고 사용 온도(℃)
금속 발열체	니크롬	1,100
	철크로뮴	1,200
	칸탈	1,300
	몰리브데넘	1,650
	텅스텐	1,700
비금속 발열체	탄화규소(카보런덤)	1,600
	흑연	3,000

51 강의 표준조직을 만들기 위해 오스테나이트화 처리한 후 공기 중에 냉각시키는 열처리방법은?

① 퀜칭(quenching)
② 어닐링(annealing)
③ 템퍼링(tempering)
④ 노멀라이징(normalizing)

해설
노멀라이징(불림)
- 강을 표준상태로 만들어 조직의 불균일을 제거하고, 결정립을 미세화하여 기계적 성질을 개선한다.
- 가열 : A_3, A_{cm} + 50℃에서 가열한다.
- 냉각 : 대기 중에서 방랭하여 결정립을 미세화한다.

52 담금질처리 시 흔히 국부적으로 경화되지 않는 연한 부분을 연점이라고 하는데 연점이 발생하는 원인이 아닌 것은?

① 냉각이 불균일할 때
② 담금질온도가 불균일할 때
③ 강 표면에 탈탄층이 있을 때
④ 담금질성이 좋아 강의 냉각이 임계냉각속도보다 빠를 때

해설
담금질처리 시 국부적으로 경화되지 않는 연한 부분을 연점이라고 한다. 이는 열처리 결함 중 하나로 냉각이 불균일하거나 담금질온도가 불균일하거나 강 표면에 탈탄층이 있을 때 발생한다. 담금질성이 좋다는 것과 결함은 거리가 멀다.

53 이온질화법의 특징으로 옳은 것은?

① 표면청정작용이 있으며 질화속도가 빠르다.
② 미세한 홈의 내면, 긴 부품의 내면 등에 균일한 질화가 가능하다.
③ 처리부품의 정확한 온도 측정이 가능하며, 급속냉각이 가능하다.
④ 오스테나이트계 스테인리스강이나 Ti 등에는 질화가 불가능하다.

해설
이온질화(ion nitriding)법의 특징
• 질화속도가 비교적 빠르다.
• 수소가스에 의한 표면청정효과가 있다.
• 400℃ 이하의 저온에서도 질화가 가능하다.
• 글로 방전을 하므로 특별한 가열장치가 필요하지 않다.

54 트루스타이트(troostite)에 대한 설명 중 옳은 것은?

① α철과 극히 미세한 시멘타이트와의 기계적 혼합물이다.
② α철과 극히 미세한 마텐자이트와의 기계적 혼합물이다.
③ γ철과 조대한 시멘타이트의 기계적 혼합물이다.
④ γ철과 조대한 마텐자이트의 기계적 혼합물이다.

해설
강의 조직 중의 하나인 트루스타이트는 강을 느린 속도로 담금질할 때 미세상 집합에서 보이는 조직이며, α철과 미세한 시멘타이트의 기계적 혼합물이 포함된다.

55 강의 연속냉각변태에서 임계냉각속도란?

① 오스테나이트에서 마텐자이트만을 얻기 위한 최소의 냉각속도
② 마텐자이트에서 오스테나이트에로의 변태 개시 속도
③ 오스테나이트 상태에서 파인 펄라이트 조직을 얻기 위한 최소의 냉각속도
④ 오스테나이트 상태에서 베이나이트 조직을 얻기 위한 최소의 냉각속도

해설
강의 연속냉각변태(CCT)
오스테나이트 상태에서 여러 냉각속도로 연속냉각 시 생기는 변태나 조직의 변화로, 임계냉각속도는 마텐자이트만을 얻기 위한 최소 냉각속도를 의미한다.

56 오스테나이트 상태의 공석강을 A_1 변태점 이하의 일정한 온도(500℃)로 급랭하여 그 온도에서 적정 시간 유지 후 냉각하였을 때 얻을 수 있는 조직은?

① 베이나이트 ② 페라이트
③ 마텐자이트 ④ 오스테나이트

해설
항온변태곡선
강을 오스테나이트 상태로부터 A_1 변태점 이하의 항온 중에 담금질한 그대로 유지할 때 나타나는 변태로, 항온변태처리를 통해 오스테나이트 변태를 나타내는 곡선이다. TTT(time temperature transformation)곡선이라고도 한다.

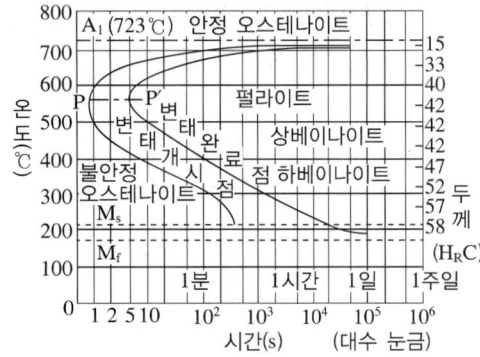

- 항온변태곡선 코(nose) 위에서 항온변태시키면 펄라이트가 형성된다.
- 항온변태곡선 코(nose) 아래와 M_s 직상의 온도 사이에서 항온변태시키면 베이나이트가 형성된다.

57 담금질용 냉각장치에서 교반장치가 부착되어 있는 주된 이유로 옳은 것은?

① 제품의 표면 박리를 방지하기 위해
② 제품의 냉각속도를 빨리하기 위해
③ 제품의 표면 탈탄을 방지하기 위해
④ 제품의 열처리 변태시간 편차를 크게 하기 위해

해설
담금질용 냉각장치에서 교반장치의 역할은 순환을 빠르게 하여 냉각속도를 빨리하기 위해서이다.

58 침탄공정에서 담금질을 한 경우 경도가 낮게 측정되었을 때의 원인이 아닌 것은?

① 탈탄이 되었을 때
② 침탄량이 부족할 때
③ 담금질의 냉각속도가 느릴 때
④ 잔류 오스테나이트가 없을 때

해설
침탄처리는 강의 표면을 강화시키기 위해 하는 처리로, 침탄공정에서 담금질한 경우 다음 조건에서 경도가 높다.
- 탈탄이 적을수록
- 침탄량이 많을수록
- 냉각속도가 빠를수록

59 강의 담금질에 따른 용적의 변화가 가장 큰 조직은?

① 펄라이트
② 베이나이트
③ 마텐자이트
④ 오스테나이트

해설
강의 조직 중에서 오스테나이트의 밀도가 가장 높고 마텐자이트의 밀도가 가장 낮다. 따라서 오스테나이트 → 마텐자이트의 열처리는 매우 큰 부피팽창을 수반한다.

60 대형 제품을 담금질하였을 때 재료의 내·외부에 담금질효과가 달라져서 경도의 편차가 나타나는 현상은?

① 노치효과
② 질량효과
③ 담금질 변형
④ 가공경화효과

해설
대형 구조물의 담금질 시 재료의 내·외부 간 질량효과로 인해 경도의 편차가 발생하며 이러한 경화능은 조미니 시험법으로 측정할 수 있다.

제4과목 재료시험

61 다음 그림은 에릭센 시험기의 주요부를 나타낸 것이다. D의 명칭은?

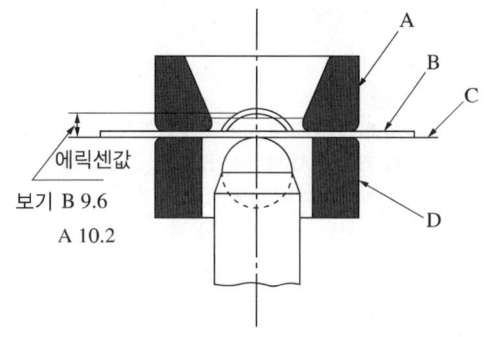

① 펀치
② 다이
③ 시험편
④ 주름 누르개

해설
에릭센 시험
재료의 연성을 파악하기 위하여 구리 및 알루미늄 판재와 같은 연성 판재를 가압성형하여 변형능력을 알아보기 위한 시험방법

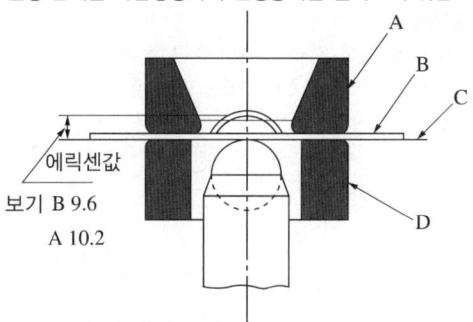

• A : 다이
• B : 시험편
• D : 주름 누르개

62 응력을 반복하여 가했을 때 재료 전체 또는 국부적 슬립 변형이 생기며 시간과 더불어 점차적으로 발전해가는 현상을 응력-반복횟수로 알아보는 시험법은?

① 경도시험   ② 인장시험
③ 압축시험   ④ 피로시험

해설
피로시험
동적시험법의 하나로 금속재료시험에서 작은 힘으로 반복적인 하중을 가하여 시험하는 방법으로 강철의 경우 이상적인 시험 반복횟수는 $10^6 \sim 10^7$이다.

63 무재해운동의 3원칙에 해당되지 않는 것은?

① 무의 원칙   ② 선취의 원칙
③ 참가의 원칙   ④ 품질 향상의 원칙

해설
- 무재해운동의 3원칙 : 무의 원칙, 선취의 원칙, 참가의 원칙
- 무재해 5S운동 : 정리, 정돈, 청소, 청결, 습관화

64 피로시험에서 시험편의 형상계수를 α, 노치계수를 β라고 할 때 노치민감계수(η)를 나타내는 식으로 옳은 것은?

① $\eta = \dfrac{\alpha}{\beta - 1}$ ② $\eta = \dfrac{\beta}{\alpha - 1}$
③ $\eta = \dfrac{\alpha - 1}{\beta - 1}$ ④ $\eta = \dfrac{\beta - 1}{\alpha - 1}$

해설
일반적으로 형상계수(α)≥노치계수(β)≥1이 성립한다. 노치민감계수가 0이면 노치에 둔감한 것이고, 노치민감계수가 1이면 노치에 민감한 것이다.

노치민감계수 = $\dfrac{\text{노치계수}(\beta) - 1}{\text{형상계수}(\alpha) - 1}$

65 상대적으로 경(硬)한 입자나 미세돌기와의 접촉에 의해 표면으로부터 마모입자가 이탈되는 현상으로, 마모면에 긁힘 자국이나 끝이 파인 홈들이 나타나는 마모는?

① 응착마모   ② 연삭마모
③ 피로마모   ④ 부식마모

해설
- 응착마모(adhesive wear) : 표면거칠기에 의해 유막이 존재하지 않아 발생하는 접촉에 의한 마모
- 피로마모(fatigue wear) : 기어나 베어링 등에 많이 발생하며 상대운동을 하는 표면에서 반복하중이 가해지면 마찰 표면층에서 파괴가 일어나 그 결과 마모입자가 발생하는 것
- 부식마모(corrosion wear) : 부식환경하에서 접촉에 의한 표면반응으로 생기는 마모

66 압축시험에 의해 결정할 수 없는 값은?

① 연신율   ② 항복점
③ 탄성계수   ④ 비례한도

해설
연신율은 소성변형 영역이므로 압축시험으로는 불가능하고 인장시험으로 결정 가능하다.

67 로크웰 경도시험에 대한 설명으로 옳은 것은?

① 기본하중은 1kgf이다.
② 다이아몬드 원뿔의 꼭지각은 136°이다.
③ 시험하중에는 50, 120, 200kgf의 3가지가 있다.
④ C스케일은 단단한 금속재료의 경도 측정용으로 사용한다.

해설
로크웰 경도시험
• 다이아몬드 원뿔 누르개 각도 : 120°(A, C스케일)
• 기준 하중 : 10kgf
• 시험하중 : 60kgf(A스케일), 100kgf(B스케일), 150kgf(C스케일)

68 초음파비파괴검사의 특징을 설명한 것 중 틀린 것은?

① 초음파의 종류는 종파, 횡파, 표면파 및 판파가 있다.
② 초음파의 전달효율을 높이기 위해 접촉매질이 사용된다.
③ 초음파비파괴검사는 방사선비파괴검사보다 결함의 종류를 구별하기 쉽다.
④ 초음파비파괴검사는 체적시험으로 내부 결함을 찾아내는 목적으로 사용된다.

해설
초음파비파괴검사의 특징
• 초음파의 종류에는 종파, 횡파, 표면파 및 판파가 있다.
• 초음파의 전달효율을 높이기 위해 접촉매질을 사용한다.
• 초음파비파괴검사는 체적시험으로 내부 결함을 찾아내는 목적으로 사용한다.
• 방사선투과시험은 필름상에 시각적으로 나타나는 반면 초음파비파괴검사의 경우는 그래프상에 에코신호로 나타나기 때문에 기본지식이 요구된다.

69 브리넬 경도시험의 특징을 설명한 것 중 틀린 것은?

① 얇은 재료나 침탄강, 질화강 등의 측정에 적합하다.
② 하중은 2~8초 사이에 시험하중까지 증가시키고 10~15초 동안 시험하중을 유지하도록 한다.
③ 시험기는 시험 도중 시험결과에 영향을 미칠 수 있는 충격이나 진동으로부터 보호되어야 한다.
④ 2개의 이웃하는 누르개 자국의 중심 사이 거리는 적어도 누르개 자국 평균 지름의 3배 이상이 되어야 한다.

해설
브리넬 경도는 얇은 재료에는 부적합하며, 마이크로 비커스 경도시험이 얇은 재료에 적합하다.

70 현미경을 이용한 조직검사 절차로 옳은 것은?

① 마운팅 → 미세 연마 → 거친 연마 → 부식 → 검경
② 마운팅 → 거친 연마 → 미세 연마 → 부식 → 검경
③ 미세연마 → 마운팅 → 거친 연마 → 검경 → 부식
④ 거친연마 → 미세연마 → 마운팅 → 검경 → 부식

해설
현미경 조직검사 순서
시험편 채취 → 시험편의 제작(마운팅) → 연마 → 폴리싱 → 부식 → 검경

정답 67 ④ 68 ③ 69 ① 70 ②

71 조미니시험 결과 보고서에 J35-15라고 쓰여 있을 때의 의미로 옳은 것은?

① 퀜칭단으로부터 15mm 떨어진 지점의 경도값이 HRC 35임을 나타낸다.
② 퀜칭단으로부터 35mm 떨어진 지점의 경도값이 HRC 15임을 나타낸다.
③ 퀜칭단으로부터 15mm 떨어진 지점의 경도값이 HS 35임을 나타낸다.
④ 퀜칭단으로부터 35mm 떨어진 지점의 경도값이 HS 15임을 나타낸다.

해설
조미니(Jominy)시험법
강의 경화능(hardenability)을 시험하는 가장 보편적인 방법으로, 단면 담금질하여 냉각 후 축선을 따라 표면경도를 측정하고 세로축은 로크웰 경도(HRC), 가로축은 수랭단으로부터의 거리를 나타낸다(J 다음 숫자가 경도, 그 다음 숫자는 거리임). 따라서 J35-15에서 '35'는 HRC 35이고 15는 거리이다.

72 한국산업표준(KS B 0801)의 4호 인장시험편 제작에서 지름(D)과 표점거리(L)는 몇 mm로 하는가?

① 지름(D) : 10mm, 표점거리(L) : 60mm
② 지름(D) : 14mm, 표점거리(L) : 50mm
③ 지름(D) : 20mm, 표점거리(L) : 200mm
④ 지름(D) : 40mm, 표점거리(L) : 220mm

해설
인장시험편은 1호, 2호 이외 4호, 5호, 8호, 10호, 11호, 12호, 13호 등 다양한 시험편으로 구분된다.
• KS 4호 : 표점거리(50mm), 지름(14mm)
• KS 5호 : 표점거리(50mm), 너비(25mm)

73 재료의 응력측정법이 아닌 것은?

① 관탄성방법　　② X선 방법
③ 무아레방법　　④ 커핑방법

해설
커핑시험은 재료의 연성을 파악하는 시험으로, 응력 측정과는 연관성이 없다.

74 침투비파괴검사에서 FA-D로 검사를 수행할 때의 공정이 아닌 것은?

① 전처리　　② 산화처리
③ 현상처리　　④ 침투처리

해설
침투비파괴검사의 기본 절차
전처리 → 침투처리 → 제거처리 → 현상처리 → 관찰 → 후처리
침투탐상액은 재료의 손상이 일어나지 않도록 중성용액을 사용한다.

75 금속재료의 파괴 형태를 설명한 것 중 다른 하나는?

① 미세한 공공 형태의 딤플 형상이 있다.
② 인장시험 시 컵-콘(원뿔) 형태로 파괴된다.
③ 균열의 전파 전 또는 전파 중에 상당한 소성변형을 유발한다.
④ 외부 힘에 의해 국부수축 없이 갑자기 발생되는 단계로 취성파단이 나타난다.

해설
취성파괴는 외부 힘에 의해 국부수축 없이 갑자기 발생되는 단계로, 취성파단이 나타난다.
연성파괴의 특성
• 미세한 공공 형태의 딤플 형상이 있다.
• 인장시험 시 컵-콘(원뿔) 형태로 파괴된다.
• 균열의 전파 전 또는 전파 중에 상당한 소성변형을 유발한다.

정답 71 ① 72 ② 73 ④ 74 ② 75 ④

76 금속조직 내의 상(相) 양을 측정하는 방법에 해당하지 않는 것은?

① 면적측정법　② 직선측정법
③ 점측정법　④ 축형측정법

[해설]
조직의 상(相)에 대한 정량적인 양을 측정하는 방법으로는 점의 개수, 직선의 길이, 면적을 측정하는 방법이 있다.

77 구리 및 구리합금의 조직을 검사하기 위한 부식액으로 가장 적합한 것은?

① 왕수
② 염화제2철 용액
③ 수산화나트륨 용액
④ 질산알코올 용액(나이탈)

[해설]
부식액
- 구리, 구리합금 : 염화제2철 용액
- 철강(탄소강) : 피크르산알코올 용액(피크랄), 질산알코올 용액(나이탈)
- 알루미늄, 알루미늄합금 : 수산화나트륨 용액, 불화수소산
- 니켈합금 : 질산, 아세트산
- 아연합금 : 염산

78 강의 비금속 개재물 측정방법(KS D 0204)에서 비금속 개재물의 종류와 그 표시 기호로 옳은 것은?

① 규산염 종류 : 그룹 A형
② 황화물 종류 : 그룹 B형
③ 알루민산염 종류 : 그룹 C형
④ 구형 산화물 종류 : 그룹 D형

[해설]
비금속 개재물 측정방법(KS D 0204)
- 그룹 A : 황화물 종류
- 그룹 B : 알루민산염 종류
- 그룹 C : 규산염 종류
- 그룹 D : 구형 산화물 종류

79 재료시험기가 구비해야 할 조건이 아닌 것은?

① 안전성이 있어야 한다.
② 취급이 편리하여야 한다.
③ 정밀도와 감도가 우수해야 한다.
④ 시험기의 내구성이 작아야 한다.

[해설]
시험기의 내구성이 우수해야 하는 것은 필수조건이다.

80 강자성체 강관(steel pipe) 표면에 존재하는 결함을 검출하고자 할 때 가장 적합한 시험방법은?

① 초음파비파괴검사
② 방사선비파괴검사
③ 자기비파괴검사
④ 누설비파괴검사

[해설]
자기비파괴검사는 표면결함 측정으로 강자성체에만 적용할 수 있다.

2020년 제3회 과년도 기출문제

제1과목 금속재료

01 다음 철광석 중 철분을 가장 많이 함유한 것은?

① 적철광
② 자철광
③ 갈철광
④ 능철광

해설
철광석의 Fe 함유량
- 능철광($FeCO_3$) : 48.2%Fe
- 갈철광($2Fe_2O_3 - 3H_2O$) : 59.8%Fe
- 적철광(Fe_2O_3) : 69.94%Fe
- 자철광(Fe_3O_4) : 72.4%Fe

02 탄소강에 함유된 원소 및 비금속 개재물의 영향을 설명한 것 중 틀린 것은?

① 열처리를 할 때에는 개재물로부터 균열이 발생한다.
② Mn은 S과 결합하여 MnS이 되고, S의 해를 없게 한다.
③ Si는 결정입자의 성장을 미세화하고 단접성을 증가시킨다.
④ 개재물은 재료의 내부에 점 상태로 존재하여 인성을 저하시킨다.

해설
탄소강 함유 원소 중 Si(규소)는 결정립을 조대화시키고 가공성을 해친다.

03 TiC를 주성분으로 하고 Ni 또는 Mo상을 결합상으로 제조한 초경합금공구강은?

① 서멧(cermet)
② 켈밋(kelmet)
③ 하스텔로이(hastelloy)
④ 퍼멀로이(permalloy)

해설
① 서멧(cermet) : TiC를 주성분으로 Ni 또는 Mo상을 결합상으로 제조한 금속으로, 초경합금공구강이라고도 한다.
② 켈밋(kelmet) : Cu-Pb계 베어링으로 화이트메탈보다 내하중성이 크고 열전도율이 높아 고속·고하중용 베어링에 적합하다.
③ 하스텔로이(hastelloy) : 내식성 니켈합금이다.
④ 퍼멀로이(permalloy) : 철-니켈합금으로 고투자율의 성질을 갖는 금속이다.

04 금속의 물리·화학적 성질을 설명한 것 중 틀린 것은?

① 전기저항의 역수를 비저항 또는 비열이라고 한다.
② 금속의 원자가 전자를 잃고 양이온으로 되려는 성질을 이온화경향이라고 한다.
③ 금속의 표면이 화학적 반응을 일으켜 비금속 화합물을 생성하면서 점차 소모되어 가는 것을 부식이라고 한다.
④ 물질이 상태의 변화를 완료하기 위해서는 열이 필요하게 되며, 이 열량을 숨은열 또는 잠열이라고 한다.

해설
비열은 물질 1g의 온도를 1℃ 높이는 데 필요한 열량을 말한다.

05 제진기능이 우수한 회주철을 공작기계의 베드로 사용하는 이유로 적합한 것은?

① 비감쇠능이 크기 때문
② 인장강도가 크기 때문
③ 열팽창률이 크기 때문
④ 전기전도도가 크기 때문

[해설]
제진기능은 진동을 감소시키는 기능으로, 감쇠능과 연관이 있다. 공작기계의 경우는 회전운동에 의한 진동이 잦다.

06 다음 중 백동에 관한 설명으로 틀린 것은?

① Cu에 Ni을 10~30% 첨가한 합금이다.
② 딥드로잉 가공에 적합하고, 열간가공성도 우수하다.
③ 내식성이 좋으므로 줄자, 표준자, 바이메탈 등에 사용되는 합금이다.
④ 가공성이 좋아 두께 25mm에서 1mm까지 중간풀림하지 않고 압연할 수 있다.

[해설]
백동
니켈이 10~30% 함유된 구리-니켈계 합금이다. 연성이 뛰어나고, 딥드로잉 가공성, 열간가공성이 좋으며, 내식성도 우수하기 때문에 열교환기의 재료로 많이 사용된다.

07 스테인리스강의 조직상 분류에 해당되지 않는 것은?

① 페라이트계
② 마텐자이트계
③ 시멘타이트계
④ 오스테나이트계

[해설]

분류		담금질	내식성	용접성
마텐자이트계	13Cr계	가능	나쁨	불가
페라이트계	18Cr계	불가	보통	보통
오스테나이트계	18Cr-8Ni계	불가	좋음	좋음

08 36%Ni-Fe 합금으로 바이메탈소자, 리드프레임 등에 사용하는 불변강은?

① 인바
② 알니코
③ 애드미럴티
④ 마레이징강

[해설]
① 인바(invar) : Ni35~36%, C0.1~0.3%, Mn0.4%와 Fe합금의 철-니켈합금으로 열팽창계수가 작아 바이메탈소자, 리드프레임, 표준자 등으로 사용하는 불변강이다.
② 알니코 : 강자성 영구자석으로 널리 사용되는 합금으로, MK강이라고도 하는 소결강이다.
③ 애드미럴티 황동 : 7:3 황동에 1% 내외의 Sn을 첨가한 것으로 내해수성을 향상시켜 증발기 및 열교환기로 사용한다.
④ 마레이징강 : 극저탄소 마텐자이트의 시효석출에 의하여 강화시킨 강이다.

09 구상화흑연주철은 합금원소를 첨가하여 흑연을 구상화처리함으로써 기계적 성질을 개선하는 것으로, 흑연의 구상화에 기여가 가장 큰 원소는?

① Mg
② Sn
③ P
④ Bi

해설
구상흑연주철
접종제를 이용해 주철에 흑연을 구상화하여 연성을 부여한 주철로, 접종제로는 세륨(Ce), 마그네슘(Mg), 칼슘(Ca)이 대표적이다.

10 다음 중 재결정 온도가 가장 낮은 금속은?

① Fe
② Au
③ Cu
④ Pb

해설

금속	재결정 온도(℃)	금속	재결정 온도(℃)
Au	200	Mo	900
Ag	200	Al	150~200
Cu	200~230	Zn	7~25
Fe	330~450	Sn	7~25
Ni	530~660	Pb	-3
W	1,200		

11 Zn 및 금형용 Zn합금에 대한 설명으로 틀린 것은?

① Zn은 Mo와 같이 대표적인 고용융점 금속이다.
② Zn은 건조한 공기 중에서는 거의 산화하지 않는다.
③ 금형용 아연합금의 대표적인 것으로는 KM합금, ZAS, Kirksite 등이 있다.
④ 금형용 아연합금의 표준 성분은 Zn에 4%Al-3%Cu-소량의 Mg 등으로 구성되어 있다.

해설
아연 및 금형용 아연합금
• 아연은 건조한 공기 중에서는 거의 산화하지 않는다.
• 금형용 아연합금의 대표적인 것으로는 KM합금, ZAS, Kirksite 등이 있다.
• 금형용 아연합금의 표준 성분은 Zn에 4%Al-3%Cu-0.03%Mg 등으로 구성되어 있다.
※ 고용융점 금속은 철의 녹는점(1,535℃)보다 높은 금속으로, 아연의 용융점은 약 420℃ 정도이다.

12 탄소강에서 탄소의 함유량이 1.0%까지 증가함에 따라 증가하는 것이 아닌 것은?

① 경도
② 연신율
③ 항복점
④ 인장강도

해설
탄소 함유율이 높을수록 강도와 경도는 증가하고, 인성과 연신율은 감소한다.

13 다음 중 비중이 가장 작은 것은?

① Fe ② Na
③ Cu ④ Al

해설
금속의 비중
- 나트륨 : 0.97
- 알루미늄 : 2.7
- 구리 : 8.9
- 철 : 7.85

14 분말야금용 금속을 이용하는 경우가 아닌 것은?

① 합금하기 어려운 재료의 성형
② 제품의 크기에 제한이 없는 부품
③ 절삭하기 곤란한 부품의 성형
④ 항공기의 경량화가 필요한 부품

해설
분말야금(powder metallurgy)법
금속 가루를 가압·성형하여 굳히고, 가열하여 소결함으로써 금속 제품을 얻는 방법
- 용융점 이하의 온도로 제작
- 다공질의 금속재료를 만들 수 있음
- 최종제품의 형상으로 제조가 가능하여 절삭가공이 거의 필요 없음
- 용해법으로 만들 수 없는 합금을 만들 수 있고 편석, 결정립 조대화의 문제점이 적음
- 제조과정에서 용융점까지 온도를 상승시킬 필요가 없음
- 고융점 금속부품 제조에 적합

15 22금(22K)의 순금 함유율은 약 몇 %인가?

① 75% ② 83%
③ 92% ④ 100%

해설
$$\text{순금 함유율} = \frac{22K}{24K} \times 100 ≒ 92\%$$

16 Al-Mg 합금에 대한 설명 중 옳은 것은?

① 내식성을 향상시키기 위해 구리와 아연의 첨가량을 10% 이상으로 한다.
② Al-Mg계 평형상태도에서 γ고용체와 δ상이 850℃에서 공석을 만든다.
③ Al에 약 10%까지의 Mg을 품은 합금을 하이드로 날륨이라고 한다.
④ 고온에서 Mg의 고용도가 낮고, 약 400℃에서 풀림하면 강도와 연신이 저하한다.

해설
하이드로날륨
Al-10%Mg의 합금으로 바닷물과 알칼리에 대한 내식성이 강하고 용접성이 매우 우수하다.

정답 13 ② 14 ② 15 ③ 16 ③

17 열간가공과 냉간가공을 구분하는 기준은?

① 변태 온도 ② 주조 온도
③ 담금질 온도 ④ 재결정 온도

해설

종류	특징
냉간가공	• 재결정 온도 이하에서의 가공 • 전위밀도가 증가하여 경도 및 인장강도가 커짐 • 인성이 감소 • 단면수축률이 감소 • 결정입자가 미세화되어 재료가 단단해짐 • 제품의 표면이 미려하고 치수가 정밀 • 열간가공에 비해 큰 힘이 필요함 • 전기저항이 증가
열간가공	• 재결정 온도 이상에서의 가공 • 회복, 재결정 과정을 거치며 전위가 사라짐 • 가공성이 매우 좋음 • 표면에 스케일이 생겨서 재가공 필요

18 탄소강에서 발생할 수 있는 취성에 대한 설명으로 틀린 것은?

① 500~600℃에서 청열취성을 나타낸다.
② P를 많이 함유하면 상온취성이 나타난다.
③ S를 많이 함유하면 적열취성이 나타난다.
④ 뜨임취성을 방지하기 위해 Mo을 첨가한다.

해설
• 청열취성은 200~300℃ 구간에서 연신율이 저하되는 것을 말한다.
• 인(P)은 상온취성의 원인이고, 결정입자를 조대화시킨다.
• 황(S)을 많이 함유하면 적열취성이 나타난다.
• 몰리브데넘(Mo)은 경화능을 향상시키고, 뜨임취성을 방지한다.

19 고속도공구강에 대한 설명으로 틀린 것은?

① SKH 2의 대표적 조성은 18%W-4%Cr-1%V이다.
② W의 일부는 C와 결합하여 W_6C를 형성한다.
③ 탄화물 등은 내마모성 및 경도를 저하시키고, 결정립을 조대화시킨다.
④ 고온 경도 및 내마모성이 우수하여 바이트 및 드릴의 절삭공구에 사용된다.

해설
일반적으로 고속도공구강에서의 탄화물 등은 내마모성 및 경도를 증대시킨다.

20 전기강판(규소강판)에 요구되는 특성을 설명한 것 중 옳은 것은?

① 투자율이 낮아야 한다.
② 철손(鐵損)이 많아야 한다.
③ 포화자속밀도가 낮아야 한다.
④ 박판(薄板)을 적층하여 사용할 때 층간저항이 높아야 한다.

해설
전자강판(규소강판)의 요구조건
• 투자율이 높아야 한다.
• 철손이 적어야 한다.
• 자화에 의한 치수 변화가 적어야 한다.
• 사용 중에는 자기적 성질의 변화가 적어야 한다.
• 박판을 적층하여 사용할 때 층간저항이 커야 한다.

제2과목 금속조직

21 Al-4%Cu 석출강화형 합금에서 석출강화에 영향을 주는 상은?

① α상　　② β상
③ θ상　　④ γ상

해설
- Al-4%Cu 합금에서 석출강화처리방법은 515℃에서 급랭하였을 때 얻은 과포화 고용체가 상온에서 시간 경과에 따라 석출하며 강도, 경도가 증가하는 시효처리를 한다.
- Al-4%Cu 석출강화형 합금에서 θ상은 석출강화에 결정적인 역할을 담당한다.

22 금속은 일반가공(소성변형)할 경우에 각 결정립의 슬립 방향이 인장 방향으로 일정한 방향으로 향하게 되는 우선방위를 가지게 되고, 이러한 경향은 가공도가 클수록 크게 나타난다. 이와 같이 우선방위를 가지는 조직은?

① 집합조직(texture)
② 주상조직(columnar structure)
③ 수지상조직(dendrite structure)
④ 공정조직(eutectic structure)

해설
금속을 한 방향으로만 가공하면 다결정 재료는 우선 결정방향을 이루어 집합조직을 가지게 된다.

23 마텐자이트(martensite) 변태에 대한 설명으로 틀린 것은?

① 마텐자이트는 고용체의 단일상(單一相)이다.
② 마텐자이트 변태를 하면 표면 기복이 생긴다.
③ 마텐자이트 변태는 확산이 일어나는 변태이다.
④ 저탄소 함량에서는 라스(lath) 모양, 고탄소 함량에서는 판(plate) 모양의 마텐자이트가 각각 생성된다.

해설
마텐자이트 변태는 고용체의 단일상을 만드는 것으로, 무확산변태이다.

24 냉간가공으로 변형을 일으킨 금속을 가열하면 그 내부에 새로운 결정립의 핵이 생기고, 이것이 성장하여 전체가 변형이 없는 결정립으로 치환되는 과정은?

① 변형　　② 회복
③ 재결정　　④ 결정립 성장

해설
재결정은 회복 후 내부 변형이 없는 새로운 결정핵이 생성되면서 발생한다.

정답　21 ③　22 ①　23 ③　24 ③

25 다음 식은 어떤 법칙인가?(단, D는 확산계수, t는 시간, x는 장소, C는 농도이다)

$$\frac{\partial C}{\partial t} = D \frac{\partial^2 C}{\partial x^2}$$

① Vegard의 법칙
② Fick의 확산 제1법칙
③ Fick의 확산 제2법칙
④ Hume Rothery 법칙

해설
- $J = -D\frac{\partial C}{\partial x}$: Fick의 제1확산법칙
- $J = D\frac{\partial^2 C}{\partial x^2}$: Fick의 제2확산법칙

26 FCC격자의 총슬립계는 몇 개인가?

① 6   ② 12
③ 24 ④ 48

해설
FCC(면심입방정계)격자의 경우 총슬립계는 4개의 각 슬립면마다 3개의 슬립 방향이 존재하므로 12개의 슬립계가 존재한다.

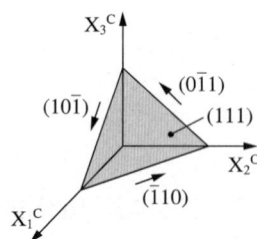
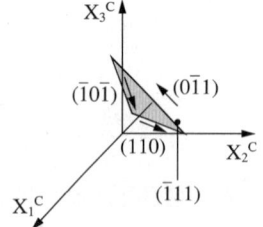
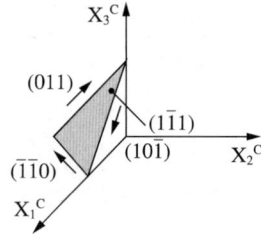
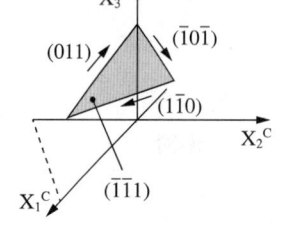

27 Fe 단결정을 변압기의 철심재료로 사용할 때 압연 방향이 어떤 방향인 경우 자기손실이 최소가 되는가?

① (111)
② (011)
③ (110)
④ (100)

해설
변압기 철심재료의 자기손실을 최소화하기 위해서는 두께의 영향도 있지만 방향성 전자강판대의 경우 자화용이 축이 압연 방향에 있으면 이 방향에 자화되어 우수한 자기특성이 달성되는데, Fe 단결정은 (100) 방향이 자화용이 방향(자기손실 최소)이고 (111) 방향이 자화곤란 방향(자기손실 최대)이다.

28 치환형 고용체의 합금에서 용질원자와 용매원자의 규칙-불규칙 변태와 관련하여 결정이 완전히 불규칙 상태인 때를 0, 완전히 규칙 상태인 때를 1이라고 하여 규칙화의 정도를 나타내는 척도는?

① 상률   ② 규칙도
③ 고용도 ④ 규칙격자

해설
규칙도에서 완전히 규칙 상태는 1, 불규칙 상태는 0으로 규칙화의 정도를 나타낸다.

29 결합력에 의한 결정을 분류하고자 할 때 원자의 결합양식이 아닌 것은?

① 이온결합
② 톰슨결합
③ 공유결합
④ 반데르발스결합

해설
원자 간 1차 결합
- 이온결합(ionic bonds)
- 공유결합(covalent bonds)
- 금속결합(metallic bonds)

원자 간 2차 결합
- 반데르발스결합(런던 인력)

30 금속의 재결정이 가장 잘 일어날 수 있는 것은?

① 고순도의 금속
② 가공도가 작은 금속
③ 석출물이 많은 금속
④ 이종원자들의 불순물이 많은 금속

해설
재결정온도
회복 후 결정핵이 생성되면서 재결정이 일어나는 온도로 실용상에서는 60분 내 100% 재결정이 끝나는 온도를 의미한다.
- 가공도가 클수록 재결정온도가 낮아진다.
- 순도가 높을수록 재결정온도가 낮아진다.
- 장시간 가공한 경우 재결정온도가 낮아진다.
- 결정립이 미세한 경우 재결정온도가 낮아진다.
따라서 순도가 높을수록 재결정온도가 낮아지므로 재결정이 가장 잘 일어날 수 있다.

31 확산(diffusion)과 관련이 가장 적은 것은?

① 침탄(carburizing)
② 질화(nitriding)
③ 담금질(quenching)
④ 금속침투(metallic cementation)

해설
확산기구에는 공공에 의한 상호확산(공격자점기구), 격자점 사이의 위치로 파고드는 격자 간 원자기구, 원자의 상호 이동에 의한 직접교환기구, 3개 또는 4개 원자의 동시 이동에 의한 링기구가 존재한다. 사용 예로 침탄, 질화, 금속침투가 있으나 담금질은 열처리로 관계가 작다.

32 칼날전위(edge dislocation)에 대한 설명 중 옳은 것은?

① 부피결함의 일종이다.
② 잉여반면을 가지지 않는다.
③ 전위선과 버거스 벡터(Burgers vector)가 서로 수직이다.
④ 전위선이 움직이는 방향은 버거스 벡터에 수직으로 움직인다.

해설
전위와 버거스 벡터의 관계
- 칼날전위 ⊥ 버거스 벡터(수직 관계)
- 나선전위 // 버거스 벡터(평행 관계)

정답 29 ② 30 ① 31 ③ 32 ③

33 다음 그림과 같은 상태도에서 각 성분 간의 용해도에 관한 내용으로 옳은 것은?

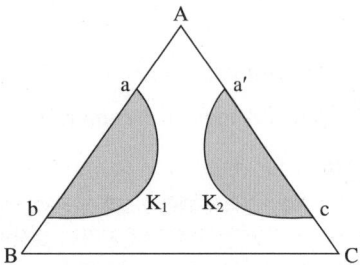

① AB, BC, AC에 용해한이 있다.
② AC에는 용해한이 없고, AB, BC에는 있다.
③ BC에는 용해한이 없고, AB, AC에는 있다.
④ BC에는 용해한이 있고, AB, AC에는 없다.

해설
문제의 그림은 3성분의 상태도에서 용해한도(고용한도)에 대한 설명으로, AB와 AC에는 용해한도가 있고, BC에는 용해한도가 없다.

34 석출강화에서 기지와 석출물의 특성을 설명한 것으로 틀린 것은?

① 석출물은 침상보다는 구상이어야 한다.
② 석출물은 입자의 크기가 미세하고 수가 많아야 한다.
③ 기지상은 연성이 크고, 석출물은 단단한 성질을 가져야 한다.
④ 석출물은 연속적으로 존재해야만 하는 반면 기지상은 불연속적이어야만 한다.

해설
석출강화에서 기지상은 배경조직을 말하며 연속적으로 존재하고 석출물이 분산되어 있는 구조이다.

35 단결정체에 탄성한계 이상의 외력을 가할 때 일어나는 슬립(slip)에 대한 설명으로 옳은 것은?

① 슬립은 원자밀도가 최대인 면에서 최소인 방향으로 일어난다.
② 슬립은 원자밀도가 최소인 면에서 최대인 방향으로 일어난다.
③ 슬립은 원자밀도가 최소인 면에서 최소인 방향으로 일어난다.
④ 슬립은 원자밀도가 최대인 면에서 최대인 방향으로 일어난다.

해설
슬립은 원자밀도가 최대인 면에서 최대인 방향으로 발생한다. 가장 조밀한 원자면 및 슬립면에서 체심입방격자의 경우 (110), 면심입방격자의 경우 (111)이다.

36 용융금속이 주형의 표면에서 내부로 급속 응고할 때 조직의 변화가 순서대로 옳게 나열된 것은?

① chill층(미세한 등축정) → 주상정 → 등축정
② 주상정 → chill층(미세한 등축정) → 등축정
③ 등축정 → chill층(미세한 등축정) → 주상정
④ 등축정 → 주상정 → chill층(미세한 등축정)

해설
주형의 표면에서 내부로 급속응고가 일어날 때 조직의 변화는 주형의 벽에서부터 "chilled층(미세 등축정조직) → 주상정조직 → 거친 등축정조직" 순서이다.
칠드영역은 주형벽과 접촉하여 급랭되는 부분으로 가장 먼저 고상으로 변태된다.

37 금속의 변태점 측정방법이 아닌 것은?

① 열팽창법
② 전기저항법
③ 성분분석법
④ 시차열분석법

해설
변태점 측정법
• 열분석법
• 비열법
• 전기저항법
※ 시차열분석법 : 변태점 측정법 중 시료의 온도와 기준 중성체간의 온도차를 이용해서 온도를 분석하는 방법이다.

38 원자배열이 어느 축을 경계로 하여 규칙적으로 되어 있으나 서로 반대의 배열을 갖는 것을 무엇이라고 하는가?

① 완화현상
② 역위상
③ 협동현상
④ 초격자

해설
원자배열 시 나타나는 현상 중 특정 축의 경계에 전혀 반대(대칭)의 배열이 나타나는 구역을 역위상 구역이라고 한다.

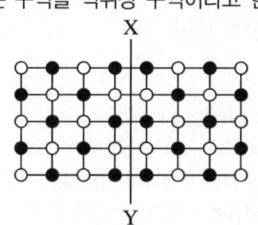

39 Fe-C 평형상태도에서 조직이 혼합물에 해당되는 것은?

① pearlite
② ferrite(α)
③ austenite(γ)
④ ferrite(δ)

해설
공석반응으로 페라이트와 시멘타이트가 층상구조를 이루는 것을 펄라이트라고 한다.

40 A+B+C+D의 4원 합금이 200℃에서 존재할 때, $\beta+\gamma$상 조직이 관찰된다면 이때 응축계의 자유도는?

① 0
② 1
③ 2
④ 3

해설
Gibbs 자유도 식 $F=n-P+1$에 따라 4원계이므로 $n=4$가 되고 2개의 상이 존재하므로 $P=2$이다.
따라서 자유도는 $F=4-2+1=3$이 된다.

제3과목 금속 열처리

41 진공로 내부를 단열하는 단열재의 구비조건이 아닌 것은?

① 열용량이 커야 한다.
② 흡습성이 없어야 한다.
③ 열적 충격에 강해야 한다.
④ 방사열을 완전히 반사시키는 재료이어야 한다.

해설
진공로 단열재의 구비조건
- 열전도율, 흡수율, 수증기 투과율이 낮아야 한다.
- 흡습성이 없어야 한다.
- 열적 충격에 강해야 한다.
- 방사열을 완전히 반사키는 재료이어야 한다.
- 내구성, 내열성, 내식성이 우수해야 한다.

42 가스질화-침탄(연질화)에 사용되는 가스의 구성으로 옳은 것은?

① $Ar + CO_2$ 가스
② $He + DX$ 가스
③ $NH_3 + RX$ 가스
④ $CO_2 + N_2$ 가스

해설
가스 연질화법은 RX가스와 암모니아(NH_3)가스를 50 : 50으로 혼합하여 처리하는 무공해방법이다.

43 보통 A_3 또는 A_{cm}선보다 30~50℃ 정도의 높은 온도에서 가열한 후 공기 중에서 공랭하는 열처리 방법은?

① 퀜칭
② 어닐링
③ 템퍼링
④ 노멀라이징

해설
노멀라이징(불림)
- 강을 표준상태로 만들어 조직의 불균일을 제거하고, 결정립을 미세화하여 기계적 성질을 개선한다.
- 가열 : A_3, A_{cm} + 50℃에서 가열한다.
- 냉각 : 대기 중에서 방랭하여 결정립을 미세화한다.

44 과포화 고용체로부터 다른 상이 석출하는 현상을 이용하여 금속재료의 강도 및 그 밖의 성질을 변화시키는 처리로 두랄루민 합금의 대표적인 처리방법은?

① 시효경화처리
② 가공경화처리
③ 가공열처리
④ 재결정화처리

해설
시효는 에이징(ageing)이라 하는데 말 그대로 나이를 먹는 것이다. 과포화 고용체를 고용한계선 이하에서 일정 온도로 유지하였을 때 과포화된 원자들이 석출되는 현상을 말한다. 이러한 석출물들이 응력장을 만들어 재료를 경화시킨다.

정답 41 ④ 42 ③ 43 ④ 44 ①

45 담금질 균열의 방지대책을 설명한 것으로 틀린 것은?

① 구멍을 뚫어 부품의 각부가 균일하게 냉각되도록 한다.
② 날카로운 모서리는 기능상 큰 문제가 없으면 면취를 한다.
③ 제품이 완전히 냉각되기 전에 냉각액으로부터 꺼내어 30분 이내에 템퍼링한다.
④ 담금질 가열온도를 가능하면 높게 하고 결정립도 조대화시키는 것이 좋다.

해설
담금질 균열방지책
• 변태응력을 줄인다.
• 살 두께의 차이 및 급변을 가급적 줄인다.
• 냉각 시 온도를 제품면에 균일하게 한다.
• 제품이 완전히 냉각되기 전에 냉각액으로부터 꺼내어 30분 이내에 템퍼링한다.
※ 결정립의 조대화는 균열방지에 적합하지 않다.

46 공석강을 오스테나이트로 가열하여 기름(60~80℃)에 퀜칭 연속냉각변태하였을 때 나타나는 기지조직은?

① 흑연
② 시멘타이트
③ 미세한 펄라이트
④ 마텐자이트+(미세한) 펄라이트

해설
공석강을 담금질하여 유랭으로 연속냉각변태하였을 때 마텐자이트 + 펄라이트가 나타난다.

47 대형 베벨기어를 담금질할 때 열처리 변형방지에 가장 적합한 냉각장치는?

① 분사 냉각장치
② 프레스 냉각장치
③ 염욕 냉각장치
④ 열유(120~150℃) 냉각장치

해설
대형 기어의 경우 염욕조를 이용한 염욕처리가 쉽지 않다. 프레스 냉각장치는 기계적으로 고정하여 열처리를 하는 방법이다.

48 베어링용 강을 구상화하는 목적이 아닌 것은?

① 마모성을 향상시키기 위해
② 담금질 변형을 작게 하기 위해
③ 기계가공성을 향상시키기 위해
④ 담금질효과를 균일하게 하기 위해

해설
강의 구상화는 담금질 시 변형 및 균열방지하고 기계가공성을 향상시키기 위한 것으로 마모성과는 관계없다.

정답 45 ④ 46 ④ 47 ② 48 ①

49 합금강에 첨가되었을 때 열처리 경화능 향상효과가 가장 큰 원소는?

① Si
② B
③ Cu
④ Ni

해설
- 담금질성을 좋게 하는 원소 : <u>Mn</u>, P, Si, <u>Ni</u>, <u>Cr</u>, <u>Mo</u>, <u>B</u>, Cu, Zr, Sn 등
- 담금질성을 나쁘게 하는 원소 : <u>S</u>, <u>Co</u>, <u>Pb</u>, Te 등
※ 경화능의 효과가 큰 금속의 순서는 B > Mn > Mo > Cr이다.

50 고체 침탄제의 구비조건이 아닌 것은?

① 고온에서 침탄력이 강해야 한다.
② 침탄 성분 중 P, S 성분이 적어야 한다.
③ 장시간 사용하여도 동일 침탄력을 유지하여야 한다.
④ 침탄 시 용적 변화가 크고 침탄 강재 표면에 고착물이 융착되어야 한다.

해설
고체 침탄제 구비조건
- 침탄력이 강해야 한다.
- 침탄 성분 중 P, S의 성분이 적어야 한다.
- 장시간의 반복 사용과 고온에서 견딜 수 있는 내구력을 가져야 한다.
- 침탄 시 용적변화가 적어야 한다.

51 담금질 변형에 대한 설명으로 틀린 것은?

① 치수 변화는 담금질 시 변태에 따른 팽창 및 수축을 말한다.
② 담금질 변형은 공랭보다는 유랭, 유랭보다는 수랭에서 변형 발생 가능성이 작다.
③ 열응력, 변태응력 또는 경화 상태가 불균일하기 때문에 생기는 변형이 있다.
④ 변형은 가열 및 냉각 시 처리부품의 휨, 비틀림 및 처짐 등의 현상이 있다.

해설
수랭 → 유랭 → 공랭 담금질 순서로 담금질 속도에 따라 변형이 작아진다. 즉, 공랭에서 담금질 변형이 가장 작다.

52 TTT곡선의 nose와 M_s점의 중간 온도로 유지된 염욕 속에서 변태가 완료될 때까지 일정 시간 유지한 다음 공랭시키면 베이나이트 조직이 생기는 열처리 조작은?

① 오스포밍(ausforming)
② 마퀜칭(marquenching)
③ 오스템퍼링(austempering)
④ 타임퀜칭(time quenching)

해설
③ 오스템퍼링(austempering) : 변태점 ($A_3 \sim A_1$) + (30~50℃)의 적당한 온도(약 840℃)로 가열하여 안정된 오스테나이트 영역으로 유지시킨 후 페라이트 및 펄라이트 조직의 생성온도(600℃) 이하, 마텐자이트 생성온도(200℃) 이상의 냉매(염욕 : 250~450℃) 속에 급랭시켜 베이나이트 조직을 얻는 열처리이다.
① 오스포밍(ausforming) : 강을 오스테나이트 상태까지 가열한 후 급랭하면서 압연 등의 소성가공으로 담금질하는 열처리이다.
② 마퀜칭(marquenching)은 복잡하고 변형이 많은 강재에 적합한 방법으로, 담금질온도까지 가열 후 M_s점보다 높은 온도에서 담금질 후 급랭하여 마텐자이트 변태를 유도하고 담금질 균열을 방지하는 열처리이다.
④ 타임퀜칭(time quenching, 시간 담금질) : 일정 온도로 유지된 담금질액에 일정 시간 담금질하는 방법이므로 일정 시간 동안에만 온도가 유지되는 열처리이다. 보통 시간 담금질, 인상 담금질, 2단 담금질이 있다.

53 구상흑연주철의 절삭성을 양호하게 하고 연성을 향상시키기 위한 열처리는?

① 퀜칭
② 템퍼링
③ 어닐링
④ 노멀라이징

해설
어닐링은 일반적으로 연성을 향상시킨다.

54 이온질화(ion nitriding)법의 특징을 설명한 것 중 틀린 것은?

① 질화속도가 비교적 빠르다.
② 수소가스에 의한 표면청정효과가 있다.
③ 400℃ 이하의 저온에서도 질화가 가능하다.
④ 글로 방전을 하므로 특별한 가열장치가 필요하다.

해설
이온질화(ion nitriding)법의 특징
- 질화속도가 비교적 빠르다.
- 수소가스에 의한 표면청정효과가 있다.
- 400℃ 이하의 저온에서도 질화가 가능하다.
- 글로 방전을 하므로 특별한 가열장치가 필요하지 않다.

55 강의 담금질 제품에서 발생하는 열처리 결함은?

① 담금질 균열, 열처리 변형, 탈탄, 경화 불충분
② 담금질 팽창, 기포, 백층, 이상조직
③ 담금질 수축, 침탄 얼룩, 내부 산화, 뜨임취성
④ 담금질 취성, 편석, 이상조직, 백층

해설
강의 담금질 열처리 결함
- 담금질 균열 : 형상에서 살 두께 차이 및 급변으로 인해 발생하는 균열
- 열처리 변형 : 빠른 온도차에 의해 열응력 등으로 인해 발생하는 치수 변화
- 탈탄 : 열처리에 의해 산소와 결합하여 표면 중심으로 탄소가 빠져나가는 결함
- 경화 불충분 : 냉각의 불균형 등으로 인해 경화의 차이가 생기는 결함
- 연점 : 담금질처리 시 국부적으로 경화되지 않는 연한 부분의 결함

56 물체가 방사하는 단일 파장의 에너지를 이용하여 온도를 측정하는 온도계는?

① 색온도계
② 광고온계
③ 복사온도계
④ 열전대온도계

해설
광고온계는 비접촉식 가시광선만을 이용하는 온도계로 필라멘트와 광휘를 시각적으로 비교하여 전류값으로 온도로 환산하는 방식의 온도계이다.

57 담금질한 후 뜨임을 하는 가장 큰 목적은?

① 마모화 ② 산화
③ 강인화 ④ 취성화

해설
뜨임은 조직을 균일하고 미세화시켜 강인화시킨다.
※ 마모화, 산화, 취성화는 안 좋은 성질을 의미한다.

58 침탄담금질 시 나타나는 박리의 원인이 아닌 것은?

① 반복 침탄을 할 때
② 확산층이 깊을 때
③ 원재료가 너무 연할 때
④ 과잉 침탄으로 인하여 C%가 표면에 너무 많을 때

해설
박리현상은 과잉 침탄 또는 원재료가 취약(너무 연할 때 등)할 때 발생하고 이를 방지하기 위해 확산풀림을 시행한다.

59 강의 담금질성을 판단하는 방법이 아닌 것은?

① 강박시험에 의한 방법
② 임계지름에 의한 방법
③ 조미니시험에 의한 방법
④ 임계냉각속도를 사용하는 방법

해설
강박시험은 잔류 탄소량 예측 및 침탄 정도 판정에 사용된다.

60 열처리 시 발생하는 체적 변화에 관한 설명으로 틀린 것은?

① 담금질하여 마텐자이트로 되면 팽창하는데, 강 중에 C%가 증가할수록 그 팽창량은 감소한다.
② 퀜칭 템퍼링하여 2차 경화하는 고합금강에서는 팽창한다.
③ 서브제로(sub-zero)처리하면 잔류 오스테나이트가 마텐자이트화되기 때문에 팽창한다.
④ 잔류 오스테나이트의 양이 많아지면 수축하지만, 많을수록 상온 방치 중에 시효 변형의 원인이 된다.

해설
열처리 시의 체적 변화
• 담금질하여 마텐자이트로 되면 팽창하는데 강 중에 C%가 적을수록 그 팽창량은 감소한다.
• 퀜칭 템퍼링하여 2차 경화하는 고합금강에서는 팽창한다.
• 서브제로처리하면 잔류 오스테나이트가 마텐자이트화되기 때문에 팽창한다.
• 잔류 오스테나이트의 양이 많아지면 수축하지만 많을수록 상온 방치 중에 시효변형의 원인이 된다.

제4과목 재료시험

61 금속재료 굽힘시험(KS B 0804)에 사용되는 직사각형 시험편의 모서리 부분은 반지름이 시험편 두께의 얼마를 넘지 않도록 라운딩하여야 하는가?

① $\dfrac{1}{2}$ ② $\dfrac{1}{3}$
③ $\dfrac{1}{5}$ ④ $\dfrac{1}{10}$

해설
굽힘시험 시편 모서리의 라운딩은 전체 두께의 1/10을 넘지 않도록 한다.

62 취성재료 압축시험에서 ASTM이 추천한 봉상 단주형 시편의 높이(h)와 지름(d)의 비는 어느 정도가 가장 적당한가?

① $h = 10d$ ② $h = 5d$
③ $h = 3d$ ④ $h = 0.9d$

해설
- 봉상 단주시험편 : $h = 0.9d$
- 중주시험편 : $h = 3d$
- 장주시험편 : $h = 10d$

63 와전류비파괴검사의 특징을 설명한 것 중 틀린 것은?

① 도체에만 적용이 가능하다.
② 시험체에 비접촉으로 탐상이 가능하다.
③ 시험체의 표층부에 있는 결함 검출을 대상으로 한다.
④ 고온 부위의 시험체에는 탐상이 불가능하고, 후처리가 필요하다.

해설
와전류비파괴검사는 비접촉시험, 표면결함검사, 전도체, 고온 부위의 시험체의 탐상이 가능하다.

64 충격시험에 대한 설명으로 틀린 것은?

① 모든 치수는 동일하고, 노치의 반지름이 작을수록 응력집중이 크다.
② 모든 치수는 동일하고, 노치의 깊이가 깊을수록 충격치는 감소한다.
③ 시험편 제작에 있어 시험편의 기호·번호 등은 시험에 영향을 미치지 않는 부위에 표시한다.
④ 시험편의 길이는 60mm, 높이 및 너비가 15mm인 정사각형의 단면을 가지며 V노치 또는 W노치를 가지고 있다.

해설
금속재료 충격시험편의 노치는 주로 V자형, U자형이 있다. W형의 노치는 응력집중이 이루어지기 힘들다.

정답 61 ④ 62 ④ 63 ④ 64 ④

65 강의 비금속 개재물 측정방법-표준 도표를 이용한 현미경 시험방법(KS D 0204)에서 구형 산화물의 종류에 해당되는 것은?

① 그룹 A
② 그룹 B
③ 그룹 C
④ 그룹 D

해설
비금속 개재물
산화물, 규산물, 황화물, 내화물 등이 금속 중에 개재되어 있는 것을 의미하고, 비금속 개재물의 종류 및 수량을 측정하여 이것에 의해 강질을 판단한다.
- 그룹 A(황화물 종류) : 쉽게 잘 늘어나는 개개의 회색 입자들로 그 끝은 보통 둥글게 되어 있다.
- 그룹 B(알루민산염 종류) : 변형이 안 되며 모가 나고 흑색이나 푸른색이 도는 많은 수의 입자들로 변형 방향으로 정렬되어 있다.
- 그룹 C(규산염 종류) : 쉽게 잘 늘어나는 개개의 흑색 또는 진회색 입자들로 그 끝은 보통 날카롭다.
- 그룹 D(구형 산화물 종류) : 변형이 안 되며 모가 나거나 구형으로 흑색이나 푸른색으로 방향성 없이 분포되어 있는 입자이다.

66 크리프(creep)의 속도가 대략 일정하게 진행되는 단계는?

① 1단계
② 2단계
③ 3단계
④ 4단계

해설
크리프 시험
- 1단계 : 감속 크리프
- 2단계 : 정상 크리프(변형속도 일정)
- 3단계 : 가속 크리프

67 1~5% 황산 수용액에 브로마이드 인화지를 5분간 담근 후 수분을 제거한 다음 이것을 피검사체의 시험면에 1~3분간 밀착시켜 철강 중에 있는 황(S)의 편석분포 상태를 검사하는 시험은?

① 후드(Hood)법
② 헤인(Heyn)법
③ 제프리스(Jefferies)법
④ 설퍼 프린트(sulfur print)법

해설
설퍼(sulfur)는 황(S)을 의미한다.

68 초음파탐상검사에 관한 설명 중 틀린 것은?

① 탐촉자를 사용한다.
② 초음파의 종류에는 종파, 횡파, 표면파, 판파가 있다.
③ 표면검사에 효과적이며, 시험체 두께 제한을 많이 받는다.
④ 금속의 결정립이 조대할 때 결함을 검출하지 못할 수 있다.

해설
- 표면결함비파괴시험 : 자분탐상시험, 와류탐상시험, 침투탐상시험
- 내부결함비파괴시험 : 초음파탐상시험, 방사선투과시험

69 설퍼 프린트시험에서 점상편석을 나타내는 기호로 옳은 것은?

① S_D ② S_N
③ S_C ④ S_L

해설
설퍼 프린트시험

S_N	정편석	S_L	선상편석
S_I	역편석	S_D	점상편석
S_C	중심부편석	S_{CO}	주상편석

70 자기비파괴검사에서 시험체에 가한 교류나 교류자속이 표면에서 최대이고, 내부로 갈수록 점차 감소하는 현상을 이용하여 표면결함을 검출할 수 있는 것은 어떤 효과 때문인가?

① 충격효과
② 질량효과
③ 표피효과
④ 방사효과

해설
표피효과
고주파 유도 가열 시 가공 부분의 표면에 자속밀도가 최대가 되어 표면만 급속히 가열되는 현상

71 노치효과에 대한 설명으로 옳은 것은?

① 노치계수(β)는 1보다 작다.
② 형상계수(α)는 노치계수(β)보다 크다.
③ 노치에 둔한 재료에서는 노치민감계수(η)가 0(zero)에 접근한다.
④ 노치민감계수의 값은 노치에 민감하면 0이 되고, 둔하면 1이 된다.

해설
일반적으로 형상계수(α) ≥ 노치계수(β) ≥ 1이 성립한다. 노치민감계수가 0이면 노치에 둔감한 것이고, 노치민감계수가 1이면 노치에 민감한 것이다.

72 강성계수(G)와 비틀림 강도를 측정할 수 있는 시험법은?

① 커핑시험(cupping test)
② 피로시험(fatigue test)
③ 경도시험(hardness test)
④ 비틀림시험(torsion test)

해설
비틀림시험을 통해 얻을 수 있는 기계적 성질은 강성계수, 비틀림 강도, 비틀림 파단계수, 전단탄성계수로 시험편 양 끝을 선 지름의 100배의 물림 간격으로 단단히 물린다.

정답 69 ① 70 ③ 71 ② 72 ④

73 피로시험 시 안전 및 유의사항으로 틀린 것은?

① 시험편은 정확하게 고정한다.
② 시험편은 편심이 생기도록 하여 진동을 준다.
③ 시험편이 회전되지 않는 상태에서는 하중을 가하지 않는다.
④ 시험편은 부식 부분에 응력집중이 생겨 부식피로 현상이 생기므로 부식되지 않도록 보관한다.

해설
피로시험 시 편심으로 진동을 유발하면 정확한 측정이 불가능하다.

74 탄소강의 불꽃시험에 대한 설명으로 틀린 것은?

① 강중의 탄소량이 증가하면 불꽃의 수가 많아진다.
② 탄소 함량이 높을수록 유선의 색깔은 적색에 가깝다.
③ 탄소량이 낮을수록 유선의 길이는 짧으며, 불꽃의 숫자는 많다.
④ 불꽃 관찰 시 유선 한 개 한 개를 관찰하며, 뿌리부분은 주로 C, Ni 양을 추정한다.

해설
탄소강의 불꽃시험
• 강 중의 탄소량이 증가하면 불꽃수가 많아짐
• 탄소함량이 높을수록 유선의 색깔은 적색
• 탄소함량이 높을수록 유선의 숫자가 증가
• 탄소함량이 높을수록 파열의 꽃잎 모양이 복잡해짐
• 탄소함량이 높을수록 유선의 길이가 감소

75 일정한 높이에서 시험편에 낙하시킨 해머가 반발한 높이로 경도를 측정하는 것은?

① 긁힘 경도계
② 쇼어 경도계
③ 비커스 경도계
④ 마르텐스 경도계

해설
쇼어 경도시험(HS)
일정한 형상과 중량을 가지는 다이아몬드 해머를 일정한 높이에서 낙하시켜 반발하는 높이를 경도로 표현한 것으로 휴대가 가능하며, 자국이 남지 않아 널리 사용된다.

76 인장시험한 시험결괏값을 구하는 식으로 틀린 것은?

① 인장강도 = $\dfrac{\text{최대 하중}}{\text{원단면적}}$

② 항복강도 = $\dfrac{\text{상부 항복하중}}{\text{원단면적}}$

③ 연신율 = $\dfrac{\text{파단된 길이}}{\text{원단면적}} \times 100\%$

④ 단면수축률
= $\dfrac{\text{시험 전 단면적} - \text{시험 후 단면적}}{\text{시험 전 단면적}} \times 100\%$

해설
연신율 = $\dfrac{\text{절단된 표점거리} - \text{초기 표점거리}}{\text{초기 표점거리}} \times 100\%$

73 ② 74 ③ 75 ② 76 ③

77 현미경 조직 관찰을 위한 구리, 황동, 청동 등의 부식제로 사용되는 것은?

① 염화제2철 용액
② 수산화나트륨 용액
③ 피크르산 알코올 용액
④ 질산 아세트산 용액

해설
부식액
- 구리, 구리합금 : 염화제2철 용액
- 철강(탄소강) : 피크르산알코올 용액(피크랄), 질산알코올 용액 (나이탈)
- 알루미늄, 알루미늄합금 : 수산화나트륨 용액, 불화수소산
- 니켈합금 : 질산, 아세트산
- 아연합금 : 염산

78 원통형 스프링에 압축하중이 작용할 때 스프링 와이어(wire)에 발생하는 응력은?

① 굽힘응력과 압축응력
② 압축응력과 전단응력
③ 수축응력과 굽힘응력
④ 전단응력과 비틀림응력

해설
스프링에 압축하중이 가해질 때 전단면에 대한 전단응력과 토크작용에 의한 비틀림응력이 발생한다.

79 마모현상에 대한 설명으로 틀린 것은?

① 접촉압력이 클수록 마모저항은 작다.
② 마모 변질층은 모체금속의 결정구조와 같다.
③ 진공 상태에서는 대기보다 마모저항이 크다.
④ 고주파 담금질처리된 강은 마모손실이 작다.

해설
마모현상
- 접촉압력이 클수록 마모저항이 작아지므로 마모손실이 크다.
- 마모 변질층은 모체금속의 결정구조와 다르다.
- 진공 상태에서는 대기보다 마모저항이 크므로 마모손실이 작다.
- 고주파 담금질처리된 강은 표면의 경도가 높아지므로 마모손실이 작다.

80 공칭변형량의 식을 옳게 표현한 것은?(단, L_0 = 시험 전 시편 초기의 표점거리, L = 시험 후 변형된 시편의 늘어난 표점거리, e = 공칭응력이다)

① $\varepsilon = \dfrac{\Delta L}{L_0}$
② $\varepsilon = \ln(e+1)$
③ $\varepsilon = \dfrac{L_0}{\Delta L}$
④ $\varepsilon = \ln(e-1)$

해설
- 공칭변형률(공칭변형량) : $\dfrac{(L-L_0)}{L_0} = \dfrac{\Delta L}{L_0}$
- 진변형률(진변형량) :
$\ln\left(\dfrac{L}{L_0}\right) = \ln\left[\dfrac{(L-L_0+L_0)}{L_0}\right] = \ln\left(\dfrac{\Delta L}{L_0}+1\right) = \ln(\varepsilon+1)$

※ ε는 공칭변형률이다(공칭응력이 아님에 주의).

2021년 제1회 과년도 기출복원문제

※ 2021년부터는 CBT(컴퓨터 기반 시험)로 진행되어 수험자의 기억에 의해 문제를 복원하였습니다. 실제 시행문제와 일부 상이할 수 있음을 알려드립니다.

제1과목 금속재료

01 구상흑연주철 제조 시 구상화제로 첨가되는 원소로 옳은 것은?

① O, N
② P, S
③ Mg, Ca
④ Al, Na

해설
구상흑연주철 접종제 : 세륨(Ce), 마그네슘(Mg), 칼슘(Ca)

02 마우러 조직도에 대한 설명으로 옳은 것은?

① 주철에서 C와 S량에 따른 주철의 조직관계를 표시한 것이다.
② 주철에서 C와 Si량에 따른 주철의 조직관계를 표시한 것이다.
③ 주철에서 C와 Mn량에 따른 주철의 조직관계를 표시한 것이다.
④ 주철에서 C와 P량에 따른 주철의 조직관계를 표시한 것이다.

해설
마우러 조직도는 주철에서 C와 Si의 관계를 나타낸 것으로 백주철, 펄라이트 주철, 반주철, 회주철, 연질 회주철로 구분된다.

03 다음 중 치과용(치열 교정용) 기구나 안경테 등에 사용되는 합금은?

① 방진합금
② 오일리스 합금
③ 초탄성합금
④ 자성유체 합금

해설
초탄성합금
소성변형시킨 후 하중을 제거해도 원래의 상태로 돌아오는 합금으로, 치열 교정용 기구나 안경테 등에 사용한다.

04 Ni-Cu계 합금에 대한 설명으로 틀린 것은?

① 실용합금으로는 백동, 콘스탄탄, 모넬메탈 등이 있다.
② 냉간가공 후 저온도로 풀림하면 강도와 탄성한도가 감소한다.
③ Cu에 Ni이 첨가됨에 따라 강도·경도를 증가시키며, 60~70%Ni에서 최대가 된다.
④ KR 모넬은 K 모넬에 탄소량을 다소 높게(0.28%) 하여 쾌삭성을 준 것이다.

해설
냉간가공하여 재결정 온도 이하의 저온도로 풀림하면 가공 상태일 때보다 오히려 강도가 증가한다.

정답 1 ③ 2 ② 3 ③ 4 ②

05 탄소강 중에 존재하는 5대 원소에 대한 설명으로 틀린 것은?

① C량의 증가에 따라 인장강도, 경도 등이 증가된다.
② Mn은 고온에서 결정립 성장을 억제시키며, 주조성을 좋게 한다.
③ Si는 결정립을 미세화하여 가공성 및 용접성을 증가시킨다.
④ S의 함유량은 공구강에서 0.03% 이하, 연강에서는 0.05% 이하로 제한한다.

해설
Si(규소)는 결정립을 조대화시키고 가공성을 해친다.

06 철강을 냉간가공할 때 경도가 증가하는 주된 이유는?

① 전위가 증가하기 때문
② 부피가 감소하기 때문
③ 무게가 증가하기 때문
④ 밀도가 감소하기 때문

해설
냉간가공을 거치게 되면 재료 내부에는 전위가 증가하여 경도와 강도가 증가한다.

07 산소나 인, 아연 등의 탈산제를 품지 않고 진공 또는 무산화 분위기에서 정련 주조한 것으로, 유리에 대한 봉착성이 좋고 수소취성이 없는 시판동은?

① 조동   ② 탈산동
③ 전기동 ④ 무산소동

해설
• 무산소동 : 진공 또는 CO의 환원 분위기에서 용해 주조한 것으로 진공관의 구리선 또는 전자기기용으로 사용한다.
• 탈산동 : 용해 시에 흡수한 산소를 인(P)으로 탈산하여 산소를 0.01% 이하로 한 것으로 고온에서 수소취성이 없고 산소를 흡수하지 않으며 용접성이 좋은 구리이다.
• 정련동(전기동) : 0.02~0.05% 산소 함유 등으로 전기 전도율이 좋고, 취성이 없으며, 가공성이 우수하여 전자기기에 사용한다.

08 Au 및 Au 합금에 대한 설명으로 옳은 것은?

① BCC 구조를 갖는다.
② 전연성은 Ag보다 나쁘다.
③ Au의 비중은 약 19.3 정도이다.
④ 18K 합금은 Au 함유량이 90%이다.

해설
① FCC 구조를 갖는다.
② 전연성이 Ag보다 우수하다.
④ 18K 합금의 Au 함유량은 75%이다.

09 WC, TiC, TaC의 분말에 Co를 결합상으로 사용하여 1,500℃에서 소결하여 만든 합금은?

① 인바   ② 세라믹
③ 초경합금 ④ 스텔라이트

해설
• 초경합금 : WC, TiC, TaC의 분말에 Co를 결합상으로 사용하여 만든 소결합금
• 스텔라이트(주조경질합금공구강) : Co가 주성분인 Co-Cr-W-C계 합금

정답 5 ③ 6 ① 7 ④ 8 ③ 9 ③

10 상온 또는 가열된 금속을 실린더 모양의 컨테이너에 넣고 한쪽에 있는 램에 압력을 가해 밀어내어 봉, 관, 형재 등의 가공을 하는 방법은?

① 전조
② 단조
③ 압출
④ 프레스

해설
- 압연 : 두 개의 롤 사이를 통과하며 재료가 변형
- 압출 : 형틀을 두고 뒤에서 압력을 가하여 밀어내는 가공
- 인발 : 형틀을 두고 앞에서 당기는 방식으로 가공
- 단조 : 형틀을 사용하거나 사용하지 않고 외부에서 충격을 주어 가공하는 것(예 대장간)

11 Fe-C 평형상태도에서 강의 A_1 변태점 온도는 약 몇 ℃인가?

① 723
② 768
③ 910
④ 1,400

해설
Fe-C 평형상태도
- A_0 변태점 : 210℃(Fe_3C의 자기변태)
- A_1 변태점 : 723℃(강의 공석변태)
- A_2 변태점 : 768℃(순철의 자기변태)
- A_3 변태점 : 910℃(순철의 동소변태)
- A_4 변태점 : 1,400℃(순철의 동소변태)

12 내·외적 응력이 작용하고 있는 강을 염화물이나 알칼리용액 중에서 사용하면 국부적인 균열을 일으키고 결국 파괴되는 현상인 응력부식균열을 일으키기 쉬운 스테인리스강은?

① 페라이트계
② 석출경화형
③ 마텐자이트계
④ 오스테나이트계

해설
오스테나이트계 스테인리스강은 응력부식균열을 일으키기 쉽다.

13 다이캐스팅용으로 쓰이는 아연합금의 원소에 대한 설명으로 틀린 것은?

① Al은 유동성을 개선한다.
② Cu는 입계부식을 억제한다.
③ Li은 길이 변화에 큰 영향을 준다.
④ Mg을 일정량 이상 많게 하면 유동성이 개선되어 얇고 복잡한 형상주조에 우수하다.

해설
Mg을 첨가하면 충격치와 내구력이 우수해지지만 주조성은 떨어진다.

14 비정질합금에 대한 설명으로 틀린 것은?

① 결정이방성이 없다.
② 가공경화가 심해 경도를 상승시킨다.
③ 구조적으로 장거리의 규칙성이 없다.
④ 열에 약하며, 고온에서는 결정화하여 전혀 다른 재료가 된다.

해설
비정질합금은 가공경화가 아닌 금속을 용융 상태에서 초고속 급랭에 의해 제조되는 재료로 결정이 되어 있지 않은 상태이며, 인장강도와 경도를 크게 개선시킨 합금이다.

15 잔류 자속밀도가 작으며 발전기, 전동기 등의 철심 재료에 가장 적합한 강은?

① 규소강(silicon steel)
② 자석강(magnetic steel)
③ 불변강(invariable steel)
④ 자경강(self hardening steel)

해설
규소강
- 규소(Si)를 5%까지 포함한 Fe-Si합금
- 잔류 자속밀도가 작음
- 전기재료로서 발전기, 전동기 등의 철심으로 이용

자석강
- 자석으로 사용되는 특수강
- 고급 미터기, 비행기 및 자동차용 마그넷, 라디오 부품 등에 사용
- 알니코 합금 : 영구자석으로 널리 사용되는 합금으로 MK강이라고도 하는 소결강

16 활자금속(type metal)으로 사용되는 Pb-Sb-Sn 합금에서 Sn의 주된 역할은?

① 융점을 높게 한다.
② 합금을 경화시킨다.
③ 주조조직을 미세화한다.
④ 응고 수축률을 떨어트린다.

해설
활자합금(type metal)
납(Pb)-안티모니(Sb)-주석(Sn)합금으로 주조가 용이하고 경도와 내마모성이 큰 금속이다. 여기서 주석은 주조조직을 미세화시킨다.

17 어느 방향으로 소성변형을 가한 재료에 역방향의 하중을 가하면 전과 같은 방향으로 하중을 가한 경우보다 소성변형에 대한 저항이 감소하는 것을 무엇이라고 하는가?

① 바우싱거효과
② 크리프효과
③ 재결정효과
④ 푸아송효과

해설
① 바우싱거효과 : 한 번 어느 방향으로 소성변형을 가한 재료에 역방향의 하중을 가하면 전과 같은 방향으로 하중을 가한 경우보다 소성변형에 대한 저항이 감소하는 현상
② 크리프효과 : 재료에 어떤 하중을 가하고 어떤 온도에서 긴 시간 동안 유지하면 시간의 경과에 따른 스트레인이 증가하는 현상
③ 재결정효과 : 냉간가공된 금속을 고온으로 가열 시 회복된 금속 조직 내에 변형률이 없는 새로운 결정립 성장
④ 푸아송효과 : 인장시험에서 재료에 따라 길이 변화에 대한 폭 변화의 비가 일정한 현상

18 0.6%C를 함유한 강은 어느 강에 해당되는가?

① 아공석강
② 과공석강
③ 공석강
④ 극연강

해설
0.8%C를 기준으로 그보다 C함유량이 높으면 과공석강, 낮으면 아공석강으로 분류한다.

19 인청동에서 취약한 성질을 나타내는 화합물은?

① Cu_2N
② Cu_3P
③ Fe_2S
④ Fe_2N

해설
인청동
주석청동에 1% 이하의 소량의 인을 포함한 것으로, 인은 탈산제로 주석의 산화물을 제거하는 데 사용되고 이로 인해 내식성과 내마모성을 향상시킨다.

20 다음 그림과 같은 순구리의 냉각곡선에서 응고잠열을 방출하기 시작하는 곳은?

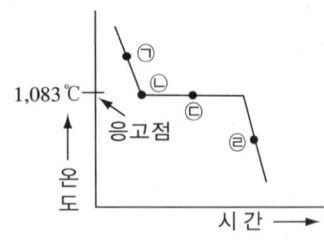

① ㉠
② ㉡
③ ㉢
④ ㉣

해설
잠열이 방출하기 시작하면 온도는 변하지 않는다.

제2과목 금속조직

21 고강도 냉연강판의 강화기구 중 고용체 강화에 대한 설명으로 옳은 것은?

① 베이나이트와 마텐자이트 단상 혹은 페라이트와 이러한 변태조직의 복합조직에 의한 강화이다.
② 석출물이 전위의 이동을 방해하여 강도를 상승시키는 강화이다.
③ C, N 등 침입형 원소 및 Si, Mn 등 치환형 원소에 의한 강화이다.
④ Ti, Nb, V 등의 탄, 질화물에 의한 강화이다.

해설
고용체 강화
고강도 냉연강판의 강화기구로 C, N 등의 침입형 원소 및 Si, Mn 등 치환형 원소에 의한 강화이다.

22 금속의 응고에 대한 설명으로 틀린 것은?

① 용융금속이 응고할 때 먼저 작은 결정을 만드는 핵이 생기고, 이 핵을 중심으로 수지상정이 발달한다.
② 금속의 응고 시 응고점보다 낮은 온도가 되어서 응고가 시작되는 현상을 과랭이라고 한다.
③ 액체 금속은 응고가 시작되면 응고잠열을 방출한다.
④ 과랭의 정도는 냉각속도가 낮을수록 커지며, 결정립은 미세해진다.

해설
과랭의 정도는 냉각속도가 클수록 커지며, 결정립은 미세해진다.

23 결정면의 축에 따른 절편을 원자 간격으로 측정한 수의 역수 정수비는?

① 밀러지수
② 다결정립
③ 배위수
④ 격자상수

해설
- 다결정립 : 미소한 결정입자가 여러 가지 방향으로 모여 있는 형상
- 배위수 : 중심원자를 둘러싼 배위원자의 수
- 격자상수 : 단위격자의 한 모서리 길이

24 시효경화를 위한 조건에 대한 설명으로 틀린 것은?

① 기지상은 연성을 가져야 한다.
② 석출물이 기지조직과 정합 상태이어야 한다.
③ 고용체의 용해한도가 온도 감소에 따라 급감해야 한다.
④ 급랭에 의해 제2상의 석출이 잘 이루어져야 한다.

해설
석출강화(시효경화)의 기본원칙
- 기지상의 연성은 크고 석출물은 단단한 성질을 갖는다.
- 석출물은 불연속적으로, 기지상은 연속적으로 존재한다.
- 석출물은 미세하고 수가 많아야 한다.
- 석출물의 부피가 크면 강도도 커진다.
- 석출물 입자의 형상이 구형에 가까울수록 응력집중이 적어 균열 발생이 적다.

25 다음 중 킹크 변형(kinking)의 발생이 가장 쉬운 경우는?

① FCC 금속을 slip 면에 수직으로 압축할 때
② BCC 금속을 slip 면에 수직으로 압축할 때
③ HCP 금속을 slip 면에 수직으로 압축할 때
④ BCC 금속을 slip 면에 평행하게 압축할 때

해설
원자의 상대적 위치가 바뀔 때 대부분 slip에 의해 나타나며, HCP 금속을 slip 면에 수직으로 압축할 때 발생 빈도가 높다.

26 면심입방격자의 쌍정면에 해당되는 것은?

① {111}
② {112}
③ {110}
④ {123}

해설
쌍정은 어떤 결정이 서로 대칭관계를 가진 두 부분으로 된 것으로서 면심입방구조체의 경우 쌍정면은 {111}이다.

27 장범위 규칙도에서 격자가 완전히 무질서일 때의 규칙도(R)는?

① 0
② 0.25
③ 0.5
④ 1

해설
소격자의 분포율로 규칙도를 정의
- $R=1$: 격자가 완전히 규칙적인 것을 나타냄
- $R=0$: 완전무질서 배열을 나타냄

정답 23 ① 24 ④ 25 ③ 26 ① 27 ①

28 Al-4%Cu 석출강화형 합금에서 석출강화에 영향을 주는 상은?

① α상
② β상
③ θ상
④ γ상

해설
석출강화형 합금에서 GP zone의 역할이 매우 중요하며 θ, θ', θ''상은 석출강화에 결정적인 역할을 담당한다.

29 공석강이 300℃ 부근의 등온변태에 의해 생성되는 조직으로 침상구조를 이루고 있는 것은?

① 레데부라이트
② 마텐자이트
③ 하부 베이나이트
④ 상부 베이나이트

해설
강의 베이나이트 조직은 본질적으로는 페라이트와 탄화물과의 혼합조직이며, 깃털상의 상부 베이나이트와 침상의 하부 베이나이트로 분류된다.

30 금속의 육방정계의 대표적인 면이 아닌 것은?

① 기저면(base plane)
② 각통면(prismatic plane)
③ 주조면(cast plane)
④ 각추면(pyramidal plane)

해설
육방정계를 구성하는 면에는 기저면, 각통면, 각추면이 포함된다.

31 Fe-C 상태도에서 공석점의 탄소는 약 몇 %인가?

① 0.025
② 0.80
③ 2.1
④ 4.3

해설
철-탄소의 2원계에서 공석점은 탄소가 0.87%인 곳을 의미한다.

32 금속의 확산에서 확산속도가 빠른 것에서 느린 순서로 옳은 것은?

① 입계확산 > 표면확산 > 격자확산
② 표면확산 > 격자확산 > 입계확산
③ 격자확산 > 입계확산 > 표면확산
④ 표면확산 > 입계확산 > 격자확산

해설
확산이 빠른 순서는 표면확산 > 입계확산 > 격자확산이다.

33 실용상 재결정온도를 가장 바르게 설명한 것은?

① 60분 내 100% 재결정이 끝나는 온도
② 60분 내 70% 재결정이 끝나는 온도
③ 30분 내 30% 재결정이 끝나는 온도
④ 30분 내 10% 재결정이 끝나는 온도

해설
재결정온도
회복 후 결정핵이 생성되면서 재결정이 일어나는 온도로, 실용상에서는 60분 내 100% 재결정이 끝나는 온도를 의미한다.

34 다음 그림은 3성분 중 2쌍의 용해한도를 갖는 상태도이다. 그림에 대한 설명으로 옳은 것은?

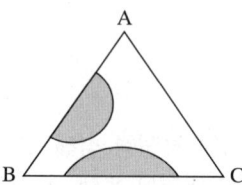

① AC는 모든 비율로 용해하고, AB, BC는 부분적으로 용해하고 있음을 나타낸다.
② AC는 부분적으로 용해하고, AB, BC는 모든 비율로 용해하고 있음을 나타낸다.
③ AB는 부분적으로 용해하고, AC, BC에는 모든 비율로 용해하고 있음을 나타낸다.
④ AB는 모든 비율로 용해하고, AC, BC는 부분적으로 용해하고 있음을 나타낸다.

해설
A와 B 그리고 B와 C 사이에는 용해한도를 갖고 있어 부분 용해되고, A와 C 사이에는 모든 비율로 용해됨을 알 수 있다.

35 미끄럼(slip)에 대한 설명으로 틀린 것은?

① 슬립계가 많은 금속일수록 소성변형하기 쉽다.
② 면심입방계와 체심입방계에서는 변형대를 관찰할 수 없다.
③ 6방정 금속에서 볼 수 있는 특정적인 변형에는 킹크밴드(kink band)가 있다.
④ 단결정의 방향에 따라 슬립면은 달라도 슬립 방향이 공통인 경우를 크로스 슬립(cross slip)이라고 한다.

해설
미끄럼은 전자 주위에 존재하는 원자의 변형거리를 의미한다. 슬립계가 많을수록 소성변형이 쉽고, 6방계 금속을 슬립면에 수직으로 압축할 때 생긴 변형 부분을 kink band라고 한다. 면심 및 체심입방에서도 슬립대는 형성된다.

36 상온에서 결정구조가 다른 금속원소는?

① Co   ② Ni
③ Cu   ④ Pd

해설
• 조밀육방구조(HCP)에 속하는 금속에는 Mg, Zn, Be, Cd, Ti, Zr, La, Ce, Co 등이 있다.
• 면심입방구조(FCC)를 가지는 금속에는 Cu, Al, Au, Ni, Pd 등이 있다.

정답 33 ① 34 ① 35 ② 36 ①

37 회복(recovery)에서 축적에너지에 대한 설명으로 틀린 것은?

① 축적에너지의 양은 결정립도가 감소함에 따라 증가한다.
② 내부변형이 복잡할수록 축적에너지의 양은 증가한다.
③ 불순물 합금원소가 첨가될수록 축적에너지의 양은 감소한다.
④ 낮은 가공온도에서의 변형은 축적에너지의 양을 증가시킨다.

해설
회복과정에서 축적에너지의 양 변화
- 가공도가 클수록 축적에너지의 양은 증가한다.
- 결정립도가 감소함에 따라 축적에너지의 양은 증가한다.
- 불순물 원자를 첨가할수록 축적에너지의 양은 증가한다.
- 낮은 가공온도에서의 변형은 축적에너지의 양을 증가시킨다.

38 침입형 원자가 원자공공과 한 쌍으로 되어 있는 결함은?

① 쌍정
② 크로디온
③ 프렌켈 결함
④ 쇼트키 결함

해설
- 쇼트키 결함 : 양이온 공공-음이온 공공 짝으로 존재한다(전기적 중성을 맞추기 위하여).
- 프렌켈 결함 : 양이온 공공-양이온 격자 짝으로 존재(양이온 하나가 원래자리 대신 다른 자리에 껴들어 가는 모양)

39 Fick의 확산법칙에서 사용하는 원자 확산계수(D)의 단위는?

① cm/in
② cm/s
③ cm^2/in
④ cm^2/s

해설
D는 확산도를 의미하며 확산속도를 나타내는 물리량으로서 단위는 cm^2/s이다.

40 다음의 3원 공정형 상태도에서 Ⅱ영역의 자유도는?(단, Ⅰ영역은 융액, Ⅱ영역은 고체+융액, Ⅲ영역은 고체이며, 압력이 일정하다)

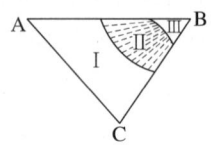

① 0
② 1
③ 2
④ 3

해설
Gibbs 자유도 식 $F = n - P + 1$에 따라 3원계이므로 $n = 3$이 되고 공정점에서는 2개의 상이 존재하므로 $P = 2$(액상과 고상)이다. 따라서 자유도는 $3 - 2 + 1 = 2$가 된다.

제3과목 금속 열처리

41 Al의 표면을 적당한 전해액 중에서 양극 산화처리 하면 표면에 방식성이 우수한 산화 피막층이 만들어진다. 이러한 알루미늄의 방식방법에 많이 이용되는 것은?

① 규산법
② 질화법
③ 탄화법
④ 수산법

해설
수산법
알루미늄 제품을 2% 수산용액에서 직류, 교류 혹은 직류에 교류를 동시에 송전한 것을 통하여 표면에 단단하고 치밀한 산화막을 얻는 방식법이다.

42 Al-Si계 합금을 주조할 때 나타나는 Si의 조대한 육각판상결정을 미세화하는 처리는?

① 심랭처리
② 용체화처리
③ 개량처리
④ 페이딩처리

해설
③ 개량화처리 : Al-Si계 합금에서 조대한 규소(Si)결정을 미세화시키기 위해서 금속나트륨, 플루오린화알칼리, NaOH 등을 첨가하는 처리
① 심랭처리 : 담금질 상태의 강을 상온 이하 특정 온도로 냉각 후 잔류 오스테나이트를 마텐자이트 변태처리
② 용체화처리 : 강을 고용체 범위까지 가열 후 급랭으로 고용체 상태를 상온까지 유지하는 처리
④ 페이딩현상 : 구상화처리에서 용탕의 방치시간이 길어지면 흑연의 구상화효과가 없어지는 현상

43 다음 중 클링킹(clinking)의 발생원인은?

① 가공경화한 재료의 연화현상 때문에
② 가열속도가 너무 늦어 산화되기 때문에
③ 가열온도가 낮아 탈탄이 촉진되기 때문에
④ 재료 내·외부의 온도차에 의한 응력 때문에

해설
클링킹(clinking)
빠른 가열속도로 소재의 내·외부 온도차에 의한 응력이 발생하여 생기는 균열

44 마텐자이트(martensite) 변태에 관한 설명으로 틀린 것은?

① 마텐자이트 변태를 하게 되면 표면에 기복이 발생한다.
② 펄라이트나 베이나이트 변태와 달리 확산을 수반하지 않는다.
③ 마텐자이트 조직은 모체인 오스테나이트 조성과 동일하다.
④ 마텐자이트 형성은 변태시간에 따라 진행되고 온도와는 무관하다.

해설
마텐자이트 변태의 특징
• 표면에 기복이 발생한다.
• 무확산변태이다.
• 저탄소 함량에서는 라스(lath)모양, 고탄소 함량에서는 판(plate)모양의 마텐자이트가 각각 생성된다.
• 조직은 오스테나이트 조성과 동일하다.
• 변태량은 온도에 관계하고 시간과는 관계없다.

정답 41 ④ 42 ③ 43 ④ 44 ④

45 수용액에서 퀜칭 시 냉각속도가 가장 빠른 단계는?

① 복사 단계 ② 비등 단계
③ 대류 단계 ④ 증기막 형성단계

> **해설**
> 금속의 냉각단계는 증기막 단계 → 비등 단계 → 대류 단계로 비등 단계에서 증기막의 파괴로 비등이 활발해져 냉각속도가 최대이다.

46 열처리의 목적이 아닌 것은?

① 조직을 안정화시키기 위하여
② 내식성을 개선시키기 위하여
③ 경도 또는 인장력을 증가시키기 위하여
④ 조직을 조대화하고 방향성을 크게 하기 위하여

> **해설**
> 열처리는 금속조직의 조대화를 최소화하고 방향성을 줄이기 위함이다.

47 경화능과 질량효과(mass effect)에 관한 설명으로 틀린 것은?

① 임계냉각속도가 클수록 경화하기 쉽다.
② 경화의 깊이와 경도의 분포를 지배하는 성질을 경화능이라고 한다.
③ 강재의 크기에 따라 담금질효과가 달라지는 현상을 질량효과라고 한다.
④ 경화능이란 담금질경화하기 쉬운 정도, 즉 마텐자이트 조직으로 얻기 쉬운 성질을 나타낸다.

> **해설**
> 임계냉각속도가 큰 강은 경화가 잘 되지 않는다.
> • 담금질 경도는 탄소량에 따라 결정된다.
> • 담금질 깊이는 탄소량, 합금원소의 영향이 크다.
> • 제품의 크기가 클수록 담금질 경도가 감소하는 현상을 질량효과라고 하며, 일반적으로 탄소강은 질량효과가 크고, 합금강은 질량효과가 작다.

48 강의 표면경화법을 화학적과 물리적 방법으로 구분할 때 물리적 방법에 의한 열처리법이 아닌 것은?

① 방전경화 ② 침탄경화
③ 화염경화 ④ 고주파경화

> **해설**
> 물리적인 방법에 의한 표면경화법은 재료의 성분이 변하지 않는 것이며 침탄경화에서는 탄소가 침투하며 성분의 변화가 이루어지므로 화학적 표면경화법으로 분류할 수 있다.

49 인상담금질(time quenching)에서 인상 시기에 대한 설명으로 틀린 것은?

① 기름의 기포 발생이 정지했을 때 꺼내어 공랭한다.
② 진동과 물소리가 정지한 순간 꺼내어 유랭 또는 공랭한다.
③ 화색(火色)이 나타나지 않을 때까지 2배의 시간만큼 물속에 담근 후 꺼내어 공랭한다.
④ 가열물의 지름 또는 두께 1mm당 10초 동안 수랭한 후 유랭 또는 공랭한다.

> **해설**
> 유랭의 경우 제품의 두께 또는 지름 1mm당 1초로 시간을 계산한다.

50 마퀜칭(marquenching)의 과정 및 결과에 관한 설명으로 틀린 것은?

① M_s점 직상으로 가열된 염욕에 담금질한다.
② 마퀜칭 후 얻어지는 조직은 베이나이트이다.
③ 퀜칭한 재료의 내·외부가 같은 온도가 될 때까지 항온 유지한다.
④ 시편 각부의 온도차가 생기지 않도록 비교적 서랭하여 Ar″변태를 진행시킨다.

해설
마퀜칭은 강을 오스테나이트로부터 마텐자이트로 되는 온도 부근의 액체 속에서 담금질하여 강의 온도가 일정하게 유지될 때까지 유지한 다음 공기로 냉각시키는 열처리 작업이다.

51 트루스타이트(troostite)에 대한 설명 중 옳은 것은?

① α철과 극히 미세한 시멘타이트의 기계적 혼합물
② α철과 극히 미세한 마텐자이트의 기계적 혼합물
③ γ철과 극히 미세한 시멘타이트의 기계적 혼합물
④ γ철과 극히 미세한 마텐자이트의 기계적 혼합물

해설
강의 조직 중의 하나인 트루스타이트는 강을 느린 속도로 담금질할 때 미세상 집합에서 보이는 조직으로, α철과 미세한 시멘타이트의 기계적 혼합물이 포함된다.

52 열처리의 방법과 그 목적으로 틀린 것은?

① 풀림 – 연화
② 노멀라이징 – 조대화
③ 담금질 – 경화
④ 뜨임 – 인성 부여

해설
노멀라이징(불림)
• 강을 표준상태로 만들어 조직의 불균일을 제거하고, 결정립을 미세화하여 기계적 성질을 개선한다.
• 가열 : A_3, A_{cm} + 50℃에서 가열한다.
• 냉각 : 대기 중에서 방랭하여 결정립을 미세화한다.

53 다음 그림은 가스침탄 공정도이다. 확산이 이루어지는 시간대는?

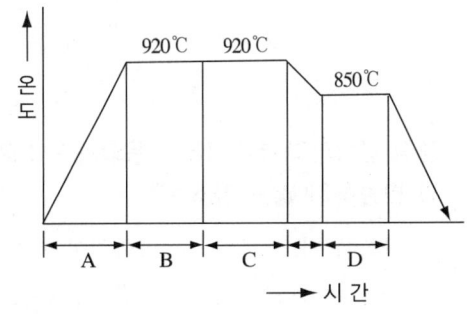

① A
② B
③ C
④ D

해설
침탄가스에 질소와 탄소를 혼합하여 금속의 표면을 경화하는 것으로 공중확산기는 C부분이다.

54 고주파 경화법에 관한 설명으로 옳은 것은?

① 코일의 재료는 주로 탄소강을 사용한다.
② 가열 면적이 좁을 때는 다권 코일을 사용한다.
③ 가열 면적이 넓고 길 때는 단권 코일을 사용한다.
④ 코일과 고주파 발생장치를 연결하는 리드는 될 수 있는 한 간격을 좁게 해야 한다.

[해설]
고주파 경화법은 고주파를 사용하여 심부는 소재 상태로 남겨두고 표면만 급속히 가열한 뒤 냉각시켜 높은 경도를 얻는 방법으로, 고주파 발생장치의 리드는 간격이 좁을수록 유리하다.

55 아공석강을 노멀라이징(normalizing) 열처리하였을 경우 얻어지는 조직은?

① 소르바이트 + 시멘타이트
② 시멘타이트 + 오스테나이트
③ 시멘타이트 + 베이나이트
④ 페라이트 + 펄라이트

[해설]
아공석강의 노멀라이징은 A_3 + 30~50℃에서 실시하며, 페라이트와 펄라이트의 혼합조직이 형성된다.

56 광휘 열처리의 분위기에 사용되는 가스로서 철강과 반응하지 않는 가스는?

① 산화성 가스   ② 환원성 가스
③ 불활성 가스   ④ 침탄성 가스

[해설]
분위기로
- 환원성 가스나 불활성 가스 등을 노 안에 불어넣어 광휘열처리를 하거나 침탄, 질화를 위한 분위기를 만들어주는 노다.
- 일반적인 열처리로는 산화성 분위기이기 때문에 산화, 탈탄을 피하기 힘들다.

57 임계구역 이상의 온도에서 담금질하고, 20℃에서 수중에서 냉각시킨 공석강의 곡선 중 정지점(d)에서의 조직은?

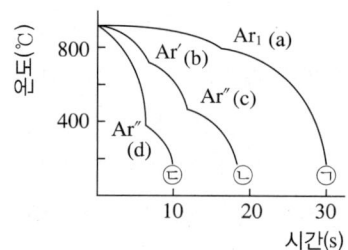

① 페라이트(ferrite)
② 펄라이트(pearlite)
③ 오스테나이트(austenite)
④ 마텐자이트(martensite)

[해설]
강을 물에 급랭시켰을 때 나타나는 침상조직은 마텐자이트 조직이다.

58 합금하지 않은 구상흑연주철의 응력 제거 온도의 범위는 약 몇 ℃ 정도인가?

① 450~500
② 510~565
③ 570~620
④ 630~685

[해설]
합금 상태가 존재하지 않는 구상흑연주철의 경우 적절한 응력 제거 온도는 510~565℃이다.

59 Mn, Ni, Cr 등을 함유한 구조용 강을 고온 뜨임한 후 급랭할 수 없거나 질화처리로서 600℃ 이하에서 장시간 가열하면 석출물로 인하여 취화되는데, 이 현상을 개선하는 원소는?

① Cu ② Mo
③ Sb ④ Sn

해설
구조용 강에서 가열 후 석출물에 의한 취화현상을 방지하기 위해 Mo를 첨가한다.

60 다음 중 연속로의 형태가 아닌 것은?

① 푸셔형(pusher type)
② 컨베이어형(conveyor type)
③ 상형(box type)
④ 노상 진동형로

해설
대형작업이 가능한 연속로에는 푸셔형, 컨베이어형, 노상 진동형로가 있다.

제4과목 재료시험

61 압입자 지름이 10mm인 브리넬 경도시험기로 강의 경도를 측정하기 위해 3,000kgf의 하중을 적용하였더니 압입 자국의 깊이가 1mm이었다면 브리넬 경도값(HB)은 약 얼마인가?

① 70.5 ② 85.5
③ 95.5 ④ 100.5

해설
$$HB = \frac{P}{A} = \frac{P}{\pi Dh} = \frac{3,000}{\pi \times 10 \times 1} = 95.5$$

62 시험편의 단면적이 40mm²이었던 것이 인장시험 후 38mm²로 나타났다. 이 재료의 단면수축률은?

① 3% ② 5%
③ 7% ④ 9%

해설
$$단면수축률 = \frac{A_0 - A_1}{A_0} \times 100 = \frac{40-38}{40} \times 100 = 5\%$$
(A_0 : 시험 전 단면적, A_1 : 시험 후 단면적)

63 초음파 중에서 강 내를 통과하는 종파의 속도는 약 얼마인가?

① 330m/s ② 1,430m/s
③ 4,630m/s ④ 5,900m/s

해설
강 내를 통과하는 종파속도이다. 약 5,900m/s이고 수직탐촉자에 적용한다. 횡파의 속도는 종파속도의 약 절반이다.

정답 59 ② 60 ③ 61 ③ 62 ② 63 ④

64 탐상 감도가 가장 좋은 누설검사방법은?

① 거품시험(bubble test)
② 압력변환시험(pressure change test)
③ 질량분석시험(mass spectrometer test)
④ 액체침투시험(liquid penetrant test)

해설
누설검사 중 질량을 분석하는 방법이 감도가 가장 우수하다.

65 시험편의 연마에 대한 설명으로 틀린 것은?

① 초경합금에 사용되는 연마제는 다이아몬드 페스트를 사용한다.
② 전해연마는 경한 재질이나 연마속도가 빠른 재료에 사용된다.
③ 스크래치란 두 물체를 마찰했을 때 좀 더 무른 쪽에 생기는 긁힌 자국이다.
④ 전해연마는 연마하여야 할 금속을 양극으로 하고, 불용성 금속을 음극으로 하여 전해액 안에서 하는 작업이다.

해설
전해연마
• 연마할 금속을 양극으로 하고 불용성 금속을 음극으로 하여 전해액 안에서 하는 연마로 스테인리스강처럼 연마속도가 느린 재료에 사용한다.
• 전해액에서 고전류밀도로 전해하면 피뢰침과 같이 전류를 끌어당겨 볼록한 부분이 용해되어 평활한 면을 얻을 수 있다.

66 굽힘시험(bending test)에 대한 설명으로 틀린 것은?

① 굽힘에 대한 저항력과 전성, 연성, 균열 유무를 알 수 있다.
② 파단계수는 단면계수와 최대 굽힘 모멘트의 비로 최대 응력을 나타낸다.
③ 굽힘시험 시 외측에서의 응력이 항복점보다 높을 때 소성변형이 일어난다.
④ 힘이 가해지는 방향으로는 인장응력이, 반대쪽에서는 압축응력이 발생한다.

해설
힘이 가해지는 방향으로는 압축응력이, 반대쪽으로는 인장응력이 발생한다.

67 압축시험(compression test)에 적용되는 재료로 가장 적당한 것은?

① 연강   ② 회주철
③ 극연강   ④ 전해철

해설
압축시험은 압축력에 대한 재료의 저항력을 시험하는 것으로 주철에 적용하기 적절한 시험방법이다.

64 ③ 65 ② 66 ④ 67 ②

68 에릭센 시험(Erichsen test)은 재료의 어떤 성질을 측정하는 것이 목적인가?

① 연성(ductility)
② 미끄럼(slip)
③ 마모(wear)
④ 응력(stress)

해설
에릭센 시험
재료의 연성을 파악하기 위하여 구리 및 알루미늄 판재와 같은 연성 판재를 가압성형하여 변형능력을 알아보기 위한 시험방법

69 다음 비파괴시험법 중 내부결함의 검출에 가장 적합한 것은?

① 방사선투과시험
② 침투탐상시험
③ 자분탐상시험
④ 와전류탐상시험

해설
내부결함 검출법
• 방사선투과시험
• 초음파탐상시험
외부(표면)결함 검출법
• 자기탐상시험
• 침투탐상시험
• 와전류탐상시험

70 하인리가 주장한 안전의 3요소에 해당되지 않는 것은?

① 자본적 요소
② 교육적 요소
③ 기술적 요소
④ 관리적 요소

해설
안전과 자본적인 요소는 관련이 없다.

71 결정립도 측정에 대한 설명으로 틀린 것은?

① 입자 크기가 모든 방향으로 동일한지 판정할 필요가 있다.
② 결정립계나 입자평면의 부식을 잘 해야 측정에 유리하다.
③ 입자 크기는 현미경 배율에 따른 차이가 없으므로, 배율은 중요하지 않다.
④ 평균 입도를 얻기 위해서 서로 다른 장소에서 최소한 3번 정도 측정해야 한다.

해설
결정립도는 현미경 배율이 중요하다. 예를 들어 ASTM 결정립 측정법에서는 100배 현미경 배율로 결정립 개수를 관찰하여 결정립도를 산출한다.

72 피검재의 세분을 전기로 또는 가스로에 넣어서 그때 생기는 불꽃의 색, 형태 파열음을 관찰·청취해서 강질을 검사 판정하는 시험은?

① 펠릿시험
② 매립시험
③ 분말 불꽃시험
④ 그라인더 불꽃시험

해설
피검재의 세분에서 '세분'은 미세한 분말가루라는 뜻이다.

73 한국산업표준(KS B 0801)의 4호 인장시험편 제작에서 지름(D)과 표점거리(L)는 몇 mm로 하는가?

① 지름(D) : 10mm, 표점거리(L) : 60mm
② 지름(D) : 14mm, 표점거리(L) : 50mm
③ 지름(D) : 20mm, 표점거리(L) : 200mm
④ 지름(D) : 24mm, 표점거리(L) : 220mm

해설
- 인장시험편은 1호, 2호 이외 4, 5, 8, 10, 11, 12, 13호 등 다양한 시험편으로 구분된다.
- KS 4호 : 표점거리(50mm), 지름(14mm)
- KS 5호 : 표점거리(50mm), 너비(25mm)

75 철강재의 설퍼 프린트 시험결과에서 황(S) 편석의 분포가 강재의 중심부로부터 표면부 쪽으로 증가하여 나타나는 편석은?

① 정편석(S_N) ② 역편석(S_I)
③ 주상편석(S_{CO}) ④ 중심부편석(S_C)

해설
S_N(정편석), S_I(역편석), S_C(중심부편석), S_L(선상편석), S_D(점상편석), S_{CO}(주상편석)
- 정편석(Normal) : 황이 표면에서부터 중심부로 증가하는 편석
- 점상편석(Dot) : 황이 점상으로 착색된 편석
- 역편석(Inverse) : 황이 중심부에서 표면으로 증가하는 편석
- 선상편석(Line) : 황이 선상으로 착색된 편석
- 중심부편석(Center) : 황이 중심부에 집중되어 분포된 편석

74 비커스 경도계에서 대면각이 몇 도인 다이아몬드 사각추 누르개를 사용하는가?

① 120° ② 136°
③ 140° ④ 156°

해설
비커스 경도시험

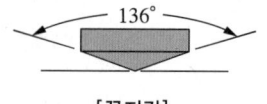
[꼭지각]

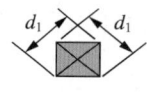
[압흔]

76 일정한 온도에서 일정한 하중을 장시간 유지하면 변형이 증가되는 현상은?

① 소성현상
② 탄성현상
③ 피로현상
④ 크리프현상

해설
장시간 유지하는 시간에 대한 하중-변형 측정은 크리프시험이다.

77 다음 중 방사선투과검사에서 사용되는 방사성동위원소의 반감기가 가장 짧은 것은?

① Tm-170 ② Ir-192
③ Cs-137 ④ Co-60

해설
방사성동위원소의 반감기
- Ir-192의 반감기 : 75일
- Tm-170의 반감기 : 129일
- Cs-137의 반감기 : 30년
- Co-60의 반감기 : 5.3년

78 X선에 개인 피폭되었는지의 여부를 측정 또는 모니터하는 수단이 아닌 것은?

① 필름배지 ② 탐측케이블
③ 열형광선량계 ④ 형광유리선량계

해설
X선에 피폭되었는지의 여부를 측정하는 수단
- 필름배지 : 방사선에 의해 감광하는 사진 유제 이용
- 열형광선량계 : 방사선에 쪼인 결정성 물질을 가열하면 생기는 열 형광현상을 이용
- 형광유리선량계 : 방사선 조사를 받은 물질이 빛으로 발광하는 성질 이용

79 철강 중에 FeS 또는 MnS는 개재물로 존재하는데 S을 검출하기 위해 사용되는 검사법은?

① 열분석법 ② 형광검사법
③ 설퍼 프린트법 ④ 음향방출법

해설
설퍼 프린트법
철강 중에 있는 황(S)의 편석 분포 상태를 검사하는 시험

80 길이/지름의 비가 1.5인 주철 시험편의 압축시험에서 파단각도가 θ일 때 전단 저항력 산출공식으로 옳은 것은?

① 전단저항력 = 압축강도 $\times \tan\theta$

② 전단저항력 = $\dfrac{압축강도}{2} \times \cos\theta$

③ 전단저항력 = $\dfrac{2}{압축강도} \times \cos\theta$

④ 전단저항력 = $\dfrac{압축강도}{2} \times \tan\theta$

해설
주철을 압축시험했을 때 시험편의 파괴 방향은 대각선 방향으로 파단각도가 θ일 때 전단저항력은 다음과 같다.

전단저항력 = $\dfrac{압축강도}{2} \times \tan\theta$

정답 77 ② 78 ② 79 ③ 80 ④

2021년 제2회 과년도 기출복원문제

제1과목 금속재료

01 다음 철분황동의 종류 중 순 Cu와 같이 연하고 코이닝하기 쉬워 동전이나 메달 등에 사용되는 합금 비율은?

① 50% Cu-50% Zn 합금
② 80% Cu-20% Zn 합금
③ 90% Cu-10% Zn 합금
④ 95% Cu-5% Zn 합금

[해설]
길딩메탈(gilding metal)은 5% Zn이 함유된 구리합금으로 화폐와 메달에 많이 사용된다.

02 공석조성을 0.8%C라고 하면, 0.2%C 강의 상온에서 초석 페라이트와 펄라이트의 비는 약 몇 %인가?

① 초석 페라이트 20% : 펄라이트 80%
② 초석 페라이트 25% : 펄라이트 75%
③ 초석 페라이트 75% : 펄라이트 25%
④ 초석 페라이트 80% : 펄라이트 20%

[해설]
- 초석 페라이트 $= \dfrac{0.8-0.2}{0.8} \times 100 = 75\%$
- 펄라이트 $= 100 - 75 = 25\%$

03 수소저장합금에 대한 설명으로 틀린 것은?

① 평형 수소압의 차이가 작아야 한다.
② 수소의 흡수·방출속도가 작아야 한다.
③ 생성열은 수소 저장 시에는 작아야 한다.
④ 활성화가 쉽고 수소 저장량이 많아야 한다.

[해설]
수소저장합금은 수소의 저장 및 방출속도가 커야 한다.

04 경금속과 중금속을 구분하는 금속의 성질은?

① 비열   ② 비중
③ 색깔   ④ 용융점

[해설]
비중 약 4.5를 기준으로 더 가벼운 금속은 경금속이라고 하고, 더 무거운 금속은 중금속이라고 한다.

05 금속을 상온에서 압연이나 딥 드로잉(deep drawing)과 같은 소성변형한 후 비교적 낮은 온도에서 가열하면 강도가 증가하고 연성이 감소하는 데, 이 현상을 무엇이라고 하는가?

① 확산현상
② 변형시효현상
③ 가공경화현상
④ 질량효과현상

해설
- 확산현상 : 밀도나 농도 차이에 의해 입자들이 매질에서 퍼져나가는 현상
- 상온시효(변형시효) : 금속을 상온에서 가공 후 실온으로 유지하여 강도가 증가되고 연성이 감소하는 현상
- 가공경화 : 소성변형 후 강도가 증가하고 연성이 감소하는 현상
- 질량효과 : 금속의 질량에 따라 열처리효과가 달라지는 현상

06 항공기용 소재에 사용되는 Al-Cu-Mg-Mn 합금은?

① 실루민
② 라우탈
③ 네이벌
④ 두랄루민

해설
두랄루민
주성분은 Al-Cu-Mg이며 4%Cu, 0.5%Mg, 0.5%Mn로 시효 경화성이 높으며 가볍고 강도가 높아 항공기, 자동차, 운반기계 등에 사용한다.

07 특수강에 Si가 첨가되었을 때의 특성으로 옳은 것은?

① 인성 증가
② 결정입자 조절
③ 뜨임취성 방지
④ 전자기 특성 증가

해설
특수용도용 합금강(특수강)에서 규소강은 전자기적 특성을 개선하여 전기재료로 이용된다.

08 순철에서 일어나는 변태가 아닌 것은?

① A_1 변태
② A_2 변태
③ A_3 변태
④ A_4 변태

해설
Fe-C 평형상태도
- A_0 변태점 : 210℃(Fe_3C의 자기변태)
- A_1 변태점 : 723℃(강의 공석변태)
- A_2 변태점 : 768℃(순철의 자기변태)
- A_3 변태점 : 910℃(순철의 동소변태)
- A_4 변태점 : 1,400℃(순철의 동소변태)

09 Ni-Cr강에서 헤어크랙(hair crack)의 주원인이 되는 원소는?

① S
② O
③ N
④ H

해설
헤어크랙은 강재의 마무리면에 발생하는 미세한 균열로, 주원인은 수소(H)이다.
금속에 대한 원소의 일반적 특성
- S : 고온취성 원인
- O : 적열취성 원인
- N : 경도, 강도 증가 및 시효 발생의 원인
- H : 헤어크랙, 백점, 고온균열의 원인

정답 5 ② 6 ④ 7 ④ 8 ① 9 ④

10 리드 프레임(lead frame) 재료에 요구되는 성능이 아닌 것은?

① 재료를 보다 작고 얇게 하기 위하여 강도가 낮을 것
② 재료의 치수 정밀도가 높고 잔류응력이 작을 것
③ 본딩(bonding)을 위한 우수한 도금성을 가질 것
④ 고집적화에 따라 열방산이 좋을 것

해설
리드 프레임(lead frame)
반도체 소자의 틀로 사용되는 소재로, 열팽창을 줄이기 위해 열방출성이 높아야 하고 강도가 낮으면 안 된다.

11 다음 금속 중 흑연화를 촉진하는 원소는?

① V   ② Mo
③ Cr   ④ Ni

해설
흑연화 촉진원소로 가장 좋은 원소는 규소(Si)이고, 이외 니켈(Ni)도 사용된다.

12 분말야금(powder metallurgy)의 특징으로 틀린 것은?

① 절삭공정을 생략할 수 있다.
② 다공질의 금속재료를 만들 수 있다.
③ 제조과정에서 융점까지의 온도를 올려 제조한다.
④ 융해법으로는 만들 수 없는 합금을 만들 수 있다.

해설
분말야금(powder metallurgy)법
금속 가루를 가압·성형하여 굳히고, 가열하여 소결함으로써 금속 제품을 얻는 방법
- 용융점 이하의 온도로 제작
- 다공질의 금속재료를 만들 수 있음
- 최종제품의 형상으로 제조가 가능하여 절삭가공이 거의 필요 없음
- 융해법으로 만들 수 없는 합금을 만들 수 있고 편석, 결정립 조대화의 문제점이 적음
- 제조과정에서 용융점까지 온도를 상승시킬 필요가 없음
- 고융점 금속부품 제조에 적합

13 베어링용 합금으로 사용되는 재료가 아닌 것은?

① 켈밋(kelmet)
② 루기메탈(lurgi metal)
③ 배빗메탈(Babbitt metal)
④ 네이벌 브라스(naval brass)

해설
④ 네이벌 브라스(naval brass) : 네이벌 황동이라고 하며 4~6Sn을 첨가한 황동이다. 강도가 크고 내식성이 커서 기어, 볼트 등에 사용한다.
① 켈밋(kelmet) : 구리와 납의 합금으로 베어링에 사용한다.
② 루기메탈(lurgi metal) : 납-알칼리 베어링 합금이다.
③ 배빗메탈(Babbitt metal) : 주석89%-안티모니7%-구리 4% 또는 납80%-안티모니15%-주석5%를 성분으로 하는 베어링용 합금이다.

14 다음 중 약 250°C 이하의 융점을 가지는 저용융점 합금으로 사용되는 것은?

① Sn
② Cu
③ Fe
④ Co

해설
저용융점 합금은 땜납(Pb-Sn합금)보다 녹는점이 낮은 Pb, Bi, Sn, Cd, In 등의 공정형 합금이다.

15 합금강에 첨가할 때 탄화물을 형성하여 결정립의 크기를 제어하고, 기계적 성질을 향상시키는 원소는?

① Pb
② Ti
③ Cu
④ S

해설
타이타늄은 비중이 작으나 강도가 높고 내부식성이 뛰어나며 합금강에 첨가할 때 탄화물을 형성하여 결정립의 크기를 제어한다.

16 냉간가공에서 가공도가 증가할 때 발생하는 현상은?

① 연신율이 증가한다.
② 전위밀도가 증가한다.
③ 강도가 감소한다.
④ 항복점이 감소한다.

해설
냉간가공에서의 가공도 증가에 의한 금속성질 변화
• 연신율 감소
• 강도 증가
• 전위밀도 증가
• 항복점 증가

17 백주철을 탈탄 열처리하여 순철에 가까운 페라이트 기지로 만들어서 연성을 갖게 한 주철은?

① 회주철
② 백심가단주철
③ 흑심가단주철
④ 구상흑연주철

해설
• 백심가단주철 제조 시 백선을 열처리하는 목적은 탈탄을 위한 것이다.
• 탈탄은 백심가단주철을 제조하는 단계에서 백주철과 적철광 및 산화철 가루를 가열할 때 표면에 발생하는 현상이다.

18 전열(電熱)합금의 특징에 대한 설명으로 틀린 것은?

① 재질이나 치수의 균일성이 좋을 것
② 열팽창계수가 작고, 고온강도가 클 것
③ 전기저항이 낮고, 저항의 온도계수가 클 것
④ 고온의 대기 중에서 산화에 견디고 사용온도가 높을 것

해설
전기 전열기구의 전원을 넣으면 붉게 달아오르는 부분이 전열합금 부인데 저항이 클수록 열을 내는 데 이점을 갖는다. 저항의 온도계수가 작아야 한다.

정답 14 ① 15 ② 16 ② 17 ② 18 ③

19 부유대역 정제법(zone refining)에 의해 고순도화하고, 단결정화하여 반도체로 사용하는 금속은?

① Au ② Si
③ Ti ④ Bi

해설
규소(Si)는 대표적인 반도체 재료이다.

20 소결초경합금으로 사용되는 것이 아닌 합금계는?

① WC-Co계
② WC-TiC-Co계
③ Zn-Cr-W-C계
④ WC-TiC-TaC-Co계

해설
소결초경합금은 WC, TiC, TaC 등의 금속 탄화물을 Co로 소결한 비철합금이다.

제2과목 금속조직

21 금속결정 중에서 면심입방격자(FCC)에 대한 설명으로 옳은 것은?

① 단위격자 중심에 원자 1개가 있다.
② 단위격자에 속하는 원자의 합이 4개이다.
③ 8개의 꼭짓점에 있는 원자의 합이 2개이다.
④ 배위수는 8개이다.

해설
① 단위격자 중심에 원자가 없다.
③ 8개의 꼭짓점에 있는 원자의 합은 1개이다.
④ 배위수는 12개이다.

22 어느 물질계의 자유에너지의 식 $F = E - TS$에서 E의 의미는?

① 절대온도
② 엔트로피
③ 내부에너지
④ 고용금속

해설
자유에너지 = 내부에너지 - 절대온도 × 엔트로피

정답 19 ② 20 ③ 21 ② 22 ③

23 페라이트는 어떤 고용체인가?

① 알파(α)고용체
② 베타(β)고용체
③ 감마(γ)고용체
④ 델타(δ)고용체

해설
- 페라이트 : 알파(α)고용체
- 오스테나이트 : 감마(γ)고용체
- 펄라이트 : 알파고용체와 Fe_3C의 혼합 공석조직

24 주조 시 일어나는 금속의 수축 3단계 과정으로 옳은 것은?

① 액체의 수축 → 고상액상 공존구간의 수축 → 고체의 수축
② 액체의 수축 → 고체의 수축 → 고상액상 공존구간의 수축
③ 고체의 수축 → 고상액상 공존구간의 수축 → 액체의 수축
④ 고상액상 공존구간의 수축 → 액체의 수축 → 고체의 수축

해설
금속의 수축은 액체 상태에서 액상수축, 응고점에서의 응고수축, 고체상태에서의 고상수축의 3단계를 거친다.

25 고온도에서 불규칙 상태의 고용재를 천천히 냉각하면 어느 온도에서 규칙격자가 형성되기 시작한다. 이때의 온도를 무엇이라 하는가?

① 재결정온도
② 전이온도
③ 냉간가공온도
④ 열간가공온도

해설
전이온도
불규칙상태의 합금을 천천히 냉각시키거나, 비교적 저온에서 장시간 가열 시 규칙적인 배열로 변화하는 온도

26 펄라이트 변태에 대한 설명으로 틀린 것은?

① Fe_3C를 핵으로 발생 성장한다.
② 결정립의 크기가 크면 펄라이트 변태가 촉진된다.
③ 합금원소에 따라 펄라이트 변태온도는 증가 또는 감소한다.
④ 변태 초기에는 반드시 Fe_3C가 나타나지만 후기에는 조성에 따라 특수 탄화물 등으로 변화한다.

해설
펄라이트 변태의 경우 결정립의 크기가 미세할 때 고온에서 변태가 촉진된다.

27 입방정계에 속하는 금속이 응고할 때 결정이 성장하는 우선 방향은?

① [100]
② [110]
③ [111]
④ [123]

해설
입방정계 금속의 응고 시 결정 성장의 우선 방향은 [100]이다.

28 다결정재료의 결정립계에 의한 강화방법에 대한 설명으로 틀린 것은?

① 결정립계에 의한 강화는 결정립 내의 슬립이 상호 간섭함으로써 발생된다.
② 결정립계가 많을수록 재료의 강도는 증가한다.
③ 결정의 입도가 작아질수록 재료의 강도는 증가한다.
④ Hall-Petch식에 의하면 결정질 재료의 결정립 크기가 작아질수록 재료의 강도는 감소한다.

해설
Hall-Petch식
대부분의 결정질 재료의 결정립 크기가 감소할수록 항복강도는 증가함을 표시하며 결과적으로 결정립이 미세할수록 금속의 항복강도, 피로강도, 인성이 증가한다.

29 다음 그림과 같은 3원 합금에서 x점의 농도는 각각 몇 %인가?

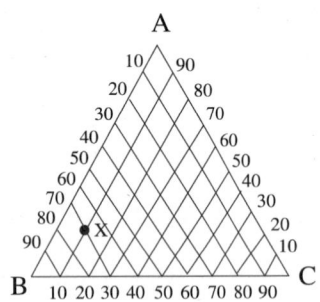

① A : 20%, B : 10%, C : 70%
② A : 20%, B : 70%, C : 10%
③ A : 10%, B : 10%, C : 80%
④ A : 10%, B : 80%, C : 20%

해설
문제의 그림에서 확인하면 A : 20%, B : 70%, C : 10%이다.

30 금속결함 중에서 점결함에 해당되는 것은?

① 원자공공　　② 전위
③ 면결함　　　④ 적층결함

해설
점결함(0차원)
• 공공(빈 격자점) : 원자가 비어있는 자리
  → 쇼트키, 프렌켈 결함은 각각 쌍으로 존재하는 점결함
• 자기침입형 원자 : 공공이 생길 때 공공자리에 있던 원자가 이동하여 다른 원자 사이에 끼어 있는 상태
• 고용체 : 치환형과 침입형 고용체가 존재하며 일종의 불순물

31 다음 중 고용체 강화에 대한 설명으로 틀린 것은?

① 일반적으로 용매원자의 격자에 용질원자가 고용되면 순금속보다 강한 합금이 되는 것이 고용체 강화이다.
② 용매원자와 용질원자 사이의 원자 크기의 차이가 작을수록 강화효과는 커진다.
③ 용질원자에 의한 응력장과 가동전위의 응력장이 상호작용하여 재료를 강화하는 방법이다.
④ Cu-Ni합금에서 구리의 강도는 60%Ni이 첨가될 때까지 증가되는 반면 니켈은 40%Cu가 첨가될 때 고용체 강화가 된다.

해설
고용체 강화는 용질원자에 의한 응력장이 가동전위의 응력장과 상호작용하여 전위의 이동을 방해하여 재료를 강화시키는 것을 의미하므로, 원자 간 크기가 클수록 유리하다.

32 A, B 양 금속으로 된 합금의 경우 규칙격자를 만드는 3가지 형태의 일반적인 조성이 아닌 것은?

① AB형   ② A₂B형
③ A₃B형   ④ AB₃형

해설
고용체에서 용질원자와 용매원자의 원소가 규칙적인 배열을 할 때 규칙격자라고 하며, A_xB_y형의 간단한 정수비의 조성을 가지는데 AB, A₃B, AB₃형이 있다.

33 중간상의 구조를 결정하는 3가지 요인에 해당되지 않는 것은?

① 원자가   ② 전기음성도
③ 응고의 구동력   ④ 상대적 원자 크기

해설
중간상의 구조를 결정하는 3가지 요인
• 원자가
• 전기음성도
• 상대적 원자 크기

34 α-Fe, Cu, Mg의 단위격자 내의 원자수는?

① α-Fe : 2개, Cu : 4개, Mg : 2개
② α-Fe : 4개, Cu : 2개, Mg : 4개
③ α-Fe : 2개, Cu : 2개, Mg : 2개
④ α-Fe : 4개, Cu : 4개, Mg : 4개

해설
• 체심입방격자(BCC) : 단위격자 소속 원자수 2개(Ba, Cr, Fe)
• 면심입방격자(FCC) : 단위격자 소속 원자수 4개(Al, Cu, Ag)
• 조밀육방격자(HCP) : 단위격자 소속 원자수 2개(Mg, Zn, Ti, Zr)

35 기본적 상태도에서 다음 그림과 같은 형태의 상태도는?

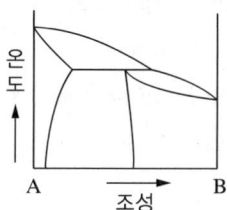

① 공정형   ② 포정형
③ 고상분리형   ④ 전율고용체형

해설
두 재료의 융점차가 클 때 발생하는 것으로 액상선 및 고상선이 나타나는 전형적인 포정형 상태도이다.

가.   나.
다.   라.

• 가 : 두 성분이 순수하게 생성되는 공정상태도
• 나 : 고용체가 생성되는 공정상태도
• 다 : 전체적인 농도에 걸쳐 고용체가 생성되는 상태도
• 라 : 포정반응의 상태도

36 금속의 변태점 측정방법이 아닌 것은?

① 열팽창법   ② 전기저항법
③ 성분분석법   ④ 시차열분석법

해설
변태점 측정법
• 열분석법
• 비열법
• 전기저항법
※ 시차열분석법 : 변태점 측정법 중 시료의 온도와 기준 중성체간의 온도차를 이용해서 온도를 분석하는 방법이다.

정답 32 ② 33 ③ 34 ① 35 ② 36 ③

37 용질원자와 칼날전위의 상호작용을 무엇이라고 하는가?

① oxidation pinning
② Cottrell effect
③ Frank-Read source
④ Peierls stress

해설
코트렐 효과(Cottrell effect)
용질원자와 전위의 상호작용으로 불순물 원자가 전위선에 가까이 당겨져 전위를 고착시키는 효과

38 다음 3원 상태도에서 A, B, C상이 P점에서 평형을 이루었다면 B의 양은?

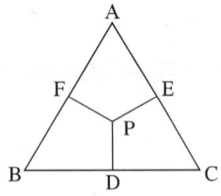

① $\overline{PE}$　　② $\overline{PF}$
③ $\overline{PD}$　　④ $\overline{AF}$

해설
지렛대의 원리에 의해 P점이 평형을 이룬 점이라면 B의 양은 반대편의 길이인 PE의 길이가 된다.

39 확산기구에 해당되지 않는 것은?

① 링기구
② 공석기구
③ 공격자점기구
④ 직접교환기구

해설
확산기구에는 공공에 의한 상호확산(공격자점기구), 격자점 사이의 위치로 파고드는 격자 간 원자기구, 원자의 상호 이동에 의한 직접교환기구, 3개 또는 4개 원자의 동시 이동에 의한 링기구가 존재한다.

40 Hume-Rothery법칙에 대한 설명으로 틀린 것은?

① 밀도의 차이가 클 것
② 결정구조가 비슷할 것
③ 원자의 크기 차가 15% 이하일 것
④ 낮은 원자가를 가진 금속이 고가의 원자가를 가진 금속을 잘 고용할 것

해설
치환형 고용체를 형성하는 인자(Hume-Rothery법칙)로 밀도와는 관련이 없다.

37 ② 38 ① 39 ② 40 ①

제3과목 금속 열처리

41 금속재료의 표면에 강이나 주철의 작은 입자(0.5~1.0mm)를 고속으로 분사시켜 표면의 경도를 높이는 방법은?

① 쇼트피닝
② 침탄법
③ 질화법
④ 폴리싱

해설
- 침탄법 : 저탄소강(0.2%C) 표면에 탄소를 침투시켜 표면만 고탄소강으로 만든 후 열처리하여 표면만 경화시키는 방법
- 질화법 : N와 친화력이 강한 원소를 가진 Al, Cr, Ti, Mo, V 등의 질화용 강을 질화성의 가스나 염욕 중에서 가열하여 표면에 N를 확산·침투시키는 방법
- 폴리싱 : 금속 표면에 광을 내는 연마작업

42 자동차 부품을 만드는 현장에서 부품 표면에 열처리 시 탄소와 질소를 동시에 표면에 침투·확산시켜 표면경화하는 방법은?

① 질화법
② 가스침탄법
③ 가스침탄질화법
④ 고주파경화법

해설
가스침탄질화법은 질소도 함께 침입시켜서 침탄법보다 가열온도를 낮추고 경화능은 좋게 한다.

43 강(steel)의 열처리 조직 중 경도가 가장 큰 조직은?

① 소르바이트
② 트루스타이트
③ 오스테나이트
④ 마텐자이트

해설
경도의 크기
시멘타이트 > 마텐자이트 > 트루스타이트 > 소르바이트 > 펄라이트 > 오스테나이트

44 담금질에 사용되는 냉각제에 대한 설명 중 틀린 것은?

① 냉각제에는 물, 기름 등이 있다.
② 물은 차가울수록 냉각효과가 크다.
③ 기름은 상온 담금질일 경우 60~80℃ 정도가 좋다.
④ 증기막을 형성할 수 있도록 교반 또는 NaCl, $CaCl_2$ 등의 첨가제를 첨가한다.

해설
냉각 시 증기막 형성을 방지하여 경화 얼룩 및 경도 감소를 최소화하기 위해 NaCl, $CaCl_2$ 등의 염 첨가제를 추가한다.

45 완전풀림을 했을 때 경도의 증가는 어떤 원소의 영향인가?

① Zn%의 함유량
② C%의 함유량
③ Sn%의 함유량
④ Mn%의 함유량

해설
완전풀림
결정조직을 조정하고 연화시켜 소성가공성을 개선하는 과정으로, 완전풀림 후 경도의 증가는 C%의 함유량의 영향을 받는다.

정답 41 ① 42 ③ 43 ④ 44 ④ 45 ②

46 초심랭처리의 효과로 틀린 것은?

① 잔류응력이 증가한다.
② 내마멸성이 현저히 향상된다.
③ 조직의 미세화와 미세 탄화물의 석출이 이루어진다.
④ 잔류 오스테나이트가 대부분 마텐자이트로 변태한다.

해설
초심랭처리
- 오스테나이트 안정화 합금강에서도 초심랭처리를 하면 잔류 오스테나이트가 거의 전부 마텐자이트로 변태된다.
- 일반 심랭처리 품에 비해서 경도의 변화는 거의 없지만 내마모성이 현저히 향상된다.
- 조직의 미세화와 미세 탄화물의 석출이 이루어진다.

47 다음 열처리 중 가장 이상적인 담금질 방법으로 옳은 것은?

① Ar' 변태가 일어나는 구역은 급랭하고, Ar'' 변태 구역에서는 서랭한다.
② Ar' 변태가 일어나는 구역은 급랭하고, Ar'' 변태 구역에서는 급랭한다.
③ Ar' 변태가 일어나는 구역은 서랭하고, Ar'' 변태 구역에서는 서랭한다.
④ Ar' 변태가 일어나는 구역은 서랭하고, Ar'' 변태 구역에서는 급랭한다.

해설
가장 이상적인 담금질 방법은 임계수역(Ar' 변태가 일어나는 구역)은 급랭하고 위험구역(Ar'' 변태구역)에서는 서랭하는 것이다.

48 진공 중에서 가열하는 진공열처리에 대한 설명으로 틀린 것은?

① 무공해로 작업환경이 양호하다.
② 가열이 복사에 의해 이루어지므로 가열속도가 빠르다.
③ 정확한 온도 및 가열 분위기에 의해 고품질의 열처리가 가능하다.
④ 노벽으로부터의 방열, 노벽에 의한 손실열량이 적기 때문에 에너지 절감효과가 크다.

해설
진공열처리는 가스와 반응이 없는 불활성 상태에서 처리되는 형태이므로 복사열과는 무관하다.

49 공석강의 연속냉각변태에서 변태 개시온도가 가장 낮은 조직은?

① 펄라이트   ② 소르바이트
③ 마텐자이트   ④ 트루스타이트

해설
공석강의 연속냉각곡선에서 변태 개시온도가 높은 순서는 펄라이트, 베이나이트, 마텐자이트의 순서이다.

50 베릴륨 청동을 용체화처리한 후 시효처리의 목적으로 가장 적당한 것은?

① 경화
② 연화
③ 취성 부여
④ 내부응력 제거

해설
시효는 에이징(ageing)이라 하는데 말 그대로 나이를 먹는 것이다. 과포화 고용체를 고용한계선 이하에서 일정 온도로 유지하였을 때 과포화된 원자들이 석출되는 현상을 말한다. 이러한 석출물들이 응력장을 만들어 재료를 경화시킨다.

51 고주파 경화법에 대한 설명으로 틀린 것은?

① 코일의 가열속도는 내면 가열이 가장 효율이 크다.
② 코일에 사용되는 재료는 주로 구리가 사용된다.
③ 철강에 비해 비철금속은 가열효율이 50~70% 정도이다.
④ 코일과 고주파 발생장치와 연결하는 리드는 인덕턴스를 없애기 위하여 가능한 한 간격을 좁게 하여야 한다.

해설
금속의 표면처리를 위한 방법 중 하나인 고주파 경화법에 있어서 이용되는 주파수가 클수록 코일의 표면에 유도전류가 집중되므로 내열보다는 표면 가열에 의한 경화율이 높다.

52 강재의 부품 표면에 질소를 확산·침투시키는 질화법의 종류가 아닌 것은?

① 가스질화법
② 액체질화법
③ 이온질화법
④ 구상질화법

해설
질화법은 침탄법에 비해 경화층이 얇고 높은 경화도를 나타낸다. 종류에는 이온, 액체, 가스질화법이 있다.

53 강의 일반적인 냉각방법과 관련이 가장 적은 것은?

① 연속냉각
② 2단냉각
③ 가열판냉각
④ 항온냉각

해설

냉각 방법	열처리의 종류
연속냉각	보통 풀림, 보통 불림, 담금질
2단냉각	2단 풀림, 2단 불림, 시간 담금질
항온냉각	항온 풀림, 항온 뜨임, 오스템퍼링, 마템퍼링, 마퀜칭, 오스포밍, M_s 퀜칭

54 전기로 중 상부 또는 하부에 열풍팬을 설치하여 온도 분포가 매우 좋으며 길이가 긴 부품의 담금질 및 가스침탄의 뜨임용으로 많이 사용되는 노는?

① 상형로
② 원통로
③ 대차로
④ 회전 레토르트로

해설
원통로는 온도 분포가 좋으며 원통형 또는 축 종류와 같이 길어서 불꽃의 폭이 좁아 한 번으로는 담금질이 어려운 재료에 유용하게 이용된다.

정답 50 ① 51 ① 52 ④ 53 ③ 54 ②

55 고속도공구강인 SKH 2 강을 경도 HRC 63 이상을 얻고자 할 때의 담금질 온도로 옳은 것은?

① 780~850℃
② 850~950℃
③ 1,000~1,050℃
④ 1,250~1,290℃

해설
SKH강의 주성분은 텅스텐 W(18%), Cr(4%), V(1%)이며, 담금질 온도는 보통 1,250~1,300℃이다.

57 다음 중 탈탄의 방지대책으로 틀린 것은?

① 산화성 분위기에서 가열한다.
② 탈탄방지제를 도포한다.
③ 고온에서의 장시간 가열을 피한다.
④ 염욕 및 금속욕에 의한 가열을 한다.

해설
탈탄의 방지대책
• 탈탄방지제를 도포한다.
• 고온에서의 장시간 가열을 피한다.
• 염욕 및 금속욕에 의한 가열을 한다.
• 강의 표면에 도금을 한다.
• 중성분말제 속에서 가열한다.
• 분위기 가스 내에서 진공 가열한다.

56 탄소강이 열처리에 의해 가열되었을 때 강재에 나타나는 온도의 색깔이 가장 높은 것은?

① 암적색
② 황홍색
③ 붉은색
④ 밝은 백색

해설
열처리 온도에 따른 탄소강의 색깔
청색(약 300℃) < 암적색(약 650℃) < 붉은색(약 760℃) < 주황색(약 930℃) < 노란색(약 1,100℃) < 밝은 백색(1,500℃)

58 열처리 전·후처리에 사용되는 설비 중 6각 또는 8각형의 용기에 공작물과 함께 연마제, 콤파운드를 넣고 회전시켜 표면을 연마시키는 방법은?

① 버프연마
② 배럴연마
③ 쇼트피닝
④ 액체호닝

해설
배럴연마는 배럴(barrel : 통) 속에 가공물, 콤파운드, 연마재, 물 등을 넣고 회전하여 장입물 상호 간의 충돌, 마찰 등에 의해 서로 연마되는 방법이다. 소형 제품을 대량으로 생산하는 경우에 유리하다.

55 ④ 56 ④ 57 ① 58 ②

59 탄소강을 925℃의 침탄온도에서 0.635mm의 침탄 깊이를 얻고 싶을 때 요구되는 침탄시간으로 적당한 것은?(단, 온도에 따른 확산정수는 0.635이다)

① 1시간 ② 2시간
③ 3시간 ④ 4시간

해설
$D = K\sqrt{T}$
$0.635 = 0.635\sqrt{T}$
$\therefore T = 1\text{hr}$
(D : 침탄 깊이, K : 계수, 온도의 함수, T : 전침탄시간)

60 회주철의 절삭성을 양호하게 하여 백선 부분의 제거 및 연성을 향상시키기 위한 열처리 방법은?

① 담금질
② 연화풀림
③ 저온뜨임
④ 응력 제거 담금질

해설
연화풀림
- 회주철을 변태영역 이상의 온도로 가열하여 최대단면두께 25mm당 약 1시간 유지하여 상온으로 공랭 후 뜨임을 한다.
- 백선 부분의 제거, 연성을 향상시키기 위한 목적이며 강도는 저하되지만 구상화흑연주철은 연신율이 증가한다.

제4과목 재료시험

61 시험편의 지름이 15mm, 최대하중이 5,200kgf일 때 인장강도는?

① 18.8kgf/mm²
② 24.4kgf/mm²
③ 29.4kgf/mm²
④ 33.8kgf/mm²

해설
인장강도 = $\dfrac{\text{최대하중}}{\text{단면적}} = \dfrac{P_{\max}}{\dfrac{\pi d^2}{4}} = \dfrac{5,200}{\dfrac{\pi \times 15^2}{4}} \fallingdotseq 29.4\text{kgf/mm}^2$

62 빛 대신 파장이 짧은 전자선을 이용하며 전자렌즈로 상을 확대하여 형성시키는 측정으로 가속 전자빔을 광원으로 사용하고 배율 조정을 위한 렌즈의 작동을 전기장으로 이용하는 현미경은?

① 도립형 광학현미경
② 주사전자현미경
③ 정립형 금속현미경
④ 투과전자현미경

해설
투과전자현미경(TEM ; transmission electron microscope)
편광전자선을 사용하여 시료를 투과시켜 전자렌즈로 확대하여 관찰하는 전자현미경

63 비금속 개재물 시험에서 그룹 B의 종류는?

① 황화물 종류
② 규산염 종류
③ 알루민산염 종류
④ 구형 산화물 종류

해설
비금속 개재물
- 그룹 A : 황화물 종류
- 그룹 B : 알루민산염 종류
- 그룹 C : 규산염 종류
- 그룹 D : 구형 산화물 종류

64 결함부와 이에 적합한 비파괴검사법의 연결이 틀린 것은?

① 용접 내부의 기공 - 와전류탐상시험법
② 강재의 표면결함 - 자분탐상시험법
③ 경금속의 표면결함 - 침투탐상시험법
④ 단조품의 내부결함 - 초음파탐상시험법

해설
내부결함 검출법
- 방사선투과시험
- 초음파탐상시험

외부(표면)결함 검출법
- 자기탐상시험
- 침투탐상시험
- 와전류탐상시험

65 철강재료의 조직검사를 위한 부식액으로 가장 적합한 것은?

① 왕수
② 염화제2철 용액
③ 수산화나트륨 용액
④ 나이탈 용액

해설
부식액
- 구리, 구리합금 : 염화제2철 용액
- 철강(탄소강) : 피크르산알코올 용액(피크랄), 질산알코올 용액(나이탈)
- 알루미늄, 알루미늄합금 : 수산화나트륨 용액, 불화수소산
- 니켈합금 : 질산, 아세트산
- 아연합금 : 염산

66 그라인더에서 비산하는 연삭분을 유리판상에 삽입해서 그 크기와 색상 및 형상 등을 현미경으로 관찰하여 강재의 종류를 판정하는 시험은?

① 매립시험
② 펠릿시험
③ 분말 불꽃시험
④ 그라인더 불꽃시험

해설
① 매립시험 : 불꽃시험 후 연삭 가루를 유리판에 넣고 현미경으로 관찰하여 강종을 판정하는 방법
② 펠릿시험 : 그라인더 연삭 가루 중 구상화 형상을 펠릿이라고 하고 그 색과 형상을 관찰하여 강종을 판정하는 시험
③ 분말 불꽃시험 : 시험편의 분말을 전기로 혹은 가스로에 넣어 불꽃색, 형태 등을 관찰하여 강질을 판정하는 시험
④ 그라인더 불꽃시험 : 특정 원소의 존재 여부를 알기 위해 수행하는 시험으로, 회전 그라인더에서 생기는 불꽃은 함유된 특수 원소의 종류에 따라 변화함

63 ③ 64 ① 65 ④ 66 ①

67 로크웰 경도시험에서 사용하는 시험하중이 아닌 것은?

① 60kgf　　② 100kgf
③ 150kgf　　④ 200kgf

해설
로크웰 경도시험
- 다이아몬드 원뿔 누르개 각도 : 120°(A, C스케일)
- 기준 하중 : 10kgf
- 시험하중 : 60kgf(A스케일), 100kgf(B스케일), 150kgf(C스케일)

68 초음파탐상검사에서 STB-A1 시험편을 사용하여 측정 및 조정할 수 없는 것은?

① 측정범위의 조정
② 탐상감도의 조정
③ 경사각 탐촉자의 입사점 측정
④ 경사각 탐촉자의 수직점 측정

해설
초음파탐상검사에서 STB-A1 시험편을 사용하여 측정범위의 조정, 탐상감도의 조정, 경사각 탐촉자의 입사점을 측정한다.

69 금속재료의 현미경 조직검사에서 황동(brass)이나 청동(bronze)에 대한 부식용 시약으로 적합한 것은?

① 왕수 용액
② 염화제2철 용액
③ 질산-알코올 용액
④ 수산화나트륨 용액

해설
부식액
- 구리, 구리합금 : 염화제2철 용액
- 철강(탄소강) : 피크르산알코올 용액(피크랄), 질산알코올 용액(나이탈)
- 알루미늄, 알루미늄합금 : 수산화나트륨 용액, 불화수소산
- 니켈합금 : 질산, 아세트산
- 아연합금 : 염산

70 쇼어경도시험기의 종류에 해당하지 않는 것은?

① B형　　② C형
③ D형　　④ SS형

해설
쇼어경도시험기는 다이아몬드 추를 자유낙하시켜 반발을 이용하여 경도를 측정하는 것
- C형, SS형 : 반발 높이를 육안으로 측정(목측형)
- D형 : 반발 높이를 다이얼게이지로 측정(지시형)

71 설퍼 프린트법에 의한 황 편석 분류에서 역편석의 기호는?

① S_C　　② S_I
③ S_N　　④ S_D

해설
설퍼 프린트시험

S_N	정편석	S_L	선상편석
S_I	역편석	S_D	점상편석
S_C	중심부편석	S_{CO}	주상편석

정답　67 ④　68 ④　69 ②　70 ①　71 ②

72 방사선이 물질을 투과할 때 물질의 원자핵 주위의 궤도 전자와 부딪쳐 상호작용으로 생기는 것이 아닌 것은?

① 톰슨효과　② 제베크효과
③ 콤프턴 산란　④ 전자쌍 생성

해설
제베크효과는 온도차로 기전력이 생기는 효과이다.

73 브리넬 경도시험에서 하중이 3,000kgf 강구를 10mm를 사용하여 시험하였을 때 압흔의 지름이 4.5mm일 경우 경도는 약 얼마인가?

① 159kgf/mm^2　② 169kgf/mm^2
③ 179kgf/mm^2　④ 189kgf/mm^2

해설
브리넬 경도시험법 $= \dfrac{2P}{\pi D(D-\sqrt{D^2-d^2})}$

여기서, P : 하중
　　　　D : 강구의 지름
　　　　d : 압흔의 지름

따라서, $HB = \dfrac{2P}{\pi D(D-\sqrt{D^2-d^2})}$
$= \dfrac{2 \times 3,000}{\pi \times 10(10-\sqrt{10^2-4.5^2})} ≒ 179 \text{kgf/mm}^2$

74 실험실에 사용하는 약품 중 인화성 물질이 아닌 것은?

① 질산　② 벤젠
③ 에틸알코올　④ 다이에틸에테르

해설
벤젠류, 알코올류, 에테르류는 인화성 물질이다.

75 인장시험기 시험편의 물림 상태가 가장 양호한 것은?

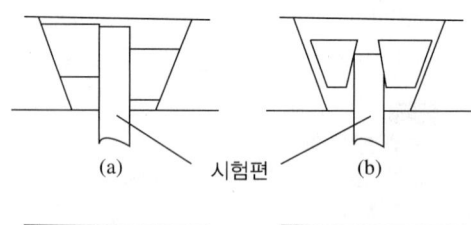

① (a)　② (b)
③ (c)　④ (d)

해설
인장시험기 시험편의 물림 상태는 대칭으로 완전히 물려야 하며 물림영역이 돌출되어 있으면 안 된다.

76 방사선투과시험에서 투과사진을 식별하기 위하여 사진에 글자나 기호를 새겨 넣는 데 사용하는 것은?

① 계조계　② 필름마커
③ 농도계　④ 투과도계

해설
방사선투과시험
X선이나 감마선과 같은 방사선을 투과하여 결함을 감지하는 방법으로, 필름에 상을 맺게 하고 투과사진을 식별하기 위해 필름마커로 사진에 글자나 기호를 새긴다.

77 '재질이 같고 기하학적으로 유사한 인장시험편은 인장시험 시 같은 연신율을 갖는다.'는 법칙은?

① 훅의 법칙 ② 탄성의 법칙
③ 상사의 법칙 ④ 푸아송의 법칙

> **해설**
> 상사의 법칙
> 재질이 같고 기하학적으로 유사한 시험편의 시험 시 수량적으로 일정한 상사관계가 성립된다는 법칙으로, 일반적으로 인장시험에는 적용 가능하지만 충격시험에는 적용되지 않는다.

78 음향방출검사(AE)에 대한 설명으로 틀린 것은?

① 한 번에 전체를 검사할 수 있다.
② 시험결과에 대한 재현성이 없다.
③ 정적인 결함의 검출에 우수하다.
④ 결함의 활동성을 검지하는 시험법이다.

> **해설**
> 음향방출검사는 동적인 결함 검출에 우수하다.

79 전기가 대기 중에서 스파크(spark) 방전될 때 가장 많이 생성되는 가스는?

① CO_2 ② H_2
③ O_2 ④ O_3

> **해설**
> 전기가 대기 중에서 스파크 방전이 되면 오존(O_3)이 발생한다.

80 Bragg's X선 회절시험에서 X선의 입사각이 30°일 때 결정면 간 거리는?(단, 회절상수(n) = 1, 파장(λ) = 1.9373 Å)

① 0.9686 Å ② 1.6776 Å
③ 1.9373 Å ④ 3.8746 Å

> **해설**
> Bragg's formula는 $2d\sin\theta = n\lambda$로 정의되므로
> 면 간 거리 = $\frac{n\lambda}{2\sin\theta} = \frac{1 \times 1.9373}{2\sin 30°} = 1.9373$이다.
> $\left(\sin 30° = \frac{1}{2}\right)$

정답 77 ③ 78 ③ 79 ④ 80 ③

2022년 제1회 과년도 기출복원문제

제1과목 금속재료

01 주철의 일반적 특성을 설명한 것 중 틀린 것은?

① 가단주철은 고탄소 주철에 해당된다.
② 구상흑연주철은 마그네슘을 회주철 용융금속에 첨가하여 만든다.
③ 회주철은 파면이 회색으로 주조성과 절삭성이 우수하여 주물용으로 사용된다.
④ 백주철은 C, Si 분이 많고 Mn 분이 적어 C가 흑연상태로 유리되어 파면이 흰색이다.

해설
백주철은 Si 성분이 적다.

02 상온에서 체심입방격자로만 된 것은?

① Ag, Al, Au ② Cu, Fe, Ba
③ Mo, Fe, Li ④ Be, Cd, Mg

해설
- 체심입방(BCC) : Ba, Cr, Fe, Li, Mo
- 면심입방(FCC) : Al, Cu, Ag
- 조밀육방(HCP) : Mg, Zn, Ti, Zr

03 다음 중 실루민(silumin) 합금이란?

① Ag-Sn계 ② Cu-Fe계
③ Mn-Mg계 ④ Al-Si계

해설
실루민은 Al-Si 합금으로 유동성이 좋아 모래형 주물에 사용한다.

04 탄소강에서 가장 취약해지는 청열취성이 나타나는 온도 구간으로 옳은 것은?

① 50~100℃
② 200~300℃
③ 300~400℃
④ 500~600℃

해설
청열취성
200~300℃에서 경도, 인장강도 등은 커지지만 취성이 높아지는 현상

05 금속분말과 세라믹(ceramic)이 복합된 내열성 분말소결합금은?

① 서멧(cermet)
② 초경합금(WC-Co)
③ 소결자석(sintered magnet)
④ SAP(sintered aluminium powder)

해설
- 서멧(cermet)재료 : 세라믹과 금속을 포함하는 내열재료
- 소결자석 : 알니코 또는 페라이트를 이용하여 분말야금법으로 만든 자석
- Al 분말의 소결품(SAP) : 내열용 합금으로 알루미나가루와 알루미늄가루를 압축성형하고, 약 550℃에서 소결한 후 열간 압출하여 사용하는 재료

06 주철 중의 Fe₃C를 분해하여 흑연화하는 원소로서, 이 성분이 높은 주철은 급랭하지 않는 한 공정 흑연을 정출한다. 또한 4% 이상 첨가하면 안정한 산화막을 만들어 내산화성이 우수해지는 이 원소는?

① Cr
② Ni
③ Si
④ Al

해설
흑연화 촉진원소로 가장 좋은 원소는 규소(Si)이고 이외 니켈(Ni)도 사용된다(흑연화가 가장 많이 쓰이는 주철의 마우러 조직도는 규소와 탄소에 관련된 조직도이다).

07 합금(alloy)에 대한 설명으로 틀린 것은?

① 순수한 단체금속만을 합금이라 한다.
② 제조 방법은 금속과 금속, 금속과 비금속을 용융상태에서 융합하거나, 압축, 소결하는 방법 등이 있다.
③ 첨가과정은 제조과정 중에 자연적으로 혼입되는 경우와 어떤 유용한 성질을 부여하기 위해 첨가하는 경우가 있다.
④ 공업용 합금은 어떤 필요한 성질을 얻기 위해 한 금속에 다른 금속 또는 비금속을 첨가시켜서 얻은 금속적 성질을 가지는 물질을 말한다.

해설
합금의 첨가원소로 금속만 있는 것은 아니다.

08 자장강도와 자화의 강도가 서로 반대방향인 반자성체에 속하는 금속은?

① Au
② Fe
③ Ni
④ Co

해설
• 상자성체 : 외부 자계에 의해서 매우 약한 자성을 나타내는 자성체(Cr)
• 강자성체 : 투자율이 가해진 자계의 세기에 따라 자성이 변하는 자성체(Fe, Ni, Co)
• 반자성체 : 자장과 자화의 강도가 반대방향인 것(Au, Ag, Cu, Sb)

09 해드필드(hadfield)강은 기지가 오스테나이트 조직이며, 경도가 높아 기어, 레일 등의 내마모용 재료로 사용된다. 이 강의 탄소와 망가니즈의 함유량으로 옳은 것은?

① 탄소 : 0.35~0.55%C, 망가니즈 : 1~2%Mn
② 탄소 : 0.9~1.4%C, 망가니즈 : 1~2%Mn
③ 탄소 : 0.35~0.55%C, 망가니즈 : 10~15%Mn
④ 탄소 : 0.9~1.4%C, 망가니즈 : 10~15%Mn

해설
해드필드(hadfield)강은 고망가니즈강 혹은 오스테나이트 망가니즈강이라고 하며 0.9~1.4%C, 10~15%Mn이 함유되어 있다.

10 양은(nickel silver)에 대한 설명으로 틀린 것은?

① 저항온도계수가 낮다.
② 내열성이 우수하다.
③ 내식성이 우수하다.
④ 조성범위는 Cu에 10~20%Ni과 15~30%Sn이 많이 사용된다.

해설
양은(nickel silver)은 7:3황동에 Ni 10~20%를 첨가한 합금으로 전연성과 내식성이 우수하다.

11 황동의 상태도에서 Zn의 함유량에 따라 α, β, γ, δ, ε, η의 6상이 존재한다. 이들 조합 중 공업용으로 상용되는 두 가지의 상(phase)은?

① α, $\alpha+\beta$
② β, $\beta+\delta$
③ γ, $\gamma+\varepsilon$
④ ε, $\varepsilon+\eta$

해설
7:3황동(α황동), 6:4황동($\alpha+\beta$황동)

12 주철의 마우러 조직도에서 가장 큰 영향을 미치는 원소는?

① W, Mo
② C, Cr
③ CO, Si
④ C, Si

해설
마우러 조직도는 주철에서 C와 Si과의 관계를 나타낸 것이다.

13 금속에서 결정의 최소단위를 무엇이라 하는가?

① 연신율
② 단결정
③ 단위격자
④ 결정립계

해설
결정의 최소단위를 단위격자라고 한다.

14 18금(18K)의 순금 함유율은 몇 %인가?

① 60%
② 75%
③ 85%
④ 95%

해설
순금 함유율 = $\frac{18K}{24K} \times 100 = 75\%$

15 다음 중 레데부라이트(ledeburite) 조직을 나타낸 것은?

① 마텐자이트(martensite)
② 시멘타이트(cementite)
③ α(ferrite)+Fe_3C
④ γ(austenite)+Fe_3C

해설
공정점을 통해 정출된 오스테나이트와 시멘타이트를 칭한다.

16 변태점 측정법 중 온도에 따른 부피변화를 측정하여 변태점을 확인하는 방법은?

① 열분석법　　② 시차열분석법
③ 전기저항법　④ 열팽창법

해설
- 열분석법 : 열분석곡선의 온도정체부 이용
- 시차열분석법 : 열분석법으로 분명한 차이를 보지 못할 때
- 전기저항법 : 다른 방법에 비해 분석속도가 빨라(과랭, 과열 영향 안 받음) 동소변태, 자기변태 측정에 가장 적합
- 열팽창법 : 열분석보다 변화가 뚜렷

17 다음 중 이온화 경향이 높은 순서로 올바른 것은?

① Cu > Hg > Ag > Pt > Au
② Ca > Na > K > Mg
③ Mg > Al > Zn > Fe > Ag > (H)
④ K > Ni > Sn > Pb > (Hg) > Cu > (H)

해설
이온화 경향
금속이 양이온이 되기 쉬운 것이 있고 어려운 것이 있는데 이를 이온화 경향이라 하며, 이온화 경향이 큰 금속은 쉽게 산화된다.
K > Ca > Na > Mg > Al > Zn > Fe > Ni > Sn > Pb > (H) > Cu > Hg > Ag > Pt > Au

18 다음 중 힘과 응력을 나타내는 단위로 바르게 짝지어진 것은?

	힘	응력
①	kgf/mm^2	kgf
②	MPa	N
③	Pa	N/m^2
④	N	Pa

해설
응력
- 단위면적당 가해지는 힘
- 단위환산 : $1kgf/mm^2 = 9.81N/mm^2$
$= 9.81MPa = 9.81 \times 10^6 N/m^2$
$= 9.81 \times 10^6 Pa$

19 다음 중 금속 내부에서 확산의 기구, 변형의 기구 등의 역할을 수행하는 것은?

① 인성
② 탄성
③ 노치
④ 결함

해설
금속 내의 결함은 잘못된 것으로의 의미만 가지지 않는다. 확산의 기구, 변형의 기구 등 금속에서 중요한 역할을 한다.

20 냉간가공에 비하여 열간가공이 가지는 이점은 무엇인가?

① 결정입자가 미세화되어 재료가 단단해진다.
② 제품의 표면이 미려하고 치수가 정밀하다.
③ 가공성이 매우 좋다.
④ 전기저항이 증가한다.

해설

냉간가공	• 재결정 온도 이하에서의 가공 • 전위밀도가 증가하여 경도 및 인장강도가 커짐 • 인성이 감소 • 단면수축률이 감소 • 결정입자가 미세화되어 재료가 단단해짐 • 제품의 표면이 미려하고 치수가 정밀 • 열간가공에 비해 큰 힘이 필요 • 전기저항이 증가
열간가공	• 재결정 온도 이상에서의 가공 • 회복, 재결정 과정을 거치며 전위가 사라짐 • 가공성이 매우 좋음 • 표면에 스케일이 생겨서 재가공 필요

제2과목 금속조직

21 금속 내에 원자공공(vacancy)이 생성되는 경우가 아닌 것은?

① 격자점에 있던 원자가 금속표면의 빈자리로 이동될 때
② 격자점에 있던 원자가 결정립계로 이동될 때
③ 금속 내의 엔트로피가 감소될 때
④ 칼날전위의 상승운동으로 인해

해설
공공은 비어있는 원자의 빈자리이다. 공공의 존재가 결정의 무질서도(엔트로피)를 증가시키는 방향이기 때문에 공공이 생기는 것은 매우 자연스러운 일이다. 온도가 올라감에 따라 공공의 수는 지수적으로 증가한다.

22 다음 중 금속간 화합물에 대한 설명으로 틀린 것은?

① 성분금속의 특성이 없어진다.
② 일반적으로 성분금속의 융점보다 낮다.
③ 복잡한 결정구조를 가지며, 소성변형이 어렵다.
④ 주기율표 중의 동족원소는 거의 화합물을 형성하지 않는다.

해설
금속간 화합물
- 변형하기 어렵고 메짐성 있음
- 탄소강 중 경도가 가장 높음
- 간단한 원자비로 결합(Fe : 3, C : 1)
- 대부분의 금속간 화합물은 높은 용융점 가짐
- 금속 사이에 친화력이 클 때 형성
- 2종 이상의 금속원소가 $A_m B_n$의 화학식으로 구성 높은 경도를 가짐

23 체심입방격자(BCC)의 슬립면과 슬립방향은?

① {110}, ⟨111⟩   ② {111}, ⟨110⟩
③ {100}, ⟨110⟩   ④ {111}, ⟨111⟩

해설
체심입방구조의 슬립면과 방향은 {110}, {112}, {123} ⟨111⟩로 정의된다.

24 물질 중에서 원자가 열적으로 활성화되어 이동하게 되는 현상을 확산이라 하며, 이때 관여하는 원자의 종류에 따라 확산을 분류하고 있다. 단일금속 내에서 동일 원자 사이에 일어나는 확산의 명칭은?

① 반응확산   ② 입계확산
③ 상호확산   ④ 자기확산

해설
확산은 원자의 열적 활성에 의해 이동하는 현상으로 동일 원자 사이에 발생하는 것을 자기확산이라 한다.

25 정삼각형의 각 정점으로부터 대변에 평형으로 10 또는 100 등분하고, 삼각형 내의 어느 점의 농도를 알려면 그 점으로부터 대변에 내린 수선의 길이를 읽어 표시하는 3원 합금의 농도 표시 방법은?

① Gibbs의 삼각법
② Cottrell법
③ lever relation법
④ Roozeboom의 삼각법

해설
Gibbs의 삼각법은 3원 합금의 농도 표시법으로 정삼각형을 이용하는 방법이다.

26 다음의 원자결합 중 가장 약한 결합은?

① 이온결합
② 금속결합
③ 반데르발스결합
④ 공유결합

해설
반데르발스결합은 2차 결합으로 원자 간의 인력 또는 척력에 의해 발생하며 가장 약한 결합을 형성한다.

27 금속의 육방정계의 대표적인 면이 아닌 것은?

① 기저면(base plane)
② 각통면(prismatic plane)
③ 주조면(cast plane)
④ 각추면(pyramidal plane)

해설
육방정계를 구성하는 면은 기저면, 각통면, 각추면이 포함된다.

28 마텐자이트 변태에 대한 설명으로 틀린 것은?

① 무확산 변태이다.
② 협동적 원자운동에 의한 변태이다.
③ 모상과 마텐자이트의 화학조성은 다르다.
④ 과포화 고용체가 생기면 표면에 기복현상이 일어난다.

해설
마텐자이트 변태는 확산(원자의 이동) 없는 무확산 변태로 모상과의 화학적 조성에는 변함이 없다.

29 금속의 강화기구 중 결정립의 크기와 강도의 관계에 대한 설명으로 틀린 것은?

① 결정립의 크기가 클수록 강도는 증가한다.
② 결정립계의 면적이 클수록 강도는 증가한다.
③ 재료의 항복강도와 결정립의 크기 관계를 Hall-Petch식이라 한다.
④ 결정립이 미세할수록 항복강도뿐만 아니라 피로강도 및 인성이 증가한다.

해설
Hall-Petch식
대부분의 결정질 재료의 결정립 크기가 감소할수록 항복강도는 증가함을 표시하며 결과적으로 결정립이 미세할수록 금속의 항복강도, 피로강도, 인성이 증가한다.

30 Fe-C 평형상태도에서 공정점의 자유도는?

① 0
② 1
③ 2
④ 3

해설
공정점에서는 평형 상태하에 일어나기 때문에 불변반응으로, 자유도는 0이라고 판단해도 된다.

정답 26 ③ 27 ③ 28 ③ 29 ① 30 ①

31 다음 중 상온상태의 결정구조가 면심입방격자(FCC)를 나타내는 원소가 아닌 것은?

① Cu
② Au
③ Al
④ Fe

해설
면심입방 구조를 가지는 금속에는 Cu, Al, Au 등이 포함되며, Fe은 체심입방 구조체이다.

32 전율고용체 A, B 합금에서 강도 및 경도가 최대인 경우는?

① 양성분 금속의 원자가 A 10% : B 90% 비율로 혼합될 때
② 양성분 금속의 원자가 A 30% : B 70% 비율로 혼합될 때
③ 양성분 금속의 원자가 A 50% : B 50% 비율로 혼합될 때
④ 양성분 금속의 원자가 A 70% : B 30% 비율로 혼합될 때

해설
A, B합금에서 강도 및 경도가 최대인 경우는 1 : 1 비율로 혼합된 상태일 때이다.

33 침입형 고용체의 결함으로 공격자점과 격자 간 원자는 어떤 결함에 해당하는가?

① 면결함
② 선결함
③ 점결함
④ 체적결함

해설
점결함(0차원)
• 공공(빈 격자점) : 원자가 비어있는 자리
  → 쇼트키, 프렌켈 결함은 각각 쌍으로 존재하는 점결함
• 자기침입형 원자 : 공공이 생길 때 공공자리에 있던 원자가 이동하여 다른 원자 사이에 끼어 있는 상태
• 고용체 : 치환형과 침입형 고용체가 존재하며 일종의 불순물

34 금속의 응고과정에서 고상의 자유에너지 변화에 대한 설명으로 틀린 것은?(단, r_0는 임계핵의 반지름, r은 고상의 반지름, E_v은 체적 자유에너지, E_s는 계면 자유에너지이다)

① $r < r_0$인 경우에는 반지름이 증가함에 따라 자유에너지는 감소한다.
② r_0 이하 크기의 고상입자를 엠브리오(embryo)라 한다.
③ r_0 이상 크기의 고상을 결정의 핵(nucleus)이라 한다.
④ 고상의 전체 자유에너지의 변화는 $E = E_s - E_v$로 표시된다.

해설
금속의 응고과정에서 고상의 자유에너지 변화
• r_0(임계핵의 반지름) 이하 크기의 고상입자를 엠브리오(embryo)라고 한다.
• r_0(임계핵의 반지름) 이상 크기의 고상을 핵(nucleus)이라고 한다.
• 고상의 전체 자유에너지의 변화는 $E = E_s - E_v$로 구의 표면적에 표면에너지를 곱한 값에 구의 체적에 체적 자유에너지 곱한 값을 뺀 것과 같다.
• $r < r_0$인 경우에는 반지름 r이 증가함에 따라 전체 자유에너지도 증가한다.

35 치환형 고용체는 규칙적으로 늘어서 있는 고체의 원자를 밀어내고 그 자리에 원자가 치환하는 것을 말한다. 다음 중 그 특징을 잘못 설명한 것은?

① 원자의 크기±15% 이내
② 큰 전기음성도
③ 높은 원자가
④ 같은 결정구조

해설
치환형 고용체
• 원자의 크기±15% : 그 이상의 크기에서는 원자 뒤틀림이 너무 커져 새로운 상 형성
• 비슷한 전기음성도 : 차이가 크면 금속간 화합물 형성
• 높은 원자가 : 용해도에 영향
• 같은 결정구조

36 전위의 종류와 그 특성으로 바르게 연결된 것은?

① 칼날형 : ⊥는 음의 칼날전위를 의미
② 나선형 : 기호 ⊥ 바로 위에 원자의 잉여 반면 삽입
③ 나선형 : 슬립은 전위선에 평행
④ 칼날형 : 칼날전위 // 버거스 벡터

해설
전위의 종류
- 칼날형(edge type)
  - 기호 ⊥ 바로 위에 원자의 잉여 반면 삽입으로 형성
  - 거꾸로 된 형태의 "T"자 모양의 ⊥는 양의 칼날전위를 의미
  - 똑바른 형태의 "T"자 모양의 ⊤는 음의 칼날전위를 의미
  - 전자 주위에 존재하는 원자의 변형거리를 슬립(slip)이라 하며 칼날전위에 수직
- 나선형(screw type)
  - 절단면에 의한 분리 결함이 없는 결정 영역에 전단응력이 위/아래 방향으로 작용
  - 결함이 없는 결정에서 나선전위 형성
  - 전단응력은 변형된 원자들의 나선형 경사 모양에서 변형된 결정격자 영역 또는 나선전위 형성
  - 나선전위의 슬립은 전위선에 평행

37 시멘타이트의 원자비는 Fe : C = 3 : 1 이다. 이를 wt%로 바르게 환산한 것은?(단, 원자량 Fe : 55.8g/mol, C : 12.0g/mol)

① $\dfrac{12.0 + 167.6}{12.0 + 167.6} \times 100$

② $\dfrac{12.0}{12.0 + 167.6} \times 100$

③ $\dfrac{12.0 + 167.6}{12.0} \times 100$

④ $\dfrac{12.0 + 167.6}{167.6} \times 100$

해설
Fe 3개 → 55.8g/mol × 3 = 167.6g/mol
C 1개 → 12.0g/mol × 1 = 12.0g/mol
따라서 시멘타이트의 중량비는 $\dfrac{12.0}{12.0 + 167.6} \times 100$ 으로 계산할 수 있다. 결괏값은 6.7wt%이다.

38 재결정 온도를 낮추는(촉진시키는) 방법이 아닌 것은?

① 합금원소 감소
② 높은 가공도
③ 낮은 가공온도
④ 결정립도 감소

해설
회복 촉진(재결정 촉진)
- 합금원소(불순물 증가)
- 높은 가공도
- 낮은 가공온도
- 결정립도 감소

39 고용체 강화의 특징으로 틀린 것은?

① 강도와 경도가 커진다.
② 고용체 강화에 의해 연성이 증가한다.
③ 전기전도도가 커진다.
④ 크리프 저항성이 커진다.

해설
고용체 강화 특성(순금속과 비교)
- 강도와 경도가 커짐 → 고용체 강화만의 효과는 그리 크지 않음
- 합금의 연성은 순금속보다 낮지만 고용체 강화에 의해 강도와 연성이 증가
- 전기전도도는 작아짐 → 송전선에 사용할 때는 고용체 강화를 사용하면 안 됨
- 크리프 저항성이 커짐

정답 36 ③ 37 ② 38 ① 39 ③

40 홀패치 식에 대한 설명으로 올바른 것은?

① $\sigma_0 = \sigma_i - k'D^{-1/2}$ 식이 성립한다.
② D는 결정립의 지름이다.
③ 결정립이 클수록 강화가 일어난다.
④ 강화와 함께 취성이 증가한다.

해설
$\sigma_0 = \sigma_i + k'D^{-1/2}$
여기서, σ_0 : 인장항복응력
σ_i : 입 내에서 전위의 이동을 방해하는 마찰응력
k' : 결정립계의 상대적인 강화기여도를 나타내는 상수
D : 결정립의 지름
결정립이 미세할수록 금속의 항복강도, 피로강도, 인성이 개선되고 일반적으로 고용강화, 석출강화, 가공에 의한 강화를 거친 금속재료는 취성이 생기게 되나 결정립에 의한 미세강화의 경우 금속의 강도 증가에도 취성이 생기지 않는 장점까지 있다.

제3과목 금속 열처리

41 진공로 내부에 단열하는 단열재의 구비조건으로 틀린 것은?

① 열손실이 적어야 한다.
② 흡습성이 커야 한다.
③ 열적 충격에 강해야 한다.
④ 방사열을 완전히 반사시키는 재료이어야 한다.

해설
진공로는 열손실이 적고, 열적 충격에 강하며, 방사열을 반사시키는 재료로 구성되어야 한다.

42 담금질용 열처리 냉각 탱크(tank)에 냉각 시 냉각 속도가 가장 빠른 냉매는?

① 오일 ② 물
③ 공기 ④ 액체 질소

해설
냉각제 중 온도범위가 가장 낮은 것은 액체 질소로 $-196°C$이다.

43 TTT곡선의 nose와 M_s점의 중간 온도로 유지된 염욕 속에서 변태가 완료될 때까지 일정 시간 유지한 다음, 공랭시키면 베이나이트 조직이 생기는 열처리 조작을 무엇이라 하는가?

① 마템퍼링(martempering)
② 마퀜칭(marquenching)
③ 오스템퍼링(austempering)
④ 타임 퀜칭(time quenching)

해설
오스템퍼링
강을 약 840°C 정도로 가열하여 안정된 austenite영역에서 유지한 다음 염욕처리로 250~450°C에서 급랭시켜 bainite조직을 얻는 열처리

44 원자가가 2가인 금속산화물을 주성분으로 하는 내화재로서 마그네시아(MgO)와 산화크로뮴(Cr_2O_3)을 주성분으로 하는 내화재는?

① 산성 내화재
② 염기성 내화재
③ 중성 내화재
④ 규석벽돌 내화재

해설
고온에서의 물리적, 화학적 영향에 견딜 수 있는 재료를 내화재라 하며, 산화마그네슘, 돌로마이트 등은 염기성 내화재의 일종

45 침탄 온도 927°C로 저탄소강에 8시간 침탄할 때 생성되는 침탄층의 깊이는 약 몇 mm인가?(단, 927°C일 때 확산 정수값은 0.635이며, Harris의 방정식을 이용한다)

① 1.80 ② 2.85
③ 3.80 ④ 4.85

해설
$D = K\sqrt{T} = 0.635\sqrt{8} ≒ 1.80$

46 다음의 강을 완전 풀림을 하게 되면 나타나는 조직으로 옳은 것은?

① 아공석강 → 해드필드강+레데부라이트
② 과공석강 → 시멘타이트+층상 펄라이트
③ 공석강 → 페라이트+레데부라이트
④ 과공정 주철 → 페라이트+스텔라이트

해설
강의 완전 풀림 시 나타나는 조직의 변화는 과공석강 → 시멘타이트+층상 펄라이트이다.

47 다음 괄호 안에 알맞은 내용은?

"인상담금질의 작업방법은 Ar' 구역에서는 (㉠), Ar" 구역에서는 (㉡)하는 방법이다."

① ㉠ 급랭, ㉡ 급랭
② ㉠ 급랭, ㉡ 서랭
③ ㉠ 서랭, ㉡ 급랭
④ ㉠ 서랭, ㉡ 서랭

해설
냉각속도의 변화를 냉각시간으로 조절하는 인상담금질에 있어 가장 이상적인 담금질 방법은 임계수역(Ar' 변태가 일어나는 구역)은 급랭하고 위험구역(Ar" 변태구역)에서는 서랭하는 것이다.

48 고체 침탄제가 구비해야 할 조건을 설명한 것 중 틀린 것은?

① 침탄력이 강해야 한다.
② 침탄 온도에서 가열 중 용적 감소가 커야 한다.
③ 장시간 반복 사용과 고온에서 견딜 수 있는 내구력을 가져야 한다.
④ 침탄 성분은 P와 S가 적어야 하고 강 표면에 고착물이 융착되지 않아야 한다.

해설
고체 침탄체를 이용한 침탄과정에서 침탄온도에서 가열 시 용적의 감소가 적어야 효율이 높다.

49 회주철의 절삭성을 양호하게 하여 백선부분의 제거 및 연성을 향상시키기 위한 열처리 방법은?

① 담금질
② 연화풀림
③ 저온 뜨임
④ 응력제거 담금질

해설
연화풀림
• 회주철을 변태영역 이상의 온도로 가열하여 최대단면두께 25mm당 약 1시간 유지하여 상온으로 공랭 후 불림을 한다.
• 백선 부분의 제거, 연성을 향상시키기 위한 목적이며 강도는 저하되지만 구상화흑연주철은 연신율이 증가한다.

50 다음 중 연속로의 형태가 아닌 것은?

① 푸셔형(pusher type)
② 컨베이어형(conveyor type)
③ 상형(box type)
④ 노상 진동형

해설
대형작업이 가능한 연속로에는 푸셔형, 컨베이어형, 노상 진동형 로가 있다.

정답 46 ② 47 ② 48 ② 49 ② 50 ③

51 다음 중 탈탄의 방지대책으로 틀린 것은?

① 강의 표면에 도금을 하거나 탈탄방지제를 도포한다.
② 염욕 및 금속욕에 의한 가열을 한다.
③ 중성분말제 속에서 가열을 한다.
④ 고온에서 장시간 가열을 한다.

해설
탈탄의 방지대책
- 탈탄방지제를 도포한다.
- 고온에서의 장시간 가열을 피한다.
- 염욕 및 금속욕에 의한 가열을 한다.
- 강의 표면에 도금을 한다.
- 중성분말제 속에서 가열한다.
- 분위기 가스 내에서 진공 가열한다.

52 열처리 후처리 공정에서 제품에 부착된 기름을 제거하는 탈지에 적합하지 않은 방법은?

① 전해 세정
② 알칼리 세정
③ 산 세정
④ 트라이클로로에틸렌 세정

해설
산 세정은 재료의 표면의 부식을 초래하므로 적절하지 않다.

53 열처리의 3가지 냉각방법에 해당되지 않는 것은?

① 연속냉각
② 중합냉각
③ 항온냉각
④ 2단냉각

해설

냉각 방법	열처리의 종류
연속냉각	보통 풀림, 보통 불림, 담금질
2단냉각	2단 풀림, 2단 불림, 시간 담금질
항온냉각	항온 풀림, 항온 뜨임, 오스템퍼링, 마템퍼링, 마퀜칭, 오스포밍, M_s 퀜칭

54 다음 열전대 중 가장 높은 온도를 측정할 수 있는 것은?

① 백금-백금·로듐
② 구리-콘스탄탄
③ 크로멜-알루멜
④ 철-콘스탄탄

해설

종류	조성 (+)	조성 (-)	사용가능 온도범위(℃)
J	철	콘스탄탄	-185~870(600)
K	크로멜	알루멜	-20~1,370(1,000)
T	구리	콘스탄탄	-185~370(300)
E	니크롬	콘스탄탄	-185~870(700)
S	백금로듐 10Rh-90Pt	백금	-20~1,480(1,400)

55 명칭과 영향이 바르게 연결된 것은?

① 불림 : 부품의 연화, 가공성 향상 및 잔류응력 제거
② 풀림 : 부품의 경도 증가를 위한 열처리
③ 뜨임 : 담금질 후 잔류응력 제거, 조직의 기계적 성질 안정화
④ 질화 : 부품 표면에 탄소의 확산 침투에 의한 표면경화

해설
열처리의 종류
- 불림(normalizing) : 가공 시 발생된 이상 조직의 균질화 및 가공성 향상
- 풀림(annealing) : 부품의 연화, 가공성 향상 및 잔류응력 제거
- 담금질(quenching) : 부품의 경도 증가를 위한 열처리
- 뜨임(tempering) : 담금질 후 잔류응력 제거, 조직의 기계적 성질 안정화
- 표면경화(surface hardening) : 표면은 내마멸성이 높고, 중심부는 인성이 큰 이중조직을 가지게 함
- 침탄(carburizing) : 부품 표면에 탄소의 확산 침투에 의한 표면경화
- 질화(nitriding) : 부품 표면에 질소 화합물 형성에 의한 표면경화

56 마텐자이트화 변태에 대하여 올바르게 설명한 것은?

① 담금질 시 오스테나이트는 100% 마텐자이트로 변태한다.
② 심랭처리를 통하여 잔류 오스테나이트를 마텐자이트로 변태시킨다.
③ 0.6%C 이상 탄소강에서 M_f 온도가 증가한다.
④ C, N, Mn 등을 첨가하면 M_s가 높아진다.

해설
① 강의 담금질 시 오스테나이트는 100% 마텐자이트로 변태되지 않는다. 마텐자이트로 변태하지 않은 일부 오스테나이트가 상온까지 내려가는데, 상온에서 존재하는 미변태 오스테나이트를 잔류 오스테나이트라고 한다.
③ 0.6%C 이상 탄소강에서 M_f 온도는 상온 이하로 내려간다.
④ C, N, Mn, Ni, Cr, Mo, Cu 등을 첨가하면 M_s는 낮아진다.

57 TTT곡선에서 변태개시 및 변태종료의 시점으로 잘못 연결된 것은?

① P_s : 오스테나이트 → 펄라이트로의 변태 개시
② B_s : 오스테나이트 → 베이나이트로의 변태 개시
③ B_f : 오스테나이트 → 베이나이트로의 변태 종료
④ M_f : 오스테나이트 → 마텐자이트로의 변태 개시

해설
TTT곡선
• P_s : 오스테나이트 → 펄라이트로의 변태 개시
• P_f : 오스테나이트 → 펄라이트로의 변태 종료
• B_s : 오스테나이트 → 베이나이트로의 변태 개시
• B_f : 오스테나이트 → 베이나이트로의 변태 종료
• M_s : 오스테나이트 → 마텐자이트로의 변태 개시
• M_f : 오스테나이트 → 마텐자이트로의 변태 종료
※ s는 start, f는 finish를 의미

58 0.8%C에서 나타나는 2상 혼합 조직을 뜻하며 C의 확산을 수반한다. 조직을 관찰할 때 그 모양이 진주의 층과 닮았다 하여 펄라이트라는 명칭을 사용하는 강을 뜻하는 것은?

① 아공석강
② 공석강
③ 아공정주철
④ 공정주철

해설
• 공석강 : 0.8%C에서 나타나는 2상 혼합 조직을 뜻하며 C의 확산을 수반한다. 조직을 관찰할 때 그 모양이 진주의 층과 닮았다 하여 펄라이트라는 명칭을 사용한다.
• 아공석강 : 0.8%C 이하의 탄소량을 가진 오스테나이트가 냉각 시 A_3선 이하로 냉각되며 초석 페라이트가 먼저 석출된다. 초석 페라이트가 석출되면 잔류 오스테나이트의 탄소량은 탄소함유량이 0.8%C에 이를 때까지 증가하며 A_1 온도가 되면 0.8%C가 되어 공석변태를 하게 된다.
• 과공석강 : 0.8%C 이상의 탄소량을 가진 오스테나이트가 냉각 시 A_{cm}선 이하로 냉각되며 초석 시멘타이트가 먼저 석출된다. 초석 시멘타이트가 석출되면 잔류 오스테나이트의 탄소량은 탄소함유량이 0.8%C에 이를 때까지 감소하며 A_1 온도가 되면 0.8%C가 되어 공석변태를 하게 된다.

59 전기로에 대한 설명으로 올바른 것은?

① 용도에 따라 전기로, 가스로, 중유 및 경유로로 분류할 수 있다.
② 2,500℃ 이상의 발열체는 흑연이 적합하다.
③ 고온용 염욕은 질산염계를 주로 사용한다.
④ 저온용 염욕은 염화바륨 단일염을 많이 사용한다.

해설
① 열원에 따른 분류이다.
③ 고온용 : $BaCl_2$, NaCl 및 KCl 첨가(융점 조절)
④ 저온용 : $NaNO_3$, $NaNO_2$, KNO_2, $NaCO_3$, K_2CO_3

정답 56 ② 57 ④ 58 ② 59 ②

60 다음과 같은 특성을 가진 담금질은?

- 오스템퍼링, 마템퍼링 등의 항온열처리에 쓰인다.
- 열처리품이 들어가도 온도 강하가 없도록 열용량이 크고 온도변화가 작다.

① 유랭 담금질   ② 분사 냉각
③ 염욕 냉각   ④ 프레스 담금질

해설
염욕 냉각
- 오스템퍼링, 마템퍼링 등의 항온열처리에 쓰임
- 열처리품이 들어가도 온도 강하가 없도록 열용량이 크고 온도변화가 작음

제4과목 재료시험

61 지름(d)이 1cm, 높이(h)가 5cm인 주철제 압축 시험편에 압축하중 5,500kgf을 가하여 압축할 때 압축강도(kgf/cm²)는 약 얼마인가?

① 2,163   ② 3,501
③ 4,324   ④ 7,003

해설
$$압축강도 = \frac{하중}{단면적} = \frac{5,500}{\frac{\pi \times 1^2}{4}} ≒ 7,003 kgf/cm^2$$

62 다음 중 비금속 개재물의 종류가 아닌 것은?

① 그룹 A   ② 그룹 B
③ 그룹 C   ④ 그룹 E

해설
비금속 개재물
- 그룹 A : 황화물 종류
- 그룹 B : 알루민산염 종류
- 그룹 C : 규산염 종류
- 그룹 D : 구형 산화물 종류

63 방사선이 물질을 투과할 때 물질의 원자핵 주위의 궤도 전자와 부딪쳐 상호작용으로 생기는 것이 아닌 것은?

① 톰슨효과   ② 제베크효과
③ 콤프턴 산란   ④ 전자쌍 생성

해설
제베크효과는 온도차로 기전력이 생기는 효과이다.

64 광학 현미경을 통하여 금속조직을 관찰하려고 할 때 시편의 준비 순서로 옳은 것은?

① 시험편 채취 → 마운팅 → 연마 → 폴리싱 → 부식
② 마운팅 → 시험편 채취 → 연마 → 폴리싱 → 부식
③ 시험편 채취 → 마운팅 → 폴리싱 → 부식 → 연마
④ 시험편 채취 → 마운팅 → 부식 → 연마 → 폴리싱

해설
현미경 조직검사 순서
시험편 채취 → 시험편의 제작(마운팅) → 연마 → 폴리싱 → 부식 → 검경

65 노치 효과에 대한 설명으로 옳은 것은?

① 노치계수(β)는 1보다 작다.
② 형상계수(α)는 노치계수(β)보다 크다.
③ 노치에 둔한 재료에서는 노치민감계수(η)가 0(zero)에 접근한다.
④ 노치민감계수의 값은 노치에 민감하면 0이 되고, 둔하면 1이 된다.

해설
형상계수(α) ≥ 노치계수(β) ≥ 1

66 [보기]에서 자분탐상검사가 가능한 것들로 짝지어진 것은?

보기
- ㉠ 고합금강
- ㉡ 탄소강
- ㉢ 알루미늄
- ㉣ 청동
- ㉤ 마그네슘
- ㉥ 황동
- ㉦ 강자성 재료
- ㉧ 납

① ㉠, ㉡, ㉦
② ㉡, ㉢, ㉥
③ ㉣, ㉤, ㉧
④ ㉢, ㉣, ㉧

해설
자분탐상검사는 강자성체에만 적용 가능하다(고합금강, 탄소강 등의 강자성 재료).

67 침투탐상검사에서 관찰하는 방법 중 기호 "DF"가 의미하는 것은?

① 염색 침투액을 사용
② 형광 침투액을 사용
③ 이원성 염색 침투액을 사용
④ 이원성 형광 침투액을 사용

해설

명칭	방법	기호
V 방법	염색 침투액 사용	V
F 방법	형광 침투액 사용	F
D 방법	이원성 염색 침투액을 사용	DV
	이원성 형광 침투액을 사용	DF

68 다음 중 인장강도의 단위로 옳은 것은?

① N/mm^2
② m/mm^2
③ gr/mm^3
④ t/mm^3

해설
강도의 단위는 응력(하중/단위면적)의 단위이다.

69 금속의 화학성분을 검사하기 위한 방법이 아닌 것은?

① 습식분석시험
② 분광분석시험
③ 원자흡광시험
④ 크리프시험

해설
크리프시험은 금속의 기계적 성질을 검사하기 위한 방법이다.

70 단면 20cm×20cm의 재료에 80t의 전단력을 가할 때 거리 20cm 되는 지점에서의 전단변형량은 몇 cm인가?(단, 전단탄성계수(G)는 80,000kgf/cm² 이다)

① 0.5
② 0.05
③ 0.005
④ 0.015

해설

$$전단변형률 = \frac{전단변형량}{초기길이} = \frac{전단응력}{전단탄성계수}$$

$$= \frac{전단변형량}{20} = \frac{\left(\frac{80 \times 10^3}{20 \times 20}\right)}{80,000}$$

∴ 전단변형량 = 0.05

71 다음 표와 같은 조건일 때 평균 입도 번호는?

각 시야에서의 입도 번호(a)	시야수(b)	$a \times b$
6	2	12
6.5	6	39
7	2	14

① 6
② 6.5
③ 7
④ 7.5

해설
시야수를 이용한 입도번호

$$Nm = \frac{\sum(a \times b)}{\sum b} = \frac{12 + 39 + 14}{2 + 6 + 2} = 6.5$$

정답 66 ① 67 ④ 68 ① 69 ④ 70 ② 71 ②

72 강재의 불꽃시험으로 알 수 있는 사항이 아닌 것은?

① 이종 강재의 선별
② 내마모성 판정
③ 담금질 여부 판정
④ 탈탄, 침탄, 질화 정도 판정

해설
불꽃시험은 소재의 개략적인 성질을 알기 위한 것으로 내마모성과 같은 기계적 성질과는 관련이 없다.

73 최대하중이 5,652kg이고, 인장강도가 25kgf/mm² 인 봉상 인장시험편의 지름은 약 몇 mm인가?

① 8   ② 10
③ 13 ④ 17

해설
인장강도 = $\dfrac{\text{최대하중}}{\text{단면적}} = \dfrac{5,652}{\dfrac{\pi \times d^2}{4}} ≒ 25\text{kgf/mm}^2$

∴ $d ≒ 17\text{mm}$

74 부식액에 시편을 침지하여 부식시켜서 조직이 잘 나타나지 않을 때 면봉 등으로 시편표면을 닦아 내면서 부식시키는 방법은?

① deep부식
② 전해부식
③ wipe부식
④ 가열부식

해설
- wipe부식 : 부식액에 시편을 침지하여 부식시켜서 조직이 잘 나타나지 않을 때 면봉 등으로 시편표면을 닦아 내면서 부식시키는 방법이다.
- deep부식 : 깊게 부식시키는 방법이다.
- 전해부식 : 전류와 전압을 조절하여 양극금속이 용출되도록 하는 부식이다.
- 가열부식 : 세라믹재료에 유용한 부식으로 재료의 소결온도보다 낮은 온도로 가열시켜 부식시키는 방법이다.

75 충격시험편에서 노치(notch) 반지름의 영향을 설명한 것 중 옳은 것은?

① 노치 반지름이 클수록 응력집중이 크다.
② 노치 반지름이 작을수록 충격치가 높다.
③ 노치 반지름이 클수록 흡수에너지가 크다.
④ 노치 반지름이 작을수록 파괴가 안 일어난다.

해설
노치 반지름이 작을수록 응력집중이 크고 충격치는 낮으며 흡수에너지는 작고 파괴가 잘 일어난다.

76 다음 중 측정 방식이 같은 경도시험으로 묶인 것은?

① 브리넬, 쇼어 경도시험
② 로크웰, 모스 경도시험
③ 비커스, 누프 경도시험
④ 마르텐스, 에코팁 경도시험

해설
- 압입경도시험 : 시험편을 서로 누르거나 압입자로 시험편을 누를 때 외력에 대한 저항력을 측정
  예) 브리넬 경도시험, 로크웰 경도시험, 비커스 경도시험, 마이크로 비커스, 누프 경도시험, 마이어 경도시험
- 반발경도시험 : 시험편에 강체에 가까운 물체를 낙하시켜 반발 정도에 의해 경도를 나타내는 방법
  예) 쇼어 경도시험, 에코팁 경도시험
- 긋기경도시험 : 시험편을 표준물체로 긁었을 때 흠으로 경도를 비교하는 방법
  예) 모스 경도시험, 마르텐스 경도시험

77 다음 중 진응력과 공칭응력의 관계를 나타낸 식으로 옳은 것은?

① 공칭응력 = $\dfrac{원단면적}{하중\ P가\ 작용할\ 때의\ 단면적}$

② 공칭응력 = $\dfrac{원단면적}{실제\ 작용하중(P)}$

③ 진응력 = $\dfrac{실제\ 작용하중(P)}{원단면적}$

④ 진응력 = $\dfrac{실제\ 작용하중(P)}{하중\ P가\ 작용할\ 때의\ 단면적}$

해설
- 진응력 = $\dfrac{실제\ 작용하중(P)}{하중\ P가\ 작용할\ 때의\ 단면적}$
- 공칭응력 = $\dfrac{실제\ 작용하중(P)}{원단면적}$

78 응력-압률 선도에서 $\varepsilon = \alpha\sigma^m$의 지수법칙이 성립하는데 재질별 m값이 차이가 난다. 이를 바르게 연결한 것은?

① 주철 : $m > 1$
② 알루미늄 : $m < 1$
③ 고무 : $m = 1$
④ 완전탄성체 : $m > 1$

해설
응력-압률 선도
- $\varepsilon = \alpha\sigma^m$의 지수법칙이 성립
- $m > 1$: 강, 주철, 콘크리트
- $m = 1$: 완전탄성체
- $m < 1$: 고무, 폴리머

79 다음 중 크리프 시험에 대한 설명을 바르게 서술한 것은?

① 시간-변형률 곡선을 나타낸다.
② 속도가 대략 일정하게 진행되는 단계는 천이 크리프 단계이다.
③ 네킹(necking)은 정상 크리프 단계에서 발생한다.
④ 가속 크리프 단계에서 변형률이 점차 감소한다.

해설
크리프 시험
- 1단계 : 변형률이 점차 감소되는 단계(천이 크리프)
- 2단계 : 속도가 대략 일정하게 진행되는 단계(정상 크리프)
- 3단계 : 네킹(necking)이 발생하는 영역(가속 크리프)
※ 철강은 상온에서 크리프 현상이 나타나지 않으나 250℃ 이상에서 크리프 현상이 현저하게 나타난다.

80 다음 중 불꽃시험 후 연삭가루를 유리판에 넣고 현미경으로 관찰하여 강종을 판정하는 방법은?

① 그라인더 불꽃시험
② 분말시험
③ 매립시험
④ 펠릿시험

해설
불꽃시험 종류
- 매립시험 : 불꽃시험 후 연삭가루를 유리판에 넣고 현미경으로 관찰하여 강종을 판정하는 방법
- 그라인더 불꽃검사법
  - 특정 원소의 존재 여부를 알기 위해 수행
  - 회전그라인더에서 생기는 불꽃은 함유한 특수원소의 종류에 따라 변화
  - 탄소파열 저지원소 : 규소(Si), 몰리브데넘(Mo), 니켈(Ni)
  - 탄소파열 조장원소 : 크로뮴(Cr), 망가니즈(Mn), 바나듐(V)
- 분말시험 : 시험편의 분말을 전로 혹은 가스로에 넣어 불꽃색, 형태 등을 관찰하여 강질을 판정
- 펠릿시험
  - 그라인더 연삭가루 중 구상화 형상을 펠릿이라 함
  - 펠릿의 색과 형상을 관찰하여 강종을 판정

정답 77 ④ 78 ① 79 ① 80 ③

2023년 제1회 과년도 기출복원문제

제1과목 금속재료

01 금속변태 중 동소변태에 대한 설명으로 옳은 것은?

① A_1은 공정변태이다.
② 동소변태에서 원자구조의 변화는 없다.
③ 동소변태는 A_1, A_2를 예로 들 수 있다.
④ A_3는 910℃이다.

해설
- 동소변태 : A_3 변태(910℃), A_4 변태(1,400℃)
- 자기변태 : A_2 변태(768℃)

02 Fe-Fe₃C 평형상태도에서 γ의 탄소 고용한도는 약 몇 %인가?

① 6.67   ② 4.3
③ 2.1   ④ 0.025

해설
오스테나이트의 고용한도는 2.1%로 다른 금속에 비하여 큰 편이며, 이는 강화가 일어날 수 있는 원인이라 볼 수 있다.

03 다음 중 용융점이 가장 높은 금속은?

① Fe   ② Hg
③ W   ④ Cu

해설
텅스텐(W)은 대표적인 고융점 금속이다.

04 다음 중 합금이 순금속보다 좋은 성질은?

① 가단성
② 열전도율
③ 전기전도율
④ 경도 및 강도

해설
합금은 순금속보다 경도와 강도가 우수하다.

05 온도 t℃에서 길이 l인 봉을 온도 t'℃로 올릴 때 길이가 l'로 팽창했다면 이때의 선팽창계수는?

① $\dfrac{l-l'}{l(t'-t)}$

② $\dfrac{l'-l}{l(t'-t)}$

③ $\dfrac{l(t'-t)}{l'-l}$

④ $\dfrac{l(t-t')}{l'-l}$

해설
선팽창계수 = $\dfrac{\text{나중길이} - \text{처음길이}}{\text{처음길이} \times (\text{나중온도} - \text{처음온도})}$

정답 1 ④ 2 ③ 3 ③ 4 ④ 5 ②

06 다음 중 강성률(G)을 구하는 식으로 옳은 것은? (단, E는 탄성계수, ν는 푸아송비이다)

① $\dfrac{\nu}{2(1+E)}$ ② $\dfrac{1+E}{2\cdot\nu}$

③ $\dfrac{E}{2(1+\nu)}$ ④ $\dfrac{2\cdot E}{(1+\nu)}$

해설
강성률$(G) = \dfrac{E}{2(1+\nu)}$

07 사방정계의 축 길이와 사이각을 옳게 나타낸 것은?

① $a=b=c$, $\alpha=\beta=\gamma=90°$
② $a=b\neq c$, $\alpha=\beta=\gamma=90°$
③ $a\neq b\neq c$, $\alpha=\beta=\gamma=90°$
④ $a=b\neq c$, $\alpha=\beta=90°$, $\gamma=120°$

해설
- 입방정계 : $a=b=c$, $\alpha=\beta=\gamma=90°$
- 정방정계 : $a=b\neq c$, $\alpha=\beta=\gamma=90°$
- 사방정계 : $a\neq b\neq c$, $\alpha=\beta=\gamma=90°$
- 육방정계 : $a=b\neq c$, $\alpha=\beta=90°$, $\gamma=120°$
- 단사정계 : $a\neq b\neq c$, $\alpha=\gamma=90°\neq\beta$
- 삼사정계 : $a\neq b\neq c$, $\alpha\neq\beta\neq\gamma\neq90°$

08 다음 중 아공석강의 탄소함량은 약 몇 wt%인가?

① 0.025~0.8   ② 0.8~2.1
③ 2.1~4.3   ④ 4.3~6.67

해설
- 과공석강은 탄소함량이 약 0.8~2.1%C의 초석 시멘타이트와 펄라이트로 이루어진 탄소강이다.
- 아공석강은 탄소함량이 약 0.025~0.8%C의 초석 페라이트와 펄라이트로 이루어진 탄소강이다.

09 분말야금(powder metallurgy)의 특징으로 틀린 것은?

① 절삭공정을 생략할 수 있다.
② 융해법으로는 만들 수 없는 합금을 만들 수 있다.
③ 다공질의 금속재료를 만들 수 있다.
④ 제조과정에서 융점까지 온도를 올려야 한다.

해설
분말야금(powder metallurgy)법 : 금속 가루를 가압·성형하여 굳히고, 가열하여 소결함으로써 금속 제품을 얻는 방법
- 용융점 이하의 온도로 제작
- 다공질의 금속재료를 만들 수 있음
- 최종제품의 형상으로 제조가 가능하여 절삭가공이 거의 필요 없음
- 용해법으로 만들 수 없는 합금을 만들 수 있고, 편석, 결정립 조대화의 문제점이 적음
- 제조과정에서 용융점까지 온도를 상승시킬 필요가 없음
- 고융점 금속부품 제조에 적합

10 고망가니즈강의 일종인 hadfield steel의 설명으로 틀린 것은?

① 수인법을 이용한 강이다.
② 주요 조성은 0.9~1.4%C, 10~15%Mn이다.
③ 열전도성이 작고 열팽창계수가 작아 열변형을 일으키지 않는다.
④ 광석·암석의 파쇄기 등 심한 충격과 마모를 받는 부품에 이용된다.

해설
고망가니즈강은 열전도성이 작고 열팽창계수가 크다.

정답 6 ③ 7 ③ 8 ① 9 ④ 10 ③

11 한 번 어느 방향으로 소성변형을 가한 재료에 역방향의 하중을 가하면 전과 같은 방향으로 하중을 가한 경우보다 소성변형에 대한 저항이 감소하는 것을 무엇이라 하는가?

① 바우싱거효과
② 크리프효과
③ 재결정효과
④ 푸아송효과

해설
바우싱거효과
한 번 어느 방향으로 소성변형을 가한 재료에 역방향의 하중을 가하면 전과 같은 방향으로 하중을 가한 경우보다 소성변형에 대한 저항이 감소하는 현상이다.

12 인성에 대한 설명으로 틀린 것은?

① 충격에 대한 재료의 저항을 인성이라고 한다.
② 연신율이 큰 재료가 일반적으로 충격저항이 크다.
③ 인성과 충격저항은 상관관계가 없다.
④ 충격을 가하여 시편을 파괴하는 데 필요한 에너지로부터 인성을 산출한다.

해설
인성은 충격저항과 비례한다.

13 상온에서 아공석강의 펄라이트양이 30%일 때 페라이트와 Fe_3C의 양을 구하면?(단, 공석점에서의 탄소는 0.8%이다)

① 페라이트 : 3.6%, Fe_3C : 26.4%
② 페라이트 : 26.4%, Fe_3C : 3.6%
③ 페라이트 : 16.4%, Fe_3C : 13.6%
④ 페라이트 : 13.6%, Fe_3C : 16.4%

해설
상온의 펄라이트에서 페라이트는 $\frac{0.3 \times (6.67 - 0.8)}{(6.67 - 0.0)} ≒ 0.264$이므로 약 26.4%이다. Fe_3C는 30 - 26.4 = 3.6%이다.

14 Cd, Zn과 같은 6방계 금속을 슬립면에 수직으로 압축할 때 생긴 변형 부분을 무엇이라 하는가?

① kink band
② lattice rotation
③ cross slip
④ wavy slip line

해설
Cd, Zn과 같은 6방계 금속을 슬립면에 수직으로 압축할 때 생긴 변형 부분을 킹크밴드(kink band)라고 한다.

15 스테인리스강(stainless steel)의 조직 중 가장 높은 경도를 가지고 있는 것은?

① 오스테나이트(austenite)
② 펄라이트(pearlite)
③ 페라이트(ferrite)
④ 마텐자이트(martensite)

해설
경도
시멘타이트 > 마텐자이트 > 트루스타이트 > 소르바이트 > 펄라이트 > 오스테나이트 > 페라이트

16 응축계에서 용융과 응고가 되는 현상은 상이 변하므로 반드시 흡열과 발열이 발생하는데, 이때 발생하는 열을 무엇이라 하는가?

① 현열
② 복사열
③ 직사열
④ 잠열

해설
상이 변하며 발생하는 흡열과 발열은 잠열이다.

17 동합금의 표준조성과 명칭을 짝지은 것 중 맞는 것은?

① tombac : 10~30%Zn황동
② Muntz metal : 5-5황동
③ cartridge brass : 7-3황동
④ admiralty brass : 6-4황동에 1%Sb황동

해설
- 톰백(tombac) : Zn을 5~20% 함유
- 먼츠메탈(Muntz metal) : 4:6황동
- 카트리지 브라스(cartridge brass) : 7:3황동
- 애드미럴티 황동(admiralty brass) : 7:3황동에 1% 내외의 Sn을 첨가

18 전자기 재료에 사용되고 있는 Ni-Fe계 실용 합금이 아닌 것은?

① 인바
② 엘린바
③ 두랄루민
④ 플래티나이트

해설
두랄루민
알루미늄합금이며 주성분은 Al-Cu-Mg이다. 4%Cu, 0.5%Mg, 0.5%Mn으로 시효 경화성이 높으며 가볍고 강도가 높아 항공기, 자동차, 운반기계 등에 사용한다.

19 두 금속의 비중 차이가 가장 큰 것은?

① Ni-W
② Ti-Fe
③ Li-Ir
④ Al-Mg

해설
비중
리튬(Li) 0.534 < 마그네슘(Mg) 1.7 < 알루미늄(Al) 2.7 < 타이타늄(Ti) 4.5 < 니켈(Ni) 8.9 < 철(Fe) 7.85 < 텅스텐(W) 18.6 < 이리듐(Ir) 22.42

20 황동의 상태도에서 금속간화합물은 규칙 또는 불규칙한 성질을 갖는데 다음 중 규칙적인 금속간화합물은?

① α
② $\alpha + \beta$
③ β
④ β'

해설
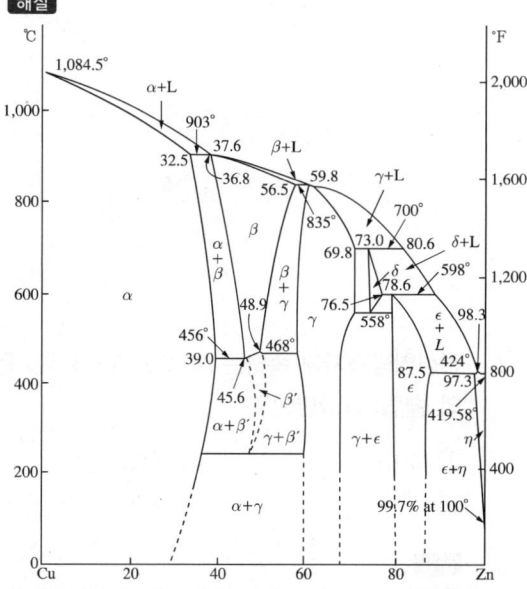
황동의 상태도를 참고하면 β보다는 β'가 더 규칙적임을 알 수 있다.

제2과목 금속조직

21 다음 중 공정형 한율 고용체의 상태도로 올바른 것은?

①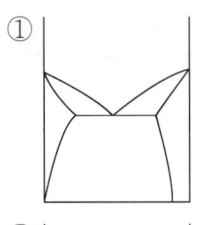
②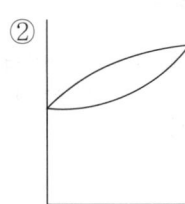
③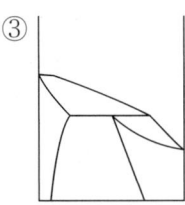
④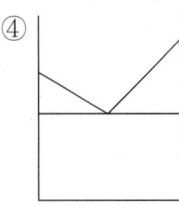

해설
①의 양쪽에 있는 고용체를 한율 고용체라 하고 고용 한도를 지닌다. 중앙의 액체 ⇌ 고용체 α + 고용체 β의 변태는 공정이라 한다.

22 면심입방격자에 속하는 Al, Cu, Au 및 Ag 등 금속의 슬립(slip)면은?

① {101} ② {111}
③ {110} ④ {011}

해설
금속에서 결정에 파단이 일어나기 전 원자면을 따라 미끄러짐이 발생하는 것이 슬립이며, 면심입방구조에서 슬립면은 {111}이다.

23 강에서 베이나이트(bainite)에 관한 설명으로 옳은 것은?

① 베이나이트는 오스테나이트와 시멘타이트의 혼합물이다.
② 고온에서 베이나이트는 침상 또는 라스(lath) 형태의 페라이트와 라스 사이에 석출되는 시멘타이트로 생성된다.
③ 약 650℃의 온도에서 베이나이트의 조직은 판상에서 라스 모양으로 변하고 탄화물의 분산은 조대해진다.
④ 상부 베이나이트와 하부 베이나이트는 서로 같은 방법으로 생성한다.

해설
베이나이트는 오스테나이트 변태의 생성물로 페라이트와 시멘타이트로 구성되어 있으며, 변태 온도에 따라 침상이나 판상의 모양으로 형성된다.

24 다음 중 쌍정에 관한 설명으로 틀린 것은?

① 기계적 쌍정은 BCC나 HCP 금속에서 급속으로 하중을 가하거나 낮은 온도에서 형성된다.
② 쌍정 변형에서는 쌍정면 양쪽의 결정 방위가 서로 같다.
③ HCP 금속의 저면이 슬립하기 좋지 않은 방향으로 놓여 있을 때 쌍정 변형이 일어나기 쉽다.
④ 인장시험 중에 쌍정이 생기면 응력-변형률 곡선에 톱니 모양이 나타난다.

해설
쌍정은 어떤 면 또는 경계를 통해 거울에 비친 상과 같은 구조가 존재함으로 결정 방위가 바뀌게 된다.

25 금속에 있어서 확산을 나타내는 Fick의 제1법칙의 식으로 옳은 것은?(단, J는 농도구배, D는 확산계수, c는 농도, x는 위치(거리)이고, 농도의 시간적 변화는 고려하지 않는다)

① $J = -D\dfrac{dc}{dx}$ ② $J = -D\dfrac{dx}{dc}$

③ $J = D\dfrac{dx}{dc}$ ④ $J = D\dfrac{dc}{dx}$

해설
- $J = -D\dfrac{dc}{dx}$ 는 Fick's의 제1확산법칙이다.
- $J = D\dfrac{d^2c}{dx^2}$ 는 Fick's의 제2확산법칙이다.

26 금속의 응고과정에서 고상의 자유에너지 변화에 대한 설명으로 틀린 것은?(단, r_0는 임계핵의 반지름, r은 고상의 반지름, E_v은 체적 자유에너지, E_s는 계면 자유에너지이다)

① $r < r_0$인 경우에는 반지름이 증가함에 따라 자유에너지는 감소한다.
② 고상의 전체 자유에너지의 변화는 $E = E_s - E_v$로 표시된다.
③ r_0 이상 크기의 고상을 결정의 핵(nucleus)이라 한다.
④ r_0 이하 크기의 고상입자를 엠브리오(embryo)라 한다.

해설
자유에너지 변화를 반지름 r의 함수로 나타내면, $r < r_0$인 동안 반지름 증가에 따라 자유에너지가 증가하고, $r > r_0$가 되면 반지름 증가에 따라 자유에너지는 감소한다.

27 탄소강의 마텐자이트(martensite) 변태에 대한 설명으로 틀린 것은?

① 변태를 하고 나면 표면에 기복이 생긴다.
② 마텐자이트 변태에서는 확산이 일어난다.
③ 협동적 원자운동에 의한 변태이다.
④ 마텐자이트가 생성되기 시작하는 온도를 M_s, 끝나는 온도를 M_f라 한다.

해설
마텐자이트 변태는 원자 이동이 존재하지 않는 무확산 변태이다.

28 규칙격자를 만드는 일반적인 3가지 형태가 아닌 것은?

① AB형   ② A_3B형
③ A_3B_2형   ④ AB_3형

해설
고용체에서 용질원자와 용매원자 원소가 규칙적인 배열을 할 때 규칙격자라 하며, A_xB_y형의 간단한 정수비의 조성을 가지는데, AB, A_3B, AB_3형이 있다.

29 X-ray 회절법에서 X-ray 입사각이 30°일 때 금속의 면간거리는?(단, 회절상수 n은 1, 파장 λ는 10^{-8}cm이다)

① 10^{-8}cm   ② $\dfrac{1}{2} \times 10^{-8}$cm
③ $\dfrac{\sqrt{3}}{2} \times 10^{-8}$cm   ④ 2×10^{-8}cm

해설
X-ray 회절법에 의한 면간거리 공식
$n\lambda = 2d\sin\theta$
$1 \times 10^{-8} = 2d\sin 30°$
$\therefore d = 10^{-8}$cm

정답 25 ① 26 ① 27 ② 28 ③ 29 ①

30 다음 중 나머지 보기와 다른 원자구조를 가지고 있는 금속원소는?

① Al
② Mg
③ Ag
④ Pt

해설
면심입방정 구조는 단위격자 내 4개의 원자를 가지며(격자원자 1개, 면심 3개), Al, Ag, Au, Cu, Pt 등이 속한다.

31 전위에 대한 설명으로 옳은 것은?

① 전위의 상승운동은 온도에 무관하다.
② 전위결함은 원자공공, 크로디온(crowdion) 등이 있다.
③ 칼날전위선은 버거스 벡터(Burgers vector)와 평행하다.
④ 전위의 존재로 인해 발생되는 에너지를 변형 에너지(strain energy)라 한다.

해설
전위의 상승은 온도와 밀접한 관계가 있으며, 전위결함은 선결함이며, 공공, 크로디온은 점결함에 속한다. 칼날전위는 버거스 벡터에 항상 수직이다.

32 어떠한 금속 내부에서의 확산이 이루어질 때 이것을 무엇이라 하는가?

① 반응확산
② 전위확산
③ 자기확산
④ 상호확산

해설
금속 내부에서도 충분한 에너지에 의해 확산은 이루어질 수 있는데 이를 자기확산이라 한다.

33 조밀육방격자에 대한 설명 중 틀린 것은?

① 원자 충전율은 74%이다.
② 축비(c/a)는 약 1.63이다.
③ 원자배위수는 12개이다.
④ Ag는 조밀육방격자이다.

해설
조밀육방격자를 가지는 금속원소는 Mg, Zn, Ti, Zr이며, Ag는 면심입방구조를 가졌다.

34 재결정을 좌우하는 인자에 관한 설명으로 옳은 것은?

① 변형량이 증가함에 따라 재결정률은 감소한다.
② 변형량이 작을수록 재결정온도는 낮아진다.
③ 순도가 높은 금속일수록 재결정온도는 낮아진다.
④ 어닐링 온도 및 시간을 같이 하면 초기 입자의 지름이 클수록 재결정을 일으키는 데 필요한 변형량은 감소한다.

해설
순도가 낮은 금속의 내부의 불순물의 존재로 축적 에너지의 양이 높아 재결정온도가 고순도 금속보다 높다. 즉, 순도가 높은 금속일수록 재결정온도는 낮아진다.

35 일정한 압력하에 있는 Fe-C 합금의 포정점이 일정한 온도와 조성에서 생기는 이유는?

① 상률의 자유도가 0이기 때문이다.
② 상률의 자유도가 1이기 때문이다.
③ 상률의 자유도가 2이기 때문이다.
④ 상률의 자유도가 ∞이기 때문이다.

해설
자유도는 F=성분－상태+1 = 2－3+1이므로 답은 0이다.

36 치환형 고용체에서 용질원자가 용매원자의 치환이 난잡하게 일어날 때 고용체의 격자정수의 값은 용질원자의 농도에 비례하는 법칙을 무엇이라 하는가?

① 베가드의 법칙   ② 훅의 법칙
③ 보일의 법칙   ④ 샤를의 법칙

해설
베가드의 법칙은 치환형 고용체에서 격자정수의 값과 용질원자의 농도의 관계를 설명하는 법칙이다.

37 다음 중 점결함에 해당되는 않는 것은?

① 공격자점   ② 프렌켈 결함
③ 격자 간 원자   ④ 적층결함

해설
점결함(0차원)
- 공공(빈 격자점) : 원자가 비어있는 자리
  → 쇼트키, 프렌켈 결함은 각각 쌍으로 존재하는 점결함
- 자기침입형 원자 : 공공이 생길 때 공공자리에 있던 원자가 이동하여 다른 원자 사이에 끼어 있는 상태
- 고용체 : 치환형과 침입형 고용체가 존재하며 일종의 불순물

38 결정 내 원자들은 열진동을 계속하면서 고체 내에 원자확산이 진행되고 있다. 다음 금속의 열진동에 대한 설명으로 틀린 것은?

① 원자의 열진동에서 진동수는 온도에 따라 거의 변하지 않으나 진폭은 변한다.
② 일반적으로 온도가 상승하면 공격자점이 존재하는 비율은 적어진다.
③ 공격자점이 많아지면 결정 내의 원자 열진동 진폭은 커진다.
④ 공격자점 주위의 열진동하고 있는 원자가 새로운 공격자점으로 계속 위치를 변화하며 확산이 진행된다.

해설
금속의 열진동에 의한 반응 중 온도의 상승에 따라 공격자점의 존재비율이 높아진다.

39 공정변태에 의해 생기며, 페라이트와 시멘타이트가 교차되며 나타나는 조직을 무엇이라 하는가?

① 레데부라이트
② 마텐자이트
③ 하부 베이나이트
④ 상부 베이나이트

해설
레데부라이트는 공정변태로 생기며 펄라이트 조직을 갖는다.

40 온도에 따른 액상 및 고상(동일 물질)의 자유에너지 변화를 바르게 나타낸 그래프는?(단, T_m : 용융온도, F_L : 액상의 자유에너지, F_S : 고상의 자유에너지이다)

①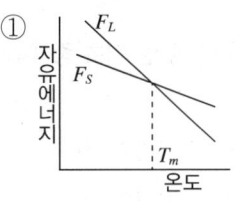
②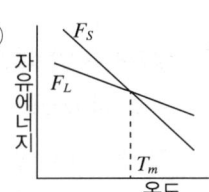
③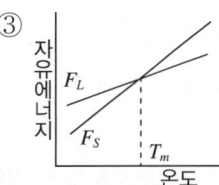
④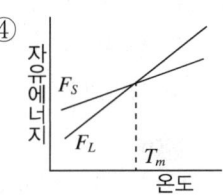

해설
온도변화에 따라 액체의 결정화에 의해 자유에너지가 감소하고, 융점 T_m에 있어서는 F_L과 F_S는 같으나 융점 이하의 온도 T에서는 F_L이 더 크다.

제3과목 | 금속 열처리

41 침탄 열처리를 의뢰한 작업 요구서에 CD-H-F-4.2로 표기되어 있을 때 이에 대한 설명으로 옳은 것은?

① 경도시험방법에서 시험하중 300g으로 측정하여 전경화층의 깊이가 4.2mm이다.
② 경도시험방법에서 시험하중 1kg으로 측정하여 유효경화층의 깊이가 4.2mm이다.
③ 마이크로조직 시험방법으로 측정하여 유효경화층의 깊이가 4.2μm이다.
④ 마이크로조직 시험방법으로 측정하여 전경화층의 깊이가 4.2μm이다.

해설
CD-H-F는 시험하중(1kg)으로 측정한 유효경화층의 깊이를 나타내며 숫자는 형성된 깊이를 의미한다.

42 열처리형 알루미늄 합금의 질별 기호 중 T4가 나타내는 의미는?

① 냉간가공 후 자연시효 처리한 것
② 고온가공 후 냉간가공 처리한 것
③ 용체화처리 후 자연시효 처리한 것
④ 열간가공 후 안정화 처리한 것

해설
• T1 : 가공온도에서 냉각, 자연시효(용체화 없음, 상온)
• T2 : 가공온도에서 냉각
• T3 : 고용처리하고 냉간가공 후 자연시효
• T4 : 고용처리 후 자연시효
• T5 : 가공온도에서 냉각, 자연시효(상온보다 고온)
• T6 : 고용처리, 인공시효

43 다음 염욕 중 나머지 보기와 다른 성질의 것은?

① $NaNO_3$ ② $NaCl$
③ $NaNO_2$ ④ K_2CO_3

해설
• 고온용 염욕 : $BaCl_2$, $NaCl$, KCl
• 저온용 염욕 : $NaNO_3$, $NaNO_2$, KNO_2, $NaCO_3$, K_2CO_3

44 일반적인 열처리의 목적을 설명한 것 중 틀린 것은?

① 경도 또는 인장력을 증가시키기 위한 것이다.
② 냉간가공에 의해서 생긴 응력을 제거하는 것이다.
③ 조직을 최대한 조대화시키고, 방향성을 크게 갖게 하기 위한 것이다.
④ 조직을 연한 것으로 변화시키거나 또는 기계 가공을 좋게 하기 위한 것이다.

해설
• 열처리는 금속 조직의 조대화를 최소화시키고 방향성을 줄이기 위함이다.
• 금속이 방향성을 갖게 되면 일정방향에 대하여 취약한 약점을 갖는다고 이해할 수 있다.

45 강재의 부품표면에 질소를 확산 침투시키는 질화법의 종류가 아닌 것은?

① 가스 질화법 ② 액체 질화법
③ 이온 질화법 ④ 용융 질화법

해설
질화법의 종류에는 가스, 액체, 이온 질화법이 포함된다.

41 ② 42 ③ 43 ② 44 ③ 45 ④

46 금속재료를 진공 중에서 가열하면 합금원소가 증발한다. 다음 중 증기압이 높아 가장 증발하기 쉬운 금속은?

① Mo
② Cr
③ C
④ W

해설
금속재료 중 Mn, Cu, Zn, Cr 등은 증기압이 높기 때문에 진공가열 시 증발현상이 일어나기 쉽다.

47 560℃ 철강을 이상의 온도에서 산화시켰을 때 철과 공기가 만나는 최후의 산화피막은?

① Fe_2O_3
② Fe_3P
③ Fe_3O_4
④ Fe_3O_5

해설
철의 고온처리 시 발생하는 산화물층의 형성은 Fe → FeO → Fe_3O_4 → Fe_2O_3의 순서이다.

48 담금질한 공석강의 냉각곡선에 나타난 ㉠~㉢의 조직명으로 옳은 것은?

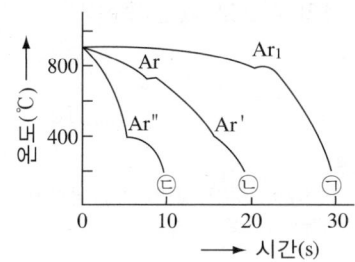

① ㉠ 펄라이트, ㉡ 마텐자이트+펄라이트, ㉢ 마텐자이트
② ㉠ 마텐자이트, ㉡ 마텐자이트+펄라이트, ㉢ 펄라이트
③ ㉠ 마텐자이트+펄라이트 ㉡ 마텐자이트 ㉢ 펄라이트
④ ㉠ 펄라이트 ㉡ 마텐자이트 ㉢ 마텐자이트+펄라이트

해설
담금질 후 공석강의 냉각곡선이 나타내는 조직
㉠ 펄라이트
㉡ 마텐자이트 + 펄라이트
㉢ 마텐자이트

49 다음 주철 중 불스아이 조직을 가진 주철은?

① 백주철   ② 회주철
③ 가단주철   ④ 구상흑연주철

해설
구상흑연주철
불스아이 조직이 나타나는 주철로 Ni, Cr, Mo, Cu 등을 첨가하여 재질을 개선한 주철로 노듈러 주철, 덕타일 주철로도 불린다.

50 주조용 알루미늄합금에 널리 적용되는 열처리 방법으로 고온가공에서 냉각 후 인공시효 경화처리한 것의 기호로 옳은 것은?

① T2　　② T4
③ T5　　④ T6

해설
알루미늄합금의 열처리 후 표시법 중 냉각 후 인공시효 경화처리가 된 상태는 T5로 나타낸다.

51 가스침탄을 하려고 할 때 원료가스로서 적합하지 않은 것은?

① 뷰테인가스　　② 아르곤가스
③ 천연가스　　　④ 프로페인가스

해설
가스침탄에 주로 이용되는 가스는 프로페인가스, 천연가스, 뷰테인가스 등 혼합가스이다.

52 연소용 가스버너를 내열 강관 속에 붙여 강관 속에서 가스를 연소시켜 원관표면으로부터 내는 복사열에 의해 열처리하는 가열로(복사관로)는?

① 대차로
② 상형로
③ 라디언트 튜브로
④ 회전식 레토르트로

해설
가스 연소에 의한 관표면의 복사열에 의한 금속 열처리에는 라디언트 튜브로가 이용된다.

53 0℃ 이하의 온도, 즉 sub-zero 온도에서 냉각시키는 심랭처리의 목적으로 옳은 것은?

① 경화된 강의 잔류 오스테나이트를 펄라이트화한다.
② 경화된 강의 잔류 오스테나이트를 마텐자이트화한다.
③ 경화된 강의 잔류 펄라이트를 시멘타이트화한다.
④ 경화된 강의 잔류 시멘타이트를 펄라이트화한다.

해설
심랭처리(sub-zero treatment)
담금질 상태의 강을 상온 이하 특정 온도로 냉각 후 잔류 오스테나이트를 마텐자이트 변태 처리하여 변형을 방지하는 과정을 말한다.

54 강을 가열하여 냉각제 속에 넣었을 때 냉각되는 단계 중 공기막에 둘러싸여 냉각 속도가 급격히 느려진 단계를 바르게 나열한 것은?

① 비등단계　　② 증기막단계
③ 대류단계　　④ 3단계

해설
강의 냉각단계는 증기막단계 → 비등단계 → 대류단계이다. 그중 증기막단계는 뜨거운 열처리 시편의 주위에 공기층이 둘러싸여 보온효과를 갖기 때문에 냉각이 느려진다.

55 담금질 변형에 대한 설명으로 옳은 것은?

① 축이 긴 제품은 수평으로 냉각하여 변형을 방지한다.
② 변형을 미리 예측하고 반대방향으로 변형시켜 놓는다.
③ 변형 방지를 위하여 담금질 온도 이상으로 높여 담금질한다.
④ 기름 담금질 → 물 담금질 → 공기 담금질 순서로 변형이 적어진다.

해설
금속의 담금질 시 발생하는 변형을 방지하는 방법 중 하나는 변형의 방향을 미리 예측하고 반대방향으로 미리 변형시켜 결과적으로 원하는 형상을 얻는 것이다.

56 열처리의 3가지 냉각방법 중에서 항온냉각에 해당하는 것은?

① 2단 풀림 ② 보통 풀림
③ 시간 담금질 ④ 오스템퍼링

해설

냉각 방법	열처리의 종류
연속냉각	보통 풀림, 보통 뜨임, 담금질
2단냉각	2단 풀림, 2단 뜨임, 시간 담금질
항온냉각	항온 풀림, 항온 뜨임, 오스템퍼링, 마템퍼링, 마퀜칭, 오스포밍, M_s 퀜칭

57 구상흑연주철의 제2단 흑연화 처리의 목적으로 옳은 것은?

① 기지를 페라이트화하여 연성을 증가시킨다.
② 기지를 마텐자이트화하여 경도를 증가시킨다.
③ 기지를 시멘타이트화하여 표면경화를 시킨다.
④ 기지를 오스테나이트화하여 강도를 증가시킨다.

해설
구상흑연주철의 제2단 흑연화 처리는 기지의 페라이트화를 통해 연성을 증가시키는 것이 목적이다.

58 다음은 변성로에서 프로페인가스에 적정 공기를 혼합한 Rx gas를 제조할 때의 반응식이다. 괄호 안에 생성가스로 옳은 것은?

$$C_3H_8 + \frac{3}{2}(O_2 + 4N_2) = 3CO + 4(\text{㉠}) + 6(\text{㉡})$$

① ㉠ H_2 ㉡ N_2
② ㉠ H_2 ㉡ CO_2
③ ㉠ CO_2 ㉡ N_2
④ ㉠ CO_2 ㉡ NH_3

해설
변성로에서 프로페인가스를 원료로 할 때 반응식
$2C_3H_8 + 3O_2 + 12N_2 \rightarrow 6CO + 8H_2 + 12N_2$

59 다음 중 화염경화 처리의 특징으로 옳은 것은?

① 부품의 크기나 형상에 제한이 많다.
② 국부적인 담금질은 불가능하다.
③ 담금질 깊이의 조절이 가능하다.
④ 담금질 변형은 없으나, 내마모성이 떨어진다.

해설
금속표면의 경화를 위한 화염경화 처리는 담금질 시 깊이 조절이 용이한 장점이 있다.

60 다음 중 연속 작업이 곤란한 열처리로는?

① 푸셔로
② 컨베이어로
③ 피트로
④ 노상 진동형로

해설
연속형 열처리로에는 푸셔로, 컨베이어로, 노상 진동형로가 포함된다.

제4과목 재료실험

61 결정립도 측정 시 일정한 길이의 직선을 임의의 방향으로 긋고 직선과 결정립이 만나는 점의 수를 측정하여 직선 단위길이당 교차점 수로 표시하는 방법은?

① 제프리스법
② 헤인법
③ 면적 측정법
④ 표준 비교법

해설
- 헤인법(절단법), FGI : 확대한 사진 위에 특정 길이의 직선을 그어 결정립과 만나는 개수를 측정하는 방법
- 제프리스법(평적법), FGP : 크기를 알고 있는 원을 나타내어 원 안의 결정립수와 원경계선과 만나는 결정립수를 측정하는 방법

62 순수한 인장 또는 압축으로 생긴 길이 방향의 단위 스트레인으로 옆쪽 스트레인(lateral strain)을 나눈 값을 무엇이라고 하는가?

① 횡탄성비
② 푸아송비
③ 전탄성비
④ 단면수축비

해설
푸아송비 = $\dfrac{\text{측면방향 스트레인}}{\text{길이방향 스트레인}}$ = $\dfrac{\text{줄어든 폭 변형량}}{\text{늘어난 길이 변형량}}$

63 육안검사(macro)는 조직 및 불순물을 육안 또는 몇 배율 이내의 확대경으로 관찰하는가?

① 10배 이내
② 20배 이내
③ 30배 이내
④ 40배 이내

해설
육안 또는 10배 이내의 확대경을 이용하여 결정입자 또는 개재물 등을 검사하는 파면검사를 매크로(macro) 검사라 한다.

64 강의 설퍼 프린트 시험에서 황의 분포 상황의 분류와 기호의 연결이 틀린 것은?

① 정편석 – S_N
② 역편석 – S_R
③ 선상편석 – S_L
④ 중심부 편석 – S_C

해설
S 분포상태 분류
- 정편석 : S_N(Normal)
- 점상편석 : S_D(Dot)
- 역편석 : S_I(Inverse)
- 선상편석 : S_L(Line)
- 중심부편석 : S_C(Center)
※ 괄호 안은 암기 요령

65 로크웰경도 시험에서 시험편 측면으로부터 압입자 국까지의 거리는 누르개 자국 지름의 몇 배 이상이어야 하는가?

① 2.0배
② 2.5배
③ 3.5배
④ 4.0배

해설
로크웰 경도시험편 : 압입 자국이 생기는 과정에서 가공경화가 일어나 측정에 영향을 줄 수 있기 때문에 일정 규격을 지킴
- 시험편의 두께 : 일반적으로 압입 자국의 깊이 h의 10배 이상
- 측정자국 상호 간 중심거리 : $4d$ 이상
- 시험편 측면으로부터의 거리 $2.5d$ 이상

66 비파괴 시험의 종류 중 내부의 결함을 볼 수 있는 시험과 그 약호가 서로 맞는 것은?

① 초음파탐상시험 : UT
② 방사선투과시험 : MT
③ 자분탐상시험 : NT
④ 침투탐상시험 : LT

해설
- 방사선투과시험 : RT
- 자분탐상시험 : MT
- 침투탐상시험 : PT

67 강의 비금속 개재물 중 그룹 B계 개재물과 관련이 깊은 것은?

① 황화물
② 규산염
③ 알루민산염
④ 구형 산화물

해설
비금속 개재물
- 그룹 A : 황화물 종류
- 그룹 B : 알루민산염 종류
- 그룹 C : 규산염 종류
- 그룹 D : 구형 산화물 종류

68 다음 중 로크웰 경도 B스케일에 사용하는 압입자는?

① 지름 $\frac{1}{16}$ 인치 강구
② 지름 $\frac{1}{8}$ 인치 강구
③ 지름 $\frac{1}{4}$ 인치 강구
④ 지름 $\frac{1}{2}$ 인치 강구

해설
로크웰 경도
- A, C, D스케일 : 원뿔 다이아몬드
- B, F, G스케일 : 지름 1/16 강구
- E, H, K스케일 : 지름 1/8 강구

정답 64 ② 65 ② 66 ① 67 ③ 68 ①

69 인장시험기에 시험편의 물림 상태가 가장 양호한 것은?

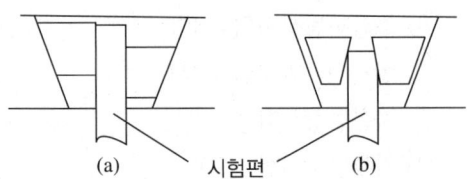
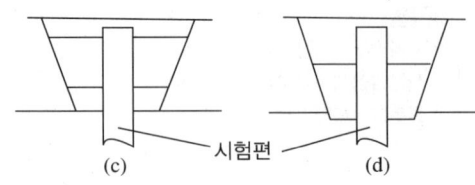

① (a) ② (b)
③ (c) ④ (d)

해설
① 시편 물림이 대칭이어야 한다.
② 시편 물림이 면접촉이 되어야 한다.
④ 시편 물림이 아래로 내려와서는 안 된다.

70 비커스 경도시험에 대한 설명으로 틀린 것은?(단, P는 하중, d는 평균 대각선의 길이이다)

① $HV = 1.8544 \times \dfrac{P}{d^2}$ 이다.
② 스크래치를 이용한 시험법이다.
③ 136° 다이아몬드 피라미드형 비커스 압입자를 사용한다.
④ 시험편이 작고 경도가 높은 부분의 측정에 사용한다.

해설
스크래치를 이용한 경도 시험법은 모스, 마텐스 경도시험이다.

71 금속재료의 부식액 중 부식할 금속과 부식액의 연결이 옳은 것은?

① Al 합금 – 왕수
② Zn 합금 – 염산용액
③ 구리, 황동 – 질산알코올용액
④ 철강 – 수산화나트륨용액

해설
부식액
- 구리, 구리합금 : 염화제이철용액
- 철강(탄소강) : 피크르산알코올용액(피크랄), 질산알코올용액(나이탈)
- 알루미늄, 알루미늄합금 : 수산화나트륨용액, 불화수소산
- 니켈합금 : 질산, 아세트산
- 아연합금 : 염산

72 쇼어 경도시험할 때의 유의사항 중 틀린 것은?

① 시험은 안정된 위치에서 실시한다.
② 다이아몬드 선단의 마모 여부를 점검한다.
③ 시험편에 기름 등이 묻지 않도록 해야 한다.
④ 고무와 같은 탄성률의 차이가 큰 재료를 선택하여 시험한다.

해설
쇼어 경도시험은 탄성률 차이가 큰 재료에는 사용하지 않는다.

73 전단시험에서 단순한 인장만의 외력을 받고 있는 시험편에서 최대 전단력이 발생하는 각도(θ)는?

① 0° ② 45°
③ 90° ④ 180°

해설
단순인장시험에서 인장방향과 최대전단력 발생방향과는 45° 차이가(대각선 방향) 난다.

74 로크웰 경도시험을 설명한 것 중 틀린 것은?

① 다이아몬드 원뿔의 꼭지각은 120°이다.
② 연한 재료에는 다이아몬드 콘을 사용한다.
③ C스케일은 단단한 금속재료의 경도 측정용으로 사용한다.
④ 시험편에 가하는 기준 하중은 10kgf이다.

해설
로크웰 경도시험에서 단단한 재료에는 다이아몬드 콘을 사용하고 연한 재료에는 강구 압입자를 사용한다.

75 표점거리가 50mm, 두께가 2mm, 평행부 너비(폭)가 25mm인 강판을 인장시험할 때 최대하중은 2,500kgf이고 파단 후 늘어난 길이가 60mm일 때 재료의 인장강도는 몇 kgf/mm²인가?

① 30 ② 40
③ 50 ④ 60

해설
인장강도 = $\frac{\text{최대하중}}{\text{단면적}} = \frac{2,500}{(2 \times 25)} = 50 \text{kgf/mm}^2$

76 금속재료의 연성(ductility)을 알기 위한 시험은?

① 비틀림 시험(torsion test)
② 에릭센 시험(erichsen test)
③ 충격 시험(impact test)
④ 굽힘 시험(bending test)

해설
에릭센 시험(커핑 시험)은 재료의 연성을 파악하기 위하여 구리 및 알루미늄판재와 같은 연성판재를 가압 성형하여 변형 능력을 알아보기 위한 시험방법이다.

77 시험편의 지름 14mm, 평행부 길이 60mm, 표점거리 50mm, 최대하중이 9,930kgf일 때 인장강도 약 몇 kgf/mm²인가?

① 43.9 ② 54.3
③ 64.5 ④ 74.8

해설
인장강도 = $\frac{\text{최대하중}}{\text{단면적}} = \frac{9,930}{\left(\frac{\pi \times 14^2}{4}\right)} \fallingdotseq 64.5 \text{kgf/mm}^2$

정답 73 ② 74 ② 75 ③ 76 ② 77 ③

78 용제 제거성 염색침투탐상검사의 기본절차로 옳은 것은?

① 전처리 → 제거처리 → 현상처리 → 침투처리 → 관찰 → 후처리
② 전처리 → 제거처리 → 침투처리 → 관찰 → 현상처리 → 후처리
③ 전처리 → 침투처리 → 현상처리 → 제거처리 → 관찰 → 후처리
④ 전처리 → 침투처리 → 제거처리 → 현상처리 → 관찰 → 후처리

해설
전처리 → 침투처리 → 제거처리 → 현상처리 → 관찰 → 후처리의 순서로 물을 사용하지 않기 때문에 세척이 아닌 제거 처리가 들어간다.

79 철강재료를 자분탐상시험하여 결함 유무를 검사하고자 한다. 다음 중 적용할 수 없는 금속재료는?

① STC3
② STD61
③ SKH51
④ STS304

해설
STS304는 오스테나이트계 스테인리스로 자성이 없다.

80 탄소강을 불꽃시험한 결과 불꽃파열의 숫자가 가장 많은 조성으로 옳은 것은?

① 0.05~0.1%C강
② 0.3~0.4%C강
③ 0.6~0.8%C강
④ 0.9~1.2%C강

해설
탄소강의 불꽃시험
- 강 중 탄소량이 증가하면 불꽃수가 많아짐
- 탄소함량이 높을수록 유선의 색깔은 적색
- 탄소함량이 높을수록 유선의 숫자가 증가
- 탄소함량이 높을수록 파열의 꽃잎 모양이 복잡해짐
- 탄소함량이 높을수록 유선의 길이가 감소

정답 78 ④ 79 ④ 80 ④

2024년 제1회 과년도 기출복원문제

제1과목 금속재료

01 Ni 35~36%, C 0.1~0.3%, Mn 0.4%와 Fe 합금으로 20℃에서 열팽창계수가 0.9×10^{-6}이고, 내식성도 크며, 바이메탈, 시계진자, 줄자, 계측기 부품 등에 사용하는 불변강은?

① 인바(invar)
② 니칼로이(nicalloy)
③ 퍼멀로이(permalloy)
④ 플래티나이트(platinite)

해설
인바
Ni 35~36%, C 0.1~0.3%, Mn 0.4%와 Fe 합금의 철-니켈 합금으로 FeNi36 또는 64FeNi라고도 한다.

02 전자강판(규소강판)에 요구되는 특성으로 틀린 것은?

① 투자율 및 포화자속밀도가 낮을 것
② 용접성 등의 가공성이 좋을 것
③ 자화에 의한 치수변화가 적을 것
④ 사용 중 자기적 성질의 변화가 적을 것

해설
전자강판(규소강판)은 ②, ③, ④ 외 다음 특성이 요구된다.
• 박판을 적층하여 사용할 때 층간저항이 높을 것
• 투과율 및 자속밀도가 높을 것

03 다음 중 제품과 그에 따른 합금의 주성분이 틀린 것은?

① 황동 : Cu+Zn 합금
② 모넬메탈 : Al+Si 합금
③ 청동 : Cu+Sn 합금
④ 스테인리스강 : Cr+Ni 합금

해설
모넬메탈(강화니켈)은 Ni-32%Cu계 합금이다.

04 다음 금속 중 비중이 가장 큰 것은?

① Li   ② Al
③ Ir   ④ Fe

해설
금, 이리듐, 오스뮴 등은 대표적인 고비중 금속이다.

05 영구자석으로 널리 사용되는 합금으로 MK강이라고도 하는 소결강은?

① 알니코합금
② 규소강
③ 철-망가니즈합금
④ 구리-베릴륨합금

해설
알니코합금은 영구자석으로 널리 사용되는 합금으로 MK강이라고도 하는 소결강이다.

정답 1 ① 2 ① 3 ② 4 ③ 5 ①

06 서멧(cermet)재료의 용도로 관련이 가장 적은 것은?

① 밸브의 너트
② 절삭용 공구
③ 내열재료
④ 착암기의 드릴끝

해설
서멧(cermet)재료는 세라믹과 금속을 포함하는 내열재료로 절삭용 공구, 내열재료, 착암기의 드릴끝 등에 사용한다.

07 자동차부품, 시계부품 등에 사용되는 쾌삭강에서 절삭성을 높이기 위해 첨가하는 원소가 아닌 것은?

① S
② Pb
③ Sn
④ Ca

해설
쾌삭강은 절삭성을 높이기 위해 S, Pb, Ca를 첨가하는데 Ca 쾌삭강은 제강 시 Ca을 탈산제로 사용하고 S 쾌삭강은 Mn을 0.4~1.5% 첨가하여 MnS으로 하고 이것을 분사시켜 피삭성을 증가시킨다.

08 $\alpha+\beta$형의 강력 타이타늄합금으로 압연성, 단조성, 성형성, 용접성, 고온특성 및 저온특성이 우수하여 항공기 기체나 엔진부품용으로 많이 쓰이고 있는 합금의 조성은?

① Ti-5%Au-2%Sn 합금
② Ti-15%Mo-5%Zr 합금
③ Ti-6%Al-4%V 합금
④ Ti-2%Cu-5%Pb 합금

해설
$\alpha+\beta$형의 Ti-6%Al-4%V 합금이 가장 많이 사용된다. 그리고 담금질 뜨임 상태에서 성형 가공성이 좋고 시효처리로 용접성을 좋게 할 수 있으며 응력부식균열에도 강하다.

09 Fe-C 상태도에서 강과 주철을 분류하는 탄소량의 함유량은 약 몇 %인가?

① 0.025
② 0.8
③ 2.0
④ 4.3

해설
- 탄소강 : 약 0.021~2.0%C
- 주철 : 약 2.0~6.67%C

10 다음 중 분말야금법에 대한 설명으로 틀린 것은?

① 저융점 합금의 제조에 주로 사용한다.
② 공공(空孔)이 분산된 재료의 제조가 가능하다.
③ 성분비의 정확성과 균일성을 유지할 수 있다.
④ 2개 이상 금속 또는 비금속 혼합 제품을 제조할 수 있다.

해설
분말야금(powder metallurgy)법
금속 가루를 가압·성형하여 굳히고, 가열하여 소결함으로써 금속제품을 얻는 방법
- 용융점 이하의 온도로 제작
- 다공질의 금속재료를 만들 수 있음
- 최종제품의 형상으로 제조가 가능하여 절삭가공이 거의 필요 없음
- 용해법으로 만들 수 없는 합금을 만들 수 있고 편석, 결정립 조대화의 문제점이 적음
- 제조과정에서 용융점까지 온도를 상승시킬 필요가 없음
- 고융점 금속부품 제조에 적합

11 Ni46%-Fe의 합금으로 열팽창계수 및 내식성에 있어서 백금의 대용이 되며 전구봉입선 등에 사용되는 것은?

① 먼츠메탈(Muntz metal)
② 모넬메탈(Monel metal)
③ 콘스탄탄(constantan)
④ 플래티나이트(platinite)

해설
- 플래티나이트(platinite) : Ni46%-Fe계 합금으로 열팽창계수 및 내식성에 있어서 백금의 대용으로 사용한다.
- 모넬메탈(Monel metal) : Ni-32%Cu계 합금으로 내식성이 좋아 가스터빈과 같은 화학공업 등의 재료로 많이 사용한다.

12 해드필드(hadfield)강에 대한 설명으로 옳은 것은?

① 마텐자이트계 강이다.
② 가공경화성이 없다.
③ 팽창계수가 작아 열변형을 일으키지 않는다.
④ 열처리 후 서랭하면 결정립계에 M_3C가 석출하여 취약해진다.

해설
고망가니즈강
- 탄소 0.9~1.4%, 망가니즈(10~14%) 함유로 해드필드강(hadfield) 또는 오스테나이트 망가니즈강이라고도 함
- 내마멸성과 내충격성이 우수
- 열전도성이 작고 열팽창계수가 큼
- 높은 인성을 부여하기 위해 수인법을 이용한 강
- 광석·암석의 파쇄기 등 심한 충격과 마모를 받는 부품에 이용
- 열처리 후 서랭하면 결정립계에 M_3C가 석출하여 취약

13 다음 중 비정질합금의 제조법이 아닌 것은?

① 화학도금법
② 금속가스의 증착법
③ 화염경화 가공법
④ 금속액체의 액체급랭법

해설
화염경화 가공법은 강재를 담금질 온도까지 급속 가열하고 냉각하여 경화시키는 방법으로 비정질합금의 제조법은 아니다.

14 황동이나 청동에 비해 강도, 경도, 인성, 내마모성, 내피로성 등의 기계적 성질 및 내열, 내식성이 좋아 선박, 항공기, 자동차 등의 부품용으로 사용되며, Novostone이라고 불리는 특수청동은?

① 인청동(phosphor bronze)
② 연청동(lead bronze)
③ 알루미늄청동(aluminium bronze)
④ 규소청동(silicon bronze)

해설
③ 알루미늄 청동(aluminium bronze) : 황동이나 청동에 비해 강도, 경도, 인성, 내마모성, 내피로성 등 기계적 성질 및 내열, 내식성이 좋아 선박, 항공기, 자동차 등의 부품용으로 사용되며, Novostone이라고 불리는 특수청동이다.
① 인청동(phosphor bronze) : 청동에 비해 기계적 성질이 우수하고 내마멸성과 내식성이 우수하다.
② 연청동(lead bronze) : 주석청동에 납을 첨가한 것으로 윤활성이 우수하다.
④ 규소청동(silicon bronze) : 4% 이하의 규소를 첨가한 합금으로 내식성과 용접성이 우수하고 열처리 효과가 작으므로 700~750℃에서 풀림하여 사용한다.

15 다음 제진재료나 제진합금에 대한 설명 중 틀린 것은?

① 제진성능은 외부 마찰에 기인한다.
② 제진합금은 감쇠능을 겸비하여야 한다.
③ 대표적 합금으로는 Mg-Zr, Mn-Cu 등이 있다.
④ 제진이란 진동발생원인 고체의 진동자를 감소시키는 것을 말한다.

해설
제진이란 진동발생원인 고체의 진동자를 감소시키는 것을 의미하며, 제진합금은 감쇠능을 겸비한 합금으로 외부 마찰과는 관련이 없다.

16 다음 중 황동의 종류가 아닌 것은?

① 톰백(tombac)
② 하스텔로이 에이(Hastelloy A)
③ 길딩 메탈(gilding metal)
④ 카트리지 브라스(cartridge brass)

해설
하스텔로이 에이 합금은 내식성 합금의 상표명으로 니켈이 주성분이다.

17 Cr계 스테인리스강의 취성에 대한 설명으로 틀린 것은?

① 저온취성은 오스테나이트 강에 나타나며 페라이트 강에서는 나타나지 않는다.
② 475℃ 취성은 Cr 15% 이상의 강종을 370~540℃로 장시간 가열하면 취화하는 현상이다.
③ σ 취성은 815℃ 이하 Cr 42~82%의 범위에서 σ상의 취약한 금속간 화합물로 존재하여 취성을 일으킨다.
④ 고온취성은 약 950℃ 이상에서 급랭할 때 나타나는 취성이다.

해설
저온취성은 상온에서 연신율이 감소하는 현상으로 크로뮴 함량이 많을수록 발생하기 쉽다.

18 다음 중 구리의 원자수를 나타낸 것으로 올바른 것은?

① $1 + 8\frac{1}{8} = 2$
② $6\frac{1}{2} + 8\frac{1}{8} = 4$
③ $3 + 6\frac{1}{6} = 4$
④ $3\frac{1}{2} + 4\frac{1}{8} = 2$

해설
구리는 FCC구조를 가져 $6\frac{1}{2} + 8\frac{1}{8} = 4$의 원자수를 가진다.

19 브라베의 공간격자 모형에서 단순, 체심 또는 면심 입방격자의 결정격자에 해당하는 격자상수와 축각의 관계를 바르게 나타낸 것은?

① $a = b = c$, $\alpha = \beta = \gamma \neq 90°$
② $a = b = c$, $\alpha = \beta = \gamma = 90°$
③ $a \neq b \neq c$, $\alpha = \beta = \gamma = 90°$
④ $a \neq b \neq c$, $\alpha = \gamma = 90°$, $\beta \neq 90°$

해설

결정계	축길이와 사이각	결정격자
입방정계 (등축정계)	$a = b = c$ $\alpha = \beta = \gamma = 90°$	단순입방격자 체심입방격자 면심입방격자
육방정계	$a = b \neq c$ $\alpha = \beta = 90°$, $\gamma = 120°$	단순육방격자
삼방정계	$a = b = c$ $\alpha = \beta = \gamma \neq 90°$	단순삼방격자
정방정계	$a = b \neq c$ $\alpha = \beta = \gamma = 90°$	단순정방격자 체심정방격자
사방정계	$a \neq b \neq c$ $\alpha = \beta = \gamma = 90°$	단순사방격자 저심사방격자 체심사방격자 면심사방격자
삼사정계	$a \neq b \neq c$ $\alpha \neq \beta \neq \gamma \neq 90°$	단순삼사격자
단사정계	$a \neq b \neq c$ $\alpha = \gamma = 90°$, $\beta \neq 90°$	단순단사격자 저심단사격자

20 소성가공 중 하나로서 회전하는 롤러 사이에 금속재료의 소재를 통과시켜 성형하는 것을 말하며 필요에 따라 냉간 또는 열간 성형을 진행하는 가공은?

① 압연가공
② 인발가공
③ 단조가공
④ 프레스 가공

해설
압연가공
재료를 열간 또는 냉간가공하기 위하여 회전하는 롤러 사이에 금속재료의 소재를 통과시켜 성형한다.

제2과목 금속조직

21 응력(stress)-변형량(strain) 곡선에서 완전강소성체를 나타내는 것은?

①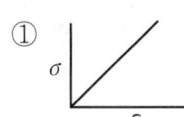
②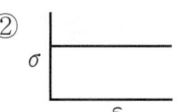
③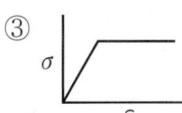
④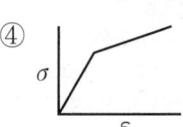

해설
강소성체는 소성상태로 되기까지 강체로 거동하는 재료로서 그림 ②에 해당한다.

22 다음 중 전율고용체의 상태도로 옳은 것은?

①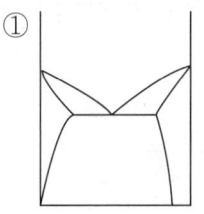
②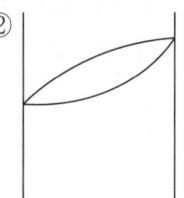
③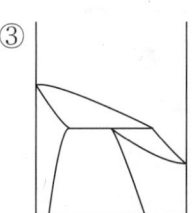
④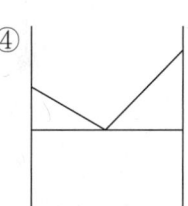

해설
전율고용체는 어떤 비율로도 단일고체상을 형성할 수 있으며 상태도는 ②와 같이 나타난다.

정답 19 ② 20 ① 21 ② 22 ②

23 다음 중 금속간 화합물에 대한 설명으로 틀린 것은?

① 성분금속의 특성이 없어진다.
② 일반적으로 성분금속의 융점보다 낮다.
③ 복잡한 결정구조를 가지며, 소성변형이 어렵다.
④ 주기율표 중 동족원소는 거의 화합물을 형성하지 않는다.

해설
금속간 화합물
- 변형하기 어렵고 메짐성 있음
- 탄소강 중 경도가 가장 높음
- 간단한 원자비로 결합(Fe : 3, C : 1)
- 대부분의 금속간 화합물은 높은 용융점 가짐
- 금속 사이에 친화력이 클 때 형성
- 2종 이상의 금속원소가 A_mB_n의 화학식으로 구성 높은 경도를 가짐

24 [그림]과 같이 면심입방격자(FCC)로 된 A원자와 B원자의 규칙격자 원자배열에서 A와 B의 조성을 나타내는 것은?

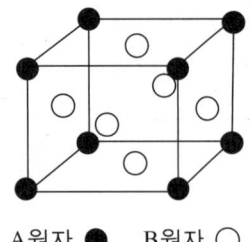

A원자 ●   B원자 ○

① AB
② AB_3
③ A_3B
④ AB_2

해설
면심입방구조에서 A원자와 B원자의 조성은 1 : 3, 즉 AB_3로 표시된다.

25 다음 중 점결함이 아닌 것은?

① 치환형 불순물 원자(substitutional atom)
② 격자 간 원자(interstitial atom)
③ 원자공공(vacancy)
④ 전위(dislocation)

해설
점결함(0차원)
- 공공(빈 격자점) : 원자가 비어있는 자리
- 자기침입형 원자 : 공공이 생길 때 공공자리에 있던 원자가 이동하여 다른 원자 사이에 끼어 있는 상태
- 고용체 : 치환형과 침입형 고용체가 존재하며 일종의 불순물

26 0.8%C 강이 오스테나이트에서 펄라이트로의 조직변화 과정을 설명한 것 중 틀린 것은?

① 오스테나이트 입계에서 핵이 발생한다.
② 시멘타이트 주위엔 탄소 부족으로 페라이트가 형성한다.
③ 시멘타이트와 페라이트가 교대로 생성, 성장하여 층상조직을 형성한다.
④ 시멘타이트 양과 페라이트 양은 대략 1 : 1 비율로 형성된다.

해설
시멘타이트와 페라이트의 비율은 지렛대 원리로 계산하여 약 1 : 7 정도이다.

27 강하게 냉간가공된 금속의 전위밀도는 얼마까지 증가하는가?

① $10^3 \sim 10^4 \text{cm}^2$
② $10^5 \sim 10^6 \text{cm}^2$
③ $10^7 \sim 10^8 \text{cm}^2$
④ $10^{11} \sim 10^{12} \text{cm}^2$

해설
금속의 가공 및 풀림 정도를 표시하는 전위밀도에서 강한 냉간가공 시 전위밀도는 $10^{11} \sim 10^{12} \text{cm}^2$ 정도이다.

28 다음의 3원 공정형 상태도에서 Ⅱ영역의 자유도는?(단, Ⅰ영역은 융액, Ⅱ영역은 고체＋융액, Ⅲ영역은 고체이며, 압력이 일정하다)

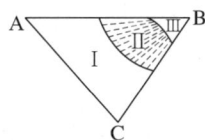

① 0
② 1
③ 2
④ 3

해설
Gibbs 자유도 식 $F = n - P + 1$에 따라 3원계이므로 $n = 3$이 되고 공정점에서는 2개의 상이 존재하므로 $P = 2$(액상과 고상)이다. 따라서 자유도는 $3 - 2 + 1 = 2$가 된다.

29 한 개의 슬립면에서 1원자 간 거리만큼 떨어진 평행한 바로 옆의 슬립면에 이동함으로써 생기는 계단을 무엇이라 하는가?

① 조그(jog)
② 크리프(creep)
③ 전위(dislocation)
④ 버거스 벡터(Burgers vector)

해설
다른 슬립면으로 생기는 전위선의 계단을 조그(jog)라 정의한다.

30 금속에 있어서 확산을 나타내는 Fick의 제1법칙의 식으로 옳은 것은?(단, J는 농도구배, D는 확산계수, c는 농도, x는 위치(거리)이고, 농도의 시간적 변화는 고려하지 않는다)

① $J = -D\dfrac{dc}{dx}$
② $J = D\dfrac{dc}{dx}$
③ $J = D\dfrac{dx}{dc}$
④ $J = -D\dfrac{dx}{dc}$

해설
Fick's 제1법칙은 $J = -D\dfrac{dc}{dx}$ 로 나타내며, 음의 부호는 고농도에서 저농도로 이동에 의한 음의 확산 기울기 발생을 의미한다.

31 결합력에 의한 결정을 분류하고자 할 때 다음 중 원자의 결합양식이 아닌 것은?

① 이온결합
② 톰슨결합
③ 공유결합
④ 반데르발스결합

해설
원자 간 1차 결합
• 이온결합(ionic bonds)
• 공유결합(covalent bonds)
• 금속결합(metallic bonds)
원자 간 2차 결합
• 반데르발스결합(런던 인력)

32 철에서 C, N, H, B의 원자가 이동하는 확산기구는?

① 격자 간 원자기구
② 공격자점 기구
③ 직접 교환기구
④ 링 기구

[해설]
금속 결정격자에 수소, 산소, 탄소와 같은 소원자들의 침입으로 확산발생하는 것은 격자 간 원자기구에 의한다.

33 다음 결정면의 면지수(밀러지수)는?

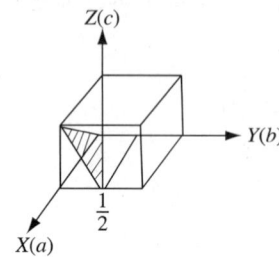

① ($\bar{1}$ 2 1) ② ($\bar{2}$ 1 2)
③ (0 2 1) ④ (0 1 2)

[해설]
결정의 면과 방향을 나타내는 밀러지수는 ($\bar{1}$ 2 1)이다.

34 다음 미끄럼(slip)에 대한 설명으로 틀린 것은?

① 슬립계가 많은 금속일수록 소성변형하기 쉽다.
② 면심입방계와 체심입방계에서는 변형대를 관찰할 수 없다.
③ 6방정 금속에서 볼 수 있는 특징적인 변형에는 킹크밴드(kink band)가 있다.
④ 단결정의 방향에 따라 슬립면은 달라도 슬립방향이 공통인 경우를 크로스 슬립(cross slip)이라 한다.

[해설]
미끄럼은 전자 주위에 존재하는 원자의 변형거리를 의미하며, 슬립계가 많을수록 소성변형이 쉽고, 6방계 금속을 슬립면에 수직으로 압축할 때 생긴 변형부분은 kink band라 한다. 면심 및 체심입방에서도 슬립대는 형성된다.

35 물질 중에서 원자가 열적으로 활성화되어 이동하게 되는 현상을 확산이라 하며, 이때 관여하는 원자의 종류에 따라 확산을 분류하고 있다. 단일금속 내에서 동일 원자 사이에 일어나는 확산의 명칭은?

① 반응확산 ② 입계확산
③ 상호확산 ④ 자기확산

[해설]
원자의 열적활성에 의한 이동인 확산 중 동일원자 사이에 발생하는 것을 자기확산이라 한다.

36 원자배열이 어느 축을 경계로 하여 규칙적으로 되어 있으나 서로 반대의 배열을 갖는 것을 무엇이라고 하는가?

① 완화현상 ② 역위상
③ 협동협상 ④ 초격자

[해설]
역위상은 원자배열이 어느 축을 경계로 하여 규칙적으로 되어 있으나 서로 반대의 배열을 갖는 것을 의미한다.

37 다음 중 금속화합물의 특성으로 틀린 것은?

① 전기저항이 크다.
② 규칙-불규칙 변태가 없다.
③ 소성변형이 용이하다.
④ 성분금속의 특성을 소실한다.

해설
금속화합물은 세라믹과 비슷한 성질을 가져 소성변형이 어려운 특징을 가지고 있다.

38 융점이 높고 강도가 크며 가공에 의한 경화는 없으나 전연성이 부족한 금속으로 묶인 보기는 무엇인가?

① Mo, Au
② W, α-Fe
③ Pt, Cu
④ Mg, Ti

해설

결정격자	금속	성질
체심입방격자 (BCC)	Li, Na, K, V, Mo, W, α-Fe	강하고, 면심입방보다 전연성이 적음
면심입방격자 (FCC)	Ni, Pt, Cu, Ag, Au, Al, γ-Fe	전연성이 좋아 가공성이 큼
조밀육방격자 (HCP)	Mg, Zn, Be, Cd, Ti, Te	취약하고 전연성이 적음

39 다음 중 핵생성과 관련이 없는 설명은?

① 핵생성 속도의 가장 중요한 변수는 냉각속도이다.
② 모든 미소엠브리오는 결정으로 자라난다.
③ 핵이 생성되기 쉬운 위치는 결정립계이다.
④ 불순물이 많이 존재할 때에는 불균질핵생성이 이루어진다.

해설
모든 미소엠브리오가 원자핵으로 성장하는 것은 아니며 r_0 이상의 값을 가질 때 원자핵으로 성장할 수 있다.

40 금속의 강화기구 중 홀-패치(Hall-Petch)식에 연관되며 결정의 크기와 연관을 가지는 강화기구는 무엇인가?

① 고용체강화
② 석출강화
③ 분산강화
④ 결정립계 미세화

해설
Hall과 Petch는 인장항복응력과 결정립 크기 사이에 다음 식이 성립함을 발견하였다.
$\sigma_0 = \sigma_i + k'D^{-1/2}$
여기서, D는 결정립의 지름이며, 작을수록 강화가 일어나는 것을 알 수 있다.

정답 37 ③ 38 ② 39 ② 40 ④

제3과목 금속 열처리

41 침탄 열처리를 의뢰한 작업 요구서에 CD-H-F-4.2로 표기되어 있을 때 이에 대한 설명으로 옳은 것은?

① 경도시험방법에서 시험하중 300g으로 측정하여 전경화층의 깊이가 4.2mm이다.
② 경도시험방법에서 시험하중 1kg으로 측정하여 유효경화층의 깊이가 4.2mm이다.
③ 마이크로조직 시험방법으로 측정하여 유효경화층의 깊이가 4.2μm이다.
④ 마이크로조직 시험방법으로 측정하여 전경화층의 깊이가 4.2μm이다.

해설
CD-H-F는 시험하중(1kg)으로 측정한 유효경화층의 깊이를 나타내며 숫자는 형성된 깊이를 의미한다.

42 [그림]과 같이 일정 온도로 유지한 열욕에 담금질하고 과랭의 오스테나이트가 염욕 중에서 항온변태가 끝날 때까지 항온으로 유지하고 공기 중에 냉각하는 방법은?

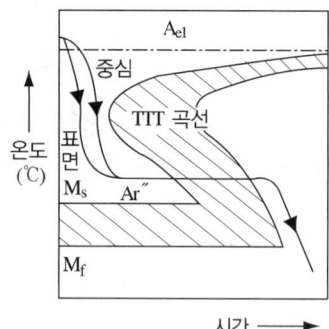

① 마퀜칭(marquenching)
② 오스템퍼링(austempering)
③ 마템퍼링(martempering)
④ 오스포밍(ausforming)

해설
오스템퍼링은 강의 내외 온도를 균일하게 유지하고 변태시간의 편차를 줄여 변형을 최소화하는 목적으로 이용된다.

43 다음 중 질화처리 효과에 대한 설명으로 틀린 것은?

① 고온경도가 낮다.
② 변형이 거의 없다.
③ 피로한도가 향상된다.
④ 높은 표면경도를 얻을 수 있다.

해설
질화처리는 작업 온도가 낮아 재료의 변형이 거의 없으며, 피로한도 증가 및 높은 표면경도를 얻을 수 있는 장점이 있다.

44 이온질화(ion nitriding)법의 특징을 설명한 것 중 틀린 것은?

① 질화속도가 비교적 빠르다.
② 수소가스에 의한 표면 청정 효과가 있다.
③ 400℃ 이하의 저온에서도 질화가 가능하다.
④ 글로 방전을 하므로 특별한 가열장치가 필요하다.

해설
글로(glow) 방전 에너지에 의해 질소가스를 이온화하여 생긴 N^+ 이온이 (-)극의 처리물 표면에서 질화작용을 하게 되지만 특별한 가열장치는 필요하지 않다.

45 열처리할 때에 생기는 변형에 대한 설명으로 틀린 것은?

① 변형방지를 위해 프레스담금질, 롤러담금질 등을 시행한다.
② 공기담금질 시 가장 변형이 많고 기름담금질, 물담금질 순서로 변형이 적다.
③ 변형을 방지하기 위하여 변형을 예측하고 반대방향으로 변형시켜 놓는다.
④ 축이 긴 제품은 수직으로 매달아 냉각하거나 분무 담금질함으로써 균일냉각이 되어 변형이 적어진다.

해설
변형이 적은 담금질을 순서대로 나열하면, 물담금질→ 기름담금질 → 공기담금질이다.

46 다음 중 대량생산에 적합한 연속 열처리로가 아닌 것은?

① 상형(box type)로
② 푸셔형(pusher type)로
③ 컨베이어형(conveyor type)로
④ 세이커 하스(노상진동형)로

해설
연속식은 열처리 제품의 출입에 드는 시간이 생략되어 대량생산에 유리하다. 종류에는 푸셔형, 컨베이어형, 노상진동형 등이 있다.

47 철합금의 표면에 붕소를 확산시켜 붕소화합물을 형성하는 침붕처리는 열충격 분위기에서 균열이 발생할 가능성이 높다. 이를 방지하기 위한 바람직한 화합물층은?

① $FeB+Fe_2B$의 복합층
② $FeB+Fe_3B$의 복합층
③ Fe_3B의 단일층
④ Fe_2B의 단일층

해설
침붕처리 시 가장 효율이 높은 화합물층은 Fe_2B의 단일층이다.

48 주철의 응력제거 풀림에 대한 설명으로 틀린 것은?

① 주철의 주조성을 양호하게 하고 백선부분을 제거하며, 경도를 향상시키기 위한 목적으로 실시한다.
② 규소가 많이 함유된 주물에서는 응력제거 풀림에 의하여 시멘타이트가 분해되어 경도가 낮아진다.
③ 잔류응력을 제거하기 위하여 430~600℃에서 5~30시간 가열한 후 노랭한다.
④ 복잡한 형상의 주물에 적용하여 재료의 변형에 따른 안정도를 높인다.

해설
주철은 응력제거 풀림을 통하여 시멘타이트가 약간 분해되고 경도가 저하되지만 다른 기계적 성질의 변화는 적다.

정답 45 ② 46 ① 47 ④ 48 ①

49 다음 중 10^{-2}Torr 이하의 진공로에서는 휘발 성분 때문에 사용이 곤란한 발열체는?

① Ni-Cr 발열체
② Pt 발열체
③ W 발열체
④ 흑연 발열체

해설
진공로에서는 휘발도가 낮은 발열체를 이용하며, Ni-Cr 발열체는 휘발도가 높아 진공로에서는 거의 사용하지 않는다.

50 0.45% 탄소를 함유한 대형제품의 강을 노멀라이징(normalizing) 처리할 때의 표준상태의 조직은?

① 펄라이트와 시멘타이트
② 페라이트와 펄라이트
③ 레데부라이트와 시멘타이트
④ 오스테나이트와 위드만스테텐

해설
0.45% 탄소강은 아공석강으로 노멀라이징 시 형성되는 표준상태 조직은 초석페라이트와 펄라이트이다.

51 주조용 Al합금(α-실루민)의 질별 기호 중 T6로 표현되는 열처리 방법은?

① 가공경화 후 도장처리한 것
② 용체화처리 후 자연시효 경과처리한 것
③ 용체화처리 후 인공시효 경화처리한 것
④ 고온가공에서 냉각 후 인공시효 경화처리한 것

해설
알루미늄합금의 처리에서 T6는 용체화처리 후 인공경화가 완료된 상태를 의미한다.

52 다음 중 일반적인 염욕의 구비조건에 대한 설명으로 옳은 것은?

① 점성이 커야 한다.
② 염욕의 순도가 낮아야 한다.
③ 증발, 휘발성이 적어야 한다.
④ 흡수성, 조해성(潮解性)이 있어야 한다.

해설
염의 점성은 낮아야 하며 순도가 높고 증발, 휘발성이 적어야 한다.

53 중탄소강을 오스테나이트 상태로 만든 후 가열온도 400~520℃의 용융 염욕 또는 Pb욕 중에 침적한 후 공랭시켜 소르바이트 조직으로 된 피아노선 등의 신선(wire drawing) 작업의 전처리 등에 이용되는 열처리는?

① 패턴팅(patenting)
② 퀜칭(quenching)
③ 수인법(water toughening)
④ 어닐링(annealing)

해설
패턴팅은 중탄소강을 이용하여 소르바이트 조직을 형성하고 wire drawing 작업의 전처리에 이용된다.

54 다음 중 열기전력을 이용하여 측정하는 온도계는?

① 복사 온도계
② 광전 온도계
③ 열전쌍 온도계
④ 전기저항 온도계

해설
열전쌍 온도계는 측정재료의 열전기력을 이용한 온도 측정법이다.

55 일반적인 열처리의 목적을 설명한 것 중 틀린 것은?

① 경도 또는 인장력을 증가시키기 위한 것이다.
② 냉간가공에 의해서 생긴 응력을 제거하는 것이다.
③ 조직을 최대한 조대화시키고, 방향성을 크게 갖게 하기 위한 것이다.
④ 조직을 연한 것으로 변화시키거나 또는 기계 가공을 좋게 하기 위한 것이다.

해설
열처리는 금속 조직의 조대화를 최소화시키고 방향성을 줄이기 위함이다.
금속이 방향성을 갖게 되면 일정방향에 대하여 취약한 약점을 갖는다고 이해할 수 있다.

56 냉각제의 냉각속도에 대한 설명으로 옳은 것은?

① 점도가 높을수록 냉각속도가 빠르다.
② 열전도도가 클수록 냉각속도가 빠르다.
③ 휘발성이 높을수록 냉각속도가 빠르다.
④ 기화열이 낮고 끓는점이 낮을수록 냉각속도가 빠르다.

해설
냉각의 과정에서 냉각속도는 금속의 열전도도가 높을수록 빨라진다.

정답 53 ① 54 ③ 55 ③ 56 ②

57 0.9%C의 과공석강을 노멀라이징 처리할 때 어떠한 조직을 얻을 수 있는가?

① 시멘타이트, 오스테나이트
② 시멘타이트, 펄라이트
③ 페라이트, 펄라이트
④ 펄라이트, 오스테나이트

해설
노멀라이징으로 얻는 조직을 표준조직이라 한다.
• 아공석강 : 페라이트+펄라이트
• 과공석강 : 시멘타이트+펄라이트

58 다음 중 열처리 온도가 상대적으로 가장 낮은 것은?

① 보통 풀림
② 담금질
③ 항온 뜨임
④ 구상화 열처리

해설
뜨임(tempering)
담금질 후 잔류응력 제거, 조직의 기계적 성질 안정화를 진행하며, 변태점 이하에서 공랭한다.

59 표면은 내마멸성이 높고, 중심부는 인성이 높은 이중조직을 만드는 방법이 아닌 것은?

① 침탄법
② 금속침투법
③ 쇼트피닝
④ 분위기열처리

해설
• 화학적 표면경화법 : 침탄법, 질화법, 침탄질화, 금속침투법
• 물리적 표면경화법 : 화염경화법, 고주파열처리, 쇼트피닝

60 탈탄을 방지하기 위한 방법과 관련이 없는 것은?

① 염욕 열처리
② 고주파 열처리
③ 산화성 가스
④ 노랭

해설
산화성 가스는 탈탄을 주도한다.

제4과목 재료시험

61 피로시험 시 강철의 경우 시험 반복횟수로 가장 이상적인 것은?

① $10^2 \sim 10^3$
② $10^6 \sim 10^7$
③ $10^9 \sim 10^{10}$
④ $10^{11} \sim 10^{12}$

해설
피로시험
금속재료시험에서 작은 힘으로 반복적인 하중을 가하여 시험하는 동적시험법의 하나로 강철의 경우 이상적인 시험 반복횟수는 $10^6 \sim 10^7$이다.

62 일정한 높이에서 추를 낙하시켜 반발하여 올라간 높이에 의하여 경도값을 구하는 경도 측정 시험법의 약호로 옳은 것은?

① HV
② HB
③ HRC
④ HS

해설
쇼어경도시험(HS)은 낙하경도시험이다.

63 V형 노치의 충격시험편에 해머의 무게 30kg, 팔의 길이가 80cm인 샤르피 충격시험기를 가지고 충격시험한 결과 α의 각도가 88°, β의 각도가 77°일 때 충격에너지(kgf·m)는 약 얼마인가?

① 1.28
② 2.56
③ 3.28
④ 4.56

해설
충격흡수에너지 $= WR(\cos\beta - \cos\alpha)$
$= 30 \times 0.8 \times (\cos 77° - \cos 88°) ≒ 4.56$
여기서, W : 해머 중량(kgf)
R : 해머의 회전 반지름(m)
α : 시험 전 각도
β : 시험 후 각도

64 두 개 이상의 물체가 압력하에 접촉하면서 상대 운동을 할 때 물체의 중량이 감소되는 양을 측정하는 시험은?

① 굴곡시험
② 전단시험
③ 마모시험
④ 압축시험

해설
마모(마멸)는 두 개 이상의 물체가 접촉하여 상대 운동을 할 때 마찰에 의해 물체의 중량이 감소되는 현상을 말하며 마모를 시험하는 시험기를 마모시험기라 한다.

65 그라인더 불꽃 검사법에서 특수강의 불꽃은 함유한 특수원소의 종류에 따라 변화하는데, 이들 특수원소 중 탄소파열을 저지하는 원소는?

① Mn
② Cr
③ V
④ Si

해설
• 탄소파열 저지원소 : 규소(Si), 몰리브데넘(Mo), 니켈(Ni)
• 탄소파열 조장원소 : 크로뮴(Cr), 망가니즈(Mn), 바나듐(V)

66 크리프시험 시 크리프곡선에서 변형속도에 따라 각각의 과정들이 나타난다. 이때 네킹(necking)이 발생하는 영역은?

① 초기변형 과정
② 1차 크리프 과정
③ 2차 크리프 과정
④ 3차 크리프 과정

해설
• 1단계 : 변화율 점차 감소
• 2단계 : 정상 단계
• 3단계 : 네킹 발생

정답 61 ② 62 ④ 63 ④ 64 ③ 65 ④ 66 ④

67 판재를 원판으로 뽑기 위해 하중 9,300kgf을 가할 때 전단응력(kgf/cm²)은 약 얼마인가?(단, 지름(d) = 30mm, 판재의 두께(t) = 2.7mm이다)

① 3,455 ② 3,655
③ 3,855 ④ 4,055

해설

전단응력 = $\dfrac{하중}{원판의 옆면적}$ = $\dfrac{9,300}{3\pi \times 0.27}$

≒ 3,655kgf/cm²

68 상대적으로 경한 입자나 미세돌기와의 접촉에 의해 표면으로부터 마모입자가 이탈되는 현상으로 마모면에 긁힘자국이나 끝이 파인 홈들이 나타나게 되는 마모는?

① 응착마모(adhesive wear)
② 피로마모(fatigue wear)
③ 연삭마모(abrasive wear)
④ 부식마모(corrosion wear)

해설

③ 연삭마모(abrasive wear) : 상대적으로 경한 입자는 미세돌기와의 접촉에 의해 표면으로부터 마모입자가 이탈되는 현상으로 마모면에 긁힘자국이나 끝이 파인 홈들이 나타나게 되는 마모이다.
① 응착마모(adhesive wear) : 표면거칠기에 의해 유막이 존재하지 않아 발생하는 접촉에 의한 마모이다.
② 피로마모(fatigue wear) : 기어나 베어링 등에 많이 발생하며 상대운동을 하는 표면에서 반복하중이 가해지면 마찰표면층에서 파괴가 일어나 그 결과 마모입자가 발생하는 것이다.
④ 부식마모(corrosion wear) : 부식환경하에서 접촉에 의한 표면반응으로 생기는 마모이다.

69 이리듐-192의 선원의 크기가 6.35mm, 기하학적 불선명도는 0.508mm, 시험편에서 필름까지 거리는 50.8mm일 때 선원에서 시편 사이 거리는 몇 mm인가?

① 635 ② 762
③ 889 ④ 995

해설

기하학적 불선명도 = $\dfrac{초점(선원)의 크기 \times (시험체-필름 간 거리)}{선원-시험체 간 거리}$

선원-시험체 간 거리 = $\dfrac{6.35 \times 50.8}{0.508}$ = 635mm

70 자분탐상시험에서 철강으로 만든 가늘고 긴 파이프 제품(관제)을 검사하고자 할 때 다음 중 적합한 자화방법은?

① 축통전법 ② 전류관통법
③ 요크법   ④ 프로드법

해설

가늘고 긴 관제는 가운데를 관통하여 넣어야 하므로 전류관통법을 사용해야 한다.

71 어떤 재료의 피로시험결과 나타낸 S-N 곡선이다. 세로축 (㉠)과 가로축(㉡)에 들어갈 구성요소로 옳은 것은?

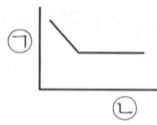

① ㉠ 응력, ㉡ 압축률
② ㉠ 응력, ㉡ 반복횟수
③ ㉠ 경도, ㉡ 시간
④ ㉠ 충격치, ㉡ 온도

해설

S-N 곡선
세로축에 응력(S), 가로축에는 반복횟수(N)를 나타내는 선도

72 현미경 조직검사 중 부식에 대한 설명으로 틀린 것은?

① 결정면보다 결정립계의 부식속도가 더 느리다.
② 저배율에서는 과부식이, 고배율에서는 약부식이 관찰에 용이하다.
③ 부식 시간은 부식액의 농도, 온도, 종류에 따라 각각 다르게 적용한다.
④ 부식은 유동한 표면층을 제거하여 하부 금속의 조직 성분을 노출시키는 것이다.

해설
결정립계는 결정내부보다 불안정한 상태로 부식속도가 더 빠르다.

73 다음 중 강성계수(G)와 비틀림 강도를 측정할 수 있는 시험법은?

① cupping test
② fatigue test
③ creep test
④ torsion test

해설
Torsion test(비틀림 시험)는 강성계수와 비틀림 강도 그리고 비틀림 파단계수를 측정하는 시험이다.

74 다음 중 충격시험의 목적으로 옳은 것은?

① 경도와 강도를 알기 위하여
② 연성과 전성을 알기 위하여
③ 인성과 전성을 알기 위하여
④ 인성과 취성을 알기 위하여

해설
충격시험은 인성과 취성을 알기 위해 수행하고 굽힘시험은 연성과 전성을 알기 위해 수행한다.

75 노치 효과에 대한 설명으로 옳은 것은?

① 노치계수(β)는 1보다 작다.
② 형상계수(α)는 노치계수(β)보다 크다.
③ 노치에 둔한 재료에서는 노치민감계수(η)가 0(zero)에 접근한다.
④ 노치민감계수의 값은 노치에 민감하면 0이 되고, 둔하면 1이 된다.

해설
형상계수(α) ≥ 노치계수(β) ≥ 1

76 누설탐상시험에서 가스와 접촉에 의해 화학반응을 일으켜 독특한 색깔을 띠게 하고, 독특한 냄새가 나고 증기 비중이 약 0.59인 추적자 가스는?

① 헬륨
② 암모니아
③ 메테인
④ 이산화탄소

해설
암모니아는 비중이 약 0.59로 독특한 냄새로 인해 누설탐상시험의 추적자 가스로 많이 사용된다.

정답 72 ① 73 ④ 74 ④ 75 ② 76 ②

77 초음파탐상시험에서 잡음 에코를 없애는 것으로서 일정 높이 이하의 잡음을 제거하는 역할을 하는 것은?

① 리젝션
② 필터
③ 동조회로
④ 검파정류회로

해설
- 리젝션 : 탐상기의 일정 높이 이하 에코 또는 노이즈를 제거하는 역할을 한다.
- 필터 : 탐상도형의 에코파형을 보기 쉽도록 매끄럽게 하는 역할을 한다. 고주파 성분을 전기적 필터회로로 제거하여 파형을 정형화한다.

78 다음 중 같은 분류방법으로 짝지어진 경도시험은 무엇인가?

① 브리넬, 에코팁
② 쇼어, 모스
③ 누프, 비커스
④ 마르텐스, 로크웰

해설
경도시험의 분류
- 압입 경도시험 : 브리넬, 로크웰, 비커스, 마이크로 비커스, 누프, 마이어 경도시험
- 반발 경도시험 : 쇼어, 에코팁 경도시험
- 긋기 경도시험 : 모스, 마르텐스 경도시험

79 열간가공의 온도범위에서 일어나는 메짐현상으로 황(S)이 많이 함유된 경우 발생하며, 망가니즈(Mn)로 방지할 수 있는 것은?

① 상온취성
② 적열취성
③ 청열취성
④ 저온취성

해설
- 적열취성 : 열간가공의 온도범위에서 일어나는 메짐현상으로 황(S)이 많이 함유된 경우 발생
- 상온취성 : 인(P)에 의해 발생되며 상온에서 충격값을 저하시키고 가공성이 나빠짐
- 청열취성 : 강이 200~300℃로 가열되면 경도, 강도는 최대가 되지만 연신율, 단면수축은 감소하여 일어나는 메짐현상으로, 이때 표면에 청색의 산화피막이 생성되어 청열취성이라 함
- 저온취성 : 천이온도 이하의 온도에서 충격값이 급격하게 저하되는 성질

80 비금속 개재물 중에서 변형이 안 되며 모가 나거나 구형으로 흑색이나 푸른색으로 방향성 없이 분포되어 있는 입자를 나타내는 그룹은?

① 그룹 A
② 그룹 B
③ 그룹 C
④ 그룹 D

해설
비금속 개재물
- 그룹 A(황화물 종류) : 쉽게 잘 늘어나는 개개의 회색 입자들로 그 끝은 보통 둥글게 되어 있음
- 그룹 B(알루민산염 종류) : 변형이 안 되며 모가 나고 흑색이나 푸른색이 도는 많은 수의 입자들로 변형 방향으로 정렬되어 있음
- 그룹 C(규산염 종류) : 쉽게 잘 늘어나는 개개의 흑색 또는 진회색 입자들로 그 끝은 보통 날카로움
- 그룹 D(구형 산화물 종류) : 변형이 안 되며 모가 나거나 구형으로 흑색이나 푸른색으로 방향성 없이 분포되어 있는 입자

2024년 제2회 과년도 기출복원문제

제1과목 금속재료

01 미끄럼(slip) 변형에 대한 설명으로 틀린 것은?

① 소성변형이 증가되면 강도도 증가한다.
② Slip 방향은 원자 간격이 가장 작은 방향이다.
③ Slip 선은 변형이 진행됨에 따라 그 수가 적어진다.
④ 금속의 결정에 외력이 가해지면 슬립 또는 쌍정을 일으켜 변형한다.

해설
미끄럼 변형은 소성변형이 진행됨에 따라 그 수가 많아진다.

02 탄소가 0.30%, 규소가 0.15% 함유된 주철의 탄소당량은?(단, P는 무시한다)

① 0.35%
② 0.45%
③ 0.55%
④ 0.65%

해설
탄소당량(C.E)
$C + \dfrac{Si + P}{3} = 0.3 + \dfrac{0.15 + 0}{3} = 0.35\%$

03 다음 중 수소저장합금의 설명으로 옳지 않은 것은?

① 수소가스와 반응하여 금속수소화물이 된다.
② 수소의 흡장 방출을 되풀이하는 재료는 분화하게 된다.
③ 합금이 수소를 흡장할 때는 팽창하고 방출할 때는 수축한다.
④ 수소가 방출되면 금속수소화물은 원래의 수소 저장합금으로 되돌아가지 않는다.

해설
수소가 방출되면 금속수소화물은 원래의 수소 저장합금으로 되돌아간다.

04 마그네슘의 특징을 설명한 것 중 틀린 것은?

① 비중은 약 1.7 정도이다.
② 내산성은 극히 나쁘나 내알칼리성은 강하다.
③ 해수에 대단히 강하며 용해 시 수소는 방출하지 않는다.
④ 주물로서 마그네슘합금은 Al 합금보다 비강도가 우수하다.

해설
마그네슘은 해수에 매우 약하다.

정답 1 ③ 2 ① 3 ④ 4 ③

05 온도 $t\,℃$에서 길이 l인 봉을 온도 $t'\,℃$로 올릴 때 길이가 l'로 팽창했다면 이때의 선팽창계수는?

① $\dfrac{l-l'}{l(t'-t)}$

② $\dfrac{l'-l}{l(t'-t)}$

③ $\dfrac{l(t'-t)}{l'-l}$

④ $\dfrac{l(t-t')}{l'-l}$

[해설]

선팽창계수 = $\dfrac{\text{나중길이}-\text{처음길이}}{\text{처음길이}\times(\text{나중온도}-\text{처음온도})}$

06 다음 중 강성률(G)을 구하는 식으로 옳은 것은? (단, E는 탄성계수, ν는 푸아송비이다)

① $\dfrac{\nu}{2(1+E)}$

② $\dfrac{1+E}{2\cdot\nu}$

③ $\dfrac{E}{2(1+\nu)}$

④ $\dfrac{2\cdot E}{(1+\nu)}$

[해설]

강성률(G) = $\dfrac{E}{2(1+\nu)}$

07 Al-Cu 합금의 시효과정을 옳게 나타낸 것은?

① 과포화고용체 → G.P Ⅰ zone → G.P Ⅱ zone → θ' → θ(CuAl$_2$)

② G.P Ⅰ zone → 과포화고용체 → θ(CuAl$_2$) → G.P Ⅱ zone

③ 과포화고용체 → G.P Ⅱ zone → G.P Ⅰ zone → θ' → θ(CuAl$_2$)

④ G.P Ⅱ zone → 과포화고용체 → θ' → G.P Ⅰ zone → θ(CuAl$_2$)

[해설]

과포화고용체 → Ⅰ zone → Ⅱ zone 순서로 진행된다.

08 HSLA 합금강보다 한 단계 발전된 자동차의 경량화 재료로서 개발되고 있는 복합조직강을 무엇이라 하는가?

① SPE ② TSM
③ PVD ④ DP

[해설]

합금강 표시법

약자	명칭
HSLA	고강도 저합금강
FRS	섬유강화 초합금
PSM	입자분산 강화금속
GFRP	유리섬유 강화 플라스틱
DP	고장력강, 복합조직강

정답 5 ② 6 ③ 7 ① 8 ④

09 다음 중 스테인리스강에 대한 설명으로 틀린 것은?

① 2상 스테인리스강은 오스테나이트와 페라이트의 양쪽 장점을 취한 강이다.
② 18%Cr-8%Ni 스테인리스강은 오스테나이트계이다.
③ 오스테나이트계 스테인리스강은 입계부식과 응력부식이 일어나기 쉽다.
④ 마텐자이트계 스테인리스강은 PH계로 Al, Ti, Nb 등을 첨가하여 강도를 높인다.

해설
마텐자이트계 스테인리스강은 경화성 스테인리스강으로 경도는 탄소량과 관계있다. 마텐자이트는 담금질에 의해 생성된다. PH계는 석출경화형으로 마텐자이트와는 다른 개념이다.

10 전자강판에 요구되는 특성을 설명한 것 중 옳은 것은?

① 철손이 클 것
② 자화에 의한 치수변화가 클 것
③ 투자율 및 포화자속밀도가 낮을 것
④ 박판을 적층하여 사용할 때 층간저항이 높을 것

해설
전자강판은 철손이 작고 자화에 의한 치수변화가 작으며 투자율 및 포화자속밀도는 높아야 한다.

11 Ni 60~70% 정도를 함유한 Ni-Cu계의 합금으로 내식성이 좋아 화학공업 등의 재료로 많이 사용되는 것은?

① 콘스탄탄 ② 모넬메탈
③ 니크롬   ④ Y합금

해설
• 모넬메탈(강화니켈) : Ni-32%Cu계의 합금으로 Ni 60~70% 정도를 함유하고 내식성이 좋아 가스터빈과 같은 화학공업 등의 재료로 많이 사용한다.
• Y합금 : 내열용 Al합금으로 조성은 Al-Cu-Mg-Ni이고 주로 피스톤에 사용되고 고온에서 강하다.

12 다음 중 초소성 및 그 재료에 대한 설명으로 틀린 것은?

① 결정립의 형상은 등축(等軸)이어야 한다.
② Al 합금 중에는 Supral 100이 초소성으로 많이 사용된다.
③ 초소성 재료의 입계구조에서 모상 입계는 저경각(低傾角)인 것이 좋다.
④ 초소성이란 어느 응력하에서 파단에 이르기까지 수백 % 이상의 연신을 나타내는 현상이다.

해설
초소성 재료의 입계구조에서 모상 입계는 고경각(低傾角)인 것이 좋다. 저경각은 입계슬립을 방해한다.

13 면심입방정(FCC)의 격자상수를 a라 할 때 원자 반지름(r)과 격자상수(a)의 관계를 표시한 식으로 옳은 것은?

① $r = \dfrac{\sqrt{2}}{2}a$ ② $r = \dfrac{\sqrt{3}}{2}a$

③ $r = \dfrac{\sqrt{2}}{4}a$ ④ $r = \dfrac{\sqrt{3}}{4}a$

해설
- 체심입방정(BCC) : $r = \dfrac{\sqrt{3}}{4}a$
- 면심입방정(FCC) : $r = \dfrac{\sqrt{2}}{4}a$ (a : 격자상수)

14 Cu-Sn의 평형상태도상에서 Sn의 최대고용한도는 520℃에서 약 몇 % 정도인가?

① 11.0 ② 13.5
③ 15.8 ④ 24.6

해설
Cu-Sn의 평형상태도상에서 Sn의 최대고용한도는 520℃에서 약 15.8%이다.

15 구상화 처리에서 용탕의 방치 시간이 길어지면 흑연의 구상화 효과가 없어지는 현상을 무엇이라 하는가?

① 경년(secular) 현상
② 전 탄소(total carbon) 현상
③ 페이딩(fading) 현상
④ 전이(transition) 현상

해설
페이딩(fading) 현상
구상화 처리에서 용탕의 방치 시간이 길어지면 흑연의 구상화 효과가 없어지는 현상이다.

16 황동 제품의 탈아연부식 및 탈아연현상에 대한 설명으로 틀린 것은?

① 탈아연현상이란 고온에서 증발에 의하여 황동 표면으로부터 Zn이 탈출되는 현상을 말한다.
② 탈아연부식을 억제하기 위해서는 As, Sb, Sn 등을 첨가한 황동을 사용한다.
③ 탈아연부식은 고아연황동, 즉 α, δ 또는 ε 단상 합금에서 관찰할 수 있다.
④ 탈아연부식은 물질이 용존하는 수용액의 작용에 의하여 황동의 표면 또는 깊은 곳까지 탈아연되는 현상이다.

해설
탈아연부식은 6 : 4황동에서 많이 나타난다.

17 다음 중 쾌삭강에 대한 설명으로 틀린 것은?

① Ca 쾌삭강은 제강 시에 Ca을 탈산제로 사용한다.
② 일반적인 쾌삭강은 공구 수명의 연장, 마무리면 정밀도에 기여한다.
③ S 쾌삭강은 Mn을 0.4~1.5% 첨가하여 MnS으로 하고 이것을 분사시켜 피삭성을 증가시킨다.
④ Pb 쾌삭강에서는 Pb가 Fe 중에 고용되므로 chip breaker의 역할과 윤활제의 작용을 한다.

해설
쾌삭강은 절삭성을 높이기 위해 S, Pb, Ca을 첨가하는데 Ca 쾌삭강은 제강 시 Ca을 탈산제로 사용하고 S 쾌삭강은 Mn을 0.4~1.5% 첨가하여 MnS으로 하고 이것을 분사시켜 피삭성을 증가시킨다. Pb 또한 윤활제 작용이 아닌 피삭성을 높여주기 위해 사용된다.

18 γ고용체에서 Fe₃C가 석출하기 시작하는 온도선을 의미하는 용어로 올바른 것은?

① A₁변태 ② A₃변태
③ A_cm선 ④ A₃선

해설
- A_cm선 : γ고용체에서 Fe₃C가 석출하기 시작하는 온도선
- A₃선 : γ고용체에서 α고용체가 석출하기 시작하는 온도선

19 결함의 분류에 있어서 공공(vacancy)과 같은 유형의 결함이 아닌 것은?

① 쇼트키 ② 자기침입형 원자
③ 프렌켈 ④ 3차원 공극

해설
점결함(0차원)
- 공공(빈 격자점) : 원자가 비어있는 자리
  → 쇼트키, 프렌켈 결함은 각각 쌍으로 존재하는 점결함
- 자기침입형 원자 : 공공이 생길 때 공공자리에 있던 원자가 이동하여 다른 원자 사이에 끼어 있는 상태
- 고용체 : 치환형과 침입형 고용체가 존재하며 일종의 불순물

20 다음 중 시멘타이트가 포함된 가장 단단한 주철은 무엇인가?

① 백주철 ② 반주철
③ 펄라이트주철 ④ 회주철

해설
- 백주철(극경) : 펄라이트 + 시멘타이트
- 반주철(경질) : 펄라이트 + 시멘타이트 + 흑연
- 펄라이트주철(강력) : 펄라이트 + 흑연
- 회주철(보통) : 펄라이트 + 페라이트 + 흑연
- 페라이트주철(연질) : 페라이트 + 흑연

제2과목 금속조직

21 확산을 관여하는 원자의 종류 또는 이동하는 원자의 확산로에 따라 분류할 때 이동하는 원자의 확산로에 따른 분류에 해당되는 것은?

① 자기확산 ② 상호확산
③ 입계확산 ④ 반응확산

해설
입계확산은 확산에 있어 이동하는 원자의 확산로에 대한 분류이다.

22 다음 중 고용체 강화에 대한 설명으로 틀린 것은?

① 일반적으로 용매원자의 격자에 용질원자가 고용되면 순금속보다 강한 합금이 되는 것이 고용체 강화이다.
② 용매원자와 용질원자 사이의 원자 크기의 차이가 적을수록 강화효과는 커진다.
③ 용질원자에 의한 응력장과 가동 전위의 응력장이 상호작용을 하여 재료를 강화하는 방법이다.
④ Cu-Ni합금에서 구리의 강도는 60%Ni이 첨가될 때까지 증가되는 반면 니켈은 40%Cu가 첨가될 때 고용체 강화가 된다.

해설
고용체 강화는 용질원자에 의한 응력장이 가동전위의 응력장과 상호작용을 하여 전위의 이동을 방해하여 재료를 강화시키는 것을 의미하므로 원자 간 크기가 클수록 유리하다.

23 커켄들(Kirkendall) 실험결과는 확산현상이 어떤 기구에 의해 진행됨을 나타내는가?

① 체적결함기구　② 적층결함기구
③ 공공기구　　　④ 결정립 경계기구

해설
커켄들(Kirkendall)에 의한 확산은 공공기구(vacancy)에 의해 발생한다.

24 응용금속이 주형의 표면에서 내부로 빨리 응고할 때 조직의 변화가 순서대로 옳게 나열된 것은?

① chill층(미세한 등축정) → 주상정 → 등축정
② 주상정 → chill층(미세한 등축정) → 등축정
③ 등축정 → chill층(미세한 등축정) → 주상정
④ 등축정 → 주상정 → chill층(미세한 등축정)

해설
응용금속의 표면에서 내부로 급속 응고가 일어날 때 조직의 변화는 chill층(미세한 등축정) → 주상정 → 등축정 순서로 나타난다.

25 다음 중 버거스 벡터와 전위선이 수직한 경우의 전위를 무엇이라 하는가?

① 연화전위　② 인상전위
③ 나사전위　④ 혼합전위

해설
인상전위는 버거스 벡터와 전위선이 수직한 경우의 전위를 의미한다.

26 Cu, Al, Ni 등의 금속에서 슬립(slip)이 가장 쉽게 일어날 수 있는 면은?

① (011)　② (101)
③ (110)　④ (111)

해설
FCC계 금속인 Cu, Al, Ni 등의 {111}면은 조밀충진면이므로 슬립면이 된다.

27 금속의 육방정계의 대표적인 면이 아닌 것은?

① 기저면(base plane)
② 각통면(prismatic plane)
③ 주조면(cast plane)
④ 각추면(pyramidal plane)

해설
육방정계를 구성하는 면은 기저면, 각통면, 각추면이 포함된다.

28 금속의 확산에 관한 Fick의 제1법칙은?(단, J : 농도구배, D : 확산계수, x : 봉의 길이방향, c : 농도이다)

① $J = D\dfrac{dc}{dx}$

② $J = -D\dfrac{dc}{dx}$

③ $J = D\dfrac{dx}{dc}$

④ $J = -D\dfrac{dx}{dc}$

해설
Fick's 제1법칙은 $J = -D\dfrac{dc}{dx}$ 로 정의된다.

29 금속의 부식에 대한 설명 중 틀린 것은?

① 습기가 많은 대기 중일수록 부식되기 쉽다.
② 이산화탄소는 부식을 심하게 촉진한다.
③ 염화수소, 암모니아 가스는 부식을 촉진한다.
④ 이온화 경향이 작은 금속일수록 부식되기 쉽다.

해설
금속의 부식은 이온화도와 밀접한 관계가 있으며 이온화 경향이 클수록 부식도 증가한다.

30 다음 신소재합금 중 기지조직의 모자란 강도, 강성 등을 개선하는 강화금속의 표기로 옳은 것은?

① PSM   ② FRM
③ DP   ④ HSLA

해설

약자	명칭
HSLA	고강도 저합금강
FRM	섬유강화 금속
PSM	입자분산 강화금속
GFRP	유리섬유 강화 플라스틱
DP	고장력강, 복합조직강

31 그림의 상태도에서 E점의 평행반응은 어떤 반응인가?

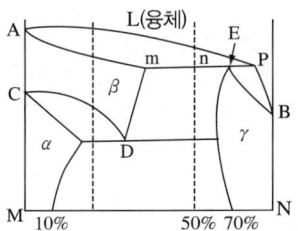

① 포정반응   ② 포석반응
③ 공석반응   ④ 공정반응

해설
포정반응(1,492℃)
액상이 고상과 반응하여 다른 고상의 새로운 상을 나타내는 반응 (가역반응)
L(0.51%C) + δ(0.1%C) ⇌ γ(0.16%C)
　　(δ페라이트)　　(오스테나이트)

정답   28 ②   29 ④   30 ②   31 ①

32 0.2% 탄소강이 상온에서 초석페라이트(α)와 펄라이트(P)의 양은 약 몇 %인가?(단, 공석점은 0.80%, α의 고용한도는 0.025%C로 한다)

① $\alpha=66$, P=34 ② $\alpha=34$, P=66
③ $\alpha=77$, P=23 ④ $\alpha=23$, P=77

해설
초석페라이트(α)
$$\frac{0.8-0.2}{0.8-0.025}\times 100 ≒ 77$$
펄라이트(P)
$$\frac{0.2-0.025}{0.8-0.025}\times 100 ≒ 23$$

33 금속의 강화기구 중 결정립의 크기와 강도의 관계에 대한 설명으로 틀린 것은?

① 결정립의 크기가 클수록 강도는 증가한다.
② 결정립계의 면적이 클수록 강도는 증가한다.
③ 재료의 항복강도와 결정립의 크기 관계를 Hall-Petch식이라 한다.
④ 결정립이 미세할수록 항복강도뿐만 아니라 피로강도 및 인성이 증가된다.

해설
Hall-Petch식
대부분의 결정질 재료의 결정립의 크기가 감소할수록 항복강도는 증가함을 표시하며 결과적으로 결정립이 미세할수록 금속의 항복강도, 피로강도, 인성이 증가한다.

34 Fe-C 평형상태도에서 공정점의 자유도는?

① 0 ② 1
③ 2 ④ 3

해설
공정점에서는 평형 상태하에 일어나기 때문에 불변반응으로, 자유도는 0이라고 판단해도 된다.

35 그림과 같은 3원 합금에서 x점의 농도는 각각 몇 %인가?

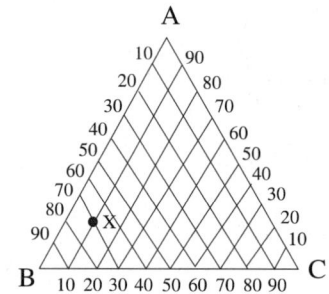

① A : 20%, B : 10%, C : 70%
② A : 20%, B : 70%, C : 10%
③ A : 10%, B : 10%, C : 80%
④ A : 10%, B : 80%, C : 20%

해설
그림에서 확인하면 A : 20%, B : 70%, C : 10%이다.

36 재결정에서 가공 전 결정립이 미세하다면 재결정 완료 후 재결정 온도와 결정립은 어떻게 되는가?

① 재결정온도는 높아지고 결정립도는 커진다.
② 재결정온도는 낮아지고 결정립도는 작아진다.
③ 재결정온도는 낮아지고 결정립도는 커진다.
④ 재결정온도는 높아지고 결정립도는 작아진다.

해설
미세 결정립의 경우 재결정 완료 후 재결정온도는 낮아지고 결정립의 입도는 작아진다.

37 전위와 용질원자 사이의 상호작용으로 치환형 용질 원자가 이동하여 나타난 그림에 대한 설명으로 옳은 것은?

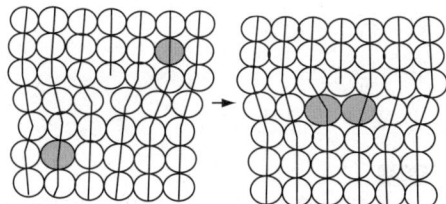

① 칼날전위의 코어에 모인 치환형 용질원자이다.
② 나사전위의 코어에 모인 치환형 용질원자이다.
③ 혼합전위의 코어에 모인 치환형 용질원자이다.
④ 이온전위의 코어에 모인 치환형 용질원자이다.

해설
칼날전위의 중심부에 집중되어 용질원자의 치환에 의해 형성된 구조를 나타낸다.

38 다음 중 반데르발스결합과 거리가 가장 먼 결합은?

① 2차 결합
② 분자결합
③ 런던 인력
④ 금속결합

해설
원자 간 1차 결합
- 이온결합(ionic bonds)
- 공유결합(covalent bonds)
- 금속결합(metallic bonds)

원자 간 2차 결합
- 반데르발스결합(런던 인력)

39 2성분계 합금상태도에서 편정반응을 나타내는 식은?(단, 반응식에서 L, L_1, L_2는 액상이며, α, β, γ는 고상을 나타낸다)

① $\beta \leftrightarrows \alpha + L$
② $L + \beta \leftrightarrows \gamma$
③ $L \leftrightarrows \alpha + \beta$
④ $L_1 \leftrightarrows \alpha + L_2$

해설
결정이 1상만 정출되는 편정반응은 $L_1 \leftrightarrows \alpha + L_2$로 나타낸다.

40 다음 중 금속의 회복을 촉진하는 방법이 아닌 것은?

① 불순물 감소
② 높은 가공도
③ 낮은 가공온도
④ 결정립도 감소

해설
회복 촉진(재결정 촉진)
- 합금원소(불순물 증가)
- 높은 가공도
- 낮은 가공온도
- 결정립도 감소

제3과목 금속 열처리

41 다음 중 흑연의 형상이 없는 주철은?

① 회주철　② 백주철
③ 가단주철　④ 구상흑연주철

해설
백주철에 함유되어 있는 탄소는 유리된 탄소인 흑연으로서가 아니라 거의 전부가 시멘타이트(Fe_3C)로 존재하고 있다.

42 강재의 부품표면에 질소를 확산 침투시키는 질화법의 종류가 아닌 것은?

① 가스 질화법　② 액체 질화법
③ 이온 질화법　④ 용융 질화법

해설
질화법의 종류에는 가스, 액체, 이온 질화법이 포함된다.

43 금속재료를 진공 중에서 가열하면 합금원소가 증발한다. 다음 중 증기압이 높아 가장 증발하기 쉬운 금속은?

① Mo　② Cr
③ C　④ W

해설
금속재료 중 Mn, Cu, Zn, Cr 등은 증기압이 높기 때문에 진공가열 시 증발현상이 일어나기 쉽다.

44 고주파 담금질 시 발생되기 쉬운 결함의 종류가 아닌 것은?

① 심랭균열
② 담금질 균열
③ 연화밴드
④ 피시 스케일

해설
고주파 담금질은 주로 탄소강을 대상으로 실시하며 표면만 가열한 후 물의 분사로 급랭시키는 방법으로 심랭균열, 담금질 균열, 연화밴드의 형성이 발견된다. 피시 스케일은 담금질한 고속도강의 파면에 나타나는 현상으로 고주파 담금질과는 연관성이 떨어진다.

45 담금질에 사용되는 냉각제에 대한 설명 중 틀린 것은?

① 물은 40℃ 이하가 좋다.
② 냉각제에는 물, 기름, 소금물 등이 있다.
③ 증기막을 형성할 수 있도록 교반 또는 NaCl, $CaCl_2$ 등의 첨가제를 첨가한다.
④ 기름은 상온 담금질일 경우 60~80℃ 정도가 좋다.

해설
냉각 시 증기막 형성을 방지하여 경화얼룩 및 경도 감소를 최소화하기 위해 염을 추가한다. 증기막이 형성되면 해당 부위는 공기의 단열층이 생기는 것으로 볼 수 있어서 냉각능이 매우 떨어진다.

41 ②　42 ④　43 ②　44 ④　45 ③

46 침탄 부품에 나타나는 결함의 원인 중 탄소량의 농도가 알맞지 않아 박리가 일어났을 때의 대책으로 옳은 것은?

① 심랭처리를 한다.
② 확산풀림을 한다.
③ 강력한 침탄제를 사용한다.
④ 분수 냉각이나 염수 냉각을 행한다.

[해설]
침탄 과정에서 탄소농도의 부적절한 경우 박리가 형성되며 이의 방지를 위해 확산풀림을 시행한다.

47 그림과 같은 구상화 어닐링 방법에서 A_1 변태점 이상으로 가열하는 이유는?

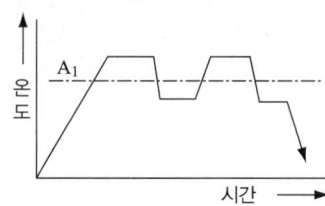

① Fe_3C를 분리 및 생성시키기 위하여
② 망상 Fe_3C를 없애기 위하여
③ 층상 Fe_3C를 석출시키기 위하여
④ 펄라이트를 생성 및 구상화시키기 위하여

[해설]
망상 시멘타이트는 경도는 강하지만 취약한 성질을 가져 이를 개선하고자 하는 열처리가 구상화 어닐링인데, 열처리 과정에서 A_1 변태점 이상으로 가열하는 것은 망상 Fe_3C를 없애기 위해서이다.

48 담금질한 공석강의 냉각곡선에 나타난 ㉠~㉢의 조직명으로 옳은 것은?

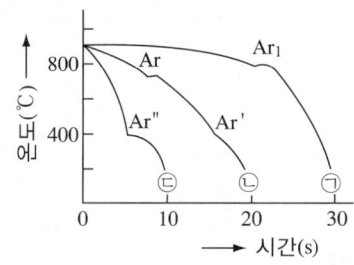

① ㉠ 펄라이트, ㉡ 마텐자이트+펄라이트, ㉢ 마텐자이트
② ㉠ 마텐자이트, ㉡ 마텐자이트+펄라이트, ㉢ 펄라이트
③ ㉠ 마텐자이트+펄라이트 ㉡ 마텐자이트 ㉢ 펄라이트
④ ㉠ 펄라이트 ㉡ 마텐자이트 ㉢ 마텐자이트+펄라이트

[해설]
담금질 후 공석강의 냉각곡선이 나타내는 조직
㉠ 펄라이트
㉡ 마텐자이트 + 펄라이트
㉢ 마텐자이트

49 주조용 알루미늄합금에 널리 적용되는 열처리 방법으로 고온가공에서 냉각 후 인공시효 경화처리한 것의 기호로 옳은 것은?

① T2　　② T4
③ T5　　④ T6

[해설]
알루미늄합금의 열처리 후 표시법 중 냉각 후 인공시효 경화처리가 된 상태는 T5로 나타낸다.

[정답] 46 ② 47 ② 48 ① 49 ③

50 연소용 가스버너를 내열 강관 속에 붙여 강관 속에서 가스를 연소시켜 원관표면으로부터 내는 복사열에 의해 열처리하는 가열로(복사관로)는?

① 대차로
② 상형로
③ 라디언트 튜브로
④ 회전식 레토르트로

해설
가스 연소에 의한 관표면의 복사열에 의한 금속 열처리에는 라디언트 튜브로가 이용된다.

51 인상담금질(time quenching)에서 인상시기에 대한 설명으로 틀린 것은?

① 가열물의 지름 또는 3mm당 1초 동안 수랭한 후 유랭 또는 공랭한다.
② 화색(火色)이 나타나지 않을 때까지의 2배의 시간만큼 수랭한 후 공랭한다.
③ 기름의 기포발생이 시작되었을 때 꺼내어 공랭한다.
④ 가열물의 지름 또는 두께 1mm당 1초 동안 유랭한 후 공랭한다.

해설
냉각속도를 냉각시간의 변화로 조절하는 방법으로 물 또는 기름에 급랭시켜 과포화된 오스테나이트를 상온까지 데려오는 처리방법이다.

52 침탄처리로 만들어지는 침탄층의 깊이는 온도, 시간에 따라 다르다. 침탄온도, 890℃ 4시간 침탄할 때 생성되는 침탄층의 깊이는 약 몇 mm인가?(단, 온도에 따른 확산정수 값은 0.533이며 Harris의 식을 이용한다)

① 0.1   ② 1.1
③ 2.1   ④ 3.1

해설
D(침탄깊이)= K(계수, 온도의 함수) $\sqrt{T(\text{전침탄시간})}$ 로 정의되므로 침탄깊이는 1.1이다.

53 황동제품의 내부응력을 제거하고 시기균열을 방지하기 위한 어닐링처리 시 가장 적당한 방법은?

① 300℃로 1시간 어닐링한다.
② 500℃로 1시간 어닐링한다.
③ 600℃로 1시간 어닐링한다.
④ 700℃로 1시간 어닐링한다.

해설
상온 가공된 동합금은 외력이 없더라도 자연균열(시기균열)이 일어나는데 이를 방지하기 위해 저온풀림을 시행한다. 그렇지만 저온 풀림으로도 완전히 방지하기는 힘든데 이는 내부응력이 제거되는 온도(300℃)는 황동의 재결정 온도(250~300℃)보다 높아 결국은 경도값을 저하시키기 때문이다. 이러한 이유 때문에 300℃로 1시간 정도 풀림하는 방법을 사용한다.

54 강의 열처리 시 탈탄을 방지하기 위한 방법이 아닌 것은?

① 염욕 및 금속욕에서 가열한다.
② 분위기 가스 속에서 가열한다.
③ 표면에 금속 도금 또는 피복을 한다.
④ 고온으로 장시간 가열한다.

해설
탈탄 과정은 되도록 고온에서 단시간에 하는 것이 효율이 높다.

50 ③ 51 ③ 52 ② 53 ① 54 ④

55 다음 열전대 중 가장 높은 온도를 측정할 수 있는 것은?

① 백금 – 백금·로듐
② 구리 – 콘스탄탄
③ 크로멜 – 알루멜
④ 철 – 콘스탄탄

> 해설

종류	조성 (+)	조성 (−)	사용가능 온도범위(℃)
J	철	콘스탄탄	−185~870(600)
K	크로멜	알루멜	−20~1,370(1,000)
T	구리	콘스탄탄	−185~370(300)
E	니크롬	콘스탄탄	−185~870(700)
S	백금로듐 10Rh−90Pt	백금	−20~1,480(1,400)

56 열처리의 3가지 냉각방법에 해당하지 않는 것은?

① 연속냉각   ② 중합냉각
③ 항온냉각   ④ 2단냉각

> 해설

냉각 방법	열처리의 종류
연속냉각	보통 풀림, 보통 불림, 담금질
2단냉각	2단 풀림, 2단 불림, 시간 담금질
항온냉각	항온 풀림, 항온 뜨임, 오스템퍼링, 마템퍼링, 마퀜칭, 오스포밍, M_s 퀜칭

57 구상흑연주철의 제2단 흑연화 처리의 목적으로 옳은 것은?

① 기지를 페라이트화하여 연성을 증가시킨다.
② 기지를 마텐자이트화하여 경도를 증가시킨다.
③ 기지를 시멘타이트화하여 표면경화를 시킨다.
④ 기지를 오스테나이트화하여 강도를 증가시킨다.

> 해설

구상흑연주철의 2단 흑연화 처리는 기지의 페라이트화를 통해 연성을 증가시키는 것이 목적이다.

58 냉각에 있어서 시료가 증기에 감싸이게 되면 냉각속도가 느려지는데, 이때 취할 열처리로 적합하지 않은 방법은?

① 교반한다.
② 염을 사용한다.
③ 낮은 온도의 물을 사용한다.
④ 기름과 물을 혼합하여 사용한다.

> 해설

기름이 물에 혼입되면 냉각능력 저하와 퀜칭 균열이 발생한다.

59 심랭처리와 초심랭처리에 대한 설명으로 올바른 것은?

① 상온에서 열처리한다.
② 잔류오스테나이트는 변형의 원인이 된다.
③ 초심랭처리는 0℃ 이하의 열처리를 의미한다.
④ 섭제로는 0℃ 이하의 온도를 계속 유지해야 한다.

해설
심랭처리는 0℃ 이하, 초심랭처리는 극저온에서 처리하며 변형의 주원인이 되는 잔류오스테나이트의 변태를 유도한다.

60 다음에서 지칭하는 바가 나머지와 다른 것은?

① S 곡선
② C 곡선
③ 연속냉각곡선
④ TTT 선도

해설
연속냉각곡선을 제외한 3개의 보기는 항온변태곡선을 의미하는 명칭이다.

제4과목 재료시험

61 방사선투과시험에서 필름에 안개현상이 나타나는 원인이 아닌 것은?

① 필름의 입상이 너무 조대하기 때문에
② 암실 내에 스며드는 빛이 있기 때문에
③ 증감지와 필름이 밀착되어 있지 않기 때문에
④ 시편-필름 간 간격이 너무 떨어져 있기 때문에

해설
시편-필름 간 간격은 기하학적 불선명도에 영향을 미친다.

62 U형 노치의 충격시험편에 해머의 무게 30kgf, 팔의 길이가 85cm인 샤르피 충격시험기를 가지고 충격시험한 결과 α 각도가 67°, β 각도가 57°일 때 충격에너지는 약 몇 kgf·m인가?(단, α는 해머의 들어올린 각도, β는 시험편 파단 후에 해머가 올라간 각도이다)

① 2.29
② 3.92
③ 6.29
④ 9.92

해설
충격흡수에너지 $= WR(\cos\beta - \cos\alpha)$
$= 30 \times 0.85 \times (\cos 57° - \cos 67°) \fallingdotseq 3.92$
여기서, W : 해머 중량(kgf)
R : 해머의 회전 반지름(m)
α : 시험 전 각도
β : 시험 후 각도

63 크리프(creep)곡선에서 속도가 대략 일정하게 진행되는 정상 크리프 단계는?

① 제1단계
② 제2단계
③ 제3단계
④ 제4단계

해설
정상 크리프 단계는 2단계이다.

64 단면 20cm×20cm의 재료에 80t의 전단력을 가할 때 거리 20cm 되는 지점에서의 전단변형량은 몇 cm인가?(단, 전단탄성계수는(G)는 80,000kgf/cm² 이다)

① 0.5
② 0.05
③ 0.005
④ 0.015

해설

전단변형률 = $\dfrac{\text{전단변형량}}{\text{초기길이}} = \dfrac{\text{전단응력}}{\text{전단탄성계수}}$

= $\dfrac{\text{전단변형량}}{20} = \dfrac{\left(\dfrac{80\times10^3}{20\times20}\right)}{80,000}$

∴ 전단변형량 = 0.05

65 마모시험에 영향을 미치는 주된 요인이 아닌 것은?

① 마찰속도
② 마찰압력
③ 마찰면 거칠기
④ 시험편의 밀도

해설
시험편의 밀도와 마모는 관계없다.

66 로크웰 경도기에 대한 설명으로 옳은 것은?

① 136° 사각추를 압입하여 경질, 연질, 얇은 재료, 침탄 질화층의 경도를 측정한다.
② 하중을 충격적으로 가할 때 반발하여 튀어 오른 높이로 경도를 측정한다.
③ 120° 다이아몬드 원뿔 또는 구형의 강구 압입체를 이용하여 경도를 측정한다.
④ P는 하중, d는 압입자국의 대각선의 길이라고 할 때 로크웰 경도를 구하는 식은 $\dfrac{1.8544P}{d^2}$이다.

해설
①, ④ : 비커스 경도기
② : 쇼어 경도기

67 다음 중 기포누설시험의 종류가 아닌 것은?

① 침지법(liquid immersion method)
② 가압 발포액법(liquid film method)
③ 벡터 포인트법(vector point method)
④ 진공 상자법(vacuum box technique)

해설
③은 와류탐상시험의 일종이다.

68 표점거리가 50mm이고 연신율이 20%일 때, 늘어난 후의 표점거리는 몇 mm인가?

① 50
② 55
③ 57
④ 60

해설

연신율 = $100\times\dfrac{\text{나중표점거리}-\text{초기표점거리}}{\text{초기표점거리}}$

나중표점거리 = $\dfrac{\text{초기표점거리}\times\text{연신율}}{100} + \text{초기표점거리}$

= $\dfrac{50\times20}{100} + 50 = 60\text{mm}$

69 금속재료의 결함검사에서 방사선을 이용한 비파괴 검사법의 약어로 옳은 것은?

① UT
② MT
③ RT
④ PT

해설
• RT : 방사선투과시험
• UT : 초음파탐상
• MT : 자분탐상시험
• PT : 침투탐상시험

정답 64 ② 65 ④ 66 ③ 67 ③ 68 ④ 69 ③

70 다음 중 비파괴검사의 목적이 아닌 것은?

① 제품에 대한 신뢰성 향상
② 비파괴시험기의 결함 발견
③ 제조기술 개선 및 제품의 수명 연장
④ 불량률 감소에 따른 생산원가 절감

해설
비파괴시험기가 아닌 시편의 결함을 측정하는 것이 목적이다.

71 다음 재료 중 상온에서 크리프 현상이 나타나지 않으나 250℃ 이상에서 크리프 현상이 현저하게 나타나는 것은?

① Pb
② Cu
③ 철강
④ 순금속

해설
납(Pb), 구리(Cu), 순금속은 상온에서도 크리프 현상이 나타난다.

72 다음 표와 같은 조건일 때 평균 입도 번호는?

각 시야에서의 입도 번호(a)	시야수(b)	$a \times b$
6	2	12
6.5	6	39
7	2	14

① 6
② 6.5
③ 7
④ 7.5

해설
$a \times b$의 합을 시야수의 합으로 나누면 6.50이다.

73 강재의 불꽃시험으로 알 수 있는 사항이 아닌 것은?

① 이종 강재의 선별
② 내마모성 판정
③ 담금질 여부 판정
④ 탈탄, 침탄, 질화 정도 판정

해설
불꽃시험은 소재의 개략적인 성질을 알기 위한 것으로 내마모성과 같은 기계적 성질과는 관련이 없다.

74 브리넬 경도시험의 특징과 용도에 대한 설명으로 틀린 것은?

① 일반적으로 압입자의 압입시간은 약 10~15초이다.
② 시험편 윗면의 상태에 의한 측정치에 큰 오차는 발생하지 않는다.
③ 얇은 재료나 침탄강, 질화강 등의 측정에 적합하다.
④ 큰 압입자국을 얻기 때문에 불균일한 재료의 평균적인 경도값을 측정할 수 있다.

해설
침탄층, 질화층 등의 표면경화층 측정에는 비커스 경도시험이 적합하다.

정답 70 ② 71 ③ 72 ② 73 ② 74 ③

75 와전류탐상시험에서 사용되는 시험코일을 시험체에 대한 적용방법에 따라 분류할 때 이에 해당되지 않는 것은?

① 매몰형 코일   ② 내삽형 코일
③ 관통형 코일   ④ 표면형 코일

해설
- 내삽형 : 구멍이나 관 안쪽에 넣을 수 있도록 축이 일치하는 시험코일이다.
- 관통형 : 환봉이나 관 등을 둘러싼 모양으로 시험하는 원통형 코일이다.
- 표면형 : 시험체 표면에 접촉하고 사용하는 시험코일이다.

76 미국 ASTM에서 추천한 봉재의 압축시편 규격이 아닌 것은?(단, h : 높이, d : 지름이다)

① 단주시험편 : $h = 0.9d$
② 관주시험편 : $h = 2d$
③ 중주시험편 : $h = 3d$
④ 장주시험편 : $h = 10d$

해설
ASTM 압축시편 규격
- 봉상단주시험편 : $h = 0.9d$
- 중주시험편 : $h = 3d$
- 장주시험편 : $h = 10d$

77 로크웰 경도시험기에서 다이아몬드 원뿔 누르개의 각도와 끝부위의 곡률 반지름은 몇 mm인가?

① 105°, 0.05mm
② 116°, 0.10mm
③ 120°, 0.20mm
④ 136°, 0.50mm

해설
다이아몬드 원뿔 누르개가 C스케일인 경우
- 스케일 압입자로 각도 : 120°
- 곡률 반지름 : 0.20mm의 원뿔형이고 단단한 재료에 사용(예 강재를 퀜칭 후 경도검사)

78 다음 그래프에 대한 설명으로 옳은 것은?

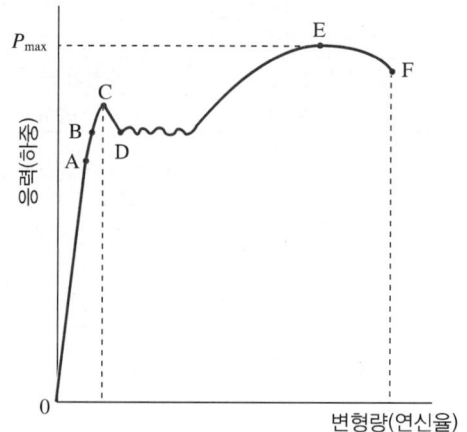

① 연강에서 주로 나타나는 응력-변형률 그래프이다.
② C는 탄성한계이다.
③ C점보다 낮은 연신율을 가지는 부분을 소성변형이라 한다.
④ 항복점을 규정하기 힘들 때는 2% offset법을 사용한다.

해설
C(상부 항복점)를 기준으로 그 이하의 연신율을 가질 때에는 탄성변형, 그 이상의 변형률을 가질 때에는 소성변형을 한다. 항복점을 규정하기 힘들 때는 0.2% offset법을 사용한다.

79 금(Au), 백금(Pt) 등의 귀금속류는 낮은 이온화경향으로 쉽게 부식되지 않는데 이러한 귀금속류에 사용하기에 적합한 부식액으로 적당한 것은?

① 나이탈
② 질산초산용액
③ 염산용액
④ 왕수

해설
부식액

금속재료	부식액
철강	나이탈(질산알코올용액)
	피크랄(피크르산알코올용액)
구리, 황동, 청동	염화제2철용액
니켈 및 합금	질산초산용액
주석 및 합금	나이탈
납 및 합금	질산용액
아연 및 합금	염산용액
알루미늄 및 합금	수산화소듐용액
귀금속류(Au, Pt)	왕수

80 다음 중 침투비파괴검사에서 시험의 조작에 대한 설명으로 옳은 것은?

① 전처리 범위는 용접부 +20mm까지이다.
② 침투시간은 모든 재료에 5분을 적용한다.
③ 유화제 세척 시 붓을 사용한다.
④ 현상시간은 7분을 적용한다.

해설
시험의 조작
㉠ 전처리 : 시험범위에서 +25mm 영역까지가 전처리의 범위
㉡ 침투시간
  • 압출품, 단조, 압연품 : 10분
  • 그 외 : 5분
㉢ 세척(제거)처리
  • 유화처리 : 붓칠을 제외한 방법으로 적용
  • 기름 베이스 유화제 사용 시
    - 형광 침투액 : 3분 이내 적용
    - 염색 침투액 : 30초 이내 적용
  • 물 베이스 유화제 사용 시
    - 2분 이내 적용
  • 수세척에서 스프레이 노즐 사용 시 275kPa 이하, 10~40℃의 수온으로 세척한다.
㉣ 현상시간 : 7분

2025년 제1회 최근 기출복원문제

제1과목 | 금속재료

01 결정의 격자상수를 나타내는 Å의 단위는 몇 cm 인가?

① 10^{-4} cm
② 10^{-6} cm
③ 10^{-8} cm
④ 10^{-10} cm

해설
$1 Å = 10^{-10} m = 10^{-8} cm$

02 변태점 측정법에 대한 설명으로 옳은 것은?

① 변태점 측정법으로는 동소변태만 확인할 수 있다.
② 전기저항법은 다른 방식에 비해서 속도가 느리다.
③ 열팽창법은 변화가 뚜렷한 장점을 가진다.
④ 열분석곡선을 이용해서는 변태점을 파악할 수 없다.

해설
① 변태점 측정법으로는 동소변태, 자기변태를 확인할 수 있다.
② 전기저항법은 다른 방식에 비해서 속도가 빠르다.
④ 열분석곡선을 이용해서 변태점을 파악하는 방법을 열분석법이라 한다.

03 금속을 상온에서 압연이나 딥 드로잉(deep drawing)과 같은 소성변형한 후 비교적 낮은 온도에서 가열하면 강도가 증가하고 연성이 감소하는 현상은?

① 확산현상
② 변형시효현상
③ 가공경화현상
④ 질량효과현상

해설
• 상온시효(변형시효) : 금속을 상온에서 가공 후 실온으로 유지하여 강도가 증가되고 연성이 감소하는 현상
• 확산현상 : 밀도나 농도 차이에 의해 입자들이 매질에서 퍼져나가는 현상
• 가공경화 : 소성변형 후 강도가 증가하고 연성이 감소하는 현상
• 질량효과 : 금속의 질량에 따라 열처리효과가 달라지는 현상

04 전동기나 변압기의 자심으로 사용되는 고투자율 재료합금으로 옳지 않은 것은?

① Fe-Si계
② Fe-Al계
③ Fe-Ni계
④ Cu-Zn계

해설
고투자율 재료는 투자율이 큰 강자성체로 Fe-Si계, Fe-Al계, Fe-Ni계, Fe-Co계 등이 있다. Cu-Zn은 황동으로 자성체가 아니다.

정답 1 ③ 2 ③ 3 ② 4 ④

05 탄소강 내에 존재하는 탄소 이외의 원소가 기계적 성질에 미치는 영향으로 옳지 않은 것은?

① Cu는 극소량이 Fe 중에 고용되며 인장강도, 탄성한계를 높인다.
② P는 Fe의 일부와 결합하여 Fe_3P 화합물을 만들며, 입자의 조대화를 촉진한다.
③ Si는 선철 및 탈산제 중에서 들어가기 쉽고, 인장력과 경도를 낮추며 연신과 충격치를 증가시킨다.
④ S는 강중에서 FeS로 입계에 망상으로 분포하여 고온에서 약하고 가공할 때에 파괴의 원인이 된다.

해설
규소(Si) : 인장강도와 경도를 높여 주지만, 연신율이 감소하여 냉간가공성이 취약해진다.

06 해드필드강(hadfield steel)의 특징에 대한 설명으로 옳지 않은 것은?

① 고마그네슘강이라고도 한다.
② 내마멸성 및 내충격성이 우수하다.
③ 상온에서 오스테나이트 조직을 갖는다.
④ 단조나 압연보다는 주조하여 만든다.

해설
해드필드강(hadfield Steel)
• 탄소 0.9~1.4%, 망가니즈(10~14%) 함유로 고망가니즈강 또는 오스테나이트 망가니즈강이라고도 한다.
• 내마멸성과 내충격성이 우수하다.
• 열전도성이 작고 열팽창계수가 크다.
• 높은 인성을 부여하기 위해 수인법을 이용한 강이다.
• 열처리 후 서랭하면 결정립계에 M_3C가 석출하여 취약하다.
• 광석·암석의 파쇄기 등 심한 충격과 마모를 받는 부품에 이용한다.

07 특수강을 제조하는 목적으로 옳지 않은 것은?

① 경도 증대
② 내식성, 내열성 증대
③ 취성, 전연성 증대
④ 내마모성, 절삭성 증대

해설
취성은 갑작스런 균열로 파단되는 성질로 권장하지 않는 성질이다.

08 다음 중 수소저장용 합금의 기능으로 옳지 않은 것은?

① 촉매작용
② 금속 미분말로 제조한다.
③ 구조용 복합재료로 사용한다.
④ 열에너지를 저장 및 수송한다.

해설
수소저장용 합금의 기능
• 촉매 역할을 할 수 있다.
• 금속 미분말로 제조할 수 있다.
• 열을 이용해 에너지 저장 및 수송이 가능하다.
※ 구조용으로는 쓰이지 않는다.

09 40~50%Ni-Cu합금으로, 전기저항이 크고 온도계수가 낮아 전기저항 재료로 쓰이며 열전대선으로도 사용하는 것은?

① 먼츠메탈   ② 모넬메탈
③ 콘스탄탄   ④ 플래티나이트

해설
① 먼츠메탈 : 4:6 황동으로, 볼트 및 리벳에 사용한다.
② 모넬메탈 : Ni-32%Ni-Cu계의 합금으로 내식성이 좋아 가스터빈과 같은 화학공업 등의 재료로 많이 사용한다.
④ 플래티나이트 : Ni46%-Fe의 합금으로 열팽창계수 및 내식성에 있어서 백금의 대용으로 사용한다.

10 스테인리스강의 조직계 중 내식성은 떨어지지만, 강도가 높아 메스 등으로 사용할 수 있는 것은?

① 마텐자이트계
② 펄라이트계
③ 페라이트계
④ 석출경화계

해설

분류	담금질	내식성	용접성
마텐자이트계 13Cr계	가능	나쁨	불가
페라이트계 18Cr계	불가	보통	보통
오스테나이트계 18Cr-8Ni계	불가	좋음	좋음

11 부유대역 정제법(zone refining)에 의해 고순도화하고, 단결정화하여 반도체로 사용하는 금속은?

① Au   ② Si
③ Ti   ④ Bi

해설
규소(Si)는 대표적인 반도체 재료이다.

12 인장강도 130kgf/mm²급 이상의 초강인강에 나타나는 지체파괴의 원인으로 옳지 않은 것은?

① 잔류응력과 인장응력이 있는 경우
② 강재의 강도 수준이 낮은 경우
③ 수소를 함유하는 환경에 있는 경우
④ 미시적, 거시적 응력집중부가 있는 경우

해설
- 초강인강 : 강도와 중량이 모두 중요시되는 부품에 사용되는 강으로, 상대적으로 저온 뜨임하여 고항장력과 인성을 가진 강이다.
- 지체파괴 : 어느 한도 이상의 인장응력을 받는 상태에서 부식 등의 복합적인 환경 조건으로 인해 일정한 잠복기간 후 갑작스런 파단을 일으키는 현상이다. 잔류응력, 수소 지체 균열, 내부 균열에 의한 응력집중 등의 영향이 있다.

13 Au 및 Au 합금에 대한 설명 중 옳은 것은?

① BCC 구조를 갖는다.
② 전연성은 Ag보다 나쁘다.
③ 비중은 약 19.3 정도이다.
④ 22K 합금은 Au 함유량이 75%이다.

해설
금(Au)
- 비중 : 19.3
- 결정구조 : FCC구조
- 전연성이 은(Ag)보다 우수하다.
- 순금 함유율 $= \dfrac{22K}{24K} \times 100 = 91.7\%$

(24K는 99.9% 함유율을 의미한다)

14 철에서 C, N, H, B의 원자가 이동하는 확산기구는?

① 격자 간 원자기구
② 공격자점기구
③ 직접교환기구
④ 링기구

해설
확산기구에는 공공에 의한 상호확산(공격자점기구), 격자점 사이의 위치로 파고드는 격자 간 원자기구, 원자의 상호이동에 의한 직접교환기구, 3개 또는 4개 원자의 동시이동에 의한 링기구가 존재하는데 철에서 C, N, H, B의 원자이동 확산기구는 격자 간 원자기구에 의한다.

정답 10 ① 11 ② 12 ② 13 ③ 14 ①

15 결정립 내에 있는 원자에 비하여 결정립계에 있는 원자의 결합에너지 상태는?

① 결합에너지가 크므로 안정하다.
② 결합에너지가 크므로 불안정하다.
③ 결합에너지가 작으므로 안정하다.
④ 결합에너지가 작으므로 불안정하다.

해설
결정립계에서 원자는 결합에너지가 크고 불안정한 상태를 유지한다.

16 금속간 화합물과 비교한 규칙격자의 특징으로 옳은 것은?

① 전기저항이 작다.
② 규칙-불규칙 변태가 없다.
③ 주기율표의 동족원소와 결합이 곤란하다.
④ 복잡한 결정구조로 소성변형이 매우 어렵다.

해설
규칙격자의 경우 전도도가 높아서 전기저항이 작다.

17 Cu-Pb계 베어링으로 화이트메탈보다 내하중성이 커서 고속 고하중용 베어링으로 적합한 것은?

① 켈밋(kelmet)
② 자마크(zamak)
③ 오일라이트(oillite)
④ 배빗 메탈(babbitt metal)

해설
① 켈밋(kelmet) : Cu-Pb계 베어링으로 화이트메탈보다 내하중성이 크고 열전도율이 높아 고속 고하중용 베어링에 적합하다.
② 자마크(zamak) : 아연 함유(Zn, Al, Cu, Fe, Mg) 다이캐스트용 합금이다.
③ 오일라이트(oillite) : 분말야금용 합금으로 Cu, Sn, 흑연 분말을 적정 혼합하여 소결하여 제작하고 급유가 곤란한 부분의 베어링으로 사용한다.
④ 배빗 메탈(babbitt metal) : Sn, Sb, Cu를 성분으로 하는 내연기관용 베어링용 합금이다.

18 아연 및 금형용 아연합금에 대한 설명으로 옳지 않은 것은?

① 아연은 건조한 공기 중에서는 거의 산화하지 않는다.
② 아연은 대표적인 고용융점 금속이다.
③ 금형용 아연합금의 대표적인 것으로는 KM합금, ZAS, kirksite 등이 있다.
④ 금형용 아연합금의 표준 성분은 Zn에 4%Al-3%Cu-0.03%Mg 등으로 구성되어 있다.

해설
아연 및 금형용 아연합금
• 아연은 건조한 공기 중에서는 거의 산화하지 않는다.
• 금형용 아연합금의 대표적인 것으로는 KM합금, ZAS, Kirksite 등이 있다.
• 금형용 아연합금의 표준 성분은 Zn에 4%Al-3%Cu-0.03%Mg 등으로 구성되어 있다.
※ 고용융점 금속은 철의 녹는점(1,535℃)보다 높은 금속으로, 아연의 용융점은 약 420℃ 정도이다.

19 다음 중 외부 자계에 의해 매우 약한 자성을 갖는 금속은?

① Au
② Fe
③ Ni
④ Cr

해설
- 상자성체 : 외부 자계에 의해서 매우 약한 자성을 나타내는 자성체이다(Cr).
- 강자성체 : 투자율이 가해진 자계의 세기에 따라 자성이 변하는 자성체이다(Fe, Ni, Co).
- 반자성체 : 자장과 자화의 강도가 반대방향인 자성체이다(Au, Ag, Cu, Sb).

20 진공의 단위에 사용되는 토르(Torr)와 파스칼(Pa)의 환산식으로 옳은 것은?

① 1기압(atm) = 1.01×10^4 Pa = 10Torr = 10mmHg
② 1기압(atm) = 1.01×10^5 Pa = 100Torr = 100mmHg
③ 1기압(atm) = 1.01×10^4 Pa = 76Torr = 76mmHg
④ 1기압(atm) = 1.01×10^5 Pa = 760Torr = 760mmHg

해설
1기압 = 10^5 Pa
1Pa = 7.6×10^{-3} Torr
1Torr = 1mmHg

제2과목 금속조직

21 소금(NaCl)과 같은 재료의 원자결합은?

① 이온결합
② 공유결합
③ 금속결합
④ 원자결합

해설
이온결합 : 한 원자에서 전자가 다른 원자로 이동되어 정전기적 인력으로 결합된 이온을 형성하며, 비방향성 결합이다(양과 음으로 전하된 이온 간의 인력 $Na^+ + Cl^- =$ NaCl 최외각 전자에서 한쪽은 하나가 모자라고 한쪽은 하나가 남으니 전자적 중성을 띠는 것).

22 50%의 A-B 합금은 면심입방규칙격자로서 7.5개가 A원자이고, 4.5개가 B원자일 때 A의 단범위 규칙도(σ)는?

① -0.125
② 0.125
③ -0.25
④ 0.25

해설
단범위 규칙도 정의에 의하면 값은 -0.25이다.
$\sigma = 1 - \left(\dfrac{1}{0.5} \times \dfrac{7.5}{12}\right) = -0.25$

23 면심입방격자의 쌍정면에 해당되는 것은?

① {111}
② {112}
③ {110}
④ {123}

해설
쌍정은 어떤 결정이 서로 대칭관계를 가진 두 부분이다. 면심입방 구조체의 경우 쌍정면은 {111}이다.

24 FCC 결정구조를 갖는 구리 금속의 단위격자의 격자상수가 0.361nm일 때 면간거리(d_{111})는 얼마인가?

① 0.21nm ② 2.18nm
③ 1.10nm ④ 1.20nm

해설
면간거리
$$d_{(hkl)} = \frac{a}{\sqrt{h^2+k^2+l^2}} = \frac{0.361}{\sqrt{1^2+1^2+1^2}} \fallingdotseq 0.21\text{nm}$$

25 깁스의 상률에서 구리의 자유도(F)를 구하는 관계식으로 옳은 것은?(단, n은 성분의 수, P는 상의 수이다)

① $F = n - P + 1$
② $F = P - n + 2$
③ $F = n + P + 1$
④ $F = n - P + 2$

해설
금속의 자유도
$F = n - P + 1$
(n : 성분의 수, P : 상의 수)
※ 구리는 압력으로부터 자유롭기 때문에 +1을 사용한다.

26 다음 중 탄성률(E)을 나타내는 식으로 옳은 것은?(단, σ : 응력, ε : 변형률이다)

① $E = \sigma/\varepsilon$ ② $E = \sigma \cdot \varepsilon$
③ $E = \varepsilon/\sigma$ ④ $E = \sigma + \varepsilon$

해설
탄성률 공식
$E = \dfrac{\sigma}{\varepsilon}$

27 고용체에서 용매 원자와 용질 원자의 크기 차에 의해 결정격자의 변형이 발생할 때 금속의 물리적, 기계적 성질의 변화를 설명한 것 중 옳은 것은?

① 전도전자가 산란된다.
② 전기저항이 감소한다.
③ 경도가 감소한다.
④ 강도가 감소한다.

해설
결정격자의 변형의 발생은 전도전자의 산란을 동반한다.

28 다음 중 금속에서 가장 많은 수의 핵이 생성되는 장소는?

① 결정립 내
② 결정립계
③ 결정립 내의 중심부
④ 결정격자 내의 중심부

해설
결정립계는 에너지 측면에서 보았을 때 불안정한 구역이기 때문에 핵 생성이 쉽다.

24 ① 25 ① 26 ① 27 ① 28 ②

29 변형을 받은 금속에서 축적에너지의 크기에 관한 설명으로 옳지 않은 것은?

① 내부변형이 복잡할수록 축적에너지의 양은 증가한다.
② 축적에너지 양은 결정립도의 크기와 비례한다.
③ 낮은 가공온도에서의 변형은 축적에너지 양을 증가시킨다.
④ 주어진 변형에서 불순물 원자를 첨가할수록 축적에너지 양은 증가한다.

해설
금속의 변형 시 축적되는 에너지 양은 결정립도가 증가함에 따라 감소한다.

30 다음 금속 중 재결정 온도가 가장 낮은 것은?

① Cu ② Zn
③ Fe ④ Al

해설
금속의 재결정 온도

금속	재결정 온도(℃)	금속	재결정 온도(℃)
Au	200	Mo	900
Ag	200	Al	150~200
Cu	200~230	Zn	7~25
Fe	330~450	Sn	7~25
Ni	530~660	Pb	-3
W	1,200		

31 전율고용체 합금에서 강도가 최대인 경우는?

① 합금에 따라 다르다.
② 동일 비율로 합금된 경우이다.
③ 융점이 낮은 금속이 많이 포함된 경우이다.
④ 비중이 높은 금속이 많이 포함된 경우이다.

해설
이원계 상태도에서 전율고용체일 때 두 금속의 원자비가 50 : 50일 때 기계적 물리적 성질의 변화가 가장 크고 경도도 가장 높다.

32 금속변태 중 동소변태에 대한 설명으로 옳은 것은?

① 동소변태는 격자 배열의 변화를 동반한다.
② 자기적 특성을 변화한다.
③ A_2, A_4 변태는 동소변태에 포함된다.
④ 일정온도 구간에서 연속적으로 성질변화를 일으킨다.

해설
동소변태
• 격자 배열의 변화를 동반한다.
• 자기적 특성은 변하지 않는다.
• A_3, A_4 변태는 동소변태에 포함된다.
• 일정온도에서 불연속적으로 성질변화를 일으킨다.

33 금속에서 전기 및 열이 잘 전달되는 이유는?

① 반데르발스 인력에 의해
② 이온결합에 의해
③ 공유결합에 의해
④ 자유전자에 의해

해설
금속에서 열전도의 주된 경로는 자유전자의 이동에 의한 것이다.

정답 29 ② 30 ② 31 ② 32 ① 33 ④

34 체심입방격자의 단위격자 원자수와 원자 충전율은 얼마인가?

① 단위격자 원자수 2개, 원자 충전율 68%
② 단위격자 원자수 4개, 원자 충전율 68%
③ 단위격자 원자수 2개, 원자 충전율 74%
④ 단위격자 원자수 4개, 원자 충전율 74%

해설
체심입방격자(BCC)의 단위격자수는 2이며, 충전율은 68%이다.
- $\frac{1}{8} \times 8 + 1 = 2$
- $\dfrac{\frac{4}{3}\pi\left(\frac{1}{2} \times \frac{\sqrt{3}}{2}a\right)^3 \times 2}{a^3} \times 100 = \dfrac{\sqrt{3}\pi}{8} \times 100 \fallingdotseq 68\%$

35 다음 중 쌍정에 관한 설명으로 옳지 않은 것은?

① 기계적 쌍정은 BCC나 HCP 금속에서 급속으로 하중을 가하거나 낮은 온도에서 형성된다.
② 쌍정 변형에서는 쌍정면 양쪽의 결정 방위가 서로 같다.
③ HCP 금속의 저면이 슬립하기 좋지 않은 방향으로 놓여 있을 때 쌍정 변형이 일어나기 쉽다.
④ 인장시험 중에 쌍정이 생기면 응력-변형률 곡선에 톱니 모양이 나타난다.

해설
쌍정은 어떤 면 또는 경계를 통해 거울에 비친 상과 같은 구조가 존재함으로써 결정 방위가 바뀐다.

36 금속의 결정입자 크기가 커질 때 나타나는 현상은?

① 인장강도는 감소한다.
② 강도가 증가한다.
③ 내마모성이 증가한다.
④ 결정립계면이 증가한다.

해설
결정입자가 작아지면 인성, 강도, 연성이 증가하고 결정립계면은 증가한다.

37 용질 원자가 전위와 상호작용을 할 때 단범위 장애물을 형성하며 저온에서만 유동 응력에 기여하는 작용은?

① 강성률 상호작용
② 탄성적 상호작용
③ 전기적 상호작용
④ 장범위 규칙도 상호작용

해설
금속결정에 가해지는 외력으로 인해 전기적 상호작용으로 전위의 이동이 형성되고, 이로 인해 작은 유동응력에서도 금속결정의 변형이 일어난다.

38 다음 중 전위에 대한 설명으로 옳은 것은?

① 전위의 상승운동은 온도와 무관하다.
② 전위결함에는 원자공공, 크로디온(crowdion) 등이 있다.
③ 칼날전위선은 버거스 벡터(Burgers vector)와 평행하다.
④ 전위의 존재로 인해 발생되는 에너지를 변형에너지(strain energy)라 한다.

해설
전위의 상승은 온도와 밀접한 관계가 있다. 전위결함은 선결함이며, 공공, 크로디온은 점결함에 속한다. 칼날전위는 버거스 벡터에 항상 수직이다.

정답 34 ① 35 ② 36 ① 37 ③ 38 ④

39 X-ray 회절법에서 입사각이 60°일 때 금속의 면간거리는?(단, 회절상수 $n=1$, 파장 $\lambda=10^{-8}$cm)

① 10^{-8}cm
② $\dfrac{1}{2}\times 10^{-8}$cm
③ $\dfrac{1}{\sqrt{3}}\times 10^{-8}$cm
④ 2×10^{-8}cm

해설
X-ray 회절법에 의한 면간거리 공식
$n\lambda = 2d\sin\theta$
$1\times 10^{-8} = 2d\sin 60°$
$\therefore d = \dfrac{1\times 10^{-8}}{2\sin 60°} = \dfrac{1}{\sqrt{3}}\times 10^{-8}$cm

40 체심입방격자(BCC)의 슬립면과 슬립방향은?

① {110}, 〈111〉
② {111}, 〈110〉
③ {100}, 〈110〉
④ {111}, 〈111〉

해설
체심입방구조의 슬립면과 방향은 {110}, {112}, {123} 〈111〉로 정의된다.

제3과목 금속 열처리

41 전기저항식 온도계에 관한 설명 중 옳지 않은 것은?

① 1,200℃ 이상의 고온 측정용에 적합하다.
② 측온 저항체에는 백금선, 니켈선 등이 있다.
③ 금속의 전기저항은 1℃ 상승하면 약 0.3~0.6% 증가한다.
④ 온도 상승에 따라 금속의 전기저항이 증가하는 현상을 이용한 것이다.

해설
저항식 온도계는 백금 또는 니켈의 금속선에 흐르는 전류의 세기를 측정하는 제어 온도를 측정하는 원리를 기반으로 하며, 저온 측정에 유리하다.

42 다음의 강을 완전 풀림을 하게 되면 나타나는 조직으로 옳은 것은?

① 아공석강 → 해드필드강+레데부라이트
② 과공석강 → 시멘타이트+층상 펄라이트
③ 공석강 → 페라이트+레데부라이트
④ 과공정 주철 → 페라이트+스텔라이트

해설
강의 완전 풀림 시 나타나는 조직의 변화는 과공석강 → 시멘타이트+층상 펄라이트이다.

43 1,400℃의 온도를 측정하려고 할 때 적합한 열전대는?

① 철-콘스탄탄
② 구리-콘스탄탄
③ 크로멜-알루멜
④ 백금-백금-로듐

해설
백금-백금 90%+로듐 10%인 경우 1,400~1,600℃ 영역에서 측정이 가능하다. 산화성 분위기에 적합하고, 사용온도범위가 높은 것이 특징이다.

정답 39 ③ 40 ① 41 ① 42 ② 43 ④

44 금속재료의 표면에 고속력으로 강철이나 주철의 작은 입자를 분사하여 피로강도를 현저히 증가시키는 표면경화법은?

① 배럴법
② 쇼트피닝
③ 그라인딩
④ 세라다이징

해설
쇼트피닝 : 쇼트라고 하는 작은 금속입자를 고속으로 제품 표면에 투사하여 작은 쇼트입자가 표면을 해머링(hammering)하는 공법으로 피로강도를 증가시킨다.

45 뜨임균열의 방지대책으로 옳은 것은?

① 정해진 템퍼링 온도까지 최대한 빨리 가열한다.
② M_s점, M_f점이 낮은 고합금강은 반복 뜨임을 실시한다.
③ 고속도강은 탈탄층을 그대로 유지하여 뜨임 후 급랭한다.
④ Cr, Mo, V 등의 합금원소는 뜨임균열을 촉진시키므로 사용을 줄인다.

해설
뜨임균열의 방지대책
• 천천히 가열한다.
• 응력을 집중하는 부분은 열처리상 알맞게 설계한다.
• 잔류응력을 제거한다.
• 결정립계의 취성을 나타내는 화학성분(Cr, Mo, V)을 감소시킨다.
• 고속도강의 경우 템퍼링 전에 탈탄층을 제거한다.
• M_s점, M_f점이 낮은 고합금강은 균열방지를 위하여 2번 템퍼링한다.

46 침탄처리할 때 경화층의 깊이를 증가시키는 원소로 짝지어진 것은?

① S, P
② Si, V
③ Ti, Al
④ Cr, Mo

해설
침탄처리에서 경화층의 두께를 증가시키기 위해 추가하는 원소에는 Cu, Mn, Mo, Cr 등이 있다.

47 침탄용 강이 구비해야 할 조건을 설명한 것 중 옳은 것은?

① 고탄소강이어야 한다.
② 강재 주조 시 표면에 결함이 있어야 한다.
③ 침탄 시 고온에서 장시간 가열 시 결정입자가 성장하여야 한다.
④ Cr, Ni, Mo 등을 첨가하여 침탄량을 증가시킬 수 있는 강이어야 한다.

해설
침탄법은 저탄소강을 이용하여 침탄 후 고온으로 가열하면 탄소가 확산해서 침투되며, 침탄제의 종류에 따라 고체 침탄, 액체 침탄, 가스 침탄으로 구분한다. Cr, Ni, Mo 등을 첨가하여 침탄량을 증가시킨다.

48 알루미늄 및 그 합금의 질별 기호 중 용체화 처리 후 안정화 처리한 것을 나타내는 기호는?

① T1
② T2
③ T6
④ T7

해설
알루미늄의 질별 기호
• T1 : 고온가공에서 냉각 후 자연시효시킨 것
• T2 : 고온가공에서 냉각 후 냉간가공을 하고 다시 자연시효시킨 것
• T6 : 용체화처리 후 인공시효경화처리한 것
• T7 : 용체화처리 후 안정화 처리한 것

49 다음 중 담금질성을 증가시키는 원소로 옳지 않은 것은?

① P
② Mn
③ Cr
④ Co

해설
- 담금질성을 좋게 하는 원소 : Mn, P, Si, Ni, Cr, Mo, B, Cu, Zr, Sn 등
- 담금질성을 나쁘게 하는 원소 : S, Co, Pb, Te 등

50 흑심가단주철의 열처리 중 제1단 흑연화에서 일어나는 반응식은?

① $CaCO_3 \rightarrow CO_2 + CaO$
② $Fe_3C \rightarrow 3Fe + C$
③ $C + O_2 \rightarrow CO_2$
④ $3Fe + CO_2 \rightarrow Fe_3C + O_2$

해설
흑심가단주철의 제1단 흑연화는 900~950℃에서 20~30시간 가열로 시멘타이트 분해를 유도하는 과정이다.
$Fe_3C \rightarrow 3Fe + C$

51 연속냉각변태에서 생성되지 않는 조직은?

① 마텐자이트
② 소르바이트
③ 펄라이트
④ 베이나이트

해설
베이나이트는 유랭에서 얻을 수 있지만, 소르바이트는 연속냉각변태로 얻을 수 없다.

52 [보기]는 담금질에서 사용되는 냉각제이다. 18℃의 물을 냉각능 1.0으로 하였을 때 200℃에서 냉각 속도가 빠른 것부터 나열한 것은?

┌ 보기 ┐
ⓐ 10% NaOH 수용액   ⓑ 기계유
ⓒ 25℃ 물   ⓓ 정지된 공기

① ⓑ > ⓐ > ⓓ > ⓒ
② ⓑ > ⓒ > ⓐ > ⓓ
③ ⓐ > ⓒ > ⓑ > ⓓ
④ ⓐ > ⓑ > ⓒ > ⓓ

해설
냉각능이 큰 것은 소금물(식염수 : 10%의 NaCl), NaOH용액, 황산액 등이 있고, 물보다 냉각능이 작은 것은 기름이고 그 다음이 공기이다.

53 과공석강(1.2%C)을 열처리한 결과, 각 단계가 끝난 후에 현미경 조직으로 잘못 연결된 것은?

① 물속에 담금질 : 펄라이트
② 650℃에 담금질하여 5초간 유지 : 펄라이트
③ 950℃에 가열하여 1시간 유지 : 오스테나이트
④ 260℃에 담금질하여 300초 유지 : 미세한 펄라이트 + 침상 베이나이트

해설
과공석강을 열처리 후 물에 담금질하여 얻어지는 조직은 마텐자이트 조직이다.

정답 49 ④ 50 ② 51 ② 52 ③ 53 ①

54 다음 중 심랭처리(sub-zero treatment)를 실시해야 하는 강종으로 옳지 않은 것은?

① 불림(공랭)처리한 SM25C
② 담금질(유랭)처리한 STB2
③ 담금질(유랭)처리한 SKH51
④ 침탄처리 후 담금질(유랭)한 SCr420

해설
심랭처리(서브제로)는 담금질한 상태의 강을 대상으로 실시한다.

55 텅스텐계 고속도강의 열처리에 대한 설명으로 옳지 않은 것은?

① 고속도강의 담금질 온도는 약 1,250~1,300℃의 고온이다.
② 고속도강은 자경성이 강하므로 풀림 시의 냉각 속도는 화색이 없어지기 전까지 서랭한다.
③ 결정립의 조절, 조직의 개선 및 2차 경화를 위하여 노멀라이징 처리를 한다.
④ 담금질 온도가 높아지면 탄화물이 오스테나이트 중에 완전히 고용시켜 잔류 오스테나이트가 많아진다.

해설
텅스텐계 고속도강의 조직 개선 및 2차 경화를 위하여 뜨임처리를 한다.

56 강의 항온변태곡선인 S곡선의 형태에 영향을 주는 요소가 아닌 것은?

① 첨가 원소
② 응력의 영향
③ 최고가열온도
④ 조직학적 방법

해설
강의 항온변태곡선에 영향을 주는 요소는 첨가된 원소, 응력 및 최고가열온도가 있다.

57 진공로 내부에 단열하는 단열재의 구비조건으로 옳지 않은 것은?

① 열손실이 적어야 한다.
② 흡습성이 커야 한다.
③ 열적 충격에 강해야 한다.
④ 방사열을 완전히 반사시키는 재료이어야 한다.

해설
진공로 단열재의 구비조건
• 열전도율, 흡수율, 수증기 투과율이 낮아야 한다.
• 흡습성이 없어야 한다.
• 열적 충격에 강해야 한다.
• 방사열을 완전히 반사시키는 재료이어야 한다.
• 내구성, 내열성, 내식성이 우수해야 한다.

58 비례제어식 온도제어장치에 대한 설명으로 옳은 것은?

① 전기로의 전기회로를 2회로 분할하여 그 한쪽을 단속시켜 전력을 제어하는 방법이다.
② 전기로의 공급 전력은 조절기의 신호가 온(on)일 때 100%로 공급하고, 오프(off)일 때 60~80%로 낮추는 방법이다.
③ 단일제어계(on-off 제어계)로 전자접촉기, 전자 수은 릴레이 등을 결합시켜서 전기로에 공급되고 있는 전력의 전부를 단속시키는 방법이다.
④ 열처리 작업에 의한 온도-시간곡선에 상당하는 캠(cam)을 만들고 캠축에 고정한 캠의 주위를 따라서 프로그램용 지시를 작동시키는 방법이다.

해설
비례제어식 온도제어장치는 온-오프의 시간비를 편차에 비례하도록 한 온도제어장치로, 공급 전력을 조절기의 신호가 온일 때 100% 공급하고, 오프일 때 60~80%로 낮춰 공급하는 방법이다.

59 재료를 오스테나이트화한 후 코(Nose) 구역을 통과하도록 급랭하고 시험편의 내외가 동일 온도에 도달한 다음 적당한 방법으로 소성가공을 하여 공랭, 유랭 또는 수랭으로 마텐자이트 변태를 일으키는 것은?

① 수인법　　② 파텐팅
③ 제어압연　④ M_S 담금질

해설
③ 제어압연 : 오스테나이트 온도에서 열처리와 소성가공을 병행하여 강의 강도와 인성을 향상시키는 것이다.
① 수인법 : 1,000~1,100℃에서 수중 담금질로 인성을 부여하는 법이다.
② 파텐팅 : 오스템퍼 온도의 상한에서 미세한 소르바이트 조직을 얻기 위한 방법이다.
④ M_S 담금질 : 담금질 온도로 가열한 강재를 M_S 점보다 약간 낮은 온도에서 강의 내·외부 동일 온도로 될 때까지 항온 유지한 후 꺼내어 물 또는 기름 중에 급랭하는 방법이다.

60 담금질액을 교반하는 방법에는 프로펠러를 이용하거나 펌프 등을 사용한다. 교반의 세기 조정 시 고려할 사항으로 옳지 않은 것은?

① 뜨임온도
② 냉각제의 냉각속도
③ 허용되는 변형의 한도
④ 사용하는 재질의 담금질성

해설
담금질액의 교반 시 고려할 사항은 냉각제의 냉각속도, 허용변형 한도, 재질의 담금성 등을 고려한다.

제4과목　재료시험

61 4호 시험편을 인장시험하였을 때 최대하중은 2,500 kgf이었고, 파단 후 늘어난 길이가 65mm였을 때 재료의 인장강도는 몇 kgf/mm²인가?

① 16.25　　② 26.20
③ 30.00　　④ 35.45

해설
인장강도 = $\dfrac{최대하중}{단면적}$ = $\dfrac{2,500}{\dfrac{\pi \times 14^2}{4}}$ ≒ 16.25kgf/mm²

※ 4호 시험편의 지름은 14mm이다.

62 주철재의 압축시험편의 직경이 20mm, 높이가 10mm, 압축하중 6,000kgf을 가하였다면 압축강도는 약 몇 kgf/mm²인가?

① 19　　② 70
③ 190　④ 700

해설
압축강도 = $\dfrac{압축하중}{단면적}$ = $\dfrac{6,000}{\dfrac{\pi \times 20^2}{4}}$ = 19.1kgf/mm²

63 압축시험에 관한 설명으로 옳지 않은 것은?(단, P는 하중, A_0는 초기 단면적이다)

① 압축응력은 $\dfrac{A_0}{P}$ (N/m³)으로 나타낸다.
② 압축시험은 인장시험과 반대 방향으로 하중이 작용한다.
③ 압축시험은 주로 내압(耐壓)에 사용되는 재료에 적용된다.
④ 압축강도는 취성이 있는 재료를 시험할 때 잘 나타난다.

해설
압축응력은 하중에서 단면적을 나눈 값이다.
$\dfrac{P}{A_0}$ (N/m³)

64 다음 재료시험 중 정적시험 방법이 아닌 것은?

① 인장시험
② 압축시험
③ 비틀림시험
④ 충격시험

해설
정적시험
• 정적하중을 가하여 시험하는 것으로 하중 증가에 가속도가 없다.
• 인장, 압축, 전단, 굽힘, 비틀림, 압입 경도시험
동적시험
• 동적하중을 가하며 시험하는 것으로 실제 상태와 유사하다.
• 피로시험, 충격시험, 쇼어 경도시험, 에코팁 경도시험

65 탄소강의 불꽃시험에서 강재에 함유된 탄소량이 증가할 때 나타나는 불꽃의 특성으로 옳지 않은 것은?

① 유선의 숫자가 증가한다.
② 파열의 숫자가 감소한다.
③ 유선의 길이가 감소한다.
④ 파열의 꽃잎 모양이 복잡해진다.

해설
탄소강의 불꽃시험
• 강 중의 탄소량이 증가하면 불꽃수가 많아진다.
• 탄소함량이 높을수록 유선의 색깔은 적색이다.
• 탄소함량이 높을수록 유선의 숫자가 증가한다.
• 탄소함량이 높을수록 파열의 꽃잎 모양이 복잡해진다.
• 탄소함량이 높을수록 유선의 길이가 감소한다.

66 전단시험에서 단순한 인장만의 외력을 받고 있는 시험편에서 최대 전단력이 발생하는 각도(θ)는?

① 0°
② 45°
③ 90°
④ 180°

해설
단순인장시험에서 인장 방향과 최대전단력 발생 방향과는 45° 차이가(대각선 방향) 난다.

67 방사선을 취급할 때 외부 피폭을 방호하기 위한 3원칙에 해당하지 않는 것은?

① 방사선의 선원이 무거운 질량의 것으로 사용한다.
② 방사선체 노출시간, 즉 사용시간을 줄인다.
③ 방사선의 선원과 사람과의 거리를 멀리한다.
④ 방사선의 선원과 사람 사이에 차폐물을 설치한다.

해설
①은 피폭을 방호하기 위한 3원칙이 아니다.

68 초음파탐상법에서 일반 강(steel)에 사용하는 주파수의 범위는?

① 2~10kHz ② 2~10MHz
③ 50~100kHz ④ 50~100MHz

해설
일반강 : 2~10MHz
※ 70° 탐촉자의 경우 보통 4MHz를 사용한다.

69 충격시험을 통하여 얻을 수 있는 기계적 성질로 옳지 않은 것은?

① 인성 ② 취성
③ 천이온도 ④ 비틀림 강도

해설
충격시험 : 표준시편에 충격에 대한 동적하중을 가하여 금속의 충격흡수에너지를 구하는 시험으로 인성과 취성, 재료의 충격에너지, 천이온도 등을 확인할 수 있다.

70 사업장의 안전점검을 하기 위한 체크리스트 작성 시 유의사항으로 옳지 않은 것은?

① 사업장에 적합한 독자적인 내용일 것
② 일정 양식을 정하여 점검대상을 정할 것
③ 점검표의 내용은 이해하기 쉽도록 표현하고 구체적일 것
④ 위험성이 낮은 순으로 하거나 긴급을 요하지 않는 순으로 작성할 것

해설
안전점검 체크리스트는 위험성이 높거나 긴급을 요하는 순으로 작성한다.

71 누설탐상시험(leak test) 방법으로 옳지 않은 것은?

① 버블법
② 스니퍼법
③ 후드법
④ 수침법

해설
④ 수침법 : 초음파탐상법에 사용되는 방법이다.
① 가압버블법 : 시험면의 한쪽을 가압 또는 진공으로 하고 시험면과 그 반대쪽과의 압력차를 가하여 발생하는 기체를 관찰하는 시험방법이다.
② 스니퍼법 : 헬륨누설시험의 가압법으로 시험체에 헬륨 기체를 넣고 누설되는 헬륨을 검출하는 방법이다.
③ 진공후드법 : 시험체 내부를 감압하고 후드로 덮은 다음 추적가스를 가하여 검출하는 방법이다.

72 재료의 응력 측정법으로 옳지 않은 것은?

① 광탄성 방법
② X-선 방법
③ 무레아 방법
④ 커핑 방법

해설
④ 커핑시험 : 에릭센 시험 등의 일반적인 명칭으로 재료의 연성을 파악하는 시험법이다.
① 광탄성시험 : 변형된 탄성체가 광학적으로 복굴절되어 응력분포를 나타내는 시험법이다.
② X-선 응력 측정법 : X-선 회절로 결정격자의 변형을 측정하여 응력을 예측하는 시험법이다.

73 주사전자현미경의 관찰 용도로 옳지 않은 것은?

① 금속의 피로파단면
② 금속의 표면 마모 상태
③ 금속기지 중의 석출물
④ 금속재료의 패턴(pattern) 분석

[해설]
주사전자현미경은 미세 조직면을 보는 것으로 패턴 분석에는 적합하지 않다.

74 다음 중 만능시험기(UTM)로 측정할 수 있는 사항은?

① 누설량
② 피로한도
③ 연신율
④ 부식 정도

[해설]
만능시험기는 대표적인 인장시험기로 탄성계수, 항복강도, 인장강도, 연신율 등을 측정할 수 있다.

75 X선관에서 표적(target)이 갖추어야 할 조건으로 옳지 않은 것은?

① 원자번호가 커야 한다.
② 용융점이 높아야 한다.
③ 열전도성이 높아야 한다.
④ 높은 증기압을 갖는 물질이어야 한다.

[해설]
X선관의 표적(target)은 낮은 증기압을 갖는 물질이어야 한다.

76 철강재의 설퍼프린트 시험결과에서 황(S) 편석의 분포가 표면에서부터 중심부로 황이 증가하는 편석은?

① 정편석(S_N)
② 역편석(S_I)
③ 주상편석(S_{CO})
④ 중심부편석(S_C)

[해설]
설퍼프린트 시험
• 정편석(S_N) : 황이 표면에서부터 중심부로 증가하는 편석
• 점상편석(S_D) : 황이 점상으로 착색된 편석
• 역편석(S_I) : 황이 중심부에서 표면으로 증가하는 편석
• 선상편석(S_L) : 황이 선상으로 착색된 편석
• 중심부편석(S_C) : 황이 중심부에 집중되어 분포된 편석

73 ④ 74 ③ 75 ④ 76 ① [정답]

77 알루미늄 시험편의 길이가 10℃에서 20mm 봉을 25℃로 올렸을 때 20.007mm로 팽창했다면, 이때의 선팽창계수는?

① 2.3×10^{-5}
② 23.9×10^{-5}
③ 2.6×10^{-5}
④ 29.9×10^{-5}

해설

선팽창계수 = $\dfrac{\text{나중길이} - \text{처음길이}}{\text{처음길이} \times (\text{나중온도} - \text{처음온도})}$

$= \dfrac{20.007 - 20}{20 \times (25 - 10)} = 2.33 \times 10^{-5}$

78 무재해 운동 중 5S 운동에 해당되지 않는 것은?

① 정리   ② 정성
③ 청결   ④ 청소

해설

무재해 5S 운동 : 정리, 정돈, 청소, 청결, 습관화

79 자장의 세기를 H, 투자율을 μ, 자속밀도를 B라고 할 때 자장의 세기를 나타내는 식은?

① $H = B\mu$
② $H = \dfrac{\mu}{B}$
③ $H = \dfrac{B}{\mu}$
④ $H = B + \mu$

해설

자기장 세기 = $\dfrac{\text{자속밀도}}{\text{투자율}}$ (A/m)

80 브리넬 경도시험 결과, 경도값이 HB S(10/3,000/30) 450으로 표시되었을 때 알파벳 S의 의미는?

① 경도값
② 시험하중
③ 압입자의 종류
④ 압입자의 직경

해설

- S : 압입자의 종류
- 10 : 압입자의 직경(mm)
- 3,000 : 시험하중(kg)
- 30 : 하중시간(sec)
- 450 : 브리넬 경도값

정답 77 ① 78 ② 79 ③ 80 ③

2025년 제2회 최근 기출복원문제

제1과목 금속재료

01 다음 중 일반적으로 합금이 순금속보다 우수한 성질은?

① 전성
② 연성
③ 전기 전도율
④ 강도 및 경도

해설
합금은 금속에 다른 원소를 첨가하여 얻은 물질로 인해 강도와 경도가 높아진다.

02 고속도강은 주합금원소의 함유량에 의해 W계, Mo 계로 대별한다. 이때 각 주요원소의 특징을 설명한 것 중 옳지 않은 것은?

① W은 고온경도가 높은 특징이 있다.
② Cr은 내산화성과 경도를 향상시킨다.
③ V은 내마멸성을 향상시킨다.
④ Co는 내열성과 공구 절삭 내구력을 약화시키며, Co가 증가하면 인성을 저하시킨다.

해설
Co은 고속도강의 고온에서 강하게 하여 절삭력을 유지시키고, 인성을 증가시킨다.

03 다음 중 연성이나 전성이 가장 우수한 결정구조는?

① BCC
② BCT
③ FCC
④ HCP

해설
FCC는 배위수가 높고, 슬립계가 많아서 전성과 연성이 높다.

04 상온 또는 가열된 금속을 실린더 모양의 컨테이너에 넣고, 한쪽에 있는 램에 압력을 가하여 밀어내어 봉, 관, 형재 등의 가공방법은?

① 전조
② 단조
③ 압출
④ 프레스

해설
- 압연 : 두 개의 롤 사이를 통과하며 재료가 변형
- 압출 : 형틀을 두고 뒤에서 압력을 가하여 밀어내는 가공
- 인발 : 형틀을 두고 앞에서 당기는 방식으로 가공
- 단조 : 형틀을 사용하거나 사용하지 않고 외부에서 충격을 주어 가공하는 것(예 대장간)

05 합금원소의 역할에 대한 설명으로 옳지 않은 것은?

① Ni : 내식성 및 내산화성을 증가시킨다.
② Mn : 함유량이 많아지면 내마멸성을 크게 감소시키고 상온취성 및 청열취성을 방지한다.
③ Mo : 담금질 깊이를 깊게 하고, 크리프 저항과 내식성을 증가시킨다.
④ Co : Cr과 함께 사용되어 고온강도와 고온경도를 크게 증가시킨다.

해설
망가니즈(Mn)의 함유량이 많아지면 내마멸성을 크게 증가시키고 적열메짐(고온취성)을 방지한다.

1 ④ 2 ④ 3 ③ 4 ③ 5 ②

06 철광석과 그에 따른 화학식이 옳게 연결된 것은?

① 자철광 : Fe_3O_4
② 능철광 : Fe_2O_3
③ 갈철광 : $FeCO_3$
④ 적철광 : $2Fe_2O_3-3H_2O$

해설
- 자철광 : Fe_3O_4, 72.4%Fe
- 적철광 : Fe_2O_3, 69.94%Fe
- 갈철광 : $2Fe_2O_3-3H_2O$, 59.8%Fe
- 능철광 : $FeCO_3$, 48.2%Fe

07 다음 중 경도가 가장 높은 합금은?

① 서멧
② 초경합금
③ 소결자석
④ SAP

해설
② 초경합금 : 텅스텐 카바이드(WC)에 코발트(Co)를 결합한 합금으로 매우 높은 경도와 내마모성을 보유한다.
① 서멧(cermet) : 세라믹과 금속을 포함하는 내열재료이다.
③ 소결자석 : 알니코 또는 페라이트를 이용하여 분말야금법으로 만든 자석이다.
④ SAP(Al 분말의 소결품) : 내열용 합금으로 알루미나가루와 알루미늄가루를 압축성형하고, 약 550℃에서 소결한 후 열간압출하여 사용하는 재료이다.

08 가공성과 동시에 강인성을 요구하는 경우 적당한 탄소량의 구간은?

① 0.05~0.3%
② 0.3~0.45%
③ 0.45~0.65%
④ 0.65~1.2%

해설
탄소강에서 중탄소강(0.3~0.45%C)이 가공성과 강인성이 우수하다.

09 화이트메탈이라고도 하는 베어링용 합금의 성분으로 조합되지 않은 것은?

① Zn-Al-Bi
② Sn-Sb-Cu
③ Pb-Sn-Sb
④ Sn-Sb-Cu-Pb

해설
주단계 화이트메탈(배빗메탈)은 주석(Sn)-안티몬(Sb)-구리(Cu)-납(Pb)을 성분으로 하는 합금으로 베어링용으로 쓰인다.

10 7 : 3 황동에 1%의 주석(Sn)이 첨가될 때 겉보기 아연(Zn) 함유량은 약 몇 %인가?(단, Sn의 Zn 당량은 2이다)

① 29%   ② 31%
③ 44%   ④ 76%

해설
Sn의 Zn 당량이 2이므로 Sn 1%가 첨가되면 Zn 2%가 첨가된 것과 같다. 대략적으로 구리 70, 아연 32, 주석 1의 비로 구성되므로 아연의 함유량은 약 31%이다.
$$\frac{32}{70+32+1} \times 100 ≒ 31\%$$

11 탄성한계 내에서 가로변형이 1, 세로변형이 3일 경우 푸아송비는?

① 1.52
② 0.25
③ 0.33
④ 0.66

해설
푸아송비 = $\dfrac{\text{줄어든 폭 변형량}}{\text{늘어난 길이 변형량}} = \dfrac{\text{가로변형}}{\text{세로변형}} = \dfrac{1}{3} = 0.33$

12 다음 중 하이드로날륨, Y합금, 라우탈은 어떤 금속의 합금인가?

① 알루미늄
② 마그네슘
③ 타이타늄
④ 니켈

해설
- 하이드로날륨 : 알루미늄과 마그네슘의 합금으로 바닷물과 알칼리에 대한 내식성이 강하고 용접성이 매우 우수하다.
- Y합금 : 내열용 알루미늄합금이다.
- 라우탈 : 주조용 알루미늄합금이다.

13 다음 중 쾌삭강에 대한 설명으로 옳지 않은 것은?

① 강재에 Se, Pb 등의 원소를 배합하여 피삭성을 좋게 한 강을 쾌삭강이라고 한다.
② S 쾌삭강에 Pb를 동시에 첨가하여 피삭성을 더욱 향상시킨 것을 초쾌삭강이라고 한다.
③ Pb 쾌삭강은 탄소강 또는 합금강에 0.1~0.3% 정도의 Pb를 첨가하여 피삭성을 좋게 한 강이다.
④ Pb 쾌삭강에서 Pb는 Fe 중에 고용되어 Fe이 칩브레이커(chip breaker)의 역할과 윤활제 작용을 한다.

해설
쾌삭강은 절삭성을 높이기 위해 S, Pb, Ca을 첨가한다. Ca 쾌삭강은 제강 시에 Ca을 탈산제로 사용하고, S 쾌삭강은 Mn을 0.4~1.5% 첨가하여 MnS으로 하고, 이것을 분사시켜 피삭성을 증가시킨다. Pb 또한 윤활제 작용이 아닌 피삭성을 높여 주기 위해 사용된다.

14 Ni-Cr 합금으로, 내열성과 내식성이 함께 요구되는 석유화학장치, 약품 및 식품공업에 사용되는 재료는?

① 인바
② 인코넬
③ 퍼멀로이
④ 플래티나이트

해설
② 인코넬 : Ni-Cr이 주된 합금으로 내열성과 내식성이 요구되는 석유화학장치, 약품 및 식품공업에 사용되는 금속이다.
① 인바 : 철-니켈 합금으로 열팽창계수가 작아 표준자로 사용하는 금속이다.
③ 퍼멀로이 : 철-니켈 합금으로 고투자율의 성질을 갖는 금속이다.
④ 플래티나이트 : Ni-Fe의 합금으로 열팽창계수 및 내식성에 있어서 백금의 대용으로 사용하는 금속이다.

15 상온에서 순철에 대한 설명으로 옳은 것은?

① 비자성체이다.
② 배위수는 12개이다.
③ 귀속 원자수가 4개이다.
④ 원자 충전율은 약 68%이다.

해설
상온에서의 순철은 페라이트 형태로 존재하며 BCC구조를 갖는데 BCC의 귀속 원자수는 2개이며, 원자 충전율은 68%이다.
- (꼭짓점자리) $\dfrac{1}{8} \times 8 +$ (체심자리) $1 \times 1 = 2$
- $\dfrac{\dfrac{4}{3}\pi\left(\dfrac{1}{2} \times \dfrac{\sqrt{3}}{2}a\right)^3 \times 2}{a^3} \times 100 = \dfrac{\sqrt{3}\pi}{8} \times 100 \fallingdotseq 68\%$

16 다음 중 오스테나이트계 스레인리스강의 입계부식을 방지하기 위한 방법 중 가장 효과가 적은 것은?

① Cr을 높인다.
② Ti 첨가
③ Nb첨가
④ V 첨가

해설
V는 탄화물 형성능력이 있지만, 입계부식에 주역할을 하기에는 효과가 너무 작다.

17 다음 중 각종 강에서 발생할 수 있는 취성에 대한 설명으로 옳지 않은 것은?

① 500~600℃에서 청열취성이 나타난다.
② P를 많이 함유하면 저온취성이 나타난다.
③ S를 많이 함유하면 적열취성이 나타난다.
④ 뜨임취성을 방지하기 위해 Mo을 첨가한다.

해설
청열취성 : 200~300℃에서 경도가 커져 변형이 작아지는 취성이다.

18 초소성 재료를 얻기 위한 조직의 조건 중 옳은 것은?

① 모상입계는 저경각인 편이 좋다.
② 결정립의 모양은 비등방성이어야 한다.
③ 모상입계가 인장분리하기 쉬워야 한다.
④ 결정립의 크기는 수 μm 이하이어야 한다.

해설
모상입계가 고경각이어야 하고, 인장분리는 어려워 슬립이 잘 일어나야 한다. 결정립 모양은 등방성이 좋다.

19 수소저장용 합금에 대한 설명으로 옳지 않은 것은?

① 수소를 흡장할 때 팽창하고, 방출할 때는 수축한다.
② 수소 저장용 합금은 수소가스와 반응하여 금속수소화물이 된다.
③ 수소가 방출된 금속수소화물은 원래의 수소저장용 합금으로 되돌아간다.
④ 수소로 인하여 전기저항이 완전히 0(zero)이 되는 합금이다.

해설
전기저항이 0(zero)가 되는 합금은 초전도합금이다.

20 다음 중 두 금속의 비중의 합이 가장 작은 것은?

① Ni-W
② Ti-Fe
③ Li-Mg
④ Al-Mg

해설
③ Li-Mg : 0.53 + 1.74 = 2.27
① Ni-W : 8.9 + 19.3 = 28.2
② Ti-Fe : 4.5 + 7.9 = 12.4
④ Al-Mg : 2.70 + 1.74 = 4.44

정답 16 ④ 17 ① 18 ④ 19 ④ 20 ③

제2과목 금속조직

21 강의 물리적 성질을 설명한 것으로 옳지 않은 것은?

① 비중은 탄소량의 증가에 따라 감소한다.
② 열전도도는 탄소량의 증가에 따라 감소한다.
③ 전기저항은 탄소량의 증가에 따라 증가한다.
④ 탄소강은 일반적으로 자성을 띠고 있지 않다.

해설
강의 물리적 성질
- 비중은 탄소량의 증가에 따라 감소한다.
- 열전도도는 탄소량의 증가에 따라 감소한다.
- 전기저항은 탄소량의 증가에 따라 증가한다.
- 탄소강은 일반적으로 자성을 띠고 있다.

22 용매 중에 용질이 녹아들어 있는 상태에서 국부적으로 농도 차이가 있을 경우 시간의 경과에 따라 농도의 균일화가 일어나는 현상은?

① 반사 ② 대류
③ 확산 ④ 복사

해설
확산은 특정 용매에 용질이 녹아들어 가는 현상으로, 시간의 경과에 따라 국부적으로 존재하는 농도의 차이가 사라지면 농도가 균일해진다.

23 금속의 격자에 대한 설명 중 옳은 것은?

① 브라베 격자에서는 14개의 결정계로 정리한다.
② 단위격자의 모양은 하나이 꼭짓점을 원점으로 하는 두 개의 격자벡터로(α, β) 정의한다.
③ 삼사정계는 a = b = c, $\alpha = \beta = \gamma = 90$이다.
④ 체심입방격자는 2개의 원자를 포함한다.

해설
① 브라베 격자에서는 7개의 결정계로 정리한다.
② 단위격자의 모양은 하나의 꼭지점을 원점으로 하는 세 개의 격자벡터(α, β, γ)로 정의한다.
③ 삼사정계는 길이, 각도 모두 다르다.

24 다음 중 면결함으로 옳지 않은 것은?

① 쌍정 ② 적층결함
③ 결정립계 ④ 전위

해설
면결함 혹은 2차원 결함의 종류에는 적층결함(stacking faults), 쌍정(twins), 결정립계(grain boundary) 등이 있다.

25 금속에 있어서 확산을 나타내는 Fick의 제1법칙의 식으로 옳은 것은?(단, J는 농도구배, D는 확산계수, c는 농도, x는 위치(거리)이고, 농도의 시간적 변화는 고려하지 않는다)

① $J = -D\dfrac{dc}{dx}$ ② $J = -D\dfrac{dx}{dc}$
③ $J = D\dfrac{dx}{dc}$ ④ $J = D\dfrac{dc}{dx}$

해설
- $J = -D\dfrac{dc}{dx}$ 는 Fick's의 제1확산법칙이다.
- $J = D\dfrac{d^2c}{dx^2}$ 는 Fick's의 제2확산법칙이다.

26 면심입방격자 금속의 슬립면과 슬립 방향은?

① 슬립면 : {111}, 슬립 방향 : 〈110〉
② 슬립면 : {110}, 슬립 방향 : 〈111〉
③ 슬립면 : {0001}, 슬립 방향 : 〈1111〉
④ 슬립면 : {1111}, 슬립 방향 : 〈0001〉

해설
금속에서 결정에 파단이 일어나기 전 원자면을 따라 미끄러짐이 발생하는 것이 슬립이며, 면심입방정에서 슬립면과 슬립 방향은 {111}, 〈110〉이다.

27 최외각 전자수가 4인 원자가 공유결합한다고 할 때 공유결합하는 전자의 수는?

① 2개   ② 3개
③ 4개   ④ 5개

해설
공유결합은 화학결합 중 전자를 원자들이 공유하였을 때 생성되는 결합으로, 4개의 원자가 공유할 때 관계하는 전자의 수는 4개이다.

28 냉간가공에 의한 축적에너지의 크기에 영향을 주는 인자가 아닌 것은?

① 가공도   ② 가공온도
③ 자유도   ④ 합금원소

해설
자유도는 상의 평형과 관계가 있다.

29 G.P 집합체(Guinier-Preston Aggregate)와 관계가 가장 깊은 경화는?

① 전위경화
② 고용경화
③ 가공경화
④ 석출경화

해설
합금에 있어 용질의 석출에 의해 조직의 변화가 동반되며, 초기 석출 시 용질 원자의 편석이 형성되는데, 이러한 편석이 집합체를 형성(GP Aggregation)하며 석출경화 시 과포화 상태의 고용체가 분해되면서 재료의 강도가 높아진다.

30 면심입방격자에 속하는 Al, Cu, Au, Ag 등 금속의 슬립(slip)면은?

① {101}   ② {111}
③ {110}   ④ {011}

해설
금속에서 결정에 파단이 일어나기 전 원자면을 따라 미끄러짐이 발생하는 것이 슬립이며, 면심입방구조에서 슬립면은 {111}이다.

정답 26 ① 27 ③ 28 ③ 29 ④ 30 ②

31 상의 계면(interface)에 대한 설명 중 옳은 것은?

① 계면에너지가 작은 면의 성장속도는 빠르다.
② 원자 간 결합에너지가 클수록 계면에너지는 작다.
③ 정합계면을 가진 석출물은 성장하면서 정합성을 상실하지 않는다.
④ 두 상의 결정구조, 조성 또는 방위가 다른 경우도 계면에서 두 상 사이에 변형을 일으키지 않는 원자 대응이 이루어지더라도 정합계면을 이룬다.

해설
정합계면은 두 격자가 계면에서 격자의 연속성이 유지되도록 하는 것으로, 두 결정이 계면에서 완전히 서로 짝을 이룰 때 형성된다.

32 다음 중 결정체의 결함을 크기에 따라 분류할 때 성질이 다른 것은?

① 기공
② 격자 간 원자
③ 원자공공
④ 불순물 원자

해설
점결함(0차원)
- 공공(빈 격자점) : 원자가 비어 있는 자리이다(쇼트키, 프렌켈 결함은 각각 쌍으로 존재하는 점결함).
- 자기침입형 원자 : 공공이 생길 때 공공 자리에 있던 원자가 이동하여 다른 원자 사이에 끼어 있는 상태이다.
- 고용체 : 치환형과 침입형 고용체가 존재하며, 일종의 불순물이다.

33 주형에서 금속의 응고과정에 대한 설명으로 옳지 않은 것은?

① 순금속이 응고하면 결정립들은 안쪽에서 바깥쪽으로 성장한다.
② 용융금속이 응고하면 용기의 벽쪽에서부터 내부로 칠층, 주상정, 입상정으로 성장한다.
③ 용융금속 중에서 용기의 벽에 접촉되어 있던 금속이 급속히 냉각되어 응고 이하의 온도로 심하게 과랭된다.
④ 용융금속 속에 있는 열은 용기의 벽을 통하여 외부로 계속 방출되므로 용기의 용융금속의 온도는 용기 벽에서 가장 낮고 내부로 들어갈수록 높아진다.

해설
주형에서 순금속이 응고하면 결정립들은 바깥쪽에서 안쪽으로 성장한다.

34 다이캐스팅용으로 쓰이는 아연합금의 원소에 대한 설명으로 옳지 않은 것은?

① Al은 유동성을 개선한다.
② Cu는 입계부식을 억제한다.
③ Li은 길이 변화에 큰 영향을 준다.
④ Mg을 일정량 이상 많게 하면 유동성이 개선되어 얇고 복잡한 형상주조에 우수하다.

해설
Mg을 첨가하면 충격치와 내구력이 우수해지지만, 주조성은 떨어진다.

31 ④ 32 ① 33 ① 34 ④

35 Fick의 확산 제2법칙에 대한 설명으로 옳지 않은 것은?(단, D는 확산계수이며, 정수이다)

① 확산계수 D의 단위는 cm^3/s이다.
② 용질원자의 농도가 시간에 따라 변화하는 관계를 나타낸다.
③ 어느 장소에서 농도의 시간적 변화는 $\frac{\partial C}{\partial t} = D\frac{\partial^2 C}{\partial x^2}$으로 표시된다.
④ 확산에서의 물질의 흐름이 시간에 따라 변화하지 않는 상태를 정상상태라 하며 $\frac{dC}{dt}$는 0이다.

[해설]
D는 확산도를 의미하며 확산속도를 나타내는 물리량으로서 단위는 cm^2/s이다.

36 다음 반응의 변태점으로 옳은 것은?

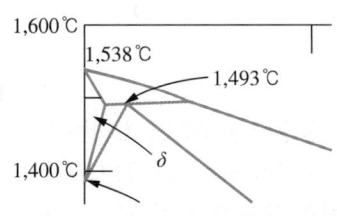

① 공정반응 ($L \xrightarrow{cooling} \alpha$ 고용체 $+ \beta$ 고용체)
② 포정반응 ($L + \alpha$ 고용체 $\xrightarrow{cooling} \beta$ 고용체)
③ 편정반응 (α 고용체 $\xrightarrow{cooling} L + \beta$ 고용체)
④ 공석반응 (γ 고용체 $\xrightarrow{cooling} \alpha$ 고용체 $+ \beta$ 고용체)

37 양은(nickel silver)에 대한 설명으로 옳지 않은 것은?

① 저항온도계수가 낮다.
② 내열성이 우수하다.
③ 내식성이 우수하다.
④ 조성범위는 Cu에 10~20%Ni과 15~30%Sn이 많이 사용된다.

[해설]
양은(nickel silver) : 7 : 3황동에 Ni 10~20%를 첨가한 합금으로 전연성과 내식성이 우수하다.

38 다음 중 Mg-Al 합금에 해당되는 것은?

① 엘렉트론(elektron)
② 엘린바(elinvar)
③ 퍼멀로이(permalloy)
④ 하스텔로이(hastelloy)

[해설]
엘린바, 퍼멀로이, 하스텔로이는 니켈합금이다.
※ 엘렉트론은 주조용 마그네슘합금이다.

정답 35 ① 36 ② 37 ① 38 ①

39 다음 중 킹크 변형(kinking)이 발생하기 가장 쉬운 경우는?

① FCC 금속을 슬립면에 수직으로 압축할 때
② BCC 금속을 슬립면에 수직으로 압축할 때
③ HCP 금속을 슬립면에 수직으로 압축할 때
④ BCC 금속을 슬립면에 평행하게 압축할 때

해설
원자의 상대적 위치가 바뀔 때 대부분 슬립에 의해 나타나며, HCP 금속을 슬립면에 수직으로 압축할 때 발생 빈도가 높다.

40 다음 중 용융점이 높은 순서대로 나열된 것은?

① 텅스텐 - 지르코늄 - 이리듐 - 타이타늄
② 텅스텐 - 이리듐 - 지르코늄 - 타이타늄
③ 텅스텐 - 지르코늄 - 타이타늄 - 이리듐
④ 텅스텐 - 타이타늄 - 지르코늄 - 이리듐

해설
용융점
- 텅스텐 : 3,400℃
- 이리듐 : 2,447℃
- 지르코늄 : 1,900℃
- 타이타늄 : 1,800℃

제3과목 금속 열처리

41 열처리품이 이동장치에 의해 연속적으로 노 내에 장입되어 이송되면서 가열, 유지, 냉각이 이루어지는 열처리 장치인 연속로의 특성은?

① 배치로와 같은 뜻이다.
② 다품종 소량 생산에 유리하다.
③ 대부분 분위기로이다.
④ 대부분 터널 형식이다.

해설
대부분의 연속로는 터널 형식으로 제작되어, 소재가 일직선으로 이동하며 열처리를 받는다.

42 고주파 표면 담금질의 특징으로 옳지 않은 것은?

① 무공해 열처리 방법이다.
② 국부적인 가열이 가능하다.
③ 담금질 경화 깊이 조절이 용이하다.
④ 질량효과를 증가시킨다.

해설
고주파 담금질은 부분 가열이 가능하며, 경화층 깊이의 선정이 자유로운 장점이 있다.

43 열간공구강인 STD61 소재는 담금질하면 오스테나이트가 잔류하는데 이를 마텐자이트화하기 위하여 영하의 온도에서 실시하는 처리는?

① 심랭처리
② 블루잉처리
③ 파텐딩처리
④ 오스템퍼링처리

해설
잔류 오스테나이트의 마텐자이트화를 위해 영하에서 처리하는 방법이 심랭처리이다.

44 가스침탄에서 Harris의 방정식에 의한 침탄시간을 옳게 표현한 것은?(단, T_c=침탄 소요시간, T_t=침탄시간+확산, C=목표 표면 탄소농도(%), C_o=침탄시 탄소농도(%), C_i=소재 자체의 탄소농도(%)이다)

① $T_c = T_t \left(\dfrac{C - C_i}{C_o - C_i} \right)^2$

② $T_c = T_t \left(\dfrac{C - C_i}{C_o - C_i} \right)$

③ $T_c = T_t \left(\dfrac{C_o + C_i}{C + C_i} \right)^2$

④ $T_c = T_t \left(\dfrac{C_o + C_i}{C + C_i} \right)$

해설
Harris의 방정식
$T_c = T_t \left(\dfrac{C - C_i}{C_o - C_i} \right)^2$

45 공석강의 연속냉각곡선(CCT)에서 냉각속도가 빠른 순으로 생성되는 조직은?

① 트루스타이트 → 소르바이트 → 펄라이트 → 마텐자이트
② 마텐자이트 → 트루스타이트 → 소르바이트 → 펄라이트
③ 펄라이트 → 소르바이트 → 마텐자이트 → 트루스타이트
④ 마텐자이트 → 펄라이트 → 트루스타이트 → 소르바이트

해설
연속냉각곡선에서 냉각속도가 빠르다면 상대적으로 높은 경도를 가지게 된다.
• 경도가 높은 순서 : 시멘타이트 > 마텐자이트 > 트루스타이트 > 베이나이트 > 소르바이트 > 펄라이트 > 오스테나이트 > 페라이트
• 냉각속도가 빠른 순서 : 마텐자이트 → 트루스타이트 → 소르바이트 → 펄라이트

46 다음 중 일반적인 고체 침탄법의 온도 범위로 옳은 것은?

① 450~500℃
② 500~600℃
③ 650~700℃
④ 900~950℃

해설
침탄은 오스테나이트 영역에서 진행되어야 하므로, 약 900~950℃의 고온이 필요하다.

47 가열된 기판 위에 코팅하고자 하는 피막의 성분을 포함한 원료의 혼합 가스를 접촉시켜 기상 반응에 의하여 표면에 금속, 탄화물, 질화물 등의 다양한 피막을 생성시키는 처리는?

① 스퍼터링
② 화학 증착법
③ 진공 증발법
④ 이온 플레이팅

해설
화학 증착법은 화학 반응을 수반하는 증착기술로서 강의 표면에 다양한 피막을 형성한다.

48 열처리 냉각방법 중 일정한 온도를 유지해야 하므로 연료비가 많이 드는 방법은?

① 연속냉각
② 2단냉각
③ 항온냉각
④ 임계냉각

해설
열처리의 일반적 냉각방법은 연속냉각, 2단 냉각, 항온냉각이 있으며 그중 항온냉각은 일정 온도를 유지하는 방식이다.

정답 44 ② 45 ② 46 ④ 47 ② 48 ③

49 다음 중 연속냉각변태에서 오스테나이트로부터 마텐자이트로 변화하는 변태는?

① A_r' 변태
② A_{r1} 변태
③ A_r'' 변태
④ A_{r3} 변태

[해설]
냉각속도가 증가하면 A_r'' 변태가 일어나 오스테나이트로부터 마텐자이트 변태가 형성된다.

50 고온영역에서 금속의 가공성을 높여 열처리 및 가공을 하는 조작은?

① 마템퍼링(martempering)
② 마퀜칭(marquenching)
③ 오스템퍼링(austempering)
④ 오스포밍(ausforming)

[해설]
오스포밍 : 오스테나이트 상을 유지한 상태에서 가공 후 급랭하는 열처리 방법으로 인성의 저하 없이 강도를 향상시킨다.

51 금속침투법(cementation) 중 강재 표면에 Zn을 침투시키는 표면처리방법은?

① 칼로라이징
② 크로마이징
③ 실리코나이징
④ 세러다이징

52 고탄소강, 특수강, 침탄강, 베어링강 등에 적용하는 것으로 오스테나이트 구역에서 M_s점 직상의 염욕에 담금질한 후 공랭하여 A_r''변태를 진행시키는 특수 열처리 방법은?

① 마퀜칭
② 마템퍼링
③ 오스템퍼링
④ 인상담금질

[해설]
TTT곡선상의 마퀜칭 선도

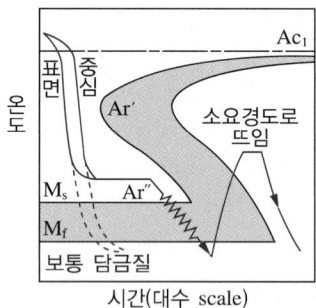

53 열처리 전·후처리에 사용되는 설비 중 6각형 또는 8각형의 용기에 공작물과 함께 연마제, 콤파운드를 넣고 회전시켜 표면을 연마시키는 방법은?

① 버프 연마
② 배럴 연마
③ 쇼트 피닝
④ 액체 호닝

[해설]
배럴 연마는 배럴(barrel : 통) 속에 가공물, 컴파운드, 연마재, 물 등을 넣고 회전하여 장입물 상호 간의 충돌, 마찰 등에 의해 서로 연마되는 방법이다. 소형 제품을 대량으로 생산하는 경우에 유리하다.

54 탄소강에서 탄소량의 증가에 따라 M_s점과 M_f점은 어떻게 되는가?

① M_s점 상승, M_f점 저하
② M_s점 상승, M_f점 상승
③ M_s점 저하, M_f점 상승
④ M_s점 저하, M_f점 저하

해설
- 마텐자이트의 변태에는 과랭도가 필요하며, 이로 인해 M_s가 결정된다.
- M_s와 냉각속도의 관계 영향 : 순철 및 탄소강에서는 냉각속도가 빠르면 M_s는 낮아진다.
- M_s에 미치는 합금원소의 영향
  - 탄소강의 경우 C, N, Mn, Ni, Cr, Mo, Cu의 첨가는 M_s를 낮춘다.
  - Al, Co의 첨가는 M_s를 높인다.
- 시료가 얇을수록 M_s는 높고, 결정립 크기가 작을수록 M_s는 낮다.
- 탄소강의 탄소 함량이 높을수록 M_s 온도가 저하한다.

55 직경 25mm의 봉재를 $A_3 + 30℃$까지 가열 후 수랭을 실시하였을 때 나타나는 냉각의 3단계를 옳게 나열한 것은?

① 비등단계 → 증기막단계 → 대류단계
② 비등단계 → 대류단계 → 증기막단계
③ 증기막단계 → 비등단계 → 대류단계
④ 대류단계 → 증기막단계 → 비등단계

해설
냉각의 단계
- 제1단계(증기막 단계) : 시료가 증기에 감싸여 냉각속도가 극히 느리다.
- 제2단계(비등 단계) : 증기막의 파괴로 비등이 활발하여 냉각속도가 최대가 된다.
- 제3단계(대류 단계) : 시료 온도가 냉각액의 비등점보다 낮아서 대류에 의해 열을 빼앗기며 냉각속도가 느리다.

56 Mn, Ni, Cr 등을 함유한 구조용 강을 고온뜨임한 후 급랭할 수 없거나 질화처리로서 600℃ 이하에서 장시간 가열하면 석출물로 인하여 취화되는데, 이 현상을 개선하는 원소는?

① Cu
② Mo
③ Sb
④ Sn

해설
구조용 강에서 가열 후 석출물에 의한 취화현상을 방지하기 위해 Mo를 첨가한다.

57 다음 ( ) 안에 들어갈 알맞은 내용은?

인상담금질의 작업방법은 Ar' 구역에서는 (㉠), Ar'' 구역에서는 (㉡)하는 방법이다.

① ㉠ 급랭, ㉡ 급랭
② ㉠ 급랭, ㉡ 서랭
③ ㉠ 서랭, ㉡ 급랭
④ ㉠ 서랭, ㉡ 서랭

해설
냉각속도의 변화를 냉각시간으로 조절하는 인상담금질에 있어 가장 이상적인 담금질 방법은 임계구역(Ar' 변태가 일어나는 구역)은 급랭하고 위험구역(Ar'' 변태구역)에서는 서랭하는 것이다.

58 다음 중 강재 25mm에 대한 열처리 요구시간이 가장 긴 것은?

① SKS 1종
② SKT 5종
③ STD 11종
④ SKH 9종

해설
공구강의 열처리 온도 및 유지시간
- SK 1~7종 : 강재 25mm에 대해 40분
- SKS 1~8종 : 강재 25mm에 대해 40분
- SKT 1~6종 : 강재 25mm에 대해 40분
- SKD 1~6종 : 강재 25mm에 대해 60분
- SKH 2~9종 : 강재 25mm에 대해 60분

정답 54 ④ 55 ③ 56 ② 57 ② 58 ④

59 침탄온도 927°C로 저탄소강에 12시간 침탄할 때 생성되는 침탄층의 깊이는 약 몇 mm인가?(단, 927°C일 때 확산 정수값은 0.635이며, Harris의 방정식을 이용하며, $K=2$로 계산한다)

① 1.80
② 2.85
③ 4.85
④ 5.52

해설
$D = K\sqrt{DT} = 2\sqrt{0.635 \times 12} ≒ 5.52$

60 고주파 경화법에서 유도전류에 의한 발생열의 침투 깊이(d)를 구하는 식은?(단, ρ는 강재의 비저항($\mu\Omega \cdot$cm), μ는 강재의 투자율, f는 주파수(Hz)이다)

① $d = 5.03 \times 10^2 \dfrac{\rho}{\mu \cdot f}$ (cm)

② $d = 5.03 \times 10^2 \sqrt{\dfrac{\rho}{\mu \cdot f}}$ (cm)

③ $d = 5.03 \times 10^3 \dfrac{\rho}{\mu \cdot f}$ (cm)

④ $d = 5.03 \times 10^3 \sqrt{\dfrac{\rho}{\mu \cdot f}}$ (cm)

해설
고주파 경화법에서 침투 깊이를 구하는 식
$d = 5.03 \times 10^3 \sqrt{\dfrac{\rho}{\mu \cdot f}}$

제4과목 재료시험

61 충격시험편에서 노치의 영향에 대한 설명으로 옳은 것은?

① 노치의 반지름이 작을수록 응력집중이 작다.
② 노치의 반지름이 작을수록 흡수에너지가 크다.
③ 노치의 깊이가 깊을수록 충격치는 증가한다.
④ 노치 폭의 증가에 따라 흡수에너지가 반드시 증가하는 것은 아니다.

해설
노치의 반지름이 작을수록 응력집중이 크고 흡수에너지는 작으며 노치의 깊이가 깊을수록 충격치는 감소한다.

62 다음 중 대상 시험체가 시험편을 채취하기 어려운 경우에 가장 적합한 경도시험은?

① 쇼어 경도
② 로크웰 경도
③ 비커즈 경도
④ 모스 경도

해설
쇼어 경도계는 휴대가 가능하며, 큰 시험체의 국부적인 시험에도 적합하다.

63 결정립도 측정 시 크기를 알고 있는 원을 나타내어 원안의 결정립수와 원경계선과 만나는 결정립수를 측정하는 방법은?

① 제퍼리스법
② 헤인법
③ 면적 측정법
④ 표준 비교법

해설
• 제퍼리스법(FGP, 평적법) : 크기를 알고 있는 원을 나타내어 원안의 결정립수와 원경계선과 만나는 결정립수를 측정하는 방법이다.
• 헤인법(FGI, 절단법) : 확대한 사진 위에 특정 길이의 직선을 그어 결정립과 만나는 개수를 측정하는 방법이다.

64 결함부와 이에 적합한 비파괴검사법의 연결로 옳지 않은 것은?

① 용접 내부의 기공 – 와전류탐상시험법
② 강재의 표면결함 – 자분탐상시험법
③ 경금속의 표면결함 – 침투탐상시험법
④ 단조품의 내부결함 – 초음파탐상시험법

해설
와전류탐상시험법은 도체의 표면결함을 비접촉으로 측정할 경우 적합하고, 용접이음 내부의 결함은 초음파탐상법이 적합하다.

65 육안검사(macro)는 조직 및 불순물을 육안 또는 몇 배율 이내의 확대경으로 관찰하는가?

① 10배 이내   ② 20배 이내
③ 30배 이내   ④ 40배 이내

해설
육안 혹은 10배 이내의 확대경을 이용하여 결정입자나 개재물 등을 검사하는 파면검사를 매크로(macro) 검사라 한다.

66 다음 중 로크웰 경도 B스케일에 사용하는 압입자는?

① 지름 $\frac{1}{16}$인치 강구

② 지름 $\frac{1}{8}$인치 강구

③ 지름 $\frac{1}{4}$인치 강구

④ 지름 $\frac{1}{2}$인치 강구

해설
로크웰 경도
• A, C, D스케일 : 원뿔 다이아몬드
• B, F, G스케일 : 지름 1/16 강구
• E, H, K스케일 : 지름 1/8 강구

67 다음 중 자분탐상시험법에서 B형 표준시험편의 특징으로 옳지 않은 것은?

① 자연결함에 가깝다.
② 두께를 통제할 수 있다.
③ 비용이 비싸다.
④ 반복 사용에 탁월하다.

해설
B형 시험편 특징
• 두께를 통제할 수 있다.
• 비용이 비싸다.
• 반복 사용에 탁월하다.
※ A형 시험편은 자연결함에 가깝다.

68 다음 중 안전보건교육의 단계별 교육에 해당하지 않는 것은?

① 기초교육
② 지식교육
③ 기능교육
④ 태도교육

해설
단계별 교육에는 지식교육, 기능교육, 태도교육이 있다.

정답 64 ① 65 ① 66 ① 67 ① 68 ①

69 방사선 투과 검사에서 투과 사진의 상을 선명하게 촬영하기 위한 조건으로 옳지 않은 것은?

① 방사선원의 크기가 작을수록
② 시험체와 선원 간 거리가 멀수록
③ 시험체와 필름 간 거리가 가까울수록
④ 선원과 시험체, 필름 간 배치가 45°일 때

해설
선원과 시험체, 필름 간 배치가 일직선일 때 상이 가장 선명하다.

70 상대적으로 경한 입자나 미세돌기와의 접촉에 의해 표면으로부터 마모입자가 이탈되는 현상으로, 마모면에 긁힘 자국이나 끝이 파인 홈들이 나타나는 마모는?

① 연삭마모
② 응착마모
③ 부식마모
④ 표면피로마모

해설
① 연삭마모(abrasive wear) : 상대적으로 경한 입자나 미세돌기와의 접촉에 의해 표면으로부터 마모입자가 이탈되는 현상으로, 마모면에 긁힘 자국이나 끝이 파인 홈들이 나타나게 되는 마모
② 응착마모(adhesive wear) : 표면거칠기에 의해 유막이 존재하지 않아 발생하는 접촉에 의한 마모
③ 부식마모(corrosion wear) : 부식환경하에서 접촉에 의한 표면 반응으로 생기는 마모
④ 피로마모(fatigue wear) : 기어나 베어링 등에 많이 발생하며 상대운동을 하는 표면에서 반복하중이 가해지면 마찰표면층에서 파괴가 일어나 그 결과 마모입자가 발생하는 것

71 금속을 현미경 조직검사하는 주목적은?

① 입계면의 강도 조사
② 금속입자의 크기 조사
③ 원소의 배열 상태 조사
④ 조성, 성분 및 중량 조사

해설
금속재료에 대한 현미경의 조직검사는 입자의 크기 측정에 사용된다.

72 다음 중 형식이 다른 마모시험기는?

① 핀 온 디스크
② 블록 온 링
③ 슬라이딩 마모
④ 볼 밀 테스트

해설
슬라이딩 마모에는 핀 온 디스크, 블론 온 링, 스크래치 시험 등이 있다.

73 다음 중 판재의 소성가공성을 평가하는 데 적합한 시험은?

① 불꽃시험
② 굽힘시험
③ 커핑시험
④ 조미니시험

해설
커핑시험 : 에릭센 시험 등의 일반적인 명칭으로, 재료의 연성을 파악하는 시험법이다. 소성가공성을 평가하는 데 적합하다.

74 초음파 탐촉자에서 발생된 초음파는 일정영역까지 확산되지 않고 진행하는데, 이를 무엇이라 하는가?

① 근거리 음장
② 데드존
③ 장거리 음장
④ 회절 음장

해설
근거리 음장에서는 초음파가 진동자의 크기로 일정하게 나아간다.

75 어떤 재료가 일정 온도에서 어떤 시간 후에 크리프 속도가 0(zero)가 되는 응력은?

① 크리프 조건
② 크리프 율
③ 크리프 한도
④ 크리프 현상

76 산업안전보건법에서 안전·보건표지의 분류 및 색채에 대한 설명 중 옳은 것은?

① 금지표지 : 바탕은 흰색, 기본모형은 빨간색, 관련 부호 및 그림은 검은색
② 경고표지 : 바탕은 흰색, 기본모형은 노란색, 관련 부호 및 그림은 빨간색
③ 지시표지 : 바탕은 녹색, 기본모형은 파란색, 관련 부호 및 그림은 빨간색
④ 안내표지 : 바탕은 녹색, 기본모형은 빨간색, 관련 부호 및 그림은 빨간색

해설

분류	내용	기호
금지표지	바탕은 흰색, 기본모형은 빨간색, 관련 부호 및 그림은 검은색	
경고표지	바탕은 노란색, 기본모형은 검은색, 관련 부호 및 그림은 검은색	
지시표지	바탕은 파란색, 관련 부호 및 그림은 흰색	
안내표지	바탕은 녹색, 관련 부호 및 그림은 흰색	

정답 73 ③ 74 ① 75 ③ 76 ①

77 안전보건교육의 단계별 교육과정 지식교육, 기능교육, 태도교육 중 태도교육 내용에 해당되는 것은?

① 안전규정을 숙지하기 위한 교육
② 전문적 기술 및 안전기술 기능
③ 작업 전후 점검 및 검사요령의 정확화 및 습관화
④ 안전의식의 향상 및 안전에 대한 책임감 주입

해설
안전보건교육
- 태도교육 : 생활지도, 작업동작지도를 통해 안전을 습관화하기 위한 교육
- 기능교육 : 기계장치 및 계기류의 작업능력 및 기술능력을 몸으로 익히기 위한 교육
- 지식교육 : 안전의식 및 책임감을 갖게 하고 안정규정을 숙지하기 위한 교육

78 침투탐상검사법의 특징을 설명한 것 중 옳지 않은 것은?

① 불연속부에 의한 확대율이 높기 때문에 아주 미세한 결함도 쉽게 검출한다.
② 시험관 내부의 결함을 검출하는 데 적용한다.
③ 금속, 비금속에 관계없이 거의 모든 재료에 적용할 수 있다.
④ 결함의 깊이 및 내부의 모양 및 크기의 관찰은 할 수 없다.

해설
침투탐상검사법은 시험관 표면의 결함을 검출하는 데 적용한다.

79 크리프(creep) 시험은 긴 시간이 필요하다. 이때 시험실의 환경조건에서 정확한 시험결과를 얻기 위한 가장 우선적인 조치는?

① 내진(내충격) 설비
② 조명 및 환기 설비
③ 소음 방지장치
④ 분진 방지장치

해설
크리프 시험은 외부 충격에 민감하므로 외부 충격을 방지하는 장치가 필요하다.

80 피로시험의 종류 중 시험편의 축 방향에 인장 및 압축이 교대로 작용하는 시험은?

① 반복 굽힘시험
② 반복 인장압축시험
③ 반복 비틀림 시험
④ 반복 응력피로시험

해설
인장 압축이 반복되는 피로시험이다.

PART 03

실기

※ 실기 문제는 공개되지 않아 수험자의 기억에 의해 필답형 문제를 복원하여 수록하였기 때문에 실제 시행 문제와 일부 상이할 수 있으며, 모든 회차를 복원하지 못한 점 양해바랍니다.

2019년 제1회 필답형

01 열처리 가열 시 기본적인 고려사항을 3가지 쓰시오.

해답
- 가열온도
- 가열속도
- 가열시간
- 균일한 가열
- 산화, 탈탄 방지

02 비금속 개재물(A, B, C)의 뜻을 쓰시오.

해답
비금속 개재물
산화물, 규산물, 황화물, 내화물 등이 금속 중에 개재되어 있는 것
- 그룹 A(황화물 종류) : 쉽게 잘 늘어나는 개개의 회색 입자들로 그 끝은 보통 둥글게 되어 있음
- 그룹 B(알루민산염 종류) : 변형이 안 되며 모가 나고 흑색이나 푸른색이 도는 많은 수의 입자들로 변형 방향으로 정렬되어 있음
- 그룹 C(규산염 종류) : 쉽게 잘 늘어나는 개개의 흑색 또는 진회색 입자들로 그 끝은 보통 날카로움
- 그룹 D(구형 산화물 종류) : 변형이 안 되며 모가 나거나 구형으로 흑색이나 푸른색으로 방향성 없이 분포되어 있는 입자

03 제시된 그림을 보고 알맞은 주철 조직의 이름을 쓰시오.

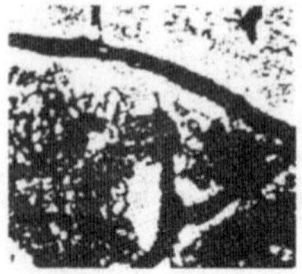

해답
페라이트 회주철

04 다음 그림이 무엇을 표현한 것인지 서술하시오.

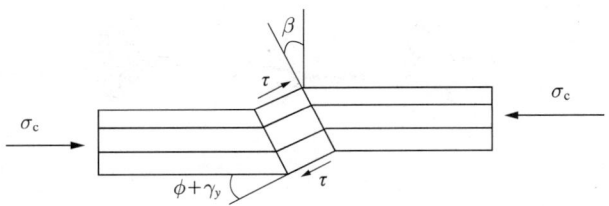

해답
킹크밴드 : 카드뮴(Cd), 아연(Zn)과 같은 6방계 금속을 슬립면에 수직으로 압축할 때 생긴 변형 부분

05 금속의 자기적 성질 중 강자성체를 갖는 재료를 쓰시오.

해답
Fe, Ni, Co

06 비파괴검사는 내부결함의 검출과 외부결함의 검출로 나눌 수 있는데 각각 예시를 2개씩 쓰시오.

해답
- 내부결함 검출법 : 방사선투과시험, 초음파탐상시험
- 외부(표면)결함 검출법 : 자기탐상시험, 침투탐상시험, 와전류탐상시험

해설
- 내부결함 검출법
  - 방사선투과시험 : X선이나 감마선과 같은 방사선을 투과하여 결함을 감지
  - 초음파탐상시험 : 초음파탐촉자로 초음파를 송신, 수신하여 금속 내부의 결함을 탐상
- 외부(표면)결함 검출법
  - 자기탐상시험 : 강자성체를 자화하여 결함부분에서 발생하는 누설자속에 자분이 부착하게 됨으로써 표면과 표면직하의 결함을 검출하는 방법
  - 침투탐상시험 : 모세관 현상과 적심성을 이용하여 침투제를 표면에 적용하고 불연속 내에 침투한 침투액이 만드는 지시모양을 관찰함으로써 결함을 찾아내는 탐상법
  - 와전류탐상시험 : 와전류현상을 이용한 비파괴검사로 전자유도에 의해 유도된 원형전류 이용

07 주어진 불꽃시험을 탄소량이 적은 순서로 나열하시오.

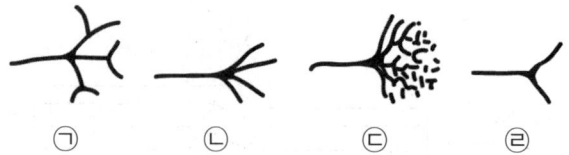

㉠　㉡　㉢　㉣

해답

㉣, ㉡, ㉠, ㉢

해설

불꽃시험법은 소재의 재질을 개략적으로 알기 위한 시험으로 탄소량이 많을수록 불꽃 파열의 숫자가 많다.

가시 모양 (0.05% 미만)	2줄 파열 (약 0.05%C)	3줄 파열 (약 0.1%C)	4줄 파열 (약 0.1%C)	여러 줄 파열 (약 0.15%C)	별 모양 파열 (약 0.15%C)

3줄 파열 2단 꽃핌(약 0.2%C)	여러 줄 파열 2단 꽃핌(약 0.3%C)	여러 줄 파열 3단 꽃핌(약 0.4%C)	여러 줄 파열 3단 꽃핌 꽃가루 (약 0.5%C)		깃털 모양(림드강)

08 Cu, Al의 부식액을 쓰시오.

해답

재료	부식액
구리, 황동, 청동	염화제2철용액
알루미늄 및 합금	수산화소듐용액

해설

재료	부식액
철강	나이탈(질산알코올용액)-진한 질산 : 알코올 = 5 : 100(cc)
	피크랄(피크르산알코올용액)피크르산 : 알코올 = 5 : 100(cc)
구리, 황동, 청동	염화제2철용액-염화제2철 : 진한염산 : 물 = 5 : 50 : 100(cc)
니켈 및 합금	질산초산용액-질산(70%) : 초산(50%) = 50 : 50(cc)
주석 및 합금	나이탈(질산알코올용액)-진한 질산 : 알코올 = 2 : 100(cc)
납 및 합금	질산용액-질산 : 물 = 5 : 100(cc)
아연 및 합금	염산용액-염산 : 물 = 5 : 100(cc)
알루미늄 및 합금	수산화소듐용액-수산화소듐 : 물 = 20(g) : 100(cc)
귀금속류(Au, Pt)	불화수소산-10%수용액
	왕수-진한질산 : 진한염산 : 물 = 1 : 5 : 6(cc)

09 주어진 정보를 가지고 최대인장강도와 단면수축률을 계산하시오(단, 계산과정을 기재하시오).

- 시험편의 지름 : 14mm
- 표점거리 : 50mm
- 최대하중 : 7,500kgf
- 시험 전 시편의 평행부 단면적 : 50mm²
- 시험 후 시편의 파단부 단면적 : 48mm²

해답

- 최대 인장강도 = $\dfrac{\text{최대하중}}{\text{단면적}} = \dfrac{7,500}{\dfrac{\pi \times 14^2}{4}} \fallingdotseq 48.7\,\text{kgf/mm}$

- 단면수축률 = $\dfrac{\text{초기 단면적} - \text{시험 후 단면적}}{\text{초기 단면적}} \times 100$

  $= \dfrac{50 - 48}{50} \times 100 = 4\%$

10 로크웰 B, C스케일의 압입자와 시험하중을 쓰시오.

해답

스케일	압입자	기준하중(kgf)	시험하중(kgf)
A	원뿔 다이아몬드	10	60
B	지름 1/16인치 강구	10	100
C	원뿔 다이아몬드	10	150

11 고온에서 가열하고 연성을 주기 위한 열처리 방법은 무엇인가?

해답
풀림으로 이는 노 중 냉각으로 경도가 낮아져 연화되는 열처리로 A_3 또는 A_1 변태점 이상 +20~30℃에서 서랭한다.

12 금속조직 시험의 마운팅에 대하여 서술하시오.

해답
마운팅은 작거나 고정이 불편한 시험편의 고정을 위하여 수지 등으로 감싸는 작업 등을 말한다.

13 염욕제는 저온, 고온용으로 구분하는데 각각 예를 하나씩 쓰시오.

해답
- 고온용 : $BaCl_2$, $NaCl$ 및 KCl 첨가(융점 조절)
- 저온용 : $NaNO_3$, $NaNO_2$, KNO_2, $NaCO_3$, K_2CO_3

해설
- 중성염 또는 환원성 염을 전기, 가스 등의 열원을 이용하여 용융시킨 염욕 중에서 열처리품을 가열한다.
- 설비비가 저렴하지만 표면상태가 비교적 양호한 열처리를 할 수 있다. 다품종, 소량생산, 등온 열처리에 적합하다.

14 심랭처리를 서술하고 잔류 오스테나이트가 미치는 영향을 쓰시오.

해답
- 심랭처리 : 0℃ 이하의 온도에서 냉각시키는 조작을 말하며 마텐자이트 내부의 잔류 오스테나이트를 마텐자이트로 변태시키기 위함이다.
- 결함원인
  - 심랭처리에 의해 잔류 오스테나이트가 마텐자이트로 변태하면 체적이 팽창하여 주위에 강한 인장응력이 생겨 균열이 발생한다.
  - 강의 표면에 탈탄 부분이 존재할 경우 내부의 고탄소 부분에 잔류 오스테나이트가 많아져 심랭 시 균열이 발생한다.
  - 담금질 온도가 너무 높을 경우 균열이 발생한다.

15 질량효과를 설명하고 질량효과가 크면 경화능이 어떻게 되는지 쓰시오.

해답
- 질량효과 : 질량이 큰 재료는 내부가 급랭되지 못하므로 온도차가 생겨 외부는 경화하여도 내부는 경화하지 않는 현상. 즉, 오스테나이트가 마텐자이트로 변하는 시간적 차이 영향, 경화능 측정은 주로 조미니법으로 한다.
- 경화능 : 질량효과에 영향을 덜 받고 냉각이 잘되는 성질로 질량효과가 크면 경화능은 떨어진다.

16 열처리 시 냉각 순서에 따른 수축 및 팽창을 서술하시오.

해답

먼저 물에 들어가는 부분이 수축될 것이라 생각하지만 실제는 반대로 일어나는데, 먼저 냉각하는 쪽이 약간의 수축 후에 Ms점을 지나며 마텐자이트화에 의하여 팽창한다. 따라서 먼저 냉각되는 부분이 팽창하여 인장응력, 나중에 냉각되는 부분이 압축되며 압축응력을 받게 된다.

17 알루미늄 열처리 기호 중 F, W, O를 설명하시오.

해답
- F : 가공 그대로의 상태
- O : 풀림(어닐링) 후 재결정
- W : 용체화 후 자연시효경화 진행

해설
- (고)용체화처리 : 완전한 고용체가 형성되는 온도까지 가열 후 급랭하여 조직체를 과포화의 고용체로 만드는 방법
- 인공시효 처리 : 과포화의 고용체를 120~200℃로 가열하여 과포화 성분을 석출시키는 것
- 합금열처리 질별 기호
  - F : 가공 그대로의 상태
  - O : 풀림(어닐링) 후 재결정
  - W : 용체화 후 자연시효경화 진행
  - H : 가공 후 경화
    H_{1n} : 가공경화만
    H_{2n} : 가공경화 후 풀림(어닐링)
    H_{3n} : 가공경화 후 안정화 처리
  - T : 시효경화 함(F, O, W, H 이외의 열처리)
    T_1 : 가공온도에서 냉각, 자연시효(용체화 없음, 상온)
    T_2 : 가공온도에서 냉각
    T_3 : 고용처리하고 냉간가공 후 자연시효
    T_4 : 고용처리 후 자연시효
    T_5 : 가공온도에서 냉각, 자연시효(상온보다 고온)
    T_6 : 고용처리, 인공시효

2020년 제1회 필답형

01 쇼어경도시험, 샤르피충격시험에 대해 서술하시오.

[해답]
- 쇼어경도시험 : 일정한 형상과 중량을 가지는 다이아몬드 해머를 일정한 높이에서 낙하시켜 반발하는 높이를 경도로 표현
- 샤르피충격시험 : 표준시편에 충격에 대한 동적하중을 가하여 금속의 충격흡수에너지를 구하는 시험

02 마퀜칭, 마템퍼링, 오스템퍼링에 대해서 서술하시오.

[해답]
- 마퀜칭 : 오스테나이트 상태로부터 M_s 직상의 열욕으로 퀜칭(quenching)하여 강의 내외 온도가 같아지도록 항온유지한 후, 과랭 오스테나이트가 항온변태를 일으키기 전에 공랭시켜서 마텐자이트 변태가 천천히 진행되도록 하는 처리 방법
- 마템퍼링 : 강인성을 요구하는 재료에 퀜칭 변형과 균열을 방지하기 위하여 오스테나이트 상태로부터 M_s 이상의 어느 온도로 유지되어 있는 열욕에 급랭하여 과랭 오스테나이트가 베이나이트로 변태가 종료될 때까지 항온유지 후, 공기 중으로 냉각하는 과정
- 오스템퍼링 : 강을 오스테나이트 상태로 가열한 후 M_s점 이상의 온도(500℃ 부근)에서 항온유지하면서 과랭(준안정) 오스테나이트를 소성가공(인발, 압연, 쇼트피닝, 스웨이징) 후 바로 급랭함으로써 연성과 인성을 그다지 해치지 않고 강도를 크게 향상시키는 방법

03 Ac_1, Ar_3에서 c와 r의 의미와 퀴리점을 쓰시오.

[해답]
A는 임계온도를 나타내는 기울기의 열적인 정지표시라 볼 수 있다. CCT곡선과 TTT곡선의 변태시작점은 다른 양상을 보이는데 이는 급속냉각은 임계온도를 낮추는 경향이 있기 때문이다. c는 급속냉각의 새로운 임계온도를 나타내며 r은 새로운 임계온도에서 가열과 냉각이 정지되었을 때를 말한다.
퀴리점은 강자성체와 상자성체가 바뀌는 자기변태 온도를 의미하여 시멘타이트의 자기변태는 210℃, 순철의 자기변태점은 768℃이다.

04 인장강도 시험에 대한 다음 질문에 답하시오.
(1) 상항복점에 대해 서술하시오.
(2) 비례한도에 대해 서술하시오.
(3) 연신율을 구하는 식을 쓰시오.

해답
(1) 상항복점과 하항복점은 위치가 다른데 마치 정지마찰력이 운동마찰력보다 큰 것과 같은 원리로 초기의 슬립이 이루어지기는 힘들지만 초기슬립 이후에는 적은 응력으로 슬립이 일어나며 초기의 높은 응력값을 상항복점, 차후 낮아진 응력값을 하항복점이라 한다.
(2) 비례한도란 탄성한계보다 하단에 존재하며 탄성 범위에서 직선 구간을 말한다.
(3) 연신율(%) = $\dfrac{\text{파단길이} - \text{초기길이}}{\text{초기길이}} \times 100$

05 S곡선의 다른 3가지 표현법은 무엇인가?

해답
항온변태곡선을 다른 명칭으로 TTT곡선, C곡선, S곡선이라 한다.

06 구상의 내부 결함을 검출함에 있어 초음파탐상보다 방사선검사가 우수한 이유는 무엇인가?

해답
초음파탐상은 초음파가 직선형태로 나아가기 때문에 구상의 내부를 측정할 때에는 반사파를 수신함에 있어 어려움이 있지만(상하부가 평행인 시험편에 적용가능) 방사선검사의 경우는 방사선이 면단위로 나가기 때문에 초음파보다 유리하다고 볼 수 있다.

07 0.25C%강(아공석강) 조직에서 흰색 조직과 검은색 조직은 무엇인가?

해답
- 흰색 : 페라이트
- 검은색 : 시멘타이트

해설
아공석강은 냉각되며 초석 페라이트 생성 후 C의 비율이 높아져 펄라이트가 생성되며 초기에 생성된 초석 페라이트는 결정립계 부분에, 펄라이트는 결정부분에 위치한다. 펄라이트는 오스테나이트에서 C가 확산이동하여 시멘타이트가 형성되며 C가 빠져나간 부분은 페라이트가 형성되어 시멘타이트(검정), 페라이트(흰색)가 반복되는 줄무늬 조직을 갖게 된다.

08 다음 표를 보고 결정립도를 구하시오(단, 계산과정을 기재하시오).

각 시야의 입도번호(a)	시야수(b)	$a \times b$
5	4	20
6	3	18
8	2	16
계	9	

해답

$$\text{입도 } n = \frac{\Sigma(a \times b)}{\Sigma b}$$

$$= \frac{(5 \times 4) + (6 \times 3) + (8 \times 2)}{4 + 3 + 2} = \frac{20 + 18 + 16}{9} = \frac{54}{9} = 6$$

09 로크웰 C스케일의 기준 하중과 시험하중을 쓰시오.

해답

스케일	압입자	기준하중(kgf)	시험하중(kgf)
A	원뿔 다이아몬드	10	60
B	지름 1/16인치 강구	10	100
C	원뿔 다이아몬드	10	150

10 비커스, 로크웰 경도시험 압입자의 대면각을 쓰시오.

해답
- 비커스 : 136°
- 로크웰 : 120°

해설
대면각

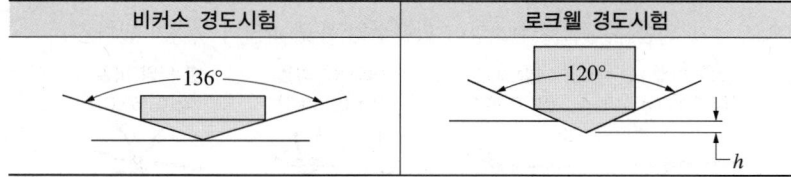

11 화학적 표면경화법 3가지를 쓰시오.

해답
침탄법, 질화법, 침탄질화법, 금속침투법

12 청열취성의 정의를 서술하시오.

해답
강이 200~300℃로 가열되면 경도, 강도는 최대가 되지만 연신율, 단면수축은 감소하여 일어나는 메짐현상으로, 이때 표면에 청색의 산화피막이 생성되어 청열취성이라 한다.

해설
강의 취성(메짐) : 부서지는 현상
- 상온취성 : 인(P)에 의해 발생되며 상온에서 충격값을 저하시키고 가공성이 나빠진다.
- 적열취성 : 열간가공의 온도범위에서 일어나는 메짐현상으로 황(S)이 많이 함유된 경우에 발생한다.
- 청열취성 : 강이 200~300℃로 가열되면 경도, 강도는 최대가 되지만 연신율, 단면수축은 감소하여 일어나는 메짐현상으로 이때 표면에 청색의 산화피막이 생성되어 청열취성이라 한다.
- 저온취성 : 천이온도 이하의 온도에서 충격값이 급격하게 저하되는 현상이다.

13 강철의 불꽃시험방법(KS D 0218)에서 그림과 같이 별 모양 파열을 할 때의 탄소량은 약 얼마로 추정되는가?

해답
0.15%C

해설
불꽃시험법은 소재의 재질을 개략적으로 알기 위한 시험으로 탄소량이 많을수록 불꽃 파열의 숫자가 많다.

가시 모양 (0.05% 미만)	2줄 파열 (약 0.05%C)	3줄 파열 (약 0.1%C)	4줄 파열 (약 0.1%C)	여러 줄 파열 (약 0.15%C)	별 모양 파열 (약 0.15%C)

3줄 파열 2단 꽃핌(약 0.2%C)	여러 줄 파열 2단 꽃핌(약 0.3%C)	여러 줄 파열 3단 꽃핌(약 0.4%C)	여러 줄 파열 3단 꽃핌 꽃가루 (약 0.5%C)	깃털 모양(림드강)

14 자기비파괴검사의 시험 방법을 순서대로 쓰시오.

해답
전처리 → 자화조작 → 자분적용 → 자분모양의 관찰 → 탈자 → 후처리 → 기록

15 다음 [보기]를 경도 순서대로 나열하시오.

> **보기**
> 펄라이트, 트루스타이트, 베이나이트, 소르바이트, 페라이트, 시멘타이트, 마텐자이트, 오스테나이트

해답
시멘타이트 > 마텐자이트 > 트루스타이트 > 베이나이트 > 소르바이트 > 펄라이트 > 오스테나이트 > 페라이트

16 열처리로에서 승온속도가 빠른 순서로 나열하시오.

해답
열처리로에서의 승온속도는 열전도율과 연관이 있으며, 고온금속가열이 가능한 유동상로-염욕로-공기가열식로의 순서로 빠르다.

17 진공 열처리 장점을 3가지 쓰시오.

해답
- 정확한 온도 및 가열 분위기에 의해 고품질 열처리가 가능하다.
- 노벽으로의 방열, 노벽에 의한 손실열량이 적어 효율이 높다.
- 노의 수명이 길고 유지비가 저렴하다.
- 무공해 열처리가 가능하다.

2020년 제2회 필답형

01 특수강에서 탄소파열을 조장하는 원소와 탄소파열을 저지하는 원소를 작성하시오.

해답
- 탄소파열 조장원소 : 크로뮴(Cr), 망가니즈(Mn), 바나듐(V)
- 탄소파열 저지원소 : 규소(Si), 몰리브데넘(Mo), 니켈(Ni)

02 스테인리스 강에서 다이캐스팅한 강은 왜 열처리하면 안 되는지 그 이유를 쓰시오.

해답
다이캐스팅의 다이 부분은 금속으로 높은 열전도율을 가지고 있고 다이캐스팅 과정으로 어느 정도의 담금질 효과를 가진다. 따라서 다시 열처리를 한다면 다이캐스팅으로 인한 강화효과는 없어지게 된다.

03 다음 그래프가 나타내는 열처리 과정을 쓰고 변태 후 어떤 조직이 생성되는지도 서술하시오.

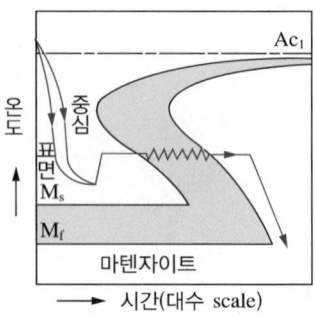

해답
오스템퍼링 : 강을 오스테나이트 상태로 가열한 후 M_s점 이상의 온도(500℃ 부근)에서 항온유지하면서 과랭(준안정) 오스테나이트를 소성가공(인발, 압연, 쇼트피닝, 스웨이징) 후 바로 급랭함으로써 연성과 인성을 그다지 해치지 않고 강도를 크게 향상시키는 방법으로 베이나이트를 생성한다.

04 ASTM 평균결정립도 산출식을 쓰시오.

해답

평균결정립도 산출식

$n = 2^{(N-1)}$

여기서, n : 100배율 현미경에서 1제곱인치 내에 보이는 결정립 수
　　　　N : ASTM 결정립도 번호

해설

ASTM 결정립 측정법(비교법), FGC
- 부식면에 나타난 입도를 현미경으로 관찰하여 표준도와 비교하여 입도번호에 맞도록 판정
- 100배 현미경 배율로 결정립 개수를 관찰하여 결정립도 산출
- 평균결정립도 산출식

  $n = 2^{(N-1)}$

  여기서, n : 100배율 현미경에서 1제곱인치 내에 보이는 결정립 수
  　　　　N : ASTM 결정립도 번호

05 연성의 판재를 가압 성형하여 변형능력을 시험하여 연성을 구하는 시험을 무엇이라 하는가?

해답

에릭센시험(커핑시험)
- 재료의 연성을 파악하기 위하여 구리 및 알루미늄판재와 같은 연성판재를 가압 성형하여 변형 능력을 알아보기 위한 시험 방법이다.
- 컵 모양으로 변형시킬 때의 깊이를 측정값으로 한다.

06 다음 재료에 맞는 부식액을 기재하시오.
  (1) 알루미늄   (2) 납
  (3) 구리   (4) 아연합금

해답
  (1) 수산화소듐용액   (2) 질산용액
  (3) 염화제이철용액   (4) 염산용액

해설

재료	부식액
철강	나이탈(질산알코올용액)-진한 질산 : 알코올 = 5 : 100(cc)
	피크랄(피크르산알코올용액)피크르산 : 알코올 = 5 : 100(cc)
구리, 황동, 청동	염화제2철용액-염화제2철 : 진한염산 : 물 = 5 : 50 : 100(cc)
니켈 및 합금	질산초산용액-질산(70%) : 초산(50%) = 50 : 50(cc)
주석 및 합금	나이탈(질산알코올용액)-진한 질산 : 알코올 = 2 : 100(cc)
납 및 합금	질산용액-질산 : 물 = 5 : 100(cc)
아연 및 합금	염산용액-염산 : 물 = 5 : 100(cc)
알루미늄 및 합금	수산화소듐용액-수산화소듐 : 물 = 20(g) : 100(cc)
귀금속류(Au, Pt)	불화수소산-10%수용액
	왕수-진한질산 : 진한염산 : 물 = 1 : 5 : 6(cc)

07 쇼어경도시험에 관한 다음 질문에 답하시오.
  (1) 쇼어경도는 어떤 방법으로 경도를 측정하는지 설명하시오.
  (2) 쇼어경도의 종류 2가지를 쓰시오.
  (3) 다음의 시험결과로부터 구한 쇼어경도값은 얼마인가?

> 시험결과
> • 쇼어경도계 : C형
> • 다이아몬드 해머 낙하 높이 : 254mm(10인치)
> • 반발하여 튀어 오른 높이 : 82.55mm(3.54인치)

해답
(1) 일정한 형상과 중량을 가지는 다이아몬드 해머를 일정한 높이에서 낙하시켜 반발하는 높이를 경도로 표현
(2) • C형, SS형 : 반발높이를 육안으로 측정(목측형)
    • D형 : 반발높이를 다이얼게이지로 측정(지시형)
(3) 50

해설
(3) $HS = \dfrac{10,000}{65} \times \dfrac{h}{h_0} = \dfrac{10,000}{65} \times \dfrac{82.55}{254} = 50$

여기서, h_0 : 초기 높이
       h : 반발 높이

08 열처리로와 발열체에 대한 다음 질문에 답하시오.
(1) 열처리로 중 장입방법에 따라 2가지로 나누어지는데 그 2가지를 쓰시오.
(2) 열처리에 쓰이는 발열체 중 최고 사용온도가 3,000℃ 정도 되는 발열체를 쓰시오.

해답
(1) 연속로, 배치로
(2) 흑연

해설
- 연속로 : 연속 작업이 가능한 열처리로로 연속작업이 가능하다.
- 배치로 : 제품의 일정 묶음을 열처리 후 다시 장입하는 방식이다.
- 발열체

종류	명칭	최고 사용온도(℃)	비고
금속 발열체	니크롬	1,100	사용온도가 비교적 높고 가공하기 쉬워 널리 사용
	철크로뮴	1,200	
	칸탈	1,300	
	몰리브데넘	1,650	
	텅스텐	1,700	
비금속 발열체	탄화규소(카보런덤)	1,600	
	흑연	3,000	

09 방사선투과시험 중 투과도계에 대해 설명하고 방사선을 측정하는 장비를 2가지 쓰시오.

해답
투과도계(상질계) : 방사선 투과 사진 상질의 양부를 규정한다.
- 직접선량 측정 : film badge, TLD badge, glass dosimeter
- 단시간 내의 작업 피폭 감시 : pocket dosimeter, pocket chamber
- 국부 피폭 : film ring, wrist badge
- 초과 피폭 방지 : alarm meter

해설
투과도계
- 용도 : 사진 명암도, 선명도, 판독 기준 점검
- 종류
  - 선형 : JIS, DIN, KS(규격)
  - 유공형 : ASME, ASTM, AFNOR, BWRA(영), MIL(미 육군)
  - 계조계 역할 겸한 것 : BWRA, AFNOR

10 다음 그림을 보고 자분탐상 검사법 종류별 명칭을 쓰시오.

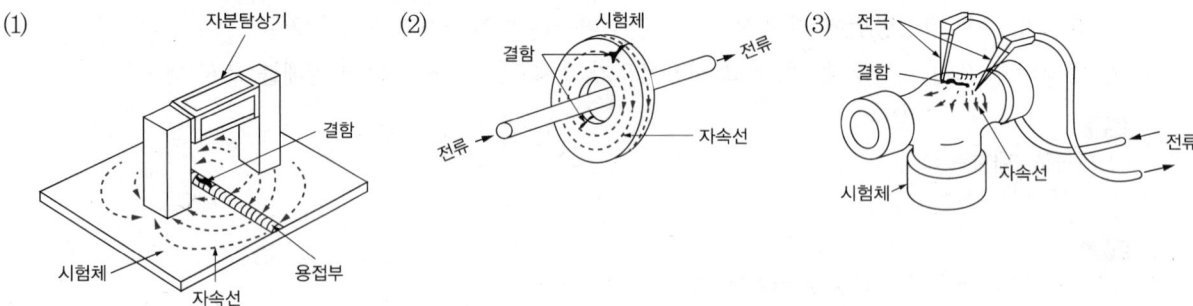

해답
(1) 극간법
(2) 전류관통법
(3) 프로드법

해설
자분탐상 검사법

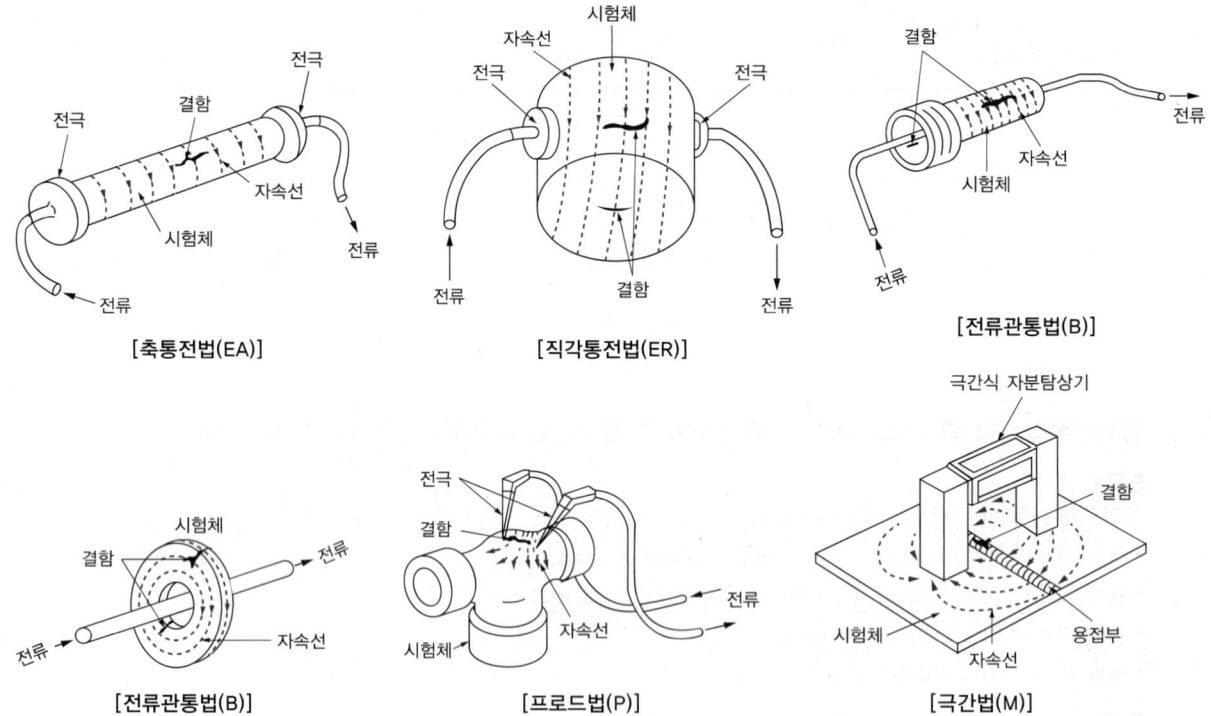

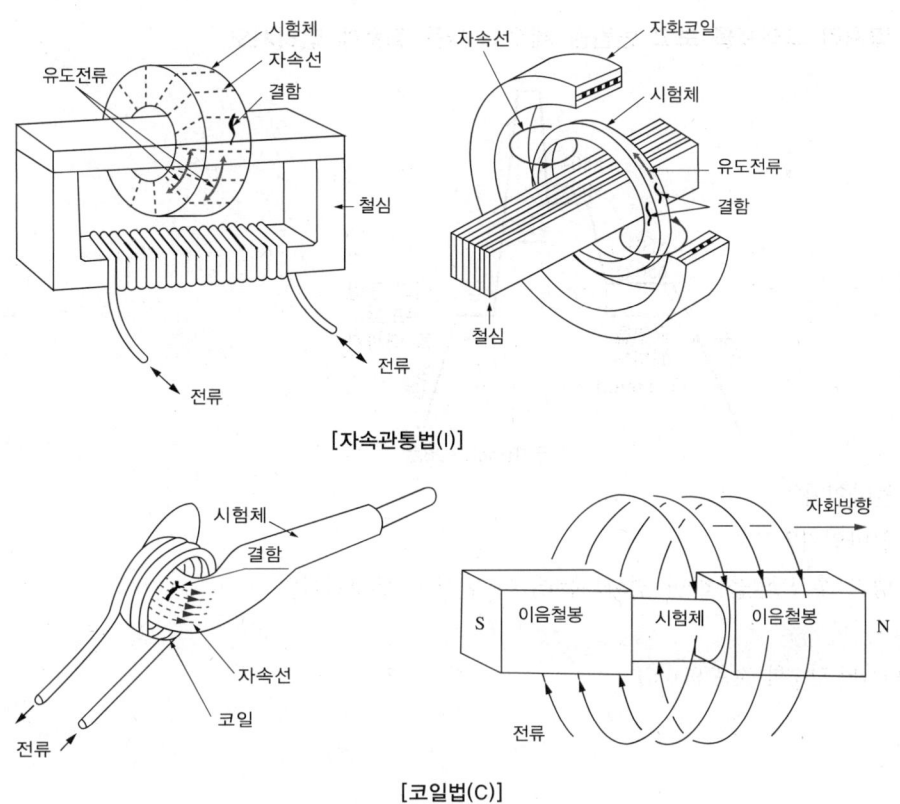

[자속관통법(I)]

[코일법(C)]

11 화염담금질된 강의 경도는 대략 C%에 의해 결정되는데, SM35C의 계산식에 의한 경도는 얼마인가?

해답

HRC = C% ×100 + 15
　　= 0.35 ×100 + 15
　　= 50

12 다음 고속도 공구강의 열처리 그래프를 보고 빈칸을 채우고 다음 질문에 답하시오.

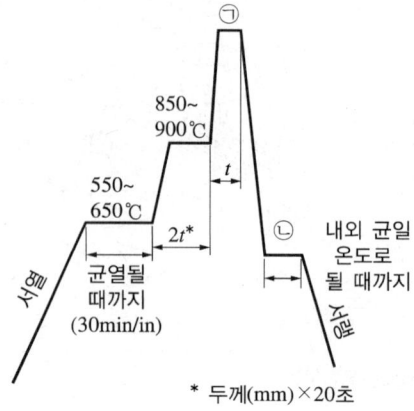

(1) ㉠ 부분의 온도는 얼마인가?
(2) ㉡ 부분의 온도는 얼마인가?
(3) 고속도공구강에서 냉각 후 뜨임을 하면 경화되는데 이 현상은 무엇인가?

해답
(1) 1,050℃(두께 50mm 이하의 단순한 것은 900℃)
(2) 450~550℃
(3) 2차 경화

해설
고속도 공구강의 담금질 곡선

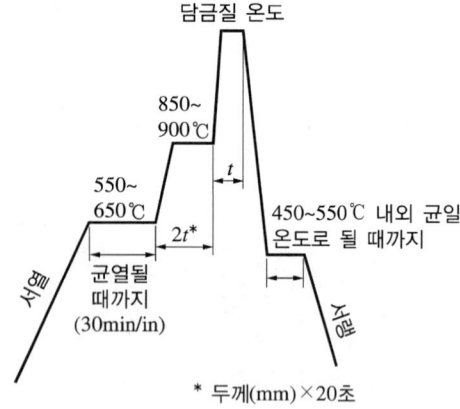

13 냉각속도별 결정상태를 나타내는 상태도를 무엇이라 하는가?

해답
항온변태곡선으로 x축은 시간의 대수를, y축은 온도를 뜻하며 S, F선을 이용하여 생성되는 결정을 알 수 있다.

14 강재에서 잔류 오스테나이트가 많이 발생하는 이유를 3가지 쓰시오.

해답
- 담금질 직후 상온에 방치
- 마텐자이트 변태의 온도 구간에서 냉각 중단(시효)
- 마텐자이트 변태의 온도 구간에서 냉각 중단 후 뜨임

15 와전류탐상의 검사 방법 및 장점 2가지를 쓰시오.

해답
와전류탐상
와전류현상을 이용한 비파괴검사로 전자유도에 의해 유도된 원형전류를 이용한다.
- 표면 결함의 검출에 적합
- 도체에만 적용이 가능
- 고온 부위의 시험체에도 탐상이 가능
- 시험체와 접촉하지 않고 탐상이 가능

16 다음 물음에 답하시오.
(1) 인장강도를 구하는 식을 쓰시오.
(2) 연신율을 구하는 식을 쓰시오.
(3) 항복점이 분명히 나타나지 않을 때의 적용방법을 쓰시오.

해답
(1) 최대인장강도 = $\dfrac{\text{최대하중}}{\text{초기 단면적}}$

(2) 연신율(%) = $\dfrac{\text{파단길이} - \text{초기길이}}{\text{초기길이}} \times 100$

(3) 0.2% offset법

2021년 제1회 필답형

01 100배율 현미경에서 1제곱인치 내에 보이는 결정립 수가 32일 때 ASTM의 평균결정립도 산출식을 이용하여 결정립도번호를 구하시오(단, 계산 과정을 기재하시오).

[해답]
ASTM의 평균결정립도 산출식
$n = 2^{(N-1)}$
결정립 수$(n) = 32$이므로
$32 = 2^{(N-1)}$
$\therefore N = 6$

[해설]
비교법 : ASTM 결정립 측정법(FGC)
- 부식면에 나타난 입도를 현미경으로 관찰하여 표준도와 비교하여 입도번호에 맞도록 판정
- 100배 현미경 배율로 결정립 개수를 관찰하여 결정립도 산출
- 평균결정립도 산출식
  $n = 2^{(N-1)}$
  여기서, n : 100배율 현미경에서 1제곱인치 내에 보이는 결정립 수
  N : ASTM 결정립도번호

02 방사선비파괴검사에서 X선 장치와 γ선 장치의 차이점을 비교하시오.

[해답]

구분	X선 장치	γ선 장치
전원	있다.	없다.
선의 크기	크다.	적다.
가격	비싸다.	싸다.
에너지 선택	임의로 할 수 있다.	고정된다.
촬영 장소	비교적 넓은 곳	협소한 곳도 가능
촬영 두께	2인치 미만	3~4인치도 가능
고장률	많다.	적다.

[해설]

종류	방식
X선 투과검사	저 에너지 : 500kVp 이하 고 에너지 : 1MeV 이하
감마선 투과검사	선원의 종류에 따른 분류
중성자 투과검사	직접촬영방식 간접촬영방식

03 현미경조직검사를 순서대로 나열하시오.

해답
시험편 채취 → 시험편의 제작(마운팅) → 연마 → 폴리싱 → 부식 → 검경

04 조직에서의 마텐자이트 변태와는 다르게 열처리 입장에서의 마텐자이트는 냉각속도라는 개념이 추가되는데, 연속냉각곡선에서 냉각속도의 노즈 통과 유무는 매우 중요하다. 노즈와 만나는 순간부터 P+B변태가 시작되기 때문에 노즈를 통과하지 않는 게 매우 중요한데 그 최소한의 속도를 무엇이라 하는가?

해답
임계냉각속도

05 심랭처리의 목적을 쓰시오.

해답
0℃ 이하의 온도에서 냉각시키는 조작을 말하며 마텐자이트 내부의 잔류 오스테나이트를 마텐자이트로 변태시키기 위함이다.

06 제시된 그림을 보고 알맞은 주철 조직의 이름을 쓰시오.

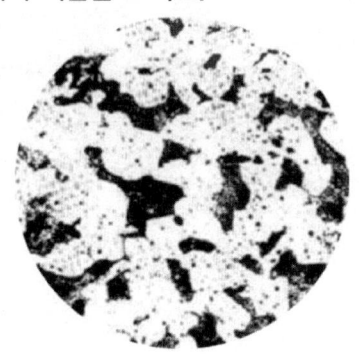

해답
백심가단주철

07 피로시험 영향을 주는 요인은 무엇인가?

해답
노치크기, 노치 형태, 부피, 부하, 응력 등

해설
노치계수(β) : 피로응력집중계수라고도 한다.

$$\beta = \frac{\sigma_a}{\sigma_b}$$

여기서, σ_a : 표면이 매끄러운 시험편의 피로한도
σ_b : 형상계수(α)의 노치를 갖는 시험편의 피로한도

08 자분탐상(MT)에서 A형 표준시험편을 쓰는 이유를 3가지 쓰시오.

해답
- 시험편의 제작이 간단하다.
- 비교적 미세한 결함을 얻으며 균열의 깊이, 폭에 의해 성능의 차이를 알 수 있다.
- 시험편의 균열형상이 자연 균열에 가깝고 재질적으로도 경금속 재료를 사용하므로 탐상제의 성능을 알기 위한 비교시험편으로 적당하다.

해설
A형 표준시험편
알루미늄 합금판(KS D 6701)의 표면에 담금질 균열을 발생시킨 것. 즉 판의 한 면을 가스버너로 520~530℃로 가열하여 가열된 면에 가느다란 수돗물을 판의 표면에 원호를 그리며 빠르게 부어서, 급랭한 미세한 담금질 균열을 원형으로 일정하게 발생시킨 것

09 가스 질화법의 특징을 3가지 쓰시오.

해답
- 침탄농도 및 온도의 조절이 용이하며 높은 열효율을 보인다.
- 작은 규모의 재료에 적합하며, 대량생산이 용이하다.
- 침탄층의 탄소함유량 조절이 가능하며, 자동 열처리가 가능하다.
- 균일한 침탄이 가능하며, 침탄 후 직접 담금질이 가능하다.
- 조작이 간단하고 작업환경이 깨끗하다.

10 그래프에서 항복강도, 인장강도는 어느 것인가?

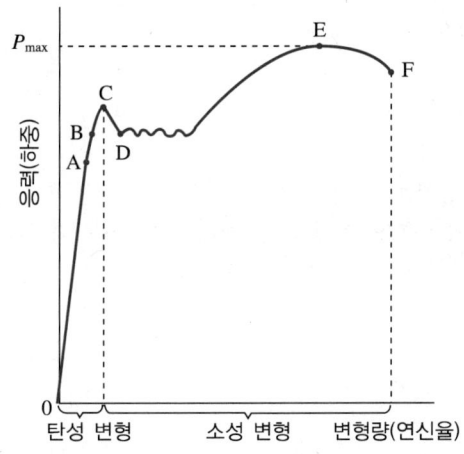

해답
C : 상부 항복점
D : 하부 항복점
E : 인장강도

해설
A : 비례한계
B : 탄성한계
C : 상부 항복점
D : 하부 항복점
E : 인장강도
F : 파괴강도

11 로크웰 경도시험에서 120°의 대면각을 가진 다이아몬드 압입자는 어떤 스케일에서 사용하는가?

해답
A, C스케일

해설
로크웰 경도시험 : 기준하중을 주어 시험편을 압입하고 시험하중을 가하여 변형을 일으킨 후 시험하중을 제거하였을 때의 깊이차를 이용하여 경도를 측정
- 다이아몬드 원뿔 누르개 각도 : 120°(A, C스케일)
- 기준 하중 : 10kgf
- 시험하중 : 60kgf(A스케일), 100kgf(B스케일), 150kgf(C스케일)

12 설퍼 프린트법의 화학식을 쓰시오.

해답
$MnS + H_2SO_4 \rightarrow MnSO_4 + H_2S$
$FeS + H_2SO_4 \rightarrow FeSO_4 + H_2S$
$AgBr_2 + H_2S \rightarrow 2HBr + AgS$

해설
설퍼 프린트법은 1~5% 황산 수용액에 브로마이드 인화지를 5분간 담근 후 수분을 제거한 다음 이것을 피검사체의 시험면에 1~3분간 밀착시켜 철강 중에 있는 황(S)의 편석 분포상태를 검사하는 시험이다.

13 [보기]의 시험편을 열전도도 순서대로 나열하시오.

보기
SM45C, STS304, SKH9, SKH51, SCM435

해답
SM45C(45.0) > SCM435(42.6) > SKH9, SKH51(20.6) > STS304(16.8)

해설
열전도율 : 하나의 재료가 열을 전달할 수 있는 능력
$q = -k\dfrac{dT}{dx}$ 로 계산되지만 순서를 암기하는 방법을 추천한다.

14 회주철의 연화풀림을 설명하시오.

> 해답
> 회주철을 변태영역 이상의 온도로 가열하여 최대단면두께 25mm당 약 1시간 유지하여 상온으로 공랭 후 불림을 한다. 백선부분의 제거, 연성을 향상시키기 위한 목적이며 강도는 저하되지만 구상화 흑연 주철은 연신율이 증가한다.

15 강철의 불꽃시험방법(KS D 0218)에서 그림과 같이 3줄 파열 모양을 할 때의 탄소량은 약 얼마로 추정되는가?

> 해답
> 0.1%C

> 해설
> 불꽃시험법은 소재의 재질을 개략적으로 알기 위한 시험으로 탄소량이 많을수록 불꽃 파열의 숫자가 많다.

가시 모양 (0.05% 미만)	2줄 파열 (약 0.05%C)	3줄 파열 (약 0.1%C)	4줄 파열 (약 0.1%C)	여러 줄 파열 (약 0.15%C)	별 모양 파열 (약 0.15%C)

3줄 파열 2단 꽃핌(약 0.2%C)	여러 줄 파열 2단 꽃핌(약 0.3%C)	여러 줄 파열 3단 꽃핌(약 0.4%C)	여러 줄 파열 3단 꽃핌 꽃가루 (약 0.5%C)	깃털 모양(림드강)
	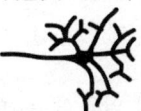			

16 노점의 뜻과 노의 관리방법을 쓰시오.

(1) 노점

(2) 노의 관리방법

[해답]
(1) 노점 : 이슬점으로 수증기가 응축되는 온도를 의미한다.
(2) 노의 관리방법
  ① 재료의 장입 시 : 화염 커튼
  ② 그을음 : 번아웃처리

17 흡열형 가스를 3가지 쓰시오.

[해답]
AGA No. 300, 500, 600급 가스

[해설]
고온의 니켈 촉매에 의해서 분해되어 가스를 변성시킨다. 이때 열을 흡수하며 가스침탄에 사용한다.

2021년 제2회 필답형

01 가스침탄의 장점을 3가지 쓰시오.

해답
- 침탄농도 및 온도의 조절이 용이하며 높은 열효율을 보인다.
- 작은 규모의 재료에 적합하며, 대량생산이 용이하다.
- 침탄층의 탄소함유량 조절이 가능하며, 자동 열처리가 가능하다.
- 균일한 침탄이 가능하며, 침탄 후 직접 담금질이 가능하다.
- 조작이 간단하고 작업환경이 깨끗하다.

해설
가스침탄은 고체 침탄법의 단점을 보완하는 방향이다. 침탄성 가스를 밀폐한 열처리로로 보내어 분위기하에서 강재를 가열하여 침탄하는 방법이다.

02 그림에서 노랭, 공랭, 수랭을 각각 번호로 쓰시오.

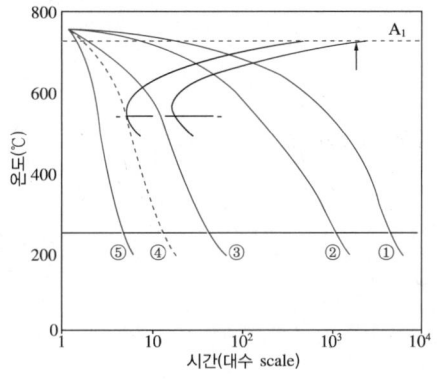

해답
① : 노랭, ② : 공랭, ⑤ : 수랭

해설

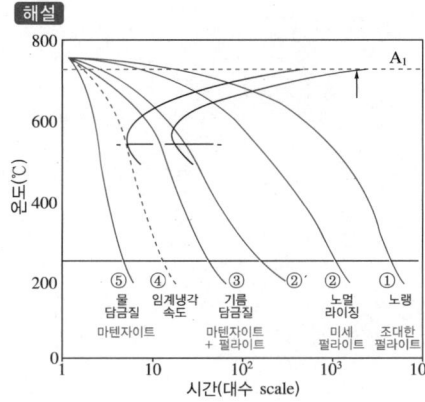

03 방사선투과검사에서의 노출인자를 구하시오(단, I, d, t를 이용한다).

해답

$$\frac{I \cdot t}{d^2} = E$$

여기서, E : 노출인자
        I : 관전류 or 감마 선원 강도
        t : 노출시간
        D : 선원-필름 간 거리

해설

노출시간 인자
- X선 : 시험체의 두께, 관전류, 관전압, 선원-필름 간 거리
- 감마선 : 시험체의 두께 방사선원의 종류, 방사능 강도 및 선원-필름 간 거리

04 접촉방식에 따른 마모시험을 3가지 쓰시오.

해답
- 미끄럼 마모
- 회전 마모
- 왕복 미끄럼 마모

05 SM50C의 담금질 경도를 쓰시오.

해답
HRC = C% × 100 + 15
     = 0.50 × 100 + 15
     = 65

06 고망가니즈강(해드필드강)의 열처리에 대한 질문에 답하시오.
(1) 수인처리란 무엇인가?
(2) 수인처리를 하는 이유를 적으시오.
(3) 빈칸을 채워 넣으시오.

> 고온에서 서랭 시 (　　) 석출과 열처리 후 오스테나이트가 (　　)로 변태한다.

해답
(1) 고망가니즈강, 오스테나이트계 스테인리스 등과 같이 서랭시켜도 오스테나이트가 되는 합금을 1,000℃에서 급랭시켜 인성을 부여하는 방법으로 내마모성이 우수하다.
(2) 고망가니즈강은 열전도성이 나쁘고 가공경화가 커서 수인처리를 한다.
(3) 시멘타이트, 마텐자이트

07 결정립도 측정방법을 3가지 쓰시오.

해답
- ASTM 결정립 측정법(비교법, FGC)
- 제프리스법(평적법, FGP)
- 헤인법(절단법, FGI)

해설
- ASTM 결정립 측정법(비교법), FGC : 100배 현미경 배율로 결정립 개수를 관찰하여 결정립도를 산출한다.
  평균결정립도 산출식
  $n = 2^{(N-1)}$
  여기서, n : 100배율 현미경에서 1제곱인치 내에 보이는 결정립 수
  　　　　N : ASTM 결정립도 번호
- 제프리스법(평적법), FGP : 크기를 알고 있는 원이나 사각형 안에 들어있는 결정입자의 수를 측정한다.
  계산 시 경계선에서 만나는 결정입자의 수의 반과 완전히 경계선 안에 있는 입자의 수를 합한 것으로 계산한다.
- 헤인법(절단법), FGI : 확대한 사진 위에 특정 길이의 직선을 그어 결정립과 만나는 개수를 측정하는 방법이다.

08 쇼어경도 원리와 그 종류를 쓰시오.

해답
- 원리 : 일정한 형상과 중량을 가지는 다이아몬드 해머를 일정한 높이에서 낙하시켜 반발하는 높이를 경도로 표현한 것으로 휴대가 가능하며, 자국이 남지 않아 널리 사용된다.
- 종류
  - C형, SS형 : 반발높이를 육안으로 측정(목측형)
  - D형 : 반발높이를 다이얼게이지로 측정(지시형)

09 0.8%C에서 나타나는 2상 혼합·조직을 뜻하며 C의 확산을 수반한다. 조직을 관찰할 때 그 모양이 진주의 층과 닮았다 하여 펄라이트라는 명칭을 사용하는 강을 뜻하는 것은?

해답
공석강

해설
- 공석강은 0.8%C에서 나타나는 2상 혼합 조직을 뜻하며 C의 확산을 수반한다. 조직을 관찰할 때 그 모양이 진주의 층과 닮았다 하여 펄라이트라는 명칭을 사용한다.
- 아공석강은 냉각되며 초석 페라이트 생성 후 C의 비율이 높아져 펄라이트가 생성되며 초기에 생성된 초석 페라이트는 결정립계 부분에, 펄라이트는 결정 부분에 위치한다.
- 과공석강은 냉각되며 초석 시멘타이트 생성 후 C비율이 낮아져 펄라이트가 생성되며 초기에 생성된 초석 시멘타이트는 결정립계 부분에, 펄라이트는 결정부분에 위치한다.
- 펄라이트는 오스테나이트에서 C가 확산 이동하여 시멘타이트가 형성되며 C가 빠져나간 부분은 페라이트가 형성되어 시멘타이트(검정), 페라이트(흰색)가 반복되는 줄무늬 조직을 갖게 된다.

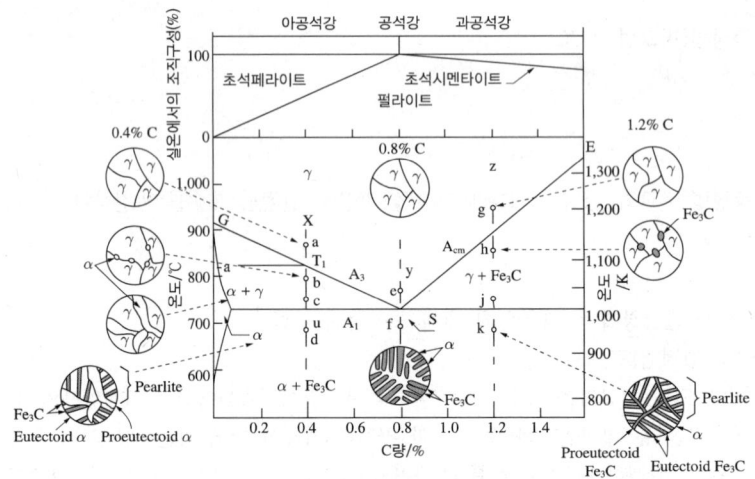

10 다음 불꽃파열 그림을 보고 첨가된 합금원소를 쓰시오.

해답
Cr

해설
합금원소에 의한 불꽃파열

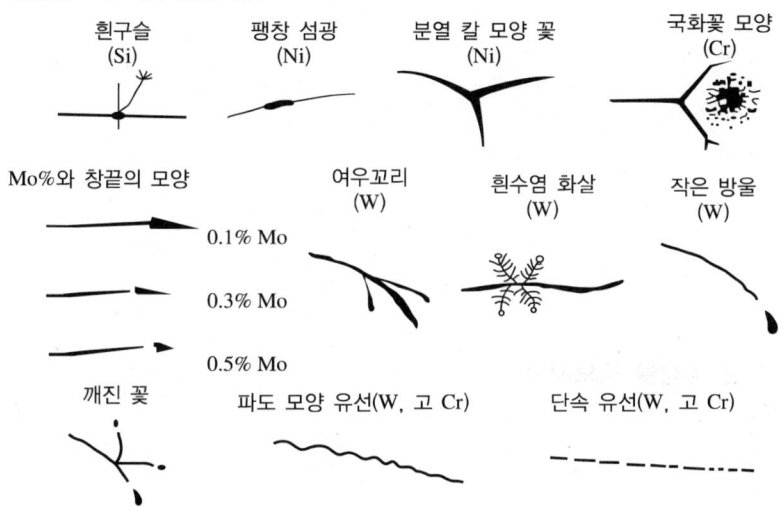

11 침투탐상검사의 절차를 순서대로 쓰시오.

해답
1. 준비 및 전처리
2. 침투액의 적용
3. 잉여침투액의 제거
4. 현상제의 적용
5. 관찰-기록-후처리 및 방청조치

12 금속침투법을 설명하고 그 예를 쓰시오.

해답
- 금속침투법(화학적) : 강의 표면에 고온확산법을 응용하여 원소를 침투시켜 그 원소에 의해 합금피복층을 형성시키는 방법
- 예 : 세라다이징(Zn), 칼로라이징(Al), 크로마이징(Cr), 보로나이징(B), 실리코나이징(Si)

13 오스템퍼링의 특징을 쓰시오.

해답

강을 오스테나이트 상태로 가열한 후 M_s점 이상의 온도(500℃ 부근)에서 항온유지하면서 과랭(준안정) 오스테나이트를 소성가공(인발, 압연, 쇼트피닝, 스웨이징) 후 바로 급랭함으로써 연성과 인성을 그다지 해치지 않고 강도를 크게 향상시키는 방법이다.

14 크리프 그래프를 보고 각 단계에 맞는 명칭을 적으시오.

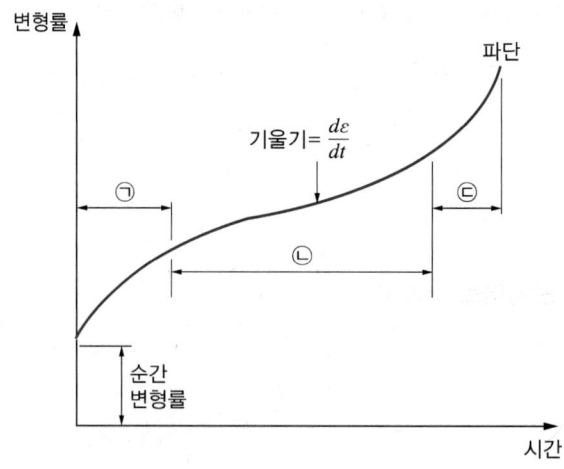

해답

ㆍㄱ : 1단계
ㆍㄴ : 2단계
ㆍㄷ : 3단계

해설

크리프

일정 온도, 하중을 가지고 시간에 따른 변형을 측정하는 시험이다.
1단계 : 변형률이 점차 감소되는 단계(천이 크리프)
2단계 : 속도가 대략 일정하게 진행되는 단계(정상 크리프)
3단계 : 네킹이 발생하는 영역(가속 크리프)

15 심랭처리의 정의를 조직분석의 관점에서 쓰시오.

해답
0℃ 이하의 온도에서 냉각시키는 조작을 말하며 마텐자이트 내부의 잔류 오스테나이트를 마텐자이트화하는 열처리이다.

해설
- 초심랭처리 : 고Cr강이나 다이스강, 고속도강과 같은 오스테나이트 안정화된 고합금강의 내마모성을 향상시키기 위하여 액체 산소(-183℃), 액체 질소(-196℃), 액체 수소(-268℃) 등의 극저온 냉각재를 이용하여 마텐자이트의 조직을 미세화
- 결함원인
  - 심랭처리에 의해 잔류 오스테나이트가 마텐자이트로 변태하면 체적이 팽창하여 주위에 강한 인장응력이 생겨 균열이 발생
  - 강의 표면에 탈탄 부분이 존재할 경우 내부의 고탄소 부분에 잔류 오스테나이트가 많아져 심랭 시 균열 발생
  - 담금질 온도가 너무 높을 경우 균열 발생
- 심랭처리 시 균열과 변형 방지
  - 담금질 전에 탈탄층의 제거로 탈탄 방지
  - 심랭처리 전 100~300℃에서 뜨임 실시
  - 심랭처리 온도로부터 승온은 수중에서 실시

16 일정 압력하에서 깁스(Gibbs)의 상율(phase rule)을 이용하면 응축계에서 3성분계의 자유도가 0일 때는 상이 몇 개 공존할 때인가?

해답
4개

해설
압력이 일정한 경우 자유도 $F = n - P + 1$(단, n : 성분 수, P : 상의 수)이므로
상의 수 $P = n + 1 - F = 3 + 1 - 0 = 4$

17 열처리로 장입방법을 2가지 쓰고, 비금속 발열체를 하나 쓰시오.

해답
열처리로는 열원, 용도, 구조 등으로 나눌 수 있으며 장입방법은 연속로와 배치로로 나눌 수 있다.
대표적인 비금속 발열체는 흑연 발열체로 그 외 화합물 발열체(SiC, $MoSi_2$)도 사용한다.

해설
- 연속로 : 연속 작업이 가능한 열처리로로 연속작업이 가능하다.
- 배치로 : 제품의 일정 묶음을 열처리한 후 다시 장입하는 방식이다.

2021년 제4회 필답형

01 제시된 그림을 보고 알맞은 조직의 이름을 쓰시오.

해답
베이나이트

해설
그림은 침상 모양의 조직으로 하부 베이나이트에서 주로 나타난다.

02 다음은 온도에 따른 색상 변화를 표로 나타낸 것이다. 빈칸에 들어갈 내용을 알맞게 써넣으시오.

200℃	220℃	240℃	260℃	㉠	290℃	300℃	㉡	350℃	400℃
엷은 황색	황색	㉢	자주색	보라색	짙은 청색	청색	엷은 회청색	청회색	㉣

해답
㉠ 280℃
㉡ 320℃
㉢ 갈색
㉣ 회색

해설

200℃	220℃	240℃	260℃	280℃	290℃	300℃	320℃	350℃	400℃
엷은 황색	황색	갈색	자주색	보라색	짙은 청색	청색	엷은 회청색	청회색	회색

03 불꽃시험 그림을 [보기]의 첨가성분과 연결하시오.

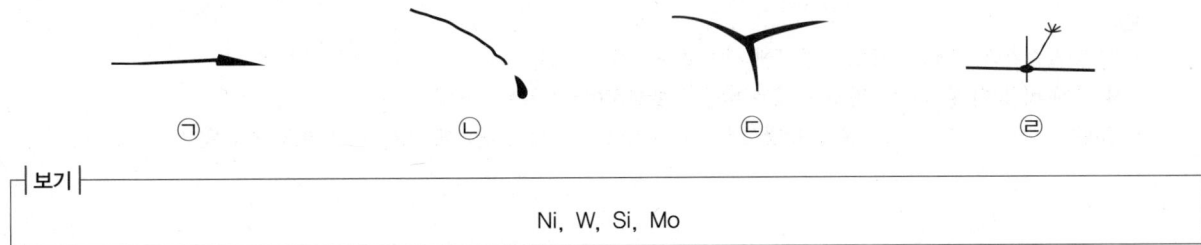

ㅡ 보기 ㅡ
Ni, W, Si, Mo

해답
- ㉠ : Mo
- ㉡ : W
- ㉢ : Ni
- ㉣ : Si

해설
합금원소에 의한 불꽃파열

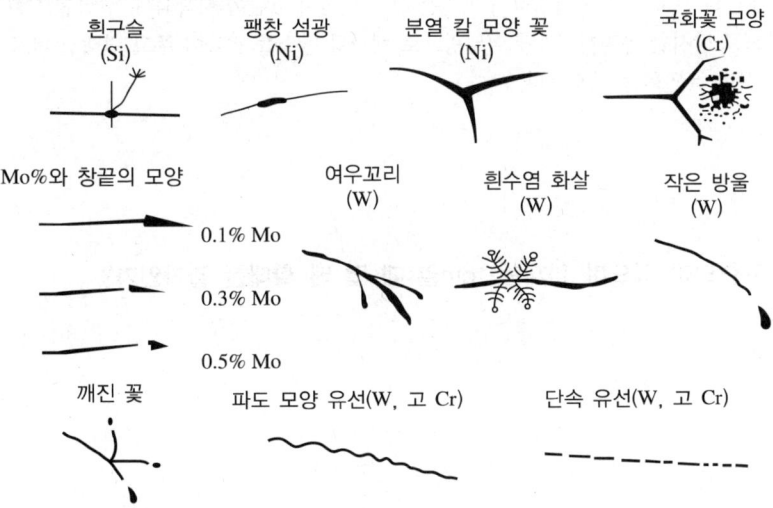

04 압축시험편을 3가지로 분류하여 기술하시오.

해답
- 단주시험편 $h = 0.9d$
- 중주시험편 $h = 3d$
- 장주시험편 $h = 10d$

여기서, d : 재료의 지름, h : 시험편의 높이

05 담금질 냉각곡선을 3단계로 나누고, 명칭을 쓰시오.

해답
- 제1단계(증기막 단계) : 시료가 증기에 감싸여 냉각속도 느림
- 제2단계(비등 단계) : 증기막의 파괴로 비등이 활발하여 냉각속도 최대
- 제3단계(대류 단계) : 시료 온도가 냉각액의 비등점보다 낮아서 대류에 의해 열을 빼앗기며 냉각속도 느림

06 흑심가단주철의 열처리 방법을 쓰시오.

해답
흑심가단주철의 열처리 : 930℃의 온도로 장시간 유지하여 1단 어닐링으로 템퍼링 탄소를 만들어 주고 변태점 바로 아래의 온도(740~680℃)로 2단 어닐링을 통하여 흑연화를 주도한다.

해설
- 백심가단주철의 열처리 : 약 1,000℃ 부근의 온도로 계속 가열하여 백선은 그 표면에서 탈탄이 시작되며, 산화철은 환원된다.
- 흑심가단주철의 열처리 : 930℃의 온도로 장시간 유지하여 1단 어닐링으로 템퍼링 탄소를 만들어 주고 변태점 바로 아래의 온도(740~680℃)로 2단 어닐링을 통하여 흑연화를 주도한다.

07 조직사진의 스케일이 20μm으로 표현되어 있으며 실제는 1cm일 때 몇 배 확대한 결과인가?

해답
10mm = 10,000μm = 20μm × (500)배

08 열전대 원리를 쓰시오.

해답
이종금속에서의 온도 차이가 발생하면 미약한 열기전력이 생기며 그 정도에 따라서 온도 차이를 측정할 수 있는데, 이러한 원리를 이용하여 열전쌍을 만들어 온도계로 사용할 수 있다.

해설

종류	조성 (+)	조성 (−)	사용가능 온도범위(℃)
J	철	콘스탄탄	−185~870(600)
K	크로멜	알루멜	−20~1,370(1,000)
T	구리	콘스탄탄	−185~370(300)
E	니크롬	콘스탄탄	−185~870(700)
R	백금로듐 13Rh−87Pt	백금	−20~1,480(1,400)

09 후유화제 종류를 쓰시오.

해답

침투탐상에서의 후유화제는 일종의 계면활성제로 다음 표의 B, D 두 가지를 이용할 수 있다.

잉여침투액 제거방법에 따른 분류

명칭	방법	기호
방법 A	수세에 의한 방법	A
방법 B	유성 유화제를 사용하는 후유화에 의한 방법	B
방법 C	용제 제거에 의한 방법	C
방법 D	수성 유화제를 사용하는 후유화에 의한 방법	D

10 풀림과 담금질에서 아공석, 과공석강의 가열온도를 쓰시오.

해답
- 아공석강 : $A_3 + 50℃$
- 과공석강 : $A_1 + 50℃$

11 제시된 그림을 보고 알맞은 주철 조직의 이름을 쓰시오.

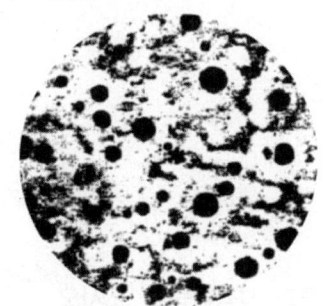

해답
구상흑연주철

해설
구상흑연주철
위 그림을 불스아이 조직이라 하는데 이는 흑연이 동그랗게 뭉쳐지는 형태로 가운데 검정색은 C(흑연)이며 주위의 하얀 부분은 페라이트라 볼 수 있다.

12 매크로 검사 기호를 쓰시오.

(1) 주변 흠
(2) 다공질
(3) 중심부 균열
(4) 수지상 조직

해답
(1) K
(2) L
(3) F
(4) D

해설

기호	명칭	설명
D	수지상 조직	강괴의 응고에 있어 수지상으로 발달한 1차 결정이 단조, 압연 후에도 그 형태로 있는 것
I	잉곳 패턴	강괴의 응고 과정에 있어서 결정상태의 변화, 성분의 편차에 따라 윤곽상으로 부식의 농도차가 나타난 것
L	다공질	강괴의 응고 과정에서 성분의 편차에 따라 중심부에 농도차가 나타난 것
T	피트	부식에 의해 강재 단면의 전체 또는 중심 부분에 육안으로 볼 수 있는 크기의 점모양의 구멍이 생긴 것
Sc	중심부 편석	강괴의 응고 과정에서 성분의 편차에 따라 중심부에 농도차가 나타난 것
Lc	중심부 다공질	강재 단면의 중심부에 부식이 단시간에 진행하여 해면상으로 나타난 것
Tc	중심부 피트	부식에 의하여 강재 단면의 중심 부분에 육안으로 볼 수 있는 크기의 점모양의 구멍이 생긴 것
B	기포	강괴의 기포나 핀홀이 완전히 압착되지 않고 그 흔적이 남아 있는 것
N	비금속 개재물	육안으로 볼 수 있는 비금속성 개재물
P	파이프	강괴의 응고, 수축에 따른 1, 2차 파이프가 완전히 압축되지 않고 중심부에 그 흔적이 남아 있는 것
H	모세균열	부식에 의하여 단면이 가늘게 머리카락 모양으로 나타난 흠
K	주변 흠	강재의 주변의 기포에 의한 흠, 또는 압연 및 단조에 의한 흠, 그 밖의 바깥 둘레부에 생긴 흠
F	중심부 균열	부적당한 단조 작업 또는 압연 작업으로 인하여 중심부에 파열이 생긴 것

13 로크웰 경도계의 스케일별 기준하중과 시험하중을 쓰시오.

해답
로크웰 경도계

스케일	압입자	기준하중(kgf)	시험하중(kgf)
A	원뿔 다이아몬드	10	60
B	지름 1/16인치 강구	10	100
C	원뿔 다이아몬드	10	150

14 쇼어 경도계의 종류를 2가지 쓰시오.

해답
- C형, SS형 : 반발높이를 육안으로 측정(목측형)
- D형 : 반발높이를 다이얼게이지로 측정(지시형)

해설
쇼어 경도계는 다이아몬드 추를 자유낙하하여 반발을 이용해 경도를 측정하는 것으로 목측형(C형, SS형)과 지시형(D형)이 있다.

15 비커스 경도계 압입자의 각도는 몇 도인가?

해답
136°

해설
비커스 경도계
꼭지각 136°인 다이아몬드 압입자로 시험편 표면에 압입하였을 때 시험편에 작용한 하중을 압입 자국의 대각선 길이로부터 얻은 표면적으로 나눈 값이 비커스 경도이다.

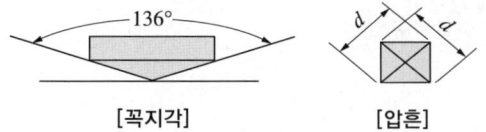

[꼭지각]   [압흔]

2022년 제1회 필답형

01 광학현미경 구조에서 ㉠~㉣에 들어갈 알맞은 용어를 채워 넣으시오.

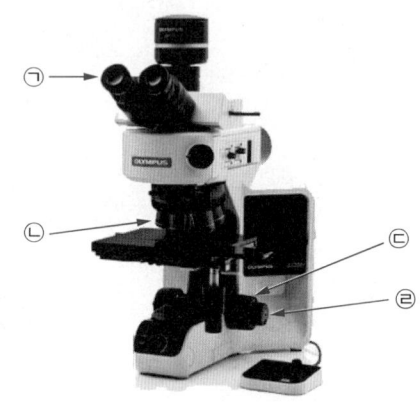

[해답]
㉠ 접안렌즈 ㉡ 대물렌즈
㉢ 조동나사 ㉣ 미동나사

[해설]

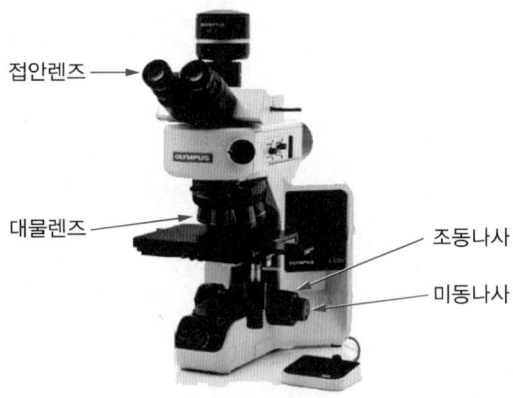

02 브리넬 경도 계산식을 바르게 쓰시오.

[해답]
브리넬 경도(HB) = $\dfrac{2P}{\pi D(D - \sqrt{D^2 - d^2})}$

여기서, P : 하중
D : 강구의 지름
d : 압흔의 지름

03 와전류탐상 코일의 종류를 3가지 쓰시오.

해답
- 내삽형 코일
- 관통형 코일
- 프로브형 코일

해설
- 내삽형 코일 : 구멍이나 관 안쪽에 넣을 수 있도록 축이 일치하는 시험 코일
- 관통형 코일 : 환봉이나 관 등을 둘러싼 모양으로 시험하는 원통형 코일
- 프로브형 코일 : 시험체 표면에 접촉하고 사용하는 시험 코일

04 초음파탐상의 방법을 2가지 쓰시오.

해답
- 투과법
- 펄스반사법

해설
- 투과법 : 2개의 탐촉자를 사용하여 하나는 송신하고 다른 하나는 수신하면서 결함을 검출하는 방법
- 펄스반사법 : 시험체에 초음파 펄스를 보내어 반사파를 탐지하여 내부 결함을 감지하는 방법으로 한 개의 탐촉자가 송신과 수신을 겸하는 방법
- 공진법 : 초음파의 파장을 연속적으로 변화하며 판 두께, 부식정도, 내부결함을 측정하는 방법

05 마텐자이트 특징을 3가지 쓰시오.

해답
- 무확산 변태
- 모상(오스테나이트)과의 성분 변화가 없음
- BCC, BCT 구조로 준안정 상
- 변태의 구동력은 과랭

해설
마텐자이트 변태를 이해하기 위해서는 ① 무확산 변태라는 말을 이해하여야 한다. 이는 가열된 오스테나이트가 상온 부근까지 급랭할 때 일반적인 변태에 수반되었던 확산이 없이 동시다발적으로 일어나며, 확산이 없기에 ② 모상(오스테나이트)과의 성분 변화가 없다는 특징을 가진다. 만약 확산이 진행되었다면 상태도상에서 볼 수 있는 페라이트와 시멘타이트가 생성될 것이다. ③ BCC, BCT 구조로 준안정 상이라 볼 수 있으며, ④ 변태의 구동력은 과랭이라 볼 수 있다.

06 CCT곡선 그림을 보고 다음 질문에 답하시오(단, CCT곡선에 대한 전반적인 이해를 필요로 하며 임계냉각속도를 유의하여 분석한다).

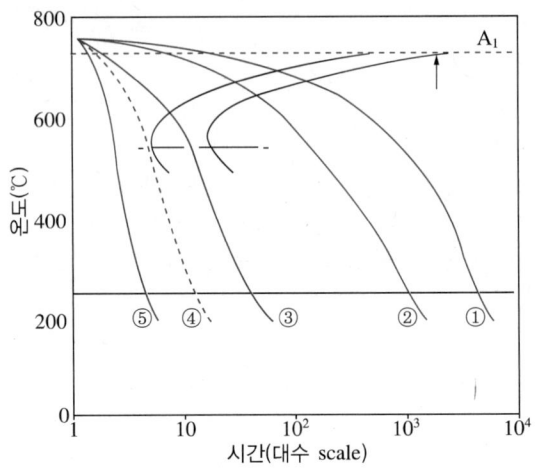

(1) CCT곡선의 뜻은 무엇인가?
(2) 마텐자이트가 나오는 냉각곡선은?
(3) 펄라이트가 존재하는 냉각곡선을 모두 쓰시오.

[해답]
(1) 연속냉각곡선
(2) ⑤
(3) ①, ②, ③

[해설]
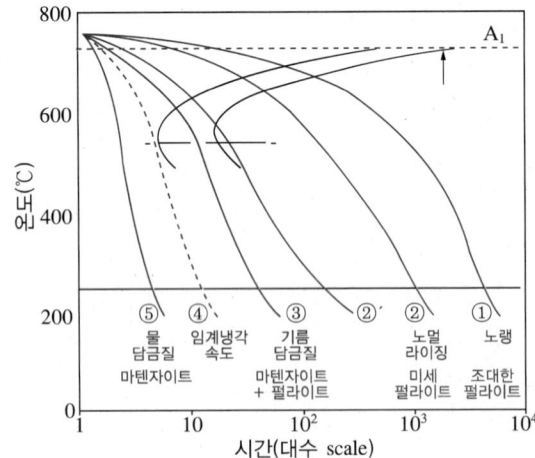

07 강철의 불꽃시험방법(KS D 0218)에서 그림과 같이 여러 줄 파열 3단 꽃핌 꽃가루 모양을 할 때의 탄소량은 약 얼마로 추정되는가?

[해답]
0.50%C

[해설]
불꽃시험법은 소재의 재질을 개략적으로 알기 위한 시험으로 탄소량이 많을수록 불꽃 파열의 숫자가 많다.

가시 모양 (0.05% 미만)	2줄 파열 (약 0.05%C)	3줄 파열 (약 0.1%C)	4줄 파열 (약 0.1%C)	여러 줄 파열 (약 0.15%C)	별 모양 파열 (약 0.15%C)

3줄 파열 2단 꽃핌(약 0.2%C)	여러 줄 파열 2단 꽃핌(약 0.3%C)	여러 줄 파열 3단 꽃핌(약 0.4%C)	여러 줄 파열 3단 꽃핌 꽃가루 (약 0.5%C)	깃털 모양(림드강)

08 제시된 그림을 보고 알맞은 주철 조직의 이름을 쓰시오.

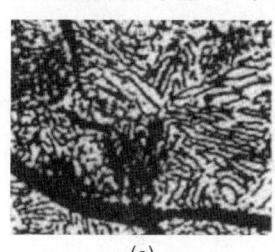 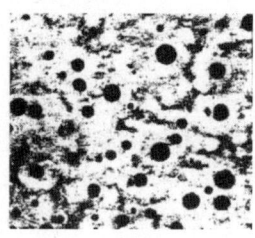 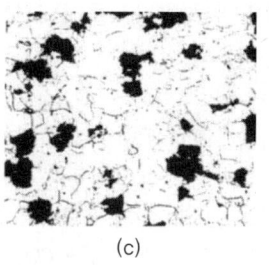
(a)　　　　　　　　(b)　　　　　　　　(c)

[해답]
(a) 펄라이트 회주철
(b) 구상흑연주철
(c) 흑심가단주철

09 열처리용 치공구에서 필요조건을 3가지 쓰시오.

해답
- 내식성
- 변형 저항성, 열 피로 저항성 우수
- 제작이 쉽고, 겸용성
- 작업성

해설
- 치공구의 역할 : 열처리하는 동안 열처리품을 담거나, 걸어두거나, 고정
- 종류
  - 지그(jig) : 기계가공 시 공작물을 고정, 지지하기 위해 부착하는 특수장치
  - 고정구(fixture) : 지그와 같이 공작물의 위치 결정 및 클램프 역할을 가지고 있으며, 공구의 정확한 위치장치(세팅블록 및 필러)를 포함함

10 열처리에서 기계적 전, 후처리 방법 3가지를 쓰시오.

해답
와이어 브러싱법, 고압용수(증기 세척), 초음파 세척법, 블라스팅법(Grit blasting), Tumbling 법

해설
- 와이어 브러싱법 : 스케일, 슬래그 등의 이물질을 와이어 브러시가 문질러 제거
- 고압용수(증기 세척) : 절삭유, 연마제, 그리스침 등과 같은 오물 제거 표면가공처리가 유지되어야 하는 제품에 사용
- 초음파 세척법 : 세척제, 물, 용제를 함께 사용하는 방법으로 소형 다량 제품에 묻어 있는 오물 제거
- 블라스팅법(Grit blasting) : 스케일, 슬래그, 녹, 주강품의 주형(mold) 등과 같은 이물질을 제거
- Tumbling 법 : 얇은 스케일, 용접 후 럭스, 금속의 녹, 주강품의 주형 등과 같은 이물질을 회전마찰에 의해 제거. 표면이 연한 알루미늄, 마그네슘, 타이타늄 등과 같은 재질에서 사용을 금함

11 침탄에서의 화학반응식을 쓰시오.

해답
- 고체침탄
  - 침탄기구 : 침탄제의 탄소가 침탄로 안의 산소와 반응하여 이산화탄소가 된다.
    CO_2가 다시 탄소와 반응하여 일산화탄소(CO)를 생성한다.
    이 일산화탄소가 강의 표면에서 분해되어 활성 탄소가 석출된다.
    $Fe + 2CO \rightleftarrows [Fe-C] + CO_2$
- 액체침탄
  NaCN을 주성분으로 하는 용융 염욕 중에 강재를 침지시키면 NaCN이 분해하여 탄소와 질소가 동시에 침입 확산되는 방법
  $2NaCN + O_2 \rightarrow 2NaCNO$
  $4NaCNO \rightarrow 2NaCN + Na_2CO_3 + CO + 2N$

12 고속도강 템퍼링 후 500~600℃에서의 경도가 증가하는 원인은?

해답
일부 강종(SKH, SKD)에서는 템퍼링 후 2차 경화를 일으키기 때문에 서랭이 필요하다.

13 매크로시험법에서 결함기호의 명칭을 쓰시오.
(1) H
(2) K
(3) Lc

해답
(1) H : 모세균열
(2) K : 주변 흠
(3) Lc : 중심부 다공질

해설
매크로 조직의 종류 및 기호

기호	명칭	설명
D	수지상 조직	강괴의 응고에 있어 수지상으로 발달한 1차 결정이 단조, 압연 후에도 그 형태로 있는 것
I	잉곳 패턴	강괴의 응고 과정에 있어서 결정상태의 변화, 성분의 편차에 따라 윤곽상으로 부식의 농도차가 나타난 것
L	다공질	강괴의 응고 과정에서 성분의 편차에 따라 중심부에 농도차가 나타난 것
T	피트	부식에 의해 강재 단면의 전체 또는 중심 부분에 육안으로 볼 수 있는 크기의 점모양의 구멍이 생긴 것
Sc	중심부 편석	강괴의 응고 과정에서 성분의 편차에 따라 중심부에 농도차가 나타난 것
Lc	중심부 다공질	강재 단면의 중심부에 부식이 단시간에 진행하여 해면상으로 나타난 것
Tc	중심부 피트	부식에 의하여 강재 단면의 중심 부분에 육안으로 볼 수 있는 크기의 점모양의 구멍이 생긴 것
B	기포	강괴의 기포나 핀홀이 완전히 압착되지 않고 그 흔적이 남아 있는 것
N	비금속 개재물	육안으로 볼 수 있는 비금속성 개재물
P	파이프	강괴의 응고, 수축에 따른 1, 2차 파이프가 완전히 압축되지 않고 중심부에 그 흔적이 남아 있는 것
H	모세균열	부식에 의하여 단면이 가늘게 머리카락 모양으로 나타난 흠
K	주변 흠	강재의 주변의 기포에 의한 흠, 또는 압연 및 단조에 의한 흠, 그 밖의 바깥 둘레부에 생긴 흠
F	중심부 균열	부적당한 단조 작업 또는 압연 작업으로 인하여 중심부에 파열이 생긴 것

14 침탄법의 종류를 3가지 쓰시오.

해답
- 고체침탄
- 액체침탄(청화법, 침탄질화법)
- 가스침탄

해설
- 고체침탄
  - 침탄기구 : 침탄제의 탄소가 침탄로 안의 산소와 반응하여 이산화탄소가 된다.
- 액체침탄(청화법, 침탄질화법)
  - NaCN을 주성분으로 하는 용융 염욕 중에 강재를 침지시키면 NaCN이 분해하여 탄소와 질소가 동시에 침입 확산되는 방법
- 가스침탄
  - 고체 침탄법의 단점을 보완하는 방향이다. 침탄성 가스를 밀폐한 열처리로로 보내어 분위기하에서 강재를 가열하여 침탄하는 방법

15 이온질화법의 특징을 3가지 쓰시오.

해답
- 표면 조도가 적다.
- 변형이 없다.
- 후가공을 생략할 수 있다.

해설
이온(순)질화(플라스마 질화)
저압의 질소 분위기에서 글로 방전을 발생하여 스퍼터링 효과를 일으키며 이온이 주입되는 것으로 내마모성, 내식성, 피로강도를 끌어올리고 표면경도를 개선시킨다. 저온 진공 상태에서 처리하므로 변형이 거의 발생하지 않고 후가공을 생략할 수 있다.

16 굽힘시험 종류를 2가지 쓰시오.

해답
굽히는 방법에 따라 분류할 수 있다.
- 눌러 굽히는 방법
- 감아 굽히는 방법
- V블록법

2022년 제4회 필답형

01 형광침투탐상 순서를 쓰시오.

[해답]
준비 및 전처리 → 침투액의 적용 → 잉여침투액의 제거 → 현상제의 적용 → 관찰-기록-후처리 및 방청조치

[해설]
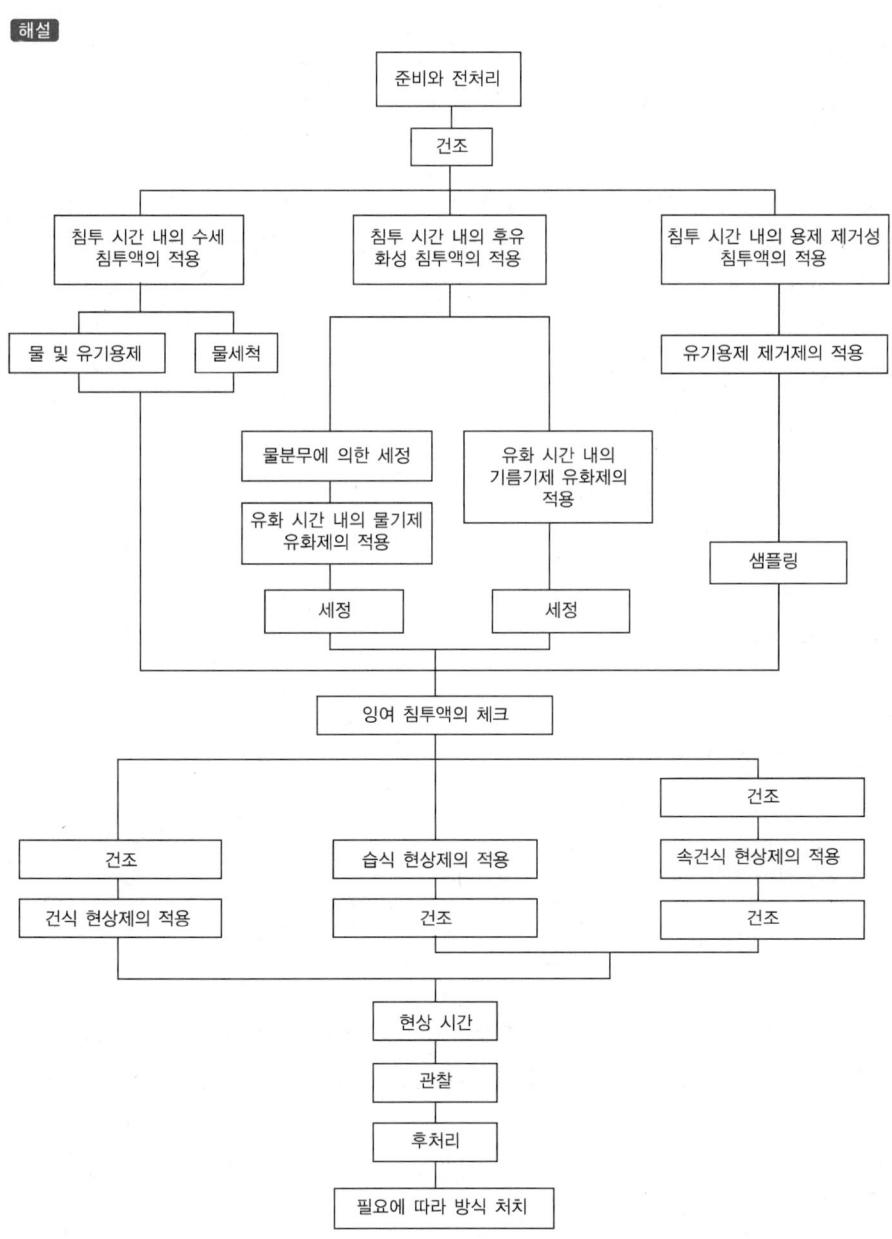

02 용체화처리의 정의를 서술하시오.

해답
용체화처리 : 합금을 고용한계선 위로 가열하여 균일한 α 고용체가 되도록 유지하도록 하는 처리

03 마퀜칭에 대하여 서술하시오.

해답
마퀜칭 : 오스테나이트 상태로부터 M_s 직상의 열욕으로 퀜칭(quenching)하여 강의 내외 온도가 같아지도록 항온유지한 후, 과랭 오스테나이트가 항온변태를 일으키기 전에 공랭시켜서 마텐자이트 변태가 천천히 진행되도록 하는 처리방법으로 담금질 균열이나 변형이 생기지 않는다.

04 액체침탄법의 특징을 3가지 쓰시오.

해답
- 내마모성이 우수하고 변형이 적다.
- 마템퍼, 마퀜칭 등 항온 열처리 조작에 편리하다.
- 비싸고, 침탄층이 얇다.
- 유독가스가 발생한다.
- 균일 가열 및 침탄 후 직접 담금질이 가능하다.
- 다품종 처리에 용이하다.

해설
액체침탄법
- 침탄제는 사이안화나트륨($NaCN$)을 주성분으로 한 용융 염욕 중 강재를 침지시키면 사이안화나트륨이 분해하여 탄소와 질소가 동시에 침입 확산되는 방법을 침탄 질화법(청화법)이라 한다. 사이안화나트륨 단일염은 산화와 증발이 쉬워 염화나트륨, 탄산나트륨, 염화바륨 등을 첨가하여 사용한다.
- 화학반응
  $2NaCN + O_2 \rightarrow 2NaCNO$
  $4NaCNO \rightarrow 2NaCN + Na_2CO_3 + CO + 2N$

05 심랭처리 균열의 원인이 되는 것을 쓰시오.

[해답]

잔류 오스테나이트 : 심랭처리가 부족한 경우 오스테나이트가 잔류하게 되는데 상온에서는 안정하지 않은 상태이므로 결국은 변태를 일으키며 이때의 부피변화로 균열을 발생시킨다.

06 귀금속의 부식액과 제조 방법을 쓰시오.

[해답]

재료	부식액
귀금속류(Au, Pt)	불화수소산-10%수용액
	왕수-진한질산 : 진한염산 : 물 = 1 : 5 : 6(cc)

[해설]

재료	부식액
철강	나이탈(질산알코올용액)-진한 질산 : 알코올 = 5 : 100(cc)
	피크랄(피크르산알코올용액)피크르산 : 알코올 = 5 : 100(cc)
구리, 황동, 청동	염화제2철용액-염화제2철 : 진한염산 : 물 = 5 : 50 : 100(cc)
니켈 및 합금	질산초산용액-질산(70%) : 초산(50%) = 50 : 50(cc)
주석 및 합금	나이탈(질산알코올용액)-진한 질산 : 알코올 = 2 : 100(cc)
납 및 합금	질산용액-질산 : 물 = 5 : 100(cc)
아연 및 합금	염산용액-염산 : 물 = 5 : 100(cc)
알루미늄 및 합금	수산화소듐용액-수산화소듐 : 물 = 20(g) : 100(cc)
귀금속류(Au, Pt)	불화수소산-10%수용액
	왕수-진한질산 : 진한염산 : 물 = 1 : 5 : 6(cc)

07 결정립도 측정법 중 절단법을 설명하시오.

[해답]

헤인법(FGI) : 확대한 사진 위에 특정 길이의 직선을 그어 결정립과 만나는 개수를 측정하는 방법이다.

08 훅의 법칙과 응력 공식을 쓰시오.

[해답]
- 훅의 법칙 : 응력-변형률 곡선에서의 탄성부분의 기울기는 탄성계수 E로서 응력과 변형률 간의 관계를 뜻한다.
- 응력 공식 : $\sigma = E\varepsilon$ (단, E : 영률, ε : 변형률)

09 다음 표를 보고 결정립도를 계산하시오(단, 계산과정을 기재하시오).

각 시야의 입도번호(a)	시야수(b)	$a \times b$
5	4	20
6	3	18
8	2	16
계	9	

[해답]

입도 $n = \dfrac{\Sigma(a \times b)}{\Sigma b}$

$= \dfrac{(5 \times 4) + (6 \times 3) + (8 \times 2)}{4 + 3 + 2} = \dfrac{20 + 18 + 16}{9} = \dfrac{54}{9} = 6$

10 취성과 충격치(충격값)의 관계를 쓰시오.

[해답]
취성이 강하면 충격치가 작아지고 인성이 강하면 충격치는 작아진다.

[해설]
- 충격시험 : 표준시편에 충격에 대한 동적하중을 가하여 금속의 충격흡수에너지를 구하는 시험. 인성과 취성, 재료의 충격에너지, 재료의 천이온도 등을 확인
- 충격흡수에너지= $WR(\cos\beta - \cos\alpha)$
  여기서, W : 해머중량(kgf)
  R : 해머의 회전반지름(m)
  α : 시험 전 각도
  β : 시험 후 각도
- 충격값= $\dfrac{\text{충격흡수에너지}(\text{kgf} \cdot \text{m})}{\text{단면적}(\text{cm}^2)}$

  노치 반지름이 클수록(흡수에너지가 큼, 응력집중은 낮아짐, 충격값은 커짐)
- 노치계수(β) : 피로응력집중계수라고도 함

  $\beta = \dfrac{\sigma_a}{\sigma_b}$

  여기서, σ_a : 표면이 매끄러운 시험편의 피로한도
  σ_b : 형상계수(α)의 노치를 갖는 시험편의 피로한도

11 구리와 알루미늄합금의 부식액을 쓰시오.

해답

재료	부식액
구리, 황동, 청동	염화제2철용액-염화제2철 : 진한염산 : 물 = 5 : 50 : 100(cc)
알루미늄 및 합금	수산화소듐용액-수산화소듐 : 물 = 20(g) : 100(cc)

12 음향방출시험의 뜻을 쓰시오.

해답

시험체의 변형, 균열, 누설, 파괴 시에 발생하는 탄성파를 음향방출 센서를 이용하여 결함을 측정하는 비파괴검사법으로 초음파 영역(수10kHz ~ 수MHz)의 신호를 대상으로 한다. 초음파 탐상법과 비슷하지만 재료의 결함 자체가 방출하는 동적 에너지를 감지하는 점에서 차이가 있다.

2023년 제1회 필답형

01 동적시험과 정적시험의 예를 쓰시오.

해답
- 정적시험 : 인장, 압축, 전단, 굽힘, 비틀림, 압입 경도시험
- 동적시험 : 피로시험, 충격시험, 쇼어 경도시험, 에코팁 경도시험

해설
- 정적시험 : 정적하중을 가하여 시험하는 것으로 하중증가에 가속도가 없다.
- 동적시험 : 동적하중을 가하며 시험하는 것으로 실제 상태와 유사하다.

02 충격시험과 피로시험, 에릭센시험에 대하여 쓰시오.

해답
- 충격시험 : 표준시편에 충격에 대한 동적하중을 가하여 금속의 충격흡수에너지를 구하는 시험
  – 샤르피, 아이조드 충격시험
- 피로시험 : 응력(y축)과 반복횟수(x축)의 관계를 알아보는 시험
- 에릭센시험 : 재료의 연성을 파악하기 위하여 구리 및 알루미늄 판재와 같은 연성 판재를 가압 성형하여 변형 능력을 확인

03 초음파 용어 중 다음 용어를 설명하시오.
(1) 탐촉자
(2) 매질
(3) 불감대

해답
(1) 탐촉자 : 자화수축 또는 압전효과를 이용하여 초음파와 전기신호를 변환하여 송신, 수신의 역할을 하는 것(초음파 ⇌ 전기신호)
(2) 매질 : 물, 기계유, 글리세린, 물유리, 페이스트(CMC), 그리스 등으로 탐상 면과 탐촉자 면 사이의 공기층을 제거하여 탐상을 용이하게 한다.
(3) 불감대 : 송신 에코 뒤에 나타나는 결함 감지 불능 영역

04 시멘타이트에서 탄소원자의 wt%를 구하시오(단, 원자량 : Fe : 55.845g/mol, C : 12.0107g/mol).

해답

6.67wt%

해설

a%(원자의 개수비), wt%(질량비)의 전환 문제로 Fe_3C(시멘타이트)는 Fe 3개, C 1개로 이루어져 있어서 C 25a%, Fe 75a%를 환산하면

$3 : 1 = \dfrac{Fe}{Fe+C} : \dfrac{C}{Fe+C}$ 의 식을 이용하여 계산하면 C : 6.67wt%, Fe : 93.33wt%이다.

05 방사선 투과시험에서 X선 표적의 조건을 쓰시오.

해답
- 고원자번호
- 고용융점
- 고열전도율
- 저증기압

해설
- 전자총으로 표적(타깃)을 맞춰 X선을 발생시키는데 표적이 되기 위한 조건은 많은 열과 고진공을 유지하기 위해 고원자번호, 고용융점, 고열전도율, 저증기압의 조건이 필요하다.
- 타깃 : 양극 내에 위치하는 금속판으로 전자와 충돌하여 X선을 방출한다.
- 표적 재료 : W, Au

06 다음과 같은 3원 합금계 상태도에서 X점의 농도를 구하시오.

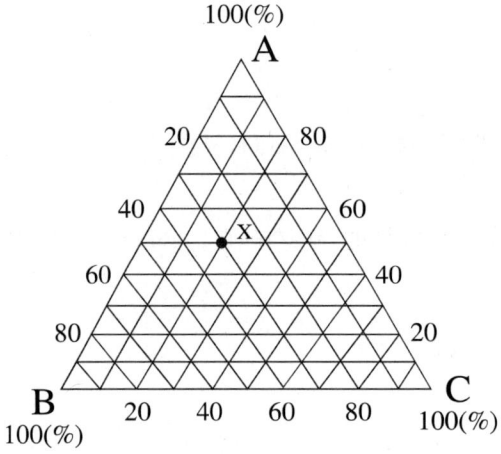

해답

A : 50%, B : 30%, C : 20%

해설

3원 합금계는 삼각형으로 각 꼭짓점 부분을 각 원소별 100%라 하며 아래 그림과 같이 각 변에 평행한 선을 그어 눈금을 읽는다.

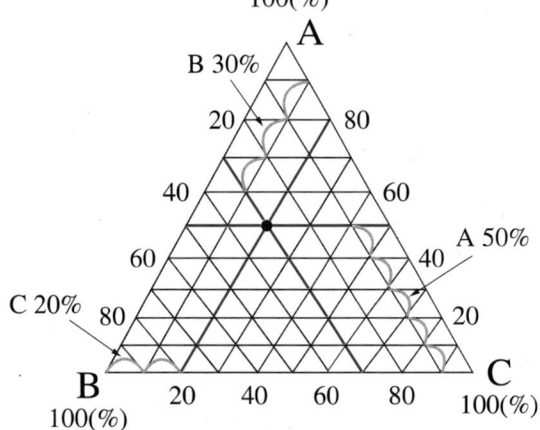

따라서 A : 50%, B : 30%, C : 20%

07 그림을 보고 각 기호별로 명칭을 적으시오.

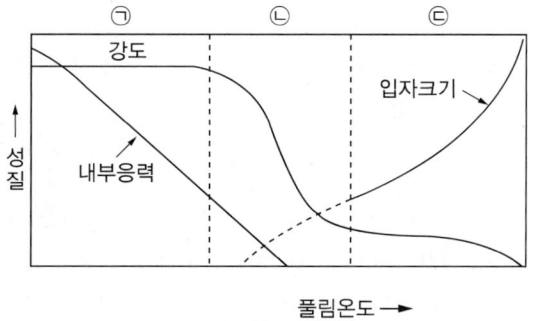

해답
㉠ 회복
㉡ 재결정
㉢ 결정립 성장

해설
㉠ 회복 : 결정립의 변화는 없지만 결정립 내부에 응력으로 변화된 변형에너지와 항복강도 등이 감소하여 기계적 성질이 변화하는 것
㉡ 재결정 : 냉간가공된 금속을 고온으로 가열 시 회복된 금속 조직 내에 결정립계에서 새로운 핵이 생성되고 변형률이 없는 새로운 결정립 성장
㉢ 결정립 성장 : 큰 결정립에 작은 결정이 흡수되는 현상으로 임계의 직선화, 미세한 결정립의 소멸, 인접 결정립 성장이 이루어진다.

08 공구강의 조건 5가지를 쓰시오.

해답
- 상온 및 고온 경도가 클 것
- 가열에 의한 경도 변화가 적을 것
- 내마모성, 인성이 좋을 것
- 내압강도가 클 것
- 열처리가 용이하며 변형이 적을 것
- 열피로 균열이 없고 내산화, 내식성이 클 것

해설
공구강
- 탄소공구강, 합금공구강, 고속도강의 세 종류로 분류되며, 열처리 방법은 단조, 풀림, 담금질로 행해진다.
- 조건
  - 상온 및 고온 경도가 클 것 → 기본적 절삭력, 내구력 필요
  - 가열에 의한 경도 변화가 적을 것
  - 내마모성, 인성이 좋을 것 → 전단, 타격용 공구
  - 내압강도가 클 것 → 냉각 단조
  - 열처리가 용이하며 변형이 적을 것
  - 열피로 균열이 없고 내산화, 내식성이 클 것 → 다이캐스트

09 청열취성에 대하여 쓰시오.

해답
강이 200~300℃로 가열되면 경도, 강도는 최대가 되지만 연신율, 단면수축이 감소하여 일어나는 메짐현상으로, 이때 표면에 청색의 산화피막이 생성되어 청열취성이라 한다.

해설
그 외의 취성
- 상온취성 : 인(P)에 의해 발생되며 상온에서 충격값을 저하시키고 가공성이 나빠진다.
- 적열취성 : 열간가공의 온도범위에서 일어나는 메짐현상으로 황(S)이 많이 함유된 경우 발생한다.
- 저온취성 : 천이온도 이하의 온도에서 충격값이 급격하게 저하되는 현상이다.
- 수소취성 : 수소원자에 의한 헤어크랙이 취성의 원인이 되어 나타나는 현상이다.

10 다음 [보기]를 경도 순서대로 나열하시오.

보기
소르바이트, 트루스타이트, 베이나이트, 펄라이트, 페라이트, 오스테나이트, 마텐자이트, 시멘타이트

해답
시멘타이트 > 마텐자이트 > 트루스타이트 > 베이나이트 > 소르바이트 > 펄라이트 > 오스테나이트 > 페라이트

11 현미경 조직검사의 순서를 적으시오.

해답
시험편 채취 → 시험편의 제작(마운팅) → 연마 → 폴리싱 → 부식 → 검경

12 침탄 열처리에서 목탄 촉매를 사용하는 가스와 니켈 촉매를 사용하는 가스의 예를 2개씩 쓰시오.

해답
- 목탄 촉매 : 탄산바륨, 탄산나트륨
- 니켈 촉매 : 프로페인, 뷰테인

13 철, 귀금속의 부식용액을 적으시오.

해답

재료	부식액
철강	나이탈(질산알코올용액)
	피크랄(피크르산알코올용액)
귀금속류(Au, Pt)	불화수소산
	왕수

해설

재료	부식액
철강	나이탈(질산알코올용액)-진한 질산 : 알코올 = 5 : 100(cc)
	피크랄(피크르산알코올용액)피크르산 : 알코올 = 5 : 100(cc)
구리, 황동, 청동	염화제2철용액-염화제2철 : 진한염산 : 물 = 5 : 50 : 100(cc)
니켈 및 합금	질산초산용액-질산(70%) : 초산(50%) = 50 : 50(cc)
주석 및 합금	나이탈(질산알코올용액)-진한 질산 : 알코올 = 2 : 100(cc)
납 및 합금	질산용액-질산 : 물 = 5 : 100(cc)
아연 및 합금	염산용액-염산 : 물 = 5 : 100(cc)
알루미늄 및 합금	수산화소듐용액-수산화소듐 : 물 = 20(g) : 100(cc)
귀금속류(Au, Pt)	불화수소산-10%수용액
	왕수-진한질산 : 진한염산 : 물 = 1 : 5 : 6(cc)

14 정량 조직검사인 ASTM 결정립도 측정법에서 각 시야에서의 입도번호인 a와 각 입도번호에 따른 시야수 b가 다음 표와 같이 나타났을 때 ASTM 입도번호(Nm)는 얼마인가?(단, 계산과정을 기재하시오)

a	b	$a \times b$	비고
5	4	20	
6	3	18	
8	2	16	

해답

시야수를 이용한 입도번호(Nm) $= \dfrac{\sum(a \times b)}{\sum b} = \dfrac{(5 \times 4)+(6 \times 3)+(8 \times 2)}{4+3+2} = \dfrac{20+18+16}{9} = \dfrac{54}{9} = 6$

15 표면경화를 위한 금속침투법의 명칭 5가지를 침투 원소와 함께 기재하시오.

해답
- 세라다이징(Zn)
- 칼로라이징(Al)
- 크로마이징(Cr)
- 보로나이징(B)
- 실리코나이징(Si)

해설
금속침투법
강의 표면에 고온확산법을 응용하여 원소를 침투시켜 그 원소에 의해 합금피복층을 형성시키는 방법으로 세라다이징(아연침투법), 칼로라이징(알루미늄침투법), 크로마이징(크로뮴침투법), 보로나이징(붕소침투법), 실리코나이징(규소침투법) 등이 있다.

16 과시효 발생원인 2가지 및 현상을 쓰시오.
(1) 원인
(2) 현상

해답
(1) 원인
- 시효온도보다 높을 때
- 시표시간이 길 때

(2) 현상
- 경도 및 강도가 저하하고 연화된다.

해설
과시효
GP-I Zone, GP-II Zone, θ'상은 정합 석출물이지만 θ상은 부정합 석출물이기 때문에 θ상이 형성되면 합금의 강도는 저하되는데 이를 과시효라 한다.

17 고속도 공구강 반복뜨임처리를 하는 이유 3가지를 쓰시오.

해답
- 충분한 2차 경화 : 과포화 고용체로부터 합금원소(C, Cr, W, Mo, V) 등의 합금탄화물이 석출되어 분산강화와 격자왜곡생성
- 조직의 안정화 : 2차 경화와 함께 잔류 오스테나이트 분해
- 인성부여 : 합금탄화물 석출 및 응집 진행

18 그라인더에 비산하는 연삭분을 유리판 상에 삽입하여 만든 시험편을 금속현미경으로 크기, 색, 형상 등을 관찰하는 시험 방법을 무엇이라 하는가?

해답
매립시험

해설
- 매립시험 : 불꽃시험 후 연삭가루를 유리판에 넣고 현미경으로 관찰
- 그라인더 불꽃검사법 : 회전그라인더에서 생기는 불꽃을 관찰
- 분말시험 : 시험편의 분말을 전기로 혹은 가스로에 넣어 관찰
- 펠릿시험 : 펠릿의 색과 형상을 관찰
  - 탄소파열 저지원소 : 규소(Si), 몰리브데넘(Mo), 니켈(Ni)
  - 탄소파열 조장원소 : 크로뮴(Cr), 망가니즈(Mn), 바나듐(V)

2024년 제 1 회 필답형

01 침입형 고용체가 될 수 있는 원소를 3가지 쓰시오.

[해답]
H, C, N, O, B

[해설]
결정격자의 원자 사이로 침입해 들어가는 고용체를 의미하며 대표적 원소는 H, C, N, O, B이 있다.

02 제시하는 불꽃파열의 그림을 보고 첨가된 합금원소를 쓰시오.

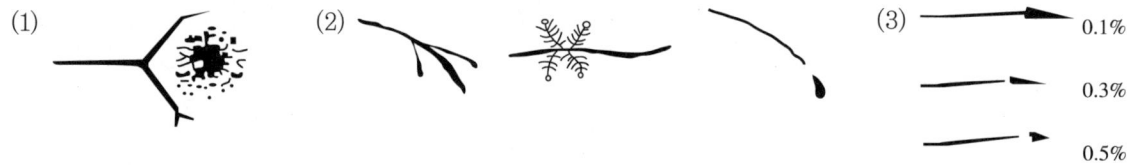

[해답]
(1) Cr
(2) W
(3) Mo

[해설]
합금원소에 의한 불꽃파열

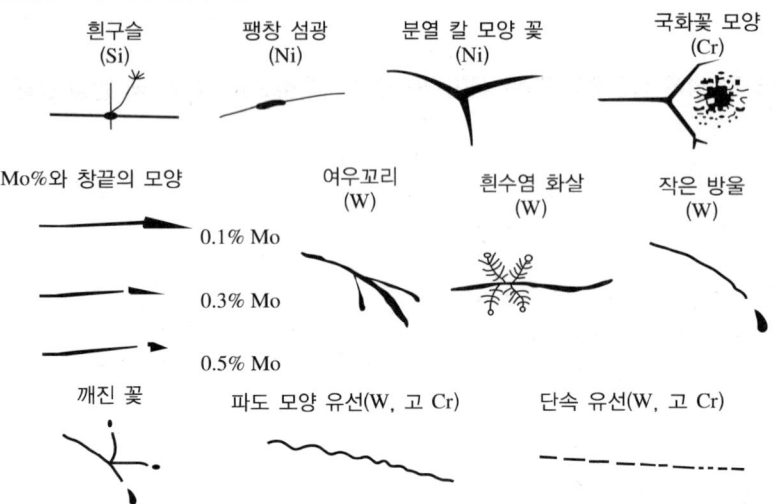

03 고탄소 피아노 강선 제조에 주로 쓰이는 열처리로 오스테나이트화된 강재를 500℃ 전후 염욕에 열처리하는 과정에 대한 질문에 답하시오.
(1) 위와 같은 열처리 과정을 무엇이라 하는가?
(2) 위와 같은 열처리를 통하여 주로 얻고자 하는 성질은 무엇인가?

해답
(1) 파텐팅
(2) 높은 인장강도

해설
파텐팅은 중~고 탄소강의 강선제조에 높은 인장응력을 부여하기 위해 오스테나이트화된 강재를 500℃ 전후 염욕에 급랭하는 열처리이다.

04 오스테나이트 변태의 생성물로 펄라이트 이외에 다른 미세구성인자인 베이나이트가 생성되는 담금질 방법을 2가지 쓰시오.

해답
- 오스템퍼링
- 마퀜칭(마템퍼)

해설
TTT선도의 노즈 이하 온도구간(215~540℃)에서 변태가 일어나는 베이나이트는 상부, 하부 베이나이트로 나뉘며 오스템퍼링, 마퀜칭(마템퍼), 인상담금질 등에서 생성될 수 있다.

05 로크웰 경도시험에 대한 질문에 답하시오.
(1) 로크웰 경도시험 A스케일의 압입자의 형상과 대면각을 쓰시오.
(2) 로크웰 경도시험 B스케일의 기준하중과 시험하중을 N단위로 환산하여 쓰시오.

해답
(1) 형상 : 원뿔 다이아몬드, 대면각 : 120°
(2) 기준 하중 : 98.07N(10kgf), 시험하중 : 980.7N(100kgf)

06 SKH2 고속도강의 조직사진 (b)를 보고 1,280℃의 담금질 조직의 기지와 백립에 대하여 서술하시오.

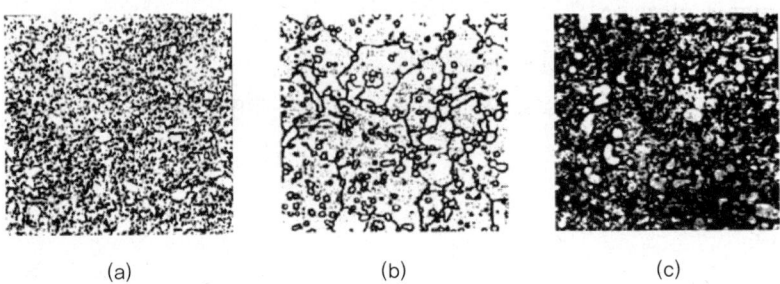

(1) 기지조직
(2) 백색입상

해답
(1) (오스테나이트를 함유한) 마텐자이트
(2) 복탄화물

해설
주어진 조직사진 (a)는 페라이트 기지에 백립은 복탄화물이며, (b)는 마텐자이트 기지에 백립은 복탄화물, 망상의 흑선은 오스테나이트 입계이다. 또한 (c)는 템퍼링 마텐자이트에 백립은 복탄화물이다.

07 Fe-Fe₃C계 평형상태도에 대한 다음 질문에 답하시오.
(1) 강과 주철의 경계를 탄소량으로 나타내시오.
(2) 공정점의 탄소함유량과 온도를 쓰시오.
(3) 공석점의 탄소함유량과 온도를 쓰시오.

해답
(1) 2wt%C(2.14%, 2.1%도 무방)
(2) 4.3wt%C, 1,150℃
(3) 0.7wt%C, 726℃

08 다음 조직사진은 Ar′와 Ar″의 사이에서 항온변태를 통하여 나타나는 조직이다. (a), (b)에 해당하는 조직의 이름을 쓰시오.

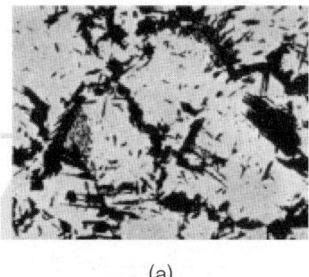 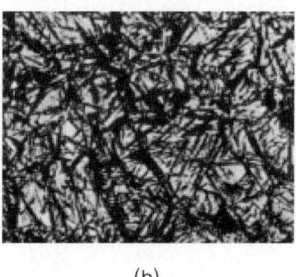
(a)　　　　　　　　　　(b)

해답
(a) 상부 베이나이트
(b) 하부 베이나이트

해설
강을 약 550℃와 M_s 온도 사이에서 항온(등온) 변태처리 하면 베이나이트를 얻을 수 있으며, 상부 베이나이트(우모상)와 하부 베이나이트(침상)로 구분할 수 있다.

09 샤르피 충격시험에 대한 질문에 답하시오.
(1) 샤르피 충격시험의 타격 방향을 서술하시오.
(2) 충격시험을 통하여 알 수 있는 것은 무엇인가?

해답
(1) 양 끝단을 고정한 후 노치부의 반대방향에 충격을 준다.
(2) 재료의 충격에너지, 재료의 인성(또는 취성), 재료의 천이온도 등을 확인할 수 있다.

10 쿨롱의 법칙에 의하면 두 자극 사이에는 거리와 두 자기장의 세기에 영향을 받는 힘이 작용하는데, 두 자극 사이의 거리가 2배로 늘어난다면 두 자극 사이에 작용하는 힘의 세기는 어떻게 변하는가?

해답
1/4로 변함

해설
$F = \dfrac{1}{4\pi\mu} \times \dfrac{m_1 m_2}{r^2} = \dfrac{1}{4\pi\mu_0 \mu_s} \times \dfrac{m_1 m_2}{r^2} = 6.33 \times 10^4 \dfrac{m_1 m_2}{\mu_s r^2}$ [N] 식의 적용을 받으며, 두 자극 사이의 거리는 r이기 때문에 초기에 비해 1/4로 변한다.

11 그림에 제시된 항복점에서의 연신율을 계산 과정과 함께 나타내시오(단, 4호 시험편을 기준으로 한다).

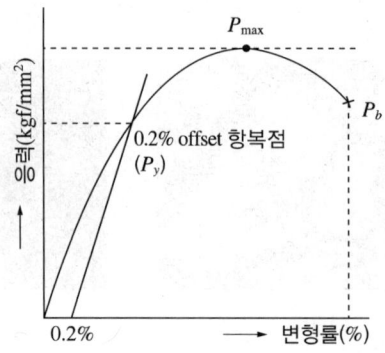

[해답]

연신율(%) = $\dfrac{\text{파단길이} - \text{초기길이}}{\text{초기길이}} \times 100 = \dfrac{x\text{mm} - 50\text{mm}}{50\text{mm}} \times 100 = 0.2$ ∴ $x = 50.1\text{mm}$

[해설]

인장시험편은 1호, 2호 이외 4호, 5호, 8호, 10호, 11호, 12호, 13호 등 다양한 시험편으로 구분된다.
- KS 4호 : 표점거리(50mm), 지름(14mm)
- KS 5호 : 표점거리(50mm), 너비(25mm)

12 심랭처리의 장점을 3가지 쓰시오.

[해답]
- 내부조직 미세화로 강인성 증가
- 내마모성, 내침식성 등의 증대
- 잔류응력 제거로 변형 방지

[해설]
- 공구강 및 합금강의 경도 증대 및 조직을 미세, 균질화시켜 인장력 및 기계적 성질의 안정성을 높여 강을 강인하게 만든다.
- 내마모성, 내부식성, 내침식성을 증대시킨다.
- 게이지, 베어링 등 정밀 기계부품의 조직을 안정화하고, 시효(時效)에 의한 형상 및 치수의 변형을 방지한다.
- 열처리 후에 발생하는 내부 조직 내 잔류응력을 제거하고 내부 응력을 안정화시킨다.
- 내부 응력을 제거하여 응력 균열을 감소시킨다.

13 SM45C의 열처리 방법을 선정 후 열처리 온도를 제시하시오.

해답
- 퀜칭 : 850℃ 담금질 후 수랭
- 템퍼링 : 500℃ 템퍼링 후 수랭

해설
SM45C의 열처리 선도는 다음 그림과 같다.

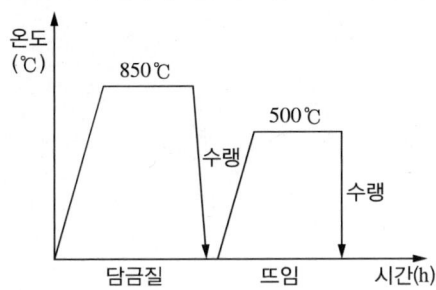

14 뜨임 시 생기는 결함의 원인을 3가지 나열하시오.

해답
- 템퍼링의 급속 가열
- 템퍼링 온도로부터 급랭
- 탈탄층이 있는 경우
- 담금질이 끝나지 않은 상태에서 템퍼링한 경우

해설
뜨임 시 결함 방지 대책으로 다음과 같은 것이 있다.
- 천천히 가열
- 응력 집중 부위 설계에 유의
- 취성을 나타내는 성분 자제
- 탈탄층 제거
- 고합금강의 2단 템퍼링

15 침투탐상검사에 대한 다음 질문에 답하시오.

(1) VC-S 방법에 의한 탐상 순서를 나타내시오.

(2) 침투탐상검사를 진행할 수 있는 원리를 보여주는 현상은 무엇인가?

해답

(1) 전처리 – 침투처리 – 제거처리 – 현상처리 – 관찰 – 후처리

(2) 모세관현상(표면장력과 적심성)

16 두랄루민의 인공시효를 진행할 때에 순서를 서술하시오.

해답

용체화처리 – 퀜칭 – 인공시효

해설

Al-Cu 합금을 500℃ 정도로 가열하여 급랭하면 과포화 고용체가 되는데(용체화 처리) 이후 시간이 지나도 시효가 되지만 120~200℃로 가열하면 시효가 촉진되어 짧은 시간에 시효를 완료할 수 있다(인공시효).

17 강의 표면에 고온확산법을 응용하여 원소를 침투시켜 그 원소에 의해 합금피복층을 형성시키는 방법을 금속침투법이라 한다. 원소별 금속침투법 5가지를 나열하시오.

해답

- 세라다이징(Zn)
- 칼로라이징(Al)
- 크로마이징(Cr)
- 보로나이징(B)
- 실리코나이징(Si)

2025년 제1회 필답형

01 자분탐상 종류 중 선형자기장(자분이 직선)을 형성하는 자화방법을 2가지 쓰시오.

해답
코일법(C), 극간법(M)

해설

구분	부호	자화방법	자기장
축통전법	EA	시험체의 축 방향으로 직접 통전시킨다.	원형자기장
직각통전법	ER	시험체의 축에 대해 직각 방향으로 직접 통전시킨다.	원형자기장
프로드법	P	시험체의 일부에 두 개의 전극으로 통전시킨다.	원형자기장
전류관통법	B	시험체의 구멍을 관통하는 도체에 전류를 흘린다.	원형자기장
코일법	C	시험체를 코일에 넣고 코일에 전류를 흘린다.	선형자기장
극간법	M	시험체에 전자석 또는 영구자석을 접촉시킨다.	선형자기장
자속관통법	I	시험체의 구멍등을 통과하는 자성체에 교류자속을주어 시험체에 유도전류를 흘린다.	원형자기장

02 오스테나이트 결정립의 크기와 담금질성과의 연관을 설명하시오.

해답
결정립이 클수록 담금질성은 증가하고, 결정립이 작을수록 담금질성은 감소한다.

해설
담금질성은 강을 급랭시킬 때 마텐자이트화가 얼마나 잘되는가를 확인하는 것이다. 오스테나이트의 결정립 크기가 작을수록 결정립계가 많아지는데 이는 마텐자이트 변태 시 핵 생성이 빠르게 일어나 마텐자이트화가 빠르게 진행되지만 깊은 곳까지는 진행되지 않는다.

구분	핵생성	담금질성
작은 결정 (결정립계가 많다)	활발하다.	빠르게 마텐자이트화하여 표면에 집중된다(담금질성 나쁨).
큰 결정 (결정립계가 적다)	늦다.	마텐자이트화가 지연되지만 깊은곳까지 마텐자이트화한다(담금질성 좋음).

03 다음 그림은 주철의 현미경 조직을 나타낸 것이다. 알맞은 주철 조직의 명칭을 쓰시오.

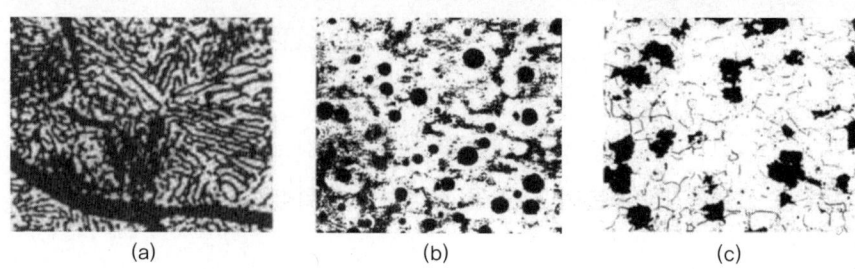

(a)　　　　　　　　(b)　　　　　　　　(c)

해답
(a) 펄라이트 회주철
(b) 구상흑연 주철
(c) 흑심가단주철

04 압입경도시험에서는 다이아몬드 압입자 또는 강구를 주로 사용한다. 이에 관한 다음 질문에 답하시오.
(1) 비커스경도시험에서의 다이아몬드 압입자의 꼭지각은?
(2) 로크웰 C 스케일 에서의 다이아몬드 압입자의 꼭지각은?
(3) 브리넬 결도시험에서의 HBW(10/3,000) 중 10이 의미하는 것은?

해답
(1) 136°
(2) 120°
(3) 강구의 지름 10mm

05 방사선 비파괴시험에서 배치 순서에 따라 빈칸을 채우시오.
선원 – (　　) – 시편 – (　　)

해답
선원 – 투과도계(선원측) – 시편 – 필름

06 피아노선 제조 시 소르바이트 조직을 형성하기 위한 열처리 방법은?

해답
파텐팅

해설
파텐팅 : 선재를 950℃ 이상의 온도로 급속히 가열하여 500℃에서 염욕처리를 거쳐서 소르바이트 조직을 얻을 수 있는 열처리 방법이다.

07 각 재료별 부식액을 옳게 답하시오.
(1) 탄소강
(2) 알루미늄
(3) 금 및 백금

해답
(1) 나이탈
(2) 수산화소듐용액
(3) 왕수

해설

재 료	부식액
철강	나이탈(질산알코올용액)
	피크랄(피크르산알코올용액)
구리, 황동, 청동	염화제2철용액
니켈 및 합금	질산초산용액
주석 및 합금	나이탈
납 및 합금	질산용액
아연 및 합금	염산용액
알루미늄 및 합금	수산화소듐용액
귀금속류(Au, Pt)	왕수

08 고속도강을 600℃ 이상에서 열처리하게 되면 인성이 떨어진다. 이러한 현상이 발생하는 이유는 무엇인가?

해답
2차 경화현상 후 용융상의 생성으로 취성 증가

해설
담금질 온도가 높으면 탄화물의 고용량이 증가하고, 2차 경화의 정도도 커진다. 그러나 담금질 온도가 너무 높으면 용융상을 만들어 취성을 띠게 되어 이러한 용융상 생성온도보다 낮은 온도에서(탄화물을 고용하는 온도) 담금질을 진행한다.

09 다음 빈칸에 알맞은 용어를 쓰시오.

> 가단주철은 (　)을 열처리하여 흑연화 또는 탈탄하여 단조를 용이하게 하는 주철을 만든다.

[해답]
백선(백선주철)

10 제선 공정에서는 간접환원과정이 매우 중요한데, 이때의 부두아 반응의 화학식을 쓰시오.

[해답]
$CO_2(g) + C(s) \rightleftharpoons 2CO(g)$

[해설]
부두아 반응 : 코크스를 태우면서 발생한 일산화탄소(CO) 가스를 이용한 철(Fe)의 간접환원 반응 중 이산화탄소와 탄소의 반응이다.
$3Fe_2O_3 + CO \rightarrow 2Fe_3O_4 + CO_2$
$Fe_3O_4 + CO \rightarrow 3FeO + CO_2$
$FeO + CO \rightarrow Fe + CO_2$

11 오스테나이트계 스테인레스강은 입계부식과 응력부식이 일어나기 쉬운데 이를 방지하는 원소를 2가지 쓰시오.

[해답]
Ti, Nb

[해설]
입계부식은 입계의 Cr 고갈로 인한 현상이며 이를 방지하기 위해서는 Cr 함유를 높이거나 C 함유량을 낮추는 방법이 있다. 이러한 현상을 방지하기 위해서는 Ti, Nb를 넣는다. V도 같은 역할을 한다.

12 직경 14mm인 환봉에 7,000kgf의 하중이 작용했을 때, 이 재료의 인장강도는 얼마인가?

해답

단면적 $= \dfrac{\pi d^2}{4} = \dfrac{\pi \times 14^2}{4} = 153.9 \text{mm}^2$

인장강도 $= \dfrac{\text{하중}}{\text{단면적}} = \dfrac{7,000}{153.9} = 45.48 \text{kgf/mm}^2$

13 다음의 CCT선도에서 ㉠, ㉡는 각각 다른 조직을 갖는다. 이때의 결정구조를 쓰시오.

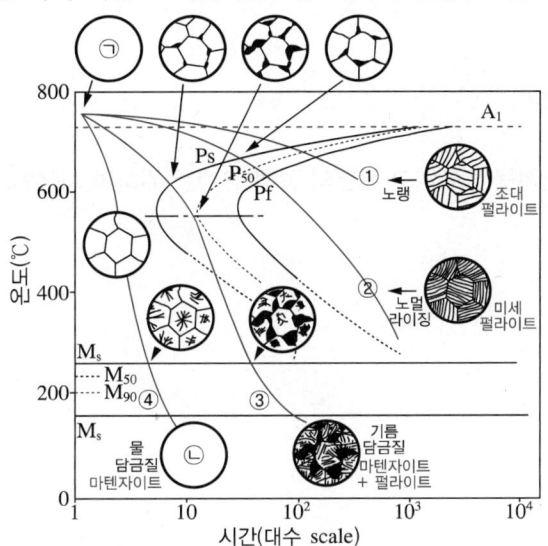

해답
㉠ 오스테나이트이기 때문에 FCC구조를 갖는다.
㉡ 마텐자이트이기 때문에 BCT구조를 갖는다.

14 금속현미경에서 접안렌즈의 배율과 대물렌즈의 배율이 각각 10배, 50배일 때 이 현미경의 배율은 얼마인가?

해답
$10 \times 50 = 500$배

15 고온에서 일정한 하중을 장시간 가하였을 때 재료의 변형이 일어나는 현상은?

해답
크리프현상

해설
크리프시험은 일반적으로 고온하에서 이루어지며 일정한 힘을 장시간에 걸쳐 받을 때의 변형량을 측정하는 실험이다.

16 광휘열처리 시 금속의 산화를 방지하고 표면의 광택 유지를 위하여 사용할 수 있는 불활성 가스 3가지를 쓰시오.

해답
Ar, N, He

17 담금질 후 취화된 강을 다시 열처리하는 방법으로, 경도는 약간 감소되지만 인성을 부여할 수 있는 열처리는?

해답
뜨임(tempering)

해설
뜨임처리를 통하여 담금질 이후에 단단하지만 취성을 가진 담금질강의 내부응력을 없애거나 줄여 주며, 강도와 인성의 증가를 향상시킨다.

금속재료산업기사 작업형 개요

금속재료산업기사 실기 작업형은 크게 4가지 시험으로 시행하고 있다.
- 불꽃시험
- 경도 측정
- 조직 관찰
- 연성, 취성 판별

보통은 위 시험들을 동시다발적으로 시행하는데 각각의 시험은 연관성이 없으니 어떤 시험을 먼저 시행하더라도 문제가 없다.

① 불꽃시험

숙련자가 아니라면 불꽃의 색으로 구분을 할 수 없지만 모양과 길이만으로 충분히 구별할 수 있다. 불꽃시험은 6가지의 시험편을 그라인더를 이용하여 시행하고 불꽃의 길이, 유선의 양, 파열 모양 등을 관찰하여 특징을 확인한 후 강종을 판별한다. 또한 산업기사의 불꽃시험에서는 강종과 성분에 대한 이해가 있어야 실기를 진행할 수 있다.

불꽃시험 링크

금속재료에서의 시험 불꽃의 특성에 따라
㉠ SM계열(사실 STC3는 SM계열이 아니지만, 분류상의 명명)
㉡ 창끝 불꽃 계열
㉢ 짧은 계열
3가지로 나누어 보겠다.

위 기준은 필자의 개인적 분류기준으로 표준 규격과는 일치하지 않으며 단지 이해를 돕기 위한 수단임을 공지한다.

다음 설명과 더불어 제공된 QR코드의 불꽃 영상을 참고하기를 바란다. 또한 모든 불꽃을 관찰할 때는 불꽃 전체를 보는 것이 아니라 불꽃 한 줄기 한 줄기를 나누어서 관찰해야 한다.

㉠ SM계열은 기본형인 SM25C와 이보다 조금 더 복잡한 SM45C, 그리고 추가적인 꽃가루가 많이 따라붙는 STC3로 나누어 볼 수 있다. 단순히 복잡한 정도를 따진다면 SM25C < SM45C ≪ STC3로 나타낼 수 있다.
- SM25C : 가장 기본형이라 생각하면 되고 3, 4줄 파열이 보이며, 유선이 매우 깨끗한 것을 볼 수 있다.
- SM45C : SM25C보다 약간 업그레이드 형이라 보면 될듯하다(복잡하다). 탄소량이 많으므로 탈 만한 재료가 많다고 암기해도 좋다.
- STC3 : SM45C보다 약간 업그레이드 형이라 보면 될듯하다(복잡하다). 파열의 형태가 약간 달라지는데 좀더 폭발하는 양이 늘었고 유선 중간 중간에서 45C에서 볼 수 없던 작은 점(불꽃)이 더 많은 편이다.

㉡ 창끝 불꽃 계열은 SKH51과 STS3를 예로 들 수 있는데, 유선의 양으로 보았을 때 SKH51 < STS3이라 할 수 있다.
- SKH51 : SKH51은 고속도 강으로 SM계열에 비하여 연마가 덜 되는 것을 알 수 있다. 유선의 개수 자체가 적은 편으로 아주 세게 누르지 않으면 적은 개수의 유선만 생성된다. 또한 파열의 형상이 창끝과 비슷한 모양을 보인다.
- STS3 : SKH51와 비슷하지만 약간 다른 형태를 보인다. 단순히 비교하면 유선의 개수가 많고 창끝 모양의 파열 뒤쪽으로 폭발이 있음을 볼 수 있다.

㉢ 짧은 계열은 GC250과 STD11을 들 수 있다. 둘 다 다른 계열과 비교해서 매우 짧은 유선의 길이를 가지고 있는데 각기 모양이 다르지만, 결정적으로 확인할 수 있는 부분은 뿌리 부분이다.
- GC250 : GC250은 형상만 볼 때는 STS3와 비슷해 보이지만 매우 짧은 유선의 길이를 가지며 뿌리 부분의 유선이 매우 흐릿하다. 실제로 불꽃시험을 진행했을 때 뿌리 부분의 유선이 없어 보이기도 한다.
- STD11 : 매우 불규칙한 모습을 보이지만 짧고 불규칙한 유선의 모양을 볼 수 있다. 이해를 돕기 위한 동영상을 참조한다.

② 경도 측정

경도 측정은 크게 3단계로 나누어 볼 수 있다.

㉠ 브리넬 경도 측정 : 시험장의 경도기에 따라 조작법이 다르지만 자동/수동으로 나눌 수 있고 조작법은 누구나 할 수 있을 정도로 쉬운 편이다. 다만 되도록 시험 전에 꼭 실제 경도시험기를 조작해 보는 것을 추천한다.
- 수동(유압식)
  - 경도 시험편을 사용하기에 앞서 유압 코크를 잠근다.
  - 시험대에 경도 시험편을 올려두고 하단에 있는 손잡이를 돌려 시험대가 강구에 닿을 때까지 올린다(닿으면 바로 정지).
    → 경도 시험편의 중앙에 가상의 정삼각형을 그리고 각 꼭짓점의 간격은 약 1cm 정도로 잡는다.
  - 가상의 정삼각형의 꼭짓점에 강구가 닿았다면 상단의 레버를 이용하여 유압을 채워준다. 눈금에서 3,000kgf가 되면 레버의 작동을 멈추고 30초 대기 후 유압 코크를 다시 풀어주는데 급격하게 풀지 않도록 한다.
  - 위의 과정을 반복하여 3개의 꼭짓점에 경도 시험을 한다.
- 자동
  - 시험대에 경도 시험편을 올려두고 하단에 있는 손잡이를 돌려 시험대가 강구에 닿을 때까지 올린다(닿으면 바로 정지).
    → 경도 시험편의 중앙에 가상의 정삼각형을 그리고 각 꼭짓점의 간격은 약 1cm 정도로 잡는다.
  - 가상의 정삼각형의 꼭짓점에 강구가 닿았다면 버튼을 눌러 경도 시험을 시행한다(버튼은 기계마다 위치가 다르며 심사위원이 알려준다).
  - 위의 과정을 반복하여 3개의 꼭짓점에 경도 시험을 시행한다.

㉡ 확대경을 사용한 결과 분석 : 확대경을 이용하여 압입자국 d를 측정하는데 사용법은 다음과 같다(사용법이 다른 확대경도 있다).
- 확대경 오른쪽을 보면 다이얼이 있는데 다이얼을 한 바퀴 돌리면 1mm를 이동한다.
- 확대경으로 관찰 시 고정단과 변동단이 있는데 앞서 언급한 다이얼은 변동단을 움직이는 다이얼이다.
- 고정단과 변동단 사이의 길이를 확대경 내의 눈금과 오른쪽의 다이얼 눈금을 이용하여 읽어준다.
  → 보통은 4.xx 언저리의 값이 나오는데 4는 확대경 내에서 확인할 수 있고, .xx 부분은 오른쪽의 다이얼을 읽어서 확인할 수 있다.
- 3개의 꼭짓점을 확대경을 통해서 본다면 방향이 헷갈릴 수 있는데 볼펜 등으로 압입자국에 표시해가며 측정하면 보다 정확하게 할 수 있다.
- 위의 방법들을 이용하여 압입자국을 측정하는데 고정단과 변동단이 원의 끝과 끝에 닿도록 유지한 채 확대경을 읽으면 되고 이는 지름을 뜻한다.

ⓒ 분석값을 이용한 경도값 계산

위에서 구한 d값과 제시된 수치를 아래 식에 대입하여 경도값을 계산하며 단위는 붙이지 않고 HB로 나타낸다.

$$\text{브리넬 경도(HB)} = \frac{2P}{\pi D(D - \sqrt{D^2 - d^2})}$$

여기서, P : 하중(3,000kgf)
D : 강구의 지름(10mm)
d : 압흔의 지름(측정값 : mm)

③ 조직 관찰

조직은 보는 위치에 따라, 부식의 정도에 따라 모두 다른 양상을 나타내므로 실습을 반복하여 부식이 덜 되었을 때, 적당할 때, 과부식일 때 각각의 특징을 기록하여 조직을 판단하도록 한다.

※ 시험편 연마 & 관찰 방법

시험편을 연마할 때는 미세 연마만 하면 되는 수준의 시험편을 받는데 #800, #1200의 사포만 사용해도 충분히 관찰, 판별할 수 있다.

- #800(상대적으로 거친)의 사포를 먼저 사용하는데 사포질할 때 너무 세게(바닥과 부딪히는 소리가 나지 않도록) 마찰을 일으키지 않도록 한다.
- 시험편에 스크래치가 한 방향으로만 눈에 보인다면 90° 회전하여 다시 연마를 시작한다.
- 90° 회전하여 연마 후 원래의 스크래치가 모두 없어진다면 #1200 사포를 사용한다.
- 나이탈과 알코올을 이용하여 알코올 세척 → 건조 → 나이탈 부식(10초 전후) → 알코올 세척(매우 중요) → 건조 후 관찰
- 부식 이후 알코올 세척 이전까지는 계속 부식이 진행되고 있다고 보면 된다.
- 관찰할 때 부식이 덜 되었을 때와 적당할 때 그리고 과할 때로 나누어 볼 수 있는데 실습을 하다 보면 강종별로 부식 시간이 다르다는 것을 알 수 있다. 꾸준히 연습하여 부식이 덜 된 상태, 적당할 때, 과할 때의 모양을 모두 숙지한다면 조직시험도에서 좋은 결과를 얻게 될 것이다.

㉠ SM45C&SM15C~SM25C

군복 무늬와 흡사하다. 얼룩덜룩한 것이 특징이며 페라이트와 펄라이트가 존재하여 색상의 차이를 보이는데 검은색 펄라이트는 탄소의 비율이 높으므로 검은색을 나타내며 SM 뒤의 숫자는 탄소량을 나타내기에 25보다는 45가 훨씬 검은 편이다. 마치 흰색과 검은색 비율이 반전된 듯한 느낌을 받을 수 있다.

낮은 배율(200배)로 보았을 때 더 잘 보이며 군복 무늬가 보이면 SM45C & SM15C~SM25C이며 어두운 느낌이 강하다면 SM45C, 밝은 느낌이 강하다면 SM25C이다.

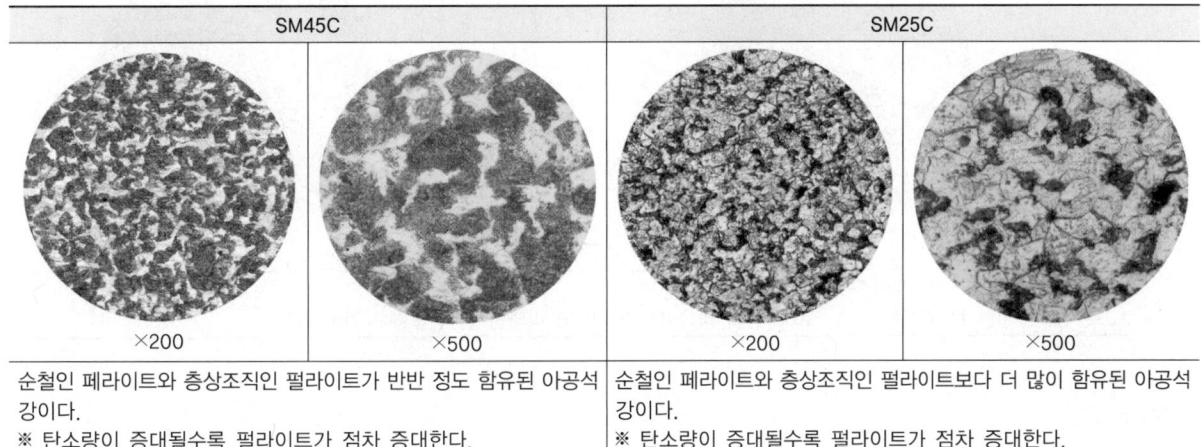

SM45C	SM25C
순철인 페라이트와 층상조직인 펄라이트가 반반 정도 함유된 아공석강이다. ※ 탄소량이 증대될수록 펄라이트가 점차 증대한다.	순철인 페라이트와 층상조직인 펄라이트보다 더 많이 함유된 아공석강이다. ※ 탄소량이 증대될수록 펄라이트가 점차 증대한다.

㉡ SKH51

포도송이 형태를 보이는데 자세히 보면 동그란 조직(포도알)이 여기저기 터진 모양도 보인다. 이러한 조직들이 여러 개 뭉쳐있어 포도송이와 같은 형태를 보이기에 필자는 포도송이를 기억하도록 교육한다. 상대적으로 '터진' 조직 부분이 작아서 미세한 스크래치가 많이 있다면 구별하기 어려울 수 있다.

높은 배율(500배)로 보면 더 잘 보이며 포도송이와 같은 모양(터진 부분이 있어야 함)이 보인다면 SKH51이다.

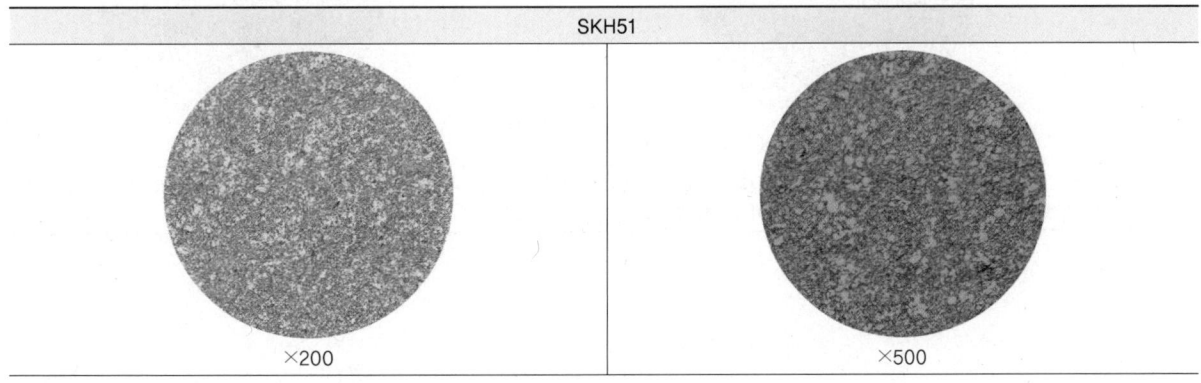

SKH51

Mo이 주축계열.
회색 바탕에 흰색 입자가 나타나며 기본적으로는 입자의 크기가 STC3보다 크고, STD11보다 크기가 작은 편이다.

ⓒ STD11

높은 배율과 낮은 배율을 모두 확인해야 하며 사각(직선)형의 흰색 입자가 많이 나타나며 주변 조직과 비교해 크고 직선형이 많이 나타나는데 상대적으로 직선을 포함한다는 것이지 온전한 사각형만 있는 것은 아니다(다각형이 많이 보인다).

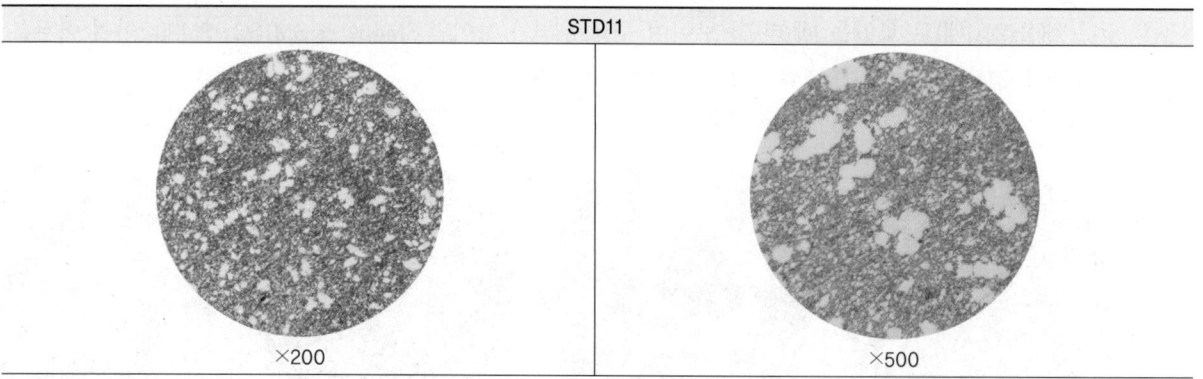

흰색 바탕에 흰색 입자가 아주 크게 나타난다.
고르지는 않지만 큰 입자를 ST3, SKH2 등과 비교하면 STD11에 나타난 흰색 입자가 가장 크다.

ⓐ STS3

먹구름처럼 얼룩덜룩한 모습을 볼 수 있는데 보통 이런 얼룩덜룩함은 고배율로 가면 사라지지만 STS3는 사라지지 않고 고배율에서도 같은 현상을 보인다.

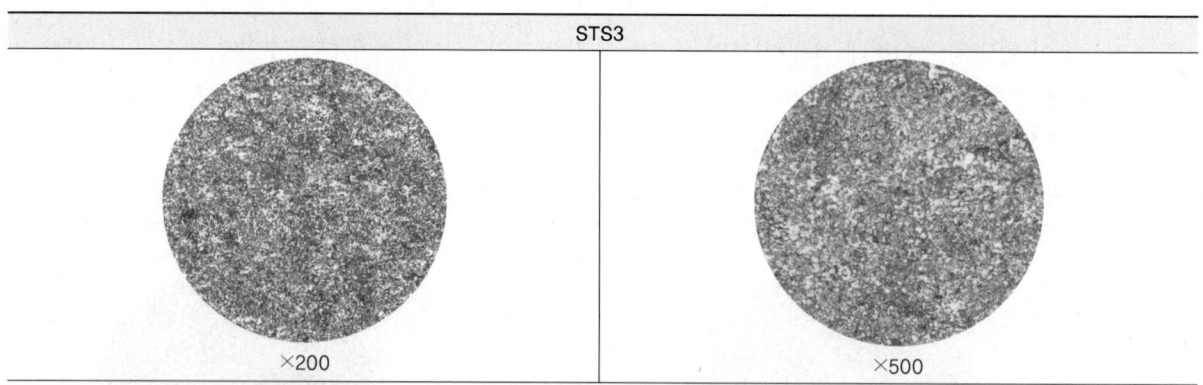

대체로 회색 바탕에 둥근 입자가 거의 나타나지 않는다. 만약 나타나더라도 뚜렷한 모양이 없다. 전체적으로 바탕이 어둡게 나타난다. 또한 그림처럼 구간별로 어둡고 밝은 빛이 구별되어 나타나는 경우도 있다.

ⓜ STC3

하얀 땡땡이로 표현을 할법한 흰색의 작은 조직들이 흩뿌려져 있고, 주위의 바탕(기지조직)과는 다른 매우 밝은 흰색을 띠고 있다. STC의 특징만으로 구분하는 것은 매우 어렵기 때문에 전체적으로 조직들의 특징을 미리 파악하고, 그와 더불어 STC의 특징에 대해 숙지하여 구분하기를 바란다(SKH51과 헷갈릴 수 있는데 STC3를 확연하게 구분하기는 어려우니 SKH51을 명확히 구별하는 연습을 많이 하도록 하자).

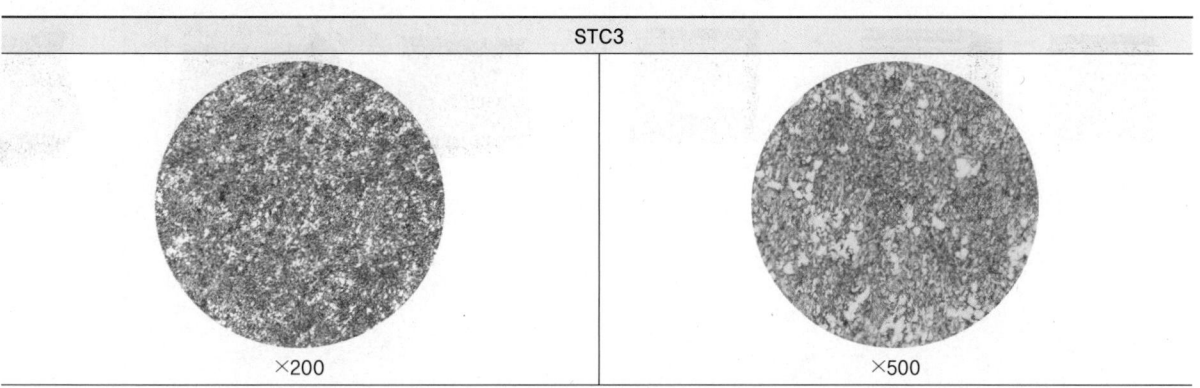

대체로 회색 바탕에 둥근 입자가 나타난다. 여기서 둥근 입자란 모나지 않고 타원형에 가까운 조직을 말한다. 보통 주위와는 다른 밝은 빛을 발산하고 주위 바탕 면과는 약간 다르게 붙여진 것 같은 느낌이 든다.

④ 연성, 취성 판별

연성, 취성을 파단면으로 판단하는 시험인데 연성은 늘어진 모양이 있고, 취성은 변형 없이 깨진 모양을 알 수 있다. 다음 사진과 같은 순서로 판별하면 되는데 꺾인 각도와 파단면의 변형 및 파면을 참고하여 감독관의 지시에 따라 순서대로 나열한다.

다음 그림은 취성-연성 순으로 나열된 것이다.

  <  <   <

교육은 우리 자신의 무지를 점차 발견해 가는 과정이다.

− 월 듀란트 −

교육이란 사람이 학교에서 배운 것을 잊어버린 후에 남은 것을 말한다.

– 알버트 아인슈타인 –

Win-Q 금속재료산업기사 필기+실기 단기합격

개정2판1쇄 발행	2026년 01월 05일 (인쇄 2025년 07월 18일)
초 판 발 행	2024년 02월 05일 (인쇄 2023년 12월 29일)
발 행 인	박영일
책 임 편 집	이해욱
편 저	김준태
편 집 진 행	윤진영, 천명근
표지디자인	권은경, 길전홍선
편집디자인	정경일
발 행 처	(주)시대고시기획
출 판 등 록	제10-1521호
주 소	서울시 마포구 큰우물로 75 [도화동 538 성지 B/D] 9F
전 화	1600-3600
팩 스	02-701-8823
홈 페 이 지	www.sdedu.co.kr
I S B N	979-11-383-9605-9(13580)
정 가	39,000원

※ 저자와의 협의에 의해 인지를 생략합니다.
※ 이 책은 저작권법의 보호를 받는 저작물이므로 동영상 제작 및 무단전재와 배포를 금합니다.
※ 잘못된 책은 구입하신 서점에서 바꾸어 드립니다.